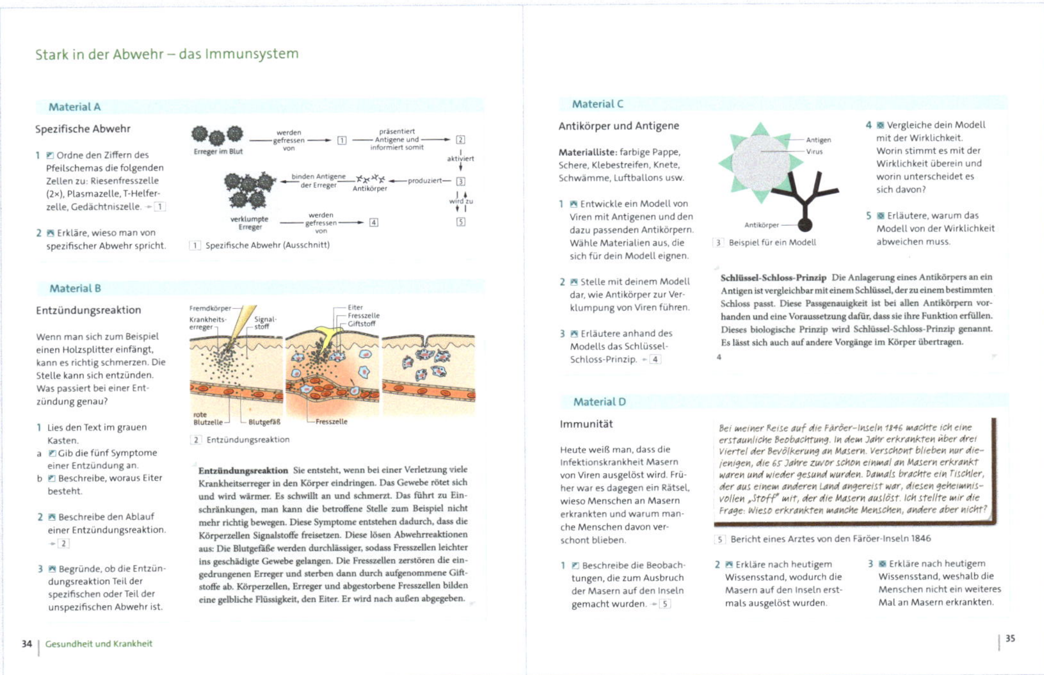

Stark in der Abwehr – das Immunsystem

Material A

Spezifische Abwehr

1 Ordne den Ziffern des Pfeilschemas die folgenden Zellen zu: Riesenfresszelle (2×), Plasmazelle, T-Helfer-zelle, Gedächtniszelle. → 1

2 Erkläre, wieso man von spezifischer Abwehr spricht.

1 Spezifische Abwehr (Ausschnitt)

Material B

Entzündungsreaktion

Wenn man sich zum Beispiel einen Holzsplitter einfängt, kann es richtig schmerzen. Die Stelle kann sich entzünden. Was passiert bei einer Entzündung genau?

1 Lies den Text im grauen Kasten.
a Gib die fünf Symptome einer Entzündung an.
b Beschreibe, woraus Eiter besteht.

2 Beschreibe den Ablauf einer Entzündungsreaktion. → 2

3 Begründe, ob die Entzündungsreaktion Teil der spezifischen oder Teil der unspezifischen Abwehr ist.

2 Entzündungsreaktion

Entzündungsreaktion Sie entsteht, wenn bei einer Verletzung viele Krankheitserreger in den Körper eindringen. Das Gewebe rötet sich und wird wärmer. Es schwillt an und schmerzt. Das führt zu Einschränkungen, man kann die betroffene Stelle zum Beispiel nicht mehr richtig bewegen. Diese Symptome entstehen dadurch, dass die Körperzellen Signalstoffe freisetzen. Diese lösen Abwehrreaktionen aus: Die Blutgefäße werden durchlässiger, sodass Fresszellen leichter ins geschädigte Gewebe gelangen. Die Fresszellen zerstören die eingedrungenen Erreger und sterben dann durch aufgenommene Giftstoffe ab. Körperzellen, Erreger und abgestorbene Fresszellen bilden eine gelbliche Flüssigkeit, den Eiter. Er wird nach außen abgegeben.

34 | Gesundheit und Krankheit

Material C

Antikörper und Antigene

Materialliste: farbige Pappe, Schere, Klebestreifen, Knete, Schwämme, Luftballons usw.

1 Entwickle ein Modell von Viren mit Antigenen und den dazu passenden Antikörpern. Wähle Materialien aus, die sich für dein Modell eignen.

2 Stelle mit deinem Modell dar, wie Antikörper zur Verklumpung von Viren führen.

3 Erläutere anhand des Modells das Schlüssel-Schloss-Prinzip. → 4

3 Beispiel für ein Modell

4 Vergleiche dein Modell mit der Wirklichkeit. Worin stimmt es mit der Wirklichkeit überein und worin unterscheidet es sich davon?

5 Erläutere, warum das Modell von der Wirklichkeit abweichen muss.

Schlüssel-Schloss-Prinzip Die Anlagerung eines Antikörpers an ein Antigen ist vergleichbar mit einem Schlüssel, der zu einem bestimmten Schloss passt. Diese Passgenauigkeit ist bei allen Antikörpern vorhanden und eine Voraussetzung dafür, dass sie ihre Funktion erfüllen. Dieses biologische Prinzip wird Schlüssel-Schloss-Prinzip genannt. Es lässt sich auch auf andere Vorgänge im Körper übertragen.

4

Material D

Immunität

Heute weiß man, dass die Infektionskrankheit Masern von Viren ausgelöst wird. Früher war es dagegen ein Rätsel, wieso Menschen an Masern erkrankten und warum manche Menschen davon verschont blieben.

Bei meiner Reise auf die Färöer-Inseln 1846 machte ich eine erstaunliche Beobachtung. In dem Jahr erkrankten über drei Viertel der Bevölkerung an Masern. Verschont blieben nur diejenigen, die 65 Jahre zuvor schon einmal an Masern erkrankt waren und wieder gesund wurden. Damals brachte ein Tischler, der aus einem anderen Land angereist war, diesen geheimnisvollen „Stoff" mit, der die Masern auslöst. Ich stellte mir die Frage: Wieso erkrankten manche Menschen, andere aber nicht?

5 Bericht eines Arztes von den Färöer-Inseln 1846

1 Beschreibe die Beobachtungen, die zum Ausbruch der Masern auf den Inseln gemacht wurden. → 5

2 Erkläre nach heutigem Wissensstand, wodurch die Masern auf den Inseln erstmals ausgelöst wurden.

3 Erkläre nach heutigem Wissensstand, weshalb die Menschen nicht ein weiteres Mal an Masern erkrankten.

| 35

Materialseiten

... vor allem zum Anwenden und Üben

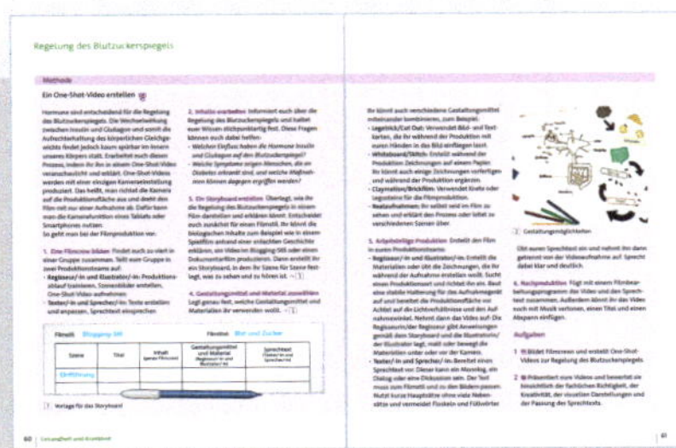

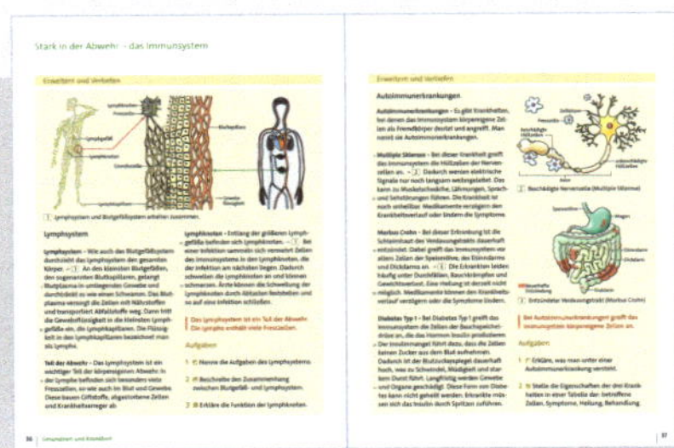

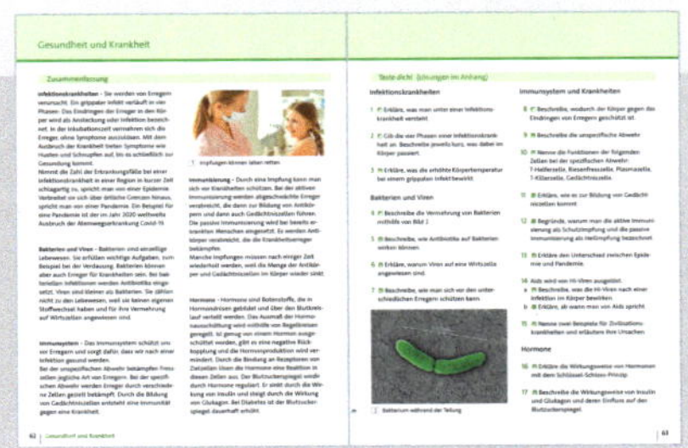

Methodenseiten zeigen Schritt für Schritt an einem Beispiel, wie man eine Arbeitsweise sinnvoll angeht.

Erweitern und Vertiefen-Seiten bieten interessante zusätzliche Texte mit Bildern und Aufgaben.

Die **Zusammenfassung** gibt einen Überblick über die Lerninhalte des Kapitels.

Die Aufgaben der **Teste-dich!-Seiten** helfen dir, dein Wissen selbst einzuschätzen. Die Lösungen der Aufgaben findest du im Anhang.

Aufgaben, Methoden, Texte und Materialien mit MK MK MK MK tragen zum Erwerb von Medienkompetenzen bei.

AUSGABE A

NATUR UND TECHNIK

Naturwissenschaften 9/10

Cornelsen

NATUR UND TECHNIK
Naturwissenschaften 9/10 Ausgabe A

Autorinnen und Autoren: Siegfried Bresler, Anita Gutmann, Carsten Kuck
Mit Beiträgen von: Ulrike Austenfeld, Myriam Backes, Barbara Barheine, Steven Bauer, Viola Bauer, Kurt Becker, Julia Feltes, Holger Hellendrung, Michael Hundertmark, Dr. Stephan Kienast, Sandra Kreschel, Dr. Erich Kretzschmar, Christine Kummer, Christian Lauer, Ruth Leidinger, Dr. Jochim Lichtenberger, Martin Löffelhardt, Julia Maaß, Kristin Menke, Sabine Ohliger, Cornelia Pätzelt, Judith Röder, Sylvia Roth, Norbert Schröder, Reinhard Sinterhauf, Peter Slaby, Kathrin Sliwka, Petra Wlotzka
Redaktion: Stefanie Roth
Umschlaggestaltung: Sofarobotnik GbR, Augsburg & München
Layout: Typoconcept GmbH, Hannover
Technische Umsetzung: Straive
Technische Umsetzung Gefahren- und Gebotszeichen: Atelier G

www.cornelsen.de

Dieses Werk enthält Vorschläge und Anleitungen für Untersuchungen und Experimente.
Vor jedem Experiment sind mögliche Gefahrenquellen zu besprechen.
Beim Experimentieren sind die Richtlinien zur Sicherheit im Unterricht einzuhalten.

1. Auflage, 1. Druck 2022

Alle Drucke dieser Auflage sind inhaltlich unverändert und können im Unterricht nebeneinander verwendet werden.

Druck: Mohn Media Mohndruck, Gütersloh

ISBN 978-3-06-015174-5

PEFC
PEFC/04-31-1033

PEFC zertifiziert
Dieses Produkt stammt aus nachhaltig bewirtschafteten Wäldern und kontrollierten Quellen.

www.pefc.de

Inhaltsverzeichnis

Gesundheit oder was unser Körper für uns leistet

Gesundheit und Krankheit 10

Die genetischen Grundlagen der Vererbung

Gene und Vererbung 64

Evolutionäre Veränderungen von Lebewesen

Fortpflanzung und Entwicklung

Fortpflanzung und Entwicklung des Menschen 176

Aufbau der Materie

Die Ordnung der Elemente 200

Was die Welt zusammenhält

Bindungsarten 236

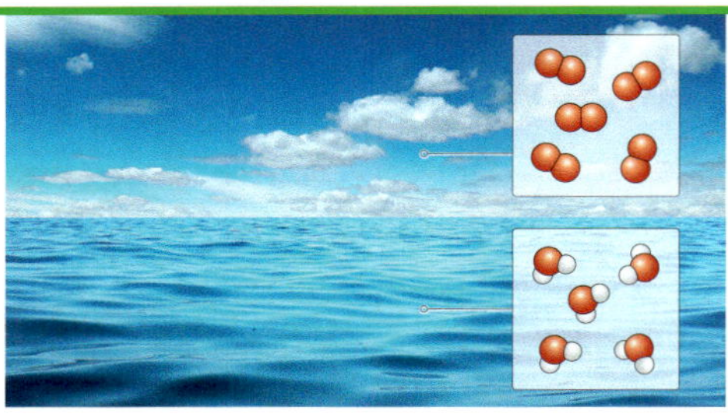

Vom Geben und Nehmen (Donator-Akzeptor-Konzepte)

Elektrische Energie und chemische Prozesse 272

Saure, alkalische und neutrale Lösungen 300

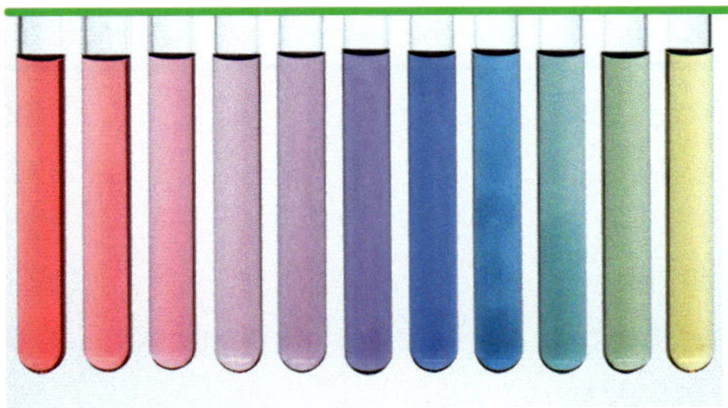

Organische Chemie

Kohlenstoff – der Molekülbauer 322

Ausgewählte Energiewandler und Energieumwandlung beurteilen

Energiewandler 366

Energie 414

Radioaktivität

Radioaktivität und Kernenergie 452

Zum Nachschlagen 490

Gesundheit und Krankheit

Man kann sich gegen verschiedene Krankheiten impfen lassen.
Warum ist man so vor Krankheiten geschützt?

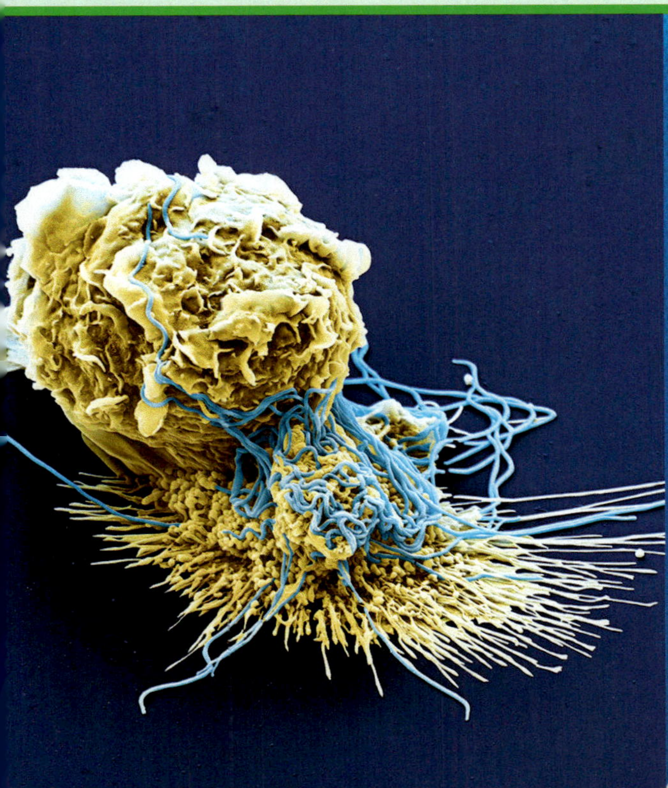

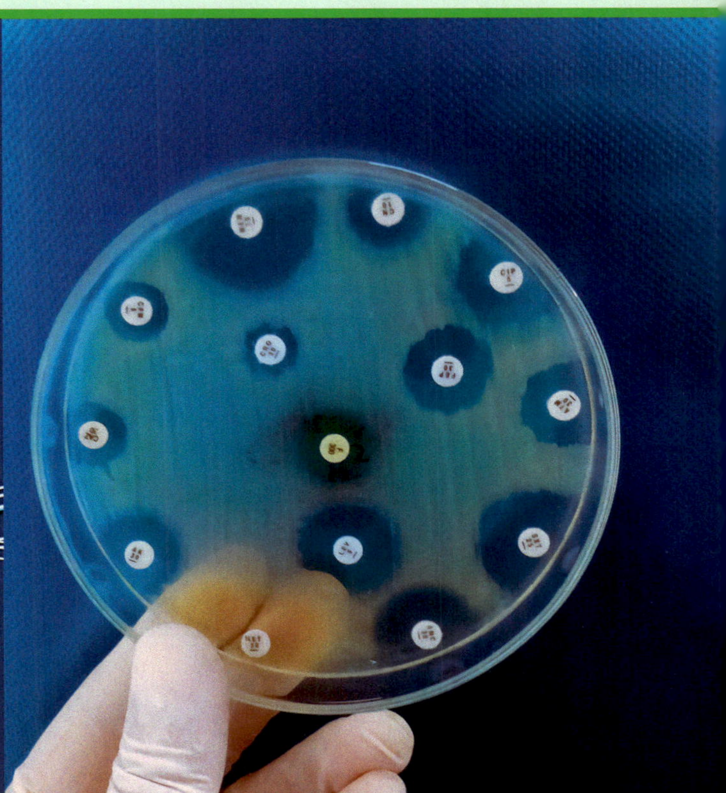

Ein Kampf zwischen Zellen: Das Immunsystem bekämpft eingedrungene Erreger. Wie arbeitet unser Immunsystem?

Antibiotika werden zur Behandlung von bakteriellen Infektionen eingesetzt. Warum werden immer mehr Antibiotika wirkungslos?

Was ist Gesundheit?

1 Wem geht es gut und wem nicht?

Wenn man gesund ist, fühlt man sich, als könnte man Bäume ausreißen. Ist man krank, fühlt man sich hingegen schlapp und antriebslos. Menschen können sich krank fühlen, auch wenn man es ihnen körperlich nicht ansieht. Was bedeutet Gesundheit? Wie kann man sich gesund halten?

Was ist Gesundheit? • Nach der Weltgesundheitsorganisation (WHO) bedeutet Gesundheit nicht nur, dass man nicht körperlich krank ist. Genauso wichtig ist das seelische und soziale Wohlbefinden. Auf unsere Gesundheit wirken sich viele Lebensumstände aus, die wir zum Teil beeinflussen können.

Gesund für den Körper • Zu einer gesunden Lebensführung gehört eine ausgewogene Ernährung mit wenig Zucker und Fett. Vitamine, Mineralstoffe und Ballaststoffe fördern die Gesundheit. Auch regelmäßiger Sport hält gesund. Dabei werden Muskeln, Wirbelsäule und Gelenke gestärkt.

Gesund für die Seele • Dauerhafter Stress in der Schule oder zu Hause kann krank machen. Ruhephasen und genügend Schlaf fördern die Gesundheit. Hobbys dienen als Ausgleich für Stress und steigern die Zufriedenheit. Aber auch Kontakte mit Freunden und ein gutes Verhältnis zur Familie sind wichtig für die seelische Gesundheit.

Gesundheit umfasst laut WHO das körperliche, seelische und soziale Wohlbefinden. Für seine Gesundheit kann man sorgen, zum Beispiel durch eine ausgewogene Ernährung, Sport und genügend Schlaf.

Aufgaben

1 Nenne die drei Bereiche, die laut WHO zur Gesundheit zählen.

2 Menschen können krank sein, obwohl sie körperlich gesund sind. Erkläre diesen Sachverhalt.

Material A

Einfluss auf die Gesundheit

Unsere Lebensumstände können sich positiv oder negativ auf unsere Gesundheit auswirken.

1 Nenne die Lebensumstände in den Bildern 2–7.

2 Beurteile die jeweilige Auswirkung der Lebensumstände auf die körperliche und seelische Gesundheit.

3 Sport ist gesund, kann aber auch ungesund sein.
Begründe die Aussage.

2

3

4

5

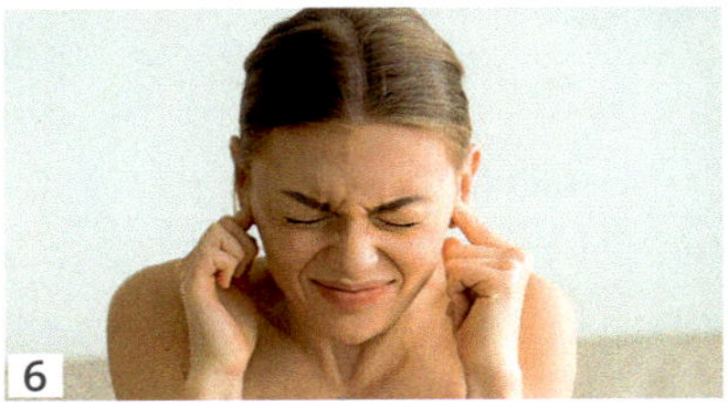
6

7

Material B

Gesunder Alltag?

Es ist 6.30 Uhr. Der Wecker klingelt und Ninas Alltag beginnt. Ihrem großen Bruder stehen acht Stunden auf der Baustelle bevor. Beim Frühstück klagt er über die harte Arbeit bei Kälte, Wind und Regen. Ninas Mutter schimpft über ihren Chef und die Überstunden im Großraumbüro. Zeit für Pausen bleibt ihr heute bei den unzähligen Aufgaben sicherlich nicht. Für die lange Autofahrt packt sie sich noch ihre Zigaretten ein. „Was soll ich denn sagen? Ich habe Schiss vor der Klassenarbeit und dumme Sprüche über mein Aussehen darf ich mir bestimmt auch wieder anhören“, beschwert sich Nina. Der Appetit auf das Frühstück ist ihr vergangen, sie holt sich auf dem Schulweg lieber Kakao und Kekse.

8

1 Lies den Bericht. → 8
a Nenne Faktoren, die schädlich für die Gesundheit der Personen sein können.
b Beschreibe, was sie für ihre Gesundheit tun könnten.

2 Wie geht es dir?
a Beschreibe deinen Alltag von morgens bis abends.
b Nenne Faktoren, die schädlich für deine Gesundheit sein können.
c Beschreibe, was du für deine Gesundheit tun kannst.

Infektionskrankheiten – ein Überblick

1 Krankheitserreger im Körper machen sich bemerkbar.

Wir alle haben es schon erlebt: Man wacht morgens mit leichten Halsschmerzen und einer verstopften Nase auf. Zwei Tage später kommen Husten und Kopfschmerzen hinzu und die Körpertemperatur steigt an. Wie ist es zu der Krankheit gekommen und wie verläuft sie?

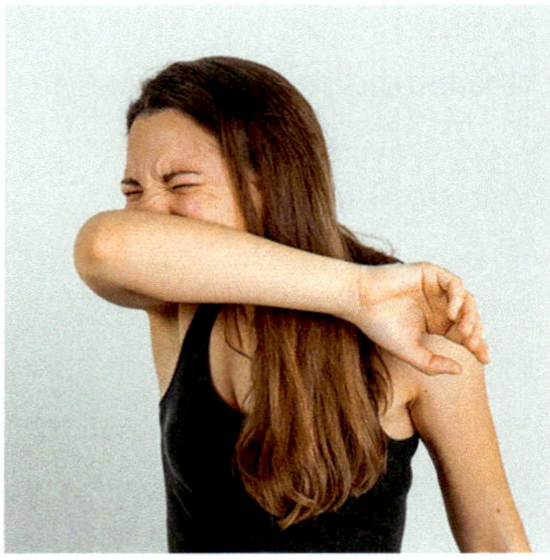

2 Niesende Frau

3 Menschen auf Rolltreppe

Erreger sind überall • Krankheiten, die durch Erreger hervorgerufen werden, nennt man Infektionskrankheiten. Die Erreger sind meistens Bakterien oder Viren. Aber auch Pilze oder andere einzellige Lebewesen können Krankheiten verursachen. Sie befinden sich in der Luft, im Boden und im Wasser, in Lebensmitteln, auf der Kleidung und auf nahezu allen Gegenständen, die wir anfassen. Trotzdem werden wir nicht immer krank, weil unser Körper viele Erreger erfolgreich abwehrt.

Ansteckung • Gelangen Erreger in den Körper, spricht man von Ansteckung oder Infektion. Dies kann zum Beispiel über die Nase, den Mund, die Haut oder das Blut geschehen.

Infektionswege • Wenn eine infizierte Person hustet oder niest, gelangen die Erreger mit feinsten Flüssigkeitströpfchen in die Luft und können von anderen Menschen über die Atemluft aufgenommen werden. → 2 Man nennt dies Tröpfcheninfektion. Unsere Haut schützt uns vor dem Eindringen von Erregern. Ist sie jedoch durch Wunden beschädigt, wird das Eindringen erleichtert. Berührt man dann Flächen oder Lebensmittel, die mit Erregern verunreinigt sind, spricht man von einer Schmierinfektion. → 3 Auch über Körperflüssigkeiten kann es zu einer Infektion kommen, etwa beim Stillen, Küssen und beim Sex. Erreger können auch von Tieren auf Menschen übertragen werden, beispielsweise durch Bisse oder Insektenstiche.

die Infektionskrankheit
die Infektion
die Inkubationszeit
das Symptom
das Fieber

Krankheitsverlauf und Symptome • Auf die Infektion folgt die Inkubationszeit, in der sich die Erreger im Körper vermehren. → 4 Die Phase dauert wenige Stunden bis zu mehreren Jahren. Erst wenn die Erkrankung ausbricht, zeigen sich die bestimmten Anzeichen der Krankheit. Diese bezeichnet man als Symptome. Zu den Symptomen eines grippalen Infekts zählen Husten, Schnupfen, Kopfschmerzen und eine erhöhte Körpertemperatur. Steigt die Körpertemperatur über 38 °C, spricht man von Fieber. Dies hilft dem Körper, die Erreger schneller zu bekämpfen. Normalerweise kann der Körper die weitere Vermehrung der Erreger verhindern und sie abtöten. Dann erholt er sich. Man spricht von Gesundung. Den Verlauf einer Krankheit kann man durch Medikamente beeinflussen.

Vorbeugung • Um eine Infektion durch Erreger zu vermeiden, sollte man sich regelmäßig die Hände waschen und im Umgang mit erkrankten Personen vorsichtig sein. Lebensmittel müssen richtig gelagert werden, damit sich auf oder in ihnen keine Erreger vermehren. Bei ihrer Verarbeitung muss man auf Sauberkeit achten. Die Abwehr des Körpers kann man durch eine gesunde Ernährung und genügend Bewegung an der frischen Luft stärken.

Infektionskrankheiten werden durch Erreger ausgelöst. Sie verlaufen in vier Phasen: Infektion, Inkubationszeit, Erkrankung und Gesundung. Dabei treten Symptome auf.

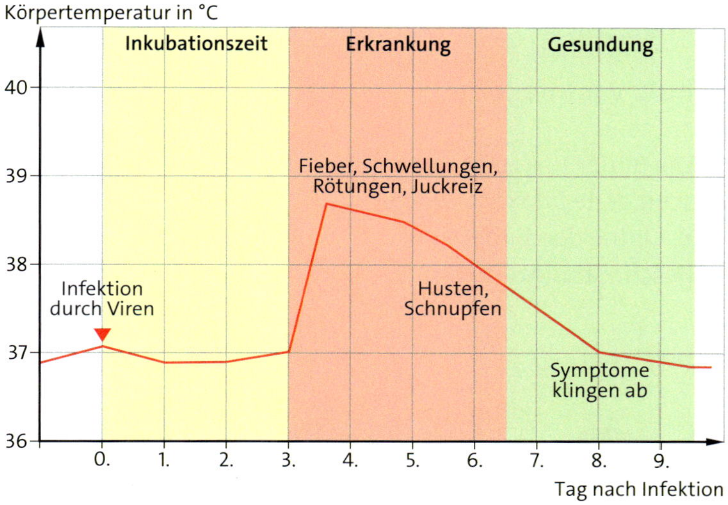

4 Krankheitsverlauf eines grippalen Infekts

Aufgaben

1 Nenne Wege, auf denen Krankheitserreger in den Körper gelangen können.

2 Erkläre, was man unter einer Tröpfcheninfektion und einer Schmierinfektion versteht.

3 Bild 4 zeigt die vier Phasen eines grippalen Infekts.
Welche Informationen bezüglich der zugehörigen Symptome und Zeitspanne für jede Phase kannst du entnehmen?
Ergänze die Tabelle.

Phase	Symptome	Zeitspanne in Tagen
Infektion	keine	0 Tage (kurzer Zeitpunkt)
…	…	…

Infektionskrankheiten – ein Überblick

Material A

Schutz vor Infektionen

1 Die Bilder 1–4 zeigen verschiedene Infektionswege. Ordne den Bildern die Beschreibungen a–d zu.

2 Beschreibe, welche Schutzmaßnahmen in den Bildern A–H dargestellt sind.

3 Ordne den Infektionswegen in den Bildern 1–4 die jeweils passenden Schutzmaßnahmen A–H zu. Lege dazu eine Tabelle in deinem Heft an und vervollständige sie. Beachte, dass mehrere Zuordnungen möglich sind.

Infektionsweg	Schutz
Tröpfcheninfektion	Man sollte ...

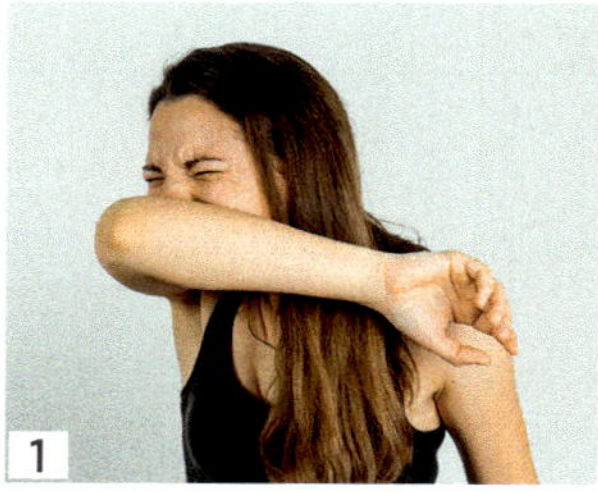
1

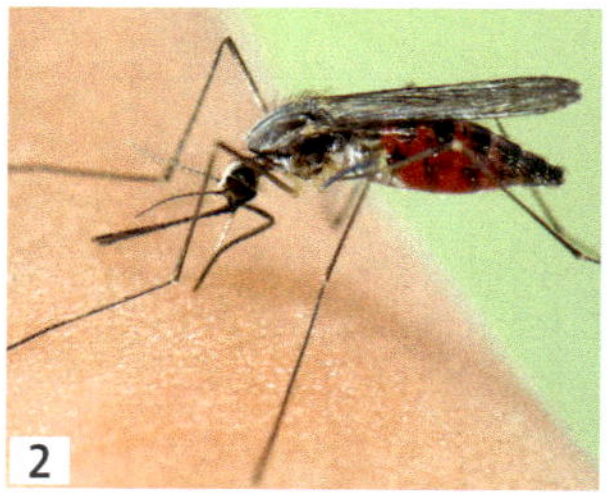
2

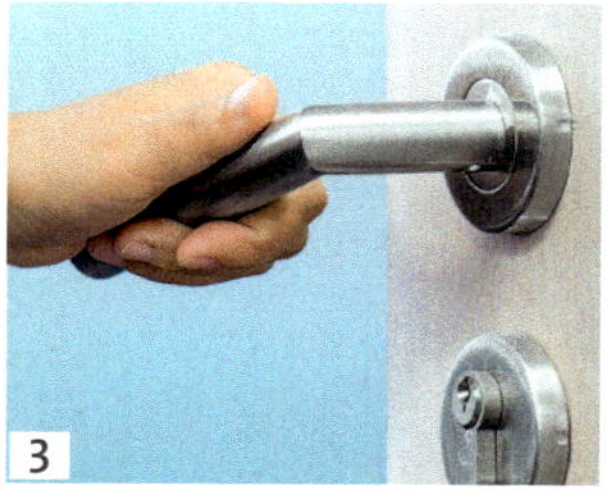
3

4

a Die Übertragung erfolgt über den Kontakt mit beispielsweise verunreinigten Gegenständen oder Lebensmitteln (Schmierinfektion).

b Blutsaugende Insekten und Zecken übertragen die Erreger durch ihren Stich.

c Die Infektion erfolgt über die Aufnahme von Körperflüssigkeiten.

d Die Übertragung erfolgt durch Flüssigkeitströpfchen, die über die Luft verbreitet werden (Tröpfcheninfektion).

A

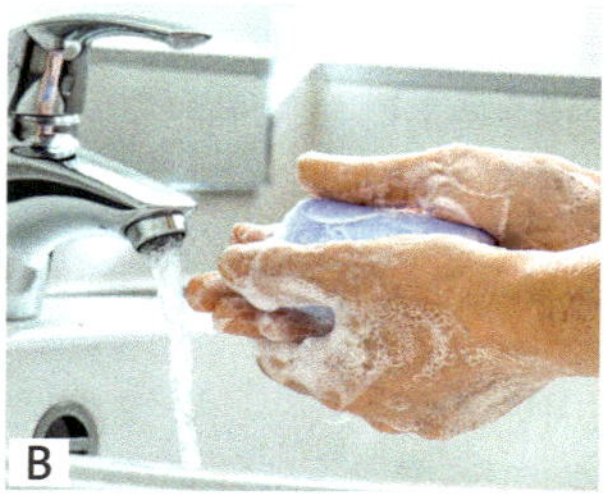
B

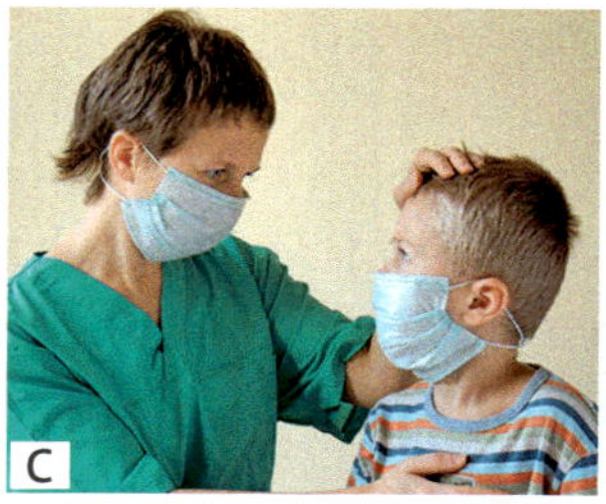
C

D

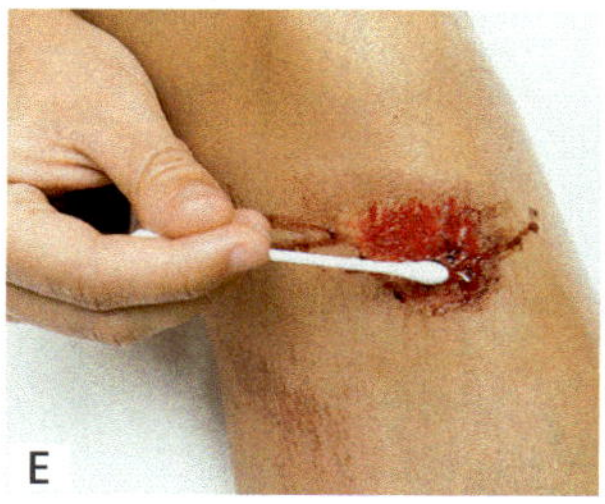
E

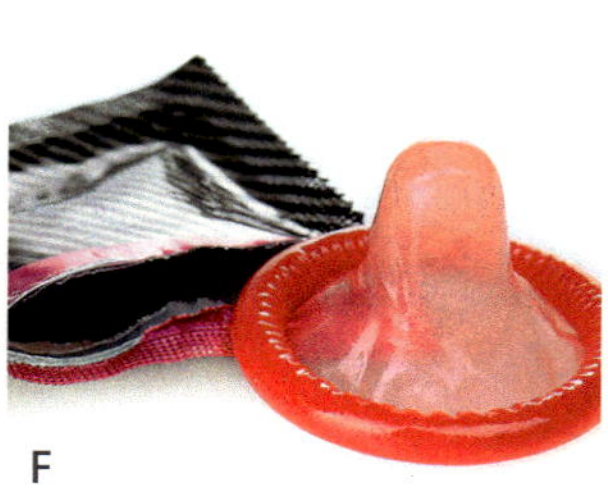
F

G

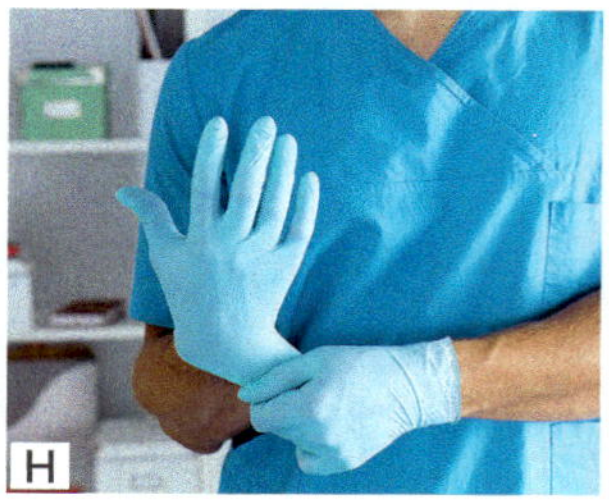
H

Material B

Infektionskrankheiten

1 Bildet Gruppen und erstellt jeweils eine Concept-Map zu einer der beschriebenen Infektionskrankheiten. Informiert darin über die Art des Erregers, den Infektionsweg, die Inkubationszeit, die Symptome, die Behandlung und die Vorbeugung. Die Seiten 162 und 163 können euch helfen.

Tripper (Gonorrhoe) wird durch Bakterien beim Geschlechtsverkehr übertragen. Etwa 2–3 Tage nach der Infektion verursachen die Bakterien bei Männern schmerzhafte Entzündungen der Harnröhre, Brennen beim Wasserlassen und bei Frauen eitrige Ausflüsse aus der Scheide. Bleibt die Krankheit unbehandelt, kann sie durch Verkleben der Eileiter bei Frauen zu Unfruchtbarkeit führen. Tripper wird mit Medikamenten behandelt. Durch den Gebrauch von Kondomen beim Geschlechtsverkehr kann man sich vor einer Ansteckung schützen.

5

Scharlach tritt meistens im Kindesalter auf. Die Krankheit wird durch Bakterien übertragen, die durch Flüssigkeitströpfchen in die Luft gelangen und von anderen Menschen aufgenommen werden. Sie bricht 2–4 Tage nach der Infektion aus. Zu den Symptomen zählen ein roter Rachen, eine „Himbeerzunge“, Fieber, Kopfschmerzen und Schmerzen beim Schlucken. Scharlach kann mit Medikamenten behandelt werden. Um sich nicht anzustecken, sollte man den Kontakt mit infizierten Personen vermeiden und sich regelmäßig die Hände waschen.

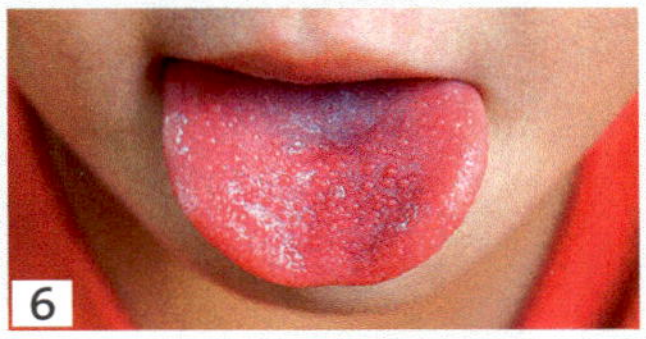

6

Borreliose ist eine bakterielle Erkrankung, die durch den Stich einer Zecke übertragen wird. Nach etwa 5–30 Tagen zeigen sich die ersten Symptome. An der Einstichstelle bildet sich oft ein typischer Hautausschlag: ein roter Fleck mit einem hellroten Ring. Außerdem treten Fieber, Kopf- und Gliederschmerzen und selten auch Lähmungen auf. Wird die Krankheit rechtzeitig erkannt, kann sie mit Medikamenten behandelt werden. Um sich vor Zeckenstichen zu schützen, sollte man lange Kleidung tragen, wenn man durch hohes Gras oder Gebüsche läuft. Anschließend sollte man seinen Körper auf Zecken prüfen.

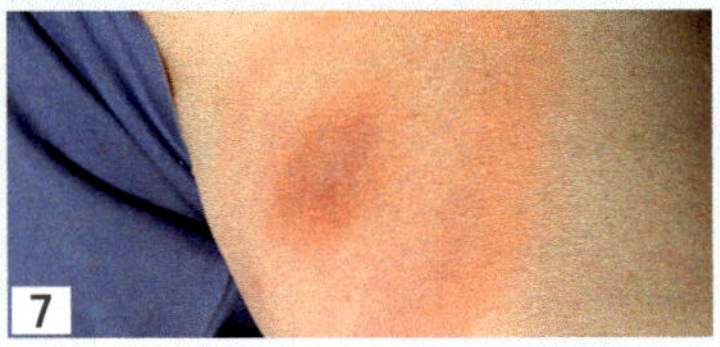

7

Tollwut wird von Viren verursacht, die sich im Speichel von Tieren, meistens Hunden oder Füchsen, befinden können. Die Viren werden durch einen Biss auf den Menschen übertragen. Infizierte Tiere erkennt man daran, dass sie ihre Scheu vor Menschen verlieren und vermehrt Speichel aus ihrem Maul tropft. Die Krankheit bricht beim Menschen 1–3 Monate nach der Infektion aus. Sie macht sich durch Kopfschmerzen, Krämpfe der Atemmuskulatur, starken Durst und schäumenden Speichelfluss bemerkbar. Unbehandelt führt Tollwut beim Menschen zum Tod. Durch eine Impfung kann man sich schützen.

8

Bakterien sind überall

1 Bakterien begegnen uns überall.

Bakterien sind so winzig klein, dass wir gar nicht bemerken, dass wir ihnen ständig und überall ausgesetzt sind. Welche Bedeutung haben Bakterien für uns und unsere Umwelt?

Bakterien sind überall • Bei jedem Atemzug, bei allen Gegenständen, die wir anfassen, sowie beim Essen und Trinken kommen wir mit Bakterien in Kontakt. → 1 Die meisten Arten von Bakterien sind für Menschen, Tiere und Pflanzen harmlos und erfüllen sogar sehr wichtige Aufgaben.
Im Darm unterstützen Bakterien die Verdauung. Auf der Haut und den Schleimhäuten, beispielsweise im Mund, sorgen sie dafür, dass schädliche Krankheitserreger nicht in den Körper gelangen. Bestimmte Bakterien werden auch wirtschaftlich genutzt. Mit ihnen wird aus Milch zum Beispiel Joghurt oder Quark hergestellt.
Auch in der Natur sind Bakterien sehr nützlich. Sie wirken zum Beispiel bei der Zersetzung von toten Tieren und abgestorbenen Pflanzenteilen mit. Einige Arten von Bakterien verursachen allerdings auch Krankheiten wie Hirnhautentzündung, Tuberkulose oder Tetanus. → 3 Diese Krankheiten entstehen dadurch, dass Bakterien in den Körper eindringen und dort Giftstoffe abgeben. Man nennt sie Bakterientoxine. Andere Bakterien setzen diese Toxine erst frei, wenn sie durch Abwehrreaktionen des Körpers zerstört werden.

Bau eines Bakteriums • Bakterien sind winzige Lebewesen, die aus nur einer Zelle bestehen. Weil die meisten nur wenige Tausendstel Millimeter groß sind, zählen Bakterien zu den Mikroorganismen. Die äußere Schicht eines Bakteriums ist die Zellwand. → 2

das Bakterium
das Bakterientoxin
der Mikroorganismus
die Zellteilung
die Bakterienkolonie

Diese ist bei vielen Bakterien zusätzlich von einer Schleimhülle umgeben. An der Innenseite der Zellwand liegt die Zellmembran an. Im Gegensatz zu pflanzlichen oder tierischen Zellen besitzen Bakterien keinen Zellkern. Ihre Erbinformation liegt frei im Zellplasma. Manche Bakterien besitzen eine oder mehrere Geißeln. Damit können sie sich fortbewegen. Nach der äußeren Form unterscheidet man mehrere Gruppen von Bakterien: Manche Bakterien sind wie ein Komma geformt. → 2 Sie heißen Vibrionen. Kokken sind kugelförmig, dagegen sind Bazillen stäbchenförmig. Es gibt auch schraubenförmige Bakterien. Sie heißen Spirillen oder Spirochäten. → 3

Vermehrung • Bakterien vermehren sich durch Zellteilung. Unter günstigen Bedingungen wie Feuchtigkeit, Wärme und ausreichend verfügbarer Nahrung vermehren sie sich explosionsartig. Ihre Anzahl verdoppelt sich dann alle 20 bis 30 Minuten. Dadurch entstehen innerhalb weniger Stunden flächige Bakterienkolonien, die man mit bloßem Auge erkennen kann. In den Kolonien liegen unzählige Bakterien dicht nebeneinander.

Bakterien sind kleine einzellige Lebewesen. Viele Arten erfüllen wichtige Aufgaben im menschlichen Körper und in der Natur. Doch es werden auch viele Krankheiten durch Bakterien verursacht. Bakterien können sich durch Zellteilung schnell vermehren.

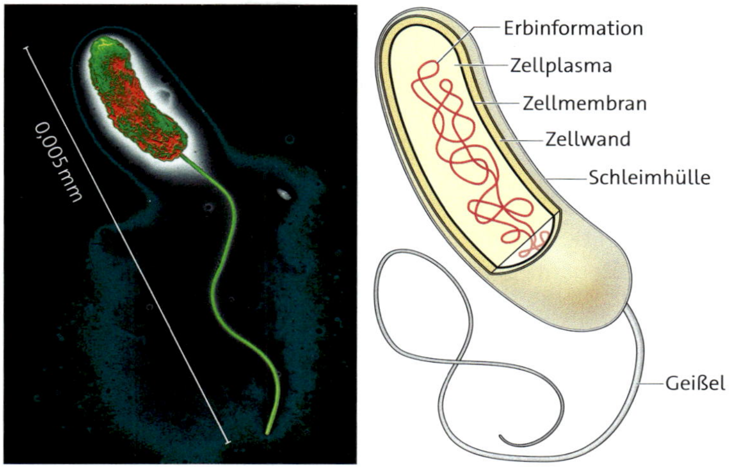

2 Bau eines Bakteriums (Vibrion)

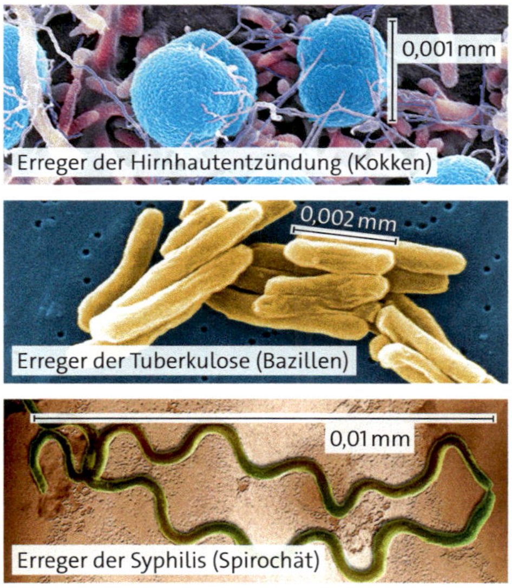

3 Verschiedene Bakterienformen

Aufgaben

1 Beschreibe den Bau eines Bakteriums.

2 „Es gibt nützliche und schädliche Bakterien." Erläutere mit Beispielen.

Bakterien sind überall

Material A

Lebensraum Mensch

An vielen Körperstellen des Menschen leben Bakterien. Die meisten findet man an warmen und feuchten Stellen, an denen es Nahrung für sie gibt. Säuren hemmen hingegen die Vermehrung der Bakterien.

1 Nenne jeweils zwei Körperstellen mit vielen Bakterien und mit vergleichsweise wenigen Bakterien. → 1

2 Begründe das unterschiedliche Vorkommen der Bakterien.

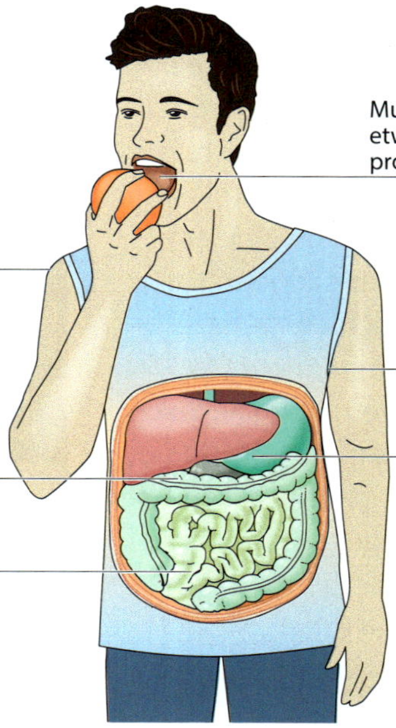

1 Anzahl der Bakterien an verschiedenen Körperstellen

Material B

Vermehrung von Bakterien

Zeit in Minuten	0	20	40	60	80	100	120
Anzahl der Bakterien	1	2	...	...	...	...	...

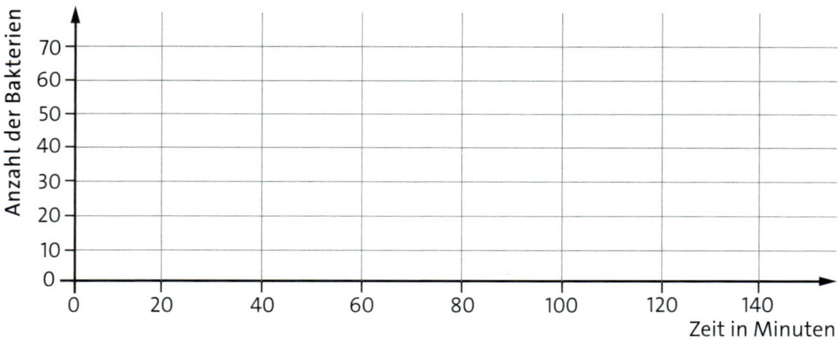

2 Vermehrung von Bakterien (bei ausreichend Platz und Nahrung)

1 Übernimm die Tabelle und das Koordinatensystem in dein Heft. → 2

2 Berechne, wie viele Bakterienzellen sich nach 120 Minuten entwickelt haben. Ergänze die Tabelle.

3 Erstelle aus den Werten der Tabelle ein Liniendiagramm.

4 Erkläre, weshalb die Vermehrung der Bakterien begrenzt ist.

Material C

Infektionswege der Salmonellose

3 Infektionswege der Salmonellose

Salmonellose ist eine Infektionskrankheit, die durch bestimmte Bakterien, die Salmonellen, verursacht wird. Die Bakterien werden vor allem durch den Verzehr tierischer Produkte wie Ei, Milch, Fleisch und Fisch auf den Menschen übertragen. → 3 Die Tiere infizieren sich durch verseuchtes Futter oder Abwasser. Hat man sich mit den Bakterien infiziert, setzen sie sich im Magen und Darm fest und scheiden Giftstoffe aus. Diese greifen die Schleimhäute an. Daher treten neben Symptomen wie Kopfschmerzen und Übelkeit auch Erbrechen und Durchfall auf. Durch das Berühren von infiziertem Kot oder Urin werden die Bakterien in seltenen Fällen auch von Mensch zu Mensch übertragen.

Man kann sich vor einer Infektion mit Salmonellen schützen, indem man die Lebensmittel kühl lagert und zügig verbraucht. Manche Lebensmittel, wie Ei und Fleisch, muss man vor dem Verzehr erhitzen.

1 ◩ Beschreibe, wie man sich mit Salmonellose anstecken kann. → 3

2 ⊠ Erläutere, durch welche Maßnahmen man sich vor einer Salmonellen-Infektion schützen kann.

3 Für eine Gartenparty im Sommer hast du einige Lebensmittel zur Auswahl. → 4
⊠ Wähle davon drei Lebensmittel aus, die du roh oder ungekühlt ablehnen würdest. Begründe deine Wahl.

4 Verschiedene Lebensmittel

Antibiotika bekämpfen Bakterien

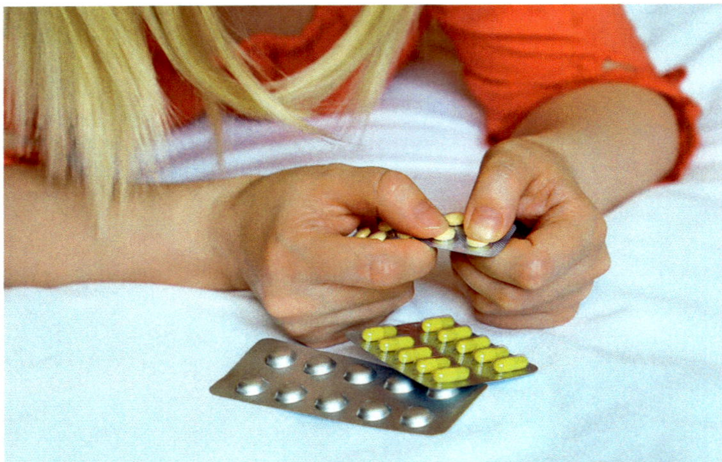

1 Bei einer bakteriellen Infektion können Medikamente helfen.

Immer wieder kommt es vor, dass Menschen lange gegen eine Krankheit kämpfen, die von Bakterien verursacht wird. Dabei gibt es viele Medikamente, die Bakterien bekämpfen können. Wie wirken diese Medikamente und warum sind sie nicht immer erfolgreich?

Antibiotika • Lange Zeit starben viele Menschen an einfachen Infektionen durch Bakterien. Heute gibt es mehr als 8000 Medikamente, die Bakterien bekämpfen können. Man fasst sie unter dem Begriff Antibiotika zusammen.

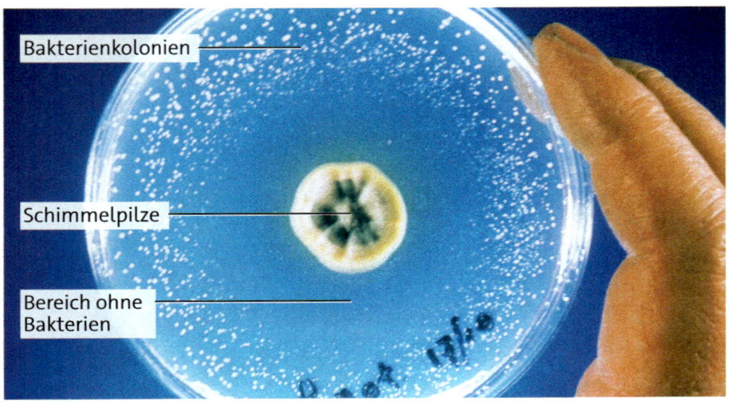

2 Nährboden mit Bakterien und Schimmelpilzen

Zufallsfund • Das erste Antibiotikum wurde durch einen Zufall entdeckt. Der schottische Wissenschaftler Alexander Fleming forschte an Bakterien. Um die Bakterien zu vermehren, gab er sie auf spezielle Nährböden. 1928 entdeckte er, dass einer seiner Nährböden durch Schimmelpilze verunreinigt war. → 2
Ihm fiel auf, dass in der näheren Umgebung der Schimmelpilze keine Bakterien zu finden waren. Daraufhin untersuchte er den Schimmelpilz näher und fand heraus, dass dieser einen Stoff abgibt, der auf Bakterien tödlich wirkt. Diesen Stoff nannte er Penicillin. Als Anerkennung für seine Entdeckung erhielt Fleming später den Nobelpreis für Medizin.

Wirkung • Heute werden Antibiotika sehr oft zur Behandlung bakterieller Infektionen eingesetzt. Sie schädigen die Bakterien, aber nicht die Zellen des Menschen. Antibiotika wirken sich auf die Bakterien unterschiedlich aus. → 3 Einige zerstören die Zellwand oder Zellmembran, andere stören wichtige Stoffwechselvorgänge, hemmen die Vermehrung oder beschädigen die Erbinformation. Manche Antibiotika wirken nur gegen eine bestimmte Art von Bakterien. Es gibt aber auch Mittel, die verschiedene Arten von Bakterien angreifen. Sie werden als Breitband-Antibiotika bezeichnet.

das **Antibiotikum**
die **Resistenz**
multiresistent

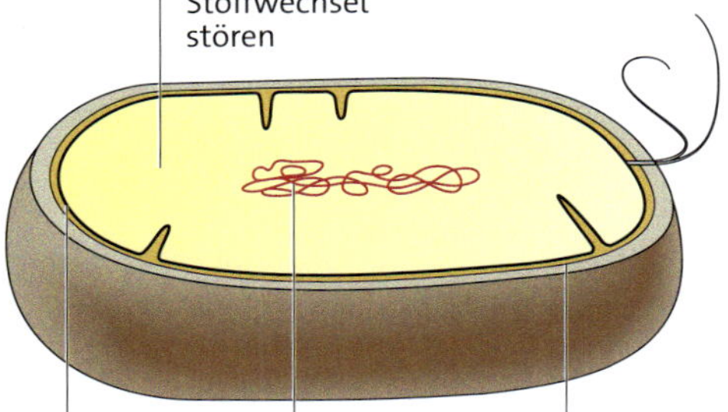

3 Wirkung von Antibiotika

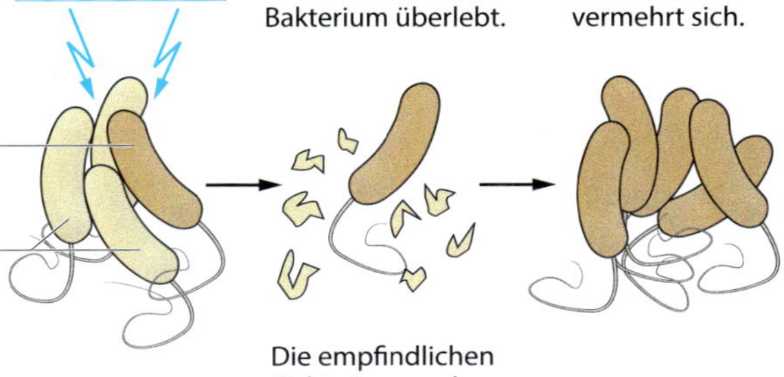

4 Entstehung einer Antibiotika-Resistenz

Nebenwirkungen • Antibiotika wirken nicht nur gegen die bakteriellen Krankheitserreger, sondern auch gegen die nützlichen Bakterien im Körper. Das betrifft zum Beispiel die Bakterien in unserem Magen und in unserem Darm, die unsere Verdauung unterstützen. Daher können bei einer Behandlung mit Antibiotika Nebenwirkungen wie Durchfall auftreten.

Antibiotika werden wirkungslos • Eine zu häufige oder falsche Einnahme von Antibiotika kann dazu führen, dass immer mehr Bakterien entstehen, die dagegen unempfindlich sind. Grund hierfür ist, dass sich die Erbinformation bei jeder Zellteilung zufällig verändern kann. Dadurch kann durch Zufall ein Bakterium entstehen, gegen das ein Antibiotikum wirkungslos ist. → 4
Diese Widerstandsfähigkeit nennt man Resistenz. Bei einer Behandlung mit Antibiotika überlebt dieses resistente Bakterium. Wenn es sich teilt, entstehen weitere Bakterien, die gegen das Antibiotikum resistent sind. Bakterien, die gegen eine Vielzahl von Antibiotika unempfindlich sind, bezeichnet man als multiresistent.
Um die Entstehung von Resistenzen zu verhindern, muss man Antibiotika immer genau nach ärztlicher Vorschrift einnehmen.

Antibiotika sind Medikamente zur Behandlung bakterieller Infektionskrankheiten. Unter bestimmten Bedingungen können Antibiotika unwirksam werden, weil resistente Bakterien entstehen.

Aufgaben

1 Beschreibe, was man unter dem Begriff Antibiotika versteht.

2 Beschreibe, auf welche Weise Antibiotika Bakterien schädigen können. → 3

3 Erkläre, was man unter einer Antibiotika-Resistenz versteht.

Antibiotika bekämpfen Bakterien

Material A

Wirkung und Nebenwirkung

Aylin fühlt sich schlecht. Ihre Ärztin ermittelt eine Lungenentzündung, die durch Bakterien verursacht wurde. Aylin soll 10 Tage lang Penicillin nehmen. Dabei handelt es sich um ein Breitband-Antibiotikum. In den nächsten Tagen verändert sich Aylins Gesundheitszustand.

1 Nenne die besondere Eigenschaft eines Breitband-Antibiotikums.

2 Beschreibe Aylins Krankheitsverlauf anhand ihrer Symptome. → 1

3 Erkläre den Krankheitsverlauf anhand der Wirkung des Penicillins. Bedenke auch die möglichen Nebenwirkungen von Antibiotika.

4 Am 6. Tag geht es Aylin schon viel besser.
Erkläre, weshalb sie das Penicillin nicht schon jetzt absetzen darf.

1.3. Penicillin ☹	**2.3.** Penicillin ☹	**3.3.** Penicillin ☹
trockener Husten Schmerzen beim Atmen Schüttelfrost Fieber: 39,5 °C	Husten mit Schleim Schmerzen beim Atmen Schüttelfrost Fieber: 39,5 °C	Husten mit Schleim Schmerzen beim Atmen leichter Schüttelfrost Fieber: 39 °C
4.3. Penicillin ☹	**5.3.** Penicillin ☹	**6.3.** Penicillin ☹
Husten wird besser weniger Schmerzen beim Atmen kein Schüttelfrost Fieber: 39 °C	leichter Husten kaum Schmerzen beim Atmen Fieber: 38,5 °C	leichter Husten kaum Schmerzen beim Atmen kein Fieber
7.3. Penicillin ☺	**8.3.** Penicillin ☺	**9.3.** Penicillin ☺
kaum Husten keine Schmerzen beim Atmen	keine Beschwerden	keine Beschwerden
10.3. Penicillin ☹	**11.3.** X ☹	**12.3.** X ☺
Durchfall	Durchfall	Juhu, endlich wieder fit!

1 Aylins Krankheitsverlauf

Material B

Antibiotika-Test

Um zu testen, welche Antibiotika am wirksamsten gegen einen bakteriellen Erreger sind, verteilt man die Bakterien auf einem Nährboden. → 2 Dann legt man Plättchen mit verschiedenen Antibiotika auf den Nährboden. Die Antibiotika verteilen sich nun im Umkreis der Plättchen. Der Nährboden wird einige Tage im Wärmeschrank aufbewahrt. In dieser Zeit vermehren sich die Bakterien.

Gegen welche Antibiotika die Bakterien empfindlich sind, erkennt man daran, wo sie sich nicht vermehrt haben.

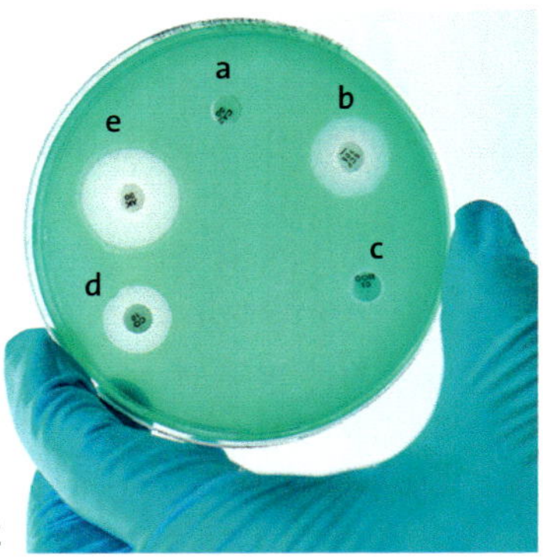

2

1 Beschreibe, zu welchem Zweck man Antibiotika-Tests durchführt.

2 Beschreibe das Vorgehen bei einem Antibiotika-Test.

3 Bild 2 zeigt das Ergebnis eines Antibiotika-Tests.

a Vergleiche die Ergebnisse der Plättchen a und b. Erkläre den Unterschied.

b Erkläre anhand der Ergebnisse, welches Antibiotikum am wirksamsten ist.

Material C

Gefährliche Erreger

Simon hat sich im Urlaub leicht am Bein verletzt. Als er zwei Wochen später wieder zu Hause ankam, war die Wunde immer noch nicht verheilt. Obwohl sein Arzt ihm zwei verschiedene Antibiotika verschrieben hat, blieb die Wunde entzündet. Scheinbar hat Simon sich im Urlaub mit multiresistenten Bakterien infiziert.

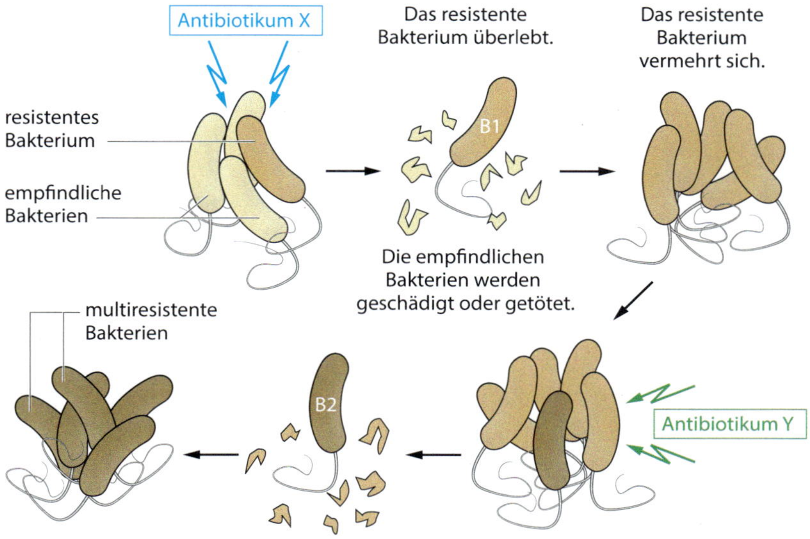

3 Entstehung multiresistenter Erreger

1 Beschreibe das Problem von Simon.

2 Bild 3 zeigt die Entstehung multiresistenter Erreger.
a Erkläre, weshalb das Bakterium „B1" die Behandlung mit Antibiotikum „X" überlebt.
b Beschreibe, welche besondere Eigenschaft das Bakterium „B2" aufweist.
c Erläutere anhand des Bilds, wie multiresistente Bakterien entstehen.

3 Manche Antibiotika werden als Reserve zurückgehalten und nur im Notfall eingesetzt. Erläutere am Beispiel von Simon, weshalb das sinnvoll ist.

Material D

Problem im Krankenhaus

Immer wieder berichten die Medien von Problemen mit multiresistenten Bakterien in Krankenhäusern.

1 Stelle Vermutungen an, wieso multiresistente Erreger in Krankenhäusern besonders gefährlich sind.

2 Erkläre die Bedeutung der folgenden Maßnahmen in Krankenhäusern:
a Patienten, die mit multiresistenten Erregern infiziert sind, werden in abgetrennten Zimmern isoliert.
b Angestellte und Besucher müssen sich vor jedem Kontakt mit Patienten die Hände desinfizieren. → 4

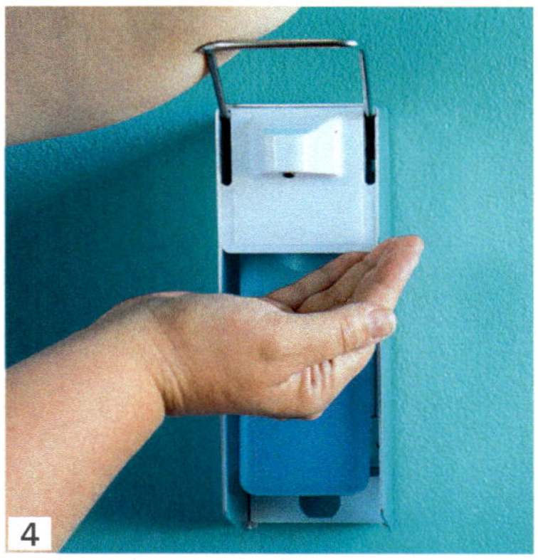

4

Viren als Krankheitserreger

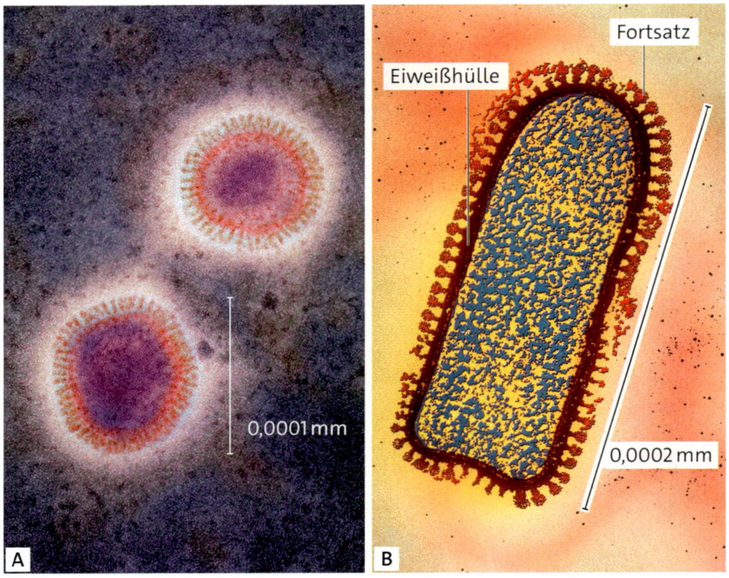

1 Viren im Elektronenmikroskop: **A** Grippevirus, **B** Tollwutvirus

Neben den Bakterien gelten Viren als häufigste Verursacher für verschiedene Krankheiten beim Menschen. Allerdings sind viele Medikamente gegen Viren wirkungslos. Worin unterscheiden sich Viren von Bakterien?

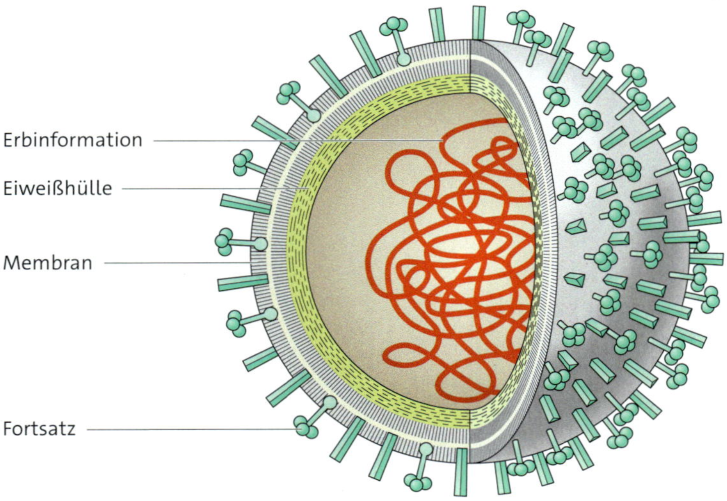

2 Gemeinsamer Bauplan von Viren

Bau von Viren • Viren sind wesentlich kleiner als Bakterien. Auf eine Linie, die einen Millimeter lang ist, passen etwa 10 000 Viren. Man kann sie nur durch ein Elektronenmikroskop sehen. → 1 Dieses hat eine fast 1000-fach stärkere Vergrößerung als ein Lichtmikroskop. Alle Viren haben einen ähnlichen Bauplan. → 2 Sie bestehen aus der Erbinformation, die von einer Eiweißhülle umgeben ist. Viele Viren besitzen zusätzlich eine Membran und außen zahlreiche Fortsätze.

Vermehrung • Für ihre Vermehrung sind Viren auf die Zellen anderer Lebewesen angewiesen, zum Beispiel auf die Zellen von Menschen oder Tieren. Zellen, die von Viren befallen werden können, nennt man Wirtszellen.
Zu Beginn der Vermehrung heftet sich ein Virus an eine Wirtszelle und gibt seine Erbinformation in die Zelle ab. → 3 Die Erbinformation enthält den Bauplan des Virus und sorgt dafür, dass der Stoffwechsel der Wirtszelle umgestellt wird. Die Wirtszelle stellt dann in kurzer Zeit zahlreiche Virusbausteine her, die sich zu neuen Viren zusammensetzen. Dann platzt sie und stirbt ab. Dadurch werden die Viren freigesetzt und können weitere Wirtszellen befallen.

Viren sind keine Lebewesen • Weil Viren nicht alle Kennzeichen des Lebens aufweisen, zählt man sie nicht zu den Lebewesen. Sie können sich nicht aktiv fortbewegen und reagieren nicht auf Reize aus ihrer Umwelt.

das **Virus**
die **Wirtszelle**
wirtsspezifisch

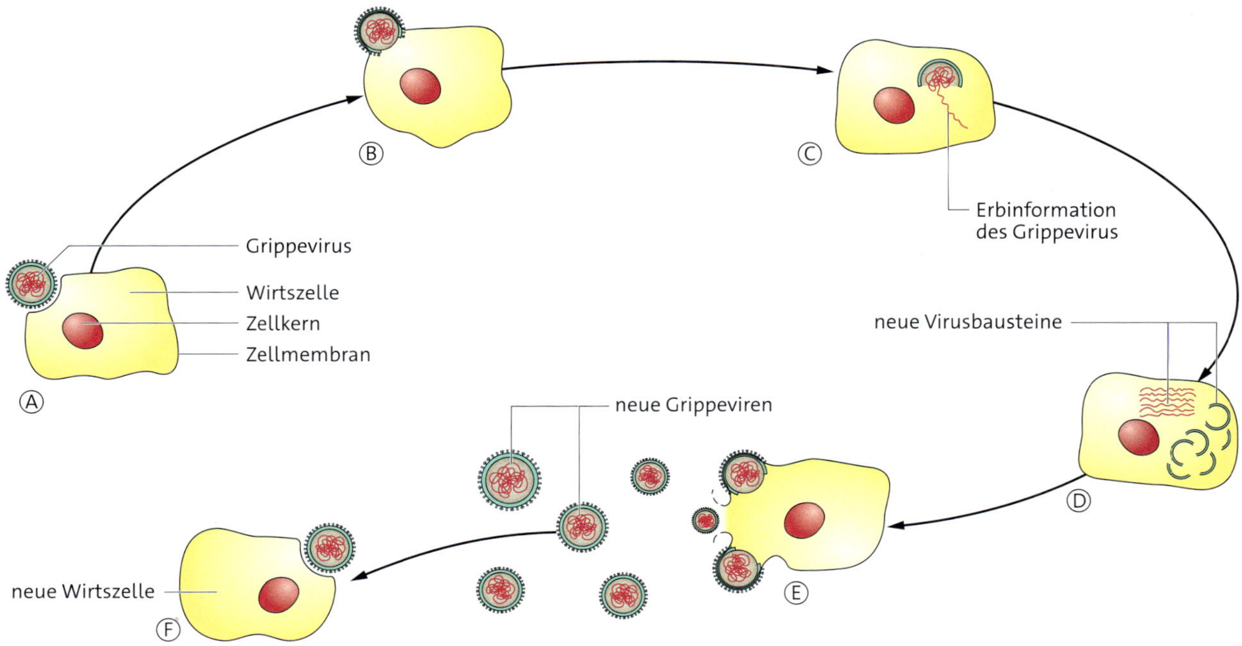

3 Vermehrung eines Virus

Außerdem besitzen sie keinen eigenen Stoffwechsel und wachsen nicht. Sie können sich nicht selbstständig vermehren, sondern sind dazu auf lebende Wirtszellen angewiesen.

Unterschiedliche Erkrankungen • Es gibt eine riesige Vielfalt an Viren, die sich in ihrer Form und Erbinformation unterscheiden. Jedes Virus befällt immer nur eine bestimmte Art von Wirtszellen. Man sagt, Viren sind wirtsspezifisch. Weil sie unterschiedliche Wirtszellen angreifen, verursachen Viren beim Menschen viele verschiedene Krankheiten. Erkrankt man an einer Grippe, greifen die Viren vor allem die Zellen der Schleimhäute an, zum Beispiel in der Nase. Tollwutviren greifen hingegen die Nervenzellen des Menschen an.

Viren sind kleine Krankheitserreger, die aus Erbinformation und einer Eiweißhülle bestehen. Sie sind zur Vermehrung auf bestimmte Wirtszellen angewiesen, die dabei zerstört werden. Viren zählen nicht zu den Lebewesen, weil sie nicht alle Kennzeichen des Lebens zeigen.

Aufgaben

1 ◪ Begründe anhand der Kennzeichen des Lebens, weshalb Viren keine Lebewesen sind.

2 ☒ Beschreibe die Virenvermehrung.

3 ☒ Erläutere, was wirtsspezifisch heißt.

Viren als Krankheitserreger

Material A

Viren und Bakterien

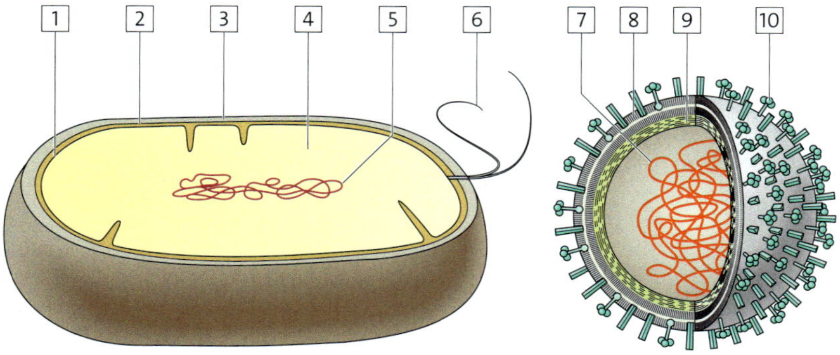

Größe von Bakterien: 1000 bis 10 000 nm
A

Größe von Viren: 20 bis 400 nm
B

1 Bau eines Bakteriums (**A**) und Virus (**B**)

Viren sind deutlich kleiner als Bakterien. Sie sind nur etwa 20 bis 400 Nanometer groß. 1 Nanometer (nm) entspricht 0,000 001 Millimeter (mm). Man muss also 1 Millimeter durch 1 Million teilen.

1 Ordne den Zahlen 1–10 die passenden Fachwörter zu. → 1

2 Vergleiche den Bau des Bakteriums und des Virus.

Material B

Vermehrung von Viren

1 Die Texte A–E beschreiben die Vermehrung eines Virus. Ordne die Beschreibungen den Bildern 1–5 zu. → 2

2 Bringe die Texte A–E in eine sinnvolle Reihenfolge und notiere sie in dein Heft.

3 Ein Virus braucht zur Vermehrung eine Wirtszelle. Erkläre diesen Sachverhalt.

4 Erkläre, wieso Viren beim Menschen sehr viele verschiedene Krankheiten auslösen können. Bedenke die Bedeutung von Wirtszellen.

A Die Wirtszelle produziert neue Virusbausteine.

B Das Virus befällt eine gesunde Wirtszelle.

C Die Wirtszelle platzt und die neuen Viren werden freigesetzt.

D Das Virus wurde von der Wirtszelle aufgenommen.

E Die Erbinformation des Virus wird freigesetzt und programmiert den Stoffwechsel der Wirtszelle um.

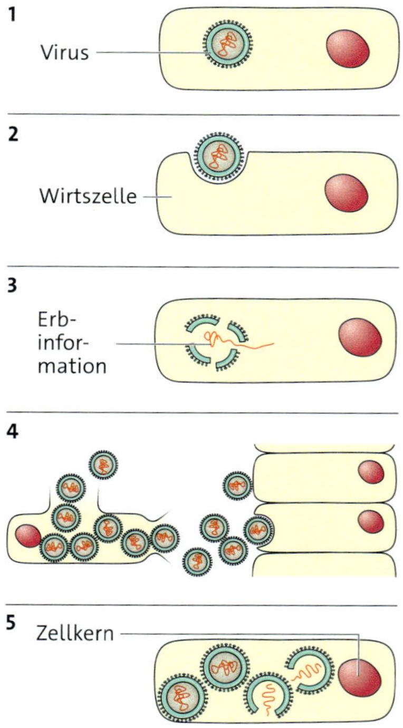

2 Vermehrungszyklus

Material C

Vermehrung im Vergleich

1 ☒ Vergleiche anhand der Diagramme, wie sich die Anzahl der Bakterien und der Viren bei ihrer Vermehrung verändert. → 3

2 ☒ Erkläre die Unterschiede in den Diagrammen anhand der Vermehrungsweisen von Bakterien und Viren.

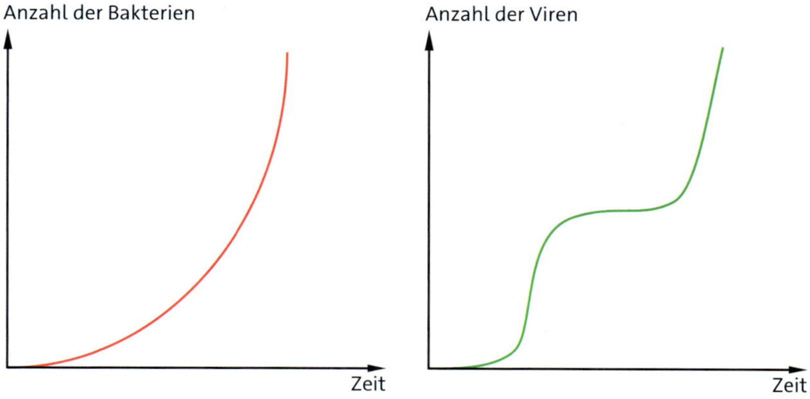

3 Vermehrung von Bakterien und Viren

Material D

Herpesviren warten ab

Manche Menschen bekommen schmerzhafte und juckende Lippenbläschen, wenn sie gestresst sind. → 4 Diese werden durch Herpesviren ausgelöst, die Zellen im Mundbereich befallen. → 5 Auch wenn die Lippenbläschen wieder abgeheilt sind, verbleiben die Viren im Körper. In den Ruhephasen wird die Erbinformation der Viren in den Nervenzellen gespeichert. Verschiedene Einflüsse können die Vermehrung der Viren dann wieder auslösen.

1 Bild 5 zeigt die Vermehrung von Herpesviren im Körper. ☒ Formuliere Überschriften für die Phasen A–D.

2 ☒ Beschreibe, wie es nach einer Ruhephase der Viren zum erneuten Ausbruch der Erkrankung kommen kann.

3 ☒ Viele Menschen sind mit dem Herpesvirus infiziert, ohne es zu merken. Finde eine Erklärung dafür.

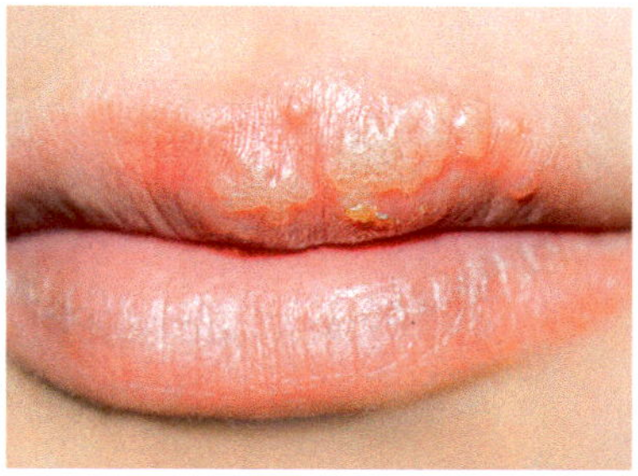
4 Lippenbläschen

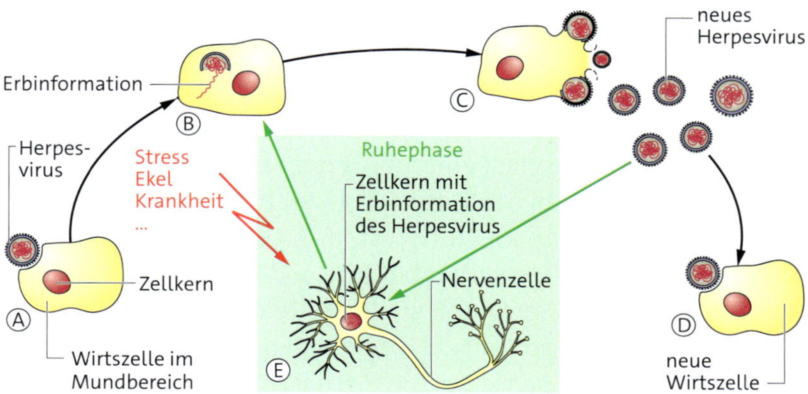

5 Vermehrung von Herpesviren

Blut und seine Bestandteile

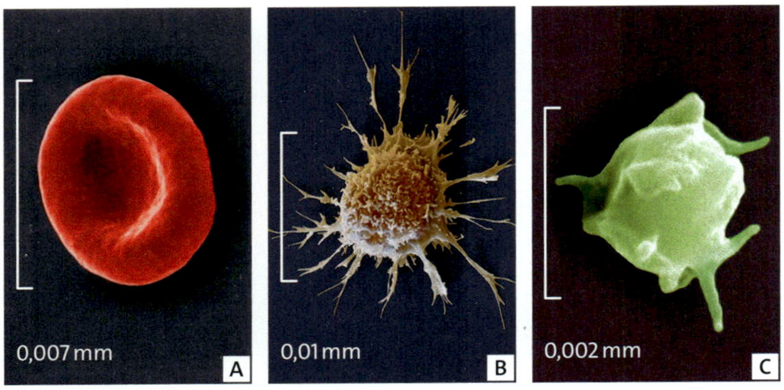

1 Blutzellen: **A** rote Blutzelle, **B** weiße Blutzelle, **C** Blutplättchen

Dringen Krankheitserreger in den Körper ein, werden sie von Zellen bekämpft, die sich im Blut befinden. Wie setzt sich das Blut zusammen?

Blut • Das Blut erfüllt viele Aufgaben. Es transportiert unter anderem Sauerstoff, Nährstoffe, Vitamine und Abfallstoffe zu den jeweiligen Zielorten. Zudem transportiert es Wärme und sorgt damit für die gleichbleibende Körpertemperatur. Das Blut enthält rote und weiße Blutzellen sowie Blutplättchen. → 1 Die Zellen werden im Knochenmark gebildet. Den flüssigen Anteil des Bluts nennt man Blutplasma. Dieses besteht größtenteils aus Wasser.

Rote Blutzellen • Diese Blutzellen sind scheibenförmig mit einer Vertiefung in der Mitte. → 1A Sie enthalten den roten Blutfarbstoff, das Hämoglobin. Dieses bindet Gase und kann somit Sauerstoff zu den Zellen und Kohlenstoffdioxid weg von den Zellen transportieren. Die roten Blutzellen nennt man auch Erythrozyten.

Weiße Blutzellen • Sie sind die größten Blutzellen und haben eine kugelförmige, verästelte Gestalt. → 1B Unter diese Gruppe fallen verschiedene Arten von Zellen, die bei der Abwehr von Krankheitserregern jeweils andere Funktionen haben. Zum Beispiel umschließt eine Art von Zellen die Erreger und löst sie dann auf. Die weißen Blutzellen nennt man auch Leukozyten.

Blutplättchen • Sie sind die kleinsten Blutzellen und unregelmäßig geformt. → 1C Die Blutplättchen sorgen dafür, dass sich Wunden schließen, indem sie sich aneinanderheften und zusammen mit roten Blutzellen und Eiweißfäden einen Blutpfropf bilden. Dies nennt man Blutgerinnung. Dadurch wird ein verletztes Blutgefäß verschlossen und der Blutverlust vermieden. Man nennt die Blutplättchen auch Thrombozyten.

Das Blut besteht aus dem Blutplasma, den Erythrozyten, den Leukozyten und den Thrombozyten. Die Blutzellen unterscheiden sich in der Struktur und Funktion. Die Leukozyten wirken bei der Abwehr von Krankheitserregern mit.

Aufgaben

1 Beschreibe die Zusammensetzung des Bluts.

2 Beschreibe die verschiedenen Blutzellen im Hinblick auf ihre Struktur und Funktion.

das **Blutplasma**
der **Erythrozyt**
der **Leukozyt**
der **Thrombozyt**

Material A

Anzahl der Blutzellen

Bei einem gesunden Menschen befinden sich in einem einzigen Milliliter Blut etwa 4–10 Millionen Leukozyten, 4000–6000 Millionen Erythrozyten und 150–400 Millionen Thrombozyten. Man spricht hierbei vom Normalbereich. Liegt die Anzahl der Blutzellen außerhalb des Normalbereichs, kann das auf eine Krankheit hindeuten. In der Tabelle sind Werte für verschiedene Testpersonen dargestellt. → 2

	Leukozyten in Millionen	Erythrozyten in Millionen	Thrombozyten in Millionen
Person A	15,5	4900	280
Person B	6,0	5200	250
Person C	5,8	3100	270
Person D	7,5	5800	84

2 Anzahl von Blutzellen in Millionen pro Milliliter Blut

Anzahl der Leukozyten
In der Medizin wird oft zur Diagnose von Krankheiten die Anzahl an Leukozyten gemessen. Eine erhöhte Anzahl an Leukozyten deutet auf das Eindringen von Krankheitserregern hin.

3

Blutarmut
Bei einer verringerten Konzentration von Hämoglobin im Blut spricht man von Blutarmut. Oft ist die Anzahl der Erythrozyten verringert. Das Blut transportiert dann weniger Sauerstoff zu den Organen und Muskeln. Typische Anzeichen sind Müdigkeit und Atemnot bei körperlicher Belastung.

4

1 Gib für Person A die Anzahl der verschiedenen Blutzellen pro Milliliter Blut jeweils als ganze Zahl mit der vollständigen Anzahl an Nullen an. → 2

2 Ordne die Blutzellen von Person A nach ihrer Anzahl pro Milliliter Blut.

3 Ermittle aus den Werten der Tabelle die gesunde Person. Begründe deine Auswahl.

4 Ermittle bei den anderen drei Personen aus den Werten der Tabelle jeweils den Typ von Blutzellen, der nicht im Normalbereich liegt.

5 Ordne den drei Personen, deren Anzahl an Blutzellen außerhalb des Normalbereichs liegt, die folgenden Krankheitsbilder zu: Blutarmut, Blutgerinnungsstörung und Lungenentzündung. Begründe deine Entscheidung.

6 Erkläre, warum eine Person mit Blutarmut im Sport weniger leistungsfähig ist als eine gesunde Person.

7 Beschreibe mögliche Schwierigkeiten einer Person mit Blutgerinnungsstörung.

8 Erkläre, weshalb eine erhöhte Anzahl an Leukozyten im Blut auf das Eindringen von Krankheitserregern hindeutet.

Stark in der Abwehr – das Immunsystem

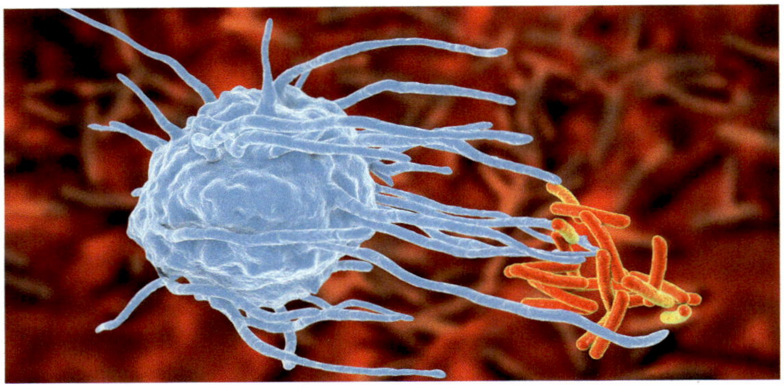

1 Eine Fresszelle (blau) bekämpft Bakterien.

Obwohl im Alltag unzählige Krankheitserreger lauern, sind wir trotzdem meistens gesund. Wie setzt sich der Körper zur Wehr?

Erste Abwehr • Um in den Körper zu gelangen, müssen Erreger einige Barrieren überwinden: Die Schleimhäute an Körperöffnungen wie Mund und Nase produzieren eine feuchte Schutzschicht, die Abwehrstoffe enthält. Mit der Nahrung aufgenomme Erreger werden größtenteils von der Magensäure im Magen abgetötet. Zudem ist die menschliche Haut mit einem Säureschutzmantel überzogen, der die Ansiedlung und Vermehrung von Erregern verhindert. Trotzdem gelingt es Erregern wie Bakterien und Viren, die Barrieren zu durchbrechen.

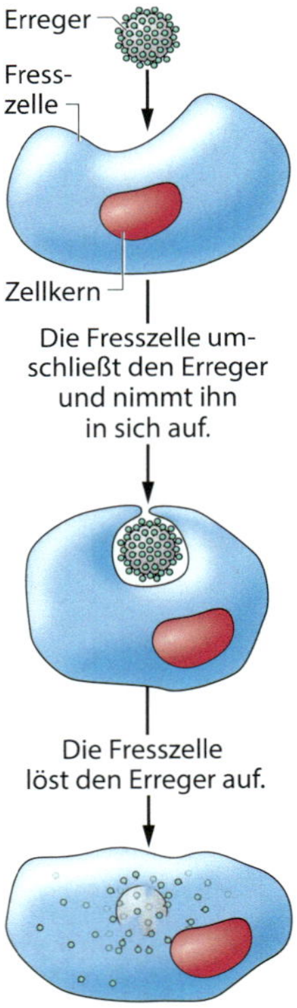

2 Unspezifische Abwehr

Unspezifische Abwehr • Wenn Erreger in den Körper eindringen, wird eine Abwehrreaktion ausgelöst. Hierfür ist das Immunsystem zuständig. Die Hauptfunktion in der Abwehr übernehmen die Leukozyten. Zu ihnen gehören auch die Fresszellen. Sie erkennen die Erreger, nehmen sie in ihr Zellinneres auf und lösen sie dort auf. → 2 So werden die Erreger unschädlich gemacht. Die Fresszellen nehmen alle Arten von Erregern auf. Daher bezeichnet man diese Vorgänge auch als unspezifische Abwehr.

Von Geburt an • Unsere körpereigenen Barrieren gegen Krankheitserreger und unsere unspezifische Abwehr sind schon von Geburt an ausgebildet. Man fasst diese Vorgänge deswegen unter dem Begriff angeborene Abwehr zusammen.

Spezifische Abwehr • Wirksamer gelingt die Abwehr, wenn viele Zellen zusammenarbeiten, die jeweils bestimmte Erreger bekämpfen. Gelangen Erreger, zum Beispiel Viren, ins Blut, werden sie von Riesenfresszellen zerlegt. → 3 Die Riesenfresszellen präsentieren dann Bruchstücke der Viren auf ihrer Außenseite. Diese Bruchstücke nennt man Antigene. So informieren sie die T-Helferzellen über die Art des Erregers. Daraufhin regen die T-Helferzellen die Plasmazellen an, bestimmte Abwehrstoffe gegen die Viren zu bilden. → 3A Diese Abwehrstoffe bezeichnet man als Antikörper. Die Antikörper sind so geformt, dass sie genau auf die Antigene der Viren passen. Die Antikörper verbinden sich mit den Antigenen, wodurch die Viren verklumpen. Man nennt das so entstandene Gebilde einen Antigen-Antikörper-Komplex. Er wird durch Riesenfresszellen vernichtet.

das Immunsystem
die unspezifische Abwehr
die spezifische Abwehr
der Antikörper
die Immunität

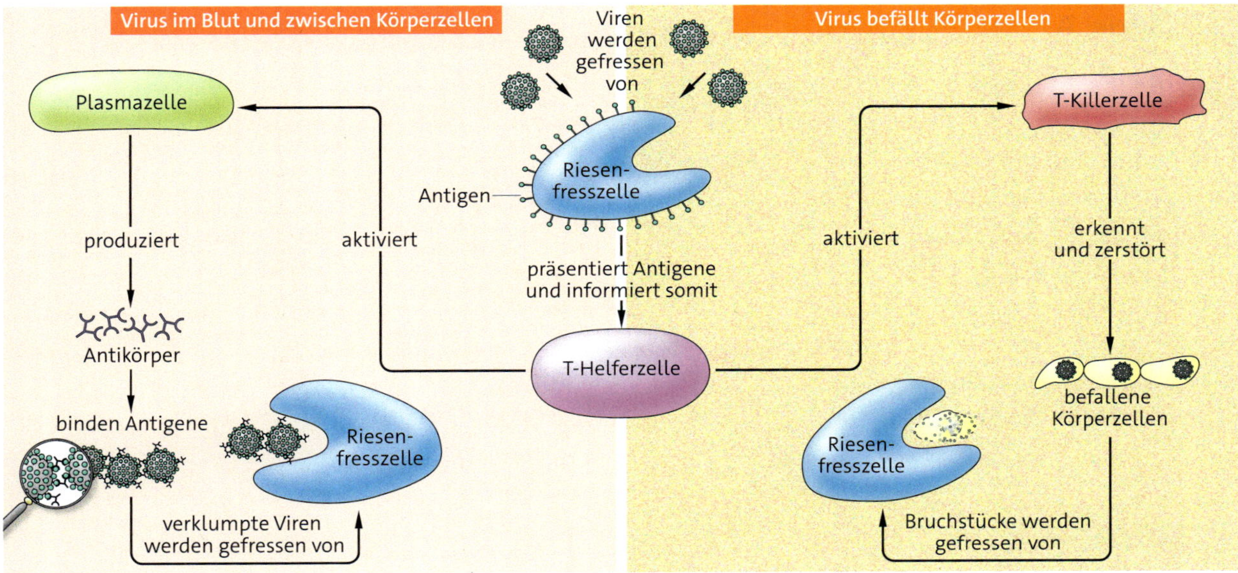

3 Ablauf der spezifischen Abwehr am Beispiel von Viren

Befallen Viren hingegen Körperzellen, aktivieren die T-Helferzellen bestimmte Zellen, die T-Killerzellen heißen. → 3B Diese erkennen befallene Körperzellen und töten sie ab. Die Körperzellen und die Virusbausteine werden dann von den Riesenfresszellen beseitigt. Da die T-Killerzellen und die Antikörper gezielt nur eine bestimmte Art von Erregern abwehren, bezeichnet man diese Vorgänge als spezifische Abwehr.

Erreger bleiben im Gedächtnis • Einige T-Killerzellen und Plasmazellen wandeln sich in Gedächtniszellen um. Diese speichern Informationen über die Eigenschaften des bekannten Erregers. Kommt es zu einer erneuten Infektion mit dem gleichen Erreger, werden sofort sehr viele passende Antikörper und T-Killerzellen gebildet. Die Krankheit bricht in der Regel nicht wieder aus. Diese Unempfindlichkeit gegenüber bestimmten Erregern wird als Immunität bezeichnet. Weil die spezifische Abwehr durch einen früheren Kontakt mit einem Erreger verstärkt wird, nennt man sie erworbene Abwehr.

Bei der unspezifischen Abwehr bekämpfen Fresszellen jede Art von Erreger. An der spezifischen Abwehr sind verschiedene Zellen beteiligt, die Erreger gezielt bekämpfen.

Aufgaben

1 Beschreibe die Funktion der Fresszellen bei der unspezifischen Abwehr.

2 Erstelle eine Tabelle zu den an der spezifischen Abwehr beteiligten Zellen und ihren Funktionen.

Stark in der Abwehr – das Immunsystem

Material A

Spezifische Abwehr

1 Ordne den Ziffern des Pfeilschemas die folgenden Zellen zu: Riesenfresszelle (2×), Plasmazelle, T-Helferzelle, Gedächtniszelle. → 1

2 Erkläre, wieso man von spezifischer Abwehr spricht.

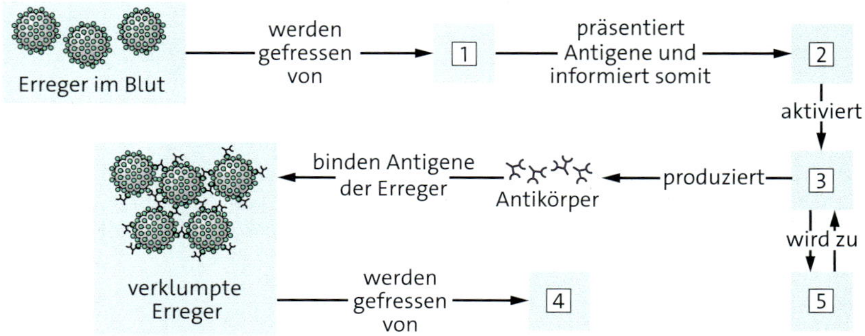

1 Spezifische Abwehr (Ausschnitt)

Material B

Entzündungsreaktion

Wenn man sich zum Beispiel einen Holzsplitter einfängt, kann es richtig schmerzen. Die Stelle kann sich entzünden. Was passiert bei einer Entzündung genau?

1 Lies den Text im grauen Kasten.

a Gib die fünf Symptome einer Entzündung an.

b Beschreibe, woraus Eiter besteht.

2 Beschreibe den Ablauf einer Entzündungsreaktion. → 2

3 Begründe, ob die Entzündungsreaktion Teil der spezifischen oder Teil der unspezifischen Abwehr ist.

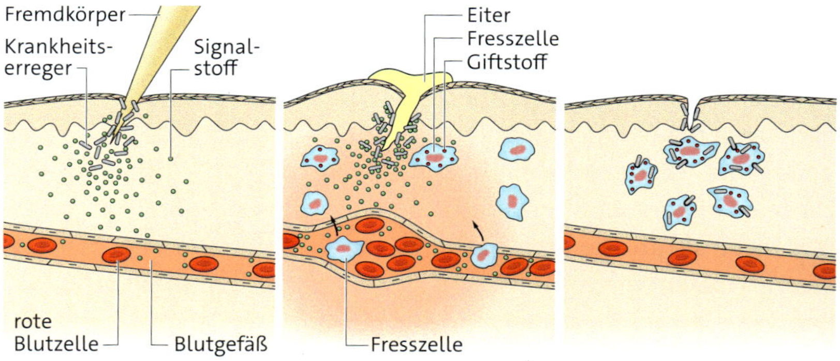

2 Entzündungsreaktion

Entzündungsreaktion Sie entsteht, wenn bei einer Verletzung viele Krankheitserreger in den Körper eindringen. Das Gewebe rötet sich und wird wärmer. Es schwillt an und schmerzt. Das führt zu Einschränkungen, man kann die betroffene Stelle zum Beispiel nicht mehr richtig bewegen. Diese Symptome entstehen dadurch, dass die Körperzellen Signalstoffe freisetzen. Diese lösen Abwehrreaktionen aus: Die Blutgefäße werden durchlässiger, sodass Fresszellen leichter ins geschädigte Gewebe gelangen. Die Fresszellen zerstören die eingedrungenen Erreger und sterben dann durch aufgenommene Giftstoffe ab. Körperzellen, Erreger und abgestorbene Fresszellen bilden eine gelbliche Flüssigkeit, den Eiter. Er wird nach außen abgegeben.

Material C

Antikörper und Antigene

Materialliste: farbige Pappe, Schere, Klebestreifen, Knete, Schwämme, Luftballons usw.

1 Entwickle ein Modell von Viren mit Antigenen und den dazu passenden Antikörpern. Wähle Materialien aus, die sich für dein Modell eignen.

2 Stelle mit deinem Modell dar, wie Antikörper zur Verklumpung von Viren führen.

3 Erläutere anhand des Modells das Schlüssel-Schloss-Prinzip. → 4

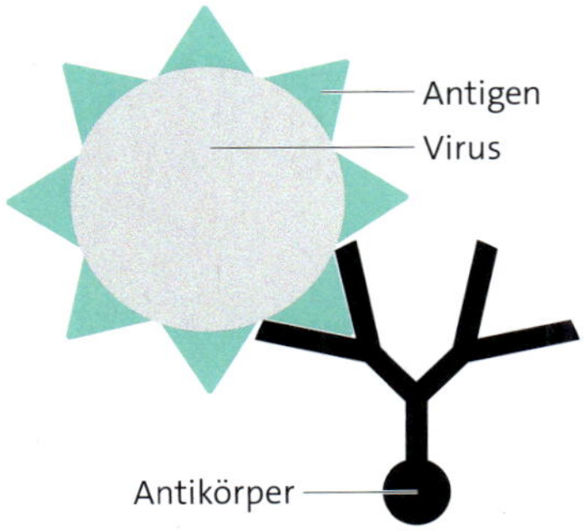

3 Beispiel für ein Modell

4 Vergleiche dein Modell mit der Wirklichkeit. Worin stimmt es mit der Wirklichkeit überein und worin unterscheidet es sich davon?

5 Erläutere, warum das Modell von der Wirklichkeit abweichen muss.

Schlüssel-Schloss-Prinzip Die Anlagerung eines Antikörpers an ein Antigen ist vergleichbar mit einem Schlüssel, der zu einem bestimmten Schloss passt. Diese Passgenauigkeit ist bei allen Antikörpern vorhanden und eine Voraussetzung dafür, dass sie ihre Funktion erfüllen. Dieses biologische Prinzip wird Schlüssel-Schloss-Prinzip genannt. Es lässt sich auch auf andere Vorgänge im Körper übertragen.

4

Material D

Immunität

Heute weiß man, dass die Infektionskrankheit Masern von Viren ausgelöst wird. Früher war es dagegen ein Rätsel, wieso Menschen an Masern erkrankten und warum manche Menschen davon verschont blieben.

Bei meiner Reise auf die Färöer-Inseln 1846 machte ich eine erstaunliche Beobachtung. In dem Jahr erkrankten über drei Viertel der Bevölkerung an Masern. Verschont blieben nur diejenigen, die 65 Jahre zuvor schon einmal an Masern erkrankt waren und wieder gesund wurden. Damals brachte ein Tischler, der aus einem anderen Land angereist war, diesen geheimnisvollen „Stoff" mit, der die Masern auslöst. Ich stellte mir die Frage: Wieso erkrankten manche Menschen, andere aber nicht?

5 Bericht eines Arztes von den Färöer-Inseln 1846

1 Beschreibe die Beobachtungen, die zum Ausbruch der Masern auf den Inseln gemacht wurden. → 5

2 Erkläre nach heutigem Wissensstand, wodurch die Masern auf den Inseln erstmals ausgelöst wurden.

3 Erkläre nach heutigem Wissensstand, weshalb die Menschen nicht ein weiteres Mal an Masern erkrankten.

Stark in der Abwehr – das Immunsystem

Erweitern und Vertiefen

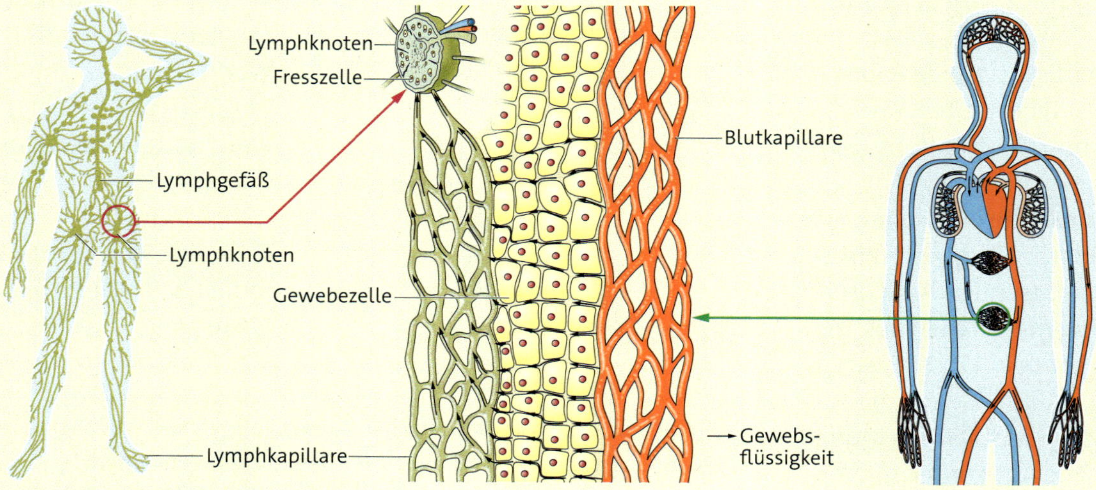

1 Lymphsystem und Blutgefäßsystem arbeiten zusammen.

Lymphsystem

Lymphsystem • Wie auch das Blutgefäßsystem durchzieht das Lymphsystem den gesamten Körper. → 1 An den kleinsten Blutgefäßen, den sogenannten Blutkapillaren, gelangt Blutplasma in umliegendes Gewebe und durchtränkt es wie einen Schwamm. Das Blutplasma versorgt die Zellen mit Nährstoffen und transportiert Abfallstoffe weg. Dann tritt die Gewebsflüssigkeit in die kleinsten Lymphgefäße ein, die Lymphkapillaren. Die Flüssigkeit in den Lymphkapillaren bezeichnet man als Lymphe.

Teil der Abwehr • Das Lymphsystem ist ein wichtiger Teil der körpereigenen Abwehr. In der Lymphe befinden sich besonders viele Fresszellen, so wie auch im Blut und Gewebe. Diese bauen Giftstoffe, abgestorbene Zellen und Krankheitserreger ab.

Lymphknoten • Entlang der größeren Lymphgefäße befinden sich Lymphknoten. → 1 Bei einer Infektion sammeln sich vermehrt Zellen des Immunsystems in den Lymphknoten, die der Infektion am nächsten liegen. Dadurch schwellen die Lymphknoten an und können schmerzen. Ärzte können die Schwellung der Lymphknoten durch Abtasten feststellen und so auf eine Infektion schließen.

Das Lymphsystem ist ein Teil der Abwehr. Die Lymphe enthält viele Fresszellen.

Aufgaben

1 Nenne die Aufgaben des Lymphsystems.

2 Beschreibe den Zusammenhang zwischen Blutgefäß- und Lymphsystem.

3 Erkläre die Funktion der Lymphknoten.

Erweitern und Vertiefen

Autoimmunerkrankungen

Autoimmunerkrankungen • Es gibt Krankheiten, bei denen das Immunsystem körpereigene Zellen als Fremdkörper deutet und angreift. Man nennt sie Autoimmunerkrankungen.

Multiple Sklerose • Bei dieser Krankheit greift das Immunsystem die Hüllzellen der Nervenzellen an. → 2 Dadurch werden elektrische Signale nur noch langsam weitergeleitet. Das kann zu Muskelschwäche, Lähmungen, Sprach- und Sehstörungen führen. Die Krankheit ist noch unheilbar. Medikamente verzögern den Krankheitsverlauf oder lindern die Symptome.

Morbus Crohn • Bei dieser Erkrankung ist die Schleimhaut des Verdauungstrakts dauerhaft entzündet. Dabei greift das Immunsystem vor allem Zellen der Speiseröhre, des Dünndarms und Dickdarms an. → 3 Die Erkrankten leiden häufig unter Durchfällen, Bauchkrämpfen und Gewichtsverlust. Eine Heilung ist derzeit nicht möglich. Medikamente können den Krankheitsverlauf verzögern oder die Symptome lindern.

Diabetes Typ 1 • Bei Diabetes Typ 1 greift das Immunsystem die Zellen der Bauchspeicheldrüse an, die das Hormon Insulin produzieren. Der Insulinmangel führt dazu, dass die Zellen keinen Zucker aus dem Blut aufnehmen. Dadurch ist der Blutzuckerspiegel dauerhaft hoch, was zu Schwindel, Müdigkeit und starkem Durst führt. Langfristig werden Gewebe und Organe geschädigt. Diese Form von Diabetes kann nicht geheilt werden. Erkrankte müssen sich das Insulin durch Spritzen zuführen.

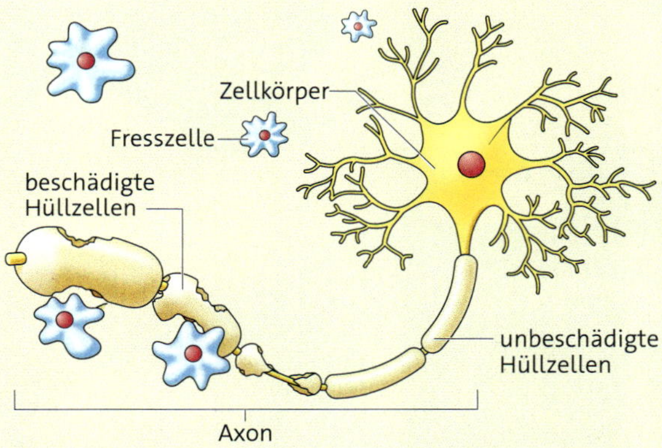

2 Beschädigte Nervenzelle (Multiple Sklerose)

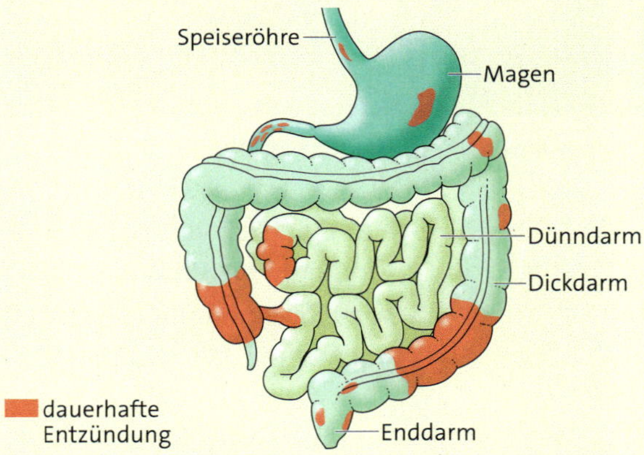

3 Entzündeter Verdauungstrakt (Morbus Crohn)

Bei Autoimmunerkrankungen greift das Immunsystem körpereigene Zellen an.

Aufgaben

1 Erkläre, was man unter einer Autoimmunerkrankung versteht.

2 Stelle die Eigenschaften der drei Krankheiten in einer Tabelle dar: betroffene Zellen, Symptome, Heilung, Behandlung.

Impfen – Hilfe für das Immunsystem

1 Beim Skaten verletzt – und jetzt?

Hat man sich verletzt, können schnell Erreger in die Wunde eindringen. Ärzte fragen dann sofort nach dem Impfschutz. Wie wirkt eine Impfung?

Tetanus • Wenn man stürzt, gelangt meistens Dreck in die Wunde. → 1 Auch Krankheitserreger können über die Wunde in den Körper eindringen. Im Erdboden und im Straßenstaub leben Bakterien, die Tetanus auslösen können. Das ist eine Infektionskrankheit, die auch Wundstarrkrampf genannt wird. Die Bakterien produzieren Giftstoffe, die schwere Muskelkrämpfe auslösen. Ohne Behandlung verläuft die Krankheit tödlich.
Gegen Tetanus kann man sich durch eine Impfung schützen. Bei Impfungen unterscheidet man zwei Formen.

Aktive Immunisierung • Bei dieser Art der Impfung werden dem gesunden Körper abgeschwächte Erreger oder Teile davon verabreicht. → 2A Die Impfstoffe verursachen zwar keine Krankheit, lösen aber eine Abwehrreaktion im Körper aus. Dadurch werden passende Antikörper und dann auch Gedächtniszellen gebildet. Gelangen dann „echte" Erreger in den Körper, gegen die man zuvor geimpft wurde, wird die körpereigene Abwehr schneller ausgelöst. Die Gedächtniszellen vermehren sich schnell und es werden sofort passende Antikörper gebildet. So wird der Vermehrung der Erreger entgegengewirkt und die Krankheit bricht gar nicht oder nur schwach aus. Diese Form der Impfung nennt man aktive Immunisierung, weil der Körper Antikörper bildet und somit die Erreger aktiv bekämpft. Man spricht auch von Schutzimpfung.

Passive Immunisierung • Hat man sich bereits mit Erregern infiziert, werden direkt die passenden Antikörper verabreicht. Dies macht man auch, wenn unklar ist, ob schon ein Impfschutz besteht. Die Antikörper bekämpfen die Erreger dann unmittelbar und tragen somit zur Heilung bei.
Diese Form der Impfung nennt man passive Immunisierung, weil der Körper die Antikörper nicht selbst bildet. Man spricht auch von Heilimpfung. Die Antikörper werden gewonnen, indem man größeren Säugetieren wie Pferden abgeschwächte Erreger ins Blut spritzt. → 2B

die **aktive Immunisierung**
die **Schutzimpfung**
die **passive Immunisierung**
die **Heilimpfung**
der **Impfausweis**

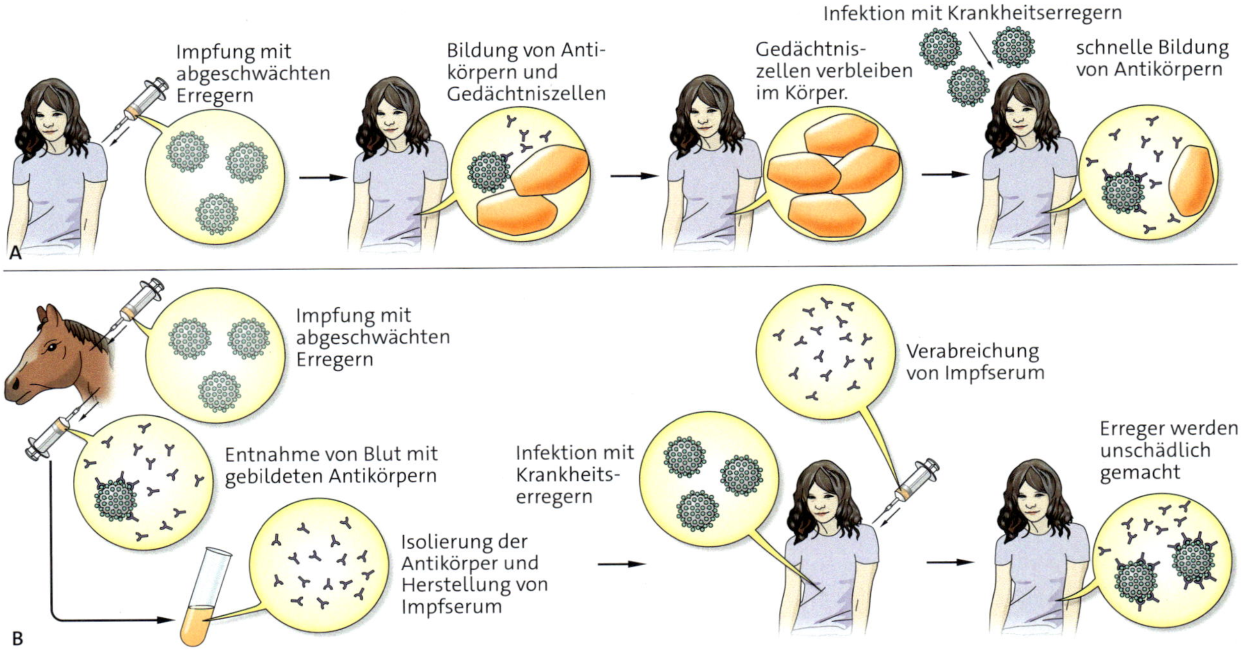

2 Impfung: **A** Aktive Immunisierung, **B** Passive Immunisierung

Im Körper der Säugetiere werden dann Antikörper gebildet, die man aus dem Blut entnimmt und zu einem Impfserum verarbeitet. Im Gegensatz zur aktiven Immunisierung besteht nach einer passiven Immunisierung kein Langzeitschutz, weil der Körper keine Gedächtniszellen bildet.

Impfungen auffrischen • Zum Schutz werden schon Säuglinge gegen verschiedene Infektionskrankheiten geimpft. Die Impfungen werden in einen Impfausweis eingetragen. Manche Impfungen müssen nach einiger Zeit wiederholt werden, weil die Menge der Antikörper und Gedächtniszellen im Körper wieder sinkt. Den Impfschutz gegen Tetanus soll man zum Beispiel alle zehn Jahre auffrischen.

Bei der aktiven Immunisierung werden dem Körper abgeschwächte Erreger verabreicht. Diese regen die körpereigene Abwehr an. Bei der passiven Immunisierung werden Antikörper verabreicht, die den Krankheitserreger direkt bekämpfen.

Aufgaben

1 Nenne Situationen, in denen man sich mit Tetanus infizieren kann.

2 Vergleiche die aktive und passive Immunisierung im Hinblick auf die verabreichte Substanz, die Vorgänge im Körper, die Wirkung und den Langzeitschutz. Lege für den Vergleich eine Tabelle an.

Impfen – Hilfe für das Immunsystem

Material A

Der Impfausweis

In Deutschland wird für jedes Neugeborene ein internationaler Impfausweis ausgestellt. → 1

1 Gib an, welche Angaben ein Impfausweis enthält.

2 Gib an, gegen welche Krankheiten geimpft wurde. Nutze den Spickzettel.

3 Begründe, warum mit zwei Impfstoffen gegen Tetanus geimpft wurde.

1 Auszug aus einem Impfausweis

Tetanus: Wundstarrkrampf

Poliomyelitis: Kinderlähmung

Petussis: Keuchhusten

Influenza: Virusgrippe

Tetagam: Impfstoff mit Antikörpern gegen die Giftstoffe des Tetanus-Erregers

Tetanol: Impfstoff mit abgeschwächten Giftstoffen des Tetanus-Erregers

Material B

Historische Versuche

Zwei Forscher verhalfen dem Impfen zum Durchbruch.

1 Beschreibe die Versuche von Louis Pasteur und Emil von Behring.

2 Begründe anhand der Versuche, wer eine Schutzimpfung und wer eine Heilimpfung entdeckte.

3 Erkläre, warum der Junge länger gegen Tollwut geschützt blieb als die Kinder gegen Diphtherie.

*1891 heilte **Emil von Behring** erstmals Kinder, die an Diphtherie litten, einer Erkrankung der Atemwege. Zuvor hatte er herausgefunden, dass sich im Blutserum von erkrankten Tieren ein „Gegengift" gegen die Gifte der Erreger bildete. Er entnahm den Tieren Blut und stellte ein Impfserum mit dem „Gegengift" her. Dieses verabreichte er anderen erkrankten Tieren. Er stellte fest, dass das „Gegengift" auch hier zur Heilung führt. Heute weiß man, dass es sich bei dem „Gegengift" um Antikörper handelt.*

2

*1885 behandelte **Louis Pasteur** einen Jungen, der vom Hund gebissen wurde, um ihn vor Tollwut zu schützen. Pasteur hatte zuvor einen Impfstoff aus Tollwut-Erregern entwickelt. Er verabreichte dem Jungen zwei Wochen lang täglich eine Spritze, erst mit stark abgeschwächten Erregern und dann mit immer weniger abgeschwächten Erregern. Um zu prüfen, ob die Impfungen den Jungen wirklich immun machten, spritzte er die weniger abgeschwächten Erreger auch einem Hund. Der Junge blieb gesund, der Hund starb.*

3

Material C

Impfen – ja oder nein?

Soll man sich – und vor allem Kinder – gegen alles impfen lassen? Darüber wird viel gestritten. Hier sind einige Argumente der Befürworter und Gegner des Impfens aufgeführt.

1 Fasse jedes Argument in einen kurzen Aussagesatz zusammen.

2 Ordne die Argumente den Befürwortern und den Gegnern des Impfens zu. Nutze dazu deine Aussagesätze aus Aufgabe 1.

3 Erstelle ein Werbeplakat eines Impfstoffherstellers und ein Protestplakat eines Gegners über das Impfen.

4 Impfen – ja oder nein? Nimm persönlich aus deiner Sicht Stellung zu der Frage.

Manche Infektionskrankheiten sind besonders in der Schwangerschaft gefährlich, weil sie das ungeborene Kind schwer schädigen können. Sich impfen lassen heißt, für sein ungeborenes Kind Verantwortung zu übernehmen. A

Ein Impfstoff soll die körpereigene Abwehr anregen. Das kann Nebenwirkungen haben: An der Einstichstelle der Nadel kann es zur Rötung und Schwellung kommen. Auch Fieber kann auftreten. B

Infektionskrankheiten können sich in kurzer Zeit über sehr viele Menschen ausbreiten. Das betrifft auch gefährliche Krankheiten, die Menschenleben kosten können. Das lässt sich nur eindämmen, wenn ein Großteil der Bevölkerung geimpft ist. C

Erreger können sich in Menschen, die gegen sie geimpft sind, nicht ungehindert vermehren.
Sind viele Menschen geimpft, können Erreger sogar aussterben. D

Viele Kinderkrankheiten sind zwar unangenehm, aber für gesunde Kinder ungefährlich. Das Immunsystem wird also durch Impfungen unterstützt, obwohl das gar nicht nötig wäre. E

Impfungen schützen den Menschen vor den Gefahren einer Krankheit. F

Ein Impfstoff ist viel günstiger als eine langwierige Behandlung eines erkrankten Menschen. G

Wenn ungeimpfte Menschen reisen, können sie Erreger in Regionen einschleppen, in denen es diese zuvor nicht gab und die Menschen nicht immun sind. H

Ist das Immunsystem einer geimpften Person geschwächt, kann die Impfung genau die Krankheit auslösen, gegen die sie eigentlich schützen soll. Man spricht dann von einer Impfkrankheit. Das betrifft vor allem alte Menschen und Menschen, die zum Zeitpunkt der Impfung krank waren. Meistens verläuft eine Impfkrankheit vergleichsweise schwach. I

In ganz seltenen Fällen führen Impfungen bei Menschen zu schweren Nebenwirkungen, die zum Teil dauerhafte Schäden verursachen können. J

Manche Menschen lehnen Impfungen aus religiösen Gründen ab. Sie glauben, wenn sie krank werden, ist das für ihren Lebensweg so vorgesehen. K

Infektionskrankheiten nehmen überhand

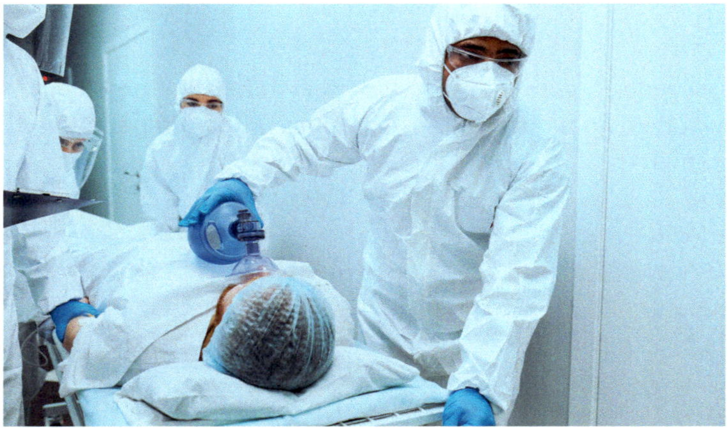

1 Reanimierung eines an Covid-19 erkrankten Patienten

Aerosolpartikel: winzige feste oder flüssige Schwebeteilchen in der Luft

In den Jahren 2020 und 2021 stand die Welt wegen einer Infektionskrankheit still. Die Atemwegserkrankung Covid-19 hatte sich rasant ausgebreitet. Wie konnte es dazu kommen?

SARS-CoV-2 • Das Coronavirus SARS-CoV-2 löst beim Menschen die Atemwegserkrankung Covid-19 aus. Es trat das erste Mal Ende des Jahres 2019 auf. Durch seine schnelle Verbreitung über Tröpfchen und Aerosolpartikel in der Atemluft ist es sehr ansteckend. Die Krankheit betrifft hauptsächlich die Atemwege. Dort kommt es zu Entzündungen. Eine Infektion kann aber auch viele weitere Beschwerden und Folgeschäden auslösen. Im schlimmsten Fall führt Covid-19 zum Tod. Besonders betroffen sind Menschen, die durch bereits vorhandene Erkrankungen oder ihr hohes Alter vorbelastet sind. Die Krankheit kann auch bei jungen Menschen schwer verlaufen. Impfungen gegen das Virus schützen vor schweren Verläufen von Covid-19.

2 3-D-Modell des Coronavirus

Epidemien und Pandemien • Nimmt die Anzahl von Erkrankungsfällen einer Infektionskrankheit in kurzer Zeit schlagartig zu, spricht man von einer Epidemie. Dabei ist das gehäufte Auftreten örtlich begrenzt auf eine Region. Breitet sich eine Epidemie über örtliche Grenzen hinaus aus, spricht man von einer Pandemie. Im März 2020 rief die Weltgesundheitsorganisation (WHO) für Covid-19 eine globale Pandemie aus. Epidemien und Pandemien entstehen, wenn ein neuer Erreger oder eine neue Variante eines Erregers auftritt, weil die Immunsysteme der Menschen darauf nicht vorbereitet sind. Die Erreger werden häufig durch eine Tröpfchen- oder Schmierinfektion übertragen. Die schnelle Übertragung der Erreger wird außerdem dadurch begünstigt, dass sich immer weniger Menschen impfen lassen. Eine Verbreitung von Krankheitserregern und somit von Infektionskrankheiten über Grenzen hinaus ist auf die steigende Mobilität der Menschen zurückzuführen.

Von einer Epidemie spricht man, wenn die Anzahl von Erkrankungsfällen einer Infektionskrankheit in kurzer Zeit in einer Region schlagartig zunimmt. Pandemien dagegen sind örtlich nicht begrenzt.

Aufgabe

1 Nenne Faktoren, die den Ausbruch einer Pandemie begünstigen.

die Epidemie
die Pandemie

Methode

Im Internet recherchieren

Suchst du Informationen zu einem Thema wie zum Beispiel dem Coronavirus, bietet sich eine Recherche im Internet an. Gibst du jedoch „Coronavirus“ in eine Suchmaschine ein, werden unzählige Ergebnisse vorgeschlagen. Wichtige und unwichtige sowie korrekte und falsche Informationen zu unterscheiden, ist nicht einfach. Damit du nicht unnötig viel Zeit brauchst, solltest du gezielt vorgehen.

1. Vorbereitung Wähle zuerst sinnvolle Suchbegriffe aus. Dazu erstellst du eine Liste mit Begriffen, die für das Thema wichtig sind. Für Informationen zum Coronavirus bieten sich zusätzlich die Suchbegriffe SARS-CoV-2 oder Covid-19 an.

2. Suche Zu dem Suchbegriff „Coronavirus“ gibt es in einer Suchmaschine über 2 Milliarden Treffer. Man kann die Anzahl der Treffer reduzieren, indem man weitere Suchbegriffe angibt. Wählt man eine andere Suchmaschine, ändern sich die Einträge. Ändert man die Reihenfolge der Suchbegriffe, erhält man ebenfalls unterschiedliche Ergebnisse.

3 Das Internet ist eine riesige Informationsquelle.

Am Anfang der Liste stehen häufig Beiträge von Firmen und Werbung, die nicht immer verlässlich sind. Deshalb sollte man sich mindestens die ersten 10–30 Treffer ansehen.

3. Auswertung Nach der Suche geht es an die Auswertung der Quellen. Wähle möglichst aktuelle Informationen. Nutzt du ältere Informationen, kann es sein, dass die Informationen heute nicht mehr gültig sind. Gerade beim Coronavirus gibt es häufig neue Erkenntnisse. Bedenke außerdem, dass alle im Internet Informationen veröffentlichen können.
Daher ist es wichtig einzuschätzen, ob eine Quelle verlässlich ist. Verlässliche Informationen findest du unter anderem bei staatlichen Einrichtungen wie Bundesministerien und Behörden sowie bei Forschungseinrichtungen. Vorsichtig muss man hingegen bei Interessengruppen wie politischen Parteien oder privaten Organisationen sein. Die Informationen sind oft einseitig, weil damit bestimmte Ziele verfolgt werden.
Auf der Internetseite von offiziellen Forschungseinrichtungen wie dem Robert-Koch-Institut erhältst du zum Beispiel eher Informationen, die wertungsfrei und unvoreingenommen sind, als in einem sozialen Netzwerk.

4. Quellenangabe Wenn man Informationen präsentiert, sollte man immer seine Quelle angeben. Webadressen gibt man vollständig an. Zudem vermerkt man das Datum, an dem man die Seite besucht hat, weil Websites häufig geändert oder gelöscht werden.

Infektionskrankheiten nehmen überhand

Material A

Vorbeugung

Um die Verbreitung des Coronavirus einzudämmen, haben sich verschiedene Hygienemaßnahmen bewährt. → 1

1 Betrachte die Maßnahmen in Bild 1.

a Gib an, welchem Infektionsweg sie jeweils vorbeugen.

b Begründe, warum in geschlossenen Innenräumen Abstandhalten alleine nicht vor einer Übertragung von SARS-CoV-2 schützt.

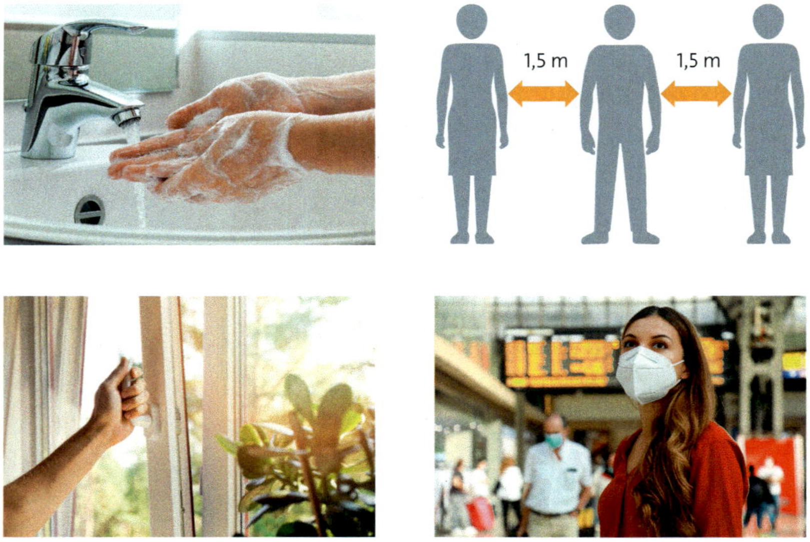

1 Verschiedene Hygienemaßnahmen

Material B

Wozu Masken?

Zum Schutz vor Viren, die sich hauptsächlich durch Tröpfchen oder Aerosolpartikel in der Luft verbreiten, kann das Tragen von Masken helfen. Bei den Masken gibt es jedoch große Unterschiede:
Alltagsmasken sind Stoffmasken, die zur normalen Kleidung zählen. Wie wirksam Alltagsmasken sind, lässt sich schwer sagen, da nicht festgelegt ist, aus welchem Material sie sein müssen. Wirksamer sind OP-Masken. → 2 Sie dienen vor allem dem Schutz von anderen Personen, indem sie ausgeatmete Wassertröpfchen auffangen. Es gibt aber kleine Aerosolpartikel, die das Virus transportieren können. Etwa die Hälfte dieser Teilchen kann OP-Masken durchdringen. Am besten schützen deshalb die sogenannten FFP2-Masken. → 2 Sie lassen so gut wie keine Aerosolpartikel hindurch.

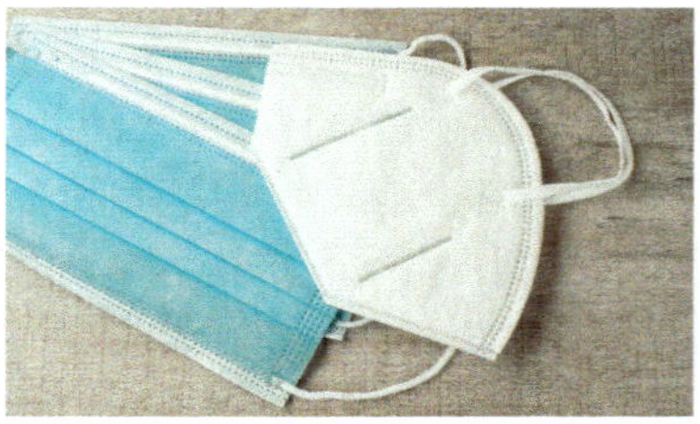

2 OP-Masken (links) und FFP2-Masken (rechts)

2 Begründe, welche der genannten Masken am besten vor einer Ansteckung mit dem Coronavirus schützt.

1 Erstelle eine Tabelle zu den Eigenschaften der drei im Text genannten Maskenarten.

Material C

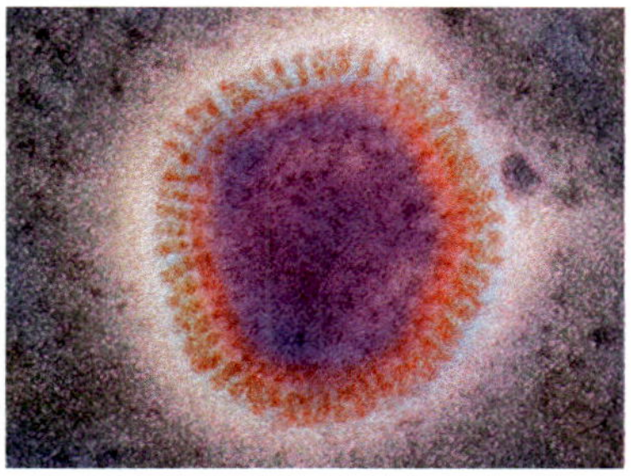

3 Grippevirus (elektronenmikroskopische Aufnahme)

Viren verändern sich

Viren tragen Antigene auf ihrer Oberfläche, an denen die Zellen des Immunsystems sie erkennen. Diese Antigene verändern sich häufig. So können zum Beispiel Grippeviren jedes Jahr anders sein.

1 Nenne die Symptome einer Virusgrippe. → 5

2 Beschreibe, wie sich das Grippevirus im Laufe der Jahre verändert hat. → 4

3 Eine überstandene Grippe führt zur Immunität. Begründe, warum diese nicht vor einer Grippe im nächsten Jahr schützt.

4 Begründe, warum die häufige Veränderung der Viren die Ausbreitung von Epidemien fördert.

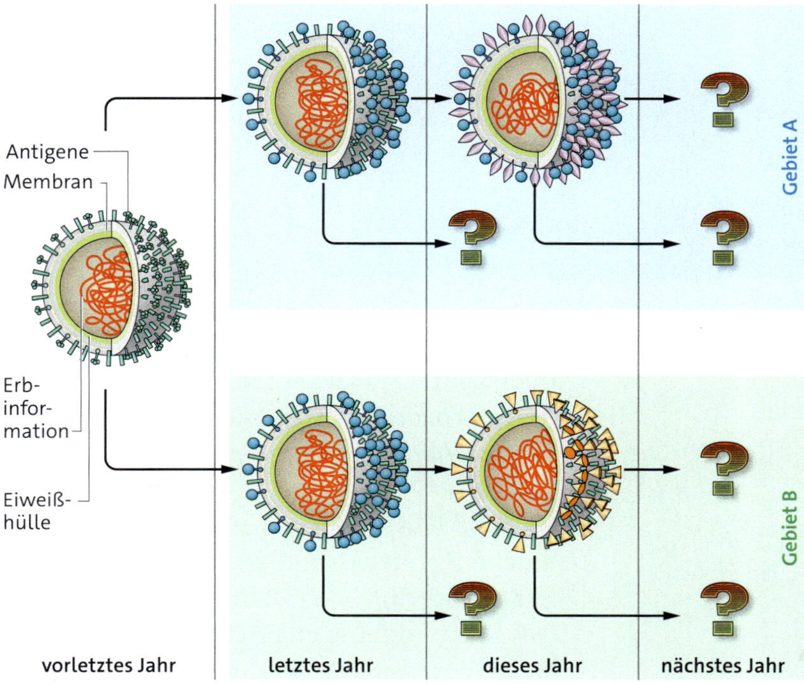

4 Veränderung der Grippeviren

Virusgrippe

Die Virusgrippe ist eine schwere Infektionskrankheit. Sie betrifft die Schleimhäute der Atmungsorgane und wird beim Menschen und bei Tieren durch Grippeviren ausgelöst. Die Übertragung der Viren erfolgt meistens durch eine Tröpfcheninfektion, also über Flüssigkeitströpfchen, die beim Atmen, Husten, Niesen oder Sprechen in die Luft abgegeben werden.
Eine Erkrankung führt zu hohem Fieber, Schüttelfrost, Kopf- und Gliederschmerzen. Eine nachfolgende bakterielle Infektion kann eine Lungenentzündung oder eine Hirnhautentzündung auslösen. Vor allem ältere und geschwächte Menschen können daran sterben.
Eine einmalige Impfung oder eine überstandene Grippe beugen einer erneuten Infektion nicht ausreichend vor. Die Vielfalt der Viren ist sehr groß. Zudem ändern sich die Antigene auf der Oberfläche der Grippeviren immer wieder.

5

HIV – Angriff auf das Immunsystem

1 Rote Schleife – Symbol für den Kampf gegen HIV und Aids

Aids zählt weltweit zu den bekanntesten und bedrohlichsten Infektionskrankheiten. Warum ist Aids so gefährlich?

lat. human: menschlich

HIV und Aids • Aids wird durch eine Infektion mit dem humanen Immunschwäche-Virus, kurz HI-Virus oder HIV, ausgelöst. Die englische Abkürzung Aids kann man mit „Beschwerden durch eine erworbene Immunschwäche" übersetzen. Aids ist also eine Infektionskrankheit, bei der das Immunsystem geschädigt ist. Menschen, die sich mit dem HI-Virus infiziert haben, sind HIV-positiv. Sie können jahrelang symptomfrei leben. Erst wenn die Krankheit ausgebrochen ist, spricht man von Aids. Obwohl viel geforscht wird, ist Aids bislang (2021) nicht heilbar. Medikamente können den Ausbruch der Krankheit verzögern.

Ansteckung • HI-Viren kommen vor allem in Körperflüssigkeiten wie Blut, Sperma und Scheidenflüssigkeit von infizierten Menschen vor. Kommen die Körperflüssigkeiten mit Schleimhäuten oder Verletzungen gesunder Menschen in Kontakt, können HI-Viren übertragen werden. Außerhalb des Körpers bleiben HI-Viren nur kurze Zeit schädlich.

Schwächung des Immunsystems • HI-Viren befallen vor allem die T-Helferzellen und zerstören sie. → 2 Mit der Dauer der Infektion nimmt die Anzahl der T-Helferzellen im Körper ab. Dadurch werden bei einer Infektion mit anderen Erregern immer weniger Abwehrzellen aktiviert. So kommt es zu lebensbedrohlichen Infektionen und Krebs. Auch harmlosere Krankheiten können dann tödlich verlaufen.

Aids ist eine bis heute unheilbare Krankheit, bei der das Immunsystem durch HI-Viren geschwächt wird.

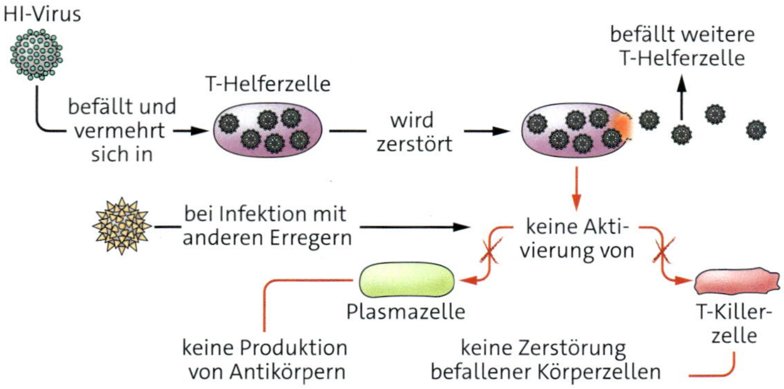

2 Auswirkung des HI-Virus im Körper

Aufgaben

1 Erläutere die Begriffe HIV und Aids.

2 Beschreibe die Auswirkung einer Infektion mit HI-Viren auf das Immunsystem. → 2

Material A

Infektionswege

Man kann sich mit HIV nur anstecken, wenn das Virus in ausreichender Menge in das Blut oder die Schleimhäute gelangt. Am häufigsten wird HIV beim Geschlechtsverkehr ohne Kondom übertragen. Speichel, Tränen oder Urin enthalten nur sehr wenige HI-Viren. Deshalb ist eine Ansteckung über diese Körperflüssigkeiten sehr unwahrscheinlich.

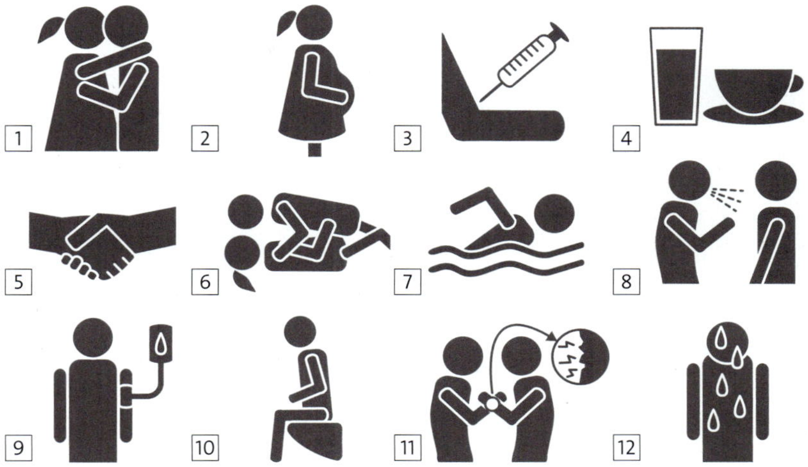

3 Übertragungswege von HIV

1 Gib Situationen aus Bild 3 an, in denen das Risiko einer Infektion mit HI-Viren sehr gering ist. Begründe jeweils deine Auswahl.

2 Nenne Situationen aus Bild 3, in denen das Risiko einer Infektion mit HI-Viren sehr hoch ist. Begründe jeweils deine Auswahl.

3 Erläutere anhand der riskanten Situationen, durch welche Maßnahmen man sich vor einer Ansteckung mit HIV schützen kann.

Material B

Vorurteile

1 Nenne Alltagssituationen, in denen HIV-Infizierte Vorurteilen und Zurückhaltung anderer Menschen begegnen.

2 Erkläre, woher Vorurteile kommen könnten.

3 Ermittle Möglichkeiten, wie man die Gesellschaft über HIV und Aids aufklären könnte.

„Ich dachte, dass sich die meisten Menschen ein bisschen mit HIV und Aids auskennen. Trotzdem bekam ich nach meinem Outing täglich zu spüren, dass mich die Menschen anders sahen als vorher. Auch meine Freunde entfernten sich von mir. Sie begrüßten mich nicht mehr per Handschlag oder Umarmung und fragten mich auch nicht mehr, ob ich mit ins Schwimmbad kommen will. Irgendwann erfuhr ich, dass sie Angst hatten, sich anzustecken. Meine Familie brach eher in Panik aus. Alle dachten, ich würde bald sterben. Ich zog mich immer mehr zurück und irgendwann glaubte ich selbst, dass ich für andere eine Gefahr bin. Als meine Mutter merkte, wie sehr mich das alles belastet, ließ sie sich in verschiedenen Einrichtungen über HIV und Aids informieren und las viel darüber. Sie trommelte den Rest der Familie und meine Freunde zusammen, klärte sie auf und versuchte, ihnen die Angst zu nehmen. Seitdem ist es besser geworden. Meinen Freunden konnte ich verzeihen, weil ich denke, dass die meisten Menschen, ich auch wahrscheinlich, erst mal so reagieren."

Maxi, 23 Jahre, vor 5 Jahren mit HIV infiziert

Zivilisationskrankheiten – ein Überblick

1 Lebensstil mit Folgen?

In Industrieländern wie Deutschland sind die Lebensstandards hoch: Es gibt reichlich zu essen, technische Fortschritte machen den Alltag bequemer und hohe Hygienestandards senken die Infektionsgefahr. Trotzdem haben viele Menschen gesundheitliche Probleme. Woran liegt das?

Lebensstil • Der moderne Lebensstil bringt nicht nur Vorteile. Die meisten Menschen verbringen täglich viel Zeit im Sitzen, zum Beispiel in der Schule oder im Büro. Auch in ihrer Freizeit sitzen viele Menschen bequem vor dem Fernseher oder Computer. Viele Wege werden mit dem Auto oder mit öffentlichen Verkehrsmitteln zurückgelegt. Zum Bewegungsmangel kommen häufig eine ungesunde Ernährung mit viel Fett und Zucker und der Konsum von Alkohol und Zigaretten. Außerdem leiden viele Menschen unter Stress, zum Beispiel durch Leistungsdruck in der Schule. In den Industrieländern ist auch die Belastung durch Lärm und Umweltgifte besonders hoch.

Zivilisationskrankheiten • Mangelnde Bewegung, ungesunde Ernährung und Stress schaden der Gesundheit enorm. Vor allem in den Industrieländern sind Erkrankungen wie Herzinfarkt, Karies, Diabetes und bestimmte Krebsarten wie Lungenkrebs häufig. Auch von Übergewicht, Allergien sowie Rücken- und Gelenkbeschwerden sind viele Menschen betroffen. Zudem treten hier auch psychische Erkrankungen wie Essstörungen und Depressionen öfter auf. Weil man die Entstehung solcher Erkrankungen mit dem Lebensstil in den Industrieländern erklärt, spricht man von Zivilisationskrankheiten. Davon sind auch viele junge Menschen betroffen.

Vorbeugung • Vielen ist nicht klar, dass sie durch ihren Lebensstil ihre Gesundheit gefährden. Wenn man sich viel bewegt, gesund ernährt, nicht raucht und negativen Stress vermeidet, vermindert man sein Erkrankungsrisiko.

Unter Zivilisationskrankheiten fasst man Krankheiten zusammen, die vor allem in den Industrieländern auftreten. Ihre Ursachen sind vor allem mangelnde Bewegung, ungesunde Ernährung und Stress.

Aufgaben

1 Nenne fünf Krankheiten, die vor allem in Industrieländern auftreten.

2 Beschreibe mögliche Ursachen vieler Zivilisationskrankheiten.

die Zivilisationskrankheit

Material A

Bewegungsmangel

Viele Menschen verbringen den Großteil des Tages im Sitzen. Bewegungsmangel trägt maßgeblich zu vielen Zivilisationskrankheiten bei.

1 Bild 2 zeigt den Tagesablauf einer berufstätigen Person.

a Beschreibe den Tagesablauf.

b Überlege, ob das Verhalten der Person förderlich für ihre Gesundheit ist.

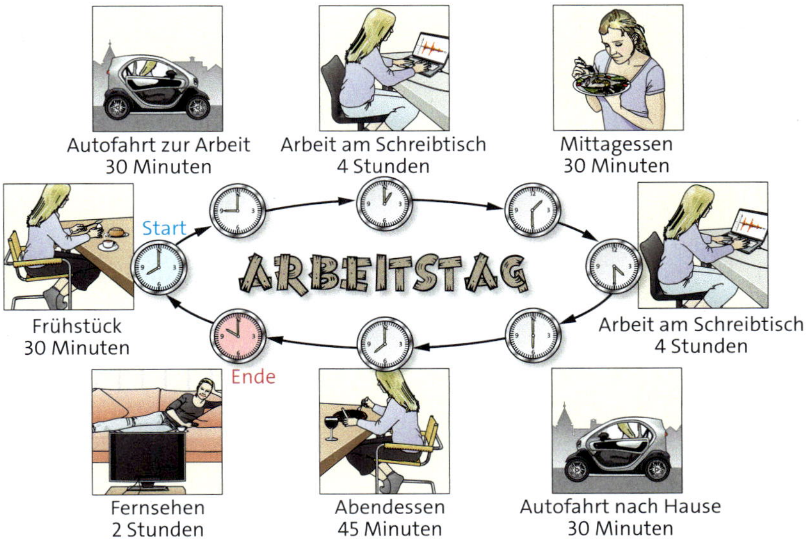

2 Typischer Arbeitsalltag

2 Wie viele Stunden sitzt du?

a Beschreibe, wie dein Alltag üblicherweise aussieht. Gib für alle Tätigkeiten die Anzahl der Stunden an.

b Beurteile dein Verhalten im Alltag. Bewegst du dich ausreichend?

c Überlege, wie du im Alltag für mehr Bewegung sorgen kannst.

Material B

Stress macht krank

Im Alltag begegnet man vielen Situationen, die stressig sein können – zum Beispiel, wenn es Streit mit den Eltern gibt oder man in der Schule überfordert ist. Auf Dauer kann Stress für die Gesundheit sehr schädlich sein. Das Immunsystem wird geschwächt, sodass man öfter krank wird. Stress kann auch zu Herz-Kreislauf-Erkrankungen wie einem Herzinfarkt führen.

Auch psychische Erkrankungen sind häufig. Wer sich dauerhaft gestresst fühlt, ist anfälliger für Depressionen oder Burn-out. Daher ist es wichtig, Stress frühzeitig zu erkennen und Gegenmaßnahmen zu ergreifen.

1 Beschreibe Situationen, in denen du Stress empfindest.

2 Überlege dir, wie du im Alltag Stress vermeiden kannst.

3 Die Schule kann stressig sein.

3 Viele Menschen wollen nicht zugeben, dass sie Stress haben. Stelle Vermutungen zu den Ursachen an.

Zivilisationskrankheiten – ein Überblick

Erweitern und Vertiefen

Herz-Kreislauf-Erkrankungen

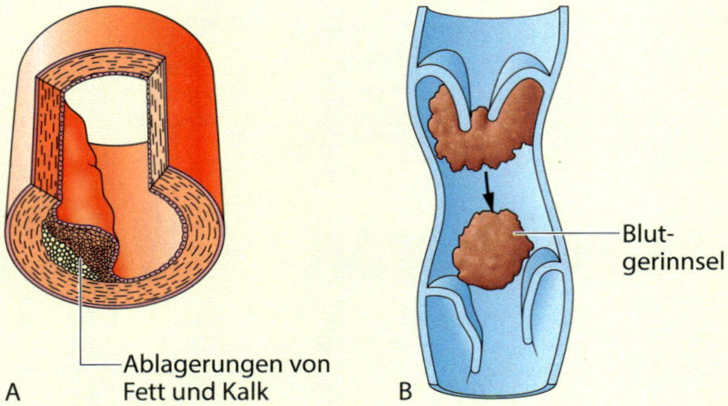

1 **A** Gefäßverengung, **B** Blutgerinnsel

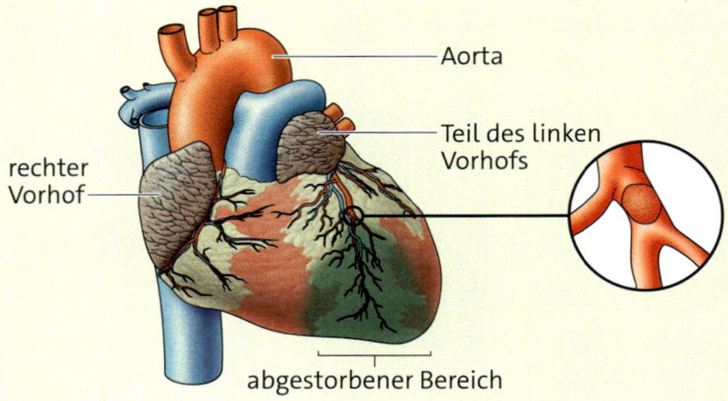

2 Herzinfarkt

Risikofaktoren • Fast die Hälfte aller Todesfälle in Deutschland geht auf Erkrankungen des Herz-Kreislauf-Systems zurück. Häufig liegen die Ursachen am Lebensstil. Zu den Risikofaktoren zählen Bewegungsmangel, eine ungesunde Ernährung, Übergewicht, Diabetes sowie Rauchen und ein hoher Alkoholkonsum. Auch Stress kann das Risiko erhöhen.

Verengte Blutgefäße • Führen Blutgefäße vom Herzen weg, werden sie Arterien genannt. Sie versorgen die Organe und Muskeln mit Blut und Sauerstoff. An den Wänden der Arterien können sich Fett und Kalk ablagern. Durch die Ablagerungen werden die Arterien verengt und verhärtet. → 1A
Aus den Ablagerungen können sich kleine Blutgerinnsel bilden. → 1B Das geschieht, wenn die Ablagerungen aufreißen und eine Entzündungsreaktion hervorrufen, bei der sich Blutplättchen anlagern. Ein Blutgerinnsel kann die Arterie dort verstopfen, wo es sich gebildet hat. Es kann sich aber auch ablösen und andere Blutgefäße verstopfen.

Bluthochdruck • Das Herz pumpt das Blut mit hohem Druck durch die Gefäße. Ist dieser Druck bei einem Menschen höher als normal, spricht man von Bluthochdruck. Dieser kann in den Blutgefäßen zu kleinen Verletzungen führen, die sich entzünden. Dies fördert die Entstehung von Ablagerungen. Ein zu hoher Blutdruck kann auch Schäden an Organen wie Herz, Gehirn und Augen verursachen. Bluthochdruck gilt als „Volkskrankheit", weil er weit verbreitet ist. Auch unter Kindern und Jugendlichen nimmt die Anzahl der Betroffenen zu.

Herzinfarkt und Schlaganfall • Gefährlich sind vor allem Ablagerungen in Gefäßen, die das Herz und das Gehirn mit Blut versorgen. Werden Gefäße am Herzen verstopft, wird ein Teil des Herzmuskels nicht mehr durchblutet und nicht mehr mit Sauerstoff versorgt. → 2 Innerhalb weniger Stunden sterben die Zellen in dem betroffenen Bereich ab. Dies wird als Herzinfarkt bezeichnet. Er kann dazu führen, dass der Herzmuskel nicht mehr richtig oder gar nicht mehr arbeitet.

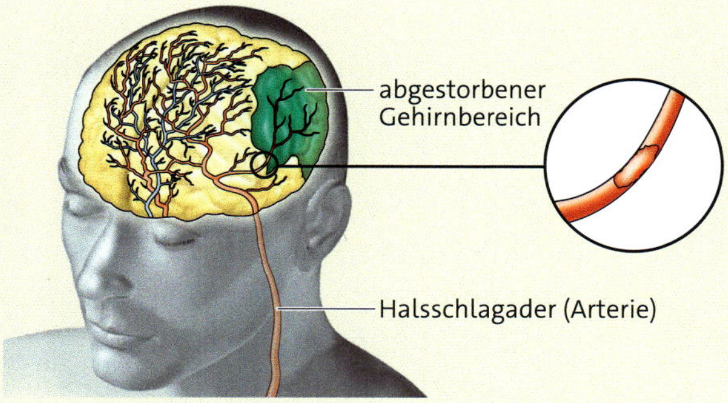

3 Schlaganfall

Zu den Symptomen zählen Atemnot, Übelkeit und Schmerzen in der Brust, die bis in Rücken, Bauch und Arme reichen können.
Bei einem Schlaganfall werden Blutgefäße im Gehirn verengt oder verstopft, sodass Teile des Gehirns nicht mehr mit Sauerstoff versorgt werden und absterben können. → 3 Das kann zu bleibenden Behinderungen wie Lähmungen, Seh- oder Sprachstörungen führen. Die Folgen hängen davon ab, welche Teile betroffen sind und wie lange der Blutfluss gestört war.

Behandlung • Bluthochdruck kann mit Medikamenten behandelt werden, die den Blutdruck senken. Bei einem Herzinfarkt oder Schlaganfall muss die Durchblutung so schnell wie möglich wiederhergestellt werden. Ein Medikament kann die Blutgerinnsel auflösen und die Blutgefäße somit wieder durchgängig machen. Bei einem Herzinfarkt werden zusätzlich oft kleine Metallgeflechte in die Gefäße eingesetzt, die man Stents nennt. Sie halten die Blutgefäße offen, damit das Herz wieder ausreichend durchblutet wird. Ein verengtes Blutgefäß am Herzen wird oft auch mit einem anderen Blutgefäß überbrückt, das demselben Patienten entnommen wird. Personen, die einen Herzinfarkt oder Schlaganfall hatten, müssen oft ihr Leben lang Medikamente zur Blutverdünnung nehmen, um die Entstehung neuer Blutgerinnsel zu vermeiden.

Vorbeugung • Eine gesunde Lebensweise vermindert das Risiko von Herz-Kreislauf-Erkrankungen. Menschen, die sich viel bewegen, auf eine ausgewogene Ernährung mit wenig Fett und Zucker achten und nicht rauchen, sind davon deutlich seltener betroffen.

Viele Menschen in Deutschland leiden an Herz-Kreislauf-Erkrankungen wie Bluthochdruck, Herzinfarkt und Schlaganfall. Zu den Ursachen zählen eine ungesunde Ernährung, Bewegungsmangel und Rauchen.

Aufgaben

1 ◩ Begründe, warum man Herz-Kreislauf-Erkrankungen zu den Zivilisationskrankheiten zählt.

2 ◩ Nenne Maßnahmen zur Vorbeugung von Herz-Kreislauf-Erkrankungen.

3 ⊠ Beschreibe, wie es zum Herzinfarkt oder zum Schlaganfall kommen kann.

4 ⊠ Begründe, warum du schon jetzt Maßnahmen zur Vorbeugung ergreifen solltest.

Hormone

1 Jubelnde Fußballfans

Bei jedem Spiel der deutschen Nationalmannschaft sind viele Emotionen und damit Hormone dabei. Doch was sind eigentlich Hormone?

Hormone • In speziellen Drüsen des Körpers werden Botenstoffe, sogenannte Hormone, gebildet. Sie werden mit dem Blut zu bestimmten Organen transportiert und entfalten dort ihre spezifische Wirkung. Dazu gehören beispielsweise Adrenalin, das die körpereigene Energie mobilisiert, und Endorphin, das für unsere Glücksgefühle sorgt.

Hirnanhangsdrüse • Die wichtigste Hormondrüse ist die Hirnanhangsdrüse, die Hypophyse.
Sie reguliert und kontrolliert die Freisetzung von Hormonen durch die anderen Hormondrüsen im Körper. Die Hypophyse wird von einer Region im Zwischenhirn, dem Hypothalamus, reguliert. Der Hypothalamus ist das oberste Regelzentrum des Körpers. Er steuert beispielsweise die Atmung, die Körpertemperatur, die Nahrungsaufnahme und die Wasseraufnahme.

Schlüssel-Schloss-Prinzip • Die Zellen des Erfolgsorgans haben auf der Außenseite spezielle Bindungsorte, die Rezeptoren. Wenn ein Hormon mit dem Blut zum Organ transportiert wird, bindet es an diese Rezeptoren. Das Hormon passt wie ein Schlüssel in ein Schloss ganz genau an diesen Rezeptor. Diesen Mechanismus nennt man Schlüssel-Schloss-Prinzip. → 2
Durch die Bindung des Hormons wird ein Signal in das Zellinnere abgegeben. In der Zelle wird daraufhin eine Reihe von Reaktionen ausgelöst.

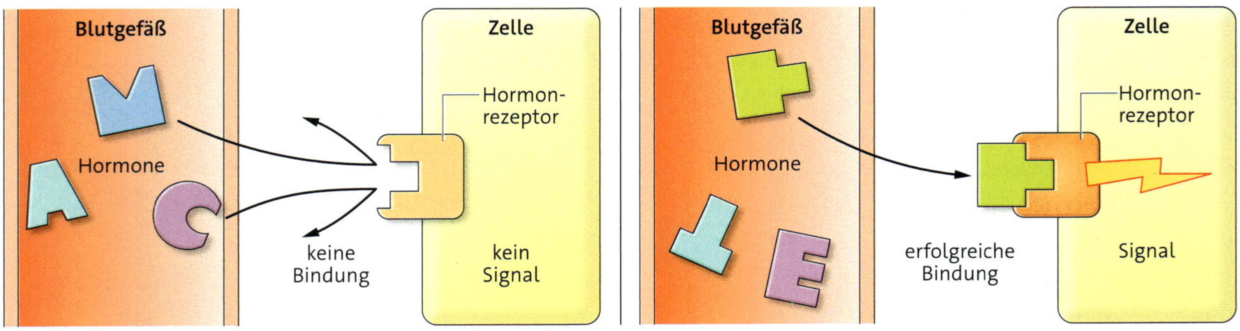

2 Schlüssel-Schloss-Prinzip

das Hormon
der Rezeptor
das Schlüssel-Schloss-Prinzip
die Schilddrüse

Schilddrüse • Eine schmetterlingsförmige Hormondrüse ist die Schilddrüse. → 4 Sie liegt am Hals unterhalb des Kehlkopfs vor der Luftröhre. Ihre Hauptaufgaben sind die Bildung der beiden Schilddrüsenhormone Thyroxin und Triiodthyronin. Dafür benötigt sie das Element Iod.

Schilddrüsenerkrankungen • Man unterscheidet zwischen einer Über- und einer Unterfunktion der Schilddrüse, die entweder zu einer Überproduktion oder zu einem Mangel der beiden Schilddrüsenhormone führen. Beide Funktionsstörungen äußern sich durch Stoffwechsel- und Befindlichkeitsstörungen. → 3 Morbus Basedow ist eine Erkrankung, bei der das körpereigene Immunsystem fälschlicherweise Abwehrstoffe gegen das Schilddrüsengewebe bildet, was zu einer überschießenden Produktion an Schilddrüsenhormonen führt. Bei der Hashimoto-Thyreoiditis werden ebenfalls Abwehrstoffe gebildet, die zunächst eine Schilddrüsenüberfunktion, letztlich aber eine Schilddrüsenüberfunktion hervorrufen.

Behandlung • Bei Schilddrüsenüberfunktion kann die Schilddrüsenfunktion mit Medikamenten, den Thyreostatika, gehemmt werden. Manchmal muss operativ ein Teil der Schilddrüse entfernt werden. Mit einer Radioiodtherapie kann überschüssiges Schilddrüsengewebe vermindert werden. Dabei reichert sich das radioaktive Iod in der Schilddrüse an und zerstört durch radioaktive Strahlung das Drüsengewebe.

Schilddrüsenunterfunktion

Alle Stoffwechselvorgänge im Körper laufen verlangsamt ab.
Symptome:
- Kälteempfindlichkeit
- vermehrte Müdigkeit und Schlafbedürfnis
- verminderte körperliche und geistige Leistungsfähigkeit
- Haut verdickt „teigig" und schuppig
- Gewichtszunahme
- Appetitlosigkeit
- dünner werdendes Haar
- heisere und tiefe Stimme

Schilddrüsenüberfunktion

Symptome:
- innere Unruhe und Nervosität
- Hitzewallungen
- Herzklopfen
- Angstzustände
- Schlaflosigkeit
- starke Gewichtsabnahme trotz erhöhtem Appetit (= erhöhter Grundumsatz)
- Erschöpfungszustände
- Durchfall

3 Symptome einer Über- und Unterfunktion der Schilddrüse

Bei Schilddrüsenunterfunktion können die fehlenden Hormone als Tablette eingenommen werden. Die durch Iodmangel hervorgerufene Unterfunktion wird in Iodmangelgebieten wie Deutschland durch eine staatlich geregelte Iodzugabe im Speisesalz verhindert.

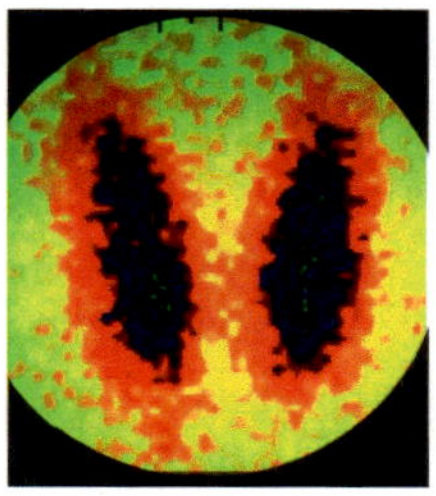

4 Schmetterlingsform der Schilddrüse

Hormone sind Substanzen, die in Drüsen gebildet und als Botenstoff mit dem Blut zu dem Zielorgan befördert werden. Die Schilddrüse produziert die beiden Hormone Thyroxin und Triiodthyronin.

Aufgaben

1 Erkläre folgende Begriffe: Schlüssel-Schloss-Prinzip, Schilddrüsenüberfunktion und Schilddrüsenunterfunktion.

2 Nenne die wichtigsten Eigenschaften von Hormonen.

Hormone

Material A

Hormone und ihre Aufgaben

Man unterscheidet zwischen Hormonen, die andere Hormondrüsen zur Hormonproduktion und -abgabe anregen, und solche, die direkt in den Stoffwechsel eingreifen.

1 Nenne mithilfe von Bild 1 für jede der Gruppen zwei Beispiele.

2 Beschreibe, was passiert, wenn Thyroxin, Somatropin oder Insulin sich nicht mehr an ihren Zielrezeptor binden können.

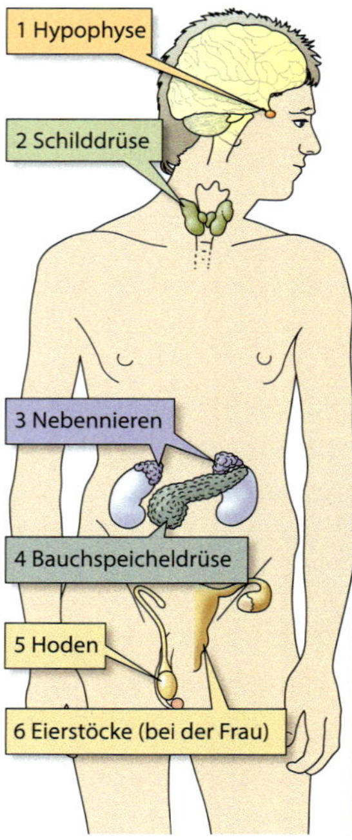

Drüse	Hormon	Wirkung
1 (Hinterlappen)	Somatropin	Knochenwachstum, Proteinsynthese
	Thyreotropin (TSH)	Anregung der Schilddrüse zur Thyroxinausschüttung
	Corticotropin (ACTH)	Anregung der Nebennierenrinde
	Follikel stimulierendes Hormon	Entwicklung von Ei- und Spermazellen: Östrogenbildung
	Lutensierendes Hormon	Anregung der Progesteronbildung; Eisprung
(Vorder-)	Adiuretin	Regelung des Wasserhaushalts
	Oxytocin	Auslösung der Wehen
2	Thyroxin	Steigerung des Grundumsatzes, Wachstum
3	Cortisol (in der Rinde)	An- und Umbau von Proteinen
	Adrenalin (im Mark)	Steigerung des Blutzuckerspiegels
4	Insulin	Senkung des Blutzuckerspiegels
	Glukagon	Steigerung des Blutzuckerspiegels
5	Testosteron	Ausbildung männlicher Geschlechtsorgane, Muskelzunahme
6	Östrogene	Ausbildung weiblicher Sexualorgane, Zyklusregelung
	Progesteron	Erhaltung der Schwangerschaft

1 Hormone und ihre Aufgaben

Material B

Erfolgreicher Kampf gegen den Kropf (Struma)

Die Schilddrüse produziert iodhaltige Hormone, die für den Stoffwechsel wichtig sind. Zu einem Kropf kommt es, wenn die Zahl der Schilddrüsenzellen stark zunimmt und dadurch der Hals deutlich dicker wird.
Etwa jeder sechste Deutsche leidet an dieser Krankheit. Früher war die Zahl deutlich höher.

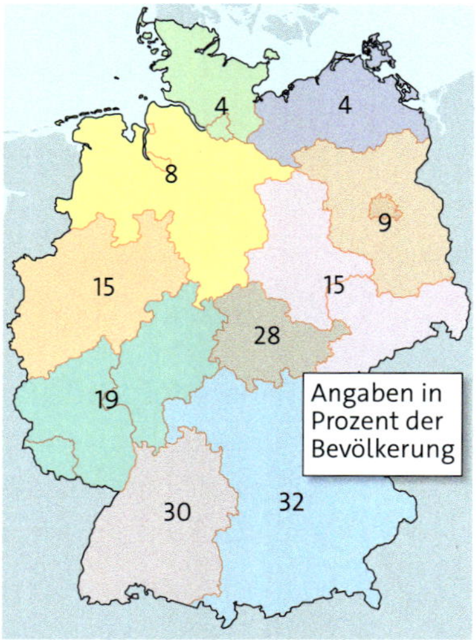

2 Häufigkeit der Kropfbildung

1 Werte die Karte aus. Was kannst du über die Häufigkeit der Kropfbildung in Deutschland aussagen?

2 Suche die in Bild 2 farbig markierten Gebiete im Atlas. Stelle Vermutungen über den Zusammenhang des Wohnorts und der Erkrankung an.

3 Erkläre die Senkung der Zahl der Kropferkrankungen in Deutschland.

Material C

Regelkreis

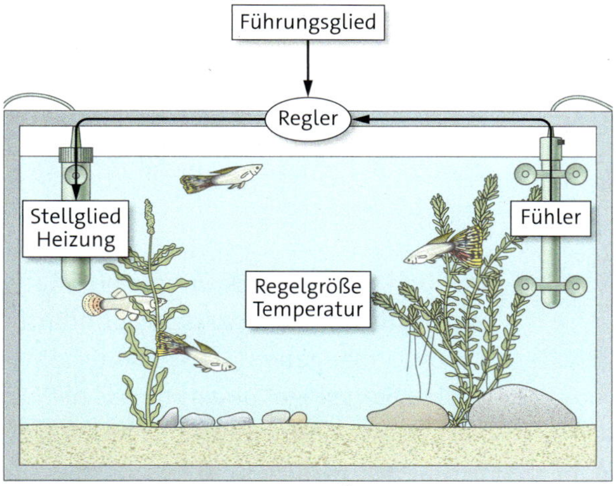

3 Regelkreis einer Heizung

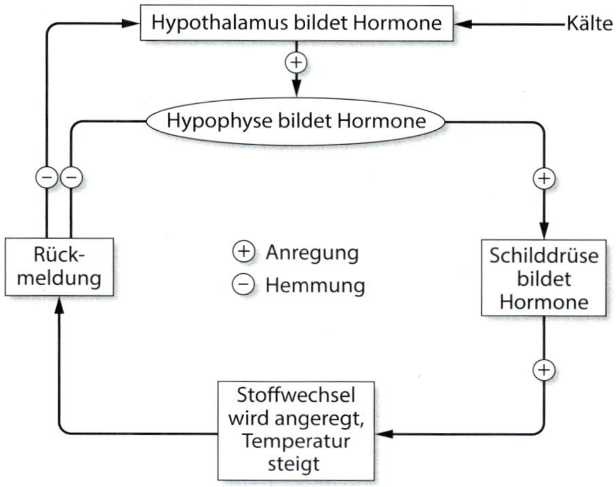

4 Regelkreis der Bildung von Thyroxin

Technische Regelung

Steuerungsprozesse werden in Regelkreisen dargestellt. Die Heizungsanlage eines Aquariums hält eine konstante Temperatur im Wasser. Sie regelt die Temperatur. Ein Messfühler, das Thermometer, kontrolliert permanent den Istwert. Dieser Wert wird an den Regler geleitet und mit der angeforderten Temperatur, dem Sollwert, abgeglichen. Liegt die Temperatur im Aquarium unter dem Sollwert, leitet der Regler diese Information an das Stellglied, die Heizung. Diese heizt, das Wasser wird wärmer.

Hormonelle Regelung

Hormone regeln wichtige Stoffwechselvorgänge. Je nach Stoffwechselsituation muss eine sehr genaue Menge der Hormone im Blut vorhanden sein, damit sie ihre gezielte Wirkung entfalten können. Geringste Abweichungen können dabei schon gesundheitliche Folgen haben. Daher wird das Ausmaß der Hormonausschüttung ins Blut mithilfe eines Regelkreises geregelt. Das Zentrum der hormonellen Regelung bildet die Hypophyse.

1 Erkläre das Prinzip eines Regelkreises am Beispiel der Heizung des Aquariums.

2 Erkläre mithilfe von Bild 4, wie der Thyroxinspiegel im Blut konstant gehalten wird.

3 Stelle in einer Tabelle die Begriffe der Regeltechnik den entsprechenden Begriffen bei der Regelung des Thyroxingehalts gegenüber.

4 Recherchiere weitere Beispiele für Regelkreise aus Natur und Technik.

Regelung des Blutzuckerspiegels

1 Melanie isst Spaghetti.

Nach einer kohlenhydratreichen Mahlzeit gelangt durch die Verdauung viel Glukose ins Blut. Der Gehalt an Zucker im Blut steigt trotzdem nicht mit jeder Mahlzeit immer weiter an. Wie wird er annähernd konstant gehalten?

Blutzuckerspiegel • Der Zuckergehalt des Blutes wird als Blutzuckerspiegel bezeichnet. Nach einer kohlenhydrathaltigen Mahlzeit steigt der Blutzuckerspiegel, weil durch die Verdauung Glukose ins Blut gelangt. Nach einer sportlichen Aktivität sinkt der Blutzuckerspiegel, weil zur Energiegewinnung Glukose abgebaut wird. Bei einem gesunden Menschen schwankt der Blutzuckerspiegel zwischen 0,7 und 1,1 Gramm Glukose pro Liter Blut. Er wird durch die beiden Hormone Insulin und Glukagon geregelt. → 3 Beide werden in der Bauchspeicheldrüse gebildet.

Insulin • Bei der Verdauung einer Mahlzeit wird Glukose über den Dünndarm ins Blut abgegeben. → 3 Der erhöhte Blutzuckerspiegel bewirkt, dass die Bauchspeicheldrüse vom Gehirn dazu veranlasst wird, Insulin auszuschütten. Das Insulin wird über das Blut zu den Zellen des Körpers transportiert. Dort bindet es nach dem Schlüssel-Schloss-Prinzip an die passenden Rezeptoren. → 2 In Reaktion wird die Zellmembran durchlässiger für Glukose, sodass die Glukose aus dem Blut in die Zellen aufgenommen wird. So senkt Insulin den Blutzuckerspiegel. In den Zellen wird Glukose zur Energiegewinnung abgebaut oder in Form von Glykogen gespeichert. → 3

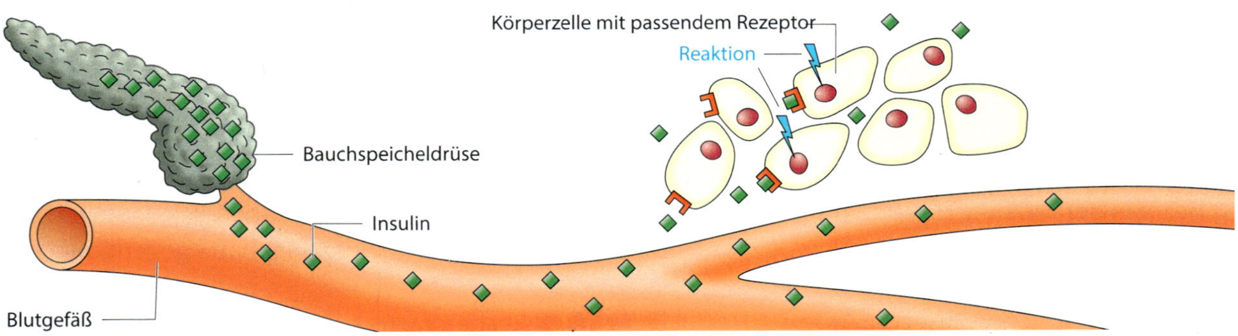

2 Schlüssel-Schloss-Prinzip bei Insulin

der **Blutzuckerspiegel**
das **Insulin**
das **Glukagon**
der **Diabetes**

Glukagon • Bei einem hohen Energieverbrauch, zum Beispiel beim Sport, sinkt der Blutzuckerspiegel unter den Normalwert. Dann regt das Gehirn die Bauchspeicheldrüse an, das Hormon Glukagon ins Blut abzugeben. → 3 Glukagon bewirkt, dass in den Leberzellen das gespeicherte Glykogen zu Glukose abgebaut wird. Die Glukose wird ins Blut abgegeben. Auf diese Weise bewirkt das Hormon Glukagon, dass der Blutzuckerspiegel steigt.

Diabetes • Bei manchen Menschen ist die Regelung des Blutzuckerspiegels durch das Insulin gestört. Ihr Blutzuckerspiegel ist dauerhaft erhöht, weil keine oder nur wenig Glukose in die Zellen aufgenommen wird. Dies führt zu Schädigungen der Blutgefäße und Nervenbahnen. Es kommt zu Durchblutungsstörungen und Empfindungsstörungen. Das Risiko für Schlaganfälle und Herzinfarkte steigt. Außerdem kann es zu Nierenschäden kommen. Diese Krankheit wird Diabetes genannt. Bei einem sehr hohen Blutzuckerspiegel wird Glukose mit dem Urin über die Nieren ausgeschieden. → 3 Dies kann man mit Teststreifen aus der Apotheke nachweisen. Bei einem Verdacht sollte man einen Arzt oder eine Ärztin befragen.

Der Blutzuckerspiegel wird durch Hormone reguliert. Insulin senkt den Blutzuckerspiegel, Glukagon hebt ihn an. Bei Diabetes ist der Blutzuckerspiegel dauerhaft erhöht.

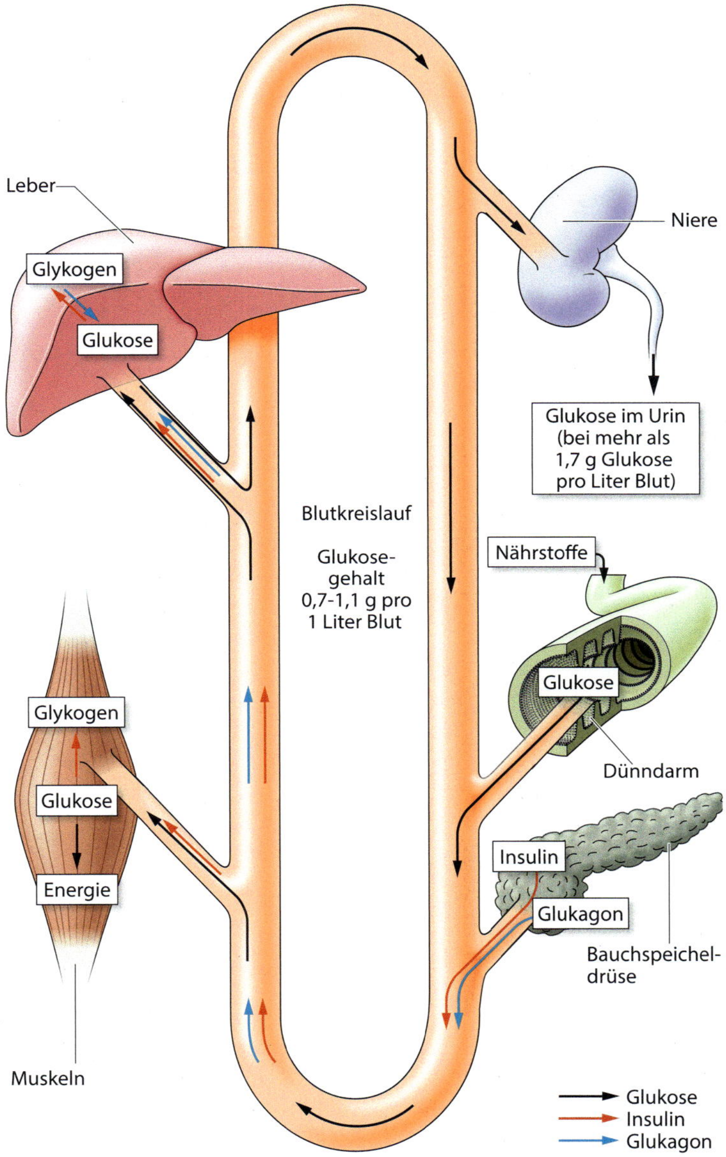

3 Regelung des Blutzuckerspiegels

Aufgabe

1 Beschreibe mithilfe von Bild 3 den Weg der Glukose, nachdem du etwas gegessen hast.

Regelung des Blutzuckerspiegels

Material A

Hormone und Zellzellen

1 Ordne den Hormonen der Hormondrüsen A–C die Zielzellen 1–3 zu. → 1

2 Erläutere das Schlüssel-Schloss-Prinzip am Beispiel der Hormone.

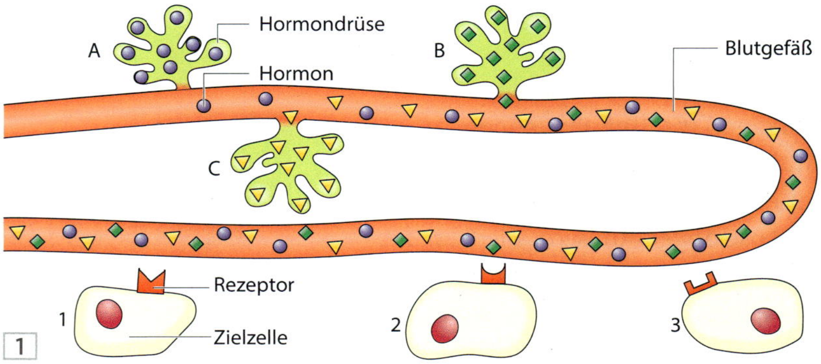

1

Material B

Wirkungsweise von Insulin und Glukagon

1 Beschreibe die Wirkung von Insulin mithilfe des Schemas in Bild 2.

2 Übertrage das Schema für Glukagon in dein Heft und ergänze die Wirkung. → 3

3 Vergleiche die Hormone Insulin und Glukagon hinsichtlich der Hormondrüse, der Zielzellen sowie der Wirkung auf die Zielzellen und den Blutzuckerspiegel. Lege dazu eine Tabelle an.

4 Ist der Blutzuckerspiegel zu niedrig, spricht man von Unterzuckerung.
Erläutere die möglichen Folgen für den Körper.

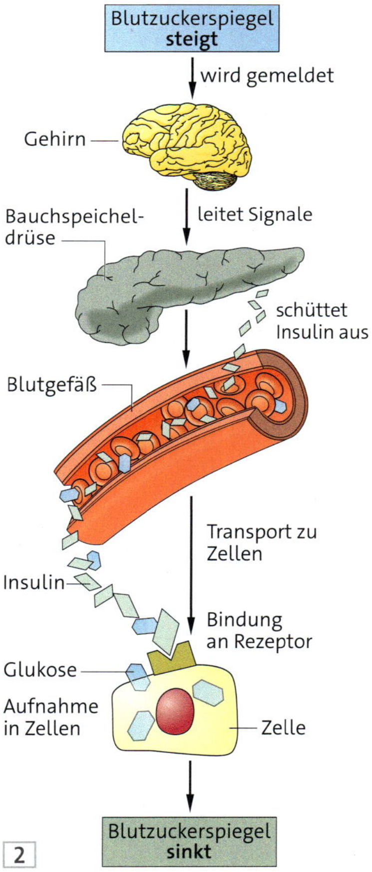

2

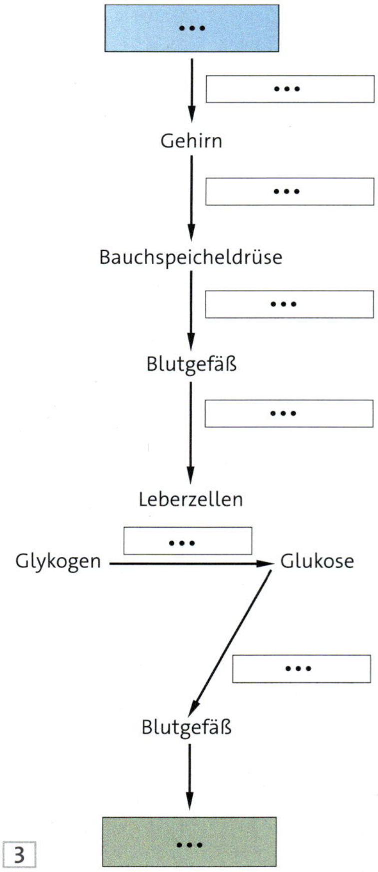

3

Material C

Ein Leben mit Diabetes

Bei der Krankheit Diabetes ist die Regelung des Blutzuckerspiegels durch Insulin gestört.

1 Man unterscheidet zwei Typen von Diabetes. → 4
☒ Beschreibe, inwiefern die Regelung des Blutzuckerspiegels jeweils gestört ist.

Diabetes-Typen
Bei Diabetes Typ 1 werden die Zellen der Bauchspeicheldrüse, die das Insulin bilden, zerstört. Menschen, die daran erkrankt sind, müssen ihr Leben lang regelmäßig ihren Blutzuckerspiegel überprüfen und sich Insulin spritzen, um ihren Insulinmangel auszugleichen.
Bei Diabetes Typ 2 nehmen die Zielzellen die Glukose aus dem Blut nicht mehr richtig auf, weil ihre Rezeptoren kaum oder gar nicht mehr empfindlich für Insulin sind. Davon sind vor allem Menschen mit Übergewicht betroffen. Ihr Zustand kann sich verbessern, wenn sie ihre Ernährung umstellen und Gewicht verlieren. Oft müssen sie zusätzlich Medikamente nehmen, die die Aufnahme von Glukose in die Zellen erhöhen.

4

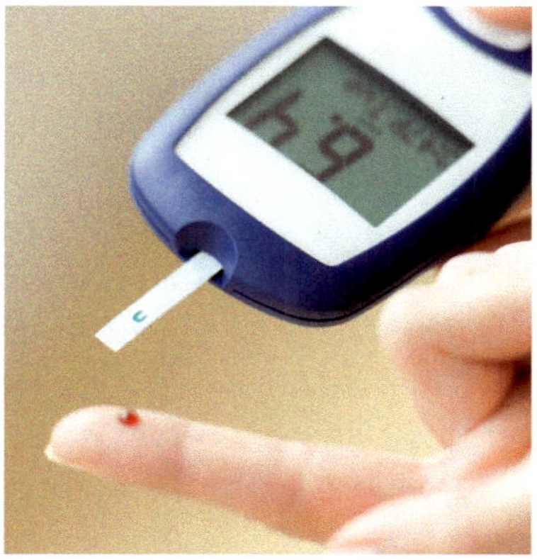

5 Messen des Blutzuckerspiegels

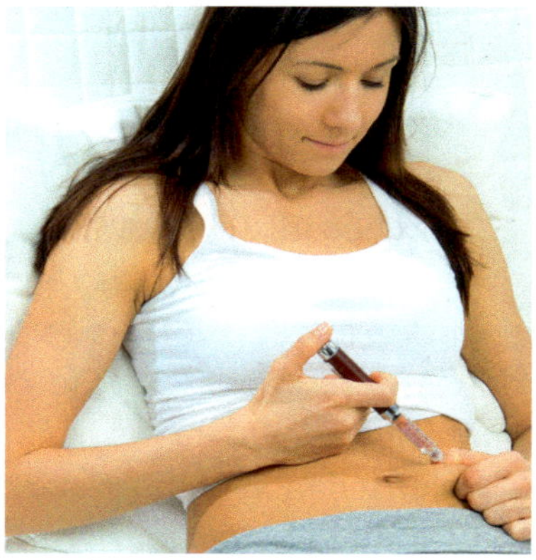

6 Spritzen von Insulin

2 ☒ Erkläre die in den Bildern 5 und 6 gezeigten Maßnahmen im Zusammenhang mit Diabetes Typ 1.

3 Lies den Text. → 7
a ☒ Erkläre die möglichen Ursachen für Leons Unterzuckerung.
b ☒ Beurteile die Maßnahmen, die von der Klassenlehrerin vorgeschlagen werden.

4 Wird die Glukose nicht in die Zellen aufgenommen, wird sie vermehrt mit dem Urin ausgeschieden.
☒ Leite mögliche Folgen ab.

5 Immer mehr Menschen entwickeln Diabetes Typ 2, auch Jugendliche.
☒ Finde eine Erklärung für den Sachverhalt.

6 ☒ Leite Maßnahmen für dein Leben ab, mit denen du einer Erkrankung an Diabetes Typ 2 vorbeugen kannst.

Notfall nach dem Sport

Leon sitzt nach dem Sportunterricht mit seinen Freunden zusammen. Plötzlich wird er blass, schwitzt stark, redet wirr und klagt über Herzrasen. Besorgt holen seine Freunde die Klassenlehrerin. Sie erklärt: „Leon hat Diabetes Typ 1. Wahrscheinlich ist er unterzuckert, weil er vor dem Sport zu wenig gegessen oder zu viel Insulin gespritzt hat. Er muss sofort Traubenzucker, Cola oder Fruchtsaft bekommen. Wird er bewusstlos, muss der Notarzt kommen."

7

Regelung des Blutzuckerspiegels

Methode

Ein One-Shot-Video erstellen

Hormone sind entscheidend für die Regelung des Blutzuckerspiegels. Die Wechselwirkung zwischen Insulin und Glukagon und somit die Aufrechterhaltung des körperlichen Gleichgewichts findet jedoch kaum spürbar im Innern unseres Körpers statt. Erarbeitet euch diesen Prozess, indem ihr ihn in einem One-Shot-Video veranschaulicht und erklärt. One-Shot-Videos werden mit einer einzigen Kameraeinstellung produziert. Das heißt, man richtet die Kamera auf die Produktionsfläche aus und dreht den Film mit nur einer Aufnahme ab. Dafür kann man die Kamerafunktion eines Tablets oder Smartphones nutzen.
So geht man bei der Filmproduktion vor:

1. Eine Filmcrew bilden Findet euch zu viert in einer Gruppe zusammen. Teilt eure Gruppe in zwei Produktionsteams auf:
- **Regisseur/-in und Illustrator/-in:** Produktionsablauf trainieren, Szenenbilder erstellen, One-Shot-Video aufnehmen
- **Texter/-in und Sprecher/-in:** Texte erstellen und anpassen, Sprechtext einsprechen

2. Inhalte erarbeiten Informiert euch über die Regelung des Blutzuckerspiegels und haltet euer Wissen stichpunktartig fest. Diese Fragen können euch dabei helfen:
- *Welchen Einfluss haben die Hormone Insulin und Glukagon auf den Blutzuckerspiegel?*
- *Welche Symptome zeigen Menschen, die an Diabetes erkrankt sind, und welche Maßnahmen können dagegen ergriffen werden?*

3. Ein Storyboard erstellen Überlegt, wie ihr die Regelung des Blutzuckerspiegels in einem Film darstellen und erklären könnt. Entscheidet euch zunächst für einen Filmstil. Ihr könnt die biologischen Inhalte zum Beispiel wie in einem Spielfilm anhand einer erdachten Geschichte erklären, ein Video im Blogging-Stil oder einen Dokumentarfilm produzieren. Dann erstellt ihr ein Storyboard, in dem ihr Szene für Szene festlegt, was zu sehen und zu hören ist. → 1

4. Gestaltungsmittel und Material auswählen Legt genau fest, welche Gestaltungsmittel und Materialien ihr verwenden wollt. → 2

Filmstil: Blogging-Stil Filmtitel: Blut und Zucker

Szene	Titel	Inhalt (ganze Filmcrew)	Gestaltungsmittel und Material (Regisseur/-in und Illustrator/-in)	Sprechtext (Texter/-in und Sprecher/-in)
Einführung	…	…	…	…
…	…		…	…

1 Vorlage für das Storyboard

Ihr könnt auch verschiedene Gestaltungsmittel miteinander kombinieren, zum Beispiel:

- **Legetrick/Cut Out:** Verwendet Bild- und Textkarten, die ihr während der Produktion mit euren Händen in das Bild einfliegen lasst.
- **Whiteboard/Skitch:** Erstellt während der Produktion Zeichnungen auf einem Papier. Ihr könnt auch einige Zeichnungen vorfertigen und während der Produktion ergänzen.
- **Claymation/Brickfilm:** Verwendet Knete oder Legosteine für die Filmproduktion.
- **Realaufnahmen:** Ihr selbst seid im Film zu sehen und erklärt den Prozess oder leitet zu verschiedenen Szenen über.

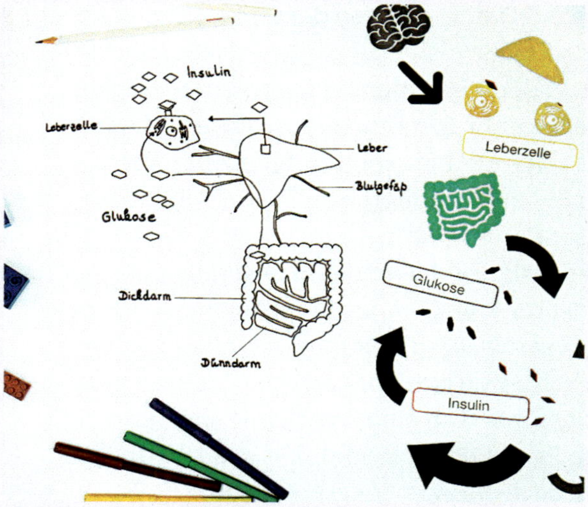

2 Gestaltungsmöglichkeiten

5. Arbeitsteilige Produktion Erstellt den Film in euren Produktionsteams:

- **Regisseur/-in und Illustrator/-in:** Erstellt die Materialien oder übt die Zeichnungen, die ihr während der Aufnahme erstellen wollt. Sucht einen Produktionsort und richtet ihn ein. Baut eine stabile Halterung für das Aufnahmegerät auf und bereitet die Produktionsfläche vor. Achtet auf die Lichtverhältnisse und den Aufnahmewinkel. Nehmt dann das Video auf: Die Regisseurin/der Regisseur gibt Anweisungen gemäß dem Storyboard und die Illustratorin/der Illustrator legt, malt oder bewegt die Materialien unter oder vor der Kamera.
- **Texter/-in und Sprecher/-in:** Bereitet einen Sprechtext vor. Dieser kann ein Monolog, ein Dialog oder eine Diskussion sein. Der Text muss zum Filmstil und zu den Bildern passen. Nutzt kurze Hauptsätze ohne viele Nebensätze und vermeidet Floskeln und Füllwörter. Übt euren Sprechtext ein und nehmt ihn dann getrennt von der Videoaufnahme auf. Sprecht dabei klar und deutlich.

6. Nachproduktion Fügt mit einem Filmbearbeitungsprogramm das Video und den Sprechtext zusammen. Außerdem könnt ihr das Video noch mit Musik vertonen, einen Titel und einen Abspann einfügen.

Aufgaben

1 ⊠ Bildet Filmcrews und erstellt One-Shot-Videos zur Regelung des Blutzuckerspiegels.

2 ⊠ Präsentiert eure Videos und bewertet sie hinsichtlich der fachlichen Richtigkeit, der Kreativität, der visuellen Darstellungen und der Passung des Sprechtexts.

Zusammenfassung

Infektionskrankheiten • Sie werden von Erregern verursacht. Ein grippaler Infekt verläuft in vier Phasen: Das Eindringen der Erreger in den Körper wird als Ansteckung oder Infektion bezeichnet. In der Inkubationszeit vermehren sich die Erreger, ohne Symptome auszulösen. Mit dem Ausbruch der Krankheit treten Symptome wie Husten und Schnupfen auf, bis es schließlich zur Gesundung kommt.
Nimmt die Zahl der Erkrankungsfälle bei einer Infektionskrankheit in einer Region in kurzer Zeit schlagartig zu, spricht man von einer Epidemie. Verbreitet sie sich über örtliche Grenzen hinaus, spricht man von einer Pandemie. Ein Beispiel für eine Pandemie ist der im Jahr 2020 weltweite Ausbruch der Atemwegserkrankung Covid-19.

Bakterien und Viren • Bakterien sind einzellige Lebewesen. Sie erfüllen wichtige Aufgaben, zum Beispiel bei der Verdauung. Bakterien können aber auch Erreger für Krankheiten sein. Bei bakteriellen Infektionen werden Antibiotika eingesetzt. Viren sind kleiner als Bakterien. Sie zählen nicht zu den Lebewesen, weil sie keinen eigenen Stoffwechsel haben und für ihre Vermehrung auf Wirtszellen angewiesen sind.

Immunsystem • Das Immunsystem schützt uns vor Erregern und sorgt dafür, dass wir nach einer Infektion gesund werden.
Bei der unspezifischen Abwehr bekämpfen Fresszellen jegliche Art von Erregern. Bei der spezifischen Abwehr werden Erreger durch verschiedene Zellen gezielt bekämpft. Durch die Bildung von Gedächtniszellen entsteht eine Immunität gegen eine Krankheit.

1 Impfungen können leben retten.

Immunisierung • Durch eine Impfung kann man sich vor Krankheiten schützen. Bei der aktiven Immunisierung werden abgeschwächte Erreger verabreicht, die dann zur Bildung von Antikörpern und dann auch Gedächtniszellen führen. Die passive Immunisierung wird bei bereits erkrankten Menschen eingesetzt. Es werden Antikörper verabreicht, die die Krankheitserreger bekämpfen.
Manche Impfungen müssen nach einiger Zeit wiederholt werden, weil die Menge der Antikörper und Gedächtniszellen im Körper wieder sinkt.

Hormone • Hormone sind Botenstoffe, die in Hormondrüsen gebildet und über den Blutkreislauf verteilt werden. Das Ausmaß der Hormonausschüttung wird mithilfe von Regelkreisen geregelt. Ist genug von einem Hormon ausgeschüttet worden, gibt es eine negative Rückkopplung und die Hormonproduktion wird vermindert. Durch die Bindung an Rezeptoren von Zielzellen lösen die Hormone eine Reaktion in diesen Zellen aus. Der Blutzuckerspiegel wird durch Hormone reguliert. Er sinkt durch die Wirkung von Insulin und steigt durch die Wirkung von Glukagon. Bei Diabetes ist der Blutzuckerspiegel dauerhaft erhöht.

Teste dich! (Lösungen im Anhang)

Infektionskrankheiten

1 ☑ Erkläre, was man unter einer Infektionskrankheit versteht.

2 ☑ Gib die vier Phasen einer Infektionskrankheit an. Beschreibe jeweils kurz, was dabei im Körper passiert.

3 ☒ Erkläre, was die erhöhte Körpertemperatur bei einem grippalen Infekt bewirkt.

Bakterien und Viren

4 ☑ Beschreibe die Vermehrung von Bakterien mithilfe von Bild 2.

5 ☒ Beschreibe, wie Antibiotika auf Bakterien wirken können.

6 ☒ Erkläre, warum Viren auf eine Wirtszelle angewiesen sind.

7 ☒ Beschreibe, wie man sich vor den unterschiedlichen Erregern schützen kann.

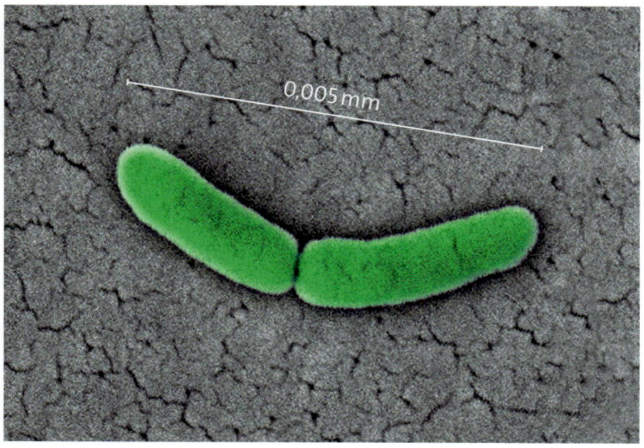

2 Bakterium während der Teilung

Immunsystem und Krankheiten

8 ☑ Beschreibe, wodurch der Körper gegen das Eindringen von Erregern geschützt ist.

9 ☒ Beschreibe die unspezifische Abwehr.

10 ☒ Nenne die Funktionen der folgenden Zellen bei der spezifischen Abwehr: T-Helferzelle, Riesenfresszelle, Plasmazelle, T-Killerzelle, Gedächtniszelle.

11 ☒ Erkläre, wie es zur Bildung von Gedächtniszellen kommt.

12 ☒ Begründe, warum man die aktive Immunisierung als Schutzimpfung und die passive Immunisierung als Heilimpfung bezeichnet.

13 ☒ Erkläre den Unterschied zwischen Epidemie und Pandemie.

14 Aids wird von HI-Viren ausgelöst.
a ☒ Beschreibe, was die HI-Viren nach einer Infektion im Körper bewirken.
b ☒ Erkläre, ab wann man von Aids spricht.

15 ☒ Nenne zwei Beispiele für Zivilisationskrankheiten und erläutere ihre Ursachen.

Hormone

16 ☒ Erkläre die Wirkungsweise von Hormonen mit dem Schlüssel-Schloss-Prinzip.

17 ☒ Beschreibe die Wirkungsweise von Insulin und Glukagon und deren Einfluss auf den Blutzuckerspiegel.

Gene und Vererbung

Kinder sehen den Eltern oft sehr ähnlich, sind aber dennoch verschieden. Wie ist das zu erklären?

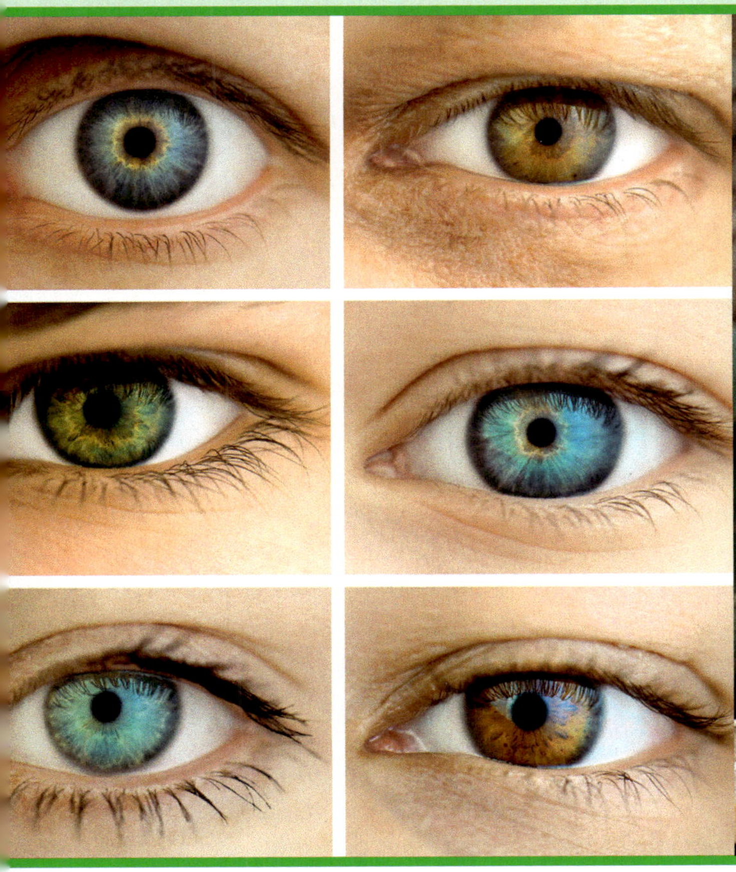

Die Augenfarbe ist ein Merkmal, das bei jedem Menschen unterschiedlich ist. Wie lassen sich unterschiedliche Augenfarben erklären?

In der Gentechnik greift der Mensch gezielt in die Erbinformationen ein. Welche gentechnischen Verfahren gibt es und was sind transgene Organismen?

Zellkern und Vererbung

1 Vater, Tochter, Sohn und Mutter – ähnlich und doch verschieden

Kinder sehen ihren Eltern oft sehr ähnlich. Auch zwischen Geschwistern gibt es Ähnlichkeiten. Wie kommt es dazu, dass Familienmitglieder sich ähneln und doch verschieden sind?

Vererbung • In der Fachsprache hat der Begriff Vererbung eine andere Bedeutung als in der Alltagssprache. Wenn du Geld geerbt hast, dann hast du es von einer Person bekommen. Diese Person besitzt das Geld dann nicht mehr. In der Biologie ist mit Vererbung etwas anderes gemeint. Hast du ein Merkmal wie deine Augenfarbe von deiner Mutter geerbt, hat deine Mutter ihre Augenfarbe noch. Sie hat dir nur die Anlagen vererbt, die zur Ausbildung deiner Augenfarbe führen. Die Anlagen sind die Erbinformationen, die zur Ausprägung der Merkmale führen.

Vererbt oder umweltbedingt? • Beim Menschen werden Anlagen für Merkmale wie die Gesichtsform und die Nasengröße von den Eltern an ihre Kinder vererbt. Dies geschieht bei der Fortpflanzung. Die Merkmale bleiben ein Leben lang gleich. Andere Merkmale wie die Körpergröße können sich durch die Umwelt verändern. Sie werden durch ein Zusammenspiel von vererbten Anlagen und den Umweltbedingungen bestimmt. Der Mensch besitzt auch Merkmale, die er im Laufe seines Lebens erworben hat. Zum Beispiel kann man durch einen Unfall eine Narbe bekommen. Eine Narbe ist also nicht vererbt, sondern umweltbedingt. Auch Fähigkeiten wie Fahrrad- oder Skifahren sind umweltbedingt. Solche erworbenen Merkmale werden nicht an die Nachkommen vererbt.

die Anlage
das Merkmal
die Rekombination
der Chromatinfaden
das Chromosom

Anlagen werden neu kombiniert • Bei der geschlechtlichen Fortpflanzung verschmilzt eine Spermienzelle mit einer Eizelle. Die Geschlechtszellen enthalten jeweils die Anlagen von der Mutter oder vom Vater. Aus der befruchteten Eizelle, der Zygote, entsteht nach vielen Zellteilungen ein Kind. So bekommt das Kind Erbinformation vom Vater und von der Mutter. Die Anlagen der Eltern werden dabei neu kombiniert. Dies nennt man Rekombination. Welche Anlagen vom Vater und von der Mutter in der Zygote kombiniert werden, ist bei jeder Befruchtung anders. Deshalb sind sich Eltern, Kinder und Geschwister zwar ähnlich, aber sie sind doch verschieden.

Erbinformationen im Zellkern • Jede Körperzelle enthält dieselben Erbinformationen im Zellkern. → 2 Im Lichtmikroskop ist der Zellkern gut zu erkennen. → 3 Er ist die Steuerzentrale der Zelle. Der Zellkern enthält lange Chromatinfäden, die aus Proteinen (Eiweißen) und den Erbinformationen bestehen. Bevor sich eine Zelle teilt, verdichten sich die Chromatinfäden zu Chromosomen. → 4 Man bezeichnet die Chromosomen als Träger der Anlagen und somit der Erbinformationen.

Alle Lebewesen vererben Anlagen an ihre Nachkommen. Die Anlagen befinden sich im Zellkern. Sie tragen die Erbinformationen, die zur Ausprägung der Merkmale führen. Bei der Befruchtung werden die Anlagen von Vater und Mutter neu kombiniert.

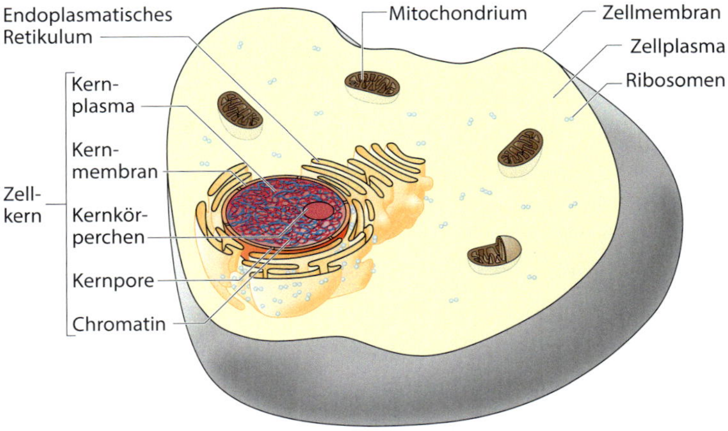

2 Schema einer Tierzelle

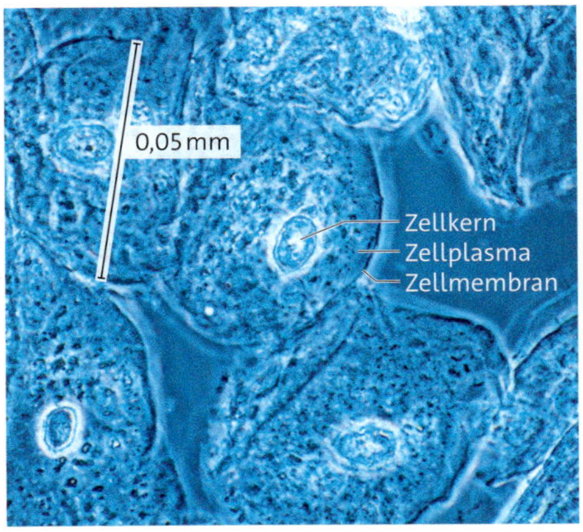

3 Mundschleimhautzellen

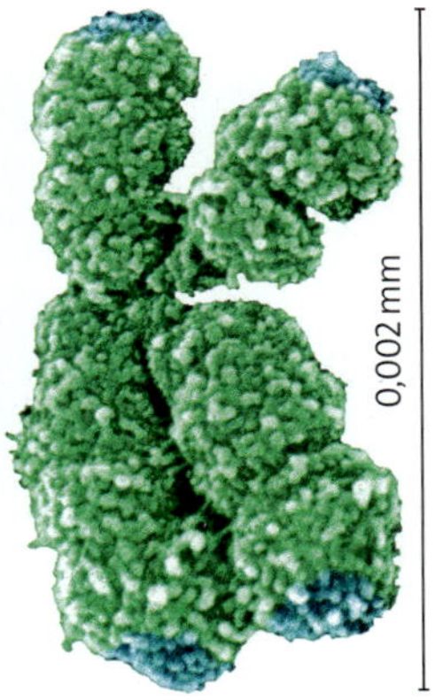

4 EM-Aufnahme eines Chromosoms

Aufgaben

1 ☒ Nenne vererbte Merkmale und umweltbedingte Merkmale.

2 ☒ Erkläre den Unterschied zwischen dem Alltagsbegriff und dem Fachbegriff Vererbung.

3 ☒ Erläutere das Sprichwort: „Der Apfel fällt nicht weit vom Stamm.“

Zellkern und Vererbung

Material A

Der Zellkern – die Steuerzentrale der Zelle

Den Zellkern kann man im Lichtmikroskop erkennen. → 1 Bei genauer Betrachtung im Elektronenmikroskop erkennt man seinen Aufbau. → 2 3 Sein wichtigster Bestandteil sind die Chromatinfäden. Sie enthalten Erbinformationen, die zur Ausprägung der Merkmale eines Lebewesens führen.

1 Ordne den Zahlen 1–7 die richtigen Fachbegriffe zu. → 1 2

2 Nenne den Bestandteil des Zellkerns, der die Erbinformationen enthält.

3 Erkläre den Zusammenhang zwischen Chromatinfäden und Chromosomen.

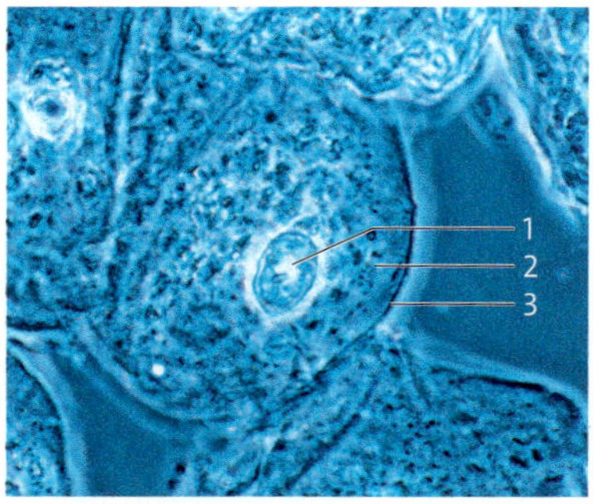

1 Mundschleimhautzellen (Lichtmikroskop)

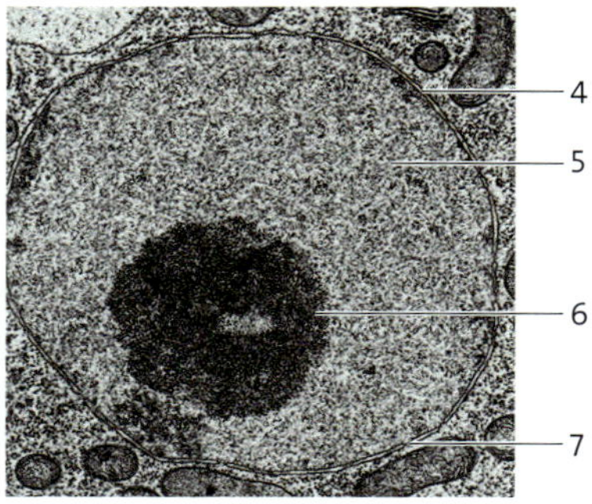

2 Zellkern (Elektronenmikroskop)

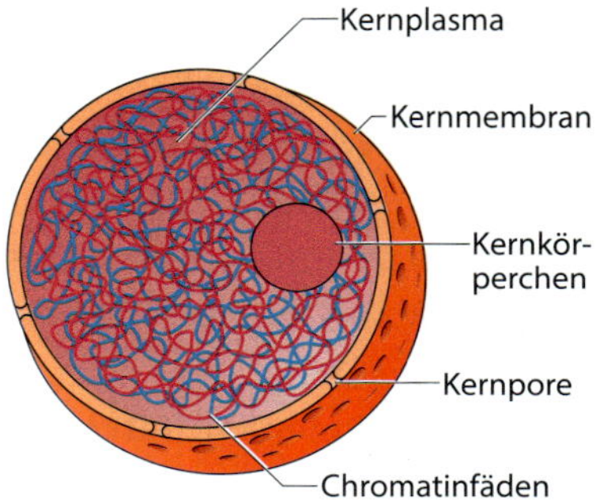

3 Zellkern (Schemazeichnung)

Material B

Weitergabe der Erbinformationen

Kinder tragen in ihren Zellen die Erbinformationen beider Eltern. Wie kommt es dazu?

1 Beschreibe den Vorgang in Bild 4. Benutze die Begriffe: Spermienzelle, Eizelle, Befruchtung, Erbinformationen beider Eltern, Zygote, Zellteilungen, Mensch.

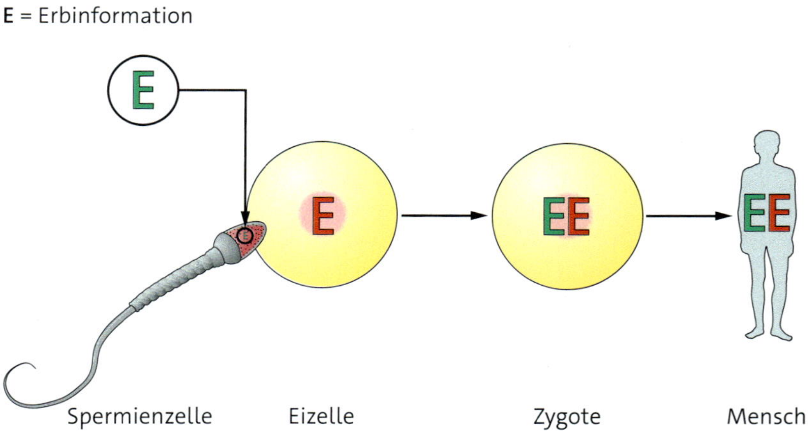

4 Vererbung der Erbinformation

Material C

Bedeutung des Zellkerns

Der Biologe Joachim Hämmerling führte 1931 Versuche mit Schirmalgen durch, um die Bedeutung des Zellkerns zu erforschen.

1 Erkläre, weshalb die Schirmalge ein interessantes Versuchsobjekt ist. → 5

2 Beschreibe die Versuchsdurchführung. → 6

3 Beschreibe das Ergebnis des Versuchs. → 6

4 Erkläre, was der historische Versuch von Hämmerling über die Bedeutung des Zellkerns aussagt.

Die Schirmalge ist eine Grünalge. Sie kann bis zu 10 cm groß werden. Die Pflanze eignet sich gut für Versuche, weil sie aus einer einzigen Zelle besteht. Man erkennt drei unterschiedliche Abschnitte: den Fuß, den Stiel und den Schirm. Der Zellkern befindet sich im Fuß der Zelle. Es gibt mehrere Arten von Schirmalgen, die sich durch die Form ihres Schirms voneinander unterscheiden. Die Schirmalge ist ein interessantes Versuchsobjekt. Man kann Teile der Pflanze abtrennen und der fehlende Teil wächst wieder vollständig nach.

5 Versuchsobjekt Schirmalge

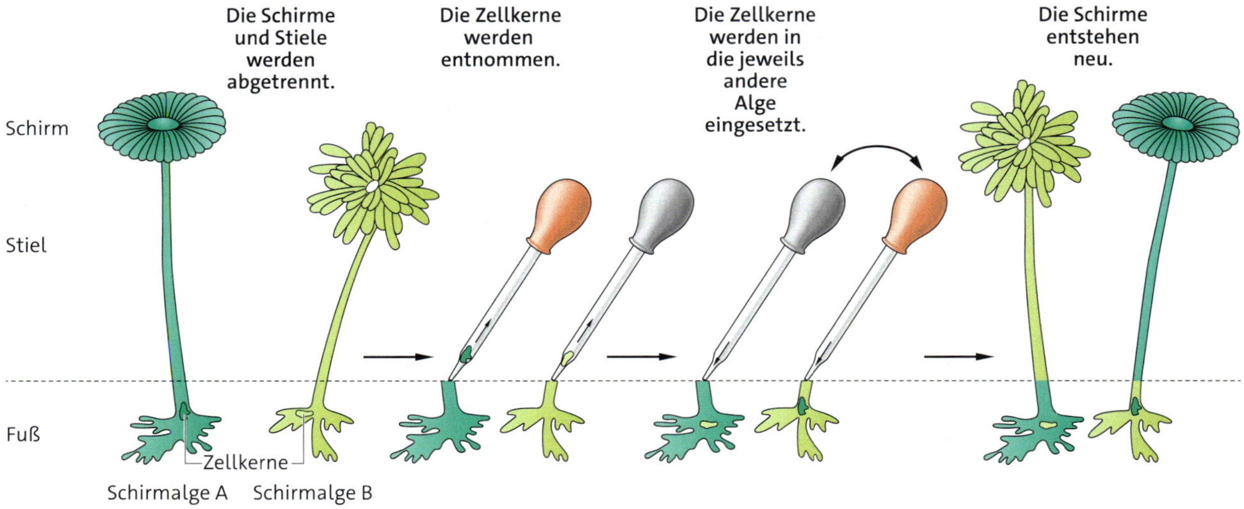

6 Versuch von Hämmerling

Chromosomen

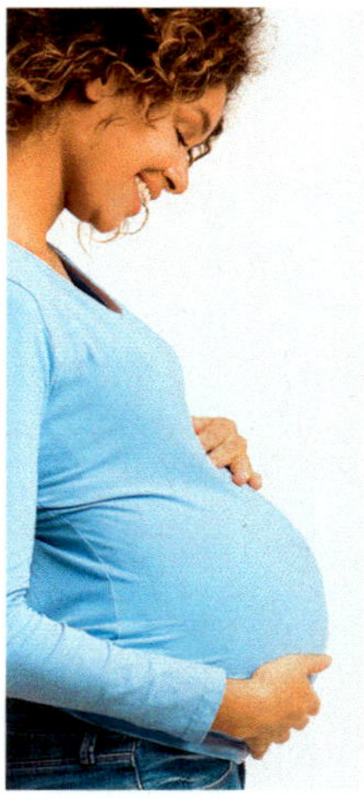

1 Frau mit Babybauch

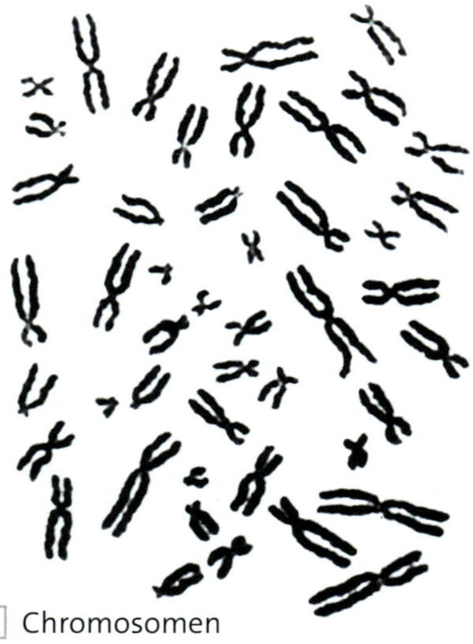

2 Chromosomen

Wird es ein Junge oder ein Mädchen? Viele Eltern sind gespannt. Ein Blick in den Zellkern beantwortet die Frage.

Körperzellen • In den Körperzellen befinden sich 46 Chromosomen. → 2 Sie liegen als 23 Chromosomenpaare vor. Die Körperzellen enthalten somit einen doppelten Chromosomensatz. Man sagt, sie sind diploid. Die beiden Chromosomen eines Paars sind gleich gebaut. Sie sind homolog. → 3A Alle Chromosomen der Körperzellen bestehen aus zwei Chromatiden, die am Zentromer miteinander verbunden sind. → 3B Man spricht von Zwei-Chromatiden-Chromosomen. Nachdem sich eine Körperzelle geteilt hat, liegen die Chromosomen als Ein-Chromatid-Chromosomen vor. → 3B

Geschlechtszellen • Ei- und Spermienzellen enthalten 23 Chromosomen. In ihnen ist jeweils nur eines der beiden homologen Chromosomen vorhanden. Sie enthalten somit einen einfachen Chromosomensatz. Man bezeichnet sie daher als haploid. Die Chromosomen der Geschlechtszellen sind Ein-Chromatid-Chromosomen.

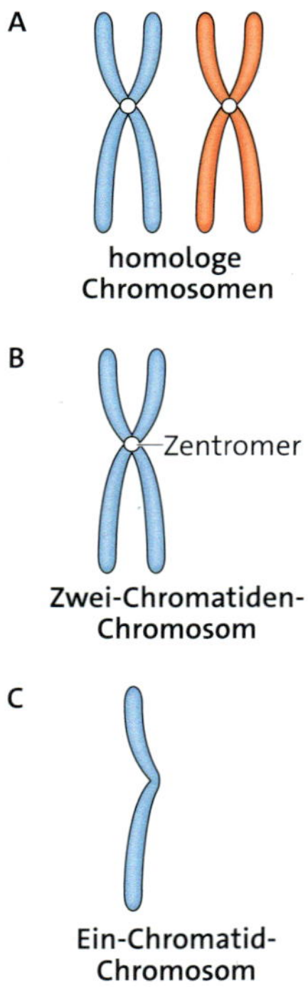

3 Übersicht Chromosomen

Mädchen oder Junge? • Das biologische Geschlecht eines Menschen wird vom 23. Chromosomenpaar bestimmt. Das sind die Geschlechtschromosomen. Man nennt sie auch Gonosomen. Mädchen haben zwei X-Chromosomen und Jungen haben ein X- und ein Y-Chromosom. Die Verteilung der Gonosomen bestimmt das biologische Geschlecht. Es wird bei der Befruchtung festgelegt. Befruchtet eine Spermienzelle mit einem Y-Chromosom eine Eizelle, entsteht ein Junge. Befruchtet eine Spermienzellen mit einem X-Chromosom eine Eizelle, entsteht ein Mädchen. Die anderen 22 Chromosomenpaare wirken sich nicht auf das Geschlecht eines Menschen aus. Sie werden als Autosomen bezeichnet.

Die Chromosomen liegen in jeder Körperzelle als Paar vor.
Die Gonosomen bestimmen das biologische Geschlecht eines Menschen.

Aufgaben

1 Nenne Unterschiede zwischen Körperzellen und Geschlechtszellen.

2 Erkläre den Begriff homologe Chromosomen.

das Chromatid
das Chromosom
das Chromosomenpaar
diploid
haploid

Material A

Die Chromosomen von Mann und Frau

In Bild 4 werden die Chromosomensätze der Körperzellen von Mann und Frau verglichen.

1 ◩ Nenne Gemeinsamkeiten und Unterschiede.

2 ◩ Erkläre, ob die Anlagen des Vaters oder der Mutter für das Geschlecht ihres Kindes entscheidend sind.

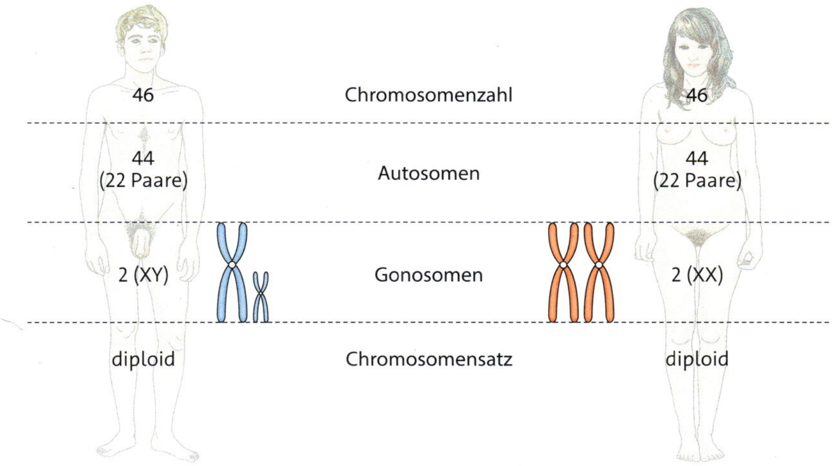

4 Chromosomen in den Körperzellen von Mann und Frau

Material B

Das Karyogramm

Bevor sich eine Körperzelle teilt, verdichten sich die Chromatinfäden im Zellkern zu Chromosomen. Man kann die Chromosomen anfärben und die homologen Chromosomen nach ihrer Größe und der Lage ihres Zentromers zu Chromosomenpaaren ordnen. Das Ergebnis ist ein Karyogramm. → 5

1 ◩ Vergleiche die Anzahl der Chromosomenpaare in den beiden Karyogrammen.

2 ◩ Begründe jeweils, ob es sich um das Karyogramm eines Mannes oder einer Frau handelt.

3 ◩ Beschreibe, nach welchen Kriterien man die Chromosomen ordnet.

4 ◩ Erkläre anhand der Karyogramme, was ein doppelter Chromosomensatz ist.

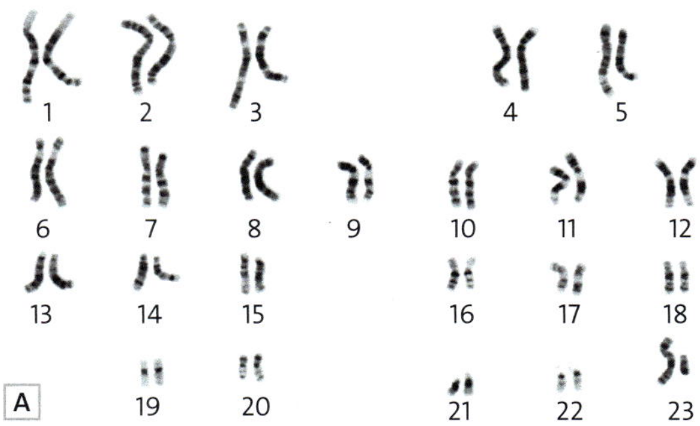

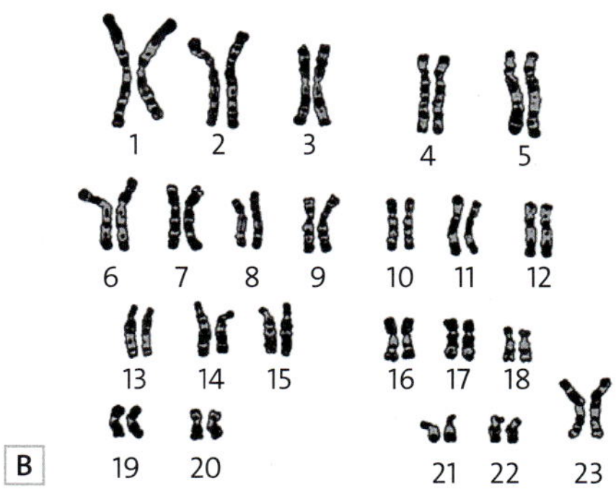

5 Karyogramme mit Ein-Chromatid-Chromosomen

Mitose und Zellteilung

1 Beim Wachstum nimmt die Anzahl der Zellen zu.

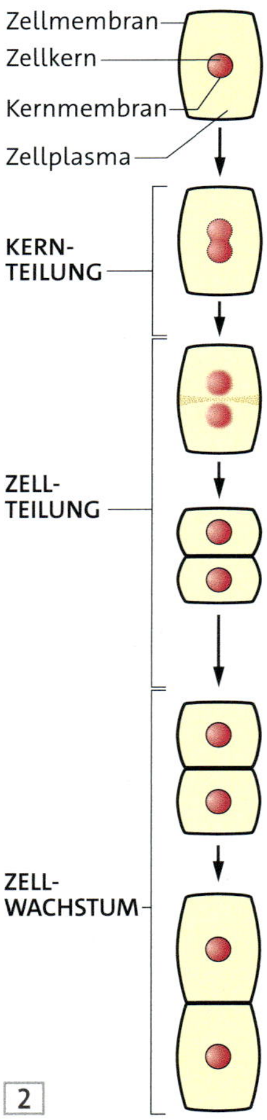

2

Ein Mensch entwickelt sich nach der Befruchtung aus einer einzigen Zelle. Damit aus dieser ein Mensch mit etwa 100 Billionen Zellen werden kann, müssen sich die Zellen fortgesetzt vermehren. Wie entstehen neue Zellen?

Vermehrung durch Teilung • Zellen vermehren sich durch Teilung. Dabei wird zunächst der Zellkern geteilt. → 2 Diese Kernteilung nennt man Mitose. Darauf folgt die Teilung der Zelle in zwei Tochterzellen und anschließend das Zellwachstum. Der Zellkern enthält die Erbinformation des Menschen. Bei der Teilung von Zellen muss die vollständige Erbinformation in jede Zelle weitergegeben werden. Dafür müssen zwei Bedingungen erfüllt sein: Zum einen muss die Erbinformation vor der Teilung verdoppelt werden und zum anderen muss die Verteilung auf die Tochterzellen gleichmäßig erfolgen. Die Mitose und die anschließende Zellteilung erfolgen in vier Phasen.

Verdichtung des Chromatins • Vor der Teilung erkennt man im Zellkern keine Chromosomen. Erst in der ersten Phase der Kernteilung verdichtet sich das Chromatin zu Chromosomen. Diese kann man im Lichtmikroskop erkennen. Die erste Phase ist die Prophase. In der Prophase löst sich außerdem die Kernmembran auf. → 3A

Anordnung in der Zellmitte • In der Metaphase ziehen die Spindelfasern die Chromosomen in die Zellmitte. → 3B

Trennung der Chromatiden • In der Anaphase wird jedes Chromosom am Zentromer in die zwei Chromatiden getrennt. Die Spindelfasern verkürzen sich und ziehen die Chromatiden zu den entgegengesetzten Zellpolen. Die beiden Chromatiden eines Chromosoms tragen die identische Erbinformation. Deshalb befindet sich an den beiden Zellpolen nun jeweils die vollständige Erbinformation. → 3C

die Mitose
die Zellteilung

Bildung neuer Kernmembranen • In der letzten Phase der Kernteilung, der Telophase, lösen sich die Spindelfasern auf und zwei Kernmembranen bilden sich. → 3D Jeder der beiden neu entstandenen Zellkerne enthält die identische und vollständige Erbinformation. Den gesamten Vorgang der Kernteilung nennt man Mitose. → 2

Teilung des Zellplasmas • Nachdem sich der Zellkern geteilt hat, teilt sich auch das Zellplasma und alle Zellorganellen werden auf die beiden Zellen aufgeteilt. → 3E Die Zellen werden durch eine Zellmembran getrennt. Bevor die nächste Teilung stattfindet, vermehrt sich in der Interphase das Zellplasma in beiden Zellen. Zudem verdoppeln sich die Chromatiden. So enthält jede Zelle wieder Chromosomen, die aus zwei Chromatiden bestehen. Die Chromosomen lösen sich wieder zu Chromatinfäden auf. Bei der Entwicklung eines Organismus finden immer wieder Mitosen und Zellteilungen statt.

In der Mitose teilt sich der Zellkern. Dabei werden die Chromatiden des Chromosoms getrennt und geordnet auf die Zellpole verteilt. Durch die anschließende Teilung des Zellplasmas entstehen zwei Tochterzellen mit der gleichen Erbinformation.

Aufgabe

1 ☒ Beschreibe die Phasen der Mitose in einer Tabelle. → 3

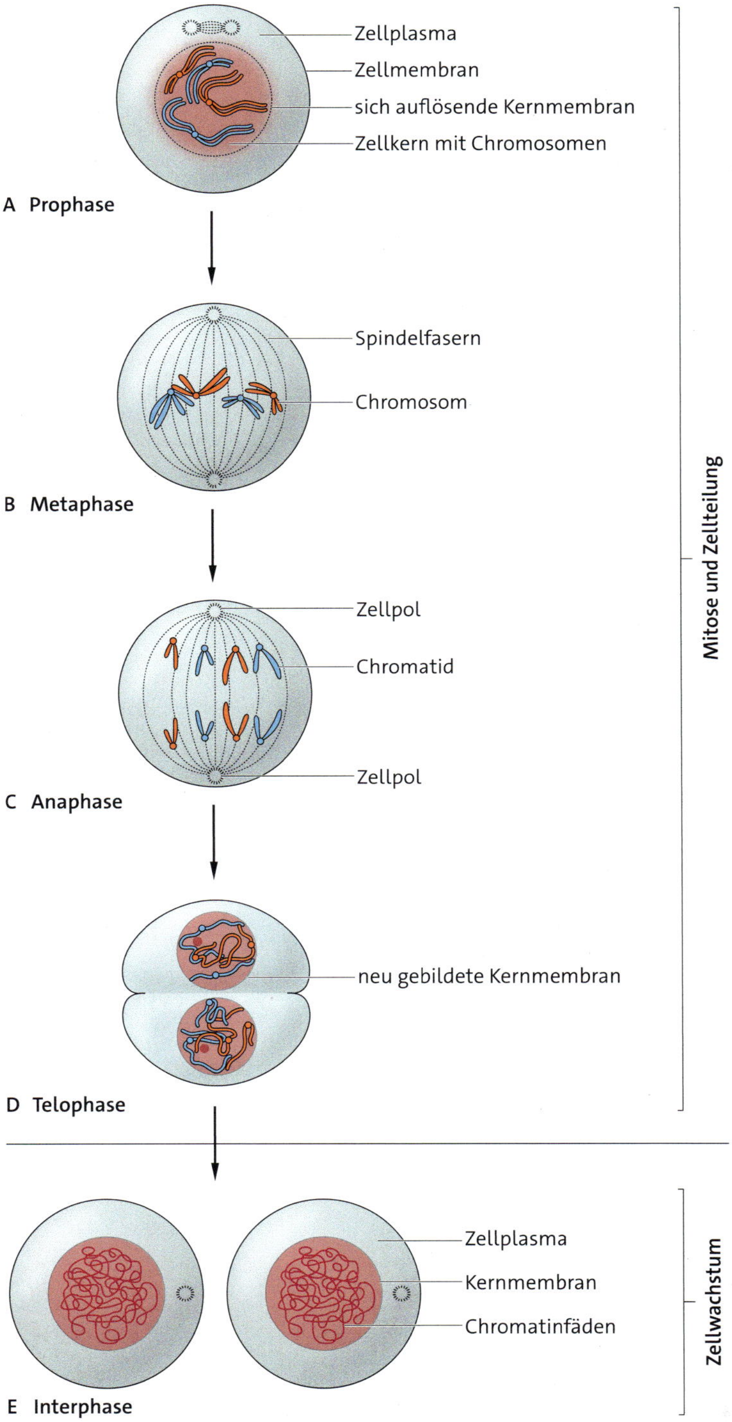

3 Mitose-Phasen und Zellwachstum (vereinfacht)

Mitose und Zellteilung

Material A

Teilungsstadien

Die Leber ist ein Organ mit verschiedenen Aufgaben. Da sich ihre Zellen oft teilen, kann man die Teilungsstadien hier mit dem Lichtmikroskop besonders gut beobachten.

1 Ordne den Buchstaben A–C folgende Begriffe zu: Zellkern, Zellplasma, Zellmembran.

2 Ordne den Bildern 1–3 folgende Stadien zu: Ausgangszustand, Zellteilung und Kernteilung. Bringe die Bilder in die richtige Reihenfolge.

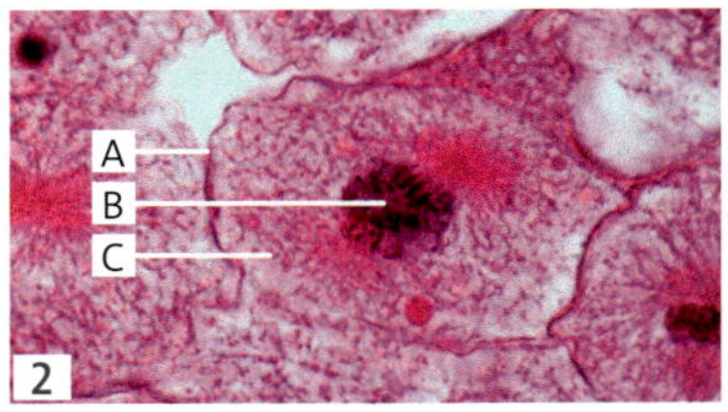

2

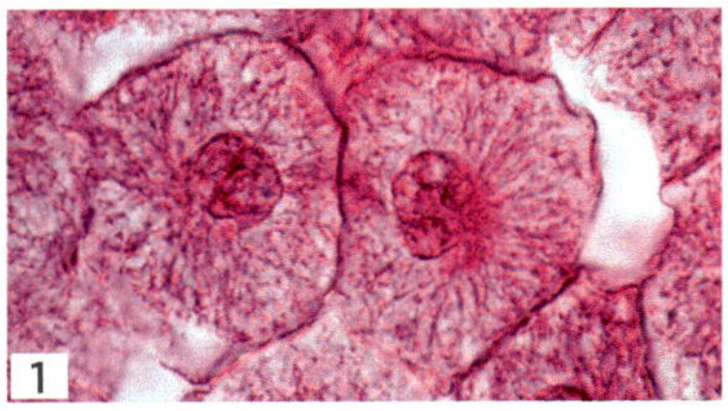
1

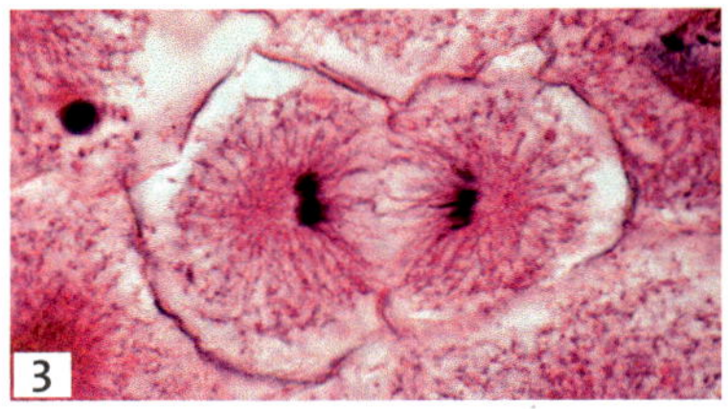
3

Material B

Modell zur Mitose

Die Mitose verläuft in vier Phasen. Daran schließen sich die Zellteilung und das Zellwachstum an. Die Vorgänge kannst du mit einem Modell veranschaulichen.

Materialliste: 4 rote Pfeifenputzer, 4 blaue Pfeifenputzer, 4 Druckknöpfe, Holzstab, DIN-A4-Blätter, Buntstifte

1 Erstelle aus den Pfeifenputzern und Druckknöpfen vier Chromosomen-Modelle. → 4 Wickle die Pfeifenputzer um den Holzstab, um die Verdichtung der Chromatinfäden nachzubilden. Entferne den Holzstab anschließend.

2 Zeichne ein Chromosomen-Modell ab und beschrifte die Zeichnung mit den Begriffen der genutzten Materialien.

3 Ordne in einer Tabelle den Teilen des Modells die Fachbegriffe des Originals zu.

4 Stelle die Mitose mit den vier Chromosomen-Modellen nach. Nutze die DIN-A4-Blätter und die Buntstifte, um die Kernmembran, die Zellmembran und die Spindelfasern darzustellen.

5 Modelle bilden die Wirklichkeit nicht ganz ab. Erkläre, was das Modell nicht zeigt.

4

Material C

Chromosomen sichtbar machen

Chromosomen kann man besonders gut bei pflanzlichen Zellen sichtbar machen.

Materialliste: Zwiebel, Erlenmeyerkolben, Skalpell, Objektträger, Deckglas, 50 %ige Karminessigsäure, Schutzbrille, Pinzette, Pipette, Bunsenbrenner, Siedesteinchen, Reagenzglas mit Stopfen, Reagenzglasklammer, Filterpapier, Mikroskop

Achtung • Schutzbrille und Schutzhandschuhe tragen!

1 Setze die Zwiebel auf einen mit Wasser gefüllten Erlenmeyerkolben. Nach einigen Tagen bilden sich Wurzeln. Schneide mit dem Skalpell 3 bis 4 mm lange Wurzelspitzen ab. → 5A

2 Gib die Wurzelspitzen in ein Reagenzglas mit Karminessigsäure. Lass sie 24 Stunden lang im verschlossenen Glas anfärben. → 5B

3 Gib einige Siedesteinchen dazu und erhitze die Wurzelspitzen kurz über einer Brennerflamme. → 5C

4 Lege die Wurzelspitzen mit einer Pinzette auf einen Objektträger. Teile sie der Länge nach mit einem Skalpell. Gib einen Tropfen Wasser hinzu und lege das Deckglas auf. → 5D

5 Lege zwei Lagen Filterpapier auf das Deckglas. Quetsche die Wurzelspitzen vorsichtig mit dem Daumen. → 5E Entferne das Filterpapier.

a Mikroskopiere dein Präparat.

b Suche Zellen in verschiedenen Phasen der Mitose. Beschreibe, was du in den Zellen jeweils beobachten kannst.

c Suche dir eine Phase der Mitose aus, die du möglichst genau abzeichnest. Benenne die Phase. Beschrifte deine Zeichnung.

6 Erkläre, wieso man in den Wurzelspitzen von Pflanzen besonders viele Phasen der Mitose erkennen kann.

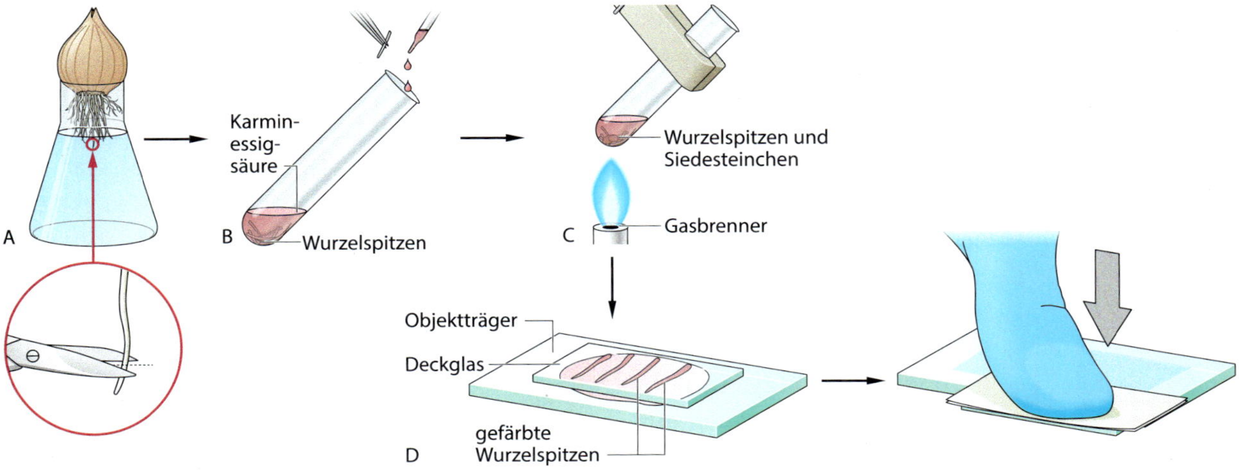

5 Herstellung eines Mitosepräparats

Bildung der Geschlechtszellen – Meiose

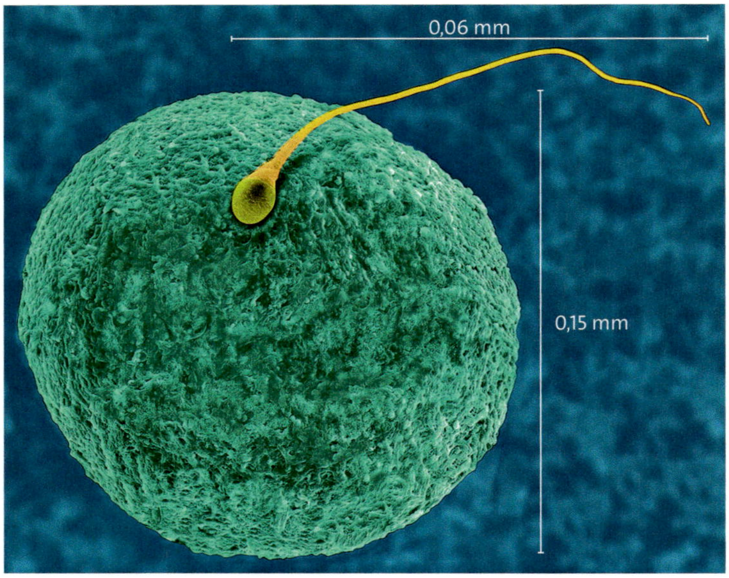

1 Eizelle mit Spermienzelle

Menschliche Körperzellen enthalten 46 Chromosomen im Zellkern. Eizelle und Spermienzelle enthalten dagegen nur 23 Chromosomen. Wie wird der Chromosomensatz halbiert?

Haploid oder diploid • Die Spermienzellen des Mannes und die Eizellen der Frau enthalten einen einfachen Chromosomensatz von jeweils 23 Chromosomen. Sie sind haploid. Bei der geschlechtlichen Fortpflanzung verschmelzen Eizelle und Spermienzelle. → 1 Die befruchtete Eizelle, die Zygote, enthält dann wieder den doppelten Chromosomensatz mit 46 Chromosomen. Sie ist also diploid. Aus der Zygote entstehen durch Mitose und Zellteilung neue Körperzellen. Auf diese Weise entsteht ein vielzelliger Organismus, dessen Körperzellen alle diploid sind.

Bildung der Geschlechtszellen • Die Eizellen werden im Eierstock der Frau gebildet und die Spermienzellen im Hoden des Mannes. Bei der Bildung wird der Chromosomensatz halbiert. Diesen Vorgang nennt man Meiose. Dabei gibt es zwei Teilungsschritte.

Erste Reifeteilung • Am Anfang der Meiose, in der Prophase I, verdichten sich die Chromatinfäden im Zellkern zu Chromosomen. → 2A In der Metaphase I ordnen sich die Chromosomenpaare in der Zellmitte an. → 2B In der Anaphase I werden die homologen Chromosomen getrennt und von den Spindelfasern zu den Zellpolen gezogen. → 2C In der Telophase I bilden sich neue Kernmembranen und Zellmembranen. → 2D So entstehen zwei Tochterzellen, die jeweils 23 Zwei-Chromatiden-Chromosomen im Zellkern enthalten. Weil der Chromosomensatz auf die Hälfte reduziert wird, nennt man die erste Reifeteilung auch Reduktionsteilung.

Zweite Reifeteilung • Der zweite Teilungsschritt der Meiose verläuft wie eine Mitose und beginnt mit der Prophase II. → 2E In der Metaphase II ordnen sich die Chromosomen in der Zellmitte an. → 2F In der Anaphase II ziehen die Spindelfasern die Chromatiden zu den Zellpolen. → 2G In der Telophase II entstehen die neuen Zellkerne und die Zellen teilen sich. → 2H Das Ergebnis der beiden Reifeteilungen der Meiose sind vier Zellen mit jeweils 23 Ein-Chromatid-Chromosomen.

die Geschlechtszellen
die Meiose
die Rekombination

Rekombination • Homologe Chromosomen enthalten nicht die identischen Erbinformationen, weil eines von der Mutter stammt und das andere vom Vater. In der Meiose werden die homologen Chromosomen zu den entgegengesetzten Zellpolen gezogen. Dabei ist es reiner Zufall, welches Chromosom zu welchem Zellpol gelangt und mit welchen anderen Chromosomen es dorthin gelangt. So entstehen bei der Meiose Geschlechtszellen, in denen die Chromosomen neu kombiniert werden. Das erhöht die genetische Vielfalt.

Es entsteht nur eine Eizelle • Beim Mann entstehen in der Meiose aus einer Zelle vier Spermienzellen. Bei der Frau bilden sich eine große Eizelle und drei kleinere Polkörperchen. Nur die Eizelle kann befruchtet werden.

In der Meiose wird der doppelte Chromosomensatz auf den einfachen Chromosomensatz reduziert. So entstehen die haploiden Geschlechtszellen. Dabei werden die Chromosomen neu kombiniert.

Aufgaben

1 ☒ Beschreibe die Phasen der Meiose in einer Tabelle. → 2

2 ☒ Erkläre die Bedeutung der Meiose.

3 ☒ Erkläre, wie die Chromosomen im Verlauf der Meiose neu kombiniert werden.

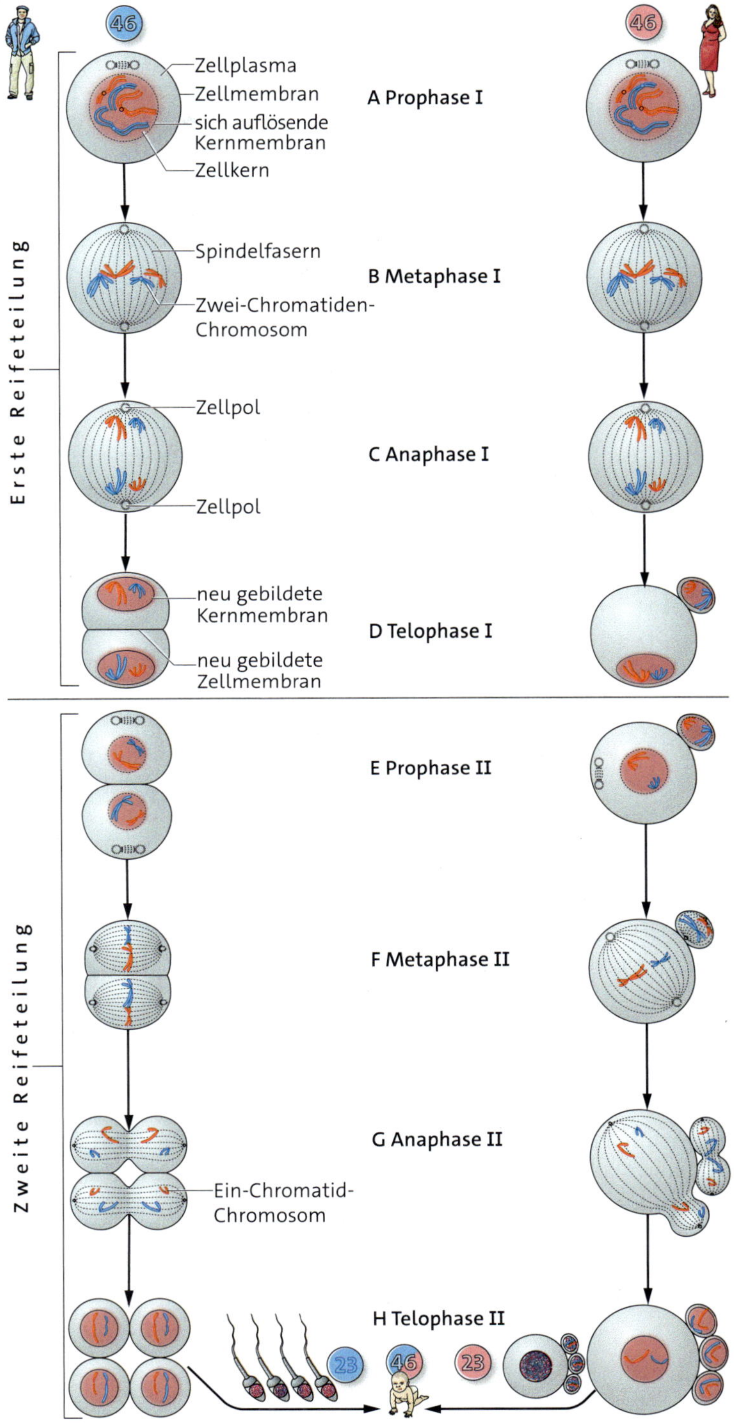

2 Meiose-Phasen (vereinfachte Abbildung mit vier Chromosomen)

Bildung der Geschlechtszellen – Meiose

Material A

Meiose im Modell

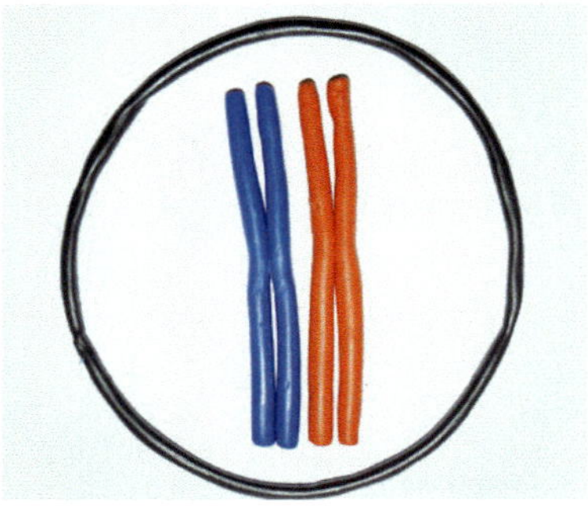

1 Beispiel für ein Modell

Materialliste: Knete in zwei Farben, Pfeifenputzer in zwei Farben, Druckknöpfe, Klingeldraht oder Bindfäden in zwei Farben, Buntstifte, wahlweise andere geeignete Materialien

1 Wähle Materialien aus und baue ein Modell eines Chromosomenpaars im Zellkern. → 1 Die Chromosomen müssen homolog sein.

2 ☒ Stelle mit dem Modell erst die Ausgangssituation und dann das Ergebnis der Meiose dar. Beschreibe, was das Modell jeweils zeigt.

3 ☒ Beurteile die Vorteile und Nachteile deines Modells. Berücksichtige, was du mit deinem Modell gut darstellen kannst und was nicht.

Material B

Rekombination

Angenommen, im Zellkern gäbe es nur zwei Chromosomenpaare. Dann gäbe es zwei Möglichkeiten, wie die homologen Chromosomen auf die Tochterzellen verteilt werden können. → 2

1 ☑ Übertrage das Schema in dein Heft. → 2

2 ☒ Ergänze die fehlenden Chromosomen. Achte dabei auf die jeweilige Anzahl der Chromatiden.

3 ☒ Gib an, wie viele unterschiedliche Geschlechtszellen entstehen können.

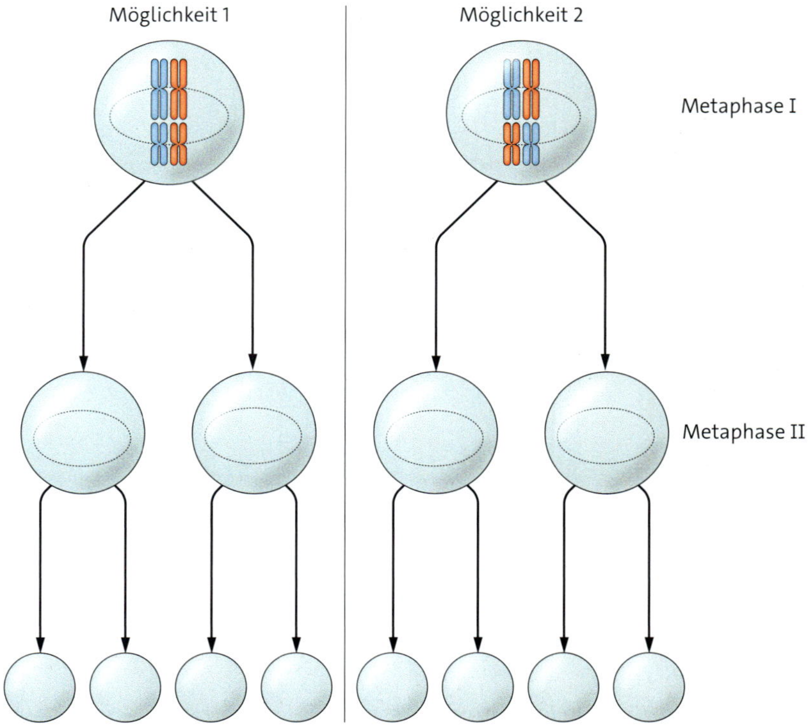

2 Kombinationsmöglichkeiten bei der Meiose (vereinfachte Abbildung mit vier Chromosomen)

Material C

Diploid oder haploid?

Sowohl bei der Bildung der Geschlechtszellen als auch bei der Befruchtung verändert sich die Anzahl der Chromosomen in den Zellen.

1 Erkläre die Begriffe diploid und haploid.

2 Nenne die Anzahl der Generationen in Bild 3.

3 Schreibe die Buchstaben A–I in dein Heft. Notiere zu den Buchstaben, ob die Körperzellen der Personen (A, B, E, F und I) oder die jeweils dargestellten Zellen (C, D, G und H) diploid oder haploid sind.

4 Beschreibe, wie sich die Chromosomenzahl über die Generationen hinweg verändert. Verwende die Fachbegriffe: Körperzellen, Geschlechtszellen, Befruchtung, Mitose, Meiose, diploid, haploid.

5 Erkläre, wie es sich auf die Chromosomenzahl der Geschlechtszellen und der Körperzellen auswirken würde, wenn es keine Meiose gäbe.

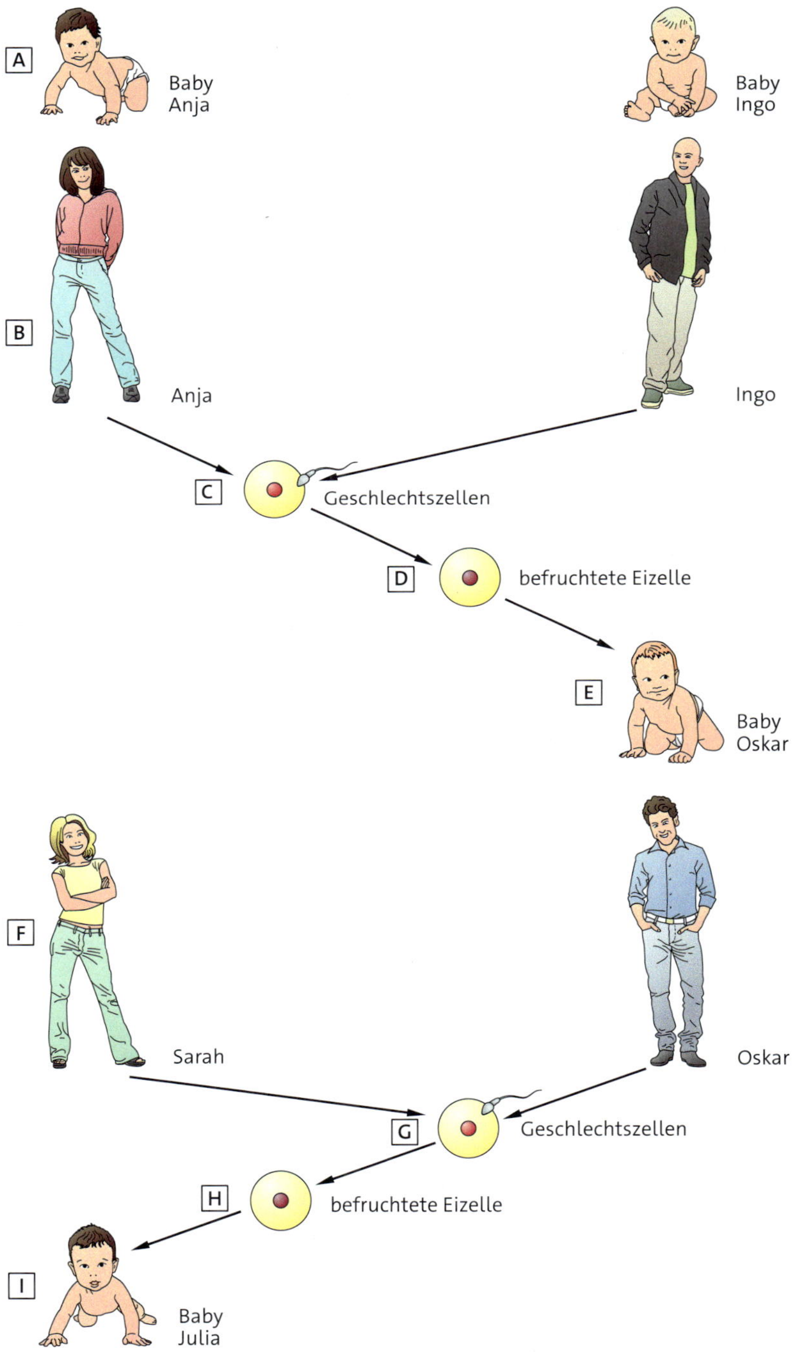

3 Veränderung der Chromosomenanzahl durch die Meiose

DNA – die Trägerin der Erbinformation

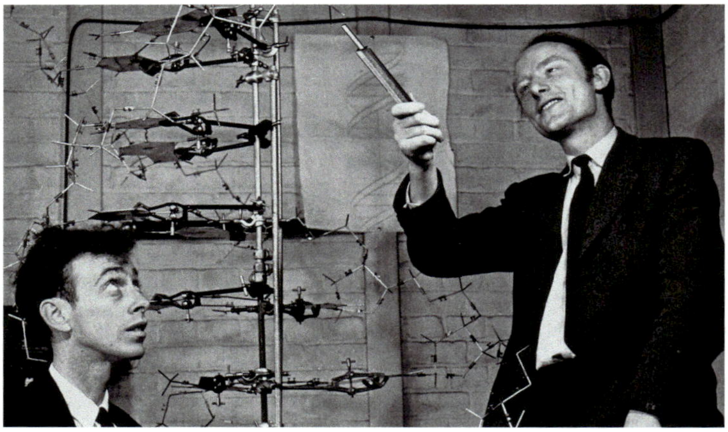

1 Watson und Crick vor ihrem DNA-Modell

1953 stellten Watson und Crick erstmals ein Modell zum Aufbau der DNA vor und wurden damit berühmt. Wie ist die DNA aufgebaut?

Aufbau der DNA • Ein Chromosom besteht aus DNA (desoxyribonucleic acid) und Proteinen. Die DNA ist aus aneinandergereihten Bausteinen aufgebaut, den Nukleotiden. Jedes Nukleotid besteht aus einem Phosphat, dem Zucker Desoxyribose und einer der vier Basen Adenin (A), Thymin (T), Guanin (G) oder Cytosin (C). Über das Phosphat und den Zucker sind die Nukleotide zu einem DNA-Strang verbunden. Die DNA besteht aus zwei Strängen. Die beiden DNA-Stränge sind um die eigene Achse zu einer Doppelhelix gewunden. → 2

Basenpaarung • In der Doppelhelix lagern sich die Basen der beiden DNA-Stränge immer in bestimmten Paaren gegenüber an: Adenin und Thymin sowie Guanin und Cytosin. Man spricht von komplementärer Basenpaarung.

Gene • Die Reihenfolge der Basen im DNA-Strang ist unregelmäßig. In dieser Reihenfolge ist die Erbinformation verschlüsselt. Nur bestimmte DNA-Abschnitte verschlüsseln Informationen. Sie werden als Gene bezeichnet.

Die DNA ist aus Nukleotiden aufgebaut. Diese bestehen aus Zucker, Phosphat und einer der vier Basen. In der Reihenfolge der Basen ist die Erbinformation verschlüsselt.

Aufgabe

1 ☒ Beschreibe den Aufbau der DNA.

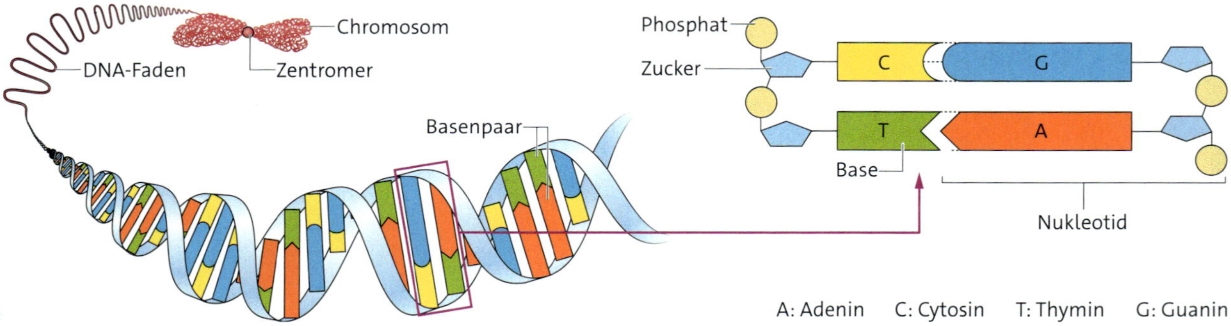

2 Feinbau eines Chromosoms

die DNA
das Nukleotid
die Base
komplementär
das Gen

Material A

DNA sichtbar machen

Materialliste: 4 TL 0,9 %iges Salzwasser, 2 TL farblose flüssige Seife, Reagenzglas, Holzstab, 2 TL eiskalter Brennspiritus

1 Nimm etwas Salzwasser in den Mund. Bewege es im Mund kräftig hin und her und reibe mit der Zunge am Gaumen. Spucke die Lösung nach etwa 30 Sekunden in das Reagenzglas.

2 Füge die flüssige Seife hinzu und vermische beides sorgfältig. Vermeide dabei die Schaumbildung.

3 Gib nun vorsichtig eiskalten Brennspiritus darüber, ohne die Flüssigkeiten zu vermischen. Nach einigen Minuten sieht man die weißliche DNA. → 3 Man kann sie mit dem Holzstab aufnehmen. Schreibe zu dem Versuch ein Versuchsprotokoll.

3 Isolierte DNA

Material B

DNA im Modell

In Bild 4 sind die Bausteine der Nukleotide schematisch dargestellt. Die roten Punkte markieren Verbindungsstellen zwischen den Bausteinen.

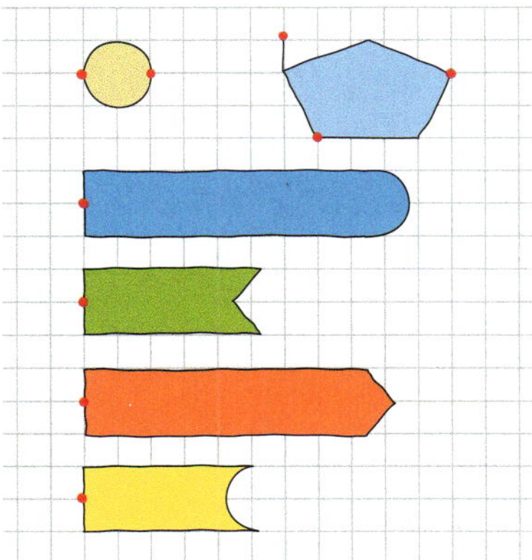

4 Bausteine der Nukleotide

1 Erstelle eine Legende für das DNA-Modell. Übertrage dazu die Bausteine der DNA in dein Heft und beschrifte sie. → 4

2 Zeichne ein einzelnes Nukleotid in dein Heft. Verbinde dabei die Bausteine an den roten Punkten.

3 Ergänze deine Zeichnung durch ein Nukleotid, das sich gegenüber anlagert. Bedenke dabei die komplementäre Basenpaarung.

4 Ergänze das DNA-Modell um vier weitere Nukleotide. Erkläre, was du beachten musst.

5 Man kann sich den Aufbau der DNA wie eine Strickleiter vorstellen. Ordne die Bausteine der Nukleotide den Seilen und Sprossen einer Strickleiter zu.

6 Vereinfache das Modell, indem du nur die Buchstaben für die verschiedenen Basen untereinander schreibst (C, G, A, T). Lass die komplementären Basen von deiner Partnerin oder deinem Partner ergänzen.

7 Vergleiche das DNA-Modell mit der Wirklichkeit. Erkläre, was es nicht darstellen kann.

DNA – die Trägerin der Erbinformation

Erweitern und Vertiefen

Replikation – Verdopplung der DNA

Zellzyklus • Zellen vermehren sich, indem sie sich teilen. Dabei wird auch die DNA aufgeteilt. An jede Zellteilung schließt sich eine Phase an, in der die Tochterzellen wachsen. → 1 In dieser Phase wird außerdem die DNA in den Tochterzellen verdoppelt. Nur so kann sie bei der nächsten Zellteilung wieder aufgeteilt werden. Diesen Ablauf aus Zellteilung, Zellwachstum und Verdopplung der DNA nennt man Zellzyklus.
Nach der Zellteilung liegen die Chromosomen als Ein-Chromatid-Chromosomen vor. Dann findet die Verdopplung statt und aus einem DNA-Doppelstrang werden zwei DNA-Doppelstränge. → 2 Dieser Vorgang wird identische Replikation genannt. Nach der Replikation liegen die Chromosomen im Zellkern als Zwei-Chromatiden-Chromosomen vor.

Ablauf der Replikation • Zunächst wird der DNA-Doppelstrang entwunden. Dann werden die komplementären Basenpaare voneinander getrennt, sodass sich die beiden DNA-Stränge auftrennen. → 2 An die nun frei liegenden Basen lagern sich die passenden Nukleotide an. Sie befinden sich in ausreichender Menge im Zellkern. So bildet jeweils ein alter DNA-Strang die exakte Vorlage für einen neuen DNA-Strang. Zum Schluss werden die neu angelagerten Nukleotide untereinander zu einem durchgehenden DNA-Strang verknüpft. Auf diese Weise entstehen aus einem DNA-Doppelstrang zwei DNA-Doppelstränge. Durch die komplementäre Basenpaarung sind die DNA-Doppelstränge identisch.

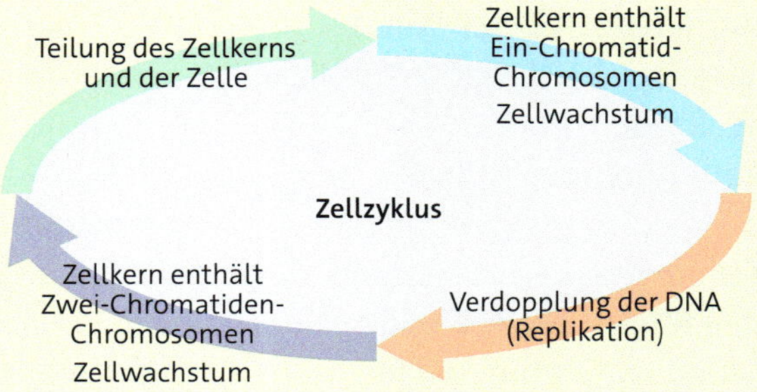

1 Zellzyklus

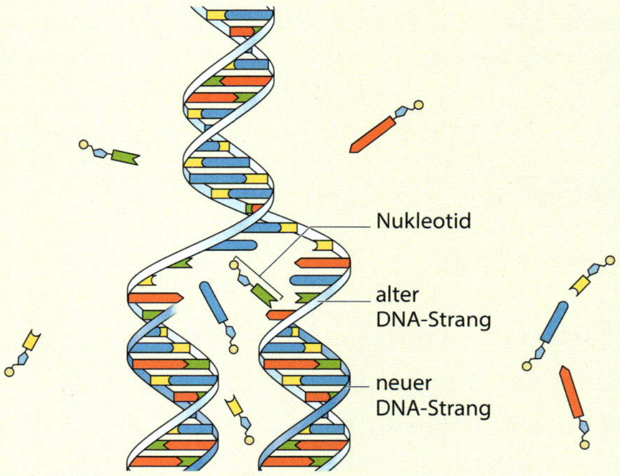

2 Replikation der DNA

Reparatur • Die Replikation verläuft weitgehend fehlerfrei. Lediglich ungefähr eines von 1000 komplementären Nukleotiden wird zunächst falsch eingebaut. Viele Fehler werden aber von Reparaturmechanismen korrigiert.

Aufgaben

1 ⊠ Ordne die Replikation in den Zellzyklus ein.

2 ⊠ Beschreibe den Ablauf der Replikation.

Material C

Verdopplung der DNA

Vor jeder Zellteilung findet eine Replikation statt.

1 Erkläre, was mit dem Begriff Replikation gemeint ist.

2 Erkläre, wieso die DNA in zwei Kopien vorliegen muss.

3 Ordne den Ziffern 1–8 die folgenden Begriffe zu: Nukleotid, DNA-Doppelstrang, Base, Replikation, alter DNA-Strang, Phosphat, neuer DNA-Strang, Zucker.

4 Ein DNA-Strang wird verdoppelt. → 3

a Notiere in deinem Heft die Reihenfolge der Basen im oberen DNA-Strang. Beginne mit: TCG ...

b Ergänze jeweils die komplementären Basen, die bei der Replikation angelagert werden.

5 Durch die Replikation entstehen aus einem DNA-Doppelstrang zwei DNA-Doppelstränge.

a Vergleiche die Doppelstränge im Hinblick auf die Reihenfolge der Basen.

b Begründe die Gemeinsamkeiten.

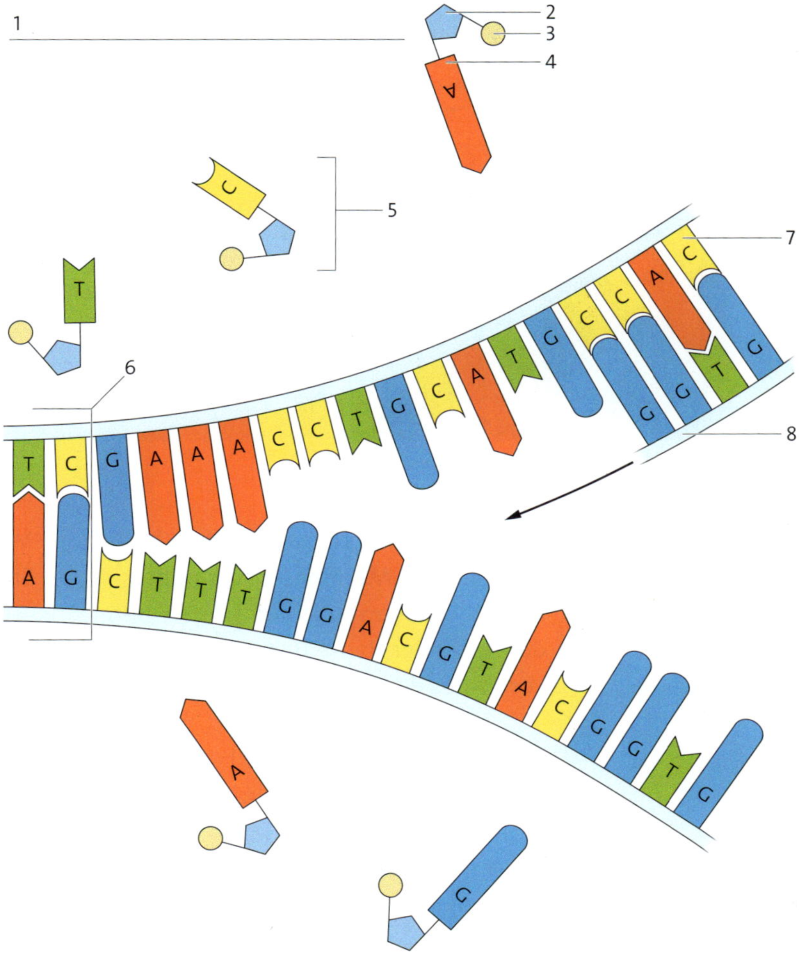

3 Verdopplung eines DNA-Strangs

6 Erkläre die Bedeutung der freien Nukleotide für die Replikation.

7 In einer menschlichen Körperzelle befinden sich 46 Chromosomen.
Nenne die Anzahl der DNA-Doppelstränge vor und nach der Replikation.

8 Das Medikament Cisplatin wird gegen Krebs eingesetzt. Es stellt stabile Querverbindungen innerhalb von und zwischen benachbarten Doppelsträngen her.
Stelle Vermutungen über die Wirkung von Cisplatin an. *Tipp:* Krebszellen teilen sich unkontrolliert oft.

Vom Gen zum Merkmal

1 Menschen sehen unterschiedlich aus.

Menschen unterscheiden sich in ihren körperlichen Merkmalen. Sie haben zum Beispiel unterschiedliche Farben der Haut, der Haare und der Augen. Wie kommt es dazu?

Merkmale • Die Farbe der Haut, der Haare und der Augen wird durch Farbstoffe hervorgerufen, die Melanine heißen. Diese Farbstoffe werden aus Ausgangsstoffen im Stoffwechsel des Körpers hergestellt. Dies geschieht mithilfe von speziellen Proteinen, den Enzymen. Proteine sind auch an der Ausbildung anderer Merkmale beteiligt. Die Gesamtheit der Merkmale eines Menschen bezeichnet man als seinen Phänotyp.

DNA ist Trägerin der Erbinformation • Ein bestimmter Abschnitt auf der DNA, ein Gen, enthält die Information für die Bildung eines Proteins. In der DNA ist somit nicht die Information über die Melanine enthalten, sondern über die Enzyme, die Melanine herstellen.
→ 2 Für die Augenfarbe gibt es mindestens drei verschiedene Gene. Die Gesamtheit der Gene eines Menschen nennt man Genotyp.

Aufbau der Proteine • Alle Enzyme sind Proteine. Die Grundbausteine aller Proteine sind Aminosäuren. Beim Menschen sind 20 verschiedene Aminosäuren am Aufbau der Proteine beteiligt. Die Aminosäuren werden an bestimmten Zellbestandteilen zu einer Aminosäurekette verknüpft. Diese Bestandteile nennt man Ribosomen. Die Aminosäurekette wird gefaltet und bildet das Protein. Je nach Anzahl und Reihenfolge der verknüpften Aminosäuren entstehen unterschiedliche Proteine. Diese erfüllen im Stoffwechsel des Körpers jeweils ganz bestimmte Funktionen.

der Phänotyp
der Genotyp
das Ribosom
die Aminosäurekette
der genetische Code

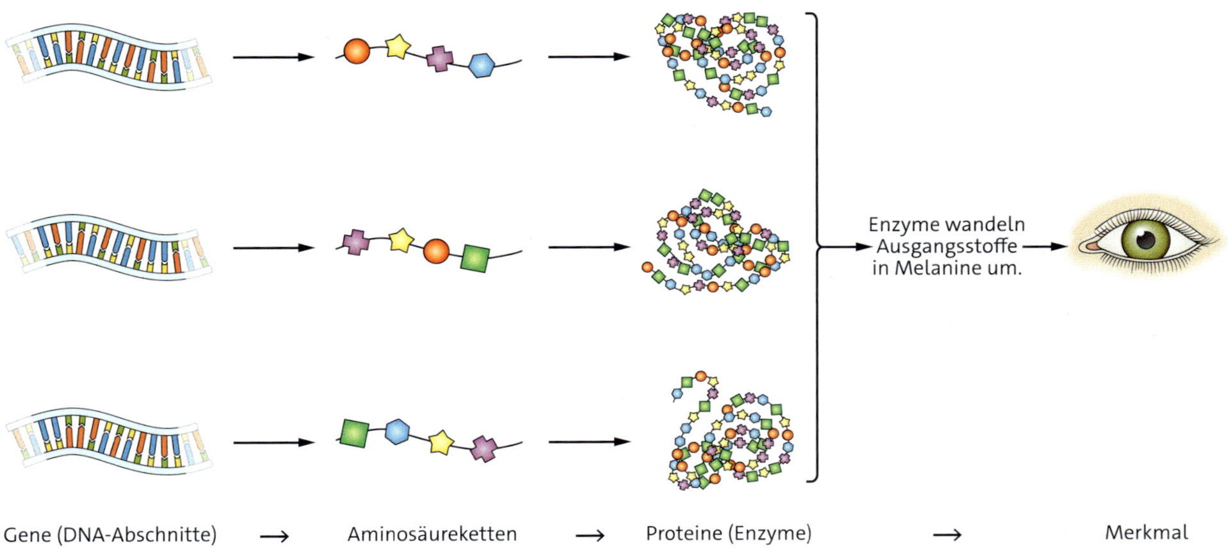

2 Vom Gen zum Merkmal

Der genetische Code • Die Information über die Reihenfolge der Aminosäuren in einem Protein ist in der Reihenfolge der Basen im Gen verschlüsselt. Die Reihenfolge der Basen bezeichnet man als den genetischen Code. Jeweils drei Basen, ein Triplett, codieren für eine Aminosäure.

Um die genetische Information in ein Protein zu übersetzen, wird zunächst eine Abschrift von der DNA erstellt. Diese Abschrift verlässt den Zellkern und wird an einem Ribosom im Zellplasma in eine Aminosäurekette übersetzt. Aus dieser entsteht ein Protein.

Vielfalt • Jeder Mensch hat eine andere DNA. Menschen haben also unterschiedliche Gene, die zur Bildung unterschiedlicher Proteine führen. Deshalb unterscheiden sie sich in Merkmalen wie der Farbe ihrer Haare und Augen.

Die Reihenfolge der Basen in der DNA bestimmt die Reihenfolge der Aminosäuren im Protein. Proteine sind an der Ausbildung von Merkmalen beteiligt.

Aufgaben

1 Erkläre die Begriffe Phänotyp und Genotyp.

2 Erkläre den Begriff Gen.

3 Beschreibe, wie die genetische Information der DNA in ein Merkmal umgesetzt wird. → 2

4 Erkläre, was man unter dem genetischen Code versteht.

5 Erkläre, wieso Menschen sich in ihren Merkmalen unterscheiden.

Vom Gen zum Merkmal

Material A

Die Farbe der Mäuse

1 Weiße Maus

Die Fellfarbe grauer Mäuse wird unter anderem von einem Melanin hervorgerufen. Weißen Mäusen fehlt das Melanin. Sie haben weißes Fell und rote Augen. → 1

1 ☒ Erkläre die Zusammenhänge bei der Bildung des Melanins in den grauen Mäusen. → 2

2 ☒ Erkläre, wie das weiße Fell der Maus entstehen kann.

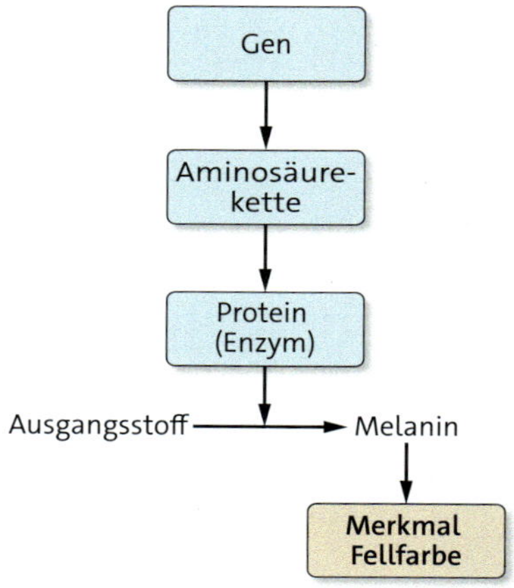

2 Vom Gen zur Fellfarbe

Material B

Vererbung der Blütenfarbe

3 Nelken

Nelken gibt es mit unterschiedlichen Blütenfarben. → 3 Untersucht man die Kronblätter mikroskopisch, kann man erkennen, dass in den Vakuolen der Zellen rot blühender Pflanzen ein roter Farbstoff enthalten ist. Die Vakuolen weiß blühender Pflanzen enthalten keinen Farbstoff. Die Information über die Bildung des Blütenfarbstoffs ist in der DNA verschlüsselt.

1 ☒ Beschreibe den Vorgang, der zur Entstehung der roten Blütenfarbe führt. → 4A

2 ☒ Erkläre den Zusammenhang zwischen dem Vorhandensein von Enzymen und der roten oder weißen Blütenfarbe. → 4A 4B

3 ☒ Stelle Vermutungen an, wie es zu rosafarbenen Blüten kommen kann.

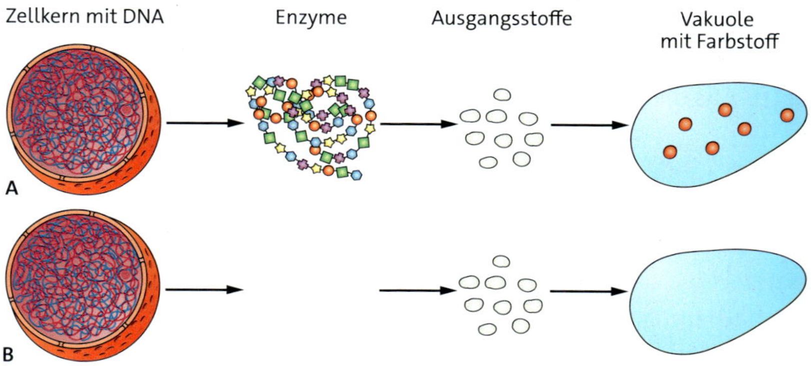

4 Bildung des Blütenfarbstoffs

Material C

Farbstoffbildung

Der rote Blütenfarbstoff wird in mehreren Schritten gebildet. → 5 Dann wird er in den Vakuolen der Zellen der Kronblätter eingelagert. So wird die rote Blütenfarbe hervorgerufen.

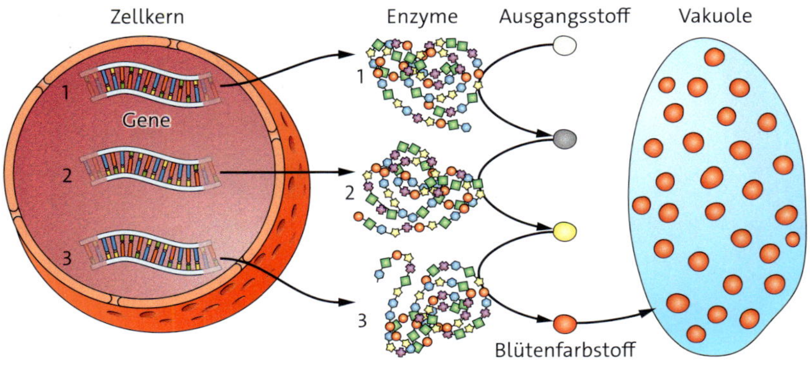

5 Gene und Blütenfarbstoff

1 ☒ Nenne die Anzahl der Gene, die bei der Bildung des Farbstoffs mitwirken.

2 ☒ Beschreibe die Aufgabe der Enzyme.

3 ☒ Beschreibe die Wirkung von Gen 1.

4 ☒ Stelle eine Vermutung an, was passieren würde, wenn Gen 3 ausfällt.

5 ☒ Erkläre, wieso man von einer Genwirkkette spricht.

Material D

Wirkung von Enzymen

1 ☒ Ordne den Strukturen und Vorgängen im Modell zur Enzymwirkung die Beschreibungen A–E zu. → 6

2 ☒ Erläutere das Schlüssel-Schloss-Prinzip am Beispiel der Enzymwirkung.

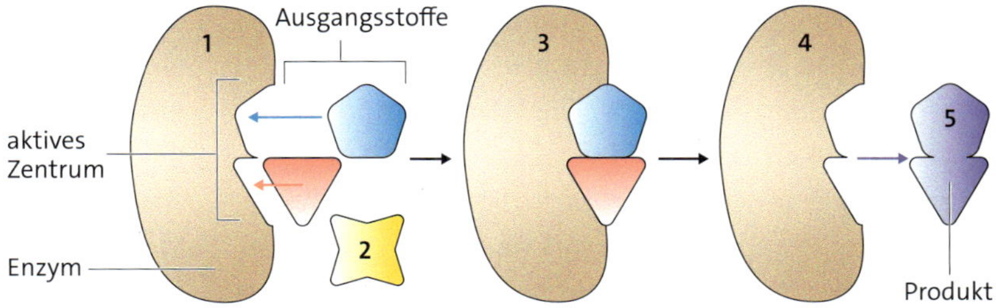

6 Modell zur Enzymwirkung

A Das Enzym setzt die veränderten Stoffe frei. Sie werden nun als Produkt bezeichnet.

B Stoffe mit unpassender räumlicher Struktur binden nicht an das Enzym.

C Eine Stelle des Enzyms passt räumlich genau zu einem oder mehreren Stoffen. Sie wird aktives Zentrum genannt.

D Das Enzym bewirkt eine Veränderung der Stoffe. Das Enzym verändert sich dabei nicht.

E Nur passende Stoffe treten in Kontakt mit dem Enzym. Sie passen wie ein Schlüssel in ein Schloss.

Vom Gen zum Merkmal

Erweitern und Vertiefen

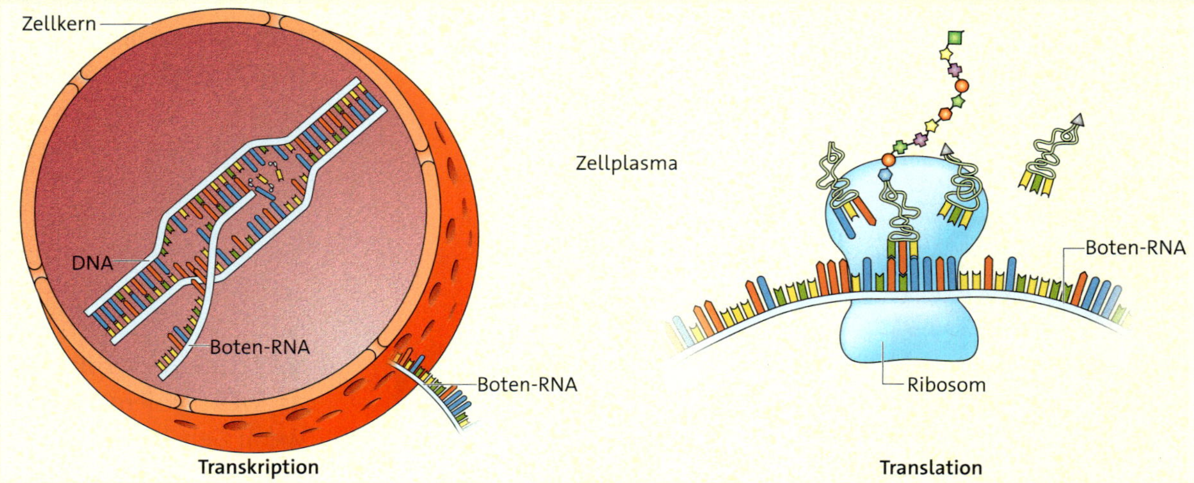

1 Proteinbiosynthese

Transkription

Proteinbiosynthese • Die Information für die Bildung von Proteinen ist in der DNA verschlüsselt. Die Bildung der Proteine findet an den Ribosomen statt. Diese Zellbestandteile befinden sich im Zellplasma der Zelle. Die DNA befindet sich jedoch im Zellkern und verlässt diesen auch nicht. Die genetische Information muss somit vom Zellkern zu den Ribosomen gelangen. Dazu wird der benötigte DNA-Abschnitt, das Gen, abgeschrieben. Diese Abschrift verlässt den Zellkern und dient an den Ribosomen als Vorlage für die Übersetzung in ein Protein. Das Abschreiben nennt man Transkription. Das Übersetzen nennt man Translation. Beide Vorgänge zusammen sind die Proteinbiosynthese. → 1

Abschreiben eines Gens • Um eine Abschrift eines Gens herzustellen, muss zunächst der Doppelstrang der DNA zwischen den Basenpaaren aufgetrennt werden. Einer der beiden Stränge dient als Vorlage für die Abschrift. An die Basen des Strangs lagern sich Nukleotide mit komplementären Basen an. Die Nukleotide der Abschrift unterscheiden sich von den DNA-Nukleotiden. Statt Desoxyribonukleinsäure enthalten sie Ribonukleinsäure (ribonucleic acid) und statt der Base Thymin kommt Uracil vor. Diese RNA-Nukleotide werden zu einem Einzelstrang verknüpft. Die entstandene RNA ist eine komplementäre Abschrift des Gens. Sie verlässt den Zellkern durch die Kernporen und bringt die in der DNA verschlüsselte Information zu den Ribosomen. → 2 Daher wird sie Boten-RNA genannt. Diesen Vorgang des Abschreibens nennt man Transkription.

Bei der Transkription wird ein Gen abgeschrieben. Es entsteht die einzelsträngige Boten-RNA. Sie verlässt den Zellkern und bringt die Informationen zu den Ribosomen.

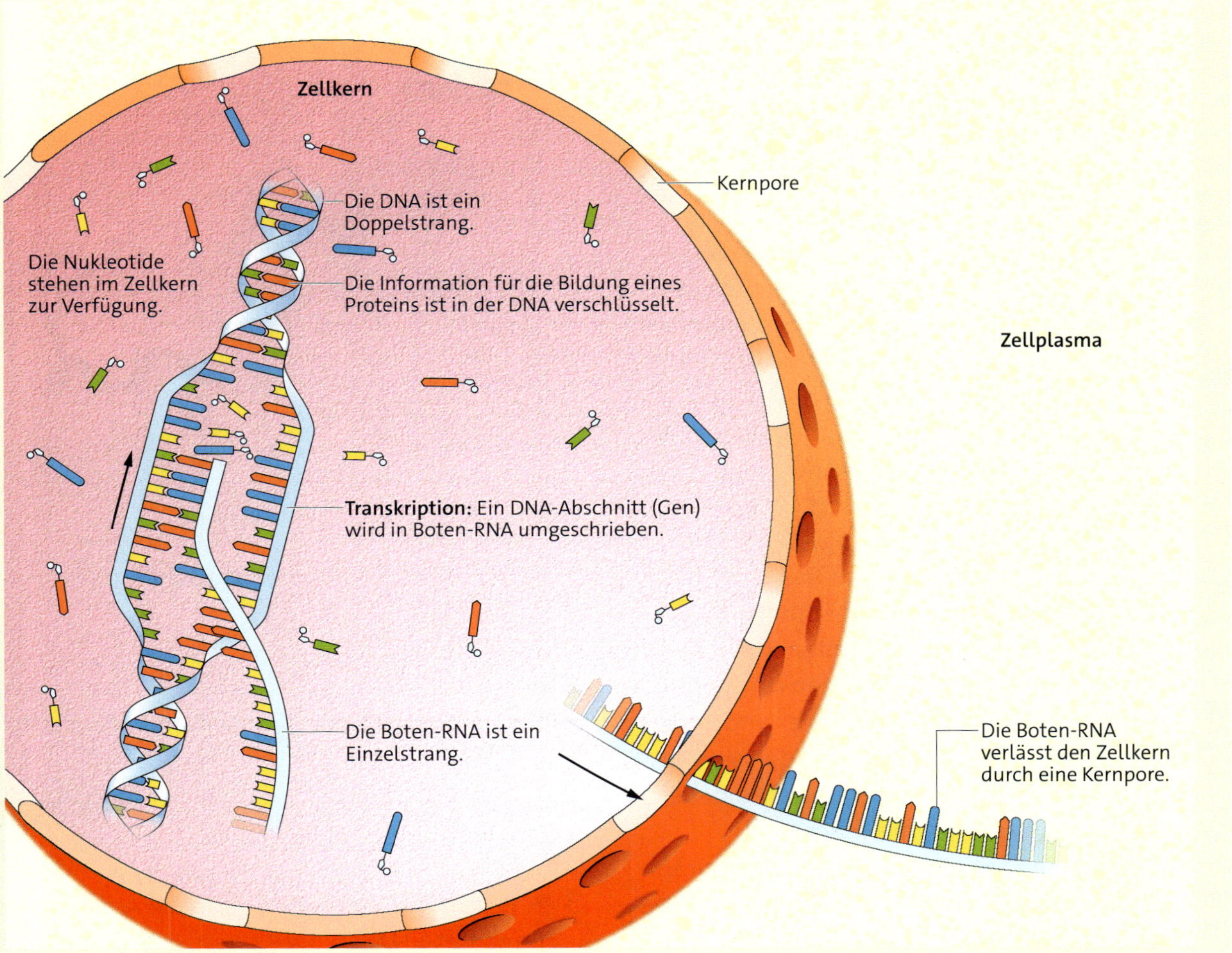

2 Ablauf der Transkription

Aufgaben

1 ◩ Nenne die Fachbegriffe für die beiden Teilvorgänge der Proteinbiosynthese. Beschreibe kurz, was dort jeweils passiert.

2 ◩ Nenne die Orte in der Zelle, an denen die Transkription und die Translation ablaufen.

3 ⊠ Beschreibe den Aufbau und die Aufgabe der Boten-RNA.

4 ⊠ Beschreibe den Ablauf der Transkription mithilfe von Bild 2.

5 ⊠ Erkläre, wieso es sinnvoll ist, dass die Zelle eine Boten-RNA bildet.

Erweitern und Vertiefen

Translation

Übersetzen in ein Protein • Ist die Boten-RNA an einem Ribosom angelangt, beginnt die Proteinbildung. → 1 Dafür werden Aminosäuren benötigt. Diese befinden sich im Zellplasma und müssen zum Ribosom transportiert werden. Das übernehmen Transport-RNAs. Es gibt für jede Aminosäure eine bestimmte Transport-RNA. Die verschiedenen Transport-RNAs binden auf der einen Seite die passende Aminosäure. Am anderen Ende haben sie eine Abfolge von drei Basen. Man spricht von einem Triplett. Jedes Triplett der Transport-RNA passt komplementär zu einem Triplett der Boten-RNA. Das Ribosom hat Bindungsstellen für drei Transport-RNAs. → 2 Die Transport-RNAs binden am Ribosom mit ihren Tripletts an die komplementären Basen der Boten-RNA. Die von den Transport-RNAs mitgeführten Aminosäuren liegen am Ribosom nebeneinander und werden miteinander verknüpft. Dann werden sie von ihrer Transport-RNA getrennt. Die entladene Transport-RNA verlässt das Ribosom.
Dieser Vorgang am Ribosom wiederholt sich, bis die vollständige Boten-RNA in eine Aminosäurekette übersetzt wurde. Den Vorgang der Übersetzung einer Boten-RNA in eine Aminosäurekette bezeichnet man als Translation. Die Aminosäurekette faltet sich anschließend zu einem Protein.

Bei der Translation wird die Boten-RNA an einem Ribosom in eine bestimmte Abfolge von Aminosäuren übersetzt. Die Aminosäurekette faltet sich anschließend zu einem Protein.

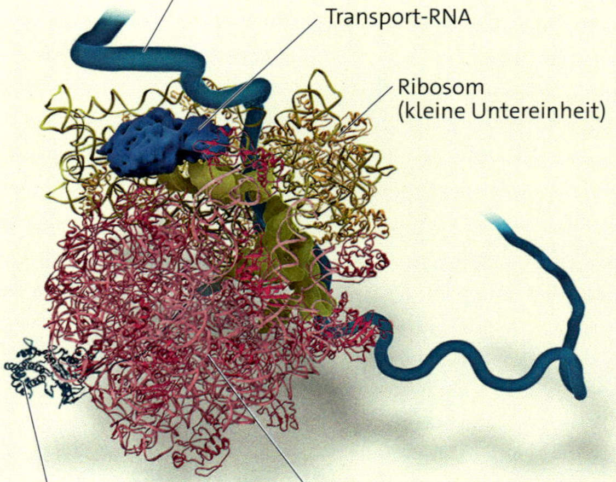

1 Translation am Ribosom im Modell

Aufgaben

1 Nenne den Ort der Translation in der Zelle.

2 Nenne das Produkt, das bei der Translation entsteht.

3 Beschreibe den Aufbau und die Aufgabe der Transport-RNA.

4 Erkläre, was passieren muss, nachdem die Transport-RNA das Ribosom verlassen hat.

5 Beschreibe den Ablauf der Translation. → 2

6 Erkläre, wieso die Aminosäuren an den Ribosomen in einer bestimmten Reihenfolge verknüpft werden.

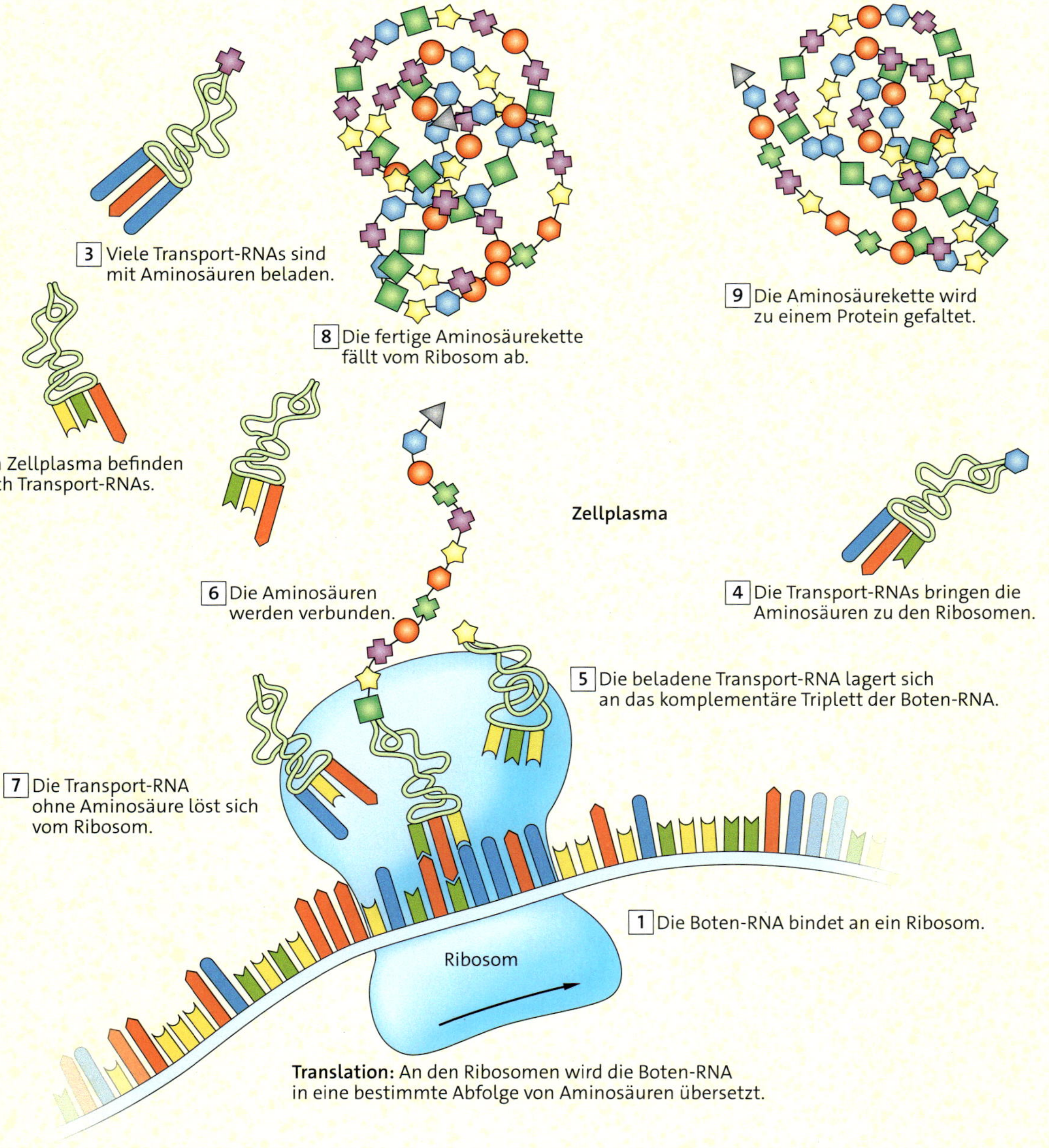

2 Ablauf der Translation

Erweitern und Vertiefen

Genetischer Code

Codierung • Ein Code ist eine verschlüsselte Information. Um die Information ablesen zu können, muss der Code entschlüsselt werden. Die genetische Information ist in der Abfolge der vier Basen in der DNA codiert. Die Abfolge der Basen wird in eine Abfolge von Aminosäuren übersetzt. Es gibt nur vier Basen, die 20 Aminosäuren codieren. Die Aminosäuren werden aber nicht von einzelnen Basen codiert. Jede Aminosäure wird durch eine Kombination von drei Basen codiert. Da es vier Basen gibt, ergibt dies 4^3, also 64 Codes für die Aminosäuren. Es gibt also mehr mögliche Basenkombinationen als Aminosäuren. Da jeweils drei Basen für eine Aminosäure codieren, spricht man vom Triplett-Code.

Die Code-Sonne • In der Transkription wird die genetische Information der DNA in eine Boten-RNA umgeschrieben. → 1 In der Translation wird die Basenabfolge der Boten-RNA in eine Abfolge von Aminosäuren übersetzt. Dabei ordnen die Transport-RNAs den Tripletts der Boten-RNA die zugehörigen Aminosäuren zu. Es kann nur die Transport-RNA am Ribosom binden, deren Triplett zum Triplett der Boten-RNA passt. Jedem Triplett der Boten-RNA wird dadurch eine bestimmte Aminosäure zugeordnet. Welche Aminosäure das ist, kann man der Code-Sonne entnehmen. → 2 Sie enthält alle möglichen Basenkombinationen, die in den Tripletts der Boten-RNA auftreten können. Man liest die Code-Sonne von innen nach außen. Außen steht die zugeordnete Aminosäure. Zum Beispiel codiert GGG genauso wie GGA die Aminosäure Glycin. Außerdem gibt es Tripletts, die den Anfang und das Ende der Boten-RNA markieren. Das sind die Start- und Stopp-Tripletts.

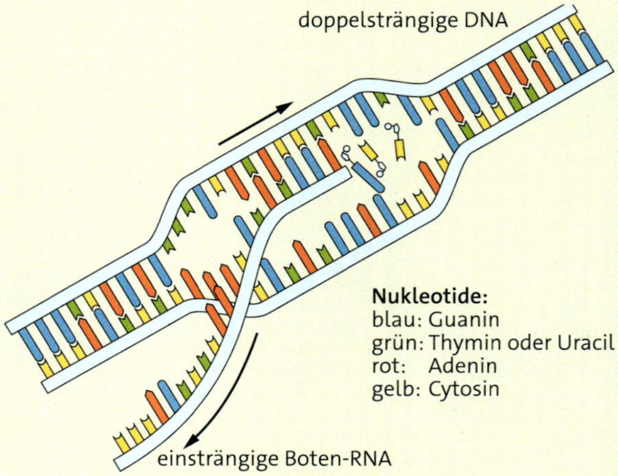

1 DNA-Abschnitt und Boten-RNA

Der genetische Code ist ein Triplett-Code. Jeweils drei Basen der Boten-RNA codieren eine Aminosäure.

Aufgaben

1 Erkläre, was der genetische Code ist.

2 Ordne den folgenden Tripletts der Boten-RNA mithilfe der Code-Sonne die passenden Aminosäuren zu: GAA, AGA, UCC, CAA, GAC. → 2

3 Beschreibe mithilfe der Code-Sonne, wie es sich auf die Aminosäurekette auswirkt, wenn die Boten-RNA CAA statt CAG codiert. → 2

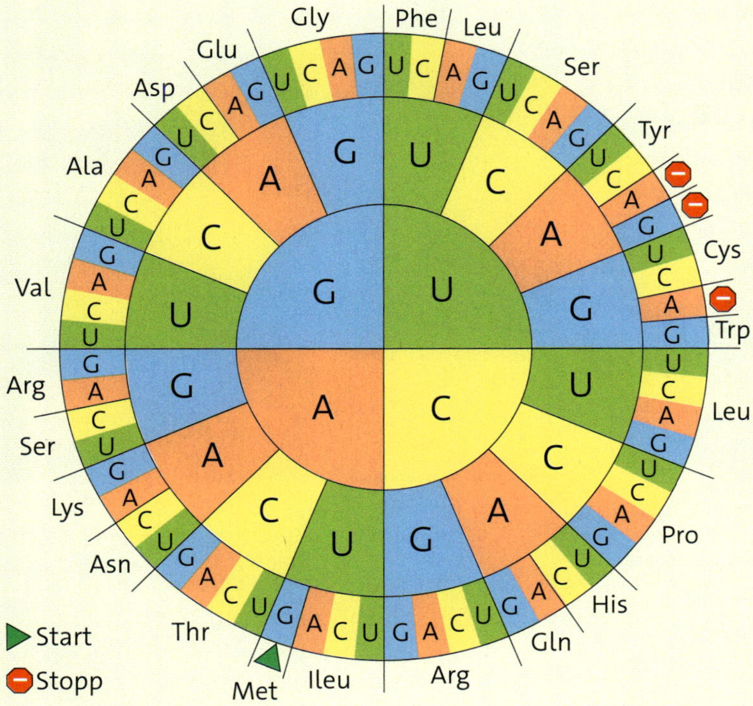

2 Code-Sonne

Aminosäuren

Gly	=	Glycin
Val	=	Valin
Ileu	=	Isoleucin
Phe	=	Phenylalanin
Cys	=	Cystein
Ser	=	Serin
Asn	=	Asparagin
Tyr	=	Tyrosin
Asp	=	Asparaginsäure
Glu	=	Glutaminsäure
Lys	=	Lysin
His	=	Histidin
Ala	=	Alanin
Leu	=	Leucin
Pro	=	Prolin
Met	=	Methionin
Thr	=	Threonin
Gln	=	Glutamin
Trp	=	Tryptophan
Arg	=	Arginin

4 Schreibe die Basenabfolge der DNA aus Bild 1 ab. Beginne mit:
G G G T C A G ... (*oberer DNA-Strang*)
C C C A G T C ... (*unterer DNA-Strang*)

5 Schreibe den oberen DNA-Strang aus Bild 1 in Boten-RNA um. Setze hierfür den angefangenen Boten-RNA-Strang in Buchstabenform fort. Beachte, dass in der Boten-RNA statt Thymin (T) die Base Uracil (U) vorkommt.

6 Übersetze die Boten-RNA aus Aufgabe 5 mithilfe der Code-Sonne in eine Aminosäurekette. Beginne diese Translation beim ersten Triplett CCC.

7 Übersetze die folgende Boten-RNA mithilfe der Code-Sonne in eine Aminosäurekette. Beginne beim Start-Triplett: GGAUGUCCUUUGUAUAAUCA.

8 Erkläre, wieso der genetische Code ein Triplett-Code sein muss.

9 Übersetze die folgende Boten-RNA in eine Aminosäurekette und erkläre die Besonderheit dabei: CGACGGCGCCGUAGAAGGAGA.

10 Nenne alle Tripletts, die die Aminosäure Serin codieren. Erkläre die Bedeutung dieser Mehrfachnennung.

Veränderungen der Erbinformation

1 Mädchen mit Down-Syndrom zwischen ihren Geschwistern

In Deutschland leben etwa 50 000 Menschen mit Down-Syndrom. Was ist die Ursache dieser Erkrankung?

Mutationen • Genetisch bedingte Erkrankungen wie das Down-Syndrom werden durch Mutationen ausgelöst. Mutationen sind Veränderungen der Erbinformationen. Betrifft die Veränderung ein einziges Gen, spricht man von Gen-Mutation. Mutationen können aber auch andere Ebenen der Erbinformation betreffen. Wenn ein Stück eines Chromosoms verloren geht oder hinzukommt, liegt eine Chromosomen-Mutation vor. Auch die Gesamtheit der Chromosomen einer Zelle, das Genom, kann von einer Mutation betroffen sein. Befinden sich im Zellkern zu wenige oder zu viele Chromosomen, handelt es sich um eine Genom-Mutation.

Vererbbar • Treten Mutationen in den Geschlechtszellen auf, hat dies auf die Person selbst keine Auswirkung. Bei der Fortpflanzung kann das mutierte Gen aber in die Zygote gelangen. Dann tragen alle Körperzellen, die daraus hervorgehen, dieses Gen. Ein Beispiel dafür ist Albinismus. → 3

Nicht vererbbar • Mutationen in den Körperzellen werden nicht an die Nachkommen vererbt. Sie können wirkungslos bleiben oder aber dazu führen, dass die betroffene Körperzelle ihre Aufgabe nicht mehr erfüllen kann. Die Körperzelle kann sich aber auch ungehemmt teilen und damit zur Krebszelle werden. Viele Mutationen bleiben ohne Folgen. Die Körperzellen haben ein wirkungsvolles Reparatursystem. Dieses erkennt und beseitigt die meisten Mutationen.

die Gen-Mutation
die Chromosomen-Mutation
die Genom-Mutation
das Down-Syndrom
das Syndrom

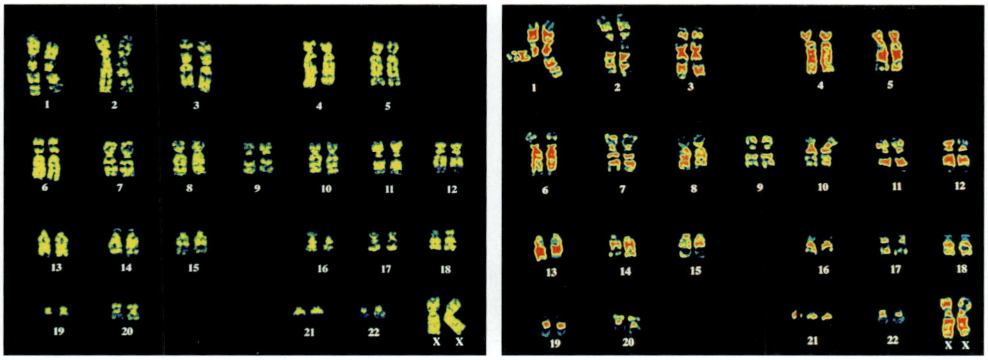

2 Weiblicher Chromosomensatz, gesund (links) und mit Down-Syndrom (rechts)

3 Albinismus

Down-Syndrom • Das Down-Syndrom wurde nach einem englischen Kinderarzt benannt. Von einem Syndrom ist die Rede, wenn bei einer Erkrankung verschiedene Symptome gleichzeitig auftreten.

Bei Menschen mit dem Down-Syndrom ist das Chromosom 21 nicht doppelt, sondern dreifach vorhanden. → 3 Deshalb spricht man auch von Trisomie 21. Als Folge des überzähligen Chromosoms steigt die Wahrscheinlichkeit einer Fehlgeburt.

Menschen mit dem Down-Syndrom erkennt man oft an charakteristischen Merkmalen. → 1 Sie haben ein eher rundes Gesicht und schmale, bisweilen leicht schräg sitzende Augen mit einer Lidfalte. Ihre Hände sind breiter und die Finger kürzer. Ihre Muskelspannung ist herabgesetzt. Häufig treten Herzfehler auf. Durch ein geschwächtes Immunsystem sind betroffene Menschen anfälliger für Infektionskrankheiten. Kinder mit dem Down-Syndrom sind in ihrer geistigen und körperlichen Entwicklung beeinträchtigt. Sie lernen zum Beispiel später sprechen. Viele Menschen mit dem Down-Syndrom sind besonders hilfsbereit und haben eine positive Lebenseinstellung. Viele sind auch musikalisch begabt. Wenn Kinder mit dem Down-Syndrom früh gefördert werden, können sie ihre Möglichkeiten besonders gut ausschöpfen. Ihre Entwicklung verläuft sehr individuell. Manche Menschen mit dem Down-Syndrom brauchen viel Hilfe, andere können ein weitgehend eigenständiges Leben führen. Sie gehen in die Schule, machen eine Ausbildung und arbeiten. → 4

Mutationen sind Veränderungen der Erbinformation. Sie können Gene, Chromosomen oder das Genom betreffen. Mutationen können in Körper- und Geschlechtszellen vorkommen. Mutationen in den Geschlechtszellen können vererbt werden.

4 Auszubildender mit Down-Syndrom

Aufgabe

1 Begründe, warum genetisch bedingte Erkrankungen wie das Down-Syndrom nicht heilbar sind.

Veränderungen der Erbinformation

Material A

Katzenschrei-Syndrom

1 Lies den Text. → 1

a Beschreibe die Ursache des Katzenschrei-Syndroms.

b Bestimme das Geschlecht des erkrankten Kindes.

Vom Katzenschrei-Syndrom betroffene Kinder schreien nach der Geburt in sehr hohen Tönen. Meist bleiben sie in ihrer geistigen Entwicklung ein Leben lang zurück. Hinzu kommt ein geringes Wachstum, bei dem Körpergröße und Körpergewicht weit unter dem Durchschnitt bleiben.
Die genetisch bedingte Erkrankung wird durch eine Mutation verursacht, durch die ein kleines Stück des Chromosoms 5 fehlt. Weil diese Veränderung jede Zelle des Körpers betrifft, ist die Krankheit unheilbar. Die Symptome kann man aber durch medizinische Behandlung und Förderung abmildern.

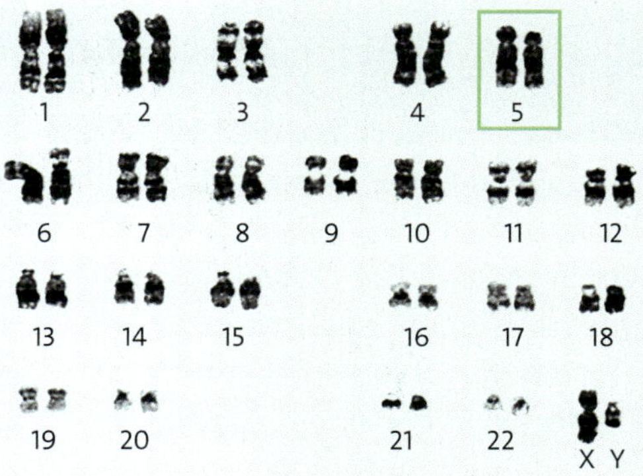

1

Material B

Rot-Grün-Sehschwäche

Aufgrund eines defekten Gens können die betroffenen Personen die Farben Rot und Grün nur sehr schwer oder überhaupt nicht unterscheiden.

1 Beschreibe, wie Personen mit einer Rot-Grün-Sehschwäche ihre Umwelt wahrnehmen. → 2

2 Betrachte die Testbilder. Nenne die Zahlen, die du zu erkennen glaubst. → 3 – 5
Achtung • Der Test ersetzt nicht den Arztbesuch.

2 Farbwahrnehmung bei einer Rot-Grün-Sehschwäche (rechts)

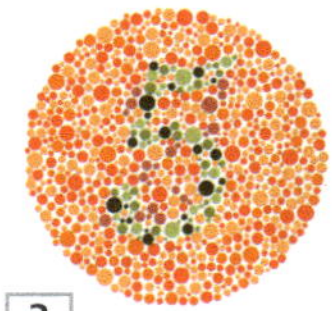

3

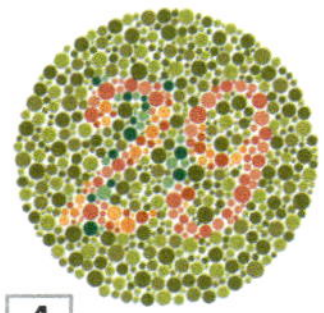

4

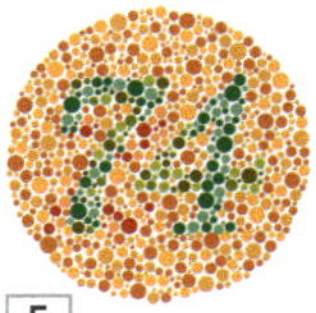

5

Auflösung:
Bild 3: normal 5, fehlsichtig 2
Bild 4: normal 29, fehlsichtig 70
Bild 5: normal 74, fehlsichtig 21

Material C

Sichelzellen-Anämie

Die Sichelzellen-Anämie ist Folge einer Gen-Mutation. Sie führt zu einer Veränderung des roten Blutfarbstoffs, des Hämoglobins. Das bewirkt, dass die roten Blutzellen, die Erythrozyten, in sauerstoffarmer Umgebung eine Sichelform annehmen. Diese verstopfen die kleinen Blutgefäße. Zudem werden sie schneller abgebaut, was zu einer Blutarmut, einer Anämie, führt. Das hat Folgen für wichtige Organe, da sie nicht ausreichend mit Sauerstoff versorgt werden.

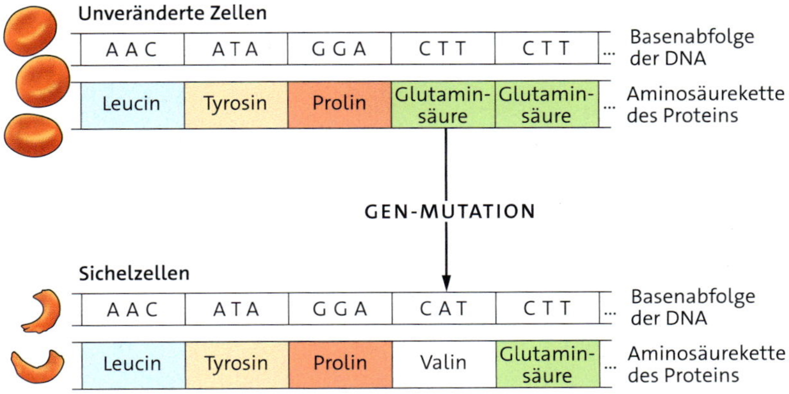

6 Gen-Mutation bei Sichelzellen-Anämie

1 Beschreibe die Veränderung in der Basenabfolge der DNA und in der Aminosäurekette des Blutfarbstoffs bei Sichelzellen. → 6

2 Erkläre den Zusammenhang zwischen der Basenabfolge der DNA und der Aminosäurekette des Blutfarbstoffs.

Material D

Mutagene

Bestimmte Wellenlängen der Sonnenstrahlen, die UV-Strahlen, dringen tief in die Haut ein und können Mutationen auslösen. → 7 Die Mutationen können dazu führen, dass sich Zellen unkontrolliert oft teilen, wodurch Hautkrebs entsteht. Äußere Einwirkungen, die Mutationen hervorrufen, nennt man Mutagene. Sie sind unter anderem auch in Tabakrauch, stark gegrilltem Fleisch und Chemikalien enthalten.

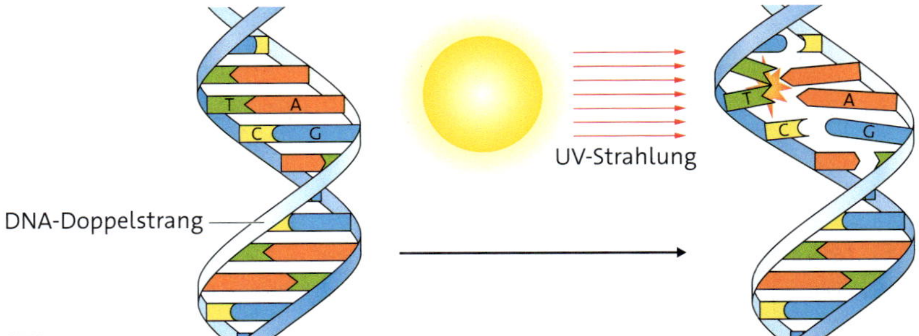

7

1 Erkläre, was man unter einem Mutagen versteht.

2 Beschreibe die Wirkung der UV-Strahlen auf die DNA der Hautzellen. → 7

3 Erkläre den Zusammenhang zwischen der Wirkung von UV-Strahlung auf die DNA der Hautzellen und dem Risiko zur Entstehung von Hautkrebs.

Erste und zweite Mendel’sche Regel

1 Gregor Mendel

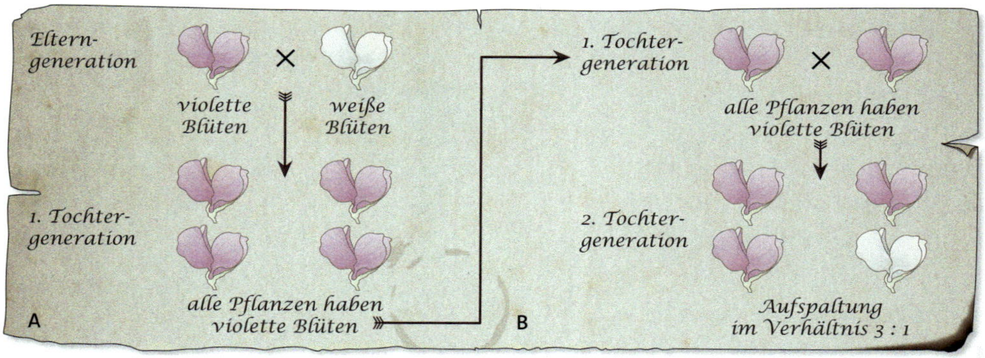

2 Ergebnisse von Mendels Kreuzungsversuchen mit Erbsenpflanzen

Gregor Mendel war ein Mönch und Naturforscher. Ab 1856 führte er viele Versuche mit Erbsenpflanzen durch. Er fragte sich, wieso manche Pflanzen weiße Blüten haben, obwohl die Elternpflanzen violette Blüten haben. Was entdeckte er?

Erste Mendel’sche Regel • Mendel wählte Erbsenpflanzen aus, die über mehrere Generationen die gleiche Blütenfarbe hatten. Er bezeichnete sie als reinerbig für das Merkmal. Mit einem Pinsel entnahm er Pollen von einer weiß blühenden Pflanze und bestäubte damit eine violett blühende Pflanze. → 2A

Aus den Samen der bestäubten Pflanze entwickelten sich die Nachkommen, die 1. Tochtergeneration. Sie hatten alle violette Blüten.

Mendel wiederholte diesen Versuch viele Male und machte dabei gleiche Beobachtungen. Daraus leitete er die Uniformitätsregel ab. → 3

Zweite Mendel’sche Regel • Mendel fragte sich, wo die weiße Blütenfarbe geblieben ist. Er kreuzte die Pflanzen der 1. Tochtergeneration miteinander. → 2B Obwohl sie violette Blüten hatten, entwickelten sich in der 2. Tochtergeneration auch Nachkommen mit weißen Blüten. Mendel wiederholte den Versuch, bis er 926 Nachkommen erzeugt hatte. Er zählte 702 Pflanzen mit violetten Blüten und 224 Pflanzen mit weißen Blüten. Daraus berechnete er, dass von vier Pflanzen im Durchschnitt drei violett blühten und eine Pflanze weiß blühte. Er stellte das Zahlenverhältnis von 3 : 1 auch in Versuchen fest, bei denen er andere Merkmale beobachtete. Aus der Beobachtung leitete er die Spaltungsregel ab. → 3

Erste Mendel’sche Regel = Uniformitätsregel
Kreuzt man zwei Individuen einer Art, die sich in einem Merkmal reinerbig unterscheiden, sind die Nachkommen in diesem Merkmal gleich (uniform).

Zweite Mendel’sche Regel = Spaltungsregel
Kreuzt man die Individuen der 1. Tochtergeneration miteinander, treten die Merkmalsausprägungen der Elterngeneration in der 2. Tochtergeneration im Zahlenverhältnis 3 : 1 auf.

3 Erste und zweite Mendel’sche Regel

die Uniformitätsregel
die Spaltungsregel
das Allel
reinerbig und mischerbig
dominant und rezessiv

Heutige Kenntnisse • Heute wissen wir mehr über Vererbung als Mendel. Die Blütenfarbe der Erbsenpflanze wird durch ein Gen codiert. In den diploiden Körperzellen liegt jedes Gen doppelt vor. Die beiden Versionen eines Gens nennt man Allele. Die Allele können gleich sein und zum Beispiel beide für die violette Blütenfarbe codieren. Dann ist das Individuum für dieses Merkmal reinerbig. Es kann aber auch ein Allel für die violette Blütenfarbe codieren und das andere für die weiße Blütenfarbe. Dann ist das Individuum für das Merkmal mischerbig. Ein Allel, das auf jeden Fall im Phänotyp ausgeprägt wird, ist dominant. Ein Allel, das nicht im Phänotyp ausgeprägt wird, wenn es zusammen mit einem dominanten Allel vorkommt, ist rezessiv.
Die haploiden Geschlechtszellen enthalten von jedem Gen nur ein Allel.

Kreuzungsschema • Einen dominant-rezessiven Erbgang kann man in einem Kreuzungsschema darstellen. → 4 Darin macht man dominante Allele durch Großbuchstaben und rezessive Allele durch Kleinbuchstaben kenntlich. Im Kreuzungsschema wird deutlich, wie die Allele an die Nachkommen vererbt werden. So kann man die Genotypen und Phänotypen der Individuen ableiten.

Mendel führte zahlreiche Kreuzungsversuche durch und leitete aus seinen Beobachtungen die Uniformitätsregel und die Spaltungsregel ab.

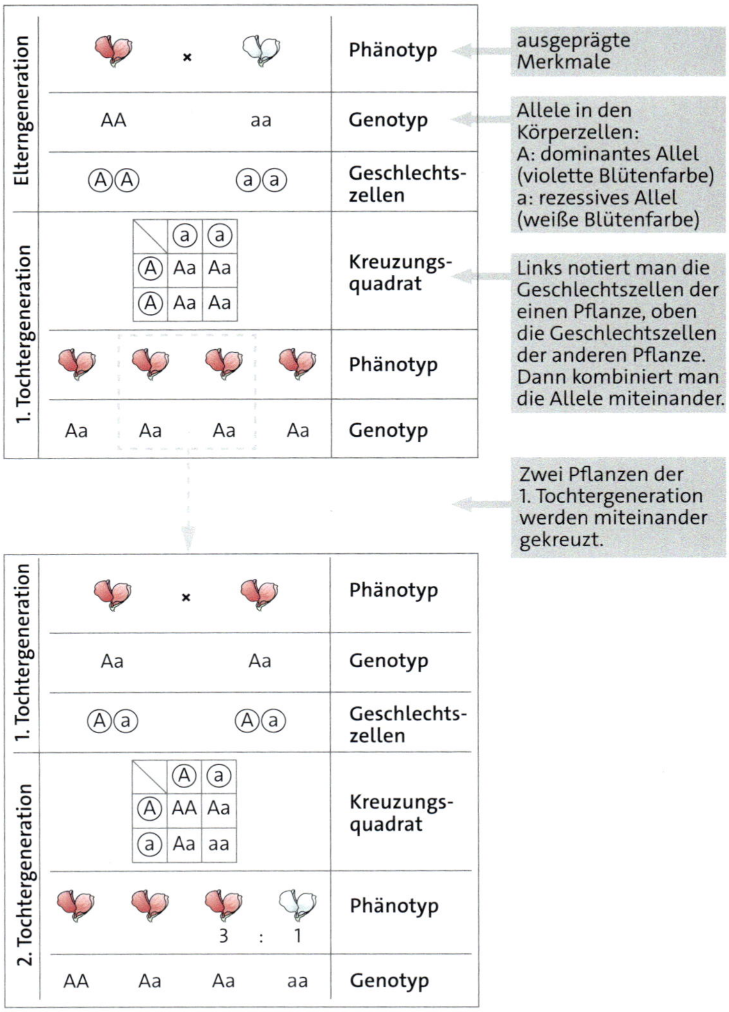

	ⓐ	ⓐ
Ⓐ	Aa	Aa
Ⓐ	Aa	Aa

	Ⓐ	ⓐ
Ⓐ	AA	Aa
ⓐ	Aa	aa

4 Kreuzungsschema: erste und zweite Mendel'sche Regel

Aufgaben

1 Beschreibe Mendels Versuche und die Regeln, die er daraus ableitete.

2 Ergänze Mendels Regeln um Angaben zu den Genotypen. → 4 Nutze die Begriffe Allele, reinerbig, mischerbig, dominant und rezessiv.

Erste und zweite Mendel'sche Regel

Material A

Dominant oder rezessiv?

Mendel beobachtete in zahlreichen Kreuzungsversuchen verschiedene Merkmale wie Samenfarbe, Samenform oder Hülsenfarbe.

1 Begründe, welches Allel in den Erbgängen jeweils dominant und welches rezessiv vererbt wird.

2 Erstelle Legenden für die Erbgänge zur Samenform und zur Hülsenfarbe.

3 Erstelle für einen der Erbgänge ein Kreuzungsschema bis zur 2. Tochtergeneration.

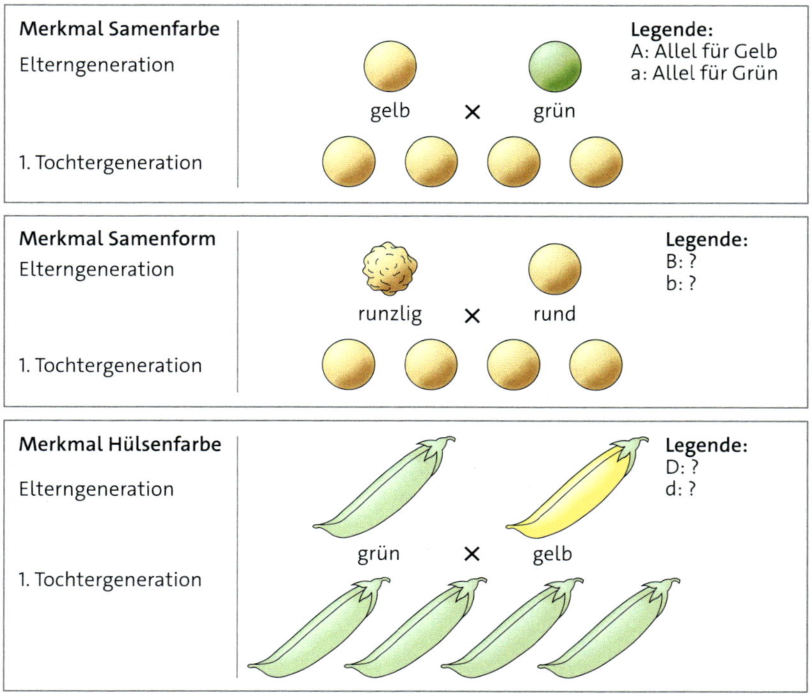

1 Dominant-rezessive Erbgänge bei Erbsenpflanzen

Material B

Fellfarbe bei Mäusen

Die Zuchtform der Hausmaus kann unter anderem ein schwarzes oder ein graues Fell haben. Der Erbgang ist dominant-rezessiv.

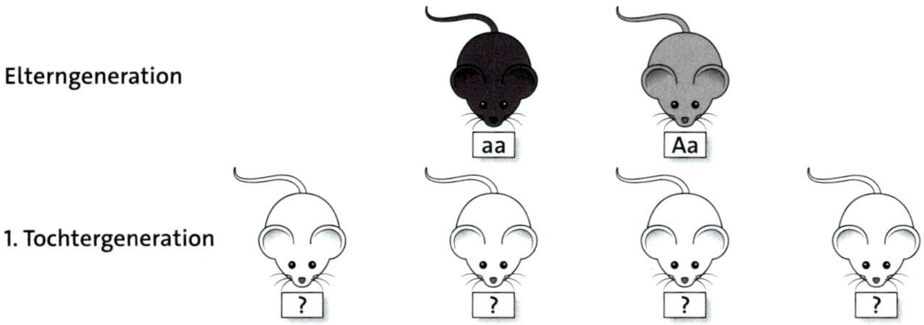

2 Vererbung der Fellfarbe

1 Übertrage das Schema in dein Heft. → 2 Notiere die Allele in den Geschlechtszellen der schwarzen und der grauen Maus.

2 Ergänze die Genotypen der Nachkommen. Male ihre Phänotypen passend aus.

3 Nenne die Anzahl der reinerbigen und mischerbigen Nachkommen. Erkläre das Ergebnis.

Intermediärer Erbgang

3 Wunderblumen

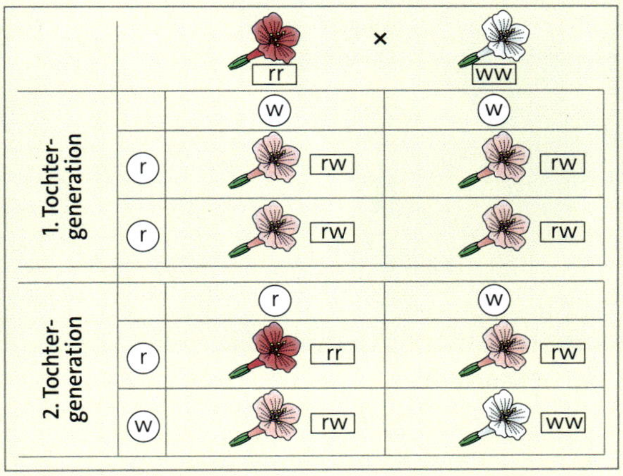

4 Kreuzungsschema des intermediären Erbgangs

1. Intermediärer Erbgang • Etwa 40 Jahre nach Mendel führte der deutsche Botaniker Karl Correns Kreuzungsversuche mit Wunderblumen durch. Er kreuzte reinerbig rot blühende mit reinerbig weiß blühenden Wunderblumen. Die Nachkommen hatten alle die gleiche Blütenfarbe. Sie waren also uniform und mischerbig. So war es nach der Uniformitätsregel auch zu erwarten. Jedoch waren sie nicht weiß oder rot, sondern rosa. Da sich keine Anlage vollständig durchsetzt, sondern das Merkmal im Phänotyp zwischen den beiden Eltern liegt, spricht man von einem zwischenelterlichen oder intermediären Erbgang.

2. Kreuzung • Correns kreuzte auch die mischerbigen rosa blühenden Wunderblumen der 1. Tochtergeneration untereinander. In der 2. Tochtergeneration traten alle drei Phänotypen aus der Elterngeneration und der 1. Tochtergeneration im Verhältnis 1 : 2 : 1 auf. Das heißt, es kommen sowohl rote, weiße als auch rosafarbene Blüten vor. Die beiden rosa blühenden Pflanzen sind mischerbig. Die weiß und rot blühenden Pflanzen sind reinerbig. Beide Anlagen des Genotyps werden also im Phänotyp ausgeprägt.

Bei intermediären Erbgängen erkennt man im Phänotyp beide Anlagen des Genotyps.

Aufgaben

1 Beschreibe den Versuch von Correns.

2 Erkläre anhand der 1. Tochtergeneration den Widerspruch zu Mendels Ergebnissen beim dominant-rezessiven Erbgang.

3 Erkläre anhand der 2. Tochtergeneration, warum Mendels Erkenntnisse in intermediären Erbgängen dennoch bestätigt werden.

Dritte Mendel'sche Regel

1 Sau mit Ferkeln

Betrachtet man eine Sau mit ihrem Wurf, entdeckt man bei den Ferkeln Unterschiede: Manche haben braune Borsten und sind einfarbig wie ihre Mutter, einige haben weiße Borsten und schwarze Flecken, andere haben weiße Borsten und sind einfarbig. Wie lässt sich dies erklären?

Merkmale werden neu kombiniert • Wird eine einfarbige Sau mit braunen Borsten mit einem Eber gepaart, der weiße Borsten und schwarze Flecken hat, findet man die Merkmale auch bei den Ferkeln. Dabei sehen manche Ferkel so aus wie ihre Eltern.

Dritte Mendel'sche Regel = Unabhängigkeitsregel
Kreuzt man zwei Individuen, die sich in mehreren Merkmalen reinerbig unterscheiden, dann werden die Merkmale unabhängig voneinander vererbt. In der 2. Tochtergeneration treten neben den Merkmalskombinationen der Elterngeneration neue Merkmalskombinationen auf.

2 Dritte Mendel'sche Regel

Doch bei manchen Ferkeln treten die Merkmale der Eltern in neuen Kombinationen auf. So gibt es Ferkel, die einfarbig sind und weiße Borsten haben, und auch welche, die braune Borsten und schwarze Flecken haben. Die Merkmale Borstenfarbe und Fleckung werden also unabhängig vererbt und in den Nachkommen neu kombiniert.

Unabhängigkeitsregel • Schon Mendel erkannte, dass Merkmale unabhängig voneinander vererbt werden können. Er untersuchte Erbsenpflanzen, die in zwei Merkmalen unterschiedlich und reinerbig waren, nämlich in der Samenfarbe und Samenform. Mendel kreuzte eine Pflanze mit gelben, glatten Samen mit einer Pflanze mit grünen, runzeligen Samen. → 3 Das Ergebnis: Alle Nachkommen der 1. Tochtergeneration hatten gelbe, glatte Samen.
In der 2. Tochtergeneration waren die Samenfarbe und Samenform bei

manchen Pflanzen so kombiniert wie in der Elterngeneration. Es gab aber auch Pflanzen mit gelben, runzeligen Samen und Pflanzen mit grünen, glatten Samen. Es gab also neue Merkmalskombinationen. Mendel schloss daraus, dass diese Merkmale unabhängig voneinander vererbt werden. Er wiederholte den Versuch viele Male und machte dabei gleiche Beobachtungen. Daraus leitete er die Unabhängigkeitsregel ab. → 2

Heutige Kenntnisse • Heute ist bekannt, dass sich die Allele für die Ausprägung von Merkmalen auf den Chromosomen befinden. In der Meiose werden die Chromosomen auf die Geschlechtszellen aufgeteilt. Die Allele für die Samenfarbe und die Samenform befinden sich auf verschiedenen Chromosomen und werden daher unabhängig vererbt.

Mendel hatte Glück • Als Mendel seine Regeln 1866 veröffentlichte, nannte er sie Gesetze. Heute sprechen wir von Regeln, denn: Mendel kreuzte viele Pflanzen und wertete die Phänotypen der Nachkommen aus. Dabei stellte er deutliche Regelmäßigkeiten fest, aber es gab auch Ausnahmen. Heute ist klar, dass er zufällig Merkmale auswählte, die in dominant-rezessiven Erbgängen vererbt werden und deren Allele sich auf verschiedenen Chromosomen befinden. Unter diesen Bedingungen treffen Mendels Regeln zu, aber es gibt auch andere Erbgänge.

Mendel erkannte, dass Merkmale unabhängig vererbt werden können.

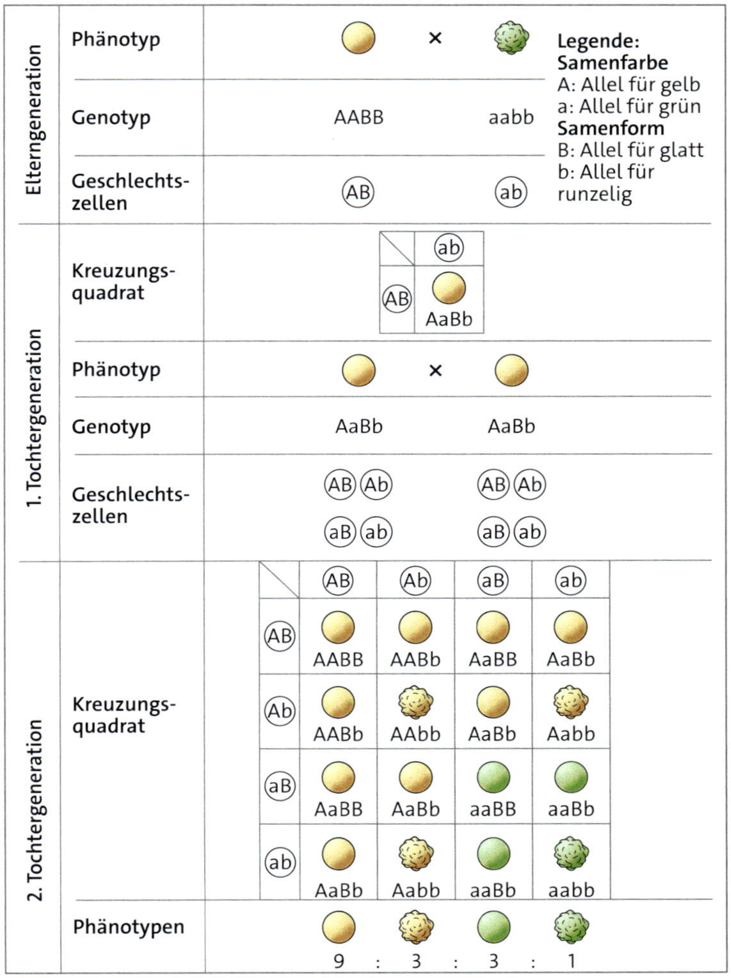

3 Kreuzungsschema zur dritten Mendel'schen Regel

Aufgaben

1 ☒ Beschreibe Mendels Versuch und die Regel, die er daraus ableitete.

2 ☒ Ergänze die Regel um die heutigen Kenntnisse zur Vererbung der Allele.

3 ☒ Erkläre, weshalb Mendels Erkenntnisse Regeln sind und keine Gesetze.

Dritte Mendel'sche Regel

Material A

Fleckung und Fellfarbe

Ein schwarz-weiß geflecktes Rind wird mit einem einfarbig braunem Rind gekreuzt. → 1 Die beiden Tiere sind bezüglich der Fellfarbe und der Fleckung reinerbig. Die Nachkommen in der 1. Tochtergeneration sind alle einfarbig schwarz. Kreuzt man diese Tiere untereinander, können vier verschiedene Phänotypen entstehen.

1 Erstelle in deinem Heft eine Legende zu dem Erbgang. Nutze die Buchstaben A/a für die Fleckung und B/b für die Fellfarbe.

2 Ordne den Elterntieren und den Nachkommen der 1. Tochtergeneration die passenden Genotypen und Phänotypen zu. Fertige dazu ein Kreuzungsschema an.

3 Erstelle ein Kreuzungsquadrat für die Nachkommen der 2. Tochtergeneration. Notiere darin die Genotypen.

4 Ermittle anhand der Genotypen das Zahlenverhältnis, in dem die vier verschiedenen Phänotypen in der 2. Tochtergeneration vorkommen.

1 Elterntiere

5 Erläutere die dritte Mendel'sche Regel anhand dieses Beispiels.

Material B

Erbgang mit zwei Merkmalen bei Fruchtfliegen

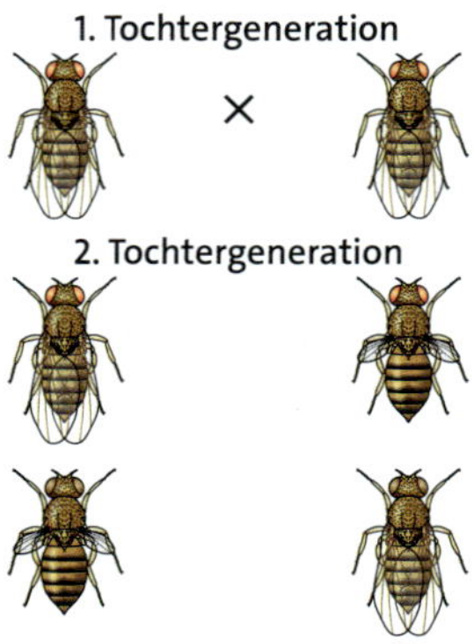

2 Erbgang bei Fruchtfliegen

Kreuzt man eine Fruchtfliege mit roten Augen und verkümmerten Flügeln mit einer Fruchtfliege, die braune Augen und eine normale Flügelform hat, entstehen verschiedene Phänotypen. → 2

1 Beschreibe die Phänotypen der Elterngeneration und der beiden Tochtergenerationen.

2 Erkläre, welche Anlagen dominant und welche rezessiv vererbt werden.

3 Erstelle eine Legende zum Erbgang. Verwende die Buchstaben A/a für die Augenfarbe und B/b für die Flügelform.

4 Erstelle ein Kreuzungsquadrat für die Nachkommen der 2. Tochtergeneration.

5 Ermittle anhand der Genotypen das Zahlenverhältnis, in dem die verschiedenen Phänotypen in der 2. Tochtergeneration vorkommen.

Material C

Hochleistungskühe

Die moderne Hochleistungskuh wurde aus alten Rinderrassen gezüchtet. → 4 Für die Kreuzung nutzte man eine Rinderrasse, die schnell wuchs, jedoch nur wenig Milch gab. Die andere eingekreuzte Rasse gab viel Milch. Sie wuchs aber nur langsam. Die Bauern wollten eine neue Rinderrasse, die schnell wächst und viel Milch gibt. Es handelt sich um einen dominant-rezessiven Erbgang. Hohe Milchleistung und schnelles Wachstum werden rezessiv vererbt.

1 ☒ Gib an, welchen Genotyp mit welchen Merkmalen die Bauern züchten möchten.

2 ☒ Zwei Individuen werden gekreuzt: Das eine wächst schnell und gibt wenig Milch, das andere wächst langsam und gibt viel Milch. Erstelle ein Kreuzungsschema bis zur 2. Tochtergeneration.

3 ☒ Diskutiere Vorteile und Nachteile der Züchtung von Hochleistungskühen. → 3 5

4 ☒ Nimm Stellung zu der Frage: Wie weit darf Züchtung gehen?

Hochleistungskühe Während eine Kuh 1960 noch durchschnittlich 4000 Liter Milch im Jahr gab, geben Hochleistungskühe wie die Holsteiner Schwarzbunte heute bis zu 10 000 Liter Milch. Dies wurde durch Züchtung erreicht. Die moderne Hochleistungskuh bringt aber nicht nur Vorteile mit sich. Während eine ältere Rinderrasse 20 Jahre alt werden konnte, stirbt eine Hochleistungskuh oft nach wenigen Jahren. Eine Kuh gibt nur ein Jahr lang Milch, nachdem sie ein Kalb geboren hat. Sie muss daher kontinuierlich Kälber gebären und wird bereits kurz nach dem Kalben erneut besamt. Für das Leben im Stall werden den Kühen die Hörner entfernt, damit sie sich nicht gegenseitig verletzen. Das schnelle Wachstum der Hochleistungskühe kann nur durch Fütterung mit großen Mengen an speziellem Kraftfutter erreicht werden. Der Pflanzenanbau für das Kraftfutter nimmt große landwirtschaftliche Flächen ein. Bei der Verdauung des Futters produzieren Kühe große Mengen an Treibhausgasen wie Kohlenstoffdioxid und Methan. Diese verstärken den Klimawandel. Zudem entsteht viel Gülle, die die Bauern auf ihre Felder ausbringen. Dies kann zur Überdüngung des Bodens und Verschmutzung des Grundwassers führen. Für den Verbraucher hat die Züchtung hingegen viele Vorteile. Durch die hohe Milchleistung der Kühe kann Milch zu sehr günstigen Preisen angeboten werden. Da die Kühe in Ställen gehalten werden und das Kraftfutter ständig verfügbar ist, kann außerdem das ganze Jahr unabhängig von Wetter und Jahreszeit Milch produziert werden.

3

4 Holsteiner Schwarzbunte

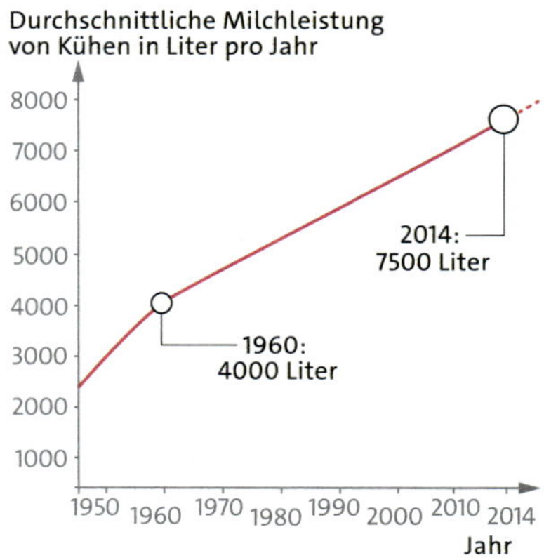

5 Milchleistung von Kühen

Vererbung beim Menschen

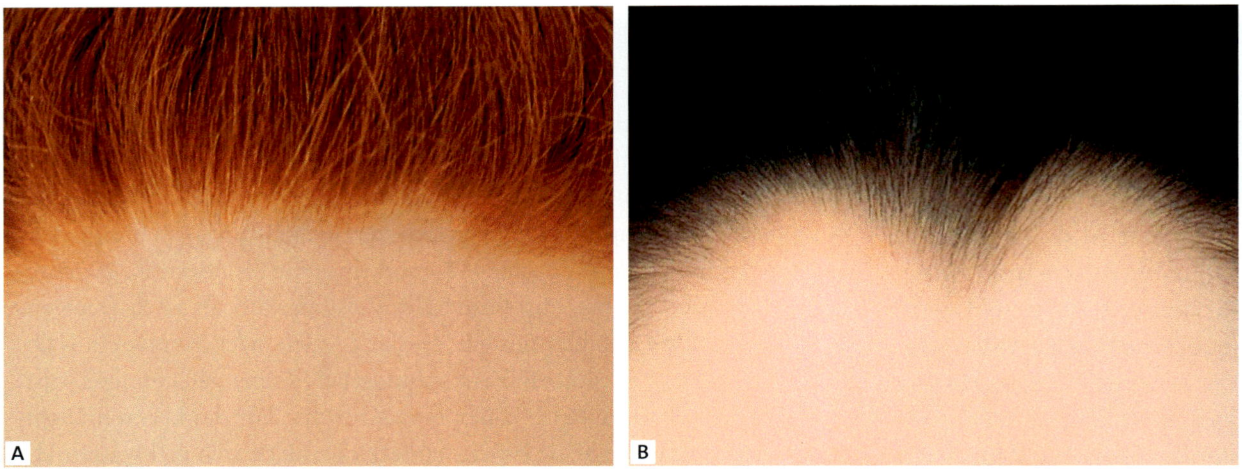

1 Haaransatz: **A** gerade, **B** spitz

Einige Menschen haben einen geraden Haaransatz, bei anderen läuft der Haaransatz in der Mitte der Stirn spitz zu. Das Merkmal ist genetisch bedingt. Wie wird es vererbt?

Erbgänge beim Menschen • Wie bei Pflanzen und Tieren folgen die Erbgänge beim Menschen den Mendel'schen Regeln. Die Methoden zur Untersuchung von Erbgängen unterscheiden sich allerdings grundsätzlich, weil man mit Menschen aus ethischen Gründen keine Kreuzungsversuche durchführt. Deswegen nutzt man andere Methoden.

Familienforschung • Eine Methode zur Untersuchung menschlicher Erbgänge ist die Familienforschung. Hier werden einzelne Merkmale über mehrere Generationen betrachtet und in Form von Stammbäumen dargestellt. Mithilfe der Vererbungsregeln kann man herausfinden, wie das Merkmal vererbt wird. Bei dem Merkmal „Form des Haaransatzes" liegt ein dominant-rezessiver Erbgang vor. Alle Personen mit einem spitzen Haaransatz müssen mindestens ein dominantes Allel haben. Alle Personen mit einem geraden Haaransatz tragen reinerbig die beiden rezessiven Allele.

Allgemeingültig • Das Wissen über die Vererbung eines bestimmten Merkmals gilt für alle Familien. Zum Beispiel ist das Allel zur Ausprägung eines spitzen Haaransatzes immer dominant.

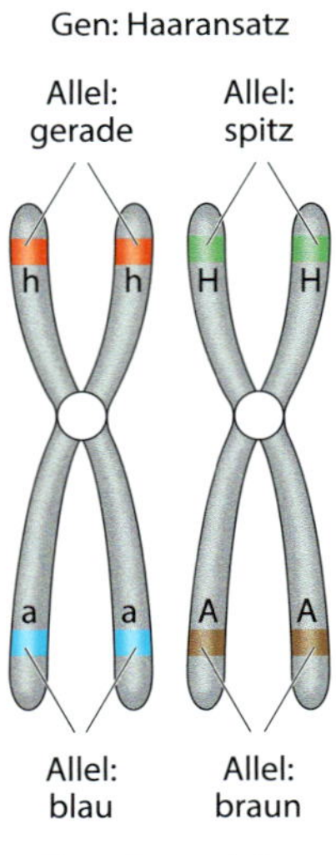

2 Allele

Aufgaben

1 Nenne die beiden möglichen Genotypen für eine Person mit einem spitzen Haaransatz. → 2

2 Erkläre, was man unter Familienforschung versteht.

Methode

Stammbäume lesen und auswerten

Stammbäume • In einem Stammbaum werden die Beziehungen zwischen Familienmitgliedern und das Auftreten besonderer Merkmale dargestellt. Dabei werden Männer mit Quadraten und Frauen mit Kreisen symbolisiert. Merkmalsträger werden farbig markiert. Die Personen einer Generation werden auf gleicher Höhe angeordnet. Eltern werden durch eine waagerechte Linie zwischen den Symbolen verbunden. Von dieser Linie gehen deren Kinder, die nächste Generation, ab. → 3

1 Dominant oder rezessiv?

Suche Fälle, in denen beide Eltern andere Merkmale zeigen als mindestens eines ihrer Kinder. → 4 Entscheide, ob das Merkmal dominant oder rezessiv vererbt wird.

2 Genotypen zuordnen

Ordne allen Personen ihre möglichen Genotypen zu. Wenn es zwei Möglichkeiten gibt, notiere beide.

Aufgabe

1 ☒ Ordne den Personen im Stammbaum die passenden Genotypen zu. → 5

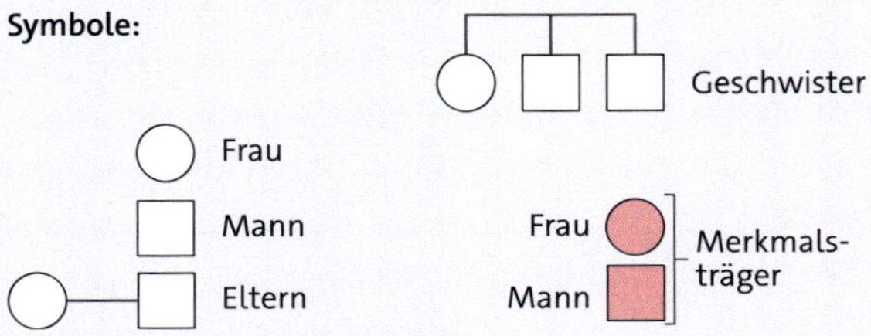

3 Symbole im Stammbaum

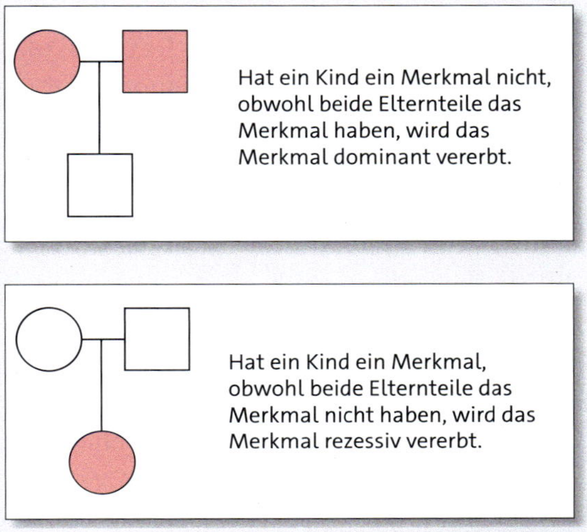

4 Kriterien zur Auswertung von Stammbäumen

5 Stammbaum zum Merkmal „Haaransatz“

Vererbung beim Menschen

Material A

Ohrläppchen

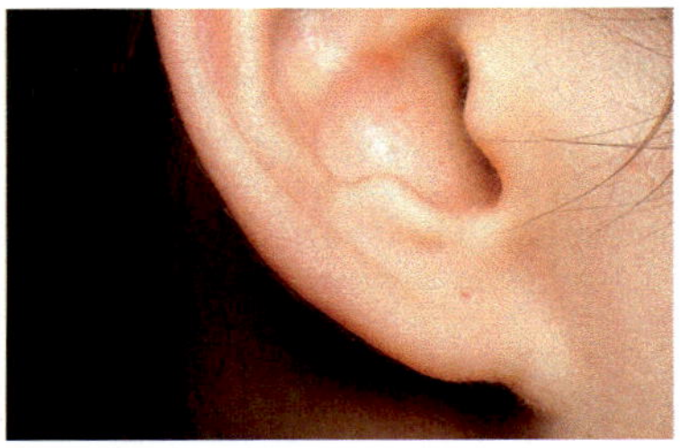

1 Ohrläppchen angewachsen

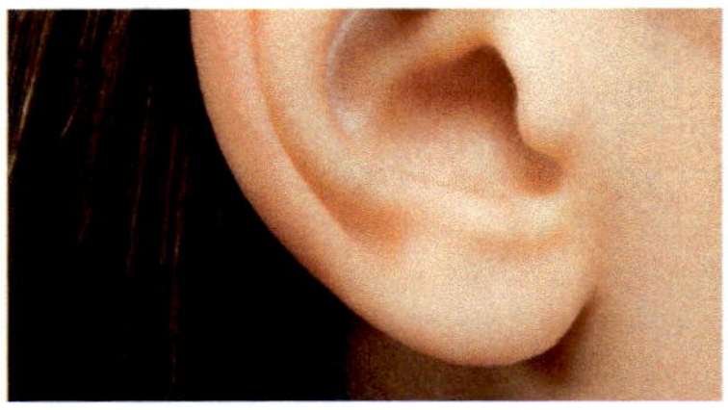

2 Ohrläppchen frei hängend

Die Ohrläppchen können am unteren Rand angewachsen oder frei hängend sein. → 1 2 Das Merkmal „Form der Ohrläppchen“ ist genetisch bedingt. Das Allel für angewachsene Ohrläppchen ist rezessiv.

1 Übertrage den Stammbaum in dein Heft. → 3

2 Nenne den Genotyp von Personen mit angewachsenen Ohrläppchen.

3 Erkläre, welche Personen im Stammbaum angewachsene Ohrläppchen haben.

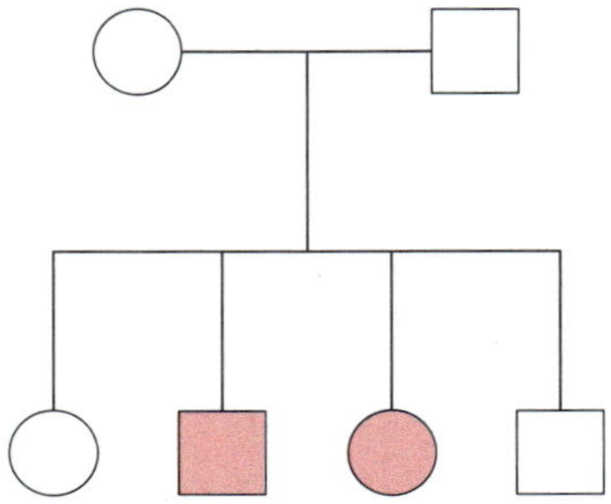

3 Stammbaum einer Familie zum Merkmal „Form der Ohrläppchen“

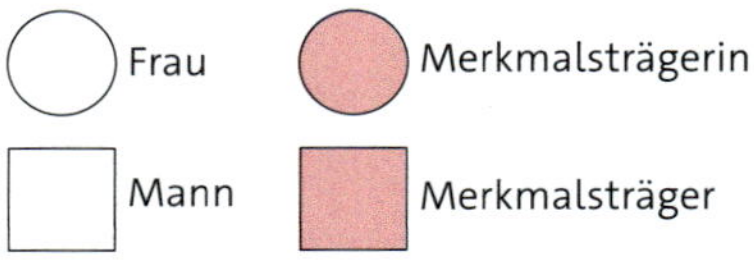

4 Symbole des Stammbaums

Material B

Dominant oder rezessiv?

Aus den Phänotypen von Eltern und ihren Kindern kann man oft ableiten, wie ein Merkmal vererbt wird. Eine eindeutige Entscheidung ist nur möglich, wenn man einen der Erbgänge ausschließen kann.

1 Überprüfe für jeden Erbgang, ob das Merkmal dominant oder rezessiv vererbt werden kann. → 6 Verfahre wie im Beispiel zum Erbgang A. → 5

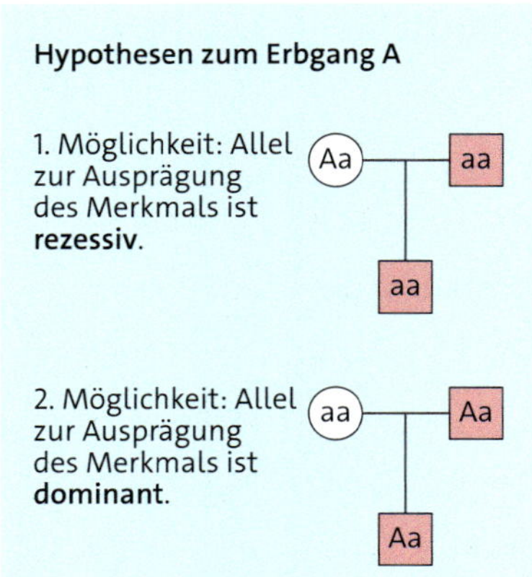

5

2 Übertrage die Tabelle in dein Heft. → 6 Trage deine Ergebnisse ein.

Erbgang	rezessiv	dominant
A	X	X
B		
C		
D		
E		

6 Erbgänge

Material C

Rot-Grün-Blindheit

Menschen mit der Rot-Grün-Blindheit können die Farben Rot und Grün nicht wahrnehmen. Die Sehstörung wird rezessiv vererbt. Die Allele liegen auf dem X-Chromosom. Das Y-Chromosom enthält keine entsprechenden Allele. Weil Männer nur ein X-Chromosom besitzen, werden die darauf liegenden Allele ausgeprägt, auch wenn sie rezessiv sind. Bei Frauen werden rezessive Allele nur ausgeprägt, wenn sie auf beiden X-Chromosomen vorliegen. Frauen, die in Bezug auf das Merkmal mischerbig sind, können das rezessive Allel vererben, auch wenn das Merkmal bei ihnen nicht ausgeprägt wird. Sie sind dann Überträgerinnen.

1 ◪ Beschreibe die Folgen der Rot-Grün-Blindheit.

2 ⊠ Nenne die Besonderheit des Erbgangs.

3 ⊠ Übertrage den Stammbaum aus Bild 7 in der Symbol-Schreibweise (siehe Methodenseite) in dein Heft.

4 ⊠ Ermittle, welche Personen rot-grün-blind sind. Begründe deine Antwort.

5 ⊠ Begründe, weshalb die Kinder von Vater 2 nicht rot-grün-blind sind.

6 ⊠ Gib die Genotypen aller Personen im Stammbaum an. Verwende die folgende Schreibweise:

X_A: X-Chromosom mit dominantem Allel
Xa: X-Chromosom mit rezessivem Allel
Y: Y-Chromosom ohne entsprechende Allele

7 ⊠ Ermittle mögliche Allelkombinationen der Eltern einer rot-grün-blinden Tochter.

8 ⊠ Gib die Wahrscheinlichkeiten an, mit denen die Söhne und Töchter rot-grün-blind, farbtüchtig oder Überträgerinnen sind:
- farbtüchtige Mutter und farbtüchtiger Vater
- rot-grün blinder Vater und farbtüchtige Mutter

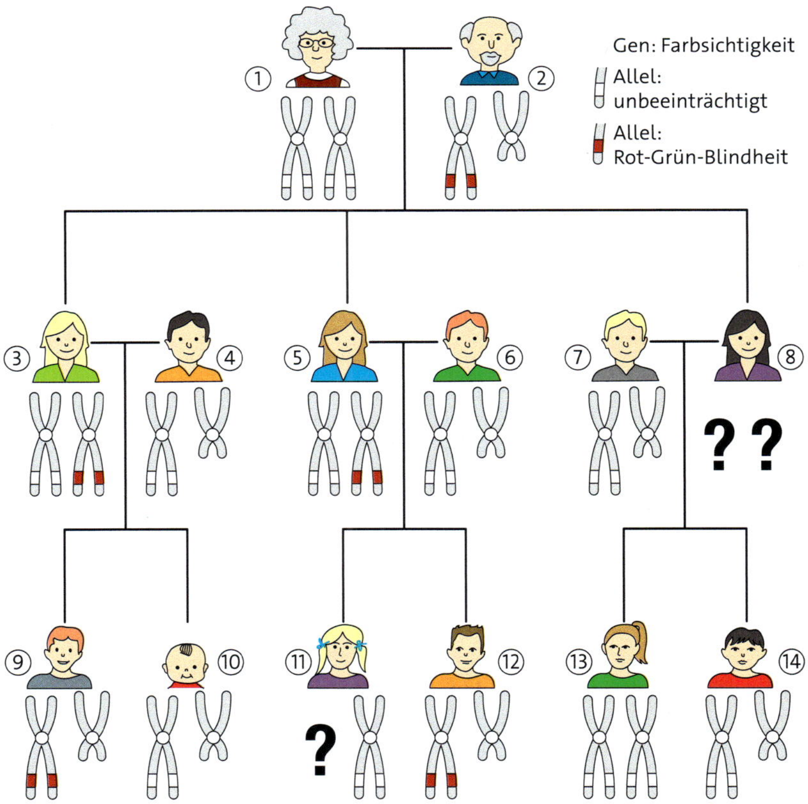

7 Stammbaum zur Rot-Grün-Blindheit

Vererbung der Blutgruppen

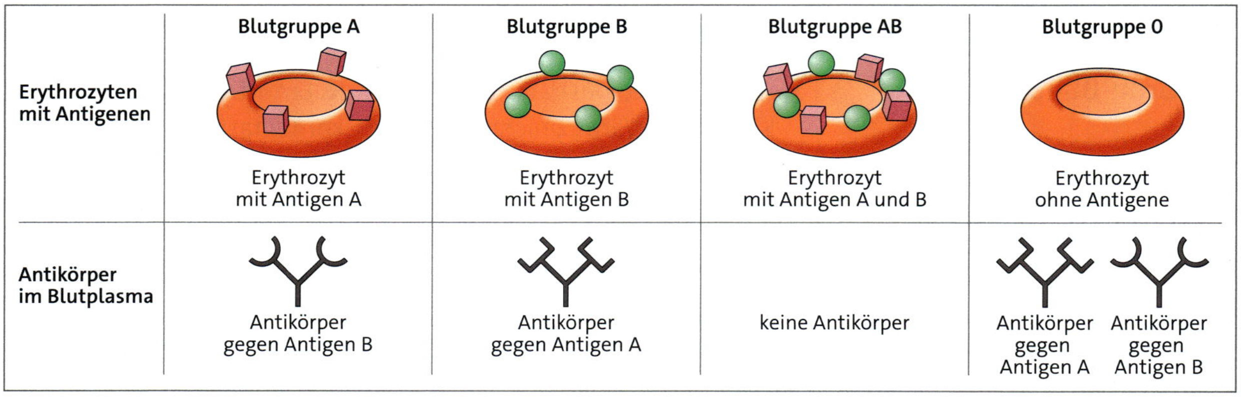

1 Eigenschaften der Blutgruppen

Jeder Mensch hat eine genetisch festgelegte Blutgruppe. Wie werden die Blutgruppen vererbt?

Antikörper erkennen Antigene • Die Erythrozyten tragen Strukturen auf ihrer Oberfläche, die Antigene. → 1 Diese legen die vier Blutgruppen A, B, AB und 0 fest. Bei Menschen mit der Blutgruppe A tragen die Erythrozyten Antigen A und das Blutplasma enthält Antikörper gegen Antigen B. Beim Kontakt mit Blut der Blutgruppe B käme es zu einer Verklumpung.

Kodominante Vererbung • Ein Antigen ist kein Gen, sondern ein Protein. Das Protein wird durch ein Gen codiert, von dem es drei Allele gibt: A, B und 0. Je nach Kombination der Allele wird die Blutgruppe A, B, AB oder 0 ausgebildet. Die Allele A und B sind dominant. Die Blutgruppe 0 wird also nur ausgeprägt, wenn die rezessiven Allele reinerbig vorliegen. Für die Blutgruppe A und B gibt es jeweils zwei Genotypen: AA oder A0 und BB oder B0.

Die Blutgruppe AB wird beim Genotyp AB gebildet. Hier wirken die beiden Allele A und B gleichermaßen dominant und prägen die Antigene A und B aus. Erbgänge, die zu solch einem Ergebnis führen, sind kodominant. Sie folgen den Mendel'schen Regeln.

Rhesusfaktor • Neben den Antigenen kann es auf den Erythrozyten noch ein Protein geben, das als Rhesusfaktor bezeichnet wird. Das Gen dafür wird dominant vererbt, sodass die meisten Menschen Rhesus-positiv sind. Auch der Rhesusfaktor kann bei einer Bluttransfusion zur Verklumpung führen.

Wirken sich zwei unterschiedliche Allele dominant auf den Phänotyp aus, handelt es sich um einen kodominanten Erbgang.

Aufgabe

1 ☒ Erläutere den kodominanten Erbgang am Beispiel der Blutgruppe AB.

die **Blutgruppe**
das **Antigen**
der **kodominante Erbgang**
der **Rhesusfaktor**

Material A

Vererbung der Blutgruppen

Die Blutgruppen werden nach den Mendel'schen Regeln vererbt. Die Allele A und B sind dominant, das Allel 0 ist rezessiv.

1 Übertrage den Stammbaum A in dein Heft. → 2 Ergänze die möglichen Genotypen der Kinder.

2 Übertrage den Stammbaum B in dein Heft. Ergänze die möglichen Genotypen und Phänotypen der Kinder. Erkläre den Unterschied zu Stammbaum A.

3 Erstelle zwei Stammbäume, in denen die Eltern die Blutgruppen A und B haben. → 2C Ergänze die möglichen Genotypen der Eltern und die möglichen Blutgruppen der Kinder.

4 Nenne den Genotyp einer Person mit der Blutgruppe A, deren Kind die Blutgruppe B hat.

5 Erkläre anhand der möglichen Genotypen, ob eine Frau mit der Blutgruppe A und ein Mann mit der Blutgruppe B ein gemeinsames Kind haben können, das die Blutgruppe 0 hat.

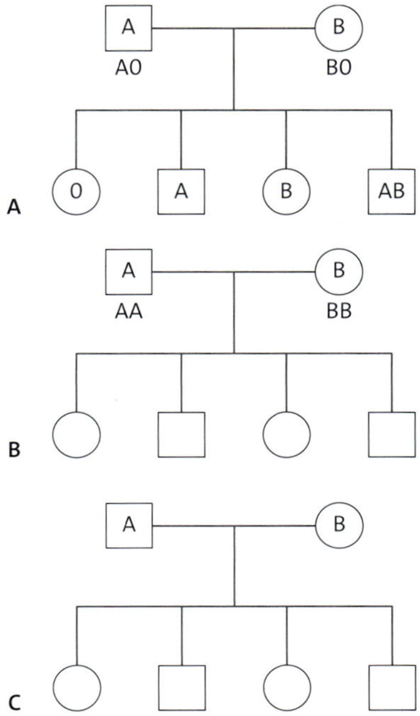

2 Stammbäume zur Vererbung des Merkmals Blutgruppe

Material B

Stammbaumanalyse

1 Nenne die fehlenden Blutgruppen, die im Stammbaum mit Fragezeichen markiert wurden. → 3

2 Begründe, mit welcher Wahrscheinlichkeit ein zweites Kind der Eltern 7 und 8 die Blutgruppe B erben kann. Erstelle dazu ein geeignetes Kreuzungsquadrat.

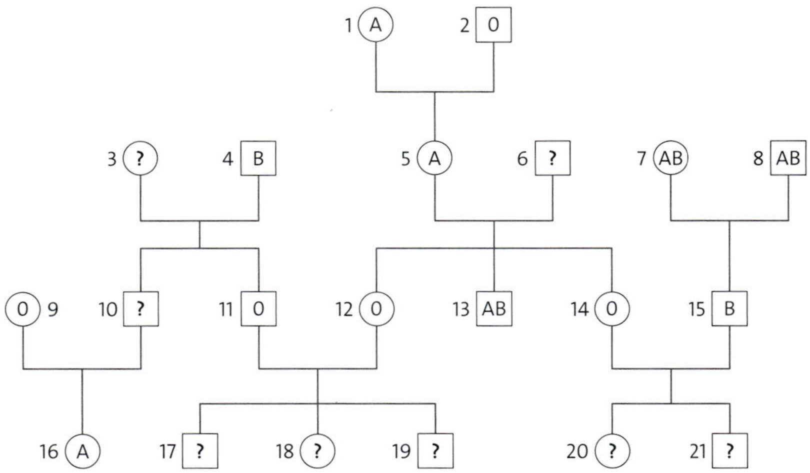

3 Stammbaum mit fehlenden Blutgruppen

Gentechnik in der Medizin

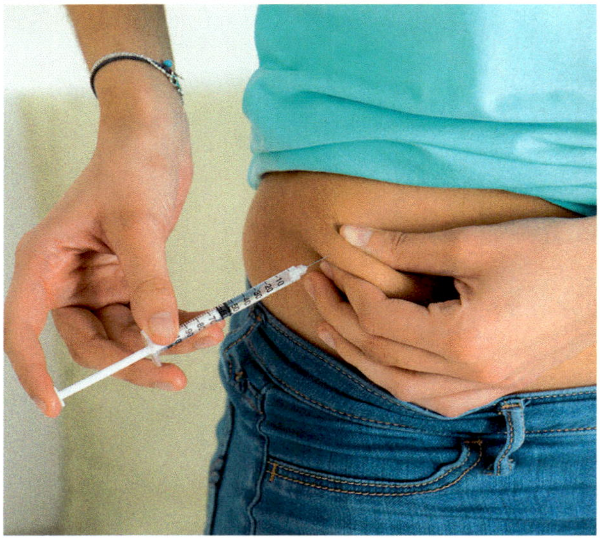

1 Eine Diabetikerin spritzt sich Insulin.

2 Herstellung von Insulin in einem Bioreaktor

In der Gentechnik werden gezielt Eingriffe in die Erbinformation eines Organismus vorgenommen. Welchen Nutzen hat der Mensch davon?

Rote Gentechnik • Ein Einsatzgebiet der Gentechnik ist die Medizin. Hier wird sie zur Erkennung und Behandlung von Krankheiten und zur Entwicklung von Medikamenten genutzt. Die medizinische Nutzung der Gentechnik wird als rote Gentechnik bezeichnet.

Behandlung von Diabetes • Die Bauchspeicheldrüse von Diabetikern bildet nicht genügend Insulin. Dadurch ist die Aufnahme von Zucker in die Zellen gestört. Zur Behandlung müssen sich Diabetiker Insulin spritzen. → 1 Früher hat man das Insulin aus der Bauchspeicheldrüse von Rindern und Schweinen gewonnen. Dies war möglich, weil das tierische Insulin dem menschlichen ähnlich ist. Es kam jedoch immer wieder zu Unverträglichkeiten. Heute wird Insulin mithilfe von Bakterien hergestellt. Dieses Insulin ist besser verträglich und kann in großen Mengen günstig hergestellt werden. → 2

Universeller Code • Die einzelligen Bakterien unterscheiden sich zwar von menschlichen Zellen, können aber ebenso Insulin herstellen. Dazu muss die Erbinformation für das menschliche Insulin in die Bakterien eingebaut und dort entschlüsselt werden. Dies ist möglich, weil eine Abfolge der Basen Adenin, Cytosin, Guanin und Thymin in einem Bakterium in die gleiche Aminosäurekette übersetzt wird wie in einer menschlichen Zelle. Der genetische Code ist für alle Lebewesen gültig. Man bezeichnet den genetischen Code daher auch als universell.

die rote Gentechnik
das Plasmid
der horizontale Gentransfer
transgen

Gentransfer • Bakterien enthalten ihre Erbinformation in zwei Formen: als Bakterien-Chromosom und zusätzlich als DNA-Ringe, die Plasmide. → 3 Man kann die Plasmide aus den Bakterien entnehmen und wieder in sie einfügen. Daher nutzt man die Plasmide, um das menschliche Gen für Insulin in die Bakterien zu bringen. So eine Übertragung von Genen zwischen verschiedenen Organismen wird als horizontaler Gentransfer bezeichnet.

Transgene Bakterien • Für den Gentransfer wird mit einem Schneide-Enzym das Insulin-Gen aus der DNA einer Zelle der menschlichen Bauchspeicheldrüse geschnitten. Zudem werden den Bakterien Plasmide entnommen und mit einem Schneide-Enzym aufgeschnitten. Hat ein Insulin-Gen dieselbe Schnittstelle wie ein Plasmid, fügt es sich in dieses ein. Die Schnittstellen werden durch ein Binde-Enzym verbunden. Nun enthält das Plasmid Erbinformationen des Bakteriums und des Menschen. Es wird wieder in ein Bakterium eingesetzt. So entsteht ein genetisch veränderter Organismus. Organismen, denen ein Gen eines anderen Organismus eingesetzt wurde, bezeichnet man als transgen. Die Bakterien mit dem Insulin-Gen werden in einem Bioreaktor vermehrt und dann zerstört, um das Insulin zu gewinnen.

Die rote Gentechnik wird in der Medizin genutzt, um Medikamente herzustellen. Durch Gentransfer erzeugt man transgene Organismen.

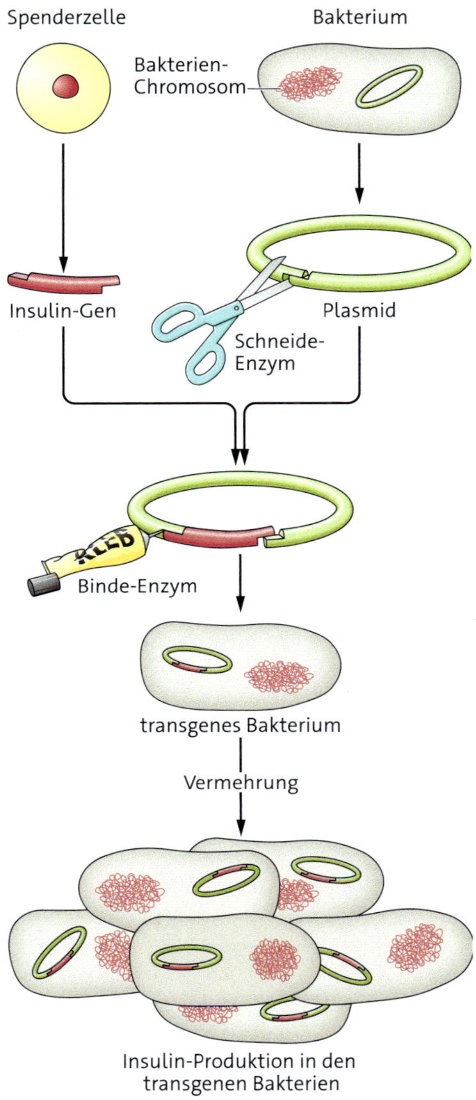

3 Gentechnische Herstellung von Insulin

Aufgaben

1 Erkläre, was mit dem Begriff rote Gentechnik gemeint ist.

2 Beschreibe die gentechnische Herstellung von Insulin.

Gentechnik in der Medizin

Material A

Medikamente aus Milch

Heute erzeugt man auch gentechnisch veränderte Tiere. Aus der Milch transgener Schafe, Ziegen, Kühe und Kaninchen lassen sich Wirkstoffe gewinnen, die medizinisch genutzt werden.
Seit 2006 gibt es den auf diese Weise hergestellten Wirkstoff Antithrombin. Antithrombin ist ein Protein, das die Blutgerinnung hemmt. Es verhindert damit die Verstopfung der Blutgefäße.

Verschiedene Erkrankungen können dazu führen, dass der Antithrombinwert eines Menschen zu niedrig ist. Daher ist der Wirkstoff ein wichtiges Medikament.
Für die Herstellung wird ein transgener Ziegen-Embryo erzeugt, der das menschliche Gen für Antithrombin im Erbgut trägt. Die transgene Ziege, die aus diesem Embryo entsteht, bildet den Wirkstoff in ihren Milchdrüsen. Er wird aus ihrer Milch gewonnen und ist für den Menschen gut verträglich.

1 Nenne transgene Tiere, die für die Herstellung von Medikamenten verwendet werden.

2 Erkläre, wie transgene Tiere entstehen.

3 Beschreibe, welche Aufgabe Antithrombin im Körper des Menschen hat.

4 Erkläre, an welcher Stelle der Gewinnung von Antithrombin ein gentechnischer Eingriff stattfindet.

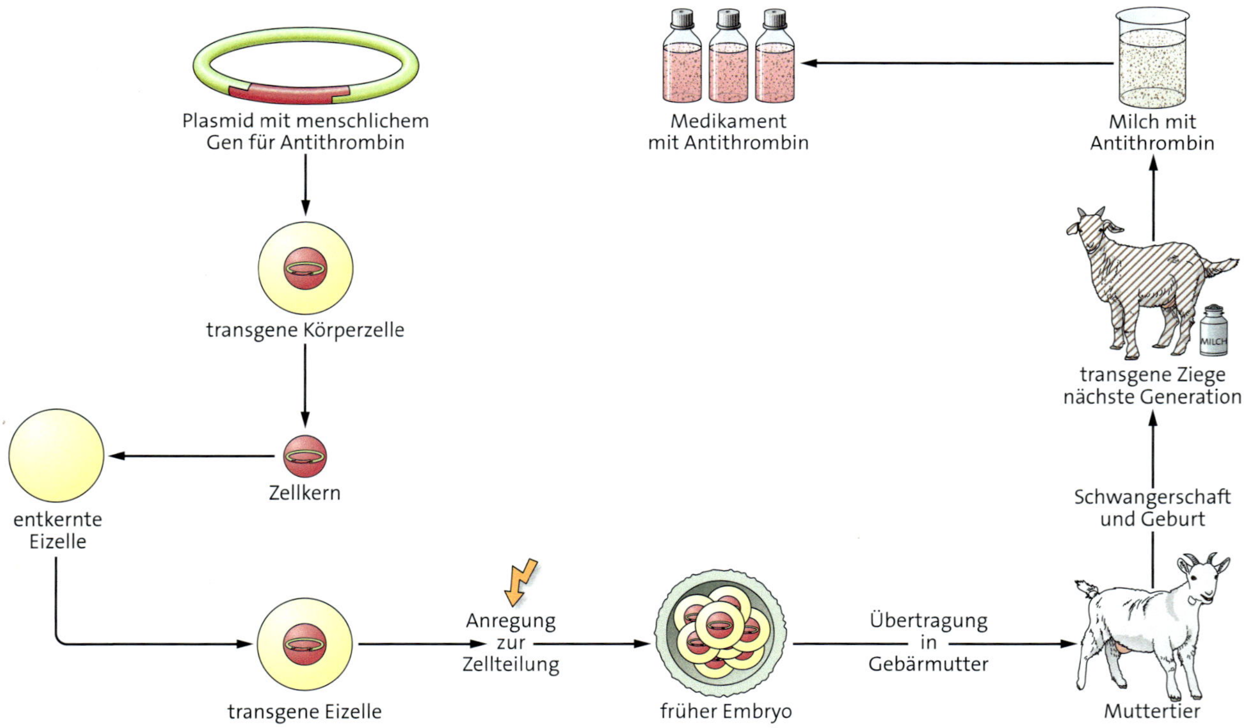

1 Gewinnung von Antithrombin

Erweitern und Vertiefen

Gentherapie – Hoffnung bei Mukoviszidose?

Mukoviszidose • Bei dieser Krankheit bildet sich in der Lunge, der Leber, der Bauchspeicheldrüse und dem Darm zäher Schleim, der die Organe verstopft. Zu den Folgen zählen Husten, Atemnot und Verdauungsstörungen. Mukoviszidose ist bislang unheilbar und führt zu einer verkürzten Lebenserwartung.

Erbkrankheit • Mukoviszidose ist eine Erbkrankheit. Sie wird rezessiv vererbt. Das veränderte Gen befindet sich auf Chromosom 7, also auf einem Autosom. Es codiert für ein Transportprotein in der Zellmembran von Schleimhautzellen. Bei dem Gen sind 2000 verschiedene Mutationen bekannt. Man weiß, dass mehr als 300 Mutationen die Krankheit auslösen. Die häufigste Ursache ist der Verlust von drei aufeinanderfolgenden Basen. → 2 Das hat zur Folge, dass in dem Protein eine Aminosäure fehlt. Dadurch wird die Funktion des Transportproteins so eingeschränkt, dass weniger Wasser aus den Schleimhautzellen austritt. Das führt zur Bildung von zähem Schleim, der sich zum Beispiel in den Bronchien der Lunge festsetzt. Er erschwert das Atmen und ist ein guter Nährboden für Bakterien. So kann es schneller zu Lungenentzündungen kommen, wodurch die Lungenfunktion weiter verschlechtert wird.

Behandlung • Bei Mukoviszidose werden vielfältige Behandlungsformen eingesetzt. Dazu gehören Medikamente ebenso wie zum Beispiel Ernährungstherapie und Sporttherapie. Alle diese Maßnahmen lindern die Symptome, können die Krankheit aber nicht heilen.

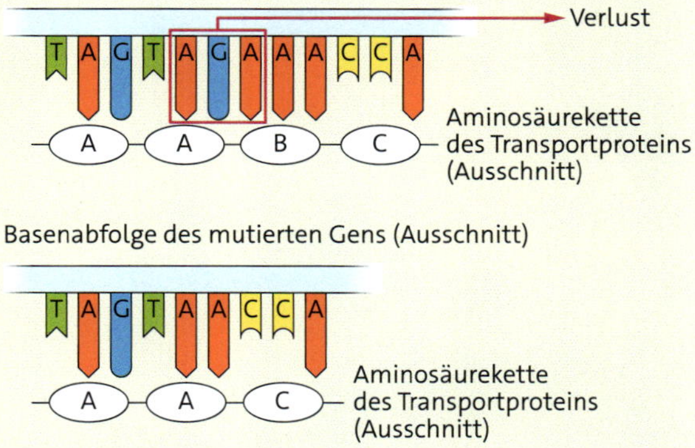

2 Mutation der Mukoviszidose

Forschung • Eine weitere Behandlungsform für Mukoviszidose, an der seit Jahren intensiv geforscht wird, ist die Gentherapie. Dabei soll das mutierte Gen durch ein intaktes Gen ersetzt werden, das dann die Produktion des Transportproteins übernimmt.
Erste Erfolge wurden mit verschiedenen Verfahren erzielt, bei dem intakte Gene über unterschiedliche „Genfähren“ in die Schleimhautzellen der Lunge geschleust werden. Dort werden die intakten Gene in die DNA eingebaut.
Ein weiterer Forschungsansatz ist es, Boten-RNA in die Schleimhautzellen einzuschleusen, die an den Ribosomen in intaktes Transportproteine übersetzt werden soll. Bislang ist die Wirksamkeit aller Verfahren noch begrenzt.

Aufgabe

1 ☒ Erläutere den Begriff Gentherapie am Beispiel Mukoviszidose. Gehe auch auf die Ursachen der Krankheit ein.

Gentechnik in der Landwirtschaft

1 Der Maiszünsler

2 Raupe des Maiszünslers

3 Geschädigte Maispflanze

Mais ist eine wichtige Nutzpflanze für den Menschen. Ein gefürchteter Schädling der Pflanze ist die Raupe des Maiszünslers. Sie verursacht enorme wirtschaftliche Verluste. Wie kann man die Verluste mithilfe der Gentechnik verringern?

Schäden • Der Maiszünsler ist ein Schmetterling. → 1 Seine Raupe bohrt sich in den Stängel der Maispflanze und frisst sich nach unten durch. → 2 Dadurch bricht dieser ab und die Maiskolben können nicht mehr geerntet werden. → 3 Die befallenen Pflanzen erbringen weniger Ertrag und sind anfälliger für Schimmelpilze.

Bekämpfungsmöglichkeiten • Neben vorbeugenden Maßnahmen wie dem frühzeitigen Ernten vor Befall können Schlupfwespen ausgebracht werden. Diese legen ihre Eier in die Eier des Maiszünslers und zerstören sie damit. Überwiegend werden aber chemische Pflanzenschutzmittel eingesetzt. Diese töten neben dem Maiszünsler jedoch auch andere Insekten.

Bekämpfung mithilfe von Bakterien • Eine biologische Maßnahme ist der Einsatz von Pflanzenschutzmitteln, die aus dem Bakterium *Bacillus thuringiensis* (Bt) gewonnen werden. Das Bakterium produziert ein Gift, das die Raupen des Maiszünslers tötet. Für Pflanzen, Wirbeltiere und den Menschen ist es unschädlich. Bei der Anwendung muss der Landwirt sehr genau auf den Zeitpunkt achten. Denn wenn sich die Raupen bereits im Innern der Stängel befinden, erreicht sie das Gift nicht mehr. Da es vom Regen abgespült wird, muss häufig mehrfach gespritzt werden.

der **Bt-Mais**
die **grüne Gentechnik**

Gentechnisch veränderter Mais • Mithilfe der Gentechnik ist es bereits Ende der 1990er-Jahre gelungen, das Gen von *Bacillus thuringiensis* (Bt), das für die Herstellung des Gifts codiert, auf den Mais zu übertragen. So ist eine transgene Maissorte entstanden, der Bt-Mais. Im Labor haben Forscher zunächst das Gen mit dem Bauplan für das Gift aus dem Bodenbakterium isoliert. Anschließend wurde dieses Gen in eine Maiszelle eingefügt. Aus dieser Zelle hat man dann eine Pflanze herangezogen. → 4 Diese Pflanze stellt nun selbst das Gift in ihren Zellen her und ist dadurch vor den Raupen des Maiszünslers geschützt. Die Ernteverluste sind geringer und die Umwelt wird geschont, da der Landwirt auf den Einsatz von chemischem Insektengift verzichten kann. Dennoch ist das Vorgehen umstritten.

Grüne Gentechnik • Neben dem Bt-Mais hat man auch andere transgene Nutzpflanzen erzeugt. So gibt es Zuckerrüben, die unempfindlich gegen einen krank machenden Pilz sind. Baumwolle oder Raps wurden unempfindlich gegen Unkrautvernichtungsmittel gemacht. Die Zahl gentechnisch veränderter Pflanzen ist weltweit stark angestiegen. Dennoch gibt es zahlreiche Kritiker dieser Entwicklung. Sie befürchten Risiken für die Gesundheit. Nutzt der Mensch die Gentechnik, um die Eigenschaften von Pflanzen zu optimieren und sie gegenüber Krankheiten weniger anfällig zu machen, spricht man von grüner Gentechnik.

4 Aus Zellkulturen entstehen ganze Pflanzen.

Gentechnisch veränderter Mais kann selbst ein Gift gegen seinen Schädling herstellen. Mit der grünen Gentechnik versucht der Mensch, die Eigenschaften von Pflanzen zu optimieren.

Aufgaben

1 Beschreibe, wie der Maiszünsler die Pflanze schädigt.

2 Erkläre die Herkunft und die Wirkungsweise des Bt-Gifts.

3 Erkläre, welche gentechnischen Veränderungen am Mais vorgenommen wurden.

4 Nenne weitere Beispiele für transgene Pflanzen.

5 Erkläre den Begriff grüne Gentechnik.

Gentechnik in der Landwirtschaft

Material A

Pro und kontra Bt-Mais

Der Anbau von Bt-Mais ist umstritten. In Deutschland ist er seit dem Jahr 2009 wegen möglicher Risiken verboten. In anderen Ländern der Welt, zum Beispiel in den USA, ist der Anbau hingegen üblich.

1 ☒ Erklärt in Partnerarbeit die Bedeutung der einzelnen Aussagen. → 3 Nutzt die Informationen der Basisseiten.

2 ☒ Ordne die Aussagen den Befürwortern und Gegnern des Bt-Mais zu. Begründe deine Zuordnungen.

3 ☒ Diskutiert die Vorteile und Nachteile des Bt-Mais in der Klasse.

4 MK ☒ Gestalte einen Blog-Eintrag, in dem du begründet für oder gegen die Aufrechterhaltung des Verbots argumentierst.

1 Demonstration gegen den Anbau von transgenem Mais in Deutschland

2 Anbau von transgenem Mais in den USA

A Beim Anbau von Bt-Mais kann man auf den Gebrauch von chemischen Pflanzenschutzmitteln verzichten.

B Bt-Mais-Saatgut ist teuer.

C Honig kann Pollen von Bt-Mais enthalten.

D In Europa gibt es keine Wildpflanzen, die sich mit Bt-Mais kreuzen lassen.

E Beim Anbau von Bt-Mais könnten die Maiszünsler mit der Zeit unempfindlich gegen das Gift werden. Die Schäden wären riesig.

F Der Anbau von Bt-Mais garantiert eine gute Ernte.

G Das Bt-Gift könnte auch auf andere Insekten wirken.

3 Aussagen zum Bt-Mais

Material B

Züchtung oder Gentechnik?

Es gibt viele verschiedene Möglichkeiten, Pflanzensorten mit neuen Merkmalskombinationen hervorzubringen. → 4 Das Ziel ist dabei immer das Gleiche: Günstige Merkmale sollen verstärkt und ungünstige abgeschwächt, im besten Fall sogar entfernt werden. Es ist nicht immer leicht, zwischen den Verfahren der Züchtung und denen der Gentechnik zu unterscheiden.

1 Die Bilder A–D zeigen Pflanzensorten, bei denen es gelungen ist, günstige Merkmale zu verstärken. MK ☒ Recherchiere im Internet, welche Merkmale verändert wurden und was das Ziel dabei war.

2 ☒ Recherchiere ein weiteres Verfahren und lege einen Steckbrief dazu an.

3 ☒ Triff eine Entscheidung, ob du die beschriebenen Verfahren eher den Methoden der Gentechnik oder den Methoden der Züchtung zuordnen würdest, und begründe sie.

Präzisionszüchtung

Vorgehen: Überprüfen des Genoms der Elterngeneration auf gewünschte Eigenschaften und anschließende Kreuzung geeigneter Individuen. Das Genom der Tochtergeneration wird vor der Aufzucht und erneuter Kreuzung auf Vorhandensein der erwünschten Eigenschaften geprüft.

Vorteil: Man weiß schon bei den Keimlingen, ob die gewünschten Eigenschaften weitergegeben wurden. Keimlinge ohne diese können aussortiert werden. Das spart Zeit und Geld.

Nachteil: Die Überprüfung der Genome ist methodisch aufwendig.

A Apfelsorte „Redlove“

B WEMA-Mais

Mutationszüchtung

Vorgehen: Die Elterngeneration wird einer Strahlungsquelle oder anderen Mutagenen ausgesetzt. Dadurch werden in der Eltern-DNA unzählige Mutationen ausgelöst. Anhand der Phänotypen oder Genotypen können dann die Individuen zur Kreuzung ausgewählt werden, die vermutlich die günstigsten Eigenschaften an die nächste Generation vererben.

Vorteil: Man erhält schneller als unter natürlichen Bedingungen neue Merkmalskombinationen.

Nachteil: Die Ergebnisse sind oft zufällig. Es können unabsichtlich nachteilige Merkmale mitvererbt werden.

C Grapefruitsorte „Ruby Red“

D Hartweizen

4 Verfahren zur Erzeugung neuer Sorten mit neuen Eigenschaften

Zusammenfassung

Vererbung • Bei der Fortpflanzung vererben Eltern Anlagen an ihre Nachkommen. Diese Anlagen enthalten die Erbinformationen, die zur Ausbildung von Merkmalen führen.

Chromosomen • Die Erbinformation ist in Chromatinfäden im Zellkern enthalten. Diese verdichten sich zu Chromosomen. Jedes Chromosom besteht aus zwei Chromatiden. Diese sind am Zentromer miteinander verbunden. Körperzellen enthalten 46 Chromosomen. In ihnen liegen alle Chromosomen als homologe Chromosomenpaare vor. Körperzellen haben somit einen doppelten Chromosomensatz, sie sind diploid. Die Gonosomen bilden eines der Chromosomenpaare. Sie bestimmen das biologische Geschlecht. Die übrigen Chromosomen nennt man Autosomen. Die Geschlechtszellen, also die Eizellen und Spermienzellen, enthalten nur 23 Chromosomen. Sie haben den einfachen Chromosomensatz und sind damit haploid.

Mitose und Zellteilung • Zellen vermehren sich durch Teilung. In der Mitose teilt sich der Zellkern. Dabei werden die Chromatiden getrennt und auf die Zellpole verteilt. Bei der Zellteilung werden das Zellplasma und die Zellorganellen aufgeteilt. Die Chromatiden verdoppeln sich wieder zu Chromosomen. So entstehen zwei Zellen mit derselben Erbinformation.

Meiose • In der Meiose werden die Geschlechtszellen gebildet. Durch zwei Teilungen entstehen aus einer diploiden Zelle vier haploide Zellen. Hier werden die Chromosomen neu kombiniert. Das erhöht die genetische Vielfalt.

Erbinformation • Die Erbinformation liegt als DNA (desoxyribonucleic acid) vor. Diese besteht aus zwei Strängen, die jeweils aus aneinandergereihten Nukleotiden aufgebaut sind. Im DNA-Doppelstrang lagern sich die Basen Adenin und Thymin sowie Guanin und Cytosin immer gegenüber an. Die Erbinformation ist in der Reihenfolge der Basen verschlüsselt. Nur bestimmte DNA-Abschnitte verschlüsseln Erbinformationen. Sie werden als Gene bezeichnet.

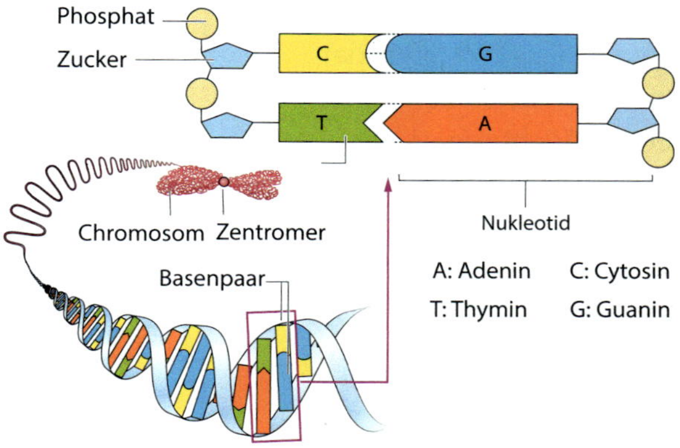

1 Von Watson und Crick entwickeltes DNA-Modell

Vom Gen zum Merkmal • Die Gene enthalten Bauanleitungen für Proteine. Die Reihenfolge der Basen in der DNA bestimmt die Reihenfolge der Aminosäuren im Protein. Bei der Proteinbiosynthese wird eine Abschrift von der DNA im Zellkern erstellt, die dann an den Ribosomen im Zellplasma in eine Aminosäurekette übersetzt wird. Diese faltet sich zu einem Protein. Proteine erfüllen als Enzyme wichtige Aufgaben im Körper und sind an der Ausbildung der Merkmale beteiligt. Weil wir unterschiedliche Gene haben, unterscheiden wir Menschen uns in Merkmalen wie der Haarfarbe und Augenfarbe.

Veränderung der Erbinformation • Mutationen sind spontane und ungerichtete Veränderungen der Erbinformation. Man unterscheidet Gen-, Genom- und Chromosomen-Mutationen. Mutationen können zu genetisch bedingten Erkrankungen führen. Ein Beispiel dafür ist das Down-Syndrom, das durch eine Genom-Mutation verursacht wird.

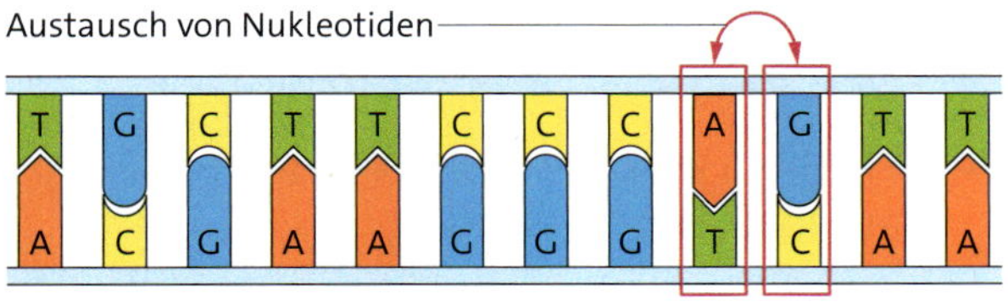

2 Beispiel für eine Gen-Mutation

Vererbungsregeln • Gregor Mendel formulierte nach vielen Kreuzungsversuchen die ersten Vererbungsregeln. Er stellte die Uniformitätsregel, die Spaltungsregel und die Unabhängigkeitsregel auf. Er erkannte, dass es für Merkmale dominante und rezessive Anlagen gibt. Seine Regeln werden noch heute für dominant-rezessive Erbgänge in Tieren, Pflanzen und Menschen als gültig erachtet.

Vererbung beim Menschen • Bei Menschen untersucht man Erbgänge anhand von Stammbäumen. In der Familienforschung betrachtet man bestimmte Merkmale über mehrere Generationen. So kann man herausfinden, ob die Allele dominant oder rezessiv vererbt werden. Es gibt auch Erbgänge, bei denen für ein Merkmal zwei unterschiedliche Allele dominant wirken. Solche Erbgänge bezeichnet man als kodominant. Ein Beispiel ist die Vererbung der Blutgruppe AB.

Gentechnik in der Medizin • In der Gentechnik werden gezielt Eingriffe in die Erbinformation eines Organismus vorgenommen. In der Medizin wird sie zur Herstellung von Medikamenten und zur Behandlung unheilbarer Krankheiten eingesetzt. Dies wird als rote Gentechnik bezeichnet. Ein gentechnisches Verfahren ist der horizontale Gentransfer. Dabei werden Gene von einem Organismus auf einen anderen übertragen. Für die Übertragung werden unter anderem die Plasmide von Bakterien genutzt. So entstehen transgene Organismen. Diese werden oft erzeugt, damit sie medizinische Wirkstoffe herstellen. Zum Beispiel wird mithilfe transgener Bakterien Insulin hergestellt, das für den Menschen gut verträglich ist.

Gentechnik in der Landwirtschaft • Werden gentechnische Verfahren in der Landwirtschaft eingesetzt, spricht man von der grünen Gentechnik. Hierbei versucht man, die Eigenschaften von Nutzpflanzen zu optimieren. Zum Beispiel enthält der transgene Bt-Mais ein Gen des Bodenbakteriums *Bacillus thuringiensis* (Bt). Dadurch stellt die Nutzpflanze ein Gift gegen den Maiszünsler her, mit dem sie den Schädling abwehrt. In vielen Ländern werden transgene Pflanzen großflächig angebaut und verarbeitet. In Deutschland ist der Anbau aufgrund möglicher Risiken verboten, der Import hingegen nicht.

3

Teste dich! (Lösungen im Anhang)

Vererbung

1 ☒ Begründe, warum Kinder ihren Eltern ähnlich sehen.

2 ☒ Erkläre den Unterschied zwischen Anlage und Merkmal.

3 ☒ Erkläre, wie die Anlagen der Eltern bei der Fortpflanzung neu kombiniert werden.

Chromosomen

4 ☒ Beschreibe den Aufbau eines Chromosoms.

5 ☒ Beschreibe das Karyogramm eines gesunden Menschen.

6 ☒ Erkläre die Bedeutung der Meiose.

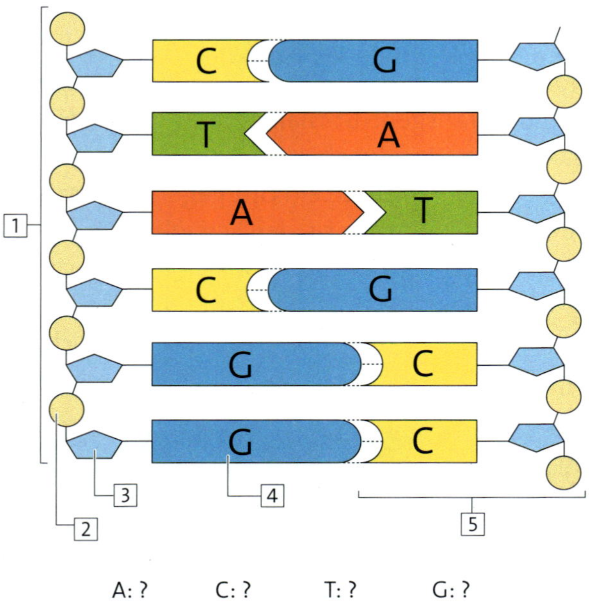

1 Bau der DNA

7 ☒ Beschreibe den Ablauf der Meiose in Stichworten.

8 ☒ Erkläre die Bedeutung der Rekombination für die genetische Vielfalt.

DNA

9 ☒ Benenne die in Bild 1 mit Zahlen gekennzeichneten Bausteine der DNA.

10 ☒ Erkläre, was man unter komplementärer Basenpaarung versteht.

11 ☒ Erkläre, wie die Erbinformation in der DNA verschlüsselt ist.

12 ☒ Erkläre, was ein Gen ist.

Vom Gen zum Merkmal

13 ☒ Erkläre die Begriffe Genotyp und Phänotyp.

14 ☒ Beschreibe, wie ein Gen in ein Protein übersetzt wird.

15 ☒ Erkläre, wie Proteine bei der Ausbildung von Merkmalen mitwirken.

Veränderungen der Erbinformation

16 ☒ Benenne die Ursache für die Entstehung des Down-Syndroms.

17 ☒ Erläutere, was eine Gen-Mutation ist.

18 ☒ Beschreibe zwei weitere Mutationsformen.

Regeln der Vererbung

19 ☒ Nenne die drei Mendel'schen Regeln und erkläre sie kurz in eigenen Worten.

20 ☒ Erkläre, was ein dominant-rezessiver Erbgang ist.

21 ☒ Erstelle ein Kreuzungsschema für einen dominant-rezessiven Erbgang mit zwei reinerbigen Mäusen, die sich im Merkmal Fellfarbe unterscheiden. Braun ist dabei dominant, weiß ist rezessiv.

Gentechnik in der Medizin

22 ☒ Erkläre den Begriff Gentechnik.

23 ☒ Beschreibe den Aufgabenbereich der roten Gentechnik.

24 ☒ Erkläre, was beim horizontalen Gentransfer gemacht wird und warum sich Bakterien besonders gut dafür eignen.

25 ☒ Beschreibe die Herstellung eines transgenen Bakteriums. → 2

26 ☒ Erläutere den Einsatz von transgenen Bakterien bei der Insulinherstellung.

Gentechnik in der Landwirtschaft

27 ☒ Erläutere die Ziele der grünen Gentechnik am Beispiel des Schädlingsbefalls bei Maispflanzen. → 3

28 ☒ Erkläre die Bezeichnung Bt-Mais.

29 ☒ Nenne weitere Beispiele für transgene Nutzpflanzen.

30 ☒ Beschreibe die Herstellung von Bt-Mais.

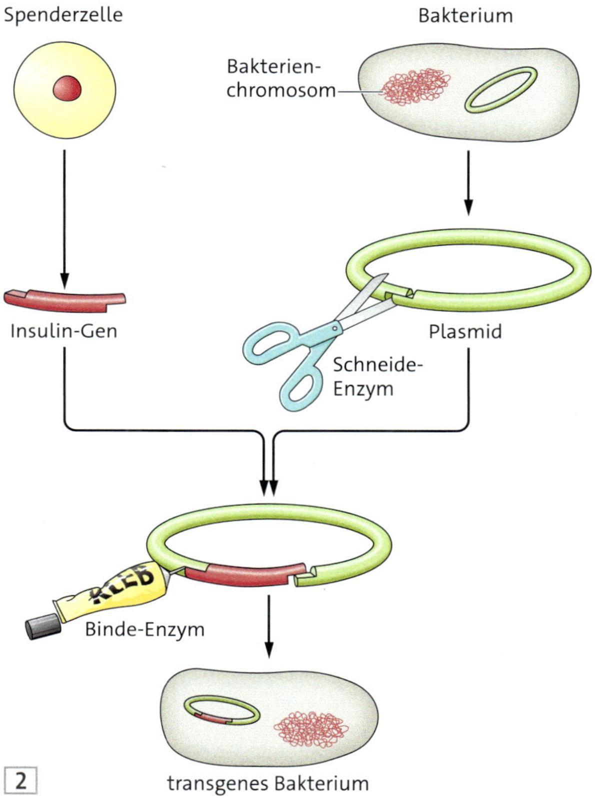

2

3 Maiszünsler – Schädling der Maispflanze

31 ☒ Vergleiche ein Verfahren der Gentechnik mit einem der klassischen Züchtung.

Evolution

Ein Schnabeltier ist ein Säugetier, besitzt aber auch Merkmale der Reptilien. Warum ist das wichtig für die Evolutionsforschung?

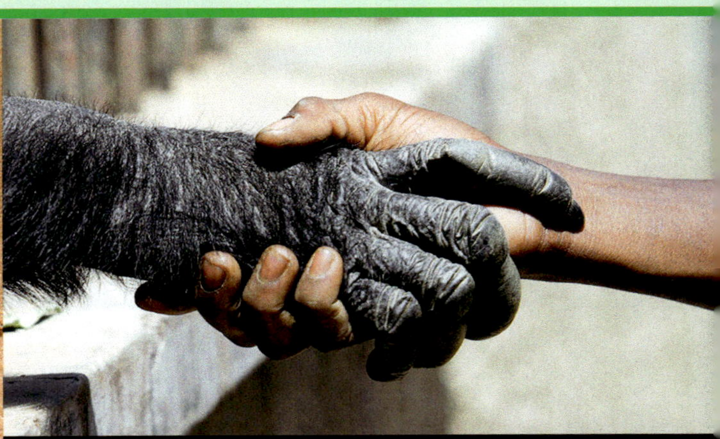

Von manchen Lebewesen aus längst vergangener Zeit sind Überreste erhalten geblieben. Wie kam es dazu und welche Bedeutung haben diese Überreste für die Wissenschaft?

Die Geschichte der Menschheit begann vor 5 bis 7 Millionen Jahren. Seitdem haben sich verschiedene Menschenarten entwickelt. Was weiß man über die Evolution des Menschen?

Reise in die Vergangenheit – Erdzeitalter

1 Überblick über die Entwicklung der Lebewesen im Laufe der Erdgeschichte

Mit dem Urknall vor etwa 14 Milliarden Jahren entstand das Universum. Unsere Erde ist etwa 4,6 Milliarden Jahre alt. Wann und wie entwickelten sich die Lebewesen auf der Erde?

Entstehung der Erde und des Lebens • Unser Sonnensystem und damit auch die Erde entstanden aus Gas und Staub. Die Erde bestand zunächst aus heißem Gestein. Dieses kühlte ab und bildete die feste Erdkruste. Aus dem Weltall schlugen Eisbrocken in die Erde ein. Aus dem Schmelzwasser entstanden die ersten Meere. Auch Gesteine schlugen ein, wodurch die Erde wuchs. Erst als sie eine bestimmte Größe hatte, der Abstand zur Sonne und die chemische Zusammensetzung der Atmosphäre stimmten, entwickelte sich das Leben auf der Erde. Die Entstehung und Veränderung von Lebewesen bezeichnet man als Evolution.
Wir unterscheiden vier Erdzeitalter, die jeweils wichtige Abschnitte in der Entwicklung der Erde markieren.

Erdfrühzeit • Forscher nehmen an, dass sich die ersten Lebewesen vor etwa 3,5 Milliarden Jahren im Meer entwickelten. Dort entstanden einfach gebaute pflanzliche und tierische Einzeller. Einige Einzeller hatten die Fähigkeit zur Fotosynthese. Dadurch reicherte sich Sauerstoff im Meer und in der Atmosphäre an. Später entwickelten sich die ersten vielzelligen Pflanzen und Tiere.

Erdaltertum • Im Meer entwickelten sich verschiedene Tiere mit Skeletten, Panzern, Stacheln und Zähnen. → 3 Dazu zählen Stachelhäuter, Muscheln und Schnecken. Später entwickelten sich die Fische und damit die ersten Wirbeltiere. Mehr als 100 Millionen Jahre später besiedelten die ersten Pflanzen das Land. Zu der Zeit lebten im Meer auch die Vorfahren der ersten Landwirbeltiere. Aus ihnen entwickelten sich die ersten Amphibien, die das Land besiedelten. Später entwickelten sich die ersten Reptilien. → 2

2 So könnte das erste Reptil ausgesehen haben.

die Evolution
die Erdfrühzeit
das Erdaltertum
das Erdmittelalter
die Erdneuzeit

Das Ende des Erdaltertums markiert ein Massensterben, bei dem 90 Prozent der Pflanzen- und Tierarten ausstarben.

Erdmittelalter • Die Reptilien waren im Erdmittelalter sehr verbreitet. Zu ihnen gehörten die Saurier. → 3 Sie eroberten schwimmend, laufend und fliegend viele Lebensräume. Zudem entwickelten sich die ersten Säugetiere, Vögel und Blütenpflanzen. Am Ende des Erdmittelalters schlug ein Meteorit aus dem Weltall in die Erde ein. Danach starben viele Pflanzenarten und Tierarten aus, auch die meisten Saurier.

Erdneuzeit • Die Erdneuzeit ist das Zeitalter der Säugetiere und Vögel. → 3 Nach dem Aussterben der Saurier übernahmen sie die nun freien ökologischen Nischen und entwickelten eine große Artenvielfalt. Vor ungefähr 6 Millionen Jahren entwickelten sich die Vorfahren des Menschen.

Die Erdzeitalter markieren wichtige Abschnitte in der Entwicklungsgeschichte der Erde. Sie sind durch das Vorhandensein von Tierarten und Pflanzenarten gekennzeichnet.

Aufgaben

1 ☒ Nenne Voraussetzungen für die Entstehung von Leben auf der Erde.

2 ☒ Fasse die Entwicklungsschritte in den Erdzeitaltern in Stichpunkten in einer Tabelle zusammen.

3 Veränderungen im Verlauf der Erdzeitalter

Reise in die Vergangenheit – Erdzeitalter

Material A

Evolution in einem Jahr

Erdzeitalter	Zeitraum	Vertreter
Erdneuzeit	31. Dezember, gegen 19:30 Uhr	Mensch
	17. Dezember	Vögel
	11. Dezember	Säugetiere
Erdmittelalter	8. – 25. Dezember	Saurier
Erdaltertum	19. November	Fische, Amphibien
Erdfrühzeit	1. Januar – 19. November	erste Einzeller, Fotosynthese, erste Vielzeller

Zum besseren Verständnis kann man den Verlauf der Evolution auf ein Jahr übertragen.

1 Gestalte einen Kalender mit 12 Monaten.

2 Trage die Angaben der Tabelle in den Kalender ein.

3 Berechne, vor wie vielen Jahren die ersten Fische, Amphibien, Saurier, Säugetiere, Vögel und Menschen auftraten. *Tipp:* Ein Tag entspricht 10 Millionen Jahren.

Material B

Artenvielfalt

Im Verlauf der Erdzeitalter sind immer wieder neue Arten entstanden. Viele dieser Arten sind nach einiger Zeit wieder ausgestorben. Die Grenzen der Erdzeitalter sind durch Naturereignisse markiert, bei denen viele Arten auf einmal ausstarben. Bild 1 zeigt, wie sich die Artenvielfalt der Wirbeltiere im Verlauf der Erdzeitalter vermutlich verändert hat.

1 Gib an, was im Diagramm dargestellt ist. → 1

2 Beschreibe, wie sich die Artenvielfalt der Fische vom Erdaltertum bis zur Erdneuzeit verändert hat.

3 Vergleiche die Artenvielfalt der Wirbeltiergruppen in den verschiedenen Erdzeitaltern miteinander.

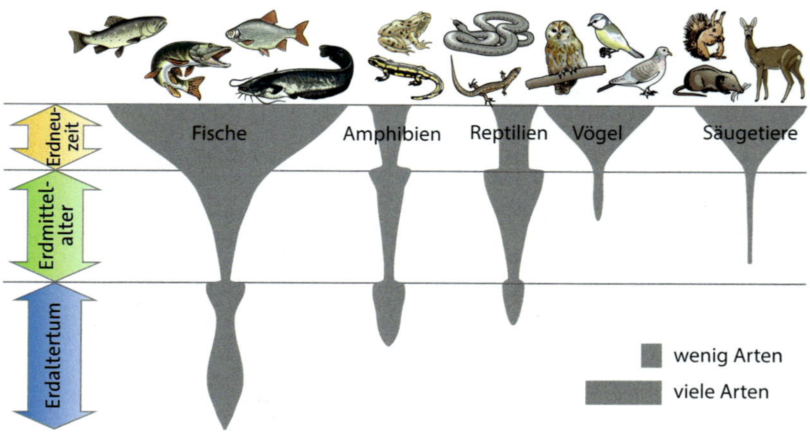

1 Artenvielfalt der Wirbeltiergruppen im Verlauf der Erdzeitalter

Material C

Vielfalt der Saurier

Heute weiß man, wie manche Saurier ausgesehen haben. Dabei sind sie schon vor 65 Millionen Jahren ausgestorben, nachdem ein riesiger Meteorit aus dem Weltall auf der Erde einschlug. Er löste Überschwemmungen und Waldbrände aus. Große Mengen Ruß und Wasserdampf verdunkelten für Jahrzehnte die Sonne. Es wurde kalt und dunkel. Die Pflanzen konnten keine Fotosynthese mehr betreiben und starben. Damit gab es keine Nahrung mehr und die meisten Tiere starben aus, auch die Saurier. Aus ihren Spuren können wir auf ihr Aussehen und ihre Lebensweise schließen.

1 Ordne den Sauriern A–E die Beschreibungen 1–5 zu.

2 Beurteile anhand des Aussehens der Saurier, in welchen Lebensräumen sie vorkamen. → 2

3 Erkläre, wieso die Saurier ausgestorben sind.

4 Erkläre, wieso nach dem Aussterben der Saurier eine große Artenvielfalt bei den Säugetieren entstand.

1 Der Velociraptor war etwa 1 m hoch und bis zu 2 m lang. Er jagte im Rudel. Auf zwei Beinen konnte er sich vermutlich über 50 $\frac{km}{h}$ schnell fortbewegen. Seine spitzen Zähne und scharfen Krallen an den Fingern und Zehen halfen beim Fangen und Erlegen der Beute.

2 Der Stegosaurus hatte eine Länge von etwa 9 m. Er war ein Pflanzenfresser. Mit Stacheln am Schwanzende konnte er sich verteidigen. Auf seinem Rücken befanden sich zwei Reihen von Knochenplatten, die vermutlich die Körpertemperatur regelten.

3 Die Vordergliedmaßen des Pterodactylus waren mit einem stark verlängerten Finger und Flughäuten zu Flügeln mit einer Spannweite von bis zu 75 cm umgewandelt. Er jagte im Flachmeer nach Fischen.

4 Der Plesiosaurier lebte im Meer. Sein Körper war spindelförmig und 3–15 m lang. Den kurzen Schwanz nutzte er vermutlich zur Steuerung im Wasser. Die Beine waren zu Flossen umgebildet. Seine Nahrung reichte von kleinen Fischen bis hin zu Haien oder Tintenfischen.

5 Der Tyrannosaurus galt wegen seiner scharfen Zähne lange als größtes Raubtier aller Zeiten. Vermutlich ernährte er sich aber vor allem von Aas. Mit seinen relativ kurzen Beinen konnte er nicht schnell laufen.

2

Das Leben entsteht

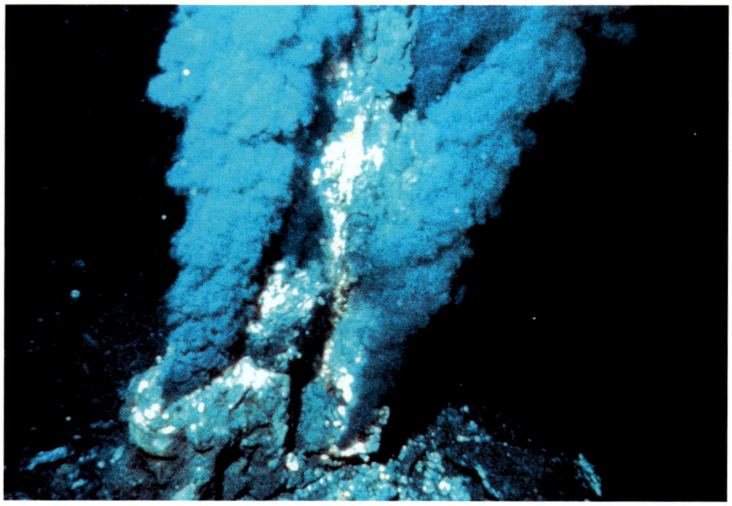

1 Schwarzer Raucher in der Tiefsee

In der Erdfrühzeit herrschten auf der Erde extreme Bedingungen. In der Tiefsee findet man heute noch ähnliche Bedingungen. Kann hier das erste Leben auf der Erde entstanden sein?

Extreme Bedingungen • Als die Erde entstand, bestand die Atmosphäre vor allem aus Kohlenstoffdioxid, Stickstoff und Wasserdampf sowie kleinen Anteilen anderer Gase wie Ammoniak, Methan und Wasserstoff. Sauerstoff war nicht vorhanden. Die Oberfläche der Erde bestand aus heißem Gestein. Durch die Hitze und die Zusammensetzung der Gase in der Atmosphäre entstanden elektrische Spannungen, die sich durch Blitze entluden.

Chemische Evolution • 1953 prüfte der Biochemiker Stanley Miller mit einem Experiment, ob unter den damaligen Bedingungen Leben entstehen konnte. Er stellte die frühere Atmosphäre nach und setzte sie Blitzen aus. Innerhalb weniger Tage konnte er verschiedene organische Verbindungen nachweisen, die zu den Bausteinen von Lebewesen zählen. Man spricht bei der Entstehung dieser ersten Moleküle auf der Erde von der chemischen Evolution. Miller schloss daraus, dass das Meerwasser mit diesen organischen Verbindungen angereichert war und sich hier das erste Leben entwickeln konnte.

Schwarze Raucher • Heute geht man davon aus, dass heiße Quellen am Boden der Tiefsee eine Rolle bei der Entstehung des Lebens spielten. Dort dringt Wasser durch Risse in die Erdkruste ein, wo es erhitzt und mit Mineralstoffen angereichert wird. Dann wird das heiße Wasser durch Schlote wieder abgegeben und kühlt schnell ab. Dadurch fallen die Mineralstoffe aus, was wie Rauchwolken aussieht. → 1 Daher nennt man die heißen Quellen auch Schwarze Raucher. Man vermutet, dass sich die ersten organischen Verbindungen oder auch erste einfache Lebensformen unter diesen Bedingungen gebildet haben könnten. Einen Hinweis darauf liefern Bakterien, die heute noch an den heißen Quellen leben.

Das erste Leben ist wahrscheinlich in der Tiefsee entstanden.

Aufgabe

1 ☒ Erkläre die mögliche Bedeutung der heißen Quellen für die Evolution.

Material A

Das Miller-Experiment

1 ☒ Nenne die Frage, die Miller mit seinem Versuch klären wollte.

2 ☒ Beschreibe den Versuchsaufbau und die Versuchsdurchführung mithilfe von Bild 2.

3 ☒ Vergleiche die Bedingungen, die damals auf der Erde herrschten, mit den Bedingungen im Versuchsaufbau.

4 ☒ Erkläre anhand der Versuchsergebnisse die Bedeutung von Millers Versuch.

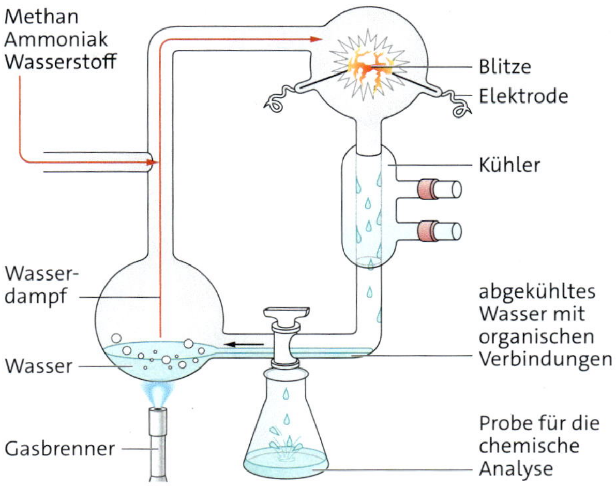

2 Versuchsaufbau des Miller-Experiments

Material B

Vorläufer der ersten Zellen

Die Vorläufer der ersten Zellen waren vermutlich einfache Strukturen aus Erbinformation, die von einer Hülle umschlossen waren. Bild 3 zeigt ein Labormodell zur Entstehung der Vorläuferzellen. Dabei spielen Fettsäuren eine Rolle, die nach Millers Experiment im Meerwasser vorhanden gewesen sein können.

1 ☒ Beschreibe den Aufbau eines Fettsäuremoleküls und seine Eigenschaften im Wasser. → 3 A

2 ☒ Erkläre, wie laut Labormodell die ersten Vorläuferzellen aus Fettsäuren im Meerwasser entstanden sein könnten. → 3 B

3 ☒ Stelle eine Vermutung dazu an, wie Erbinformation in die Vorläuferzellen gelangte.

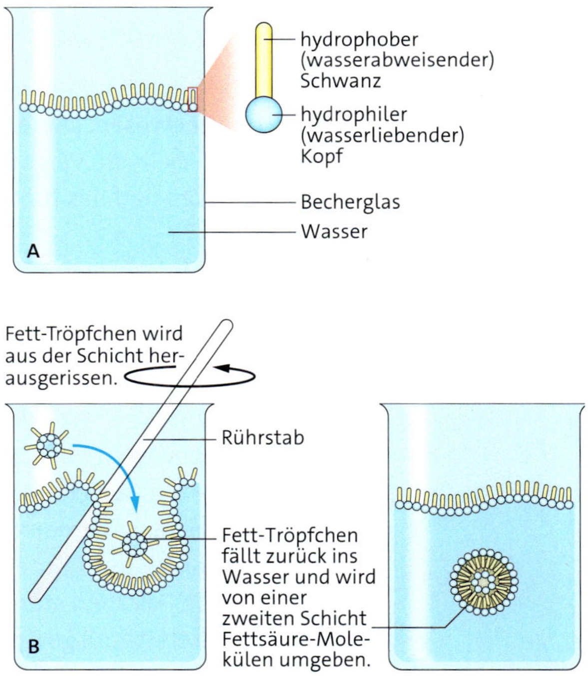

3 Modell zur Entstehung erster Vorläuferzellen

Fossilien – Spuren der Vergangenheit

1 Freilegung eines Fossils

In Steinbrüchen findet man Spuren früherer Lebewesen. Diese geben uns einen Einblick in die Vergangenheit der Erde. Was sind das für Spuren?

Fossilien • Überreste von Pflanzen und Tieren, die nach ihrem Tod erhalten geblieben sind, werden Fossilien genannt. Wissenschaftler untersuchen Fossilien, um die Entwicklung der Erde und der Lebewesen nachzuvollziehen. Sie erkennen, in welchem Erdzeitalter die Lebewesen vorkamen und wie sie sich über lange Zeiträume verändert haben. Viele Fossilien stammen von Arten, die bereits ausgestorben sind. Fossilien sind Beweise dafür, dass die Evolution stattgefunden hat.

Entstehung von Fossilien • Wenn ein Lebewesen stirbt, wird es von Mikroorganismen abgebaut, die Sauerstoff verbrauchen. Wenn der tote Körper jedoch von Sand, Schlamm oder Lava eingeschlossen wird, sodass er vor Sauerstoff geschützt ist, wird er nicht abgebaut, sondern bleibt erhalten. Weil auf dem Meeresgrund oft sauerstofffreie Bedingungen herrschen, stammen die meisten Fossilien von früheren Meereslebewesen, zum Beispiel von Trilobiten. → 2 Den Vorgang der Entstehung von Fossilien bezeichnet man als Fossilisation. Da hierfür ganz bestimmte Bedingungen herrschen müssen, ist die Fossilisation ein sehr seltenes Ereignis. Nur wenige Arten, die früher gelebt haben, sind als Fossilien überliefert.

Fossilformen • Je nach Vorgang der Fossilisation unterscheidet man verschiedene Fossilformen. Nachdem ein totes Lebewesen von Sand, Schlamm oder Lava überdeckt wurde, zerfallen zunächst die Weichteile. Harte Teile wie Knochen oder Zähne können hingegen erhalten bleiben. Sie werden unter dem Druck in ihrer Struktur verändert und zu Stein umgewandelt. Solche Fossilien bezeichnet man als Versteinerung. → 2 Wenn der Körper eines Lebewesens vollständig abgebaut wurde, kann der Abdruck im Schlamm erhalten bleiben. Abdrücke können aber auch von Lebewesen stammen, die zu dem Zeitpunkt noch lebendig waren. Ein Beispiel sind die Fußspuren von Sauriern. → 3

das Fossil
die Fossilisation
die Versteinerung
der Abdruck
das Leitfossil

Gesteinsschichten aus früheren Zeiten • Auf unserer Erdoberfläche lagern sich stetig lockere Materialien wie Sand oder Schlamm ab und verfestigen sich anschließend zu Gestein. Auf diese Weise sind über lange Zeiträume der Erdgeschichte verschiedene Gesteinsschichten entstanden. → 4 Schichten, die weiter unten liegen, sind älter als Schichten, die weiter oben liegen.

Leitfossilien • In manchen Gesteinsschichten findet man Fossilien von Pflanzen und Tieren, die nur kurze Zeit gelebt haben, aber in großer Zahl vorkamen und weit verbreitet waren. Man nennt sie Leitfossilien. Trilobiten sind zum Beispiel Leitfossilien des Erdaltertums. → 2 Ammoniten sind Leitfossilien des Erdmittelalters und Erdaltertums. → 4 In Gesteinsschichten, die in anderen Erdzeitaltern gebildet wurden, findet man diese Lebewesen nicht.

Altersbestimmung • Wissenschaftler ziehen Leitfossilien heran, um das Alter des Gesteins zu bestimmen. Gesteinsschichten von verschiedenen Orten auf der ganzen Welt mit den gleichen Leitfossilien haben ungefähr das gleiche Alter. Außerdem stammen alle Fossilien, die in derselben Gesteinsschicht gefunden werden, aus dem gleichen Erdzeitalter. Mit weiteren Verfahren werden Gesteinen und Fossilien die genauen Zeitangaben zugeordnet.

Fossilien sind Überreste von Tieren und Pflanzen, die vor langer Zeit gestorben sind.

2 Versteinerung eines Trilobiten

3 Fußspur eines Sauriers

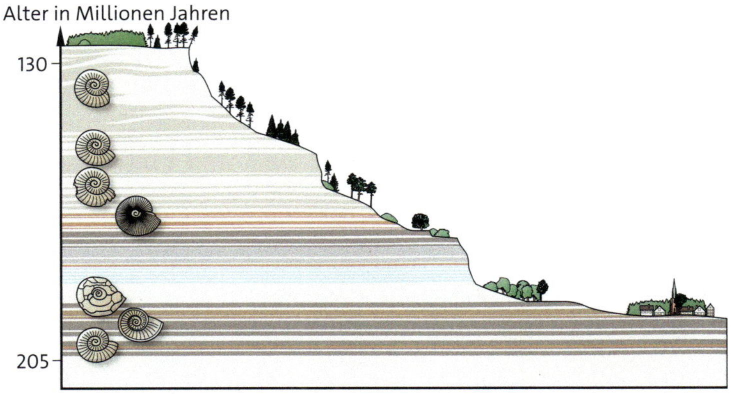

4 Ammoniten in verschiedenen Gesteinsschichten

Aufgaben

1 Erkläre, was Fossilien sind.

2 Erkläre die Bedeutung von Fossilien für die Wissenschaft.

3 Beschreibe die Bedingungen, die Fossilien erfüllen müssen, um als Leitfossilien eingestuft zu werden.

4 Erkläre die Bedeutung von Leitfossilien für die Altersbestimmung von Gesteinen und Fossilien aus derselben Schicht.

Fossilien – Spuren der Vergangenheit

Material A

Entstehung von Fossilien

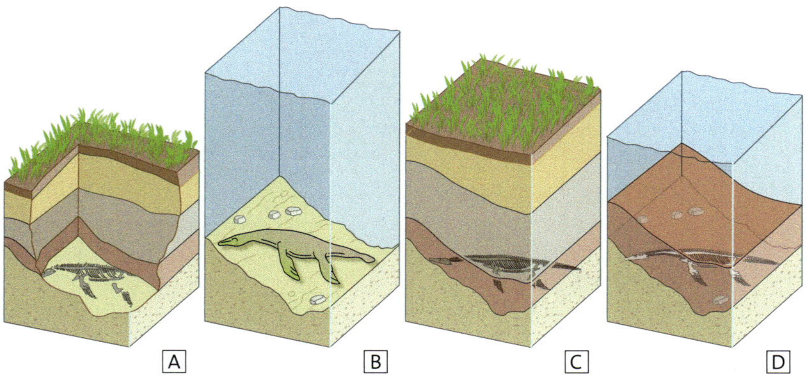

1 Entstehung von Fossilien

1 Ordne die Bilder A–D in der richtigen Reihenfolge.

2 Beschreibe die Entstehung des Fossils in Bild 1.

3 Begründe, warum es sich nicht um einen Abdruck handelt, sondern um eine Versteinerung.

4 Begründe, wieso Fossilien aus den tieferen Gesteinsschichten älter sind.

Material B

Leitfossilien

1 Gib Leitfossilien für die Zeitabschnitte Tertiär und Ordovizium an.

2 Stelle in einer Tabelle dar, in welchem Zeitabschnitt die Lebewesen jeweils als Leitfossilien gelten.

3 Erläutere an einem Beispiel, inwiefern Leitfossilien zur Altersbestimmung herangezogen werden.

4 Erkläre, wieso Trilobiten im Karbon vorkommen, aber keine Bedeutung als Leitfossilien haben.

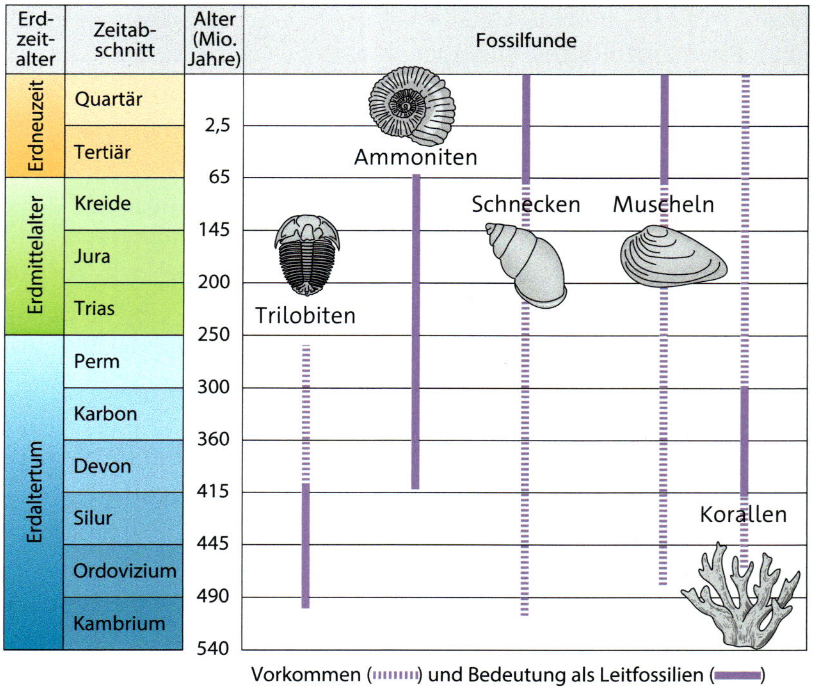

2 Vorkommen von Fossilien in unterschiedlich alten Gesteinsschichten

Material C

Fossilien sammeln und einordnen

Es gibt einige Orte, an denen man selbst nach Fossilien suchen kann. Dazu gehören zum Beispiel Steinbrüche. → 3 In vielen werden Exkursionen für Lernende angeboten. Dort kannst du deine Kenntnisse über Fossilien praktisch anwenden. Meist wirst du dort auch mit allem ausgestattet, was du für die Fossiliensuche brauchst. → 4B

Materialliste: feste Schuhe, Arbeitshandschuhe, Hammer, Meißel, Sammelbehälter, Lupe, Schreibmaterialien, Bestimmungsbücher, Schutzbrille, Helm

1 Setze die Schutzbrille auf und suche im Schutt des Steinbruchs. Schlage größere Steine mit dem Hammer auf. → 4B
Bewahre jedes Fundstück in dem Sammelbehälter auf.

Achtung • Halte dich unbedingt an die Anweisungen, die dir von den betreuenden Personen vor Ort gegeben werden.

3 Obernkirchener Sandsteinbruch

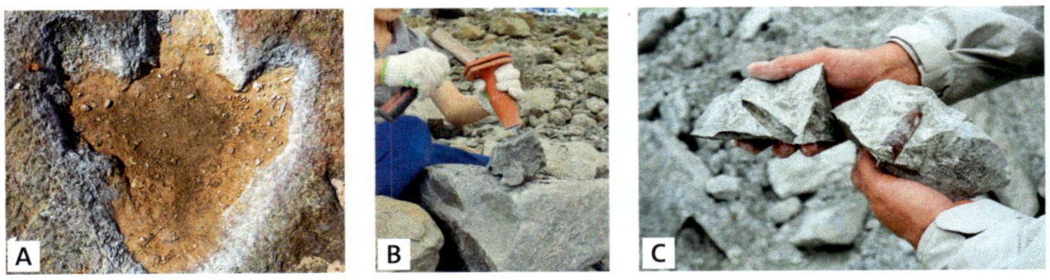

4 Versteinerter Fußabdruck eines Dinosauriers aus dem Obernkirchener Sandsteinbruch (A), Spalten eines Steins (B), verborgenes Fossil (C)

5 Fossil einer in Niedersachsen gefundenen ausgestorbenen Farnart

2 Wertet eure Funde gemeinsam in der Klasse aus.

a Bestimmt eure Fossilien mithilfe von Bestimmungsbüchern.

b Erstellt zu jedem Fundstück eine Beschriftungskarte. Nennt jeweils den Namen, den Ort und das Datum des Fundes sowie den Namen der Person, die das Fossil gefunden hat.

3 Bereitet gemeinsam eine Ausstellung vor, in der ihr alle eure Fundstücke präsentiert. Versucht dabei, die Fossilien entsprechend der Zeiten anzuordnen, in denen sie vorgekommen sind. Bild 2 aus Material B kann euch dabei helfen.

4 Stimmt begründet ab, welches das beste Fundstück ist.

Vom Wasser ans Land

1 Wirbeltiere: **A** Karpfen, **B** Kröte, **C** Schlange, **D** Wolf, **E** Amsel

Die Vorfahren der Wirbeltiere lebten im Wasser. Heute leben Wirbeltiere auch an Land. Wie erfolgte der Übergang vom Wasser ans Land?

Wirbeltiere • Alle Fische, Amphibien, Reptilien, Vögel und Säugetiere sind miteinander verwandt, denn sie haben einen gemeinsamen Vorfahren. Das erkennt man unter anderem an gemeinsamen Merkmalen wie der Wirbelsäule und den zwei Paar Gliedmaßen.

Vom Wasser ans Land • Die Vorfahren der Landwirbeltiere lebten vor mehr als 400 Millionen Jahren. Ihre Fossilien weisen fischtypische Merkmale auf. Das zeigt, dass sie im Wasser lebten. Durch Fossilfunde kann man nachvollziehen, dass aus ihnen später Wirbeltiere mit Angepasstheiten hervorgingen, die es möglich machten, das Wasser zeitweise zu verlassen. Noch später entwickelten sich Wirbeltiere, die dauerhaft an Land lebten. Den Übergang vom Leben im Wasser zum Leben an Land bezeichnet man als Landgang. Ein Grund für den Landgang war vermutlich das große Angebot an Nahrung durch die Pflanzen und wirbellosen Tiere, die sich schon früher an Land ausgebreitet haben.

Fische mit Lungen und starken Flossen • Zu den nahen Verwandten der ersten Landwirbeltiere zählen Fische, die an das Flachwasser angepasst waren. Sie besaßen nicht nur Kiemen, sondern auch einfach gebaute Lungen. → 2A 2B 2D 2E Über diese konnten sie atmen, indem sie an der Wasseroberfläche Luft schluckten. Zudem hatten sie muskulöse Flossen, mit denen sie sich über den Boden des Gewässers bewegen konnten. Wissenschaftler gehen davon aus, dass es über 100 Fischarten gab, die zeitweise an Land gingen. Daraus haben sie abgeleitet, dass die Landwirbeltiere nicht aus einem einzigen Vorfahren hervorgegangen sind, sondern dass der Landgang wahrscheinlich durch unterschiedliche Vertreter erfolgt ist.

Ur-Amphibien • Die Fossilien der ersten Amphibien weisen vier kurze, kräftige Gliedmaßen auf. → 2C Das zeigt, dass sie sich an Land fortbewegen konnten. Sie blieben aber zum Schutz der Haut und für die Eiablage auf das Wasser angewiesen, wie die heutigen Amphibien.

der Landgang

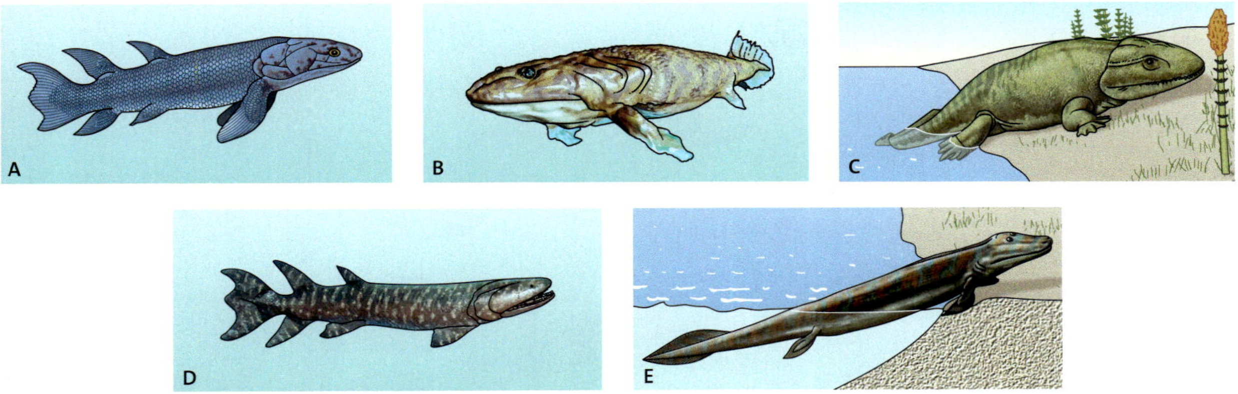

2 Verschiedene Vertreter der Wirbeltiere mit Angepasstheiten an Wasser und Land

Ur-Reptilien • Vor 370 Millionen Jahren traten die ersten Wirbeltiere auf, die dauerhaft an Land leben konnten. Ihre Haut war durch Hornschuppen vor dem Austrocknen geschützt. Sie legten Eier mit Schale, in denen sich ihre Nachkommen entwickelten. Dies ermöglichte die Fortpflanzung an Land. Diese Merkmale weisen die heutigen Reptilien auch auf.

Ur-Säugetiere • Die Fossilien der ersten Säugetiere sind ungefähr 275 Millionen Jahre alt. Die Säugetiere entwickelten sich aus einer Gruppe von Reptilien, die ausgestorben ist. Sie waren die ersten gleichwarmen Tiere mit einem Fell, das sie vor den wechselnden Temperaturen schützte. Außerdem wiesen sie eine neue Form der Fortpflanzung auf: Ihre Nachkommen entwickelten sich im Körper der Mutter und wurden nach der Geburt mit Milch gesäugt.

Ur-Vögel • Die Vorfahren der ersten Vögel waren wahrscheinlich kleine flugfähige Raubsaurier mit Federn. Die ältesten vogelähnlichen Fossilien sind ungefähr 180 Millionen Jahre alt. Sie zeigen mit den Flügeln und Federn sowie dem leichten Körperbau Angepasstheiten an den Lebensraum Luft, so wie die heutigen Vögel auch.

Die Evolution der Landwirbeltiere begann im Wasser. Verschiedene Angepasstheiten in der Atmung, Fortbewegung und Fortpflanzung ermöglichten den Landgang.

Aufgaben

1 ◪ Nenne die Wirbeltiergruppen in der Reihenfolge ihrer Entstehung.

2 ⊠ Beschreibe die Entwicklung der Wirbeltiere vom Leben im Wasser zum Leben an Land.

3 ⊠ Erläutere die verschiedenen Angepasstheiten, die für den Landgang der Wirbeltiere notwendig waren.

Vom Wasser ans Land

Material A

Landgang

Vor 360 Millionen Jahren gab es in den Meeren eine große Vielfalt an Fischarten, die an das Leben im Flachwasser angepasst waren. Sie besaßen Lungen und die Skelette ihrer Flossen waren den Skeletten der Gliedmaßen späterer Landwirbeltiere mehr oder weniger ähnlich. Wer die Vorfahren der ersten Landwirbeltiere waren, kann man nicht mit Sicherheit sagen. Das liegt daran, dass aus dem Übergangszeitraum kaum Fossilien vorhanden sind.

1 Nenne Angepasstheiten der drei Vertreter an das Leben im Wasser und an Land. → 2 – 4

2 Beschreibe den Aufbau und die wahrscheinlichen Funktionen der Vordergliedmaßen der drei Vertreter. → 1

3 Begründe anhand der Merkmale der drei Vertreter, ob die folgende Aussage stimmt oder nicht: Erste Angepasstheiten an das Leben an Land entwickelten sich, als die Wirbeltiere noch im Wasser lebten.

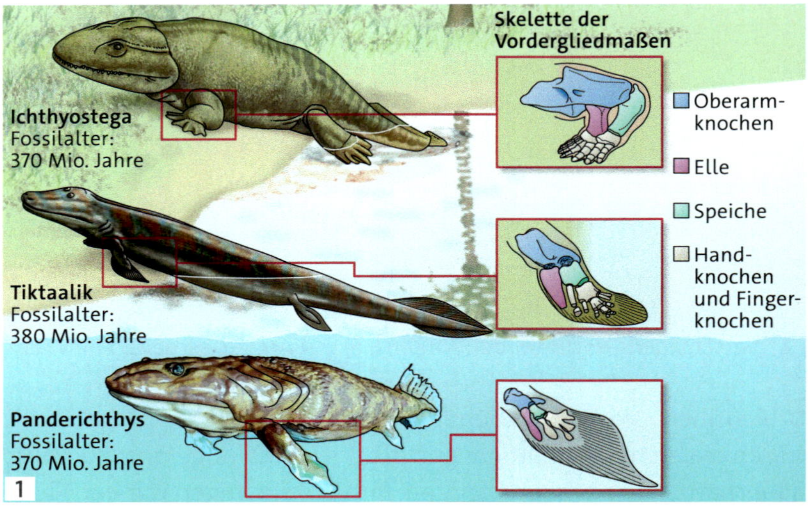

1

Ichthyostega Er verfügte über Merkmale der Fische, wie den stromlinienförmigen Körper, Schuppen und die Schwanzflosse, aber auch über Merkmale der heutigen Amphibien: Er hatte eine Lunge, aber keine Kiemen. Seine seitlich abgespreizten Gliedmaßen waren an einem Schulter- und Beckengürtel aufgehängt. Die Hintergliedmaßen waren paddelförmig. Die Vordergliedmaßen waren deutlich größer und kräftiger. Damit konnte er sich zeitweise an Land fortbewegen.

2

Tiktaalik Er besaß Flossen, Schuppen, Kiemen und eine einfache Lunge. Sein Hals, die Rippen und die Vordergliedmaßen sahen aber aus wie bei einem Landtier. Er konnte sich wahrscheinlich aufrichten, um den Kopf aus dem Wasser zu heben.

3

Panderichthys Das Skelett seiner Brustflossen ähnelte dem Skelett von Gliedmaßen. Auch Vorläufer von Fingerknochen und Zehenknochen waren vorhanden. Die Bauchflossen waren dagegen fischähnlich. Er hatte eine einfache Lunge und Kiemen sowie Schuppen.

4

Material B

5 Fossil eines Ur-Farns

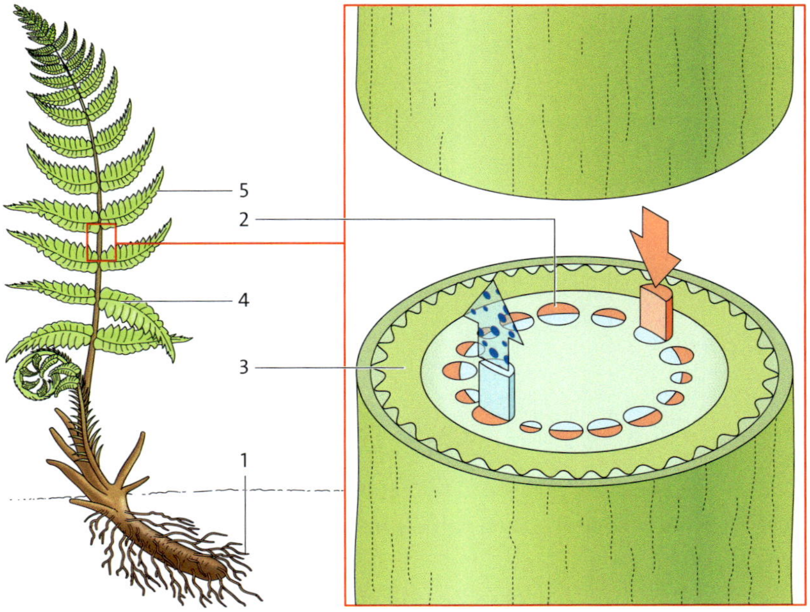

6 Bau einer Farn Pflanze

Pflanzen erobern das Land

Die ersten Pflanzen besiedelten das Land lange vor den Wirbeltieren. Die ältesten Fossilien sind über 470 Millionen Jahre alt. Die Landpflanzen stammen wahrscheinlich von Algen ab, die im Flachwasser lebten. Ihr Landgang setzte verschiedene Angepasstheiten voraus.

Angepasstheiten Mit ihren Wurzeln sind die Pflanzen im Boden verankert und nehmen Wasser und Mineralstoffe auf. Durch Leitgewebe werden Wasser und Mineralstoffe in der Pflanze verteilt. Stützgewebe halten die Pflanze aufrecht. Eine feine Wachsschicht auf den Laubblättern, die Kutikula, schützt die Pflanze vor Wasserverlust. Auf der Unterseite der Laubblätter befinden sich kleine Öffnungen, die Spaltöffnungen. Durch sie nimmt die Pflanze Kohlenstoffdioxid aus der Luft auf. Dieses benötigt sie für die Fotosynthese.

7 Angepasstheiten der Farne

1 Nenne Angepasstheiten von Pflanzen wie Farnen an das Leben an Land. → 7

2 Ordne den Nummern in Bild 6 die Angepasstheiten aus dem Text zu.

3 Wähle zwei Angepasstheiten aus und begründe, wieso sie bei den Umweltbedingungen an Land für die Pflanzen nützlich sind.

4 Erkläre, inwiefern der Landgang der Pflanzen eine wichtige Voraussetzung für den späteren Landgang der Wirbeltiere war. Bedenke, welche wichtige Bedeutung Pflanzen für Tiere haben.

Stammbäume zeigen die Verwandtschaft

1 Krokodil und Vogel – zwei nah verwandte Tiere

Krokodile und Vögel sehen völlig unterschiedlich aus. Trotzdem haben sie einige gemeinsame Merkmale. Was kann man daraus schließen?

Alle Wirbeltiere sind verwandt • Einige gemeinsame Merkmale aller Wirbeltiere sind ein Skelett aus Knochen mit Wirbelsäule und Rückenmark, zwei Paar Gliedmaßen, ein vom Schädelknochen umschlossenes Gehirn, ein in Kopf und Rumpf gegliederter Körper sowie ein geschlossenes Blutgefäßsystem. Diese Kombination von Merkmalen findet man nur bei den Wirbeltieren. Daraus schließt man, dass es einen Vorfahren gegeben hat, aus dem sich über viele Millionen Jahre alle Wirbeltiergruppen entwickelt haben. Weil es einen gemeinsamen Vorfahren gibt, sagt man, die Wirbeltiere sind miteinander verwandt.

Stammbaum • Wenn man die genauen verwandtschaftlichen Beziehungen von Lebewesen darstellen möchte, stellt man einen Stammbaum auf. → 2 Hierzu werden verschiedene Informationen benötigt. Zum einen vergleichen Forschende die Merkmale heute lebender Arten. Gemeinsame Merkmale können auf eine Verwandtschaft hinweisen. Zum anderen gelingt es oft, mithilfe von Fossilien die Entwicklung nachzuvollziehen. Heute nutzt man zusätzlich Methoden wie die Analyse der Erbinformationen. Je mehr Übereinstimmungen gefunden werden, desto näher sind Lebewesen miteinander verwandt.

Abzweigungen • Lebewesen zeichnen sich durch bestimmte Merkmale aus, die sich im Verlauf der Evolution entwickelt haben. Wenn ein neues Merkmal aufgetreten ist, wird dies im Stammbaum durch eine Abzweigung dargestellt. → 2 Alle nachfolgenden Lebewesen, die auch dieses Merkmal tragen, werden einer neuen Gruppe zugeordnet. Die Vertreter der Gruppe grenzen sich klar durch dieses neue Merkmal von ihrem Vorfahren ab. Sie haben aber auch noch ursprüngliche Merkmale mit ihm gemeinsam. Zum Beispiel haben Krokodile und Vögel zwei Paar Gliedmaßen, doch bei den Vögeln wurde ein Paar zu Flügeln umgebildet. Im Verlauf der Evolution entwickelten sich immer wieder neue Tiergruppen, sodass die Vielfalt größer wurde. Das erkennt man an neuen Abzweigungen im Stammbaum.

der Stammbaum
der letzte gemeinsame Vorfahre

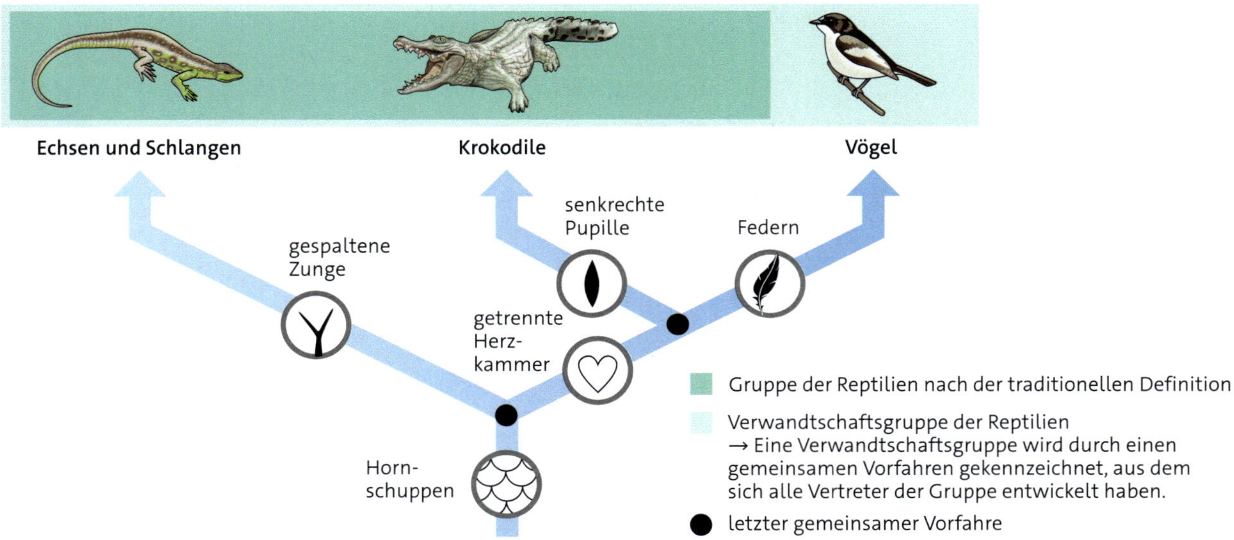

2 Ausschnitt aus dem Stammbaum der Landwirbeltiere

Letzter gemeinsamer Vorfahre • Wenn wir von Reptilien sprechen, meinen wir üblicherweise Krokodile, Echsen und Schlangen. Werden aber die verwandtschaftlichen Beziehungen im Stammbaum dargestellt, würden die Vögel theoretisch auch in diese Gruppe gehören. → 2 Alle Vertreter der Gruppe haben neu entwickelte Merkmale gemeinsam, sie weisen zum Beispiel alle Hornschuppen auf. Der Begriff Reptilien ist daher problematisch. Die Untergruppen zu benennen ist unproblematisch. Wie nah diese miteinander verwandt sind, erkennt man daran, wie lange die Existenz des letzten gemeinsamen Vorfahren zurückliegt. Bei den Vögeln und Krokodilen liegt der letzte gemeinsame Vorfahre nicht so lange zurück wie bei den Krokodilen, Echsen und Schlangen. Die Verwandtschaft zwischen Vögeln und Krokodilen ist daher enger als die Verwandtschaft zwischen Krokodilen, Echsen und Schlangen.

Lebewesen sind durch gemeinsame Vorfahren verbunden. Wie nah oder entfernt verschiedene Gruppen miteinander verwandt sind, wird in Stammbäumen gezeigt. Je kürzer die Existenz des letzten gemeinsamen Vorfahren zurückliegt, desto näher sind zwei Gruppen verwandt.

Aufgaben

1 Erkläre, was in Stammbäumen dargestellt wird.

2 Erkläre, woran man erkennt, dass die Vögel mit den Krokodilen verwandt sind. Dabei hilft dir der Stammbaum in Bild 2.

Stammbäume zeigen die Verwandtschaft

Material A

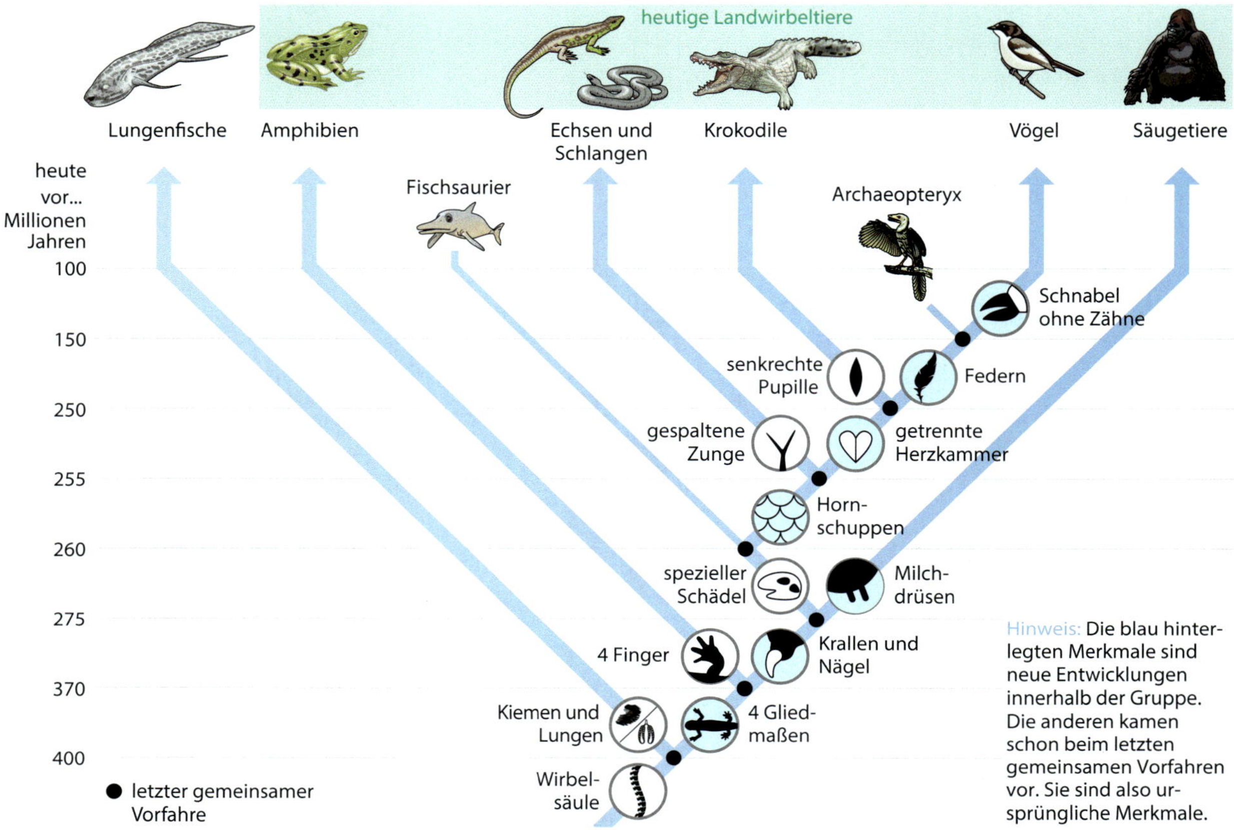

1 Vereinfachte Darstellung des Stammbaums der Landwirbeltiere

Landwirbeltiere

1 Landwirbeltiere → 1

a Gib die im Stammbaum angezeigten Tiergruppen in der Reihenfolge ihrer Entwicklung an.

b Ordne das Vorkommen der jeweils ersten Vertreter ungefähr zeitlich ein.

c Gib die neuen Merkmale an, durch die sich die Gruppen jeweils auszeichnen.

2 Erkläre, was es bedeutet, dass die Krokodile und die Vögel im Stammbaum näher zusammenstehen als die Vögel und Amphibien.

3 Beschreibe die Evolution der Landwirbeltiere anhand des Stammbaums. Beginne bei den Amphibien und gib an, welche Tiergruppen sich jeweils aus gemeinsamen Vorfahren entwickelten.

4 Begründe, weshalb die Abzweigungen zu den Landwirbeltiergruppen als Pfeile dargestellt sind und die Abzweigungen der Fischsaurier und des Archaeopteryx nicht.

5 Erkläre, welche allgemeingültigen Aussagen man auf der Grundlage eines Stammbaums über die Evolution von Lebewesen machen kann.

Material B

Stammbäume sind Hypothesen

Kinder ordnen Tiere oft nach ihren Lebensräumen. Für sie sind Tiere im Wasser Fische und Tiere in der Luft Vögel. Biologen ordnen Tiere unter anderem nach gemeinsamen körperlichen Merkmalen in Gruppen ein. Wenn diese auf einen gemeinsamen Vorfahren zurückgeführt werden können, ist das ein Beleg für die Verwandtschaft. Diese wird in Stammbäumen dargestellt. Jeder Stammbaum ist eine Hypothese. Häufig gibt es mehrere Möglichkeiten, die Gruppen im Stammbaum zu ordnen. Dann gilt: Die einfachste Hypothese ist die wahrscheinlichste. Das besagt das Sparsamkeitsprinzip. → 4

1 Gib an, anhand welcher Informationen Stammbäume aufgestellt werden.

2 Erkläre, welche Tiere gemäß Stammbaum A und B jeweils näher miteinander verwandt sind. → 2

3 Ordne die Vorstellung der Kinder einem der Stammbäume zu. Begründe deine Zuordnung.

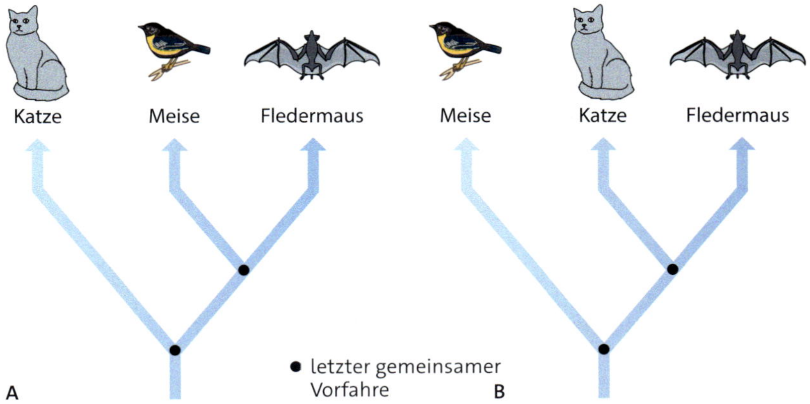

2 Stammbaum-Hypothesen

Katze	–	Plazenta	Milchdrüsen	echte Haare
Meise	Flügel	–	–	–
Fledermaus	Flügel	Plazenta	Milchdrüsen	echte Haare

3 Merkmale von Katze, Meise und Fledermaus

4 Übertrage die beiden Stammbäume in dein Heft.

5 Trage die Merkmale aus der Tabelle an den jeweils passenden Abzweigungen im Stammbaum ein. → 3

6 Bestimme die Anzahl der Merkmalsänderungen, die für die Entwicklung der Tiere in den beiden Stammbäumen erfolgt sein muss.

7 Leite unterschiedliche Aussagen zur Entwicklung der Flugfähigkeit von Meise und Fledermaus aus den beiden Stammbäumen ab.

Das **Sparsamkeitsprinzip** besagt, dass der Stammbaum die Entwicklung der betrachteten Gruppen am wahrscheinlichsten abbildet, der die wenigsten Merkmalsänderungen voraussetzt. Es gilt als wahrscheinlicher, dass sich neue Merkmale einmal entwickelten, als dass sie mehrfach bei verschiedenen Gruppen auftraten.

4

8 Beurteile, welcher der Stammbäume der wahrscheinlichere ist. Begründe dies anhand des Sparsamkeitsprinzips. → 4

Belege für die Evolution

1 Was haben Arme und Flügel gemeinsam?

Der Arm des Menschen und der Flügel der Taube unterscheiden sich im Aussehen und auch in der Funktion: Wir können nicht fliegen und die Taube kann mit ihren Flügeln nicht greifen. Gibt es trotzdem Ähnlichkeiten?

Gemeinsame Merkmale • Miteinander verwandte Gruppen von Lebewesen gehen stets auf einen gemeinsamen Vorfahren zurück. Sie unterscheiden sich von ihrem Vorfahren durch Merkmale, die sich bei ihnen neu entwickelt haben.
Der Mensch und die Taube haben auch einen gemeinsamen Vorfahren. Dieser besaß schon vier Gliedmaßen. Dieses Merkmal haben alle an Land lebenden Wirbeltiere gemeinsam.
In der Gruppe der Vögel hat sich das vordere Paar jedoch zu Flügeln entwickelt. Dieses neu gebildete Merkmal haben alle Vögel gemeinsam.

Homologien • Die Gliedmaßen aller Landwirbeltiere gehen auf einen letzten gemeinsamen Vorfahren zurück. Dieser hatte schon Gliedmaßen, die einen grundsätzlich ähnlichen Aufbau hatten wie die der Nachfahren. Man sagt, die Gliedmaßen haben den gleichen Grundbauplan. Solche Merkmale nennt man Homologien. Sie sind ein Beleg für die Verwandtschaft von Lebewesen. Die Vordergliedmaßen des Menschen, des Hundes, des Vogels und des Wals sind also homolog, obwohl sie sich in ihren Funktionen unterscheiden. → 2

Analogien • Die Grabhände des Maulwurfs und die Grabbeine der Maulwurfsgrille sehen sich ähnlich. → 3 4 Zudem haben sie eine ähnliche Funktion. Beide Arten nutzen ihre Gliedmaßen zum Graben. Die Grundbaupläne sind aber verschieden.

der **Grundbauplan**
die **Homologie**
die **Analogie**

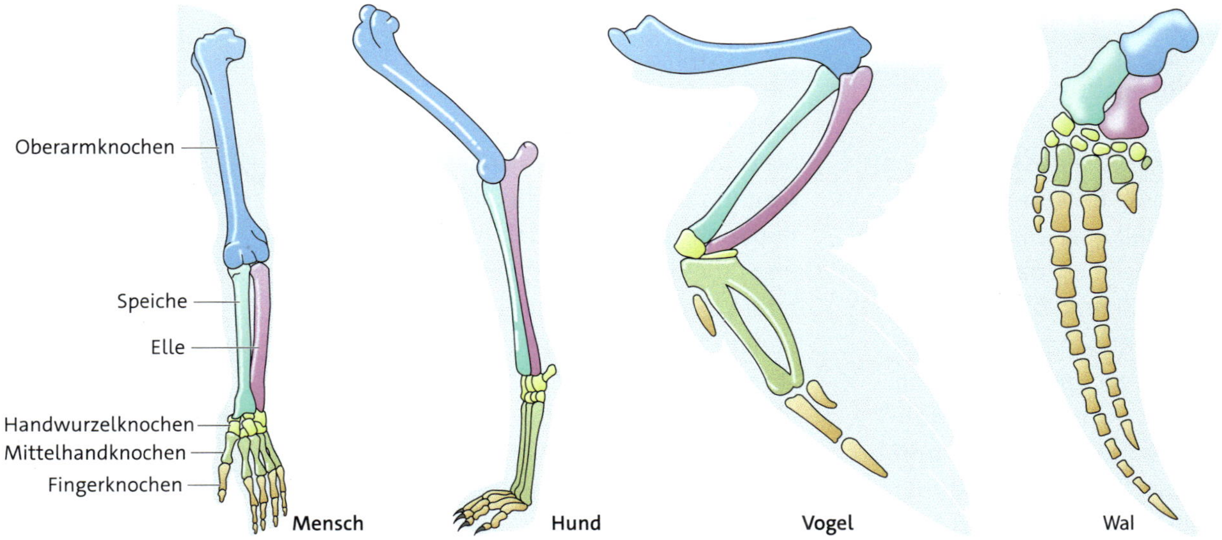

2 Vordergliedmaßen von Wirbeltieren

Die Grabhände des Maulwurfs sind aus Knochen aufgebaut, die Grabbeine der Maulwurfsgrille hingegen nicht. Die Körperteile sehen sich ähnlich und haben die gleiche Funktion, aber ihre Grundbaupläne sind verschieden. Solche Körperteile nennt man Analogien. Sie sind keine Belege für Verwandtschaft von Lebewesen.
Analogien lassen sich darauf zurückführen, dass verschiedene Arten an ähnliche Umweltbedingungen ähnlich angepasst sind.

Homologe Körperteile weisen einen gleichen Grundbauplan auf, unterscheiden sich aber in ihrer Gestalt und Funktion. Sie sind ein Beleg für Verwandtschaft. Analoge Körperteile ähneln sich in der Gestalt und Funktion, haben aber verschiedene Grundbaupläne. Sie entstehen durch die Angepasstheit von Arten.

3 Maulwurf mit Grabhänden

4 Maulfwurfsgrille mit Grabbeinen

Aufgaben

1 Nenne einen Beleg für die Verwandtschaft von Lebewesen.

2 Erläutere den Unterschied zwischen Homologien und Analogien.

Belege für die Evolution

Material A

Rudimente

Das Skelett eines Wals enthält Reste von Becken- und Oberschenkelknochen. → 1 Das ist erstaunlich, da Wale keine Hintergliedmaßen besitzen. Bei den Knochen handelt es sich um rückgebildete Gliedmaßen, die bei ihren Vorfahren noch ausgebildet waren. Solche Überreste nennt man Rudimente. Die Körperteile haben ihre Funktion im Laufe der Evolution teilweise oder völlig verloren. Die Vorfahren der Wale lebten an Land. Sie haben sich später den Lebensraum Meer erschlossen. Sie brauchten dort zur Fortbewegung keine Hintergliedmaßen mehr. Daher wurden diese nicht mehr vollständig ausgebildet. Anhand von Fossilfunden und genetischen Analysen kann man mittlerweile nachvollziehen, wie die Vorfahren wohl ausgesehen haben. Sie ähnelten dem Indohyus. → 3 Er ist nahe verwandt mit den heute lebenden Walen. Das Huftier lebte an Land. Es ging aber häufig auch ins Wasser.

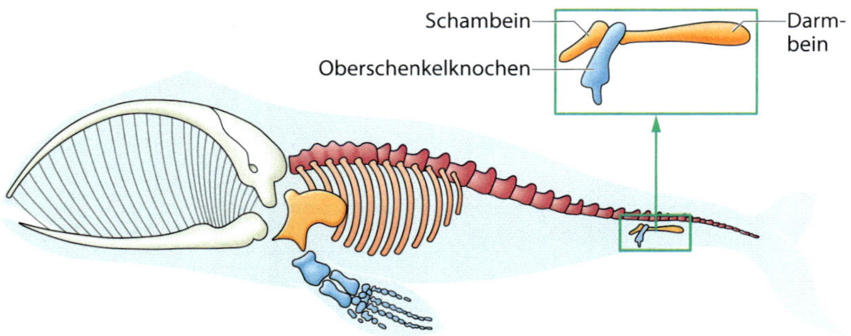

1 Skelett eines Wals

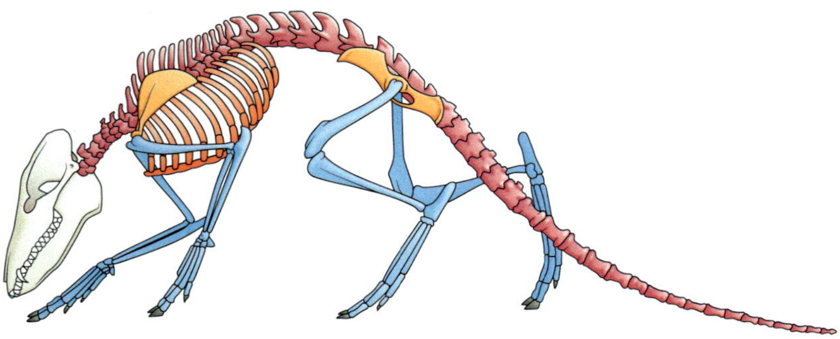

2 Skelett von Indohyus

3 So sah Indohyus wohl aus.

1 ☒ Vergleiche den Körperbau von Indohyus mit dem des Wals. Nutze dafür die Bilder 1 und 2.

2 ☒ Ziehe vom Körperbau des Indohyus und des Wals Rückschlüsse auf die unterschiedliche Lebensweise der beiden.

3 ☒ Erkläre, warum man anhand der rudimentären Knochen der Wale erkennen kann, dass sie eng mit Indohyus verwandt sind.

4 ☒ Der Wal ist nicht direkt aus dem Indohyus entstanden. Im Laufe der Evolution traten Zwischenformen auf, die wieder ausgestorben sind. Überlege, wie sich die Hintergliedmaßen bei ihnen verändert haben.

5 ☒ Beschreibe, wie die Evolution der Wale verlaufen ist. Nutze dafür die Begriffe Vorfahren, Lebensraum, Fortbewegung, Funktion und veränderte Merkmale.

Material B

Wirbeltiergliedmaßen

1 In Bild 5 sind verschiedene Vordergliedmaßen von Wirbeltieren dargestellt.

a Benenne die mit 1–6 gekennzeichneten Teile des Grundbauplans.

b Ordne die Gliedmaßen A–D einem Delfin, einem Schimpansen, einer Fledermaus und einem Pferd zu.

c Begründe anhand zweier Beispiele die Aussage: Die Vordergliedmaßen veränderten sich als Angepasstheit an den Lebensraum.

2 Bild 4 zeigt die Brustflosse einer Forelle.

a Vergleiche die Brustflosse der Forelle mit einem Tier, das eine ähnliche Angepasstheit zeigt. → 5

b Entscheide, ob es sich dabei um eine Homologie oder eine Analogie handelt. Begründe deine Entscheidung.

4

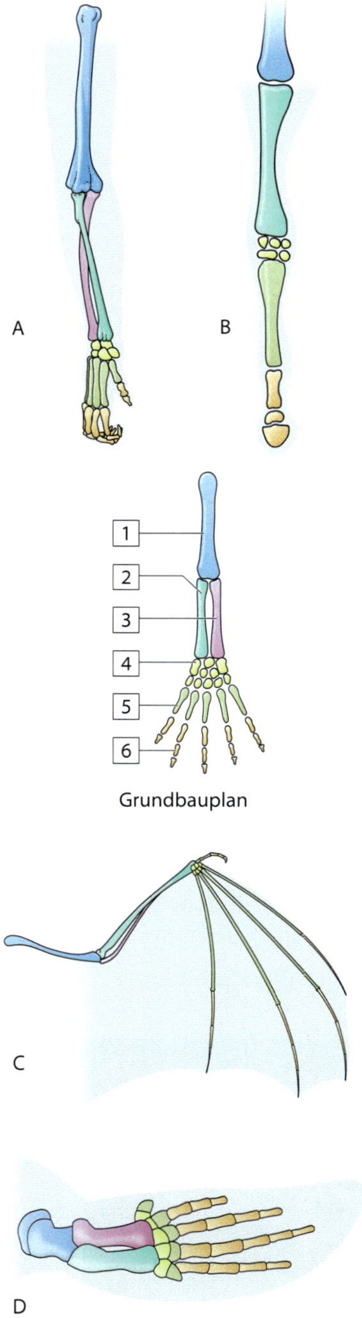

5 Vordergliedmaßen

Material C

Atavismus

Manchmal treten bei Individuen Merkmale auf, die eigentlich nur bei ihren Vorfahren vorkamen. So einen Rückfall bezeichnet man als Atavismus. Dieser zeigt, dass die Gene für die ursprünglichen Merkmale heute noch vorhanden sind. Bei Delfinen und Walen kommt es in sehr seltenen Fällen noch zur Ausbildung der hinteren Gliedmaßen. → 6

1 Delfine haben an Land lebende Vorfahren. Sie sind nach ihnen wieder in den Lebensraum Meer zurückgekehrt.
Begründe diese Aussagen.

6

Archaeopteryx – eine Mosaikform

1 Fossil von Archaeopteryx

Archaeopteryx lebte vor 150 Millionen Jahren. Sein versteinertes Skelett fasziniert Forschende bis heute. Worin liegt die Bedeutung dieses Fossils?

Archaeopteryx • Den ersten Abdruck einer Feder entdeckte man 1860 in Bayern. Dies war der erdgeschichtlich älteste Nachweis von Federn. Später fand man ein versteinertes Skelett. → 1 Es wies vogelhafte Merkmale wie Federn und Flügel auf, aber auch saurierhafte Merkmale wie Zähne, Krallen und einen langen Schwanz.

2 Schnabeltier

Dies belegt eine enge Verwandtschaft mit den heute lebenden Vögeln und den längst ausgestorbenen Sauriern. Man nannte das Tier Archaeopteryx.

Mosaikformen • Tiere, die sowohl Merkmale einer älteren Tiergruppe aufweisen als auch Merkmale, die erstmals in der neuen Tiergruppe auftreten, sind ein Beleg für die Evolution. Sie sind Bindeglieder zwischen den Tiergruppen und bezeugen, dass die jüngere Tiergruppe aus der älteren Tiergruppe hervorgegangen ist. Man bezeichnet die Tiere als Mosaikformen.

Lebende Mosaikformen • Auch das in Australien vorkommende Schnabeltier gilt als Mosaikform. Es legt Eier und hat eine Kloake. Diese Merkmale besaß schon sein Vorfahre, der zu den Reptilien gehörte. Wie die später entstandenen Säugetiere ist es aber gleichwarm, besitzt ein Fell und ernährt seine Jungtiere mit Milch.

Mosaikformen besitzen Merkmale älterer und jüngerer Tiergruppen und belegen somit die enge Verwandtschaft dieser Gruppen.

Aufgaben

1 Erkläre, was man unter Mosaikformen versteht.

2 Erläutere an einem Beispiel, weshalb Mosaikformen als Belege für die Evolution gelten.

der Archaeopteryx
die Mosaikform

Material A

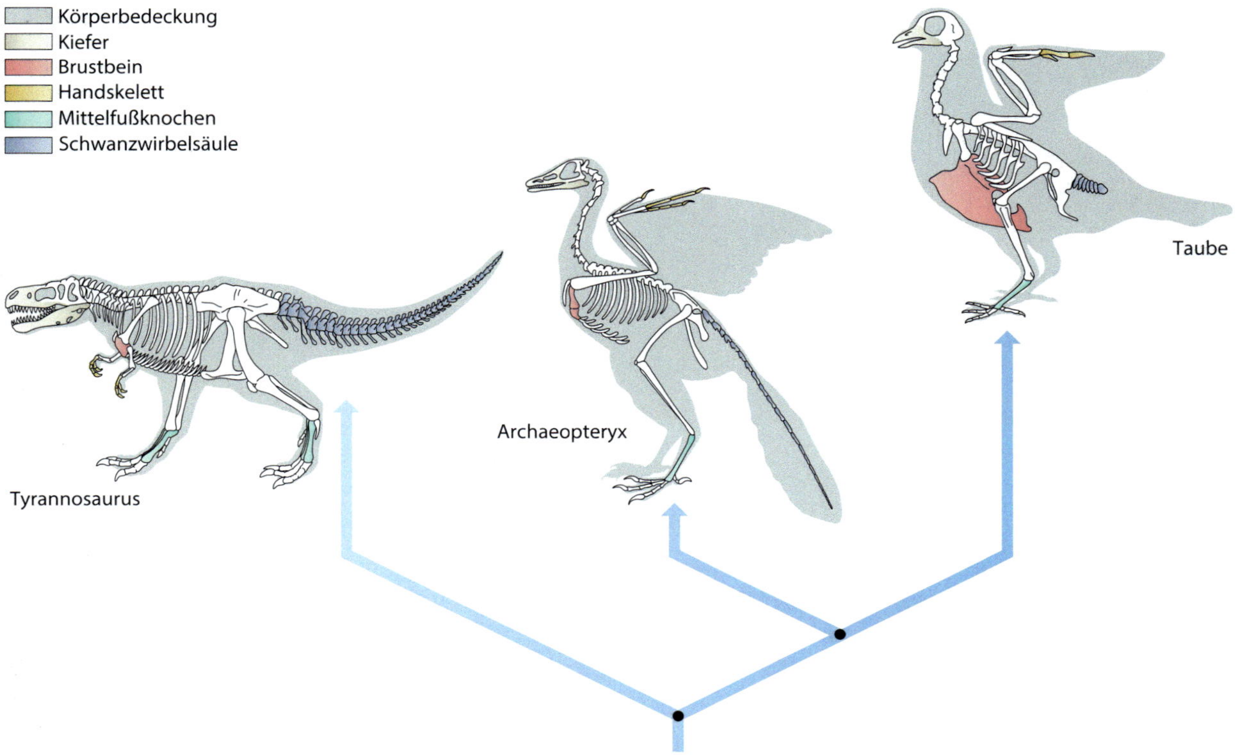

3 Stammbaum und Skelette von Tyrannosaurus, Taube und Archaeopteryx

Saurier oder Vogel?

Die heute lebenden Vögel, der Archaeopteryx und die ausgestorbenen Saurier haben gemeinsame Vorfahren. Diese besaßen eine lange Schwanzwirbelsäule, massive Knochen, ein kleines Brustbein und einen massiven Kiefer mit vielen Zähne. Ihre Körper waren mit Hornschuppen bedeckt. In der Evolution der Vögel haben sich diese Merkmale deutlich verändert.

1 Beschreibe die Vorfahren der Vögel und Saurier.

2 Beschreibe die verwandtschaftliche Beziehung von Tyrannosaurus, Archaeopteryx und Taube anhand des Stammbaums. → 3

3 Vergleiche die Skelette des Tyrannosaurus, des Archaeopteryx und der Taube im Hinblick auf die farbig markierten Merkmale. → 3 Erstelle dazu eine Tabelle.

4 Nenne die Merkmale von Archaeopteryx, die typisch für Saurier oder Vögel sind.

5 Erläutere anhand der Merkmale, weshalb man den Archaeopteryx als Mosaikform bezeichnet.

6 Zähle die Merkmale auf, die sich erstmals bei dem gemeinsamen Vorfahren des Archaeopteryx und der heute lebenden Vögel entwickelt haben.

Die Evolution schafft Vielfalt

1 Marienkäfer einer Art

Marienkäfer können unterschiedlich aussehen, obwohl sie zur gleichen Art gehören. Wie entstehen die Unterschiede und welche Bedeutung haben sie für die Evolution der Marienkäfer?

Variabilität • Die Nachkommen einer Generation Marienkäfer sehen unterschiedlich aus. Das Vorhandensein von Unterschieden zwischen Individuen der gleichen Art bezeichnet man als Variabilität. Es gibt dafür zwei verschiedene Ursachen: die Vererbung und Einflüsse aus der Umwelt.

2 Eichhörnchen: **A** normale Färbung, **B** Albino

Die Flügelfarbe von Marienkäfern wird durch die Erbinformation festgelegt und durch die Temperatur während der Eireifung sowie die Nahrung beeinflusst. Nur Merkmale, die auf der Vererbung von Genen beruhen, haben eine Bedeutung für die Evolution von Lebewesen. Die erblich bedingte Variabilität beruht auf der Rekombination und auf Mutationen.

Rekombination • Bei der Bildung der Eizellen und Spermienzellen sowie bei der Befruchtung werden die Gene der beiden Elternteile neu kombiniert. Den Vorgang nennt man Rekombination. So kommt es, dass die Marienkäfer-Nachkommen eines Elternpaars unterschiedliche Farben und Muster der Flügeldecken aufweisen. Die Nachkommen sehen den Eltern zwar ähnlich, sie sind aber nicht identisch mit ihnen. Somit trägt die Rekombination zur genetischen Vielfalt bei.

Mutationen • Zufällige Veränderungen der Erbinformation heißen Mutationen. Wenn sie in den Geschlechtszellen auftreten, können sie vererbt werden und bei den Nachkommen zur Ausprägung neuer Merkmale führen. Die neuen Merkmale sind für ein Lebewesen nachteilig, wenn es dadurch schlechter an die Bedingungen seiner Umwelt angepasst ist. Ein weißes Eichhörnchen ist in seinem Lebensraum zum Beispiel schlechter getarnt. → 2 Mutationen können aber auch zufällig zur besseren Angepasstheit führen. In jedem Fall erhöhen sie die genetische Vielfalt.

die **Variabilität**
die **Rekombination**
die **Mutation**
die **Selektion**
die **Fitness**

Selektion • Es hängt von den Umweltbedingungen ab, ob ein neues Merkmal vorteilhaft für ein Lebewesen ist. Auf einem dunklen Untergrund sind dunkel gefärbte Käfer besser getarnt und haben daher größere Überlebenschancen. → 3 Auf einem hellen Untergrund haben dagegen hell gefärbte Käfer größere Überlebenschancen. Diese Auslese durch die Umwelt bezeichnet man als natürliche Selektion. Lebewesen, die aufgrund ihrer Merkmale weniger lange überleben, bringen weniger Nachkommen hervor. Besser angepasste Lebewesen überleben dagegen länger und können sich in dieser Zeit fortpflanzen. Dabei vererben sie ihre Gene an ihre Nachkommen. Deshalb gibt es in der nächsten Generation mehr Lebewesen mit vorteilhaften Merkmalen und weniger Lebewesen mit nachteiligen Merkmalen. So führt die Selektion zur Angepasstheit an die jeweiligen Umweltbedingungen.

Fitness • Man sagt, ein Lebewesen, das mehr Nachkommen zeugt und damit seine Gene häufiger an die nächste Generation vererbt, hat eine höhere Fitness. Der Begriff Fitness bezieht sich in diesem Zusammenhang auf den Fortpflanzungserfolg und hat nichts mit Sportlichkeit zu tun.
Zu den Umweltfaktoren, die einen Einfluss auf die Fitness eines Lebewesens haben, zählen die Gefahr durch Fressfeinde, Konkurrenz um Nahrung oder Paarungspartner sowie klimatische Verhältnisse. Man fasst sie unter dem Begriff Selektionsfaktoren zusammen.

3 Selektion bei unterschiedlich gefärbten Käfern

Rekombination und Mutationen führen zu Variabilität. Besser angepasste Lebewesen überleben länger und bringen daher mehr Nachkommen hervor.

Aufgaben

1 Gib an, was man unter dem Begriff Variabilität versteht.

2 Beschreibe, wie Rekombination und Mutation die genetische Vielfalt erhöhen.

3 Erläutere mithilfe von Bild 3, was man unter Selektion versteht.

4 Nimm Stellung zu der Aussage: „Nur die stärksten Lebewesen überleben und pflanzen sich fort. Sie haben eine höhere Fitness.“

Die Evolution schafft Vielfalt

Material A

Variabilität

Stare sind Vögel, die Schwärme aus Tausenden Tieren bilden. Aus der Ferne sehen sie sich sehr ähnlich, doch es gibt Unterschiede, zum Beispiel in der Körpergröße und Färbung.

1 ◪ Gib Unterschiede bei den Staren eines Schwarms an.

2 ⊠ Erläutere den Begriff Variabilität an diesem Beispiel.

3 ⊠ Beschreibe die beiden Ursachen der Variabilität.

1

Material B

Auslese durch die Umwelt

Viele Raubtiere erbeuten Mäuse. Wie wirkt sich dies über mehrere Generationen auf die Merkmale in einer Gruppe von Mäusen aus?

1 ◪ Beschreibe die in Bild 2 dargestellte Beziehung zwischen dem Greifvogel und den Mäusen.

2 ◪ Beschreibe, welche Veränderung in der Gruppe der Mäuse erkennbar ist.

3 ⊠ Erkläre, wodurch die Veränderung in der Gruppe der Mäuse bewirkt wird.

4 ⊠ Erläutere die Fachbegriffe Selektion und Selektionsfaktor am vorliegenden Beispiel.

5 ⊠ Begründe anhand des Beispiels, dass die Selektion zur Angepasstheit führt.

6 ⊠ Stelle Hypothesen zur weiteren Entwicklung der Mäusegruppe auf.

7 ⊠ Erkläre, inwiefern das dargestellte Beispiel nur ein stark vereinfachter Ausschnitt der Wirklichkeit ist.

2 Selektion führt zu Veränderungen.

Material C

Selektion im Spiel

3 Spielaufbau

In einem Modellversuch kann man die Wirkung der Selektion nachstellen. Spielt das Spiel in Gruppen zu fünft. Eine Person leitet das Spiel, die anderen vier Personen spielen.

Materialliste:
bunte Tapete oder bunter Stoff (ca. 50 cm × 50 cm), 100 Spielsteine in fünf verschiedenen Farben (20 Spielsteine pro Farbe) (Alternative: Fäden in 10 cm Länge geschnitten)

1 Breitet die Tapete oder den Stoff auf einem Tisch aus. Die vier Spieler stellen sich mit dem Rücken zum Tisch, sodass sie die Fläche nicht sehen. Der Spielleiter verteilt die 100 Spielsteine auf der Fläche.

2 Auf das Kommando des Spielleiters drehen sich die Spieler um. Jeder sammelt so schnell wie möglich 20 Spielsteine auf. → 3 Steht dabei aufrecht, nehmt jeden Spielstein einzeln auf, nutzt die ganze Fläche und stört euch nicht gegenseitig. Sortiert die gesammelten Spielsteine nach Farbe und legt sie weg.

3 Nehmt die verbliebenen Spielsteine von der Fläche. Ordnet sie nach Farben und notiert das Ergebnis in einer Tabelle.

4 Fügt zu jedem verbliebenen Spielstein vier Spielsteine der gleichen Farbe hinzu. Der Spielleiter mischt die 100 Spielsteine und verteilt sie erneut auf der Fläche.

5 Wiederholt das Spiel. Notiert das Ergebnis in der Tabelle.

6 ☒ Beschreibt das Ergebnis.

7 ☒ Vergleicht das Spiel mit den Vorgängen in der Natur. Legt eine Tabelle mit den folgenden Aspekten an: Spielsteine, verschiedene Farben der Spielsteine, Tapete bzw. Stoff, Spieler, Einsammeln der Spielsteine, Zugabe neuer Spielsteine. Ordnet die dazu passenden Aspekte der Natur zu.

8 ☒ Beurteilt, wie das Spiel die Wirklichkeit abbildet und wie es davon abweicht.

9 ☒ Stelle eine Hypothese zum Ergebnis des Spiels auf, wenn der Untergrund ein anderes Muster hätte.

Farbe der Spielsteine	Anzahl der Spielsteine zu Beginn	Anzahl der Spielsteine nach 1. Durchgang	Anzahl der Spielsteine nach 2. Durchgang
…	20	?	?

Wie neue Arten entstehen

1 Grünspecht

2 Grauspecht

Grünspecht und Grauspecht sind zwei heimische Spechtarten. Sie haben viele Gemeinsamkeiten und kommen im selben Lebensraum vor. Warum sind sie sich so ähnlich und wie sind ihre Unterschiede zu erklären?

Art und Population • Biologen zählen zu einer Art alle Individuen, die sich anhand ihrer Merkmale abgrenzen lassen, die sich unter natürlichen Bedingungen miteinander paaren können und fruchtbare Nachkommen hervorbringen. Die Individuen einer Art, die gleichzeitig im selben Gebiet leben und sich somit untereinander fortpflanzen können, gehören zu einer Fortpflanzungsgemeinschaft oder auch Population. Die Gesamtheit der Gene innerhalb einer Population nennt man Genpool.

Isolation • Der Grünspecht und der Grauspecht haben einen gemeinsamen Vorfahren. In der Eiszeit wurde eine Population der Ursprungsart durch Eismassen räumlich getrennt, sodass zwei Teilpopulationen entstanden. → 3
Die Individuen konnten sich über einen langen Zeitraum nur innerhalb der Teilpopulationen fortpflanzen. Man nennt dies Isolation. Somit sind zwei getrennte Genpools entstanden.
In den beiden Teilpopulationen traten durch Rekombination und Mutationen neue Merkmale auf, die sich durch die Selektion je nach Umweltbedingungen über mehrere Generationen immer weiter ausbreiteten oder wieder verschwanden. Dadurch veränderten sich die Genpools der Teilpopulationen unterschiedlich, ihre Evolution verlief also unterschiedlich.

die **Art**
die **Population**
der **Genpool**
die **Isolation**

Als Individuen der Teilpopulationen nach mehreren 10 000 Jahren wieder aufeinandertrafen, waren die Unterschiede zwischen ihnen so groß, dass sie sich nicht mehr miteinander fortpflanzten. Damit haben sich aus einer Ursprungsart die beiden Arten Grauspecht und Grünspecht entwickelt. Der Vorgang der Artbildung als Folge der räumlichen Trennung von Teilpopulationen ist auf andere Beispiele übertragbar. Er führt dazu, dass sich die Vielfalt der Arten erhöht.

Formen der Isolation • Zur Artbildung müssen Populationen nicht unbedingt räumlich getrennt sein. Es kommt auch vor, dass sich Individuen nicht mehr miteinander fortpflanzen, weil sie unterschiedliche Verhaltensweisen entwickelt haben. Das können zum Beispiel Unterschiede bei Balzritualen sein. Auch unterschiedliche Aktivitätszeiten können eine Vermischung der Genpools von Individuen innerhalb einer Population verhindern.

Teilpopulationen können sich zu neuen Arten entwickeln, wenn ihre Genpools für einen langen Zeitraum voneinander getrennt waren.

Aufgaben

1 Erkläre die Fachbegriffe Art, Population und Genpool.

2 Erläutere den Vorgang der Artbildung anhand der Spechte. → 3

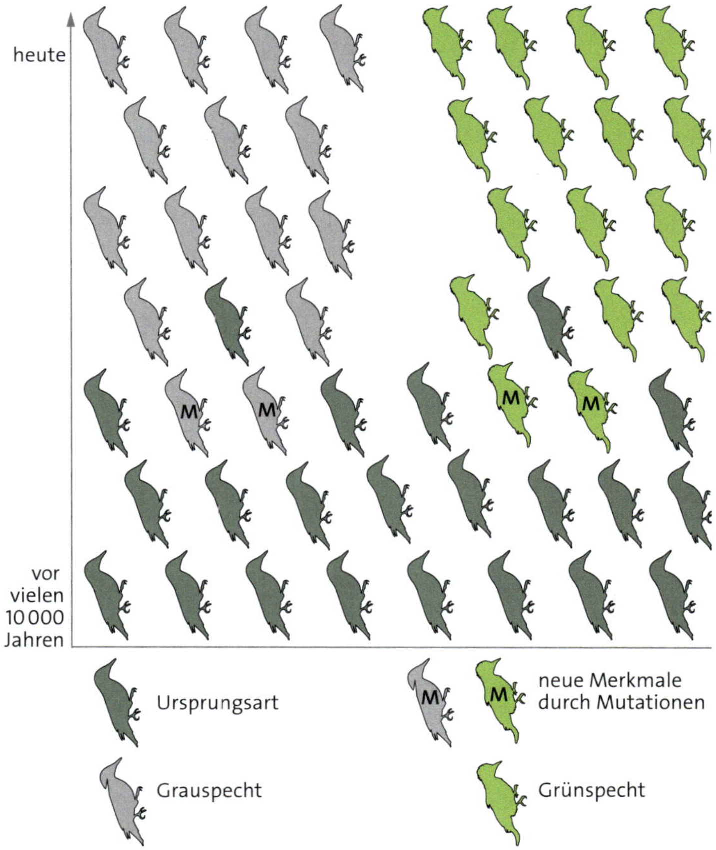

3 Artbildung bei Grauspecht und Grünspecht

Wie neue Arten entstehen

Material A

Zwei Unkenarten

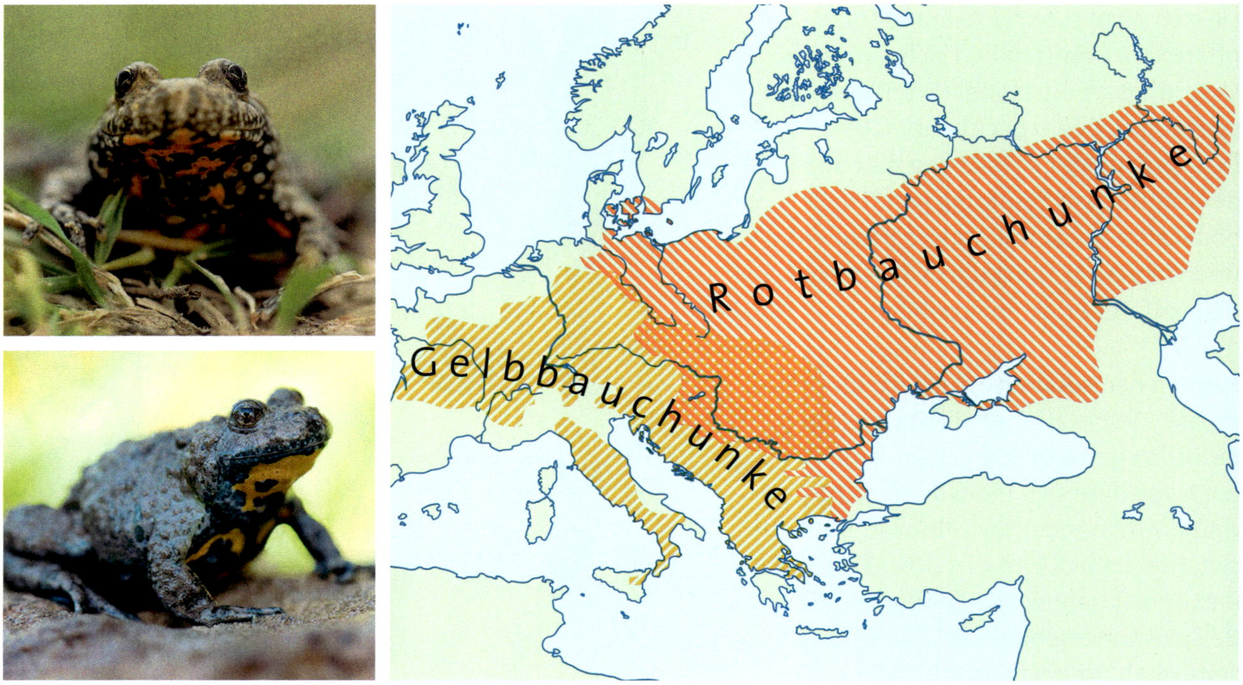

1 Verbreitungsgebiete der Rotbauchunke und der Gelbbauchunke

Die letzte Eiszeit endete vor ungefähr 12 000 Jahren. Währenddessen waren große Teile Mitteleuropas von Eismassen bedeckt. Dies hatte zur Folge, dass viele Tier- und Pflanzenarten in den etwas wärmeren Süden zurückgedrängt wurden. So kam es, dass sich eine Tierart wie die Unke bei ihren Wanderungen in eine westliche und eine östliche Teilpopulation aufteilte. Diese hatten keinen Kontakt mehr miteinander. Als das Eis langsam zurückging, breiteten sich beide Teilpopulationen wieder aus: die Gelbbauchunke in Richtung Westeuropa und die Rotbauchunke in Richtung Osteuropa. Dabei bildeten sich Überlappungsgebiete, in denen bis heute beide Arten vorkommen. Diese liegen zwischen den Verbreitungsgebieten der beiden Unken. Die Tiere der beiden Unkenarten können sich miteinander paaren und Nachkommen zeugen. Diese sind jedoch vermindert lebensfähig.

2

1 Beschreibe mithilfe der Karte die Verbreitungsgebiete der Unkenarten.

2 Nenne den Vorgang, der bei dem beschriebenen Beispiel deutlich wird.

3 Beschreibe, wie sich aus einer Unkenart zwei Arten entwickelt haben. → 2

4 Begründe, dass es sich bei den beiden Unken um zwei getrennte Arten handelt.

Material B

Zebras

Es gibt heute drei Arten von Zebras, die alle in Afrika leben. → 3 – 5 Ihre Vorfahren haben sich auf dem Kontinent von Norden in Richtung Süden ausgebreitet. → 6 Dabei wurden Teilpopulationen durch große Distanzen und unwegsames Gelände voneinander getrennt.

1 Vergleiche die Zebras im Hinblick auf Gemeinsamkeiten und Unterschiede in den äußerlich sichtbaren Merkmalen. → 3 – 5

2 Beschreibe, wie es zur räumlichen Trennung von Teilpopulationen bei den Vorfahren der Zebras kam.

3 Ermittle aus der Karte die heutigen Verbreitungsgebiete der Zebraarten. → 6

4 Erläutere die Vorgänge, die zur Bildung der Zebraarten geführt haben. Nutze die Begriffe Isolation, Genpool, Fortpflanzung, Mutation, Rekombination, Selektion und Unterschiede.

5 Artbildung im Modell

a Skizziere die zu Aufgabe 4 beschriebenen Vorgänge. Du kannst die Symbole aus Bild 7 nutzen oder dir selbst eine Darstellung überlegen. Beschrifte deine Zeichnung.

b Beurteile, inwiefern dein Modell zur Artbildung die Wirklichkeit abbildet und wie es davon abweicht.

3 Grevy-Zebra

4 Steppen-Zebra

5 Berg-Zebra

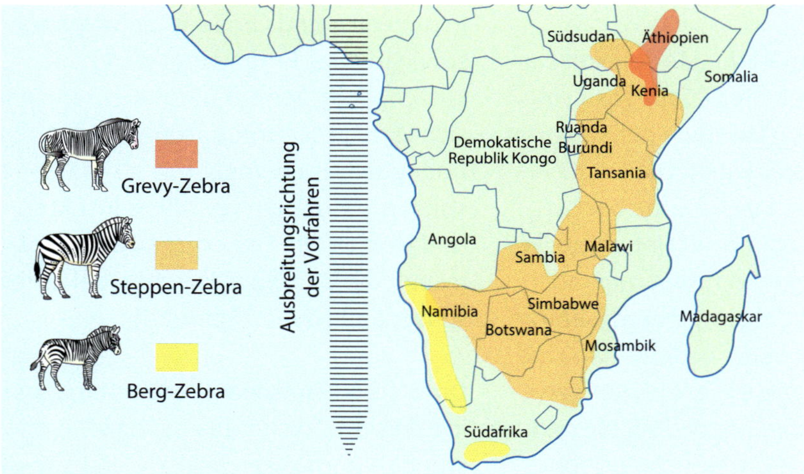

6 Verbreitung der Zebraarten in Afrika südlich der Sahara

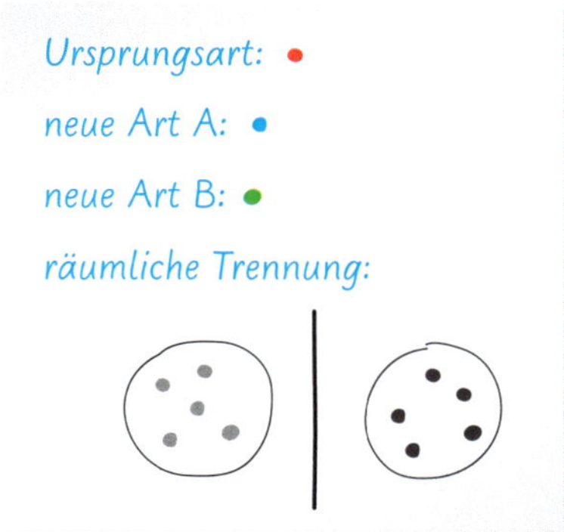

7 Symbole (Beispiele)

Charles Darwin – Evolutionstheorie

1 Auf bahnbrechender Reise: **A** Charles Darwin (1809–1882) im Alter von 31 Jahren, **B** Forschungsschiff Beagle

Im Jahr 1831 ging Charles Darwin an Bord des Forschungsschiffs Beagle. Auf einer fünf Jahre dauernden Reise erforschte er die Tier- und Pflanzenwelt. Anhand seiner Erkenntnisse entwickelte er eine Theorie über die Veränderung von Arten. Sie war bahnbrechend, löste damals aber auch Empörung aus. Was besagt seine Theorie?

Galapagosinseln • Eine Station von Darwins Reise waren die Galapagosinseln, die etwa 1000 km westlich der südamerikanischen Küste liegen. Die aus 13 Inseln bestehende Inselgruppe besitzt vielseitige Lebensräume: Neben trockenen Wüstenregionen findet man auch ausgedehnte Waldgebiete und Gebirge. Hier leben viele verschiedene Tier- und Pflanzenarten, die an ihre jeweiligen Lebensräume angepasst sind. Einige Arten kommen ausschließlich auf den Galapagosinseln vor.

Darwinfinken • Nach der Ankunft auf den Galapagosinseln führte Darwin umfangreiche Naturstudien durch. Dabei fielen ihm die zahlreichen Finkenarten auf. Sie ähnelten den Finken des Festlands, sahen aber nicht genauso aus. Zu seiner Verwunderung zeigten die Finkenarten auf den verschiedenen Inseln große Unterschiede, besonders in der Form und Größe ihrer Schnäbel sowie in ihrer Ernährung. Vögel mit kurzen, kräftigen Schnäbeln ernährten sich von Samen mit harten Schalen. Dagegen fraßen Vögel mit schmalen, spitzen Schnäbeln vor allem Insekten und Nektar. Die Finken der Galapagosinseln, die Darwin erforschte, bekamen später den Namen Darwinfinken.

Darwins Erkenntnisse • Die Galapagosinseln sind durch Vulkantätigkeit entstanden und waren deshalb erst von wenigen Lebewesen besiedelt.

Darwin vermutete, dass eine Gruppe von Finken vom Festland aus zufällig durch einen Sturm auf die Inseln gelangte. Die Finken vermehrten sich stark, denn es gab keine Fressfeinde oder Konkurrenz durch ähnliche Vögel. Je mehr Finken auf den Inseln lebten, desto größer wurde die Konkurrenz um Nahrung. Die Finken, die mit ihren Schnäbeln gut an das Nahrungsangebot angepasst waren, konnten genug fressen. Sie überlebten länger und pflanzten sich häufiger fort als schlechter angepasste Finken.
Aus der ursprünglichen Gruppe von Finken entwickelten sich allmählich mehrere Finkenarten, die mit ihren Merkmalen an ihre jeweiligen Umweltbedingungen angepasst sind. → 2

Veränderlichkeit von Arten • Darwin erkannte an den umfassenden Befunden seiner Reise, dass die Individuen einer Population angeborene Unterschiede in ihren Merkmalen aufweisen und um lebenswichtige Ressourcen wie Nahrung konkurrieren. Er schloss daraus, dass besser angepasste Individuen im Vorteil sind und mehr Nachkommen hervorbringen. Daher gibt es in der nächsten Generation mehr Individuen mit den vorteilhaften Merkmalen. Mit dieser Erkenntnis prägte Darwin die Begriffe natürliche Selektion und Fitness. Er urteilte, dass sich Arten über Generationen hinweg verändern, und zwar in Richtung bessere Angepasstheit. Er folgerte daraus, dass sich neue Arten durch eine allmähliche Veränderung aus anderen Arten entwickeln.

2 Möglicher Vorfahre und verschiedene Darwinfinken (Auswahl)

Große Empörung • Darwins Theorie von der Veränderlichkeit der Arten stand im absoluten Widerspruch zur religiösen Ansicht, dass die Arten bei der Schöpfung einmalig erschaffen wurden. Daher löste er damals große Empörung aus. Heute zweifelt kein ernst zu nehmender Naturwissenschaftler die Gültigkeit der Evolutionstheorie an. Sie wurde mittlerweile durch neuere Forschungsmethoden um weitere Erkenntnisse ergänzt.

Darwins Evolutionstheorie besagt, dass sich Arten verändern und von anderen Arten abstammen.

Aufgabe

1 ☒ Erläutere die Evolutionstheorie Darwins am Beispiel der Finken.

Charles Darwin – Evolutionstheorie

Material A

Evolutionstheorien

Jean-Baptiste de Lamarck (1744–1829) • Auch Lamarck bezweifelte, dass Arten unveränderlich sind. Er stellte vor Darwin eine Evolutionstheorie vor. Lamarck war der Ansicht, dass veränderte Umweltbedingungen ein inneres Bedürfnis zur Anpassung auslösen. Dies führt dazu, dass Lebewesen ihr Verhalten ändern. Dadurch verändern sich ihre Merkmale, sodass sie besser an ihren Lebensraum angepasst sind. Die veränderten Merkmale geben sie an ihre Nachkommen weiter. Diese Theorie gilt als falsch. Merkmale werden durch die Erbinformation bestimmt und können nicht willentlich verändert werden. Zudem werden im Leben erworbene Merkmale nicht vererbt.

1

Lamarck		Darwin
Lamarck betrachtet einzelne Individuen einer Art.	Die Umwelt wird trockener. Saftige Blätter wachsen nur noch an hohen Bäumen.	Darwin betrachtet ganze Populationen einer Art.

Lamarck:

Eine Giraffe will an die Blätter hoher Bäume kommen und streckt sich.

Durch das ständige Strecken wird der Hals der Giraffe länger.

Die Giraffe gibt das erworbene Merkmal des längeren Halses an ihre Nachkommen weiter. Ihre Nachkommen haben auch längere Hälse, doch auch sie müssen sich zu den Blättern hoher Bäume strecken.

Durch das ständige Strecken werden die Hälse der Nachkommen noch länger. Auch sie geben dieses Merkmal an die nächste Generation weiter.

Darwin:

Die Individuen einer Population weisen angeborene Unterschiede auf: Es gibt Giraffen mit kürzeren Hälsen und Giraffen mit längeren Hälsen.

Giraffen mit einem längeren Hals können die Blätter der hohen Bäume fressen. Sie überleben und zeugen Nachkommen, die auch längere Hälse haben. Giraffen mit einem kürzeren Hals verhungern.

In der nächsten Generation gibt es Giraffen mit noch längeren Hälsen. Sie haben einen Vorteil und zeugen mehr Nachkommen als Giraffen mit einem kürzeren Hals.

Im Verlauf der Generationen weisen die Giraffen immer längere Hälse auf, solange dies ein Vorteil für das Überleben und die Fortpflanzung ist.

2 Evolutionstheorien im Vergleich

1 ☒ Erkläre, wie sich Lamarck die Entstehung der langen Hälse bei den Giraffen vorstellte. → 1 2

2 ☒ Erkläre, wie sich Darwin die Entstehung der langen Hälse bei den Giraffen vorstellte. → 2

3 ☒ Beschreibe Unterschiede zwischen den Evolutionstheorien von Lamarck und Darwin.

4 ☒ Begründe, dass Lamarck mit seiner Theorie falsch lag. Nutze deine Kenntnisse zur Vererbungslehre.

Erweitern und Vertiefen

Sozialdarwinismus – Darwins Evolutionstheorie wird missbraucht

Sozialdarwinismus • Bereits bevor Darwin mit seiner Evolutionstheorie berühmt wurde, war die Idee verbreitet, dass die Gesellschaft von einem „Kampf ums Dasein" geprägt sei, in dem sich die „besten Menschen" durchsetzen. Menschen wurden nach körperlichen Merkmalen in „Rassen" eingeteilt und es wurde behauptet, dass sich die „Rassen" in ihren Fähigkeiten unterscheiden und die „weiße Rasse" überlegen sei. Als Darwin seine Evolutionstheorie 1859 veröffentlichte, wurde sie als angeblicher Beleg für diese gesellschaftliche Idee missbraucht. So verbreitete sich eine Ideologie, die Sozialdarwinismus genannt wird.

Unzulässige Übertragung • Im Sozialdarwinismus wird Darwins naturwissenschaftliche Erkenntnis, dass besser angepasste Individuen im Vorteil sind, zur Unterscheidung von „guten und schlechten Genen" bei Menschen genutzt. Aus biologischer Sicht lassen sich Gene aber nicht als gut oder schlecht bewerten.
Außerdem wird Darwins naturwissenschaftliche Erkenntnis, dass die Evolution von Arten zur Angepasstheit an die jeweiligen Umweltbedingungen führt, wie folgt umgedeutet: Es wird behauptet, dass die Evolution des Menschen zu dessen Höherentwicklung geführt habe, dabei seien Menschen der „weißen Rasse" am höchsten entwickelt. Die „Rassen" dürften sich nicht vermischen, nur dann könne eine „perfekte Gesellschaft" entstehen. Das ist falsch, denn die Evolution verfolgt kein Ziel. Es finden zwar Veränderungen statt, aber es gibt keine zielgerichtete Höherentwicklung.

Missbrauch mit Folgen • Der Sozialdarwinismus dient immer wieder als Rechtfertigung dafür, dass Menschen benachteiligt, unterdrückt, verfolgt oder ermordet werden. In der Zeit des Kolonialismus wurden mit der angeblichen Überlegenheit der „weißen Rasse" Ansprüche auf die Herrschaft über Kolonien und die dort lebenden Menschen, die als „minderwertig" angesehen wurden, begründet. In der Zeit des Nationalsozialismus wurden viele jüdische Menschen und Menschen mit Behinderung ermordet, um ihre „Gene auszulöschen".
Auch heute noch werden Menschen wegen ihrer Herkunft benachteiligt.

Wir sind eine Menschheit • Darwins naturwissenschaftliche Erkenntnisse sind nicht auf die Gesellschaft übertragbar. Unser gesellschaftliches Zusammenleben in Deutschland fußt auf dem Grundgesetz, das in Artikel 1 die Würde aller Menschen unter Schutz stellt.
Nach Artikel 3 des Grundgesetzes darf kein Mensch wegen seines Geschlechts, seiner Sprache, seiner Herkunft, seiner religiösen oder politischen Anschauungen oder seiner Behinderung benachteiligt werden.
Eine Einteilung der Menschen in „Rassen" ist nicht zulässig. Es ist wissenschaftlich nachgewiesen, dass sich Menschen verschiedener Herkunft genetisch kaum unterscheiden und dass man vom Aussehen nicht auf die Intelligenz und Fähigkeiten schließen kann.

Darwins Evolutionstheorie ist nicht auf die Gesellschaft übertragbar.

Methode

Eine Concept-Map erstellen

In der Fachsprache der Biologie gibt es viele Begriffe, die man aus dem Alltag nicht kennt. Da fällt es manchmal schwer, sich die richtigen Begriffe zu merken und Zusammenhänge zu verstehen. Das ist aber notwendig, damit man selbst biologische Sachverhalte beschreiben und erklären kann.
Um sich einen Überblick über ein Thema zu verschaffen, kann man die wichtigen Begriffe aufschreiben. Richtig verständlich wird es aber erst, wenn man die Begriffe sinnvoll ordnet und miteinander verknüpft. Das kann man in Form einer Concept-Map machen. Diese eignet sich gut, um ein Thema zu verstehen und für eine Klassenarbeit zu lernen.

Struktur der Concept-Map
Die Concept-Map hat eine festgelegte Struktur. Es gibt einen Oberbegriff, dem weitere Begriffe zugeordnet werden können. → 1
Vom Oberbegriff verlaufen Pfeile zu den untergeordneten Begriffen. Diese Pfeile werden so beschriftet, dass der Zusammenhang zwischen den Begriffen deutlich wird. Die Beschriftungen sollten möglichst kurz und klar sein, damit die Concept-Map übersichtlich bleibt.
Auch die untergeordneten Begriffe werden miteinander verknüpft, wenn zwischen ihnen Zusammenhänge bestehen. Dafür nutzt man ebenfalls beschriftete Pfeile.
Achte bei der Erstellung der Concept-Map darauf, dass du die Begriffe sinnvoll ordnest und sauber schreibst. Nur so kannst du dir einen Überblick über das Thema verschaffen, der dir beim Lernen hilft.

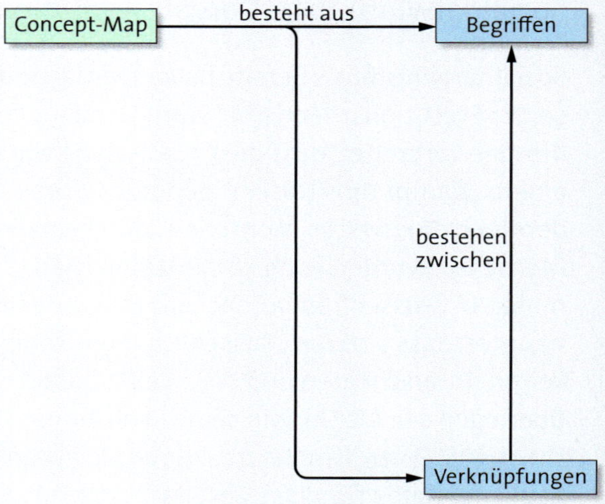

1 Struktur der Concept-Map

Erstellung der Concept-Map
Bei der Erstellung einer Concept-Map geht man schrittweise vor:

1. **Begriffe sammeln** Notiere zunächst alle Begriffe, die du zum Thema gelernt hast. Nutze dazu dein Buch sowie Arbeitsblätter und Hausaufgaben, die zu dem Thema gehören.

Vielfalt, Rekombination, Variabilität, Mutation, ...

2. **Oberbegriff wählen** Wähle aus deiner Sammlung einen Begriff aus, der sich als Oberbegriff eignet. Das sollte ein Begriff sein, dem du die anderen Begriffe zuordnen kannst.

Vielfalt, Rekombination, Variabilität, Mutation, ...

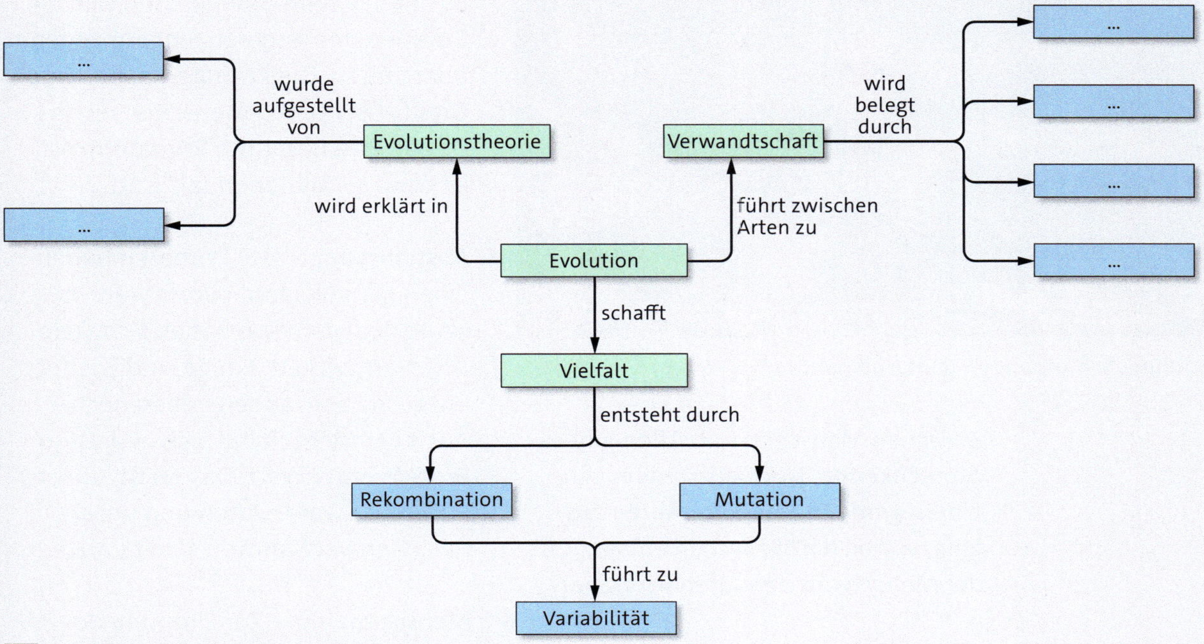

2 Concept-Map zum Thema Evolution

3. Concept-Map anlegen Hast du Begriffe gesammelt und einen Oberbegriff gewählt, kannst du deine Concept-Map anlegen. Nimm ein DIN-A4-Blatt und notiere deinen Oberbegriff in der Mitte. → 2 Markiere den Obergriff farbig, damit du ihn von den anderen Begriffen unterscheiden kannst.
Ordne die untergeordneten Begriffe um den Oberbegriff an und verbinde sie mit Pfeilen. Beschrifte jeden Pfeil so, dass du auch später noch verstehst, in welchem Zusammenhang die Begriffe mit dem Oberbegriff stehen.
Auch die einzelnen Begriffe sind oft thematisch miteinander verknüpft. Wenn das der Fall ist, kannst du diese auch durch Pfeile verbinden. Beschrifte auch hier die Pfeile, damit du den Zusammenhang nachvollziehen kannst.

4. Concept-Map erweitern Du kannst deine Concept-Map beliebig mit Oberbegriffen ergänzen, die zum selben Thema gehören. Ordne dann auch jedem weiteren Oberbegriff untergeordnete Begriffe zu. So kannst du dir einen Überblick über ein Thema verschaffen.

In einer Concept-Map sammelt man alle wichtigen Begriffe zu einem Thema und verknüpft sie miteinander. Dadurch stellt man die Zusammenhänge dar. Eine Concept-Map eignet sich, um den Überblick zu bekommen.

Aufgabe

1 Übertrage die Concept-Map in dein Heft und ergänze sie mit weiteren Begriffen.

Ist der Mensch ein Affe?

1 Junger Schimpanse – ganz entspannt

Zwischen Menschen und Affen gibt es Ähnlichkeiten. Doch als Darwin von einem gemeinsamen Vorfahren ausging, waren die Menschen entsetzt. Ist der Mensch mit den Affen verwandt?

Primaten • Wir Menschen gehören in der Klasse der Säugetiere zur Ordnung der Primaten, genauer gesagt zu den Menschenaffen. → 2 4 Die meisten Primaten leben in Gruppen und haben ein ausgeprägtes Sozialverhalten. Ihre Augen sind nach vorne gerichtet. Dadurch können sie räumlich sehen. Bei ihren Greifhänden lassen sich die Daumen den anderen Fingern gegenüberstellen. Die Primaten haben auch Greiffüße, nur wir Menschen nicht. Das älteste bekannte Primatenfossil ist etwa 55 Millionen Jahre alt.

Abstammung • Alle Primaten haben einen gemeinsamen Vorfahren. Im Laufe der Evolution haben sich viele Arten entwickelt. Einige sind wieder ausgestorben, andere leben noch. Auch der Mensch hat sich in diesem Prozess entwickelt. Das heißt, unsere Vorfahren waren Affen und unsere nächsten Verwandten sind es auch.

Menschenaffen • Zur Ordnung der Primaten zählen mehrere Familien. Eine Familie bilden die Menschenaffen. Dazu zählen acht heute lebende Arten: zwei Gorillaarten, drei Orang-Utan-Arten, zwei Schimpansenarten und wir Menschen: *Homo sapiens*. → 2 4

2 Ordnung der Primaten

die Primaten
die Menschenaffen
die Hominiden

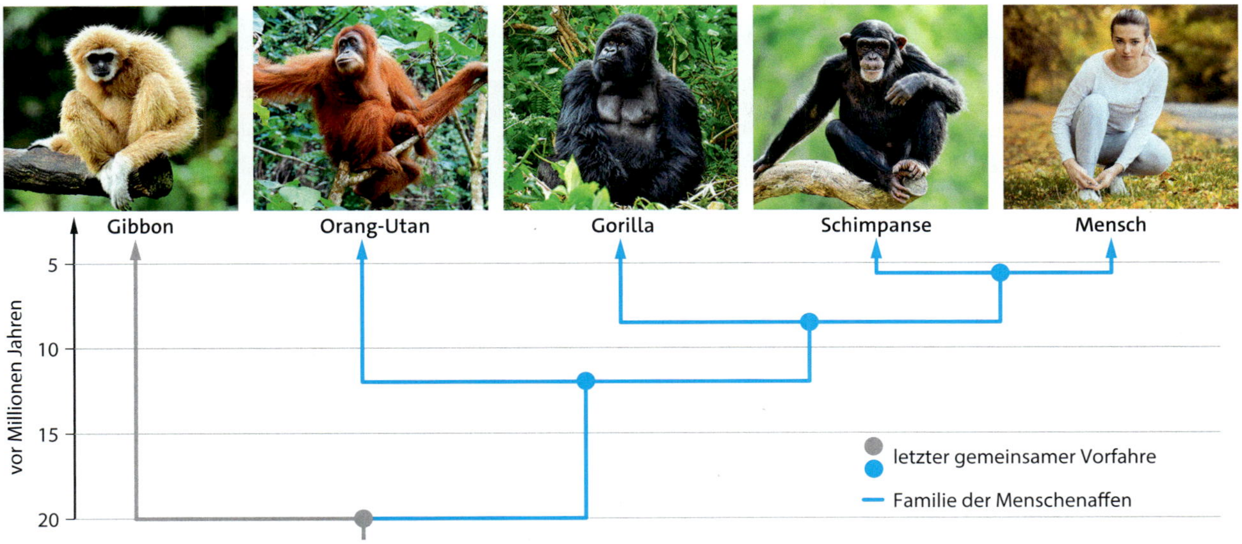

3 Auszug aus dem Stammbaum der Primaten mit der Familie der Menschenaffen (blaue Linien)

Man bezeichnet die Menschenaffen auch als Hominiden. Sie haben sich aus verschiedenen gemeinsamen Vorfahren entwickelt. Je weniger lang die Trennung zurückliegt, desto näher sind die Vertreter miteinander verwandt. Somit sind die Schimpansen unsere nächsten Verwandten.

Mensch und Schimpanse • Der letzte gemeinsame Vorfahre der Menschen und Schimpansen lebte vor ungefähr sechs Millionen Jahren. → 3 Zu dem Zeitpunkt wurde eine Population des Vorfahrens in zwei Gruppen getrennt. In den isolierten Teilpopulationen entwickelten sich durch die natürliche Selektion unterschiedliche Angepasstheiten an die jeweiligen Umweltbedingungen. Die Unterschiede in den Merkmalen wurden über lange Zeiträume immer größer, bis sich zwei verschiedene Arten gebildet haben. Aus dem Grund sehen die Menschen und Schimpansen nicht gleich aus. Auch der letzte gemeinsame Vorfahre sah weder aus wie der heute lebende Mensch noch wie die Schimpansen.

Der Mensch gehört innerhalb der Ordnung der Primaten zur Familie der Menschenaffen. Alle Menschenaffen haben gemeinsame Vorfahren. Unsere nächsten Verwandten sind die Schimpansen.

Aufgaben

1 Nenne die Merkmale der Primaten.

2 Beschreibe den Stammbaum der Menschenaffen. → 3

3 Begründe, dass die Schimpansen unsere nächsten Verwandten sind.

Klasse:
Säugetiere

Ordnung:
Primaten

Familie:
Menschenaffen

Gattungen:
Pongo, Gorilla, Pan, Homo

Arten:
Pongo abelii, Pongo tapanuliensis, Pongo pygmaeus, Gorilla gorilla, Gorilla beringei, Pan troglodytes, Pan paniscus, Homo sapiens

4 Eine Einordnung der heutigen Menschenaffen

Ist der Mensch ein Affe?

Material A

Orang-Utan – ein Primat

Orang-Utans kommen nur im tropischen Regenwald in Asien vor. Ihr Körperbau ist an das Leben auf Bäumen angepasst. Der Orang-Utan gehört, wie wir Menschen, zur Gruppe der Menschenaffen innerhalb der Gruppe der Primaten.

1 Beschreibe den Orang-Utan im Hinblick auf die Lebensweise und Merkmale.

2 Beschreibe Gemeinsamkeiten und Unterschiede zwischen Orang-Utan und Mensch.

1 Merkmale und Lebensweise des Orang-Utans

Material B

Abstammung des Menschen

1871 veröffentlichte Charles Darwin ein Buch, in dem er erklärte, dass der Mensch von Lebewesen abstammen muss, die den Affen ähnlich sind. Er war damit der Erste, der diese Ansicht öffentlich äußerte. Da die Meinung vorherrschte, dass der Mensch eine Sonderstellung unter den Lebewesen einnimmt, löste Darwin große Empörung aus.

Wir sollen von Affen abstammen? Was für eine Frechheit! Darwin muss falsch liegen. Wir sehen ja ganz anders aus. Schaut euch doch mal einen Schimpansen an – von dem sollen wir abstammen? Blödsinn!

2 Mögliche damalige Reaktion

1 Formuliere eine Antwort auf die Aussage in Bild 2. Begründe darin anhand der heute belegten Fakten, dass Darwin richtig lag.

3 Darwin in einer Karikatur (1871)

Material C

4 Lemur

Lemuren Zu den Lemuren gehören etwa 100 Arten, die nur auf Madagaskar vor der Ostküste Afrikas vorkommen. Viele Arten sind nachtaktiv und haben große Augen. Lemuren findet man fast ausschließlich in Wäldern. Sie haben lange, kräftige Arme und Beine, mit denen sie gut in den Bäumen klettern können. Sie ernähren sich unter anderem von Blättern, Früchten, Insekten, Nektar und Pollen.

5 Schimpanse

Schimpansen Die zu den Menschenaffen zählenden Schimpansen leben in Afrika. Dort findet man sie in den Regenwäldern und auch im offenen Grasland. Sie bewegen sich meistens auf allen vier Gliedmaßen fort. Selten gehen sie für kurze Zeit aufrecht.
Schimpansen fressen Früchte und Blätter, aber auch Insekten und kleine Wirbeltiere. Gelegentlich jagen sie auch kleinere Affenarten.

Primaten im Vergleich

1 Vergleiche Lemur und Schimpanse im Hinblick auf Verbreitung, Lebensraum und Ernährung.

2 Beschreibe die Verwandtschaft des Menschen mit Lemur und Schimpanse.

3 Lemur, Schimpanse und Mensch → 6

a Vergleiche die Merkmale in einer Tabelle.

b Leite Rückschlüsse auf die Fortbewegung und die Lebensweise ab.

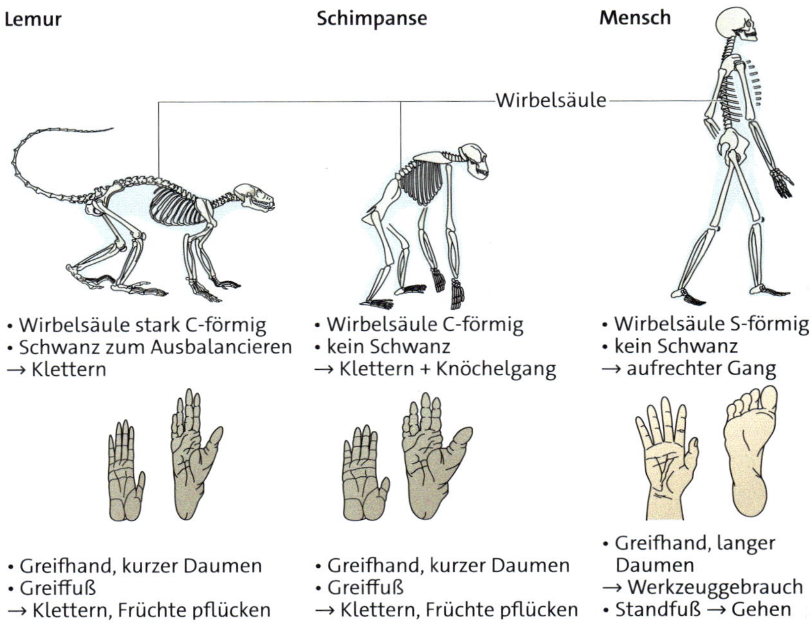

6 Vergleich von Lemur, Schimpanse und Mensch

Der aufrechte Gang

1 Unterwegs: **A** Gorilla auf vier Beinen, **B** Mensch auf zwei Beinen

Ein Merkmal, durch das wir uns von den anderen Menschenaffen unterscheiden, ist der aufrechte Gang auf zwei Beinen. Was weiß man über die Entwicklung des Merkmals?

Klasse:
Säugetiere
Ordnung:
Primaten
Familie:
Menschenaffen
Stamm:
Homininen
Gattungen:
Ardipithecus,
Homo
Arten:
Ardipithecus ramidus,
Homo sapiens

2 Eine mögliche Einordnung zweier Homininen

Homininen • Schon vor 30 Millionen Jahren lebten Menschenaffen in den Regenwäldern Afrikas. Vor ungefähr 5 bis 7 Millionen Jahren trennten sich die Entwicklungslinien von Mensch und Schimpanse und die ersten menschenähnlichen Vorfahren entwickelten sich. Der heute lebende Mensch und seine direkten Vorfahren werden unter dem Begriff Homininen zusammengefasst. Es gibt viele Fossilien verschiedener Homininen, die zeigen, dass die Entwicklung nicht geradlinig verlief. Zeitweise gab es mehrere Arten. Heute gibt es nur noch eine Art, den modernen Menschen *Homo sapiens*. Alle anderen Homininen sind längst ausgestorben.

Älteste Funde • Eines der ältesten bekannten Skelette eines Homininen zählt zu der Art *Ardipithecus ramidus*. Er lebte vor etwa 4,4 Millionen Jahren in einer vielfältigen Landschaft mit Wäldern, Feuchtgebieten und Grasland. Die Merkmale des Skeletts zeigen, dass er aufrecht gehen konnte. Er legte vermutlich Strecken zwischen Bäumen am Boden zurück und bewegte sich auf den Bäumen aufrecht, um Früchte am Ende der Zweige zu erreichen.

Aufrechter Gang • Zur Ursache für die Entstehung des aufrechten Gangs gibt es unterschiedliche Hypothesen. Lange dachte man, dass die Ursache der Übergang zum Leben in der Savanne war. Klimaveränderungen führten damals dazu, dass die flächigen Wälder durch die offene Graslandschaft verdrängt wurden. In der Savanne hatten aufrecht gehende Primaten Vorteile: Sie hatten eine bessere Übersicht und die Hände waren frei. Heute gibt es jedoch Nachweise, dass Homininen aufrecht gingen, als sie noch in den Wäldern lebten. Man vermutet, dass er sich durchsetzte, weil er weniger Energie verbraucht als der Gang auf vier Beinen. Das ist vor allem bei längeren Strecken ein Vorteil.

Der aufrechte Gang hat sich bei Homininen im Wald entwickelt.

Aufgabe

1 ☒ Begründe, dass sich der aufrechte Gang im Wald entwickelte.

die Homininen
der *Homo sapiens*
der aufrechte Gang

Material A

Skelettvergleich

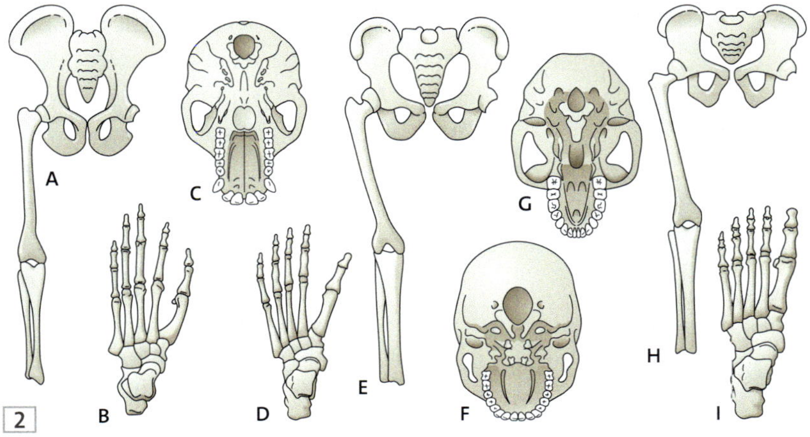

2

In Bild 2 sind Skelettteile eines Schimpansen, eines frühen Homininen und des heutigen Menschen dargestellt. Sie sind nicht geordnet.

1 Beschreibe die jeweilige Fortbewegung der Vertreter.

2 Ordne die Skelettteile begründet zu. → 2 3

Die folgenden Merkmale ermöglichten den aufrechten Gang: (1) Durch die Doppel-S-Form der Wirbelsäule wird der Oberkörper gestützt. (2) Das breite, schaufelförmige Becken stützt die Organe im Bauch. (3) Verkürzte Zehen und eine verlängerte Ferse erleichtern das Stehen. (4) Die Verbindung zwischen Kopf und Wirbelsäule, das Hinterhauptsloch, ist so verschoben, dass der Kopf mittiger auf der Wirbelsäule sitzt. (5) Die leichte X-Form der Beine entlastet die Knie und hilft, das Gleichgewicht zu halten.

3

Material B

Energiesparender Gang?

Forscher ließen Menschen und Schimpansen auf einem Laufband gehen. Die Menschen gingen auf zwei Beinen, die Schimpansen mal auf vier und mal auf zwei Beinen. → 4 Dabei wurden der Sauerstoffverbrauch und die Aktivität der Muskeln gemessen. Die Menschen verbrauchten beim Gehen viel weniger Energie als die Schimpansen. Bei den Schimpansen gab es Unterschiede. Im Durchschnitt war der Gang auf vier Beinen sparsamer. Ein Schimpanse, der größere Schritte machte, verbrauchte aber auf zwei Beinen weniger Energie als auf vieren.

1 Beschreibe den Versuch.

2 Deute das Ergebnis im Hinblick auf die Frage, warum sich der aufrechte Gang bei Homininen durchsetzte.

3 Nimm Stellung zu der Aussage: Solange es keine Fossilien gibt, die diese Hypothese belegen, bleibt es eine Hypothese.

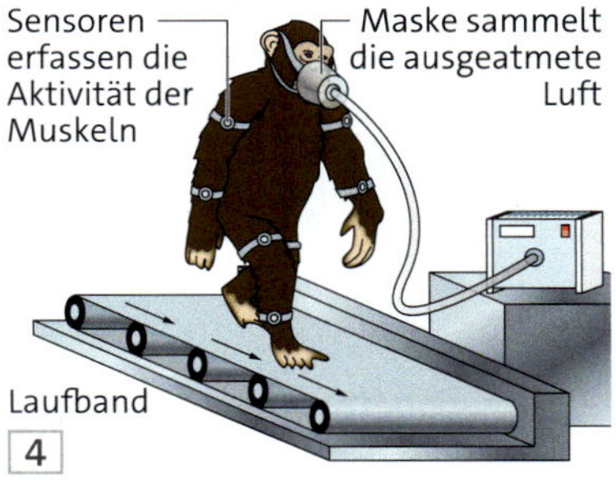

4

Entwicklung bis zum heutigen Menschen

1 So sah der Lebensraum der frühen Menschen aus.

2 Versteinerte Fußspuren

Die Entwicklung des Menschen kann man durch zahlreiche Fossilfunde nachvollziehen. Von den ersten Vorfahren bis zum modernen Menschen vergingen 5 bis 7 Millionen Jahre. Was ist in dieser Zeit passiert?

Veränderte Umweltbedingungen • Ein wesentlicher Antrieb für die Evolution der Homininen waren die veränderten Umweltbedingungen. Weil das Klima in Afrika trockener und kühler wurde, veränderte sich der Lebensraum: Die großflächigen Wälder verschwanden und eine Savanne breitete sich aus. → 1 Homininen, die aufrecht gehen konnten, waren an den neuen Lebensraum gut angepasst. Sie überlebten und entwickelten sich weiter.
Ein sehr bekanntes Fossil eines frühen Homininen stammt von einer Frau der Art *Australopithecus afarensis*. → 1 Man gab ihr den Namen Lucy. Die Fossilien sind etwa 3,2 Millionen Jahre alt und zeigen Merkmale des aufrechten Gangs. Weitere Fossilien sowie 3,6 Millionen Jahre alte versteinerte Fußspuren sind Beweise dafür, dass Vertreter dieser Art aufrecht gingen. → 2 Sie konnten aber auch gut klettern.

Ernährung • Mit dem Klima veränderte sich auch die Tier- und Pflanzenwelt und damit das Nahrungsangebot. Lucy hatte große Backenzähne und einen kräftigen Kiefer. Dies deutet auf harte pflanzliche Nahrung hin, die lange und gründlich gekaut werden musste. Bei den späteren Homininen erkennt man an kleineren Backenzähnen, dass sie zunehmend tierische Nahrung aßen. Dabei handelte es sich wahrscheinlich um Aas, bis sie lernten, Tiere zu jagen. Die tierische Nahrung hatte einen großen Vorteil: Sie lieferte mehr Energie als pflanzliche Nahrung. Die Homininen, die sich mehr von Fleisch ernährten, hatten somit bessere Überlebens- und Fortpflanzungschancen. Außerdem trug der Energiegehalt zur Vergrößerung des Gehirns bei.

Werkzeuge • Die ältesten gefundenen Werkzeuge sind 3,3 Millionen Jahre alt und aus Stein. Wahrscheinlich nutzten Vertreter der Gattung Australopithecus sie zur Verarbeitung von Nahrung, zum Beispiel um Fleisch von Knochen zu schaben. Etwas neuere Erkenntnisse deuten darauf hin, dass sie schon intelligent und geschickt genug waren, um Steinwerkzeuge mit scharfen

der *Australopithecus afarensis*
der *Homo habilis*
der *Homo erectus*
der *Homo sapiens*

Bruchkanten herzustellen. Bisher ging man davon aus, dass dieser Entwicklungsschritt später erfolgte. Darauf wiesen 2,5 Millionen Jahre alte Steinwerkzeuge hin, die man Fossilien der Art *Homo habilis* zuordnete. → 1 Aus dem Gebiss ließ sich ein höherer Anteil an tierischer Nahrung ableiten, was ebenfalls auf die Nutzung von Steinwerkzeugen hindeutet.

Umgang mit Feuer • Vor mindestens 2,5 Millionen Jahren entwickelten sich in Afrika Homininen mit vergrößertem Gehirn. Fossilien zeigen, dass die Gehirngröße zunahm, je jünger die Arten waren. → 3 Ein Vertreter war *Homo erectus*. → 1 Nahe seiner Fossilien fand man Spuren von Feuerstellen. Er gilt daher als erster Hominine, der den Umgang mit Feuer erlernte. Damit war es ihm möglich, Nahrung zu kochen. So wird sie besser verdaulich und liefert mehr Energie, wodurch sich das Gehirn weiter vergrößerte. Bei *Homo erectus* verdoppelte sich die Größe des Gehirns innerhalb von zwei Millionen Jahren. Man geht davon aus, dass er sich durch eine Form von Sprache verständigen konnte und so die Jagd mit selbst gebauten Waffen in Gruppenorganisierte.

Moderner Mensch • Die ältesten Belege für Vertreter der Art *Homo sapiens* sind 300 000 Jahre alte Fossilien, die man im Norden Afrikas fand. Auch in Ost- und Südafrika fand man Fossilien. Vor über 60 000 Jahren breitete er sich auf anderen Kontinenten aus. Er lebte dort eine Zeit lang mit anderen Homininen.

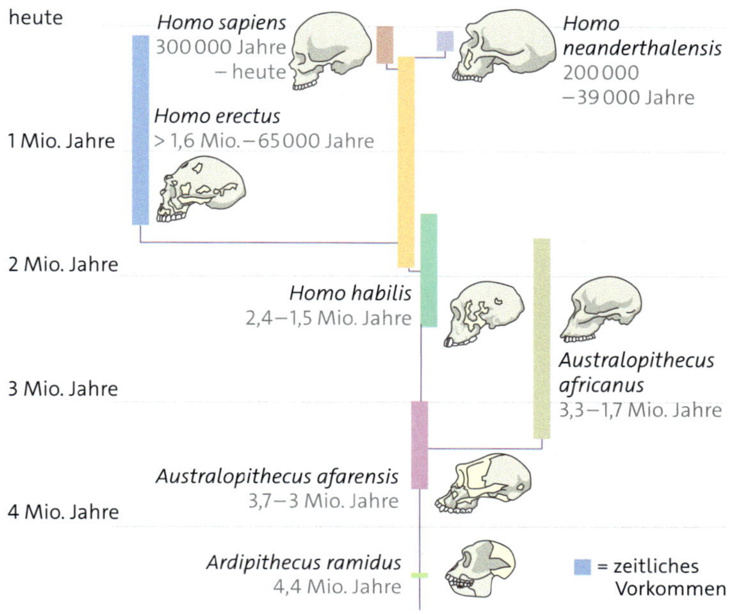

3 Vorkommen verschiedener Homininen (Auswahl)

Fossilien belegen, dass der Ursprung des Menschen in Afrika liegt. Hier entwickelten sich unterschiedliche Menschenarten. *Homo sapiens* ist die einzige Art, die heute noch lebt.

Aufgaben

1 Fasse die wesentlichen Merkmale von *Australopithecus afarensis*, *Homo erectus* und *Homo habilis* in einer Tabelle zusammen.

2 Begründe, warum man Afrika als Wiege der Menschheit bezeichnet.

3 Erkläre, wie die Umstellung der Ernährung und die Nutzung des Feuers mit der Entwicklung des Gehirns zusammenhängen.

Klasse: Säugetiere
Ordnung: Primaten
Familie: Menschenaffen
Stamm: Homininen
Gattungen: Ardipithecus, Australopithecus, Homo
Arten: *Ardipithecus ramidus*, *Australopithecus afarensis*, *Homo habilis*, *Homo erectus*, *Homo sapiens*

4 Eine mögliche Einordnung einiger Homininen

Entwicklung bis zum heutigen Menschen

Material A

Wichtige Schritte in der Evolution des Menschen

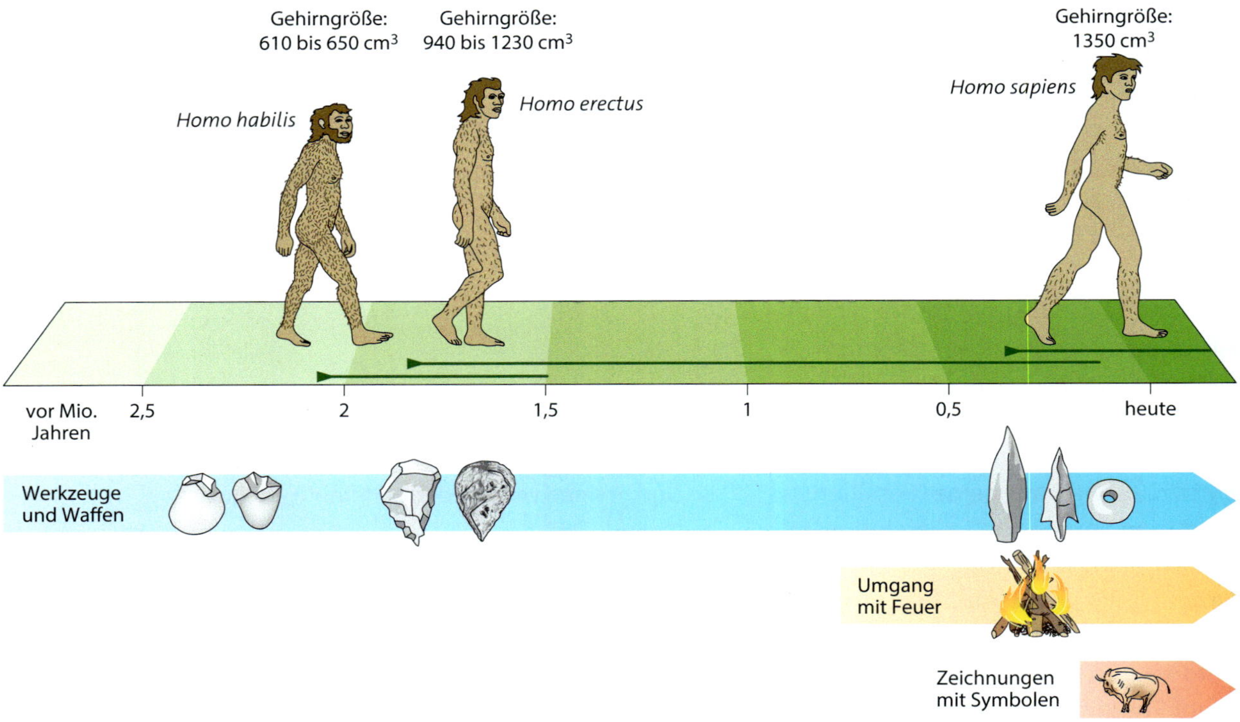

1 Entwicklungsschritte in der Gruppe Homo

Der moderne Mensch *Homo sapiens* und seine nächsten ausgestorbenen Verwandten werden in der Gattung Homo zusammengefasst. Die ersten Arten dieser Gruppe traten vor über zwei Millionen Jahren auf, wie man durch Fossilfunde belegen kann.

1 Nenne verschiedene Arten, die du anhand ihres Namens der Gattung Homo zuordnen kannst.

2 Beschreibe die in Bild 1 dargestellten Entwicklungsschritte von Vertretern der Gattung Homo in ihrem zeitlichen Verlauf.

3 Stelle einen möglichen Zusammenhang zwischen der zunehmenden Gehirngröße, dem Gebrauch von Werkzeugen, dem Umgang mit dem Feuer und der Verständigung über Symbole und Schriftzeichen her.

4 Stelle anhand der Aussage in Bild 2 Hypothesen dazu auf, wieso die Trennung von Populationen die Evolution des Menschen vorantrieb.

Populationen der Homininen wurden durch Klimaereignisse immer wieder getrennt. In kleinen, isolierten Populationen festigen sich genetische und kulturelle Neuerungen schneller als in größeren.

2

Material B

Der Neandertaler in uns

1 ☒ Beschreibe, was untersucht und nachgewiesen wurde. → 3

2 ☒ Erkläre das Ergebnis anhand des Vorkommens der beiden Homininen.

3 ☒ Stelle Vermutungen an, welche Informationen die entschlüsselte Neandertaler-DNA noch bringen könnte.

Gemeinsame Gene *Mai 2010*

Nach jahrelanger Arbeit ist es Wissenschaftlern gelungen, aus fossilen Knochen die DNA des Neandertalers zu entschlüsseln. Sie verglichen sie mit der DNA heutiger Menschen und machten eine erstaunliche Entdeckung: Heute lebende Europäer tragen 1,5 bis 2,1 Prozent der DNA des Neandertalers in sich. Das belegt, dass Neandertaler und *Homo sapiens* vor langer Zeit gemeinsame Nachkommen zeugten. Man kann davon ausgehen, dass sich noch mehr Neandertaler-DNA finden ließe, wenn man die gesamte Bevölkerung und nicht nur eine Stichprobe untersuchen würde.

3

Material C

Mögliche Ursachen des Aussterbens

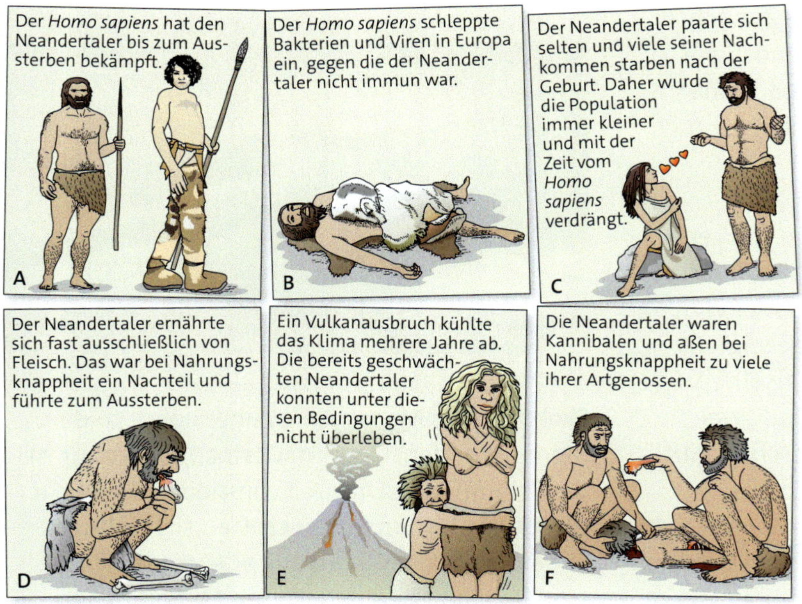

4 Hypothesen zum Aussterben des Neandertalers

Homo sapiens und Neandertaler lebten lange gemeinsam in Europa. Wieso der Neandertaler dann ausstarb, ist nicht geklärt.

1 ☒ Leite aus den sechs Hypothesen die Merkmale des Neandertalers ab, die zum Aussterben geführt haben könnten. → 4

2 MK ☒ Diskutiert, welche Hypothese eurer Meinung nach am wahrscheinlichsten ist. Um euch auf die Diskussion vorzubereiten, könnt ihr noch weitere Informationen zu den Hypothesen recherchieren.

Zusammenfassung

Evolution • Das Leben auf der Erde entstand vor etwa 3,5 Milliarden Jahren. Seitdem haben sich über lange Zeiträume Lebewesen neu entwickelt und verändert. Dies nennt man Evolution.

Fossilien • Überreste von Pflanzen und Tieren, die nach ihrem Tod erhalten geblieben sind, nennt man Fossilien. Sie zeigen, in welchen Zeiträumen Lebewesen vorkamen und wie sie sich verändert haben. In manchen Gesteinsschichten findet man Fossilien von Lebewesen, die nur kurz, aber in großer Zahl vorkamen und weit verbreitet waren. Wissenschaftler nutzen diese Leitfossilien zur Altersbestimmung der Gesteine.

Evolution der Landwirbeltiere • Die Vorfahren der ersten Landwirbeltiere waren Fische, die mit einfach gebauten Lungen und muskulösen Flossen an das Flachwasser angepasst waren. Zunächst entwickelten sich die Amphibien, die noch auf feuchte Lebensräume angewiesen sind. Später entwickelten sich die Reptilien, Säugetiere und Vögel, die dauerhaft an Land leben.

Verwandtschaft • Verwandte Gruppen von Lebewesen stammen von gemeinsamen Vorfahren ab. Wie nah oder entfernt sie miteinander verwandt sind, wird in Stammbäumen gezeigt. Je kürzer die Existenz des letzten gemeinsamen Vorfahren zurückliegt, desto näher sind zwei Gruppen verwandt. Für die Verwandtschaft gibt es Belege: Mosaikformen wie Archaeopteryx weisen Merkmale verschiedener Tiergruppen auf. Homologe Organe unterschiedlicher Tiere haben einen gemeinsamen Grundbauplan, der auf gleichen Erbinformationen beruht.

Evolution schafft Vielfalt • Rekombination und Mutationen erhöhen die Variabilität in einer Gruppe von Lebewesen und können zu neuen Merkmalen führen. Wenn die Merkmale in ihrer Umwelt vorteilhaft sind, haben die Lebewesen eine größere Chance sich fortzupflanzen. Daher werden Gene für vorteilhafte Merkmale öfter an die nächste Generation vererbt. Diese Auslese durch die Umwelt heißt natürliche Selektion. Dauerhaft getrennte Teilpopulationen einer Art können sich so unterschiedlich entwickeln, dass aus ihnen zwei neue Arten entstehen.

Evolutionstheorie • Charles Darwin erkannte, dass Lebewesen unterschiedlich gut an ihre Umwelt angepasst sind und sich besser angepasste Lebewesen mehr fortpflanzen. Er schloss daraus, dass sich Arten im Verlauf der Zeit in Richtung bessere Angepasstheit verändern.

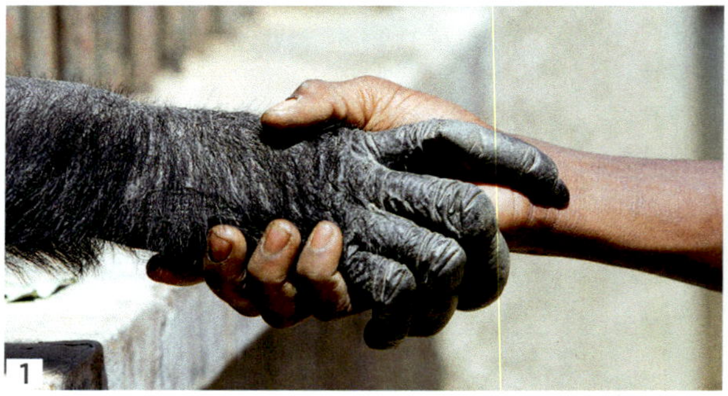

1

Evolution des Menschen • Wir gehören zu den Menschenaffen. Unser nächster Verwandter ist der Schimpanse. Unsere Evolution verlief nicht geradlinig: Vor uns entwickelten sich zahlreiche andere Menschenarten, die alle wieder ausgestorben sind. Sie entwickelten Merkmale wie den aufrechten Gang und das große Gehirn.

Teste dich! (Lösungen im Anhang)

Erdgeschichte

1 ◪ Nenne ein Ereignis aus jedem Erdzeitalter.

2 ☒ Erkläre den Begriff Evolution.

Fossilien

3 ◪ Beschreibe die Entstehung von Fossilien.

4 ☒ Begründe, inwiefern Fossilien Belege für die Evolution sind.

5 ☒ Erkläre den Nutzen von Leitfossilien.

Vom Wasser ans Land

6 ◪ Beschreibe die Vorfahren der ersten Landwirbeltiere mit ihren Angepasstheiten.

7 ☒ Beschreibe die Evolution der Landwirbeltiere und die jeweiligen Angepasstheiten.

Verwandtschaft

8 ☒ Erkläre den Zusammenhang zwischen dem letzten gemeinsamen Vorfahren von Lebewesen und deren Verwandtschaft.

9 ☒ Beschreibe den Zweck und den Aufbau von Stammbäumen.

10 ☒ Erläutere am Beispiel des Schnabeltiers die Bedeutung von Mosaikformen als Belege für die Verwandtschaft.

11 ☒ Erkläre, wie homologe Organe die Verwandtschaft von Lebewesen anzeigen.

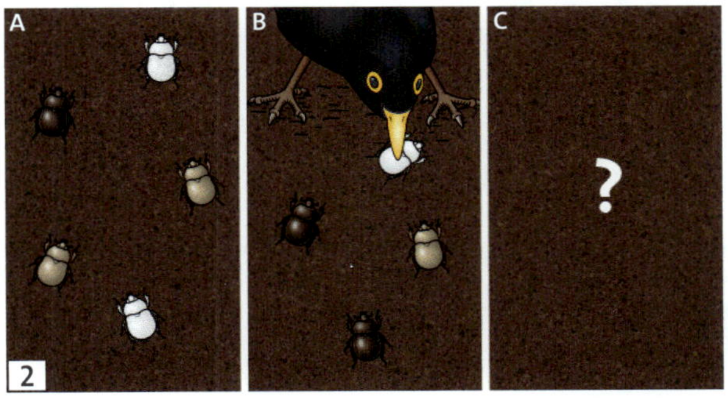

2

Evolution und Vielfalt

12 ◪ Erkläre den Begriff Variabilität.

13 ☒ Beschreibe die Ursachen für Variabilität innerhalb einer Gruppe von Lebewesen.

14 ☒ Erkläre den Begriff natürliche Selektion mithilfe von Bild 2. Überlege dazu, wie die Käfer der nächsten Generation aussehen.

15 ☒ Erkläre, wieso Isolation zur Bildung neuer Arten führen kann.

16 ☒ Fasse die wesentlichen Aussagen von Darwins Evolutionstheorie zusammen.

Evolution des Menschen

17 ☒ Begründe, dass wir mit den Schimpansen verwandt sind, aber nicht davon abstammen.

18 ☒ Erkläre die Aussage: Die Evolution des Menschen verlief nicht geradlinig.

19 ☒ Erkläre, warum die Ernährung und die Nutzung des Feuers eine große Bedeutung für die Entwicklung des Menschen hatten.

Fortpflanzung und Entwicklung des Menschen

Aus einer befruchteten Eizelle entwickelt sich ein neuer Mensch. Eine Schwangerschaft dauert etwa 40 Wochen.

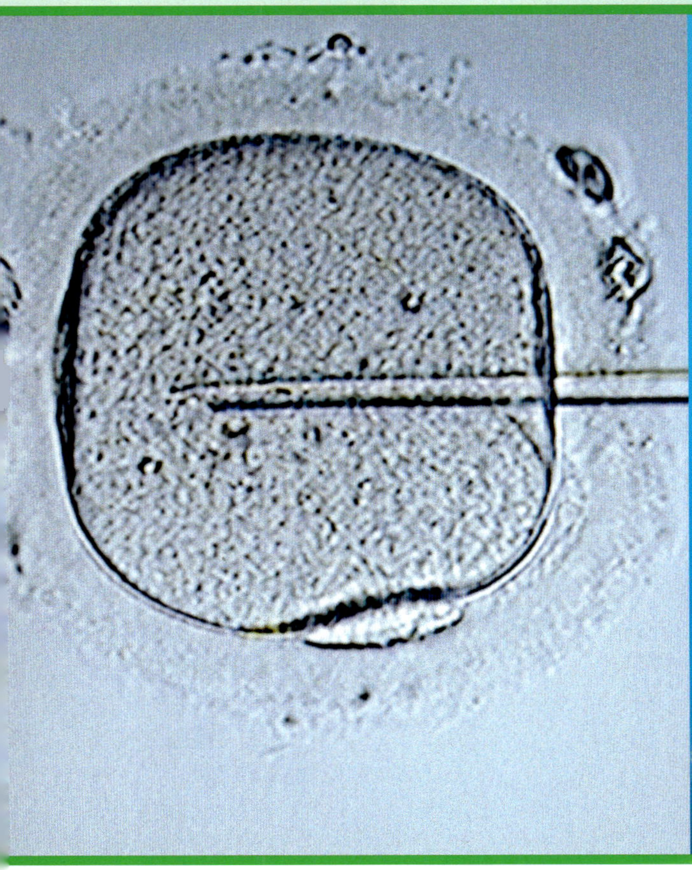

Manchmal bleiben Paare ungewollt kinderlos. Welche Möglichkeiten der künstlichen Befruchtung gibt es?

Eine gesunde Lebensführung der werdenden Mutter ist wichtig für die gesunde Entwicklung des Kindes. Dazu gehört der Verzicht auf Alkohol und Nikotin.

Der weibliche Zyklus

1 Die erste Regelblutung – ein spannendes Thema

2 Hilfe bei Beschwerden

Bei Mädchen setzt in der Pubertät eine monatliche Blutung ein. Was passiert dabei im Körper?

Jeden „Monat“ wieder ... • In den Eierstöcken von Mädchen liegen bei der Geburt etwa 400 000 unreife Eizellen vor. Ab der Pubertät bewirken verschiedene Geschlechtshormone, dass monatlich eine Eizelle reift.

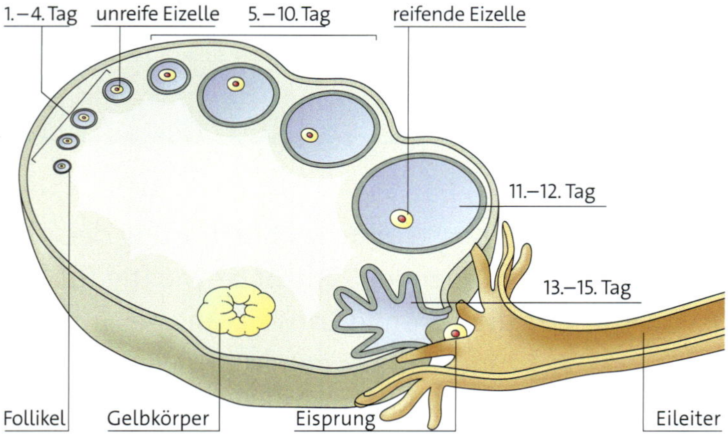

3 Eireifung im Eierstock

An die Reifung einer Eizelle schließt sich eine Blutung an. Bei den meisten Mädchen erfolgt die erste Eireifung mit anschließender Blutung zwischen dem 11. und 14. Lebensjahr. Daraufhin reift etwa 40 Jahre lang regelmäßig eine Eizelle. Die Blutung wird Regelblutung oder Menstruation genannt. Weil sich die Vorgänge im Körper von der Eireifung bis zur Menstruation wiederholen, spricht man von einem Kreislauf, einem Zyklus. Ein Zyklus dauert etwa 23 bis 35 Tage. Er kann aber auch länger oder kürzer sein.

Weiblicher Zyklus • In den Eierstöcken liegen unreife Eizellen in Bläschen vor, den Follikeln. → 3 Die Hormone der Hirnanhangsdrüse bewirken, dass in einem der beiden Eierstöcke eine Eizelle reift. → 4 Der Follikel wächst und produziert Östrogen. Dieses Hormon bewirkt, dass sich die Schleimhaut der Gebärmutter aufbaut.

die Regelblutung
die Menstruation
der Zyklus
der Eisprung

Nach etwa 14 Tagen platzt der Follikel und die reife Eizelle gelangt in den Eileiter. Diesen Vorgang nennt man Eisprung. Nun bewegt sich die Eizelle durch den Eileiter zur Gebärmutter. In dieser Zeitspanne könnte sie von einer Spermienzelle befruchtet werden. Nach dem Eisprung wird der geplatzte Follikel gelblich. Er wird daher Gelbkörper genannt. Der Gelbkörper bildet nur noch wenig Östrogen, dafür aber Progesteron. Das bewirkt den weiteren Aufbau und die stärkere Durchblutung der Gebärmutterschleimhaut. Eine befruchtete Eizelle könnte sich nun in der Gebärmutter weiterentwickeln. Falls die Eizelle nicht befruchtet wird, löst sich der Gelbkörper im Eierstock auf und es wird kein Progesteron mehr produziert. Die Gebärmutterschleimhaut löst sich ab und wird zusammen mit der Eizelle durch die Scheide ausgeschieden. Die Menstruation dauert meistens 4 bis 5 Tage.

Menstruationsbeschwerden • Viele Mädchen verspüren kurz vor Einsetzen der Menstruation ein Unwohlsein und ein Ziehen im Unterleib und Rücken. Mit Wärme, Ruhe und Kräutertees lassen sich die Beschwerden lindern. Reichen diese Mittel nicht, kann man seine Frauenärztin um Rat fragen.

Hygiene • Das Blut der Menstruation lässt sich mit Binden, Tampons oder einer Menstruationstasse auffangen. Wenn man sie richtig anwendet und regelmäßig wechselt, schützen sie sicher davor, dass Blut durchdringt.

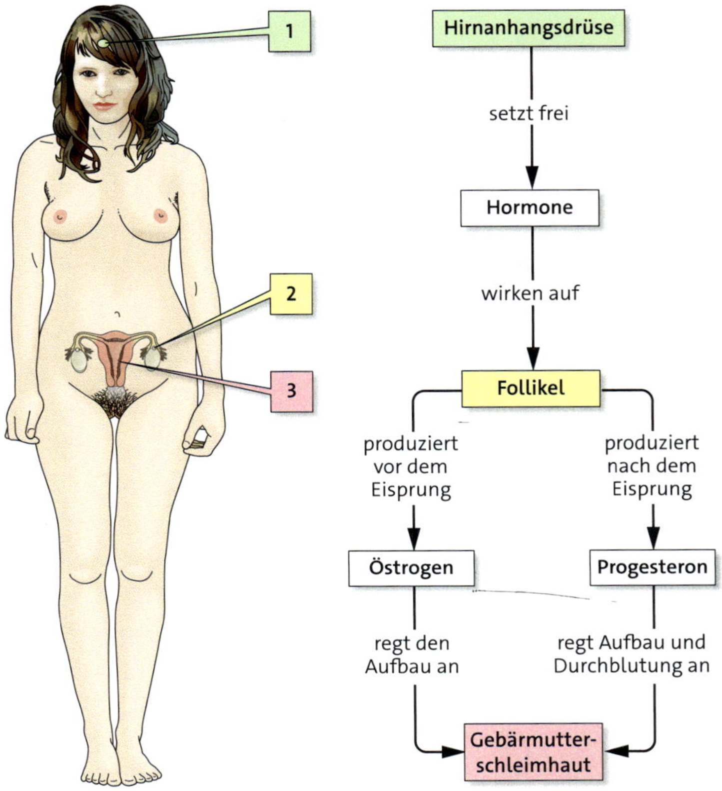

4 Der weibliche Zyklus wird durch Hormone gesteuert.

Der weibliche Zyklus wird durch Östrogen und Progesteron gesteuert. Wird die reife Eizelle nicht befruchtet, wird die aufgebaute Gebärmutterschleimhaut als Regelblutung ausgeschieden.

Aufgaben

1 ☒ Bringe die folgenden Vorgänge in die richtige Reihenfolge: Eisprung, Menstruation, Eireifung.

2 ☒ Erkläre, wieso man von einem weiblichen Zyklus spricht.

Der weibliche Zyklus

Material A

Zyklusverlauf

Der weibliche Zyklus wiederholt sich regelmäßig. Durch Hormone gesteuert baut sich die Gebärmutterschleimhaut jeden Monat einmal auf, um eine befruchtete Eizelle aufzunehmen. Wird die reife Eizelle nicht befruchtet, löst sich die Gebärmutterschleimhaut ab und wird bei der Menstruation durch die Scheide ausgeschieden.

1 Ordne die Bilder zum Verlauf des Zyklus in die richtige Reihenfolge. → 1

2 Beschreibe die jeweils abgebildeten Vorgänge in den weiblichen Geschlechtsorganen. Benutze die Fachwörter: Eizelle, Eierstock, Eileiter, Eisprung, Follikel, Gelbkörper, Gebärmutterschleimhaut, Menstruation.

3 Nenne die Zeitspanne, in der die Eizelle befruchtet werden kann.

4 Erkläre, welchen Unterschied es für die Entwicklung der Gebärmutterschleimhaut macht, ob die Eizelle befruchtet wird oder nicht.

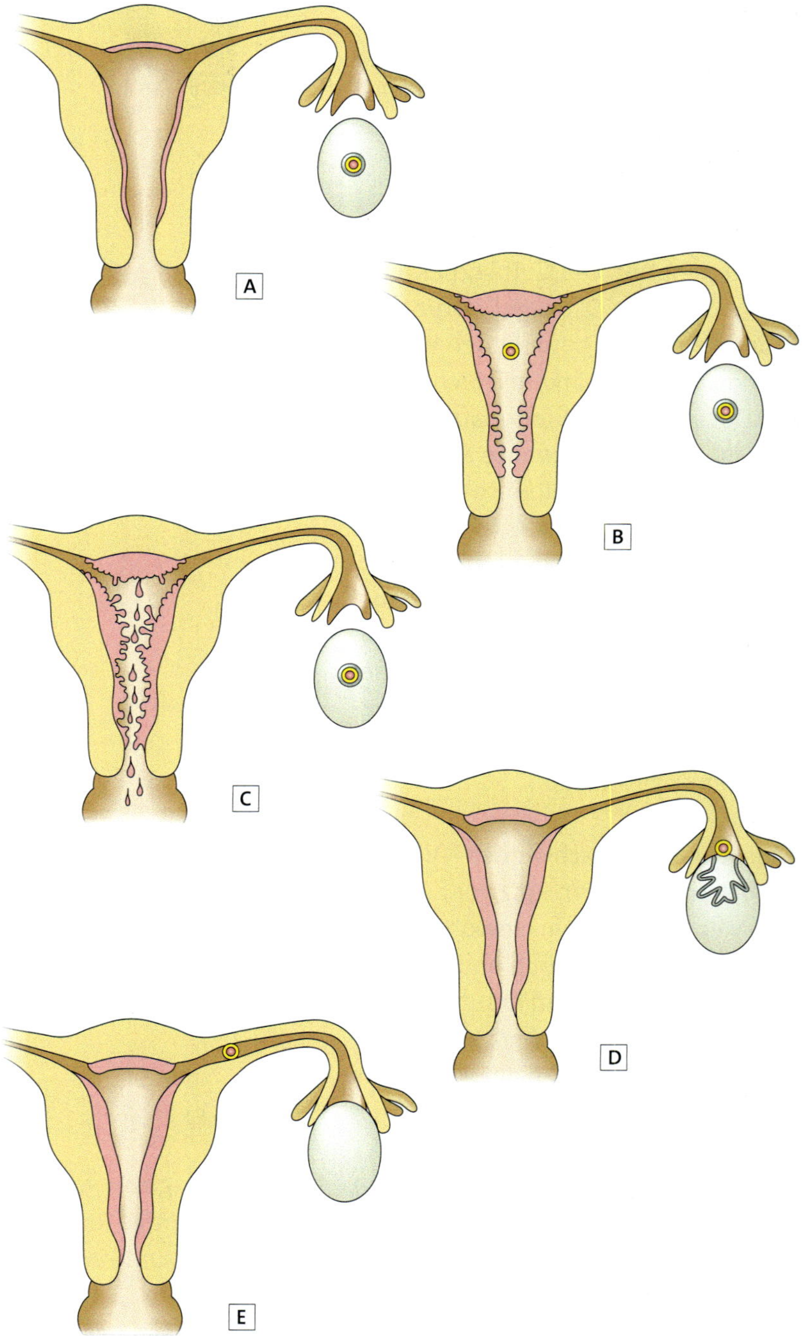

1 Phasen des Zyklus

Material B

Binden und Tampons

Viele Mädchen denken, dass sie während der Menstruation sehr viel Blut verlieren. Dabei sind es nur 50 bis 150 ml. Zudem befürchten sie, dass Binden oder Tampons das Blut nicht sicher auffangen.

2 Binden und Tampons

Materialliste: Binden, Tampons, Becherglas, 200 ml Wasser

1 Untersuche die Binde.

a Beschreibe, wie die Binde verpackt ist. Erkläre.

b Nenne die Materialien, aus der die Binde besteht, in ihrer Abfolge von oben nach unten. Trage dafür Schicht für Schicht ab.

c Erkläre, wodurch die Binde einen Schutz gegen Durchbluten bietet.

2 Untersuche den Tampon.

a Beschreibe, wie der Tampon verpackt ist. Erkläre.

b Nenne die verwendeten Materialien.

c Erkläre, warum der Rückholfaden reißfest sein muss, und prüfe die Reißfestigkeit.

3 Schutz vor Durchbluten

a Berechne, wie viel Blut täglich ausgeschieden wird, wenn eine Regelblutung 4 Tage anhält.

b Versetze eine Binde und einen Tampon mit der berechneten Wassermenge.

c Beurteile anhand deiner Untersuchung, ob Binden und Tampons vor Durchbluten schützen.

Material C

Steuerung des Zyklus

1 Beschreibe die Vorgänge im Eierstock.

2 Erkläre die Entwicklung der Konzentrationen von Östrogen und Progesteron im Laufe des Zyklus.

3 Beschreibe die Auswirkungen von Östrogen und Progesteron auf die Gebärmutterschleimhaut. Dabei hilft dir auch Bild 4 auf der Basisseite.

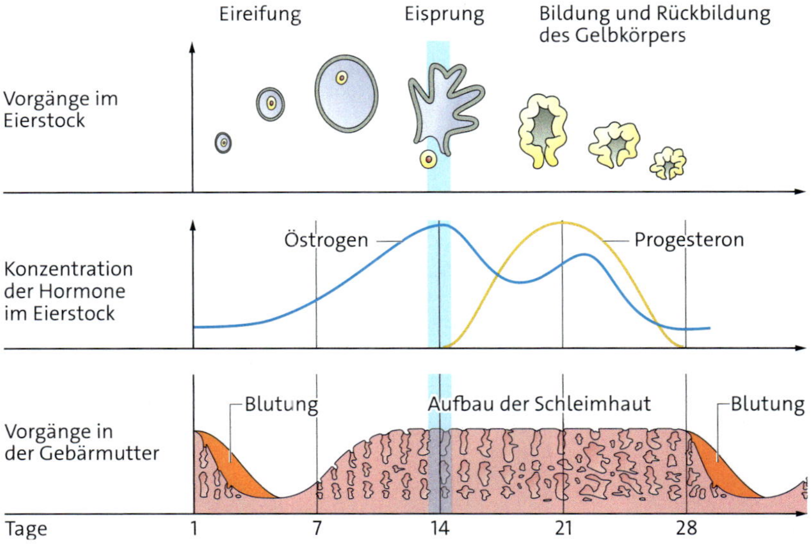

3 Vorgänge und Steuerung des weiblichen Zyklus

Embryonalentwicklung

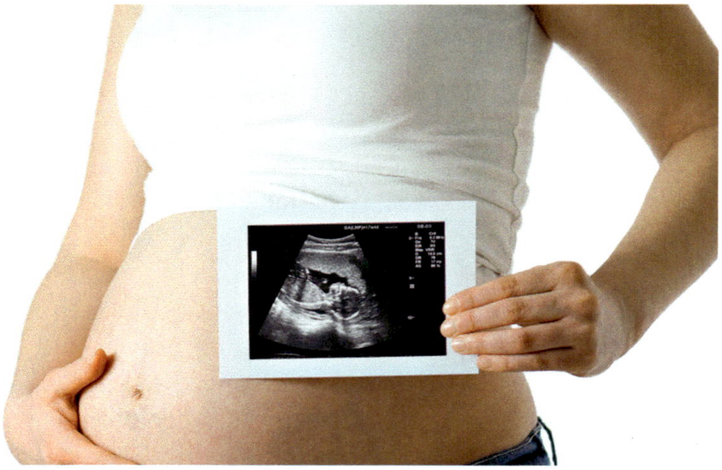

1 Ultraschallbild

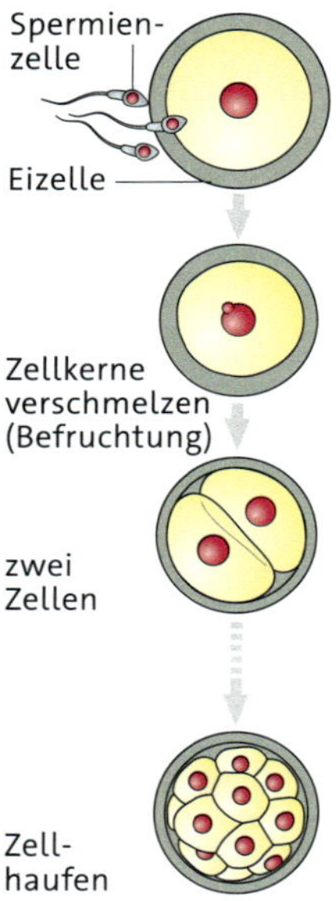

2 Zellteilungen

Ultraschalluntersuchungen helfen, den Verlauf der Schwangerschaft und die Entwicklung des werdenden Kindes zu beobachten.

Befruchtung • Mit jedem Eisprung gelangt eine reife Eizelle in den Eileiter. Wenn sich dort Spermienzellen befinden, kann eine einzige Spermienzelle in die Eizelle eindringen. Dabei verschmelzen die Kerne beider Zellen. Diesen Vorgang nennt man Befruchtung.

Einnistung • Nach der Befruchtung wird die Eizelle durch den Eileiter in Richtung Gebärmutter transportiert. Noch im Eileiter entsteht durch mehrfache Teilungen ein vielzelliger Zellhaufen. → 2 Dieser entwickelt sich weiter zu einer hohlen Zellkugel, dem Bläschenkeim. → 3 Sobald er die Gebärmutter erreicht hat, verwächst der Bläschenkeim mit der Gebärmutterschleimhaut, die bis dahin gebildet wurde. Mit diesem als Einnistung bezeichneten Vorgang beginnt eine Schwangerschaft.

Embryo • Der Keim wird jetzt Embryo genannt. Rasch entwickelt er sich: Ab der sechsten Woche nach der Befruchtung schlägt sein Herz. Nach acht Wochen sind alle inneren Organe angelegt.
Der Embryo schwimmt in einer mit Fruchtwasser gefüllten Fruchtblase. Sie schützt ihn vor Erschütterungen. → 4

Fetus • Ab dem dritten Schwangerschaftsmonat spricht man vom Fetus. Er reagiert nun auf Berührungen. Skelett und Gliedmaßen bilden sich aus. → 5 Ab der 28. Schwangerschaftswoche öffnet der Fetus die Augen und

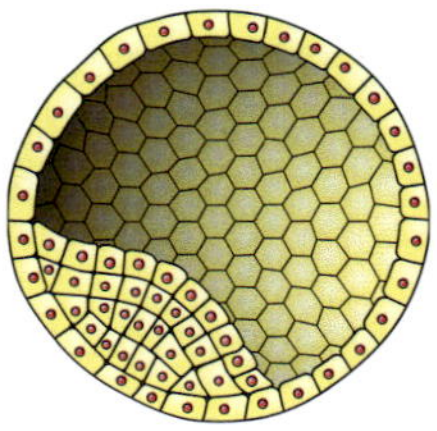

3 Bläschenkeim

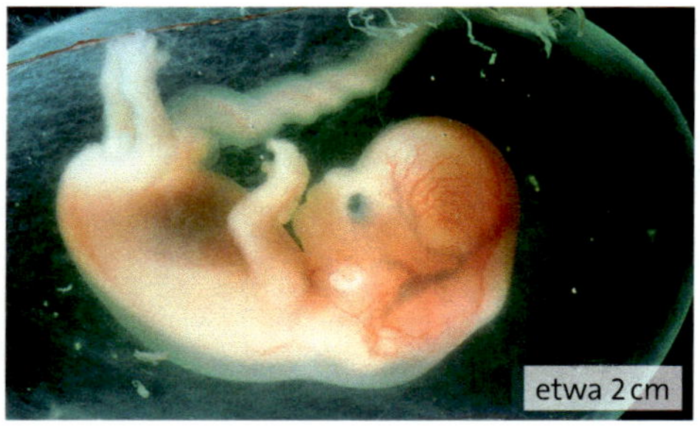

4 Embryo in der 8. Woche

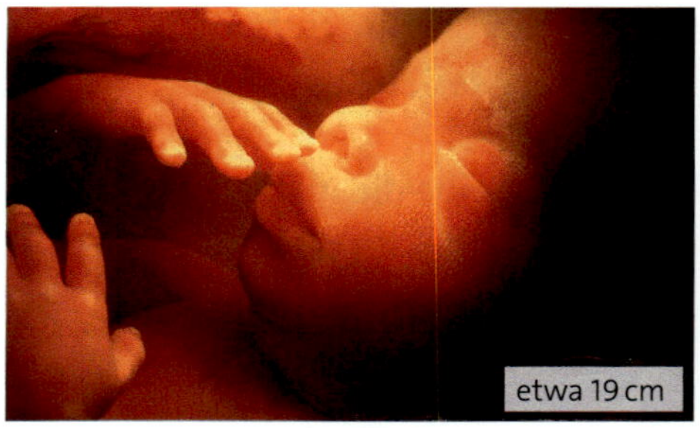

5 Fetus in der 20. Woche

die **Befruchtung**
der **Zellhaufen**
der **Bläschenkeim**
die **Einnistung**
die **Plazenta**

kann bewusst zwischen Hell und Dunkel unterscheiden.
Ab dem siebten Schwangerschaftsmonat hört der Fetus Geräusche wie die Stimmen seiner Eltern. Laute, plötzliche Geräusche können ihn erschrecken. Ruhige Musik sorgt für Entspannung und ein Gefühl der Geborgenheit. Bereits im Mutterleib trainiert der Fetus seinen Geschmackssinn. Er kann das süßliche Fruchtwasser schmecken.

Plazenta • Die Plazenta besteht vorwiegend aus Blutgefäßen, die sowohl von der Mutter als auch vom Fetus stammen. Sie versorgt den Fetus über die Nabelschnur mit Sauerstoff, Nährstoffen, Vitaminen und Wasser. Umgekehrt werden Abfallstoffe wie Harnstoff und Kohlenstoffdioxid in das mütterliche Blut abgegeben. → 6 7

Geburt • Etwa 40 Wochen nach der Einnistung wird die Geburt eingeleitet. Sie lässt sich in drei Abschnitte einteilen:

- Eröffnungsphase – Die Geburt beginnt mit unregelmäßigen leichten Wehen. Von Wehen spricht man, wenn sich die Muskeln der Gebärmutter zusammenziehen. Auch das Platzen der Fruchtblase, der Blasensprung, kann den Beginn der Geburt ankündigen.
- Austreibungsphase – Die Mutter presst während der Wehen das Kind durch die Scheide nach außen. Die Nabelschnur wird einige Zentimeter vom Körper des Kindes abgeklemmt und durchtrennt.
- Nachgeburtsphase – In dieser Phase werden die Plazenta, die Fruchtblase und der Rest der Nabelschnur abgestoßen.

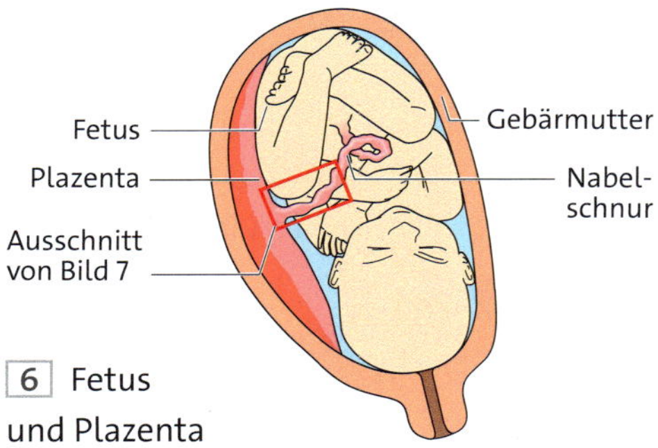

6 Fetus und Plazenta

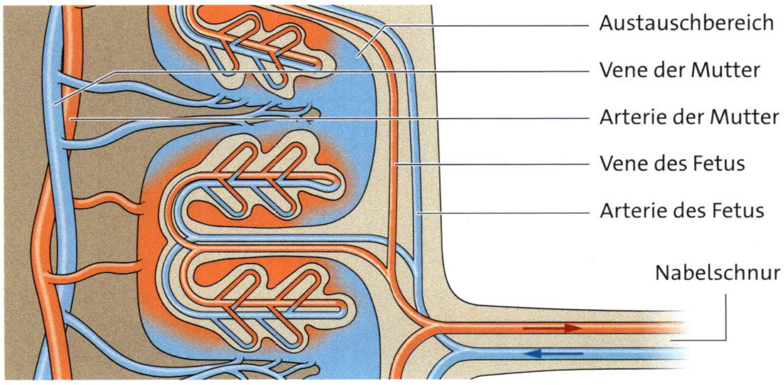

7 Schnitt durch die Plazenta

Innerhalb von 40 Wochen entwickelt sich ein Kind in der Gebärmutter. Über die Plazenta wird es mit lebensnotwendigen Stoffen versorgt.

Aufgaben

1 Unterscheide die Begriffe Embryo und Fetus.

2 Erkläre, wie der Stoffaustausch zwischen Mutter und Kind erfolgt.

Embryonalentwicklung

Material A

Einnistung

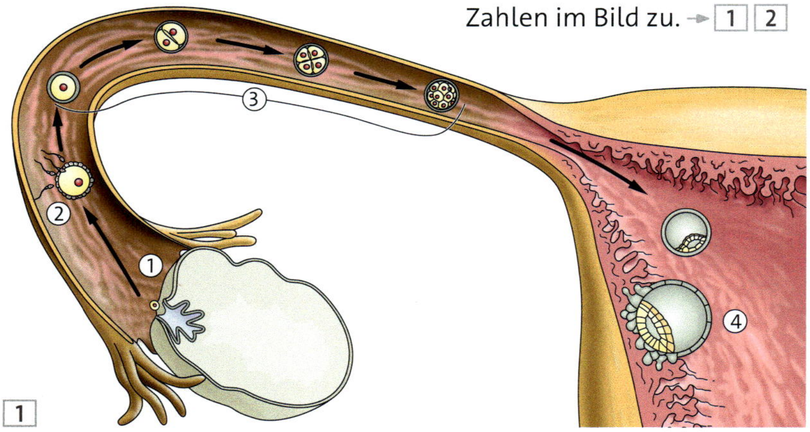

1

1 ☑ Ordne die Beschreibungen A–D in der Tabelle den Zahlen im Bild zu. → 1 2

2 ☒ Was passiert, wenn keine Einnistung stattfindet? → 1 Beschreibe es.

A	Die Eizelle wird von einer Spermienzelle befruchtet.
B	Das Eibläschen platzt auf. Die reife Eizelle wird in den Eileiter gespült.
C	Das Keimbläschen nistet sich in die Gebärmutterschleimhaut ein.
D	Die befruchtete Eizelle wird in Richtung Gebärmutter bewegt und teilt sich mehrfach.

2

Material B

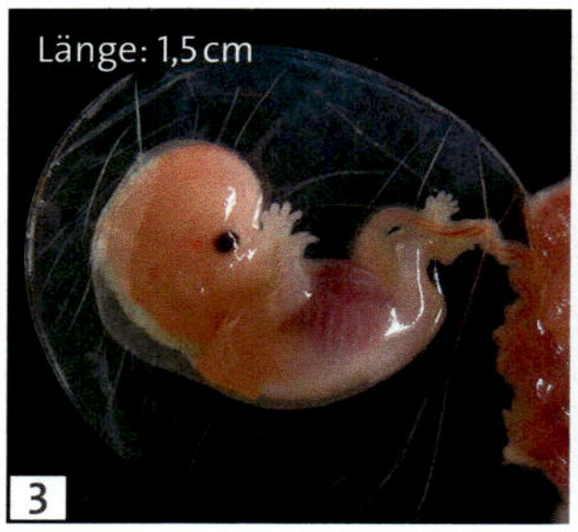

3

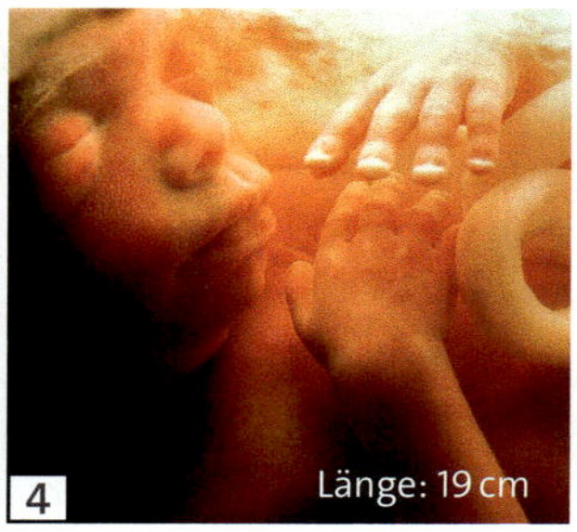

4

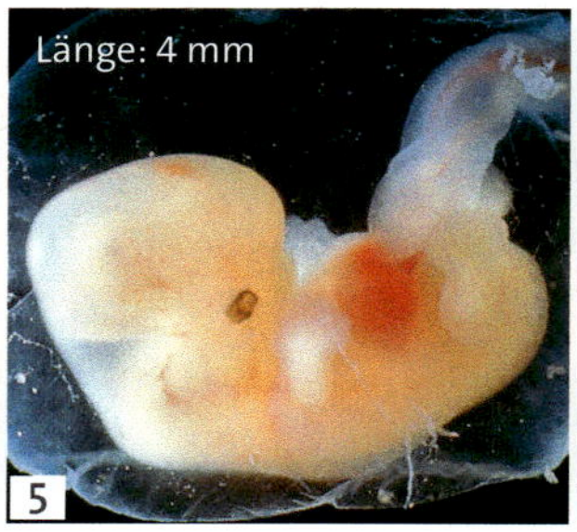

5

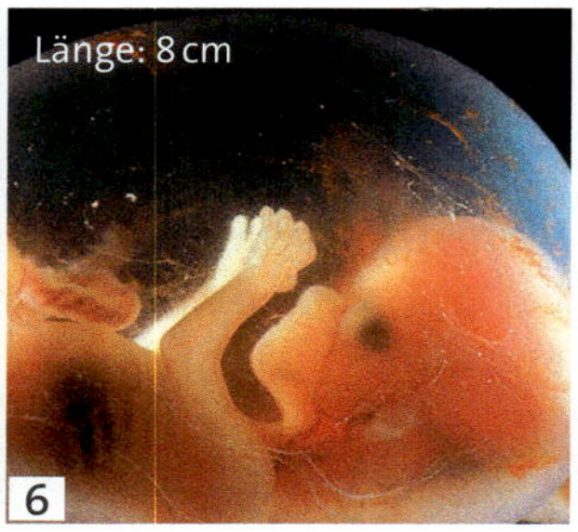

6

Entwicklung

1 In jeder Schwangerschaftswoche entwickelt sich das entstehende Kind weiter.

a ☑ Ordne die Bilder 3–6 folgenden Schwangerschaftswochen zu: 6., 8., 14. und 20. Woche.

b ☒ Begründe deine Zuordnungen mithilfe von Bild 7.

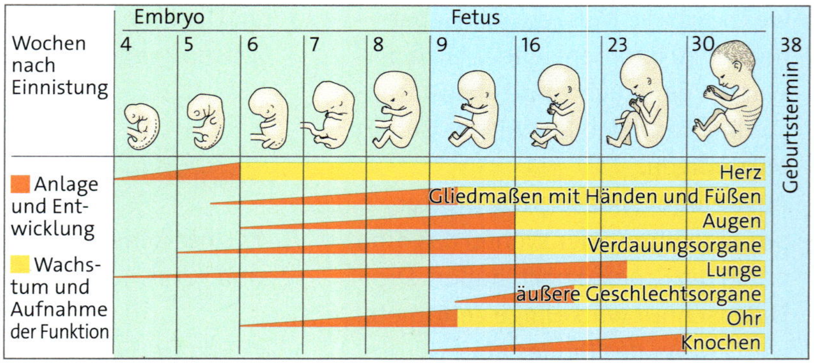

7 Entwicklung der Organe

Material C

Zwillinge

Gelegentlich kommt es vor, dass eine Frau gleichzeitig mit zwei Kindern schwanger ist. Sie bekommt Zwillinge, die eineiig oder zweieiig sein können. In Deutschland ist etwa jede 64. Geburt eine Zwillingsgeburt.

8 Eineiige Zwillinge

9 Zweieiige Zwillinge

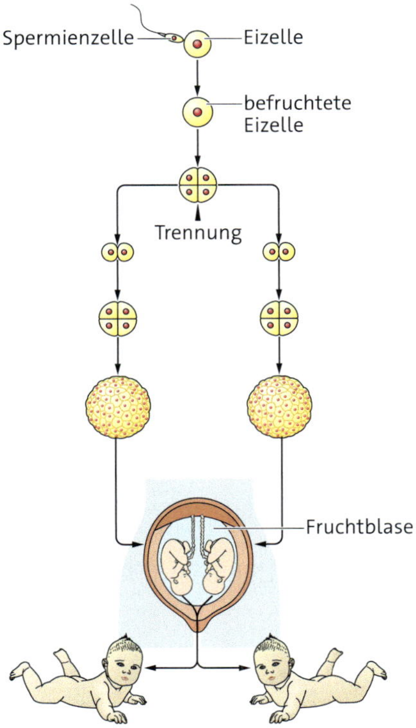

10 Eineiige Zwillinge

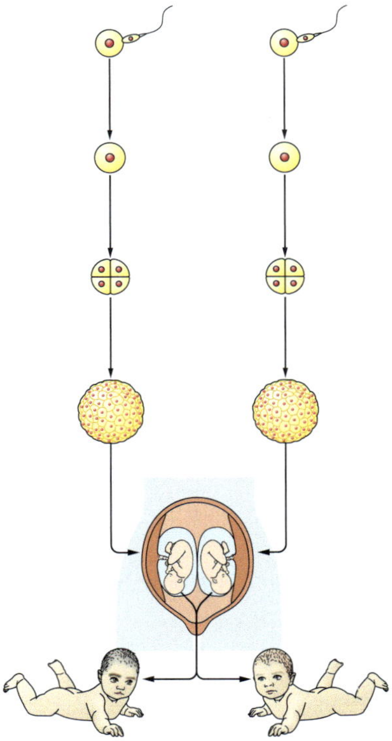

11 Zweieiige Zwillinge

1 eineiig – zweieiig

a Nenne Unterschiede zwischen eineiigen und zweieiigen Zwillingen. → 8 9

b Beschreibe die Entstehung von eineiigen und zweieiigen Zwillingen mithilfe der Bilder. → 10 11

2 Beurteile die folgende Aussage: „Zwillinge sehen sich immer zum Verwechseln ähnlich."

3 Diese Kinder sind ganz besondere Geschwister, nämlich Vierlinge. → 12

a Vermute, aus wie vielen Eizellen die Vierlinge entstanden sind.

b Begründe deine Vermutungen.

12 Vierlinge

Gefahren für den Fetus

1 Ausgewogene Ernährung – Teil der gesunden Lebensführung

Eine gesunde Lebensführung der werdenden Mutter ist entscheidend für die gesunde Entwicklung des Kindes.

Plazentaschranke • In der Plazenta liegen mütterliche und kindliche Blutgefäße so nah beieinander, dass ein Stoffaustausch möglich wird. Da nicht alle Stoffe die Plazenta passieren können, spricht man von einer Plazentaschranke. Dieses Hindernis kann jedoch nicht verhindern, dass einige schädliche Stoffe und Krankheitserreger den Embryo erreichen. Schäden oder Fehlgeburten können die Folge sein.

2 Kein Alkohol!

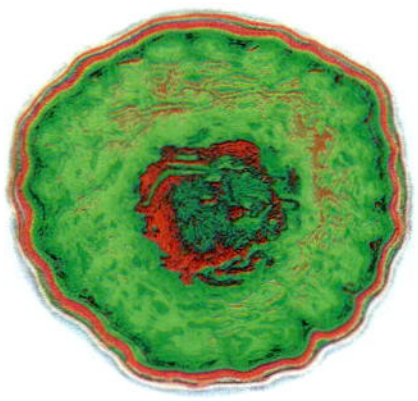

3 Rötelnvirus (ca. 300 000-fach vergrößert)

Alkohol und Nikotin • Die Gifte Alkohol und Nikotin können die Plazentaschranke problemlos überwinden. Die Zeit bis zur achten Schwangerschaftswoche ist besonders wichtig. Die jungen Zellen reagieren in dieser Zeit äußerst empfindlich auf alle störenden Einflüsse. Alkoholgenuss und Rauchen können zu Missbildungen des ungeborenen Kindes führen und die Wahrscheinlichkeit einer Frühgeburt deutlich erhöhen. → 2

Drogen und Medikamente • Arzneimittel und Drogen enthalten Wirkstoffe, die die Plazentaschranke durchdringen. Besonders in der Phase der Organbildung kann es zum Beispiel zur unvollständigen Ausbildung von Gliedmaßen kommen.

Infektionskrankheiten • Einige Krankheiterreger können den Schutz der Plazenta überwinden. Besonders gefährlich sind die Röteln. → 3 Diese Virusinfektion kann beim ungeborenen Kind zu Herzfehlern oder Taubheit führen. Die vorbeugende Impfung aller Mädchen ist eine unbedingt notwendige Schutzmaßnahme.

Genussmittel wie Alkohol und Nikotin, aber auch Medikamente, Drogen und einige Krankheiterreger können die Entwicklung des Kindes nachhaltig schädigen.

Aufgaben

1 Beschreibe den Begriff Plazentaschranke.

2 Begründe, warum die Plazentaschranke den Embryo nicht vollständig schützen kann.

die Plazentaschranke
die Fehlgeburt
die Röteln
der Rötelnvirus

Material A

Verantwortungsbewusstes Verhalten

Die Lebensgewohnheiten der werdenden Mutter können sich schädlich auf das ungeborene Kind auswirken.

1 Positive und negative Einflüsse → 4

a ⊠ Beurteile die Einflüsse auf das werdende Kind.

b ⊠ Beschreibt, wie eine werdende Mutter die gesunde Entwicklung ihres ungeborenen Kindes fördern kann.

c ⊠ Diskutiert in der Klasse, wie eine werdende Mutter unterstützt werden kann.

4

Material B

Plazentaschranke

1 ⊠ Nenne die Stoffe, die vom mütterlichen in den kindlichen Kreislauf übergehen und umgekehrt. → 5

2 ⊠ „Es ist wichtig, dass Nährstoffe wie Kohlenhydrate, Fette und Eiweiße oder auch Vitamine und Mineralstoffe von der Mutter zum Kind gelangen können.“ Begründe die Aussage.

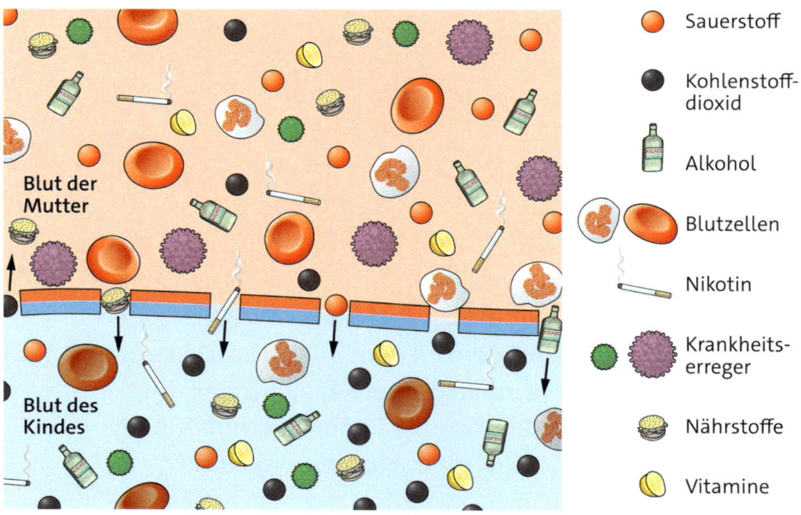

5 Plazentaschranke

Künstliche Befruchtung

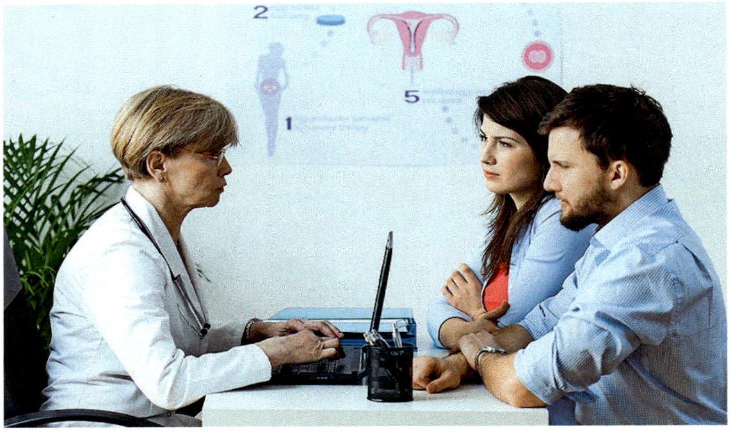

1 Beratungsgespräch bei unerfülltem Kinderwunsch

Manchmal bleiben Paare ungewollt kinderlos. Wie können Ärzte helfen?

Unerfüllter Kinderwunsch • Die Gründe für Kinderlosigkeit können vielfältig sein. Oft gibt es körperliche Ursachen, die mit den Spermien des Mannes oder dem Eileiter der Frau zusammenhängen. Auch Stress oder die Wirkung von Medikamenten können zu Kinderlosigkeit führen. In einigen Fällen hilft eine künstliche Befruchtung. Die Chance, auf diesem Weg ein Kind auszutragen, liegt bei 20 bis 40 Prozent.

Befruchtung im Reagenzglas • Bei der künstlichen Befruchtung erfolgt die Befruchtung außerhalb des Körpers. Nach einer Hormonbehandlung entnimmt der Arzt mehrere reife Eizellen aus dem Eierstock der Frau. Diese werden in einem Reagenzglas mit Nährlösung mit den Spermienzellen des Mannes zusammengebracht.
Die Befruchtung, die man auch als Fertilisation bezeichnet, wird künstlich in einem Glas (lat. in vitro: im Glas) angeregt. Diese Methode nennt man In-vitro-Fertilisation (IVF). Die befruchtete Eizelle teilt sich zwei bis fünf Tage lang im Reagenzglas. Es werden in der Regel zwei gesunde Embryos ausgewählt und in die Gebärmutter übertragen. Dies nennt man Embryotransfer. Das Geschlecht ist in Deutschland nicht frei wählbar. Weil eine Schwangerschaft mit mehreren Babys risikoreicher ist, hofft man, dass sich nur ein Embryo in der Gebärmutter einnistet.

Spermieninjektion • Wenn im Ejakulat des Mannes zu langsame oder unzureichend viele Spermienzellen sind, können sie auch im Reagenzglas die Eizelle nicht befruchten.
In diesem Fall wird eine einzelne Spermienzelle direkt in die Eizelle eingespritzt. Diese Methode nennt man intrazelluläre Spermieninjektion (ICSI). Nach der Befruchtung wird der Embryo in die Gebärmutter übertragen.

Ärzte können ungewollt kinderlosen Paaren durch künstliche Befruchtung helfen.

Aufgaben

1 Nenne mögliche Ursachen für Kinderlosigkeit.

2 Erkläre, wie man den Begriff „In-vitro-Fertilisation" auf Deutsch übersetzen könnte.

die In-vitro-Fertilisation (IVF)
die Spermieninjektion (ICSI)
der Embryotransfer

Material A

In-vitro-Fertilisation (IVF)

Wenn der Wunsch nach einem eigenen Kind besteht, können reife Eizellen der Mutter im Reagenzglas mit Spermienzellen des Vaters zusammengebracht werden. → 2

1 ☒ Beschreibe den Vorgang der IVF. Benutze folgende Begriffe: Hormonbehandlung, mehrere reife Eizellen, Reagenzglas, Zellteilung, Embryos, Spermienzellen, Embryotransfer, Einnistung.

2 ☒ Unfruchtbarkeit kann verschiedenen Auslöser haben. Nenne einen Auslöser, bei dem eine IVF erfolgversprechend ist.

3 ☒ Erkläre, wieso es bei der IVF häufiger als bei der natürlichen Befruchtung zur Geburt mehrerer Kinder kommt.

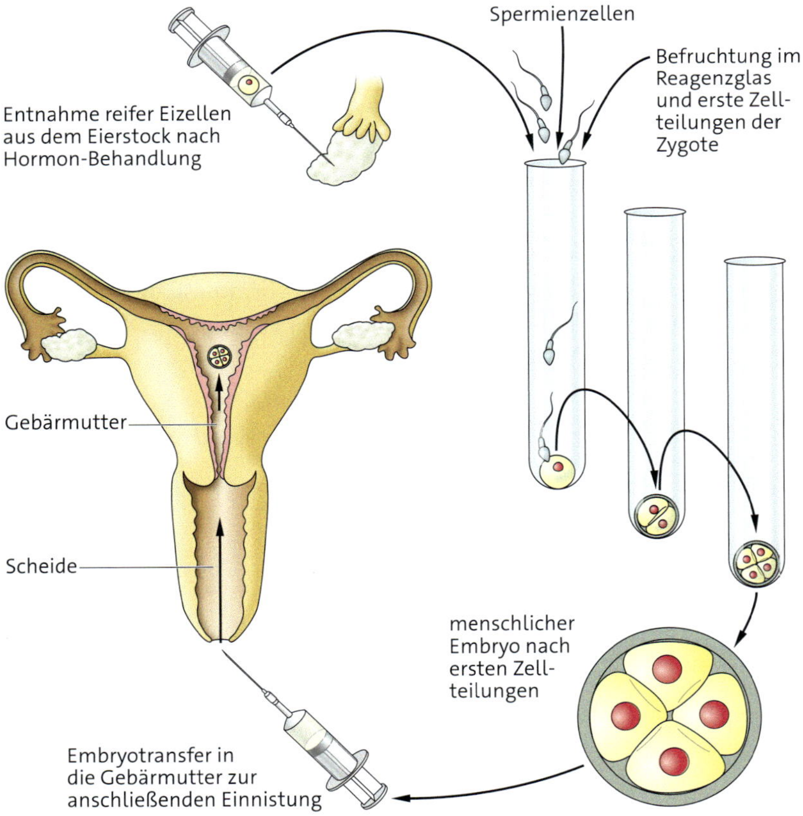

2 Die In-vitro-Fertilisation

Material B

Spermieninjektion (ICSI)

Bei manchen Männern sind die Spermienzellen unbeweglich. Ärzte können mit einer feinen Injektionsnadel eine Spermienzelle dem Hoden entnehmen, die sie dann unter dem Mikroskop direkt in die Eizelle einsetzen. → 3

1 ☒ Beschreibe den Vorgang der Spermieninjektion. → 3 4

2 ☒ Erkläre, in welchem Fall eine ICSI im Gegensatz zu einer IVF sinnvoll ist.

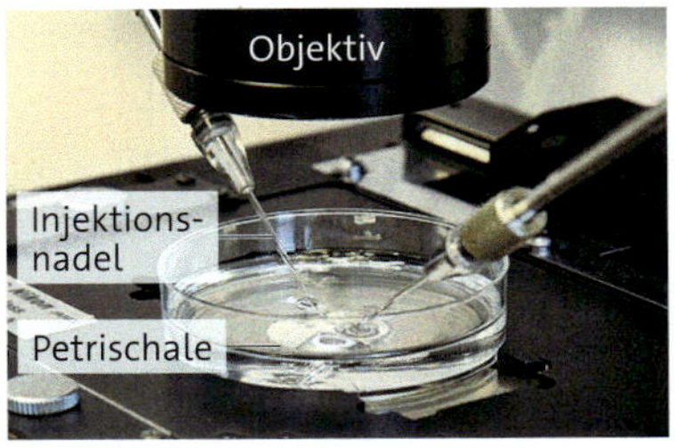

3 Spermieninjektion in die Eizelle

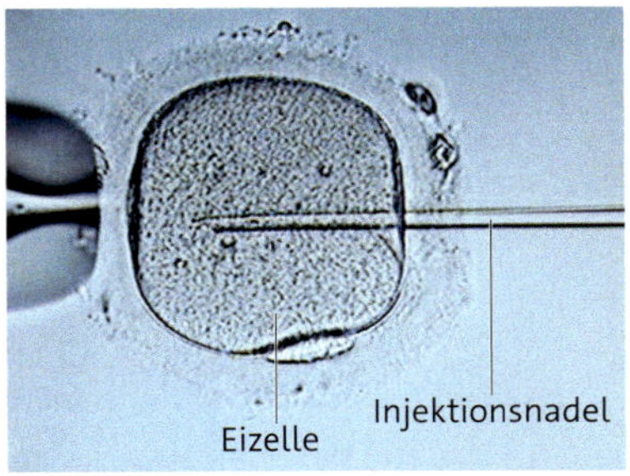

4 Mikroskopisches Bild der ICSI

Künstliche Befruchtung

Erweitern und Vertiefen

Präimplantationsdiagnostik

Ablauf • Wie bei der In-vitro-Fertilisation entnimmt man Eizellen aus den Eierstöcken. Die Eizellen werden dann im Reagenzglas mit Spermienzellen befruchtet. Bevor die dadurch entstandenen Embryonen wieder in die Gebärmutter eingepflanzt (implantiert) werden, können sie auf Anzeichen für Erbkrankheiten und Unregelmäßigkeiten an den Chromosomen untersucht werden. Diese genetische Untersuchung bezeichnet man als Präimplantationsdiagnostik (PID). Hierfür werden meist mehrere Embryonen erzeugt und genetisch getestet. Jedoch wird am Ende dann nur ein Embryo mit intaktem genetischen Material in die Gebärmutter eingepflanzt. → 1

Embryonenschutzgesetz • In Deutschland regelt das Embryonenschutzgesetz den Umgang mit den Embryonen, die bei der künstlichen Befruchtung eingesetzt werden. → 2 Die PID ist nur erlaubt, wenn ein hohes Risiko für eine schwere Erbkrankheit bzw. eine Tot- oder Fehlgeburt besteht.

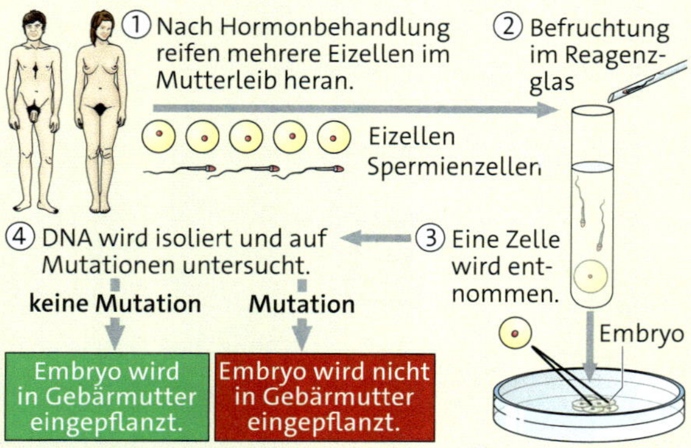

1 Ablauf der Präimplantationsdiagnostik

§ 2 Missbräuchliche Verwendung menschlicher Embryonen

(1) Wer einen … menschlichen Embryo veräußert …, erwirbt oder verwendet, wird mit Freiheitsstrafe bis zu drei Jahren oder mit Geldstrafe bestraft.

§ 3 a Präimplantationsdiagnostik

(1) Wer Zellen eines Embryos … genetisch untersucht (Präimplantationsdiagnostik), wird mit Freiheitsstrafe bis zu einem Jahr oder mit Geldstrafe bestraft.

(2) Besteht … für … Nachkommen das hohe Risiko einer schwerwiegenden Erbkrankheit, handelt nicht rechtswidrig, wer zur Herbeiführung einer Schwangerschaft … Zellen des Embryos … auf die Gefahr dieser Krankheit genetisch untersucht. Nicht rechtswidrig handelt auch, wer eine Präimplantationsdiagnostik … zur Feststellung einer schwerwiegenden Schädigung des Embryos vornimmt, die mit hoher Wahrscheinlichkeit zu einer Tot- oder Fehlgeburt führen wird.

2 Embryonenschutzgesetz (gekürzter Auszug)

Aufgaben

1 Erkläre den Begriff Präimplantationsdiagnostik und beschreibe das Verfahren. → 1

2 Die genetische Untersuchung eines Embryos ist grundsätzlich verboten. Stelle Ausnahmen dieser Regelung dar.

Material C

Adam Nash – das erste Kind nach Maß

Adam Nash kam im August 2000 im US-Bundesstaat Colorado zur Welt. Er ist der erste Mensch, der durch künstliche Befruchtung im Labor gezeugt und mithilfe der Präimplantationsdiagnostik getestet wurde. Adam wurde gezeugt, um seiner sechs Jahre älteren todkranken Schwester Molly das Leben zu retten. Molly litt an einer erblichen Form von Blutarmut. Ihr Körper konnte nicht genug Knochenmarkzellen bilden, die für die Herstellung von roten Blutkörperchen verantwortlich sind. Blutkrebs ist die häufige Folge dieser Erbkrankheit. Neben Adam wurden 14 weitere im Labor hergestellte Embryonen genetisch getestet. Diese wurden vernichtet. Die Embryonen waren nicht krank, sondern sie hatten nicht die genetische Ausstattung, um Adams Schwester Molly zu helfen. Adam hatte als Einziger den Gentest bestanden, weil die Erbkrankheit seiner Schwester nicht in seinen Genen steckte und seine Zellen mit Mollys Zellen am ehesten übereinstimmten. Kurz nach seiner Geburt entnahmen Ärzte Blut aus seiner Nabelschnur, um daraus gesunde Knochenmarkzellen zu gewinnen. Das rettete Adams Schwester das Leben.

3

Umstrittene Präimplantationsdiagnostik (PID)

1 ☒ Adam Nash wurde in Zeitungsartikeln als „Zellspender" und „Designerbaby" bezeichnet. Lies den Text und nimm Stellung zu den Bezeichnungen. → 3

2 ☒ Die Meinungen zur Präimplantationsdiagnostik sind sehr verschieden. → 4

a Formuliere deinen eigenen begründeten Standpunkt. Überlege dir Bedingungen, unter denen diese gentechnische Methode für dich annehmbar wäre.

b Diskutiert in der Klasse über die unterschiedlichen Meinungen.

4

Vorgeburtliche Untersuchungen

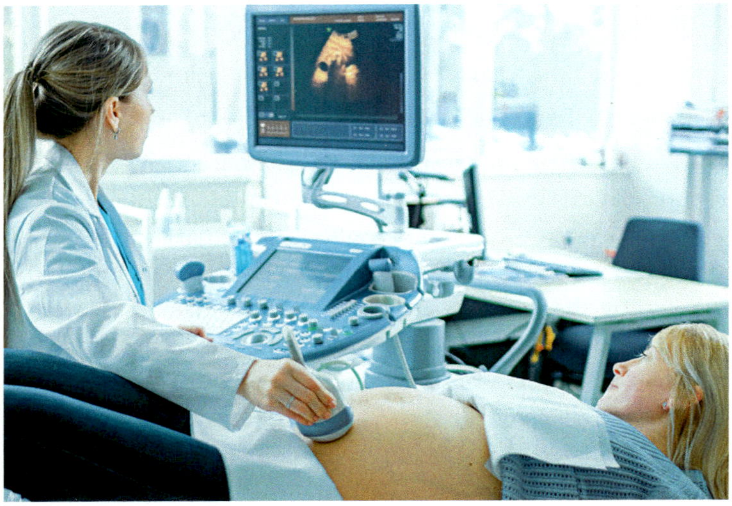

1 Ultraschalluntersuchung

Von werdenden Eltern hört man oft den Wunsch: „Hauptsache, unserem Kind geht es gut.“ Wie lässt sich der Zustand des Kindes schon vor der Geburt untersuchen?

Ultraschall • Die erste Untersuchung in der Schwangerschaft ist die Ultraschalluntersuchung. → 1 Weil dabei nicht in den Körper der Mutter oder des Kindes eingegriffen wird, gilt die Untersuchung als ungefährlich. Sie wird dreimal während der Schwangerschaft durchgeführt. Bei der ersten Ultraschalluntersuchung prüft der Arzt oder die Ärztin, ob sich der Embryo in der Gebärmutter eingenistet hat. Die Körperlänge wird bestimmt und es wird kontrolliert, ob das Herz schlägt. Bei der zweiten und der dritten Untersuchung werden die körperliche Entwicklung, die Größe und die Lage des Kindes untersucht. Auch mögliche Fehlbildungen lassen sich feststellen.

Fruchtwasser und Plazenta • Es gibt vorgeburtliche Untersuchungen, bei denen eine dünne Hohlnadel durch die Bauchdecke der schwangeren Frau geführt wird, um Fruchtwasser oder etwas Gewebe der Plazenta zu entnehmen. Daraus werden Zellen des Kindes entnommen, die im Labor auf genetische Veränderungen untersucht werden. Der Eingriff in den Körper der Mutter ist nicht ohne Risiko. Er kann vorzeitige Wehen und im schlimmsten Fall eine Fehlgeburt auslösen.

DNA-Bluttest • Ob ein Kind genetische Veränderungen aufweist, kann auch nach einer Blutentnahme bei der schwangeren Frau untersucht werden. In ihrem Blut befinden sich winzige Bruchstücke der kindlichen DNA. Sie werden dem Blut entnommen und im Labor untersucht. So lassen sich beim Kind mögliche Abweichungen in der Anzahl der Chromosomen feststellen. Deuten die Ergebnisse auf genetische Veränderungen hin, werden weitere Untersuchungen empfohlen.

Mit vorgeburtlichen Untersuchungen kann man schon während der Schwangerschaft feststellen, ob das Kind wahrscheinlich gesund ist.

Aufgabe

1 ☒ Erkläre an einem Beispiel, was man unter einer vorgeburtlichen Untersuchung versteht und welches Ziel damit verfolgt wird.

Material A

Mutterpass

Zu Beginn der Schwangerschaft erhält jede Frau einen Mutterpass. Darin werden alle Untersuchungsdaten zur Entwicklung des Kindes und zur Gesundheit der Mutter sowie der voraussichtliche Geburtstermin festgehalten.

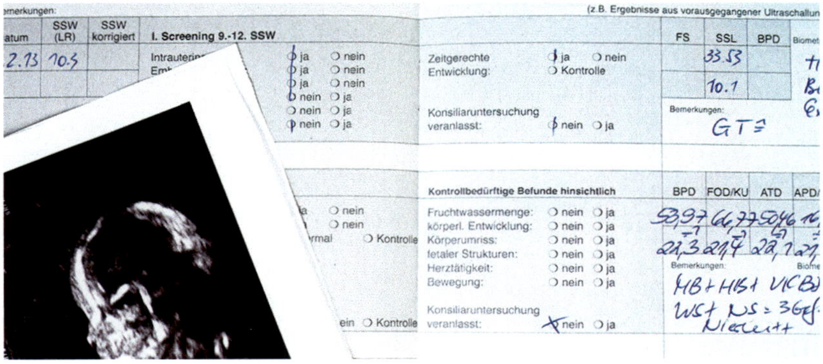

2 Auszug aus dem Mutterpass

1 ◩ Gib die Informationen an, die im Mutterpass stehen.

2 ☒ Beschreibe mögliche Vorteile des Mutterpasses.

3 ☒ Erläutere, warum eine schwangere Frau ihren Mutterpass immer bei sich tragen sollte.

4 ☒ Erkläre, wieso es sinnvoll ist, dass alle schwangeren Frauen den gleichen Mutterpass erhalten.

Material B

DNA-Bluttest

Mit dem DNA-Bluttest kann die Entwicklung des Kindes mithilfe einer Blutentnahme bei der Mutter untersucht werden. Das Verfahren hat Vorteile, führt aber auch zu Diskussionen.

1 ◩ Beschreibe das Verfahren und die möglichen Ergebnisse des DNA-Bluttests.

2 ☒ Erkläre, warum der DNA-Bluttest im Vergleich zur Entnahme von Plazentagewebe weniger riskant ist.

3 Argumente für und gegen den DNA-Bluttest

a ☒ Diskutiert in der Klasse, welche Argumente für die Durchführung des DNA-Bluttests sprechen und welche dagegen. Notiert die Argumente auf Karten.

b ☒ Ordnet die Argumente zunächst nach Pro und Kontra und dann nach ihrer Wichtigkeit.

4 ☒ Stelle deine persönliche Meinung zum DNA-Bluttest überzeugend dar. Begründe sie mit mehreren Argumenten.

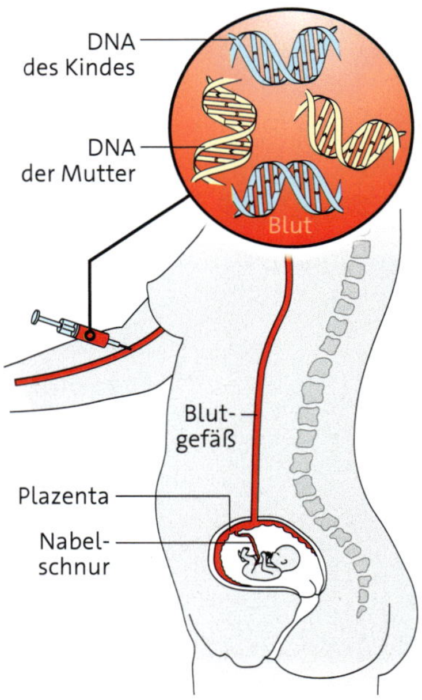

3 DNA im Blut der Mutter

Ein Leben mit Kind

1 Ein Leben mit Kind kann wunderschön sein ...

2 ... und zugleich ganz schön anstrengend.

Mit der Geburt beginnt ein neuer Lebensabschnitt für den Säugling, aber auch für die Eltern. Wie verändert sich das Leben für alle?

Nach der Geburt • Nach der Geburt kommt es bei vielen Frauen noch regelmäßig zu Blutungen. Dies kann etwa sechs Wochen andauern. Einige Frauen erleben ein Stimmungstief. Dies ist meistens nach wenigen Stunden oder Tagen wieder vorbei. Sind junge Eltern mit dem Kind zu Hause, kommen oft viele Fragen auf. Eine Hebamme kann sie beraten. Sie macht Hausbesuche.

Auszeit • Mütter werden sechs Wochen vor und acht Wochen nach der Geburt ihres Kindes von ihrem Beruf oder ihrer Ausbildung freigestellt und trotzdem bezahlt. Wenn sie noch in die Schule gehen, werden sie für eine bestimmte Zeit vom Unterricht befreit. Zudem können Mütter und Väter eine längere Auszeit vom Beruf beantragen, um sich um ihr Kind zu kümmern.

Familienleben • Beim Begriff Familie denken viele an Vater, Mutter und Kind. Doch das ist nur eine von vielen Möglichkeiten. Es gibt alleinerziehende Mütter und Väter, Patchwork-Familien, bei denen die Eltern Kinder von ihren früheren Partnern mitbringen, sowie Regenbogen-Familien, in denen die Eltern das gleiche Geschlecht haben.

Verantwortung • Die Geburt eines Kindes bedeutet für die meisten Eltern großes Glück. Gleichzeitig entstehen neue körperliche und seelische Herausforderungen. In dieser Situation ist es wichtig, die Rechte und Pflichten gerecht aufzuteilen. Kinder sind auf ihre Eltern angewiesen. Sie müssen versorgt und gepflegt werden. Außerdem brauchen sie Nähe und Zuwendung. Alle Kinder haben Grundrechte, die erfüllt werden müssen. Dazu zählen das Recht auf Nahrung, Kleidung, Bildung und Freizeit. Es ist verboten, Kindern körperlichen oder seelischen Schaden zuzufügen.

das Stillen
die Muttermilch
das Untersuchungsheft

Das erste Lebensjahr • Die ersten drei Monate verbringen Kinder vor allem mit Schlafen und Trinken. Viele Mütter füttern ihr Kind in den ersten Monaten ausschließlich mit Muttermilch. Das nennt man Stillen. Die Muttermilch enthält wichtige Nährstoffe und Antikörper. Kleine Kinder schreien öfter, zum Beispiel bei Hunger, Schmerzen oder Langeweile. Zwischen dem 3. und 6. Monat beginnen sie, durch Blicke oder Töne Kontakt aufzunehmen. Der Tastsinn bildet sich heraus und alles wird mit Händen und Mund erforscht. Nun können Kinder den Kopf heben und sich umdrehen. Ab dem 6. Monat beginnen viele Kinder, eigenständig zu sitzen und über den Boden zu robben. Manche Kinder krabbeln oder ziehen sich hoch. Sie können jetzt bekannte von fremden Menschen unterscheiden und entwickeln eine natürliche Distanz gegenüber Unbekannten. Zwischen dem 9. und 12. Monat „brabbeln" sie erstmals, indem sie Laute ausprobieren wie Da-Da oder Ma-Ma.

Vom Säugling zum Kleinkind • Kinder erweitern im zweiten Lebensjahr ihren Wortschatz und beginnen in kurzen Sätzen zu sprechen. Sie lernen Laufen. Dafür müssen sie sich zunächst hochziehen und festhalten, bis sie sich schließlich frei bewegen können. Im dritten Lebensjahr wird das Denken komplexer. Die Kinder bilden Sätze mit mehreren Wörtern, unterscheiden einfache Formen und nehmen sich selbst als eigenständige Personen wahr. Sie lernen zu rennen und zu klettern.

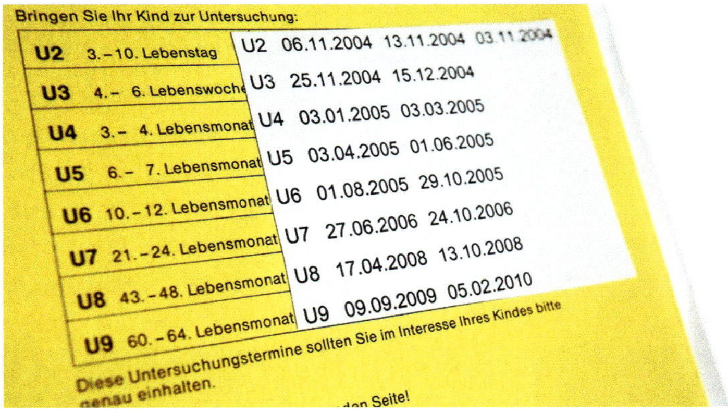

3 Terminplan im Untersuchungsheft

Kontrolle • Kinder entwickeln sich unterschiedlich schnell. Sie müssen bis zum 14. Lebensjahr regelmäßig vom Kinderarzt untersucht werden. Die Ergebnisse werden im Untersuchungsheft dokumentiert. → 3 So erhalten die Eltern eine Rückmeldung zur Entwicklung des Kindes und man kann auf Schwierigkeiten früh reagieren.

Kinder entwickeln in den ersten Lebensjahren viele Fähigkeiten. Für ihre körperliche und geistige Entwicklung brauchen sie Pflege und Zuneigung. Eltern tragen dafür eine große Verantwortung.

Aufgaben

1 Beschreibe die Entwicklung eines Kindes in den ersten Lebensjahren. Lege dazu einen Zeitstrahl an.

2 Beurteile die Aussage: Elternsein ist mit großer Verantwortung verbunden.

Ein Leben mit Kind

Material A

Junge Eltern

1 Betrachte Bild 1. Notiere spontan, was du in einer ähnlichen Situation denken würdest.

2 In Internetforen tauschen sich viele junge Eltern aus.
a Lies die Kommentare. → 1
b Lege eine Tabelle mit zwei Spalten für positive und negative Gedanken an.
c Trage die positiven und negativen Gedanken aus den Kommentaren in die Tabelle ein.
d Ergänze deine eigenen positiven und negativen Gedanken in der Tabelle.
e Formuliere Lösungsmöglichkeiten für die Sorgen und Probleme, die du in deiner Tabelle aufgelistet hast.

3 Stelle Vermutungen an, wie sich dein jetziges Leben mit einem Kind im Hinblick auf die Schule, deine Freizeit, deine Wohnsituation und deine Pläne nach dem Schulabschluss verändern würde.

1 Jetzt ein Baby?

Atesia_oO 24.08., 18:16	Ich freue mich total über mein Kind. Ich bin jetzt 16 und junge Eltern zu haben ist doch cool für ein Kind.
lamaB 01.09., 12:45	Ich habe noch ein Jahr bis zum Abschluss, vielleicht sollte ich aber erst mal Pause machen. Schaffe ich dann meinen Abschluss? Den will ich unbedingt!
XKid 15.09., 14:03	Mit meinen Freunden abhängen und feiern kann ich jetzt wohl knicken.
BoaO-18 18.09., 19:34	Lieber vor als während der Ausbildung. Jetzt kann ich mich erst mal in Ruhe um mein Kind kümmern und in zwei Jahren dann beruflich durchstarten.
Eldan 02.10., 08:21	Wie sollen wir das nur geregelt bekommen – besonders finanziell?
Skyou 09.10., 20:01	Ich fühle mich noch gar nicht bereit dafür, die Verantwortung für ein Kind zu tragen.
MeniX 15.10., 16:56	Wir sind noch gar nicht lange zusammen und müssen nun für immer einen auf glückliche Familie machen. Ob das klappt?

2 Kommentare aus einem Forum für junge Eltern

Material B

Bedürfnisse eines Kindes

Der Psychologe Abraham H. Maslow hat ein Modell zu den menschlichen Bedürfnissen entwickelt. Es wird oft angewandt, um die Bedürfnisse von Kindern zu beschreiben.

1 ☒ Erkläre, was man unter einem Bedürfnis versteht.

2 ◩ Nenne die menschlichen Bedürfnisse nach Maslow. → 3

3 Modell zu den menschlichen Bedürfnissen

3 ☒ Beschreibe anhand des Modells von Maslow die Bedürfnisse von Kindern in eigenen Worten.

4 ☒ Erkläre, was es bedeutet, dass die Bedürfnisse als Stufen in einer Pyramide veranschaulicht werden.

5 ☒ Erläutere, warum die Erfüllung der Bedürfnisse notwendig für die Entwicklung eines Kindes ist.

Material C

Untersuchungsheft

In Deutschland bekommen Eltern nach der Geburt ihres Kindes ein Untersuchungsheft. Darin werden bei den regelmäßigen Kontrolluntersuchungen Informationen zur Entwicklung und Gesundheit des Kindes eingetragen.

Materialliste: Untersuchungshefte (entweder mit oder ohne Eintragungen)

1 ◩ Beschreibe den Aufbau des Untersuchungshefts.

2 ☒ Gib an, in welchem Alter die Untersuchungen U1 bis U9 stattfinden und welche Informationen dabei jeweils abgefragt werden. Lege dazu eine Tabelle an.

3 ☒ Notiere Vorteile des Untersuchungshefts für die Eltern und für das Kind selbst.

4

4 ☒ Begründe, warum es in den ersten Monaten sehr viele Untersuchungen gibt und später weniger.

Zusammenfassung

Der weibliche Zyklus • Ab der Pubertät reifen regelmäßig Eizellen in kleinen Bläschen in den Eierstöcken heran. Die Eizelle stirbt ab, wenn sie nach dem Eisprung nicht befruchtet wird. Eizelle und Gebärmutterschleimhaut werden durch die Scheide abgestoßen. Die Menstruationsblutung setzt ein. → 1
Der Zyklus wiederholt sich etwa alle 23–35 Tage. Die Zykluslänge ist von Frau zu Frau und von Zyklus zu Zyklus verschieden.

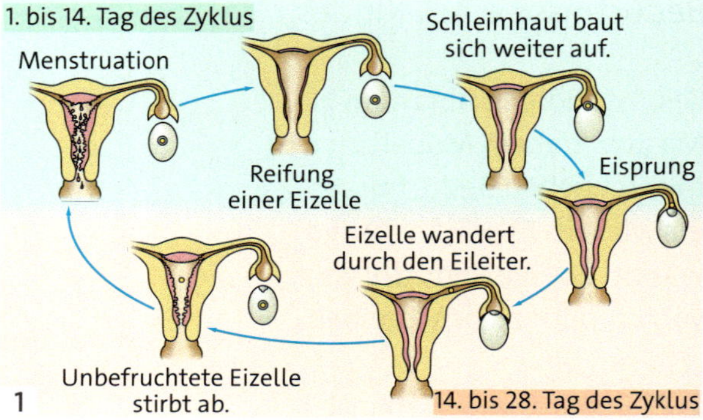

1

Embryonalentwicklung • Wenn eine Spermienzelle in eine Eizelle eindringt, verschmelzen die beiden Zellkerne miteinander. Die Eizelle ist damit befruchtet.
Die befruchtete Eizelle teilt sich mehrfach bis hin zum Bläschenkeim. → 2 Er nistet sich schließlich in die Gebärmutterschleimhaut ein.
Die Schwangerschaft beginnt. Etwa 40 Wochen entwickelt sich das Kind in der Gebärmutter.
Bei der Geburt wird das Kind mithilfe von Wehen durch die Scheide herausgepresst. Die Nabelschnur wird nach der Geburt durchtrennt.

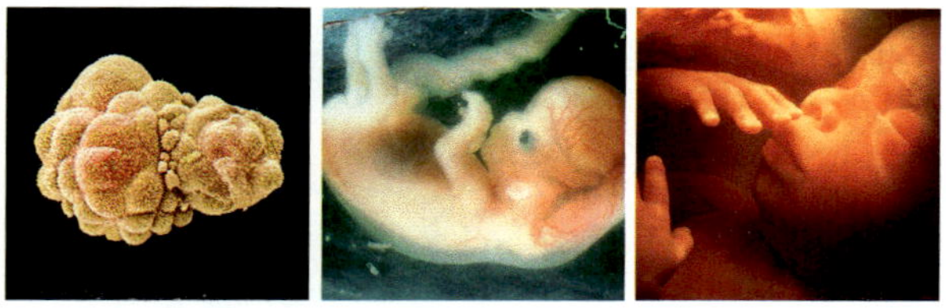

2 Bläschenkeim – Embryo – Fetus

Gefährdungen des Fetus • Die Plazenta ist ein Organ zur Versorgung des ungeborenen Kindes. Sie besteht vorwiegend aus Blutgefäßen. Über die Plazenta können aber auch Gifte wie Alkohol, Nikotin, Drogen, Medikamente sowie Krankheitserreger das werdende Kind schwer schädigen.

Künstliche Befruchtung • Paaren, die ungewollt kinderlos sind, kann geholfen werden: Bei einer In-vitro-Fertilisation (IVF) wird eine reife Eizelle im Reagenzglas von einer Spermienzelle befruchtet. Bei der intrazellulären Spermieninjektion (ICSI) wird eine Spermienzelle in die Eizelle gespritzt.

Vorgeburtliche Untersuchungen • Mithilfe von Ultraschall sowie Untersuchungen des Fruchtwassers, der Plazenta und der kindlichen DNA kann während der Schwangerschaft festgestellt werden, ob sich das Kind gesund entwickelt.

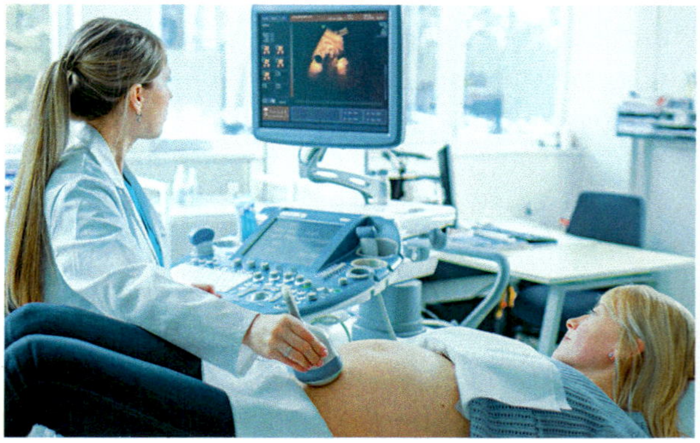

3 Ultraschalluntersuchung

Teste dich! (Lösungen im Anhang)

Der weibliche Zyklus

1 ☒ Gib die fehlenden Begriffe an. → 4

2 ☒ Erkläre die Steuerung des weiblichen Zyklus mithilfe von Bild 4.

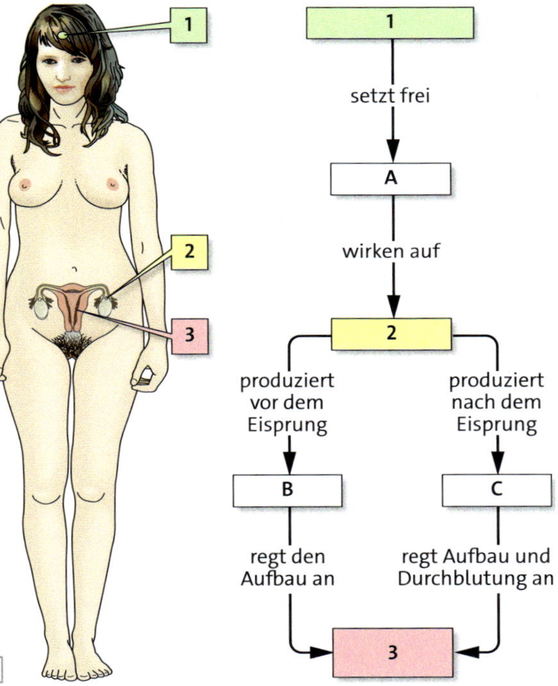

4

3 ☒ Erkläre, was man unter dem Gelbkörper versteht.

Embryonalentwicklung

4 ☒ Beschreibe die Vorgänge bei der Befruchtung und der Einnistung.

5 Geburtsphasen

a ☒ Benenne die einzelnen Phasen einer Geburt und ordne die Bilder richtig zu. → 5 – 7

b ☒ Erkläre, was man unter Wehen versteht.

c ☒ Nenne die Bestandteile der Nachgeburt.

6 ☒ Nenne positive und schädigende Einflüsse auf das werdende Kind im Mutterleib.

Künstliche Befruchtung und vorgeburtliche Untersuchungen

7 ☒ Begründe, welches Verfahren der künstlichen Befruchtung in welchem Fall zur Anwendung kommen kann:

a beeinträchtigte Eileiter

b beeinträchtigte Spermienzellen

8 Vorgeburtliche Untersuchungen

a ☒ Nenne Erkenntnisse, die bei Ultraschall-Untersuchungen gewonnen werden.

b ☒ Beschreibe zwei weitere Verfahren der vorgeburtlichen Untersuchung.

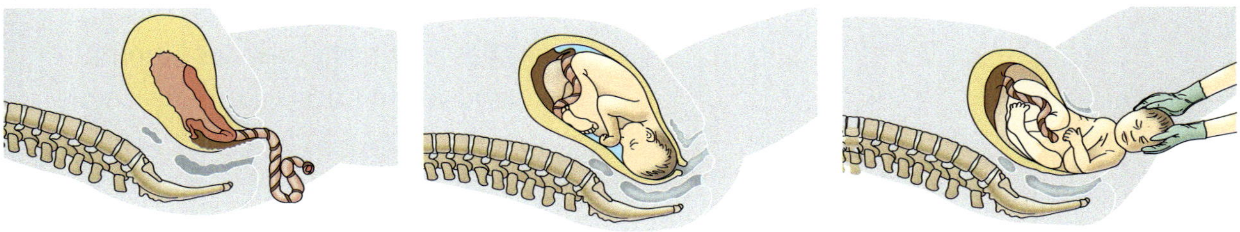

5 – 7 Geburtsphasen (in falscher Reihenfolge)

Die Ordnung der Elemente

Was ist ein chemisches Element und worin unterscheiden sich die Elemente?

Es gibt verschiedene Atommodelle. Aus was besteht ein Atom?

Die Luftballons sind mit dem Edelgas Helium gefüllt. Was macht die Elementgruppe der Edelgase so besonders?

Aus was besteht unsere Welt?

1 Gibt es einen Ur-Stoff, aus dem alles besteht?

Woraus besteht unsere Welt? Das fragten sich schon die alten Griechen. Sie meinten, dass alles aus Erde, Wasser, Feuer und Luft bestehen würde.

2 Demokrit

Etwa 400 v. Chr. • Der griechische Philosoph Demokrit hatte eine andere Idee: Angenommen, man teilt einen Gegenstand immer und immer wieder in der Hälfte – dann kommt bestimmt ein Punkt, an dem man ihn nicht mehr teilen kann. Diese unteilbaren Teilchen nannte er Atome (griech. atomos: unteilbar). Für ihn bestand die Welt aus winzigen, für das Auge unsichtbaren, unteilbaren Teilchen.

3 Dalton

Im Jahr 1803 • Über 2000 Jahre später griff John Dalton, ein Engländer, die Idee von Demokrit wieder auf. Er stellte sich die Atome als kleine, massive Kugeln vor. Je nach Atomsorte sind sie unterschiedlich groß und unterschiedlich schwer. Dieses Kugelteilchenmodell wird auch heute noch benutzt, z. B. in Modellbaukästen: Dort hat man den Atomsorten Farben gegeben, z. B. Rot für Sauerstoff-Atome oder Grün für Chlor-Atome. Diese Farben sind aber frei erfunden. In Wirklichkeit kann man Atome nicht direkt betrachten.

Nach Dalton sind Atome winzige Kugeln, die sich in Größe und Masse unterscheiden.

Aufgaben

1 Beschreibe, was sich Demokrit unter Atomen vorstellte.

2 Nenne Eigenschaften, in denen sich Atome nach Dalton unterscheiden.

3 „Stickstoff-Atome sind blau." Nimm Stellung zu dieser Aussage.

Material A

Ein Beleg für Daltons Theorie?

Materialliste: 6 Messzylinder (100 ml), Wasser, Erbsen, Linsen, Alkohol (Spiritus ◇◇)

1 Gib Alkohol in Messzylinder 1, bis genau 50 ml erreicht sind. Beim Ablesen des Füllstands musst du aufpassen: Dein Auge muss genau auf der Höhe des oberen Rands der Flüssigkeit sein. → 5

2 Messzylinder 2 füllst du mit genau 50 ml Wasser.

3 Schütte nun beide Flüssigkeiten vorsichtig und gleichzeitig in Messzylinder 3. Schwenke vorsichtig um und lies dann ab, wie viel Gemisch sich im Messzylinder befindet.

4 Nenne das bei diesem Versuch zu erwartende Messergebnis.

5 Du hast das Messergebnis mit eigenen Augen gesehen. Versuche, dafür eine Erklärung zu finden oder eine Theorie aufzustellen. Denke auch an mögliche Messfehler.

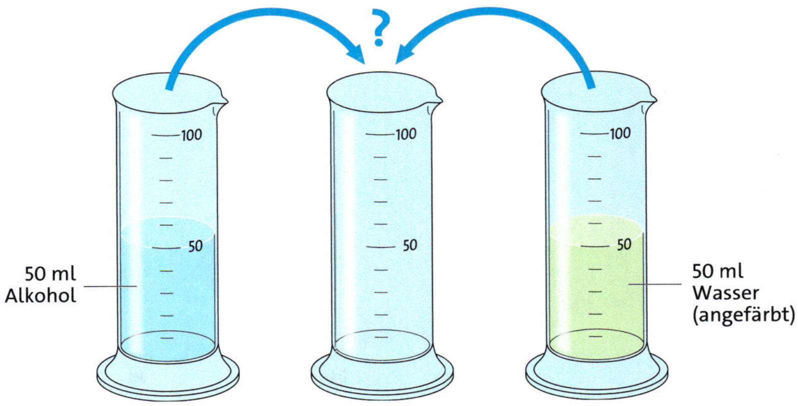

4 Alkohol-Wasser-Versuch

6 Führe jetzt noch einen Modellversuch durch:

a Gib genau 50 ml Erbsen in Messzylinder 4 und 50 ml Linsen in Messzylinder 5. Schütte die abgemessenen Erbsen und Linsen gleichzeitig in Messzylinder 6. Schüttle mehrfach um, indem du den Zylinder quer hältst und die Öffnung mit der Hand verschließt. Lies das Ergebnis ab.

b Erkläre, wie sich die Größe der Erbsen und der Linsen auswirkt.

7 Erkläre das Ergebnis des Alkohol-Wasser-Versuchs mithilfe des Erbsen-Linsen-Modells.

8 Begründe, ob der Alkohol-Wasser-Versuch für oder gegen die Theorie von Dalton spricht.

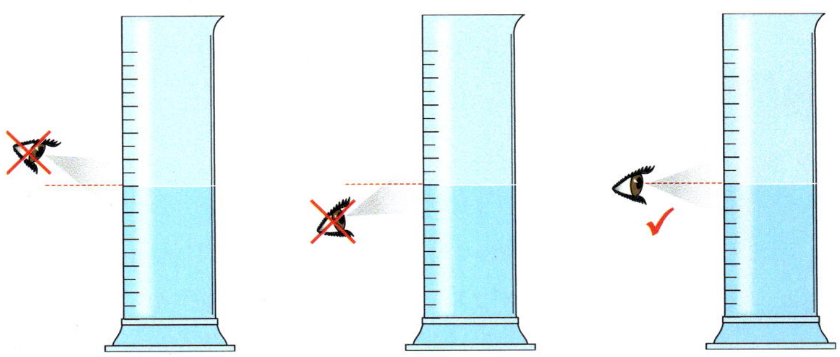

5 Ablesen beim Messzylinder: Man darf nicht von oben oder unten, sondern muss aus gleicher Höhe blicken.

Kugelteilchen, Kuchenteilchen oder …?

1 Joseph John Thomson stellte sich 1897 Atome noch ähnlich wie einen Rosinenkuchen vor.

Sind Atome wirklich massive Kügelchen? Neue Experimente lassen Zweifel aufkommen.

Im Jahr 1897 • Der britische Physiker Joseph John Thomson entdeckte, dass aufgeheizte Atome Elektronen abgeben können. Andere Experimente hatten bereits gezeigt, dass sich Elektronen aufgrund ihrer negativen Ladung gegenseitig abstoßen. Thomsons Gedanke: Die Elektronen müssen im Atom verteilt sein wie Rosinen in einem Kuchen. Und was ist dann mit dem Rest des Kuchens? Atome sind insgesamt elektrisch neutral. Daher nahm Thomson an, dass es auch eine über das gesamte Atom verteilte positive Ladung gibt. Diese bildet den gebackenen Teig.

2 Thomson

3 Rutherford

Im Jahr 1911 • Nach Dalton und Thomson machte sich auch Ernest Rutherford, ein neuseeländischer Physiker, auf Spurensuche zum Atombau. Er führte den sogenannten Streuversuch durch: Eine dünne Goldfolie wurde mit positiv geladenen α-Teilchen beschossen. → 4 Dabei konnten drei Fälle unterschieden werden:

(A) Ein Bruchteil der α-Teilchen wurde von der Folie reflektiert.
(B) Ganz wenige α-Teilchen wurden von der Folie zur Seite hin abgelenkt.
(C) Weit über 99 Prozent der α-Teilchen passierten die Folie, ohne Spuren zu hinterlassen.

Kern-Hülle-Modell • Rutherford fasste seine Beobachtungen als Kern-Hülle-Modell zusammen: Im Innern des Atoms gibt es einen aus positiv geladenen Protonen aufgebauten Kern. Er ist winzig, trägt aber über 99,9 Prozent der gesamten Atommasse in sich. Trifft ein α-Teilchen direkt auf diesen Kern, so wird es reflektiert (A). Kommt ein α-Teilchen dem Atomkern sehr nahe, so wird es aufgrund der positiven Ladung zur Seite hin abgelenkt (B).

das Kern-Hülle-Modell
das Elektron
das Proton
das Neutron
das Element

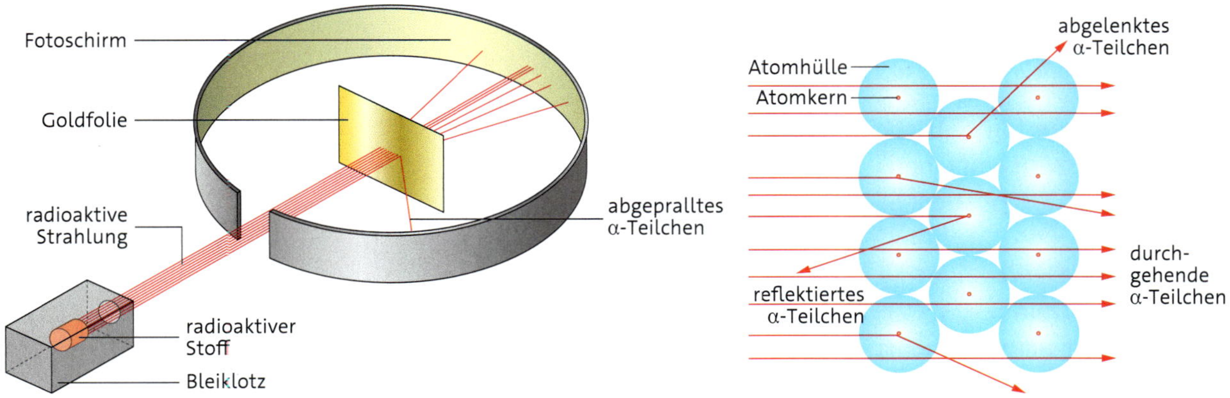

4 Ernest Rutherford führte den berühmten Streuversuch durch.

Um den Kern herum befindet sich die von Elektronen gebildete Atomhülle. Sie ist viel größer als der Kern. → 5 Elektronen haben nur eine ganz kleine Masse. Für α-Teilchen, die sich durch die Hülle bewegen, ist dieser Bereich praktisch „leer“. Die α-Teilchen können die Hülle ungehindert passieren (C).

Atome haben einen Kern und eine Hülle. Im Kern sind die Protonen, in der Hülle die Elektronen.

Den Kern genauer untersucht • Atome bestehen also aus Protonen (p^+) im Kern und Elektronen (e^-) in der Hülle. Die Elektronen sind in ständiger Bewegung und stoßen sich – wegen ihrer gleichen Ladung – gegenseitig ab. Doch was hält die positiv geladenen Protonen im Kern zusammen? Die Antwort ist ein weiterer Bestandteil im Kern: die Neutronen (n). Diese sind nicht elektrisch geladen, das heißt neutral.

Anhand dieser drei Bestandteile werden die Atomsorten, auch Elemente genannt, unterschieden.

Kennzahlen von Atomen • Jedes Element hat ein Elementsymbol, eine Ordnungszahl und eine Massenzahl. → 6 Die Ordnungszahl gibt die Zahl der Protonen an. Die Massenzahl entspricht der Summe an Protonen und Neutronen. Da Atome insgesamt neutral sind, ist die Anzahl der Protonen gleich der Anzahl der Elektronen.

Aufgaben

1 Erkläre, warum Thomson sein Modell Rosinenkuchenmodell nannte.

2 Nenne die drei Bestandteile, aus denen Atome aufgebaut sind.

3 Nenne die Kennzahlen, an denen man Atome unterscheiden kann.

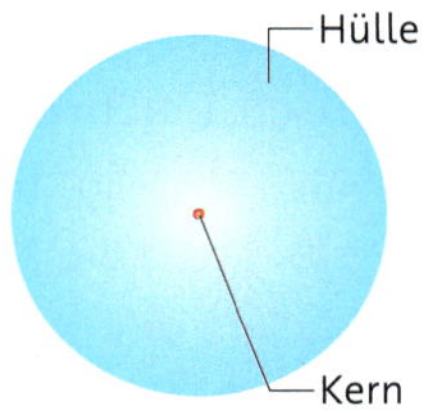

5 Kern-Hülle-Modell

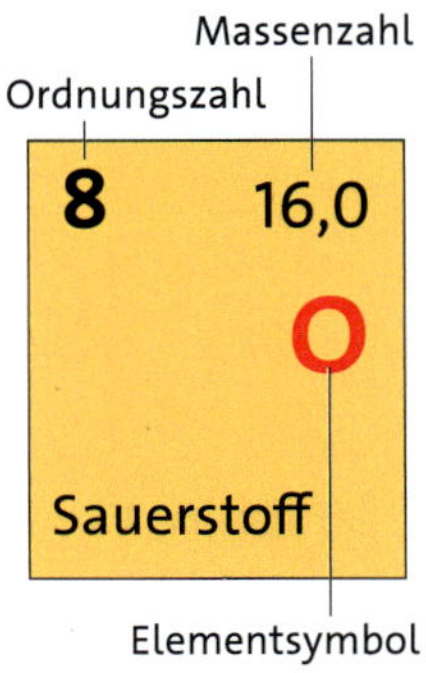

6 Das Element Sauerstoff

Kugelteilchen, Kuchenteilchen oder …?

Material A

Streuversuch im Modell

Du kannst Rutherfords Streuversuch mit einem einfachen Modellversuch nachbauen.

Materialliste: Deckel eines Schuhkartons, mindestens 6 kleine Nägel, eine möglichst kleine Metallkugel

1 Lege den Schuhkartondeckel verkehrt herum auf den Tisch. Zeichne eine Startlinie ca. 3 cm vom Rand entfernt ein. Stich die Nägel im Zickzack in der Mitte des Deckels ein. → 1

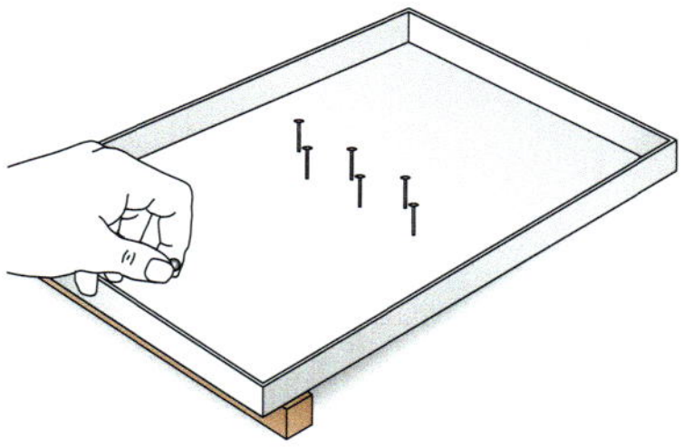

1 Modellversuch

2 Stelle den Deckel nun so auf den Tisch, dass der Startbereich leicht erhöht ist.

3 Lass nun eine Metallkugel vom Startbereich aus losrollen und beobachte, wohin sie rollt. Wiederhole den Versuch.

4 Dokumentiere, wie oft die Kugel einen Nagel trifft, ihn berührt oder dazwischen hindurchrollt.

5 Gib an, wofür die Nägel und die Metallkugel in dem Modell stehen.

6 Gib an, welche Schlussfolgerungen von Rutherford durch das Modellexperiment gut erklärt werden und welche nicht. Begründe.

Material B

Dünne Hülle, fast nichts

Krasse Theorie

Eigentlich unglaublich: Rutherford behauptet, dass die Atomhülle 3000-mal größer ist als der Atomkern. Trotzdem wiegt die Hülle fast gar nichts. Der winzige Kern wiegt viel mehr.

Das liegt daran, dass die Elektronen nahezu keine Masse haben. Wenn sie nicht die negative Ladung tragen würden – man könnte sie fast „übersehen".

Laut Rutherford müsste man ein Stück Goldfolie aus 20 Gold-Atomen eigentlich so zeichnen (Atomkerne in Rot):

2

1 Erkläre, warum die α-Teilchen in Rutherfords Versuch die Hüllen der Gold-Atome mühelos durchdringen konnten.

2 Angenommen, ihr wollt für euren Klassenraum ein Modell von einem Atom bauen. Als Atomkern nehmt ihr eine Erbse, die 5 mm groß ist.
Berechne, wie groß dann die Hülle sein müsste.
Notiere auch ein geeignetes Material für die Hülle.

Erweitern und Vertiefen

Wie groß sind eigentlich Atome?

Echte Winzlinge • Atome sind wirklich winzig. Sie haben einen Durchmesser von ungefähr 0,000 000 000 1 m.

Ein Gedankenexperiment • Da die winzigen Atome schlecht vorstellbar sind, sollst du ein Gedankenexperiment durchführen: Stelle dir vor, du streckst deine Hand aus und jemand legt dir ein Atom in deine Handfläche.
Nun kommt eine tolle Erfindung zum Einsatz: ein Größenverdoppler. Bei jedem Knopfdruck wird das gewünschte Objekt in seiner Größe verdoppelt. Das soll nun mit dir und dem Atom in deiner Handfläche geschehen.
Dieser Vorgang wird so oft wiederholt, bis das Atom in deiner Hand so groß ist wie eine Erbse. Was schätzt du, welche Größe du dann hättest: 200 m, 3 km, 50 km?
Du wärst 100 000 km groß! Das bedeutet, dass die Erde für dich wie ein Fußball wäre. → 3

Mühsam zu zählen • Ein weiterer Vergleich: Ein Fingerhut ist mit Wasser gefüllt. → 4
Stelle dir vor, die Menschheit will die Wasserteilchen in diesem Fingerhut zählen. Alle 7 500 000 000 Menschen zählen mit. Jeder Mensch zählt pro Sekunde ein Teilchen. Wenn die Menschheit nur noch zählen würde – ohne zu essen, ohne zu schlafen oder sonst irgendetwas zu tun: Wie lange würde sie brauchen?
Die Menschheit wäre unfassbar lange beschäftigt, nämlich etwa 30 000 Jahre! Und das nur für die Teilchen in einem Fingerhut voll Wasser.

Nanoteilchen • Vielleicht hast du schon einmal etwas von Nanoteilchen gehört. Dabei handelt es sich um winzige Strukturen aus wenigen bis zu einigen Tausend Atomen mit besonderen Eigenschaften. Obwohl Nanoteilchen viel größer sind als Atome, sind es immer noch unvorstellbar winzige Strukturen.

3 Ein Riese – mit der Erde als „Fußball“

4 Fingerhut, mit Wasser gefüllt

Die Atomhülle unter die Lupe genommen

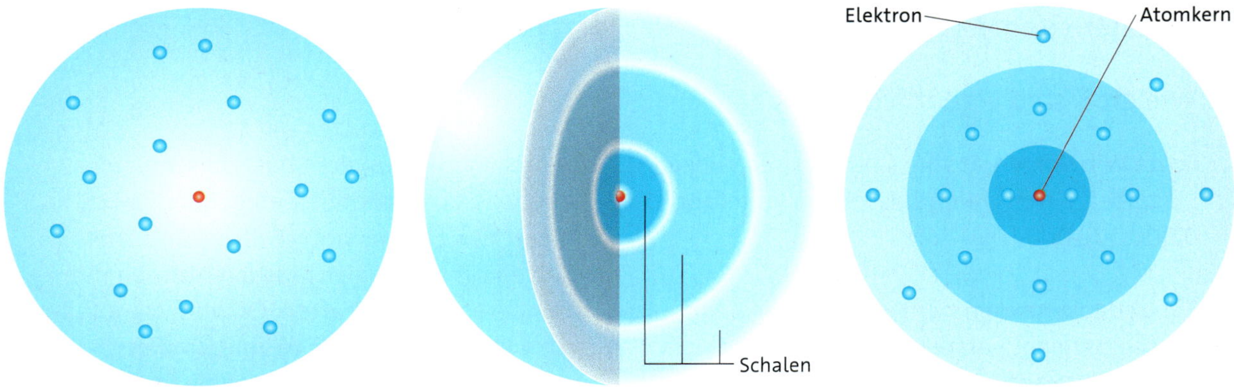

1 Ein Chlor-Atom in den Vorstellungen von Ernest Rutherford (links) und Niels Bohr (Mitte und rechts)

Auch nach Rutherford stand die Forschung nicht still. Niels Bohr, ein Schüler von Ernest Rutherford, schaute sich die Atomhülle genauer an und entwickelte daraus unsere heutige Vorstellung vom Aufbau der Atome.

Wissensstand 1913 • Bereits Anfang des 20. Jahrhundert hatte man Beobachtungen dazu gemacht, was passiert, wenn man verschiedene Atomsorten erhitzte. Sie sonderten Licht ab, und zwar je nach Atomsorte eine typische Farbe. Genauere Untersuchungen ergaben, dass die mit dem Auge zu erkennende Farbe sich aus mehreren überlagernden Farben zusammensetzte. Die Einzelfarben konnte man mit einem Gerät, dem Spektrometer, erfassen.

2 Bohr

Bohrs Idee • Der Däne Niels Bohr verknüpfte nun diese neuen Erkenntnisse und die Ergebnisse Rutherfords. → 2 Seine Erklärung war, dass die Farben dadurch zustande kommen, dass Elektronen nur bestimmte Abstände zum Atomkern haben können. Beim Erhitzen springen die Elektronen auf einen anderen Abstand vom Kern. Dieser Zustand hat mehr Energie. Nach einem kurzen Moment fallen die Elektronen auf den ursprünglichen Abstand, der weniger Energie hat, zurück. Die Energiedifferenz zwischen den beiden Zuständen geben die Elektronen in Form von Licht ab. Je nach Größe der Energiedifferenz beobachtet man eine andere Farbe.

Schalenmodell • Aus diesen Erkenntnissen entwickelte Bohr sein Atommodell, wonach sich Elektronen auf festen Kreisbahnen um den Atomkern bewegen. Auf Bohrs Atommodell beruht das Schalenmodell, das im Chemieunterricht genutzt wird. Nach dem Schalenmodell bilden Gruppen von Elektronen, die sich auf einer ähnlichen Energiestufe befinden, eine Elektronenschale. Diese „Schalen" umgeben den Kern kugelförmig. → 3 Sie sind allerdings nicht massiv, sondern nur der Raum, in dem sich die Elektronen aufhalten und bewegen.

das Schalenmodell
die Elektronenschale
die Energiestufe
das Energiestufenmodell
die Außenelektronen

Schalenbesetzung • Die verschiedenen Schalen können unterschiedlich viele Elektronen aufnehmen. Die innerste Schale kann nur mit 2 Elektronen besetzt werden. Die 2. Schale kann 8 und die 3. bis zu 18 Elektronen aufnehmen. Für die Besetzung der äußersten Schale gilt, dass sie immer nur mit bis zu 8 Elektronen besetzt werden kann. Eine Ausnahme bildet die Besetzung der 1. Schale mit nur Platz für 2 Elektronen. Eine neue Schale wird erst dann angefangen, wenn die vorherige komplett aufgefüllt ist. Die Elektronen auf der äußersten Schale bezeichnet man als Außenelektronen. An der für jedes Atom typischen Elektronenverteilung kann man die Elemente unterscheiden.

Energiestufenmodell • Einige Aussagen Bohrs stehen jedoch in Widerspruch zu Gesetzmäßigkeiten der Physik. So müssten kreisende Elektronen ständig Energie verlieren und dadurch irgendwann in den Kern stürzen. Was aber nicht passiert. Daher wird auch das Energiestufenmodell genutzt. → [4] Es besagt, wie Bohr es auch formulierte, dass Elektronen verschiedene Energiestufen in einer Atomhülle einnehmen können. Es sagt jedoch nichts über Aufenthaltsorte der Elektronen oder deren Bewegung aus.

Elektronen können in der Atomhülle nur bestimmte Energiestufen einnehmen. Der Aufbau der Atomhülle lässt sich mit dem Schalenmodell erklären.

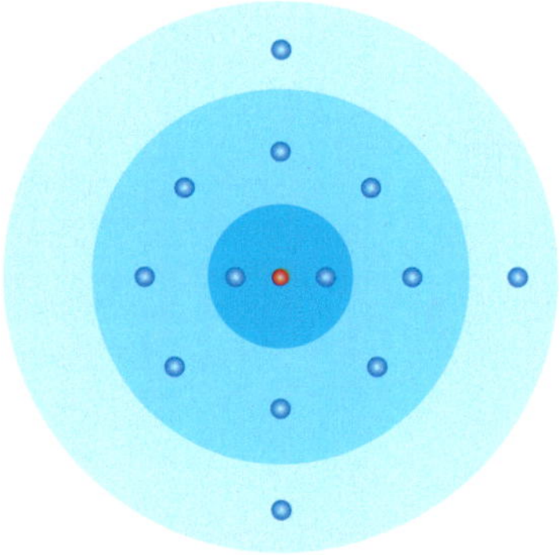

[3] Aluminium-Atom im Schalenmodell

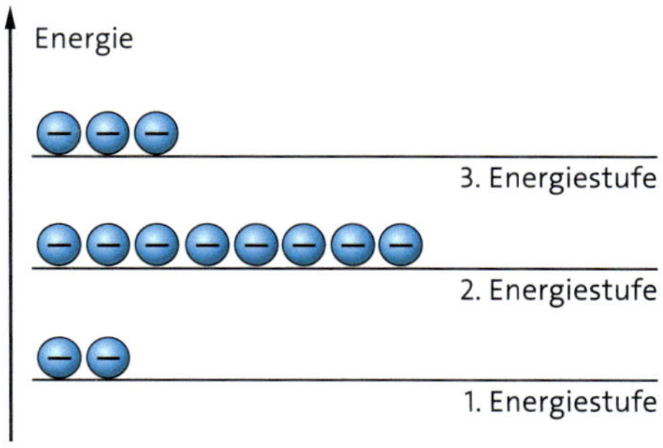

[4] Energiestufenmodell von Aluminium

Aufgaben

1 Gib an, wie viele Elektronen auf die einzelnen Schalen passen.

2 Nenne Gemeinsamkeiten und Unterschiede der Atommodelle von Rutherford und Bohr.

3 Das Schalenmodell ist kein wissenschaftliches Modell, sondern ein Modell für den Chemieunterricht, mit dem sich der Bau der Atome veranschaulichen lässt. Gib an, wie sich das Schalenmodell vom Energiestufenmodell unterscheidet.

Die Atomhülle unter die Lupe genommen

Material A

Verschiedene Elemente im Schalenmodell

1 In Bild 1 siehst du die Atome von drei verschiedenen Elementen, dargestellt im Schalenmodell.

a Gib an, mit wie vielen Elektronen die verschiedenen Schalen jeweils besetzt sind.

b Finde heraus, um welche Elemente es sich handelt. Nutze dazu das Periodensystem im Buchanhang.

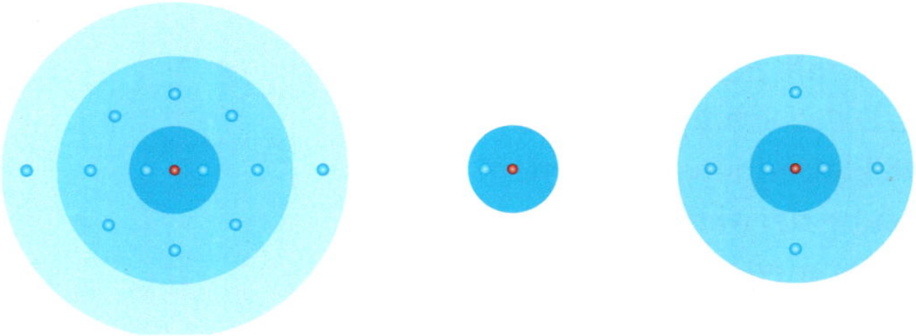

1 Drei Elemente im Schalenmodell

2 Zeichne das Schalenmodell für die Elemente in Bild 2. Achte auf die Maximalbesetzung der verschiedenen Elektronenschalen.

2 Helium, Natrium, Fluor

Material B

Besetzung der Schalen

1 Übertrage die Tabelle in dein Heft. Ergänze die freien Felder.

2 Ergänze in der Tabelle drei weitere Elemente deiner Wahl und fülle für diese die einzelnen Felder aus.

Name der Atomsorte	Anzahl der Elektronen	Elektronen in der 1. Schale	Elektronen in der 2. Schale	Elektronen in der 3. Schale	Elektronen in der 4. Schale
Wasserstoff	1	?	?	?	?
Magnesium	12	?	?	?	?
Stickstoff	7	?	?	?	?
Schwefel	16	?	?	?	?
Chlor	?	2	8	7	?
Argon	?	?	?	8	?
Kalium	19	?	?	?	1

3 Besetzung der Elektronenschalen

Erweitern und Vertiefen

Modell gleich Modell?

Im Alltag • Häufig begegnet man Modellen, z. B. Modellflugzeugen, einem Globus als Modell der Erde oder einem Augenmodell beim Augenarzt. Sie alle bilden die Wirklichkeit verkleinert oder vergrößert ab. Man nennt sie Anschauungsmodelle oder – wenn sie Abläufe verdeutlichen – Funktionsmodelle.

In der Chemie • Die Atommodelle in der Chemie sind keine Abbildungen der Wirklichkeit. Sie sind nur Vorstellungshilfen, um bestimmte Aspekte besser beschreiben und verstehen zu können. Diese sogenannten Gedankenmodelle können als Modellbau oder als Zeichnung vorliegen. → 5 Sie machen etwas Unbeobachtbares für uns vorstellbar, obwohl sie oft nur Teilaspekte der Wirklichkeit aufgreifen.

Ablösung alter Modelle • In diesem Kapitel werden verschiedene Modelle zum Atombau vorgestellt. Jedes Modell liefert eine neue Grundidee. Außerdem erweitert es das vorherige Modell um neue Erkenntnisse. Wenn ein Modell im Widerspruch zu neuen Erkenntnissen steht, wird es erweitert. Eventuell muss man es aber auch komplett verwerfen und durch ein ganz neues Modell ersetzen.

Modelle zur Auswahl • Je nach Phänomen, das man mit einem Modell erklären möchte, kann ein Modell gut oder weniger gut sein. Beispielsweise braucht man Thomsons Rosinenkuchenmodell nicht, um den Alkohol-Wasser-Versuch auf Seite 203 zu erklären. Es bietet sich aber hervorragend an, wenn es um Elektrizität geht.

4 Modellhubschrauber

Aufgaben

1 Erläutere, was man in der Chemie unter einem Modell versteht.

2 Erstelle eine Tabelle, in der du Anschauungsmodelle naturwissenschaftlichen Gedankenmodellen gegenüberstellst.

3 In der Biologie werden oft bewegliche Skelettmodelle eingesetzt, um unseren Körperbau zu verstehen. Um was für eine Art von Modell handelt es sich hierbei?

4 Erläutere, welche Vor- und Nachteile das Modell in Bezug auf die Wirklichkeit hat. → 5

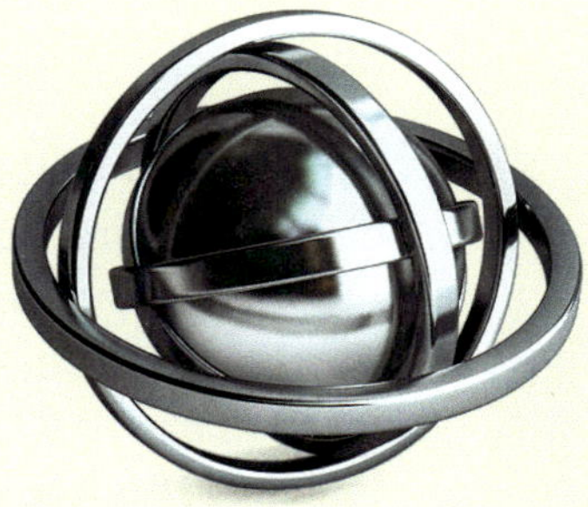

5 Atommodell aus Metall

Das Periodensystem sorgt für Ordnung

Periode (Anzahl der Schalen)	Hauptgruppe (Anzahl der Außenelektronen)							
	I	II	III	IV	V	VI	VII	VIII
1	1 1,0 **H** Wasserstoff							2 4,0 **He** Helium
2	3 6,9 **Li** Lithium	4 9,0 **Be** Beryllium	5 10,8 **B** Bor	6 12,0 **C** Kohlenstoff	7 14,0 **N** Stickstoff	8 16,0 **O** Sauerstoff	9 19,0 **F** Fluor	10 20,2 **Ne** Neon
3	11 23,0 **Na** Natrium	12 24,3 **Mg** Magnesium	13 27,0 **Al** Aluminium	14 28,1 **Si** Silicium	15 31,0 **P** Phosphor	16 32,1 **S** Schwefel	17 35,5 **Cl** Chlor	18 40,0 **Ar** Argon
4	19 39,1 **K** Kalium	20 40,1 **Ca** Calcium	31 69,7 **Ga** Gallium	32 72,6 **Ge** Germanium	33 74,9 **As** Arsen	34 79,0 **Se** Selen	35 79,9 **Br** Brom	36 83,8 **Kr** Krypton

1 Das Periodensystem der Elemente (Ausschnitt)

2 Mendelejew

3 Meyer

Das Periodensystem bringt Ordnung in die Elemente. Doch nach welchen Merkmalen oder Regeln ist es aufgebaut?

Blick in die Geschichte • Schon 1869 haben der Russe Dmitri Mendelejew und der Deutsche Lothar Meyer versucht, ein Ordnungssystem für die Elemente zu finden. → 2 3 Sie ordneten die Elemente nach steigender Atommasse und ähnlichen Stoffeigenschaften. So entwickelten sie ein erstes Periodensystem. Heute wissen wir, dass die Ordnung im Periodensystem durch den Bau der Atome begründet ist.

Ordnungszahl • Alle Elemente im Periodensystem sind nach steigender Ordnungszahl angeordnet. Die Ordnungszahl entspricht der Anzahl der Protonen bzw. der Elektronen. Liest man das Periodensystem wie einen Text von links oben nach rechts unten, so steigt die Ordnungszahl und damit die Anzahl der Protonen und Elektronen in den Atomen um jeweils eins an.

Elementgruppen • Elemente mit ähnlichen Eigenschaften tauchen im Periodensystem regelmäßig auf. Sie stehen untereinander in einer Spalte und bilden eine Elementgruppe. Sie werden häufig auch als Elementfamilie bezeichnet. Ein Beispiel für eine solche Elementgruppe sind die Metalle Lithium, Natrium, Kalium, Rubidium und Caesium. Alle diese Metalle sind weich und reagieren heftig mit Wasser. Sie bilden die I. Hauptgruppe und werden als Alkalimetalle bezeichnet. Weitere Elementfamilien sind die Erdalkalimetalle (II. Hauptgruppe), die Halogene (VII. Hauptgruppe) und die Edelgase (VIII. Hauptgruppe).

Außenelektronen • Ein wichtiges Ordnungsmerkmal ist die Anzahl der Außenelektronen. Elemente mit der gleichen Anzahl an Außenelektronen

das Periodensystem
die Hauptgruppe
die Periode

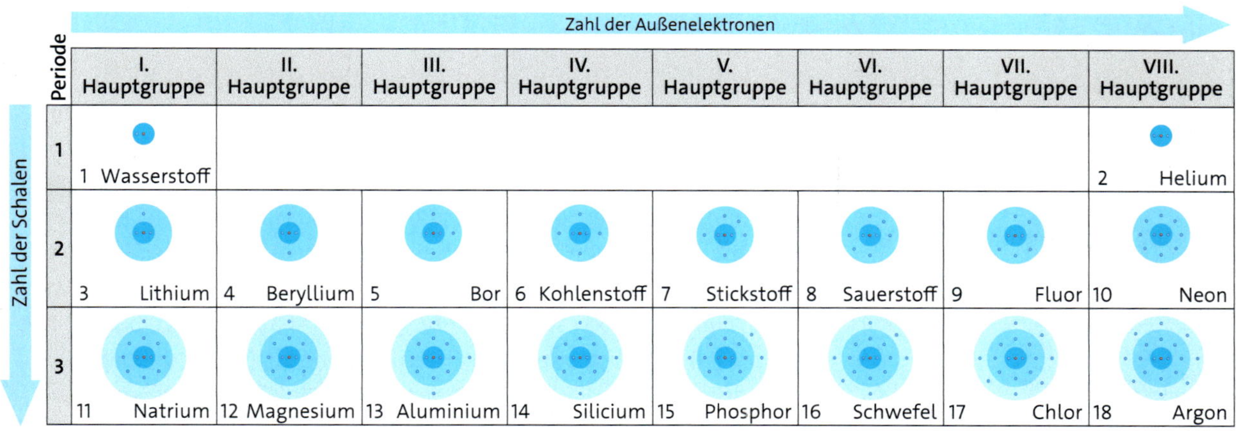

4 Elemente der Hauptgruppen im Schalenmodell

werden als Gruppe zusammengefasst. Die Nummer der Gruppe gibt die Anzahl der Außenelektronen an. So haben alle Elemente der I. Hauptgruppe ein Außenelektron, die der V. Hauptgruppe fünf Außenelektronen. → 4 Da die Elemente einer Hauptgruppe auch häufig ähnliche Eigenschaften besitzen, scheint die Anzahl der Außenelektronen entscheidend für die Eigenschaften der Stoffe zu sein.

Perioden • Ein weiteres Ordnungsmerkmal des Periodensystems ist die Anzahl der Elektronenschalen. Diese kann man an den Zeilen des Periodensystems ablesen. Die Zeilen werden auch Perioden genannt und haben dem Periodensystem seinen Namen gegeben. Atome, die in der ersten Zeile aufgeführt sind, bilden die erste Periode. Sie besitzen nur eine Elektronenschale. Alle Elemente der zweiten Periode besitzen zwei und die Elemente der dritten Periode drei Elektronenschalen. → 4 Die innerste Schale bezeichnet man als K-Schale, die zweite als L-Schale und die dritte als M-Schale.

Das Periodensystem der Elemente vereint mehrere Ordnungsmerkmale: die Anzahl der Protonen und Elektronen, die Anzahl der Außenelektronen und die Anzahl der Elektronenschalen.

Aufgaben

1 ☑ Nenne die drei Ordnungsmerkmale des Periodensystems.

2 ☒ Gib die Bedeutung der Zeilen und Spalten im Periodensystem an.

3 ☒ Nenne das Element, dessen Atome zwei Schalen und 6 Außenelektronen besitzen.

4 ☒ Gib für die folgenden Elemente die Hauptgruppe und die Periode an: Sauerstoff, Brom, Natrium.

Das Periodensystem sorgt für Ordnung

Material A

Aufbau des Periodensystems

Der nebenstehende Text beschreibt, nach welchen Kriterien das Periodensystem aufgebaut ist.

1 Schreibe den Text in dein Heft. Ergänze die Lücken (A) bis (N) durch die aufgelisteten Begriffe:

Das unabhängig und nahezu zeitgleich von **(A)** und **(B)** entwickelte Periodensystem der Elemente vereint mehrere Ordnungsmerkmale. Beginnt man links oben und arbeitet sich nach rechts unten durch, so kann man feststellen, dass die Anzahl der **(C)** und **(D)** jeweils um eins zunimmt. Die Hauptgruppen stehen **(E)** untereinander. Alle Elemente einer Hauptgruppe haben die **(F)** Anzahl an Außenelektronen und weisen **(G)** Eigenschaften auf. Die Elemente der I. Hauptgruppe bezeichnet man als **(H)**, die Elemente der II. Hauptgruppe als **(I)** und die der VII. Hauptgruppe als **(J)**. Edelgase ist der Name der **(K)** Hauptgruppe.
Die Zeilen im Periodensystem werden als **(L)** bezeichnet. Alle Elemente innerhalb einer **(M)** haben die gleiche Anzahl an **(N)**.

Halogene, ähnliche, VIII., Elektronen, Elektronenschalen, gleiche, Mendelejew, Perioden, senkrecht, Alkalimetalle, Protonen, Periode, Erdalkalimetalle, Meyer

Material B

Gemeinsamkeiten erkennen

In Bild 1 sind Elemente zu Einheiten (rot, grün, blau) zusammengefasst.

1 Übertrage die drei Einheiten von Bild 1 in dein Heft. Versuche jeweils zu erkennen, wonach die Elemente sortiert wurden.
Notiere das jeweilige Sortierungskriterium an jede Einheit.

Fluor (F)	Chlor (Cl)	Iod (I)
Lithium (Li)	Natrium (Na)	Caesium (Cs)
Natrium (Na)	Magnesium (Mg)	Schwefel (S)

1 Hier wurden Elemente sortiert.

2 Sortiere die folgenden Elemente in die Einheiten von Bild 1 ein. Begründe deine Einteilung.
a Kalium (K)
b Silicium (Si)
c Brom (B)
d Argon (Ar)

3 Entwickle ähnlich wie in Bild 1 eine eigene Einheit aus 3 Elementen. Tauscht nun in Partnerarbeit eure Einheiten aus. Benennt das Sortierungskriterium und ein weiteres passendes Element.

Material C

Suchen und Finden im Periodensystem

Das Periodensystem berücksichtigt verschiedene Ordnungsmerkmale. Dabei sind die Elemente in Gruppen und Perioden eingeteilt.

1 Nenne die Elementsymbole der folgenden Elemente:
- II. Hauptgruppe und 3. Periode
- VII. Hauptgruppe und 2. Periode
- VIII. Hauptgruppe und 5. Periode
- IV. Hauptgruppe und 4. Periode

2 Gib für folgende Elemente Hauptgruppe und Periode an: Chlor (Cl), Magnesium (Mg), Radon (Rn), Aluminium (Al).

3 Erstelle Elementsteckbriefe nach dem abgebildeten Muster. → 2 Gib an, wie die Atome der gesuchten Elemente aufgebaut sind und welche Masse sie haben.
- Das Element steht in der 4. Periode der IV. Hauptgruppe.
- Dieses Element hat die Ordnungszahl 16.
- Die gesuchte Atomsorte hat 14 Elektronen.

Kalium (K)

Aufbau der Atome
Anzahl Protonen 19
Anzahl Elektronen 19
Anzahl Außenelektronen 1
Anzahl Elektronenschalen ...4
Massenzahl 39

Eigenschaften des Stoffs
Siedetemperatur .... 774 °C
Schmelztemperatur .... 63 °C
Härte .... weich
Reaktivität .... reagiert mit vielen Stoffen

2 Steckbrief des Elements Kalium

Material D

Informationen gewinnen aus dem PSE

Mithilfe des Periodensystems der Elemente lassen sich viele Informationen gewinnen.

1 Übertrage die Tabelle in dein Heft und fülle mithilfe des Periodensystems die Lücken aus. → 3

Hauptgruppe	Periode	Elementsymbol	Element	Massenzahl	Protonen	Elektronen	Neutronen
II.	3.	...	...	...	...	...	...
...	...	P	...	...	...	...	...
...	...	...	Xenon	...	...	...	...
...	...	...	...	...	9	...	...
...	...	...	...	23	...	...	12
...	...	...	...	...	...	17	...

3

Isotope – Zwillinge bei Elementen?

1 Zwei Elemente und ihre Kennzahlen

Atome bestehen aus drei Bausteinen: Protonen, Elektronen und Neutronen. Deren Anzahl lässt sich aus Ordnungszahl und Massenzahl ermitteln. Doch manchmal treten dabei verblüffende Werte auf. Wie kann das sein?

Halbe Neutronen? • Aus der Ordnungszahl kann man die Anzahl der Protonen und Elektronen ablesen. Die Massenzahl entspricht der Summe der Teilchen im Kern. Das sind bekanntlich die Protonen und Neutronen. So kann man aus der Differenz von Massenzahl und Ordnungszahl die Anzahl der Neutronen bestimmen.
Beim Sauerstoff kommt man auf 8 Neutronen.
Aber was ist bei Chlor los? Hat Chlor dann 18,5 Neutronen: 18 ganze Neutronen und ein halbes Neutron?

Unterschiedliche Neutronenzahl • Halbe Neutronen gibt es nicht. Aber es gibt verschiedene Chlor-Atome. Manche haben 17 Neutronen, andere 19. Atome eines Elements mit unterschiedlicher Neutronenzahl werden als Isotope bezeichnet. Sie haben alle die gleichen chemischen Eigenschaften. Etwa 75 Prozent aller Chlor-Atome haben 17 Neutronen und damit die Massenzahl 35. Die restlichen 25 Prozent haben 19 Neutronen und damit die Massenzahl 37. Berücksichtigt man diese Verteilung, so ergibt sich für die Massenzahl von Chlor ein Mittelwert von 35,5.

Atome eines Elements mit gleicher Protonenzahl und unterschiedlicher Neutronenzahl nennt man Isotope.

Aufgaben

1 Erkläre mit eigenen Worten, was man unter Isotopen versteht.

2 Bei Sauerstoff ist die Massenzahl 16. Begründe, ob es von diesem Element Isotope geben kann.

Material A

Übersicht über Isotope

Es gibt Tabellen, in denen Isotope aufgeführt sind. In Bild 2 kannst du solch eine Tabelle für die ersten fünf Elemente sehen.

1 ☒ Betrachte die Tabelle. Gib an, wie viele Isotope es von den Elementen Wasserstoff (H) und Beryllium (Be) gibt.

2 ☒ Lies aus der Tabelle die Anzahl der Neutronen folgender Isotope ab: ^{8}He, ^{9}B, ^{12}Be.

Protonen	1	2	3	4	5
	H	He	Li	Be	B
Neutronen					
0	^{1}H				
1	^{2}H	^{3}He	^{4}Li	^{5}Be	
2	^{3}H	^{4}He	^{5}Li	^{6}Be	^{7}B
3		^{5}He	^{6}Li	^{7}Be	^{8}B
4		^{6}He	^{7}Li	^{8}Be	^{9}B
5		^{7}He	^{8}Li	^{9}Be	^{10}B
6		^{8}He	^{9}Li	^{10}Be	^{11}B
7		^{9}He	^{10}Li	^{11}Be	^{12}B
8		^{10}He	^{11}Li	^{12}Be	^{13}B
9				^{13}Be	^{14}B
10				^{14}Be	^{15}B
11					^{16}B
12					^{17}B

2 Isotopentabelle der ersten fünf Elemente

Material B

Dem Gemisch auf der Spur

Isotop	Anteil in %
^{196}Hg	0,15
^{198}Hg	10,04
^{199}Hg	16,94
^{200}Hg	23,14
^{201}Hg	13,17
^{202}Hg	29,74
^{204}Hg	6,82

3 Übersicht über Vorkommen der Quecksilber-Isotope

Die in Elementkarten angegebene Massenzahl ergibt sich aus den Atommassen und dem Verhältnis der natürlich vorkommenden Isotope.

1 Bei Wasserstoff findet man die Massenzahl 1,01. ☒ Gib an, welches Wasserstoff-Isotop das mit Abstand häufigste ist.

2 Aus der Tabelle kannst du entnehmen, zu welchem Anteil die verschiedenen Isotope des Elements Quecksilber (Hg) vorkommen. → 3 Schlägt man im Periodensystem die Massenzahl nach, so findet man 200,6. ☒ Begründe durch Berechnung, wie man auf diese Zahl kommt.

Aus Atomen werden Ionen

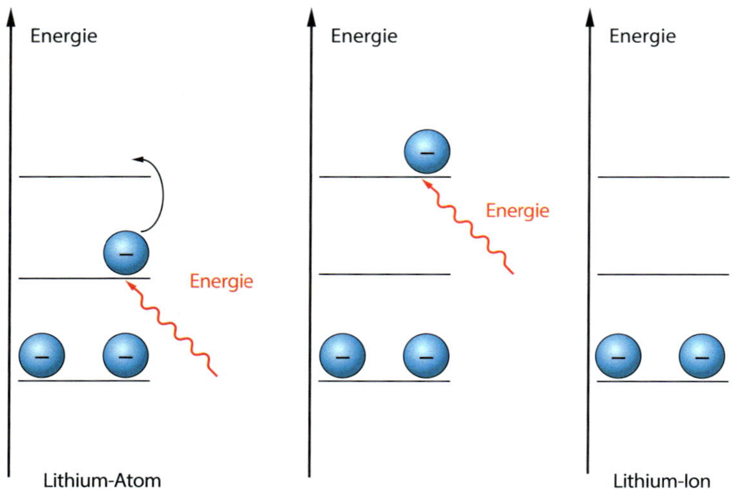

1 Energiezufuhr eines Lithium-Atoms im Energiestufenmodell

Durch Energiezufuhr kann das äußerste Elektron eines Lithium-Atoms in eine energieärmere Stufe überführt werden. Was passiert aber, wenn man noch mehr Energie zuführt?

Ionen • Bei weiterer Energiezufuhr am Lithium-Atom wird das äußerste Elektron komplett aus der Atomhülle entfernt. Dadurch sind weniger Elektronen in der Atomhülle als Protonen im Atomkern vorhanden. Das zuvor ungeladene Lithium-Atom ist nun positiv geladen und wird als Ion bezeichnet. → 3

Ionisierungsenergie • Die Energiemenge, die notwendig ist, um ein Elektron von einem Atom abzuspalten, nennt man Ionisierungsenergie (IE). Sie wird gemessen in Elektronenvolt (eV). Messungen haben ergeben, dass diese Energiemenge für die verschiedenen Elemente unterschiedlich ist.

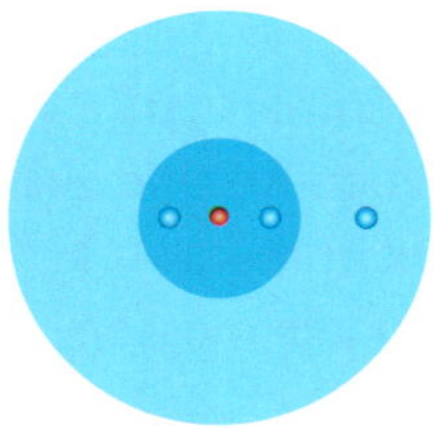

2 Lithium-Atom im Schalenmodell

Ionisierungsenergie und Atombau • Je weiter ein Elektron vom Atomkern entfernt ist, desto geringer ist die Anziehungskraft vom Atomkern und damit auch die Ionisierungsenergie. Innerhalb der Elemente einer Periode nimmt die Ionisierungsenergie tendenziell zu. Dies lässt sich durch die höhere Anzahl an Protonen im Kern erklären, welche die Elektronen stärker anziehen. Schaut man genau hin, gibt es kleine Abweichungen. Für diese liefert das Energiestufenmodell keine Erklärung.

Durch Abgabe von Elektronen werden Atome positiv geladen. Man nennt diese dann Ionen. Die Energie, die notwendig ist, um Elektronen abzuspalten, nennt man Ionisierungsenergie.

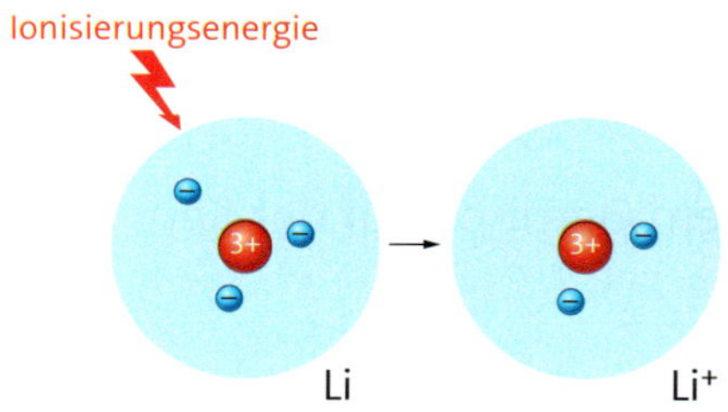

3 Vom Lithium-Atom zum Lithium-Ion

Aufgaben

1 ☒ Erkläre mit eigenen Worten den Begriff Ion.

2 ☒ Begründe, ob bei einem Fluor- oder Chlor-Atom die Ionisierungsenergie größer ist.

Material A

Ionisierungsenergien zuordnen

Die Ionisierungsenergien lassen sich mithilfe des Atombaus erklären.

1 ☒ Schreibe folgende Sätze in dein Heft und ergänze die Lücken (A) und (B) darin:

- Je weiter das äußerste Elektron vom Kern entfernt ist, desto **(A)** ist die Ionisierungsenergie.
- Mit zunehmender Protonenzahl nimmt die **(B)**.

2 ☒ Erstelle für die Elemente der I. Hauptgruppe Wasserstoff, Lithium, Natrium und Kalium eine Tabelle. Ordne den Elementen die folgenden Ionisierungsenergien darin richtig zu:

- 5,1 eV
- 13,6 eV
- 4,3 eV
- 5,4 eV

3 ☒ Begründe deine Zuordnung in Aufgabe 2.

Material B

Entfernung mehrerer Elektronen

Man kann auch mehrere Elektronen bei einem Element nacheinander entfernen. Tabelle 4 zeigt die dafür notwendigen Ionisierungsenergiebeträge beim Element Natrium.

1 Betrachte die Tabelle. → 4

a ☒ Stelle eine Regel für den Energiebedarf beim Abtrennen mehrerer Elektronen auf.

b ☒ Erkläre deine in Aufgabe 1a aufgestellte Regel.

c ☒ Stelle die Ionisierungsenergien eines Natrium-Atoms in einem Säulendiagramm dar. Auf der *y*-Achse wird die Ionisierungsenergie in eV aufgetragen. Schau dir die Werte an, bevor du mit der Skalierung beginnst. Auf der *x*-Achse trägst du nun für jedes Elektron eine eigene Säule auf.

d ☒ Gib an, bei der Abspaltung welcher Elektronen der Energiebedarf gleichmäßig ansteigt und wo dagegen Sprünge auftreten.

e ☒ Erkläre mithilfe des Energiestufenmodells, warum die Energiesprünge genau an diesen Stellen auftreten.

2 ☒ Das Element Magnesium hat 12 Elektronen. Wenn man nacheinander die Elektronen abspaltet, treten auch hier Sprünge bei der Ionisierungsenergie auf. Beim wievielten Elektron treten die Sprünge auf? Begründe deine Antwort.

Elektron	Ionisierungsenergie (eV)
1.	5,1
2.	47,3
3.	71,6
4.	98,9
5.	138,4
6.	172,1
7.	172,1
8.	264,1
9.	299,9
10.	1460
11.	1643,6

4 Ionisierungsenergien eines Natrium-Atoms

Beschränkung auf das Wesentliche

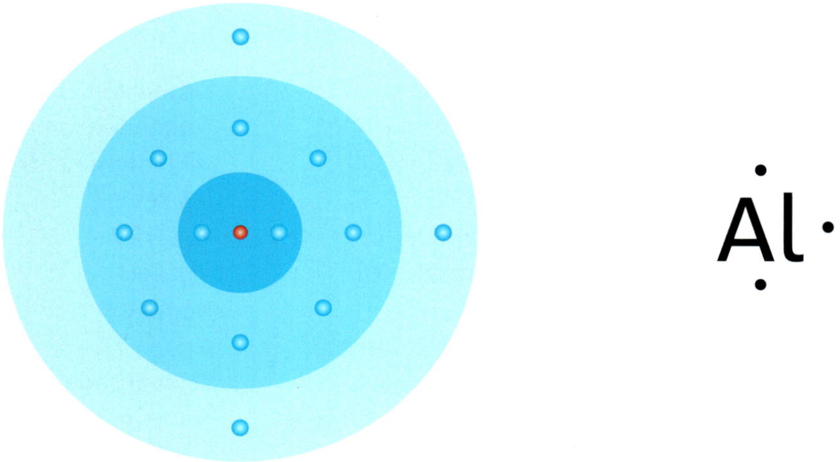

1 Aluminium mit allen seinen Elektronenschalen – Aluminium nur mit seinen Außenelektronen

In der Chemie geht es fast immer nur um die Außenelektronen. Die inneren Elektronenschalen braucht man meistens nicht zu beachten.

Lewis-Schreibweise • Der Amerikaner Gilbert Newton Lewis erkannte früh, dass die Anzahl der Außenelektronen wesentlich für die Eigenschaften von Atomen ist. Auf Basis dieser Erkenntnis entwickelte er eine vereinfachte Schreibweise zum Aufbau der Atomhülle. Entscheidend ist dabei, dass nicht alle Elektronen notiert werden, sondern nur die Außenelektronen. Dabei stellt man jedes Außenelektron als einen Punkt dar, der um das Elementsymbol notiert wird. → 2
Bis zu vier Außenelektronen werden als Punkte notiert. → 3
Wenn weitere Außenelektronen hinzukommen, zeichnet man anstelle eines weiteren Punkts an einer Seite des Elementsymbols einen Strich, als Symbol für ein Elektronenpaar. → 4

2 Natrium

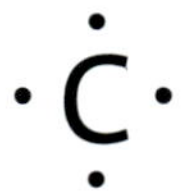

3 Kohlenstoff

4 Stickstoff

Es ist nicht gestattet, einen Strich als Symbol für zwei Elektronen zu notieren, bevor nicht an allen Seiten des Elementsymbols ein Elektron als Punkt markiert worden ist.

Bei der Lewis-Schreibweise werden nur die Außenelektronen notiert. Ein Punkt steht dabei für ein, ein Strich für zwei Außenelektronen.

Aufgaben

1 Gib an, wofür ein Punkt und wofür ein Strich in der Lewis-Schreibweise steht.

2 Gib an, wie viele Außenelektronen das Element Stickstoff hat. → 4

3 Nenne den Grund, weshalb Lewis eine Schreibweise für den Aufbau der Atomhülle entwickelte, bei der man nur die Außenelektronen notiert.

Material A

Die Lewis-Schreibweise lesen

Aus der Lewis-Schreibweise kann man Informationen entnehmen.

1 Erstelle eine Tabelle, aus der man die Anzahl der Außenelektronen der in Bild 5 dargestellten Elemente entnehmen kann.

2 Sortiere die in Bild 5 stehenden Elemente in Gruppen nach ähnlichen Eigenschaften. Benenne die Gruppen, soweit du sie kennst.

3 Spiele das rechts beschriebene Lernspiel mit einem Mitschüler. → 6

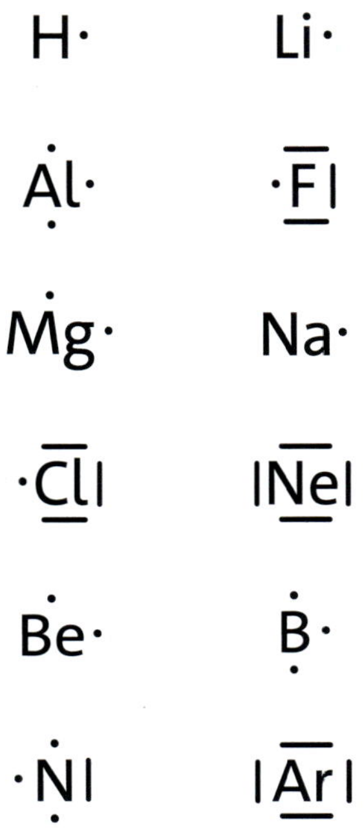

5 Außenelektronen einiger Elemente nach der Schreibweise von Lewis

Die Lewis-Schreibweise als Lernspiel

Lernen macht mehr Spaß mit einem Partner. Man kann auch mit spielerischen Formen erfolgreich sein:
Noah sucht sich ein Element aus Bild 5 aus und nennt die Anzahl der Außenelektronen: „Mein Element hat 7 Außenelektronen."
Nun kommen zwei Elemente infrage: Fluor (F) und Chlor (Cl).
Lisa stellt die passende Frage, um es herauszufinden: „Hat dein Element 2 oder 3 Elektronenschalen?"
Noah antwortet: „3."
Lisa: „Dann ist es Chlor!"
Noah: „Richtig. Jetzt du!"

6

Material B

Die Lewis-Schreibweise anwenden

Es ist hilfreich, wenn man selbst die Elektronenverteilung gemäß der Lewis-Schreibweise notieren kann.

1 Notiere die Elektronenverteilung nach Lewis von folgenden Elementen:

a Schwefel (S), Silicium (Si) und Phosphor (P)

b Barium (Ba), Xenon (Xe) und Iod (I)

2 In Bild 7 ist die Elektronenverteilung des Elements Schwefel abgebildet. Notiere dieses Element nach der Schreibweise von Lewis.

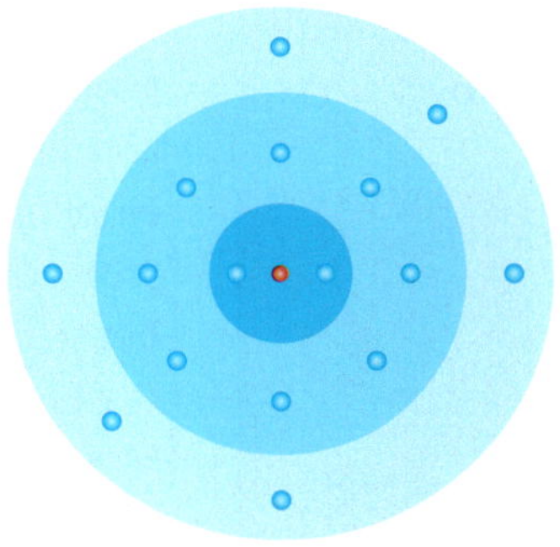

7 Elektronenverteilung nach Bohr

Wie viel wiegt ein Atom?

1 Mol von verschiedenen Stoffen

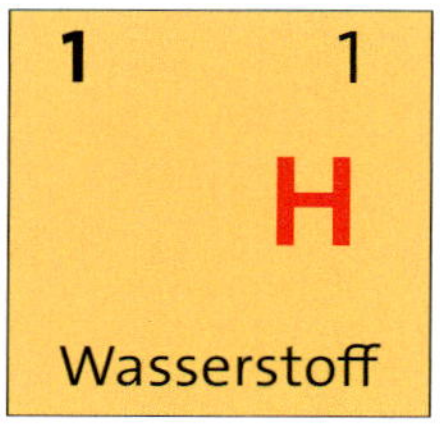

2 Das Element Wasserstoff

3 Das Element Lithium

4 Das Element Sauerstoff

Atome sind unvorstellbar winzig. Kann man Atome wiegen und wie viel wiegen sie?

Atommasse • Man kann aus den Elementkärtchen unter anderem die Massenzahl entnehmen. → 2 3 4 Die Massenzahl gibt an, wie viel ein Atom wiegt. Bei Lithium sind dies 7 u. Die Einheit u ist eine sehr kleine Gewichtseinheit: 1 u entspricht 0,000000000000000000000000166 g. Einzelne Atome kann man nicht wie einen Apfel auf die Waage legen und die Masse bestimmen.

Mol • Um Stoffportionen wiegen zu können, muss man viele Atome zu einer Stoffportion zusammenfassen. Stoffportionen werden als Stoffmenge bezeichnet und mit n abgekürzt. Die Einheit der Stoffmenge ist das Mol. Um 1 mol eines Stoffs zu erhalten, muss man eine Stoffmenge aus $6{,}022 \cdot 10^{23}$ (600 Trilliarden) Teilchen nehmen.

Molare Masse • Unter der molaren Masse versteht man die Masse von 1 mol Teilchen. Dies entspricht genau der Massenzahl dieser Atomsorte in der Einheit $\frac{g}{mol}$.
Das bedeutet, wenn man die Stoffportion von 1 mol Lithium-Atomen hat, so wiegt diese 7 g. 0,5 mol Lithium-Atome wiegen folglich 3,5 g.

Verbindungen • Auch von Verbindungen kann man die molare Masse bestimmen. Dazu muss man schauen, wie viele Teilchen von welcher Atomsorte darin vorkommen, und dann die molaren Massen der vorkommenden Teilchen addieren.
Beispiel: Wasser (H_2O) besteht aus zwei Atomen Wasserstoff (H) und einem Atom Sauerstoff (O):
molare Masse $= 2 \cdot 1\frac{g}{mol} + 16\frac{g}{mol} = 18\frac{g}{mol}$
1 mol Wasser wiegt 18 g.

Die Massenzahl gibt an, wie viel u ein Atom wiegt und wie viel Gramm 1 mol dieser Atome wiegt. 1 mol ist eine Stoffmenge von $6{,}022 \cdot 10^{23}$ Teilchen.

Aufgaben

1 Gib an, wie viel ein Lithium-Atom und wie viel 1 mol Lithium-Atome wiegen.

2 Berechne, wie viel mol bei 72 g Sauerstoff vorliegen.

die **Stoffmenge**
das **Mol**
die **molare Masse**

Material A

Atommasse, Mol und molare Masse

Teste dein Wissen zu den Begriffen Atommasse, Mol und molare Masse. → 5

1 Ordne den Begriffen 1–5 die passenden Beschreibungen A–E zu.

Begriff		Beschreibung	
1	molare Masse	A	sehr kleine Gewichtseinheit, in der die Masse von Atomen angegeben wird
2	Mol	B	Gewichtseinheit für die molare Masse
3	Massenzahl	C	Masse von 1 mol Teilchen des Stoffs
4	Gewichtseinheit u	D	gibt an, wie viel u ein Atom bzw. 1 mol Atome in g wiegen
5	Gewichtseinheit $\frac{g}{mol}$	E	bestimmte Anzahl der Teilchen eines Stoffs, nämlich $6{,}022 \cdot 10^{23}$

5

Material B

Mit Massenzahlen umgehen

Den Zusammenhang zwischen Atommasse, Mol und molarer Masse zu kennen ist der erste Schritt. Die Anwendung dieser Zusammenhänge ist der nächste Schritt.

1 Gib an, wie viel folgende Stoffe wiegen:
a 1 Atom Aluminium
b 1 mol Chrom
c 4 Natrium-Atome
d 16 Kohlenstoff-Atome
e 7 mol Helium
f 1 mol Eisensulfid (FeS)
g 2,5 mol Methan (CH_4)
h 0,2 mol Wasser (H_2O)

2 Gib an, wie viele Teilchen man bei folgenden Massen hat:
a 12 u Kohlenstoff
b 69 u Natrium
c 12 g Helium
d 81 g Aluminium
e 208 g Chrom
f 30 g Kohlenstoff
g 80,5 g Natrium
h 21,4 g Helium

3 Gib an, was mehr wiegt:
a 3 mol Kohlenstoff oder 2 mol Natrium
b 1000 Chrom-Atome oder 0,2 mol Helium
c eine Stecknadel oder 1 000 000 Chrom-Atome
d 1 mol Chrom oder 13 mol Helium

6 Kennzahlen verschiedener Elemente

Chemische Reaktionen planen

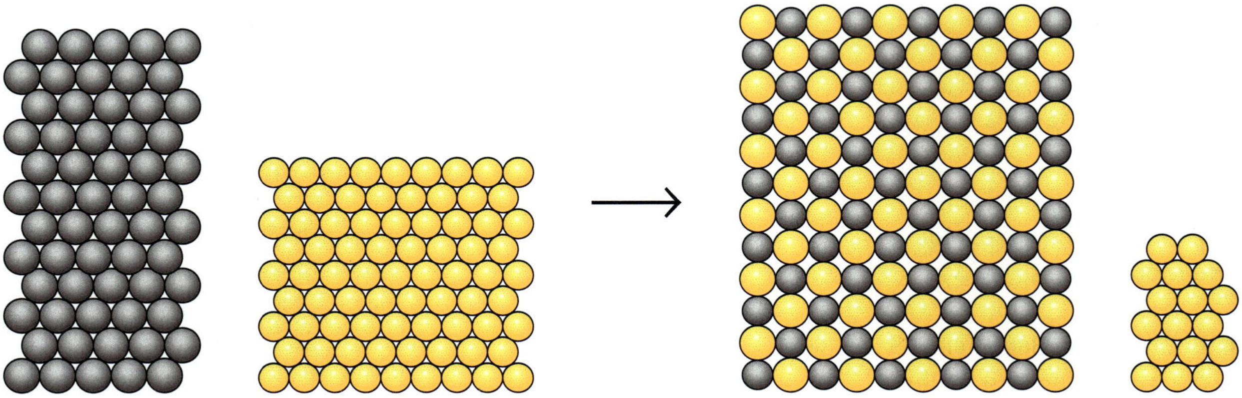

1 Hier reagieren Eisen und Schwefel miteinander. Man hat aber zu viel Schwefel genommen ...

Woher weiß man, wie viel man von Stoffen bei chemischen Reaktionen nehmen muss? In Bild 1 hat dies nicht gut geklappt.

Reaktion von Eisen und Schwefel • Es sollen 10 g Eisen mit Schwefel reagieren. Wie viel Schwefel muss man zum Eisenpulver hinzugeben?
Zunächst muss man wissen, wie viele Eisen-Atome mit Schwefel-Atomen reagieren. Dies erfährt man aus der Reaktionsgleichung:

$$Fe + S \rightarrow FeS$$

Dieser kann man entnehmen, dass ein Atom Eisen mit einem Atom Schwefel reagiert. Trotzdem kann man aber nicht einfach 10 g Eisen und 10 g Schwefel zusammengeben. Das ginge nur, wenn ein Eisen-Atom genauso viel wiegen würde wie ein Schwefel-Atom.

Mengenberechnung • Dem Periodensystem kann man entnehmen, dass 1 mol Eisen 56 g wiegt und 1 mol Schwefel 32 g. → 2 3
1 mol des Reaktionsprodukts Eisensulfid bringt 88 g auf die Waage. Das Massenverhältnis von Eisen zu Schwefel ist folglich 56 : 32. Will man 10 g Eisen reagieren lassen, so bedeutet dies: $56 : 32 = 10 : x$
Wobei x der gesuchten Menge Schwefel entspricht. Wenn man die Gleichung nach x auflöst, erhält man:
$x = 10 \cdot 32 : 56 = 5{,}7$
Zu den 10 g Eisen müssen also 5,7 g Schwefel gegeben werden.

2 Das Element Eisen

3 Das Element Schwefel

Mithilfe der Reaktionsgleichung und der Atommassen lassen sich chemische Reaktionen planen.

Aufgabe

1 ☒ Gib an, welche der folgenden Angaben man braucht, um eine chemische Reaktion zu planen: Atommassen, Größe der Atome, Ordnungszahl, Reaktionsgleichung

Material A

Wie viel muss man nehmen?

In Bild 4 ist ein Beispiel für die Mengenberechnung bei der Reaktion von Zink und Schwefel zu sehen.

1 Berechne entsprechend dem Beispiel, wie viel
a Schwefel man hinzugeben muss bei 50 g Zinkpulver.
b Zink man hinzugeben muss bei 20 g Schwefel.

Es sollen 15 g Zinkpulver eingesetzt werden. Wie viel Schwefel muss man hinzugeben?

1. Reaktionsgleichung notieren: $Zn + S \rightarrow ZnS$

2. Molmassen ermitteln: Zink = 65 Schwefel = 32

3. Massenverhältnis ermitteln: $65 : 32 = 15 : x$

4. Nach x auflösen: $x = 15 \cdot 32 : 65 = 7{,}4$
Man muss 7,4 g Schwefel hinzugeben.

4 Beispiel für eine Mengenberechnung

Material B

Kupfer-Schwefel-Reaktion

Die Reaktion von Kupfer mit Schwefel zu Kupfersulfid läuft nach folgender Reaktionsgleichung ab:

$$Cu + S \rightarrow CuS$$

1 Ermittle die Atommassen von Kupfer, Schwefel und Kupfersulfid (*Tipp*: Diese findest du im Periodensystem im Buchanhang.)

2 Bei der Reaktion sollen 20 g Schwefel umgesetzt werden.
Berechne, wie viel Kupfer zu den 20 g Schwefel hinzugefügt werden müssen:

1. Setze dafür in die Gleichung in Bild 6 die passenden Werte ein. Setze für die gesuchte Größe *x* ein.
2. Löse die Gleichung nach *x* auf und gib an, wie viel Kupfer man nehmen muss.

3 Berechne, wie viel Schwefel bei 30 g Kupfer zugegeben werden muss.

4 Berechne, wie viel Kupfer und Schwefel nötig sind, um 100 g Kupfersulfid zu erhalten.

5 Reaktion von Kupfer mit Schwefel

$$\frac{\text{Atommasse Zink}}{\text{Atommasse Schwefel}} = \frac{\text{Menge Zink}}{\text{Menge Schwefel}}$$

6

Alkalimetalle

1 Reaktion von Natrium mit Wasser

2 Natrium schneiden mit dem Messer

3 Aufbewahrung von Rubidium in einer Glasampulle

Natrium reagiert heftig mit Wasser. Wie verhalten sich die anderen Elemente der I. Hauptgruppe?

Gemeinsames • Die Elemente der I. Hauptgruppe werden als Alkalimetalle bezeichnet. Sie besitzen ein Elektron auf ihrer äußersten Schale und sind sehr reaktionsfreudig. Alkalimetalle kann man anhand typischer Verfärbungen in der nicht leuchtenden Brennerflamme identifizieren. Aufgrund ihrer geringen Dichte zählen sie zu den Leichtmetallen.

Lithium • Bei Lithium sieht man auf den ersten Blick nicht, dass es ein Metall ist. Es ähnelt einem schwarzen Stein. Daher kommt auch der Name (griech. lithos: Stein). Mit etwas Kraft lässt es sich mit dem Messer schneiden. An der Schnittfläche erkennt man dann den typisch metallischen Glanz. Lithium ist an einer karminroten Flammenfärbung zu erkennen.

Natrium • Natrium lässt sich deutlich leichter schneiden als Lithium. Auch hier ist beim Durchschneiden der metallische Glanz erkennbar. → 2 Im Vergleich zu Lithium läuft die Reaktion von Natrium mit Wasser noch heftiger und schneller ab. → 1 Natrium zeigt eine kräftige gelbe Flammenfärbung.

Kalium • Der Schnitt mit dem Messer geht bei Kalium noch leichter. Die Reaktion mit Wasser ist noch heftiger als bei Natrium, sodass es spontan zum Entzünden der entstehenden Gase kommen kann. Kalium zeigt in der Flamme eine rotviolette Färbung.

Rubidium und Caesium • Bei diesen beiden Elementen ist die Reaktion bereits mit einer geringen Wassermenge so heftig, dass diese Stoffe nur in fest verschlossenen Glasampullen aufbewahrt werden können. → 3 Die Reaktion von Caesium mit Wasser ist dabei noch heftiger als die von Rubidium.

Alkalimetalle sind sehr reaktionsfreudig. Ihre Reaktivität nimmt von Lithium zu Caesium zu.

Aufgaben

1 Gib an, welche Elemente zu den Alkalimetallen gehören.

2 Nenne zwei gemeinsame Eigenschaften der Alkalimetalle.

Material A

Flammenfärbung

Materialliste: Brenner, Magnesiastäbchen, verdünnte Salzsäure ⚠, Kaliumchlorid, Natriumchlorid, Lithiumchlorid ⚠, Porzellanschale, Uhrgläser

Bestimmte Elemente zeigen in der Brennerflamme eine typische Farbe. Dafür taucht man ein Magnesiastäbchen in verdünnte Salzsäure und dann in die Stoffprobe. Nun wird das Stäbchen mit der Stoffprobe in die rauschende Brennerflamme gehalten. Danach wird es gereinigt, indem es abwechselnd in die verdünnte Säure und in die Flamme gehalten wird. Dies erfolgt so lange, bis die Flammenfärbung nicht mehr zu sehen ist.

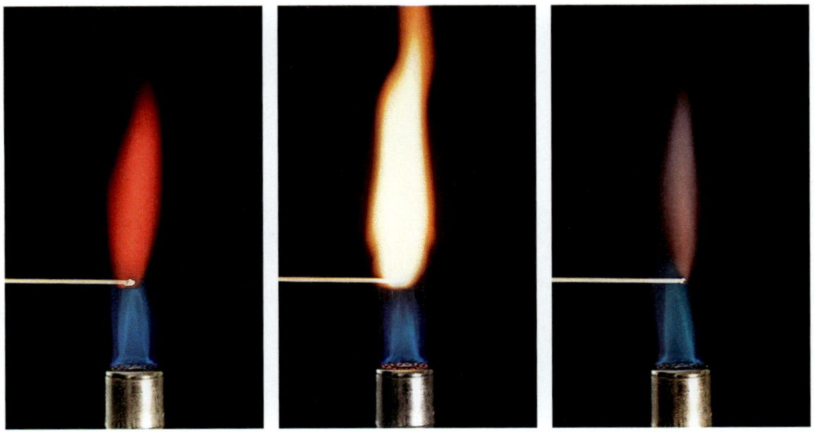

4 Flammenfärbung bei Lithium, Natrium und Kalium

1 Führe den beschriebenen Versuch nacheinander mit folgenden Stoffproben durch: Kaliumchlorid, Lithiumchlorid und Natriumchlorid.
Dokumentiere die Verfärbung der Brennerflamme bei jedem einzelnen Salz.

2 Die Verbindungen bestehen jeweils aus einem Chlor-Teilchen, das mit einem Kalium-, Lithium- oder Natrium-Teilchen verbunden ist.
Gib an, welche Teilchen für die Flammenfärbung verantwortlich sind.

Material B

Vorhersagen treffen

1 Gib an, welche Angaben in die Lücken A, B und C gehören: → 5
A: 17; 39; 64; 118
B: nicht schneidbar – mit dem Messer schneidbar – sehr leicht schneidbar
C: keine Reaktion mit Wasser – heftige Reaktion – explosionsartige Reaktion

Element	Schmelztemperatur (°C)	Härte	Reaktion mit Wasser
Lithium	180	mit dem Messer schwer zu schneiden	sichtbare Reaktion, löst sich langsam auf
Natrium	98	B	heftige Reaktion, schnelles Auflösen
Kalium	63	mit dem Messer leicht zu schneiden	entzündet sich, wenn man es in Wasser gibt
Rubidium	A	weich	explosionsartige Reaktion
Caesium	28	sehr weich	C

5

Erdalkalimetalle

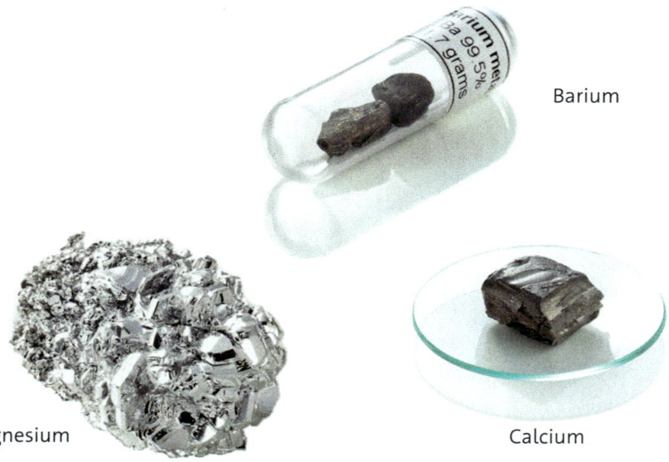

1 Magnesium, Barium und Calcium

Magnesium, Barium und Calcium gehören zur II. Hauptgruppe. Was haben die Elemente dieser Gruppe gemeinsam?

Gemeinsames • Die Elemente der II. Hauptgruppe nennt man Erdalkalimetalle. Dazu gehören Beryllium, Magnesium, Calcium, Strontium, Barium und Radium. Die Erdalkalimetalle Calcium, Strontium und Barium zeigen eine charakteristische Flammenfärbung. → 4 Erdalkalimetalle sind reaktionsfreudig, aber sie reagieren nicht so heftig wie die Alkalimetalle. Die Reaktivität nimmt innerhalb der Erdalkalimetalle mit steigender Atomgröße zu, das heißt, im Periodensystem von oben nach unten mit steigender Zahl der Perioden. Aufgrund ihrer Reaktivität kommen sie in der Natur nur in Verbindungen vor.

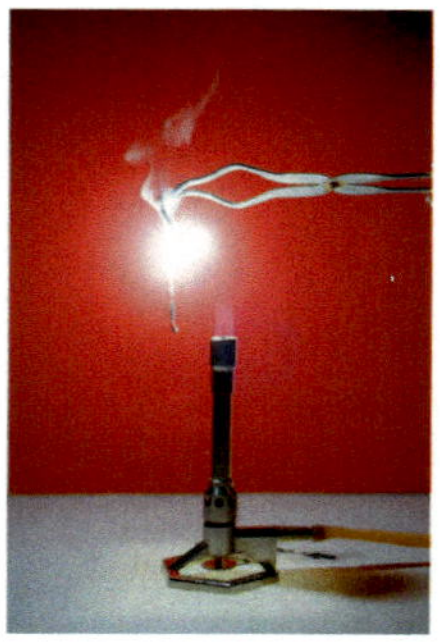

2 Brennendes Magnesiumband

3 Smaragd

Beryllium • Dieses Erdalkalimetall ist in vielen Verbindungen enthalten, z. B. im Smaragd. → 3 In der Industrie findet Beryllium Verwendung als Legierungszusatz bei Metallen.

Magnesium • Magnesium kommt als Bestandteil in vielen Gesteinen vor. Es lässt sich leicht entzünden und verbrennt mit heller Flamme. → 2 Magnesium wird bei der Metallherstellung als Reduktionsmittel eingesetzt.

Calcium • Calciumverbindungen wie Kalk oder Gips sind bedeutend am Aufbau der Erdkruste beteiligt. Im menschlichen Körper spielt Calcium als Bestandteil von Knochen und Zähnen eine wichtige Rolle. Calcium färbt die Brennerflamme ziegelrot.

Strontium und Barium • Auch diese beiden Erdalkalimetalle kommen als Verbindungen in der Erdkruste vor. Verwendung finden sie wie Beryllium als Legierungszusätze.
Strontium färbt die Brennerflamme intensiv rot, Barium färbt sie grün.

Die Elemente der II. Hauptgruppe werden als Erdalkalimetalle bezeichnet. Es handelt sich um reaktive Metalle, die in der Natur nur in Verbindungen vorkommen.

Aufgaben

1 Nenne die Elemente, die zu den Erdalkalimetallen gehören.

2 Nenne Vorkommen und Verwendung der Erdalkalimetalle.

Material A

Flammenfärbung

Materialliste: Brenner, Magnesiastäbchen, verdünnte Salzsäure, Bariumchlorid, Calciumchlorid, Strontiumchlorid, Porzellanschale, Uhrgläser

1 Führe den Versuch wie im gleichnamigen Material A auf Seite 227 beschrieben durch. Verwende dafür folgende Stoffproben: Bariumchlorid, Calciumchlorid und Strontiumchlorid.
Dokumentiere die Verfärbung der Brennerflamme bei jedem einzelnen Salz.

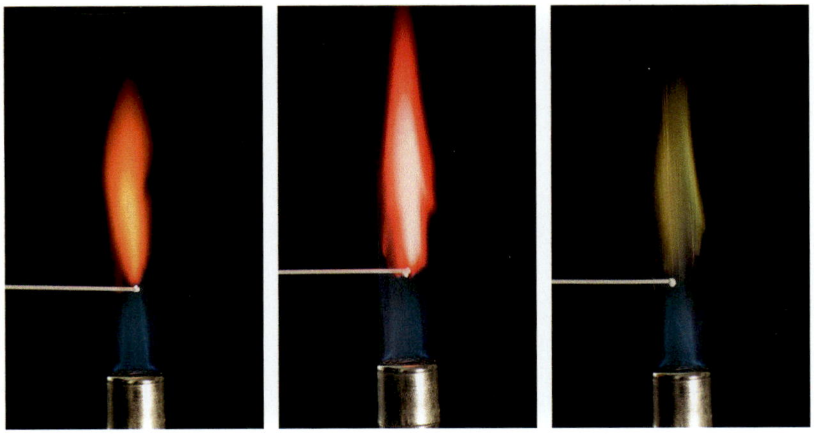

4 Flammenfärbung bei Calcium, Strontium und Barium

2 Die Verbindungen bestehen jeweils aus einem Chlor-Teilchen, das mit einem Barium-, Calcium- oder Strontium-Teilchen verbunden ist.
Gib an, welche Teilchen für die Flammenfärbung verantwortlich sind.

Material B

Wunderkerzen

Erdalkalimetalle werden bei Feuerwerken eingesetzt. Wunderkerzen enthalten unter anderem Bariumnitrat.

Materialliste: Aluminiumpulver, Bariumnitrat, Becherglas, Eisenpulver, dünne Eisenstäbe, Uhrgläser, Rührstab, Stärke, heißes Wasser, Waage

1 Wiege 11 g Bariumnitrat, 1 g Aluminiumpulver, 5 g Eisenpulver sowie 3 g Stärke auf Uhrgläsern ab und gib sie in das Becherglas. Vermische nun die Stoffe sorgfältig und gib 2–3 ml heißes Wasser dazu.

2 Verrühre das Ganze nun zu einem steifen Brei und trage es auf die Spitzen der Eisenstäbe auf. Lass die Eisenstäbe 24 Stunden anschließend trocknen.

5 Wunderkerze beim Abbrennen

Achtung • Verbrennungs- und Brandgefahr! Das Entzünden der Wunderkerzen darf nur unter Aufsicht der Lehrkraft und im Abzug geschehen.

Halogene

1 Fluor, Chlor, Brom und Iod

Was haben Fluor, Chlor, Brom und Iod gemeinsam?

Gemeinsames • Die Elemente der VII. Hauptgruppe bezeichnet man als Halogene. Sie besitzen 7 Außenelektronen und sind sehr reaktive Elemente. Die Halogene zählen zu den Nichtmetallen.

Fluor • Fluor ist das reaktivste von allen Elementen des Periodensystems. Das Gas reagiert spontan mit nahezu allen Stoffen. Leitet man es zum Beispiel über Holzwolle, Aluminium oder Ziegelsteine, so entflammen diese Stoffe spontan.

2 Bleichwirkung von Chlor

Chlor • Chlor ist bei Raumtemperatur ebenfalls gasförmig. Das stechend riechende Gas ist bereits in geringen Mengen giftig. Beim Einatmen reagiert es spontan mit den Lungenbläschen und zerstört diese. Aufgrund der Bakterien abtötenden Wirkung wird Chlor in sehr geringen Konzentrationen dem Wasser in Schwimmbädern zugesetzt. Außerdem besitzt es eine bleichende Wirkung. → 2

Brom • Brom ist eines der ganz wenigen Elemente, die bei Raumtemperatur flüssig vorliegen. Es ist eine braune, stechend riechende Flüssigkeit, die allerdings bereits bei Raumtemperatur verdunstet. Die bräunlichen Dämpfe sind sehr reaktionsfreudig und giftig.

Iod • Betrachtet man Iod bei Raumtemperatur, so sieht man grauschwarze, glänzende Kristalle. Bei leichter Erwärmung sublimieren diese zu violetten Dämpfen. Auch wenn Iod weitaus weniger reaktionsfreudig ist als die anderen Halogene, so reagiert es dennoch mit vielen Stoffen, z. B. mit Metallen, Gummi oder Kork.

> Halogene sind reaktionsfreudige Stoffe. Fluor, Chlor und Brom sind giftig, Iod ist gesundheitsschädlich.

Aufgaben

1 Nenne die Elemente, die zur Familie der Halogene gehören.

2 Sortiere die Halogene nach ihrer Reaktionsfreudigkeit.

3 Gib an, welche Gemeinsamkeit die Halogene bezüglich des Baus ihrer Atomhülle haben.

Material A

Halogene und ihre Eigenschaften

Die Halogene haben ähnliche Eigenschaften. Dennoch unterscheiden sie sich in einigen Dingen.

1 Übertrage die Tabelle in dein Heft und ordne dem jeweiligen Halogen seine typische Eigenschaft zu. → 3

Halogen		Eigenschaft	
1	Fluor	A	bei Raumtemperatur flüssig
2	Chlor	B	geht beim Erwärmen direkt vom festen in den gasförmigen Zustand über
3	Brom	C	extrem reaktionsfreudig, entflammt verschiedene Stoffe spontan
4	Iod	D	tötet Bakterien ab und wird deshalb zur Desinfektion eingesetzt

3 Fluor, Chlor, Brom, Iod mit einigen typischen Eigenschaften

Material B

Halogenidnachweis

Durch Aufnahme eines Elektrons werden Halogen-Atome zu negativ geladenen Ionen. Diese werden als Halogenide bezeichnet. Durch einen Versuch kann man Chlorid, Bromid und Iodid unterscheiden.

Materialliste: Ammoniak-Lösung, Kaliumbromid, Kaliumchlorid, Kaliumiodid, 3 Reagenzgläser, Reagenzglasständer, Silbernitrat-Lösung, 3 Spatel, Spritzflasche mit Wasser, Pipetten

1 Verwende für die Proben getrennte Spatel. Gib je eine Spatelspitze des Kaliumbromids, des Kaliumchlorids und des Kaliumiodids in je ein Reagenzglas. Fülle die Reagenzgläser zu etwa 1/3 mit Wasser auf. Schüttle die Reagenzgläser anschließend, sodass sich die Proben lösen.

2 Gib nun einige Tropfen der Silbernitrat-Lösung in jedes der Reagenzgläser. Der weiße Niederschlag entsteht bei der Reaktion von Chlorid- mit Silber-Ionen, der gelbliche bei Bromid- mit Silber-Ionen und der gelbe bei Iodid- mit Silber-Ionen. → 4
Da sich die Niederschläge schwer unterscheiden lassen, kannst du nun einige Tropfen Ammoniak-Lösung in die Gläser geben. Silberchlorid wird sich auflösen, Silberbromid wird sich zum Teil auflösen, Silberiodid nicht.

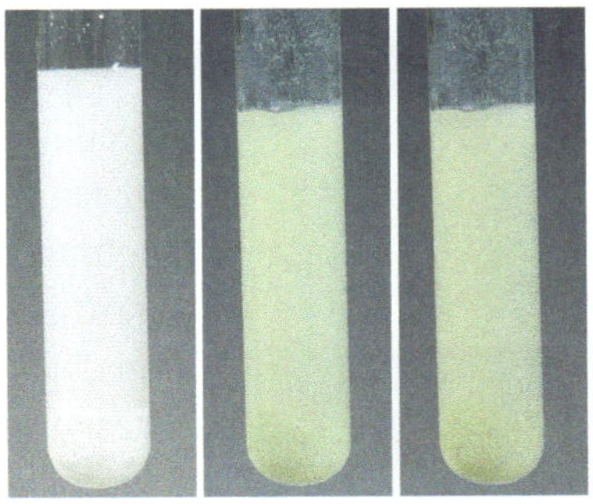

4 Proben von Silbernitrat (von links nach rechts: Silberchlorid, Silberbromid, Silberiodid)

3 Erstelle ein Versuchsprotokoll. Gehe bei der Beobachtung gezielt auf die Farbe des Niederschlags ein.

Edelgase

1 Xenon – Füllgas in Scheinwerfern

Xenon wird als Füllgas in modernen Scheinwerfern eingesetzt. Welche Eigenschaft macht man sich hier zunutze?

Gemeinsames • Die Elemente der VIII. Hauptgruppe bezeichnet man als Edelgase. Ihre herausragende Eigenschaft ist die extreme Reaktionsträgheit. Diese lässt sich mit dem Aufbau ihrer Atomhülle erklären. Die äußerste Schale der Edelgase ist stets voll besetzt. Dies wird als Edelgaszustand bezeichnet, der von allen Atomen angestrebt wird.

2 Bunte Werbung mit Leuchtstoffröhren

Helium • Dieses farb- und geruchlose Gas wird aufgrund seiner Reaktionsträgheit und sehr geringen Dichte als sicheres Füllgas in Luftschiffen verwendet.

Neon • Auch dieses Gas ist ausgesprochen reaktionsträge. Da die ersten Leuchtstoffröhren mit Neon gefüllt waren, bezeichnet man sie heute noch als Neonröhren. → 2 Heute enthalten diese ein Gemisch aus Neon, Argon und Quecksilberdampf.

Argon • Aufgrund seiner Reaktionsträgheit wird Argon beim Schweißen als Schutzgas verwendet. Es verhindert, dass Sauerstoff mit dem flüssigen Stahl in Kontakt kommt.

Krypton • Wird als Füllgas in Glühlampen gegeben. Da es sehr reaktionsträge ist, verhindert es eine Reaktion des Glühdrahts mit anderen Stoffen und sorgt so für eine längere Lebensdauer.

Xenon • Da Xenon ebenfalls nicht mit anderen Stoffen reagiert, wird es in Autoscheinwerfern verwendet. Ähnlich wie Krypton in Glühlampen erhöht es die Lebensdauer der Lampen.

Edelgase sind sehr reaktionsträge. Dies liegt an der voll besetzten äußersten Elektronenschale. Dieser von allen Atomen angestrebte Zustand wird als Edelgaszustand bezeichnet.

Aufgaben

1 Gib für jedes der Edelgase ein Verwendungsbeispiel an.

2 Nenne und erkläre die wichtigste gemeinsame Eigenschaft der Edelgase.

die **Edelgase**
der **Edelgaszustand**

Material A

Edelgase

In der VIII. Hauptgruppe stehen die Edelgase.

1 ◩ Zeichne die Atomhüllen der Edelgase in der 1., 2. und 3. Periode nach der Modellvorstellung von Niels Bohr.

2 ⊠ Nenne die Gemeinsamkeiten, die diese Atomsorten bezüglich ihrer Atomhülle aufweisen.

3 ⊠ Gib an, was trotz der Gemeinsamkeit der Edelgase eine Besonderheit des Elements Helium in dieser Gruppe ist.

3 Das reaktionsträge Helium wird als Füllgas in Luftballons verwendet.

Material B

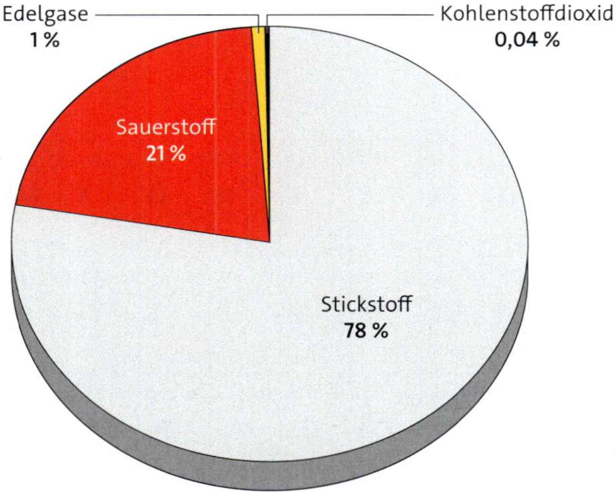

4 Darstellung der Zusammensetzung eines Gasgemischs

Stoff	Anteil an den Edelgasen in der Luft
Argon	99,74 %
Neon	0,2 %
Helium	0,049 %
Krypton	0,01 %
Xenon	0,001 %

5 Anteile der Edelgase in der Luft

Informationen aus Diagrammen und Tabellen entnehmen

Daten lassen sich in Diagrammen oder Tabellen darstellen. → 4 5

1 ◩ Gib an, um welches Gasgemisch es sich in Bild 4 handelt.

2 ⊠ Nenne jeweils Vorteile für die Angabe von Daten in Diagrammform und in Tabellenform.

3 ⊠ Begründe, warum es nicht sinnvoll ist, die Edelgase im Diagramm von Bild 4 einzeln aufzuführen.

4 Berechne:
a ⊠ Wie viel Milliliter Edelgase befinden sich in 500 ml Luft (entspricht etwa einem Atemzug)?
b ⊠ Wie viel Milliliter der einzelnen Edelgase atmet man je Atemzug ein?

Die Ordnung der Elemente

Zusammenfassung

Atommodelle • Atome bestehen aus einem sehr kleinen Kern und einer großen Hülle. Der Kern setzt sich aus positiv geladenen Protonen und ungeladenen Neutronen zusammen. In der Atomhülle befinden sich die Elektronen. Der Aufbau der Atomhülle lässt sich mit dem Schalenmodell erklären. → 1 Einige Elektronen bilden zusammen eine Elektronenschale, die den Atomkern kugelförmig umgibt. Diese Schalen sind nicht massiv, sondern nur der Raum, in dem sich die Elektronen aufhalten und bewegen.

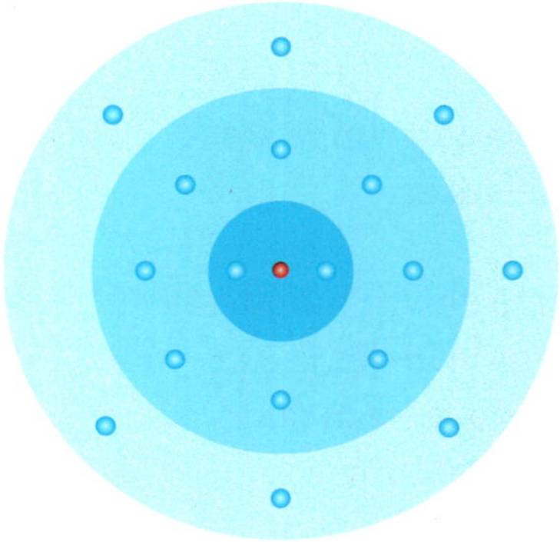

1 Ein Chlor-Atom im Schalenmodell

Periodensystem • Das Periodensystem der Elemente (PSE) vereint mehrere Ordnungsmerkmale:

- Elemente, die untereinander stehen, haben gleich viele Außenelektronen. Solche Elemente bilden eine Hauptgruppe.
- Elemente, die in einer Zeile stehen, haben gleich viele Schalen. Die Zeilen nennt man auch Perioden.

Wenn man das System wie ein Buch von links oben nach rechts unten liest, steigt die Ordnungszahl immer weiter an.

	Hauptgruppe							
Periode	I	II	III	IV	V	VI	VII	VIII
1	1 1,0 **H** Wasserstoff							2 4,0 **He** Helium
2	3 6,9 **Li** Lithium	4 9,0 **Be** Beryllium	5 10,8 **B** Bor	6 12,0 **C** Kohlenstoff	7 14,0 **N** Stickstoff	8 16,0 **O** Sauerstoff	9 19,0 **F** Fluor	10 20,2 **Ne** Neon
3	11 23,0 **Na** Natrium	12 24,3 **Mg** Magnesium	13 27,0 **Al** Aluminium	14 28,1 **Si** Silicium	15 31,0 **P** Phosphor	16 32,1 **S** Schwefel	17 35,5 **Cl** Chlor	18 40,0 **Ar** Argon
4	19 39,1 **K** Kalium	20 40,1 **Ca** Calcium	31 69,7 **Ga** Gallium	32 72,6 **Ge** Germanium	33 74,9 **As** Arsen	34 79,0 **Se** Selen	35 79,9 **Br** Brom	36 83,8 **Kr** Krypton

2 Ausschnitt aus dem Periodensystem

Hauptgruppen und ihre Reaktivität • Die Alkalimetalle und Halogene sind sehr reaktionsfreudige Elemente. Edelgase hingegen verhalten sich sehr reaktionsträge. Sie besitzen 8 Elektronen auf ihrer äußersten Elektronenschale. → 3 Eine Ausnahme bildet Helium mit 2 Elektronen auf der äußersten Schale. Dieser Zustand wird als Edelgaszustand bezeichnet.

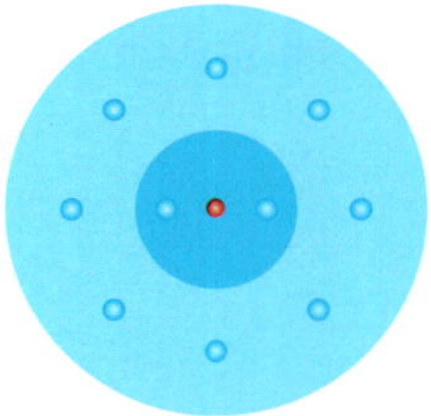

3 Ein Neon-Atom: Die äußerste Schale ist voll besetzt.

Teste dich! (Lösungen im Anhang)

Atombau und Atommodelle

1 Vergleiche die Atommodelle von Dalton und Rutherford mit dem Schalenmodell.

2 Gib für die Elemente in Bild 4 an, aus wie vielen Protonen, Neutronen und Elektronen die Atome jeweils bestehen.

3 Aus der Massenzahl kann man einige Informationen entnehmen.
a Gib die Masse von einem Stickstoff-Atom an.
b Berechne, wie viel 2 mol Blei wiegen.
c Berechne, wie viel Mol man bei 714 g Uran hat.

4 Atome eines Elements können unterschiedlich aufgebaut sein. → 5
a Gib an, wie man die unterschiedlich aufgebauten Atome eines Elements nennt.
b Beschreibe, worin sich die beiden Atome in Bild 5 unterscheiden und welche Eigenschaften gleich sind.

4 Kennzahlen für die Elemente Stickstoff, Blei und Uran

5 Worin liegen die Unterschiede?

Periodensystem

5 In Bild 6 ist ein Atom nach den Vorstellungen von Bohr dargestellt.
a Um welche Atomsorte handelt es sich? Nimm das Periodensystem im Anhang zu Hilfe.
b Befindet sich das dargestellte Atom im Edelgaszustand? Begründe deine Antwort.
c Stelle die Elemente Kohlenstoff (C), Magnesium (Mg) und Chlor (Cl) nach der Atomvorstellung von Bohr dar.
d Gib das Formelzeichen und die Anzahl der Protonen, Neutronen und Elektronen folgender Elemente an:
- 3. Periode, I. Hauptgruppe
- 4. Periode, VII. Hauptgruppe
- 3. Periode, VIII. Hauptgruppe

e Gib Periode und Hauptgruppe folgender Elemente an: Calcium (Ca), Selen (Se) und Argon (Ar). Aus wie vielen Protonen, Neutronen und Elektronen bestehen diese Atome?

6 Notiere die Atome von Lithium, Aluminium und Schwefel in der Lewis-Schreibweise.

7 Beschreibe die Merkmale der I. Hauptgruppe.

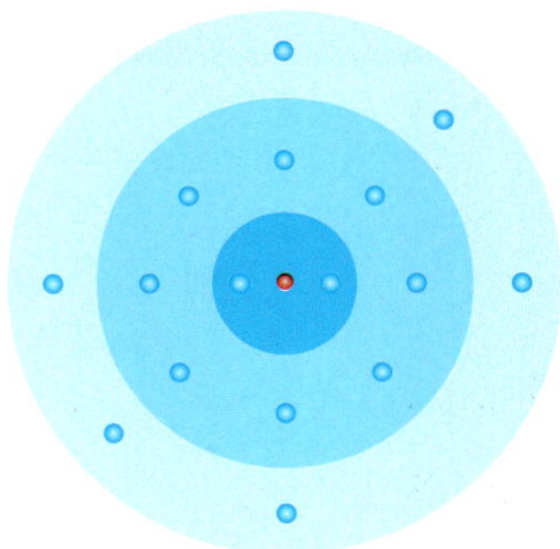

6 Ein Atom nach den Vorstellungen von Bohr

Bindungsarten

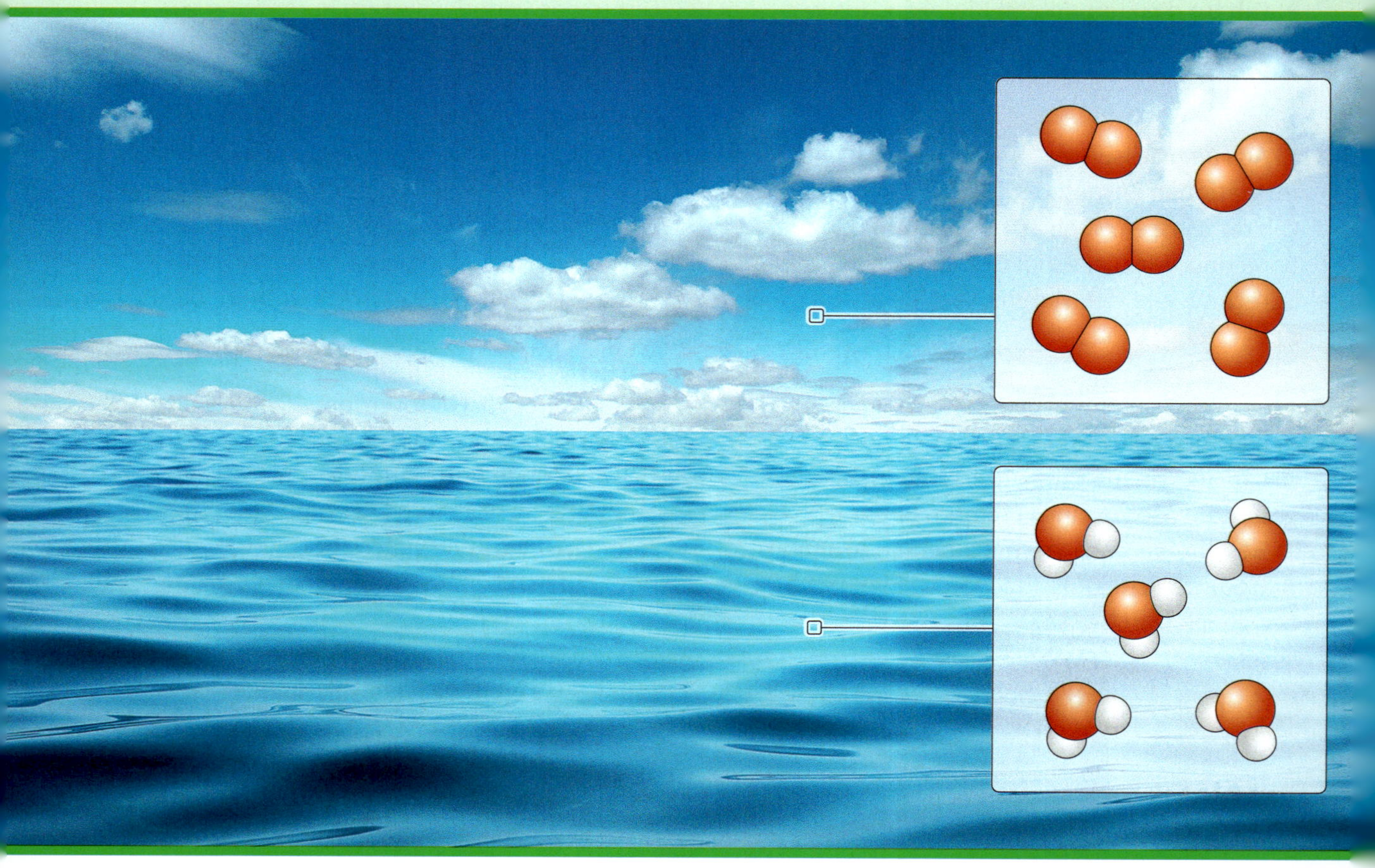

Wasser und Sauerstoff sind zwei aus Molekülen aufgebaute Stoffe. Was kennzeichnet die Bindung zwischen den Atomen eines Moleküls?

Natriumchloridkristalle bestehen nicht aus Molekülen, sondern aus Ionengittern. Was versteht man unter einer Ionenbindung?

Metalle haben besondere Eigenschaften. Kupfer leitet beispielsweise sehr gut elektrischen Strom. Was zeichnet die Metallbindung aus?

Warum verbinden sich Atome?

1 Brennende Hindenburg, gefüllt mit Wasserstoff

2 Luftschiff heute, gefüllt mit Helium

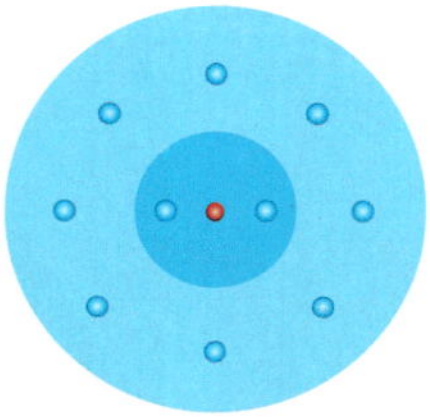

3 Stabil – ein Neon-Atom

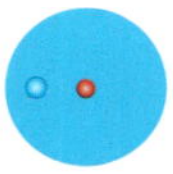

4 Nicht stabil – ein Wasserstoff-Atom

1937 explodierte das Luftschiff Hindenburg kurz vor seiner Landung. Es war mit hoch entzündlichem Wasserstoff gefüllt. Heute wird für Luftschiffe nicht brennbares Helium verwendet. Wie lassen sich die unterschiedlichen Eigenschaften der zwei leichtesten Gase erklären?

Edelgasregel • Edelgase sind reaktionsträge. Selbst bei starkem Erhitzen, unter hohem Druck oder bei Kontakt mit reaktionsfreudigen Partnern reagieren sie praktisch nicht. Edelgas-Atome haben jeweils 8 Elektronen in der äußersten Schale. Eine Ausnahme bildet das Helium-Atom. Seine einzige Schale ist schon mit 2 Elektronen voll besetzt. Haben Atome 8 Elektronen in der äußersten Schale (bzw. 2 Elektronen bei nur einer Schale), so sind sie besonders stabil. → 3
Diese Gesetzmäßigkeit nennt man Edelgasregel. Sie ist der Grund, warum Edelgase so reaktionsträge sind.

Edelgaszustand • Atome, die die Edelgasregel nicht erfüllen, sind instabil. Das gilt auch für Wasserstoff-Atome. Sie sind sehr reaktionsfreudig. → 4
Den Edelgaszustand – in diesem Fall zwei Elektronen auf der äußersten Schale – erreichen sie, indem sie sich mit weiteren Wasserstoff-Atomen oder wie beim Hindenburg-Brand mit Sauerstoff-Atomen verbinden. Da sich die Atomkerne bei diesen chemischen Reaktionen nicht verändern, entstehen dabei keine „richtigen" Edelgase. Man spricht nur vom Edelgaszustand.

Bei chemischen Reaktionen erreichen die beteiligten Atome den Edelgaszustand.

Aufgabe

1 ☒ Überprüfe für die Atome der folgenden Elemente, ob sie jeweils die Edelgasregel erfüllen: Bor, Argon, Phosphor, Magnesium, Neon.

die **Edelgasregel**
der **Edelgaszustand**

Material A

Mut zur Lücke

1 Schreibe den nebenstehenden Text in dein Heft. → 5 Ergänze die Lücken (A) bis (H) durch die angegebenen Begriffe 1–8.

1 Edelgasregel, 2 Edelgase, 3 Edelgaszustand, 4 Reaktion, 5 Halogene, 6 Elektronen, 7 Ausnahme, 8 äußersten

Erdalkalimetalle und Halogene sind sehr reaktionsfreudig. **(A)** dagegen sind extrem reaktionsträge. Erklären lässt sich diese Beobachtung, wenn man sich die Atome der genannten Elementgruppen näher anschaut. Edelgas-Atome haben jeweils 8 **(B)** auf der äußersten Schale. Eine **(C)** bildet das Helium-Atom. Seine einzige Schale ist bereits mit 2 Elektronen voll besetzt. Damit erfüllen die Atome aller Edelgase die **(D)**. Anders sieht es bei den Atomen der Erdalkalimetalle und den Atomen der **(E)** aus. Die Atome der Erdalkalimetalle besitzen 2 Elektronen auf der **(F)** Schale. Die Atome der Halogene besitzen 7 Elektronen auf der äußersten Schale. Keines der genannten Atome erfüllt damit die Edelgasregel. Den **(G)** erreichen die Atome erst, indem sie sich mit anderen Atomen verbinden. Es muss also eine chemische **(H)** ablaufen.

5

Material B

Das Periodensystem hilft!

1 Suche im Periodensystem die folgenden Elemente: Natrium, Calcium, Schwefel, Stickstoff, Chlor, Kohlenstoff, Kalium, Brom, Krypton, Fluor, Lithium und Silicium.

a Gib an, wie viele Elektronen die Atome der genannten Elemente jeweils auf ihrer äußersten Schale haben.

b Überprüfe, ob sich die Atome der genannten Elemente jeweils im Edelgaszustand befinden.

2 Suche im Periodensystem das Element Sauerstoff.

a Begründe, warum sich ein Sauerstoff-Atom nicht im Edelgaszustand befindet.

b Überprüfe, ob ein Sauerstoff-Atom durch Aufnahme von 2 Elektronen den Edelgaszustand erreicht.

3 In Bild 6 ist ein unbekanntes Atom im Schalenmodell dargestellt.

a Bestimme mithilfe des Periodensystems das zugehörige Element.

b Gib an, wie viele Elektronen das Atom abgeben muss, damit es den Edelgaszustand erreichen kann.

c Diskutiert in Kleingruppen, ob das Atom auch durch Aufnahme von 5 Elektronen den Edelgaszustand erreichen könnte.

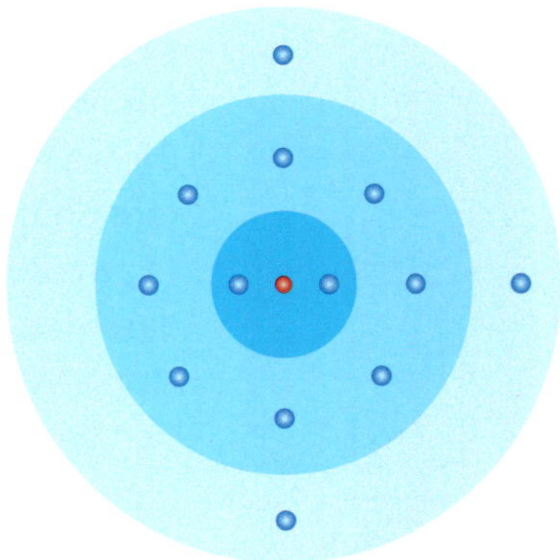

6 Das unbekannte Atom

Die Elektronenpaarbindung

1 Verschiedene Verbindungen im Modell

Molekülmodelle zeigen uns miteinander verbundene Atome. Was kennzeichnet diese Bindung zwischen den Atomen?

Elektronenpaarbindung • Alle Atome streben nach einer vollen Außenschale. Eine Möglichkeit, dies zu erreichen, ist das Eingehen einer Elektronenpaarbindung. Betrachten wir dazu ein Chlor-Atom: Bei diesem Atom befinden sich auf der äußersten Schale 7 Elektronen. → 2

Um die äußerste Schale mit 8 Elektronen voll zu besetzen, bräuchte es noch ein weiteres Elektron.

Dieses Problem löst sich, wenn mehrere Chlor-Atome aufeinandertreffen. Je zwei Atome nähern sich so weit an, dass sich ein Teil ihrer Schalen überlappt. Von beiden Atomen befindet sich dann je ein Elektron in dem gemeinsamen Bereich beider Atomhüllen. → 3

Durch dieses gemeinsame Elektronenpaar haben nun beide Cl-Atome 8 Elektronen auf der äußersten Schale. Wir sagen: Beide Atome befinden sich jetzt im Edelgaszustand.

Und wie halten sie zusammen? • Das gemeinsame negativ geladene Elektronenpaar zieht jeweils die beiden positiv geladenen Atomkerne an. Dadurch bleiben die zwei Atome miteinander verbunden. Diese Verbindung nennt man wegen des gemeinsamen Elektronenpaars Elektronenpaarbindung. Oft benutzt man auch den Begriff Atombindung, da sich bei dieser Bindung Atome verbinden.

2 Chlor mit Außenelektronen

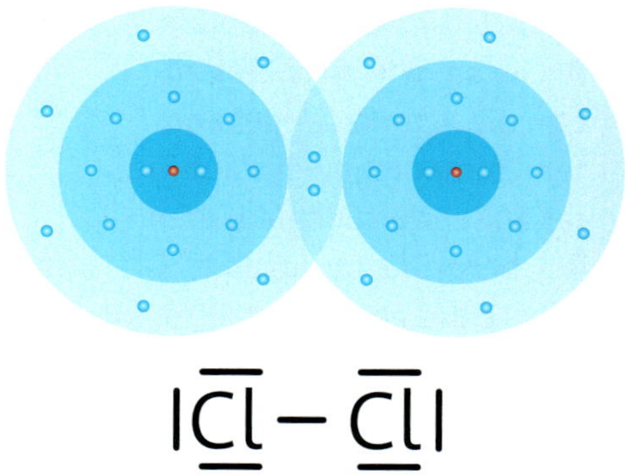

3 Elektronenpaarbindung im Chlormolekül

die Elektronenpaarbindung
die Doppelbindung
die Dreifachbindung

Doppelbindung • Treffen zwei einzelne Sauerstoff-Atome (O) aufeinander, gehen sie miteinander 2 Elektronenpaarbindungen ein. → 6 Dadurch haben die Atome jeweils zwei Elektronen auf der äußersten Schale gemeinsam und erreichen den Edelgaszustand.

Dreifachbindung • Es gibt auch dreifache Elektronenpaarbindungen. Beispielsweise sind zwei Stickstoff-Atome (N) über eine solche Bindung verbunden. → 6

Lewis-Schreibweise • In der Lewis-Schreibweise stellen Punkte einzelne Außenelektronen dar und geben Aufschluss darüber, wie viele Bindungen ein Atom eingehen muss, um den Edelgaszustand zu erreichen. → 4 5 Die Striche um die Elementsymbole kennzeichnen nichtbindende Elektronenpaare. Ein Strich zwischen zwei Atomen steht für ein gemeinsames Elektronenpaar und damit auch für die Elektronenpaarbindung. Doppelbindungen stellt man als Doppelstrich dar, Dreifachbindungen als Dreifachstrich.

Moleküle • Teilchen aus zwei oder mehreren Atomen, die über Elektronenpaarbindungen verbunden sind, bezeichnet man als Moleküle.

Bei einer Elektronenpaarbindung teilen sich zwei Atome ein, zwei oder drei Elektronenpaare. Dadurch erreichen beide Atome den Edelgaszustand, also eine voll besetzte äußerste Elektronenschale.

4 Sauerstoff mit Außenelektronen

5 Stickstoff mit Außenelektronen

6 Sauerstoff (O_2) und Stickstoff (N_2) in der Lewis-Schreibweise

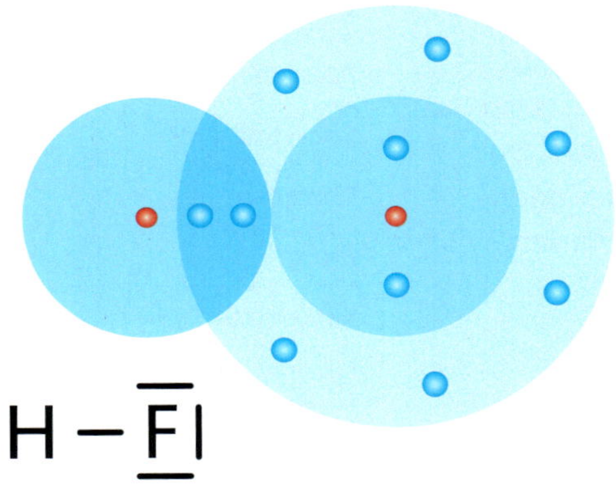

7 Elektronenpaarbindung zwischen Wasserstoff und Fluor

Aufgaben

1 Erläutere, wie man am Aufbau der Atomhülle erkennen kann, ob der angestrebte Edelgaszustand erreicht ist.

2 Erkläre, warum manche Moleküle Zweifach- oder Dreifachbindungen haben.

3 Stelle die Elektronenpaarbindung zwischen zwei Fluor-Atomen in der Lewis-Schreibweise dar.

Die Elektronenpaarbindung

Material A

Anzahl der Bindungen

In der Chemie musst du oft die chemischen Formeln von Verbindungen ermitteln. Dazu ist es wichtig zu wissen, wie viele Elektronenpaarbindungen das Atom eines Elements eingehen kann.

1 ☒ Übernimm die Tabelle von Bild 1 in dein Heft und fülle sie komplett aus. Du kannst auch das Periodensystem zu Hilfe nehmen.

2 ☒ Kannst du einen Zusammenhang zwischen der Zugehörigkeit zu einer Hauptgruppe und der Anzahl der Bindungen erkennen? Formuliere Sätze wie: „Die Elemente der VII. Hauptgruppe sind alle ..."

Element	Hauptgruppe	Anzahl der Bindungen
Fluor	?	?
Sauerstoff	?	?
Schwefel	?	?
Stickstoff	?	?
Phosphor	?	?
Brom	?	?
Kohlenstoff	?	?
Silicium	?	?
Iod	?	?
Chlor	?	?

1 Zusammenhang zwischen Hauptgruppe und Anzahl der Bindungen

Material B

Chemische Formeln

In chemischen Formeln, z. B. CO_2, stecken viele Informationen. Die Formel CO_2 bedeutet, dass ein Kohlenstoff-Atom mit zwei Sauerstoff-Atomen verbunden ist.
Umgekehrt kann man aus zeichnerischen Darstellungen herauslesen, was die richtige Formel einer Verbindung ist.

1 ☒ In Bild 2 siehst du die Darstellung einer Verbindung. Gib die Formel der dargestellten Verbindung an.

2 ☒ Stelle die folgenden Verbindungen im Schalenmodell und in der Lewis-Schreibweise dar:

- HCl
- NH_3
- CO_2
- CH_4

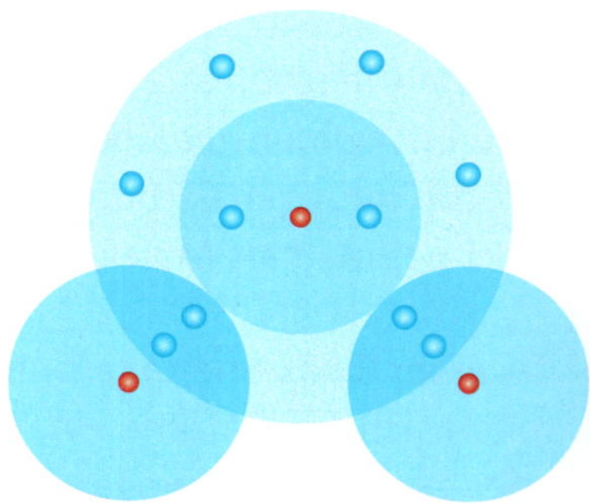

2 Wie lautet die chemische Formel?

Material C

Formeln ermitteln

Wenn man die Zahl der Außenelektronen zweier Elemente kennt, kann man Rückschlüsse auf die Formel ziehen.
Beispiel: Ein Sauerstoff-Atom hat 6 Außenelektronen, ihm fehlen also zwei Elektronen zur vollen Schale. Es braucht also zwei Bindungen. Ein Wasserstoff-Atom braucht für eine volle Schale nur eine Bindung. Deshalb reagieren zwei Wasserstoff-Atome mit einem Sauerstoff-Atom. Die Formel lautet H_2O.

Ammoniak:
NH oder NH_2 oder NH_3 oder NH_4?

Methan:
CH oder CH_2 oder CH_3 oder CH_4?

Chlorwasserstoff:
HCl oder H_2Cl oder H_3Cl oder H_4Cl?

3 Welche Formel stimmt?

1 In Bild 3 stehen verschiedene Formeln für Verbindungen zur Auswahl. Entscheide dich für die richtige und begründe deine Antwort.

2 Notiere die Formeln für folgende Stoffe:
- Bromwasserstoff
- Schwefelwasserstoff
- Iodwasserstoff
- Phosphan (Phosphorwasserstoff)
- Chlor
- Siliciumdioxid

Material D

Entstehung von Wasser

Wasserstoff ist ein Gas. Wenn man dieses Gas entzündet, verbrennt es. Es reagiert also mit Sauerstoff. Bei dieser chemischen Reaktion entsteht Wasser.

Im Verhältnis 2 : 1

Wasser hat die Formel H_2O. Das sagt etwas darüber aus, wie Wassermoleküle zusammengesetzt sind. Zur Erzeugung von Wassermolekülen benötigt man doppelt so viele Wasserstoff-Atome wie Sauerstoff-Atome.

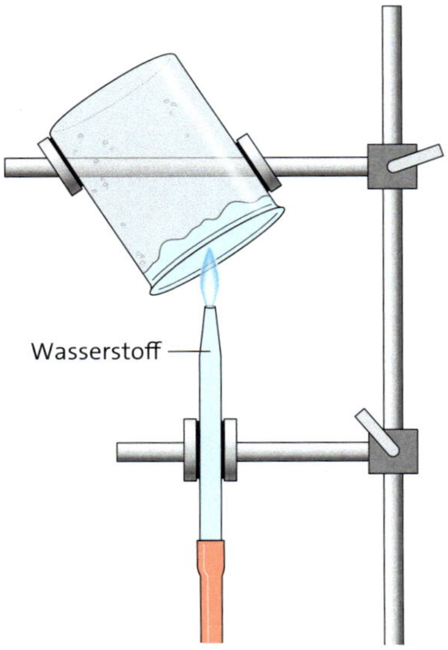

4 Hier verbrennt Wasserstoff. In dem Becherglas sammeln sich Wassertröpfchen.

1 Welche der folgenden chemischen Formeln für Sauerstoff und Wasserstoff sind richtig? Begründe jeweils deine Antworten.
- O oder O_2 oder O_3
- H oder H_2 oder H_3

2 Notiere die Reaktionsgleichung für die Verbrennung von Wasserstoff:
- im Schalenmodell
- in der Lewis-Schreibweise
- in der Formelschreibweise

Die Elektronenpaarbindung

Methode

Molekülmodelle aus dem Baukasten

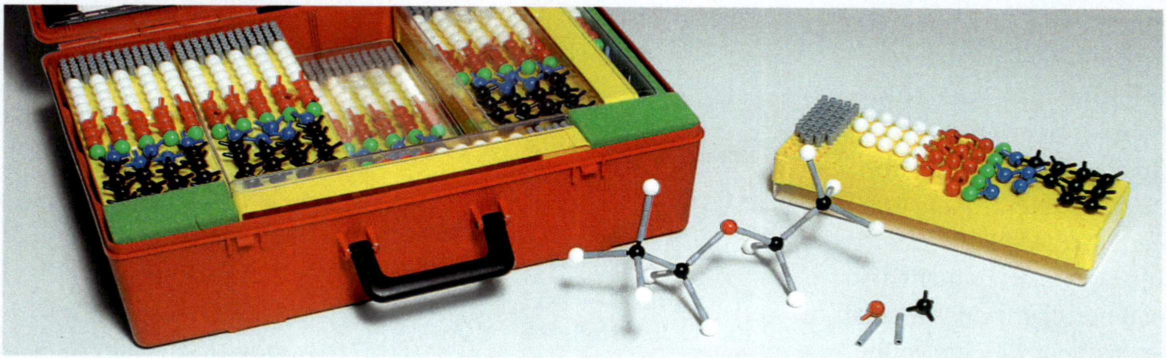

1 Molekülbaukasten

Kugel-Stab-Modell • Die einzelnen Kugeln des Baukastens stellen Atome dar, die zu Molekülmodellen zusammengesteckt werden können. Die Kugeln sind verschiedenfarbig. → 1
Da man Atome nicht sehen kann, sind die Farben dieser Kugeln beliebig gewählt.

- Schwarze Kugeln stehen für Kohlenstoff-Atome. Sie besitzen vier Andockstellen, da Kohlenstoff-Atome vier Außenelektronen besitzen und folglich vier Elektronenpaarbindungen eingehen können.
- Weiße Kugeln stehen für Wasserstoff-Atome. Da Wasserstoff-Atome nur eine Elektronenpaarbindung eingehen, besitzt ihr Modell nur eine Andockstelle.
- Rote Kugeln stehen für Sauerstoff-Atome. Sie haben zwei Andockstellen.

Um die Elektronenpaarbindungen im Molekül deutlich hervorzuheben, werden die Kugeln mit Stäbchen zusammengesteckt. Daher heißt dieses Modell Kugel-Stab-Modell. Ein Stäbchen steht für zwei Elektronen bzw. eine Elektronenpaarbindung.

Andere Modelle • Das Kalottenmodell ist genau wie das Kugel-Stab-Modell ein räumliches Modell, das die Struktur von Molekülen veranschaulicht. Allerdings sind die Elektronenpaarbindungen nicht extra dargestellt. Die einzelnen Kugelausschnitte (Kalotten) werden mit Druckknöpfen verbunden. → 2

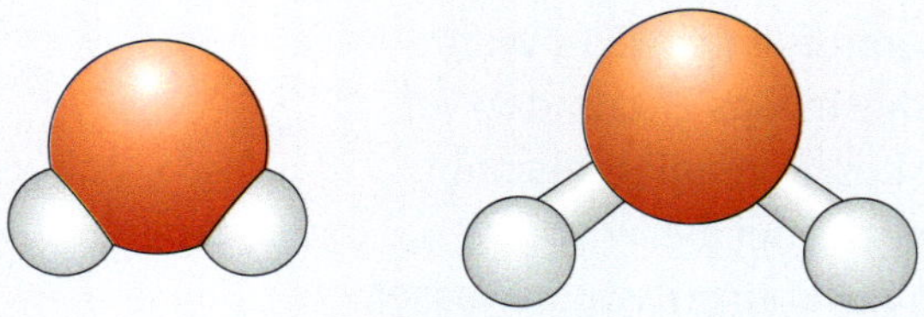

2 Das Wassermolekül: Kalottenmodell (links), Kugel-Stab-Modell (rechts)

Aufgaben

1 Beschreibe das Kugel-Stab-Modell.

2 Erkläre, was die Stäbchen beim Kugel-Stab-Modell darstellen.

Material E

Modelle erkennen und zeichnen

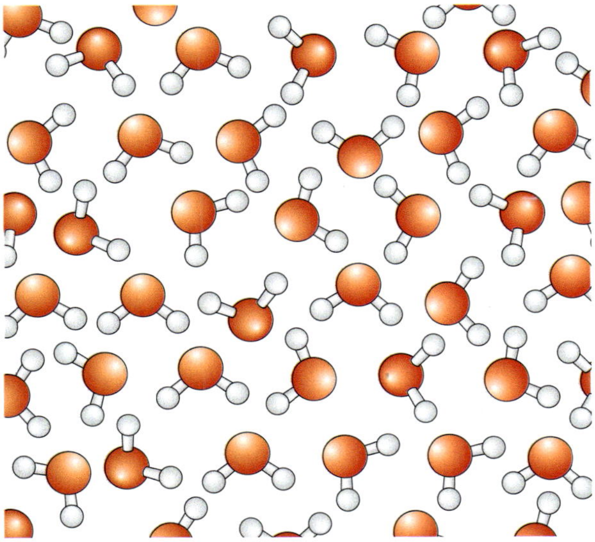

3 Wassermoleküle in Modelldarstellung

1 In Bild 3 siehst du einen winzigen Ausschnitt aus einem Tropfen Wasser in Modelldarstellung.

a Gib an, um welches Modell es sich handelt.

b Zeichne Bild 3 als Kalottenmodell in dein Heft.

c Das Wasser wird nun erhitzt, bis es gasförmig wird. Wie müsstest du die Modelldarstellung in Bild 3 nun verändern? Zeichne sie in dein Heft.

2 Zeichne Chlorwasserstoff (HCl) in der Lewis-Schreibweise, als Kugel-Stab-Modell und als Kalottenmodell in dein Heft.

Material F

Digitale Molekülmodelle erstellen

Im Internet gibt es kostenlose Programme, mit denen Moleküle als Modell am Bildschirm dargestellt werden können. → 4

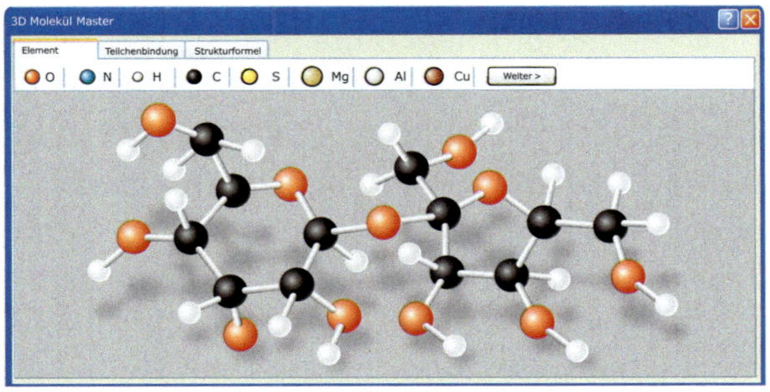

4 Programm zum Erstellen von Molekülmodellen

Mithilfe verschiedener Werkzeuge kann man Molekülmodelle digital erstellen. Sie lassen sich dreidimensional auf dem Monitor anzeigen und sogar drehen und wenden.

1 Besorge dir ein kostenloses Programm zum Erstellen von Molekülen. Erstelle dann die Modelle für folgende Moleküle:

- Wasserstoff (H_2)
- Wasser (H_2O)
- Methan (CH_4)
- Ammoniak (NH_3)

2 Baue die Modelle der Moleküle von Aufgabe 1 mit einem herkömmlichen Molekülbaukasten wie in Bild 1 auf S. 244.

Die Elektronegativität

1 Wer ist der Stärkere?

Beim Tauziehen sind die beiden gegnerischen Mannschaften oft gleich stark, sodass ein langes Hin- und Herziehen beginnt. Ähnlich wie beim Tauziehen konkurrieren Atome in einer Elektronenpaarbindung um das bindenden Elektronenpaar.

Ursache für die Anziehung • Die Erklärung liegt im Aufbau der Atome. Die positiv geladenen Protonen im Kern (Kernladung) üben eine Anziehung auf die negativ geladenen Bindungselektronen einer Elektronenpaarbindung aus. Dadurch werden die Bindungselektronen von einem der Bindungspartner näher zu sich gezogen. → 4 Die Anziehungskraft hängt dabei von zwei Faktoren ab:

1. Kernladungszahl: Atome mit einer höheren Kernladungszahl besitzen mehr positiv geladene Protonen im Kern. Diese können die Elektronen aus der Bindung stärker zu sich ziehen.
2. Atomradius: Atome mit einem größeren Atomradius besitzen mehr Elektronenschalen. Die Elektronen auf diesen Schalen sorgen für eine Abschirmung der positiven Kernladung, dadurch wird die Anziehung verringert.

Elektronegativität • Diese Fähigkeit der Atome, Bindungselektronen aus einer Bindung an sich zu ziehen, wird Elektronegativität genannt und mit EN abgekürzt. Jedem Element wird eine EN in Form einer Zahl zugeordnet. → 2

EN im PSE • Elemente, die weiter rechts im PSE stehen, weisen eine deutlich höhere Elektronegativität auf. → 2 Das liegt an ihrer höheren Kernladungszahl. Elemente, die sich weiter unten im PSE befinden, zeigen eine geringere Elektronegativität als Elemente, die weiter oben stehen. Dies lässt sich mit ihrem größeren Atomradius erklären.

Dipol • Am Beispiel der Elektronenpaarbindung im Chlorwasserstoffmolekül (HCl) erkennt man, dass die Bindungselektronen näher zum Chlor hin verschoben sind. → 4 Durch diese Verschiebung bildet sich beim Chlor-Atom eine negative Teilladung δ^- (gesprochen: Delta minus) aus. Am Wasserstoff-Atom bildet sich entsprechend eine positive Teilladung δ^+ aus. Aufgrund der beiden Pole (δ^- und δ^+) spricht man von einer polaren Elektronenpaarbindung. Besitzt ein Molekül zwei Pole und die Ladungsschwerpunkte liegen auseinander, so spricht man von einem Dipol.

die **Elektronegativität (EN)**
der **Dipol**
die **polare/unpolare Elektronenpaarbindung**

In einem Wasserstoffmolekül (H_2) bilden sich keine Teilladungen aus, da die Bindungselektronen von beiden Wasserstoff-Atomen gleichermaßen angezogen werden. Hier liegt eine unpolare Elektronenpaarbindung vor.

Polar oder unpolar? • Um herauszufinden, ob es sich um eine unpolare, polare oder eine sogenannte Ionenbindung handelt, wird die Differenz der Elektronegativitätswerte ΔEN (gesprochen: Delta EN) betrachtet. Hierfür subtrahiert man die EN-Werte der Bindungspartner. Beispiel Chlorwasserstoff (HCl):
ΔEN = EN (Chlor) – EN (Wasserstoff)
= 3,0 – 2,1 = 0,9
Betrachtet man die Richtwerte zur Polarität, handelt es sich um eine polare Elektronenpaarbindung. → 3
Bei einem Wasserstoffmolekül (H_2) haben beide Wasserstoff-Atome eine EN von 2,1. Bestimmt man die Differenz der EN-Werte, so ergibt sich:
ΔEN = 2,1 – 2,1 = 0.
Das bedeutet, es liegt eine unpolare Elektronenpaarbindung vor.
Wenn ΔEN > 1,7, wird das Elektronenpaar einem Partner vollständig zugeordnet. Hier liegt dann eine Ionenbindung vor.

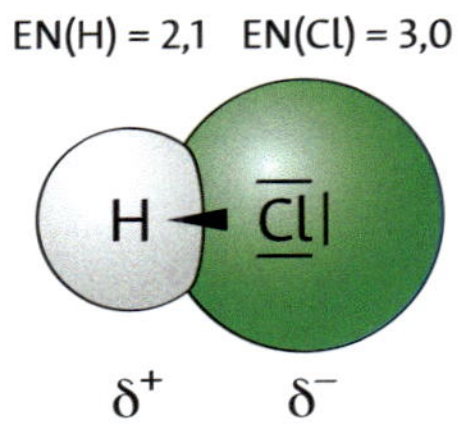

4 Polare Atombindung bei HCl

H 2,1							**He** –
Li 1,0	**Be** 1,5	**B** 2,0	**C** 2,5	**N** 3,0	**O** 3,5	**F** 4,0	**Ne** –
Na 0,9	**Mg** 1,2	**Al** 1,5	**Si** 1,8	**P** 2,1	**S** 2,5	**Cl** 3,0	**Ar** –
K 0,8	**Ca** 1,0	**Ga** 1,6	**Ge** 1,8	**As** 2,0	**Se** 2,4	**Br** 2,8	**Kr** –
Rb 0,8	**Sr** 1,0	**In** 1,7	**Sn** 1,8	**Sb** 1,9	**Te** 2,1	**I** 2,5	**Xe** –
Cs 0,7	**Ba** 0,9	**Tl** 1,8	**Pb** 1,8	**Bi** 1,9	**Po** 2,0	**At** 2,2	**Rn** –
Fr 0,7	**Ra** 0,9						

EN nimmt zu (nach oben) · EN nimmt zu (nach rechts)

2 Elektronegativität im Periodensystem der Elemente

ΔEN	Bindungsart	Kennzeichen der Bindung
0,0–0,5	unpolare Bindung	Das gemeinsame Elektronenpaar wird von beiden Atomen gleich stark beansprucht.
0,5–1,7	polare Bindung	Ein Atom beansprucht stärker als das andere das gemeinsame Elektronenpaar.
> 1,7	Ionenbindung	Es sind keine gemeinsamen Elektronenpaare vorhanden. Es bilden sich Ionen.

3 Richtwerte zur Polarität

Die Elektronegativität ist ein Maß für die Fähigkeit eines Atoms, Bindungselektronen an sich zu ziehen.

Aufgaben

1 Erkläre, was man unter der Elektronegativität versteht.

2 Erläutere den Zusammenhang zwischen der Stärke der Elektronegativität und dem Atombau.

3 Berechne, ob es sich bei einem HF-Molekül um eine polare oder eine unpolare Bindung handelt.

Die Elektronegativität

Material A

Richtig oder falsch?

1 In Bild 1 sind einige Aussagen zum Thema Elektronegativität und Bindungsarten aufgeführt.

a ◪ Entscheide, welche der Aussagen richtig und welche falsch sind. Schreibe die richtigen Aussagen in dein Heft.

b ☒ Korrigiere die falschen Aussagen. Schreibe sie ebenfalls in dein Heft, nachdem deine Lehrkraft sie korrigiert hat.

Die Elektronegativität ist die Fähigkeit eines Atoms, Bindungselektronen an sich zu ziehen.

Die Elektronegativität wird von der Zahl der Außenelektronen und dem Atomradius bestimmt.

Liegt die Differenz der Elektronegativitätswerte (ΔEN) der beiden Atome zwischen 0 und 0,5, ist die Bindung unpolar.

Ist die Differenz der Elektronegativitätswerte (ΔEN) von zwei Atomen größer als 1,7, so ist die Bindung polar.

1 Aussagen zur Elektronegativität

Material B

Polar oder unpolar?

Gibt es innerhalb einer Verbindung mehr als zwei Bindungspartner, so bestimmt man für jede Bindung einzeln die Elektronegativitätsdifferenz. Innerhalb eines Kohlenstoffdioxidmoleküls bestimmen sich die Werte wie folgt:
ΔEN = EN (Sauerstoff) – EN (Kohlenstoff) = 3,5 – 2,5 = 1.
Dieser Wert gilt für jede der beiden Bindungen. → 2 Das bedeutet: Sauerstoff besitzt eine höhere EN und die Elektronenpaare liegen somit jeweils näher am Sauerstoff-Atom als am Kohlenstoff-Atom.

1 Gegeben sind folgende Verbindungen:
HF, NH_3, Br_2, N_2

a ☒ Zeichne die Verbindungen in der Lewis-Schreibweise in dein Heft.

b ☒ Bestimme für die Verbindungen die Elektronegativitätsdifferenzen (ΔEN). Gehe vor wie in Bild 2 am Beispiel Kohlenstoffdioxid gezeigt. Die Elektronegativitätswerte findest du sowohl in Bild 2 auf der Basisseite als auch im Periodensystem im Buchanhang.

c ☒ Gib anhand der berechneten Elektronegativitätsdifferenz jeweils an, ob die Bindung polar oder unpolar ist.

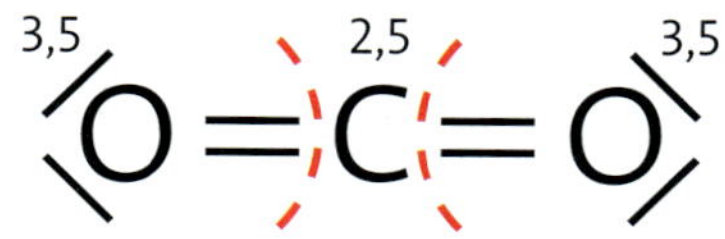

2 Kohlenstoffdioxid mit EN-Werten

2 Atombau und Elektronegativität:
Erkläre mit dem Atombau,

a ☒ warum Sauerstoff eine größere Elektronegativität als Kohlenstoff hat.

b ☒ warum Sauerstoff eine größere Elektronegativität als Schwefel hat.

Methode

Dipol oder nicht?

Um festzustellen, ob ein Molekül ein Dipol ist, muss man die Polaritäten der Bindungen und die Struktur genauer betrachten. Wir betrachten hierzu das Beispiel Wasser:

Schritt 1 Entnimm dem Periodensystems der Elemente die Elektronegativitätswerte der am Molekül beteiligten Atome:
Wasserstoff = 2,1 und Sauerstoff = 3,5

Schritt 2 Berechne die Elektronegativitätsdifferenz der Atome:
ΔEN = EN (Sauerstoff) – EN (Wasserstoff)
= 3,5 – 2,1 = 1,4

Schritt 3 Zeichne die Verbindung in der Lewis-Schreibweise und bestimme die Teilladungen der einzelnen Atome: δ^- und δ^+

Schritt 4 Betrachte die Struktur. Liegen die Ladungsschwerpunkte auseinander oder fallen sie zusammen? Im Wassermolekül liegen die Ladungsschwerpunkte auseinander. Es handelt sich daher um einen Dipol.
Beachte: Nicht jedes Molekül mit polaren Bindungen ist auch ein Dipol. Die Bindungen im Kohlenstoffdioxidmolekül sind beispielsweise polar mit einer EN-Differenz von 1.
Die beiden negativen Teilladungen an den Sauerstoff-Atomen gehen jedoch in entgegengesetzte Richtungen. → 4 Dadurch heben sie sich auf. Ihr Ladungsschwerpunkt liegt genau in der Mitte des Moleküls – genau da, wo auch die positive Teilladung ist. Insgesamt gesehen ist das Molekül daher kein Dipol.

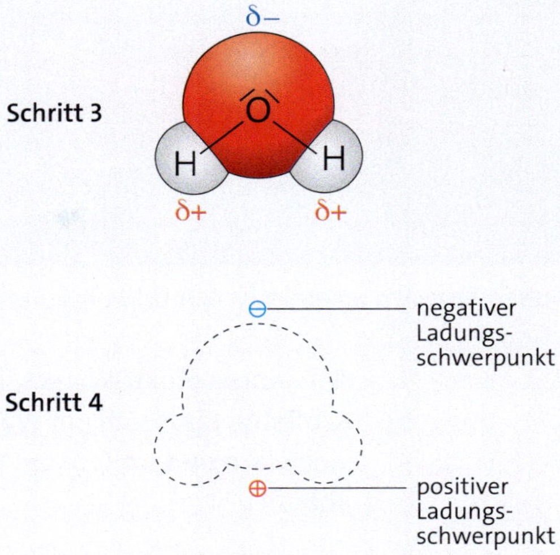

3 Schritt 3 und 4

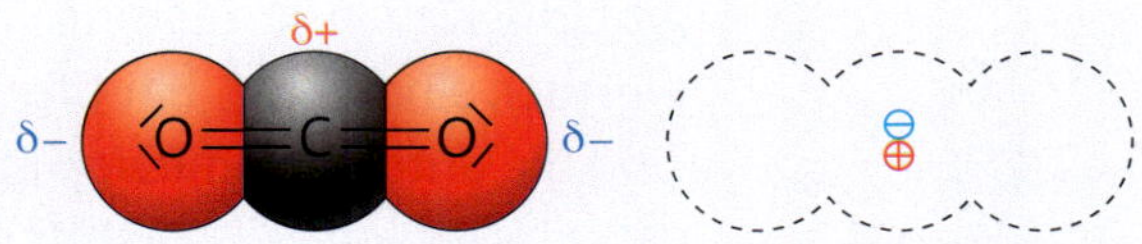

4 Teilladungen (A) und Ladungsschwerpunkte (B) im Kohlenstoffdioxidmolekül

Aufgaben

1 Wir betrachten die Moleküle HCl, CH_4, $CHCl_3$.

a Baue die Moleküle mit einem Molekülbaukasten.

b Entscheide mit der Schritt-für-Schritt-Anleitung, welche der Moleküle Dipole sind.

Wasser – besondere Eigenschaften

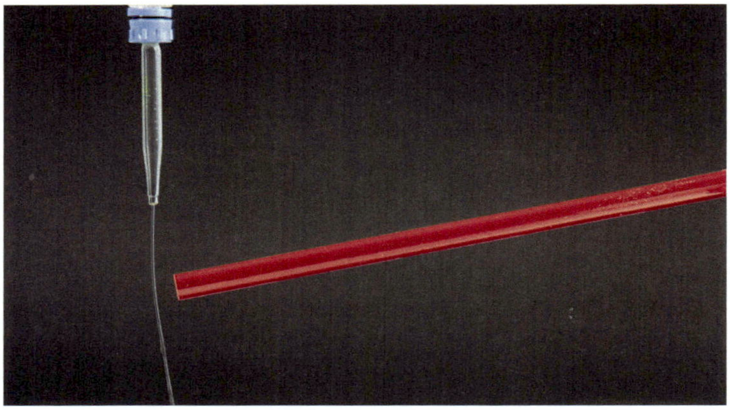

1 Wasser lässt sich im elektrischen Feld umlenken.

Mit einem elektrisch geladenen Kunststoffstab lässt sich ein Wasserstrahl anziehen und umlenken. Wie ist das möglich?

Ladungen im Molekül • Der Wasserstrahl-Versuch zeigt, dass es in Wassermolekülen elektrische Ladungen gibt, die für die Anziehung verantwortlich sind. → 1 Ein Grund dafür sind die unterschiedlichen Elektronegativitäten von Wasserstoff (EN = 2,1) und Sauerstoff (EN = 3,5). Durch diese unterschiedlich starke Anziehung sind die Bindungselektronen näher beim Sauerstoff. In Bild 3 ist das mit den beiden Keilen dargestellt. Die Bindungen im Wassermolekül sind stark polar.

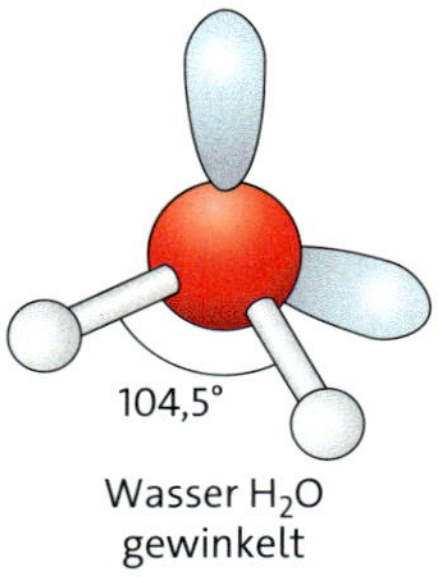

2 EPA-Modell von Wasser

Elektronenpaarabstoßungsmodell (EPA) • Im Wassermolekül gibt es bindende Elektronenpaare zwischen dem Sauerstoff-Atom und den Wasserstoff-Atomen sowie zwei nichtbindende Elektronenpaare am Sauerstoff-Atom. Diese sogenannten freien Elektronenpaare benötigen mehr Platz und stoßen sich gegenseitig ab. Dadurch entsteht die gewinkelte Molekülstruktur des Wassers. → 2

Im Elektronenpaarabstoßungsmodell (EPA) werden bindende und freie Elektronen betrachtet. Diese bestimmen die räumliche Struktur eines Moleküls.

Wasser ein Dipol • Im Bereich des Sauerstoff-Atoms gibt es aufgrund der Anziehung der Elektronen eine negative Teilladung, bei den Wasserstoff-Atomen eine positive Teilladung. Die Schwerpunkte der beiden Teilladungen liegen aufgrund der gewinkelten Struktur in verschiedenen Richtungen. Wasser ist daher ein Dipol. → 3

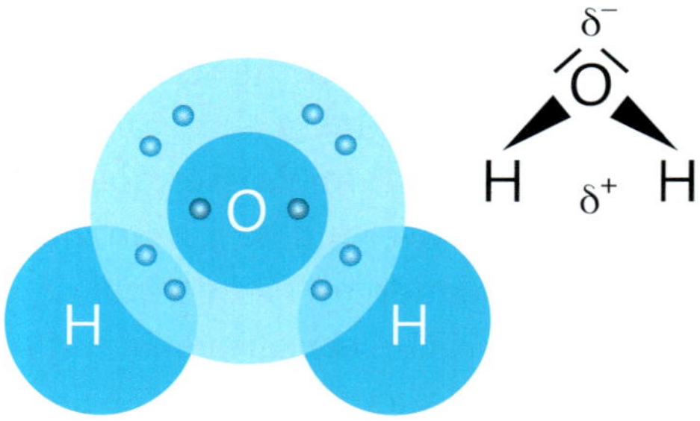

3 Die Bindungen im Wassermolekül

Im Wassermolekül gibt es unterschiedliche Teilladungen. Es ist ein Dipolmolekül.

Wasserstoffbrücken • Der positive Pol eines Wassermoleküls und der negative Pol eines Nachbarmoleküls ziehen sich gegenseitig an. → 4

das Elektronenpaarabstoßungsmodell (EPA)
die Wasserstoffbrücke

Diese Anziehung zwischen dem Sauerstoff-Atom des einen Moleküls und dem Wasserstoff-Atom des anderen Moleküls bezeichnet man als Wasserstoffbrücke. Je mehr Wasserstoffbrücken ein Molekül enthält, desto höher ist die Siedetemperatur des Stoffs. Das liegt daran, dass beim Überführen in den gasförmigen Zustand diese Anziehungskräfte mit mehr Energie überwunden werden müssen.

Oberflächenspannung • Es gibt kleine Insekten, die auf Wasser laufen können, als hätte es eine Haut. → 5 Die Wasserstoffbrücken sorgen durch die Anziehung benachbarter Wassermoleküle zur Seite und nach innen sowie die fehlende Anziehung nach oben für die Oberflächenspannung des Wassers. Der Wasserläufer macht sich dies zunutze.
Auch die charakteristische runde Tropfenform kommt dadurch zustande. → 6

Löslichkeit • Die Wasserstoffbrücken beeinflussen auch die Löslichkeit von Wasser in anderen Stoffen. So löst sich Wasser am besten in polaren Stoffen, die ebenfalls Wasserstoffbrücken ausbilden können.

Zwischen den verschiedenen Dipolmolekülen herrschen Anziehungskräfte, die Wasserstoffbrücken. Mit ihnen lassen sich die Oberflächenspannung, die Siedetemperatur und die Löslichkeit von Wasser erklären.

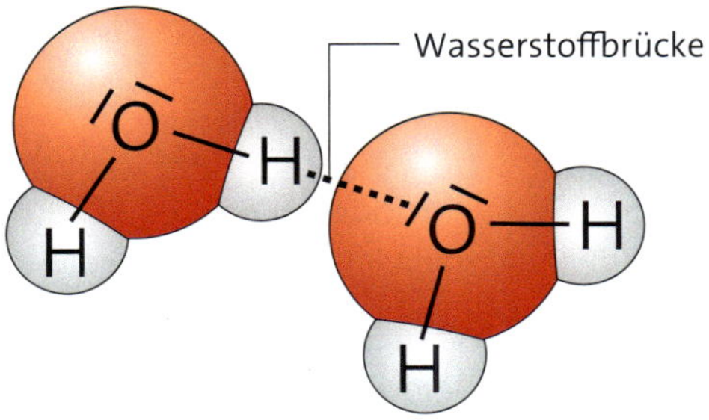

4 Wasserstoffbrücke

5 Wasserläufer

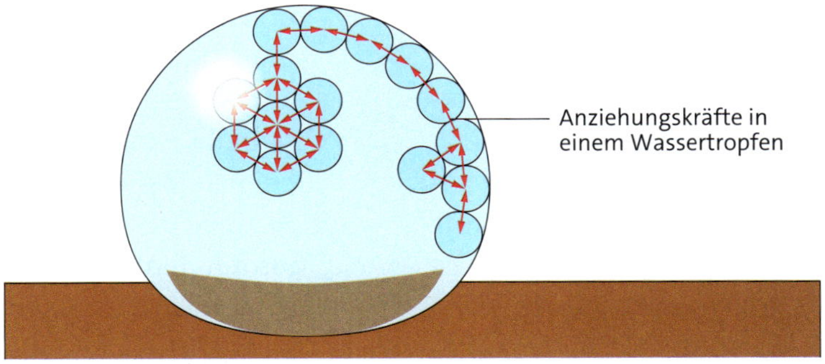

6 Wasserstoffbrücken sorgen für die Tropfenform.

Aufgaben

1 ☒ Erkläre mit dem EPA-Modell, warum das Wassermolekül eine gewinkelte Struktur besitzt.

2 ☒ Erläutere die Entstehung der Oberflächenspannung beim Wasser. Verwende dazu Fachbegriffe.

Wasser – besondere Eigenschaften

Material A

Begriffschaos

1 Ordne den roten Begriffskärtchen die passende grüne Definition zu. → 1 Notiere die Zuordnungen anschließend in deinem Heft.

1

- Elektronenpaarabstoßungsmodell
- Anziehungskräfte, die zwischen benachbarten Dipolmolekülen des Wassers herrschen
- Elektronegativität
- Molekül mit zwei Polen, bei dem die Ladungsschwerpunkte auseinanderliegen
- Ein Maß für die Fähigkeit eines Atoms, Bindungselektronen an sich zu ziehen
- Dipol
- Hier werden die bindenden und nichtbindenden Elektronenpaare betrachtet. Dadurch kann die Molekülstruktur bestimmt werden.
- Wasserstoffbrücken

Material B

Wasserstrahl-Versuch

Materialliste: Kunststoffstab, Katzenfell (ersatzweise Mikrofasertuch)

1 Reibe über den Kunststoffstab hin und her, bis du es knistern hörst. Halte dann den Stab nun in die Nähe eines dünnen Wasserstrahls und beobachte, was mit dem Strahl passiert.

a ⊠ Erkläre das Ergebnis. Beschreibe, was mit dem Stab beim Reiben geschehen ist.

b ⊠ Stelle das Versuchsergebnis mit dem Bau des Wassermoleküls in Zusammenhang.

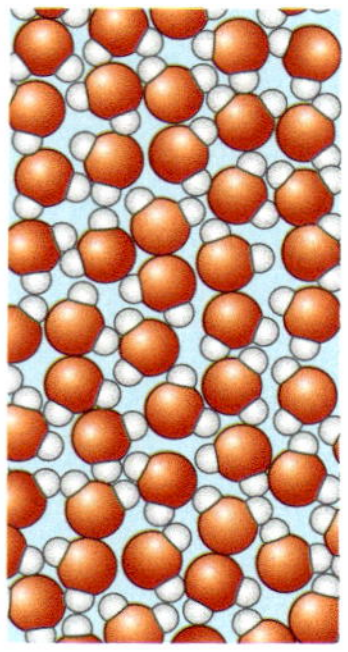

2 Normaler Wasserstrahl

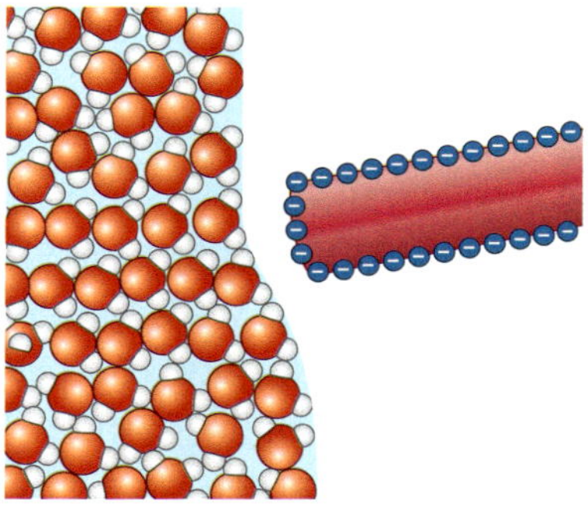

3 Abgelenkter Wasserstrahl

Material C

Das passende Modell

Modelle helfen in den Naturwissenschaften, Sachverhalte besser zu verstehen. Je nachdem, was man erklären will, eignet sich ein anderes Modell. Mit dem Elektronenpaarabstoßungsmodell lässt sich z. B. die Molekülstruktur gut erklären, jedoch nicht der Atombau. Für die Erklärung des Atombaus eignet sich z. B. das Energiestufenmodell oder das Rutherford'sche Atommodell.

1 ⊠ Wähle für folgende Aussage das passende Modell zur Erklärung: „Wasser besitzt eine gewinkelte Struktur." Begründe deine Entscheidung.

Erweitern und Vertiefen

Dichteanomalie des Wassers

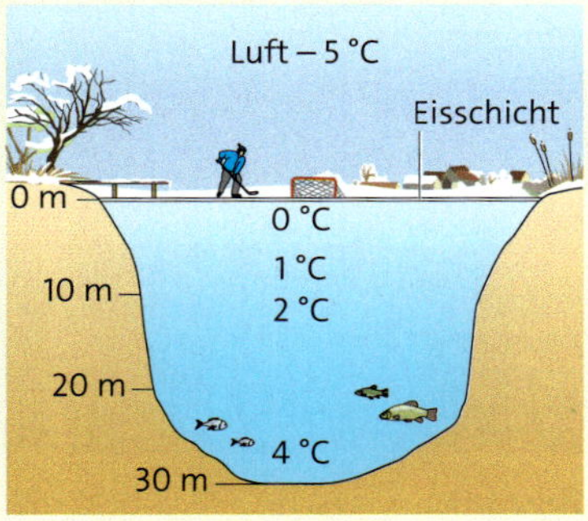

4 See im Winter

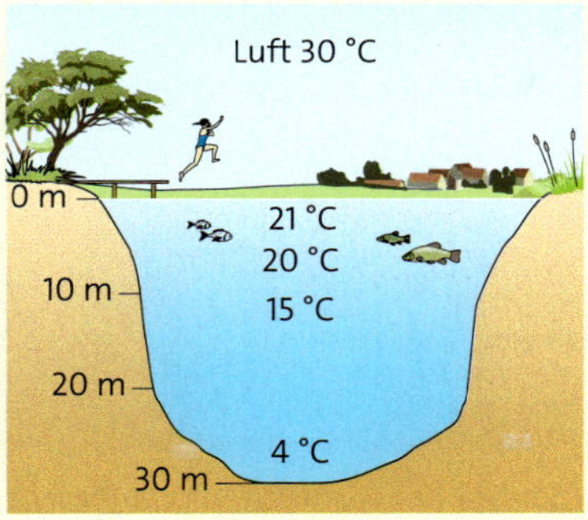

5 See im Sommer

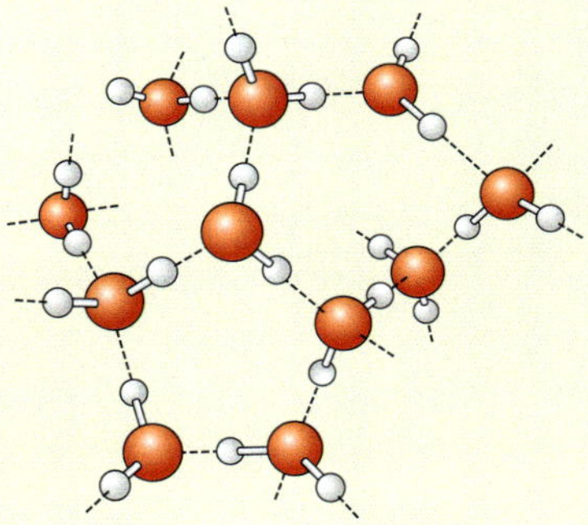

6 Sperrige Struktur im Eis

Eine besondere Struktur • Bei den meisten Stoffen gilt: Je tiefer die Temperatur, desto größer die Dichte. Festes Wachs geht deshalb in flüssigem Wachs unter. Bei Wasser stellt man jedoch etwas Faszinierendes fest: Die Dichte nimmt beim Abkühlen zwar zu, aber nur bis zu einer Temperatur von 4 °C. Darunter nimmt die Dichte wieder ab. → 7 Verantwortlich dafür ist die gewinkelte Struktur des Wassers. Durch Ausbilden von Wasserstoffbrücken zwischen den Molekülen entsteht eine sperrige Anordnung, die mehr Raum einnimmt. → 6 Dies erklärt, warum Eis leichter ist als flüssiges Wasser und Eiswürfel an der Wasseroberfläche schwimmen.

Überleben trotz Eis • Durch diese Dichteanomalie friert ein See im Winter nur von oben zu und das Eis schwimmt auf dem Wasser. → 4 Am Grund des Sees herrscht eine Temperatur von 4 °C. Dies ermöglicht Fischen zu überwintern. Auch im Sommer herrscht am Grund des Sees eine Temperatur von 4 °C. → 5 Die wärmeren Wasserschichten liegen dabei oben.

Aufgaben

1 Beschreibe die Dichteanomalie des Wassers mithilfe des Diagramms. → 7

2 Erkläre, wie Fische in einem zugefrorenen See überwintern können. → 4

3 Überlege, ob Wasser in einem Thermometer eingesetzt werden kann. Begründe deine Entscheidung.

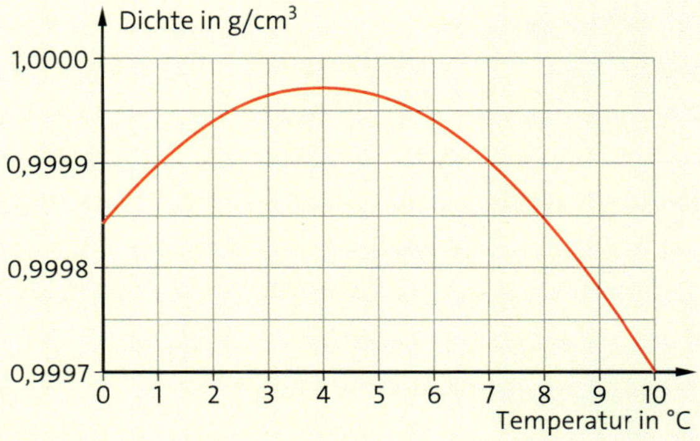

7 Dichteanomalie des Wassers

Die Ionenbindung

1 Natrium reagiert sehr heftig mit Chlor. Dabei entsteht Kochsalz (Natriumchlorid).

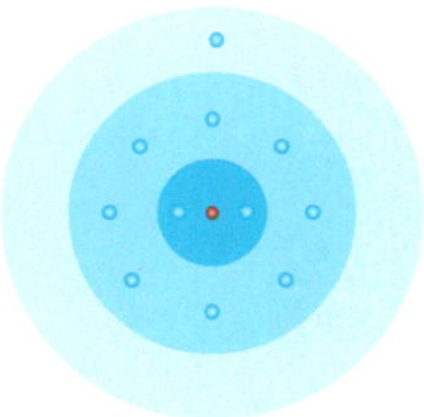

2 Natrium-Atom

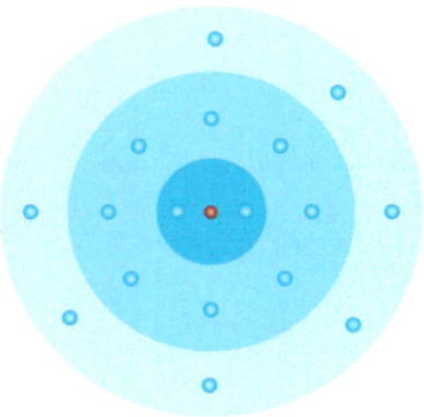

3 Chlor-Atom

Warum reagieren Natrium und Chlor so heftig miteinander? Um das zu verstehen, muss man sich den Atombau näher ansehen.

Warum sie reagieren • Wenn sich Natrium und Chlor verbinden, versuchen ihre Atome – wie bei anderen Reaktionen auch –, den Edelgaszustand zu erreichen. Da Natrium in seiner Außenschale aber nur ein Elektron hat, kann das nicht durch Elektronenpaarbindungen geschehen.

Übertragung eines Elektrons • Chlor hat ein größeres Bestreben, Elektronen an sich zu ziehen, als Natrium. Wenn sich diese Atome nahekommen, zieht also das Chlor-Atom das Außenelektron des Natrium-Atoms stark an. Diese Anziehung geht so weit, dass das Außenelektron des Natrium-Atoms in die fast volle Außenschale des Chlor-Atoms springt. → 5 Die äußere Schale des Chlor-Atoms wird dadurch aufgefüllt und erreicht so den Edelgaszustand. Das Natrium-Atom gibt also sein Außenelektron ab. Die Folge: Die äußere Schale existiert nicht mehr. Dadurch wird die weiter innen liegende – volle (!) – Schale die neue Außenschale. So erreicht auch das Natrium-Atom den Edelgaszustand.

Und andere Salze? • Bei vielen anderen Reaktionen funktioniert das genauso. Atome mit wenigen Außenelektronen können dabei immer ihre Außenelektronen abgeben, Atome mit volleren Außenschalen können diese Elektronen aufnehmen. Die dabei entstehenden Stoffe heißen Salze. Bei Salzbildungen wird Wärme freigesetzt. → 1 Es handelt sich dabei um exotherme Reaktionen.

Entstehung von Ionen • Die Natrium-Atome haben nach der Reaktion ein Elektron weniger, die Chlor-Atome ein Elektron mehr. Die Anzahl der Protonen im Kern hat sich aber nicht geändert.

das Salz
das Ion
das Kation
das Anion
die Ionenbindung
das Ionengitter

Dadurch sind die Teilchen jetzt positiv bzw. negativ geladen. Solche geladenen Teilchen nennt man Ionen. Die positiv geladenen Ionen heißen Kationen, die negativ geladenen Anionen.

Schreibweise • In der Formelschreibweise werden die Ladungen als Hochzahl angegeben. Bild 4 zeigt, wie die Reaktionsgleichung zur Bildung von z. B. Natrium-Ionen aussieht.

Ionengitter • Die positiv und negativ geladenen Ionen ziehen sich gegenseitig an. Die entstehende Bindung wird Ionenbindung genannt. Viele positiv und negativ geladene Ionen lagern sich dabei regelmäßig zusammen: Es entsteht ein Ionengitter. Salzkristalle sind aus solchen Ionengittern aufgebaut. → 6

Benennung • Die Namen vieler Salze setzen sich zusammen aus dem Namen des Metalls, des Nichtmetalls und der Endung -id. Kochsalz, das Salz aus den Elementen Natrium und Chlor, heißt daher Natriumchlorid.

Durch eine Reaktion mit Elektronenübertragung entstehen positiv und negativ geladene Ionen. Diese ziehen sich gegenseitig an und lagern sich zu einem Ionengitter zusammen.

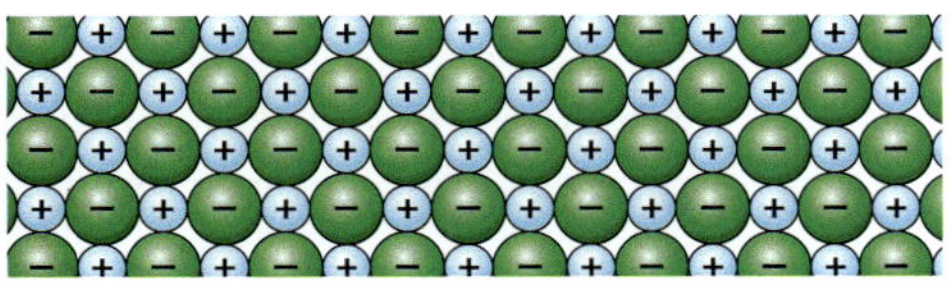

6 Ionengitter

Na	→	Na^+	+	e^-
Natrium-Atom	→	Natrium-Ion	+	ein Elektron

4

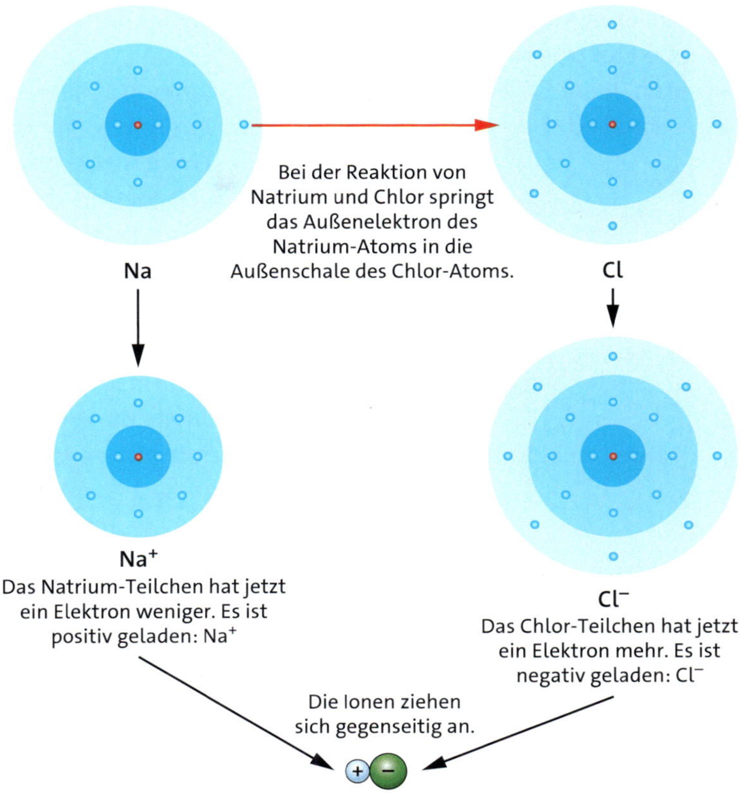

5 Entstehung von Ionen und Ionengittern

Aufgaben

1 Beschreibe, wie Natrium- und Chlor-Atome bei ihrer Reaktion eine volle Außenschale erhalten.

2 Erkläre den Unterschied zwischen Atomen und Ionen.

3 Erkläre den Zusammenhalt eines Salzkristalls.

Die Ionenbindung

Material A

Wir bauen Ionenmodelle

Bei unseren Modellen zeichnen wir die Elektronen auf Papierstreifen. Jeder Streifen stellt eine Schale dar.

1 Modell eines Natrium-Atoms

Zu ganzen Atomen oder Ionen zusammengebaut werden sie mit Zahnstochern. → 1

1 Schneide aus Papier Streifen von 1 cm Breite mit folgenden Längen aus: je einmal 8 cm, 10 cm und 12 cm. Zeichne dann auf die Streifen die Elektronen des Na-Atoms ein. Stecke (beginnend mit dem kleinsten) die Streifen auf einen Zahnstocher. → 1 Beschrifte dann dein Natrium-Atom wie in Bild 1.

2 Baue jetzt ebenso ein Na^+-Ion. Überlege, wie viele Schalen du brauchst.

3 Baue jetzt Atome und Ionen von Lithium, Fluor und Chlor. Zeichne die Atome und die entsprechenden Ionen auch jeweils nebeneinander ins Heft. Erkläre, weshalb die Ionen den Edelgaszustand erreicht haben.

Material B

Bildung von Salzen

Natrium ist ein Metall, Chlor ein Nichtmetall. Metalle und Nichtmetalle können miteinander zu Salzen reagieren. Denn alle Metall-Atome haben nur wenige Außenelektronen, während alle Nichtmetall-Atome eine fast volle Außenschale haben. Bild 2 zeigt, wie Metalle und Nichtmetalle zu einem Salz reagieren können.

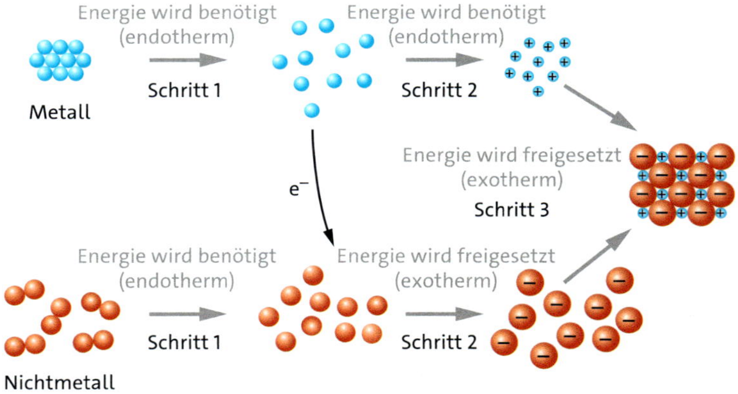

2 Aus einem Metall und einem Nichtmetall entsteht ein Salz.

1 Gib an, wer bei der Ionenbildung Elektronen abgibt und wer sie aufnimmt. In welchem Schritt von Bild 2 geschieht das?

2 Beschreibe und erkläre die drei Schritte. → 2 Verwende die Begriffe Atom, Außenelektron, Edelgaszustand, Ionengitter.

3 Bei der Salzbildung gibt es exotherme und endotherme Teilreaktionen. Begründe, warum die Gesamtreaktion jedoch exotherm ist.

Material C

Edelgaszustand durch Ionenbildung

1 Viele Metall-Atome und Nichtmetall-Atome können durch Abgabe oder Aufnahme von Elektronen Ionen bilden. Dabei entstehen verschiedene Salze.

a Erkläre, wie das Lithium-Atom und das Fluor-Atom in Bild 3 den Edelgaszustand erreichen könnten.

b Nenne die Ionen, die sich dabei bilden.

c Nenne die Edelgase, die dieselbe Elektronenanordnung wie diese Ionen haben.

2 Die Außenelektronen sind immer entscheidend.

a Gib die Anzahl der Außenelektronen der folgenden Atome an: Mg, O, F, Al, N.

b Gib an, welche Atome von Teil a bei einer Reaktion Elektronen abgeben und welche Atome Elektronen aufnehmen. Wie viele Elektronen werden jeweils abgegeben bzw. aufgenommen? Gib an, welche Ionen entstehen.

c Gib an, welche Ionen bei chemischen Reaktionen aus den folgenden Atomen entstehen: K, Br, Ca, S. Verwende die Formelschreibweise.

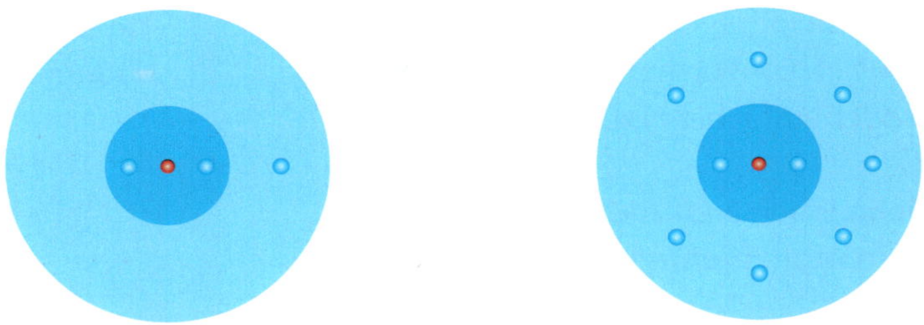

3 Modell eines Lithium- und eines Fluor-Atoms

Material D

Ionenbindung oder nicht?

Ob eine Ionenbindung vorliegt, lässt sich anhand der Elektronegativitätsdifferenz (ΔEN) leicht herausfinden. Ist ΔEN > 1,7, so handelt es sich um eine Ionenbindung. Unterhalb dieses Wertes handelt es sich je nachdem um eine polare (ΔEN: 0,5–1,7) oder um eine unpolare Elektronenpaarbindung (ΔEN: 0–0,5).

H 2,1							**He** –
Li 1,0	**Be** 1,5	**B** 2,0	**C** 2,5	**N** 3,0	**O** 3,5	**F** 4,0	**Ne** –
Na 0,9	**Mg** 1,2	**Al** 1,5	**Si** 1,8	**P** 2,1	**S** 2,5	**Cl** 3,0	**Ar** –
K 0,8	**Ca** 1,0	**Ga** 1,6	**Ge** 1,8	**As** 2,0	**Se** 2,4	**Br** 2,8	**Kr** –
Rb 0,8	**Sr** 1,0	**In** 1,7	**Sn** 1,8	**Sb** 1,9	**Te** 2,1	**I** 2,5	**Xe** –
Cs 0,7	**Ba** 0,9	**Tl** 1,8	**Pb** 1,8	**Bi** 1,9	**Po** 2,0	**At** 2,2	**Rn** –

4 Elektronegativitätswerte im Periodensystem der Elemente

1 Berechne ΔEN bei folgenden Verbindungen:

a NaBr
b HCl
c H_2
d CaO
e NO
f KI
g F_2
h $MgCl_2$

2 Gib jeweils an, ob es sich um eine Ionenbindung, eine polare oder eine unpolare Elektronenpaarbindung handelt.

Die Ionenbindung

Methode

Formeln von Salzen aufstellen

Formel als Verhältnis der Ionenzahl • Im Ionengitter eines Salzkristalls sind viele Millionen Ionen fest miteinander verbunden. Ihr Mengenverhältnis ist aber nicht beliebig. Bei der Entstehung von Kochsalz z. B. gibt je ein Natrium-Atom ein Elektron an ein Chlor-Atom ab und bildet so eine Ionengruppe. Somit hat ein Kochsalzkristall gleich viele Na^{+}- wie Cl^{-}-Ionen. Es besteht also folgendes Mengenverhältnis: Na : Cl = 1 : 1. Die Formel von Kochsalz ist also Na_1Cl_1 oder einfacher NaCl. → [1]

Und wenn Ionen mehrfach geladen sind? • Wenn ein Atom mehrere Elektronen abgibt, müssen entsprechend viele oder passende Reaktionspartner da sein. Wenn z. B. Magnesium mit Chlor reagiert, überträgt das Magnesium-Atom seine zwei Außenelektronen an zwei Chlor-Atome. Es entstehen also immer doppelt so viele Cl^{-}- wie Mg^{2+}-Ionen.
Somit ergibt sich folgendes Verhältnis:
Mg : Cl = 1 : 2, also die Formel $MgCl_2$. → [2]

Ein weiteres Beispiel • Natrium reagiert mit Schwefel. Dabei gibt das Natrium-Atom ein Außenelektron an ein Schwefel-Atom ab. Damit auch das Schwefel-Atom eine volle Außenschale erhält, muss es von einem zweiten Natrium-Atom ein zweites Elektron bekommen. Es ergibt sich dann folgendes Verhältnis:
Na : S = 2 : 1, also die Formel Na_2S.

Möglichst einfach • Um Formeln möglichst einfach zu schreiben, wird immer das kleinstmögliche Verhältnis angegeben.

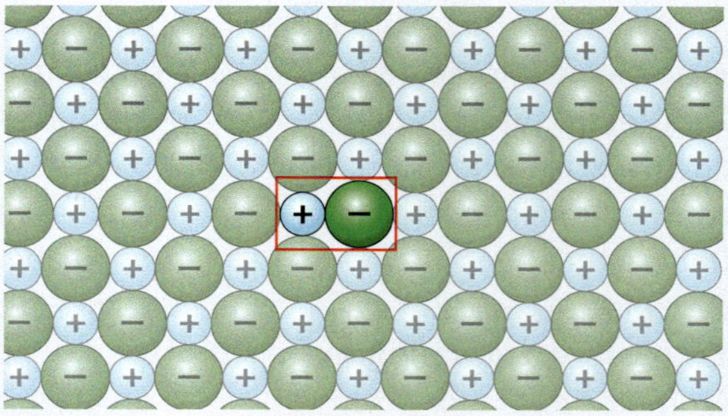

[1] Natriumchlorid hat die Formel NaCl.

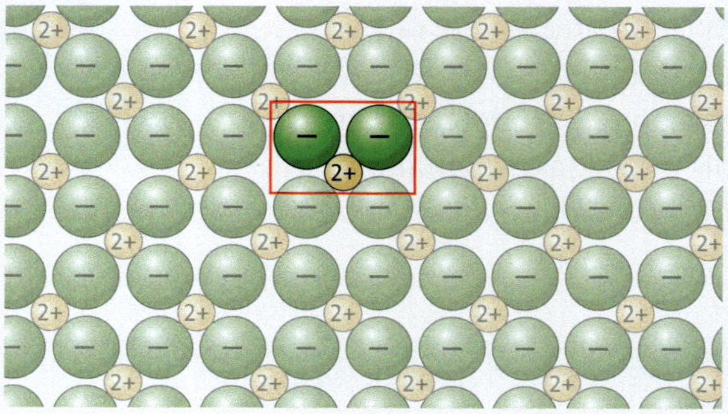

[2] Magnesiumchlorid hat die Formel $MgCl_2$.

Aufgaben

1 ◩ Beschreibe an einem selbst gewählten Beispiel, wie Formeln von Ionenverbindungen erstellt werden.

2 ◪ Stelle die Formeln der Salze auf, die entstehen, wenn folgende Stoffe miteinander reagieren:
- Lithium und Fluor
- Aluminium und Brom
- Magnesium und Schwefel
- Calcium und Chlor

Material F

Flussspat – ein häufiges Mineral

Flussspat ist ein Mineral, das in der Natur häufig vorkommt. Reiner Flussspat ist farblos und transparent. Durch verschiedene Verunreinigung kann er aber fast alle Farben annehmen.

3 Flussspat

4 Roter Flussspat

1 Der chemische Name von Flussspat lautet Calciumfluorid.

a ☒ Zeichne ein Calcium-Ion und ein Fluorid-Ion in Modellschreibweise.

b ☒ Gib die Ladung der beiden Ionen an und erstelle die Formel von Calciumfluorid.

Material G

Formeln von Ionenverbindungen

Wenn bei chemischen Reaktionen Ionen entstehen, müssen alle abgegebenen Elektronen vom Reaktionspartner aufgenommen werden. Die Anzahl der Atome bei der Reaktion muss daher passend sein. Einfache Beispiele findest du auf der Methodenseite links. Ein weiteres Beispiel: Wenn Aluminium mit Sauerstoff reagiert, gibt jedes Aluminium-Atom drei Elektronen ab. Jedes Sauerstoff-Atom kann aber nur zwei Elektronen aufnehmen.
Alle Elektronen sind untergebracht, wenn zwei Aluminium-Atome mit drei Sauerstoff-Atomen zu Al_2O_3 reagieren. Um solche Formeln zu ermitteln, kann dir die Darstellung in Bild 5 eine Hilfe sein.

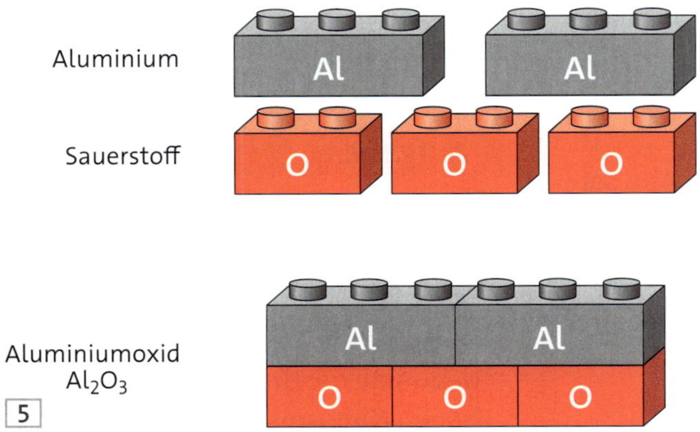

5

1 ☒ Erstelle die Formel der Ionenverbindungen, die bei der Reaktion folgender Stoffe entstehen:
- Natrium und Brom
- Kalium und Sauerstoff
- Calcium und Brom
- Calcium und Sauerstoff
- Aluminium und Schwefel

Eigenschaften der Salze

1 Kristalle von Natriumchlorid (links) und Kupfersulfat (rechts)

Eine ganze Gruppe von Stoffen hat ihren Namen vom Kochsalz: die Salze. Was ist das Gemeinsame dieser Stoffgruppe?

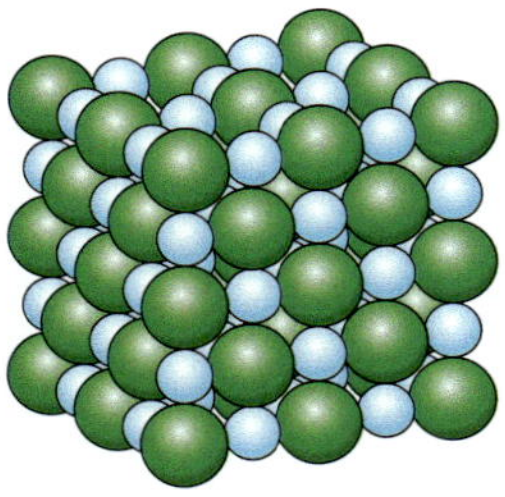

2 Natrium-chlorid-Gitter

Salze bilden Kristalle • Viele Salze bilden Kristalle mit jeweils für sie typischen Formen. Kochsalzkristalle z. B. sind immer würfelförmig. → 1

Elektrische Leitfähigkeit • Hier stellt man Folgendes fest:

- Salzkristalle leiten den elektrischen Strom nicht.
- Geschmolzene oder in Wasser gelöste Salze leiten den elektrischen Strom dagegen gut, weil die Ionen dabei frei beweglich sind.

Hohe Schmelztemperaturen • Alle Salze sind bei Raumtemperatur fest. Sie schmelzen erst bei mehreren Hundert Grad. Allerdings unterscheiden sich die Schmelztemperaturen verschiedener Salze deutlich:

Natriumbromid (Na^+Br^-)	747 °C
Natriumchlorid (Na^+Cl^-)	800 °C
Natriumfluorid (Na^+F^-)	990 °C
Magnesiumoxid ($Mg^{2+}O^{2-}$)	2800 °C

Die großen Unterschiede bei den Schmelztemperaturen lassen sich erklären:
Die unterschiedlich geladenen Ionen ziehen sich gegenseitig an. Um sie voneinander zu trennen, benötigt man Energie. Die Energiemenge, die notwendig ist, um die Ionen aus dem Gitter zu lösen, nennt man Gitterenergie. Die Größe der Gitterenergie hängt vor allem von zwei Faktoren ab:

1. Ladung der Ionen: Je größer die Ladung, desto höher die Gitterenergie.
2. Ionengröße: Je kleiner die Atomhüllen der Ionen sind, desto näher sind sich die Ionen und sie ziehen sich deshalb auch stärker an.

Salze bilden Kristalle. Geschmolzen oder in Wasser gelöst leiten sie den elektrischen Strom. Um Salze zu schmelzen, muss die Gitterenergie überwunden werden. Diese hängt von der Ladung und der Ionengröße ab.

Aufgaben

1 Nenne drei typische Eigenschaften der Stoffgruppe der Salze.

2 Erkläre die unterschiedlichen Siedepunkte der drei im Text angegebenen Natriumsalze.

Material A

Kochsalz und andere Salze zum Schmelzen bringen

Dieser Versuch gelingt nur, wenn du das Reagenzglas einige Zeit ruhig an die heißeste Stelle des Brenners hältst. → 3

Materialliste: Lupe, Gasbrenner, schwer schmelzbares Reagenzglas, Reagenzglasklammer, Porzellanschale, Kochsalz (Natriumchlorid), andere Salze, z. B. Kaliumnitrat, Kaliumchlorid, Natriumsulfat oder Natriumnitrat

Betrachte die Kochsalzkristalle mit einer Lupe.
Versuche dann, 1 cm hoch Kochsalz im Reagenzglas zu schmelzen. Wenn dir das gelingt, gieße das Geschmolzene schnell in die Porzellanschale aus. Wiederhole den Versuch mit einem anderen Salz.

1 Schreibe ein Versuchsprotokoll.

2 Vergleiche die Schmelztemperaturen der Salze.

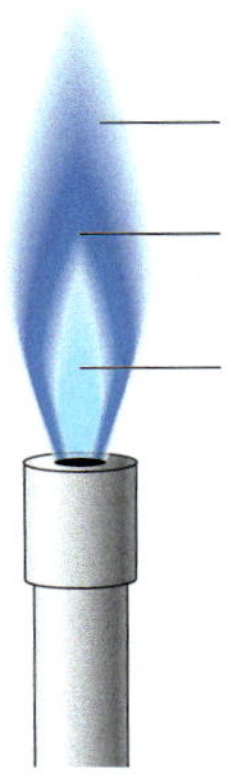

3 Temperaturen im Gasbrenner

3 Erläutere, was dieser Versuch über den Zusammenhalt der einzelnen Teilchen der Salzkristalle aussagt.

Material B

Salze und elektrische Leitfähigkeit

Bei der elektrischen Leitfähigkeit von Salzen spielt Wasser eine große Rolle.

Materialliste: Bechergläser (100 ml), Spatel, destilliertes Wasser, Kochsalz (Natriumchlorid), andere Salze (z. B. Kaliumchlorid oder Natriumsulfat), Kochsalzkristall, Leitfähigkeitsmessgerät

1 Vergleiche die Leitfähigkeit der Salze.

a Prüfe einen Salzkristall auf elektrische Leitfähigkeit.
b Prüfe auch destilliertes Wasser auf elektrische Leitfähigkeit.
c Löse eine Spatelspitze Salz in ca. 50 ml destilliertem Wasser und prüfe die Salzlösung auf Leitfähigkeit.
d Löse drei weitere Spatelspitzen Kochsalz und prüfe erneut. Erkläre die Beobachtungen.
e Wiederhole die Schritte a–d mit einem anderen Salz.
f Stelle deine Ergebnisse in einer Tabelle zusammen.

Material C

Schmelztemperaturen zuordnen

Die Schmelztemperaturen von Salzen hängen von der Größe der Ionen und von ihrer Ladung ab. *Tipp:* Die Periode im PSE verrät etwas über die Größe. Die Hauptgruppenzugehörigkeit verrät etwas über die Ladung.

1 Ordne den Salzen Calciumfluorid, Lithiumfluorid und Lithiumbromid die richtigen Schmelztemperaturen zu: 848 °C, 1418 °C, 552 °C
Begründe deine Entscheidung.

Manche Salze lösen sich in Wasser

1 Im Toten Meer ist viel Salz gelöst.

Kochsalz löst sich gut in Wasser, das Salz Bariumsulfat jedoch nicht. Wie lässt sich das erklären?

Ionen treffen auf Wassermoleküle • Kochsalz löst sich problemlos in Wasser, obwohl die zwei Stoffe doch sehr verschieden sind: Salzkristalle bestehen aus Ionengittern, Wasser besteht aus Molekülen mit Elektronenpaarbindungen. Die Wassermoleküle haben allerdings eine wichtige Besonderheit: Sie sind Dipolmoleküle mit positiven und negativen Teilladungen. → 2

Lösevorgang • Was geschieht, wenn ein Salz in Wasser gelöst wird? Die Seiten der Wassermoleküle mit der positiven Teilladung werden von den negativ geladenen Ionen, bei Kochsalz also von den Chlorid-Ionen, angezogen. Die Seite der Wassermoleküle mit der negativen Teilladung wird von den positiven Ionen, bei Kochsalz von den Natrium-Ionen, angezogen. → 4

Wenn Wassermoleküle in ihrer Bewegung an ein passendes Ion stoßen und dann mehrere Wassermoleküle daran „ziehen", wird es aus dem Ionengitter herausgelöst. → 3

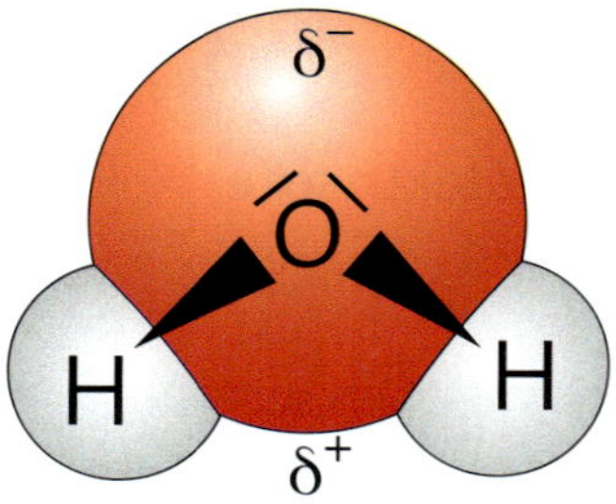

2 Das Dipolmolekül Wasser mit Teilladungen

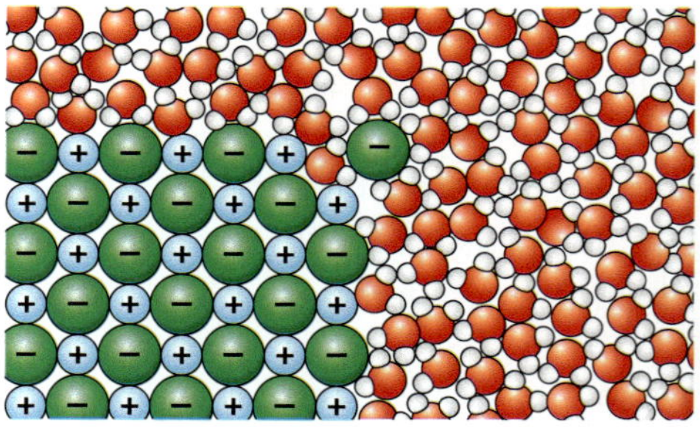

3 Wassermoleküle lösen ein Chlorid-Ion.

die Hydratation
die Hydrathülle
die Hydratationsenergie

Hydratation • Wenn ein Ion aus dem Gitter gelöst ist, wird es sofort von weiteren Wassermolekülen umlagert. → 4 Diesen Vorgang nennt man Hydratation. Die durch die Wassermoleküle entstandene „Hydrathülle“ hält die Ionen davon ab, wieder ins Ionengitter zurückgezogen zu werden. Diese dadurch frei beweglichen Ionen sind für die elektrische Leitfähigkeit der Salzlösungen verantwortlich.

Energie beim Lösen von Salzen • Beim Lösen eines Salzes laufen also immer zwei Vorgänge ab: das Herauslösen der Ionen aus dem Ionengitter und die anschließende Hydratation der herausgelösten Ionen. Für das Herauslösen der Ionen aus dem Gitter muss die Gitterenergie aufgewendet werden. Nun gibt es drei Möglichkeiten:

- Die Hydratationsenergie ist größer als die Gitterenergie. Das Salz löst sich und die Lösung erwärmt sich.
- Die Gitterenergie ist etwas größer als die Hydratationsenergie. In diesem Fall löst sich das Salz und die Lösung kühlt sich ab, weil Energie in Form von Wärme aus der Umgebung entnommen wird.
- Die Gitterenergie ist deutlich größer als die Hydratationsenergie. Das Salz löst sich daher nicht.

Salze lösen sich in Wasser, weil die zwei Pole des Wassermoleküls die Ionen aus dem Ionengitter herausziehen. Die entstehende Hydrathülle verhindert eine Rückkehr ins Ionengitter.

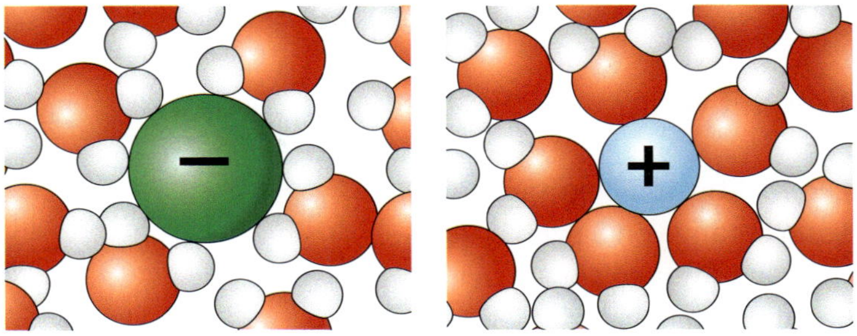

4 Zwei Ionen mit ihrer Hydrathülle

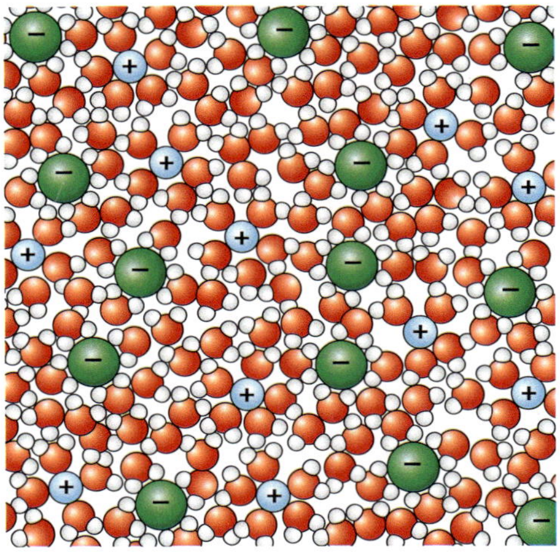

5 In Wasser gelöstes Kochsalz

Aufgaben

1 Beschreibe den Lösevorgang von Kochsalz in Wasser.

2 Erkläre, warum sich manche Salze in Wasser lösen, andere Salze jedoch nicht.

3 Erkläre den Begriff Hydrathülle.

4 Begründe, warum der Rückweg ins Ionengitter für die gelösten Ionen unmöglich ist.

Manche Salze lösen sich in Wasser

Material A

Wer mit wem?

Die wichtigsten Begriffe zum Lösevorgang von Salzen und ihre Definitionen sind in der Tabelle durcheinandergeraten.

1 ☒ Ordne den Begriffen 1–6 die richtigen Definitionen A–F zu. Schreibe anschließend, nachdem deine Lehrkraft die Zuordnung kontrolliert hat, die Begriffe mit ihren Definitionen in dein Heft.

Begriffe		Definitionen	
1	Dipolmolekül	A	Aufbau eines Salzes aus positiv und negativ geladenen Ionen, die sich durch ihre verschiedenen Ladungen gegenseitig anziehen
2	Hydratation	B	Energie, die benötigt wird, um ein Ion aus seinem Ionengitter herauszulösen
3	Hydratations-energie	C	Umlagerung eines Ions mit Wassermolekülen nach dem Herauslösen aus dem Gitter
4	Gitterenergie	D	Molekül mit zwei Polen, die durch die Elektronegativitätsdifferenz der verbundenen Atome entstehen
5	Ionengitter	E	Wassermoleküle, die sich wegen ihrer Pole um ein Ion gelagert haben
6	Hydrathülle	F	Energie, die frei wird, wenn gelöste Ionen mit einer Wasserhülle umgeben werden

1

Material B

Salze lösen sich in Wasser

Materialliste: 5 Reagenzgläser, Reagenzglashalter, Thermometer, Spatel, Calciumchlorid, Ammoniumnitrat, Bariumsulfat, Kaliumnitrat, Natriumchlorid, Wasser

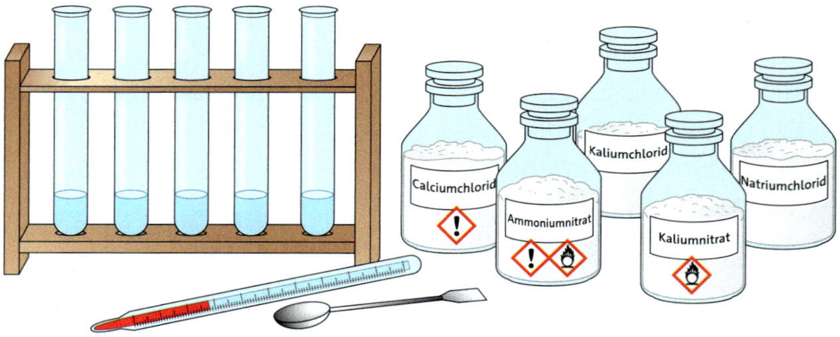

2 Versuchsaufbau

1 Gib in jedes Reagenzglas 3 ml Wasser und je einen Spatel eines der fünf Salze. Schüttle vorsichtig, bis das Salz gelöst ist, und miss dann sofort die Temperatur.

2 ☒ Protokolliere die Temperaturveränderungen in einer Tabelle. Vergleiche deine Werte.

3 ☒ Erkläre deine gemessenen Werte mit den Fachbegriffen Gitterenergie und Hydratationsenergie.

4 ☒ Zeichne den Lösevorgang von Kaliumchlorid in Wasser in mehreren Schritten.

Temperatur steigt beim Lösen: Hydratationsenergie > Gitterenergie

Temperatur sinkt beim Lösen: Hydratationsenergie < Gitterenergie

3

Material C

Wie funktioniert das Streusalz?

Auf Eis befindet sich immer eine sehr dünne Schicht von geschmolzenem Wasser. Dieser „Wasserfilm“ wird auch dann vom Eis nachgebildet, wenn man ihn wegwischt. Wir sagen: „Eis und Wasser sind im Gleichgewicht.“ Wenn nun Salz darauf gestreut wird, löst das Wasser das Salz und die Wassermoleküle lagern sich um die gelösten Ionen (Hydratation).
Ist das Wasser dem Eis-Wasser-Gleichgewicht entzogen, wird neues Wasser gebildet. Dadurch schmilzt das Eis. Dieser Vorgang setzt sich fort, bis alles Salz gelöst ist.
Zudem gefriert die entstandene Salzlösung erst unter −20 °C, da die Salz-Ionen die Gitterbildung beim Eis stören. Zusätze von Calciumchlorid oder Magnesiumchlorid setzen den Gefrierpunkt noch weiter herunter. Diese Salze sind zudem weniger schädlich für die Umwelt.

4

5 Streudienst im Winter

1 Lies den Text: → 4

a ☒ Erkläre das Schmelzen des Eises durch den Lösevorgang von Salz mit einer Zeichnung.

b ☒ Erkläre, welcher Effekt verhindert, dass das aufgetaute Wasser wieder gefriert.

Material D

Wärmer oder kälter?

Die Energie beim Lösevorgang eines Salzes lässt sich auch in Diagrammen darstellen.

1 Ein Salz löst sich in Wasser. Dabei wird es 3 Grad wärmer. Beim Lösen eines anderen Salzes kühlt die Lösung um 4 Grad ab.
☒ Ordne die zwei Lösevorgänge den Energiediagrammen in Bild 6 zu und erkläre deine Zuordnung.

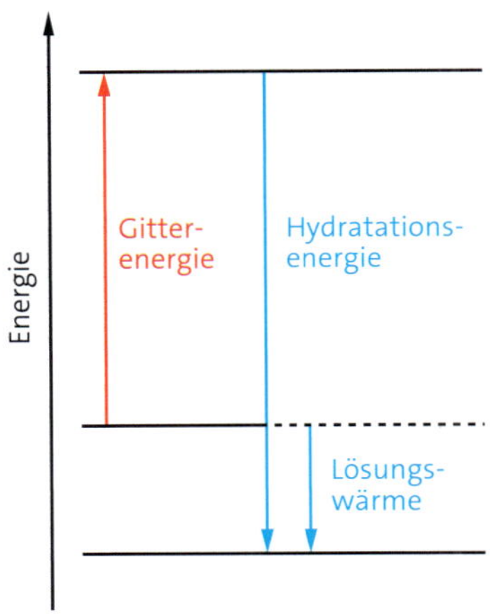

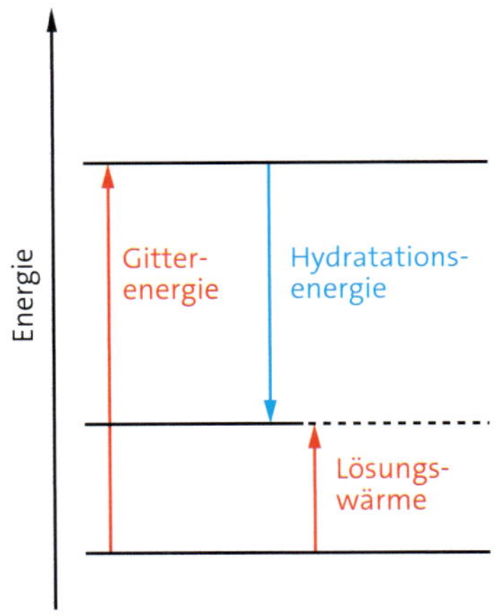

6 Energiediagramme

2 Bei einem weiteren Salz ändert sich die Temperatur beim Lösen praktisch nicht.
☒ Zeichne zu diesem Lösevorgang das passende Energiediagramm.

Die Metallbindung

1 Aluminiumstäbe

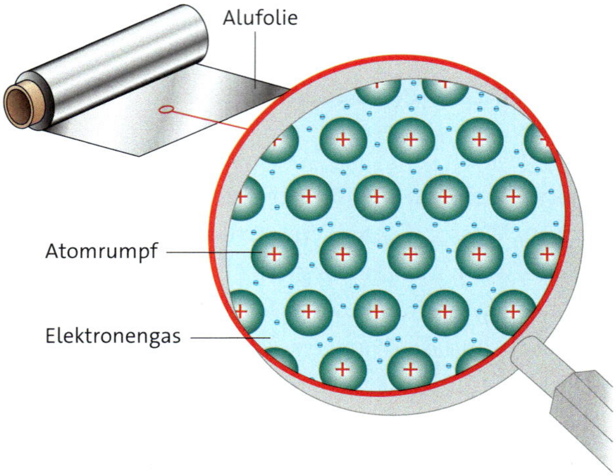

2 Aluminium unter der chemischen Lupe

Bei reinen Metallen sind nur Atome einer Sorte, z. B. nur Aluminium-Atome, miteinander verbunden. Wie erreichen solche Atome den Edelgaszustand?

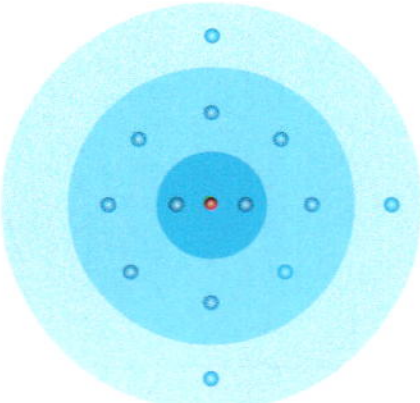

3 Aluminium im Schalenmodell

Außenelektronen • Die Außenelektronen der Metall-Atome werden nur schwach vom Kern angezogen. Sie können leicht ihre Schale verlassen. Anders als bei der Bildung von Ionen werden die äußeren Elektronen aber nicht an einen Reaktionspartner abgegeben.

4 Atomrumpf und Außenelektronen

Elektronengas • Die abgegebenen Außenelektronen können sich im Metall frei bewegen. Das ist im Modell vergleichbar mit den Teilchen eines Gases, die sich in einem Raum frei bewegen können. Deshalb werden die im Metall frei beweglichen Elektronen auch als Elektronengas bezeichnet. → 2

Atomrumpf • Die inneren Elektronen werden vom Kern stärker angezogen. Sie werden deshalb nicht abgegeben, sondern verbleiben beim Kern. Gemeinsam mit dem Kern bilden sie den sogenannten Atomrumpf. → 4 Dieser ist aufgrund des Protonenüberschusses positiv geladen.

Metallbindung • Ungleichnamige Ladungen ziehen sich gegenseitig an. Deshalb ist das negative Elektronengas in der Lage, die positiv geladenen Atomrümpfe durch elektrische Anziehungskräfte zusammenzuhalten. Es bildet sich ein Metallgitter. Diese spezielle Form der Bindung innerhalb eines Metalls wird Metallbindung genannt.

In Metallen werden positiv geladene Atomrümpfe von frei beweglichen Elektronen zusammengehalten. Diese Form der Bindung nennt man Metallbindung.

das **Metallgitter**
das **Elektronengas**
der **Atomrumpf**
die **Metallbindung**

Der Bau der kleinsten Teilchen bestimmt die Eigenschaften. Die frei beweglichen Elektronen erklären die besonderen Eigenschaften der Metalle:

Verformbarkeit • Die Verformbarkeit der Metalle beruht darauf, dass die im Metallgitter angeordneten Atomrümpfe aneinander vorbeigleiten können. Dabei bleiben sie ständig von Elektronen umgeben und werden auch in ihrer neuen Position fest zusammengehalten. → 5

Elektrische Leitfähigkeit • Im Gegensatz zu den Salzen verfügen Metalle auch im festen Zustand über beweglich geladene Teilchen. Dadurch können die Elektronen bei einem geschlossenen Stromkreis ungehindert durch das Metall fließen. → 6

Wärmeleitfähigkeit • Wenn man ein Metall erhitzt, wird sowohl dem Atomrumpf als auch den freien Elektronen Energie zugeführt: Die Atomrümpfe schwingen stärker und stoßen die benachbarten Atomrümpfe an. So wird die Wärmeenergie über das ganze Metall weitergegeben.
Auch die freien Elektronen nehmen an der Wärmeleitung teil. Sie nehmen die Energie in Form von zusätzlicher Bewegungsenergie auf und verteilen sie so über das Metall.

Die Eigenschaften der Metalle lassen sich mit frei beweglichen Elektronen und positiv geladenen Atomrümpfen erklären.

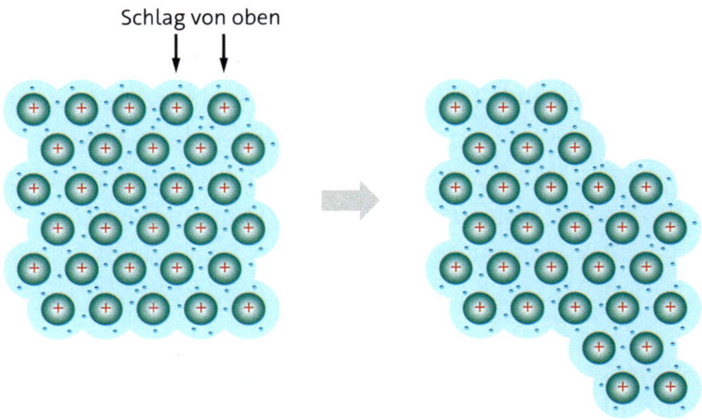

5 Metallkristalle lassen sich bei Druck verbiegen.

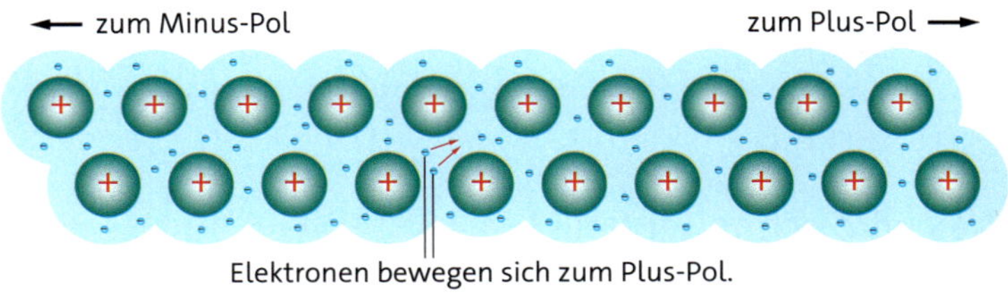

6 Stromfluss in einem Metall bei angelegter Spannung

Aufgaben

1 Stelle Lithium und Natrium wie in Bild 4 mit Atomrumpf und Außenelektronen dar.

2 Zeichne einen Ausschnitt eines Metallgitters von Magnesium. → 2

3 Erkläre die Verformbarkeit der Metalle.

4 Begründe, warum Metalle im Gegensatz zu Salzen den elektrischen Strom auch im festen Zustand leiten.

Die Metallbindung

Material A

Metalle lassen sich leicht verbiegen

In Bild 1 siehst du, wie gut ein Metalldraht verarbeitet werden kann.

1 ◪ Nenne die Eigenschaft der Metalle, die diese Verarbeitung ermöglicht, ohne dass der Draht bricht oder beschädigt wird.

2 ◪ Erkläre diese Eigenschaft durch den Aufbau der Metalle. Warum bleibt der Zusammenhalt der Atome im Draht beim Biegen erhalten?

3 ◪ Begründe, warum beim Erhitzen die Biegsamkeit noch erhöht wird.

1 Verarbeitung von Draht zu Schmuck

Material B

Was wird schneller heiß?

Materialliste: Becherglas, heißes Wasser, Stäbe aus Eisen, Kupfer, Plexiglas und Holz, Pappe mit Löchern, Wachs

1 Forme Kugeln aus Wachs und befestige sie an den Stäben. Schiebe die Stäbe durch die Pappe. Stelle dann alles ins heiße Wasser. → 2

a ◪ Gib an, welcher Stab am schnellsten heiß wird.

b ◪ Begründe, warum zwei der Stäbe schneller heiß werden als die anderen.

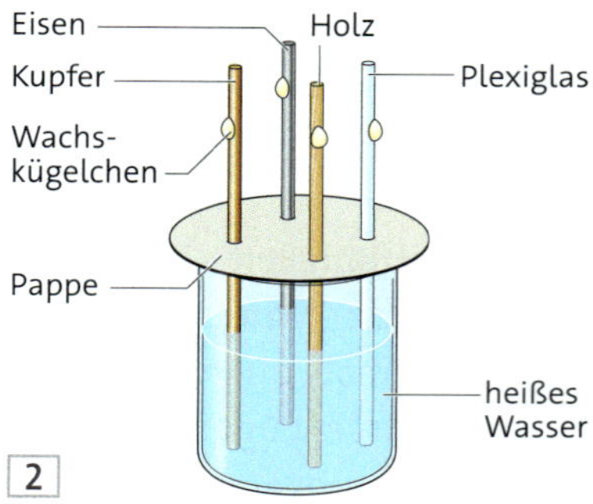

2

Material C

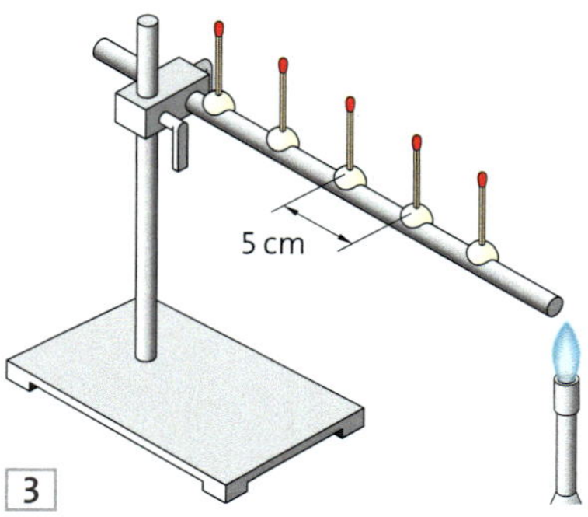

3

Sofort warm?

Materialliste: Gasbrenner, Streichhölzer, Wachskügelchen, Stativmaterial

1 Befestige die Streichhölzer mit den Wachskugeln auf einer Stativstange. → 3 Lass dabei immer 5 cm Abstand zwischen den Kugeln.

a ◪ Was passiert, wenn du das Ende der Stange erhitzt? Stelle eine Vermutung auf.

b ◪ Führe den Versuch durch. Beschreibe, was geschieht.

c ◪ Erkläre deine Beobachtung.

Material D

Schalenmodell und Atomrumpfmodell

1 ☒ Gib an,
a wie viele Protonen sich im Kern eines Mg-Atoms befinden.
b wie viele Elektronen sich in der Hülle eines Mg-Atoms befinden.
c aus wie vielen Schalen die Hülle eines Mg-Atoms aufgebaut ist.
d wie viele Außenelektronen ein Mg-Atom besitzt.

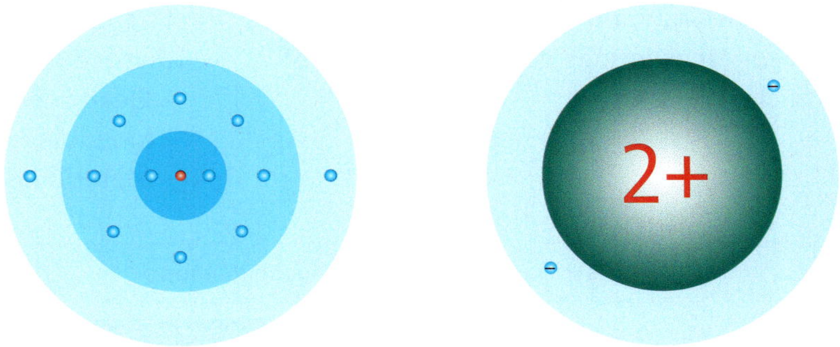

4 Magnesium-Atom: Schalenmodell (links), Atomrumpf und Außenelektronen (rechts)

2 ☒ Gib an, wie viele Elektronenschalen am Aufbau des Atomrumpfs eines Magnesium-Atoms beteiligt sind.

3 ☒ Begründe, warum der Atomrumpf eines Magnesium-Atoms zweifach positiv geladen ist. → 4

Material E

Temperaturabhängigkeit der elektrischen Leitfähigkeit

Materialliste: Messgerät (A), Gleichspannungsquelle (2 V), 4 Kabel, 2 Isolatoren, Eisendraht (ca. 1 mm Durchmesser), Streichhölzer

1 Baue den Versuch wie in Bild 5 auf.

2 Stelle am Netzgerät die Spannung so ein, dass durch den Draht ein Strom von etwa 50 mA fließt.

3 Entzünde nun das Streichholz und halte es unter den Draht. → 5

4 ☒ Erkläre die Veränderung der Stromstärke.

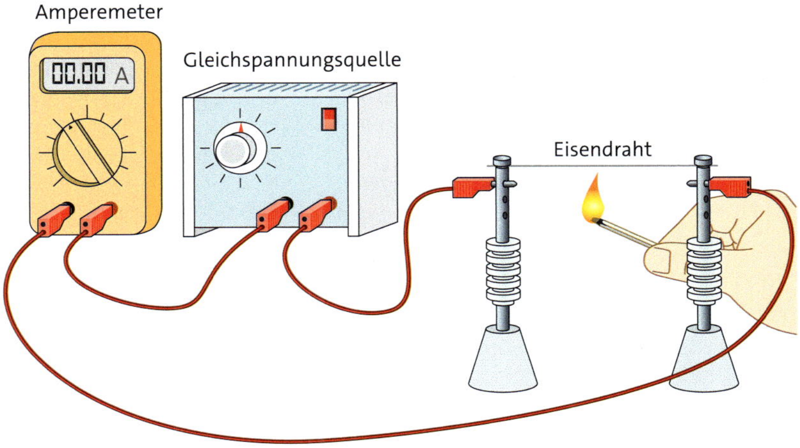

5 Versuchsaufbau

Zusammenfassung

Bindungen • Grundantrieb der Atome bei Bindungen ist es immer, den Edelgaszustand zu erreichen.

Es gibt drei Arten von Bindungen, durch die dieser Zustand zu erreichen ist:
- Elektronenpaarbindung
- Ionenbindung
- Metallbindung

	Elektronenpaarbindung	**Ionenbindung**	**Metallbindung**
Modell	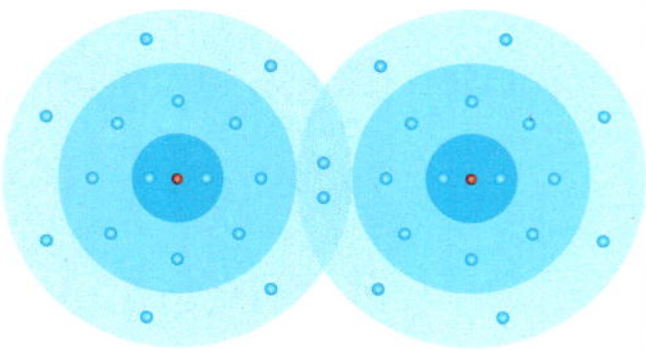	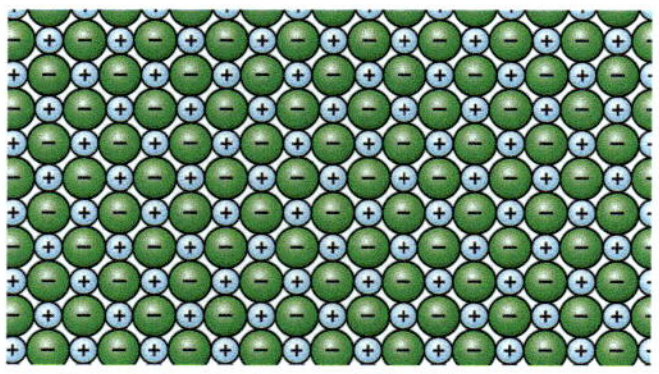 ⊕ Na^+-Kation ⊖ Cl^--Anion	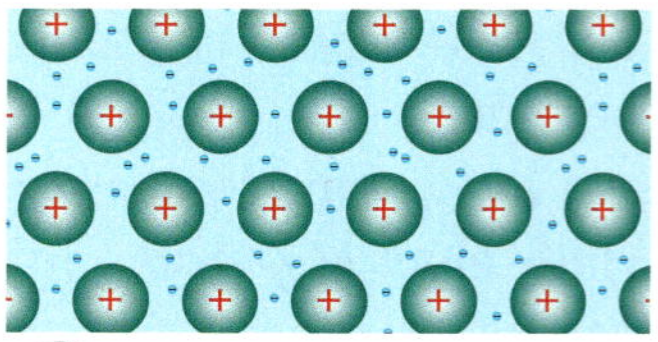 ⊕ Atomrumpf eines Na-Atoms
Entstehung	Die beiden Chlor-Atome geben jeweils ein Elektron in die gemeinsame Bindung. Dieses Elektronenpaar gehört dann zu beiden Atomkernen.	Das Natrium-Atom gibt ein Elektron an das Chlor-Atom ab. Dadurch entstehen Ionen: positiv geladene Natrium-Teilchen und negativ geladene Chlor-Teilchen. Die unterschiedlich geladenen Ionen ziehen sich an und sind dadurch miteinander verbunden.	Natrium-Atome ordnen sich in einem dreidimensionalen Gitter an. Dabei geben die Atome jeweils ein Außenelektron ab. Diese bilden ein sogenanntes Elektronengas, das sich zwischen den Atomen ausbreitet. Die Anziehung der positiv geladenen Atomrümpfe zu den Elektronen im Elektronengas sorgt für den stabilen Zusammenhalt.
Besonderheiten	Ein Atom kann bis zu vier solcher Elektronenpaarbindungen eingehen – entweder mit verschiedenen „Partnern" oder auch eine Doppel- oder Dreifachbindung mit einem „Partner". Elektronenpaarbindungen können je nach Elektronegativitätsdifferenz der beteiligten Atome polar oder unpolar sein.	Im Verlauf einer solchen Elektronenübertragungsreaktion kann es vorkommen, dass ein Atom zwei oder mehr Elektronen abgibt, um den Edelgaszustand zu erreichen. Es entstehen mehrfach positiv geladene Ionen. Gleiches gilt für die Elektronenaufnahme. So können auch mehrfach negativ geladene Ionen entstehen.	Je nach Anzahl der Außenelektronen kann die Zahl der abgegebenen Elektronen variieren.
Teilchen	Moleküle aus zwei oder mehreren Atomen	positiv und negativ geladene Ionen, die ein Ionengitter bilden	positiv geladene Atomrümpfe und frei bewegliche Elektronen
Beispiele	Wasserstoff, Sauerstoff, Chlor, Wasser, Fluorwasserstoff	Natriumchlorid, Magnesiumchlorid, Aluminiumoxid	Eisen, Kupfer, Silber, Natrium

1 Übersicht der Bindungsarten

Teste dich! (Lösungen im Anhang)

Elektronenpaarbindung

1 ☒ Erkläre, wie zwei Wasserstoff-Atome durch eine Elektronenpaarbindung den Edelgaszustand erreichen.

2 ☒ Erkläre am Beispiel von O_2 und N_2, warum manche Atome Doppel- oder Dreifachbindungen eingehen.

3 ☒ Gib folgende Moleküle in Lewis-Schreibweise mit allen Außenelektronen an: H_2O, F_2, HBr, CO_2, C_2H_2.

4 ☒ Berechne die Elektronegativitätsdifferenzen von F_2, HF und NO. Gib an, ob es sich um eine polare oder unpolare Elektronenpaarbindung handelt.

5 ☒ Beschreibe, welche Bedingungen für ein Dipolmolekül erfüllt sein müssen.

Ionenbindung

6 ☒ Erläutere, wie bei einer Ionenbindung die beteiligten Atome/Ionen die Edelgasregel erfüllen.

7 ☒ Warum sind die Ionen von Elementen der V. bis VII. Hauptgruppe immer negativ geladen? Erkläre.

8 ☒ Übertrage die Tabelle in dein Heft und ergänze die Lücken. → 2

9 ☒ Gib an, ab welcher Elektronegativitätsdifferenz (ΔEN) eine Ionenbindung vorliegt.

Summenformel	Beteiligte Ionen	Name der Ionenverbindung
$MgCl_2$	Mg^{2+} und Cl^-	Magnesiumchlorid
NaBr	?	Natriumbromid
?	K^+ und O^{2-}	Kaliumoxid
KCl	?	?
?	Ca^{2+} und Br^-	?
?	?	Magnesiumoxid
?	?	Aluminiumchlorid

2 Formeln und Namen von Ionenverbindungen

3 Metalle sind gute Wärmeleiter.

Metallbindung

10 ☒ Wie erreichen Aluminium-Atome in einem Aluminiumstab den Edelgaszustand? Erkläre.

11 ☒ Beschreibe den Zusammenhalt der Metall-Atome.

12 ☒ Erkläre, was man unter dem Begriff „Elektronengas" versteht.

13 ☒ Erkläre, warum Metalle gute Wärmeleiter sind. → 3

Elektrische Energie und chemische Prozesse

Moderne Kommunikation und die Internetnutzung basieren auf einer zuverlässigen und leistungsstarken Technik mit Stromspeichern. Nur so reißt der Datenstrom nicht ab.

Batterien dienen der mobilen Energieversorgung. Welche Batterien gibt es und wie funktioniert eine Batterie?

Benzin und Diesel haben in naher Zukunft ausgedient. Umwelt und Klima sollen auf Dauer nicht weiter belastet werden und auch die Erdölvorräte sind nur begrenzt. Was ist der Antrieb der Zukunft?

Elektronenübertragung

1 Was entsteht bei der Reaktion von Magnesium und Kupferoxid?

Silbergraues Magnesium reagiert mit schwarzem Kupferoxid. Was genau passiert dabei eigentlich?

Blick auf die Stoffe • Zu erkennen sind typische Merkmale für eine chemische Reaktion. Ein Funkensprühen weist darauf hin, dass Energie umgesetzt wurde. Deutlich sichtbare Spuren eines rotbraunen Feststoffs zeigen, dass ein neuer Stoff mit anderen Eigenschaften entstanden ist.

Magnesium	+	Kupferoxid	→	Magnesiumoxid	+	Kupfer
Mg	+	CuO	→	MgO	+	Cu

2

Kupfer-Ion	+	Elektronen	→	Kupfer
Cu^{2+}	+	2 e^-	→	Cu

3 Elektronenaufnahme – eine Reduktion

Magnesium	→	Magnesium-Ion	+	Elektronen
Mg	→	Mg^{2+}	+	2 e^-

4 Elektronenabgabe – eine Oxidation

Blick auf die Teilchen • Magnesium ist ein Element. Es besteht aus Magnesium-Atomen. Kupferoxid ist eine Ionenverbindung aus den Elementen Kupfer und Sauerstoff. Zweifach positiv geladene Kupfer-Kationen und zweifach negativ geladene Sauerstoff-Anionen bilden dabei ein Ionengitter. Bei dem im Verlauf der Reaktion entstandenen rotbraunen Feststoff handelt es sich um elementares Kupfer. Die Kupfer-Kationen haben zwei Elektronen aufgenommen. → 3 Diese stammen von den Magnesium-Atomen. → 4 Die so entstandenen zweifach positiv geladenen Magnesium-Kationen bilden mit den Sauerstoff-Anionen ein neues Ionengitter. Die Ionenverbindung Magnesiumoxid ist entstanden. → 2

Reduktion – Elektronenaufnahme • Im Verlauf der Reaktion haben Kupfer-Ionen Elektronen aufgenommen. Eine Elektronenaufnahme wird als Reduktion bezeichnet. Die Kupfer-Ionen wurden zu Kupfer-Atomen reduziert.

der Elektronendonator
der Elektronenakzeptor

Oxidation – Elektronenabgabe • Im Verlauf der Reaktion haben Magnesium-Atome Elektronen abgegeben. Eine Elektronenabgabe wird als Oxidation bezeichnet. Die Magnesium-Atome wurden zu Magnesium-Ionen oxidiert.

Redoxreaktion • Elektronenabgabe und -aufnahme laufen stets gekoppelt ab. Man bezeichnet solche Elektronenübertragungsreaktionen daher als Redoxreaktionen.

Donator-Akzeptor-Prinzip • Die Magnesium-Atome geben ihre Elektronen ab. → 5 Stoffe, die Elektronen abgeben, werden als Elektronendonatoren (lat. donare: geben) bezeichnet. Diese Elektronen werden von den Kupfer-Kationen aufgenommen. Es entstehen neutrale Kupfer-Atome. Stoffe, die Elektronen aufnehmen, werden als Elektronenakzeptoren (lat. accipere: annehmen) bezeichnet. Dieses Prinzip des Gebens und Nehmens von Elektronen findet bei allen Redoxreaktionen statt. Man spricht aber auch bei anderen Reaktionen als den Redoxreaktionen, vom Donator-Akzeptor-Prinzip. Immer wenn ein Stoff etwas abgibt und ein anderer dieses aufnimmt, findet dieser Begriff Anwendung.

Begriff im Wandel der Zeit • Früher wurden Redoxreaktionen über die Aufnahme bzw. die Abgabe von Sauerstoff definiert. Laut der Definition wurde der Stoff, der Sauerstoff abgibt, reduziert und der Stoff, der ihn aufnimmt, oxidiert. Weil es auch Redoxreaktionen ohne Sauerstoffübertragung gibt, werden sie heute über die Abgabe bzw. Aufnahme von Elektronen definiert.

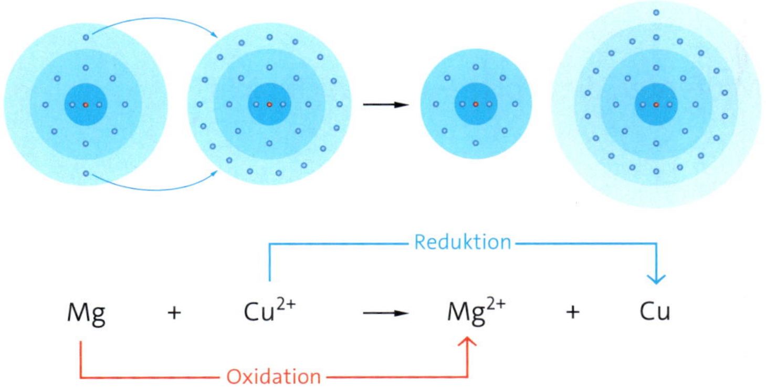

5 Zwei Elektronen werden von einem Magnesium-Atom auf ein Kupfer-Ion übertragen.

Bei Redoxreaktionen gibt ein Donator Elektronen ab, der Akzeptor nimmt diese auf.
Die Abgabe der Elektronen wird als Oxidation bezeichnet, die Aufnahme der Elektronen als Reduktion.

Aufgaben

1 Gib an, was man unter Oxidation und Reduktion versteht.

2 Erkläre, warum Oxidation und Reduktion immer gekoppelt ablaufen.

3 Erkläre die Begriffe Elektronenakzeptor und Elektronendonator am Beispiel der Reaktion von Magnesium mit Kupferoxid.

Elektronenübertragung

Material A

Mir fehlen die Worte – oder auch nicht!

Wird ein Gemisch aus Magnesiumpulver und Kupferoxid mithilfe eines Gasbrenners entzündet, so nehmen die im Kupferoxid enthaltenen **(A)** zwei Elektronen auf. Es bilden sich Kupfer-Atome. Die **(B)** stammen von den Magnesium-Atomen. Aus den **(C)** bilden sich durch **(D)** von jeweils zwei Elektronen zweifach **(E)** geladene Magnesium-Kationen. Diese Magnesium-Kationen bilden mit **(F)** ein Ionengitter.
Bei einer Oxidation werden Elektronen **(G)**, bei einer Reduktion Elektronen **(H)**. Das gleichzeitige Ablaufen von Oxidation und Reduktion bezeichnet man als **(I)**.

1 Übertrage den Lückentext in dein Heft und ergänze die Lücken (A)–(F) mithilfe der vorgegebenen Begriffe.

positiv, abgegeben, Kupfer-Kationen, Abgabe, Redoxreaktion, Magnesium-Atomen, Elektronen, aufgenommen, Sauerstoff-Anionen

Material B

Eine weitere Redoxreaktion

Wird ein Zinkblech (Zn) in eine Kupfersulfat-Lösung (Cu^{2+} + SO_4^{2-}) getaucht, so bildet sich auf dem Blech nach einiger Zeit ein rotbrauner Feststoff. Die blaue Farbe der Kupfersulfat-Lösung verblasst. → 1 Es hat eine Redoxreaktion stattgefunden.

1 Zinkblech in Kupfersulfat-Lösung

1 Gib an, worum es sich bei dem rotbraunen Feststoff handelt.

2 In Bild 2 sind die Reaktionsgleichungen zu dieser Reaktion unvollständig dargestellt.

Reaktion a: $Cu^{2+} + ...\ e^- \rightarrow ...$

Reaktion b: $Zn \rightarrow ... + 2\ e^-$

2

a Übertrage sie in dein Heft.

b Ergänze nun die Lücken in den Reaktionsgleichungen.

c Ordne zu, welche Gleichung die Reduktion und welche die Oxidation darstellt.

d Markiere nun in den Reaktionsgleichungen den Elektronendonator und den Elektronenakzeptor.

e Gib an, welche Teilchen bei dieser Reaktion oxidiert und welche reduziert werden.

Material C

Lehrerversuch: Magnesium und Kupferoxid

Materialliste: Gasbrenner, feuerfeste Unterlage, Magnesiumpulver ◇, Kupfer(II)oxid ◇ ◇, Spatel

Achtung • Versuch im Abzug durchführen! Nicht direkt in die Flamme schauen!

1 Der Versuch wird nach der Anleitung durchgeführt. → 1

2 ☒ Beschreibe die Ausgangsstoffe und die Produkte der Reaktion.

3 ☒ Notiere die Reaktionsgleichung und erläutere die Reaktion.

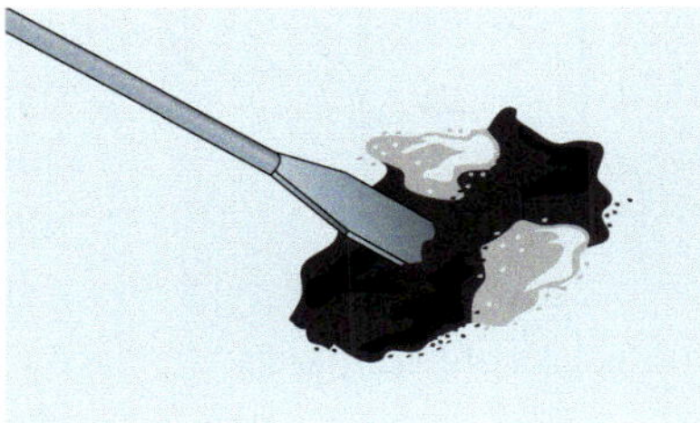

1 ① 0,3 g Magnesiumpulver und 1 g Kupfer(II)oxidpulver werden auf einer feuerfesten Unterlage vermischt.

② Das Feststoffgemisch wird zu einer Strecke ausgezogen. Die Pulverlinie wird an einem Ende mit dem Brenner entzündet.

Material D

Zwei-Schalen-Versuch

Materialliste: 2 Petrischalen, Kupfersulfat-Lösung ◇ ◇ ◇, Kupfer-Blechstreifen, Kabel mit Klemmen, Rotor, Magnesiumchlorid-Lösung, Magnesium-Anspitzer, Filterpapierstreifen

1 Stelle die beiden Schalen eng nebeneinander. Fülle die eine mit Kupfersulfat-Lösung, die andere gleich hoch mit Magnesiumchlorid-Lösung.

2 Stelle den Spitzer in die „Magnesiumschale“ und das Kupferblech über den Rand in die „Kupferschale“. Verbinde die Metallstücke mit Klemmen und Kabeln mit dem Rotor. → 2

3 Befeuchte einen Filterpapierstreifen mit Wasser und lege ihn als Verbindung über die Ränder, sodass er in beide Lösungen taucht.

4 ☒ Fertige eine Versuchsskizze an.

5 ☒ Notiere die jeweiligen Reaktionen in den beiden Schalen. Gib an, ob dort eine Oxidation oder eine Reduktion abläuft.

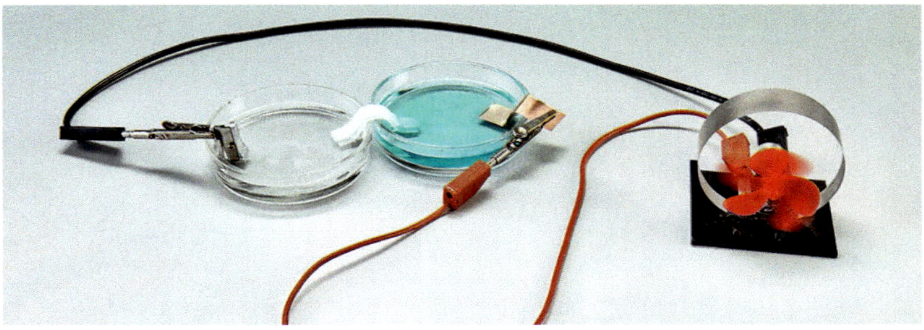

2 Zwei-Schalen-Versuch

Edle und unedle Metalle

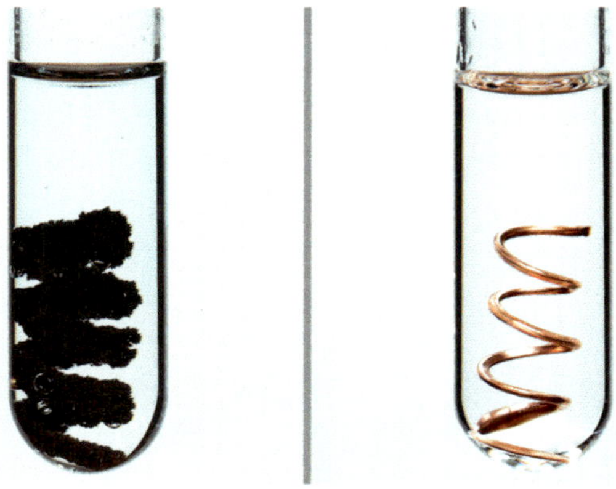

[1] Zinkspirale in Kupfersulfat-Lösung (links), Kupferspirale in Zinksulfat-Lösung (rechts)

Auf der Zinkspirale, die in Kupfersulfat-Lösung taucht, hat sich eine dicke Schicht gebildet. Die in Zinksulfat-Lösung getauchte Kupferspirale sieht unversehrt aus. Wieso ist das so?

Edel oder unedel • Verschiedene Metall-Atome unterscheiden sich in ihrem Bestreben, Elektronen abzugeben, das heißt zu oxidieren. Je größer dieses Bestreben ist, desto unedler ist das Metall. Bei der Zinkspirale in Kupfersulfat-Lösung entstehen aus den Kupfer-Ionen der Lösung neutrale Kupfer-Atome. Dazu müssen die Kupfer-Ionen Elektronen erhalten haben. Das heißt, sie wurden reduziert. Die Elektronen kamen von den Zink-Atomen der Spirale. Die Zink-Atome wurden reduziert.
Das edlere Metall Kupfer hat dem unedleren Metall Zink die Elektronen entrissen. Bei der Spirale aus Kupfer, die in Zinksulfat-Lösung taucht, passiert dies nicht. Dies liegt daran, dass Kupfer ein edleres Metall als Zink ist. Das heißt, es findet keine Elektronenübertragung statt.

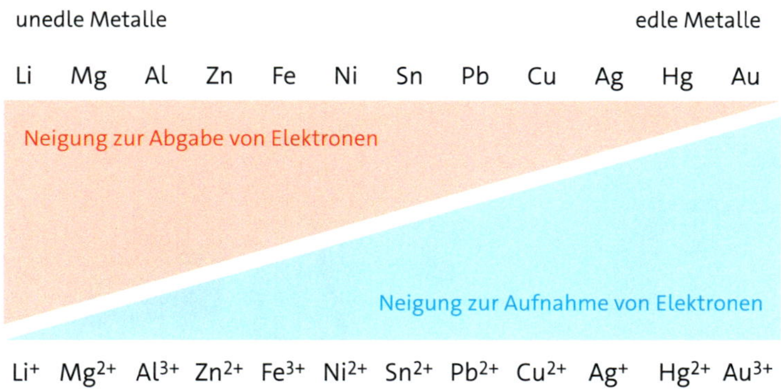

[2] Die Redoxreihe der Metalle

Redoxreihe der Metalle • Wie Kupfer und Zink haben alle Metalle ein unterschiedliches Bestreben, Elektronen abzugeben. Sortiert man die Metalle nach ihrer Oxidierbarkeit, erhält man die Redoxreihe der Metalle. → [2]

Die Metalle unterscheiden sich in ihrem Bestreben, Elektronen abzugeben. Je größer dieses Bestreben ist, desto unedler ist ein Metall.

Aufgaben

1 Erkläre, wie sich edlere Metalle von unedleren Metallen unterscheiden.

2 Ein Eisenstab taucht in Kupfersulfat-Lösung. Gib an, ob sich eine Kupferschicht auf dem Stab bildet. Begründe deine Entscheidung.

3 Nenne zwei Metalle, bei denen sich keine Kupferschicht bildet, wenn man sie in Kupfersulfat-Lösung hält.

Material A

Redoxreihe der Metalle

1 Betrachte die Redoxreihe der Metalle. → 2

a Übertrage die Aussagen aus Bild 3 in dein Heft und vervollständige die Lücken (A) bis (D).

b Begründe, warum Magnesium-Atome leicht Elektronen an Kupfer-Kationen abgeben.

c Gib an, an welche Metall-Ionen Kupfer-Atome Elektronen abgeben können.

> Metall-Atome, die in der Redoxreihe weiter **(A)** stehen, reagieren mit den Metall-Ionen, die weiter **(B)** in der Redoxreihe stehen.
>
> Metall-Atome, die in der Redoxreihe weiter **(C)** stehen, reagieren nicht mit den Metall-Ionen, die in der Redoxreihe weiter **(D)** stehen.

3

d Gib an, von welchen Metall-Atomen Aluminium-Ionen Elektronen aufnehmen können.

e Formuliere eigene Aufgaben und tausche sie mit deinem Nachbarn aus.

Material B

Metalle testen

Materialliste: 3 × 3 Bechergläser, jeweils 3 Blechstreifen von Kupfer, Zink und Silber, Schmirgelpapier, Zinkchlorid, Kupfersulfat und Silbernitrat

Deine Lehrkraft hat für dich in Bechergläsern dreimal jeweils die folgenden drei Lösungen vorbereitet: 5%ige Lösungen von Zinkchlorid, Kupfersulfat und Silbernitrat

1 Reinige die Oberflächen der Blechstreifen mithilfe des Schmirgelpapiers.

2 Tauche in die erste Reihe der Bechergläser jeweils einen Kupferblechstreifen, in die zweite einen Zinkblechstreifen und in die dritte einen Silberblechstreifen.

3 Beobachte die drei Versuchsreihen einige Minuten.

4 Fertige eine Tabelle an, aus der ersichtlich wird, welche Metalle und welche Lösungen miteinander reagieren und welche nicht.

5 Erkläre die Beobachtungsergebnisse anhand der Redoxreihe der Metalle.

4 Zinkchloridlösung Kupfersulfatlösung Silbernitratlösung

Elektrolyse in Kunst und Technik

1 Gutenberg-Denkmal in Frankfurt

2 Ein Auto wird mit Wasserstoff betankt.

Ein Denkmal in Frankfurt und ein Sportwagen mit Wasserstoffantrieb – was haben sie gemeinsam?

Galvanoplastik • Bei dem Gutenberg-Denkmal in Frankfurt handelt es sich um eine Galvanoplastik. Zur Herstellung derartiger Kunstwerke wird eine Vorlage des Kunstwerks aus Wachs mit Graphit bestäubt. Dadurch wird sie elektrisch leitend gemacht. Die Vorlage wird dann mit einer Stromquelle verbunden und in eine wässrige Kupfersalz-Lösung getaucht. → 3 Unter Zufuhr von elektrischer Energie läuft eine Redoxreaktion ab. Auf der Vorlagenoberfläche bildet sich eine Schicht aus elementarem Kupfer. Abschließend wird die Vorlagensubstanz zerstört, sodass nur der Metallüberzug bestehen bleibt.

Wasserstoffgewinnung • Wasserstoff könnte der Treibstoff der Zukunft sein. Der große Vorteil von Wasserstoff ist seine saubere „Verbrennung". Egal ob er in Verbrennungsmotoren verbrannt oder in der Brennstoffzelle zur Stromgewinnung genutzt wird – als Reaktionsprodukt entsteht jeweils nur Wasser. Der Wasserstoff, der als Treibstoff eingesetzt wird, kann aus Wasser hergestellt werden. Durch Zufuhr von elektrischer Energie wird das Wasser in die energiereichen Produkte Wasserstoff und Sauerstoff aufgespalten. → 4 Auch hier läuft eine Redoxreaktion ab.

Elektrolyse • Chemische Reaktionen, die unter Zufuhr von elektrischer Energie ablaufen, werden als Elektrolyse bezeichnet. Es handelt sich um Elektronenübertragungsreaktionen. Im Verlauf einer Elektrolyse wird elektrische Energie in chemische Energie umgewandelt.
Sowohl bei der Herstellung der Galvanoplastik als auch bei der Gewinnung von Wasserstoff aus Wasser kommt die Elektrolyse zum Einsatz.

die Galvanoplastik
die Elektrolyse

Galvanoplastik – Blick auf die Teilchen • Die mit Graphit bestäubte Vorlage für das Kunstwerk taucht in die Kupfersulfat-Lösung ein. → 3 Die Vorlage wird mit dem Minuspol der Stromquelle verbunden. Die Cu^{2+}-Ionen wandern aus der Lösung zur Vorlagenoberfläche und werden dort zu Cu-Atomen reduziert:

$$Cu^{2+} + 2\,e^- \rightarrow Cu$$

Mit dem Pluspol der Stromquelle ist ein Kupferblech verbunden. Dort werden Cu-Atome aus dem Blech oxidiert. Dadurch gelangen weitere Cu^{2+}-Ionen in die Lösung.

$$Cu \rightarrow Cu^{2+} + 2\,e^-$$

Wasserstoffgewinnung – Blick auf die Teilchen • Für die Zerlegung von Wasser wird genutzt, dass im Wasser die H_2O-Moleküle zu einem ganz geringen Anteil in H^+-Ionen und OH^--Ionen aufgespalten vorliegen. In das Wasser wird ein Platinstab getaucht. Dieser wird mit dem Minuspol der Stromquelle verbunden. Am Platinstab werden die im Wasser vorliegenden H^+-Ionen reduziert:

$$2\,H^+ + 2\,e^- \rightarrow H_2$$

An einem zweiten, mit dem Pluspol der Stromquelle verbundenen Platinstab werden OH^--Ionen oxidiert:

$$4\,OH^- \rightarrow O_2 + 2\,H_2O + 4\,e^-$$

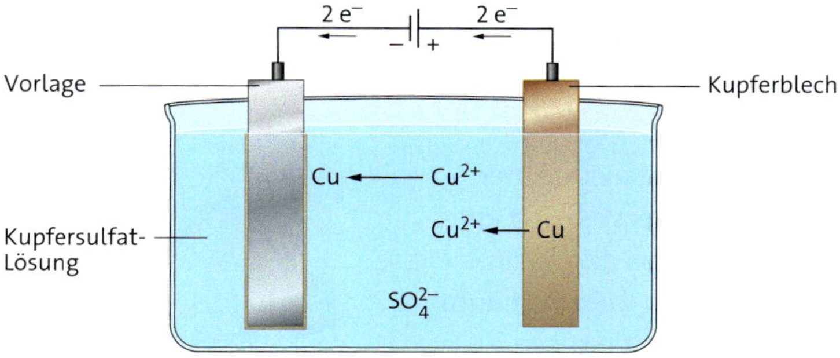

3 Herstellung einer Galvanoplastik durch Elektrolyse

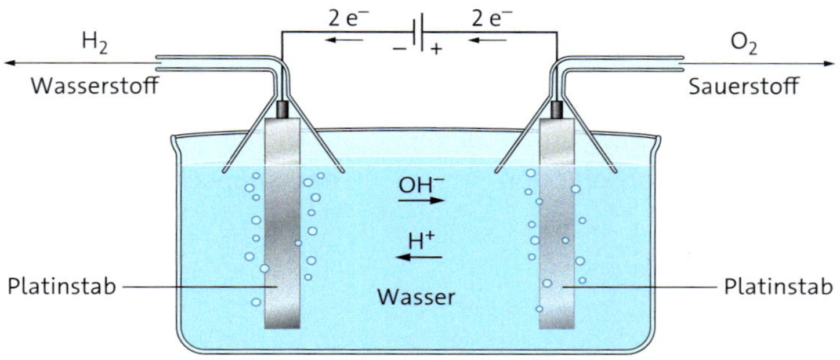

4 Wasserstoffgewinnung durch die Elektrolyse von Wasser

Elektrolysen sind Redoxreaktionen, in deren Verlauf elektrische Energie in chemische Energie umgewandelt wird.

Aufgaben

1 Gib die Gemeinsamkeit von Bild 1 und 2 an.

2 Ordne den Atomen und Ionen in Bild 3 die Begriffe „Elektronendonator“ und „Elektronenakzeptor“ zu.

3 Begründe, warum die H^+-Ionen und die OH^--Ionen jeweils zu den Platinstäben wandern. → 4

Elektrolyse in Kunst und Technik

Material A

Galvanoplastik

In Bild 1 sind die einzelnen Phasen zur Herstellung einer Galvanoplastik dargestellt. Diese sind jedoch in ihrer Reihenfolge durcheinandergeraten.

1 Bringe die Phasen A–D in die richtige Reihenfolge. → 1

2 Beschreibe den Vorgang zur Herstellung einer Galvanoplastik mit eigenen Worten.

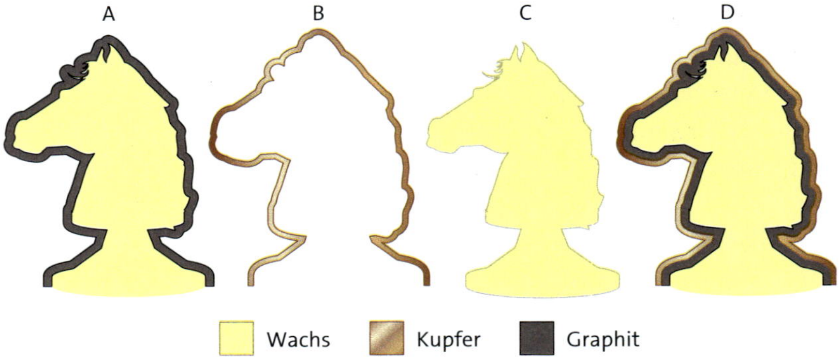

1 In der Reihenfolge vertauschte Phasen bei der Herstellung einer Galvanoplastik

Material B

Bringe Ordnung ins Chaos

Mark hat sich Kärtchen erstellt, mit deren Hilfe er sich die Vorgänge bei der Herstellung von Wasserstoff durch die Elektrolyse besser merken kann. → 2

1 Schreibe die rechts dargestellten Begriffe jeweils auf kleine Kärtchen.

2 Bringe die Kärtchen in einen sinnvollen Zusammenhang. Dazu kannst du z. B. die Begriffe zu Gruppen zusammenfassen oder aus den Begriffen eine Mindmap erstellen. Vergleicht eure Zuordnungen zu zweit.

Reduktion

$4\ OH^- \rightarrow O_2 + 2H_2O + 4e^-$

Pluspol

Elektronenakzeptor

Elektronendonator

Elektronenaufnahme

Elektrolyse

Elektronenabgabe

Oxidation

$2\ H^+ + 2\ e^- \rightarrow H_2$

Minuspol

Redoxreaktion

Elektronenübertragungsreaktion

2 Kartenchaos bei der Herstellung von Wasserstoff

Material C

Galvanisches Verkupfern

Durch Elektrolyse kann man ein unedles Metall mit einer dünnen Schicht eines edleren Metalls überziehen.

Materialliste: Becherglas, Eisennagel, Kupferblech, Kupfersulfat-Lösung, angesäuert mit Essigsäure (5%ig), Wasser, Ethanol, Netzgerät, Kabel, 2 Klemmen

1 Fülle das Becherglas zur Hälfte mit Kupfersulfat-Lösung. Reinige den Eisennagel mit Ethanol. Verbinde den Eisennagel über ein Kabel mit dem Minuspol und das Kupferblech mit dem Pluspol des Netzgeräts. → 3
Stelle beide Gegenstände in das Becherglas. Schalte das Netzgerät ein und stelle die Spannung U = 4 Volt ein.

2 Beschreibe deine Beobachtungen.

3 Stelle die Reaktionsgleichungen für die ablaufenden chemischen Reaktionen auf.

3 Versuchsaufbau

4 Begründe, warum sich die Gegenstände nicht berühren dürfen.

Material D

Herstellung von Aluminium

Aluminium wird durch die Elektrolyse von Aluminiumoxid (Al_2O_3) gewonnen. Dafür wird das Al_2O_3 in einem Ofen geschmolzen. → 4 In der Schmelze befinden sich nun frei bewegliche Al^{3+}-Ionen und O^{2-}-Ionen. Unten ist der Ofen mit einer Graphitschicht ausgekleidet, die als Minuspol dient. Dort nehmen die Al^{3+}-Ionen Elektronen auf. Es bildet sich elementares Aluminium. Als Pluspol dienen Graphitblöcke, die von oben in die Schmelze ragen. Hier geben die O^{2-}-Ionen Elektronen ab. Es bildet sich Sauerstoff (O_2).

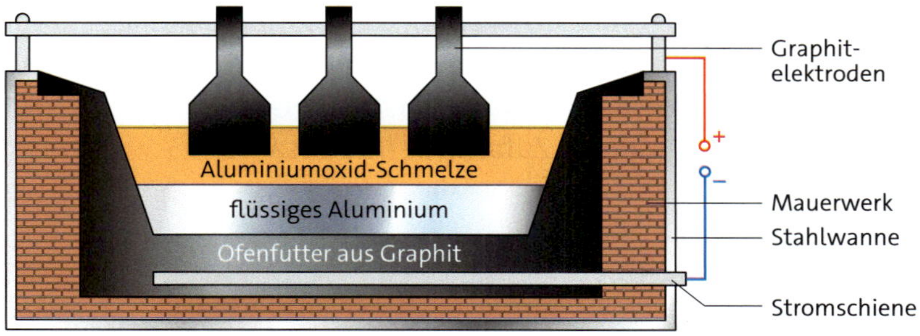

4 Schmelzflusselektrolyse zur Gewinnung von Aluminium

1 Entwickle Reaktionsgleichungen für die ablaufenden chemischen Reaktionen.

2 MK Recherchiere, warum Aluminium ein wichtiger Werkstoff für den Fahrzeugbau ist.

Vom Froschschenkel zur Batterie

1 Luigi Galvani (1737–1798)

2 Alessandro Volta (1745–1827)

3 Batterien heute

Noch vor weniger als 250 Jahren war elektrische Energie im Alltag der Menschen nicht vorhanden. Heute ist kaum noch jemand ohne kleine elektrische Energiespeicher unterwegs. Was haben Luigi Galvani und Alessandro Volta zu dieser Entwicklung beigetragen?

Vom Froschschenkel • Der italienische Professor der Anatomie und Medizin Luigi Galvani machte im Jahr 1780 durch Zufall eine interessante Entdeckung: Ein Froschschenkelnerv löste Muskelzuckungen aus, als er mit Instrumenten aus Kupfer und Eisen bearbeitet wurde. Galvani selbst konnte dies nicht erklären.

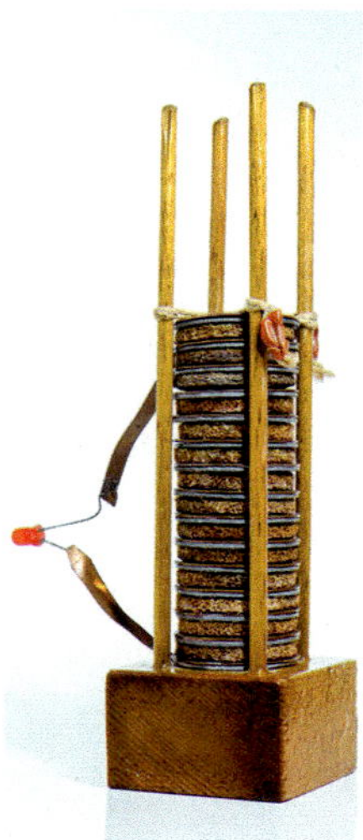

4 Historischer Nachbau der Voltasäule

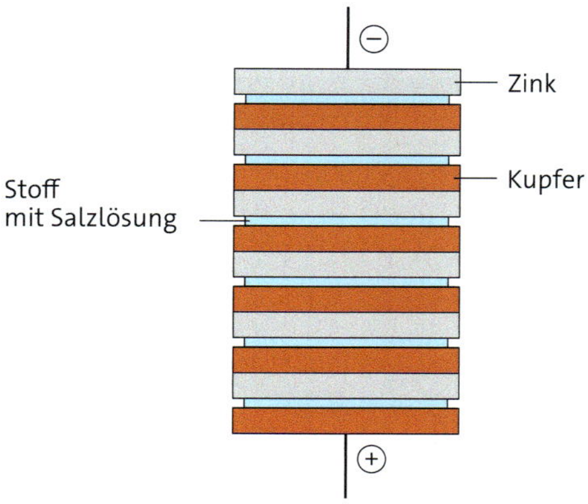

5 Voltasäule (Schema)

Über eine Säule • Der Physikprofessor Alessandro Volta (Italien) erfuhr 1792 von den „Froschversuchen", forschte ebenfalls und baute im Jahr 1800 die Voltasäule. → 4 Mehrere Kupfer- und Zinkplatten waren in Schichten abwechselnd übereinandergelegt. → 5 Dazwischen lagen mit Salzlösung oder Säure angefeuchtete Textilstücke. An die oberste Zinkplatte und die unterste Kupferplatte montierte er jeweils einen Draht. Nachdem die Drähte zu einem Kreislauf geschlossen wurden, floss ein elektrischer Strom.

Zur heutigen Batterie • Heute gibt es Batterien in den unterschiedlichsten Größen und Formen. → 3 Sehr kleine Batterien, sogenannte Knopfzellen,

die Voltasäule
die Batterie

werden beispielsweise in Uhren oder Hörgeräten eingesetzt. 9-Volt-Blockbatterien sind deutlich größer. → 6 Sie werden z. B. in Rauchmeldern eingesetzt. Im Innern einer 9-Volt-Blockbatterie sind, ähnlich wie bei einer Voltasäule, sechs Einzelbatterien kombiniert. → 7 So ergibt sich die typische Quaderform.

Batterien – genauer betrachtet • Batterien aus dem Supermarkt haben trotz großer äußerlicher Unterschiede wichtige Gemeinsamkeiten:

- Alle Batterien besitzen zwei Pole: einen Plus- und einen Minuspol.
- Werden diese Pole leitend ohne Verbraucher verbunden, entsteht ein kurzgeschlossener Stromkreis. Die Batterie leert sich dann schnell und wird heiß.
- In einer zerlegten Batterie lassen sich immer zwei Bereiche unterscheiden, die (meistens) durch ein feuchtes Papier- oder Textilstück voneinander abgetrennt werden. Dort laufen Oxidation und Reduktion getrennt voneinander ab.
- Bei undichtem Gehäuse kann austretende Feuchtigkeit das elektrische Gerät beschädigen oder zerstören.
- In einer Batterie wird chemische Energie in elektrische Energie umgewandelt.

Je nach Einsatzort unterscheiden sich Batterien in Größe und Form. Der innere Aufbau ist aber bei allen Batterien sehr ähnlich. In allen Batterien laufen Redoxreaktionen ab.

1,5-Volt-Rundzellen	9-Volt-Blockbatterie	4,5-Volt-Flachbatterie

6 Die Vielfalt der Batterien

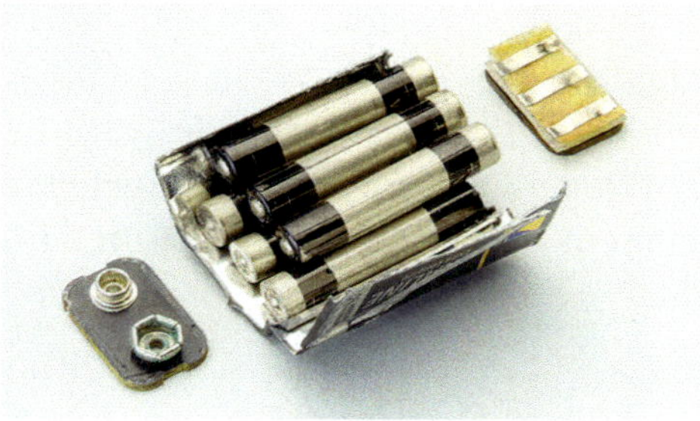

7 Zerlegte 9-Volt-Blockbatterie

Aufgaben

1 Batterien und ihr Einsatz:

a Nenne mindestens zwei Batterietypen.

b Ergänze zu jedem Batterietyp zwei Einsatzmöglichkeiten.

2 Begründe, warum in einer Batterie der Ort der Oxidation und der Ort der Reduktion voneinander getrennt werden müssen.

3 Begründe, warum für den Bau einer Voltasäule 5-Cent- und 10-Cent-Münzen, nicht aber 10-Cent- und 20-Cent-Münzen verwendet werden können.

Vom Froschschenkel zur Batterie

Material A

Die etwas andere Batterie

Materialliste: Zitrone, Kupfernagel, Zinknagel, Kabel, Krokodilklemmen, Spannungsmessgerät, Elektromotor

1 Stecke in die Zitrone einen Kupfernagel und an einer anderen Stelle einen Zinknagel. Die Nägel dürfen sich in der Frucht nicht berühren. Verbinde dann die beiden Nägel über zwei Kabel mit einem Spannungsmessgerät.

2 Notiere den vom Spannungsmessgerät angezeigten Wert.

3 Überprüfe, ob du mit deiner Batterie auch einen Elektromotor betreiben kannst.

4 ◪ Gib an, wo bei deiner Batterie die beiden Pole sind.

5 ⊠ Begründe, warum sich die beiden Nägel innerhalb der Zitrone nicht berühren dürfen.

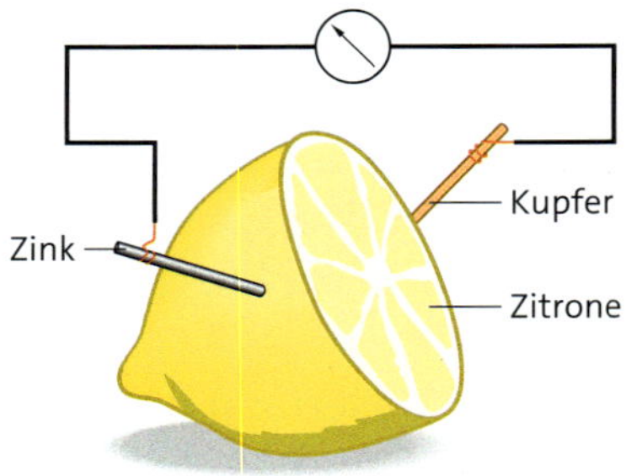

1 Aufbau der Zitronenbatterie

6 ⊠ Begründe, warum die im Zitronensaft enthaltenen Ionen eine Voraussetzung für das Funktionieren der Batterie sind.

Material B

Knopfzellen im Vergleich

Knopfzellen erhielten ihren Namen durch die typische Bauform, die in Größe und Form einem Knopf ähnelt. Je nach eingesetztem Material unterscheidet man zwischen verschiedenen Typen:

- Lithium-Knopfzellen zeichnen sich durch ihre besonders hohe Lebensdauer und ihre Unempfindlichkeit gegenüber Temperaturschwankungen aus.
- Silberoxid-Knopfzellen können nicht auslaufen. Allerdings ist es kaum möglich, Silberoxid-Knopfzellen ohne einen gewissen Anteil an giftigem Quecksilber herzustellen.
- Alkali-Mangan-Knopfzellen sind vergleichsweise preiswert. Allerdings können diese Knopfzellen unter ungünstigen Bedingungen auch mal auslaufen.
- Zink-Luft-Knopfzellen besitzen eine besonders hohe Energiedichte. Zum Betreiben der Batterie ist allerdings immer der Sauerstoff aus der Luft nötig.

2

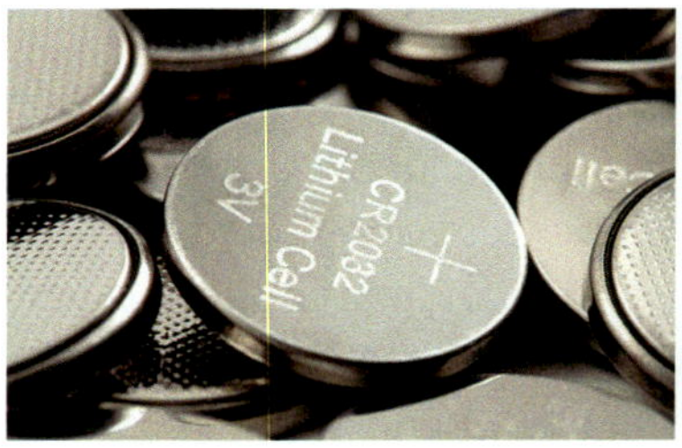

3 Lithium-Knopfzellen

1 Lies den Text. → 2

a ⊠ Gib an, für welche Anwendung du welchen Knopfzellentyp einsetzen würdest: Spielzeug, LED-Taschenlampen, Armbanduhren, Herzschrittmacher, Computerplatinen, Hörgeräte.

b ⊠ Begründe deine Zuordnung in Aufgabe 1a.

Das Daniell-Element

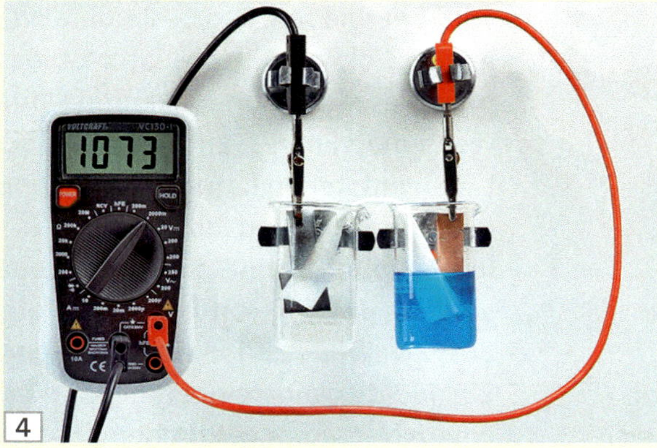

4

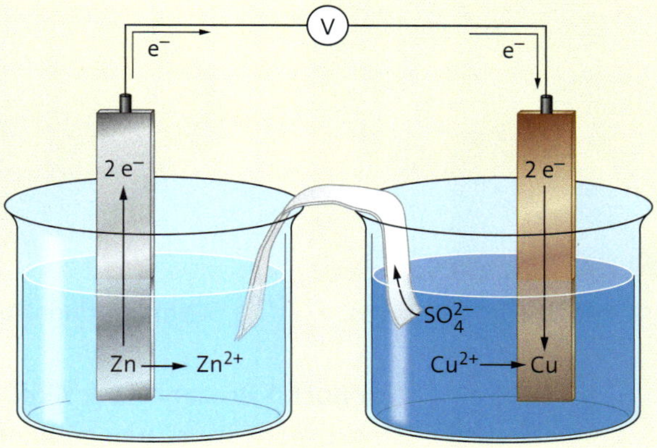

Eine einfache Batterie • Die erste technisch einsetzbare Batterie wurde 1835 von John Frederic Daniell entwickelt. Ihr Aufbau kann in etwas vereinfachter Form im Schullabor nachgestellt werden:
In einem Becherglas taucht ein Zinkblech in eine Zinksulfat-Lösung. In einem zweiten Becherglas taucht ein Kupferblech in eine Kupfersulfat-Lösung. → 4 Beide Lösungen werden durch ein in Kaliumnitrat-Lösung getränktes Filterpapier verbunden. Beim Betreiben der Batterie werden die beiden Metallbleche über Kabel miteinander verbunden.

Wie funktioniert diese Batterie? • Die Zink-Atome (Zn) aus dem Zinkblech geben jeweils zwei Elektronen ab. Es bilden sich zweifach positiv geladene Zink-Ionen (Zn^{2+}).

Zink-Atom	→	Zink-Ion	+	Elektronen
Zn	→	Zn^{2+}	+	$2\,e^-$

Die Elektronen wandern durch die Kabel zum Kupferblech. Die zweifach positiv geladenen Kupfer-Ionen (Cu^{2+}) aus der Kupfersulfat-Lösung nehmen die Elektronen auf. Am Kupferblech bilden sich Kupfer-Atome (Cu).

Kupfer-Ion	+	Elektronen	→	Kupfer-Atom
Cu^{2+}	+	$2\,e^-$	→	Cu

Das Filterpapier dient dazu, den elektrischen Stromkreis zu schließen. Sulfat-Ionen (SO_4^{2-}) wandern durch das Filterpapier aus der Kupfersulfat-Lösung in die Zinksulfat-Lösung und sorgen damit für einen Ladungsausgleich.

Aufgaben

1 ☒ Gib an, welche Teilchen Elektronendonatoren und welche Elektronenakzeptoren sind.

2 ☒ Begründe, welches der beiden verwendeten Metalle das edlere Metall ist.

Akkumulatoren

1 Laden des Smartphones

2 Lithium-Ionen-Akku

Nur noch 5 Prozent – der Akku im Smartphone muss neu geladen werden. Was bedeutet das eigentlich?

Akku • Akku ist die Kurzbezeichnung für Akkumulator. Dabei handelt es sich um eine Batterie, die mithilfe eines geeigneten Ladegeräts wieder aufgeladen werden kann. → 1 Was dabei geschieht, soll am Beispiel eines Zink-Iod-Akkumulators erklärt werden.

Blick auf die Stoffe • In einem Zink-Iod-Akkumulator sind die Stoffe Zink und Iod enthalten. Beim Entladen reagieren diese Stoffe zu Zinkiodid. Dabei wird Energie frei. Das Besondere an einem Zink-Iod-Akkumulator ist, dass man diese Reaktion umkehren kann, wenn man Energie zuführt. Beim Laden entstehen daher aus Zinkiodid die Stoffe Zink und Iod.
Im Modellexperiment sieht der Ladevorgang des Zink-Iod-Akkus wie folgt aus: Zwei Kohlestäbe werden in eine Zinkiodid-Lösung eingetaucht und mit einem Netzgerät verbunden. → 3 Nach kurzer Zeit bildet sich am Minuspol Zink, ein grauer Feststoff. Zur gleichen Zeit bildet sich am Pluspol rotbraunes Iod. Das Iod sinkt auf den Boden. → 4

Blick auf die Teilchen • Beim Laden des Zink-Iod-Akkumulators wandern die Zink-Ionen (Zn^{2+}) zum Minuspol.

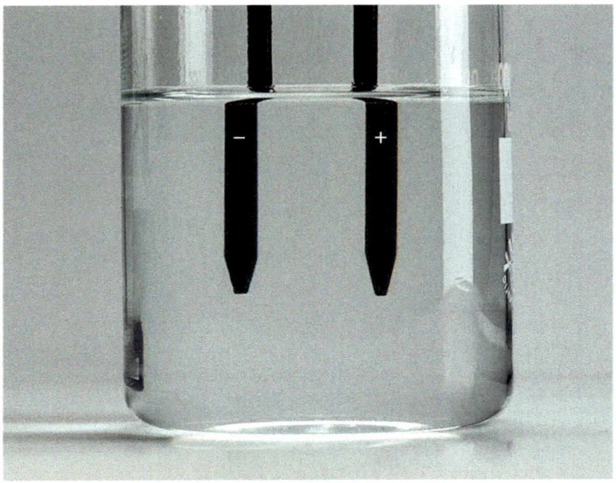

3 Wenn man eine Spannung an eine Zinkiodid-Lösung anlegt, ...

4 ... bilden sich Zink (silbern, links) und Iod (gelb, rechts).

der Akku(mulator)

Dort nehmen sie zwei Elektronen auf. Es bilden sich Zink-Atome. → 5 Gleichzeitig wandern die Iodid-Ionen (I^-) zum Pluspol. Zwei Iodid-Ionen geben jeweils ein Elektron ab und bilden ein Iodmolekül (I_2). → 6 Beim Entladen laufen diese beiden Redoxreaktionen in umgekehrter Richtung ab.

Energieformen • Beim Entladen eines Zink-Iod-Akkumulators wird ein Teil der in Zink und Iod enthaltenen chemischen Energie in elektrische Energie umgewandelt. → 7 So kann z. B. ein Elektromotor betrieben werden. Beim Laden dagegen wird elektrische Energie in chemische Energie umgewandelt. → 8 Für diesen Vorgang kann z. B. ein Netzgerät eingesetzt werden.

Akkumulatortypen • Verschiedene technische Geräte benötigen unterschiedliche Akkumulatoren. Beispielsweise kommen in tragbaren Geräten wie Tablets, Smartphones und Notebooks Lithium-Ionen-Akkumulatoren zum Einsatz. → 2 Zum Starten eines Verbrennungsmotors in Autos werden leistungsstarke Bleiakkumulatoren benötigt.

Beim Entladen eines Akkumulators laufen Redoxreaktionen ab. Es wird chemische Energie in elektrische Energie umgewandelt. Beim Laden laufen die Redoxreaktionen in umgekehrter Richtung ab. Dabei wird elektrische Energie in chemische Energie umgewandelt.

Zink-Ion + Elektronen → Zink-Atom

$$Zn^{2+} + 2\,e^- \rightarrow Zn$$

5 Reduktion von Zink-Ionen beim Laden eines Zink-Iod-Akkumulators

Iodid-Ionen → Iodmolekül + Elektronen

$$2\,I^- \rightarrow I_2 + 2\,e^-$$

6 Oxidation von Iodid-Ionen beim Laden eines Zink-Iod-Akkumulators

7 Energieumwandlung beim Entladen des Zink-Iod-Akkumulators

8 Energieumwandlung beim Laden des Zink-Iod-Akkumulators

Aufgaben

1 Betrachte den Ladevorgang eines Zink-Iod-Akkumulators. Begründe, warum es sich bei der Bildung von Zink-Atomen um eine Reduktion handelt.

2 Begründe, warum es sich bei den Iodid-Ionen um Elektronendonatoren handelt.

3 Entwickle analog zu den Bildern 5 und 6 die Reduktions- und Oxidationsgleichung für das Entladen eines Zink-Iod-Akkumulators.

Akkumulatoren

Material A

Modellversuch

Mit den richtigen Materialien kannst du einen Akku selbst bauen.

Materialliste: U-Rohr, 2 Kohlestäbe, Kabel, Klemmen, zwei durchbohrte Stopfen passend zum U-Rohr, 50 ml 5 %ige Zinkiodid-Lösung, Kleinelektromotor (aus der Solartechnik), Gleichspannungsnetzgerät

1 Baue den Versuch entsprechend der Abbildung auf. → 1

a Aufladen: Stelle am Gleichspannungsnetzgerät für ca. 30 Sekunden eine Spannung von 6 V ein. Schreibe deine Beobachtungen auf.

b Entladen: Ersetze das Gleichspannungsnetzgerät durch den Elektromotor. Schreibe deine Beobachtungen auf.

2 ☒ Erkläre die beim Laden und beim Entladen gemachten Beobachtungen mit eigenen Worten.

3 ☒ Entwickle sowohl zum Ladevorgang als auch zum Entladevorgang die zugehörigen Oxidations- bzw. Reduktionsgleichungen.

4 ☒ Einen Zink-Iod-Akku hat man für den praktischen Einsatz nicht entwickelt. Begründe anhand deiner Beobachtungen aus den Aufgaben 1a und 1b.

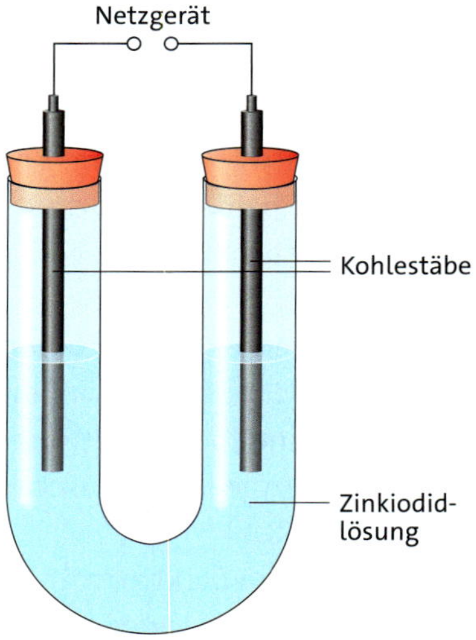

1 Modellversuch zum Zink-Iod-Akkumulator

5 ☒ Begründe: „Der Zink-Iod-Akku ist kein echter Akku." Es fehlt eine wichtige Eigenschaft, wie du sie von Batterien kennst.

Material B

Der Zink-Iod-Akkumulator

1 ☒ Übertrage die Tabelle in dein Heft. → 2
Trage die folgenden Aussagen a–j in die richtige Spalte ein.

Laden eines Zink-Iod-Akkumulators	Entladen eines Zink-Iod-Akkumulators
?	?

2 Tabelle zum Zink-Iod-Akkumulator

a Zn^{2+}-Ionen werden reduziert.
b Elektrische Energie wird in chemische Energie umgewandelt.
c Zn-Atome dienen als Elektronendonator.
d I_2-Moleküle dienen als Elektronenakzeptor.
e Chemische Energie wird in elektrische Energie umgewandelt.
f I^--Ionen werden oxidiert.
g Zn-Atome werden oxidiert.
h I_2-Moleküle werden reduziert.
i I^--Ionen dienen als Elektronendonator.
j Zn^{2+}-Ionen dienen als Elektronenakzeptor.

Erweitern und Vertiefen

Bleiakku oder Lithium-Ionen-Akku?

3 Elektroauto an der Ladestation

Zwei Akkus • Elektroautos gelten als Verkehrsmittel der Zukunft. Oft wird in diesem Zusammenhang der Lithium-Ionen-Akku als Energiequelle für die Elektromotoren genannt. Können da nicht auch Bleiakkumulatoren eingesetzt werden, die heute noch in fast jedem Auto als Starterbatterie vorhanden sind?

Daten und Fakten zum Bleiakku • Die Lebensdauer eines Bleiakkus beträgt etwa 4–8 Jahre. Für ein Auto mit einer Reichweite von 150 km würde das Gewicht des benötigten Bleiakkus etwa 900 kg betragen. Aufgrund der robusten Bauweise sind die Sicherheitsrisiken bei Bleiakkus relativ gering. Selbst bei erhöhten Temperaturen kommt es nicht zu einer Selbsterhitzung oder Explosion des Akkus. Obwohl Blei ein giftiges Schwermetall ist und auch die Schwefelsäure zu Umweltschäden führen kann, wird die Umweltverträglichkeit dieser Technologie als durchschnittlich eingestuft. Durch Gelieren der Inhaltsstoffe kann ein unkontrolliertes Austreten der Säure auch bei Zerstörung des Batteriegehäuses verhindert werden.

Daten und Fakten zum Lithium-Akku • Die Lebensdauer eines Lithium-Ionen-Akkus beträgt etwa 10–15 Jahre. Für ein Auto mit einer Reichweite von 150 km würde das Gewicht des benötigten Lithium-Akkus etwa 270 kg betragen. Ein großes Sicherheitsrisiko bei Lithium-Ionen-Akkus ist, dass bei unsachgemäßem Laden des Akkus Wasserstoff (Knallgas) entstehen kann. Außerdem enthalten die Akkus leicht brennbare Lösemittel. Deshalb darf die Temperatur des Akkus ca. 100 °C nicht überschreiten. Der Aufwand zur Überwachung des Akkus durch entsprechende Sensoren ist entsprechend groß. Zudem muss das ganze System gekühlt werden.

	Bleiakku	**Lithium-Ionen-Akku**
Energiegehalt	niedrig	hoch
Kosten	preiswert	teuer
Umweltverträglichkeit	durchschnittlich	durchschnittlich
grundsätzlich geeignet	ja	ja

4

Aufgaben

1 Übertrage die Tabelle in dein Heft. → 4
Ergänze die Tabelle um weitere Zeilen: Lebensdauer, Gewicht und Sicherheitsrisiko.

2 Erläutere, welche Eigenschaften des Akkus für die Elektromobilität besonders wichtig sind.

Ausgedient, aber gefährlich

1 Alte, teilweise ausgelaufene Batterien

Batterien und Akkumulatoren haben eine begrenzte „Lebensdauer“. Während Batterien in der Regel nach dem Einmalgebrauch weggeworfen werden, können Akkus je nach Bauweise sogar 1000-mal und mehr wieder aufgeladen und eingesetzt werden. Doch was passiert danach?

Umweltsünden • Noch in den 1970er-Jahren wurden verbrauchte Batterien mit dem Hausmüll entsorgt. Zunehmende Meldungen über Verschmutzungen des Bodens in der Nähe von Mülldeponien mit Stoffen wie Quecksilber erforderten gesetzliche Regelungen. Das Trinkwasser in vielen Orten zeigte bedenkliche Schwermetallanteile an, z. B. von Blei.

Das Batteriegesetz • In den 1990er-Jahren wurde in der Batterieverordnung festgelegt, dass bestimmte schadstoffhaltige Batterien nicht mehr verkauft werden durften.

Im seit 2009 gültigen Batteriegesetz wurde eine Rücknahmepflicht der Hersteller und des Handels ebenso eingeführt wie ein Pfandsystem für Autobatterien und die Pflicht zum Recycling. Jeder Verbraucher ist zur Abfalltrennung verpflichtet. Für leere Batterien und kaputte Akkus gibt es überall Sammelboxen, dort wo Batterien verkauft werden.

Recycling • Die Wiederverwertung von Wertstoffen aus ausgedienten Altbatterien und Altakkus ist aus zwei Gründen wichtig:

1. Wir vermeiden eine Belastung der Umwelt mit Schadstoffen.
2. Durch Wiederverwendung von Wertstoffen kann der Verbrauch seltener Rohstoffe vermindert werden.

Batterien dürfen nicht im Hausmüll entsorgt werden, da sie giftige Schwermetalle wie Quecksilber oder Blei enthalten können. Hersteller und Händler von Batterien sind verpflichtet, gebrauchte Batterien zurückzunehmen.

Aufgaben

1 Erläutere, warum die Benutzung von Akkus für die Umwelt besser ist als die Nutzung von Batterien.

2 Begründe, warum es für Batterien und Akkus ein anderes Recyclingsystem geben muss als für den üblichen Hausmüll.

Material A

Projekt „Batterierecycling“

Supermärkte und andere Stellen, die Batterien verkaufen, sind mit Sammelboxen ausgestattet.

1 Nenne mehrere Gründe, warum alte Batterien zurückgegeben werden müssen.

2 Batterie-Umfrage:

a Entwickelt in der Gruppe einen Fragebogen. Fragt darin:
- welche Batterien in eurem Bekanntenkreis verwendet werden,
- welche Geräte mit den Batterien betrieben werden und
- was mit den Batterien nach ihrem Gebrauch passiert.

b Führt mit diesem Fragebogen eine Umfrage unter Familienangehörigen, Mitschülerinnen und Mitschülern sowie Lehrkräften durch.

c Erstellt in der Gruppe ein Plakat mit euren Ergebnissen und präsentiert diese der Klasse.

d Vergleicht die Umfrageergebnisse. Diskutiert, wo Verbesserungen im Umgang mit Batterien nötig sind.

2 Sammelbehälter für Altbatterien

Material B

Batterierecycling als Kreisprozess

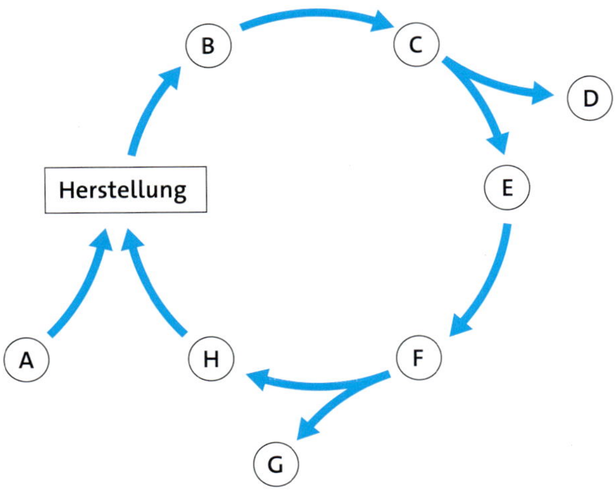

3 Kreisprozess

Damit keine Schadstoffe in die Umwelt gelangen und die Wertstoffe in der Batterie wiederverwendet werden können, ist es wichtig, Batterien dem Recyclingkreislauf zuzuführen.

1 Übertrage den Kreisprozess von Bild 3 in dein Heft und befülle die Lücken (A) bis (H) mit den richtigen Begriffen:

Einkauf, Wiedergewinnung, Sammlung, Nutzung, Deponierung nicht recyclefähiger Altbatterien, Einsatz „frischer“ Rohstoffe, Sortierung, Verlust

2 Begründe, warum Kreisprozesse für das Recycling aller Müllsorten von großer Bedeutung sind.

Brennstoffzellen

1 Mit einer Brennstoffzelle betriebenes Modellauto

Wasserstoffautos werden mit Brennstoffzellentechnik angetrieben. Wie funktioniert eine Brennstoffzelle?

Blick auf die Stoffe • In einer Wasserstoff-Brennstoffzelle findet eine kontrollierte Reaktion zwischen Wasserstoff und Sauerstoff statt (Knallgasreaktion). Bei dieser Reaktion wird Energie freigesetzt, das heißt, die Reaktion ist exotherm.

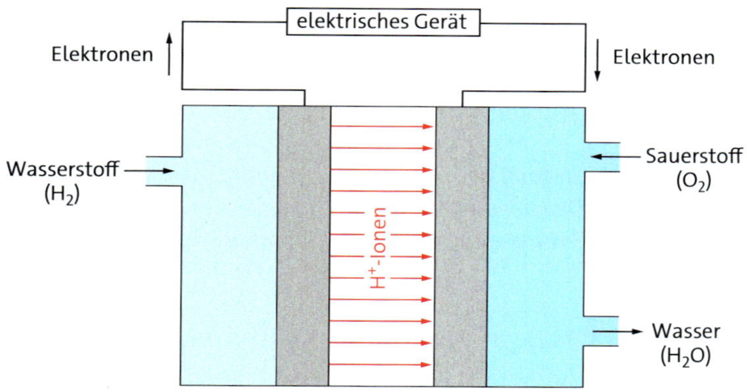

2 Querschnitt einer Wasserstoff-Brennstoffzelle

In der Brennstoffzelle wird die in Wasserstoff und Sauerstoff gespeicherte chemische Energie in elektrische Energie umgewandelt. → 2 Mithilfe der elektrischen Energie wird dann ein Elektromotor angetrieben. → 6

Blick auf die Teilchen • Im Laufe dieser Reaktion werden Elektronen von Wasserstoff-Atomen auf Sauerstoff-Atome übertragen. → 3 4
Dabei müssen Elektronenabgabe und -aufnahme an räumlich getrennten Orten in der Brennstoffzelle stattfinden, damit die Elektronen dann zur Energiegewinnung genutzt werden können. → 2 Die Elektronen können dann durch ein Kabel vom einen zum anderen Ort gelangen. So kann z. B. ein Elektromotor angetrieben werden. Gleichzeitig kann dafür gesorgt werden, dass die entstehenden H^+-Ionen zu den gleichzeitig gebildeten OH^--Ionen wandern. Aus den Ionen bildet sich Wasser. → 5

Elektrolyse • Die Gewinnung des Wasserstoffs kann durch die Elektrolyse von Wasser erfolgen. Diese Reaktion ist endotherm. Das bedeutet, dass hierfür Energie aufgewendet werden muss.

$$2\,H_2 \rightarrow 4\,H^+ + 4\,e^-$$

3 Elektronenabgabe

$$O_2 + 2\,H_2O + 4\,e^- \rightarrow 4\,OH^-$$

4 Elektronenaufnahme

$$2\,H_2 + O_2 + \rightarrow 2\,H_2O$$

5 Entstehung von Wasser

Umweltfreundlicher Antrieb • Wasserstoffautos sind besondere Elektroautos. Sie haben keinen großen Akku, sondern erzeugen die elektrische Energie durch die Brennstoffzelle selbst. Bei der Reaktion entsteht als Reaktionsprodukt reines Wasser, und nicht wie bei herkömmlichen Verbrennungsmotoren klimaschädliches Kohlenstoffdioxid. Wasserstoffautos haben eine größere Reichweite als akkubetriebene Elektroautos und sind schnell aufgetankt. Der zu tankende Wasserstoff lässt sich immer wieder herstellen, somit ist diese Technologie nachhaltig, sofern die dafür notwendige elektrische Energie aus regenerativen Quellen gewonnen wird.

Probleme beim Wasserstoffauto • Die derzeit noch hohen Anschaffungskosten eines Wasserstoffautos, die begrenzte Modellauswahl sowie das noch fehlende Tankstellennetz für Wasserstoff bremsen die Verbreitung dieser Technologie. Um Wasserstoff in großen Mengen klimaneutral zu gewinnen, reichen aktuell die Ressourcen an regenerativen Energiequellen noch nicht aus.

Brennstoffzellen ermöglichen es, elektrische Energie aus der Reaktion von Wasserstoff mit Sauerstoff zu gewinnen. Dabei läuft eine Redoxreaktion in der Brennstoffzelle ab. Das Reaktionsprodukt ist reines Wasser.

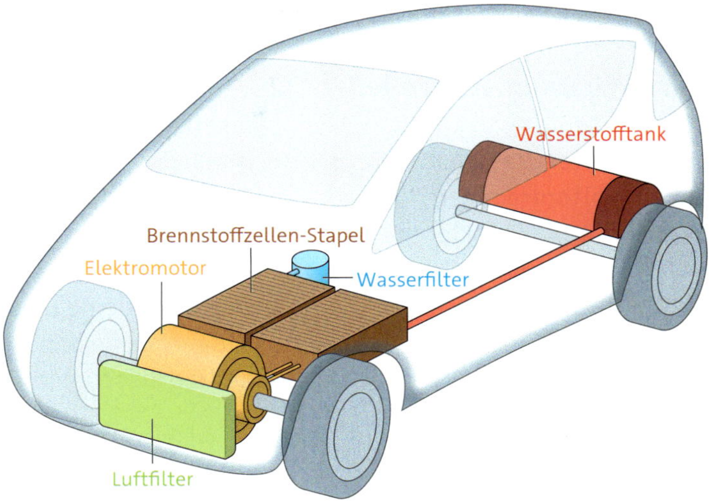

6 Bauteile eines Wasserstoffautos

Aufgaben

1 Nenne Vor- und Nachteile von Autos, die mit Wasserstoff betrieben werden.

2 Begründe, warum man bei einem Wasserstoffauto nur Wasserstoff, aber keinen Sauerstoff tanken muss.

3 Beschreibe die Funktionsweise einer Brennstoffzelle. → 2

4 Erkläre folgenden Werbespruch: „Mit Wasserstoff fahren Sie abgasfrei."

5 Nenne das Verfahren, mit dem der für eine Brennstoffzelle benötigte Wasserstoff gewonnen werden kann. Recherchiere zu dem Verfahren im Buch und beschreibe es.

Brennstoffzellen

Material A

Bau einer Brennstoffzelle

Materialliste: Glasschale, 2 Edelstahltopfreiniger, 2 Kabel mit Krokodilklemmen, 9-V-Batterie, kleiner Motor, verdünnte Kalilauge

1 Versuchsteil A:
Gieße etwas verdünnte Kalilauge in die Schale, sodass der Boden bedeckt ist. Lege die Topfreiniger hinein und verbinde sie über die Klemmen mit der Batterie. Die Topfreiniger dürfen sich dabei nicht berühren. Lass den Versuch 3 Minuten laufen. → 1

2 Versuchsteil B:
Ersetze dann die Batterie durch den Motor. → 2
Beschreibe deine Beobachtungen.

3 Erkläre deine Beobachtungen. Gehe dabei auch auf die Bläschenbildung ein.

4 Formuliere jeweils eine Reaktionsgleichung zu den beiden Versuchsteilen A und B.

5 Formuliere eine Hypothese, wie die Laufzeit des Motors im Versuch verlängert werden könnte.

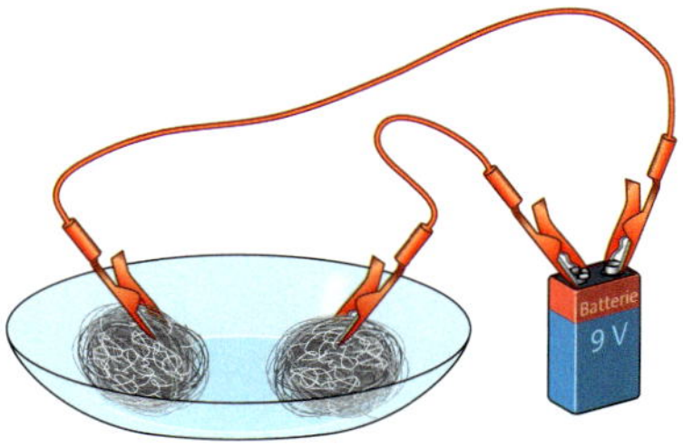

1 Erzeugung von Wasserstoff

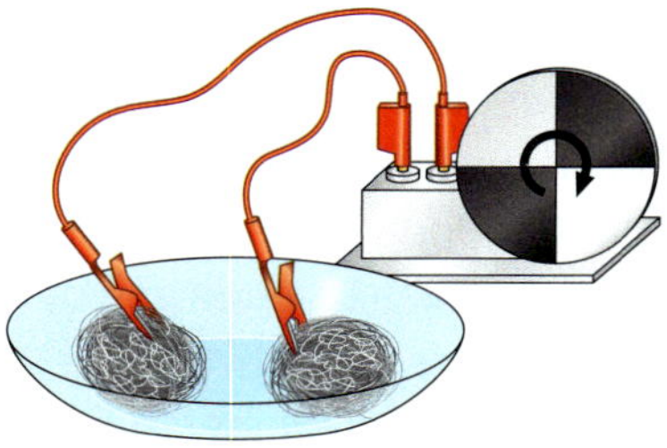

2 Nutzung von Wasserstoff

Material B

Wasserstoff im Vergleich

Wasserstoff bietet im Vergleich zu anderen Treibstoffen eine Reihe von Vorteilen. In dem Diagramm siehst du einen Vergleich von Wasserstoff mit anderen Treibstoffen. Bei gleicher Menge: Wie viel Energie liefert jeweils der Treibstoff?

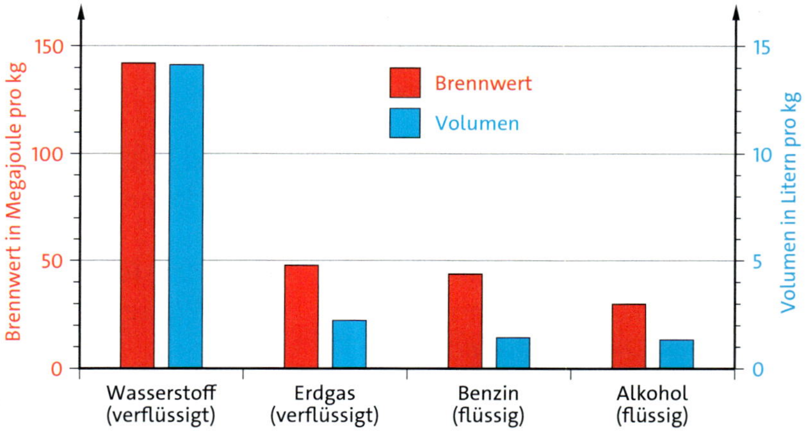

3 Treibstoffe im Vergleich

1 Beschreibe das Diagramm.

2 Vergleiche Wasserstoff mit den anderen Treibstoffen.

3 Bewerte, ob Wasserstoff insgesamt ein geeigneter Energieträger ist.

Material C

Wasserstoff und die Energiewende

Der Klimawandel macht es notwendig, dass noch mehr Energie aus erneuerbaren Energiequellen wie Fotovoltaik und Windkraft gewonnen wird.
An manchen Tagen wird heute schon mehr elektrische Energie aus diesen Quellen gewonnen, als benötigt wird. → 4
An anderen Tagen reicht die damit gewonnene Energie nicht aus. Dieses Phänomen wird sich durch den weiteren Ausbau von Fotovoltaik und Windkraftanlagen sowie den gleichzeitigen Rückbau von anderen Energiequellen weiter verstärken. Lösungen zur Energiespeicherung müssen daher entwickelt werden. Wasserstoff kommt als möglicher Energiespeicher infrage. Bei einem Energieüberschuss kann Wasserstoff durch die Elektrolyse von Wasser produziert werden. In Phasen, in denen wenig Wind- und Sonnenenergie zur Verfügung steht, kann der gespeicherte Wasserstoff dann zur Gewinnung elektrischer Energie genutzt werden.

1 Beschreibe mithilfe von Bild 4 die Probleme bei der Energiegewinnung durch erneuerbare Energiequellen.

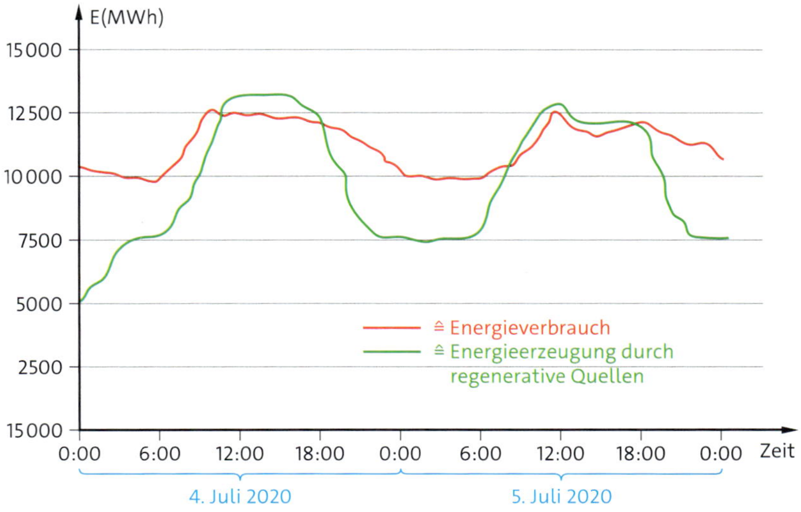

4 Energiebedarf und Energieerzeugung aus erneuerbaren Quellen am 4. und 5. Juli 2020

2 Übernimm Bild 5 in dein Heft und ergänze folgende Begriffe im Schema: *endotherm – exotherm – Wasser – Wasserstoff/Sauerstoff*

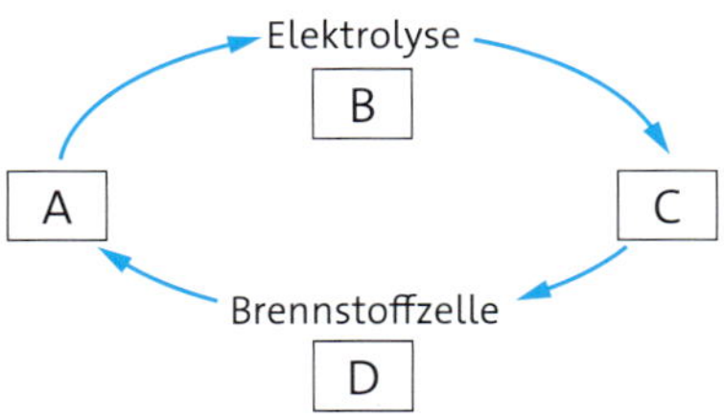

5 Ein Kreislauf

3 Beschreibe, wie Wasserstoff helfen könnte, energiearme Phasen von Fotovoltaik und Windkraft zu überbrücken.

6 Fotovoltaik und Windkraft

4 Recherchiere, welche Herausforderungen zu lösen sind, damit die Wasserstofftechnologie wichtiger Bestandteil der Energiewende sein kann.

Elektrische Energie und chemische Prozesse

Zusammenfassung

Elektronenübertragung • Bei Redoxreaktionen findet eine Elektronenübertragung statt. Bei der Oxidation werden Elektronen abgegeben, bei der Reduktion aufgenommen. Atome unedler Metalle geben die Elektronen leichter ab als Atome edler Metalle. Sie sind daher leichter oxidierbar. Sortiert man die Metalle nach ihrer Oxidierbarkeit, erhält man die Redoxreihe der Metalle. → 1

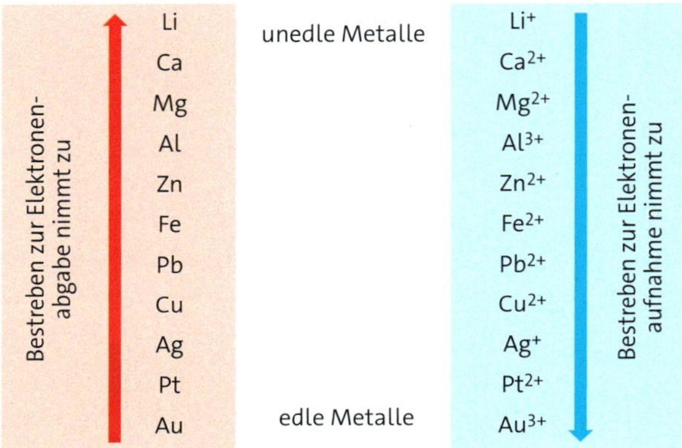

1 Redoxreihe der Metalle

Batterien • Batterien haben chemische Energie gespeichert und wandeln diese in elektrische Energie um. Sie besitzen zwei Pole – einen Plus- und einen Minuspol. Die zwei Pole berühren sich nicht direkt, stehen aber über eine Salzlösung in Verbindung.

Akkumulatoren • Batterien und Akkus sind im Aufbau ähnlich. Im Gegensatz zur Batterie kann man den Akku wieder aufladen: Durch Zufuhr von elektrischer Energie bilden sich die Ausgangsstoffe zurück. Beim Laden eines Akkus wird elektrische Energie in chemische Energie umgewandelt, beim Entladen geschieht dies umgekehrt.

Elektrolyse • Redoxreaktionen, die unter Zufuhr von elektrischer Energie ablaufen, werden als Elektrolyse bezeichnet. Im Verlauf einer Elektrolyse wird elektrische Energie in chemische Energie umgewandelt. Die Elektrolyse findet z. B. bei der Gewinnung von Wasserstoff aus Wasser und bei der Herstellung von Galvanoplastiken Anwendung.

Brennstoffzellen • In Brennstoffzellen reagiert z. B. Wasserstoff mit Sauerstoff. Dabei läuft eine Redoxreaktion in der Brennstoffzelle ab. Die frei werdende Energie kann zum Betreiben von Elektromotoren genutzt werden.
Wasserstoffautos sind besonders umweltfreundlich, sie stoßen nur Wasser als Verbrennungsprodukt aus.

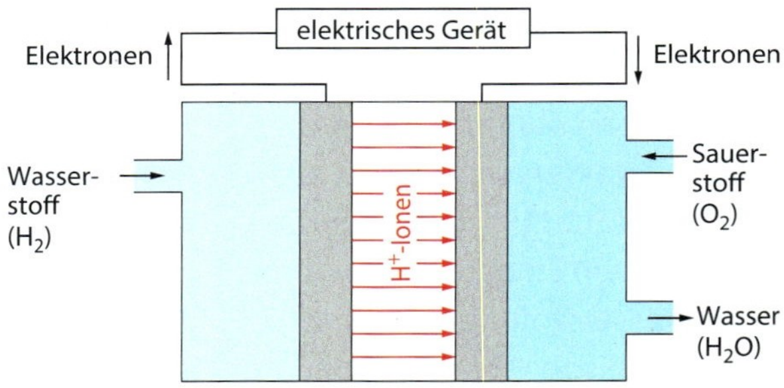

3 Brennstoffzelle (Schema)

Ausgedient, aber gefährlich • Die Abfallprodukte von Akkus und Batterien sind umweltschädlich, aber gleichzeitig Wertstoffe. Batterien dürfen nicht im Hausmüll entsorgt werden, da sie giftige Schwermetalle wie Quecksilber oder Blei enthalten können. Durch getrenntes Sammeln und Recycling gelangen die Wertstoffe wieder in den Stoffkreislauf zurück.

Teste dich! (Lösungen im Anhang)

Elektronenübertragung und Redoxreihe

1 Formuliere einen Merksatz mit den folgenden Begriffen:

um – eine – Elektronenaufnahme – bei – der – handelt – Oxidation – um – eine – Reduktion – und – bei – der – Elektronenabgabe – es – sich

2 Gib mithilfe der Redoxreihe der Metalle an, welche Metall-Atome von Zink-Ionen oxidiert werden können und welche Metall-Ionen Zink-Atome oxidieren können. Begründe.

Elektrolyse

3 Nenne drei Beispiele für die Anwendung von Elektrolysen.

4 Gib an, ob bei einer Elektrolyse die Ausgangsstoffe (Edukte) oder die Produkte mehr chemische Energie enthalten, und begründe deine Meinung.

Batterien und Akkumulatoren

5 Alessandro Volta stapelte in seiner „Säule" runde Platten aus zwei verschiedenen Metallen und in Salzlösung angefeuchtete Textilstücke.

a Gib an, welche beiden Metalle er dabei benutzte.

b Zeichne eine solche „Säule" und beschrifte die einzelnen Bauteile.

c Könnten die verwendeten Metalle auch durch Silber und Zinn ersetzt werden? Begründe deine Antwort.

6 Schreibe auf, welche grundsätzlichen Bestandteile von Batterien auch in Akkus enthalten sind.

7 Nenne Unterschiede zwischen Akkumulator und Batterie.

8 In Bild 4 siehst du einen in seine Bestandteile zerlegten Akku. Begründe anhand der Beobachtungen die Notwendigkeit der Müllsortierung und des Recyclings von Batterien und Akkus.

4 Akku nach langjährigem Einsatz

Brennstoffzelle

9 Zeichne den schematischen Aufbau einer Brennstoffzelle.

10 Erkläre, welche Teilchen bei der Wasserstoff-Brennstoffzelle Elektronendonatoren und welche Elektronenakzeptoren sind. Gib die Reaktionsgleichungen für die Oxidation und die Reduktion an.

11 Begründe, warum in einer Brennstoffzelle der Ort der Oxidation und der Ort der Reduktion voneinander getrennt sein müssen.

Saure, alkalische und neutrale Lösungen

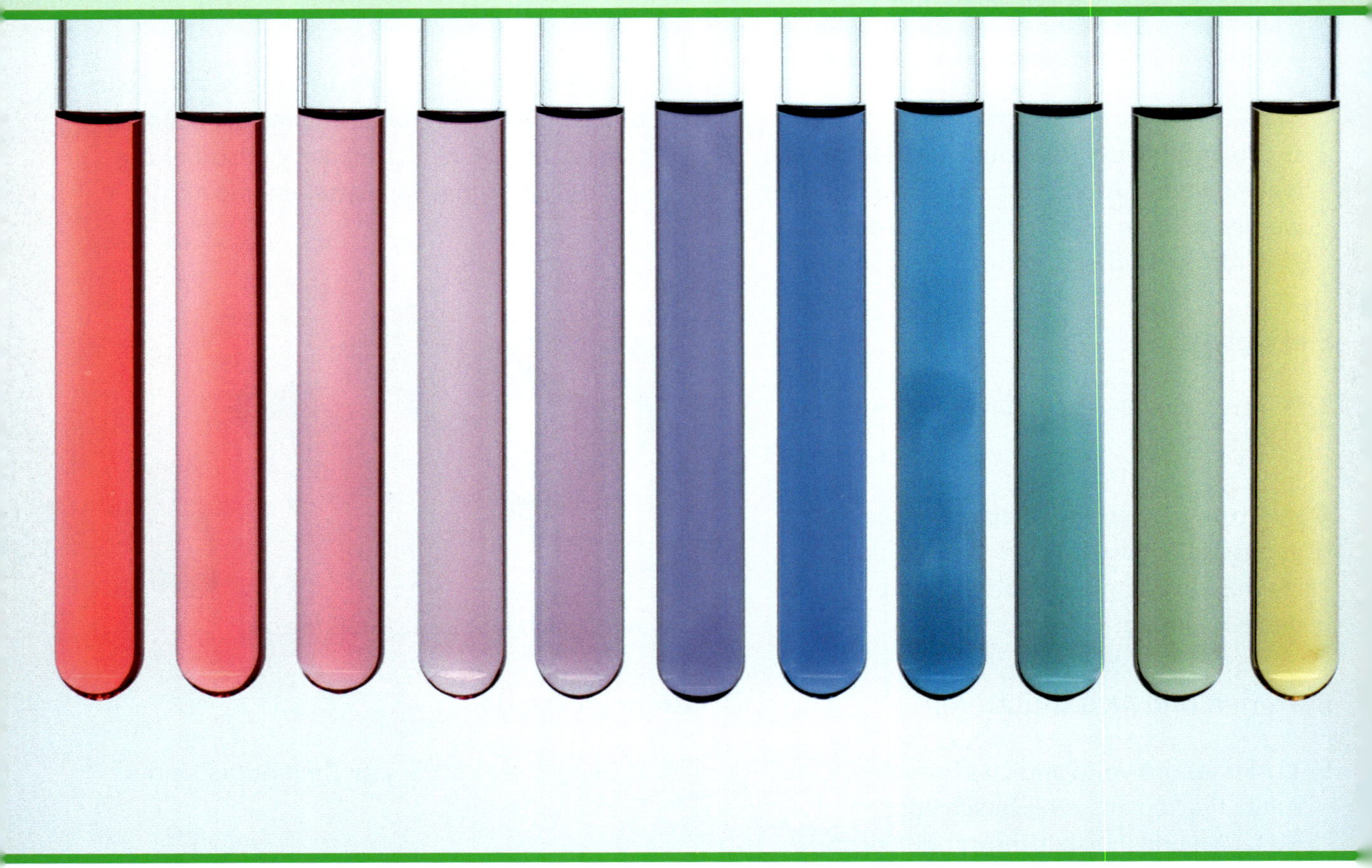

Jede Farbe des Indikators steht für einen bestimmten pH-Wert. Was genau besagt der pH-Wert einer Lösung?

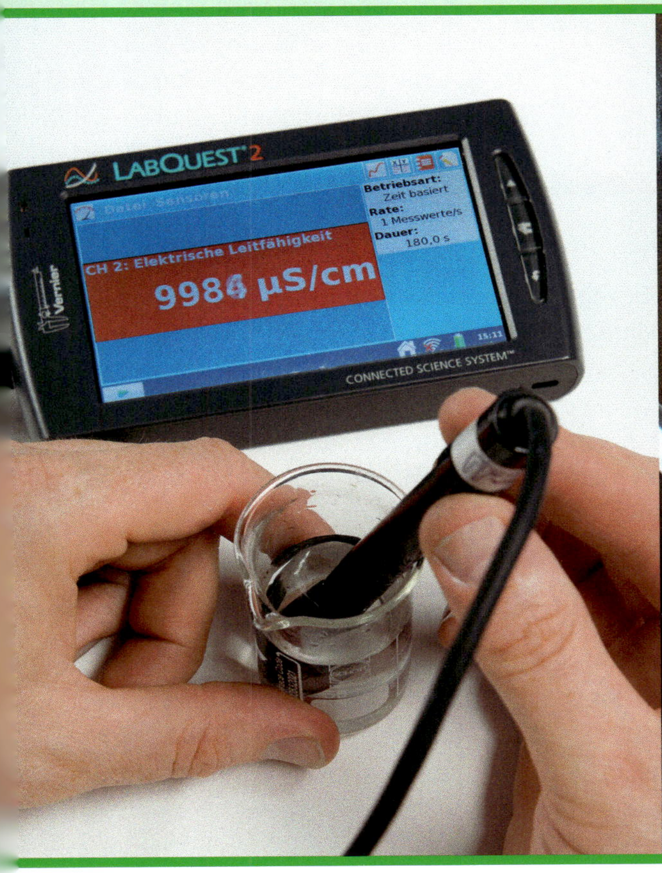

Saure und alkalische Lösungen leiten den elektrischen Strom. Welche Teilchen sind hier im Spiel?

Was passiert wenn saure und alkalische Lösungen im Klärwerk aufeinandertreffen?

Saure und alkalische Lösungen

1 Saure und alkalische Lösungen im Alltag

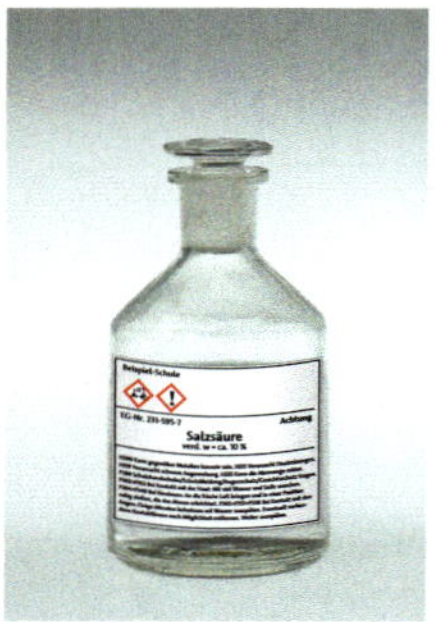

2 Salzsäure im Labor

3 Der Stoff zerstört Haut, Schleimhäute und Augen.

4 Der Stoff reizt Haut, Schleimhäute und Augen.

Saure und alkalische Lösungen begegnen uns oft im Alltag. Was sind ihre typischen Eigenschaften?

Saure Lösungen • In der Alltagssprache bezeichnet man saure Lösungen meist nur kurz als Säure. Bekannte saure Lösungen sind z. B. Salzsäure- und Schwefelsäure-Lösung. Auch Essig und die Kohlensäure im Mineralwasser gehören dazu. Alle sauren Lösungen haben gemeinsame Eigenschaften: Sie leiten den elektrischen Strom, da sie frei bewegliche Ionen enthalten. Indem sie mit Kalk reagieren, sind sie besonders gut geeignet, Kalkflecken zu entfernen. Zudem reagieren sie mit unedlen Metallen und bilden dabei Wasserstoff und ein Salz. Unverdünnt sind sie aufgrund ihrer ätzenden Wirkung sehr gefährlich. → 3 4 Alle sauren Lösungen schmecken sauer. Außer bei Nahrungsmitteln dürfen saure Lösungen aber nicht auf ihren Geschmack getestet werden.

Alkalische Lösungen • Alkalische Lösungen werden auch Laugen genannt. Dazu gehören z. B. Natronlauge, Kalkwasser und Ammoniakwasser.

Alle alkalischen Lösungen haben gemeinsame Eigenschaften: Sie sind ätzend und fühlen sich seifig an – es sei denn, sie sind stark verdünnt. Konzentrierte alkalische Lösungen sind sehr aggressiv gegenüber dem Keratin, aus dem unsere Hornhaut und unsere Haare bestehen, und sind daher z. B. in Abflussreinigern enthalten.

Zudem besitzen alkalische Lösungen eine fettlösende Wirkung und werden deshalb in Geschirrspülmitteln eingesetzt.

Alle alkalischen Lösungen leiten ebenfalls den elektrischen Strom, da sie wie die sauren Lösungen frei bewegliche Ionen enthalten.

Sowohl saure als auch alkalische Lösungen sind ätzend und leiten den elektrischen Strom.
Saure Lösungen reagieren mit Kalk und unedlen Metallen.
Alkalische Lösungen fühlen sich seifig an und besitzen eine fettlösende Wirkung.

Aufgaben

1 Nenne Eigenschaften von sauren und alkalischen Lösungen.

2 Begründe, warum man vorsichtig im Umgang mit sauren und alkalischen Lösungen sein muss.

die saure Lösung
die Säure
die alkalische Lösung
die Lauge

Material A

Ordnung im Chaos

1 In Bild 5 siehst du Begriffe und Aussagen zum Thema „Saure und alkalische Lösungen". Fertige eine Tabelle mit zwei Spalten an: eine für die sauren Lösungen und eine für die alkalischen Lösungen. Ordne die Begriffe und Aussagen richtig zu, indem du sie in die Tabelle schreibst. Vergleicht eure Zuordnungen zu zweit.

Säure | Essig | lösen Kalk auf | fettlösend | Natronlauge | ätzend | häufig Bestandteil von Rohrreinigern | Schwefelsäure | reagieren mit unedlen Metallen | Salzsäure | Ammoniakwasser | Lauge | Kalkwasser | enthalten Ionen | elektrisch leitfähig

5 Begriffe zum Thema „saure und alkalische Lösungen"

Material B

Säuren und unedle Metalle

Salzsäure reagiert mit dem unedlen Metall Magnesium zu dem Salz Magnesiumchlorid und Wasserstoff. Wie verhält es sich bei Zink?

Materialliste: Magnesiumband, Zinkgranulat, verdünnte Salzsäure, 2 Reagenzgläser, Reagenzglashalter, Pipette, Spatel, Brenner, Reagenzglasklammer

6 Zink in Salzsäure

a Gib in je ein Reagenzglas 2 cm Säure und 2 cm Magnesiumband bzw. ein Korn Zink. Beobachte. Dampfe die Lösungen nach der Reaktion ein.

b Schreibe ein Versuchsprotokoll.

c Formuliere die Wortgleichung zur Reaktion von Salzsäure mit Zink.

Material C

Aggressive Laugen

Materialliste: 2 Reagenzgläser, Pipette (10 ml), Reagenzglasklammer, Reagenzglashalter, Vogelfeder, Haarsträhne, Natronlauge (32%ig)

Achtung • Schutzhandschuhe verwenden!

1 Gib in ein Reagenzglas eine abgetrennte Haarsträhne und in das andere eine Vogelfeder. Dazu gibst du jeweils 10 ml Natronlauge. Beobachte, was passiert.

2 Schreibe ein Versuchsprotokoll.

Säuren und Basen nach Arrhenius

1 Salzsäure und Natronlauge leiten ebenso wie Kochsalzlösung den elektrischen Strom.

Säuren und Laugen leiten den elektrischen Strom. Doch warum ist das so? Einer der ersten Chemiker, der eine Definition für Säuren und Laugen aufstellte, war Svante Arrhenius im Jahr 1887.

2 Svante Arrhenius (1859–1927)

Säuren-Definition nach Arrhenius • Für Arrhenius waren Säuren Stoffe, die sauer schmecken und in wässrigen Lösungen Ionen bilden. Er fand heraus, dass Säuren immer mindestens ein Wasserstoff-Atom enthalten. Reagiert eine Säure mit Wasser, so löst sich das Wasserstoff-Atom ab und es bilden sich positiv geladene Wasserstoff-Ionen (H^+) und negativ geladene Säurerest-Ionen in wässriger Lösung. Diesen Zerfallvorgang bezeichnet man als Dissoziation. Die Ladungen der Ionen sind dabei ausgeglichen.
Leitet man z. B. Chlorwasserstoffgas (HCl) in Wasser, so dissoziiert die Säure in Wasserstoff-Ionen und Chlorid-Ionen:

$$HCl \xrightarrow{H_2O} H^+ + Cl^-$$

Laugen-Definition nach Arrhenius • Anstatt des Begriffs Lauge verwendet Arrhenius das Wort Base. Eine Base ist nach Arrhenius ein Stoff, der seifig schmeckt und in wässrigen Lösungen negativ geladene Hydroxid-Ionen (OH^-) und positiv geladene Basenrest-Ionen, meist Metall-Kationen, bildet. Für die Bildung von OH^--Ionen ist es nötig, dass in der Base Sauerstoff- und Wasserstoff-Atome enthalten sind.
Gibt man z. B. Natriumhydroxid (NaOH) in Wasser, so dissoziiert die Base in Natrium-Ionen und Hydroxid-Ionen.

$$NaOH \xrightarrow{H_2O} Na^+ + OH^-$$

Leitfähigkeit • Mit der Bildung dieser Ionen konnte Arrhenius die elektrische Leitfähigkeit von sauren und alkalischen Lösungen erklären

Nach Arrhenius bilden Säuren in wässrigen Lösungen Wasserstoff-Ionen (H^+). Basen dagegen bilden Hydroxid-Ionen (OH^-). Mit der Ionenbildung lässt sich die Leitfähigkeit von sauren und alkalischen Lösungen erklären.

Aufgabe

1 Definiere die Begriffe Säure und Base nach Arrhenius.

die Dissoziation
die Base
das Hydroxid-Ion

Material A

Dissoziationen

Arrhenius' Definition von Säuren und Basen bezieht sich auf die H^+- bzw. OH^--Ionenbildung in wässriger Lösung und die zugehörigen Säurerest- bzw. Basenrest-Ionen.

Name der Säure/Base	Summenformel	Dissoziationsgleichung
Salzsäure	?	$HCl \xrightarrow{H_2O} H^+ + Cl^-$
Flusssäure	HF	?
Salpetersäure	HNO_3	?
Natronlauge	?	?
Kalilauge	KOH	?

3 Säuren und Basen

1 Die Tabelle zu den Säuren und Basen in Bild 3 ist unvollständig.
a Notiere die Tabelle in dein Heft.
b Ergänze die Summenformeln und Dissoziationsgleichungen. Achte dabei auf eine ausgeglichene Ladung der Ionen.
c Recherchiere weitere Beispiele für Säuren und Basen nach Arrhenius und ergänze diese in deiner Tabelle.

2 Erkläre, warum saure und alkalische Lösungen den elektrischen Strom leiten.

Material B

Kaliumhydroxid/Kalilauge

In Bild 4 siehst du das Ionengitter von Kaliumhydroxid (KOH).

1 Gib an, welche Ladung die Kalium- bzw. die Hydroxid-Ionen besitzen.

2 Erläutere mithilfe der Aussage über die Ionenladung, warum im Ionengitter die Zahl an Kalium-Ionen genauso groß ist wie die Zahl an Hydroxid-Ionen.

3 Begründe, warum festes Kaliumhydroxid den elektrischen Strom nicht leitet, während Kalilauge (eine wässrige Kaliumhydroxid-Lösung) dagegen schon.

4 Erkläre, warum beim Lösen von Kaliumhydroxid in Wasser eine alkalische Lösung entsteht.

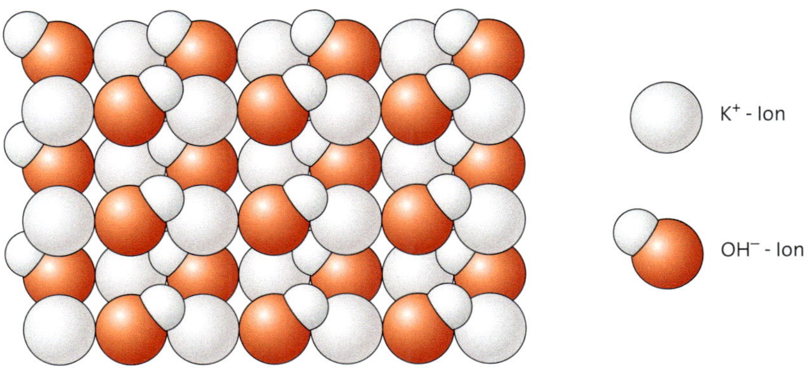

4 Ionengitter Kaliumhydroxid

Säuren und Basen nach Brønsted

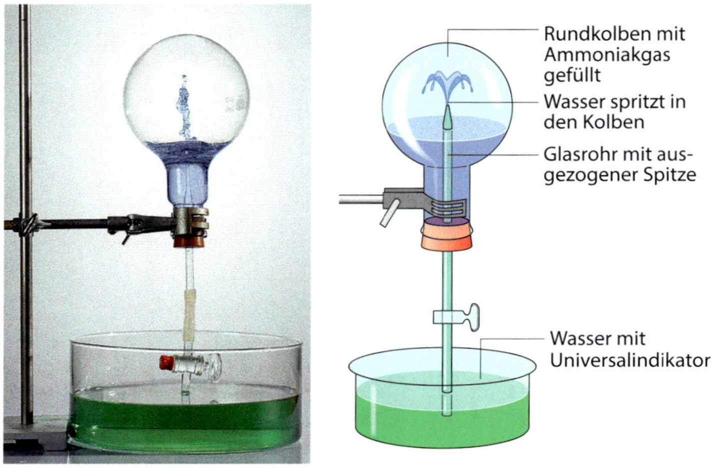

1 Ammoniakspringbrunnen

Kommt Wasser mit Ammoniakgas in Berührung, so zeigt der Universalindikator eine blaue Färbung. Ammoniakwasser besitzt also einen basischen pH-Wert. Doch wie kann Ammoniak (NH_3) ohne OH in der Formel eine Base sein?

2 Johannes Brønsted (1879–1947)

Oxonium-Ion • Nach Arrhenius bilden Säuren in Wasser Wasserstoff-Ionen. Das H^+-Ion ist sehr klein. Es besteht nur aus einem Atomkern, einem Proton, das instabil ist. Es bindet sich daher an ein Wassermolekül in der wässrigen Lösung. Das entstehende H_3O^+-Ion wird Oxonium-Ion genannt. → 3

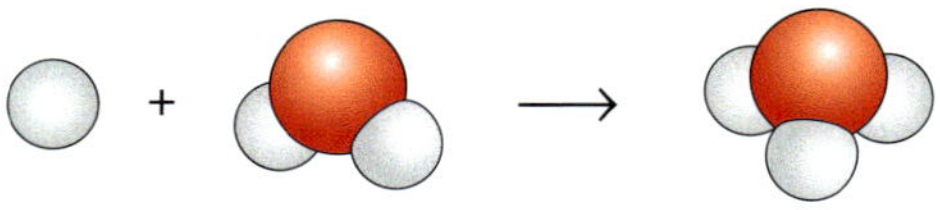

3 $H^+ + H_2O \rightarrow H_3O^+$

Die Bildung von Oxonium-Ionen vernachlässigte Arrhenius in seiner Theorie.

Säure-Base-Theorie von Brønsted • Im Jahr 1923 erweiterte der dänische Chemiker Johannes Brønsted den Säure-Basen-Begriff von Arrhenius, nachdem er auf den Widerspruch mit Ammoniak als Base ohne Hydroxid-Teilchen gestoßen war. Ammoniak bildet ebenfalls in Wasser eine alkalische Lösung. Brønsted definierte Säure und Basen, unabhängig von wässrigen Lösungen, als Stoffe, die Wasserstoff-Protonen (H^+) übertragen können. Er berücksichtigte dabei die Bildung der Oxonium-Ionen (H_3O^+).

Protonendonator • Beim Einleiten von HCl-Gas in Wasser findet eine Protonenübertragung statt. → 5 Die HCl-Moleküle geben jeweils ein Proton ab. Sie werden als Protonendonatoren (lat. donare: geben) bezeichnet. Die gebildeten Oxonium-Ionen bedingen die sauren Eigenschaften.

Protonenakzeptor • Beim Einleiten von NH_3-Gas in Wasser nehmen die Ammoniakmoleküle ein Proton von den Wassermolekülen auf. → 6 Die NH_3-Moleküle werden als Protonenakzeptoren (lat. accipere: annehmen) bezeichnet. Es bilden sich Hydroxid-Ionen (OH^-), die für die alkalischen Eigenschaften verantwortlich sind.

Konjugierte Säure-Base-Paare • Gibt ein Stoff ein Proton ab, muss der Reaktionspartner dieses aufnehmen. Brønsted sprach hierbei von konjugierten (= zusammengehörenden) Säure-Base-Reaktionen, bei denen Protonen

das **Oxonium-Ion**
der **Protonendonator**
der **Protonenakzeptor**
das **konjugierte Säure-Base-Paar**

übertragen werden. Das heißt, Protonendonator und -akzeptor bilden ein Säure-Base-Paar. Die allgemeine Reaktionsgleichung lautet:

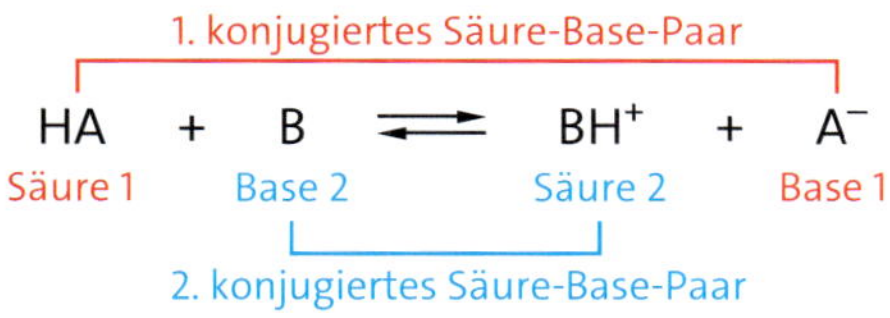

4 Konjugierte Säure-Base-Reaktionen

Mehrprotonige Säuren • Konzentrierte Schwefelsäure (H_2SO_4) reagiert sehr heftig mit Wasser. Sie ist stark wasseranziehend (hygroskopisch). Man muss sie gut verschlossen aufbewahren, sonst zieht sie Luftfeuchtigkeit an und verdünnt sich selbst.

Erst nach dem Verdünnen hat Schwefelsäure die typischen Eigenschaften einer Säure. Denn beim Verdünnen mit Wasser dissoziiert sie. Dabei spalten sich die H^+-Ionen von den H_2SO_4-Molekülen ab: Neben einem H_3O^+-Ion entsteht dabei als Säurerest-Ion ein HSO_4^--Ion, das Hydrogensulfat-Ion. → 7 Dieses Ion kann ein weiteres Proton abgeben. Zurück bleibt das Sulfat-Ion (SO_4^{2-}). → 8 Schwefelsäure nennt man eine zweiprotonige (mehrprotonige) Säure, da sie zwei Protonen abgeben kann.

Nach Brønsted sind Säuren Protonendonatoren und Basen Protonenakzeptoren.
Protonendonator und -akzeptor bilden ein konjugiertes Säure-Base-Paar.

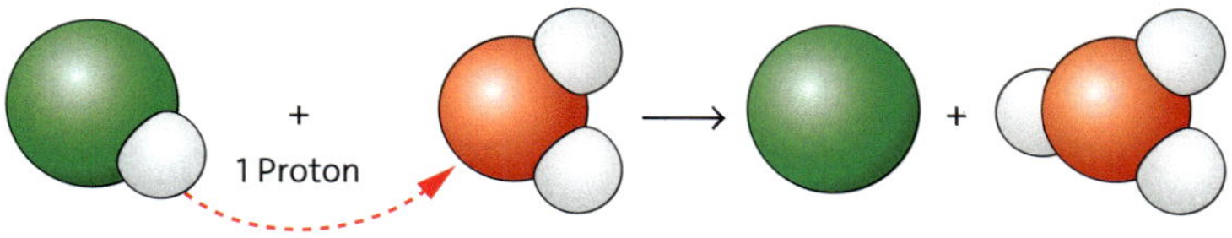

$$HCl + H_2O \rightarrow Cl^- + H_3O^+$$

5 Reaktion zwischen Chlorwasserstoff- und Wassermolekülen

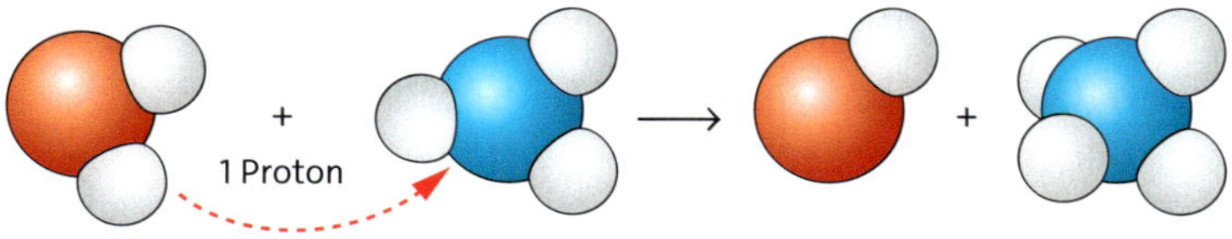

$$H_2O + NH_3 \rightarrow OH^- + NH_4^+$$

6 Reaktion zwischen Ammoniak- und Wassermolekülen

7
Schwefelsäure + Wasser → Oxonium-Ion + Hydrogensulfat-Ion

$$H_2SO_4 + H_2O \rightarrow H_3O^+ + HSO_4^-$$

8
Hydrogensulfat-Ion + Wasser → Oxonium-Ion + Sulfat-Ion

$$HSO_4^- + H_2O \rightarrow H_3O^+ + SO_4^{2-}$$

Aufgaben

1 ☑ Erkläre die Bildung des Oxonium-Ions und gib seine Formel an.

2 ☒ Erläutere Brønsteds Säure-Base-Theorie. Verwende dabei Fachbegriffe.

3 ☒ Übertrage die Reaktionsgleichungen von Bild 5 und 6 in dein Heft. Benenne die Säure- und Base-Paare.

4 ☒ Schwefelsäure ist eine mehrprotonige Säure. Erkläre.

Säuren und Basen nach Brønsted

Material A

Bildung von Oxonium- und Hydroxid-Ionen

Nach Brønsted befinden sich in jeder sauren Lösung Oxonium-Ionen (H_3O^+) und in jeder alkalischen Lösung Hydroxid-Ionen (OH^-), die für die charakteristischen Eigenschaften verantwortlich sind.

1 Übertrage die Tabelle in dein Heft. → 1

2 Trage die Summenformeln der Säuren und Basen sowie die in wässriger Lösung entstehenden Ionen in die Tabelle ein.

Name der Säure/Base	Summenformel	Entstehende Ionen in Wasser
Salzsäure	HCl	H_3O^+ und Cl^-
Flusssäure	HF	?
Salpetersäure	HNO_3	?
Natronlauge	?	?
Kalilauge	?	?
Ammoniak	?	?

1 Säuren und Laugen bilden Ionen.

Protonenabgabe

$$HCl + H_2O \rightleftharpoons H_3O^+ + Cl^-$$

HCl: Säure; H_2O: Base; H_3O^+: konjugierte Säure; Cl^-: konjugierte Base

Protonenaufnahme

2 Konjugierte Säure-Base-Paare am Beispiel Salzsäure

3 Stelle für jede Säure und Base aus der Tabelle die Reaktionsgleichung mit Wasser auf.

4 Kennzeichne die konjugierten Säure-Base-Paare in einer Farbe.

Material B

Arrhenius versus Brønsted

1 Ordne die nebenstehenden Aussagen entsprechend den Säure-Base-Theorien von Arrhenius und Brønsted zu. → 3
Notiere sie in einer Tabelle in deinem Heft.

2 Gib an, welche der Aussagen auf beide Theorien zutreffen.

Salzsäure ist ein Protonendonator.

Basen bilden in wässriger Lösung Hydroxid-Ionen.

Ammoniak ist eine Lauge.

Säuren geben in wässriger Lösung Protonen ab.

In einer sauren Lösung sind H_3O^+-Ionen enthalten.

Schwefelsäure leitet aufgrund der H^+-Ionen den elektrischen Strom.

Basen sind Protonenakzeptoren.

3

Material C

Ammoniakwasser herstellen

Ammoniakgas löst sich sehr gut in Wasser. Die Lösung heißt Salmiakgeist und wird als Putzmittel genutzt. → 4
Kannst du nachweisen, dass dabei eine alkalische Reaktion abläuft?

Materialliste: Becherglas, Universalindikator, 20-ml-Spritze, Flasche mit Ammoniak-Lösung (20%ig) ⟨GHS05⟩ ⟨GHS07⟩, destilliertes Wasser

1 Fülle das Becherglas zur Hälfte mit destilliertem Wasser und gib 2 ml Universalindikator hinzu.

2 Halte die Spritze im Abzug in die geöffnete Ammoniakflasche und ziehe sie mit dem Gas über der Flüssigkeit voll auf. Drücke das Gas anschließend in das Wasser im Becherglas und beobachte.

3 Notiere deine Beobachtungen in einem Versuchsprotokoll.

4 Stelle die Reaktionsgleichungen für die Reaktion von Ammoniak in Wasser auf.

4 Ammoniak in Glasreiniger

5 Gib die Ionen an, die in der Ammoniak-Lösung vorliegen.

Material D

Ampholyte

Einige Verbindungen können laut Brønsted sowohl Protonendonatoren als auch -akzeptoren sein. Das bedeutet, sie können sowohl Protonen abgeben als auch aufnehmen. Solche Teilchen nennt man Ampholyte. Sie verhalten sich gegenüber starken Säuren als Basen und gegenüber starken Basen als Säuren.

Konjugierte Base	Ampholyt	Konjugierte Säure
OH^-	H_2O	H_3O^+
NH_2^-	NH_3	?
?	HSO_4^-	?
CO_3^{2-}	?	?

5 Ampholyte

1 Übertrage die Tabelle in dein Heft. → 5

2 Fülle die Lücken in der Tabelle aus. → 5

3 Begründe, warum Wasser ein Ampholyt ist.

4 Gib an, welche der folgenden Verbindungen Ampholyte sind, und begründe.
- HCl
- NaOH
- HPO_4^{2-}
- HCO_3^-

pH-Wert

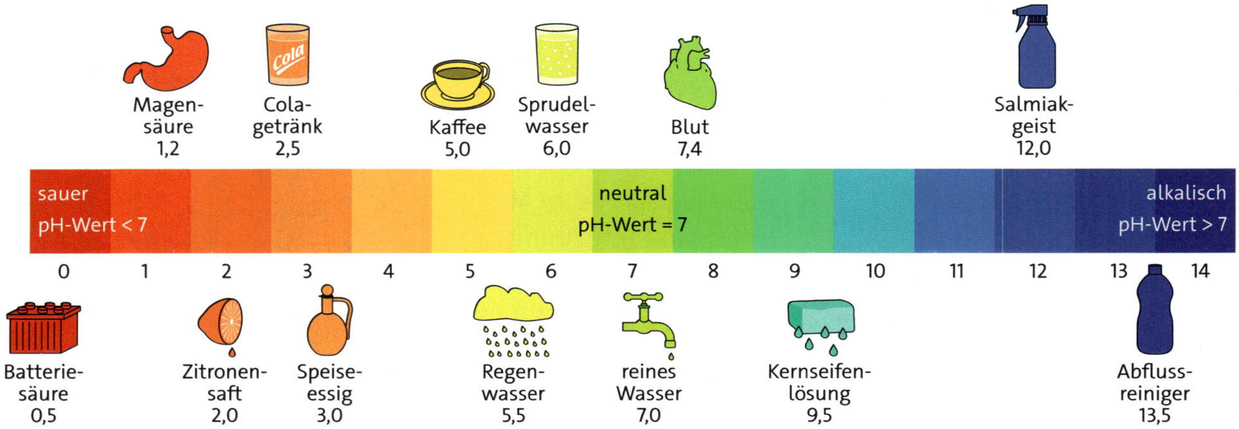

1 Farbverlauf beim Universalindikator – zugeordnete Lösungen

Nahrungsmittel die Säuren enthalten schmecken sauer. Reinigungsmittel die Laugen enthalten fühlen sich seifig an. Im Labor kann man allerdings keine dieser ätzenden Stoffe probieren bzw. anfassen. Doch wie unterscheidet man Säuren und Laugen?

pH-Wert • Der pH-Wert ist ein charakteristischer Wert, um Säuren und Laugen voneinander zu unterscheiden. Er ist ein Maß für die Konzentration der enthaltenen H_3O^+-Ionen in einer Lösung. Saure Lösungen haben einen pH-Wert unter 7. Bei stärkeren Säuren nimmt der Anteil der Oxonium-Ionen zu und der pH geht gegen 0.
Alkalische Lösungen weisen einen pH-Wert größer 7 auf. Der Anteil der Hydroxid-Ionen überwiegt in der Lösung, je alkalischer es wird. Der pH-Wert geht gegen 14.
Der pH-Wert von neutralen Lösungen wie Wasser liegt bei pH 7. Hierbei ist die Anzahl der Oxonium-Ionen und die Anzahl der Hydroxid-Ionen nahezu gleich. Von einer pH-Wert-Stufe zur nächsten steht allerdings nicht eine Verdopplung der H_3O^+- bzw. OH^--Konzentration, sondern jeweils eine Verzehnfachung!

Indikatoren • Saure und alkalische Lösungen reagieren mit vielen Farbstoffen. Manche Farbstoffe ändern dabei ihre Farbe. Rotkohlsaft ist dafür ein Beispiel. Solche Farbstoffe kann man als Indikatoren (= „Anzeiger“) für saure, neutrale und alkalische Lösungen nutzen. Die Bestimmung von pH-Werten mit Indikatoren ist jedoch häufig ungenau. Genauere Werte liefern Messgeräte wie das pH-Meter. → 2

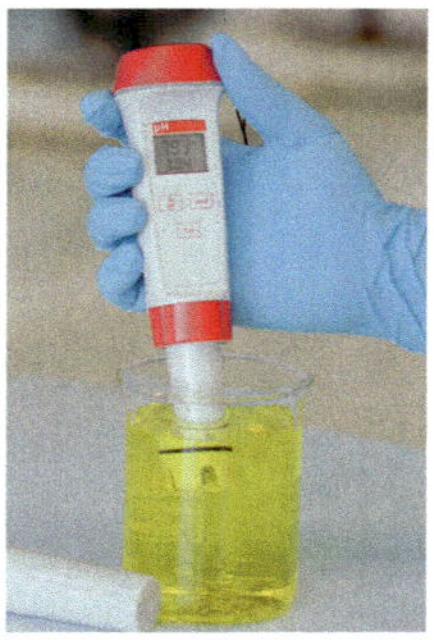

2 pH-Meter

Der pH-Wert gibt an, wie sauer oder alkalisch eine Lösung ist. Indikatoren zeigen den pH-Wert an.

Aufgabe

1 ☒ Erkläre, was der pH-Wert angibt.

der pH-Wert
der Indikator

Material A

Sauer, alkalisch oder neutral?

Um zu entscheiden, ob eine Lösung sauer, alkalisch oder neutral ist, muss man das Verhältnis der Teilchen betrachten:
Überwiegen die Oxonium-Ionen, handelt es sich um saure Lösungen. Überwiegen die Hydroxid-Ionen, handelt es sich um alkalische Lösungen.

Gegeben sind die folgenden drei Lösungen:
I wässrige HCl-Lösung
II wässrige NH_3-Lösung
III destilliertes Wasser

A Die Anzahl der H_3O^+-Ionen ist größer als die Anzahl der OH^--Ionen.

B Die Anzahl der H_3O^+-Ionen ist gleich der Anzahl an OH^--Ionen.

C Die Anzahl der H_3O^+-Ionen ist kleiner als die Anzahl an OH^--Ionen.

1 Ordne den Lösungen I–III die Aussagen A, B und C richtig zu.

2 Ordne die Lösungen aus Bild 1 den Aussagen A, B und C richtig zu.

3 Begründe, bei welchem Beispiel in Bild 1 die H_3O^+-Ionenkonzentration am höchsten ist.

Material B

pH-Wert-Prüfung

Materialliste: Tee, Spülmittel, Orangensaft, Speiseessig (5%ig), Mineralwasser, Indikatorpapier

1 Teste die Stoffe auf ihren pH-Wert mithilfe von Indikatorpapier.
Notiere deine Ergebnisse in einer Tabelle.

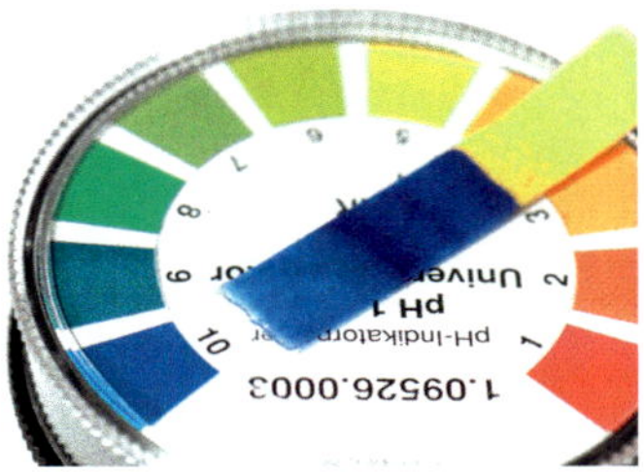

3 pH-Papier

Material C

pH-Wert und Verdünnung

In Bild 4 wird eine Säure immer wieder um den Faktor 10 verdünnt.

1 Formuliere eine Regel, wie sich der pH-Wert beim Verdünnen einer Säure ändert.

2 Berechne, wie viel Milliliter Wasser zugegeben werden müssen, um den pH-Wert von pH = 1 auf pH = 4 zu erhöhen.

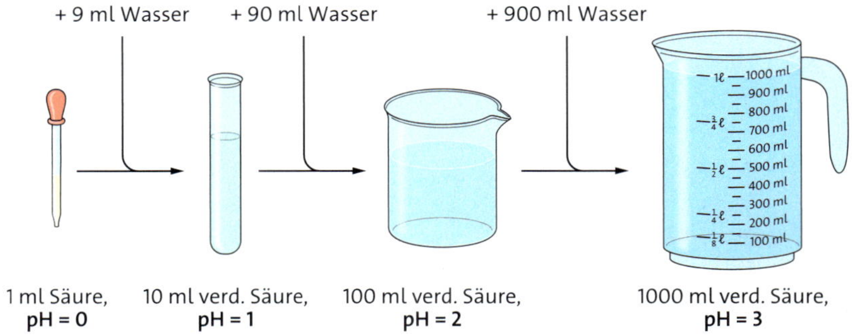

4 Mehrfaches Verdünnen einer Säure

3 Bis zu welchem pH-Wert kannst du die Säure verdünnen? Begründe.

4 Erkläre, warum pH = 6 für viele Fischarten noch erträglich, pH = 5 aber tödlich ist.

Neutralisation

1 Im Klärwerk kommen saure und alkalische Lösungen zusammen.

Unser Abwasser ist oft sauer oder alkalisch. Im Klärwerk muss es daher neutralisiert werden. Denn nur Wasser mit einem neutralen pH-Wert darf in die Umwelt entlassen werden.

Chemisches Farbenspiel • Eine saure Lösung färbt sich nach Zugabe von Universalindikator rot. Bei tropfenweiser Zugabe einer alkalischen Lösung ändert sich die Farbe über Gelb nach Grün und abschließend zu Blau.

2 Zugabe von Natronlauge zu Salzsäure. Die Lösungen enthalten Universalindikator.

Dieser Vorgang ist umkehrbar. Bei Vorgabe einer alkalischen Lösung wird dann entsprechend eine saure Lösung zugetropft.
Mit etwas Geschick kann man die Zugabe der alkalischen bzw. sauren Lösung beim Erreichen der grünen Farbe abbrechen. → 2 Nun ist die Lösung neutral.

Teilchen • Eine saure Lösung enthält einen Überschuss an H_3O^+-Ionen. Bei Zugabe einer alkalischen Lösung reagieren die OH^--Ionen mit den H_3O^+-Ionen. Es entstehen neutrale Wassermoleküle.

$$H_3O^+ + OH^- \rightarrow 2\,H_2O$$

Diese Reaktion wird als Neutralisation bezeichnet. Bei gleicher Anzahl an H_3O^+- und OH^--Ionen entsteht so eine neutrale Lösung.

die **Neutralisation**

Salzbildung • Nach der Neutralisation von Salzsäure mit Natronlauge kann man den Reaktionsansatz an einem warmen Ort stehen lassen. Nach einiger Zeit bleibt ein weißer Feststoff zurück. → 5 Was ist geschehen?
Neben den H_3O^+-Ionen enthält Salzsäure auch noch Cl^--Ionen. In der Natronlauge sind neben den OH^--Ionen noch Na^+-Ionen enthalten.
Werden genau passende Mengen der beiden Lösungen zusammengegeben, so findet innerhalb kürzester Zeit die Neutralisationsreaktion statt. → 3 Zurück bleiben in Wasser verteilte Na^+- und Cl^--Ionen.
Wird dieses Salzwasser eingedampft, kann man das Salz sehen. Die Ionen lagern sich zu einem Ionengitter zusammen. Es bilden sich Salzkristalle. → 4

Saure Lösungen lassen sich durch Zugabe von alkalischen Lösungen neutralisieren. Alkalische Lösungen werden durch Zugabe von sauren Lösungen neutralisiert.
Bei der Neutralisation entstehen Wasser und ein Salz.

Aufgaben

1 ☒ Erkläre, was bei einer Neutralisationsreaktion geschieht.

2 ☒ Begründe, warum sich beim Eindampfen die Na^+- und Cl^--Ionen zu einem Ionengitter zusammenlagern.

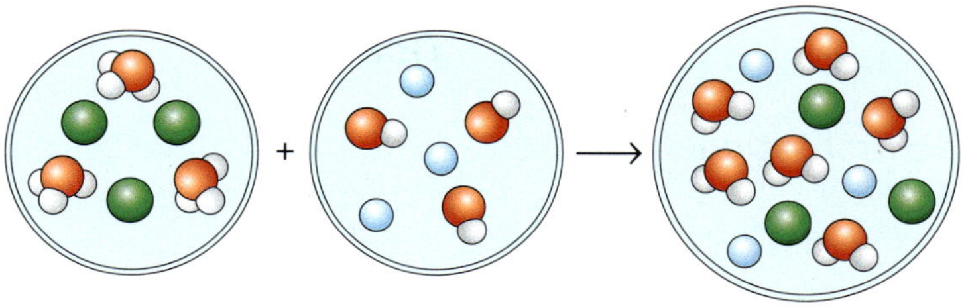

3
Salzsäure + Natronlauge → neutrale Natriumchlorid-Lösung
$H_3O^+ + Cl^- + Na^+ + OH^- \rightarrow 2\,H_2O + Na^+ + Cl^-$

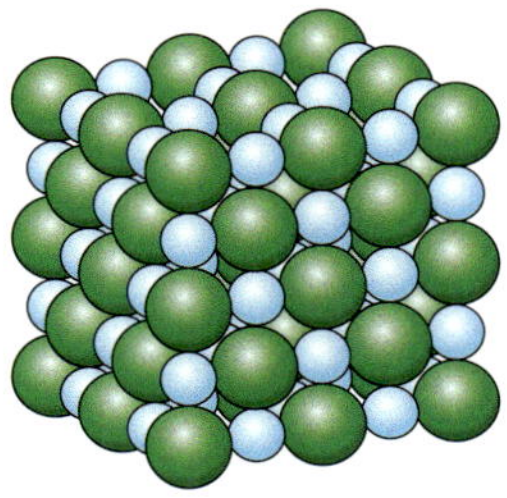

4
Natrium-Ion + Chlorid-Ion → Natriumchlorid
$Na^+ + Cl^- \rightarrow NaCl$

5 Eine Salzlösung nach dem Eindampfen

Neutralisation

Material A

Neutralisationen erklären

1 Erkläre die Reaktion in Bild 1. Verwende dabei die Begriffe „Protonendonator", „Protonenakzeptor", „Protonenübertragung" und „Neutralisation".

2 Lotte, Pia und Ben diskutieren, wobei es sich um eine Neutralisation handelt. → 2

a Gib an, wer recht hat.

b Begründe deine Meinung.

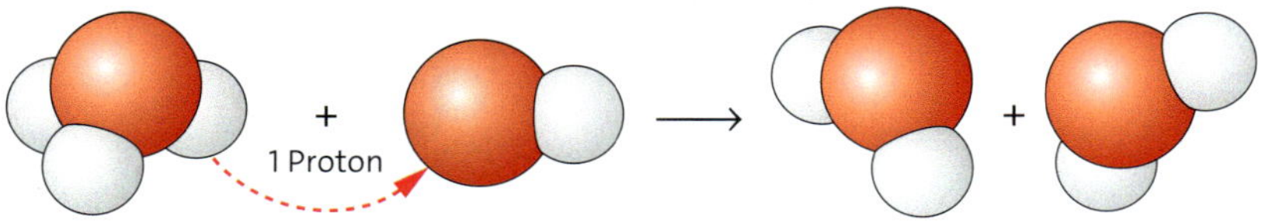

H_3O^+ + OH^- ⟶ 2 H_2O

1 Neutralisation im Modell

Lotte: Wenn man eine saure und eine alkalische Lösung zusammengibt, hat man eine neutrale Lösung.

Pia: Ich glaube, das gilt nur für Salzsäure und Natronlauge.

Ben: Ich denke, das hängt eher damit zusammen, wie viele H_3O^+- und OH^--Ionen in den Lösungen enthalten sind.

2

Material B

Magensäure neutralisieren

Im Magen sorgen bestimmte Drüsen dafür, dass eine saure Lösung abgesondert wird, die für die Verdauung des Speisebreis wichtig ist. Diese Lösung ist der Salzsäure sehr ähnlich. Sie hat bei nüchternem Magen einen pH-Wert von 1, bei vollem Magen einen pH-Wert von 2 bis 4.
Manchmal sondern die Drüsen zu viel Magensäure ab. Es kommt zum unangenehmen Sodbrennen. Dieses schmerzhafte Gefühl kann man durch Einnahme von neutralisierenden Substanzen beseitigen. Die neutralisierende Wirkung von Magentabletten kannst du selbst in einem Versuch testen.

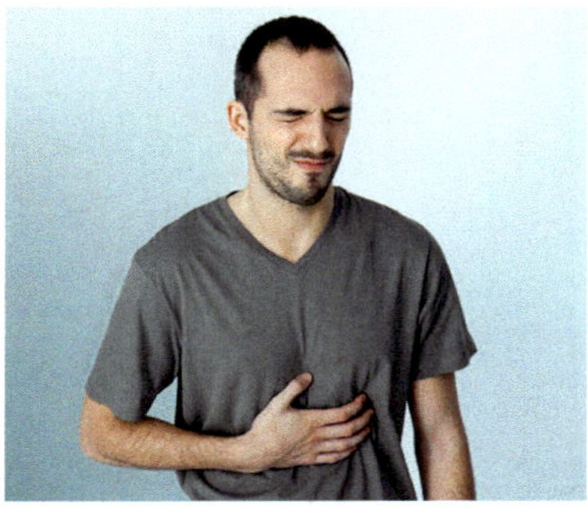

3 Schmerzhaftes Sodbrennen

Materialliste: mehrere kleine Bechergläser, Rührstab, verdünnte Salzsäure ⚠, Universalindikator, mehrere Magentabletten (Rennie®, Talcid® oder Riopan®)

1 Fülle verdünnte Salzsäure 1–2 cm hoch in das Becherglas und gib 2 Tropfen Universalindikator dazu. Füge dann eine Magentablette zu, rühre um und beobachte die Flüssigkeit.

2 Erkläre die Wirkung des Medikaments im Magen.

Material C

Salzbildung auf dem Uhrglas

Materialliste: Uhrglas, Tropfpipetten, Salzsäure (1-molar), Natronlauge (1-molar)

1 Gib 2 ml Salzsäure auf das Uhrglas. Ergänze dann tropfenweise 1 ml Natronlauge.

2 Lass das Uhrglas für mehrere Tage an einem möglichst warmen Ort stehen.

3 Notiere und erkläre deine Beobachtungen.

Material D

Lehrerversuch: Salzbildung unter der Lupe

Materialliste: Glasplatte, Unterlage (schwarz), Tropfpipetten, Lupe, rauchende Salzsäure, 40%ige Natronlauge

1 Die Glasplatte wird auf die schwarze Unterlage gelegt.

2 Deine Lehrkraft gibt 1 ml Natronlauge auf die Glasplatte. Daneben gibt sie einige Tropfen Salzsäure, sodass sich die Flüssigkeiten nicht berühren.

3 Beobachte mit der Lupe. Notiere und erkläre deine Beobachtungen.

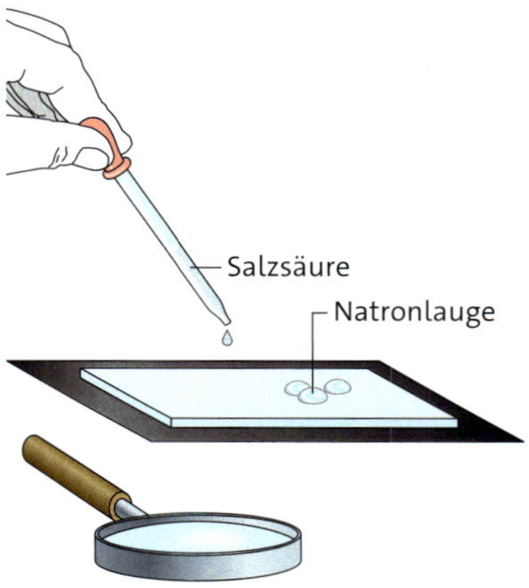

4 Versuchsaufbau

Material E

Rallye zu den Salzen

Bei Neutralisationsreaktionen können viele verschiedene Salze entstehen.

1 Übertrage die Tabelle in dein Heft und ergänze die Lücken. → 5

2 Ergänze weitere Zeilen mit selbst gewählten Beispielen. (*Hinweis:* Hier kann z. B. das Stichwortverzeichnis des Buches helfen.)

Name des Salzes	**Formel des Salzes**	**Eingesetzte saure Lösung**	**Säurerest-Anion**	**Eingesetzte alkalische Lösung**	**Metall-Kation**
Natriumchlorid	NaCl	Salzsäure (HCl)	Cl^-	Natronlauge (NaOH)	Na^+
Kaliumiodid	KI	...	...	Kalilauge (KOH)	K^+
Calciumsulfat	$CaSO_4$	...	...	Calciumlauge ($Ca(OH)_2$)	...
Natriumacetat	...	Essigsäure (CH_3COOH)	...	...	...

5 Salze und ihre Namen

Auf die Konzentration kommt es an

1 Speiseessig

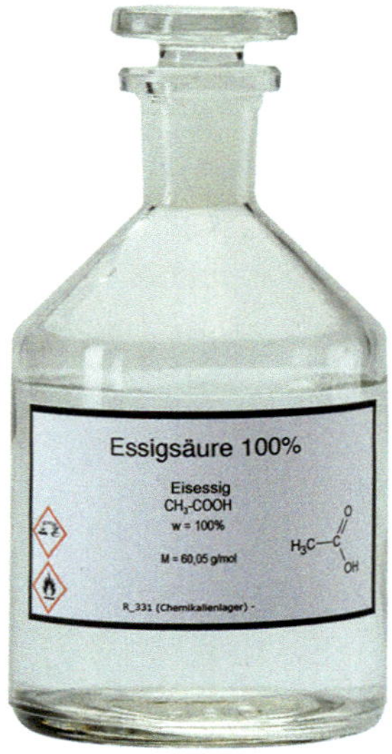

2 Essigsäure im Labor

Ob eine saure oder alkalische Lösung ätzend ist, hängt auch von ihrer Konzentration ab.

Konzentrationsangaben • Die Konzentration gibt an, wie viel von einem Stoff in einer Lösung gelöst ist. Konzentrationen können unterschiedlich angegeben werden. Auf Mineralwasserflaschen findet man häufig eine Gehaltsangabe der gelösten Salze in $\frac{g}{l}$. So bedeutet z. B. die Angabe „Natrium-Ionen: 180 mg“, dass in einem Liter Mineralwasser 0,180 g Natrium-Ionen gelöst sind. Diese Angabe nennt man Massenkonzentration.

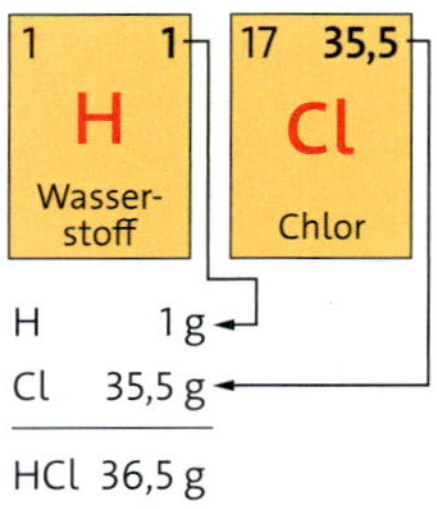

3 Masse eines Mols HCl bestimmen

Stoffmengenkonzentration • In der Chemie ist es wichtiger zu wissen, wie viele Teilchen eines Stoffs in einem Liter Wasser gelöst sind. Diese Angabe nennt man Stoffmengenkonzentration (c). Sie wird in $\frac{mol}{l}$ angegeben. Das bedeutet, in einem Liter einer Lösung mit der Konzentration von 1 $\frac{mol}{l}$ sind $6{,}022 \cdot 10^{23}$ Teilchen eines Stoffs gelöst.

Um eine solche Lösung herzustellen, kann man nicht die einzelnen Teilchen abzählen. Man weiß aber, dass 1 mol Teilchen eines Stoffs genau der Massenzahl dieser Teilchen in Gramm entspricht (molare Masse). Mithilfe des Periodensystems kann man deshalb leicht ausrechnen, wie viel Gramm man einwiegen muss, um eine Lösung mit der Konzentration von 1 $\frac{mol}{l}$ herzustellen.

Ein Beispiel • Zur Herstellung einer Salzsäure-Lösung mit der Konzentration 1 $\frac{mol}{l}$ benötigst du 1 mol Chlorwasserstoff (HCl). Mithilfe des Periodensystems kannst du berechnen, dass 1 mol HCl 36,5 g wiegt. → 3 Löst man 36,5 g HCl in Wasser und füllt diese Lösung auf einen Liter auf, so hat man eine Salzsäure-Lösung mit der Konzentration von 36,5 $\frac{g}{l}$ bzw. 1 $\frac{mol}{l}$. Man sagt auch: Die Lösung ist 1-molar.

Die Stoffmengenkonzentration von Lösungen wird in $\frac{mol}{l}$ angegeben.

Aufgaben

1 Nenne zwei Möglichkeiten, um Konzentrationen von Lösungen anzugeben.

2 Erkläre die folgende Angabe: Salzsäure-Lösung 2 $\frac{mol}{l}$.

die Stoffmengenkonzentration
molar

Material A

Mol, molare Masse und Konzentration

1 Erkläre die Begriffe Mol, molare Masse und Stoffmengenkonzentration.

2 Berechne mithilfe des Periodensystems die molare Masse von HCl, NaOH und NH_3.

3 Ermittle die Masse von:
- 1 mol HBr
- 0,5 mol KOH
- 2 mol H_2SO_4

4 Berechne, wie viele Mol der Stoffproben vorliegen:
- 46,00 g Na
- 100,00 g NaOH
- 4,50 g H_2O

5 Gib die Konzentration in $\frac{mol}{l}$ an:
- physiologische Kochsalzlösung: 9 $\frac{g}{l}$ NaCl
- Wasser aus dem Toten Meer: 360 $\frac{g}{l}$ NaCl

6 Berechne die Masse von festem Natriumhydroxid in einem Liter der Natronlauge in Bild 4.

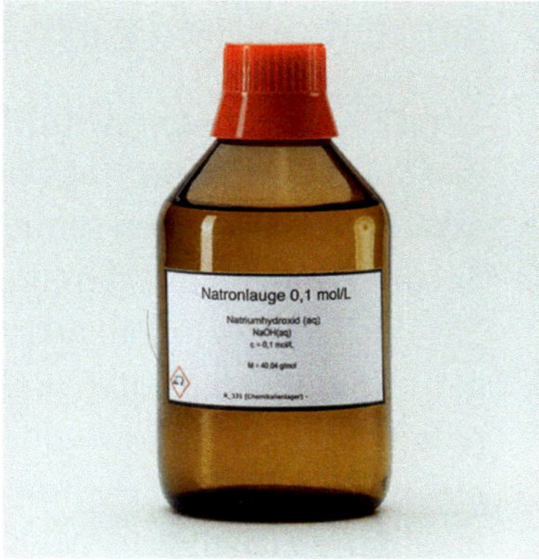

4 0,1 $\frac{mol}{l}$ NaOH-Lösung

7 0,5 mol eines Stoffs wiegen 40 g. Gib die molare Masse an.

Material B

Konzentrationsangaben

1 Die Konzentration von sauren und alkalischen Lösungen wird in $\frac{mol}{l}$ angegeben. Gib bei den folgenden Salzlösungen die Konzentration in $\frac{g}{l}$ an:
- Salzsäure-Lösung (HCl) mit der Konzentration 0,5 $\frac{mol}{l}$
- Schwefelsäure-Lösung (H_2SO_4) mit der Konzentration 2,5 $\frac{mol}{l}$
- Essigsäure-Lösung (CH_3COOH) mit der Konzentration 0,2 $\frac{mol}{l}$

2 Umgekehrt lassen sich aber auch Konzentrationsangaben von $\frac{g}{l}$ in $\frac{mol}{l}$ umrechnen.
Gib jeweils die Konzentration in $\frac{mol}{l}$ an:
- bei einer Kalkwasser-Lösung ($Ca(OH)_2$) mit der Konzentration 1 $\frac{g}{l}$
- bei einer Natriumcarbonat-Lösung (Na_2CO_3) mit der Konzentration 212 $\frac{g}{l}$
- bei einer Natriumphosphat-Lösung (Na_3PO_4) mit der Konzentration 250 $\frac{g}{l}$

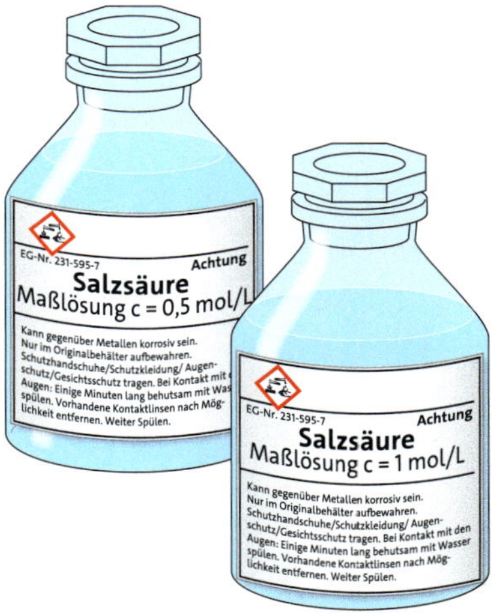

5 Säuren mit verschiedener Konzentration

Auf die Konzentration kommt es an

Erweitern und Vertiefen

Konzentrationen durch Titrationen genau bestimmen

Titrationsverfahren • Mithilfe einer Titration lässt sich die Konzentration von sauren und alkalischen Lösungen ermitteln.
Bei der Titration nutzt man die Eigenschaft, dass sich saure und alkalische Lösungen gegenseitig neutralisieren. Bei dieser Reaktion reagieren die Oxonium-Ionen (H_3O^+) der sauren Lösung mit den Hydroxid-Ionen (OH^-) der alkalischen Lösung zu Wasser. Um die Konzentration (*c*) einer unbekannten sauren Lösung zu bestimmen, neutralisiert man diese Lösung mit einer alkalischen Lösung bekannter Konzentration. Eine solche Lösung nennt man Maßlösung. Um zu erkennen, wann die Lösung neutral ist, gibt man einen Indikator hinzu. Möchte man z. B. die Konzentration einer unbekannten sauren Lösung bestimmen, tropft man aus einer Bürette so lange eine alkalische Maßlösung hinzu, bis der Indikator seine Farbe ändert. → 1
Aus dem Volumen (*V*) der verbrauchten Maßlösung, ihrer Konzentration und dem Volumen der Probelösung kann man die Konzentration der unbekannten Probe bestimmen.

Auswertung der Titration • Wenn saure und alkalische Lösung sich neutralisiert haben gilt:
$c_{\text{Säure}} \cdot V_{\text{Säure}} = c_{\text{alkal. Lösung}} \cdot V_{\text{alkal. Lösung}}$
Um die Konzentration einer unbekannten sauren Lösung zu bestimmen, löst man die Gleichung nach $c_{\text{Säure}}$ auf und setzt das Probevolumen, das Volumen der verbrauchten alkalischen Lösung und ihre Konzentration ein:

$$c_{\text{Säure}} = \frac{c_{\text{alkal. Lösung}} \cdot V_{\text{alkal. Lösung}}}{V_{\text{Säure}}}$$

Aufgaben

1 ◩ Gib an, wie man die Lösung nennt, die in die Bürette gefüllt wird.

2 ⊠ 10 ml Salzsäure werden mit 30 ml Natronlauge mit der Konzentration 0,5 $\frac{\text{mol}}{\text{l}}$ neutralisiert. Berechne die Säurekonzentration.

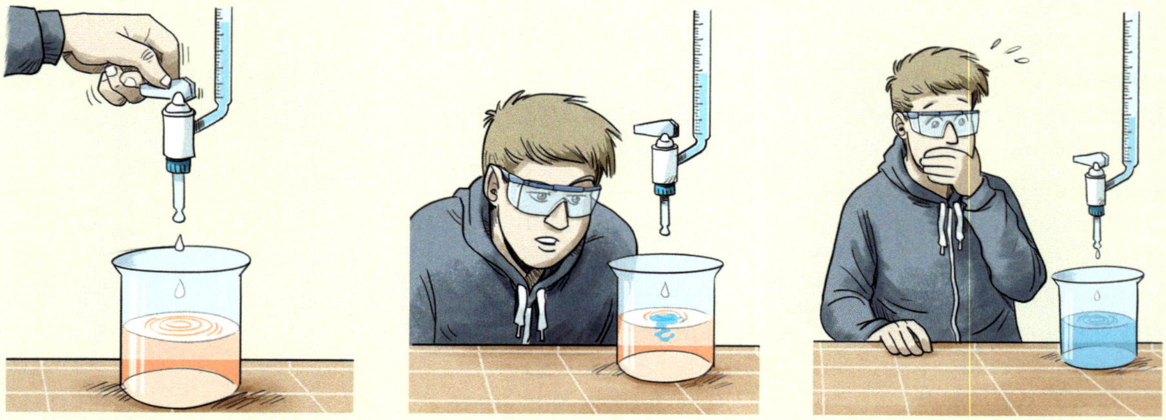

1 Titration: Zu einer Säure wird eine Lauge zugetropft – genau bis zur Neutralisation.

Methode

Eine Titration durchführen und auswerten

Im Schrank des Schullabors steht eine alte Flasche mit Salzsäure – ohne Etikett. Mit folgenden Schritten lässt sich die Konzentration der Salzsäure ermitteln:

1. Abfüllen eines genauen Volumens der zu untersuchenden Lösung Miss mit einer Pipette 10 ml der Salzsäure-Lösung ab und gib die Lösung in einen Weithals-Erlenmeyerkolben.

2. Hinzugabe des Indikators Gib zur Salzsäure einige Tropfen Phenolphthalein-Lösung.

3. Befüllen der Bürette mit der Maßlösung Fülle die Bürette mit Natronlauge (Konzentration = $0{,}1\,\frac{mol}{l}$) auf und notiere den Anfangsstand.

4. Tropfenweise Zugabe der Maßlösung bis zur Farbänderung des Indikators Tropfe vorsichtig Natronlauge in die Salzsäure-Lösung und schwenke dabei den Erlenmeyerkolben. Die Titration ist beendet, wenn die Farbe der Probelösung von farblos nach Pink umschlägt.

5. Ablesen des Endstands Bestimme den Verbrauch der Natronlauge. Berechne dazu die Volumendifferenz von Endstand und Ausgangsstand. Beim Ablesen ist zu beachten, dass das Auge auf der Höhe des Flüssigkeitsmeniskus ist. → 2

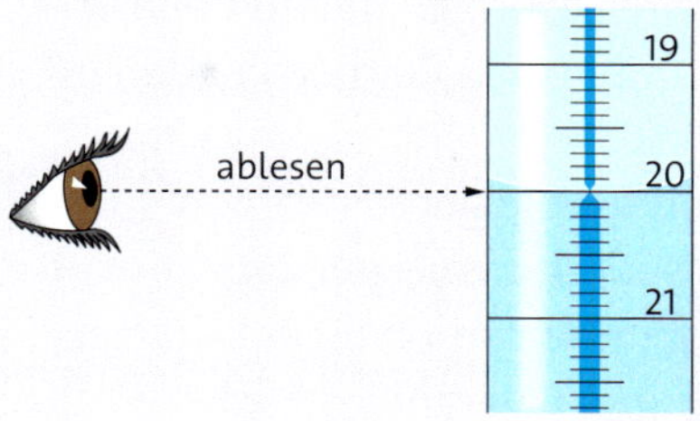

2 Ablesen des Endstands

6. Überprüfung des ermittelten Volumens durch eine zweite Titration Führe mit einer zweiten Salzsäureprobe noch mal eine Titration durch. Wiederhole dazu die Schritte 1–5.

7. Berechnung der Konzentration der untersuchten Lösung → 3

Gesucht: Konzentration der Salzsäure-Lösung $c(HCl)$

Gegeben: Konzentration der Natronlauge: $0{,}1\,\frac{mol}{l}$
Probevolumen der Salzsäure: 10 ml
Verbrauch an Natronlauge: 20 ml

Lösung: $c(HCl) = \frac{c(NaOH) \cdot V(NaOH)}{V(HCl)}$

$c(HCl) = \frac{0{,}1\,\frac{mol}{l} \cdot 20\,ml}{10\,ml} = 0{,}2\,\frac{mol}{l}$

Ergebnis: Die Konzentration der Salzsäure-Lösung beträgt $0{,}2\,\frac{mol}{l}$.

3 Beispielrechnung

Aufgaben

1 Zeichne und beschrifte den Versuchsaufbau für die Durchführung einer Titration.

2 Führe die Titration nach Absprache mit deiner Lehrkraft durch und berechne die Konzentration der Salzsäure-Lösung.

Saure, alkalische und neutrale Lösungen

Zusammenfassung

Eigenschaften • Saure Lösungen haben ebenso wie alkalische Lösungen eine Reihe von gemeinsamen Eigenschaften. → 1
Die H_3O^+-Ionen sind für die gemeinsamen Eigenschaften der sauren Lösungen, die OH^--Ionen für die gemeinsamen Eigenschaften der alkalischen Lösungen verantwortlich.

Eigenschaft	Saure Lösungen	Alkalische Lösungen
Ionen in Lösung	H_3O^+	OH^-
leiten elektrischen Strom	ja	ja
Färbung Universalindikator	rot bis gelb	blau bis blaugrün
pH-Wert	< 7	> 7
reagieren mit	unedlen Metallen und Kalk	
Besonderheiten	schmecken sauer	fühlen sich seifig an

1 Eigenschaften saurer und alkalischer Lösungen

Säuren und Basen nach Arrhenius • Nach Arrhenius bilden Säuren in wässrigen Lösungen Wasserstoff-Ionen (H^+). Basen dagegen bilden Hydroxid-Ionen (OH^-). Mit der Ionenbildung lässt sich die Leitfähigkeit von sauren und alkalischen Lösungen erklären.

Säuren und Basen nach Brønsted • Nach Brønsted sind Säuren Protonendonatoren und Basen Protonenakzeptoren. Protonendonator und -akzeptor bilden ein konjugiertes Säure-Base-Paar. Im Gegensatz zu Arrhenius' Theorie wird in Brønsteds Theorie die Bildung von Oxonium-Ionen (H_3O^+) berücksichtigt.

pH-Wert • Der pH-Wert ist ein Maß für die Konzentration der enthaltenen H_3O^+-Ionen in einer Lösung. Saure Lösungen haben einen pH-Wert unter 7. Der Anteil der H_3O^+-Ionen überwiegt in der Lösung. Alkalische Lösungen weisen einen pH-Wert größer als 7 auf. Der Anteil der OH^--Ionen überwiegt in der Lösung. Der pH-Wert von neutralen Lösungen wie Wasser liegt bei pH 7. Hierbei ist die Anzahl der H_3O^+-Ionen und die Anzahl der OH^--Ionen nahezu gleich.

Neutralisation • Wenn saure und alkalische Lösungen zusammentreffen, lagern sich die H_3O^+-Ionen und die OH^--Ionen zusammen. Dabei bildet sich neutrales Wasser. Die negativ geladenen Rest-Ionen der sauren Lösung und die positiv geladenen Ionen der alkalischen Lösung bilden nach dem Eindampfen der Salzlösung ein Salz.

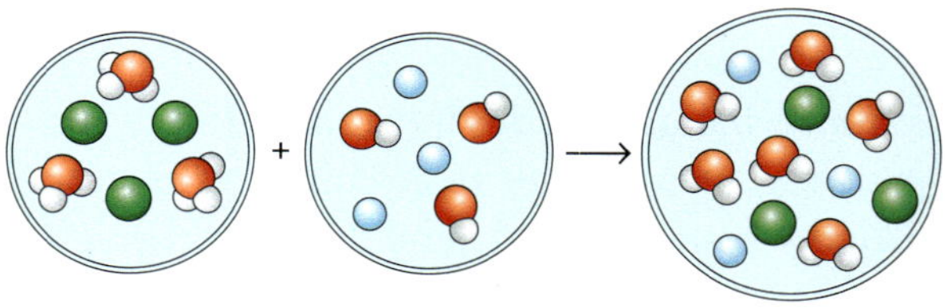

Salzsäure + Natronlauge → neutrale Natriumchlorid-Lösung
$H_3O^+ + Cl^- + Na^+ + OH^- \rightarrow 2\,H_2O + Na^+ + Cl^-$
2

Konzentration • Die Konzentration gibt an, wie viel von einem Stoff in einer Lösung gelöst ist. Sie lässt sich in $\frac{g}{l}$ und $\frac{mol}{l}$ angeben. Die Stoffmengenkonzentration besitzt die Einheit $\frac{mol}{l}$. Mithilfe einer Titration lässt sich die Konzentration von sauren und alkalischen Lösungen bestimmen.

Teste dich! (Lösungen im Anhang)

1 Nenne gemeinsame Eigenschaften von sauren Lösungen.

2 Nenne gemeinsame Eigenschaften von alkalischen Lösungen.

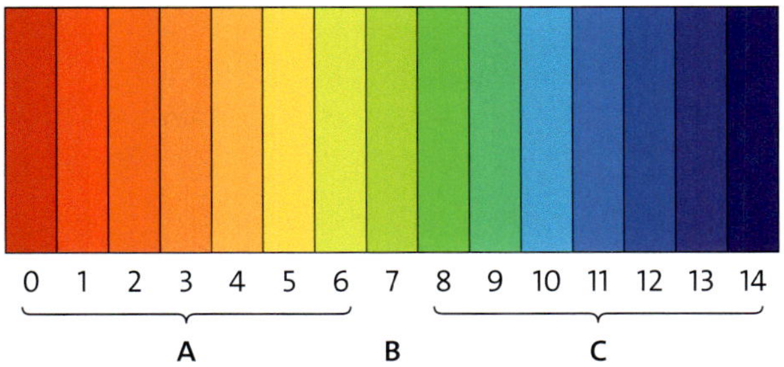

3 pH-Skala

3 Vergleiche die Säure-Base-Theorien von Arrhenius und Brønsted.

4 Stelle die Symbolgleichung für die Reaktion von Salzsäure in Wasser nach Brønsted auf.

5 Erkläre, warum Ammoniak (NH_3) nicht in die Definition von Basen nach Arrhenius passt.

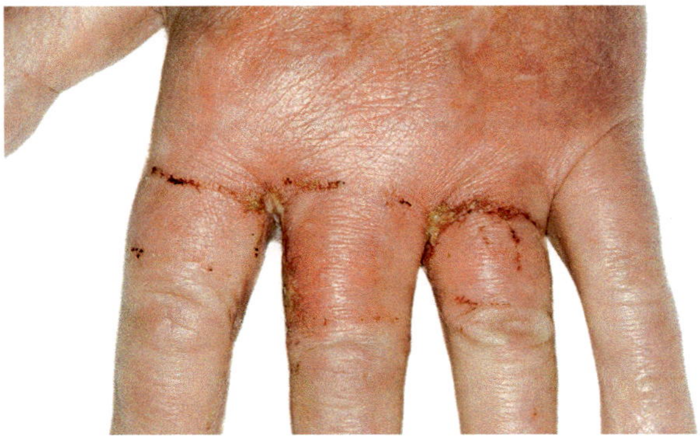

4 Verätzung der Haut durch konzentrierte Schwefelsäure

6 Gib an, welche Ionen für die gemeinsamen Eigenschaften von sauren Lösungen und welche für die gemeinsamen Eigenschaften von alkalischen Lösungen verantwortlich sind.

7 Gib an, wofür die Buchstaben A, B und C in der Zeichnung stehen. → 3

8 Gib an, welche Ionen in einer Lösung mit pH 9 überwiegen.

9 Begründe, welche saure Lösung stärker konzentriert ist: Essigsäure (pH 2,5) oder die Magensäure (ca. pH 1,5).

10 Gib an, wie man den pH-Wert einer Lösung bestimmen kann.

11 Erkläre den Begriff Neutralisation.

12 Gib an, welche Stoffe bei einer Neutralisation entstehen.

13 Das Salz Natriumsulfat entstand bei einer Neutralisation. Gib an, welche Säure und welche Lauge reagiert haben.

14 Erkläre, warum konzentrierte Schwefelsäure schwere Verletzungen verursachen kann. → 4

15 Konzentrationen:

a Erkläre die Angabe 0,5 $\frac{mol}{l}$.

b Gib an, wie viel g Natrium in einer 2-molaren Kochsalzlösung enthalten sind.

c Berechne die Konzentration in $\frac{mol}{l}$ bei einer Kupfersulfat-Lösung ($CuSO_4$) mit der Konzentration 79,85 $\frac{g}{l}$.

Kohlenstoff – der Molekülbauer

Keine Atomsorte kann eine so große Vielfalt von Verbindungen bilden wie Kohlenstoff.

Aus was besteht Erdöl und wie wird es verarbeitet?

Ob als Massenware oder maßgeschneiderter technischer Werkstoff – Kunststoffe sind aus unserem Leben nicht mehr wegzudenken.

Erdgas

1 Erdgas – wichtiger Energieträger, nicht nur beim Kochen

2 Methan

Unser Energiebedarf ist riesig. Warme Häuser, warmes Wasser und elektrische Energie rund um die Uhr. Wo kommt diese Energie her?

Primärenergie • Verkehr, Industrie und Haushalte brauchen große Mengen an Energie. Der gesamte Energieverbrauch wird als Primärenergieverbrauch bezeichnet. Den größten Anteil daran tragen in Deutschland derzeit Erdöl und Erdgas. → 3

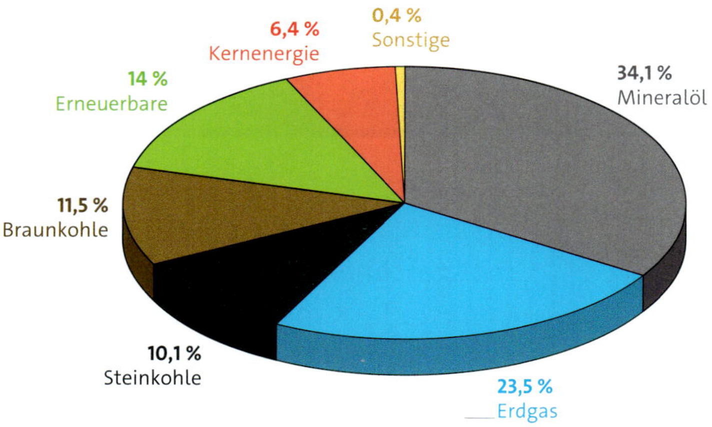

3 Primärenergiemix in Deutschland

Erdgas und Biogas • Ein großer Teil des Energiebedarfs von Deutschland wird von gasförmigen Energieträgern gedeckt. Diese Gase bestehen zu 75 bis 99 Prozent aus Methan (CH_4). Der Rest setzt sich zusammen aus Ethan (C_2H_6), Schwefelwasserstoff (H_2S) und Stickstoff (N_2). Biogas deckt einen sehr geringen Teil des Energiebedarfs.

Erdgaslagerstätten • Erdgas findet man, wie der Name schon sagt, in der Erde. Entstanden ist es vor vielen Millionen Jahren. Auf dem Boden urzeitlicher Meere lagerten sich tote Pflanzen und Tiere ab. Nach der Überlagerung mit Schlamm zersetzten Bakterien die Stoffe. Auch Hitze und Druck unter immer dickeren Gesteinsschichten veränderten die Stoffe. Schließlich wurde das Gas aus diesen Schichten herausgepresst und stieg auf bis zu undurchlässigen Erdschichten. → 4 Ganz ähnlich ist auch Erdöl entstanden. Daher findet man diese beiden Stoffe auch immer zusammen.

die **Primärenergie**
das **Erdgas**
das **Methan**

Verwendung • Methan hat zwei wichtige Eigenschaften, die erklären, warum es in so großem Maß genutzt wird: Es ist leicht brennbar und die Reaktion der Verbrennung verläuft exotherm. Die frei werdende Wärme wird entweder direkt zum Heizen genutzt oder in Gaskraftwerken wird Wasser verdampft. Der Wasserdampf wird dann auf Turbinen geleitet, die einen Generator zur Stromerzeugung antreiben. Etwa 11 Prozent des Stroms in Deutschland werden derzeit so erzeugt.

Methan und Treibhauseffekt • Bei der Verbrennung von Methan entstehen Kohlenstoffdioxid und Wasser. → 5 Die Reaktionsprodukte sind dabei ungiftig. Doch das Reaktionsprodukt Kohlenstoffdioxid hat einen gewaltigen Nachteil: Durch den Ausstoß enormer Mengen dieses Treibhausgases ist es der Hauptverursacher des Klimawandels.
Methan selbst ist ebenfalls ein klimaschädliches Gas. Es wirkt um ein Vielfaches stärker als Kohlenstoffdioxid.

Erdgas und Biogas sind wichtige Energieträger. Sie bestehen hauptsächlich aus Methan.
Bei der exothermen Verbrennung entsteht das klimaschädliche Gas Kohlenstoffdioxid. Methan selbst ist ein noch stärkeres Treibhausgas als Kohlenstoffdioxid.

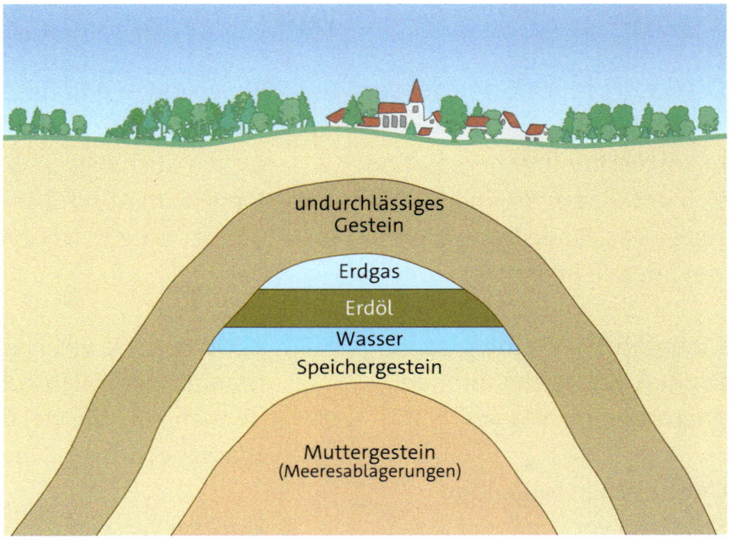

4 Erdgaslagerstätte

5

Methan	+	Sauerstoff	→	Wasser	+	Kohlenstoffdioxid
CH_4	+	$2\ O_2$	→	$2\ H_2O$	+	CO_2

Aufgaben

1 Gib an, woraus Erdgas besteht.

2 Nenne zehn Vorgänge, bei denen du im Laufe eines Tages zum Primärenergieverbrauch der Bundesrepublik Deutschland beiträgst.

3 Familie Hansen hat eine Gasheizung im Keller, die auch das Warmwasser bereitet. Erkläre, warum es immerhin ein kleiner Schritt gegen den Klimawandel ist, wenn die Hansens nur noch duschen, statt zu baden.

Erdgas

Material A

Die Energie im Gas messen

In Kartuschenbrennern befindet sich unter dem Brenner verflüssigtes Gas. Finde heraus, wie viel Energie in dem Gas steckt.

Materialliste: Becherglas, Dreifuß, Kartuschenbrenner, Thermometer, Waage

Gehe dazu in folgenden Schritten vor:
- Wiege den Kartuschenbrenner. → 1 Notiere das Ergebnis.
- Fülle 400 ml Wasser ab und miss die Temperatur. Notiere diesen Messwert.
- Erhitze das Wasser mithilfe des Kartuschenbrenners für 90 Sekunden und miss erneut die Temperatur des Wassers. Notiere auch diesen Wert.
- Wiege zum Abschluss den Brenner erneut. Notiere den Wert.

1 Gib an, wie viel Gas verbrannt wurde. Gib außerdem an, um wie viel Grad das Wasser erwärmt wurde.

2 Um 1 ml Wasser um 1 Grad zu erwärmen, braucht man 4,2 Joule Energie.

a Berechne, wie viel Energie dem Wasser zugeführt wurde.

b Berechne, wie viel Energie in 100 g Gas enthalten sind.

1

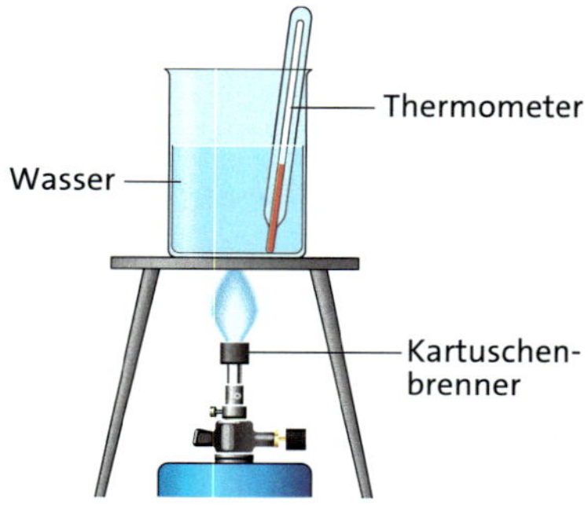

2 Erhitzen des Wassers

Material B

Biogas – wie geht das?

Biogasanlagen sollen ein Baustein der Energiewende sein.

1 Gib an, aus welchen Rohstoffen Biogas gewonnen wird.

2 Erkläre den Nutzen, der aus Biogas gezogen wird.

3 Schreibe einen Text über die Herstellung und Nutzung von Biogas.

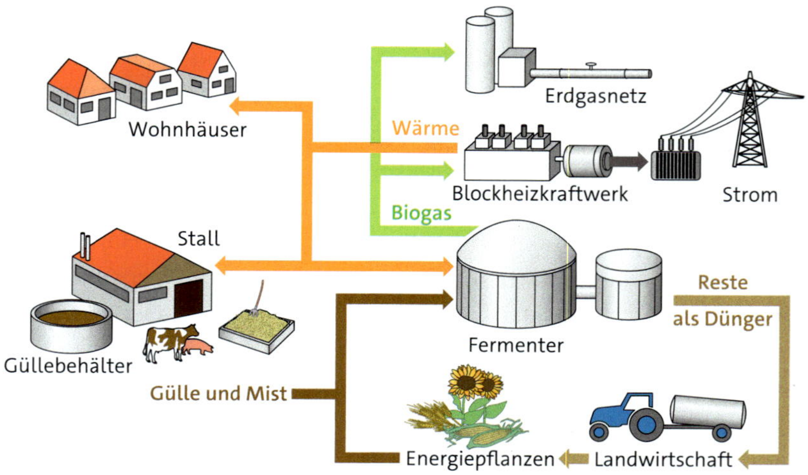

3 Biogasanlage – Aufbau und Funktion

Material C

Technologie für den Klimaschutz?

Familie Hansen hat in eine solarthermische Anlage investiert. Diese dient der Warmwasserbereitung und soll den Klimawandel bremsen.

1 ☒ Schaue dir den schematischen Aufbau der Anlage in Bild 4 an und notiere die Aufgaben folgender Bauteile: Gasheizung, Kollektor, Pufferspeicher, Pumpe, Wärmetauscher.

2 ☒ Beschreibe mit eigenen Worten das Funktionsprinzip dieser Anlage.

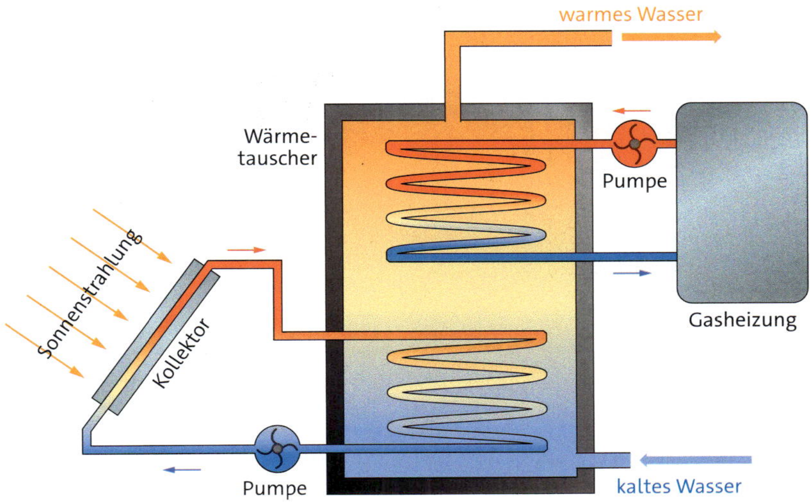

4 Warmwassererzeugung mit Erdgas und Solarthermie

3 ☒ Der Bundestag will Technologien fördern, die den Klimawandel bremsen. Gib den Abgeordneten eine begründete Empfehlung, ob solche Anlagen mit Steuergeldern gefördert werden sollten.

Material D

Biogas – ein Standbein der Energiewende?

Die aus Biogas gewonnene Energie in Deutschland steigt stetig an.

1 ☒ Beschreibe das Diagramm. → 5

2 ☒ Recherchiere im Internet Vor- und Nachteile der Biogasentwicklung.

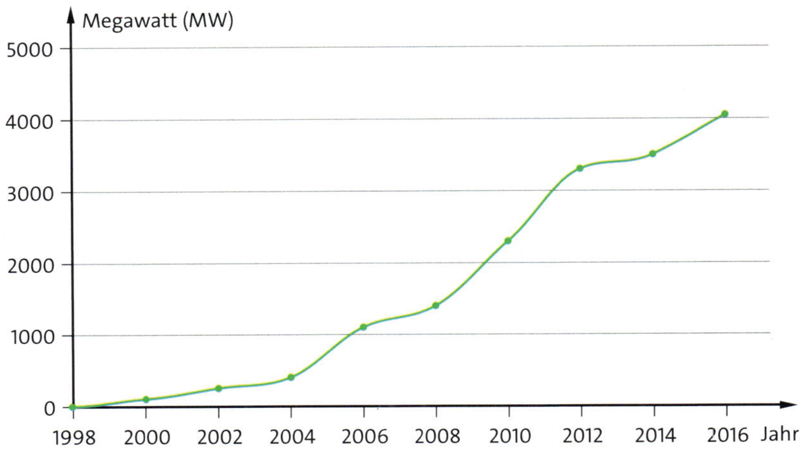

5 Entwicklung der Biogasenergiemenge in Deutschland

Methan und seine „Verwandten“

1 Die ersten vier Moleküle der Alkane; Transport von verflüssigtem Methan

Methan hat die Formel CH_4. Es gehört somit zu den Kohlenwasserstoffen.

Kohlenstoff-Atome bilden Ketten • Kohlenwasserstoffe sind Verbindungen, die aus den Elementen Kohlenstoff und Wasserstoff aufgebaut sind. Ein Methanmolekül besitzt beispielsweise ein Kohlenstoff-Atom und vier Wasserstoff-Atome. → 2 Es gibt auch Moleküle, die aus mehreren Kohlenstoff-Atomen bestehen, z. B. Ethan (C_2H_6). Die beiden Kohlenstoff-Atome sind über eine Einfachbindung miteinander verbunden. → 3 Jedes Kohlenstoff-Atom hat außerdem drei Wasserstoff-Atome als Bindungspartner. Wenn weitere Kohlenstoff-Atome hinzukommen, werden diese über Einfachbindungen verknüpft und bilden eine Kette. → 4

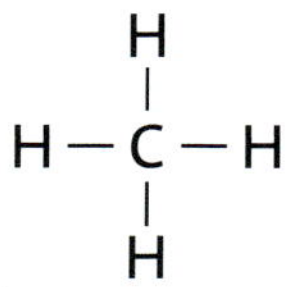

2 Methan

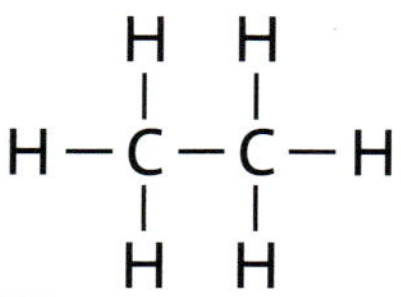

3 Ethan

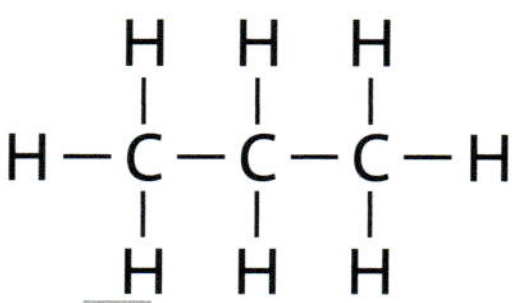

4 Propan

Alkane • Kohlenwasserstoffe, die nur Einfachbindungen enthalten, zählt man zur Stoffgruppe der Alkane. Ihre Namen enden auf -an. Manche ihrer Namen leiten sich aus dem Griechischen je nach Anzahl der Kohlenstoff-Atome ab (z. B. penta = fünf, Pentan hat fünf Kohlenstoff-Atome). Allgemein ist C_nH_{2n+2} die Summenformel der Alkane. Dabei steht *n* für die Anzahl der Kohlenstoff-Atome.

Homologe Reihe • Ähnlich gebaute Stoffe, z. B. die Alkane, kann man in einer homologen Reihe anordnen. Die Formel der Alkane nimmt dabei immer um eine CH_2-Einheit zu.

Kohlenwasserstoffe, die nur Einfachbindungen enthalten, nennt man Alkane.

Aufgaben

1 Erkläre den Begriff Kohlenwasserstoffe.

2 Begründe, ob der Stoff $C_{17}H_{34}$ ein Alkan ist.

der Kohlenwasserstoff
das Alkan
die homologe Reihe

Material A

Eine logische Struktur

Name	Anzahl C-Atome
Methan	1
Ethan	2
Propan	3
Butan	4
Pentan	5
Hexan	6
Heptan	7
Octan	8
Nonan	9
Decan	10

5 Homologe Reihe der Alkane

Kohlenstoff steht in der IV. Hauptgruppe des Periodensystems. Ein Kohlenstoff-Atom bildet daher vier Elektronenpaarbindungen aus, um den Edelgaszustand zu erreichen. Wasserstoff ist als Bindungspartner des Kohlenstoffs gut geeignet. Aber auch Bindungen zu anderen Kohlenstoff-Atomen sind kein Problem.

1 ◩ Begründe, warum sich die Alkane immer um eine CH_2-Einheit unterscheiden.

2 ⊠ Übernimm die Tabelle von Bild 5 in dein Heft und zeichne die Strukturformeln der Alkane.
Recherchiere die Siedetemperaturen und die Aggregatzustände der Alkane. Die Siedetemperaturen findest du im Anhang des Buches.

3 ⊠ Berechne die Formel der Alkane mit 12, 23 und 37 Kohlenstoff-Atomen.

Material B

Modelle bauen

1 Modelle helfen dabei, sich den Aufbau von Molekülen vorzustellen. In Bild 6 siehst du verschiedene Materialien aus dem Alltag, die man zum Modellbau nutzen kann.

a ◩ Wähle Materialien aus, die dir zum Nachbau folgender Molekülmodelle geeignet erscheinen: Methan, Butan und Heptan.
Achte darauf, für die Atome und für die Bindungen in einem Molekül jeweils immer das gleiche Material zu verwenden.

b ⊠ Baue Methan noch einmal mit einem anderen Baumaterial. Denke daran, dass die Bindungen nicht unbedingt dargestellt werden müssen. Vergleiche die beiden Methanmodelle.

c ⊠ Bewerte die Baumaterialien. Welche eignen sich gut, welche weniger gut zum Darstellen von Atomen und Molekülen?

6 Materialien zum Atombau

Verwandt und doch so unterschiedlich

1 Flüssiggas Butan im Feuerzeug

2 Schmieröl ist zähflüssig.

3 Kerzen aus Paraffin

Alkane sind bei Raumtemperatur gasförmig, flüssig oder fest. Das liegt an der Kettenlänge der Moleküle.

Siedetemperatur • Je größer die Kettenlänge der Alkanmoleküle, desto höher ist die Siedetemperatur. → 4
Die kurzkettigen Alkane Methan bis Butan sind bei Raumtemperatur gasförmig. Pentan bis Nonan sind dünnflüssig, während längerkettige Alkane zähflüssig sind.
Ab einer Kettenlänge von ca. 17 Kohlenstoff-Atomen sind die Alkane fest und wachsartig. Gemische aus festen Alkanen werden als Paraffine bezeichnet und als Kerzenwachs verwendet.

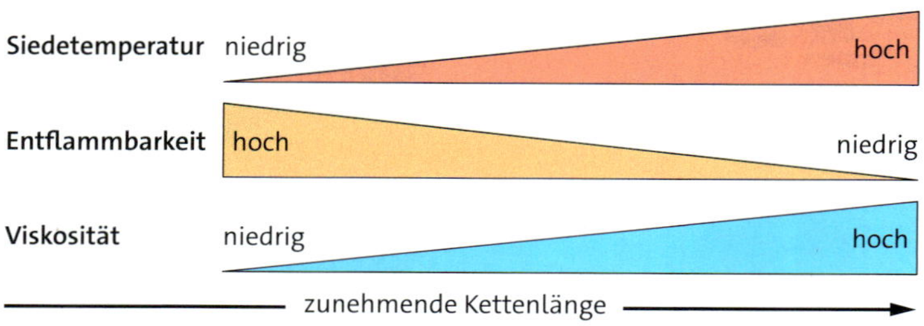

4 Einfluss der Kettenlänge auf die Stoffeigenschaften

Entflammbarkeit • Je länger die Kohlenstoffkette ist, desto schwerer lassen sich die Alkane entzünden. → 4
Längerkettige Alkane rußen beim Brennen stärker. Daher nutzt man sie weniger zur Energiegewinnung.

Viskosität • Die Viskosität beschreibt die Zähflüssigkeit eines Stoffs. Alkane mit längeren Molekülketten (ab ca. elf Kohlenstoff-Atome) sind ölig bis sehr zähflüssig. → 4 Sie werden deshalb oft als Schmierstoffe eingesetzt.

Kräfte zwischen Alkanmolekülen • Die Eigenschaften der Alkane kann man so erklären: Es gibt Anziehungskräfte zwischen den Molekülen, vor allem bei den langkettigen Alkanen. Kann es sich dabei um Dipolkräfte handeln? Dazu muss man sich die Elektronegativitätswerte anschauen:
Die Elektronegativität von Kohlenstoff liegt bei 2,5 und die von Wasserstoff bei 2,1. Der Unterschied beträgt also nur 0,4. Das bedeutet, dass die

die Viskosität
die Van-der-Waals-Kräfte

C-H-Bindung nur ganz schwach polar ist. Dipolkräfte können daher kaum eine Rolle spielen. Es muss noch andere Kräfte zwischen den Molekülen geben.

Van-der-Waals-Kräfte • Man denkt immer, dass die Elektronen in Atomen ganz gleichmäßig verteilt sind. → 5 Das ist aber nicht immer der Fall. Dadurch können für einen kurzen Moment Teilladungen im Atom oder Molekül entstehen. → 6 In diesen Momenten gibt es in den Teilchen Bereiche mit positiven und mit negativen Teilladungen. Dies führt zu Anziehungskräften zwischen den Teilchen, die nicht von Dauer sind. Diese Anziehungskräfte sind insgesamt schwach. Man nennt sie Van-der-Waals-Kräfte nach dem niederländischen Physiker Johannes Diderik van der Waals, der sie entdeckt hat.

Längere Ketten – stärkere Van-der-Waals-Kräfte • Wenn die Kettenlänge größer ist, wirken auch mehr Van-der-Waals-Kräfte zwischen den Molekülen. → 7 Langkettige Moleküle haften daher stärker aneinander. Wenn diese Alkane verdampfen, müssen die Anziehungskräfte zwischen den Molekülen überwunden werden. Dazu ist mehr Energie nötig als bei kurzkettigen Alkanen. Deshalb sind die Siedetemperaturen deutlich höher. Auch die Viskosität und die Entflammbarkeit eines Stoffs hängen davon ab, wie stark die Van-der-Waals-Kräfte zwischen den Molekülen sind.

5 Zwei „normale" Helium-Atome

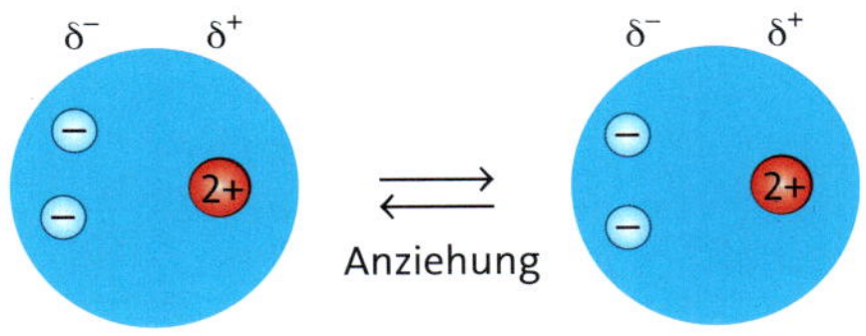

6 Zwei „verformte" Helium-Atome können sich gegenseitig anziehen.

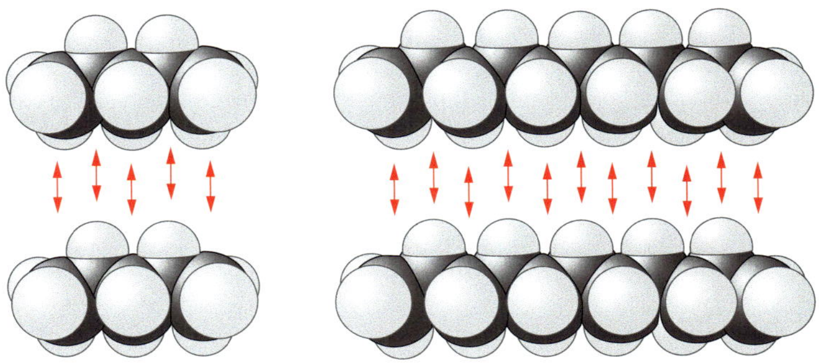

7 Je größer die Moleküle, desto mehr Van-der-Waals-Kräfte

Van-der-Waals-Kräfte sind schwache Anziehungskräfte zwischen Teilchen. Je größer die Moleküle sind, desto mehr Van-der-Waals-Kräfte gibt es.

Aufgabe

1 Eigenschaften der Alkane

a Beschreibe verschiedene Eigenschaften von Alkanen im Zusammenhang mit der Kettenlänge.

b Erkläre, warum die Eigenschaften von der Länge der Kohlenstoffkette abhängen.

Verwandt und doch so unterschiedlich

Material A

Eigenschaften zuordnen

Die Alkane weisen unterschiedliche Eigenschaften in Abhängigkeit zu ihrer Kettenlänge auf.

1 Ordne den Alkanen 1–5 die jeweilige Eigenschaften A–E zu. → 1

2 Begründe anschließend deine Zuordnung.

Alkan		Eigenschaft	
1	Hexan	A	zähflüssig, ölig
2	Decan	B	hat den niedrigsten Siedepunkt.
3	Methan	C	ist von den bei Raumtemperatur flüssigen Alkanen der Tabelle am zweitleichtesten zu entflammen.
4	Docosan ($C_{22}H_{46}$)	D	hat von den bei Raumtemperatur flüssigen Alkanen der Tabelle die geringste Viskosität.
5	Dodecan ($C_{12}H_{26}$)	E	ist bei Raumtemperatur fest.

1 Zuordnung: Alkane im Vergleich

Material B

Diagramme zeichnen

1 Stelle die in Tabelle 2 aufgelisteten Messwerte der ausgewählten Alkane in geeigneten Diagrammen dar.

Name des Alkans	Siedetemperatur	Dichte (als Flüssigkeit)
Methan	−162 °C	0,42 $\frac{g}{ml}$
Butan	−0,5 °C	0,58 $\frac{g}{ml}$
Hexan	69 °C	0,65 $\frac{g}{ml}$
Octan	126 °C	0,70 $\frac{g}{ml}$

2 Eigenschaften einiger Alkane

Material C

Lehrerversuch: Viskosität im Vergleich

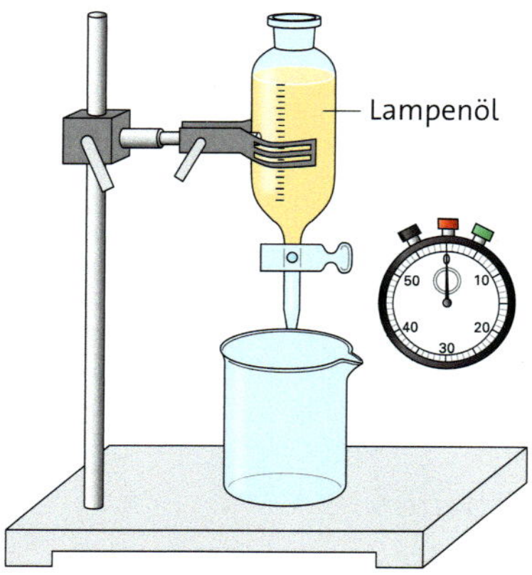

3 Versuchsaufbau

Materialliste: Tropftrichter (100 ml), 3 Bechergläser (250 ml), Stativmaterial, Stoppuhr, Lampenöl, Waschbenzin, Motoröl, Unterlage

1 Der Trichter wird senkrecht in das Stativ eingespannt und ein Becherglas direkt daruntergestellt.

2 Die erste Stoffprobe wird bis zur oberen Markierung im Trichter eingefüllt.

3 Der Hahn wird langsam geöffnet und die Zeit gestoppt, bis die Flüssigkeit durchgelaufen ist. Danach wird der Trichter gereinigt und der Versuch mit den anderen beiden Stoffproben wiederholt.

4 Fertige ein Protokoll zum Versuch an.

5 Vergleiche die Viskosität von Lampenöl, Waschbenzin und Motoröl.

Material D

Richtig oder falsch?

Die Van-der-Waals-Kräfte haben Einfluss auf die Eigenschaften der Alkane.

1 In Bild 4 sind einige Aussagen über Van-der-Waals-Kräfte aufgeführt.
☒ Entscheide, welche der Aussagen richtig und welche falsch sind. Schreibe die richtigen Aussagen in dein Heft.

Van-der-Waals-Kräfte haben etwas mit elektrostatischer Anziehung zu tun.

Je länger die Kettenlänge der Alkane, desto stärker sind die Van-der-Waals-Kräfte.

Van-der-Waals-Kräfte haben ihre Ursache im Magnetismus.

Die Van-der-Waals-Kräfte sind die Ursache dafür, dass die Siedepunkte der Alkane mit der Kettenlänge steigen.

Van-der-Waals-Kräfte sind stärker als Dipolkräfte.

4

Material E

Entflammbarkeit

Alkane lassen sich unterschiedlich leicht entflammen. Dies kannst du im Experiment erfahren.

Materialliste: festes Paraffin, n-Heptan, n-Nonan, Paraffinöl, Wasser, Becherglas, Gasbrenner, Holzspan, 4 Porzellanschalen, Spatel, Tiegelzange, 3 Tropfpipetten

1 Gib von den flüssigen Alkanen jeweils 2 ml in je eine Porzellanschale. Gib ein linsengroßes Stück vom festen Paraffin in eine weitere Porzellanschale.

2 Versuche, die Proben mithilfe des brennenden Holzspans zu entzünden. Dokumentiere, welche Proben sich entzünden lassen und bei welcher es am leichtesten geht.

3 Mit den Proben, die sich nicht entzünden ließen, machst du Folgendes: Halte die Porzellanschalen mit der Tiegelzange in ein Becherglas mit heißem Wasser. Gib acht, dass kein Wasser in die Porzellanschale gelangt. Versuche anschließend, die Proben erneut mit dem brennenden Holzspan zu entzünden. Gibt es eine Probe, die sich immer noch nicht entzünden lässt?

5 Flammenvergleich von Methan, Paraffin und Wundbenzin

4 Erhitze die Porzellanschale mit der Probe, die sich noch nicht entzünden ließ, in der Brennerflamme. Versuche sie anschließend erneut mit dem Holzspan zu entzünden.

5 ☒ Setze folgenden Satz fort: „Je länger die Kette des Alkans, desto …“

Verzweigte Ketten

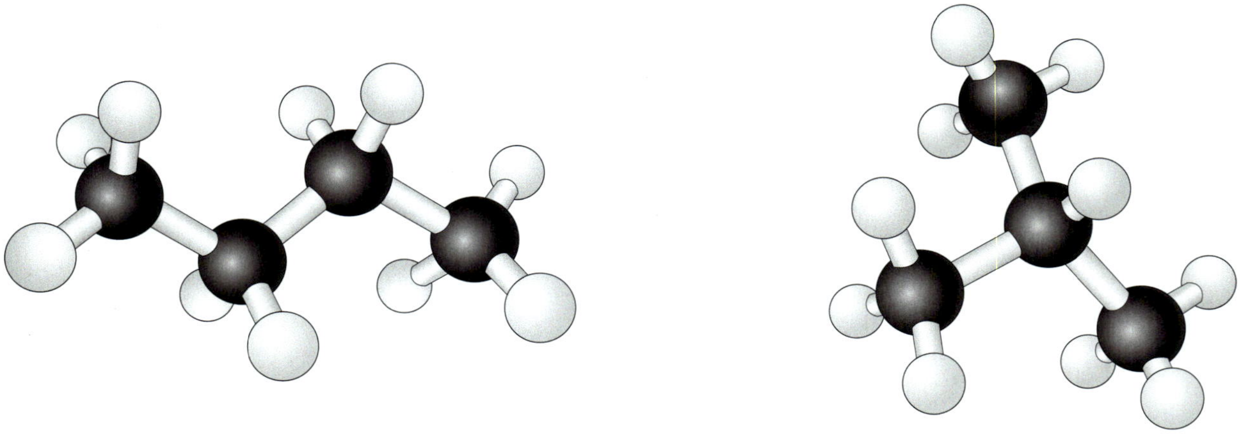

1 Zweimal Butan und doch nicht gleich?

Butan hat die Formel C_4H_{10}. Aber wenn man ein Molekül mit dieser Formel erstellen will, gibt es plötzlich zwei Möglichkeiten.

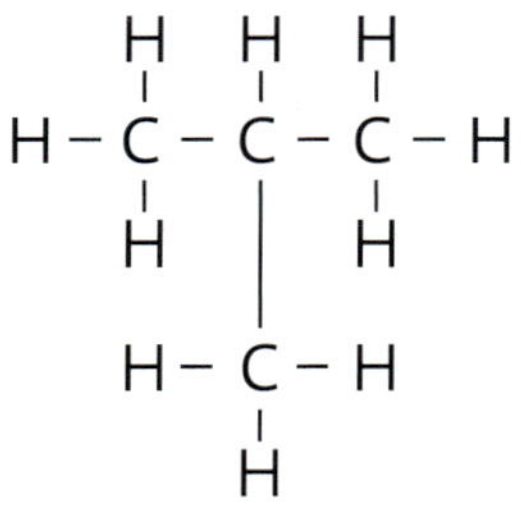

2 Isobutan

Isomerie • Für Butan lassen sich zweierlei Strukturen zeichnen. Die Summenformel ist aber für beide Moleküle gleich. → 1
Beide Moleküle bestehen aus vier Kohlenstoff- und zehn Wasserstoff-Atomen, aber der Aufbau und die Stoffeigenschaften sind verschieden. Zum Beispiel sind die Schmelz- und Siedetemperaturen nicht genau gleich. Dies nennt man Isomerie. Beide Moleküle sind Isomere des Butans.

Verbindungen, die die gleiche Formel, aber eine unterschiedliche Struktur haben, nennt man Isomere.

Nomenklatur • Um die Moleküle trotzdem unterscheiden zu können, benennt man sie unterschiedlich. Dazu gibt es bestimmte Regeln:

Wenn die Kohlenstoff-Atome des Moleküls eine unverzweigte Kette bilden, spricht man von einem n-Kohlenwasserstoff, zum Beispiel von n-Butan. Das n steht für normal bzw. für unverzweigt: Es gibt nur eine Kohlenstoffkette.
Das verzweigte Butan heißt i-Butan oder Isobutan → 2. Das i bedeutet, dass es sich um einen verzweigten Kohlenwasserstoff handelt, ein Isomer des n-Butans.
Die systematische Benennung der Kohlenwasserstoffe nennt man Nomenklatur.

Als Nomenklatur bezeichnet man die systematische Benennung der Kohlenwasserstoffe.

Aufgaben

1 Erkläre den Begriff Isomerie.

2 Benenne und zeichne zwei Isomere von Pentan.

die Isomerie
die Nomenklatur

Methode

Kohlenwasserstoffe benennen

1. Nur das Kohlenstoffgerüst beachten. Die längste Kohlenstoffkette im Molekül suchen. Achtung: Sie kann auch um die Ecke gehen! Die Anzahl der C-Atome bestimmt den Namen des Stoffs und bildet den Stammnamen.

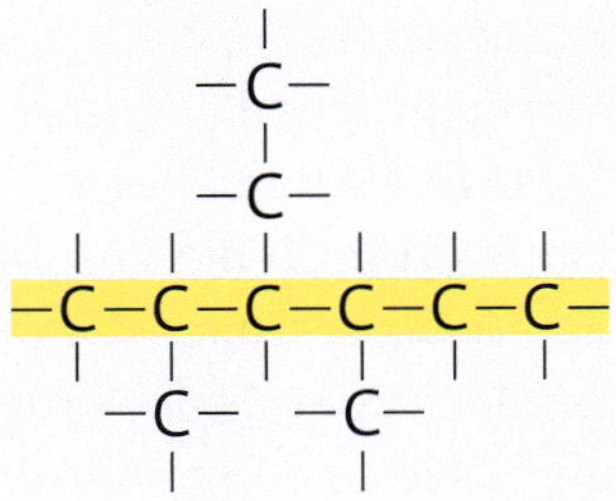

Am Beispiel:
Die längste Kette hat 6 C-Atome:
→ Hexan

2. Die Seitenketten benennen. Die Anzahl der C-Atome bestimmt den Namen der Seitenkette. Seitenketten erhalten die Endung -yl.
Die Seitenketten alphabetisch ordnen.

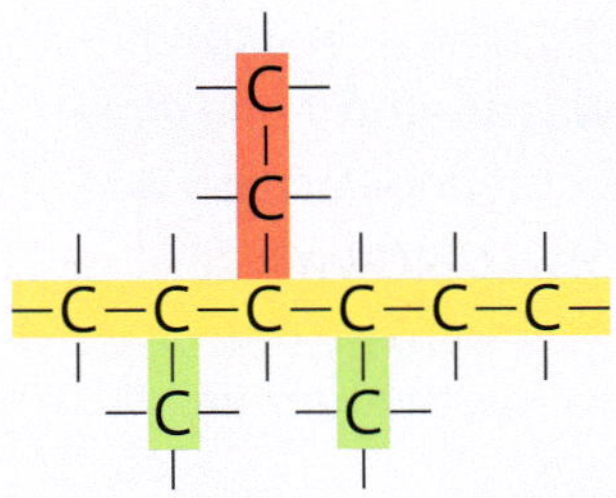

Es gibt zwei Arten von Seitenketten, die an die Hauptkette geknüpft sind:
→ Ethyl-methylhexan
(Ethyl leitet sich von Ethan ab, Methyl von Methan.)

3. Die Anzahl der Seitenketten bestimmen und mit den griechischen Zahlwörtern Di-, Tri-, Tetra- oder Penta- kennzeichnen. Die Bezeichnung der Seitenketten dem Stammnamen voranstellen.

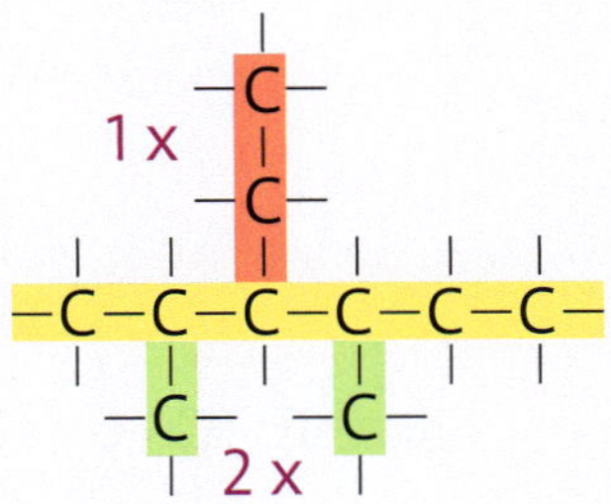

Es gibt eine Ethyl- und zwei Methylgruppen:
→ Ethyl-dimethylhexan

4. Die Hauptkette nummerieren. Die Verknüpfungsstellen der Seitenketten mit der Hauptkette mit Ziffern angeben.
Wenn es mehrere Möglichkeiten der Bezifferung gibt (z. B. indem man von links oder von rechts zählt), nimmt man die kleineren Ziffern.

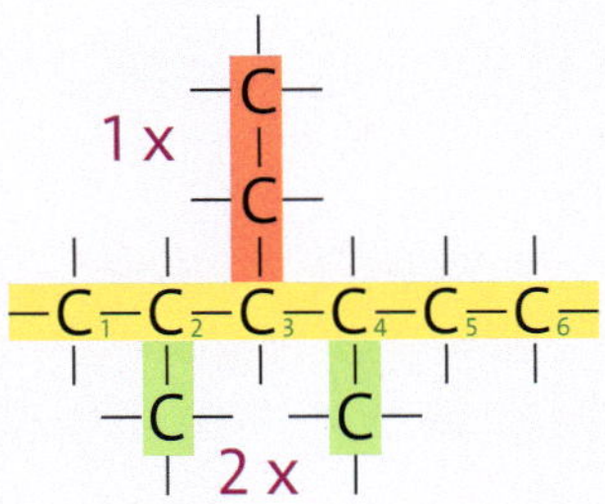

Der komplette Name lautet:
3-Ethyl-2,4-dimethylhexan

Verzweigte Ketten

Material A

Benennen – leicht gemacht

Hier kannst du die Benennung von Kohlenwasserstoffen und die Identifizierung von Isomeren üben.

1 Ordne die passenden Stammnamen den Kohlenwasserstoffen 1–6 zu: → 1

Pentan, Heptan, Octan, Nonan

Schreibe die Zuordnungen in dein Heft.

2 Seitenketten:

a Gib für jeden der Kohlenwasserstoffe an, wie viele Methylgruppen er enthält.

b Setze die passenden Zahlwörter für die Anzahl der Methylgruppen voran.

c Mache das Gleiche für die Ethyl- und Propylgruppen.

3 Ergänze bei Kohlenwasserstoff 1 und 2 die passende Position der Methylgruppe:

- ?-Methyloctan
- ?-Methylheptan

4 Ordne den Kohlenwasserstoffen 3–6 die folgenden Namen zu:

- 2,2,4-Trimethylpentan
- 3,6-Diethyl-2,4,4,6-tetramethyloctan
- 4-Methyl-5-Propylnonan
- 4-Ethyl-2,4,8-Trimethylnonan

5 Isomere:

a Gib an, bei welchen der in Bild 1 dargestellten Kohlenwasserstoffe es sich um Isomere handelt.

b Gib die Summenformel der Isomere an.

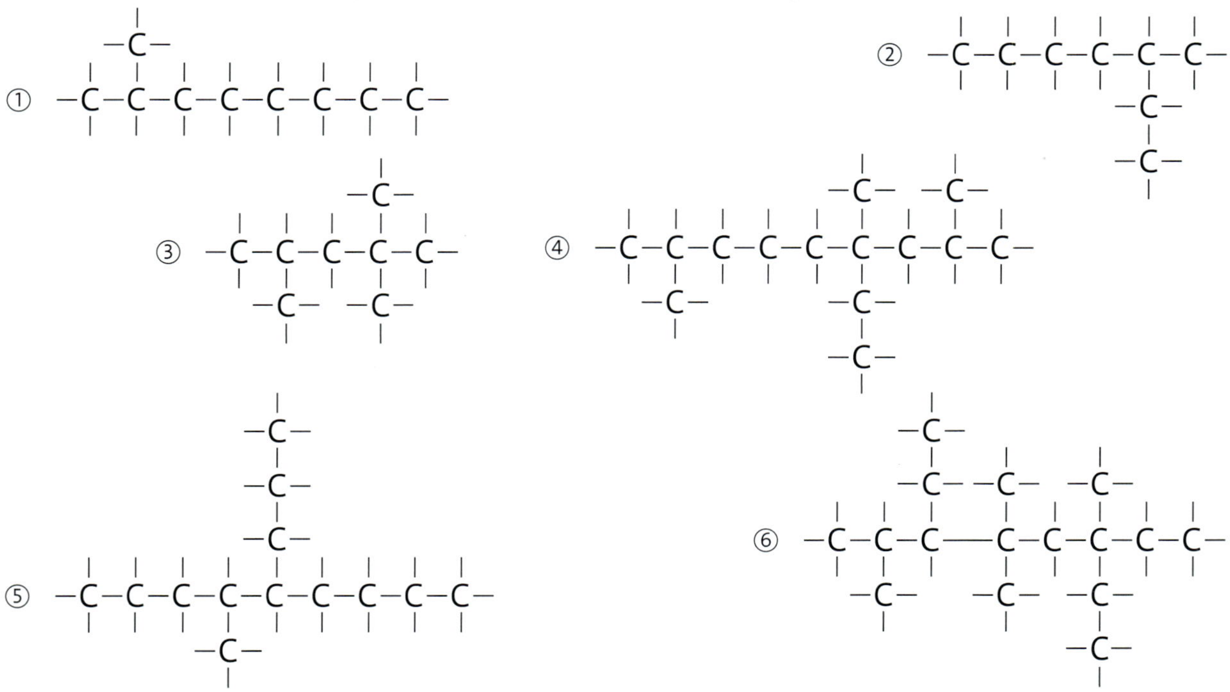

1 Verzweigte Kohlenwasserstoffe

Material B

Isomere oder nicht?

Isomere kann man sehr gut mit dem Molekülbaukasten darstellen.

1 Baue 3-Ethylhexan. Gib an, von welchem n-Alkan es ein Isomer ist.

2 Baue alle möglichen Isomere des Heptans. Wie viele gibt es?

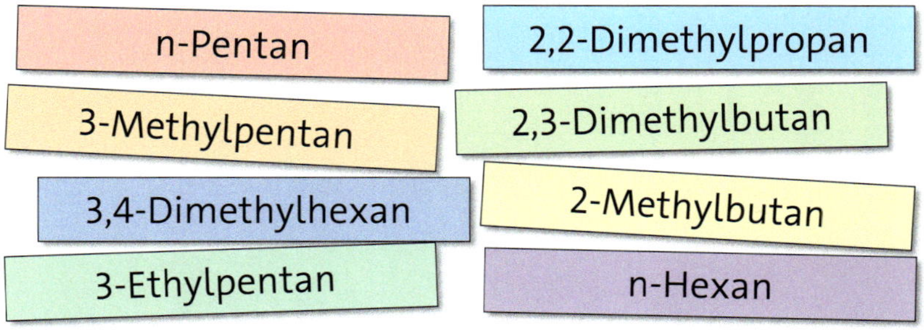

2 Isomere oder „Einzelgänger“?

3 In Bild 2 sind acht Alkane genannt. Nenne diejenigen, die isomer zueinander sind.

4 Richtig oder falsch? 3,4-Dimethylheptan ist ein Nonan-Isomer. Begründe.

Material C

Moleküle systematisch zeichnen und benennen

Gehe beim Zeichnen und beim Benennen der Kohlenwasserstoffe gemäß den Regeln auf der vorherigen Seite vor.

1 Zeichne die Strukturen folgender Moleküle:
- 2-Methylpentan
- 2,2,4-Trimethylhexan
- 3-Ethyl-2-Methylpentan
- 3-Ethyl-2,2-Dimethylpentan
- n-Nonan

2 Benenne die in Bild 3 dargestellten Moleküle.

3 Noah und Lisa streiten sich über das Molekül in Bild 4.

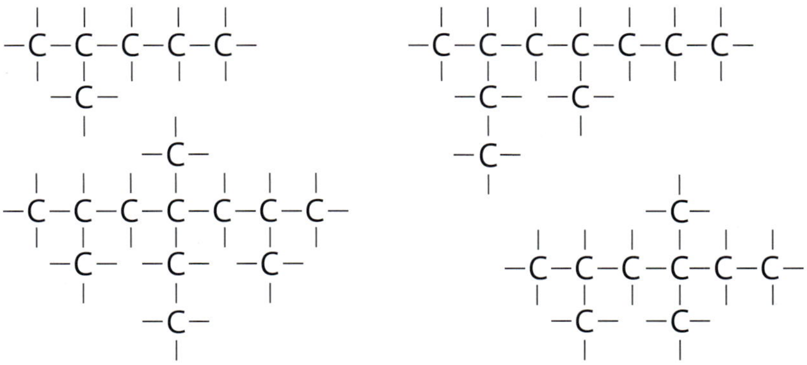

3 Die Struktur ist klar. Wie aber lautet der Name?

Noah ist sich sicher, dass es 3-Ethylbutan heißt. Lisa dagegen meint, der Name sei 3-Methylpentan. Wer hat recht? Begründe.

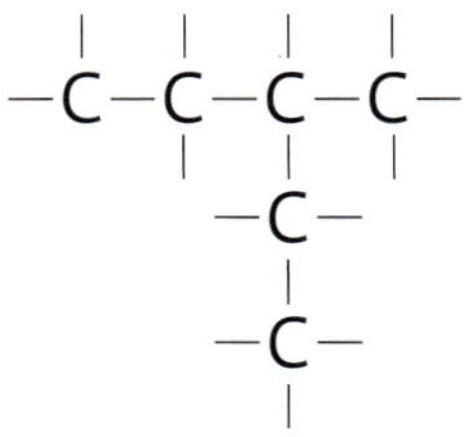

4 Noahs Molekül

4 Zeichne ein verzweigtes Alkan und versuche es eindeutig zu benennen.

Doppelt und dreifach gebunden

1 Ethan, Ethen und Ethin – wichtige Grundstoffe der chemischen Industrie

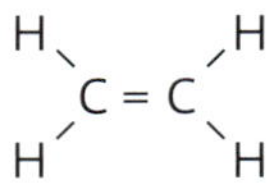

2 Ethen in Lewis-Schreibweise

H−C≡C−H

3 Ethin in Lewis-Schreibweise

4 Grüne Bananen werden mit Ethen reif.

Die Alkane haben nur Einfachbindungen. Es gibt aber auch Kohlenwasserstoffe mit Doppel- und Dreifachbindungen zwischen den Kohlenstoff-Atomen.

Alkene • Kohlenwasserstoffe mit einer doppelten Elektronenpaarbindung nennt man Alkene. Ihre Namen leiten sich von den Alkanen mit der Endsilbe -en ab. In der Lewis-Schreibweise wird die Doppelbindung mit einem doppelten Strich dargestellt. → 2
Wegen der Doppelbindung besitzen Alkene grundsätzlich zwei Wasserstoff-Atome weniger als die entsprechenden Alkane.

Alkine • Ein Kohlenstoff-Atom kann sogar bis zu drei Elektronenpaarbindungen zu einem anderen Kohlenstoff-Atom eingehen. → 3 Wenn eine C≡C-Dreifachbindung vorhanden ist, spricht man von einem Alkin. Die Namen der Alkine leiten sich ebenfalls von den Alkanen ab, allerdings mit der Endsilbe -in. Ihnen fehlen vier Wasserstoff-Atome im Vergleich zum Alkan.

Ungesättigt • Die Alkane bezeichnet man als gesättigt. Die Alkene und Alkine dagegen nennt man ungesättigt, da sich an die Doppel- bzw. Dreifachbindung noch weitere Atome, z. B. Wasserstoff-Atome, anlagern können.

Kohlenwasserstoffe, die eine Doppel- bzw. Dreifachbindung aufweisen, nennt man Alkene bzw. Alkine.

Aufgaben

1 Beschreibe die Unterschiede zwischen Alkanen, Alkenen und Alkinen.

2 Nenne den Namen des Stoffs mit der Formel C_4H_6.

3 Erkläre den Unterschied zwischen gesättigten und ungesättigten Kohlenwasserstoffen.

das Alken
das Alkin
gesättigt
ungesättigt

Material A

Homologe Reihen

Auch die Alkene und Alkine bilden homologe Reihen.

1 ☒ Fertige eine Tabelle bis Decen/Decin für die Alkine und Alkene an. Nimm Bild 5 zu Hilfe.

2 ☒ Begründe, warum es die Stoffe Methen und Methin nicht gibt.

3 ☒ Recherchiere die Siedetemperaturen der ersten vier Alkene bzw. Alkine. Was fällt dir auf? Beschreibe.

Name	Summenformel	Strukturformel
Ethen	C_2H_4	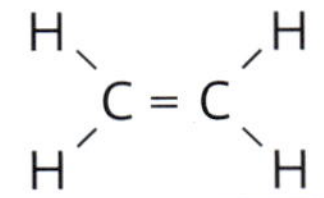
Propen	…	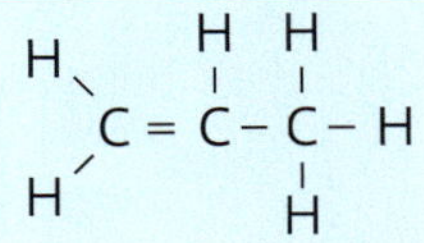
…	…	…

5 Homologe Reihe der Alkene

4 ☒ Für die Alkane gilt die allgemeine Formel C_nH_{2n+2}. Finde die allgemeine Formel für die Alkene und für die Alkine. Wähle zwei eigene Beispielstoffe und gib die Formeln an.

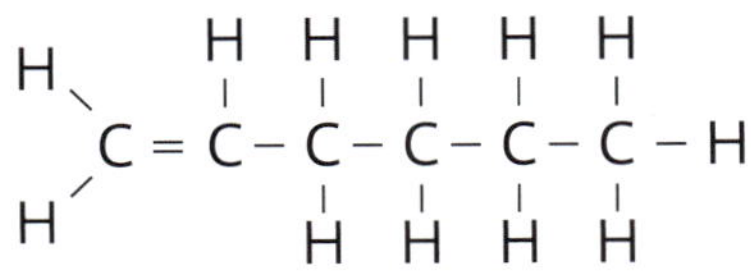

6 Struktur von Hexen

Material B

Moleküle darstellen

So viele Kohlenwasserstoffe – da kommt es darauf an, den Überblick zu bewahren.

1 ☒ Zeichne Ethan, Ethen und Ethin in Lewis-Schreibweise und vergleiche die Moleküle miteinander.

2 ☒ Zeichne das Alken Buten. Was fällt dir auf?

3 ☒ Zeichne Hepten. Wie viele Möglichkeiten gibt es?

4 ☒ Baue mithilfe eines Molekülbaukastens nacheinander folgende Kohlenwasserstoffe: Methan, Octen, Butin.

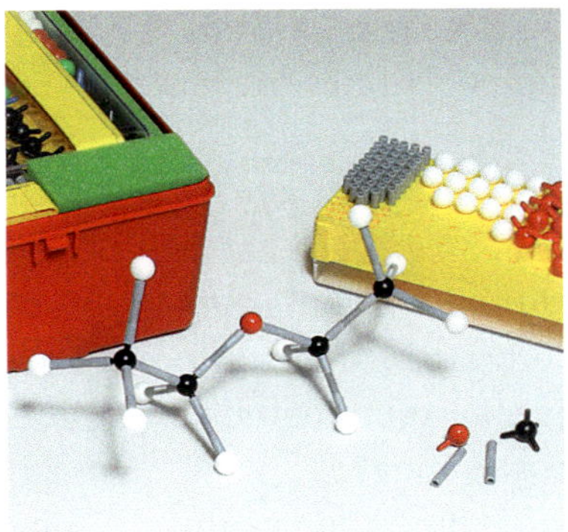

7 Molekülbaukasten

5 ☒ Baue das Molekül Octan. Lass das Molekül nun in zwei kurzkettige Moleküle zerfallen. Welche Möglichkeiten findest du?

6 ☒ Benenne den abgebildeten Kohlenwasserstoff. → 8

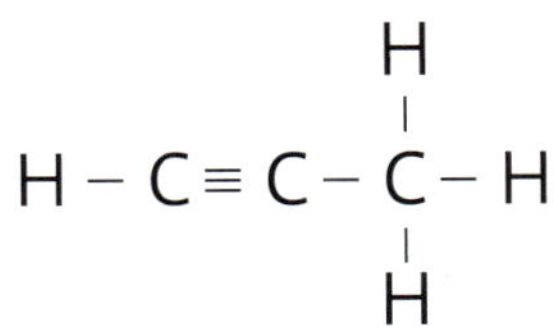

8 Wie lautet der Name dieses Kohlenwasserstoffs?

Erdöl – zu schade zum Verbrennen

1 Benzin – ein Produkt aus Erdöl

An Tankstellen gibt es verschiedene Treibstoffe. Alle werden aus Erdöl hergestellt.

Zusammensetzung • Je nachdem, wo auf der Welt das Erdöl gefördert wird, ist es anders zusammengesetzt. Es ist jedoch immer ein Gemisch verschiedener Kohlenwasserstoffe: Kurzkettige, langkettige und verzweigte Moleküle sowie Cycloverbindungen sind in unterschiedlichen Mengen darin vorhanden. Andere Stoffe wie Schwefelverbindungen sind ebenfalls im Erdöl zu finden.

Energieträger • Mit 34 Prozent hat Erdöl den größten Anteil am deutschen Primärenergieverbrauch. An der Stromerzeugung ist es aber kaum beteiligt. Wie passt das zusammen? Erdöl ist in anderen Bereichen kaum zu ersetzen. Als Heizöl und vor allem als Treibstoff für Autos, Flugzeuge und Schiffe sind Erdölprodukte vorerst noch ziemlich unverzichtbar. Der größte Teil des Erdöls wird für diese Zwecke verbrannt.

Rohstoff • Erdöl ist aber nicht nur ein Brennstoff. Es dient auch als Rohstoff für viele Alltagsprodukte: Kunststoffe, Lacke, Farben, Klebstoffe und auch viele Kosmetika, Medikamente und Kleidungsstoffe werden aus Erdöl hergestellt. → 2

Gibt es genug Erdöl? • Die Erdölreserven sind begrenzt. Schätzungen, wie lange die Vorräte noch reichen, sind schwierig. Denn der Verbrauch und das Auffinden neuer Reserven sind kaum vorhersagbar. Man geht aber zurzeit davon aus, dass die Reserven in ca. 50 Jahren aufgebraucht sein könnten.

2 Erdölprodukte

Verbrennung von Erdölprodukten • Bei der Verbrennung von Erdölprodukten handelt es sich um exotherme Reaktionen. Dabei entstehen immer Wasser und das klimaschädliche Gas Kohlenstoffdioxid. Es entstehen auch noch weitere Produkte, da die Verbrennung der Kraftstoffe nie komplett abläuft. Das giftige Kohlenstoffmonooxid und andere giftige Gase sind die bedeutendsten Schadstoffe. Seit Mitte der 1980er-Jahre werden Kraftfahrzeuge mit Katalysatoren ausgerüstet. → 3 Diese sorgen dafür, dass über den Auspuff des Autos nahezu nur noch Kohlenstoffdioxid und Wasser an die Umgebung abgegeben werden. Das Entstehen des Treibhausgases Kohlenstoffdioxid können die Katalysatoren jedoch nicht verhindern.

Was ist ein Katalysator? • Katalysatoren sind Stoffe, die chemische Reaktionen ablaufen lassen, die ohne die Anwesenheit des Katalysators nicht ablaufen würden. Dies gelingt, indem sie die für die Reaktion notwendige Aktivierungsenergie herabsetzen. Die Katalysatoren liegen nach der Reaktion genauso vor wie vor der Reaktion. Das bedeutet, dass sie nicht ersetzt oder erneuert werden müssen. Bei Autokatalysatoren werden flüssige Edelmetallmischungen, die sogenannten Wash-Coats, auf Trägerkörper aufgebracht. Diese Trägerkörper sind wabenartig aufgebaut, damit die Oberfläche möglichst groß ist. Dadurch kommen die Abgase mit dem Katalysator gut in Kontakt.

3 Katalysatoren zur Abgasreinigung

4 Erdölablagerung am Strand

Schäden durch Erdöl • Gelangt Erdöl durch Unfälle in die Umwelt, so kann dies extreme Schädigungen für das betroffene Ökosystem bedeuten. → 4 Beispielsweise verklebt Erdöl das Gefieder von Vögeln und zerstört die isolierende Wirkung der Federn.

Erdöl ist ein bedeutender Energieträger und Rohstoff für viele Produkte. Bei der Verbrennung entsteht das klimaschädliche Kohlenstoffdioxid.

Aufgaben

1 Nenne Verwendungsmöglichkeiten des Rohstoffs Erdöl.

2 Stelle dir einen Tag ohne Erdölprodukte vor. Berichte, worauf du alles verzichten müsstest.

3 Erkläre, was ein Katalysator ist.

Erdöl – zu schade zum Verbrennen

Material A

Erdöl kann die Umwelt verschmutzen

Wenn es beim Transport von Erdöl einen Unfall gibt, kann der wertvolle Rohstoff in die Umwelt gelangen und schwere Schäden verursachen.

Materialliste: 2 Blumentöpfe mit Erde, großes Becherglas, Kressesamen, Vogelfeder, pflanzliches Kettensäge-Öl, Tropfpipette

1 Wie stark verschmutzt Öl das Wasser? Befülle dazu ein großes Becherglas mit 1 Liter Wasser. Gib nun mit der Tropfpipette tropfenweise Öl hinzu. Rühre nach jedem Tropfen um und rieche an dem Becherglas.

a Nach wie vielen Tropfen kannst du das Öl riechen?

b 1 Tropfen Öl entspricht einem Volumen von ungefähr 1 ml. Es gibt Supertanker, die bis zu 650 Millionen Liter Rohöl aufnehmen können. Rechne hoch, wie viel Liter Wasser ein solcher Tanker im Fall eines Unglücks verseuchen würde.

2 Wie wirkt sich Öl auf Seevögel aus? Befülle dazu ein Becherglas mit Wasser. Gieße nun etwas Öl darauf, sodass sich eine dünne Schicht des Öls auf dem Wasser bildet. Tauche dann eine Vogelfeder zur Hälfte in das Becherglas.

a Vergleiche und beschreibe die beiden Hälften der Vogelfeder.

b Verwende deine Beobachtungen, um die Auswirkungen eines Tankerunglücks auf die Seevögel zu beschreiben.

3 Wie wirkt sich Öl auf den Boden aus? Befülle dazu zwei kleine Blumentöpfe mit Erde. Gib in den ersten 20 ml Wasser und einige Kressesamen. In den zweiten gibst du ebenfalls Kressesamen, aber anstelle des Wassers 20 ml Öl. Vergiss nicht, die Töpfe zu beschriften. Befeuchte die beiden Töpfe in den kommenden sieben Tagen regelmäßig mit Wasser.

a Erstelle ein Beobachtungstagebuch, bei dem du an jedem Tag deine Beobachtungen notierst.

b Stelle dir vor, es gibt einen Riss in einer Pipeline und große Mengen Öl treten aus. Beschreibe die Auswirkungen auf das betroffene Gebiet.

1 Rayong Beach, Thailand, am 31. Juli 2013

2 Nach einem Ölunfall in den Niederlanden

Material B

Katalysatoren

Katalysatoren lassen Reaktionen ablaufen, die ohne sie nicht ablaufen würden.

1 Bild 3 zeigt zwei Energiediagramme der gleichen Reaktion.

a ☑ Gib an, ob es sich um eine exotherme oder endotherme Reaktion handelt.

b ☒ Begründe, welches Diagramm die Anwesenheit eines Katalysators bei der Reaktion zeigt.

2 ☒ Begründe, warum man Katalysatoren nicht von Zeit zu Zeit ersetzen muss.

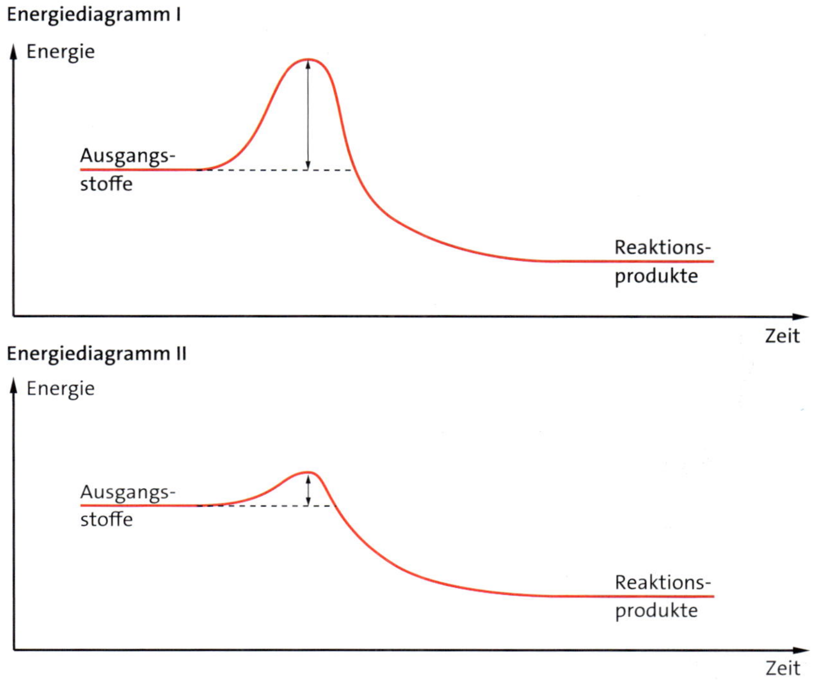

3 Zwei Energiediagramme

Material C

Wo stehen wir?

Bild 4 zeigt die Entwicklung des Primärenergieverbrauchs in Deutschland.

1 ☒ Nenne 10 Fakten, die du aus dem Diagramm entnehmen kannst.

2 ☒ Zeichne das Diagramm für die Zeit bis 2030, wie du es dir wünschst. Nenne Maßnahmen zur Realisierung.

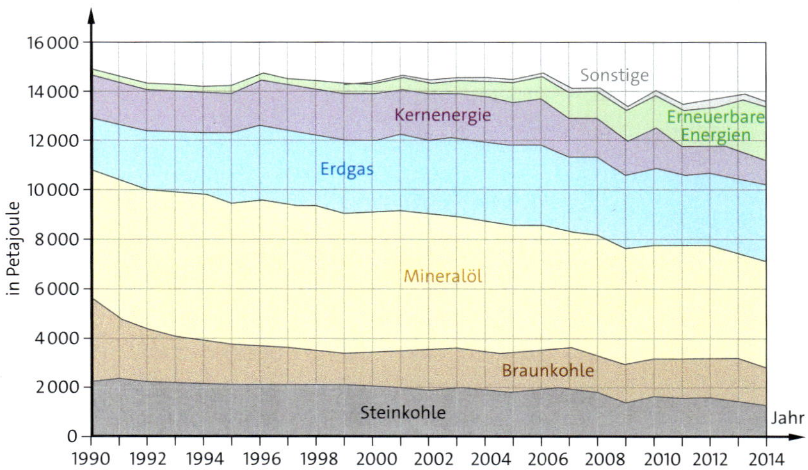

4 Primärenergieverbrauch Deutschlands 1993–2013

Aufbereitung von Erdöl

1 Raffinerien sind riesige Anlagen zur Erdölaufbereitung.

2 Öltanker

Erdöl ist ein Stoffgemisch aus verschiedenen Kohlenwasserstoffverbindungen. Um es zu verwenden, muss es in Fabriken, sogenannten Raffinerien, aufgearbeitet werden. Wie gelangt das Erdöl in diese Raffinerien und was wird dort gemacht?

Transport • Von den Förderstätten wird das Erdöl durch Rohrleitungen, sogenannte Pipelines, oder mittels riesiger Tankschiffe in die Raffinerien transportiert. → 2 3

Fraktionierte Destillation • Zunächst muss das Stoffgemisch Erdöl aufgetrennt werden. Dies geschieht durch eine fraktionierte Destillation. Dabei gewinnt man Stoffgruppen, sogenannte Fraktionen, die als Gemeinsamkeit einen ähnlichen Siedepunkt aufweisen. Dadurch erhält man zum Beispiel Kerosin, Benzin oder Schmieröle.

Cracken • Bei der fraktionierten Destillation erhält man je nach Herkunft des Erdöls unterschiedliche Mengen der verschiedenen Fraktionen. Dabei hat man zu viele langkettige Schmieröle und zu wenige kurzkettige Kohlenwasserstoffe der Benzinfraktion. Doch gerade diese werden von der Wirtschaft stark nachgefragt. Beim Cracken werden langkettige Kohlenwasserstoffe in kürzere Ketten gespalten. Dazu werden die Stoffe unter Anwesenheit von Katalysatoren erhitzt. Dadurch erhält man zum Beispiel mehr vom gewünschten Benzin.

In Raffinerien wird das Erdöl aufgearbeitet. Fraktionierte Destillation und Cracken sind dabei Verarbeitungsschritte.

3 Pipeline

Aufgaben

1 Nenne zwei Transportmöglichkeiten für Erdöl.

2 Gib an, wozu die fraktionierte Destillation dient. Erkläre, was man dabei unter Fraktionen versteht.

3 Hat die kurzkettige Benzinfraktion oder die langkettige Schmierölfraktion einen höheren Siedepunkt? Begründe.

die Raffinerie
die Pipeline
die fraktionierte Destillation
das Cracken

Material A

Fraktionierte Destillation

1 Betrachte Bild 5. Nenne einige Verwendungsmöglichkeiten für verschiedene Stoffgruppen, die bei der fraktionierten Destillation gewonnen werden.

2 Schreibe den Text zur fraktionierten Destillation in dein Heft. → 4 Setze in die Lücken (A)–(J) die richtigen Begriffe bzw. Temperaturwerte ein.

3 Ist Benzin ein Reinstoff? Begründe deine Antwort.

Fraktionierte Destillation

Bei diesem Verfahren wird das **(A)** zunächst auf ca. 400 °C erhitzt. Dies geschieht in einem **(B)**. Daraufhin siedet ein großer Teil des Erdöls. Die Kohlenwasserstoffdämpfe steigen im Destillationsturm auf und **(C)** dabei ab. Je nach **(D)** kondensieren sie an den verschiedenen Glockenböden. Hierbei erhält man unter anderem Benzine im Siedebereich von **(E)** oder Gasöl im Siedebereich von **(F)**.

Der Rückstand, der nicht siedet, wird in einen weiteren Röhrenofen geleitet und nochmals **(G)**. Diese Erdölanteile kommen zur Vakuumdestillation. Unter stark vermindertem Druck sieden diese nun. Hier gewinnt man nach dem Kondensieren zum Beispiel **(H)** oder **(I)**. Als fester Rückstand bleibt **(J)**. Dieser Anteil findet im Straßenbau Verwendung.

4

Bitumen, Erdöl, erhitzt, kühlen, Röhrenofen, Siedepunkt, leichtes Schmieröl, schweres Schmieröl, 30–180 °C, 250–350 °C

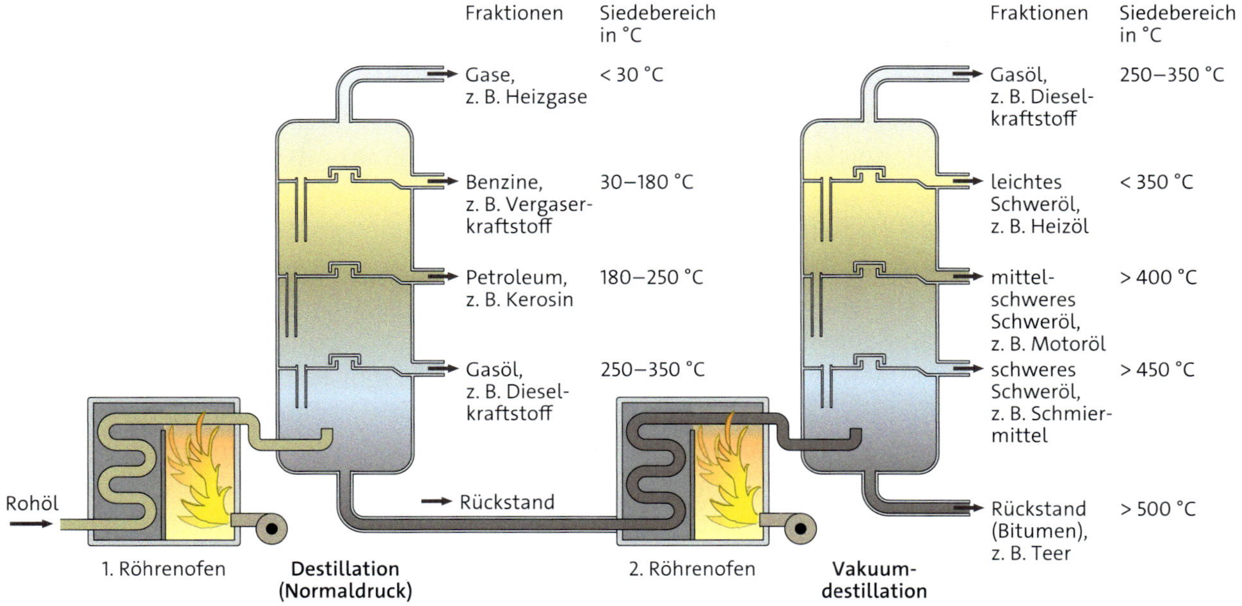

5 Anlage zur fraktionierten Destillation (Schema)

Den Treibhauseffekt besser verstehen

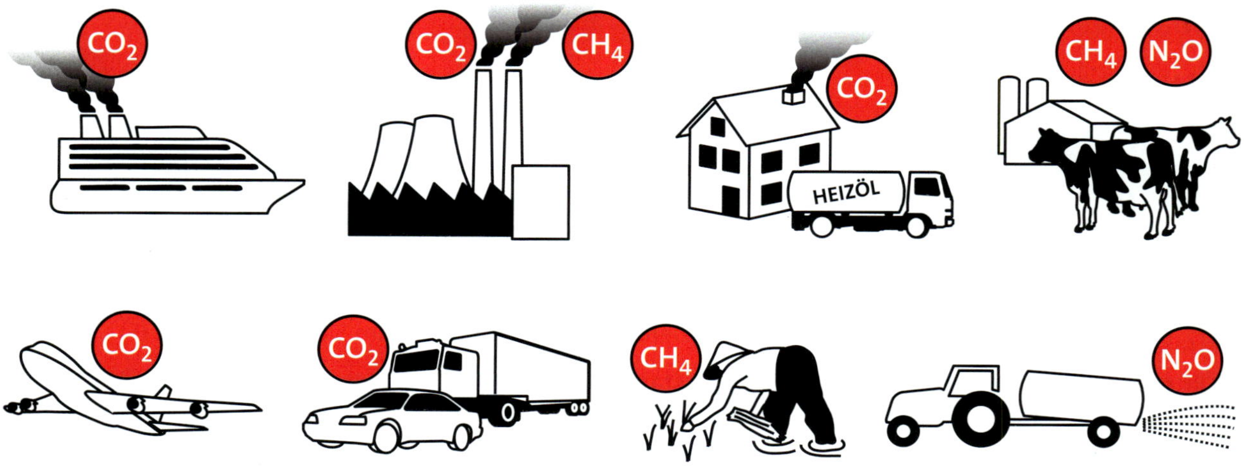

1 Verschiedene Quellen von Treibhausgasen (vom Menschen verursacht)

Am Treibhauseffekt ist nicht nur Kohlenstoffdioxid beteiligt. Wie wirken die einzelnen Treibhausgase?

Natürliche und anthropogene Treibhausgase • Trotz deutlich sichtbar werdender Klimafolgen werden vom Menschen immer noch zu viele Treibhausgase produziert. → 1 Die Treibhausgase fördern unterschiedlich stark die Erderwärmung. Methan (CH_4), das zum Beispiel beim Reisanbau und bei der Rinderzucht freigesetzt wird, ist ein 25-mal stärkeres Treibhausgas als Kohlenstoffdioxid. Lachgas (N_2O) ist sogar noch ein 300-mal stärkeres Treibhausgas als Kohlenstoffdioxid. Es entsteht zum Beispiel beim Einsatz von Stickstoffdüngern und bei der Massentierhaltung. Kohlenstoffdioxid wird jedoch in viel größeren Mengen als Methan und Lachgas freigesetzt. Dadurch ist Kohlenstoffdioxid das Gas mit dem größten Anteil am vom Menschen verursachten Treibhauseffekt. Dieser wird auch als anthropogener Treibhauseffekt bezeichnet.

Im Gegensatz dazu bedingen vor allem Wasserdampf und Ozon den natürlichen Treibhauseffekt. Ohne diesen wäre Leben auf der Erde nicht möglich. Es würde eine Durchschnittstemperatur von −55 °C wie auf dem Mond herrschen. Die natürlichen Treibhausgase sorgen für eine Durchschnittstemperatur von ca. 15 °C. Wasserdampf hat zwar eine noch stärkere Treibhauswirkung als Methan. Jedoch wird der Wasserdampfgehalt in der Atmosphäre kaum vom Menschen beeinflusst.

Wärmestrahlung • Wie du bereits weißt, gibt es verschiedene Arten von Wärmestrahlung. Die Wärmestrahlung kann durch Stoffe hindurchgehen (Transmission). Sie kann von ihnen absorbiert werden, was zu einer Erwärmung der Stoffe führt. Oder sie wird von ihnen reflektiert, das heißt zurückgeworfen.

anthropogen
das Absorptionsspektrum

Doch warum geht die eine Art der Wärmestrahlung durch einen Stoff hindurch, während sie von einem anderen absorbiert wird?

Absorptionsspektren natürlicher Treibhausgase • Jeder Stoff kann nur bestimmte Wellenlängenbereiche von Wärmestrahlung absorbieren. Diese Bereiche werden als Absorptionsspektrum des jeweiligen Stoffs bezeichnet. Alle Wärmestrahlungen außerhalb dieses Bereichs gehen einfach hindurch – sie transmittieren.
In Bild 3 sieht man, dass Wasserdampf in dem Bereich Wärmestrahlung absorbiert, in dem die Erde am meisten Wärme abstrahlt. → 2 3 Das macht Wasserdampf zu einem sehr starken natürlichen Treibhausgas.

Absorptionsspektren anthropogener Treibhausgase • Die durch menschliche Aktivitäten austretenden Treibhausgase wie Kohlenstoffdioxid oder Methan sorgen für eine zusätzliche Absorption und damit für eine stärkere Erwärmung. Methan ist ein extrem wirksames Treibhausgas, weil es ebenfalls wie Wasserdampf in dem Wellenlängenbereich absorbiert, in dem die Erde am intensivsten Wärme ausstrahlt. → 2 3
Man befürchtet durch den Anstieg der anthropogenen Treibhausgase einen Anstieg der Durchschnittstemperatur von zwei bis sechs Grad bis Ende dieses Jahrhunderts.

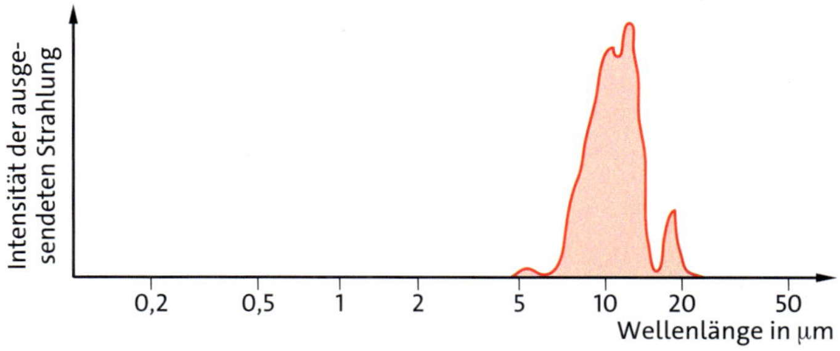

2 Wärmestrahlung der Erde

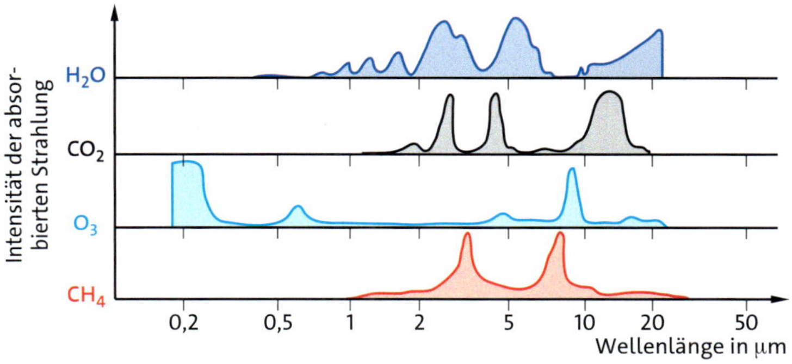

3 Absorptionsspektren verschiedener Treibhausgase

Jeder Stoff hat ein charakteristisches Absorptionsspektrum. Man unterscheidet zwischen natürlichen Treibhausgasen und anthropogenen Treibhausgasen.

Aufgaben

1 Nenne zwei natürliche und zwei anthropogene Treibhausgase.

2 Begründe, warum Methan ein stärkeres Treibhausgas als Kohlenstoffdioxid ist.

3 Erkläre, warum die Wärmestrahlung der Sonne transmittiert, wenn sie auf die Atmosphäre der Erde trifft.

Den Treibhauseffekt besser verstehen

Material A

Die verschiedenen Treibhausgase

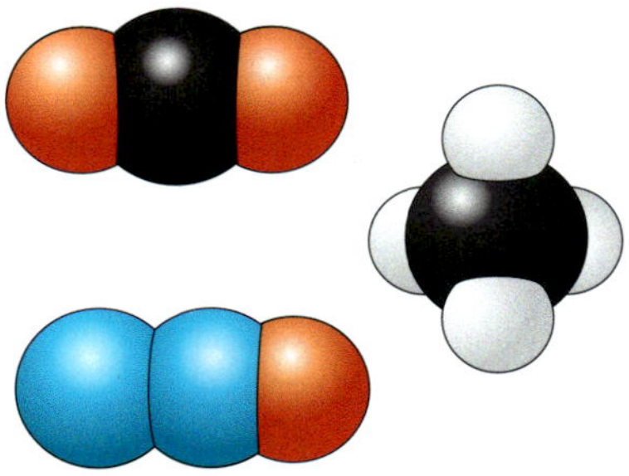

1 Kohlenstoffdioxid, Methan und Lachgas als Molekülmodelle

Teste dein Wissen zu den drei hauptverantwortlichen Treibhausgasen.

1 ☒ Übertrage die Tabelle in dein Heft. → 2 Ordne den drei Treibhausgasen die zugehörigen Begriffe zu.

Kohlenstoffdioxid	Lachgas	Methan
?	?	?

2

N_2O, Rinderzucht, Düngemittel, Autos, Reisanbau, Flugzeug, CO_2, heizen, 300-mal klimaschädlicher als Kohlenstoffdioxid, 25-mal klimaschädlicher als Kohlenstoffdioxid, Kohlekraftwerk, CH_4

Material B

Methan – Bedrohung für das Klima

Methan ist ein viel stärkeres Treibhausgas als Kohlenstoffdioxid. Die größte Quelle für anthropogenes Methan ist die Rinderzucht, da die Rinder bei der Verdauung Methan produzieren. Auch beim Anbau von Reis wird viel Methan freigesetzt. Die größten natürlichen Methanquellen sind Sumpf- und Moorgebiete. Bestimmte Bakterien produzieren bei fehlendem Sauerstoff aus organischem Material Methan. Dies ist auch bei Permafrostböden der Fall, die z. B. in Sibirien und im Norden Kanadas zu finden sind. Dabei handelt es sich um Böden, die bisher dauerhaft gefroren waren. Sie enthalten viele fossile Tier- und Pflanzenreste und sind daher große Kohlenstoffspeicher. Tauen diese Permafrostböden durch die steigenden Temperaturen auf, entstehen neben Kohlenstoffdioxid vor allem große Mengen Methan. Dies verstärkt den Klimawandel noch weiter.

3

4 Rinderzucht – eine große Methanquelle

5 Permafrostböden

1 ☒ Lies den Text. → 3 Nenne anthropogene und natürliche Methanquellen.

2 ☒ „Der Klimawandel ist ein sich selbst verstärkendes System." Erkläre diese Aussage.

Material C

Ein komplexes System

Die Erhöhung der Durchschnittstemperatur hat Effekte zur Folge, die sich direkt auf das Klima auswirken.

Materialliste: weiße und schwarze Pappe, 500-Watt-Strahler, digitales Thermometer

1 Richte den Strahler so aus, dass beide nebeneinanderliegenden Pappen gleich bestrahlt werden. Miss nach 3, 6 und 9 Minuten die Temperaturen an beiden Oberflächen.

Der Albedo-Effekt Die Albedo ist ein Maß für das Reflexionsvermögen eines Stoffs. Sie gibt an, wie viel Wärmestrahlung der Sonne reflektiert und wie viel absorbiert wird. Wird 100 % reflektiert, so ist die Albedo 1. Wird 0 % reflektiert, ist die Albedo **(A)**. Helle Flächen haben eine **(B)** Albedo als dunkle Flächen. Am Nordpol trifft die Wärmestrahlung der Sonne momentan auf Eis, das eine Albedo von 0,85 hat. Das heißt, der größte Teil der Wärmestrahlung wird **(C)**. Schmilzt das Eis, so trifft die Wärmestrahlung künftig auf Wasser, das eine Albedo von 0,1 hat. Dann wird der größte Teil der Wärmestrahlung **(D)**. Da eine **(E)** zur Erwärmung eines Stoffs führt, wird die Erderwärmung künftig **(F)** voranschreiten.

2 Schreibe den Text in dein Heft und ersetze die Lücken (A)–(F) durch folgende Begriffe:

absorbiert, Absorption, höhere, reflektiert, schneller, 0

Material D

Der Klimawandel – eine Erfindung?

Es gibt Klimaskeptiker, die behaupten, den von Menschen verursachten Klimawandel gäbe es nicht.

1 Ein Argument der Klimaskeptiker ist, dass es immer wieder Winter gibt, die kälter sind als in den Vorjahren. Nimm mithilfe von Bild 6 dazu Stellung.

2 Erkläre, warum der Temperaturanstieg in den letzten 135 Jahren eine logische Folge des menschlichen Handelns ist.

3 MK Recherchiere im Internet nach weiteren Einwänden von Klimaskeptikern. Vergleiche ihre Aussagen mit wissenschaftlichen Fakten.

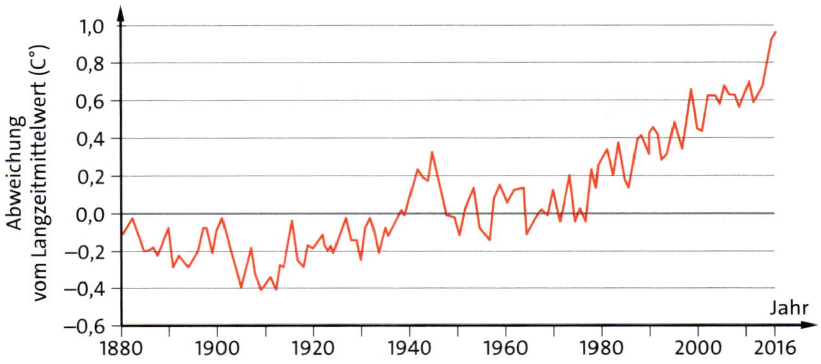

6 Temperaturen der letzten 135 Jahre

Was ist Alkohol?

1 Alkohol im Alltag – Alkohol im Labor

Im Alltag ist mit „Alkohol“ meist der Trinkalkohol gemeint, der in Bier oder Wein enthalten ist.
In der Chemie ist mit „Alkoholen“ eine besondere Gruppe von Kohlenwasserstoffen gemeint.

Funktionelle Gruppen • In Kohlenwasserstoffen kann ein Wasserstoff-Atom durch andere Atome oder Atomgruppen ersetzt sein, z. B. durch eine Hydroxylgruppe. → 2
Kohlenwasserstoffe, die eine Hydroxylgruppe haben, gehören zur Stoffgruppe der Alkohole, oft auch Alkanole genannt. Die Hydroxylgruppe kann man auch OH-Gruppe nennen. Sie bestimmt die Eigenschaften des Alkohols. Deshalb wird sie als funktionelle Gruppe bezeichnet. Ein Alkoholmolekül kann auch mehrere Hydroxylgruppen besitzen.

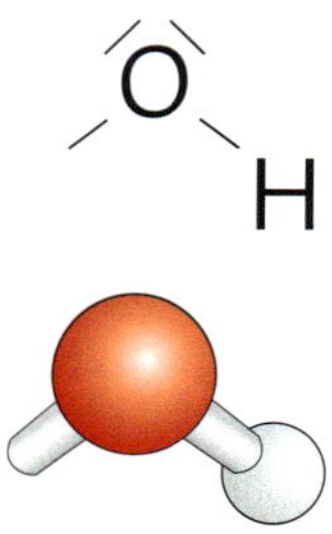

2 Hydroxylgruppe

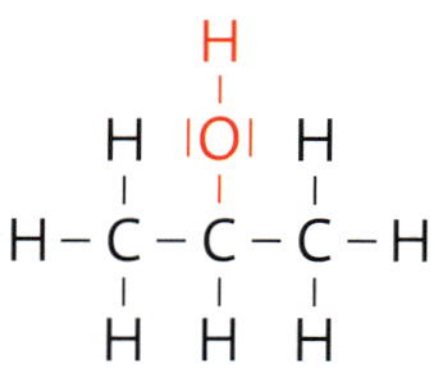

3 Ein sekundärer Alkohol

Stoffe, die als funktionelle Gruppe eine oder mehrere Hydroxylgruppen haben, nennt man Alkohole.

Alkanole • Die Namen der Alkanole leiten sich von den entsprechenden Alkanen mit der Endsilbe -ol ab. Butanol ist also ein Alkohol mit vier Kohlenstoff-Atomen.
Der Trinkalkohol ist Ethanol. Seine Formel lautet C_2H_5OH. Die Hydroxylgruppe steht am Ende der Formel, damit sie gut erkennbar ist. Alkohole bilden ebenfalls eine homologe Reihe.

Wertigkeit und Klassifizierung • Wenn ein Alkohol eine OH-Gruppe hat, spricht man von einem einwertigen Alkohol. Sind zwei OH-Gruppen vorhanden, ist er zweiwertig, bei drei OH-Gruppen dreiwertig usw.
Außerdem muss man sich das Kohlenstoff-Atom anschauen, an das die OH-Gruppe gebunden ist. Wenn dieses Kohlenstoff-Atom nur einen Kohlenstoffnachbarn hat, ist es ein primärer Alkohol. Wenn es zwei Kohlenstoffnachbarn besitzt, spricht man von einem sekundären, bei drei Nachbarn von einem tertiären Alkohol. → 3

die funktionelle Gruppe
die Hydroxylgruppe
das Alkanol
hydrophil
lipophil

Löslichkeit von Ethanol • Alkohole sind vielseitige Lösungsmittel. Während Alkane sich nicht in Wasser, aber hervorragend in Öl lösen, stellt man bei Ethanol fest, dass es sich in beidem gut löst.

Das liegt am Molekülbau: Die Hydroxylgruppe ist hydrophil („wasserliebend") und der Alkanrest C_2H_5– ist lipophil („fettliebend"). → 4

Um zu entscheiden, ob ein Stoff hydrophil oder lipophil ist, müssen die Bindungen betrachtet werden. Stark polare Bindungen sind hydrophil, da sie den Bindungen im Wassermolekül ähnlich sind. Unpolare Bindungen sind dagegen lipophil.

Allgemein gilt also: Wenn sich die Bindungen in Flüssigkeiten ähnlich sind (beide polar bzw. beide unpolar), lösen sich die beiden Flüssigkeiten. Wenn sie unterschiedlich polar sind, lösen sie sich nicht.

Ähnliche Flüssigkeiten lösen sich ineinander: „Gleiches löst sich in Gleichem gern."

Siedetemperatur • Ethanol siedet bei 78 °C. Das entsprechende Alkan, nämlich Ethan, siedet schon viel früher, bei –89 °C.

Dieser Unterschied kann nur an der funktionellen Gruppe liegen: Hydroxylgruppen sind durch Teilladungen am Sauerstoff-Atom und am Wasserstoff-Atom stark polar. Dadurch bilden sich – wie bei Wassermolekülen – zwischen den Ethanolmolekülen Wasserstoffbrücken aus. → 5

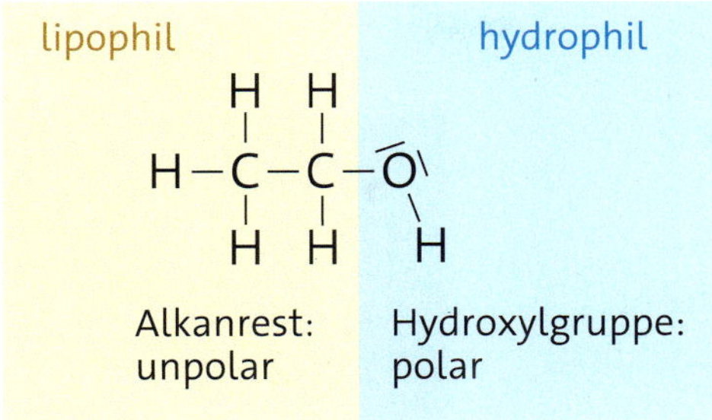

4 Löslichkeit von Ethanol

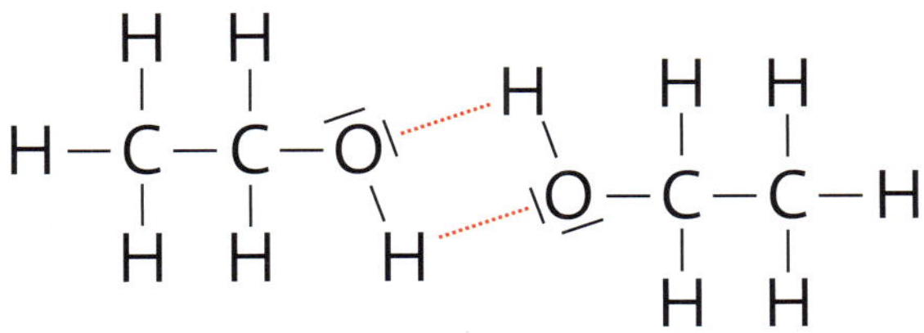

5 Wasserstoffbrücken im Ethanol

Diese halten die Moleküle zusammen. Daher siedet Ethanol nicht so einfach wie Ethan, in dem es nur die schwächeren Van-der-Waals-Kräfte gibt.

Funktionelle Gruppen bestimmen die Stoffeigenschaften, z. B. die Löslichkeit und die Siedetemperatur.

Aufgaben

1 ☑ Nenne mehrere Eigenschaften der Stoffgruppe Alkohole.

2 ☒ Erkläre, was eine funktionelle Gruppe ist.

3 ☒ Zeichne einen zweiwertigen und einen sekundären Alkohol. Worin liegen die Unterschiede?

Was ist Alkohol?

Material A

Ist Ethanol brennbar?

Um herauszufinden, ob Ethanol brennbar ist, führt man folgenden Versuch durch:

Materialliste: Ethanol (Gefahrensymbole), Porzellanschale, Streichhölzer, Tropfpipette, feuerfeste Unterlage, Holzspan

1 Stelle die Porzellanschale auf die Unterlage und gib mithilfe der Pipette ca. 5 Tropfen Ethanol in die Schale. Entzünde das Ethanol mit dem Holzspan und beobachte.

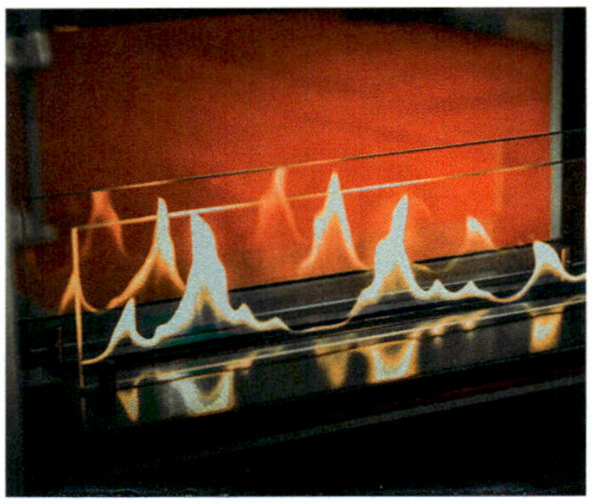

1 Ethanolkamin

2 Flambieren von Feigen

2 Kamine gibt es auch ohne Holz – nämlich die sogenannten Ethanolkamine. → 1
Erkläre die Funktionsweise dieser Kamine.

3 Brennenden Alkohol gibt es auch beim Flambieren von Speisen. → 2
Ist nach dem Flambieren noch Alkohol in der Speise? Erkläre.

Material B

Bestimmung der Siedetemperatur von Ethanol

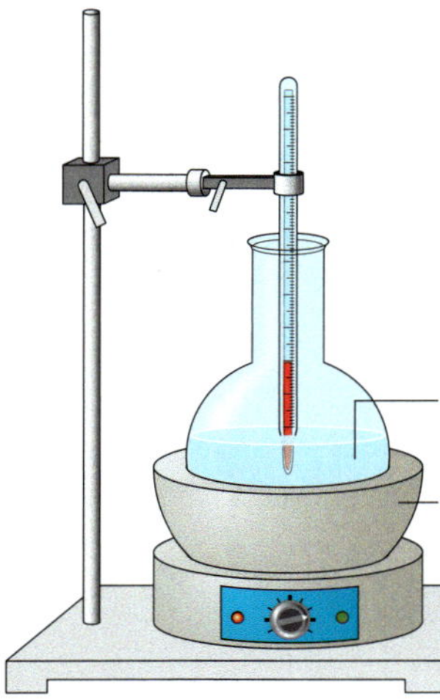

3 Versuchsaufbau

Materialliste: Ethanol (Gefahrensymbole), Rundkolben, Thermometer, Heizpilz, Stativ

Fülle ca. 100 ml Ethanol in den Rundkolben und befestige den Rundkolben am Stativ. Setze einen Heizpilz, den du ebenfalls am Stativ befestigst, darunter. Erhitze langsam, bis der Alkohol zu sieden beginnt. Miss die Temperatur mit dem Thermometer und notiere sie dir.

1 Erstelle ein Versuchsprotokoll.

2 Recherchiere mithilfe des Buchs den offiziellen Wert der Siedetemperatur von Ethanol und vergleiche ihn mit deinem Ergebnis.

3 Mit dem gleichen Versuchsaufbau kann man auch die Siedetemperatur von Wasser messen. Als Ergebnis erhält man allerdings einen Messwert von ca. 100 °C.
Versuche zu erklären, warum Wasser bei einer höheren Temperatur siedet als Ethanol.

Material C

Löslichkeit

Wenn man zwei Flüssigkeiten vermengt, mischen sie sich oder es bilden sich zwei getrennte Phasen. → 4

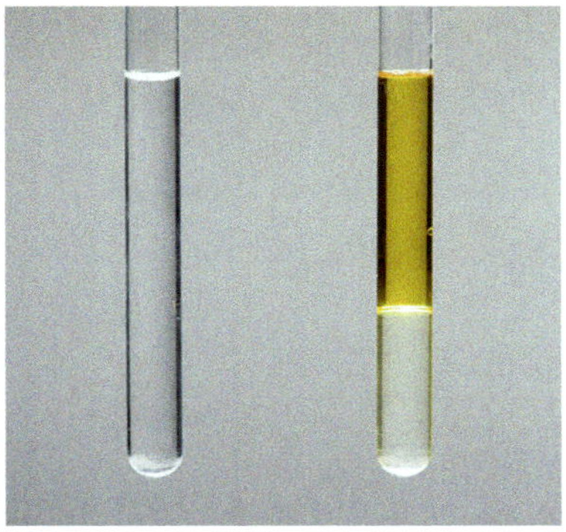

4 Mischung und Phasenbildung

Materialliste: Ethanol, Speiseöl, Wasser, 3 Reagenzgläser, 3 Stopfen, Reagenzglashalter, Pipette, Becherglas

1 Fülle (ohne Pipette!) in das erste Reagenzglas ca. 1 cm hoch Speiseöl ein. Gib genauso viel Wasser hinzu. Schüttle das Reagenzglas, indem du den Daumen auf den Stopfen hältst. Beobachte die Mischung. Gib in das zweite Reagenzglas 1 cm hoch Speiseöl und in das dritte 1 cm hoch Wasser. Füge jeweils mithilfe der Pipette die gleiche Menge Ethanol hinzu. Verschließe und schüttle.

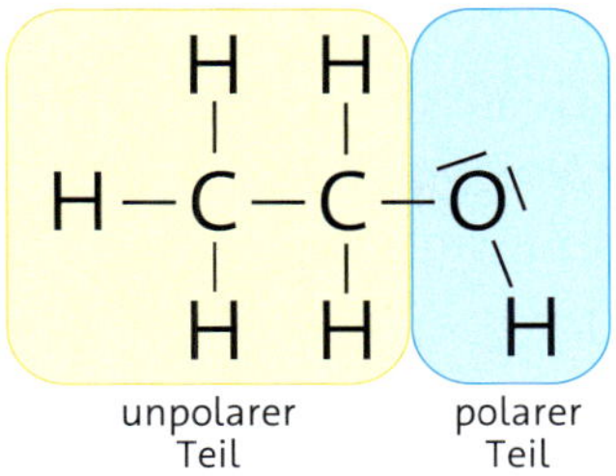

5 Ethanolmolekül

2 Notiere deine Versuchsbeobachtungen in einer Tabelle.

3 Erkläre das Lösungsverhalten von Ethanol in Wasser und in Öl.

Material D

Vorsicht vor Methanol

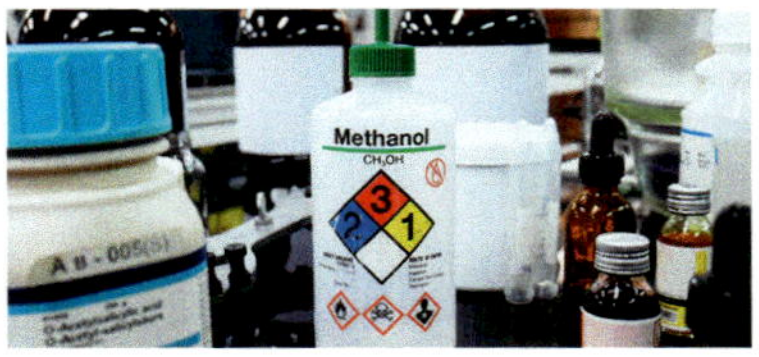

6 Methanol im Labor

1 Lies den Text. → 7

a Beschreibe, welche Gefahr von Methanol ausgeht.

b Erkläre, wie ein zu hoher Anteil von Methanol in Branntwein vermieden werden kann.

Das Ziel der alkoholischen Gärung ist die Entstehung von Ethanol. Dabei werden die Einfachzucker der Früchte zu Ethanol und Kohlenstoffdioxid abgebaut. In den Schalen der Früchte befinden sich auch sogenannte Pektine. Diese Pektine werden durch Enzyme abgebaut, wobei unter anderem Methanol entsteht. Methanol ist extrem giftig. Eine Menge von 5 bis 10 Millilitern führt bereits zur Erblindung und Gehirnschädigung. 20 Milliliter Methanol können schon tödlich sein. In gegorenen alkoholischen Getränken ist die Konzentration von Methanol so gering, dass eine gesundheitliche Gefährdung nicht besteht. Anders kann dies bei Branntweinen sein. Der Siedepunkt von Methanol (65 °C) ist ebenso wie der von Ethanol (78 °C) deutlich niedriger als der Siedepunkt von Wasser (100 °C). Bei nicht sorgfältiger Destillation kann es daher zu einem hohen Methanol-Anteil im Branntwein kommen, wodurch die Gefahr schwerer Vergiftungen besteht.

7

Was ist Alkohol?

Erweitern und Vertiefen

Alkohol ganz alltäglich?

Chemikalie und Genussmittel • Alkohol findet man in vielen Produkten, z. B. in Arzneimitteln, Parfüms und Putzmitteln. Am häufigsten begegnet er uns jedoch in alkoholischen Getränken. Wegen seiner berauschenden und teilweise auch entspannenden Wirkung wird er seit Jahrtausenden oft konsumiert. Die Auswirkungen auf den Körper werden dabei häufig übersehen.

In geringen Mengen gilt Alkohol als Genussmittel. In größeren Mengen wirkt er aber als Zellgift. Der Abbau im Körper dauert mehrere Stunden.

Auswirkungen • Kurzfristige Wirkungen von Alkohol, z. B. eine verringerte Sehfähigkeit, sind in Tabelle 2 dargestellt. Wie stark sich ein Schluck Alkohol auf den Promillegehalt im Blut auswirkt, ist bei jedem Menschen unterschiedlich. Dies hängt z. B. vom Körpergewicht und vom Geschlecht ab.

Wenn man oft Alkohol trinkt, kommt es zu langfristigen Wirkungen. Durch den Giftstoff werden Organe geschädigt, Gehirnzellen abgetötet und der Blutdruck erhöht, was zu einem Herzinfarkt führen kann.

Abhängigkeit ist eine weitere Gefahr. Da die Alkoholsucht ein schleichender Prozess ist, wird sie oft unterschätzt und nicht rechtzeitig bemerkt.

Alkoholabhängige sind meist zuerst psychisch abhängig. Probleme werden scheinbar durch den Alkohol gelöst. Dies führt zur körperlichen Abhängigkeit, in der ein Leben ohne Alkohol für den Abhängigen unmöglich erscheint.

1 Ohne Alkohol keine Stimmung?

Promille im Blut	Auswirkungen
0,2–0,5	Puls und Atmung beschleunigt, Blutgefäße erweitert, Wärmegefühl, verringerte Schmerzempfindung, Geschmackssinn und Sehfähigkeit etwas verringert
0,5–1,5	Selbstüberschätzung, schlechtere Muskelkoordination, eingeschränktes Reaktions- und Erinnerungsvermögen
1,5–3,0	Hemmungslosigkeit, geweitete Pupillen, rotes Gesicht, Übelkeit, Erbrechen
3,0–4,0	alle Sinne betäubt, völlige Orientierungslosigkeit
über 4,0	Gefahr von Koma, Atemstopp und Herzstillstand

2 Auswirkungen von Alkohol

Aufgaben

1 ◩ Nenne mögliche Ursachen für den hohen Alkoholkonsum in unserer Gesellschaft.

2 ⊠ „Alkohol ist eine Droge." Nimm begründet Stellung zu dieser Aussage.

Erweitern und Vertiefen

Gewinnung von Alkohol

Gärung • Trinkalkohol (Ethanol) wird durch alkoholische Gärung hergestellt. Dabei reagieren zuckerhaltige Lösungen mithilfe von Hefe zu Ethanol und Kohlenstoffdioxid.

$C_6H_{12}O_6 \rightarrow 2\ C_2H_5OH + 2\ CO_2$

Traubenzucker → Ethanol + Kohlenstoffdioxid

Dies geschieht unter Sauerstoffabschluss. Wenn Sauerstoff vorhanden wäre, würde der Zucker – wie in unserem Körper – in Wasser und Kohlenstoffdioxid umgewandelt.

Alkohol gewinnt man durch alkoholische Gärung.

Destillation • Bei der alkoholischen Gärung entstehen maximal 18%ige Ethanol-Lösungen. Bei einem höheren Anteil würden nämlich die Hefezellen absterben.
Um hochprozentigen Alkohol (Schnaps) zu erhalten, destilliert man Ethanol-Lösungen. → 3
Dadurch wird das Ethanol vom Wasser getrennt und der Anteil des Alkohols im Destillat erhöht sich auf bis zu 96 %.

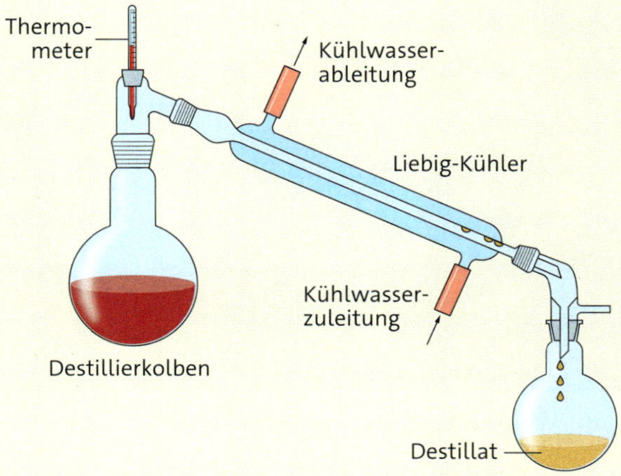

3 Die Destillation von Wein liefert Branntwein.

Aufgaben

1 Beschreibe den Vorgang der alkoholischen Gärung.

2 Wie könnte man zeigen, dass nach der Destillation wirklich fast reiner Alkohol entstanden ist? Notiere einen Vorschlag.

3 Erkläre, wie das Trennverfahren Destillation funktioniert. → 3

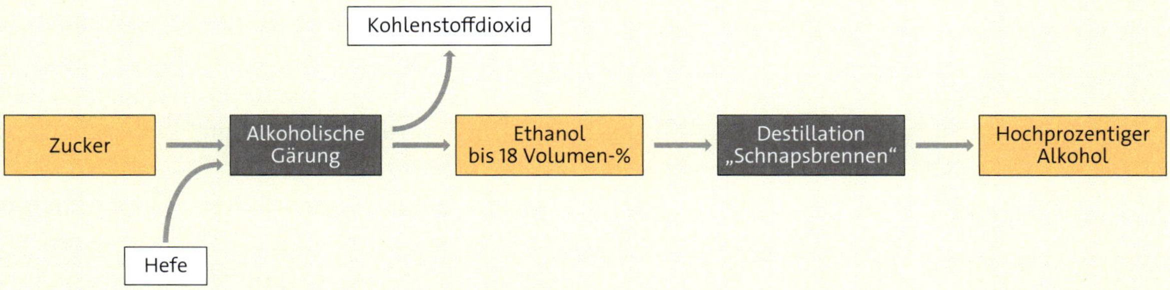

4 Vom Traubensaft zum hochprozentigen Alkohol

Carbonsäuren

1 Aus Wein wird Weinessig hergestellt.

Essig wird schon seit 3000 Jahren zum Konservieren von Lebensmitteln benutzt. Wie lässt sich Essig herstellen?

Essigherstellung • Lässt man Wein längere Zeit offen stehen, schmeckt er irgendwann sauer. Dies kommt daher, dass Essigsäurebakterien in den Wein gelangen und in Gegenwart von Sauerstoff den Alkohol Ethanol in Essigsäure umwandeln. Dieser Vorgang wird als Essigsäuregärung bezeichnet.

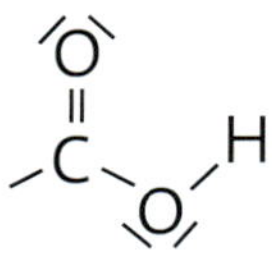

2 Carboxylgruppe

Ethanol + Sauerstoff → Wasser + Ethansäure (Essigsäure)

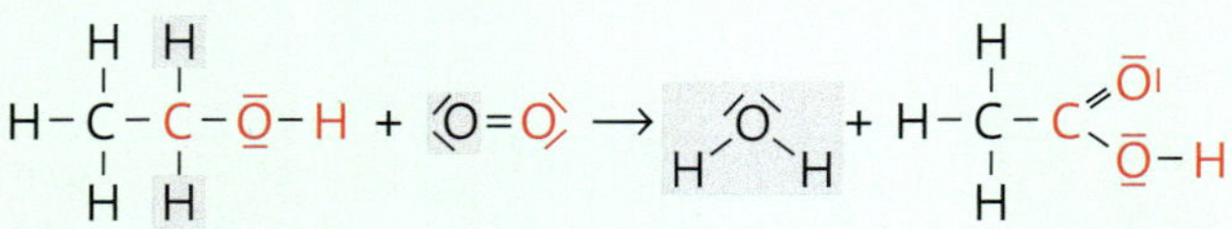

3

Essigsäure	+	Wasser	→	Acetat-Ion	+	Oxonium-Ion
CH_3COOH	+	H_2O	→	CH_3COO^-	+	H_3O^+

4

Bei der Essigsäuregärung reagiert also Ethanol mit Luftsauerstoff zu Essigsäure und Wasser. → 3

Carbonsäuren • Die Essigsäure gehört zu den Carbonsäuren. Carbonsäuren bestehen aus Molekülen, die als funktionelle Gruppe mindestens eine Carboxylgruppe (–COOH) enthalten. → 2 Die Namen der Säuren leiten sich von den entsprechenden Alkanen ab. Es wird einfach die Endung -säure angehängt. Da die Essigsäure zwei Kohlenstoff-Atome besitzt, lautet ihr Name daher Ethansäure. Oft verwendet man auch Alltagsnamen. Essigsäure ist der Alltagsname für Ethansäure, da sie in verdünnter Form in Essig enthalten ist.

Saure Eigenschaften • Für die sauren Eigenschaften der Carbonsäuren ist die Carboxylgruppe verantwortlich. Aus der Carboxylgruppe kann leicht ein H^+-Ion abgespalten und auf ein Wassermole-

die Carbonsäure
die Carboxylgruppe

kül übertragen werden. Es entstehen Säurerest-Ionen und Oxonium-Ionen. Wird beispielsweise reine Essigsäure in Wasser gelöst, so reagiert sie zu Acetat-Ionen und Oxonium-Ionen. → 4

Weitere Carbonsäuren • Die einfachste Carbonsäure ist die Methansäure (HCOOH). Sie ist auch unter dem Namen Ameisensäure bekannt, da sie früher aus toten Ameisen gewonnen wurde, die diese zur Abwehr nutzen. → 6 Eine weitere bekannte Carbonsäure ist die Butansäure mit dem Alltagsnamen Buttersäure. Sie ist bekannt für ihren unangenehmen Geruch nach ranziger Butter. Viele langkettige Carbonsäuren, z. B. Palmitinsäure und Stearinsäure, sind am Aufbau von Fetten beteiligt und werden deshalb auch Fettsäuren genannt.

Löslichkeit • Die Carboxylgruppe in den Carbonsäuremolekülen ist polar, der Kohlenwasserstoffrest dagegen ist unpolar. Bei den kurzkettigen Carbonsäuremolekülen ist der unpolare Molekülteil im Vergleich zur polaren Carboxylgruppe relativ klein. Deshalb lösen sich diese Säuren gut in Wasser. → 5 Umgekehrt überwiegt bei langkettigen Carbonsäure-Molekülen der unpolare Rest. Diese Säuren lösen sich gut in Hexan und Ölen, jedoch nicht in Wasser.

Carbonsäuren entstehen aus Alkoholen durch die Reaktion mit Sauerstoff. Die funktionelle Gruppe der Carbonsäuren ist die Carboxylgruppe.

Name	Formel	Löslichkeit in Wasser	Löslichkeit in Hexan
Methansäure (Ameisensäure)	HCOOH	↑ nimmt zu	↓ nimmt zu
Ethansäure (Essigsäure)	CH_3COOH		
Butansäure (Buttersäure)	C_3H_7COOH		
Hexadecansäure (Palmitinsäure)	$C_{15}H_{31}COOH$		
Octadecansäure (Stearinsäure)	$C_{17}H_{35}COOH$		

5 Eigenschaften einiger Carbonsäuren

6 Waldameisen spritzen Methansäure.

Aufgaben

1 Beschreibe, wie man aus einem Alkohol eine Carbonsäure gewinnen kann.

2 Gib die Wort- und Symbolgleichung für die Herstellung von Buttersäure aus Butanol an.

3 Ordne folgende Stoffe nach ihrer Löslichkeit in Wasser und begründe: Butan, Ethansäure, Methansäure, Butansäure.

Carbonsäuren

Material A

Essigsäuregärung

Materialliste: Rotwein oder Weißwein, 2 Bechergläser, pH-Papier, Essigmutter

1 Fülle Rotwein bzw. Weißwein etwa 3 cm hoch in zwei Bechergläser. Gib in ein Becherglas zum Wein Essigmutter. Diese kann die Essigsäuregärung beschleunigen.

2 Prüfe den pH-Wert und den Geruch der Proben.

3 Überprüfe nach einigen Tagen erneut die Proben auf den pH-Wert und den Geruch.

4 Fertige ein Versuchsprotokoll an.

1 Essig mit Essigmutter

5 Gib die Wort- und Symbolgleichung für die stattgefundene Reaktion, ausgehend vom Ethanol, an.

Für die Entstehung von Essig ist eine Essigmutter nötig. Dies ist eine gallertartige, Fäden ziehende Masse aus Essigsäurebakterien. Sie kann sich bilden, wenn Wein oder andere leicht alkoholhaltige Flüssigkeiten längere Zeit offen stehen gelassen werden.

Material B

Konservierung mit Essig

Es gibt viele Möglichkeiten, Lebensmittel haltbar zu machen, z. B. Räuchern bei Fischen, Zuckern bei Marmelade oder Einlegen von Gemüse in Essig. → 2 Im folgenden Versuch kannst du die konservierende Wirkung von Essig testen:

Materialliste: 4 Petrischalen, Pipette, Messer, Salatgurke, Brotscheibe, Essig, Wasser

1 Gib in zwei Petrischalen jeweils ein Stück Gurke. Gib in die beiden anderen Petrischalen jeweils ein Stück frisches Brot. Tropfe auf eines der Gurkenstücke und Brotstücke einige Tropfen Essig, auf das andere einige Tropfen Wasser. Stelle die Petrischalen an einen warmen Ort.

2 Wiederhole eine Woche täglich die Befeuchtung der Proben mit Wasser bzw. Essig. Protokolliere deine Beobachtungen.

3 Begründe, warum das Experiment nicht nur mit Essig, sondern auch mit Wasser durchgeführt wird.

2 Eingelegtes Gemüse

4 Nenne mögliche Gründe, warum Essig als Konservierungsmittel wirkt.

5 Recherchiere, welche Produkte Essig zur Konservierung enthalten.

Material C

Säureeigenschaften der Carbonsäuren

Materialliste: 7 Reagenzgläser, Rotkohlsaft, Universalindikator, Kalkstein, Magnesiumband, Zinkblech, Kupferblech, Alufolie, Essigsäure (5%ig)

1 Fülle in sieben Reagenzgläser je 1 cm hoch Essigsäure ein.

2 Gib in das erste Reagenzglas einige Tropfen Rotkohlsaft und in das zweite Reagenzglas Universalindikator.

3 In das dritte Reagenzglas gibst du ein Stück Kalkstein und in die weiteren je ein Stück Magnesiumband, Zinkblech, Kupferblech und Alufolie.

4 Beobachte die Veränderungen und erstelle ein Versuchsprotokoll.

5 Erkläre die Beobachtungen. Gib an, welche funktionelle Gruppe im Essigsäuremolekül für die saure Reaktion verantwortlich ist.

6 Erkläre, weshalb Essigreiniger für die Entfernung von Kalkflecken auf Marmor ungeeignet sein könnte.

3 Bei Marmorflächen ist das Reinigungsmittel entscheidend.

Material D

Carbonsäuren lösen

Materialliste: 8 Reagenzgläser mit Stopfen, Reagenzglashalter, Pipetten, Spatel, Palmitinsäure, Ameisensäure, Stearinsäure, Propionsäure, Heptan, Wasser

1 Fülle in 4 Reagenzgläser 2 ml Wasser und in 4 weitere Reagenzgläser 2 ml Heptan.

2 Gib bei der Versuchsreihe mit Wasser in das erste Reagenzglas 1 ml Ameisensäure und in das zweite 1 ml Propionsäure. In das dritte Reagenzglas gibst du eine Spatelspitze Palmitinsäure und in das vierte eine Spatelspitze Stearinsäure. Notiere deine Beobachtungen.

3 Genauso gehst du bei der Versuchsreihe mit Heptan vor.

4 Übertrage die Tabelle in dein Heft und fülle sie aus. → 4

5 Erkläre die unterschiedliche Löslichkeit der verschiedenen Carbonsäuren mithilfe der Molekülstrukturen.

Carbonsäure	Löslichkeit in Wasser	Löslichkeit in Heptan	Strukturformel
Ameisensäure	?	?	?
Propionsäure	?	?	?
Palmitinsäure	?	?	?
Stearinsäure	?	?	?

4

Welt der Kunststoffe

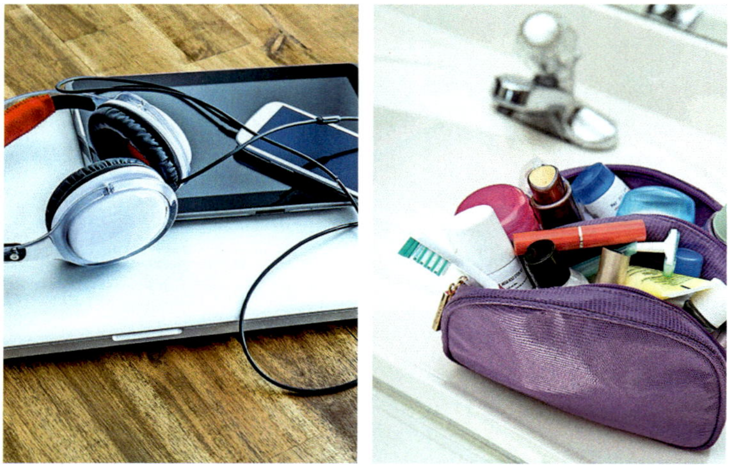

1 Kunststoffe im Einsatz

Kunststoffe haben die Welt in den letzten 100 Jahren stark verändert. Sie sind heute in allen Lebensbereichen zu finden.

Was sind Kunststoffe? • Kunststoffe sind Stoffe, die aus sogenannten Makromolekülen bestehen. Makromoleküle sind sehr große Verbindungen, die mehrere Tausend Atome enthalten. Kunststoffe werden meist industriell aus Erdöl hergestellt und umgangssprachlich auch als Plastik bezeichnet.

Arten von Kunststoffen • Kunststoffe lassen sich in drei Gruppen einteilen: Thermoplaste, Duroplaste und Elastomere. Diese drei Gruppen unterscheiden sich in ihren Eigenschaften und ihrer Verwendung. → 2

Wozu nutzt man Kunststoffe • Kunststoffe können fast überall eingesetzt werden. Ein großer Anteil wird für die Herstellung von Verpackungen verwendet, zum Beispiel für Kosmetika und Lebensmittel. Im Bauwesen braucht man Kunststoffe beispielsweise für die Herstellung von Fenstern, Böden und Dämmmaterial. Moderne Hochleistungskunststoffe werden bei elektrischen Geräten, im Fahrzeugbau, in der Medizintechnik und für die Herstellung von Sportartikeln genutzt.

Kunststoff	Im Modell	Eigenschaften	Beispiel
Thermoplaste	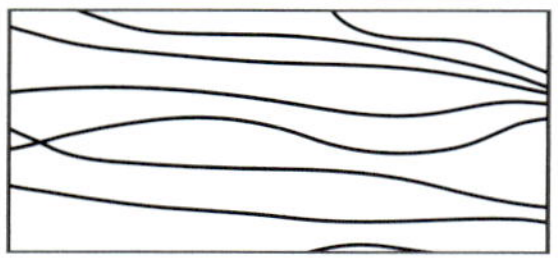	• werden beim Erwärmen weich • lange Kettenmoleküle	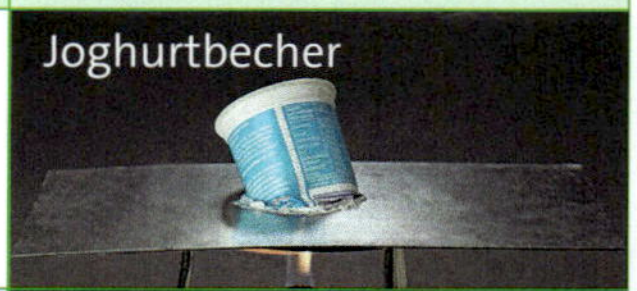
Duroplaste	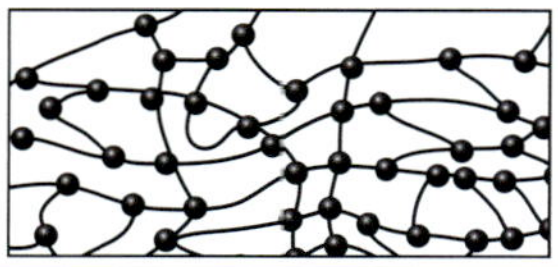	• bleiben beim Erwärmen formstabil • engmaschig verknüpftes Molekül	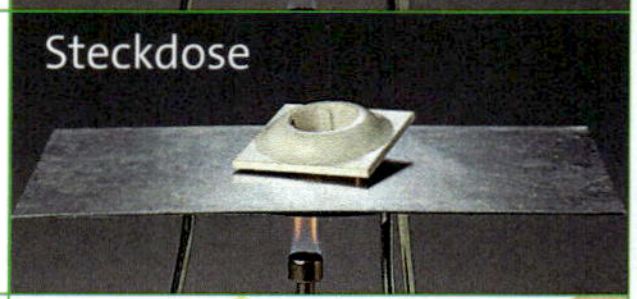
Elastomere	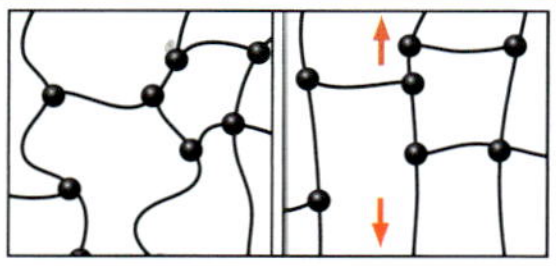	• verformen sich unter Krafteinwirkung und gehen danach in Form zurück • weitmaschiges Netzmolekül	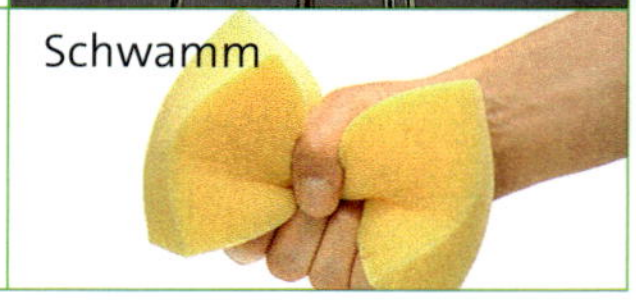

2 Kunststoffe im Überblick

das Makromolekül
das Monomer
das Polymer
die Polymerisation

Wie stellt man Kunststoffe her? • Wenn man sich den Aufbau von Polyvinylchlorid (PVC) anschaut, erkennt man, dass immer gleiche Atomgruppen aufeinanderfolgen. → 3 Ausgangsstoff für die Herstellung eines solchen Kunststoffs sind einzelne Moleküle, die sogenannten Monomere. Beim PVC ist dies Vinylchlorid. → 4 Bei der Herstellung des Kunststoffs wird durch den Einsatz eines Hilfsstoffs die Doppelbindung gespalten und die Vinylchloridmoleküle lagern sich aneinander. → 5 Einen solchen Vorgang nennt man Polymerisation, die Produkte Polymere. Polymerisationen sind typisch für die Herstellung vieler Kunststoffe.

Wie entsorgt man Kunststoffe? • In Deutschland werden Abfälle aus Kunststoffverpackungen gesondert gesammelt und wiederverwertet. Ungefähr die Hälfte dieser Kunststoffabfälle wird in Kraftwerken oder Müllverbrennungsanlagen zur Gewinnung von Strom und Wärme verbrannt. Die andere Hälfte der Kunststoffabfälle wird zur Herstellung neuer Kunststoffprodukte benutzt. Dazu werden die Kunststoffabfälle sortiert, gereinigt und eingeschmolzen. Ein solches Verfahren nennt man werkstoffliches Recycling. Aus PET-Flaschen können dadurch wieder synthetische Fasern für Sportbekleidung gewonnen werden. → 6

Kunststoffe bestehen aus Makromolekülen. Sie werden aus einzelnen Molekülen durch Polymerisation hergestellt.

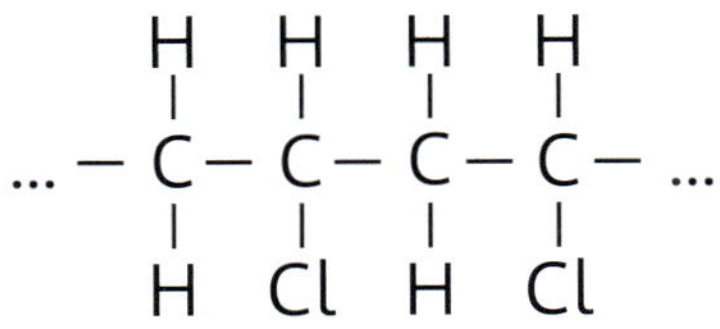

3 Polyvinylchlorid (PVC)

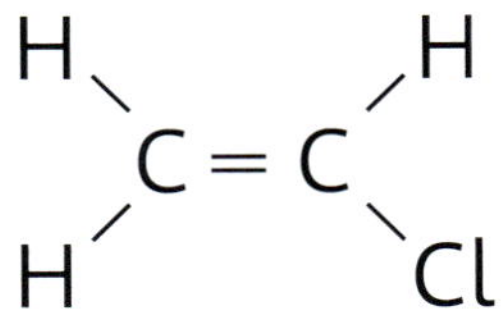

4 Vinylchlorid

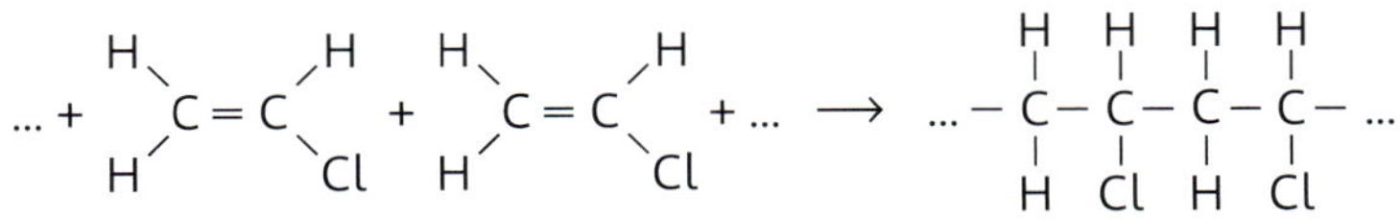

5 Reaktion von Vinylchlorid zu Polyvinylchlorid (PVC)

6 Von der Flasche zum Pulli

Aufgaben

1 ☑ Sieh dich im Fachraum um und gib an, welche Gegenstände aus Kunststoff bestehen.

2 ☑ Nenne drei Gruppen von Kunststoffen und beschreibe ihre Eigenschaften.

3 ☒ Erkläre die Begriffe Monomer, Polymer und Makromolekül.

4 ☒ Beschreibe die Herstellung von PVC.

Welt der Kunststoffe

Material A

Früher und heute

Der erste mit technischen Mitteln hergestellte Kunststoff wurde 1851 von Charles Nelson Goodyear erfunden. Goodyear hatte den weißen Milchsaft des Kautschukbaumes mit Schwefel versetzt und dadurch einen elastischen Gummi erhalten. Dadurch konnte er mit seiner Firma die ersten Kutschen und Fahrräder mit Gummireifen ausstatten.
Heutzutage können wir uns Kunststoffe nicht mehr aus unserem Alltag wegdenken. Aufgrund ihrer herausragenden Eigenschaften wurden viele Alltagsgegenstände durch Gegenstände aus Kunststoff ersetzt. Fußballschuhe waren früher aus Leder, heute sind sie aus Hightechkunststoff. Während es Kochlöffel nach wie vor aus Holz gibt, wird die spülmaschinentaugliche Kunststoffvariante immer beliebter. Auch das umstrittene Amalgam in Zahnfüllungen musste den Kunststofffüllungen weichen.

1 Nenne weitere Gegenstände, die früher nicht aus Kunststoff waren, aber es heute sind.

2 Gib verschiedene Vor- und Nachteile für den Einsatz von Kunststoff an.

1 Fußballschuhe früher

2 Fußballschuhe heute

3 Antikes Fahrrad mit Holzrädern

4 Fahrrad heute mit Gummireifen

Material B

Herstellung eines Kunststoffs

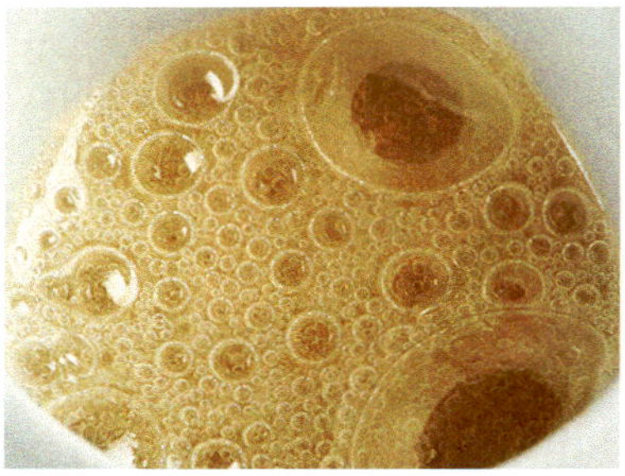

5 Verfärbung der Schmelze

Materialliste: Becherglas, Gasbrenner, Tiegelzange, Teelichthülle, Citronensäure

In ein Becherglas wird etwa 2 cm hoch Citronensäure gegeben. Die Säure wird mit einem Gasbrenner so lange erhitzt, bis die Gasentwicklung geringer wird und die Schmelze sich dunkelgelb färbt. → 5

1 Führe den Versuch wie beschrieben durch. Gieße die Schmelze mithilfe einer Tiegelzange in eine Teelichthülle. Beschreibe den entstandenen Kunststoff.

2 Tauche ein Streichholz in die Schmelze und versuche Fäden zu ziehen. Wiederhole den Versuch nach 15 Minuten.

Material C

Kunststoffe klassifizieren

Nimm Proben von:
- Polyethylenterephthalat (PET), z. B. Getränkeflasche
- Polyethen (PE), z. B. Plastiktüte
- Polypropen (PP), z. B. Joghurtbecher
- Polyamid (PA), z. B. Dübel
- Aminoplast (UF), z. B. alte Steckdose oder Lichtschalter

1 Untersuche, ob es sich um Thermoplaste oder Duroplaste handelt. Erwärme dazu (im Abzug!) die verschiedenen Proben vorsichtig mit einem Heißluftföhn.

2 Bestimme die Dichte der Kunststoffproben. Zur Verfügung hast du eine Waage, einen Messzylinder, Wasser und ein Überlaufgefäß.

3 Stelle die Ergebnisse der Untersuchungen übersichtlich in einer Tabelle dar.

Material D

Plastik – nicht immer ein Segen

Die Millionen Tonnen an Plastik, die jährlich produziert werden, müssen auch wieder ordnungsgemäß entsorgt werden. Plastik wird aber zum Problem, wenn es in der Natur entsorgt wird. Über Wind und Wasser wird Plastikmüll aufgrund seines geringen Gewichts schnell verbreitet.
Im Meer sammeln sich daher Unmengen an Müll. Das Umweltbundesamt schätzt dies auf 80 Millionen Tonnen. Davon lagern rund 70 % auf dem Meeresgrund, 15 % schwimmen auf dem Meer und 15 % werden an die Strände gespült. Das teils zersetzte Plastik wird von Vögeln, Fischen und anderen Tieren aufgenommen, was für sie tödlich enden kann.

Häufig gelangt Plastik auch in Form von kleinsten Plastikkügelchen über unser Abwasser in den Wasserkreislauf. Dieses Mikroplastik kann zum Beispiel in Zahnpasta oder wetterfester Kleidung enthalten sein.

1 Beschreibe, wie Plastik ins Meer gelangt. → 6

2 Gib an, wie Mikroplastik über die Nahrungskette weitergegeben wird.

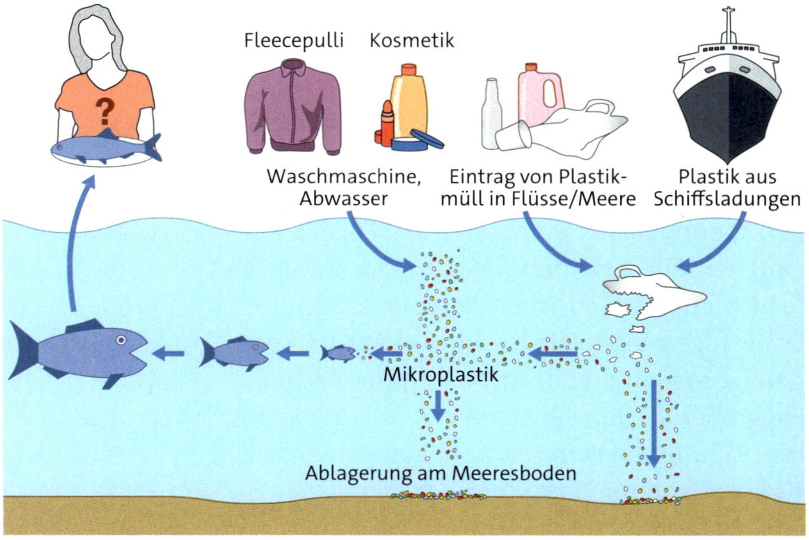

6 Plastik im Wasserkreislauf

Kohlenstoff – der Molekülbauer

Zusammenfassung

Kohlenwasserstoffe • Sehr viele Stoffe in unserer Welt enthalten Kohlenstoff und Wasserstoff. Dies liegt an der Vierbindigkeit des Kohlenstoffs. Es können sich Ketten mit Einfach-, Zweifach- und Dreifachbindungen bilden und es gibt auch verzweigte Ketten und Ringstrukturen.
Die Benennung dieser vielfältigen Stoffe erfolgt nach festen Regeln. Dabei wird immer wieder auf die Namen der unverzweigten Kohlenwasserstoffe – die Alkane – zurückgegriffen.

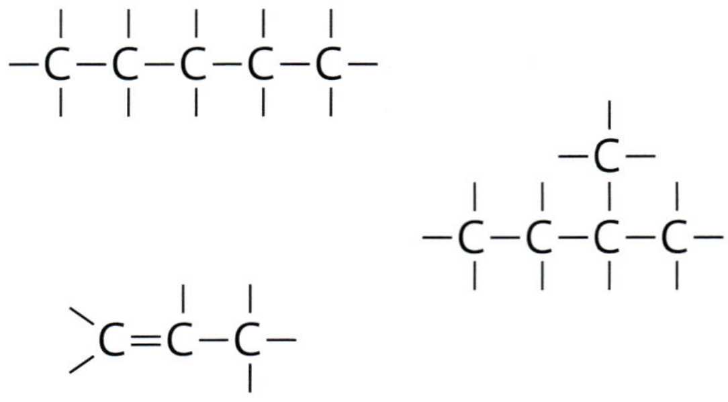

1 Einige Vertreter der vielen Kohlenwasserstoffe

Erdöl und Erdgas • Erdöl und Erdgas bestehen aus Kohlenwasserstoffen. Diese Stoffe sind wichtige Energieträger. Die Energie, die beim Verbrennen frei wird, nutzen wir zum Heizen, zur Stromgewinnung oder als Treibstoffe für Fahrzeuge.
Bei der Verbrennung entstehen als Abgase hauptsächlich Wasser und Kohlenstoffdioxid. Diese Stoffe sind zwar ungiftig, Kohlenstoffdioxid ist aber der Hauptverursacher des vom Menschen ausgelösten Treibhauseffekts.

Kunststoffe • Kunststoffe bestehen aus Makromolekülen und werden meist industriell aus Erdöl gewonnen. Sie lassen sich in die drei Gruppen Thermoplaste, Duroplaste und Elastomere einteilen. Ein Verfahren, mit dem sich Kunststoffe herstellen lassen, ist die Polymerisation. Dabei lagern sich viele einzelne Moleküle, sogenannte Monomere, zu Polymeren zusammen. Ein großer Teil von Kunststoffen wird für die Herstellung von Verpackungen genutzt. In der Natur entsorgter Plastikmüll schadet Vögeln, Fischen und anderen Tieren.

Funktionelle Gruppen • Kohlenwasserstoffe können auch sogenannte funktionelle Gruppen enthalten. Diese verleihen dem jeweiligen Stoff typische Eigenschaften.

Alkohole • Die funktionelle Gruppe der Alkohole ist die OH-Gruppe, auch Hydroxylgruppe genannt. Sie besteht aus einem Sauerstoff und einem Wasserstoff-Atom. Die Namen der Alkohole leiten sich aus dem entsprechenden Alkan mit der Endsilbe -ol ab. Pentanol ist beispielsweise ein Alkohol mit fünf Kohlenstoff-Atomen. Ein Alkoholmolekül kann auch mehrere dieser OH-Gruppen enthalten. Hierbei spricht man von mehrwertigen Alkoholen.

Carbonsäuren • Die funktionelle Gruppe der Carbonsäuren ist die sogenannte Carboxylgruppe (–COOH). Der Name der Carbonsäure leitet sich vom ursprünglichen Alkan mit der Endung -säure ab, z. B. Butansäure. Die Carboxylgruppe ist für die saure Reaktion der Carbonsäuren verantwortlich. Leitet man z. B. Essigsäure in Wasser, zerfällt sie in Säurerest-Ionen und Oxonium-Ionen (H_3O^+).

Teste dich! (Lösungen im Anhang)

Kohlenwasserstoffe

1 Ergänze in deinem Heft folgende Summenformeln von Alkanen:
C_9H $C_{32}H$ $C\;H_{24}$ $C\;H_{60}$

2 Für die Benennung von Kohlenwasserstoffen gibt es genaue Regeln.
a Zeichne die Strukturformel von 4-Ethyl-2,2,3,3-Tetramethyloctan.
b Benenne den Kohlenwasserstoff aus Bild 3.

3 In Bild 2 sind zwei Isomere von Hexan abgebildet.
a Erkläre an diesem Beispiel den Begriff Isomer.
b Zeichne die Strukturformeln drei weiterer Isomere von Hexan.

4 Folgende Summenformeln gehören zu Alkenen: $C_{17}H_{34}$ $C_{29}H_{58}$ $C_{56}H_{112}$
a Gib die allgemeine Summenformel der Alkene an.
b Hier siehst du Summenformeln einiger Alkine: C_9H_{16} $C_{24}H_{46}$ $C_{55}H_{108}$
Gib die allgemeine Summenformel der Alkine an.

5 Ein Kilogramm Methan hat eine 25-mal größere Treibhauswirkung als ein Kilogramm Kohlenstoffdioxid. Trotzdem trägt Methan viel weniger zum Treibhauseffekt bei als Kohlenstoffdioxid. Erkläre diesen Widerspruch.

Alkohole

6 Zeichne die Lewis-Formeln von 1-Propanol, 2,3-Pentandiol und 3-Heptanol.

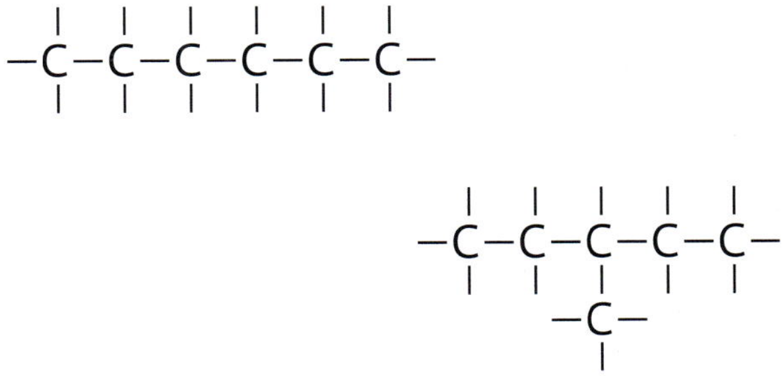

2 Zwei Isomere von Hexan

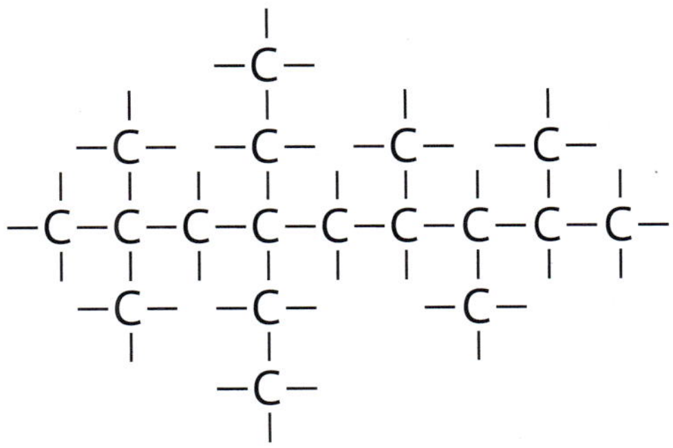

3 Kohlenwasserstoffe können verzweigte Ketten bilden.

Carbonsäuren

7 Essigsäuregärung
a Beschreibe, wie aus Ethanol Essigsäure entsteht.
b Gib die Wort- und Formelgleichung für die Reaktion an.

Kunststoffe

8 Kunststoffe werden auch Polymere genannt. Begründe.

9 Erkläre das unterschiedliche Verhalten von Duroplasten und Thermoplasten beim Erwärmen.

Energiewandler

Solaranlagen wandeln das Sonnenlicht direkt in elektrische Energie um. Können wir in Zukunft damit unsere Energieversorgung sicherstellen?

Dieses Gerät sorgt in Kraftwerken für die Umwandlung der Bewegungsenergie in elektrische Energie. Ein wichtiges Bauteil fehlt hier aber noch.

Mit diesen Flitzern kommt man flott vorwärts. Sie werden von Elektromotoren angetrieben.

Magnete und ihre Eigenschaften

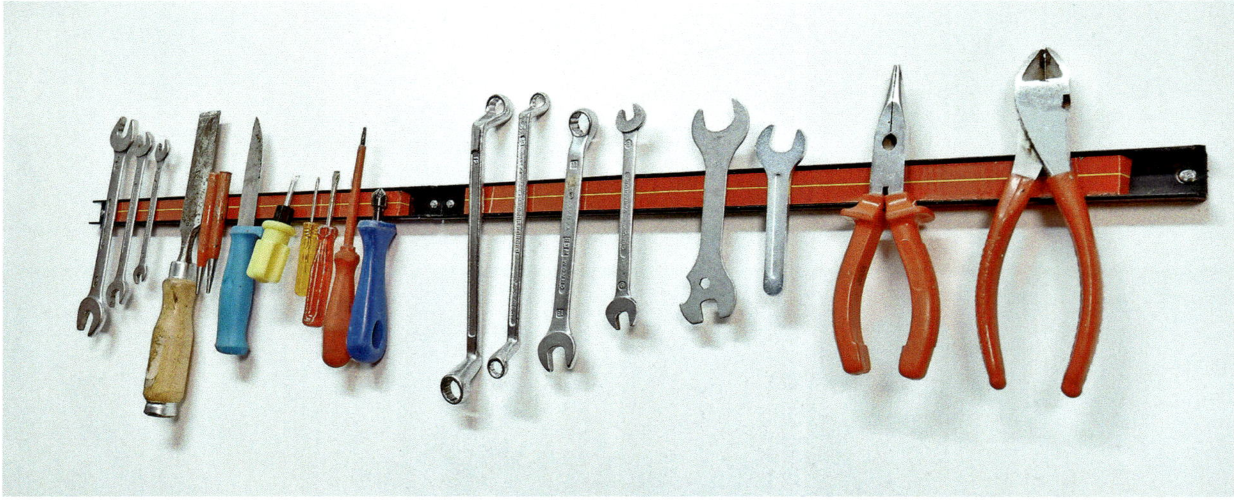

1 Magnethalter für Werkzeug

Materialien zur Erarbeitung: A–E

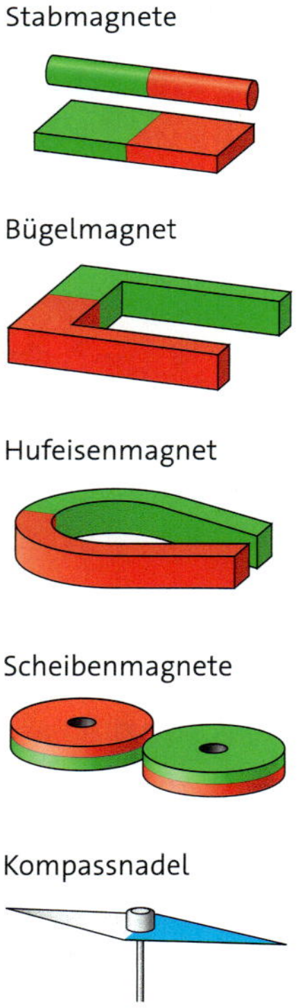

2 Magnete

Hier kannst du dein Wissen über Magnete auffrischen.

Anziehung • Magnete gibt es in vielen Formen. → 2 Mit ihnen kann man feststellen, ob ein Gegenstand Eisen enthält. → 3

Magnete ziehen Gegenstände an, die Eisen (Nickel, Cobalt) enthalten.

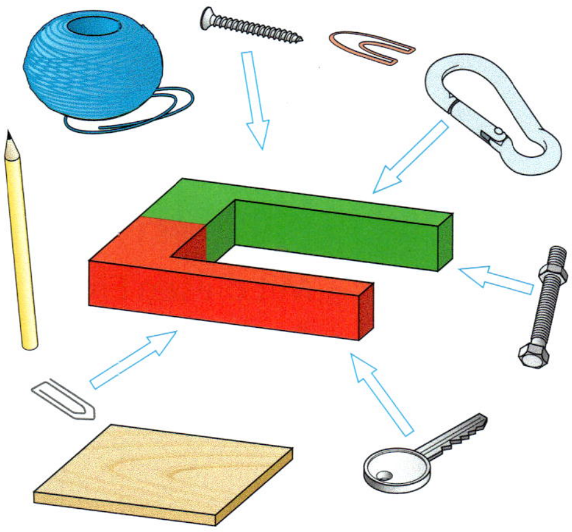

3 Der Magnet zieht Eisen an.

Magnetpole • Wenn man einen Stabmagneten in eine Schachtel mit Nägeln hält, bleiben an seinen Enden besonders viele Nägel hängen. → 4 Hier befinden sich die Pole des Magneten. Ein frei aufgehängter Stabmagnet dreht sich in Nord-Süd-Richtung. → 5 Der Magnetpol, der nach Norden zeigt, wird als Nordpol bezeichnet.

Die Anziehung eines Magneten ist an seinen Polen besonders groß. Jeder Magnet hat (mindestens) einen Nordpol und einen Südpol.

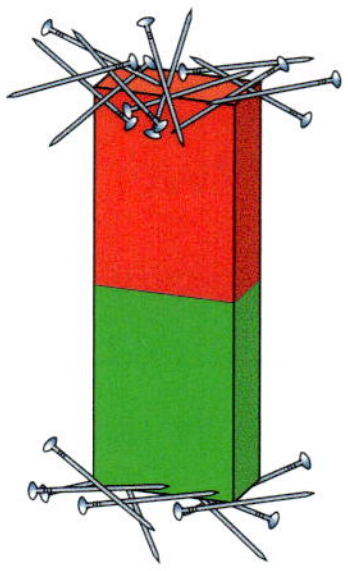

4 Magnetpole

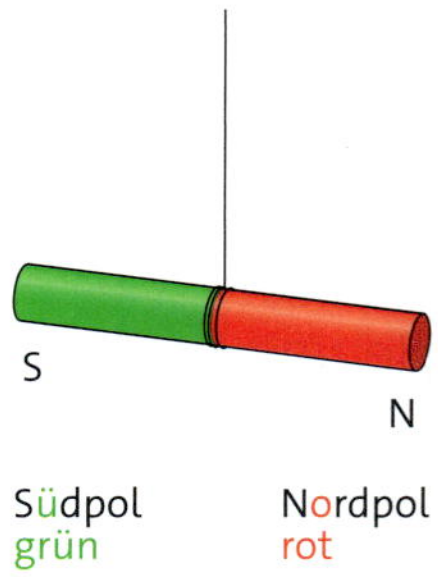

5 Südpol/Nordpol

der Magnet
der Magnetpol
das Magnetfeld

Anziehen – Abstoßen • Ein Magnet und ein Gegenstand aus Eisen ziehen sich immer gegenseitig an. Zwei Magnete können sich ebenfalls anziehen – oder abstoßen. → 6 Es kommt darauf an, welche Pole sich gegenüberstehen:

Ungleiche Pole zweier Magnete ziehen sich an.
Gleiche Pole zweier Magnete stoßen sich ab.

Magnetfeld • Ein Magnet zieht Gegenstände aus Eisen und andere Magnete an – ohne sie zu berühren. Seine Anziehung reicht weit. Der Magnet wirkt durch einen Karton hindurch, nicht aber durch ein Eisenblech. → 7

Als Magnetfeld bezeichnen wir den Bereich um einen Magneten, in dem er seine Wirkung zeigt.

Magnete im Einsatz • Dauermagnete werden in vielen Bereichen genutzt. Sie können nicht nur Werkzeuge halten. Stromkreise kann man mit einem Reedkontakt „magnetisch" schließen und öffnen. → 8 Das nutzt der Fahrradcomputer, um dir die Geschwindigkeit anzuzeigen. Mithilfe von Magneten speichert man zum Beispiel auch Informationen auf Parkscheinen.

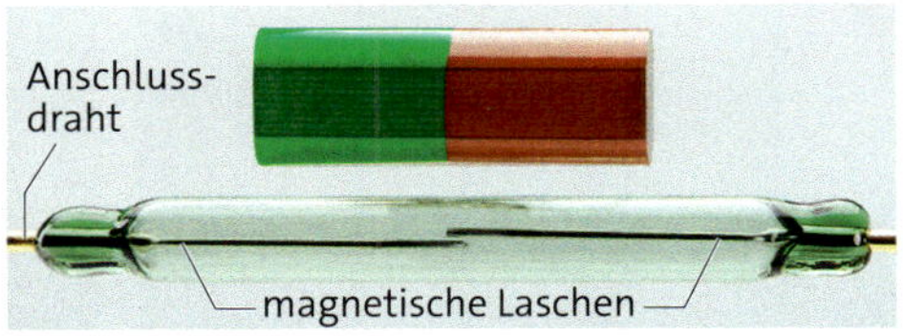

8 Der Reedkontakt – ein Magnetschalter

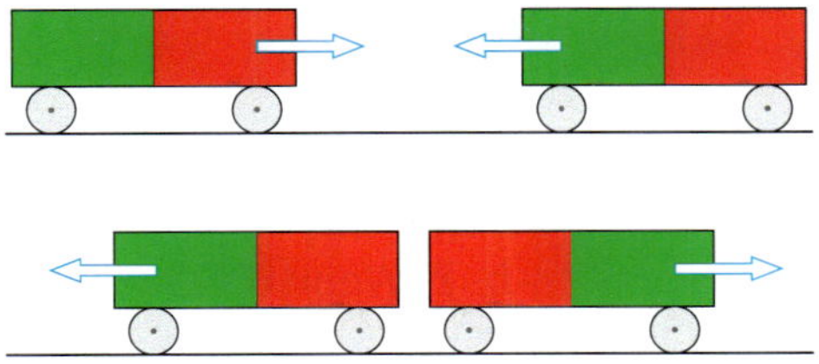

6 Anziehung – Abstoßung

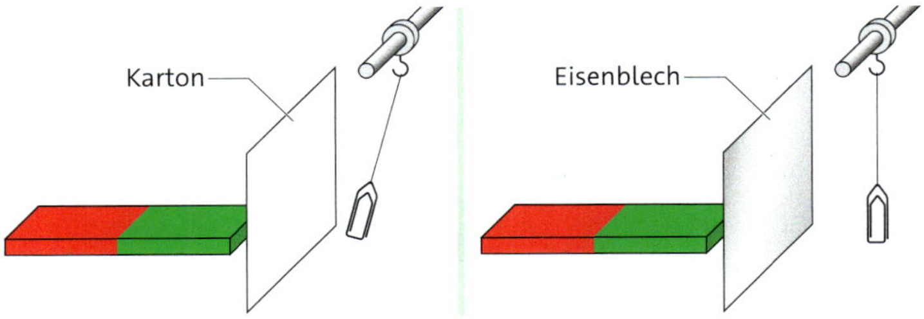

7 Die Büroklammer hinter dem Karton wird vom Magneten angezogen, die Büroklammer hinter dem Eisenblech nicht.

Aufgaben

1 Nenne Stoffe, die von Magneten angezogen werden.

2 Beschreibe, wie du herausfinden kannst, wo die Pole eines Magneten sind.

3 „Magnete ziehen sich immer gegenseitig an." Nimm Stellung dazu.

4 Gib an, welche Büroklammer sich im Magnetfeld des Stabmagneten befindet. → 7 Begründe.

5 Gestalte ein Plakat, auf dem alle Eigenschaften eines Stabmagneten zusammengefasst sind.

Magnete und ihre Eigenschaften

Material A

Welche Gegenstände zieht ein Magnet an?

Materialliste: Magnet, verschiedene Gegenstände

1 Prüfe, welche Gegenstände ein Magnet anzieht.

a Trage deine Beobachtungen in eine Tabelle ein. → 1

b Wenn die Gegenstände nur aus einem Stoff bestehen, gib ihn an.

c Schreibe eine Regel auf, welche Stoffe von Magneten angezogen werden.

Gegenstand	Vom Magneten angezogen	Stoff
Ohrring	nein	Silber
Schere	ja	Eisen
Nagel	ja	?
?	?	?

1 Beispieltabelle

Material B

Wo ist die Anziehung am stärksten?

Materialliste: Stabmagnet, Nagel aus Eisen, Nähgarn

1 Der Nagel soll die Mitte des Magneten treffen. → 2

a Beschreibe deine Beobachtungen.

b Die Stellen des Magneten mit der stärksten Anziehung heißen Pole.
Notiere, wie viele Pole der Stabmagnet hat und wo sie liegen.

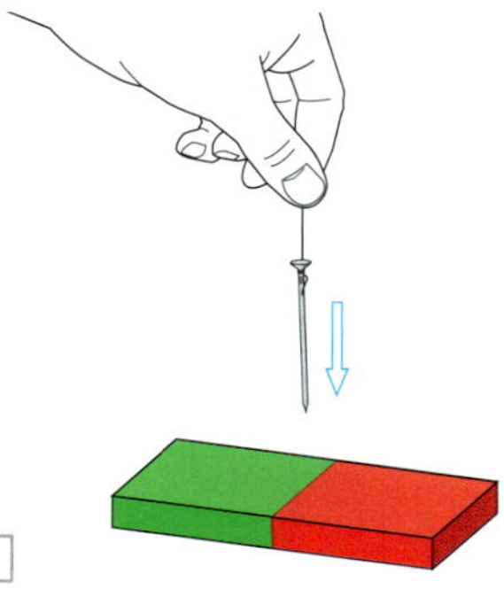

2

Material C

Ziehen sich zwei Magnete immer an?

Materialliste: 2 Stabmagnete, 4 Rollen (nicht aus Eisen)

1 Ein Stabmagnet hat zwei Pole. Der eine Pol ist oft rot gefärbt, der andere grün.

a Lege die Magnete im Abstand von etwa 5 cm auf Rollen. → 3 Nähere sie einander. Notiere deine Beobachtungen.

b Stelle eine Regel auf: Gleiche Pole ⟨?⟩, ungleiche Pole ⟨?⟩

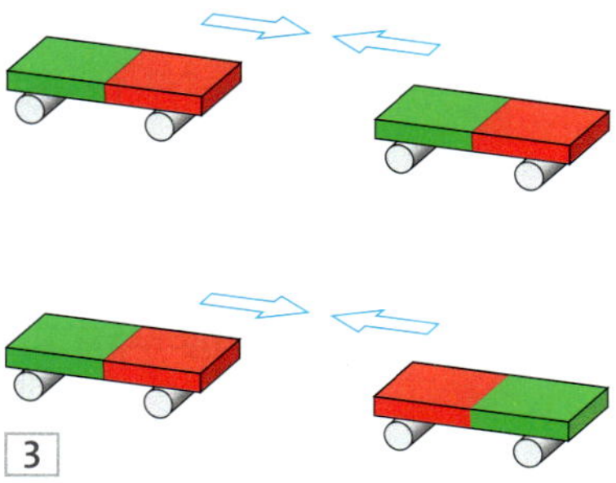

3

Material D

Magnet „abschirmen“

Materialliste: Stabmagnet, Büroklammer aus Eisen, Nähgarn, Karton, Holzplatte, Glasplatte, Alublech, Eisenblech, Kupferblech, Stativmaterial

1 Schiebe die Platten und Bleche einzeln und nacheinander zwischen den Magneten und die Büroklammer. → 4
Notiere deine Beobachtungen in einer Tabelle.

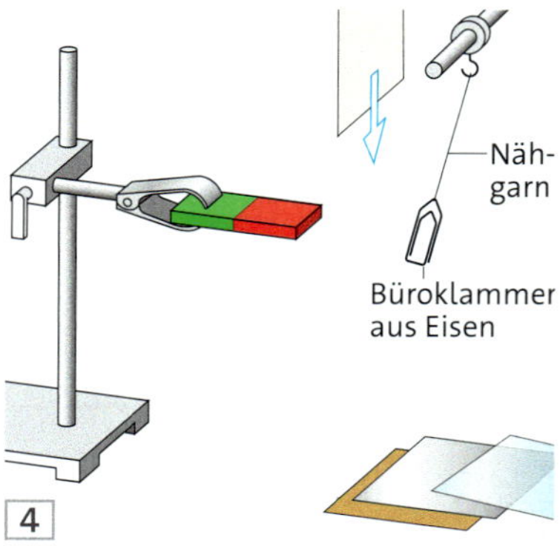

4

Material E

Magnetische Kräfte messen

Den Kraftmesser kennst du schon. Mit ihm bestimmst du die Kraft von Magneten.

Materialliste: verschiedene Dauermagnete aus der Sammlung, Klebeband, Kraftmesser (Messbereich 10 N), Eisennagel

1 Magnete sind unterschiedlich stark. Miss, wie stark ein Magnet einen Nagel aus Eisen festhält.

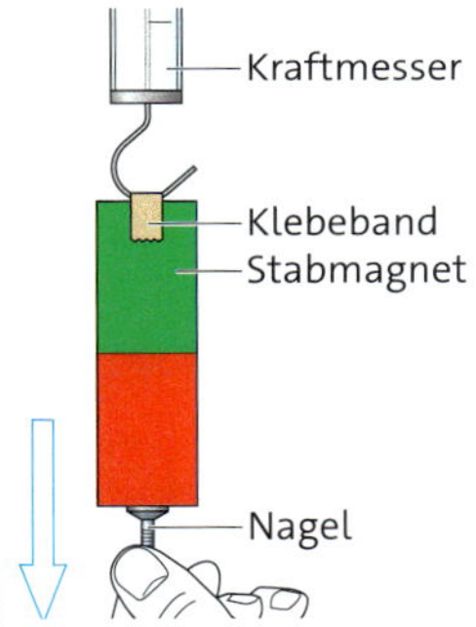

5

a Befestige jeweils den Magneten am Kraftmesser. → 5

b Ziehe langsam und gleichmäßig am Eisennagel.

c Notiere in einer Tabelle die Kraft, bei der der Nagel abreißt. → 6

Art des Magneten	Kraft in N
Stabmagnet	?

6 Beispieltabelle

Material F

Magnetischer Schalter

Materialliste: magnetischer Schalter (Reedkontakt), Dauermagnet, Lampe, Kabel, Netzgerät (6 V) oder Batterie (4,5 V), Fahrrad mit Fahrradcomputer

Ein Reedkontakt ist ein magnetischer Schalter. Mithilfe eines Dauermagneten schließt oder öffnet er den Stromkreis. Dies wird bei Alarmanlagen im Haus genutzt.

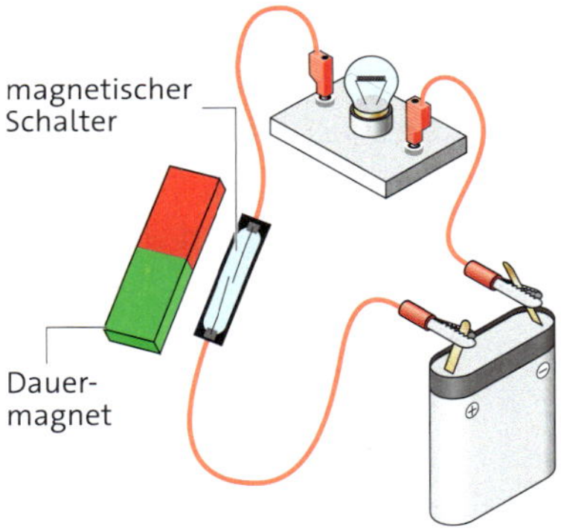

7 Stromkreis mit magnetischem Schalter

1 Immer wenn der Magnet in die Nähe des Reedkontakts kommt, werden darin die Kontakte und damit der Stromkreis geschlossen.

a Baue einen einfachen Stromkreis auf. Er soll einen Reedkontakt als Schalter enthalten. → 7

b Teste mit dem Dauermagneten, ob dein Schalter funktioniert.

2 Der Fahrradcomputer nutzt auch die Schaltung von Aufgabe 1. An einer Speiche des Rads ist ein Dauermagnet befestigt. An der Gabel befindet sich der magnetische Schalter. → 8

a Hat dein Fahrrad einen Fahrradcomputer? Sieh es dir genau an und teste den Fahrradcomputer.

b Beschreibe, wie der Computer Signale zur Geschwindigkeitsmessung erhält.

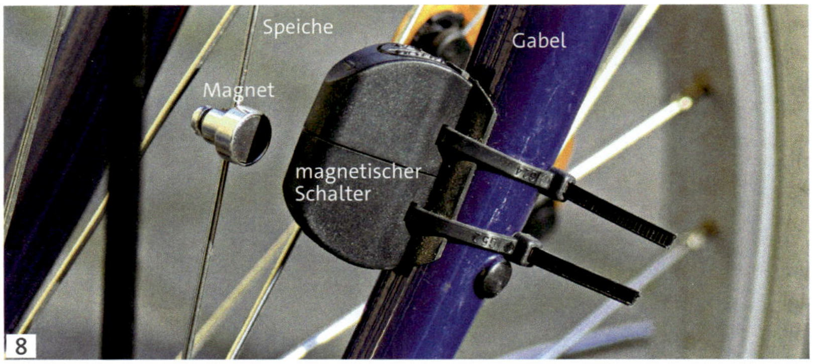

8

Elektromagnete

1 Ein Stahlcontainer wird verladen.

Materialien zur Erarbeitung: A–B

Der Stahlcontainer hängt an einem starken Magneten. Zum Ablegen wird der Magnet einfach ausgeschaltet!

Elektromagnet • Der Magnet am Kran besteht aus einem aufgewickelten Draht und einem „Kern“ aus Eisen. → 2 Der aufgewickelte Draht wird Spule genannt.
Wenn ein elektrischer Strom durch die Spule fließt, wird sie magnetisch. Der Eisenkern verstärkt die Wirkung. Der Elektromagnet hat einen Nord- und einen Südpol. → 3 Die Pole wechseln, wenn man die Anschlüsse an der Batterie tauscht.
Je mehr Windungen die Spule hat, desto stärker ist der Elektromagnet. Ohne Strom verliert der Elektromagnet seine Wirkung. → 4

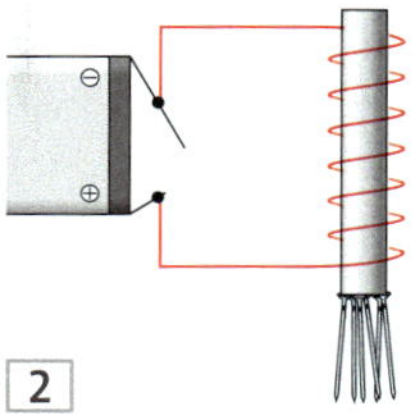

2

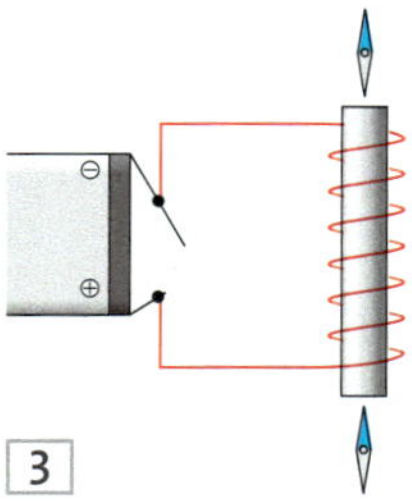

3

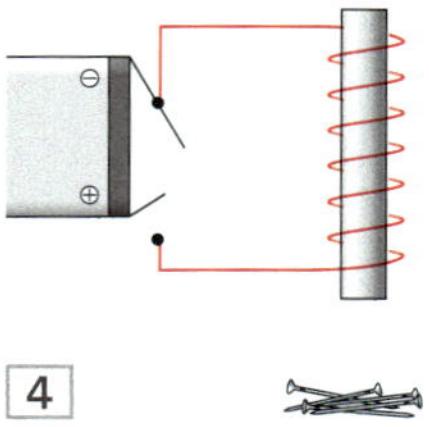

4

Elektromagnete bestehen aus einer Spule mit Eisenkern. Sie wirken nur bei eingeschaltetem Strom wie Magnete aus Eisen. Ihre Magnetpole können vertauscht werden.

Draht und Magnetfeld • Auch ohne Eisenkern ist die Spule ein Magnet. Wie ist das möglich?
Vor rund 200 Jahren machte der dänische Forscher Hans Christian Ørsted eine wichtige Entdeckung. Er hielt einen Draht über eine Kompassnadel. → 7 Wenn er elektrischen Strom durch den Draht schickte, wurde die Nadel abgelenkt. Der Draht war also von einem Magnetfeld umgeben.
Biegt man den Draht zu einem offenen Ring, so wirkt er wie ein schwacher Scheibenmagnet. → 5 Eine Spule wirkt wie ein stärkerer Magnet aus vielen Scheibenmagneten.

Jeder Draht, durch den elektrischer Strom fließt, ist von einem Magnetfeld umgeben.

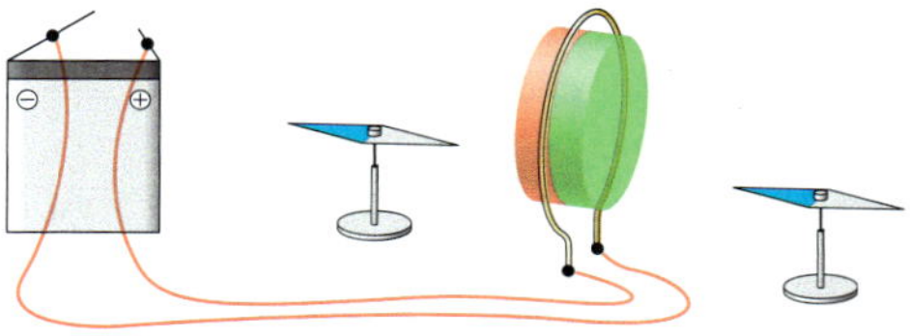

5 Der Drahtring wirkt wie ein Magnet.

Aufgaben

1 Nenne die Bauteile, aus denen ein Elektromagnet besteht.

2 Nenne die Aufgabe des Eisenkerns im Elektromagneten.

3 „Der Elektromagnet ist magnetisch, weil er einen Eisenkern hat.“ Nimm Stellung dazu.

der **Elektromagnet**
die **Spule**

Material A

Elektromagnet – selbst bauen und untersuchen

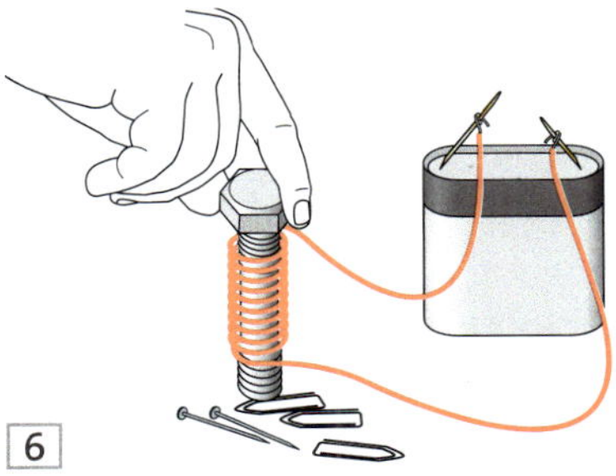

6

Materialliste: lackierter Kupferdraht (1 m lang, 0,2 mm dick), Eisenschraube, Batterie (4,5 V), Nägel oder Büroklammern aus Eisen, Kompassnadel, dünner Klebestreifen, Schleifpapier

1 Umwickle das Gewinde der Schraube erst mit einer Lage Klebestreifen und dann mit dem Draht (immer in gleicher Richtung wickeln). → 6 Schleife den Lack von den Drahtenden ab. Schließe den Draht kurz an die Batterie an:

a Prüfe, ob du einen Magneten hergestellt hast.

b Prüfe, ob der Magnet zwei Pole hat.

c Tausche die Drahtenden an der Batterie. Wiederhole die Versuche.

Material B

Magnetisches Kabel?

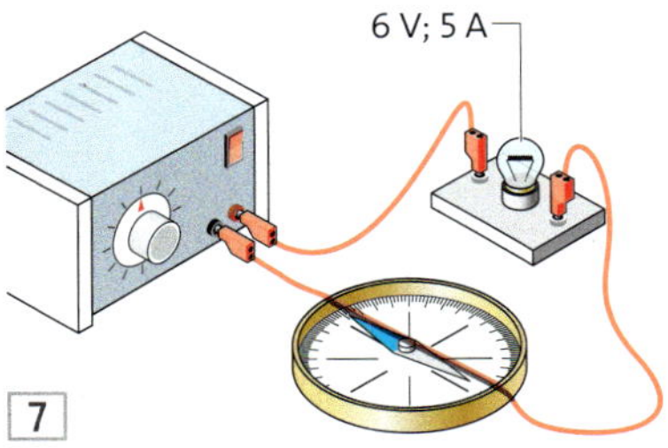

7

Materialliste: Kompass, 2 lange Kabel, Glühlampe (6 V; 5 A), Fassung, Netzgerät (6 V)

1 Lege ein Kabel genau über die Kompassnadel. → 7

a Schalte das Netzteil ein. Beobachte die Kompassnadel. Zeichne rasch auf, wie sie sich ausrichtet. Schalte das Netzteil dann wieder aus.

b Vertausche die Anschlüsse am Netzteil. Schalte es wieder ein. Vergleiche mit Teil a.

Achtung • Netzgerät nicht lange einschalten, Kabel können heiß werden.

Material C

Dauermagnet und Elektromagnet im Vergleich

1 Hier sind die Eigenschaften von Dauer- und Elektromagneten durcheinandergeraten. → 8
Ordne die Eigenschaften dem Dauer- und dem Elektromagneten in einer Tabelle zu.

- Der Magnet lässt sich ausschalten.
- Der Magnet und Gegenstände aus Eisen ziehen sich an.
- Der Magnet hat einen Nordpol und einen Südpol.
- Der Magnet besteht aus zwei Bauteilen.
- Der Magnet lässt sich nicht ausschalten.
- Der Magnet hat ein Magnetfeld.
- Der Magnet besteht aus einem Teil.
- Die Pole des Magneten lassen sich vertauschen.

8

Magnetfelder sichtbar machen

1 Elektromagnet auf einem Schrottplatz

Materialien zur Erarbeitung: A–B

Der Elektromagnet hält viele kleine Eisenteile fest. Sie bilden einen merkwürdig geformten „Bart". Wie kommt das?

Feldlinien • Feine Eisenspäne verteilen sich in der Nähe eines Magneten nicht zufällig. → 2 Sie ordnen sich zu Mustern. Diese Muster machen die Magnetfelder sichtbar.
Ähnliche Linien zeichnet man auf, wenn man die Umgebung eines Magneten mit einer Kompassnadel „abtastet". → 3 4 Diese Linien nennen wir Feldlinien. Mit Pfeilen zeigen wir an, in welche Richtung sich der Nordpol der Kompassnadel einstellt. Die Feldlinien verlaufen also vom Nord- zum Südpol des Magneten. Je stärker die Wirkung des Magneten in einem Bereich ist, desto dichter zeichnen wir dort die Feldlinien. Die Kompassnadel „spürt" den Magneten auch zwischen den Feldlinien: Man könnte noch viel mehr Feldlinien zeichnen.

Mit Feldlinien zeichnen wir Magnetfelder. Die Feldlinien zeigen an, wie stark und in welche Richtung eine Kompassnadel abgelenkt wird.

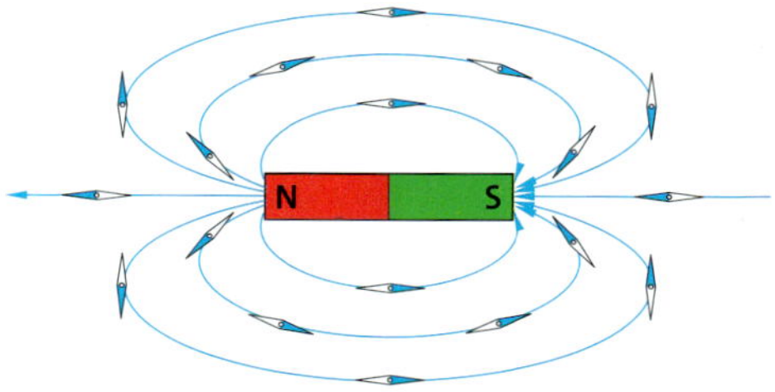

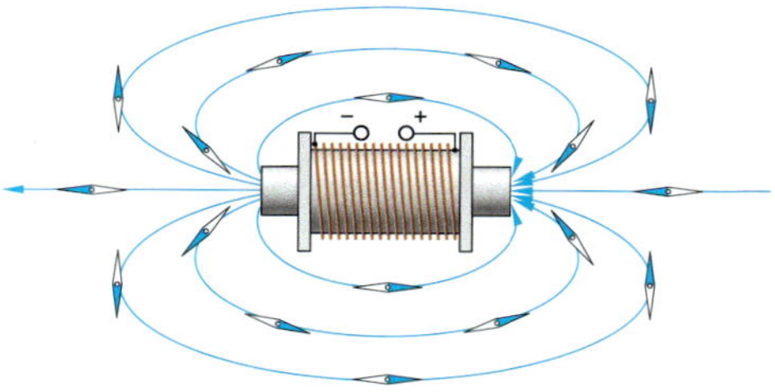

3 4 Feldlinienbilder von Magneten

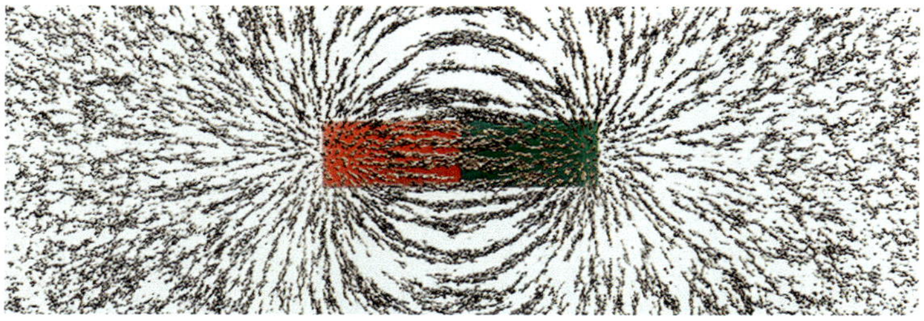

2 Stabmagnet (unter einer Glasplatte) und Eisenspäne

Aufgaben

1 Beschreibe zwei Möglichkeiten, wie du ein Magnetfeld sichtbar machen kannst.

2 Beschreibe, wie du die Richtung der Feldlinien bestimmst.

Material A

Ein Magnetfeld sichtbar machen

Materialliste: Stabmagnet, Hufeisenmagnet, feine Eisenspäne (im Salzstreuer), Bücher, Pappe, weißes Papier, Kamera

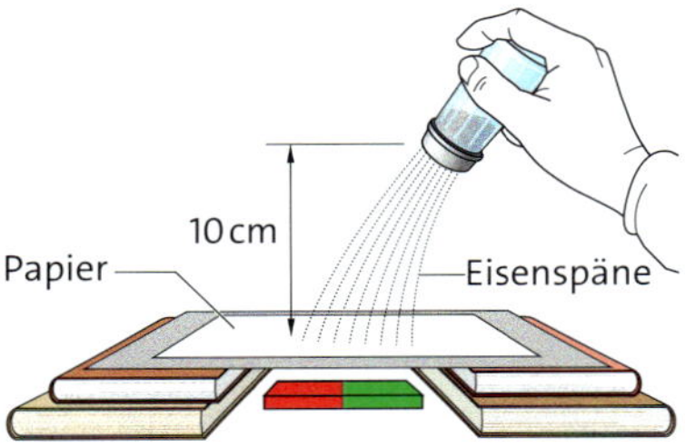

6 Magnetfeld sichtbar machen

1 Lege den Stabmagneten zwischen die Bücher. → 6
Lege die Pappe und das Blatt Papier auf die Bücher. Der Abstand zwischen Magnet und Pappe soll nur klein sein. Streue die Eisenspäne dünn und gleichmäßig auf das Papier. Klopfe leicht gegen die Pappe.
Fotografiere das Bild aus Eisenspänen und beschreibe es.

2 Mache das Magnetfeld des Hufeisenmagneten sichtbar.

Material B

Ein Magnetfeld „abtasten"

Materialliste: Spule, Netzgerät (6 V), Kompassnadel, weißes Papier

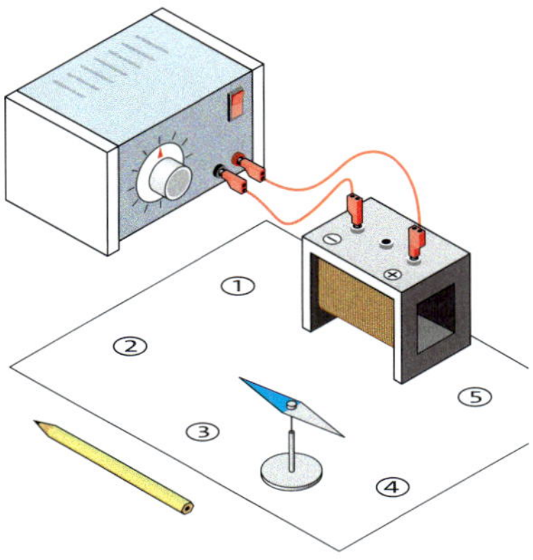

7 Magnetfeld „abtasten"

1 Lege die Spule auf das Blatt Papier. → 7 Zeichne ihren Umriss ab.
Schließe die Spule dann an das Netzgerät an.
a Stelle die Kompassnadel nacheinander ungefähr an den Stellen 1–5 auf das Blatt Papier. Zeichne die Ausrichtung der Nadel jeweils durch einen Pfeil auf das Papier: „Pfeilrichtung = Richtung des Nordpols".
b Untersuche die Ausrichtung der Kompassnadel in der Nähe der Stellen 1 und 5 noch genauer.

Material C

Das Magnetfeld eines Bügelmagneten

1 Ganz viele Kompassnadeln sind zwischen zwei Glasplatten aufgestellt. → 8
a Erkläre, warum die Kompassnadeln nicht alle in dieselbe Richtung zeigen.
b Skizziere in deinem Heft, wie die Feldlinien des Bügelmagneten verlaufen. Verwende dazu auch Bild 3.
c Ergänze im Heft den folgenden Satz:
„Die Feldlinien gehen vom …pol des Magneten zum …pol."

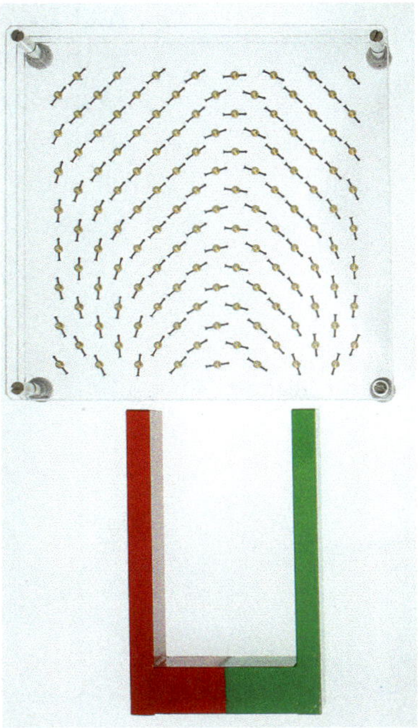

8 Magnet und Kompassnadeln

Elektromagnete sorgen für Bewegung

1 Der Antrieb für den Smoothiemaker ist ein Elektromotor.

Material zur Erarbeitung: A

Elektromotoren sorgen bei uns zu Hause für Bewegung: im Mixer, in der Waschmaschine, in der Bohrmaschine ... Immer mehr Autos mit Elektromotoren fahren auf den Straßen.

Aufbau • Einfache Elektromotoren enthalten zwei Magnete: → 2
- Ein Magnet dreht sich: der Rotor.
- Ein Magnet steht fest: der Stator.

Einer der beiden Magnete muss ein Elektromagnet sein.

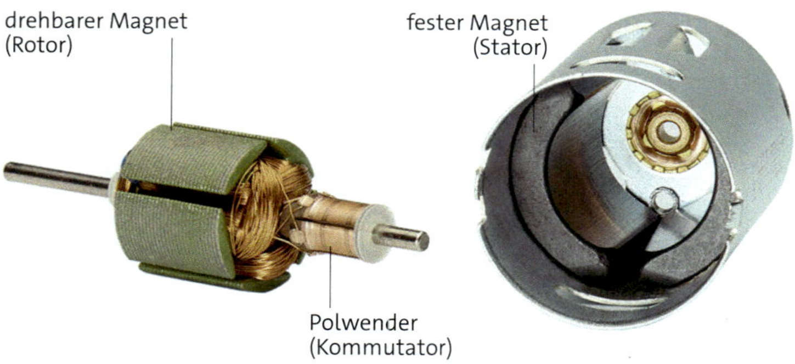

2 Elektromagnet und Dauermagnet – Teile eines Elektromotors

Funktion • Der drehbare Magnet setzt sich in Bewegung, weil sein Nordpol vom Nordpol des festen Magneten abgestoßen und vom Südpol des festen Magneten angezogen wird (1 und 2 in Bild 3). Gleiches gilt für den Südpol des drehbaren Magneten.
Wenn der Nordpol des drehbaren Magneten an der Mitte des festen Südpols vorbeidreht, wird der drehbare Magnet automatisch umgepolt (3 und 4 in Bild 3). Aus seinem Nordpol wird ein Südpol. Er wird vom festen Südpol abgestoßen – die Drehung geht weiter.

Jeder Elektromotor enthält zwei Magnete. Ein Magnet muss ein Elektromagnet sein. Ein Magnet wird gedreht, einer steht fest. Die Drehung kommt zustande, weil sich immer wieder aufs Neue ungleiche Magnetpole gegenseitig anziehen und gleiche Magnetpole abstoßen.
Die Drehung des Magneten wird genutzt, um Geräte anzutreiben.

Aufgaben

1 Nenne 10 oder mehr Geräte mit Elektromotoren.

2 Nenne die Bauteile des einfachen Elektromotors. → 3

3 „Der Elektromotor würde stehen bleiben, wenn die Magnetpole des Elektromagneten nicht immer wieder wechseln würden.“ → 3
Erkläre diese Aussage.

der **Elektromotor**
der **Rotor**
der **Stator**

1 Gleiche Magnetpole von Rotor und Stator stehen sich gegenüber. Sie stoßen sich gegenseitig ab:
Der Rotor dreht sich.

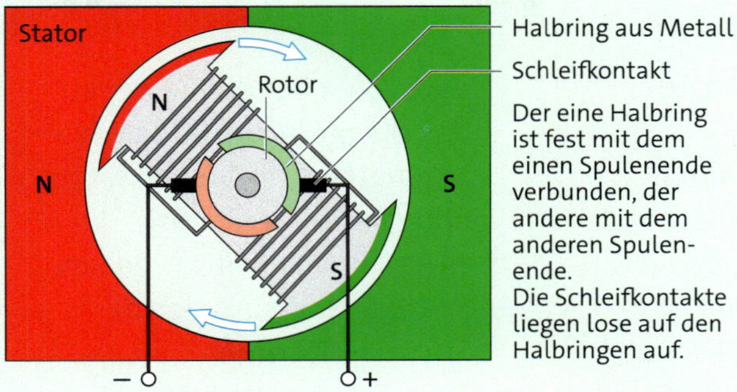

2 Ungleiche Magnetpole von Rotor und Stator ziehen sich gegenseitig an:
Der Rotor dreht sich weiter.

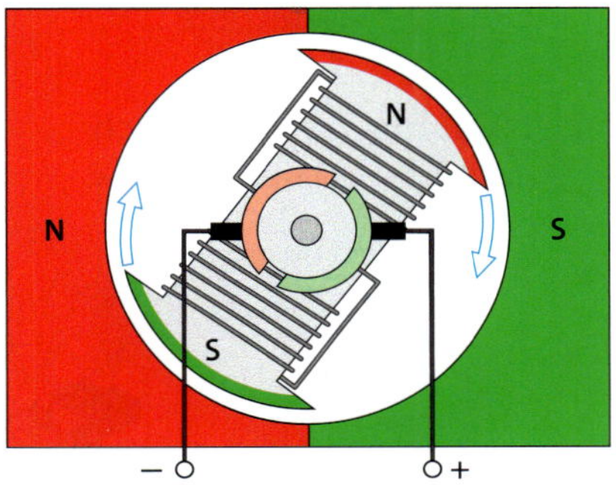

3 Wenn sich Nord- und Südpole gerade gegenüberstehen, wäre ihre Anziehung am größten. Die Drehung würde aufhören. Genau jetzt haben die Schleifkontakte aber keine Verbindung zu den Halbringen. Der Stromkreis ist unterbrochen. Der Rotor ist unmagnetisch.
Durch den Schwung läuft der Rotor weiter.

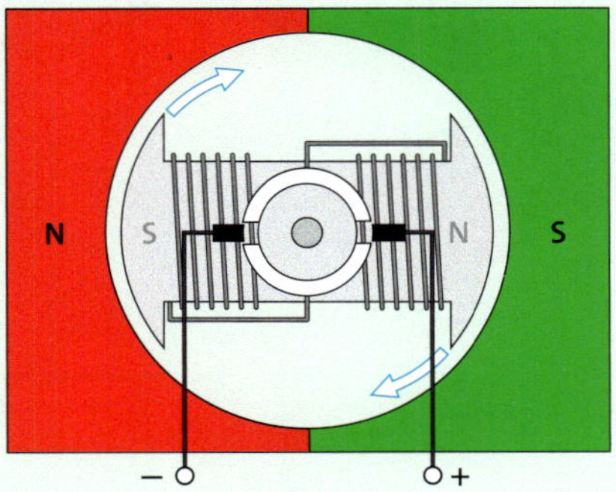

4 Jetzt liegen die Schleifkontakte jeweils auf dem anderen Halbring als vorher. Die Anschlüsse an der Spule sind also vertauscht. Aus dem Nordpol des Rotors ist ein Südpol geworden und umgekehrt.
Gleiche Pole von Rotor und Stator stehen sich gegenüber. Sie stoßen sich gegenseitig ab:
Der Rotor dreht sich weiter.

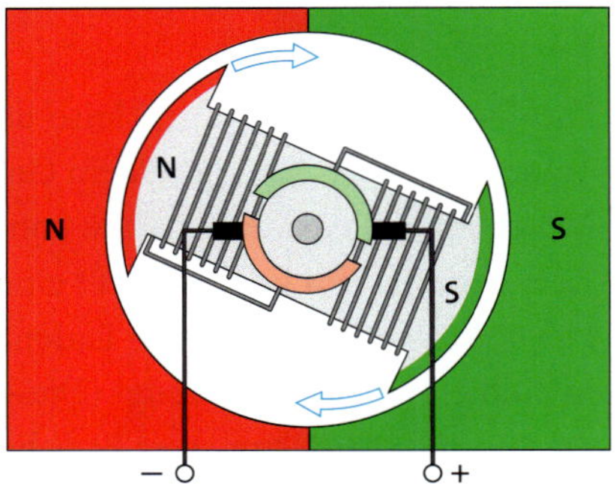

3 So funktioniert ein einfacher Elektromotor (für Gleichstrom).

Elektromagnete sorgen für Bewegung

Material A

Einfacher Elektromotor

Materialliste: Netzgerät (6 V, Gleichspannung), Kabel, Krokodilklemme, Taster, Spule (400 Windungen) mit Eisenkern, Stabmagnet mit Lagerbuchse, Drehachse aus Metall, Klebestreifen

1 Lege den Stabmagneten auf die Achse. → 1 Schließe die Spule über den Taster an das Netzgerät an. Bringe den Magneten zum Drehen – ohne ihn zu berühren!

a Beschreibe dein Vorgehen.

b Erkläre, warum sich der Stabmagnet dreht.
Tipp: Gleiche Magnetpole ..., ungleiche Magnetpole ...

2 Der Stabmagnet kann auch ohne Taster in Drehung versetzt werden. → 2 Baue den Versuch auf.

a Verfolge die Kabel vom Netzgerät über Spule und Drehachse zurück zum Netzgerät. Je nach Stellung des Stabmagneten kann der Strom fließen oder nicht. Beschreibe es genau.

b Erkläre, warum sich der Stabmagnet diesmal fortlaufend dreht.

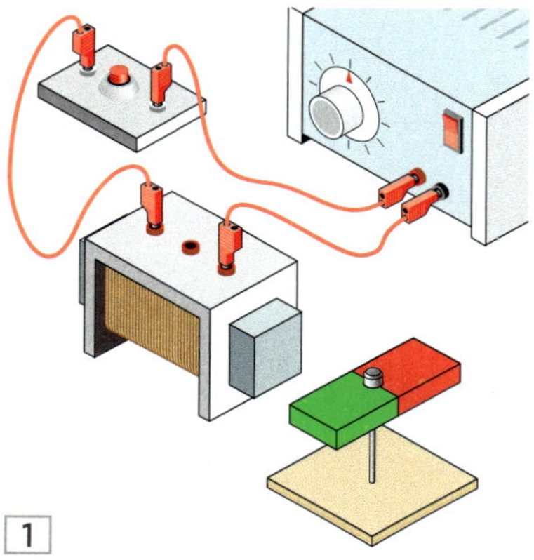

1

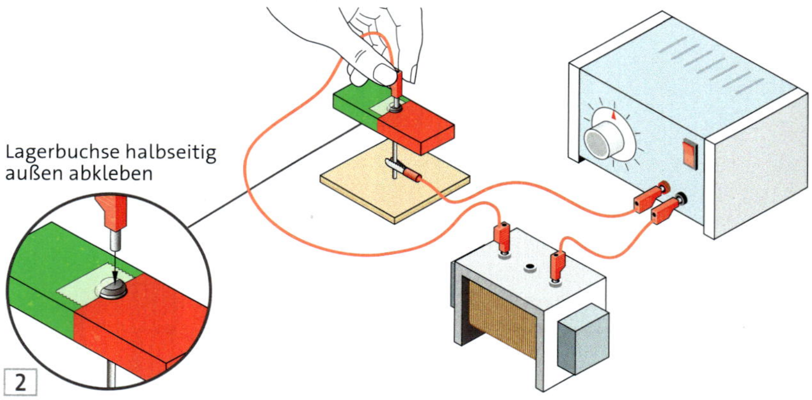

2

Material B

Elektroautos

1 Nenne Vor- und Nachteile von Elektroautos. → 3

2 „Elektroautos fahren schadstofffrei." Nimm Stellung zu dieser Aussage.

Die Elektromotoren laufen leise und stoßen keine Abgase aus. Sie brauchen keinen Tank und kein Getriebe.
Mit einem vollgeladenen Akku kommt ein Elektroauto rund 200 km weit. Benzinautos kommen mit einer Tankfüllung viel weiter.
Die elektrische Energie zum Laden der Akkus wird zum großen Teil in Kohlekraftwerken erzeugt. Diese Kraftwerke stoßen Abgase aus, die zur Erwärmung unserer Erde beitragen.

3 Einiges zum Thema Elektroauto

Erweitern und Vertiefen

Elektromagnete im Lautsprecher

Aufbau • Der Lautsprecher enthält einen Dauermagneten und eine Spule. → 4 Die Spule ist mit einer gespannten „Haut" verbunden. Man bezeichnet sie als Membran.

So funktioniert der Lautsprecher • Die Spule „taucht" in den Spalt zwischen den Magnetpolen ein. Sie wird magnetisch, wenn man sie an eine Batterie anschließt. Je nach Polung der Batterie wird die Spule in den Spalt hineingezogen oder herausgedrückt. → 4 Wenn man die Spule an eine Stereoanlage anschließt, wirkt die Anlage wie eine Batterie mit rasch wechselnder Polung. Die Spule schwingt sehr schnell hin und her. Sie lässt die Membran „zittern" wie ein gespanntes Gummiband oder ein Trommelfell. → 5 Das Zittern der Membran nehmen wir als Musik oder Sprache wahr.

Aktivboxen • Wenn man die Spule an einen MP3-Player anschließt, ist nichts zu hören. Der Player alleine kann die Spule nicht kräftig genug bewegen. Aktivboxen verstärken die Bewegung, sodass man etwas hören kann.

Aufgaben

1 Nenne die drei Hauptbestandteile des Lautsprechers.

2 Beschreibe, wie die Membran ins „Zittern" gerät.

3 Beschreibe die Aufgabe von Aktivboxen.

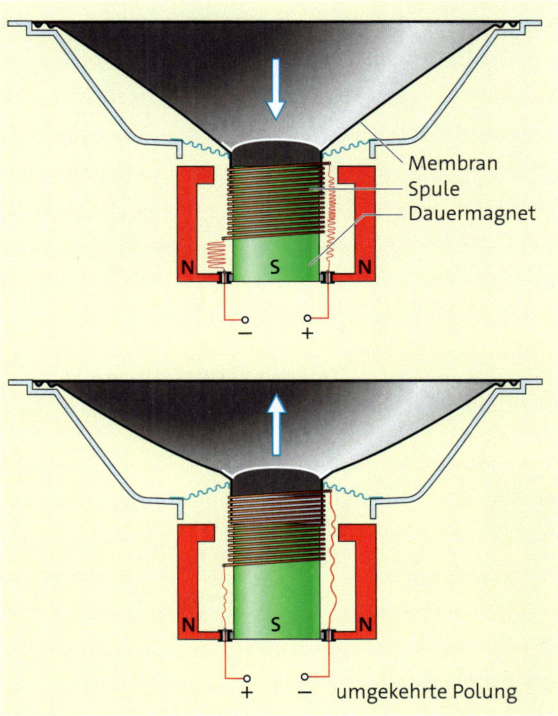

4 Spule und Membran werden bewegt.

5 „Zitternde" Membran

Energiewandlung durch Induktion

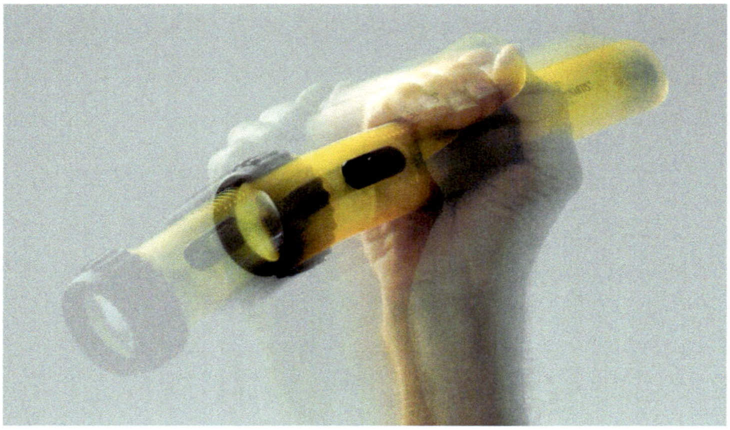

1 Der Akku wird geladen – durch Schütteln!

Materialien zur Erarbeitung: A–B

Bei der Schüttellampe saust ein Magnet immer wieder durch eine Spule. Dadurch wird die Lampe aufgeladen.

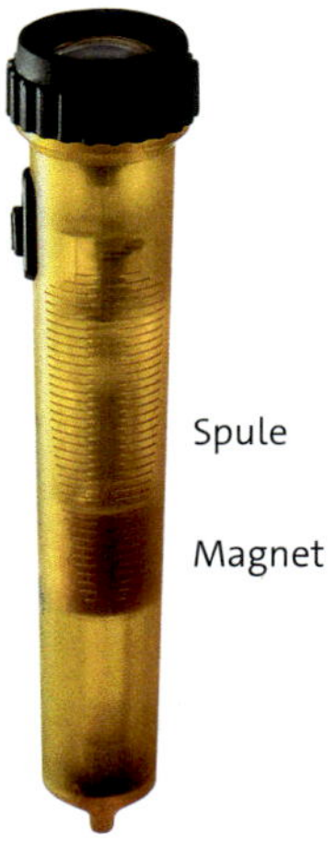

2 Schüttellampe

Induktion • Wenn man einen Magneten in eine Spule hinein- und wieder herausbewegt oder vor ihr dreht, entsteht an der Spule eine Spannung. → 3 Diesen Vorgang nennt man Induktion. Die Induktionsspannung ist umso größer:

- je schneller der Magnet bewegt wird.
- je mehr Windungen die Spule hat.
- je stärker der Magnet ist.

Eine Induktionsspannung tritt auch auf, wenn die Spule bewegt wird und der Magnet steht.

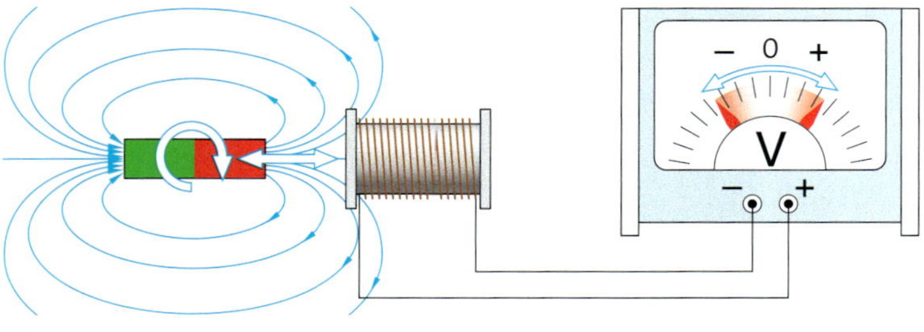

3 Der Magnet wird bewegt – eine Induktionsspannung entsteht.

Wechselspannung • Wenn man den Magneten auf die Spule zubewegt, schlägt der Zeiger des Spannungsmessers in die eine Richtung aus. Bewegt man den Magneten weg, schlägt der Zeiger in die andere Richtung aus. Die Polung der Spannung wechselt. Man spricht von einer Wechselspannung.

So entsteht die Induktionsspannung • Jeder Magnet ist von einem Magnetfeld umgeben. An den Magnetpolen ist es viel stärker als weit davon entfernt. Wenn der Magnet zur Spule hin- oder von ihr wegbewegt wird, ändert sich die Stärke des Magnetfelds in der Spule. Und das Erstaunliche ist: Dadurch werden die Elektronen im Spulendraht angetrieben – obwohl sie nicht magnetisch sind! An den Spulenanschlüssen entsteht eine Spannung.

Immer wenn sich ein Magnetfeld in einer Spule ändert, entsteht eine Induktionsspannung an den Anschlüssen der Spule.

Aufgaben

1 ☒ Du sollst mit einem Magneten und einer Spule eine möglichst hohe Induktionsspannung erzeugen. Beschreibe, wie Magnet und Spule beschaffen sein müssen und wie du vorgehst.

2 ☒ Bei der Schüttellampe entsteht eine Wechselspannung. Erkläre, was damit gemeint ist.

die Induktionsspannung
die Wechselspannung

Material A

Spannung erzeugen – mit Spule und Magnet

Materialliste: Spule (600 Windungen), Zylindermagnet, Messgerät (Spannung, mit Zeiger in Mittelstellung)

1 Schließe den Spannungsmesser an die Spule an. → 4

a Bewege den Magneten in verschiedene Richtungen. Erzeuge einen möglichst großen Zeigerausschlag. Beschreibe, wie es dir gelingt.

b Untersuche den Zeigerausschlag genauer. Führe erst den Nordpol des Magneten in die Spule hinein und ziehe ihn wieder heraus. Wiederhole dies mit dem Südpol. Beschreibe jeweils die Bewegung des Zeigers.

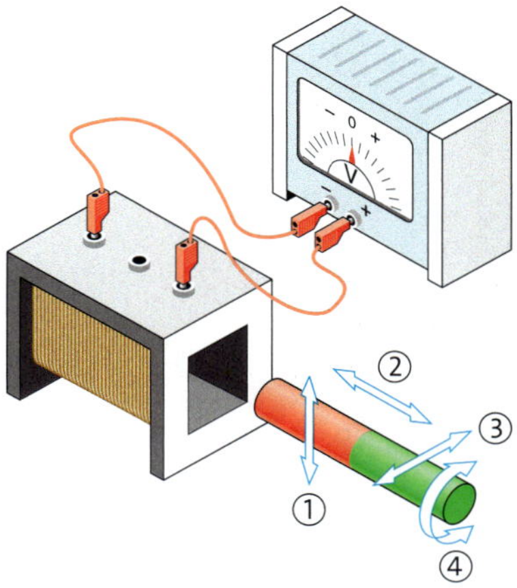

4 Wann schlägt der Zeiger aus?

Material B

Wie wird die Spannung möglichst hoch?

Materialliste: Messgerät (Spannung), verschiedene Magnete, Spulen mit verschiedenen Windungszahlen, Eisenkern, Kabel → 5

1 Erzeugt mit dem Versuchsmaterial eine möglichst große Induktionsspannung. Eine Idee zeigt Bild 6. Beschreibt eure Ergebnisse: „Die Spannung ist umso größer, je …"

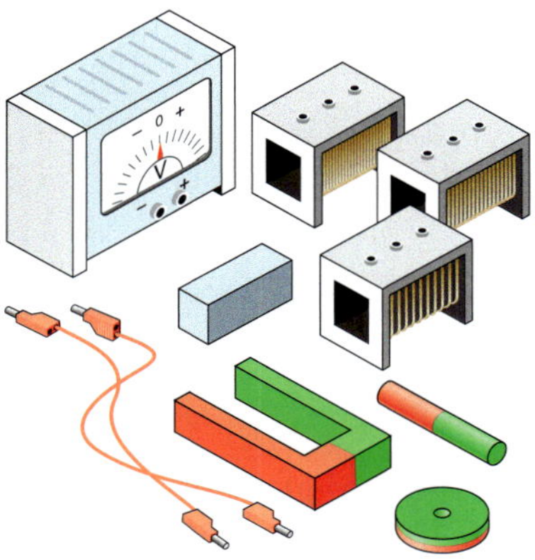

5 Versuchsmaterial

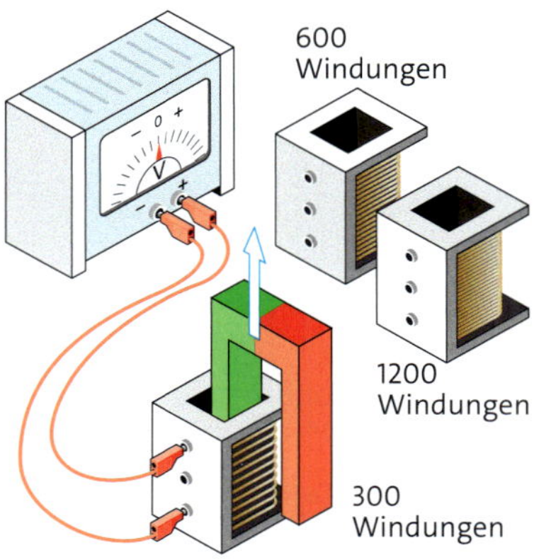

6 Verschiedene Windungszahl

Material C

Spannung erzeugen – mit Elektromagneten

Materialliste: 2 Spulen mit Eisenkernen, Batterie (4,5 V), Taster oder Schalter, Messgerät (Spannung)

1 Schließe die eine Spule mit dem Taster an die Batterie an: Das ist der Elektromagnet. Schließe das Messgerät an die andere Spule an. Finde einen Aufbau, bei dem eine Induktionsspannung angezeigt wird.
Tipp: Nutze den Taster.
Skizziere den Versuchsaufbau. Beschreibe, wie du mit zwei Spulen eine Induktionsspannung erzeugst.

Generatoren als Energiewandler

1 Induktionsspule im Kraftwerk für eine Großstadt

Auch die elektrische Energie für Großstädte wird durch Induktion erzeugt – aber die Magnete und Spulen sind viel größer als bei der Schüttellampe.

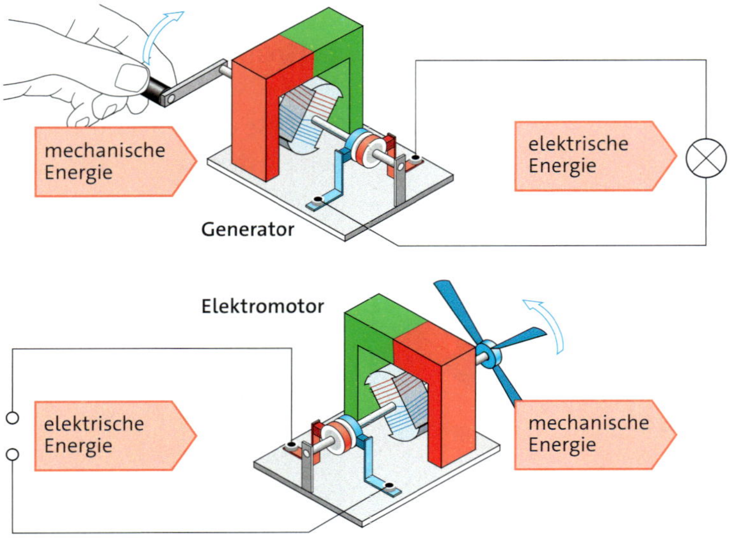

2 Generator und Elektromotor im Vergleich

Generator • Die elektrischen Energiequellen in den großen Kraftwerken funktionieren ähnlich wie der Dynamo am Fahrrad oder wie ein Handgenerator zum Kurbeln. Sie werden alle als Generatoren bezeichnet.
In dem Generator von Bild 2 wird eine Spule in einem Magneten gedreht. Durch Induktion entsteht eine Wechselspannung an der Spule.
Die Wechselspannung beträgt beim Fahrraddynamo rund 6 V, beim Kraftwerk z. B. 20 000 V.

Im Generator wird elektrische Energie durch Induktion erzeugt.

Generator – Elektromotor • Generatoren sind ähnlich aufgebaut wie Elektromotoren. → 2 Ein Elektromotor kann auch als Generator betrieben werden und umgekehrt. → 5
Beide Geräte sind Energiewandler:
- Dem Generator wird durch Drehen des Magneten mechanische Energie zugeführt. Er wandelt sie in elektrische Energie um.
- Dem Motor wird elektrische Energie zugeführt. Er wandelt sie in mechanische Energie um.
- Generatoren und Elektromotoren waren für die Industrialisierung entscheidende Erfindungen.

Aufgabe

1 Nenne die beiden wichtigsten Bestandteile eines Generators.

Material A

Fahrraddynamos

1 Bei Fahrrädern werden verschiedene Dynamos eingesetzt. → 3 4

a Ordne jeweils den Zahlen 1–3 die Bauteile zu: Spule, Eisenkern, Magnet.

b Bei beiden Dynamos dreht sich das gleiche Bauteil. Nenne es.

c Beschreibe den Unterschied in der Anordnung von Spule und Magnet.

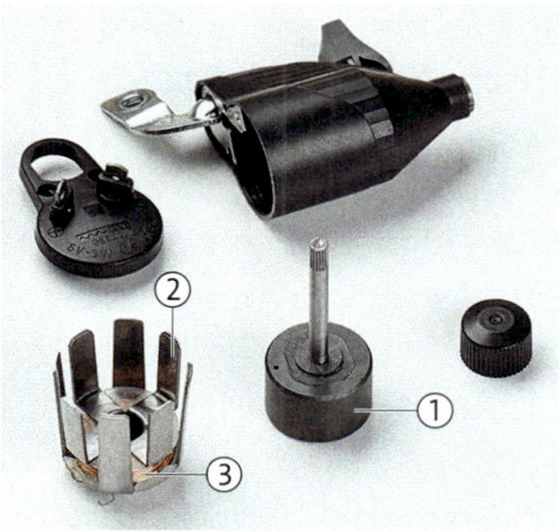

3 Seitenläuferdynamo

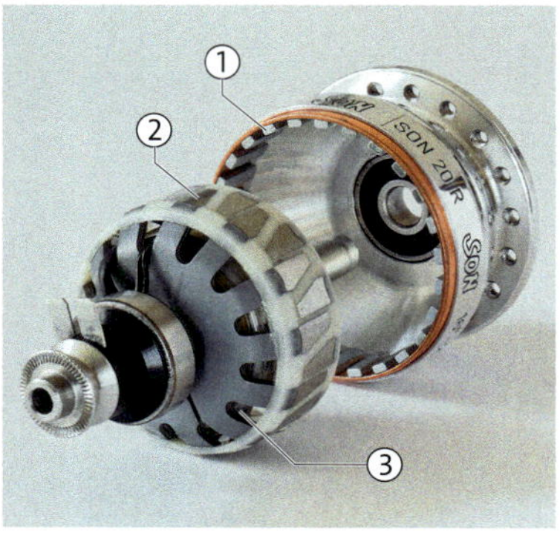

4 Nabendynamo

Material B

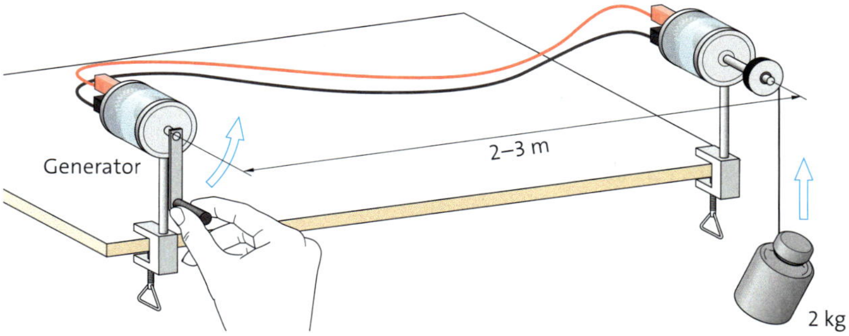

5 Welche Funktion hat der zweite Generator?

Generator – Motor

Materialliste: 2 Handgeneratoren, 2 Kabel, Rolle mit Faden, Wägestück (2 kg), 2 Tischklemmen

1 Verbinde die Generatoren durch die Kabel. → 5 Ersetze eine Kurbel durch die Rolle mit Faden. Hänge das Wägestück an.

a Drehe die Kurbel. Beschreibe, was passiert.

b Nenne die Energieformen, die hier auftreten. Zeichne die Energiekette.

c Das Wägestück wird angehoben. Erkläre, wie es dazu kommt.

Material C

Dynamo als Motor

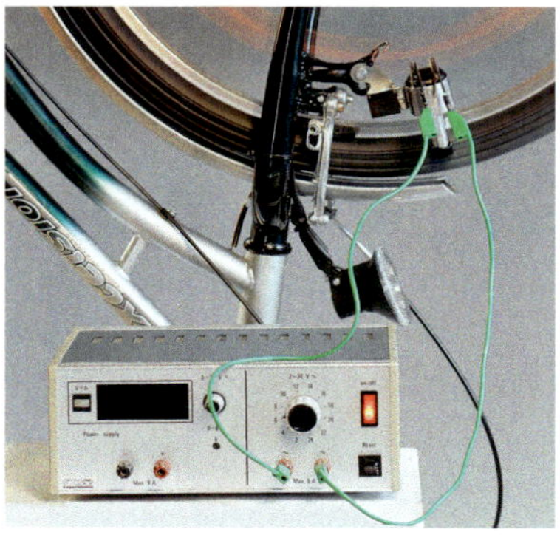

6 Dynamo als Elektromotor

Materialliste: Fahrrad mit Dynamo, Netzgerät (0–6 V, Wechselspannung), Kabel

1 Schließt den Dynamo an das Netzgerät an (Anschlüsse mit Wechselspannungszeichen). → 6
Erhöht die Spannung langsam von 2 V auf 6 V. Setzt das Rad gleichzeitig mit der Hand in Bewegung.
Beschreibt, was passiert.

Generatoren als Energiewandler

Erweitern und Vertiefen

Die ersten Generatoren

Faraday entdeckt die Induktion • Der englische Physiker und Chemiker Michael Faraday (1791–1867) untersuchte ab 1821 die magnetische Wirkung von elektrischen Strömen. Dabei experimentierte er mit Spulen und Dauermagneten. Führte er einen Magneten an eine Spule, so entstand an den Enden der Spule eine Spannung. Die Spannung war so klein, dass er sie mit den damaligen Messgeräten kaum nachweisen konnte. Erst 1831 gelang ihm der Versuch, mit dem er das allgemeine Gesetz der Induktion aufstellte. → 1

Pixii baut den ersten Generator • Schon ein Jahr nach der Entdeckung der Induktion baute der französische Mechaniker Hippolyte Pixii (1808–1835) den ersten Generator. → 2 Mit einer Kurbel drehte er einen starken Bügelmagneten vor zwei Spulen mit sehr vielen Windungen. Die Induktionsspannung betrug mehrere Hundert Volt.

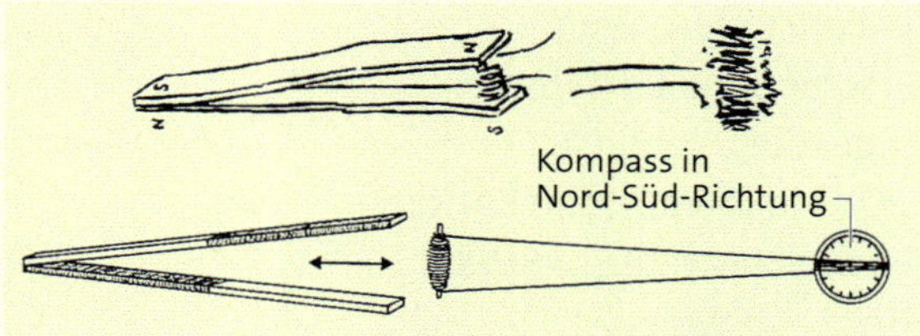

1 Versuch von Faraday (1831)

Siemens verbessert den Generator • 1866 erfand Werner von Siemens (1818–1892) einen Generator mit einem Elektromagneten. → 3 Damit konnte elektrische Energie in großem Umfang produziert werden. Das förderte den Einsatz von Elektromotoren. Dadurch wurde die Dampfmaschine abgelöst und eine neue industrielle Entwicklung ermöglicht.

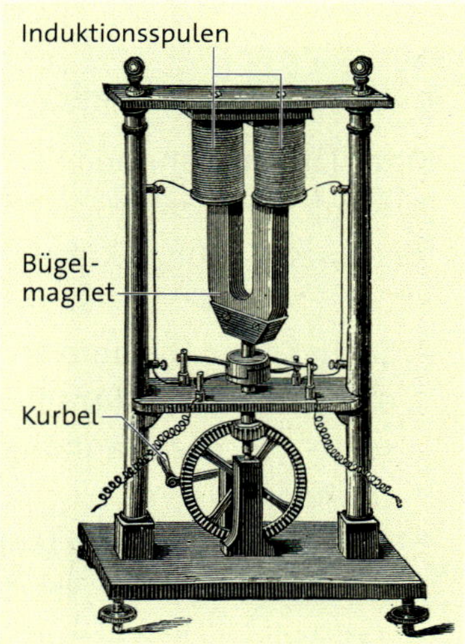

2 Generator von Pixii

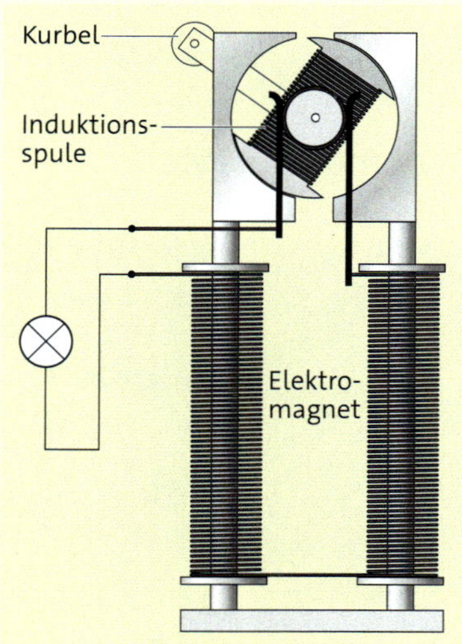

3 Generator von Siemens

Aufgaben

1 Beschreibe, wie der erste Generator von Pixii funktionierte. → 2

2 Beschreibe den Versuch von Faraday. → 1

3 Beurteile, welche gesellschaftlichen Auswirkungen der verbesserte Generator von Siemens hatte.

Erweitern und Vertiefen

Vom kleinen Nabendynamo zum großen Kraftwerksgenerator

Nabendynamo • Beim Nabendynamo ist die Spule mit ihren elektrischen Anschlüssen fest mit der Vorderachse des Fahrrads verbunden. → 4 Im Gehäuse sind viele kleine Dauermagnete eingeklebt. Das Gehäuse dreht sich mit dem Rad um die Spule herum. Die Induktionsspannung beträgt rund 6 V, die Leistung 3 W.

Kraftwerksgenerator • Im Prinzip sind diese riesigen Generatoren ähnlich aufgebaut wie ein Seitenläuferdynamo. Heißer Dampf oder heißes Gas dreht große Turbinen. → 5 6 Diese wiederum drehen einen Magneten in einer Spule. Der Magnet ist ein Elektromagnet. In der Spule wird eine Spannung erzeugt. Die Induktionsspannung beträgt z. B. 20 000 V, die Leistung des Generators mehr als 500 000 kW.

Aufgabe

1 ☒ Nenne Gemeinsamkeiten und Unterschiede zwischen Nabendynamo und Kraftwerksgenerator.

4 Nabendynamo

5 Transport einer Dampfturbine im Kraftwerk

6 Turbinen und Generator im Betrieb

Wechselspannung – genauer betrachtet

1 Was hat die Steckdose für eine Spannung?

Material zur Erarbeitung: A

Die elektrische Energie für unsere Haushalte wird meist von Generatoren in Kraftwerken oder Windenergieanlagen erzeugt. Die Generatoren „liefern“ eine Wechselspannung.

Wechselspannung an der Steckdose • Die elektrische Energie wird von den Generatoren über das Stromnetz zu unseren Steckdosen transportiert. An den Steckdosen liegt eine Wechselspannung von 230 V. Die Spannung wechselt 50-mal pro Sekunde von plus zu minus und wieder zurück. → 2 Ein gesamter Wechsel dauert also eine fünfzigstel Sekunde ($\frac{1}{50}$ s).

Die Spannung an der Steckdose wechselt 50-mal pro Sekunde von plus auf minus und wieder zurück. Man sagt, die Wechselspannung hat eine Frequenz von 50 Hertz (50 Hz).

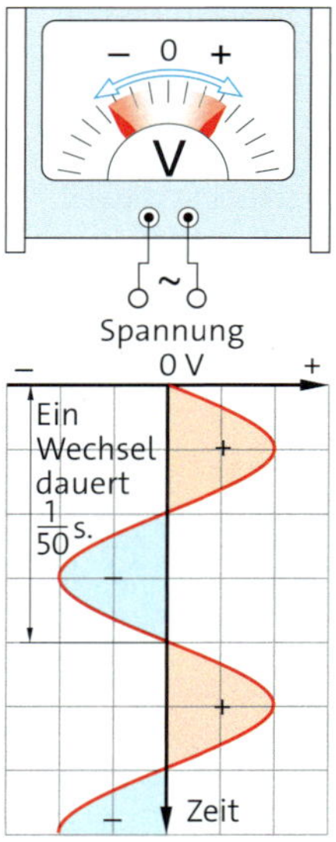

2 Wechselspannung: Die Polung wechselt.

Wechselspannung an Geräten • Wenn elektrische Geräte an eine Wechselspannung angeschlossen werden, fließt in ihnen ein Wechselstrom. Die Elektronen werden im schnellen Wechsel erst in die eine Richtung und dann in die andere angetrieben. → 3

3 Modell für den Wechselstrom

Bei Toastern oder Glühlampen wird der Glühdraht erwärmt – egal, in welcher Richtung die Elektronen durch den Draht strömen. Bei Gleichstrommotoren muss die Wechselspannung dagegen erst durch eine elektronische Schaltung in eine Gleichspannung umgewandelt werden.

Die elektrische Energie wird auch bei Wechselspannung nur in eine Richtung transportiert: von der Quelle zum Gerät.

Aufgaben

1 „Die Wechselspannung der Steckdose hat 50 Hz.“ Erkläre, was das bedeutet.

2 Gib an, was mit Wechselstrom gemeint ist: die strömende Energie oder der Elektronenstrom.

die **Wechselspannung**
die **Frequenz**
der **Wechselstrom**

Material A

Wechselspannung

Materialliste: Spule, drehbarer Stabmagnet, Spannungsmesser (mit Mittelstellung), Kabel

1 Baue den Versuch auf. → 4

a Drehe den magnetischen Nordpol gleichmäßig auf die Spule zu. Wann erreicht die Spannung ihren größten Pluswert? Beschreibe die Position des Magneten.

b Drehe den Magneten gleichmäßig weiter. Beschreibe, wann die Spannung null ist und wann sie ihren größten Minuswert erreicht.

c Zeichne die Spannungskurve ab. → 5 Trage die größten und kleinsten Spannungswerte ein. Zeichne jeweils die Position von Magnet und Spule dazu.

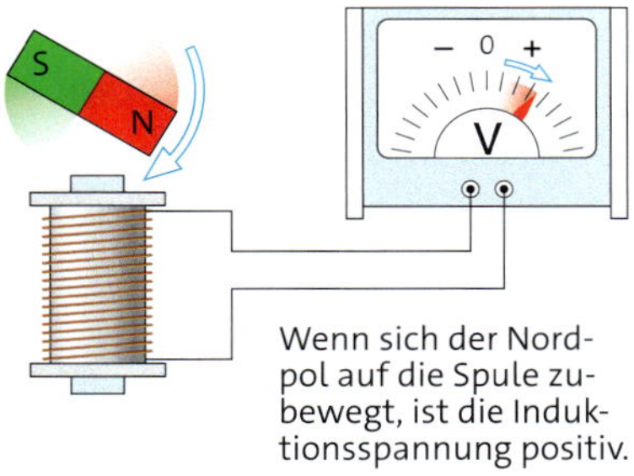

4 Wechselspannung messen

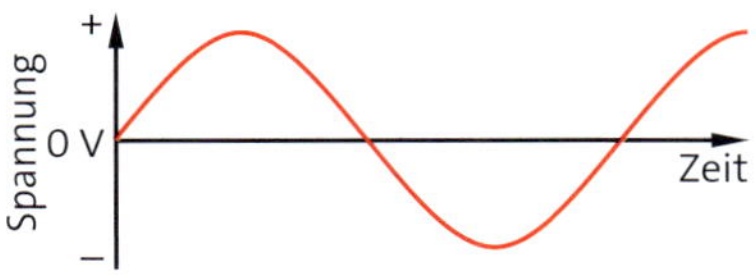

5 Wechselspannung: Diagramm

Material B

Anzeige der Polung

Materialliste: 2 LEDs (grün, rot), Batterie (4,5 V), Netzgerät (4,5 V, Wechselspannung), Widerstand (180 Ω), Lüsterklemme, 2 lange Kabel

1 Baue einen Polprüfer für Spannungen bis 6 V. → 6

a Halte die Kabel an die Pole der Batterie. Beschreibe, wann die rote LED leuchtet und wann die grüne.

b Schließe den Polprüfer an das Netzgerät an. Vergleiche.

c Bewege den Polprüfer schnell hin und her. Skizziere die farbigen Lichtspuren. Erkläre deine Beobachtung.

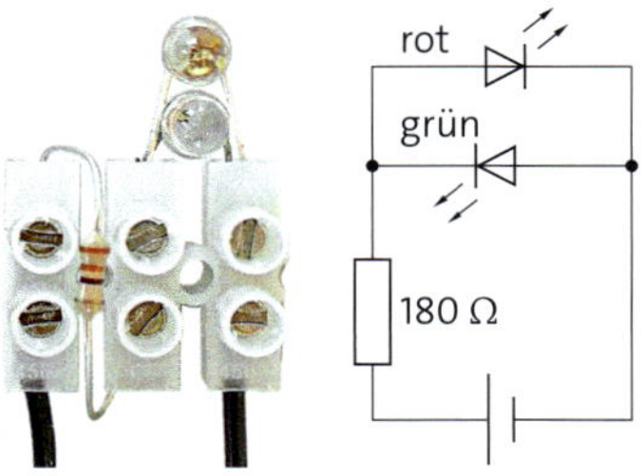

6

Material C

„Schlangenlinie"

Materialliste: DIN-A4-Papier, Lineal, Bleistift, Kreppband

1 Bei Wechselspannung bewegt sich der Zeiger des Spannungsmessers hin und her. → 2 Ein Modellversuch zeigt, wie diese Bewegung als „Schlangenlinie" aufgezeichnet werden kann: → 7

- Eine Person fährt am Lineal mit dem Bleistift auf und ab. Das stellt die Zeigerbewegung dar.
- Währenddessen zieht die zweite Person das Blatt zur Seite. Diese Bewegung stellt den zeitlichen Verlauf dar.

Zeichnet eine „Zickzacklinie" und eine „Schlangenlinie" auf. Beschreibt, wie sich die „Zeigerbewegung" unterscheidet.

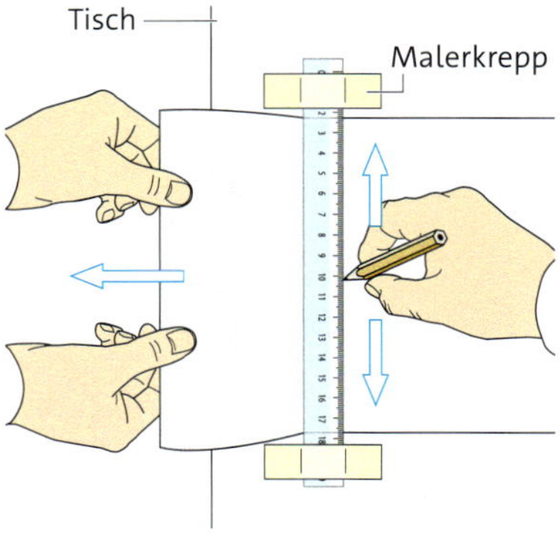

7 Modellversuch

Transformatoren ändern Spannungen

1 Die Leitungsdrähte liegen frei – ist das nicht gefährlich?

Materialien zur Erarbeitung: A–B

Diese Lampen kann man gefahrlos an den blanken Leitungsdrähten verschieben. Sie werden nämlich nicht mit 230 V betrieben. Ein Transformator hat die Spannung auf 12 V gesenkt.

Aufbau des Transformators • Ein „Trafo" besteht aus zwei Spulen mit einem gemeinsamen Eisenkern. → 2 Sie werden Feldspule (Primärspule) und Induktionsspule (Sekundärspule) genannt. Die Spulen haben keine leitende Verbindung.

Achtung • Nie mit Spannungen über 25 V experimentieren!

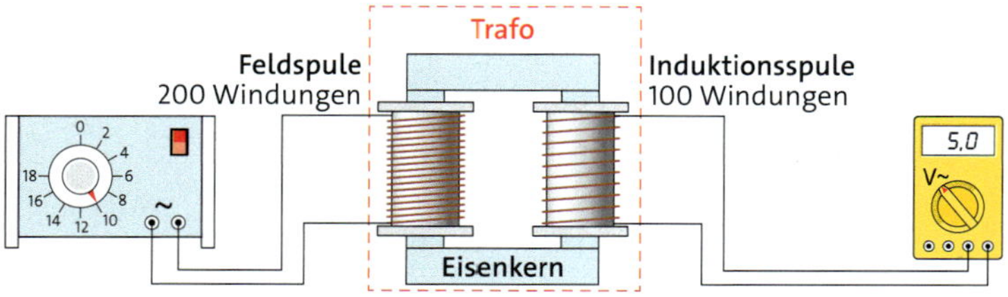

2 Halb so viele Windungen → Spannung wird halbiert.

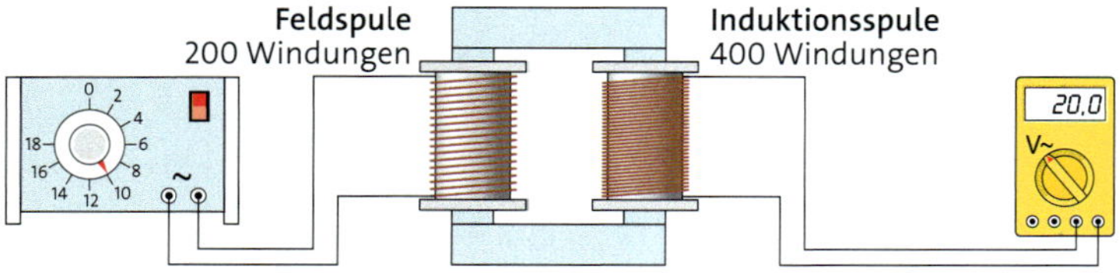

3 Doppelt so viele Windungen → Spannung wird verdoppelt.

So kommt es zur Induktion • Wenn ein Strom durch die Feldspule fließt, wird der Eisenkern magnetisch. Bei Wechselstrom ändert sich sein Magnetfeld ständig. Es durchdringt auch die Induktionsspule. Das sich ändernde Magnetfeld bewirkt eine Wechselspannung an der Induktionsspule.

Trafos ändern Spannungen • Der Lampentrafo senkt die Spannung. → 1

Ein Trafo senkt die Spannung, wenn seine Induktionsspule weniger Windungen hat als die Feldspule: Halb so viele Windungen → Spannung wird halbiert. → 2

Mit Trafos kann man die Spannung auch erhöhen.

Ein Trafo erhöht die Spannung, wenn seine Induktionsspule mehr Windungen hat als die Feldspule: Doppelt so viele Windungen → Spannung wird verdoppelt. → 3

Aufgaben

1 Ergänze den Satz: „Ein Trafo verringert die Spannung, wenn …"

2 Feld- und Induktionsspule sind nicht mit Kabeln verbunden. Erkläre, wie es zu der Spannung an der Induktionsspule kommt.

3 Begründe, warum Experimente mit Trafos gefährlich sein können.

die **Induktionsspule**
die **Feldspule**
der **Transformator**

Material A

Spannung ändern

Materialliste: Netzgerät (6 V, Wechselspannung), Spulen (300–1200 Windungen), Messgerät (Spannung), Eisenkern (geschlossen), Kabel

1 Baue die Schaltung auf. → 4

a Miss die Induktionsspannung. Notiere den Messwert in einer Tabelle. → 5

b Nimm den oberen „Eisenbalken" ab. Miss die Induktionsspannung. Vergleiche.

c Schließe den Eisenkern wieder. Miss die Induktionsspannung bei verschiedenen Spulenkombinationen.

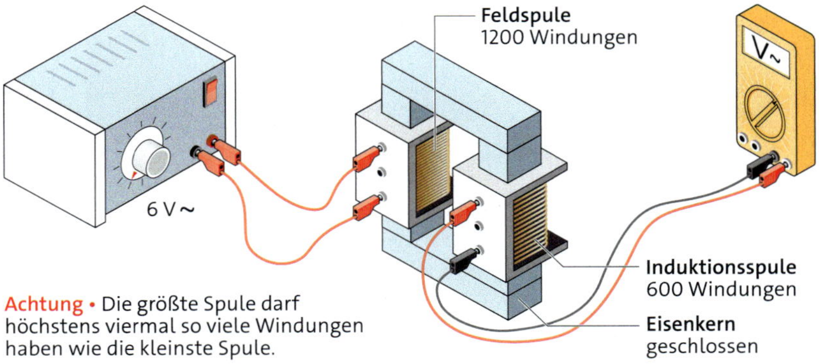

Achtung • Die größte Spule darf höchstens viermal so viele Windungen haben wie die kleinste Spule.

4 Transformator: Aufbau zum Messen der Induktionsspannung

Feldspule		Induktionsspule	
Windungen	**Spannung**	**Windungen**	**Spannung**
1200	6 V	600	?
1200	6 V	300	?
...	...	...	...

5 Beispieltabelle

Material B

Jede Windung zählt

Materialliste: Netzgerät (6 V, Wechselspannung), Eisenkern (geschlossen), Spule (300 Windungen), Messgerät (Spannung), langes Experimentierkabel

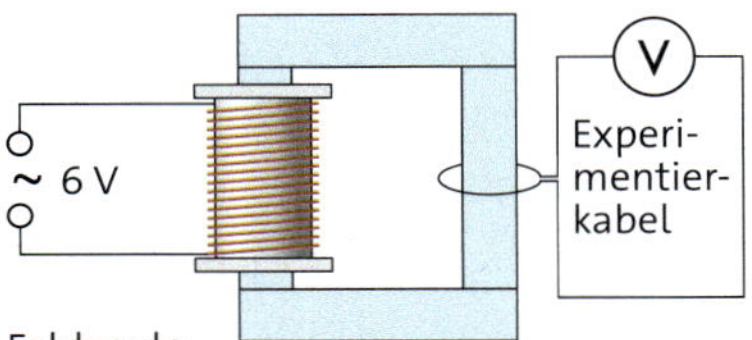

6 Starte mit einer Windung.

1 Die Induktionsspule hat diesmal nur ganz wenige Windungen. → 6

a Schlinge das Kabel einmal um den Eisenkern. Miss die Induktionsspannung und notiere sie. → 7

b Wickle nacheinander zwei, drei ... Windungen auf den Eisenkern. Miss jeweils die Induktionsspannung.

c Formuliere eine Regel: „Mit jeder zusätzlichen Windung ..."

Feldspule		Induktionsspule	
Windungen	**Spannung**	**Windungen**	**Spannung**
300	6 V	1	? mV
300	6 V	2	? mV
...	...	...	...

7 Beispieltabelle

Transformatoren ändern Ströme

1 Elektroschweißen – ein Trafo (oben links) macht's möglich.

Material zur Erarbeitung: A

Der Schweißtrafo macht die Stromstärke so groß, dass Metalle schmelzen.

Spannung und Stromstärke ändern • Der Schweißtrafo wird mit 230 V betrieben, die Stromstärke in der Feldspule beträgt rund 10 A. Seine Induktionsspannung ist viel geringer als 230 V. Dafür ist der Induktionsstrom mehr als 100 A groß! Bei diesem Trafo gilt: „Spannung runter, Stromstärke rauf."

Kann man mit einem Fahrraddynamo eine 230-V-Lampe zum Leuchten bringen? → 2 Der Trafo erhöht die Spannung von 6 V auf 230 V. Die 230-V-Lampe leuchtet aber nicht. Die Stromstärke im 230-V-Stromkreis ist viel geringer als im 6-V-Stromkreis. Sie ist so klein, dass die 230-V-Lampe dunkel bleibt. Bei diesem Trafo gilt: „Spannung rauf, Stromstärke runter."

Für Transformatoren gilt:
- Spannung wird gesenkt.
  → Stromstärke wird vergrößert.
- Spannung wird erhöht.
  → Stromstärke wird verringert.

Transformator und Energie • Der Trafo überträgt elektrische Energie von der Feldspule auf die Induktionsspule. Er kann nicht mehr Energie abgeben, als ihm zugeführt wird. Im Idealfall gibt der Trafo genauso viel elektrische Energie pro Sekunde ab, wie er erhält:

$$E_{\text{Feldspule}} = E_{\text{Induktionsspule}}$$
$$U_{\text{Feld}} \cdot I_{\text{Feld}} \cdot t = U_{\text{Ind}} \cdot I_{\text{Ind}} \cdot t$$
$$U_{\text{Feld}} \cdot I_{\text{Feld}} = U_{\text{Ind}} \cdot I_{\text{Ind}}$$

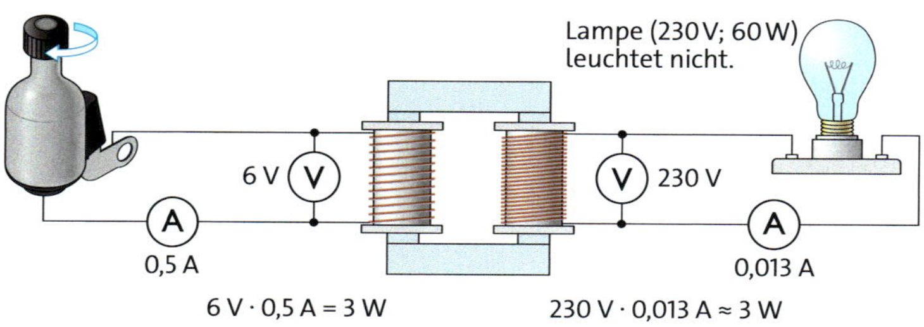

2 Spannung wird erhöht. → Stromstärke wird verringert.

Aufgaben

1 Ergänze: „Der Schweißtrafo ... die Spannung. Die Induktionsspule hat ... Windungen als die Feldspule."

2 Gib an, wie der Trafo Spannung und Stromstärke ändert: Feldspule 1200 Windungen, Induktionsspule 300 Windungen.

3 Die 230-V-Lampe bleibt dunkel. → 2 Begründe mithilfe der Energie, die der Trafo pro Sekunde überträgt.

Material A

Stromstärke ändern

Materialliste: Netzgerät (6 V, Wechselspannung), 2 Spulen (1200 und 600 Windungen), Eisenkern (geschlossen), Lampe (12 V; 3 W), Messgerät (Stromstärke), Schalter, Kabel

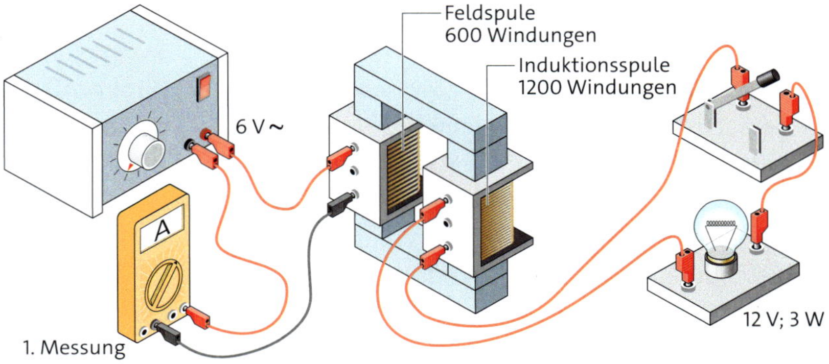

3 Transformator: Aufbau zum Messen der Stromstärken

1 Baue einen Trafo auf, der die Spannung des Netzgeräts vergrößert. → 3 Schließe die Lampe an die Induktionsspule an. Schließe den Schalter nur für Messungen.

a Gib die Induktionsspannung an.

b Miss zunächst die Stromstärke in der Feldspule und dann in der Induktionsspule. Vergleiche beide Messwerte.

c Formuliere einen Zusammenhang zwischen Spannung und Stromstärke: „Wenn der Trafo die Spannung erhöht, …“

Material B

Induktionsherd – ein Modellversuch

In vielen Küchen gibt es Induktionsherde. Unser Modellversuch enthält als Feldspule eine Netzspule mit 600 Windungen und als Induktionsspule eine Schmelzrinne mit einer einzigen Windung. → 4

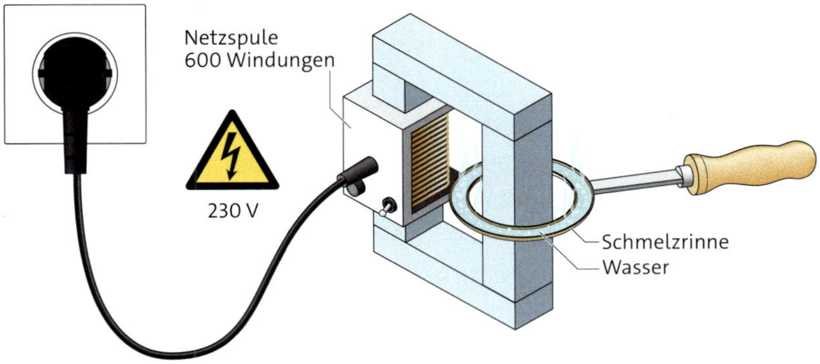

4 Induktionsherd (Modellversuch)

1 Gib an, ob der Trafo die Spannung vergrößert oder verkleinert. Begründe deine Angabe.

2 Vergleiche die Stromstärken in der Feldspule und in der Induktionsspule.

3 Erkläre, wie die große Hitze in der Induktionsspule entsteht.

Vielleicht kann eure Lehrkraft den Versuch vorführen.

Transformatoren ändern Ströme

Erweitern und Vertiefen

Elektroautos aufladen – mit Induktion

Akku laden – ohne Kabel • Elektroautos haben je nach Fahrzeug eine Reichweite von 200 bis 600 km. Dann müssen die Akkus wieder geladen werden. Das kann mit Induktion geschehen. Der Fahrer parkt das Fahrzeug über der Feldspule. → 1 Die Induktionsspule ist unter dem Auto angebracht. → 2 Die Wechselspannung hat eine Frequenz von fast 100 kHz. In einer Stunde werden mehrere Kilowattstunden elektrische Energie übertragen.

1 Kabellose Ladestation für Elektroautos in New York. Die Feldspulen sehen wie Gullydeckel aus.

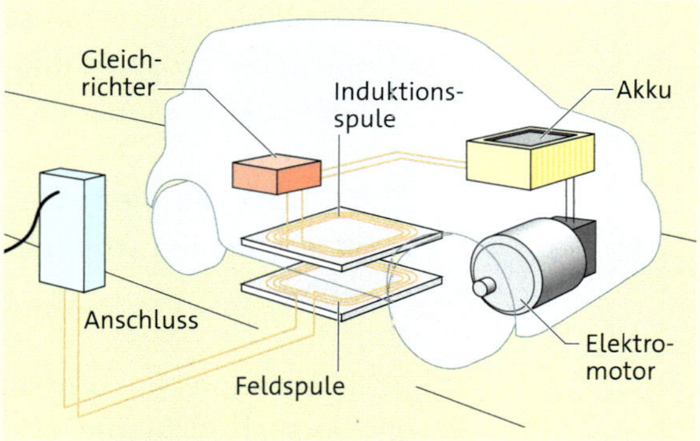

2 Aufladen durch Induktion (Prinzip)

Zum Aufladen des Akkus und für den Elektromotor ist eine Gleichspannung erforderlich. Die Induktionsspannung wird daher im Auto durch einen Gleichrichter in Gleichspannung umgewandelt.

Elektroautos als Akkus • Elektroautos werden in Zukunft vielleicht auch als Speicher für elektrische Energie genutzt. Bei starkem Wind und Sonnenschein produzieren Wind- und Solarkraftwerke oft viel mehr elektrische Energie, als gerade gebraucht wird. Einen Teil dieser überschüssigen Energie könnte man in die Akkus von Elektroautos leiten, die gerade aufgeladen werden. Wenn in windstiller Nacht mehr elektrische Energie gebraucht wird, als Wind- und Solarkraftwerke liefern, holt man sich einen Teil der gespeicherten Energie von den Akkus der Elektroautos zurück.

Aufgaben

1 Nenne die Teile im Elektroauto, die für das Aufladen durch Induktion nötig sind.

2 Beschreibe, wie das Elektroauto aufgeladen wird. → 2

3 Elektroautos werden oft ohne Induktion über ein frei liegendes Kabel aufgeladen. Nenne Vorteile des Aufladens ohne Kabel.

4 „Elektroautos als Speicher für überschüssige Energie“: Erkläre, was damit gemeint ist.

Erweitern und Vertiefen

Kochen mit Induktion

Herkömmlicher Elektroherd • Die Kochstelle wird erhitzt und die Energie durch Wärmeleitung auf die Töpfe übertragen. Die Kochstellen brauchen eine Weile, bis sie heiß sind, und bleiben nach dem Ausschalten lange warm. Das verbraucht unnötig Energie.

Induktionsherd • Hier wird die Wärme direkt im Topfboden erzeugt. Die Feldspule ist eine große Kupferspule unter der Kochstelle. → 3
Die Induktionsspule ist der Topfboden. Sie hat nur eine Windung. Im Topfboden entstehen große Wechselströme, die ihn erhitzen. Die Kochstelle dagegen bleibt kalt. → 4
Man darf kleine Töpfe auch auf große Kochstellen stellen, ohne dass Energie verloren geht. Die Wärme entsteht ja direkt im Topfboden und nicht in der Kochstelle.
Schaltet man die Kochstelle höher oder niedriger, fließen sofort größere oder kleinere Ströme im Topfboden. Man braucht also nicht zu warten, dass die Kochstelle heißer wird oder abkühlt. Sobald man den Topf von der Kochstelle nimmt, hört die Induktion auf.
Für Induktionsherde sind nur besondere Töpfe geeignet. Die Induktionsströme sind nur bei ihnen so groß, dass die Topfböden kräftig erhitzt werden.

3 Induktionsherd (Kochstelle aufgeschnitten)

4 Neben der Pfanne bleibt es kalt!

Aufgaben

1 Nenne die Vorteile des Kochens mit Induktion.

2 „Beim Induktionsherd wird nur der Topfboden erhitzt." Erkläre diese Beobachtung.

3 Induktionsherde benötigen weniger elektrische Energie als herkömmliche Elektroherde. Begründe den Unterschied.

Energietransport im großen Stil

1 Kraftwerk, Transformatoren und Überlandleitungen

Materialien zur Erarbeitung: A–B

Auf Kraftwerke, Transformatoren und Überlandleitungen können wir nicht verzichten. Sie sichern unsere Versorgung mit elektrischer Energie.

Energietransport bei verschiedenen Spannungen • Alle Kraftwerke mit Turbinen erzeugen eine Wechselspannung. Sie beträgt z. B. 20 000 V. → 2 Die elektrische Energie wird von dort aus über Hunderte von Kilometern durch Überlandleitungen transportiert. An ihnen liegt z. B. eine Spannung von 220 000 V. Die Spannung an der Steckdose beträgt aber nur 230 V. Warum transportiert man die elektrische Energie nicht gleich bei 230 V?

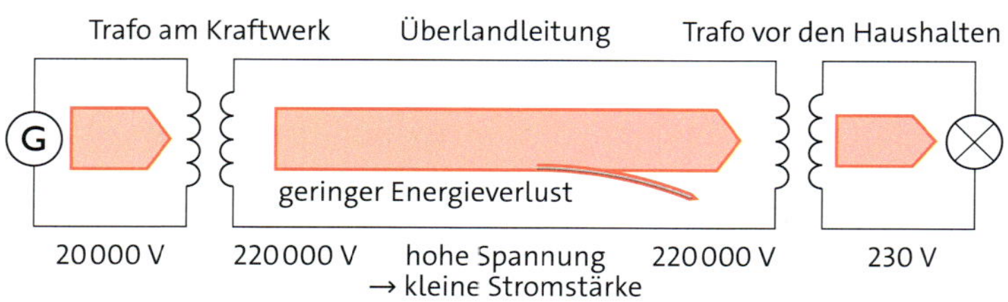

2 Elektrischer Energietransport mit Transformatoren

Stromstärke und Energieverlust • Elektrischer Strom erwärmt die Leitungen. Elektrische Energie geht als thermische Energie verloren – je größer die Stromstärke ist, desto mehr. Bei 100 A wird 10 000-mal mehr elektrische Energie in thermische Energie umgewandelt als bei 1 A!

Hochspannung verringert Verluste • Am Kraftwerk erhöhen Trafos die Spannung von 20 kV auf 220 kV. Im gleichen Maß wird die Stromstärke verringert. Dadurch sind die Energieverluste beim Transport gering. Erst kurz vor unseren Haushalten wird die Spannung auf 230 V heruntertransformiert. Die elektrische Energie wird dann auf die vielen einzelnen Leitungen der Verbraucher verteilt.

Bei hohen Spannungen braucht man nur kleine Stromstärken, um eine bestimmte Menge an elektrischer Energie zu transportieren. Bei kleinen Stromstärken wird viel weniger thermische Energie von den Leitungen abgegeben als bei großen Stromstärken.

Aufgaben

1 Gib die Spannungen an, bei denen elektrische Energie zu uns transportiert wird.

2 Erkläre, weshalb die Spannung einmal herauf- und einmal heruntertransformiert wird. → 2

die Überlandleitung

Material A

Elektrischer Energietransport ohne Hochspannung

Materialliste: Netzgerät (6 V, Wechselspannung), Glühlampe (6 V; 3 W), 2 Messgeräte (Spannung, Stromstärke), 2 Konstantandrähte (0,2 mm dick, jeweils 2 m lang)

1 Das Netzgerät stellt den Generator im Kraftwerk dar. → 3 Die Drähte stehen für die Überlandleitung. Die Lampe stellt ein Elektrogerät im Haushalt dar.

a Baue den Versuch ohne die Messgeräte auf. Beobachte die Drähte und die Lampe.

b Vermute, warum die Lampe nicht leuchtet.

c Miss nun Spannung und Stromstärke an der Lampe. Erkläre, warum die Lampe nicht leuchtet.

d Beschreibe die Unterschiede zum tatsächlichen Energietransport vom Kraftwerk zum Haushalt.

3 Elektrischer Energietransport ohne Transformator

Material B

Elektrischer Energietransport mit Hochspannung

Materialliste: wie Material A und 2 Spulen (150 Windungen), 2 Spulen (1200 Windungen)

1 Plane einen Modellversuch für den Energietransport mit Hochspannung. → 2

a Starte mit dem Aufbau von Material A (ohne Messgeräte). → 3 Jetzt soll aber eine „Hochspannung" an den Konstantandrähten liegen.

b Beschreibe, wie die Trafos aufgebaut sind: am Netzgerät und an der Lampe.

c Berechne die Spannung an den Konstantandrähten.

d Beschreibe die Unterschiede zum Versuch ohne Hochspannung.
Erkläre, warum die Lampe jetzt leuchten müsste.

e Nenne Unterschiede zum tatsächlichen Energietransport vom Kraftwerk zum Haushalt. → 2

2 Nur eure Lehrkraft darf den Versuch durchführen. Wenn sie es tut, sollte sie Spannung und Stromstärke an der Lampe messen.

Achtung • Lehrerversuch!
An den Konstantandrähten liegt eine Spannung von mehr als 25 V. Elektrounfall vermeiden!

Energietransport im großen Stil

Erweitern und Vertiefen

Der europäische Energieverbund

Höchstspannung • Wenn du fernsiehst, kann die elektrische Energie dafür irgendwo in Europa erzeugt worden sein: in einem Kernkraftwerk in Frankreich, in einem Wasserkraftwerk in Österreich ... Die Länder Europas sind durch ein weitverzweigtes Höchstspannungsnetz (Spannungen von 220 kV bis 380 kV) elektrisch miteinander verbunden. Bevor die elektrische Energie in die Haushalte oder Fabriken kommt, wird die Spannung in mehreren Stufen heruntertransformiert. → 1

Energiehandel • Die Länder kaufen und verkaufen elektrische Energie. → 2 Wenn zum Beispiel Wasserkraftwerke nach der Schneeschmelze in der Schweiz viel elektrische Energie liefern, wird sie ins Ausland verkauft. Fallen in Spanien Kraftwerke aus, kauft das Land mehr elektrische Energie ein.
Elektrische Energie wird auf „Strombörsen" gehandelt. → 3 Sonnenschein- und Windvorhersagen oder Schwankungen im Bedarf verändern stündlich den Preis.

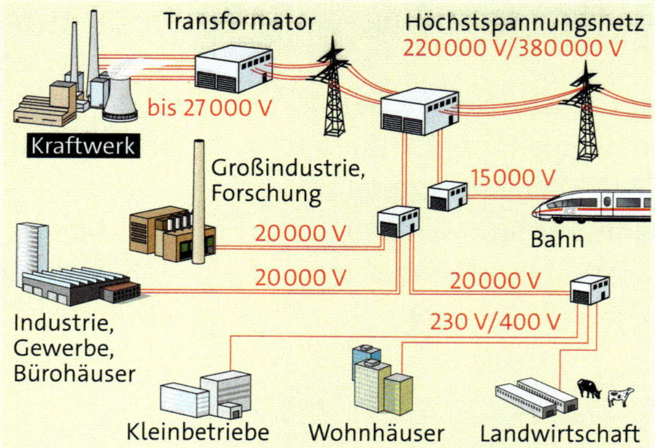

1 Energietransport: verschiedene Spannungen

Aufgaben

1 Gib an, bei welchen Spannungen man von Höchstspannung spricht.

2 Beschreibe, was der europäische Energieverbund ist.

3 Gib an, wovon der Strompreis an den Strombörsen abhängt.

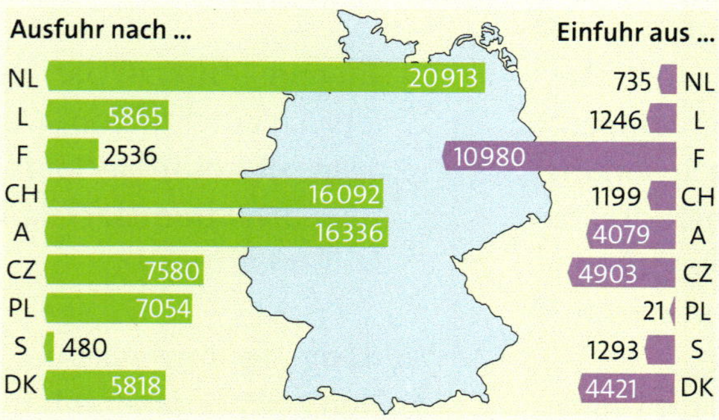

2 Austausch elektrischer Energie mit Nachbarländern in Millionen kWh (2018; Quelle ENTSO-E)

3 Arbeitsplatz an der Strombörse in Leipzig (European Energie Exchange, © & ™ EEX AG)

Erweitern und Vertiefen

Stromnetz für die Energiewende

Energiewende • In Deutschland sind alle Kernkraftwerke abgeschaltet. Dafür sind Wind- und Solarkraftwerke ausgebaut worden. Sie erfordern neue Leitungen und eine neue Art der Energieverteilung.

Leitungen • Riesige Windparks in der Nordsee transportieren ihre elektrische Energie mit Hochspannungs-Gleichstrom zum Festland. Anschließend soll elektrische Energie durch Hochspannungs-Gleichstrom-Übertragung (HGÜ) auch nach Süddeutschland gelangen.

Energieverteilung • Windräder und Solarzellen liefern elektrische Energie je nach Wind und Sonnenschein. Computergesteuerte Verteilstationen fassen Windparks, Solaranlagen, Biogasanlagen, Speicherkraftwerke ... zu einem virtuellen Kraftwerk zusammen. → 4

Bei Windstille wird z. B. automatisch ein Pumpspeicherkraftwerk eingeschaltet. Bei starkem Wind wird dagegen Wasser in das obere Becken des Pumpspeicherkraftwerks gepumpt. Die Verteilstation ist das „Gehirn" des virtuellen Kraftwerks. Energiezähler bei den Verbrauchern melden ihm laufend den Bedarf. Die Station steuert Erzeugung und Transport elektrischer Energie entsprechend.

Aufgaben

1 Nenne Gründe, warum das Stromnetz in Deutschland umgebaut wird.

2 Gib an, was im Beispiel zum virtuellen Kraftwerk gehört. → 4

3 Nenne Vorteile virtueller Kraftwerke.

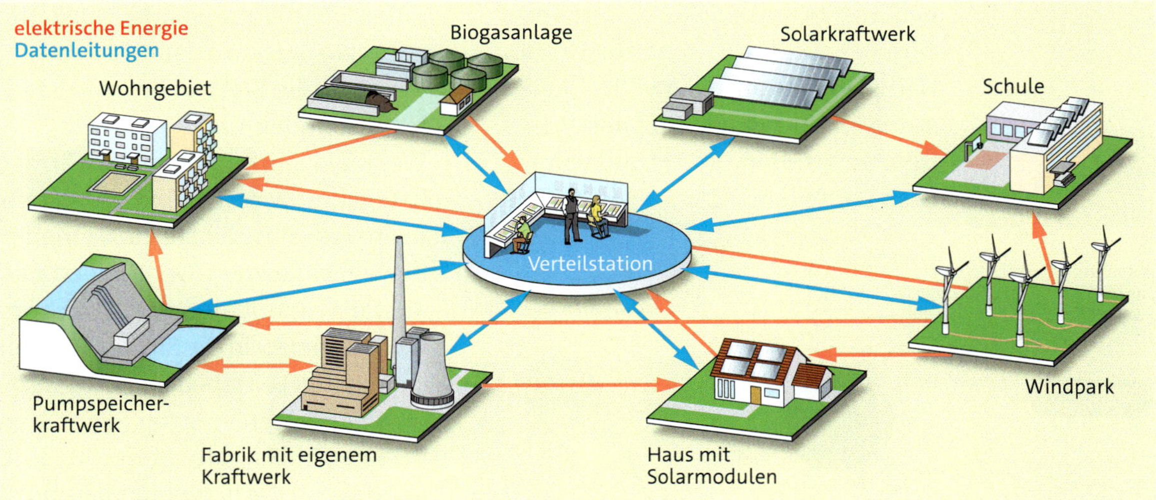

4 Virtuelles Kraftwerk mit Verbrauchern (Beispiel)

Sensoren – Bauteile aus Halbleitern

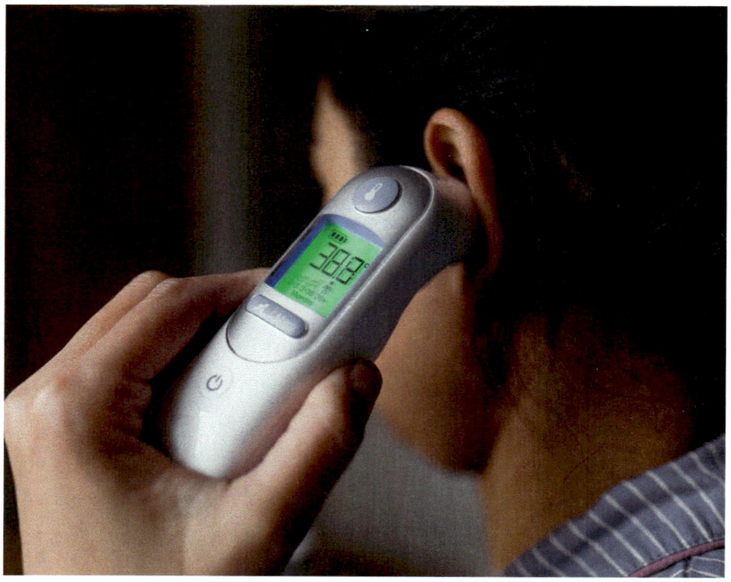

1 Fieber messen

Dank eines Sensors zeigt das Thermometer an, ob du Fieber hast.

Sensoren als technische Bauteile • Sensoren sind technische Bauteile, die jeweils bestimmte Signale erfassen können. Es gibt verschiedene Sensoren, zum Beispiel für Temperatur, Druck, Helligkeit, Schall, Funkwellen, ionisierende Strahlung und Magnetfelder. Dein Smartphone steckt voll von solchen Bauteilen. → 5

Schaltzeichen:

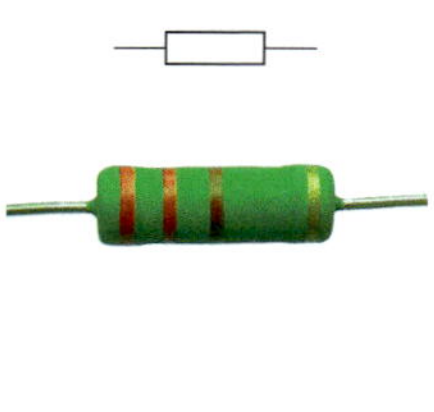

2 Kein Sensor: Festwiderstand

3 Heißleiterwiderstand

4 Fotowiderstand

Widerstand und Stromstärke • Du kennst den elektrischen Widerstand mit der Einheit 1 Ohm (1 Ω). Je größer der Ω-Wert ist, desto kleiner ist die Stromstärke.
Mit besonderen Widerstandsbauteilen kann man die Stromstärke gezielt beeinflussen. Weil die Bauteile einen festen Ω-Wert haben, nennt man sie Festwiderstände. → 2
Viele Sensoren sind veränderliche Widerstände. Sie nehmen Signale aus der Umwelt auf und verändern daraufhin ihren Ω-Wert. Dadurch steuern die Sensoren die Stromstärke in dem Stromkreis, in dem sie eingebaut sind.

Halbleiter • Sensoren sind meist aus Halbleitern aufgebaut. Halbleiter sind Stoffe, deren Widerstand zwischen denen von guten Leitern und Nichtleitern liegt. Siliziumkristalle haben zum Beispiel Halbleitereigenschaften. Sie sind die Grundlage für Computerchips. Bei tiefen Temperaturen oder Dunkelheit leitet ein Siliziumkristall sehr schlecht, weil fast alle Elektronen im Kristall fest gebunden sind.
Wenn ein Siliziumkristall erwärmt oder beleuchtet wird, bewirkt die zugeführte Energie, dass einige Elektronen frei beweglich werden. Der Widerstand des Kristalls nimmt ab. Durch Einfügen von Fremdatomen in die Siliziumkristalle kann deren Leitfähigkeit verbessert werden. Diesen Vorgang nennt man Dotieren eines Halbleiters (lat. dotare: ausstatten). Dazu werden beispielsweise kleinste Mengen von Phosphor oder Aluminium hinzugefügt.

der Sensor
der Halbleiter
der Heißleiterwiderstand
der Fotowiderstand
dotieren

Temperatursensor • Ein Fieberthermometer hat in seiner Spitze einen kleinen Sensor. Dies ist ein Heißleiter. → 1 3 Je höher die Temperatur ist, desto niedriger ist der elektrische Widerstand des Heißleiters und desto größer ist die Stromstärke. Ein kleiner Computer rechnet die gemessene Stromstärke in Grad Celsius um. Das Thermometer zeigt diesen Wert an. Heißleiter liefern auch im Smartphone Signale, damit es die aktuelle Temperatur anzeigt oder der Computerprozessor nicht überhitzt wird. Solche Sensoren regeln auch die Heizungsanlage in Wohnungen und halten die Temperatur konstant.

Lichtsensor • Beispielsweise nutzt man in Fotokameras und Alarmanlagen einen Fotowiderstand. → 4 Sein Widerstand wird kleiner, wenn es heller wird. Beim Fahrrad oder im Auto regeln Lichtsensoren das automatische Einschalten der Scheinwerfer bei Dunkelheit. Ein Fotowiderstand regelt im Smartphone die Helligkeit des Displays und passt sie den Lichtverhältnissen der Umgebung an. → 4 5

Sensoren nehmen Signale der Umwelt auf und wandeln sie zur weiteren Verarbeitung in elektrische Signale um. Sie bestehen meist aus Halbleitern. Sensoren ändern durch Einflüsse von außen ihren elektrischen Widerstand. Damit wird die Stromstärke in Stromkreisen verändert.

5 Sensoren im Smartphone (Auswahl)

Aufgaben

1 Beschreibe die Eigenschaft von Halbleitern.

2 Gib an, welche Sensoren Heizung und Beleuchtung regeln.

3 Beschreibe, wie ein Stromkreis mit einem Heißleiter die Veränderung der Temperatur „wahrnimmt".

4 Gib an, mit welchen Bauteilen eine automatische Lichtsteuerung aufgebaut werden kann.

Sensoren – Bauteile aus Halbleitern

Material A

Temperatursensor

In elektronischen Thermometern nutzt man Heißleiterwiderstände. Wie verhalten sie sich bei Temperaturänderung?

Materialliste: Heißleiterwiderstand (NTC), Vielfachmessgerät, Thermometer, Becherglas (100 ml), 50 ml Eiswasser, Gasbrenner, Drahtnetz, Dreibein, Experimentierkabel, Krokodilklemmen, Stativmaterial, Schutzbrille

1 Messt den Widerstand des Heißleiters mit dem Messgerät (Einstellung „Ω"). Erwärmt das Bauteil mit den Fingern. Beschreibt die Widerstandsänderung.

Achtung • Schutzbrille tragen! Hinweise zum Umgang mit dem Gasbrenner auf S. 491 beachten!

2 Baut den Versuch auf. → 1

a Taucht den Heißleiter in ein Wasserbad. Erwärmt das Wasser langsam.

b Messt die Temperatur und den Widerstand in regelmäßigen Abständen. Notiert die Werte in einer Tabelle.

c Tragt die gemessenen Werte in ein Diagramm ein und verbindet die Punkte zu einer Messkurve. Die Kurve bezeichnet man als Kennlinie des Sensors.

3 Der Versuch von Aufgabe 2 wurde von einer Gruppe von Schülerinnen und Schülern durchgeführt. Die Gruppe hat das Diagramm unten angefertigt. → 2

a Beschreibt das Verhalten des Sensors mit einem Je-desto-Satz.

b Lest den elektrischen Widerstand des Sensors bei 25 °C (10 °C, 50 °C) ab.

c Nennt drei mögliche Einsatzgebiete für den Temperatursensor.

4 Plant einen Versuch zur Ermittlung der Kennlinie eines Lichtsensors.

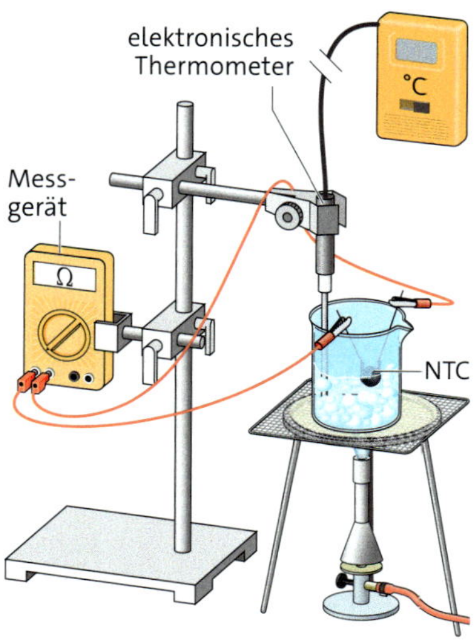

1 Versuchsaufbau

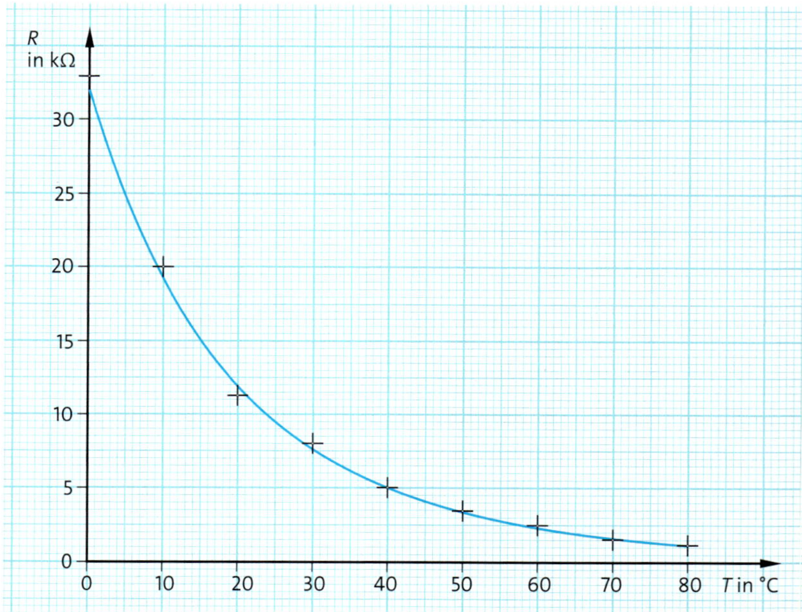

2 Kennlinie des Temperatursensors

Material B

Sensoren im Handy

Moderne Handys sind mit etlichen Sensoren bestückt. Du kannst sie erkennen, wenn du untersuchst, auf welche Umwelteinflüsse das Gerät reagiert, Beispiele: Helligkeit, Berührung ... Deine Lehrkraft kann dir auch Apps zur Verfügung stellen, die Sensoren gezielt ansteuern.

Materialliste: Smartphone, Apps zur Sensorennutzung

1 Untersuche ein Handy. Notiere, worauf das Handy reagiert und welche Sensoren du vermutest.

2 Stelle deinem Nachbarn zwei Apps vor, die Sensoren auf deinem Handy nutzen.

Material C

Sensoren im Auto

Moderne Autos sind mit vielen Sensoren ausgestattet.

1 Informiere dich im Internet oder beim Autohändler über die Aufgaben von Sensoren im Auto.

2 Stelle deine Ergebnisse der Klasse vor.

Material D

Fotowiderstand als Lichtsensor

Wenn das Umgebungslicht heller wird, wird auch dein Handydisplay heller. Sonst könntest du es nicht ablesen. Bei Dunkelheit schalten sich manche Fahrradlampen automatisch ein. → 3 Verantwortlich ist jeweils ein Fotowiderstand als Lichtsensor. Wie verhält er sich, wenn sich die Helligkeit ändert?

Materialliste: Fotowiderstand, Glühlampe (6 V; 0,05 A), 6-V-Netzgerät, Experimentierkabel, Vielfachmessgerät, Taschenlampe

1 So geht ihr vor:

a Messt mit dem Messgerät (Einstellung „Ω") den elektrischen Widerstand des Lichtsensors bei folgenden Bedingungen: → 4
- Bauteil abgedeckt
- bei Tageslicht
- zusätzliche Beleuchtung mit einer Taschenlampe

b Beschreibt, wie sich der elektrische Widerstand ändert.

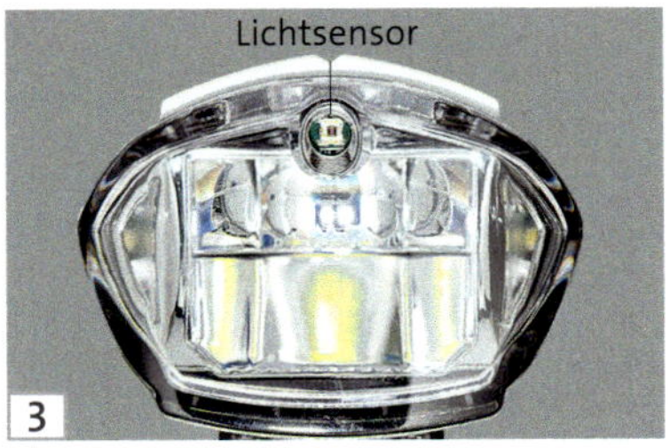

3

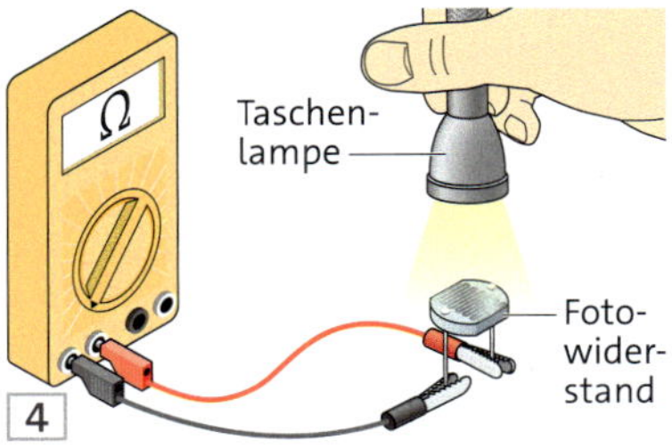

4

2 Die Beleuchtung für das Handydisplay soll im Modell nachgebaut werden. Der Bildschirm wird durch die Glühlampe dargestellt.

a Plane und zeichne den Schaltplan.

b Baue die Schaltung auf und teste sie.

c Erkläre, wie die Schaltung funktioniert. Benutze dazu die Begriffe Widerstand und Stromstärke.

Dioden als elektrische Ventile

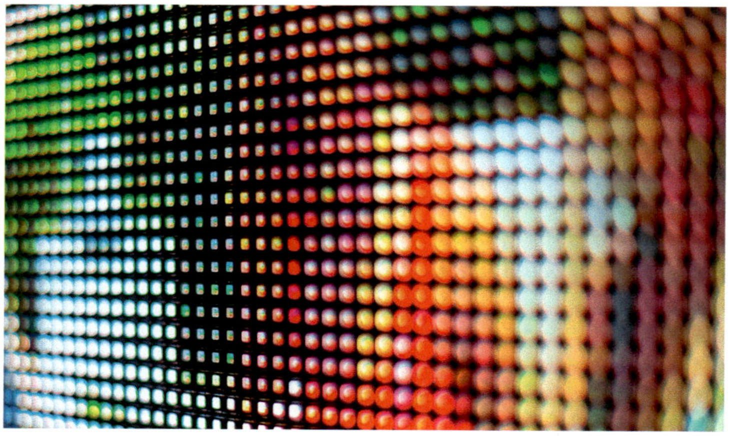

1 Leuchtdioden geben Signale aus.

Material zur Erarbeitung: A

Die Videowall besteht aus unzähligen farbigen Leuchtdioden. Wieso bezeichnet man die Bauteile als „elektrische Ventile"?

Entdeckung des Prinzips • Vor etwa 150 Jahren entdeckte der Physiker Ferdinand Braun, dass manche Kristalle den Strom nicht immer gleich gut leiten. Ihre Leitfähigkeit hängt unter anderem von der Polung des Elektronenstroms ab. Damit fand er das Prinzip der Diode heraus.

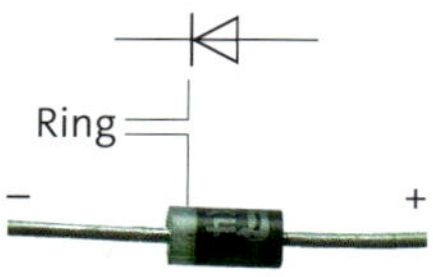

2 Bauteil Diode

Dioden in Schaltungen • Moderne Dioden sind elektronische Bauteile. → 2 Sie haben einen Markierungsring an einem Ende. Im Schaltzeichen wird er durch einen senkrechten Strich dargestellt. Die Wirkung einer Diode hängt nämlich davon ab, in welche Richtung man sie in eine Schaltung einbaut:

- In einer Richtung ist der Widerstand der Diode gering. Es fließt ein großer Elektronenstrom. Eine Diode ist in dieser Durchlassrichtung eingebaut, wenn der Anschluss an ihrem Markierungsring mit dem Minuspol der Energiequelle verbunden ist. → 3
- Wenn ihr Ring zum Pluspol zeigt, ist die Diode in Sperrrichtung geschaltet. → 4 Ihr Widerstand ist dann sehr groß und es fließen keine Elektronen.

Somit wirkt eine Diode auf die Elektronen so wie ein Ventil in einer Leitung auf das Wasser. Man nennt deshalb Dioden auch „elektrische Ventile". → 5

Dioden leiten den Elektronenstrom nur in einer Richtung.

Diode als Gleichrichter • Du weißt bereits, dass an einer Steckdose die Polung 50-mal pro Sekunde von plus nach minus und zurück wechselt. Wenn man eine Diode an eine solche

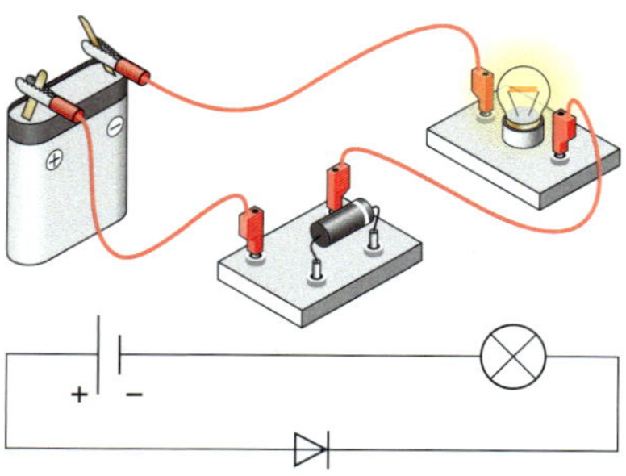

3 Diode in Durchlassrichtung

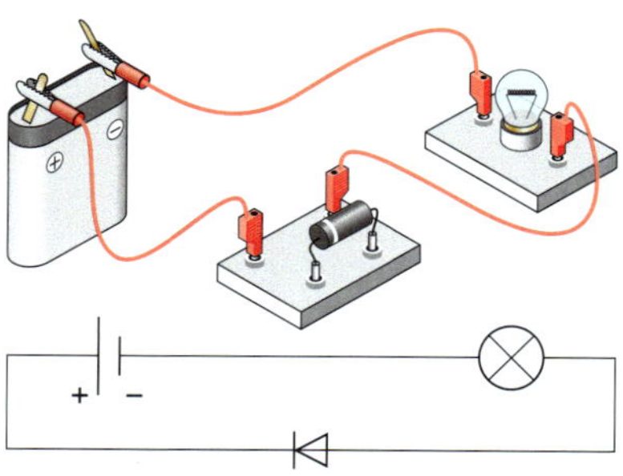

4 Diode in Sperrrichtung

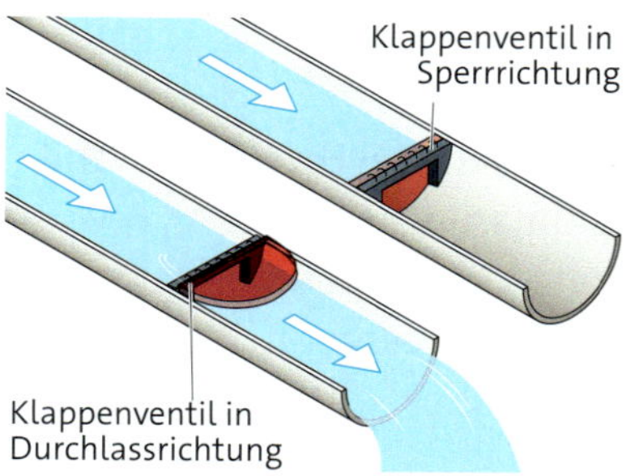

5 Diode als „elektrisches Ventil"

die **Diode**
der **Gleichrichter**
die **Leuchtdiode** (LED)
n-Kristall
p-Kristall

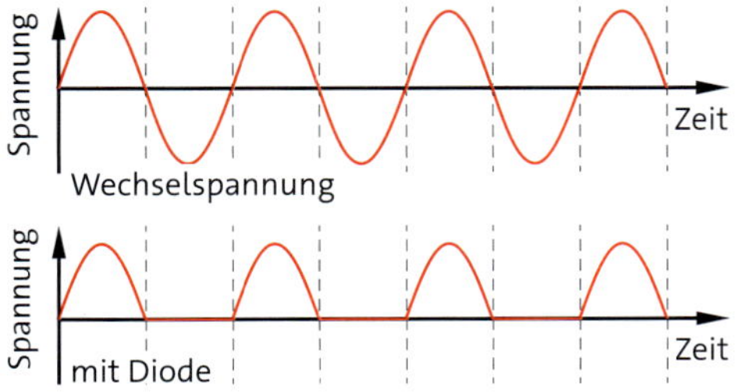

6 Diode als Gleichrichter

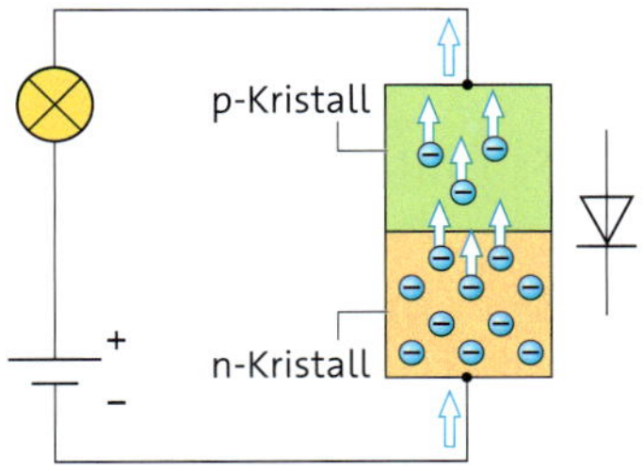

7 Diode in Durchlassrichtung

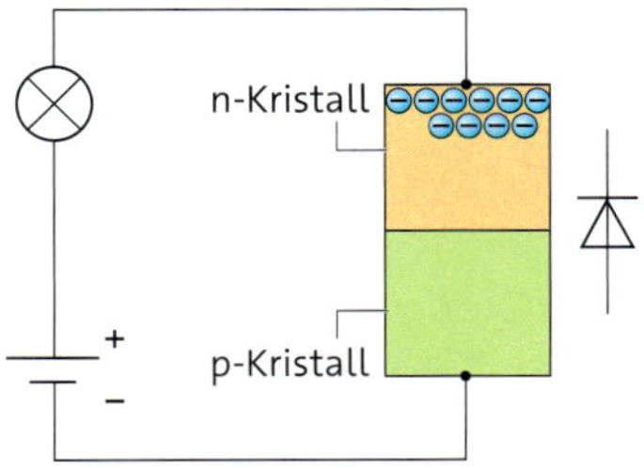

8 Diode in Sperrrichtung

Wechselspannungsquelle anschließt, wechselt sich die Durchlassrichtung ebenso oft mit der Sperrrichtung ab. Deshalb lässt die Diode nur einen Teil des Elektronenstroms durch. → 6 Sie macht aus Wechselstrom eine Art Gleichstrom. Daher werden Dioden als Gleichrichter bezeichnet.

Dioden lassen den Wechselstrom nur in einer Richtung durch. Sie machen aus Wechselstrom Gleichstrom.

Aufbau von Dioden • Dioden stellt man aus hochreinem Siliciumkristall her. Dem Kristall gibt man gezielt verschiedene Fremdatome zu. Es entstehen zwei Schichten:

- Eine Schicht hat einen Überschuss an freien Elektronen: n-Kristall.
- Die andere Schicht hat einen Mangel an freien Elektronen: p-Kristall.

Wenn man den Minuspol mit dem n-Kristall verbindet, werden freie Elektronen aus dem n-Kristall in den p-Kristall gedrückt. → 7 Dort werden viele Elektronen verschluckt, der Rest kommt aber durch: Der Stromkreis ist geschlossen. Wenn man den Pluspol mit dem n-Kristall verbindet, zieht er die freien Elektronen an. → 8 Es entsteht ein Bereich ohne Ladungsträger. Die Diode sperrt so den Elektronenfluss im Stromkreis.

Leuchtdioden • Manche Dioden leuchten, wenn sie in Durchlassrichtung geschaltet sind. Man nennt sie LED (engl. light emitting diode). → 9 Für ihren Bau nutzt man spezielle Kristalle. LEDs sind sehr empfindlich. Mit einem Schutzwiderstand begrenzt man deshalb die Stromstärke in der LED. → 10 LEDs gibt es in verschiedenen Farben. Weiße LEDs leuchten so hell, dass man sie für Autoscheinwerfer, im Haushalt und in Taschenlampen nutzt.

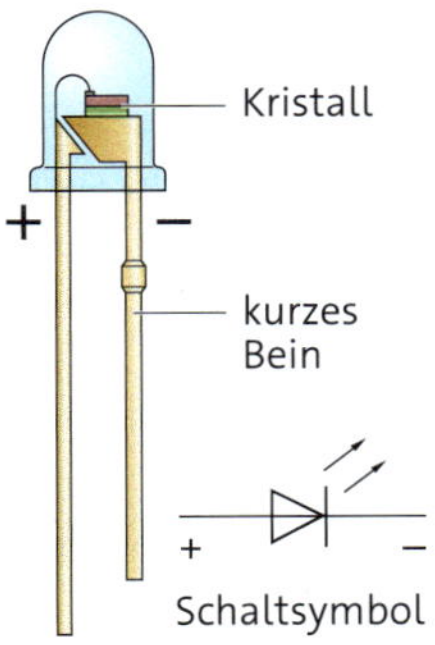

9 Bauteil Leuchtdiode (LED)

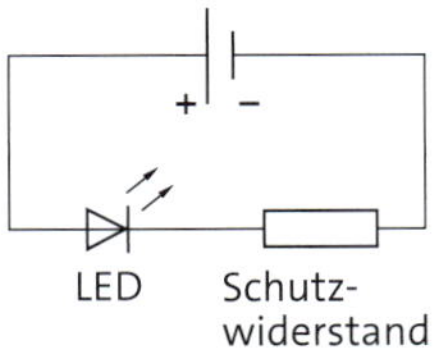

10 Schaltung mit Schutzwiderstand

Aufgaben

1 Beschreibe anhand des Schaltzeichens, wie man eine Diode in Sperrrichtung in einen Gleichstromkreis einbaut. → 2

2 Dioden werden als Gleichrichter benutzt. Erkläre diese Verwendung.

3 Beschreibe, wie eine Diode aufgebaut ist.

Dioden als elektrische Ventile

Material A

Diode als Ventil

Eine Diode kannst du mit einem Fahrradventil vergleichen. Das Ventil lässt die Luft nur in den Reifen hineinströmen, es sperrt die andere Richtung. Ebenso lässt die Diode den Elektronenstrom nur in einer Richtung durch.

Materialliste: Lampe, 1 Diode (Typ 1 N 4001), Flachbatterie (4,5 V) oder Netzgerät (6 V), Experimentierkabel

1 Baue die Schaltung nach Plan auf. → 1 Gib an, ob die Diode in Sperrrichtung oder Durchlassrichtung geschaltet ist.

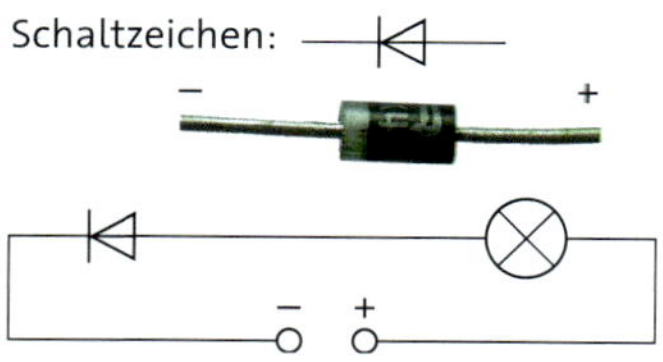

1

2 Was passiert, wenn Plus- und Minuspol vertauscht werden? Sage es voraus. Überprüfe deine Voraussage.

3 Wann ist die Diode in Durchlassrichtung, wann in Sperrrichtung eingebaut? Stelle eine Regel auf. *Tipp:* Achte auf die Markierung.

Material B

Signale lenken mit Dioden

Materialliste: 2 Summer, 2 Taster, 2 Dioden (Typ 1 N 4001), Netzgerät (6 V Wechselspannung), Experimentierkabel

1 Ein Summer braucht Gleichspannung.

a Baue mit dem Netzgerät, einem Summer und einem Taster eine Schaltung auf. Überlege, wie die Diode eingebaut werden muss, damit der Summer funktioniert.

b Teste die Schaltung.

c Zeichne den Schaltplan.

Auf Seite 498 im Anhang findest du eine Tabelle mit den benötigten Schaltzeichen.

2 Paul Meyer wünscht sich eine eigene Klingel. → 2 Zur Umsetzung hat er extra eine Schaltung entworfen. → 3

a Erkläre, wie Pauls Schaltung funktioniert. Welchen Taster muss man betätigen, damit es bei Paul summt? Begründe deine Antwort.

b Baue die Schaltung auf und teste sie.

2 Pauls Wunsch

3 Pauls Idee

Material C

Kennlinie einer Diode

Materialliste: Diode (z. B. 1N4001), Festwiderstand (z. B. 180 Ω), 2 Vielfachmessgeräte, regelbares Netzgerät, Kabel

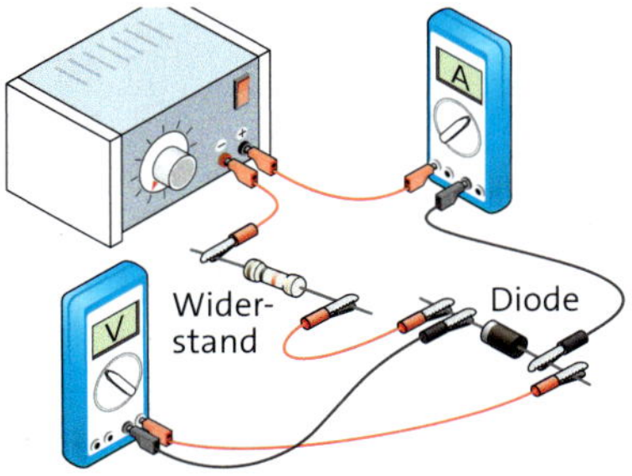

4 Diode in Durchlassrichtung

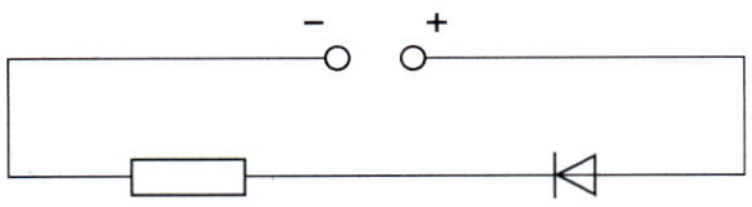

5 Schaltskizze ohne Messgeräte

U in V	0,10	0,20
I in mA	?	?

6 Beispieltabelle

1 Diode in Durchlassrichtung

a Im Versuch wird die Spannung an der Diode und die Stromstärke im Stromkreis gemessen. → 4 Übertragt die Schaltskizze ins Heft und ergänzt die Messgeräte. → 5

b Baut die Schaltung auf. Erhöht die Gleichspannung an der Diode. Messt Spannung und Stromstärke. → 6

c Die Messung wurde auch mit einer anderen Diode durchgeführt. → 7 Wertet beide Messreihen in einem gemeinsamen Diagramm aus.

d „Jede Diode hat eine Schwellenspannung." Was könnte damit gemeint sein? Begründet eure Vermutung mithilfe eures Diagramms.

2 Diode in Sperrrichtung

Die Anschlüsse an der Diode wurden vertauscht und die Messung wiederholt. → 8

Zeichne für die Messreihe ein Diagramm. Vergleiche es mit dem der Diode in Durchlassrichtung. → 7

U in V	0,10	0,20	0,30	0,40	0,50	0,60	0,70
I in mA	0,01	0,01	0,01	0,01	0,8	3,4	10

7 Diode in Durchlassrichtung (zu 1c)

U in V	10	20	30	40	50	–	–
I in A	0,01	0,01	0,01	2,01	–	–	–

8 Diode in Sperrrichtung (zu 2)

Material D

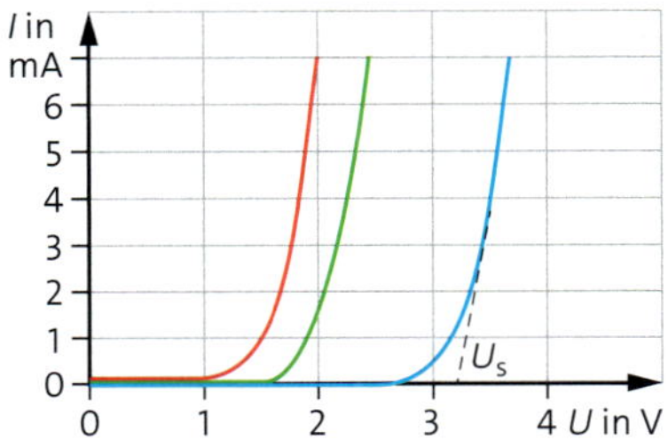

9 Kennlinien von Leuchtdioden

Leuchtdioden: Kennlinien

1 Leuchtdioden senden je nach Halbleitermaterial Licht in verschiedenen Farben aus (LED: *light emitting diode*). Ihre Kennlinien sind ähnlich, aber nicht gleich. → 9

a Leitet aus dem Diagramm Aussagen über die Leitfähigkeit der Leuchtdioden ab.

b Schätzt die Schwellenspannungen U_s der LEDs ab.

2 Plane einen Versuch zum Aufnehmen einer LED-Kennlinie.

Dioden als Gleichrichter

1 Die Akkus werden im Ladegerät aufgeladen.

Materialien zur Erarbeitung: A–B

Die Akkus von Elektroautos, Handys oder Taschenlampen werden mit Gleichstrom geladen. Die Steckdose liefert aber Wechselstrom.

Ladegerät • Die Akkus können nicht direkt an die Steckdose angeschlossen werden. Sie werden z. B. in ein Ladegerät eingelegt. → 1 Das Ladegerät ändert zunächst die Wechselspannung von 230 V auf die gewünschte Voltzahl. Das kann ein Trafo machen. Dann wird der Wechselstrom in Gleichstrom umgewandelt. Dafür setzt man oft Dioden ein. Sie lassen den Strom nur in einer Richtung durch.

Gleichrichter • Wenn man nur eine Diode in den Wechselstromkreis einbaut, bekommt man einen Gleichstrom mit Pausen. → 2 Die Elektronen fließen zwar nur in eine Richtung, aber der Strom ist mal größer und mal kleiner. Und die Hälfte der Zeit fließen gar keine Elektronen.
Einen „pulsierenden" Gleichstrom ohne Pausen erhält man mit vier Dioden. → 3 Die Elektronen fließen immer in derselben Richtung aus der Schaltung heraus – egal, in welcher Richtung sie hineinfließen! Diese Schaltung nennt man Brückengleichrichter.

Wechselstrom kann mit Dioden in Gleichstrom umgewandelt werden.

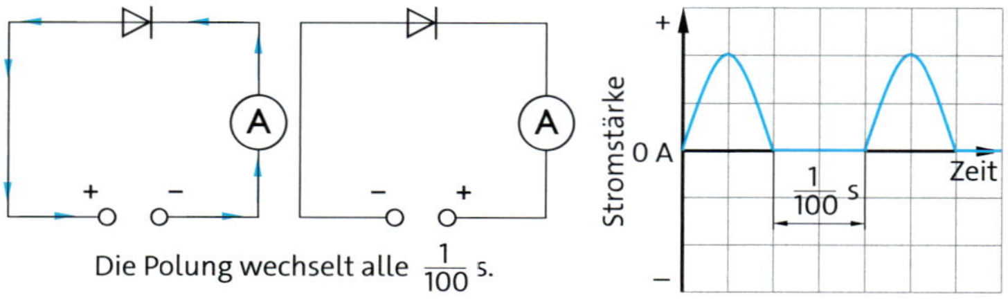

2 Eine Diode: Strom in eine Richtung – mit Pausen

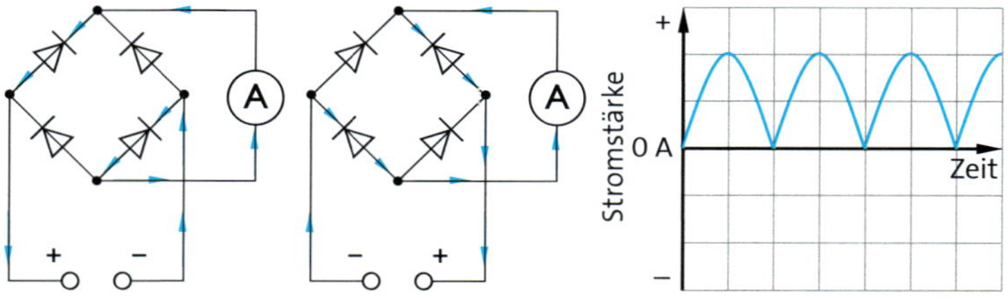

3 Vier Dioden: Strom in eine Richtung – ohne Pausen

Aufgaben

1 Nenne die beiden Aufgaben des Ladegeräts. → 1

2 Die Diode wird andersherum eingebaut. → 2 Beschreibe, wie sich die Stromstärkekurve ändert.

Material A

Diode im Wechselstrom

Materialliste: Netzgerät (4 V, Wechselspannung), Gleichstrommotor mit Ritzel, Kabel, Diode (Typ 1N4001) → 4

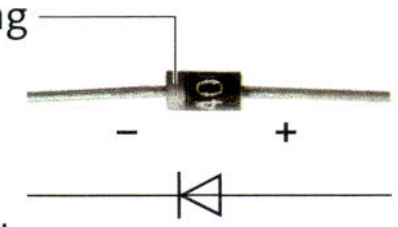

4 Diode 1N4001 (bis 50 V, bis 1 A)

1 Schließe den Motor an das Netzgerät an. → 5 Berühre das Ritzel.
Beschreibe deine Beobachtung.

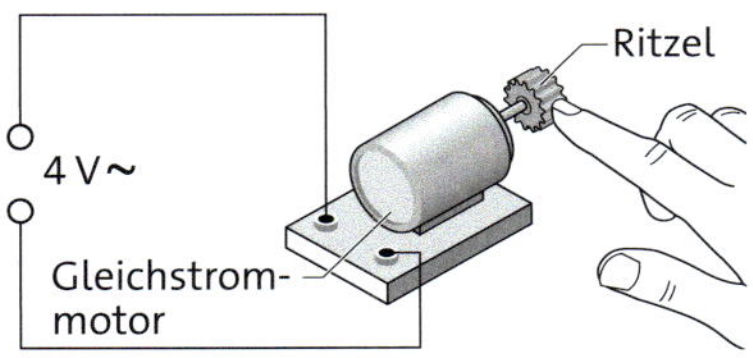

5

2 Baue nun die Diode in den Stromkreis ein. → 6 Vertausche auch ihre Einbaurichtung.
Beschreibe wieder.

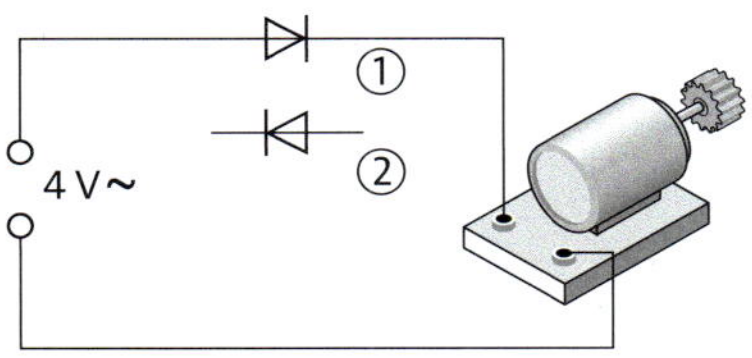

6

Material B

Gleichrichtung – hör mal!

Materialliste: Netzgerät (4 V, Wechselspannung), 4 Dioden (Typ 1N4001; Bild 4), Lautsprecher, Kabel

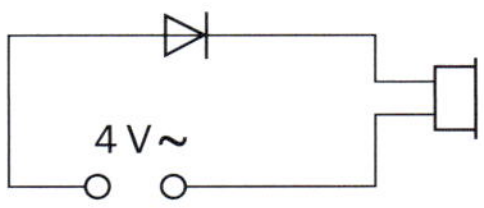

7 Schaltung mit Diode

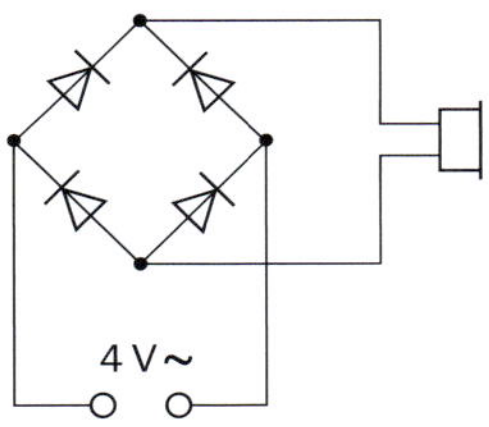

8 ... mit Brückengleichrichter

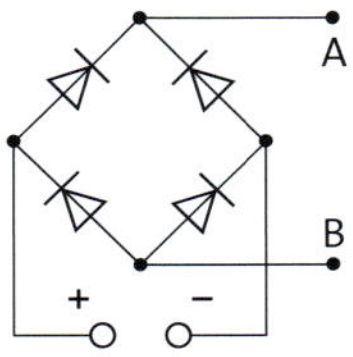

9

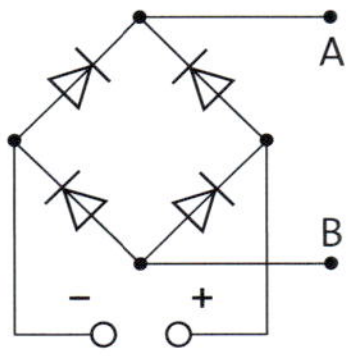

10

1 Schließe eine Diode und den Lautsprecher in Reihe an das Netzgerät an. → 7
Beschreibe, was du hörst.

2 Baue einen Brückengleichrichter ein. → 8
Achte auf die richtige Polung der Dioden!
Beschreibe, was du hörst. Vergleiche mit Versuch 1.

3 Wie funktioniert der Brückengleichrichter?

a Gib jeweils an: → 9 10
- Welche Dioden sind in Durchlassrichtung geschaltet?
- Welche Dioden sind in Sperrrichtung geschaltet?

b Gib jeweils an, mit welchem Pol der Punkt A und mit welchem Pol der Punkt B leitend verbunden ist.

c Erkläre, wie der Brückengleichrichter funktioniert.

Material C

Einfaches Ladegerät

1 Erkläre, wie das Ladegerät funktioniert. → 11

2 Erkläre, wie ein Brückengleichrichter das Gerät verbessern würde. → 3

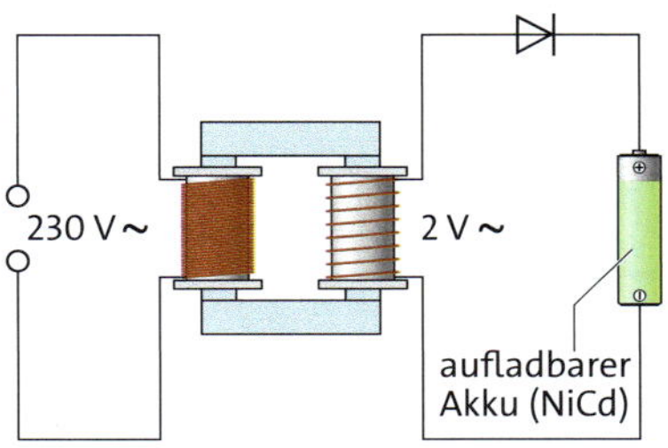

11 Einfaches Ladegerät

Solarzellen als Energiewandler

1 Solarzellen auf Hausdach

Die Solarzellen auf den Hausdächern sind auch „nur" Dioden – aber besondere!

Fotovoltaik • Solarzellen wandeln Licht in elektrische Energie um. → 2 3 Dabei werden jedoch nur weniger als 20 % der Strahlungsenergie in elektrische Energie umgewandelt. Ihr Wirkungsgrad soll noch verbessert werden.

Aufbau einer Solarzelle • Solarzellen werden auch Fotodioden genannt. Auf einer etwa 0,3 mm „dicken" Schicht aus p-Silicium (p-Kristall) befindet sich eine ca. 0,001 mm dünne Schicht aus n-Silicium (n-Kristall), die lichtdurchlässig ist. → 4 Oben und unten sind Metallflächen mit Kontakten.

Solarzelle im Modell • Zwischen dem p- und dem n-Kristall befindet sich die Grenzschicht. → 4 Bei Sonneneinstrahlung werden Elektronen von ihren Atomen getrennt. Diese wandern in die n-Schicht ab, während sich die frei gewordenen Plätze, sogenannte „Elektronenlöcher", in Richtung p-Schicht bewegen. So entsteht zwischen n- und p-Kristall eine Spannung von ca. 0,5 V. Wenn man die Metallkontakte der beleuchteten Solarzelle leitend verbindet, fließt ein elektrischer Strom.

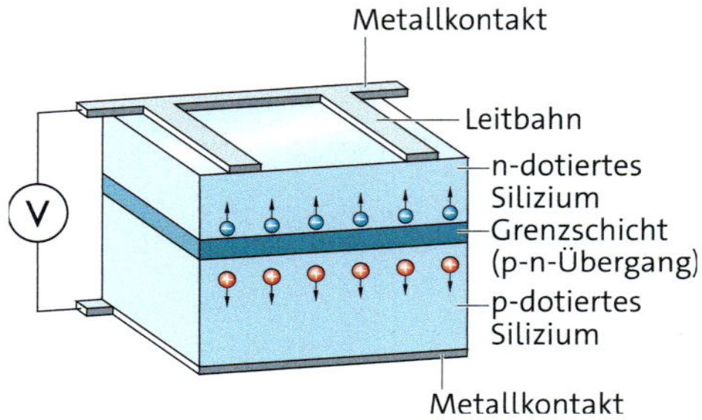

4 Aufbau einer Solarzelle

Solarmodule • Um höhere Spannungen zu erzielen, kann man Solarzellen in Reihe schalten. Für größere Stromstärken lassen sie sich parallel schalten. In Solarmodulen sind viele Solarzellen in Reihe und parallel geschaltet. → 5

Solarzellen sind Dioden, die Strahlungsenergie in elektrische Energie umwandeln.

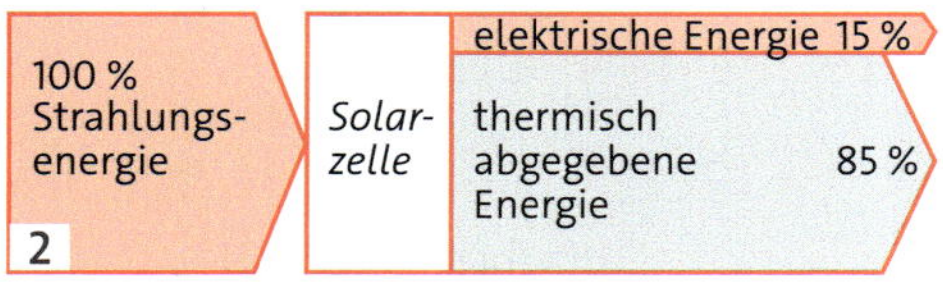

2

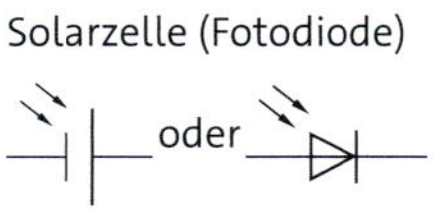

3 Schaltzeichen

Aufgabe

1 ☒ Erkläre den Unterschied zwischen Solarzelle und Solarmodul.

die **Solarzelle**
das **Solarmodul**

Material A

Solarzellen

Materialliste: mehrere gleichartige Solarzellen, Vielfachmessgerät, Lichtquelle, Papier, Kabel

1 Die Solarzelle wird von der Lichtquelle „voll" beleuchtet und die Spannung an ihr gemessen. Beschreibt, wie folgende Maßnahmen die Spannung verändern:

a Die Solarzelle wird mit dem Papier nach und nach verdunkelt.

b Die Solarzelle wird immer weiter von der Lichtquelle weggedreht.

c Eine zweite Solarzelle wird in Reihe zugeschaltet. Erst werden beide Solarzellen voll beleuchtet, dann wird eine Solarzelle mit dem Papier ganz abgedeckt.

d Eine zweite Solarzelle wird parallel zugeschaltet ...

2 Die vielen Solarzellen auf einem Hausdach sind in Reihe und parallel miteinander verschaltet. → 1

a Stellt zunächst nur eine Solarzelle dicht vor der Lichtquelle auf.
Messt und notiert bei konstanter Beleuchtung: → 6
- die Spannung U_0 („Leerlaufspannung") an der Solarzelle
- die Stromstärke I_k („Kurzschlussstromstärke") in der Solarzelle

b Schaltet jetzt eine weitere Solarzelle in Reihe zur ersten Solarzelle. Messt bei derselben Beleuchtung wie zuvor wieder U_0 und I_k. Tragt eure Werte in die Tabelle ein. → 6

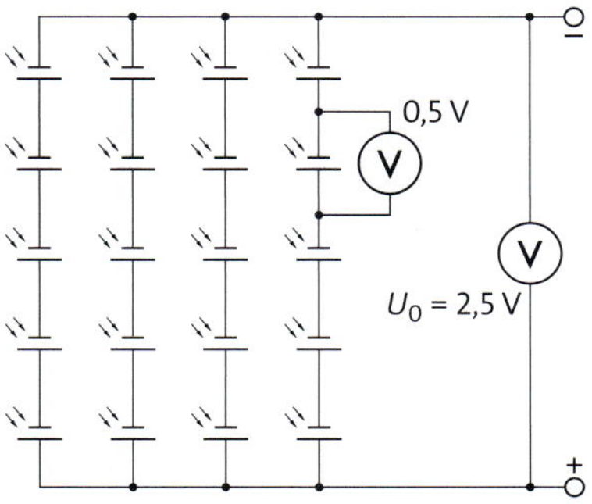

5 Solarmodul aus 20 Solarzellen

c Schaltet die beiden Solarzellen diesmal parallel und messt erneut U_0 und I_k.

d Wie hängen die Leerlaufspannung und die Kurzschlussstromstärke von der Schaltung der Solarzellen ab? Formuliert das Ergebnis eurer Versuche.

	U_0 in V	I_k in mA
eine Solarzelle	?	?
zwei Solarzellen in Reihenschaltung	?	?
zwei Solarzellen in Parallelschaltung	?	?

6 Beispieltabelle

Material B

Projekt: Solaranlage

Viele Dächer sind mit Fotovoltaik ausgestattet.
Informiere dich, wo in deiner Nachbarschaft eine Fotovoltaik-Anlage steht.

1 Beschreibe den Standort und die Ausrichtung der Module.

2 Sammle technische Daten zu der Anlage (z. B. Leistung, Kosten pro kWh, Betriebsdauer pro Monat).

3 Recherchiere Vor- und Nachteile einer Energieversorgung mit einer Solaranlage.

4 Dokumentiere deine Untersuchungen auf einem Plakat.

Zusammenfassung

Eigenschaften von Magneten • Ein Magnet und Gegenstände aus Eisen (Nickel, Cobalt) ziehen sich gegenseitig an. Die Anziehung ist an den Magnetpolen am stärksten. Jeder Magnet hat (mindestens) einen Nord- und einen Südpol. Gleiche Pole zweier Magnete stoßen sich ab, ungleiche ziehen sich an. → 1 2

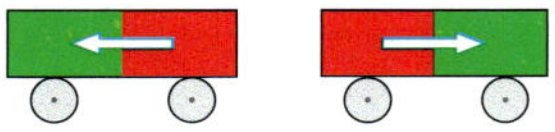

1

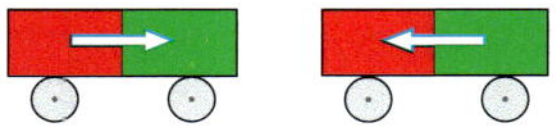

2

Elektromagnet • Eine Spule wirkt wie ein Magnet, wenn ein elektrischer Strom durch sie fließt. Die magnetische Wirkung wird durch einen Eisenkern in der Spule verstärkt.

Elektromotor • Jeder Elektromotor enthält zwei Magnete. Ein Magnet wird gedreht (Rotor), ein Magnet steht fest (Stator). → 3 Die Drehung kommt zustande, weil sich ungleiche Magnetpole anziehen und gleiche Pole abstoßen.

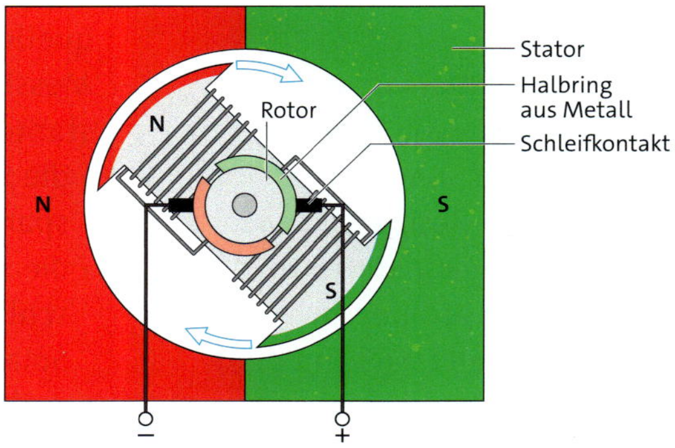

3

Induktion • In einer Spule wird eine Spannung erzeugt, solange sich das Magnetfeld in ihr ändert. Um das Magnetfeld zu ändern, kann man:

- den Magneten und die Spule gegeneinander bewegen. → 4 5
- den Elektromagneten an- und abschalten. → 6

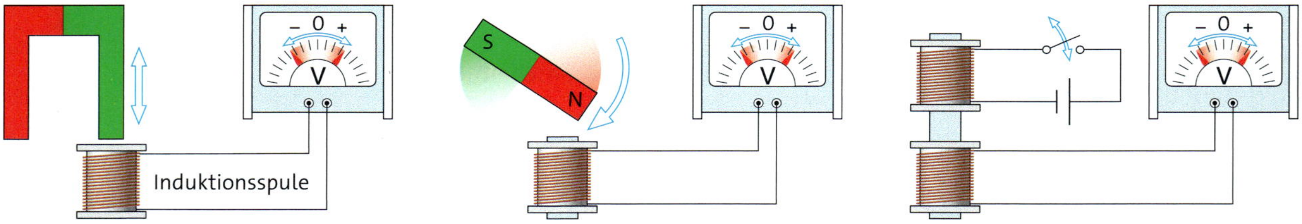

4 – 6 Das Magnetfeld in der Spule ändert sich. → An der Spule misst man eine Spannung.

Generator • Bei vielen Generatoren dreht sich ein Magnet in einer Spule oder eine Spule in einem Magneten. → 7 Das Magnetfeld in der Spule ändert sich ständig. Durch Induktion entsteht eine Wechselspannung an der Spule. Wenn eine Glühlampe an den Generator angeschlossen wird, fließt ein Wechselstrom.

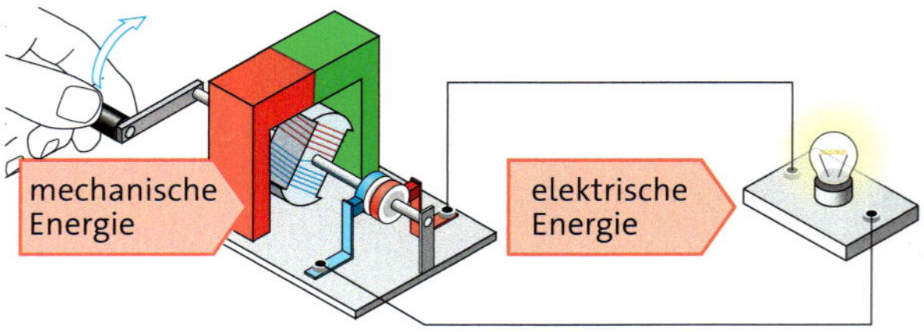

7 Generator (mit drehbarer Spule)

Transformator • Er besteht aus zwei Spulen auf einem gemeinsamen Eisenkern. → 8 Der Trafo wird mit Wechselspannung betrieben.
Wenn die Induktionsspule weniger Windungen als die Feldspule hat, verringert der Trafo die Spannung und erhöht die Stromstärke.

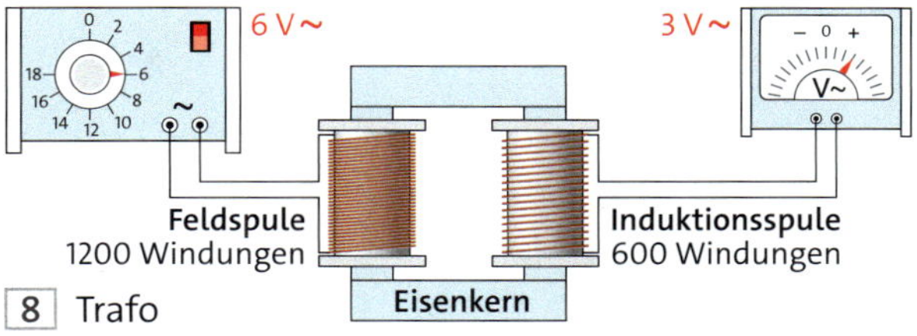

8 Trafo

Energietransport • Elektrische Energie wird bei hohen Spannungen vom Kraftwerk zum Verbraucher transportiert. Die Stromstärken sind wegen der hohen Spannungen so gering, dass unterwegs nur wenig Energie als Wärme verloren geht. → 9

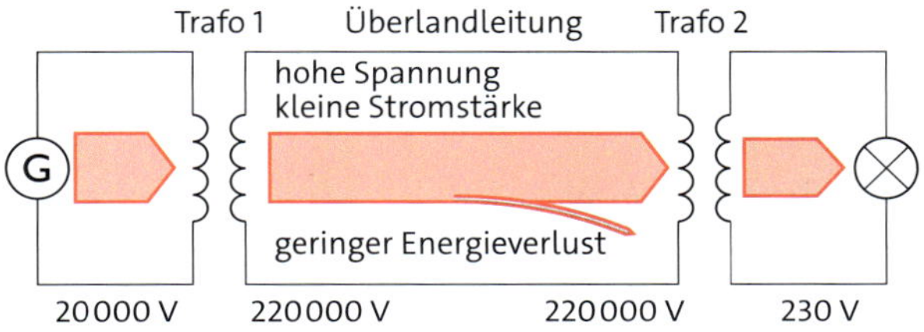

9 Energietransport mit Hochspannung

Sensoren • Sensoren nehmen Signale der Umwelt auf und wandeln sie in elektrische Signale um.

Sensoren als Bauteile • Beispiele:
- Der elektrische Widerstand eines Heißleiters sinkt bei Erwärmung. → 10
- Der elektrische Widerstand eines Fotowiderstands sinkt bei Beleuchtung. → 11

10 Heißleiterwiderstand (Temperatursensor)

11 Fotowiderstand (Lichtsensor)

Signale ausgeben und lenken • Dioden und Leuchtdioden (LED) lassen den elektrischen Strom nur in einer Richtung durch. → 12 13

Aufbau von Dioden • Dioden bestehen aus zwei Kristallschichten, einer mit Elektronenüberschuss und einer mit Elektronenmangel.

Solarzellen • Solarzellen sind Dioden, die Strahlung (Licht) in elektrische Energie umwandeln.

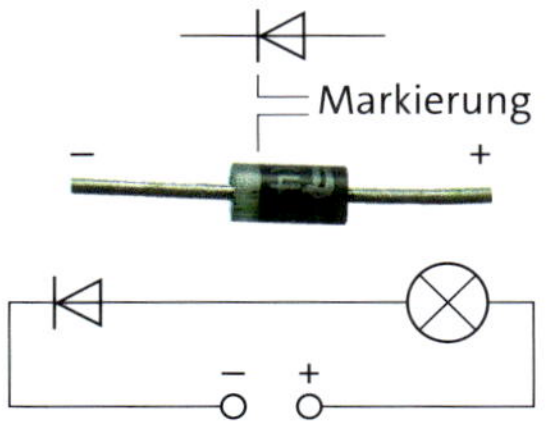

12 Diode

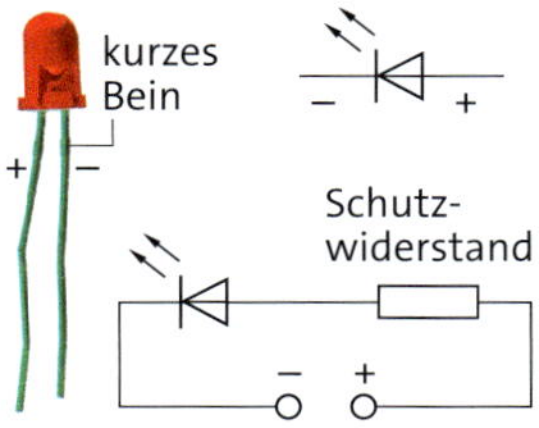

13 Leuchtdiode (LED)

Teste dich! (Lösungen im Anhang)

Magnete und Elektromagnete

1 Anziehung – Abstoßung

a Nenne Stoffe, die Magneten anziehen.

b Nenne die Stellen des Magneten, wo seine Anziehung am stärksten ist.

c Zwei Magnete ziehen sich gegenseitig nicht immer an. Erkläre die Beobachtung.

2 Elektromagnet und Stabmagnet

a Beschreibe, wie die Spule zum Elektromagneten wird. → 1

b Vergleiche die Eigenschaften von Elektromagnet und Stabmagnet.

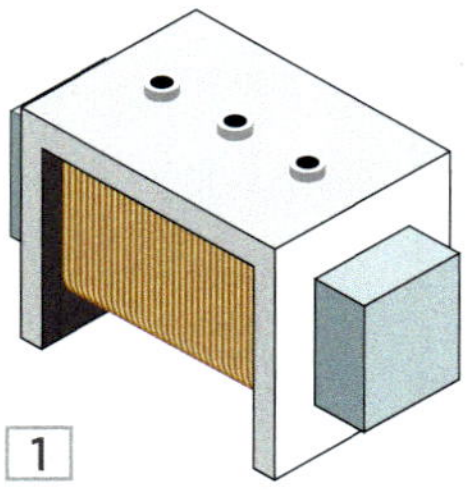

1

3 Beschreibe, wie der Elektromotor in Bewegung kommt. Schreibe dazu die folgenden Sätze in der richtigen Reihenfolge auf:

- Gleiche Pole von Rotor und Dauermagnet stoßen sich gegenseitig ab.
- An den Enden des Rotors bilden sich ein Nordpol und ein Südpol aus.
- Der Rotor dreht sich.
- Der Strom wird eingeschaltet.

Magnetfelder

4 Beschreibe zwei Wege, um das Magnetfeld eines Stabmagneten sichtbar zu machen.

5 Magnetfelder gibt es nicht nur bei Magneten, sondern auch bei Drähten, durch die Strom fließt. Beschreibe einen Versuch, mit dem du das zeigen kannst. Skizziere ihn.

Induktion und Generator

6 Mit einer Spule soll elektrische Energie erzeugt werden.

a Nenne die Dinge, die du dazu benötigst. (Eine weitere Spule soll nicht dabei sein.)

b Beschreibe, wie du vorgehst.

c Beschreibe verschiedene Möglichkeiten, wie du besonders hohe Spannungen erreichst.

7 Ein Fahrraddynamo erzeugt elektrische Energie.

a Nenne die Teile, aus denen ein Fahrraddynamo aufgebaut ist.

b Zeichne die Energiekette.

d Erkläre, wie der Dynamo funktioniert.

Transformator

8 Skizziere, wie ein Transformator aufgebaut ist. Beschrifte das Bild mit den Fachbegriffen.

9 Die Spannung an der Induktionsspule eines Trafos beträgt 12 V, die Spannung an der Feldspule 6 V.

a Gib an, welche Spule mehr Windungen hat.

b Die Feldspule hat 300 Windungen. Berechne, wie viele Windungen die Induktionsspule hat.

10 Transformatoren ändern auch die Stromstärke.

a „Was an Spannung gewonnen wird, geht an Stromstärke verloren." Erkläre, was mit der Aussage gemeint ist.

b Ein Trafo erhöht die Spannung von 6 V auf 600 V. In der Feldspule fließt ein Strom von 0,5 A. Schreibe die richtigen Aussagen ins Heft:

- Der Trafo erhöht die Stromstärke.
- Der Trafo verringert die Stromstärke.
- Die Stromstärke in der Induktionsspule beträgt 0,5 A.
- Die Stromstärke in der Induktionsspule beträgt 50 A.
- Die Stromstärke in der Induktionsspule beträgt 0,005 A.

11 Trafos werden beim Energietransport vom Kraftwerk zum Verbraucher eingesetzt.
a Zeichne den Schaltplan.
b Nenne die Aufgaben der Transformatoren.
c Begründe den Einsatz der Trafos. Verwende die Begriffe Hochspannung, Stromstärke und thermische Energie.

Sensoren

12 Lebewesen haben Sinnesorgane, Techniker benutzen Sensoren.
a Nenne fünf Sensoren, die in Handys verwendet werden.
b Beschreibe anhand von zwei Beispielen, wie Sensoren auf Signale aus der Umwelt reagieren. Beispiel: „Je heißer ein Heißleiter wird, desto ?."

13 Gib an, welche Eigenschaft einen Fotowiderstand zum „Sensor" macht.

14 Der elektrische Widerstand eines Sensors ist bei verschiedenen Temperaturen gemessen worden. → 4
Beschreibe das Verhalten des Sensors. Vergleiche mit dem Heißleiter.

Signale ausgeben und lenken

15 Welche Lampe leuchtet? → 2 3
Begründe deine Antwort.

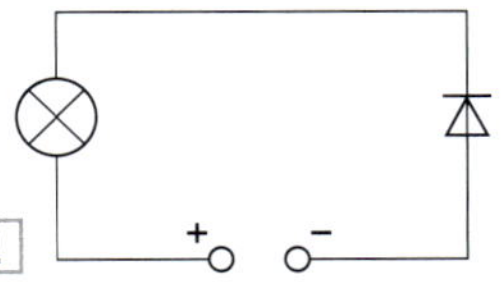

2

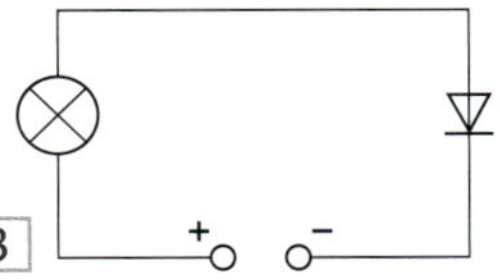

3

16 An einer Diode fehlt die Markierung. An welcher Seite der Diode muss sie angebracht werden? Beschreibe einen Versuch, mit dem du es herausfindest.

17 Skizziere den Aufbau einer Diode.

Solarzellen

18 Solarzelle und Energie
a Beschreibe, die Energieumwandlung bei einer Solarzelle.
b Skizziere die Energieumwandlung mit einer Energiekette.

19 Aufbau und Funktion
a Skizziere den Aufbau einer Solarzelle.
b Erkläre anhand deiner Skizze die Funktion der Solarzelle.

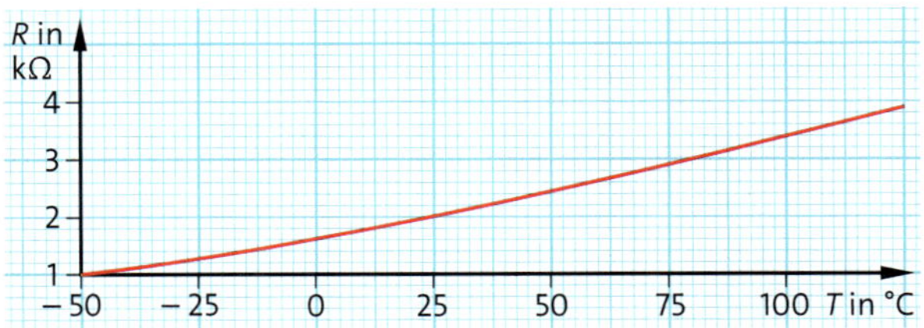

4 Widerstand in Abhängigkeit von der Temperatur

Energie

Wie viel muss der Fahrradfahrer leisten, um auf den Berg zu kommen?

Die Achterbahn startet in 25 Metern Höhe. Welche Geschwindigkeit hat der Waagen am tiefsten Punkt?

Ob dem Roller Energie an der Tankstelle oder an der Steckdose zugeführt wurde – welchen Anteil davon überträgt er in Bewegung?

Energienutzung

1 Energietransport über elektrische Leitungen

Mit Energie und ihrer Nutzung hast du dich schon beschäftigt. Hier kannst du dein Wissen auffrischen.

Energie • Wir stellen uns Energie als Wirkstoff vor, um Dinge zu bewegen, zu heben, zu erwärmen, zu beleuchten ... Energie kann in Brot, in Benzin, in heißem Wasser oder im Handyakku gespeichert sein. Sie lässt sich in elektrischen Leitungen, Öltankern oder Gas-Pipelines transportieren.
Die Energie bleibt dabei immer gleich. Wir geben ihr nur unterschiedliche Namen, je nachdem, wie sie transportiert oder gespeichert wird:

- Von Strahlungsenergie sprechen wir, wenn die Energie durch Strahlung transportiert wird, z. B. durch Licht.
- Wenn Energie über elektrische Leitungen transportiert wird, nennen wir sie elektrische Energie.
- Mechanische Energie ist ein Sammelbegriff: Dazu zählen Lageenergie, Bewegungsenergie und Spannenergie. Ein fahrendes Auto hat z. B. Bewegungsenergie, während ein gespannter Bogen Spannenergie besitzt.
- Thermische Energie ist z. B. in heißen Getränken oder in warmem Wasser.
- Chemische Energie ist z. B. in Benzin oder in der Nahrung gespeichert.

Energie bleibt immer Energie. Sie bekommt unterschiedliche Namen, je nachdem, wie sie gespeichert oder transportiert wird:

- **elektrische Energie**
- **chemische Energie**
- **Strahlungsenergie**
- **mechanische Energie: Lageenergie, Bewegungsenergie, Spannenergie**
- **thermische Energie (Wärme)**

Energie wird umgewandelt • Die Solarzellen im Solarkraftwerk nehmen Energie aus dem Sonnenlicht auf (Strahlungsenergie) und wandeln diese in elektrische Energie um. Die Windräder wandeln Bewegungsenergie der Luft in elektrische Energie um. → 1 2 Die dabei gewonnene elektrische Energie wird dann an elektrische Leitungen abgegeben und durch diese in unsere Haushalte gebracht.

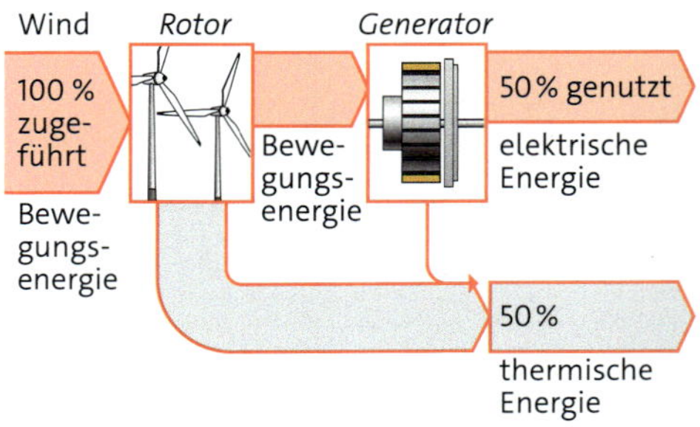

2 Energiekette des Windrads

die **Energiebilanz**
das **Joule** (J)
das **Newtonmeter** (Nm)
die **Wattsekunde** (Ws)

Energiebilanz • Bei jeder Energieumwandlung wird nur ein Teil der zugeführten Energie in die genutzte Energie umgewandelt. Der Rest wird als thermische Energie an die Umwelt abgegeben und ist so nicht weiter zu verwenden. Energie wird so entwertet. Eine Solarzelle wandelt nur ca. 20 % der Strahlungsenergie in elektrische Energie um. → 3 Windräder hingegen wandeln ca. 50 % der Bewegungsenergie in elektrische Energie um. Eine Energiebilanz zeigt, dass die Summe der beteiligten Energieformen immer gleich bleibt. Energie geht nicht verloren.

Energie wird unterschiedlich gut genutzt. Bei jeder Energieumwandlung wird Energie entwertet, es geht jedoch keine Energie verloren.

Energie in Zahlen • Allgemein wird Energie in der Einheit Joule (J) angegeben. → 4 Das kennst du sicher von Lebensmitteln, in denen ja chemische Energie steckt.
1000 J = 1 kJ; 1000 kJ = 1 MJ
Wird ein Körper beschleunigt oder angehoben, wird ihm Energie zugeführt.

Energie = Kraft · Weg; $E = F \cdot s$

Dabei geben wir die Energie oft in Newtonmetern (Nm) an.
Elektrische Energie wird in Wattsekunden (Ws) oder Kilowattstunden (kWh) angegeben.
Es gilt:
1 J = 1 Nm = 1 Ws
1 kWh = 3,6 MJ

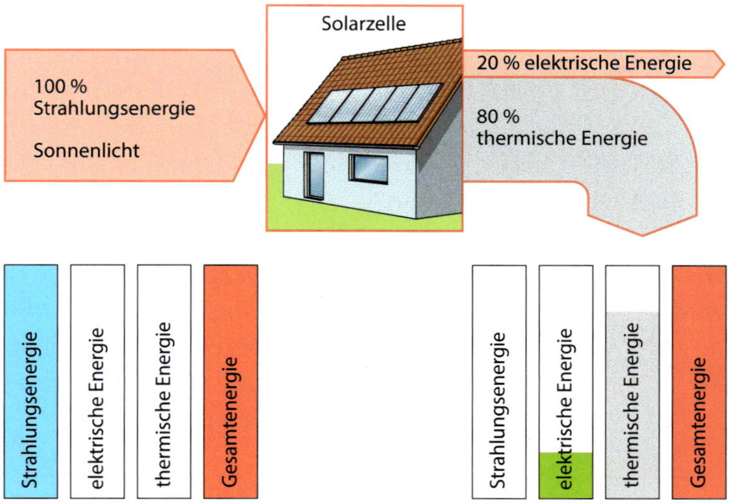

3 Energiekette und Energiebilanz der Solarzelle

4 Beispiele für 1 Kilojoule

Aufgaben

1 ☒ Der Verbrennungsmotor eines Pkw wandelt ca. 30 % der Energie aus dem Benzin in Bewegung um. Zeichne dazu eine Energiekette.

2 ☒ Ein Gummiball fällt aus 3 m Höhe auf Asphalt und springt dann wieder 2 m hoch. Zeichne eine Energiebilanz zu diesem Vorgang.

Energienutzung

Material A

Energie gut genutzt

Die Bilder 1–9 zeigen unterschiedliche Energieumwandlungen und geben in Prozent an, wie gut die Energie genutzt wird.

1 Gib zu jedem Bild an, welche Energieform genutzt und in welche Energieform sie umgewandelt wird.

2 Zeichne zu jedem Bild eine Energiekette, die alle beteiligten Energieformen und die Energieentwertung zeigt.

3 Finde zwei weitere Alltagssituationen zur Energieumwandlung. Beschreibe sie und zeichne auch dazu Energieketten.

4 Vergleiche die Energienutzung von Fahrzeugen mit Elektro- und Verbrennungsmotoren. Bewerte die Umweltaspekte.

1 Joggen: 25 %

2 Holzfeuer: 50 %

3 Elektroauto: 65 %

4 Glühlampe: 5 %

5 LED-Lampe: 25 %

6 Motorroller (Verbrenner): 20 %

7 Gaskocher erhitzt Wasser: 50 %

8 Wärmekraftwerk: 40 %

9 Windrad: 50 %

Material B

Tägliche Energieaufnahme

Materialliste: Handy, Ernährungs-App, Küchenwaage

1 Wie viel Energie nimmst du täglich zu dir?

a Wiege alles, was du an einem Tag isst und trinkst. Notiere die Werte. → 10

b Ermittle mit einer Ernährungs-App für alle Tabelleneinträge die Energie in kJ.

c Berechne deine gesamte Energieaufnahme an einem Tag.

2 Dein Körper braucht täglich ca. 6 MJ für seine „Heizung" und den Betrieb der inneren Organe. Dies bezeichnet man als Grundumsatz. Wie oft musst du eine 5-kg-Hantel einen Meter hochheben, um die überschüssige Energie zu nutzen?
Tipp: Die Gewichtskraft der Hantel beträgt 50 N.

Nahrungsmittel	Masse	Energie
Ei	60 g	388 kJ
Apfelsaft	250 g	?
...	...	...
Summe		?

10 Beispieltabelle

Material C

Aus Muskelkraft wird Licht

Die LED-Taschenlampe wird durch Kurbeln betrieben. → 11 Sie besitzt einen aufladbaren Akku, der elektrische Energie chemisch speichert.

1 Beschreibe, welche Energieumwandlungen beim Betrieb der Taschenlampe stattfinden.

2 Zeichne eine mehrstufige Energiekette zur Energieumwandlung bei der Taschenlampe.

3 Die Lampe nutzt 25 % der zugeführten Energie. Die LED hat eine Leistung von 3 Watt. Berechne, wie viel Energie der Lampe zugeführt werden muss, damit sie 5 Minuten leuchtet.

11 LED-Taschenlampe mit Kurbel

Material D

Heißes Wasser mit dem Gaskocher

Beim Campen werden Gaskocher zum Kochen von Wasser genutzt. → 12

12 Gaskocher

1 1 Liter Wasser soll von 20 °C mit einem Gaskocher zum Kochen gebracht werden. Der Kocher nutzt 50 % der zugeführten Energie.

a Berechne, wie viel Liter Gas benötigt werden.

b Gib an, was mit der anderen Hälfte der Energie passiert.

Energie von Erdgas beträgt 10,4 kWh pro m^3.

Zum Erhitzen von 1 Liter Wasser um 1 °C werden 4190 J benötigt.

Leistung berechnen

1 Wie viel muss der Fahrradfahrer leisten, um auf den Berg zu kommen?

Der Radfahrer muss viel leisten, um hier hochzukommen. Mit elektrischer Hilfe wäre es leichter.

Leistung bestimmen • Um mit dem Rad auf den Berg zu fahren, wandelt der Fahrer chemische Energie in Lageenergie um. Je mehr Energie (E) er pro Zeiteinheit (t) umwandelt, desto größer ist seine Leistung (P). Die Leistung gibt also an, wie schnell Energie umgewandelt wird. Beim Radfahrer gibt die Leistung an, wie schnell er Energie in Lageenergie überträgt. → 2

> Leistung = $\frac{\text{Energie}}{\text{Zeit}}$; $P = \frac{E}{t}$
> Die Leistung wird in Watt angegeben. Die Einheit ist 1 Watt (1 W).
> $1\,\text{W} = 1\,\frac{\text{J}}{\text{s}} = 1\,\frac{\text{Nm}}{\text{s}}$

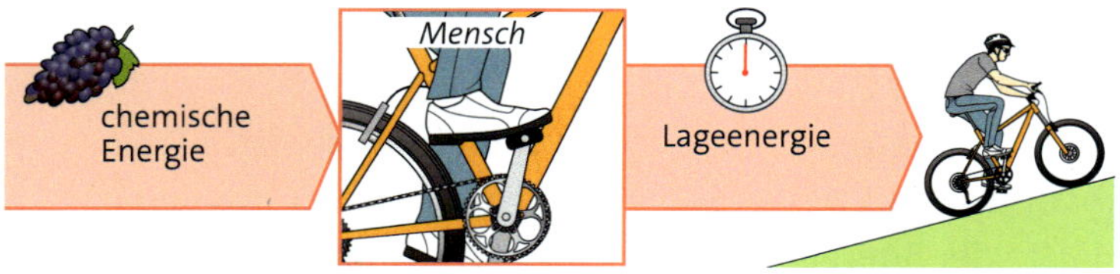

2 Energiekette Radfahrer

Elektrische Leistung bestimmen • Ein elektrischer Motor für ein E-Bike müsste mindestens die Leistung des Radfahrers haben. → 1
Du weißt sicher noch, dass du die Leistung (P) eines Elektrogerätes berechnen kannst, wenn du seine Betriebsspannung (U) und die Stromstärke (I) kennst.

> Leistung = Spannung · Stromstärke
> $P = U \cdot I$

Beispielaufgabe:
Der Radfahrer wiegt mit Rad 100 kg. Er erklimmt den 500 m hohen Berg in 1 Stunde.
Gegeben:
$F = 1000\,\text{N};\ h = 500\,\text{m};\ t = 3600\,\text{s}$
Berechnung:
$E_{Lage} = F \cdot h$
$E_{Lage} = 1000\,\text{N} \cdot 500\,\text{m} = \underline{500\,000\,\text{Nm}}$
$P = \frac{E_{Lage}}{t} = \frac{500\,000\,\text{Ws}}{3600\,\text{s}}$
$P = 139\,\text{W}$
3

Aufgaben

1 ☒ Ein Jogger (80 kg) läuft in 10 Minuten auf einen 400 m Hügel. Berechne seine Leistung.

2 ☑ Bestimme die Leistung eines LED-Scheinwerfers (6 V; 0,2 A).

3 ☒ Bestimme die Stromstärke für einen Motor mit 150 W Leistung, der mit 12 V betrieben wird.

Material A

Toasten mit Muskelkraft

Ein Toaster mit einer Leistung von 700 W wird von dem Radprofi mit elektrischer Energie versorgt. → 4 Ein „normaler" Radfahrer kann nur eine Dauerleistung von 100 W erbringen. → 5

1 ☒ Ermittle, wie viele „normale" Radfahrer nötig sind, um deinen Computer zu betreiben.

2 ☒ Jeder Einwohner einer Stadt benötigt ständig eine elektrische Leistung von 1 kW. Wie viele Radfahrer müssten für eine 100 000 Einwohner Stadt schuften?

4 Robert Förstemann strampelt für einen Toast.

5 20 „normale" Radfahrer strampeln 2 Stunden für saubere Wäsche.

Material B

Die eigene Leistung bestimmen

Um deine eigene Leistung zu bestimmen, gibt es verschiedene Möglichkeiten: Kisten heben, Stuhlsteigen, Radfahren ...

1 Plane einen Versuch, mit dem deine Leistung bestimmt wird.

a ☒ Beschreibe, wie du vorgehen willst, welche Größen gemessen werden und wie die Leistung berechnet wird. Halte deine Planung in einem Versuchsprotokoll fest.

b ☒ Führe den Versuch durch und gib eine Beispielrechnung an.

Material C

Elektrische Leistung

1 ☒ Berechne die fehlenden Werte in der Tabelle. → 6

U	*I*	*P*
12 V	?	0,6 kW
230 V	200 mA	?
?	5 A	100 W

6

Leistung berechnen

Erweitern und Vertiefen

So viel kann ein Mensch leisten

1 3000 W: Höchstleistung beim Absprung

2 400 W: hohe Dauerleistung beim Radrennen

Höchstleistung • Die Leichtathletin springt bei einem Sportfest über 185 cm. → 1 Die Muskeln der Sportlerin übertragen die Energie dafür in knapp 0,2 s. Die Leistung beträgt beim Absprung mehr als 3000 W. Solche Höchstleistungen sind aber nur für sehr kurze Zeit möglich.

Dauerleistung • Unser Körper kann normalerweise etwa 75 W über längere Zeit leisten. Wenn die Muskelmasse durch Training vergrößert wird, erhöht sich die Leistungsfähigkeit des Körpers. Die besten Rennradfahrer erreichen über längere Zeit Leistungen von mehr als 400 W. → 2

Tätigkeit	Leistung
Spazierengehen	30–40 W
Hausarbeit, Radfahren	75–120 W
Fußballspielen, Sprinten	220 W
Skilanglauf, Schwimmen	250 W

3 Leistung der Muskeln

Leistung und Energiebedarf • Beim Fußballspielen übertragen deine Muskeln chemische Energie in Bewegungsenergie. Die Leistung der Muskeln beträgt ungefähr 220 W. → 3 Das sind aber nur etwa 25 % ihrer Gesamtleistung: 75 % der zugeführten Energie übertragen die Muskeln in thermische Energie. → 4 Dazu benötigen die Muskeln Sauerstoff. Bei hohen Leistungen atmet man daher häufiger und das Herz schlägt schneller.

Aufgabe

1 Beschreibe, wie körperliche Leistung, Herzschlag und Atmung zusammenhängen.

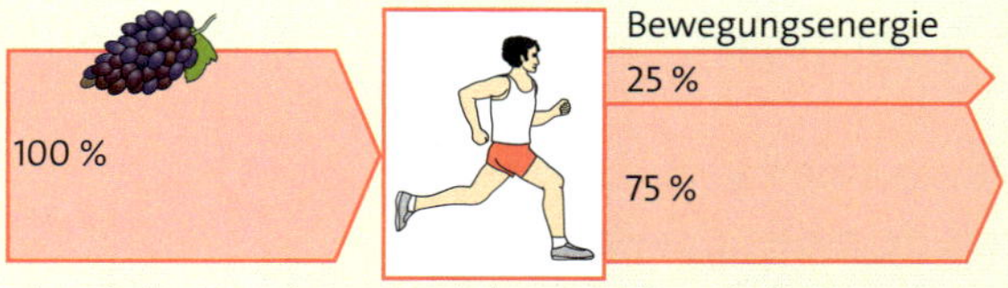

4 Energiekette: Muskeln

Erweitern und Vertiefen

Wie viel leisten Motoren?

Verbrennungsmotoren • Die meisten Autos fahren noch mit Verbrennungsmotoren. Der Verbrennungsmotor überträgt chemische Energie in Bewegungsenergie. Die Leistung der Motoren hängt von ihrem Hubraum und der Drehzahl ab. Bei voller Leistung beschleunigt ein Verbrennungsmotor zum Beispiel einen 1500 kg schweren Pkw in 10–15 s auf $100\,\frac{\text{km}}{\text{h}}$. Motoren von normalen Pkws haben Leistungen von 50 bis 150 kW. → 5 Sportwagen sollen stärker beschleunigen. Sie haben deshalb Motoren, die bis zu 500 kW leisten. Lkws transportieren schwere Güter und müssen große Massen beschleunigen. Die Leistung ihrer Motoren beträgt 300–500 kW. → 5

Elektromotoren • Zukünftig werden uns immer öfter Elektromotoren bewegen. Sie übertragen elektrische Energie in Bewegungsenergie. Elektroautos haben Motoren, die je nach Fahrzeuggröße 50–150 kW leisten. Der Elektromotor in einem E-Bike ist dagegen ein „Schwächling": Er leistet nur 0,25 kW. → 6
Die Bahn nutzt schon seit Langem Elektromotoren. Ein ICE hat gleich mehrere Motoren, die zusammen eine Leistung von 4,9 MW auf die Schienen bringen. Der neue ICE4 kann sogar mit einer Leistung von bis zu 9,9 MW Fahrgäste schnell durchs Land bewegen. → 6

Aufgaben

1 Gib an, wovon die Leistung eines Verbrennungsmotors abhängt.

2 Vergleiche die Leistung eines Elektroautos (150 kW) mit der Leistung des ICE4 in einem Balkendiagramm.

5 Fahrzeuge mit Verbrennungsmotoren

6 Fahrzeuge mit Elektromotoren

Thermische Energie genauer betrachtet

1 – 3 Wasserkocher, Sonnenkollektor, Kessel im Lagerfeuer

Drei Wege, um Wasser zu erwärmen ...

Energie und Wärme • Man kann Wasser auf unterschiedliche Weise erwärmen: in einem elektrischen Wasserkocher, in einem Sonnenkollektor mit Sonnenlicht, über dem Lagerfeuer ...
In allen Fällen ist die Wirkung gleich: Das Wasser wird wärmer. Wir können uns vorstellen, dass es etwas Gemeinsames gibt, was für die Erwärmung sorgt. Dieses Gemeinsame kennst du bereits: die Energie.
Energie kommt mit Elektrizität in den Wasserkocher und mit Sonnenlicht in den Sonnenkollektor. In Erdgas, Benzin oder Holz ist Energie gespeichert. Sie wird beim Verbrennen abgegeben. Im erwärmten Wasser ist die zugeführte Energie dann gespeichert.

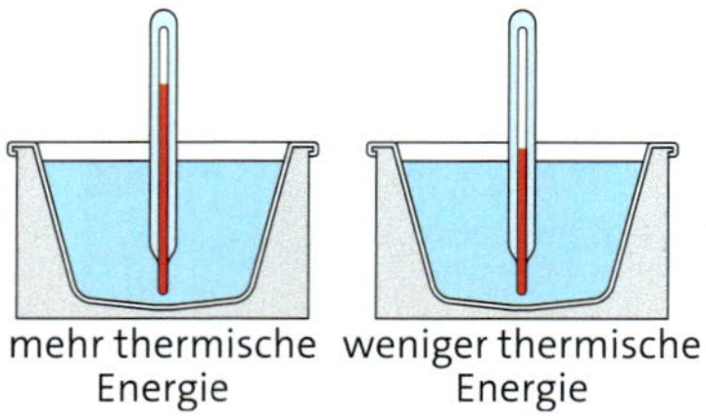

4 Gleiche Menge – unterschiedliche Temperatur

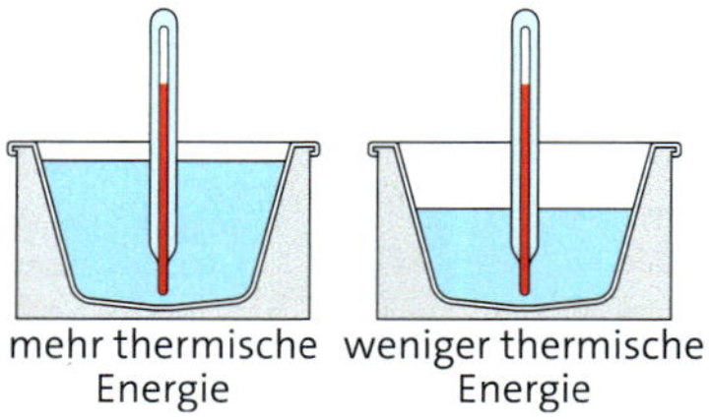

5 Gleiche Temperatur – unterschiedliche Menge

Um einen Gegenstand zu erwärmen, braucht man Energie. Die zugeführte Energie ist dann in dem erwärmten Gegenstand gespeichert. Wir sprechen von thermischer Energie (Wärme) oder innerer Energie.

Thermische Energie und Temperatur • Stelle dir vor, du lässt warmes Wasser in eine Badewanne laufen:
- Je höher die Wassertemperatur ist, desto mehr thermische Energie ist im Wasser gespeichert. → 4
- Je mehr Wasser in die Wanne eingelaufen ist, desto mehr thermische Energie ist in ihm gespeichert. → 5

In Wasser ist umso mehr thermische Energie gespeichert, je höher seine Temperatur ist und je größer seine Masse ist.

Wasser als Energiespeicher • Häuser mit einer Solarthermieanlage nutzen die Strahlungsenergie der Sonne für die Warmwasserversorgung und zur Versorgung des Heizungssystems. Dazu speichern sie die aufgenommene Energie der Sonne in großen Wassertanks. → 6 Bei der Planung der Größe der Warmwassertanks muss berechnet werden, wie viel Energie gespeichert werden soll. Mit Wasser kann man umso mehr thermische Energie speichern, je größer seine Masse ist und je mehr seine Temperatur steigt.
Beim Erwärmen von 1 kg Wasser um 1 °C nimmt seine thermische Energie um 4,19 kJ zu. → 7

Thermische Energie berechnen • Bei anderen Wassermassen m und Temperaturerhöhungen ΔT kann man die Zunahme der thermischen Energie ΔE_{therm} so berechnen: → 8

$\Delta E_{\text{therm}} = c \cdot m \cdot \Delta T$
Dabei ist c die spezifische Wärmekapazität von Wasser:
$c = 4{,}19\ \frac{\text{kJ}}{\text{kg} \cdot °\text{C}}$.

Die spezifische Wärmekapazität von Wasser ist im Vergleich zu anderen Stoffen relativ groß. Daher eignet sich Wasser besonders, um Energie zu speichern und zu transportieren. Diese Eigenschaft wird in Heizungssystemen, auch konventioneller Art, genutzt.

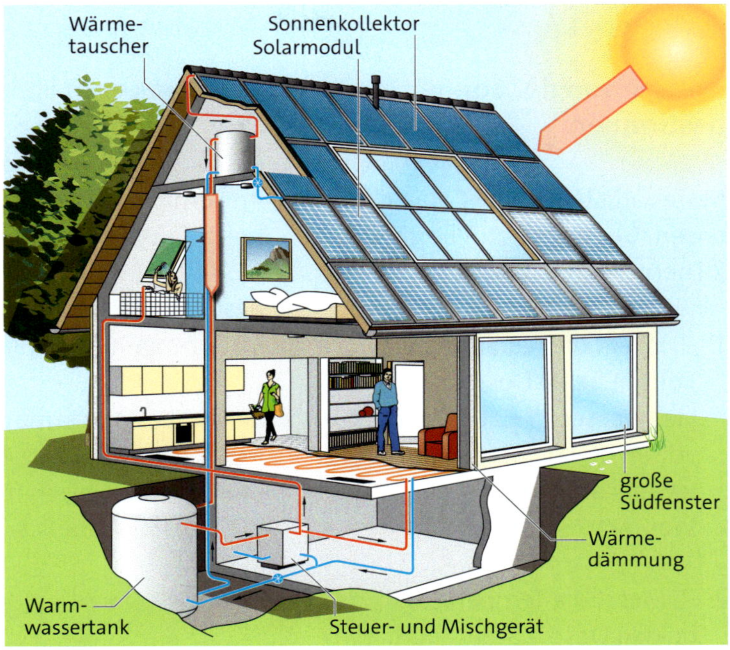

6 Passivhaus

3 kg Wasser werden um 4 °C erwärmt. Berechne die Zunahme der thermischen Energie des Wassers.

Masse	Temperaturzunahme	Energiezunahme
1 kg	1 °C	4,19 kJ
·3 → 3 kg		12,6 kJ (·3)

Masse	Temperaturzunahme	Energiezunahme
3 kg	1 °C	12,6 kJ
	·4 → 4 °C	50,4 kJ (·4)

Die thermische Energie des Wassers nimmt um 50,4 kJ zu.

7 Beispielaufgabe

3 kg Wasser werden um 4 °C erwärmt. Berechne die Zunahme der thermischen Energie des Wassers.

$\Delta E_{\text{therm}} = c \cdot m \cdot \Delta T;\ \Delta E_{\text{therm}} = 4{,}19\ \frac{\text{kJ}}{\text{kg} \cdot °\text{C}} \cdot 3\ \text{kg} \cdot 4\ °\text{C} = 50{,}4\ \text{kJ}$

8 Beispielaufgabe

Aufgaben

1 Zwei Gläser (0,2 l und 0,5 l) sind mit 20 °C warmem Wasser gefüllt. Begründe, in welchem Glas mehr Energie gespeichert ist.

2 Beschreibe, von welchen Faktoren die gespeicherte Energie in Wasser abhängt.

3 Erkläre, wie das Wasser im Warmwassertank erwärmt wird. → 6

4 Berechne die Zunahme der thermischen Energie des Wassers:

a 1 kg Wasser wird um 80 °C erwärmt.

b 80 kg Wasser werden um 50 °C erwärmt.

Thermische Energie genauer betrachtet

Material A

Energie von der Sonne bestimmen

Materialliste: 2 leere Coladosen (1 geschwärzt, 1 normal), 2 Thermometer, Waage

1 Wiegt die leeren Dosen. Füllt in beide Dosen gleich viel Wasser. Wiegt dann die vollen Dosen. Berechnet jeweils die Masse des Wassers.

2 Messt die Temperatur in beiden Dosen. Stellt dann beide Dosen in die Sonne. Messt nach 5 (10, 15) Minuten erneut die Temperatur.

3 Berechnet jeweils aus der Masse des Wassers und der Temperaturzunahme, wie viel Energie aufgenommen wurde.

4 Vergleicht euren Versuch mit dem Aufbau eines Sonnenkollektors. → 1

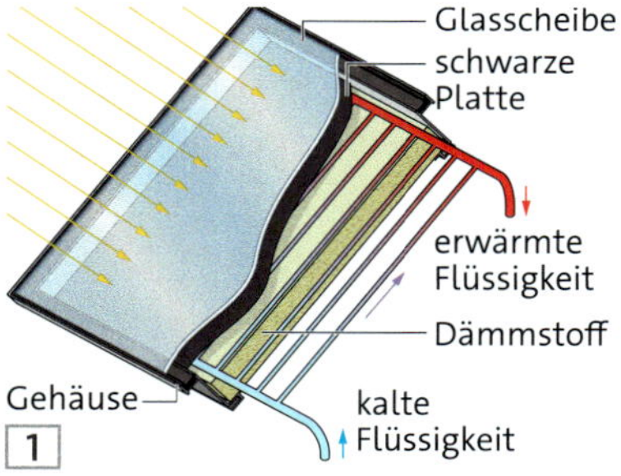

1

Material B

Wassertank zum Heizen

1 Das Wasser im Tank wird im Sommer aufgeheizt und heizt im Winter das Haus. → 2
Beschreibe den Energiefluss im Sommer und im Winter.

2 Familie Mustermann überlegt, ob ein Tank mit 40 m³ Wasser zum Heizen für ihr geplantes Passivhaus ausreicht. Hilf ihnen mit einer Berechnung. Gehe dabei von diesen Angaben aus:
- Die Familie Mustermann benötigt jährlich eine Energie von 10 000 000 kJ zum Heizen.
- Das Wasser im Tank wird bis September um 80 °C erwärmt. Es kühlt bis Mai wieder um 80 °C ab.
- 1 m³ Wasser hat eine Masse von 1000 kg.

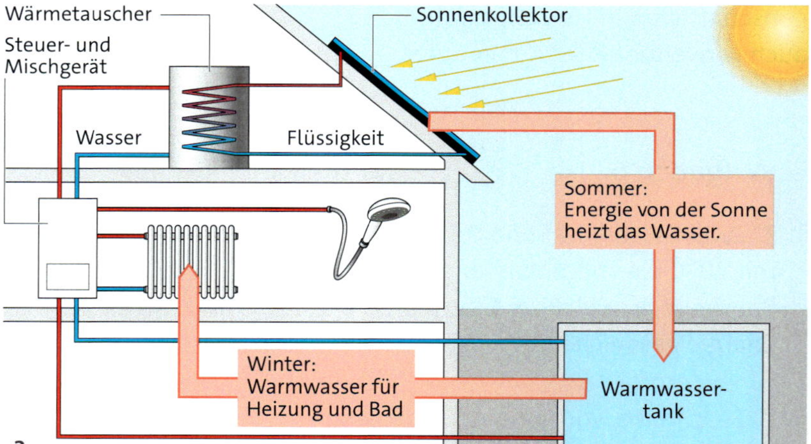

2

Material C

Thermische Energie

1 Bestimme jeweils die thermische Energie:

a Schwimmbad mit 1200 m³ Wasser mit einer Temperatur von 25 °C.

b Teetasse mit 200 ml Wasser mit einer Temperatur von 70 °C

c Badewanne mit 200 l mit einer Temperatur von 45 °C

Material D

Energiezufuhr in Diagrammen

1 In beiden Diagrammen geht es um das Erwärmen von Wasser. → 3 4
Diagramm 3 zeigt den Zusammenhang zwischen der zugeführten thermischen Energie und der Temperaturzunahme von Wasser. Diagramm 4 stellt dar, wie die zugeführte thermische Energie von der Masse des Wassers abhängt.

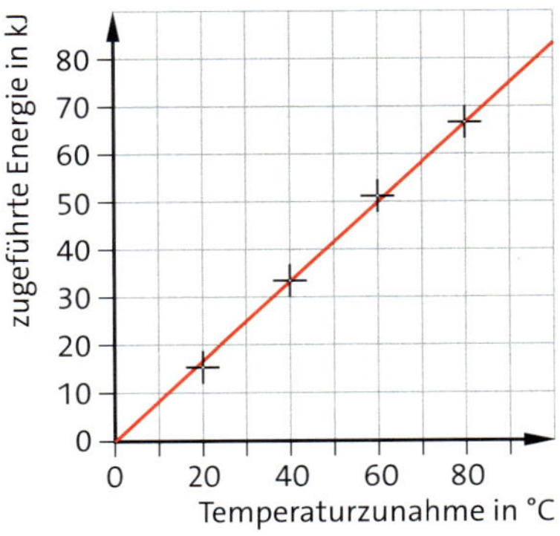

3 Erwärmen von 0,2 kg Wasser

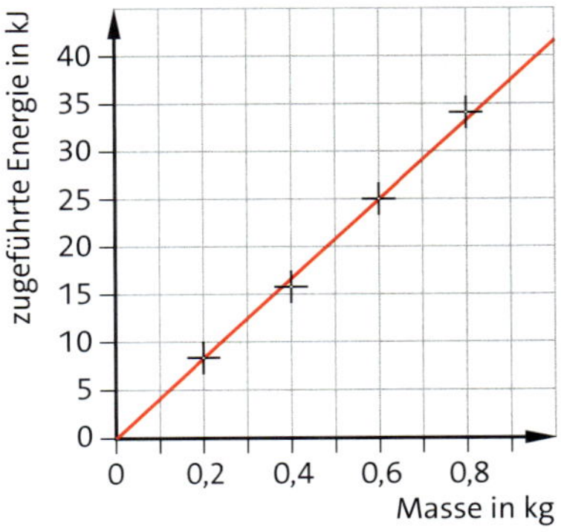

4 Erwärmen um 10 °C

a Formuliere zu jedem Diagramm einen Je-desto-Satz.

b Berechne die spezifische Wärmekapazität c von Wasser mithilfe der Diagramme.

Material E

Erwärmen von verschiedenen Stoffen

In Bild 5 siehst du die Werte der spezifischen Wärmekapazität für verschiedene Stoffe.

1 Berechne die Energie, die 1 kg des jeweiligen Materials zugeführt wird, wenn es um 10 °C erwärmt wird. → 5

2 Berechne, um wie viel Grad Celsius sich 1 kg des jeweiligen Materials erwärmt, wenn sich seine thermische Energie um 50 kJ erhöht.

Mit der Formel $\Delta E_{\text{therm}} = c \cdot m \cdot \Delta T$ lässt sich die gespeicherte Energie in verschiedenen Stoffen berechnen. Jeder Stoff besitzt eine andere spezifische Wärmekapazität.

Spezifische Wärmekapazität c verschiedener Stoffe:

Luft	1,0 kJ / (kg · °C)
Ziegelstein	0,92 kJ / (kg · °C)
Stahl	0,4 kJ / (kg · °C)
Wasser	4,19 kJ / (kg · °C)
Holz	1,7 kJ / (kg · °C)
Alkohol	2,6 kJ / (kg · °C)
Styropor	1,2 kJ / (kg · °C)
Glas	0,72 kJ / (kg · °C)

5

3 Beurteile, warum Wasser sich besonders als Wärmespeicher eignet.

Bewegungsenergie genauer betrachtet

1 Nervenkitzel auf der Achterbahn

Material zur Erarbeitung: A

Nach einem kurzen Moment der Ruhe beginnt die rasante Fahrt.

Achterbahn • Am höchsten Punkt der Achterbahn (A) hat der Wagen seine größte Energie. → 2 Seine Lageenergie E_{Lage} hängt von seiner Höhe h und der Gewichtskraft F_G ab: $E_{Lage} = F_G \cdot h$. Wie beim Pendel wird dann auf dem Weg nach unten (B) immer mehr Lageenergie in Bewegungsenergie $E_{Bewegung}$ übertragen. Der Wagen wird daher immer schneller. Am tiefsten Punkt (C) steckt in der Bewegung die ganze Energie, die nicht als thermische Energie in die Umwelt übertragen wurde.

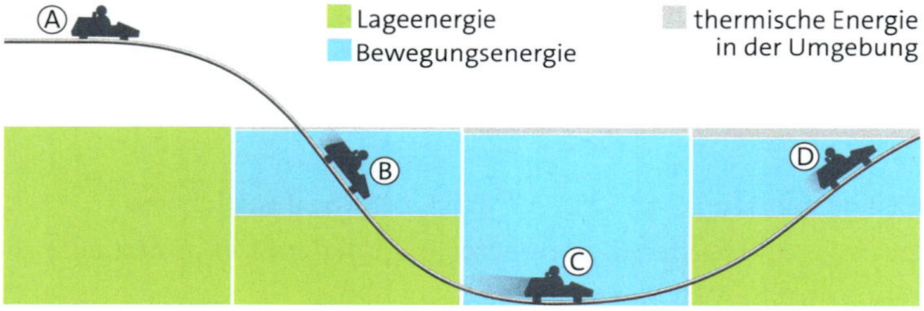

2 Energieübertragungen auf der Achterbahn

Eine Achterbahnfahrt startet in 25 m Höhe. Berechne die Geschwindigkeit eines 300 kg schweren Wagens am tiefsten Punkt.

Gegeben: $h = 25\,m$; $F_G = 300\,kg \cdot 10\,\frac{N}{kg} = 3000\,N$

Berechnungen: $E_{Bewegung} = \frac{1}{2} m \cdot v^2$

$E_{Bewegung} = E_{Lage} = F_G \cdot h = 3000\,N \cdot 25\,m = 75\,000\,Nm = 75\,000\,kg\,\frac{m^2}{s^2}$

$\frac{1}{2} m \cdot v^2 = 75\,000\,kg\,\frac{m^2}{s^2} \quad | : \frac{1}{2} m$

$v^2 = \frac{75\,000\,kg\,\frac{m^2}{s^2}}{150\,kg} = 500\,\frac{m^2}{s^2} \quad | \sqrt{}$

$v = 22{,}4\,\frac{m}{s} = 80\,\frac{km}{h}$

3 Beispielrechnung (ohne Übertragung in thermische Energie)

Berechnung der Bewegungsenergie • Die Bewegungsenergie hängt ab von der Masse m und der Geschwindigkeit v des Gegenstands:

$$E_{Bewegung} = \frac{1}{2} m \cdot v^2.$$

Bei der Berechnung der Bewegungsenergie gibt man die Masse in kg und die Geschwindigkeit in $\frac{m}{s}$ an. Es gilt:

$1\,Ws = 1\,J = 1\,Nm = 1\,kg \cdot \frac{m^2}{s^2}$. → 3

In bewegten Gegenständen „steckt" Energie. Es gilt:

$$E_{Bewegung} = \frac{1}{2} m \cdot v^2.$$

Bei 2-facher Geschwindigkeit steckt die 4-fache Energie im bewegten Körper. Bei 3-facher Geschwindigkeit erhöht sich die Energie auf das 9-Fache. Dieser Zusammenhang hat große Bedeutung für die Sicherheit im Straßenverkehr.

Aufgabe

1 ☒ Ein Stein mit der Masse von 5 kg fällt aus einer Höhe von 50 m. Berechne seine Geschwindigkeit beim Aufprall auf dem Boden.

Material A

Geschwindigkeit und Bewegungsenergie

Geschwindigkeit	Bewegungsenergie (m = 60 kg)
20 $\frac{km}{h}$	0,93 kJ
30 $\frac{km}{h}$	2,08 kJ
40 $\frac{km}{h}$	3,70 kJ
60 $\frac{km}{h}$	8,33 kJ
80 $\frac{km}{h}$	14,82 kJ
100 $\frac{km}{h}$	23,15 kJ
120 $\frac{km}{h}$	33,33 kJ

4 2-fache Geschwindigkeit → ?

1 Wie hängt die Bewegungsenergie von der Geschwindigkeit ab?

a Überprüft mithilfe der Tabelle, welcher Zusammenhang stimmt: → 4
- 2-fache Geschwindigkeit → 2-fache Energie, 3-fache Geschwindigkeit → 3-fache Energie
- 2-fache Geschwindigkeit → 4-fache Energie, 3-fache Geschwindigkeit → 9-fache Energie

b Stelle die Tabellenwerte im Diagramm dar.

2 Ein Crash bei 50 $\frac{km}{h}$ ist wie ein Aufprall aus 10 m Höhe. Ein Crash bei 100 $\frac{km}{h}$ ist wie ein Aufprall aus welcher Höhe?
- 20 m Höhe
- 40 m Höhe

Wähle aus und begründe.
Tipp: Die Bewegungsenergie beim Aufprall ist so groß wie die Lageenergie beim „Absprung".

Material B

Rechnen mit Bewegungsenergie

1 Die „Queen Mary 2" ist eines der größten Passagierschiffe. → 5 Sie wiegt 79 300 t und ist bis zu 56 $\frac{km}{h}$ schnell. Das größte Passagierflugzeug der Welt hat eine Startmasse von etwa 560 t. In der Höhe von 11 km fliegt das Flugzeug mit 940 $\frac{km}{h}$.

a Wer hat mehr Bewegungsenergie: die „Queen Mary 2" oder das Passagierflugzeug? Berechne es.

b Hat das Flugzeug in 11 km Höhe mehr Bewegungsenergie oder mehr Lageenergie? Berechne es.

2 Ein Elektroauto wiegt mit Fahrer 2200 kg.

a Berechne die Bewegungsenergie bei 100 $\frac{km}{h}$ (200 $\frac{km}{h}$).

b Der Wagen erreicht nach 3,6 s 100 $\frac{km}{h}$ und nach 16,2 s 200 $\frac{km}{h}$. Er braucht also von 100 bis 200 $\frac{km}{h}$ viel länger als von 0 auf 100 $\frac{km}{h}$. Erkläre die unterschiedlichen Werte.

5 Queen Mary 2

3 Der Wagen einer Achterbahn wiegt mit Fahrgästen 1,5 t ($F_g \approx$ 15 000 N). Er wird zu Beginn der Fahrt auf eine Höhe von 27 m gezogen.

a Berechne die Lageenergie des Wagens.

b Berechne, welche Geschwindigkeit maximal erreicht werden kann.
Tipp: Nimm für deine Berechnung an, dass am tiefsten Punkt die Lageenergie vollständig in Bewegungsenergie umgewandelt wurde.

Energie verschieden übertragen

1 Flugzeug beim Start

Um das 368 Tonnen schwere Flugzeug auf seine Flughöhe von 11 km zu bringen, wird viel Energie übertragen.

Energie mechanisch übertragen • Mit dem Steigen des Flugzeugs auf seine Reisehöhe nimmt seine Lageenergie zu. Sie ermittelt sich aus seiner Masse und der erreichten Höhe:
$E_{Lage} = m \cdot g \cdot h$. Dabei ist $m \cdot g$ die Gewichtskraft F_G, die zum senkrechten Heben nötig wäre. Da die Triebwerke diese große Kraft nicht liefern können, nutzt der Flieger eine 110 km lange Rampe aus Luft, um in die Höhe zu steigen. Du weißt noch, dass man zum Heben von Gegenständen mit Rampen den Weg verlängert, um so Kraft zu sparen (Goldene Regel der Mechanik). Eine Rampe ermöglicht eine Übertragung mechanischer Energie mit wenig Kraft. Die übertragene Energie ist dabei immer gleich:
$E_{Lage} = F_G \cdot h$

Energie thermisch übertragen • Zur thermischen Energieübertragung werden meist Brennstoffe genutzt, in denen chemische Energie gespeichert ist. Wenn mit dem Verbrennen von Gas Wasser erwärmt wird, so nimmt die Energie im Wasser zu. Die dabei übertragene Energie (E) hängt von der Masse (m) und der Temperaturerhöhung (ΔT) des Wassers ab:
$E_{therm} = c_{Wasser} \cdot m \cdot \Delta T$

Energie elektrisch übertragen • In Stromkreisen wird Energie elektrisch übertragen. Dazu ist eine Energiequelle nötig. Es wird umso mehr Energie übertragen, je höher die elektrische Spannung (U) und die elektrische Stromstärke (I) ist und je länger die Zeit (t) ist, in der der Stromkreis eingeschaltet ist:
$E_{el} = U \cdot I \cdot t$

Energie kann mechanisch, thermisch oder elektrisch übertragen werden.

Aufgaben

1 ☒ Berechne die Lageenergie E_{Lage} des Flugzeugs in Flughöhe.

2 ☒ Bestimme die Energie, die nötig ist, um 1 Liter Wasser um 20 °C zu erwärmen.

3 ☒ Ein Bügeleisen (230 V; 4 A) ist zwei Stunden in Betrieb. Bestimme die übertragene elektrische Energie.

Material A

Elektrische Energie zum Heizen

1 In einem Wasserkocher wird 1 Liter Wasser erhitzt. → 2

a Bestimme, wie viel elektrische Energie übertragen wird.

b Berechne, um wie viel Grad Celsius die Wassertemperatur steigt.

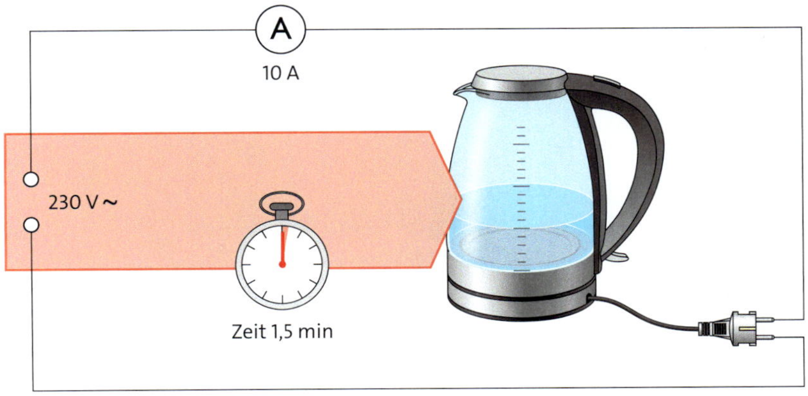

2 Übertragung elektrischer Energie beim Wasserkocher

Material B

Tauchsieder selbst gebaut

Materialliste: Netzgerät (12 V), Chromnickeldraht (20 cm lang, 0,4 mm dick), Kabel, Krokodilklemmen, Kugelschreibermine, Thermometer, Becherglas, 100 ml Wasser, Messgerät für Stromstärke, Stoppuhr

1 Wickle den Draht komplett um die Kugelschreibermine, sodass eine Wendel entsteht. Nutze sie als Minitauchsieder.

2 Baue den Versuch mit ausgestelltem Netzgerät auf. → 3

3 Miss die Wassertemperatur.

4 Schalte das Netzgerät für 5 Minuten an. Lies während der Zeit die Stromstärke ab.

5 Bestimme, um wie viel Grad Celsius das Wasser erwärmt wurde.

6 Bestimme, wie viel elektrische Energie übertragen wurde.

7 Berechne, wie viel Energie dem Wasser zugeführt wurde.

8 Ermittle den Wirkungsgrad des selbst gebauten Tauchsieders und zeichne eine Energiekette dazu.

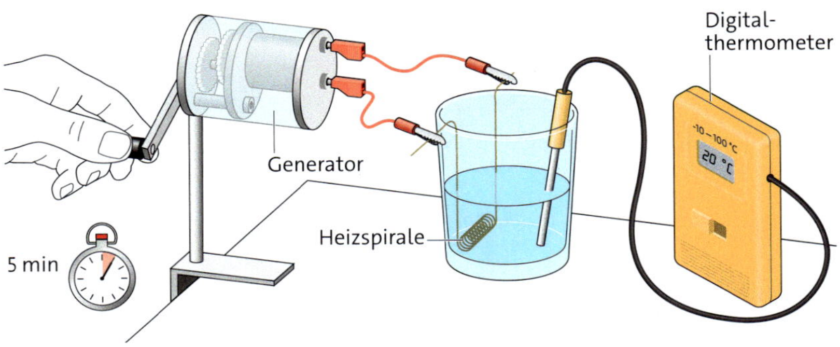

3

Wirkungsgrad berechnen

1 Elektrischer Motorroller

Immer mehr Motorroller fahren elektrisch. Sie nutzen die Energie besser als Modelle mit Verbrennungsmotor.

Wie viel Energie wird genutzt? • Dem Elektromotor eines Rollers wird Energie zugeführt. Der Roller überträgt davon bis zu 60 % in Bewegung und den Rest in thermische Energie, die nicht genutzt werden kann und die Umwelt erwärmt. Der Wirkungsgrad des Elektrorollers beträgt 60 %. → 2 Das Schwestermodell mit einem Verbrennungsmotor ist verschwenderischer.

2 Roller mit Verbrennungsmotor: Wirkungsgrad 20 %

3 Roller mit Elektromotor: Wirkungsgrad 60 %

Dem Benzinroller wird Energie mit dem Treibstoff zugeführt. Der Roller überträgt gerade mal 20 % dieser Energie in Bewegung. → 3 Bei ihm gehen 80 % der Energie ungenutzt in die Umwelt. An seinem Auspuff kannst du dir die Finger verbrennen.

Wirkungsgrad berechnen • Alle Geräte übertragen nur einen Teil der zugeführten Energie in nutzbare Energie. Der Wirkungsgrad gibt an, wie groß der genutzte Anteil ist. Um ihn zu berechnen, müssen zugeführte und genutzte Energie bekannt sein. Je nach Motorroller (elektrisch oder Verbrenner) wird die Energie in kWh oder MJ angegeben, um die genutzte Bewegungsenergie zu ermitteln.

$$\text{Wirkungsgrad} = \frac{\text{nutzbare Energie}}{\text{zugeführte Energie}}$$

$$\eta = \frac{E_{nutz}}{E_{zu}}$$

Aufgaben

1 Einem Elektromotor werden 10 Wh elektrische Energie zugeführt. Damit hebt er eine Masse 100 kg um 10 m hoch.

a Berechne den Wirkungsgrad des Motors.

b Zeichne eine Energiekette des Vorgangs.

2 Ein Verbrennungsmotor mit einem Wirkungsgrad von 20 % überträgt 100 kWh Energie. Bestimme die zugeführte chemische Energie.

Material A

Wirkungsgrad eines Motorrollers

Der untersuchte Motorroller fährt mit 2 Litern Benzin 100 km weit. → 4 In 1 Liter Benzin sind 30 MJ chemische Energie gespeichert. Um den Motorroller zu bewegen, ist eine Kraft von 100 N nötig. Daraus kann die Bewegungsenergie für 100 km berechnet werden

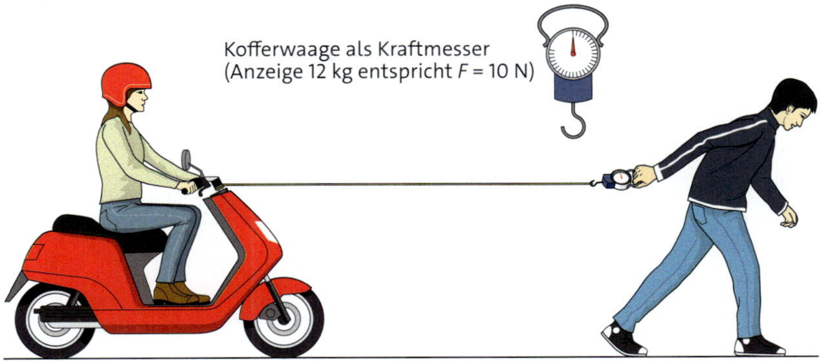

4 Bestimmung des Wirkungsgrads

1 Bestimmung des Wirkungsgrads

a ☒ Bestimme die zugeführte und die genutzte Energie ($E_{nutz} = F \cdot s$).

b ☒ Berechne den Wirkungsgrad des Motorrollers.

c ☒ Zeichne die Energiekette des Motorrollers.

2 ☒ Plane einen Versuch zur Bestimmung des Wirkungsgrads eines Motorrollers auf dem Schulhof. Der Roller wird im Leerlauf gezogen. Denke an die Sicherheitsregeln.

Material B

Wirkungsgrad eines Solarmoduls

Bei strahlendem Sonnenschein treffen mittags ca. $1000 \frac{Ws}{m^2}$ Strahlungsenergie senkrecht auf die Erde.

1 ☒ Ein Solarmodul mit einer Fläche von 0,25 m² liefert bei dieser Einstrahlung in jeder Sekunde eine Spannung von 12 V bei einer Stromstärke von 2 A. Bestimme den Wirkungsgrad.
Tipp: $E_{el} = U \cdot I \cdot t$

Material C

Wirkungsgrad eines Fahrrads

1 ☒ Wenn ein Fahrrad von einer Rampe abwärtsrollt, wird dabei Lageenergie in Bewegungsenergie übertragen. Wie groß ist der Wirkungsgrad des Fahrrads?

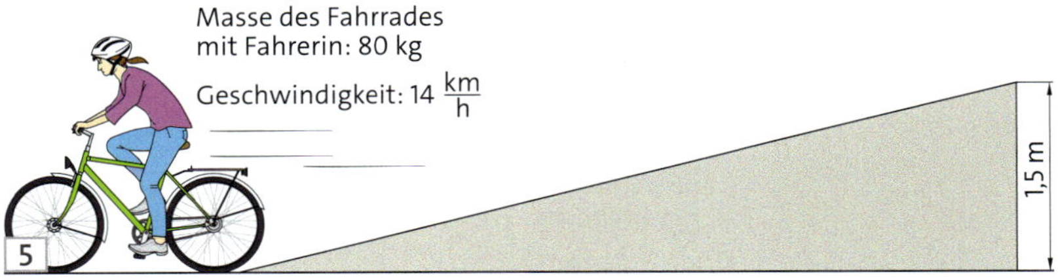

5

a Das Bild zeigt Messwerte, die bei einem Versuch ermittelt wurden. → 5 Berechne die Lage- und die Bewegungsenergie. Ermittle daraus den Wirkungsgrad.

b Zeichne eine Energiekette für das Fahrrad.

Stromerzeugung im Kraftwerk

1 Wärmekraftwerk mit Kraft-Wärme-Kopplung (Heizkraftwerk)

Das Heizkraftwerk überträgt 40 % der zugeführten Energie in elektrische Energie. Trotzdem hat es einen Wirkungsgrad von 88 %. Wie ist das möglich?

Wirkungsgrad von Wärmekraftwerken • Wie du schon weißt, wird in Wärmekraftwerken chemische Energie in elektrische Energie übertragen. → 2 Die Übertragung erfolgt allerdings nicht zu 100 %. Es wird auch viel thermische Energie erzeugt, die in vielen Wärmekraftwerken nicht genutzt wird.

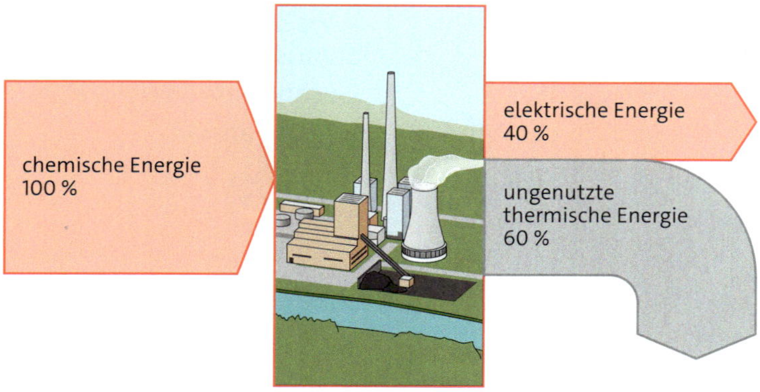

2 Wärmekraftwerk: Wirkungsgrad 40 %

Der Wirkungsgrad eines solchen Wärmekraftwerks beträgt nur etwa 40 %.

Prozesse im Wärmekraftwerk • Im Wärmekraftwerk werden Brennstoffe wie Kohle oder Gas verbrannt, um Wasser zu verdampfen und den Dampf auf etwa 500 °C zu erhitzen. → 3 A Der Dampf treibt Turbinen an und die Turbinen einen Generator. → 3 B

Hoher Wirkungsgrad – durch Kühlung des Dampfs • Im Wärmekraftwerk kann Energie nur dann effektiv vom Dampferzeuger zur Turbine fließen, wenn der Dampf nach der Turbine abgekühlt wird. Das geschieht im Kondensator und im Kühlturm. → 3 C Der Dampf gibt dort thermische Energie an die Umgebung ab.
Wenn der Temperaturunterschied des Dampfs vor der Turbine und dahinter besonders groß ist, dreht sich die Turbine schneller und überträgt mehr Energie. Der Wirkungsgrad ist dadurch höher. Bei einem Wärmekraftwerk gilt:

das Wärmekraftwerk
das Heizkraftwerk
die Kraft-Wärme-Kopplung
der Wirkungsgrad
der Kondensator

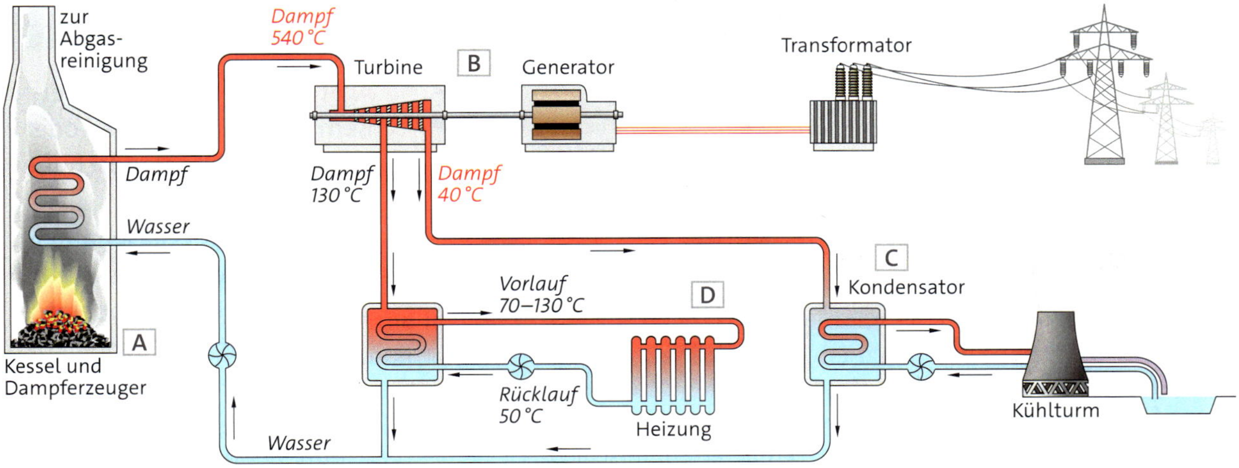

3 Vereinfachter Aufbau eines Wärmekraftwerks mit Kraft-Wärme-Kopplung (Heizkraftwerk)

Der Wirkungsgrad eines Wärmekraftwerks ist umso größer, je mehr sich die Temperaturen vor und nach der Turbine unterscheiden.

Wärmenutzung erhöht Wirkungsgrad • Kraftwerke mit Kraft-Wärme-Kopplung nennt man Heizkraftwerke. Sie nutzen zusätzlich zur elektrischen Energie auch einen Großteil der thermischen Energie.
Ein Teil des Dampfs wird aus der Turbine abgeleitet. Über Rohrleitungen werden Fabriken und Häuser mit Energie zum Heizen versorgt. → 3 D Das spart beim Heizen Rohstoffe und senkt den Ausstoß von CO_2. Der Wirkungsgrad des Heizkraftwerks beträgt fast 90 %. → 4

Ein Kraftwerk mit Kraft-Wärme-Kopplung (Heizkraftwerk) nutzt einen Großteil der anfallenden thermischen Energie. Sein Wirkungsgrad kann bis zu 90 % betragen.

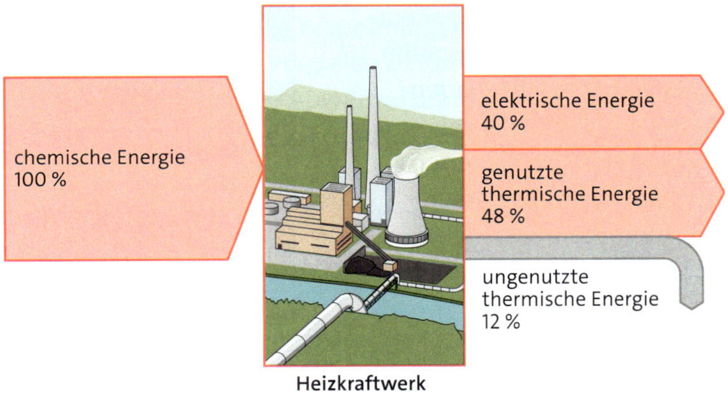

4 Heizkraftwerk: Wirkungsgrad 88 %

Aufgaben

1 Beschreibe die Vorgänge im Heizkraftwerk. → 3

2 Beschreibe, wie man in Wärmekraftwerken einen hohen Wirkungsgrad erzielen kann.

3 „Der Wirkungsgrad ist nicht so wichtig.“ Nimm Stellung dazu.

Gestautes Wasser speichert Energie

1 Wasserkraftwerk

Hinter der Mauer staut sich Wasser zu einem See an. Daraus lässt sich eine große Menge Energie gewinnen.

Wasserkraftwerke • Das angestaute Wasser speichert Lageenergie. Wenn das Wasser durch die Rohre nach unten strömt, wandelt sich seine Lageenergie in Bewegungsenergie um. → 2 Das strömende Wasser treibt im Kraftwerk Turbinen an und gibt so Bewegungsenergie an die Turbinen weiter. Die Turbinen sind mit Generatoren verbunden. Sie wandeln die Bewegungsenergie in elektrische Energie um. Der Wirkungsgrad von Wasserkraftwerken ist sehr hoch, er beträgt ca. 90 %. Im Vergleich zu Wärmekraftwerken wird fast die gesamte Energie in elektrische Energie umgewandelt.

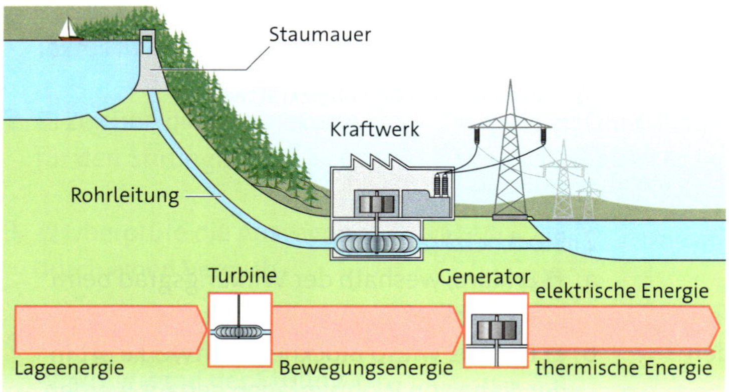

2 Wasserkraftwerk: Prinzip und Energiekette

Pumpspeicherkraftwerke • Manchmal steht mehr elektrische Energie zur Verfügung, als benötigt wird:

- Bei starkem Wind und hoher Sonneneinstrahlung erzeugen Wind- und Solarenergieanlagen besonders viel elektrische Energie.
- Zum Beispiel nachts wird weniger elektrische Energie benötigt.

In Pumpspeicherkraftwerken nutzt man diese überschüssige elektrische Energie, um Wasser in ein hoch gelegenes Speicherbecken zu pumpen. Im Wasser ist dann Lageenergie gespeichert. Wenn man wieder elektrische Energie benötigt, lässt man das Wasser über die Turbinen nach unten strömen. Die Lageenergie wird in elektrische Energie zurückgewandelt.

Wasserkraftwerke wandeln gespeicherte Lageenergie in elektrische Energie um.

Aufgaben

1 Wasser- und Pumpspeicherkraftwerke

a Beschreibe die Vorgänge bei beiden Kraftwerkstypen.

b Vergleiche die Kraftwerkstypen miteinander.

das **Wasserkraftwerk**
das **Pumpspeicher-kraftwerk**

Material A

Talsperre liefert Energie

Wasserkraftwerke liefern unterschiedlich viel Energie. Dies ist abhängig von der Stauhöhe und den Wassermassen, die pro Sekunde auf die Turbine herabfallen. Beim Herabfallen wird genauso viel Energie umgewandelt, wie zum Anheben erforderlich ist.

1 Die Okertalsperre im Harz hat eine Wasserhöhe von 60 m über den Turbinen. Es stürzen pro Sekunde 8000 l Wasser auf die Turbinen. *Tipp*: 1 l Wasser hat eine Gewichtskraft von 10 N.

a ☒ Berechne, wie viel Energie pro Sekunde umgewandelt wird.

b ☒ Bestimme die elektrische Leistung des Generators bei einem Wirkungsgrad von 90 %.

c ☒ Erkläre, was geändert werden müsste, um die Leistung um 20 % zu erhöhen.

3 Okertalsperre im Harz

Material B

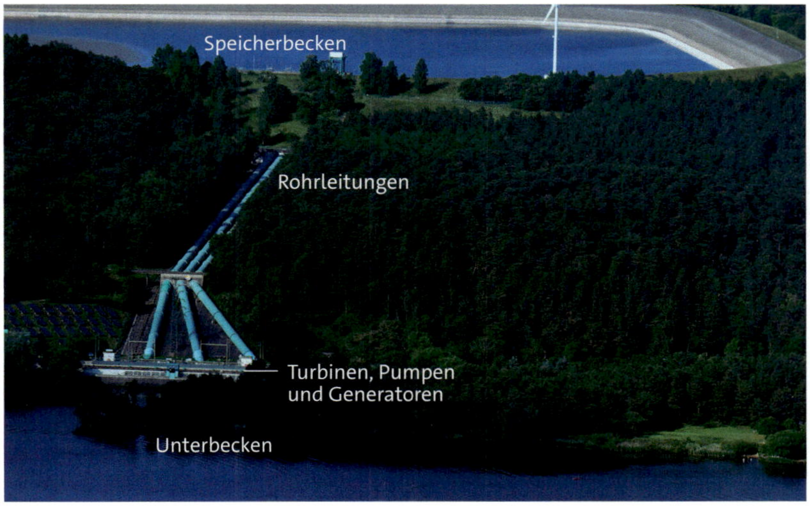

4 Pumpspeicherkraftwerk

Pumpspeicherkraftwerke

1 ☒ Fertige eine Prinzipskizze eines Pumpspeicherkraftwerks an und beschrifte die einzelnen Bestandteile des Kraftwerks. → 4

2 Vorgänge im Pumpspeicherkraftwerk

a ☒ Beschreibe die Vorgänge beim Hinaufpumpen und beim Herunterfließen des Wassers.

b ☒ Zeichne Energieketten für die beiden Vorgänge.

c ☒ Vergleiche die Vorgänge im Pumpspeicherkraftwerk mit den Vorgängen beim Laden und Nutzen eines Handyakkus. → 5 6

3 ☒ „Speicherkraftwerke sind Unsinn! Erst wird das Wasser mühsam hochgepumpt, um es später wieder runterlaufen zu lassen.“ Nimm Stellung dazu.

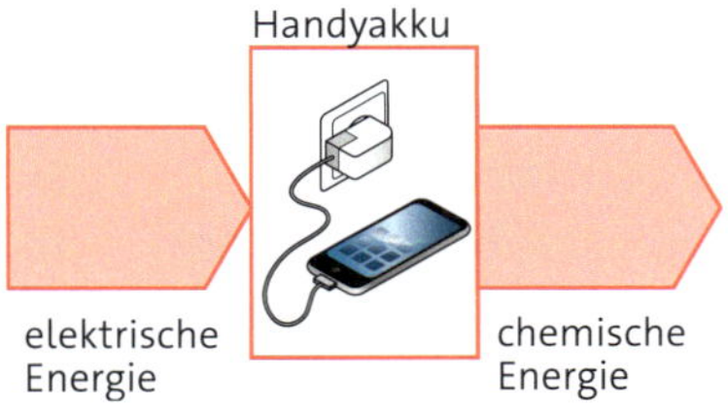

5 Handyakku laden

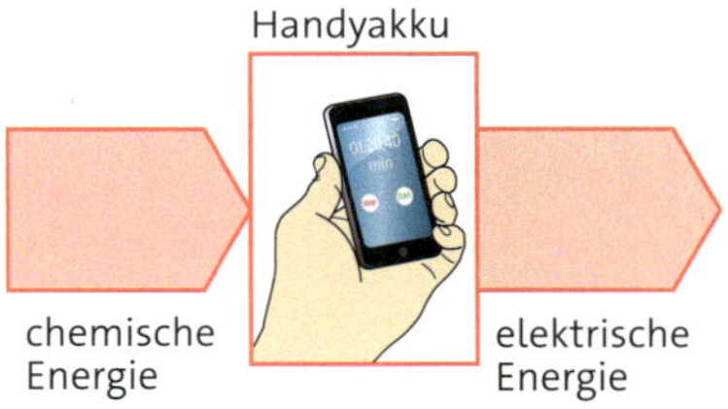

6 Handyakku nutzen

Energie aus unerschöpflichen Quellen

1 Fotovoltaikanlagen

Schon heute wird unser Energiebedarf teilweise durch erneuerbare Energie gedeckt. Werden wir in Zukunft damit die Kohle ersetzen können?

2 Windenergieanlage

Erneuerbare Energie • Der Einsatz von Energie aus Sonne, Wind und Wasserkraft ist in Deutschland mittlerweile hoch. Diese Energiequellen werden nicht verbraucht. Wir sprechen deshalb von erneuerbaren Energiequellen.
Die meisten erneuerbaren Energiequellen lassen sich direkt oder indirekt auf die Strahlung der Sonne zurückführen:

- Die Sonnenstrahlung erwärmt Wohnräume und Wasser.
- Solarzellen wandeln die Strahlungsenergie in elektrische Energie um.
- Die Strahlung der Sonne erwärmt die Luft über dem Erdboden und verdunstet Wasser. In der Folge entsteht Wind und der Wasserkreislauf wird angetrieben. Wir nutzen Wind und Wasser für die Bereitstellung von elektrischer Energie in Wind- und Wasserkraftwerken.
- Die Strahlungsenergie der Sonne wird von grünen Pflanzen zum Wachstum und zur Erzeugung von Nährstoffen genutzt. In bestimmten Anlagen werden die Pflanzen zur Gewinnung elektrischer Energie und zur Erzeugung von Treibstoffen eingesetzt.

Erneuerbare Energiequellen werden nicht verbraucht. Sie stehen aber nicht immer zur Verfügung.

Wind • Windräder treiben Generatoren an. Sie wandeln die Bewegungsenergie des Winds in elektrische Energie um. → 2 Erst ab Windstärke 3 mit einer Windgeschwindigkeit von mehr als $5\frac{m}{s}$ lohnt es sich, die Windenergie zu nutzen. Solche Windgeschwindigkeiten gibt es oft nur in Meeresnähe und im Mittelgebirge. Um die Leistung der Anlagen zu steigern, baut man immer höhere Windräder. Durch Windenergieanlagen wird das Bild einer Landschaft stark verändert. Der Vogelflug wird beeinträchtigt und der Schattenwurf der Propeller kann störend wirken.

Wasser • Wo die Landschaft es ermöglicht, baut man Talsperren oder Staustufen in Flusstäler. → 3
Das aufgestaute Wasser besitzt Lageenergie, die in die Bewegungsenergie des fallenden Wassers umgewandelt wird. Das Wasser strömt gegen Turbinen, die Generatoren antreiben. Wasserkraftwerke wandeln die Bewegungsenergie des Wassers fast voll-

die erneuerbare Energie
die Fotovoltaik
die Solarthermie
die Geothermie

3 Flusskraftwerk

4 Biogasanlage

ständig in elektrische Energie um. Der Wasserkreislauf macht diese Energiequelle unerschöpflich.
Staustufen und Talsperren können das Landschaftsbild verändern.

Sonne • Schon heute bedecken Fotovoltaikanlagen viele Dächer von Wohnhäusern und Gewerbebauten. → 1
Derzeit wandelt diese Technik jedoch nur 15–20 % der Strahlungsenergie in elektrische Energie um.
Mit Sonnenenergie können wir direkt unsere Häuser heizen oder Wasser erwärmen. Dazu nutzt man Glaswände und Fenster in südlicher Ausrichtung. Auf Dächern erwärmt die Strahlung der Sonne Wasser in langen Schlauchsystemen. Solche Solarthermieanlagen werden zum Heizen genutzt sowie zur Warmwasserbereitstellung.

Pflanzen • Biogas bildet sich, wenn pflanzliche oder tierische Reste unter Sauerstoffabschluss zersetzt werden. Dabei entsteht brennbares Methan, das zum Heizen oder zum Antreiben von Turbinen und Generatoren genutzt werden kann. → 4 Die Geruchsbelästigung der Anlagen ist allerdings hoch.

Geothermie • Je tiefer man ins Erdinnere bohrt, desto höher steigt die Temperatur. In manchen Gebieten ist es in wenigen Kilometern Tiefe sehr heiß. Dorthin pumpt man Wasser, das sich in der Tiefe erhitzt und unter Druck zurückkommt. Man kann mit ihm Turbinen und Generatoren antreiben sowie über ein Fernwärmenetz Wohnungen beheizen. In Unterhaching liefert ein Geothermiekraftwerk Fernwärme für viele Haushalte. → 5

5 Geothermiekraftwerk

Aufgaben

1 ☑ Nenne fünf erneuerbare Energiequellen.

2 ☑ Beschreibe verschiedene Nutzungen der Sonnenenergie.

3 ☒ Erkläre an den Beispielen Wind und Wasser, warum diese erneuerbare Energieträger sind.

Energie aus unerschöpflichen Quellen

Material A

Leistung von Solarzellen

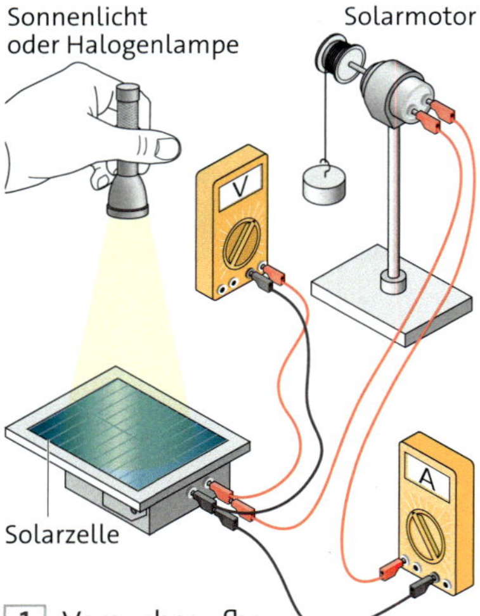

1 Versuchsaufbau

Materialliste: Solarzellenpaneele (mind. 12 cm x 12 cm), Solarmotor, je 1 Messgerät für Spannung und Stromstärke, Wägestück (100 g), dünnes Seil (auf eine Rolle gewickelt), Halogenlampe, Experimentierkabel

1 Baue den solarbetriebenen „Aufzug" auf. → 1

2 Miss die Spannung und die Stromstärke im Betrieb und berechne aus den Messwerten die Leistung.

Tipp: Leistung ist gleich Spannung mal Stromstärke.

3 Decke die Solarzelle zur Hälfte (zu drei Vierteln) ab. Wiederhole die Messungen. Triff eine Aussage, wie sich Verschmutzungen auf die Leistung auswirken.

4 Informiere dich, welche Leistungen Solarzellen auf Dächern haben. Unterscheide zwischen der Spitzenleistung und der Leistung im Jahresdurchschnitt.

Material B

Leistung von Windenergieanlagen

Materialliste: Haartrockner, Solarmotor mit Propeller, je 1 Messgerät zur Messung von Spannung und Stromstärke, Experimentierlampe, Widerstand (100 Ω), Experimentierkabel

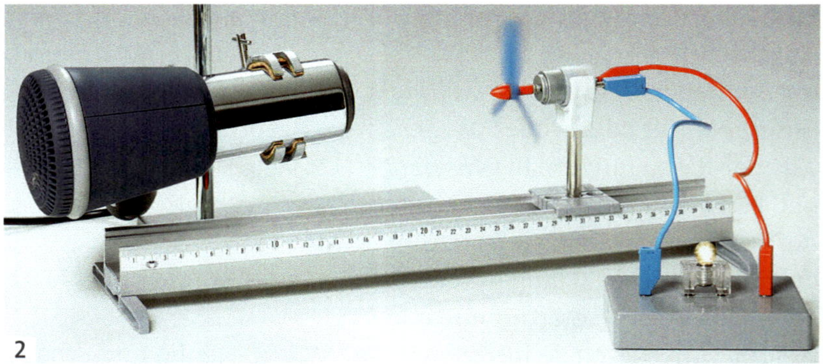

2

1 Baue das Miniwindkraftwerk auf. → 2
Der Motor wird im Betrieb als Generator genutzt. Lass das Lämpchen hell leuchten.

2 Schließe statt der Lampe den Widerstand an. Ermittle die Leistung des „Kraftwerks", indem du wie in Material A die Spannung und die Stromstärke im Stromkreis des Solarmotors misst.

3 Zeichne den Schaltplan der Anlage.

4 Informiere dich, welche Leistung eine moderne Windenergieanlage hat.

Material C

Die Leistung von Windenergieanlagen schwankt

Die Windenergieanlage in Ebenried (Landkreis Roth) hat eine maximale Leistung von 3,0 MW.

1 Im Diagramm ist zu sehen, wie die Leistung der Anlage von der Windgeschwindigkeit abhängt. → 3

a Nenne die Windgeschwindigkeit, bei der die maximale Leistung erreicht wird.

b Gib an, wie hoch jeweils die Leistung bei Windgeschwindigkeiten von 6 und 10 $\frac{m}{s}$ ist.

2 In einem Windpark liefern 80 Anlagen dieses Typs elektrische Energie ins Netz.

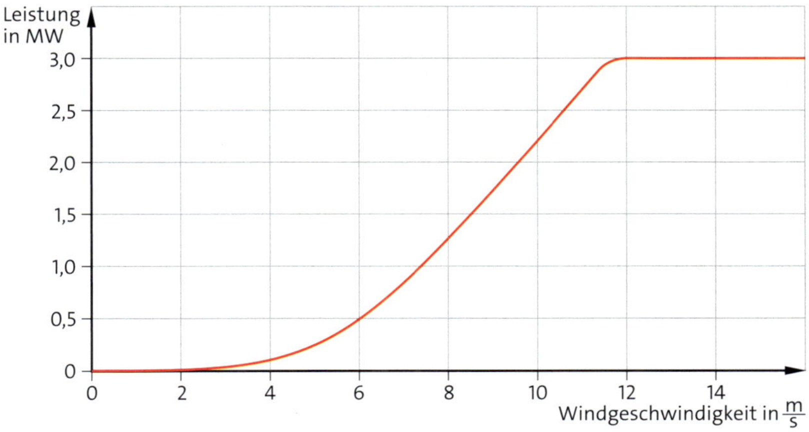

3 Leistungen der Windenergieanlage in Ebenried

a Berechne die gelieferte Energie des Windparks in Kilowattstunden für einen
- windschwachen Monat (durchschnittliche Windgeschwindigkeit 8 $\frac{m}{s}$),
- windstarken Monat (durchschnittliche Windgeschwindigkeit 12 $\frac{m}{s}$).

Gehe jeweils von 28 Betriebstagen aus.

b Berechne die Höhe der Vergütung für die vom Windpark in einem Jahr gelieferte elektrische Energie. Gehe dabei von einer durchschnittlichen Windgeschwindigkeit von 10 $\frac{m}{s}$ und 300 Betriebstagen aus. Die Vergütung für eine Kilowattstunde beträgt derzeit 0,08 €.

Material D

Erneuerbare Energie in der Nachbarschaft

1 Informiere dich, wo in deiner Nachbarschaft eine Anlage mit erneuerbarer Energie steht.

a Beschreibe den Standort der Anlage.

b Gib an, welche Form erneuerbarer Energie dort genutzt wird.

c Sammle technische Daten der Anlage (Leistung, Wirkungsgrad, Kosten pro kWh).

d Befrage Nachbarn der Anlage und sammle Argumente für und gegen diese Form der Nutzung erneuerbarer Energie.

2 Dokumentiere deine Untersuchung mit einem kurzen Film oder einem Plakat.

Energiesparen – die günstigste Quelle

1 Hier lässt sich viel Energie einsparen!

Durch Sparmaßnahmen können wir unseren heutigen Energiebedarf um mehr als 20 % senken.
Wie lässt sich dieses Ziel erreichen?

Heizung • Fast die Hälfte des gesamten Energiebedarfs im Haushalt entfällt auf die Heizung. Hier liegen große Einsparmöglichkeiten:

- Große Fenster zur Südseite nutzen die Strahlungsenergie der Sonne zum Aufwärmen der Wohnung.
- Wände und Fenster müssen eine gute Wärmedämmung haben.
- Es sollten moderne, computergesteuerte Heizungsanlagen zum Einsatz kommen.
- Mithilfe von Sonnenkollektoren kann man Fußbodenheizungen fast ohne laufende Kosten betreiben.

geringer Energiebedarf

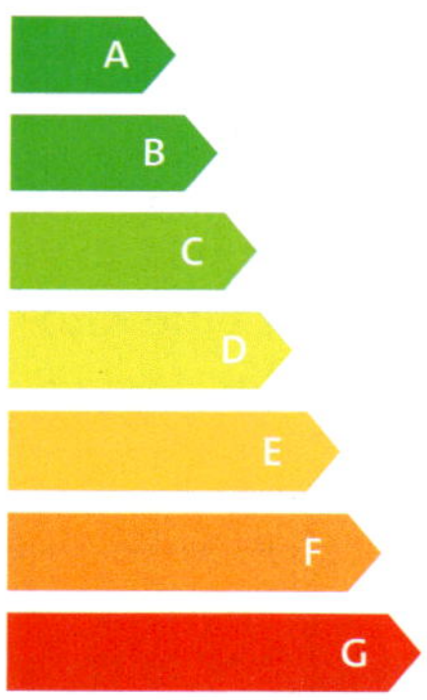

hoher Energiebedarf

2 Effizienzklassen

3 Energiekostenmessgerät

Elektrische Geräte • Neue Kühlschränke, Waschmaschinen und Geschirrspüler brauchen weniger Energie als ihre Vorgänger. Beim Kauf sollte man auf das Energielabel achten. → 2 Ein Gerät der Energieeffizienzklasse A braucht für dieselbe Aufgabe viel weniger Energie als ein Gerät der Klasse D. Beim Austausch von Lampen sollten nur noch LED-Lampen zum Einsatz kommen. Neben dem geringen Energiebedarf ist auch ihre „Lebensdauer" länger. Viel kann man sparen, wenn man den Stand-by-Betrieb von Fernsehern, Computern oder Musikanlagen nicht nutzt. Beim Sparen können moderne Energiemessgeräte helfen. → 3

Mobilität • Im Jahr 2019 gab es in Deutschland 47 Millionen Pkws. Jedes Fahrzeug belastet die Umwelt. Durch Verzicht auf hohe Geschwindigkeiten und unnötige Fahrten kann man Energie sparen und die Umwelt entlasten. Noch mehr Energie benötigen Flugzeuge. Hier kann eine kluge Nutzung viel Energie einsparen, zum Beispiel indem man Kurzstreckenflüge möglichst vermeidet.
Eine schonende Mobilität wird erreicht, wenn mehr Menschen mit Bussen und Bahnen fahren. Auch die Nutzung von Carsharing-Angeboten und der Umstieg vom Auto auf das Fahrrad tragen zu einer umweltbewussteren Mobilität bei.

Beim Heizen, bei der Nutzung elektrischer Geräte und im Verkehr können wir viel Energie einsparen.

Aufgabe

1 Nenne jeweils drei Energiesparmöglichkeiten beim Heizen, beim Umgang mit elektrischer Energie und im Bereich der Mobilität.

Material A

Nicht nur auf das Energielabel achten

Beim Kauf eines TV-Geräts muss man genau auf die Daten schauen. Ein Fernseher mit dem Energielabel A verbraucht nicht unbedingt weniger Energie als ein Konkurrenzmodell mit Label B. Ein Riesenfernseher mit 152 cm Bildschirmdiagonale und dem Label A hat eine Leistung von über 140 W, ein kleineres Modell mit 80-cm-Bildschirm hätte bei der gleichen Leistung das Label G.

	Typ 1	Typ 2	Typ 3
Minimale Leistung (geringe Helligkeit)	29 W	36 W	59 W
Maximale Leistung (hohe Helligkeit)	65 W	61 W	88 W
Jahresenergiebedarf (4 h täglich in Betrieb)	?	?	?
Zusatzangaben	–	–	Sat-Receiver

4 Fernsehgeräte mit 66 cm Bildschirmdiagonale

Man kann nur gleich große Geräte mit der gleichen Bildschirmtechnik vergleichen.

1 Übertrage die Tabelle in dein Heft und ermittle den Energiebedarf pro Jahr. Gehe von einer mittleren Leistung aus. → 4

2 Triff eine Kaufentscheidung und finde dazu überzeugende Argumente.

Material B

Energiesparen bei der Klassenfahrt

1 Die nächste Klassenfahrt soll für 30 Personen von München nach Rom gehen.

a Besprecht die Angebote und bewertet sie bezüglich der Energienutzung, des Preises und der Umweltbelastung. → 5 6

b Stellt Vor- und Nachteile für jedes Angebot gegenüber.

c Entscheidet euch für ein Angebot und tragt die Argumente für die Entscheidung der Klasse vor.

Flugzeug

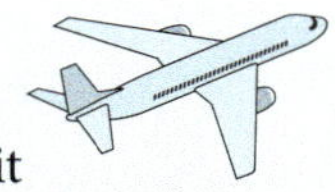

Reisezeit: 4,5 h mit Check-in/Check-out, Preis pro Person: 180 €, hin und zurück

Reisebus

Reisezeit: 12 h
Preis: 5000 € für 6 Tage, mit Fahrer

Kleinbusse

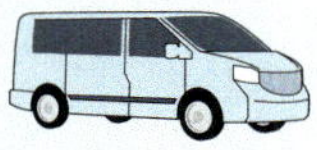

Reisezeit: 11 h
Preis je Kleinbus (7 Sitze): 600 € für 6 Tage; mit Kraftstoff

Eisenbahn

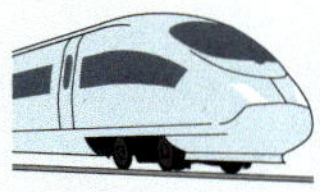

Reisezeit: 13 h
Preis: 140 € pro Person, hin und zurück

5 Angebote für die Reise (Reisezeiten: eine Strecke)

	Kleinbus	Reisebus	Bahn	Flugzeug
CO_2-Emission in g pro km	43	32	38	214

6 Ausstoß von CO_2 pro Person

Kraftwerke im Überblick

	Wärmekraftwerk	Wasserkraftwerk
Anteil der zugeführten Energie, die als elektrische Energie nutzbar wird	35–60 %	70–96 %
Energieträger	Kohle, Erdgas und Biogas, Müll, Holzabfälle	Wasser kein Bedarf an Brennstoffen
Standort	an Gewässern (Kühlung erforderlich) Eine günstige Verkehrsanbindung (Eisenbahn, Schifffahrt), Lagerflächen und Kühlmöglichkeiten sind nötig.	Stauseen im Bergland, Staustufen von Flüssen
Beeinflussung der Umwelt	Abwärme heizt die Umwelt auf. Kohle und Erdgas: Verstärkung des Treibhauseffekts durch großen Ausstoß von CO_2 Biogas und Holzabfälle: Es wird die gleiche Menge CO_2 ausgestoßen, wie beim Wachsen der Pflanzen gebunden wurde.	Beim Bau von Stauseen und Staustufen wird erheblich in das Landschaftsbild und in die Natur (Beispiel: Fischwanderung wird behindert) eingegriffen.
Aussichten für die Zukunft	Wärmekraftwerke werden in Zukunft weniger zum Einsatz kommen. Auf die umweltschädlichen Kohlekraftwerke soll bald ganz verzichtet werden.	Die existierenden Wasserkraftwerke werden weitergenutzt werden. Wasserkraft ist in Deutschland mit bisherigen Anlagen aber kaum noch ausbaubar, nur der Bau von kleineren Kraftwerken ist möglich.
CO_2 pro kWh elektrischer Energie (inkl. Bau, Betrieb und Abriss der Kraftwerke)	Erdgas: 400–550 g Kohle: 750–1200 g	10–40 g

1 Vergleich von Kraftwerken bei der Erzeugung elektrischer Energie

Aufgaben

1 Ordne die Fotos den Kraftwerkstypen zu. → 2 – 6

2 Ordne die Kraftwerke nach dem Anteil der zugeführten Energie, die als elektrische Energie nutzbar wird

3 Vergleiche, wie stark die Kraftwerke die Umwelt mit CO_2 belasten.

2

3

Windenergieanlage	Fotovoltaikanlage	Biogasanlage
30–50 %	15–20 %	35–60 %
Wind kein Bedarf an Brennstoffen	Sonnenlicht kein Bedarf an Brennstoffen	Pflanzliche und tierische Abfälle
Der Standort muss windreich sein (volle Leistung bei Windstärke 6–7): Bau vor allem im Meer, an Küsten, auf Bergen und Anhöhen.	Montage auf allen Hausdächern mit Südlage, freie Felder	In der Nähe von landwirtschaftlichen Betrieben, wo die Energieträger (pflanzliche und tierische Abfälle) zur Verfügung stehen
Lärm durch Rotorblätter, Beeinträchtigung des Landschaftsbilds, flimmernder Schatten durch bewegte Rotorblätter Gefährdung von Vögeln und Fledermäusen	Während des Betriebs wird die Umwelt nicht belastet, dafür aber bei der Herstellung und Entsorgung der Anlagen. Die Anlagen bedecken eine große Fläche.	Es wird meist Mais als Energieträger nur für die Biogasanlagen angebaut: Veränderung der Landschaft, intensive Bodennutzung mit starker Düngung nötig; Geruchsbelästigung in der Nähe der Anlage
Die Aussichten sind gut. Im Meer und und an Küsten gibt es noch Ausbaumöglichkeiten. Zur Versorgungssicherheit ist der Ausbau des Verbundnetzes (Leitungen von Nord- nach Süddeutschland) und eine Zwischenspeicherung an windreichen Tagen nötig.	Die Aussichten sind gut, insbesondere bei zunehmender Ausnutzung der Strahlungsenergie und geringeren Herstellungskosten. Zur Versorgungssicherheit ist der Ausbau des Verbundnetzes und eine Zwischenspeicherung an sonnenscheinreichen Tagen nötig.	Ein verstärkter Ausbau in der Zukunft ist wenig wahrscheinlich. Großer Flächenbedarf und intensive Bodennutzung stehen dem entgegen. Sinnvoll sind nur Anlagen, die das Gas auch zum Heizen nutzen und damit die Nutzung der Energie steigern.
10–40 g	50–100 g	200–250 g

4

5

6

Methode

Eine Pro-und-Kontra-Debatte

Windenergieanlagen können Wärme- und Kernkraftwerke ersetzen. Allerdings sind nicht alle Standorte für den Bau von Windfarmen geeignet. Anwohner werden durch den Lärm belästigt und niemand möchte neue Hochspannungsleitungen vor seiner Haustür haben. Tiere werden gestört und Vögel gefährdet. Soll die Windenergie also bei uns weiter ausgebaut werden?
Es ist sehr aufwendig, alle Argumente dafür und dagegen alleine zu finden. Bei einer Pro-und-Kontra-Debatte wird diese Aufgabe auf mehrere Gruppen verteilt. Wenn alle Argumente in der Debatte ausgetauscht worden sind, kannst du dir eine fundierte Meinung bilden.

1 Windenergie ausbauen?

1. Vorbereitung Macht euch mit dem Thema vertraut. Stimmt ab, um ein erstes Meinungsbild zu bekommen: Wie viele sind für den Ausbau der Windenergie, wie viele dagegen?

2. Standpunkte formulieren Für die Debatte braucht ihr gegensätzliche Standpunkte. → 3 Bildet für jeden Standpunkt eine Gruppe.

3. Standpunkte festigen Findet sachliche Argumente für euren Standpunkt (z. B. in diesem Buch). Sammelt auch Gegenargumente und überlegt, wie ihr sie widerlegen könnt. Bestimmt zum Schluss einen Gruppensprecher.

4. Die Debatte führen Die Debatte braucht einen geordneten Rahmen und Ablauf:
- Stellt drei Tische längs nebeneinander für die Pro-Gruppen auf und drei Tische direkt gegenüber für die Kontra-Gruppen. Die Gruppensprecher und sitzen jeweils am Tisch, die Gruppen als Zuschauer dahinter.
- Die Lehrkraft eröffnet und leitet die Debatte. Sie begrüßt die Zuschauer, nennt das Thema und stellt die Gesprächsteilnehmer vor.
- Die Gruppensprecher halten jeweils einen kurzen Eingangsvortrag (3 Minuten). Danach tauschen die Gruppensprecher in Rede und Gegenrede ihre Argumente und Gegenargumente aus (ca. 15–20 Minuten).

5. Die Debatte auswerten Jetzt sind die Zuschauer an der Reihe. Sie sagen, welche Argumente sie überzeugend finden und welche nicht, was gut gelungen ist und was nicht. Zum Abschluss stimmt ihr nochmals über die Ausgangsfrage ab. Vergleicht mit dem ersten Meinungsbild und diskutiert die Unterschiede.

Aufgabe

1 ☒ Führt eine Pro-und-Kontra-Debatte zum Ausbau der Windenergie. Überzeugt euer Publikum.

2 Wer hat die besseren Argumente?

Pro	Kontra
Eltern Wir machen uns wegen unserer Kinder große Sorgen über die weltweite Erwärmung. Wie kann man denn den CO_2-Ausstoß verringern? Eine Lösung könnte sein, mehr erneuerbare Energiequellen zu nutzen und Windenergieanlagen zu bauen.	**Eltern** Wir wohnen ganz nahe an einer großen Windfarm. Immer wenn wir aus dem Fenster schauen, ärgern uns die riesigen Teile und das ständige Hell-Dunkel der Rotoren gewaltig. Und jetzt sollen noch zusätzlich neue gebaut werden?
Politiker/Politikerin Kernenergie kann gefährlich sein, Wärmekraftwerke produzieren zu viel CO_2. Die Lösung für das Energieproblem sind die erneuerbaren Energiequellen. Windenergieanlagen sind ein wichtiger Teil davon. Deutschland muss als Vorbild vorangehen, auch wenn es vielleicht noch Probleme mit der Windenergie gibt.	**Politiker/Politikerin** Erneuerbare Energiequellen sind keine Lösung für das Klimaproblem. Sie sind zu teuer, ihr Strom kostet zu viel und sie verschandeln die Landschaft. Es bleibt nur die Möglichkeit, weiterhin auf Kernenergie und Wärmekraftwerke zu setzen, auch wenn die Kohlekraftwerke zu viel CO_2 produzieren.
Umweltschützer/Umweltschützerin Warum verstehen die Menschen nicht, dass es nur durch ein radikales Umdenken möglich ist, das Problem mit dem CO_2 in den Griff zu bekommen? Die Fakten sind doch bekannt und trotzdem gibt es viele Menschen, die gegen Windenergieanlagen sind. Das kann ich nicht verstehen, es gibt so viele Argumente dafür.	**Konzernchef/Konzernchefin** Ich leite einen wichtigen Stromkonzern und verstehe nicht, wie Leute gegen Kernenergie und Wärmekraftwerke sein können. Trotz der Probleme liefern sie günstig Energie. Windenergieanlagen können dies nicht gewährleisten. Außerdem sind die Ängste vor einer weltweiten Erwärmung übertrieben. Die Menschen müssen darüber aufgeklärt werden.

3 Rollenkarten für die Pro-und-Kontra-Debatte

Energie

Zusammenfassung

Energienutzung • Die Energie *E* wird in Joule (J) angegeben.
Weitere Einheiten der Energie sind 1 Newtonmeter (1 Nm) und 1 Wattsekunde (1 Ws):
1 J = 1 Nm = 1 Ws.
Energie = Kraft mal Weg; $E = F \cdot s$

Was leistest du? • Die Leistung *P* gibt an, wie viel Energie pro Sekunde umgewandelt wird.

$$\text{Leistung} = \frac{\text{Energie}}{\text{Zeit}}; \quad P = \frac{E}{t}$$

Die Einheit der Leistung ist 1 Watt (1 W): $1\,\text{W} = 1\frac{\text{J}}{\text{s}}$.

Thermische Energie • Um einen Gegenstand zu erwärmen, braucht man Energie. Sie wird in Form von thermischer Energie (Wärme) im Gegenstand gespeichert. Im erwärmten Wasser ist umso mehr thermische Energie gespeichert, je höher seine Temperatur und je größer seine Masse ist. Für die Zunahme der thermischen Energie von Wasser beim Erwärmen gilt:

$$\Delta E_{\text{therm}} = c \cdot m \cdot \Delta T \quad \text{mit} \quad c = 4{,}19\,\frac{\text{kJ}}{\text{kg} \cdot °\text{C}}$$

(*c*: spezifische Wärmekapazität von Wasser).

Bewegungsenergie näher betrachtet • Ein Achterbahnwagen hat am Start Lageenergie. Sie hängt ab von seiner Höhe *h* und seiner Gewichtskraft F_G:
$E_{\text{Lage}} = F_G \cdot h$.
Auf dem Weg abwärts wird immer mehr Lageenergie in Bewegungsenergie E_{Bewegung} übertragen. Es gilt:
$E_{\text{Bewegung}} = \frac{1}{2} m \cdot v^2$.

Wie gut wird die Energie genutzt? • Alle Geräte nutzen nur einen Teil der zugeführten Energie. Der Wirkungsgrad gibt an, wie groß der genutzte Anteil ist. Er liegt zwischen 0 und 100 %.

$$\text{Wirkungsgrad} = \frac{\text{nutzbare Energie}}{\text{zugeführte Energie}}.$$ → 1

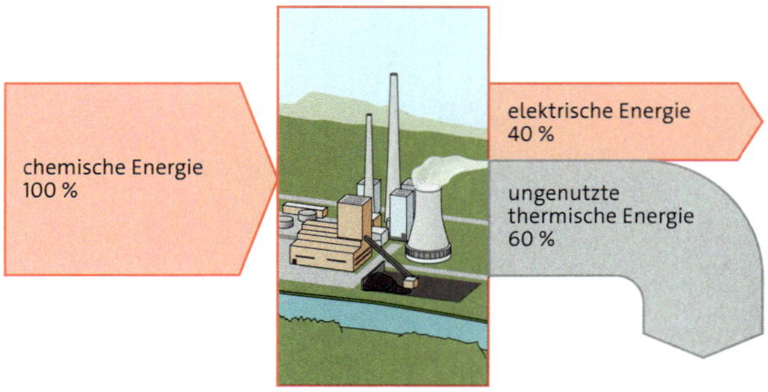

1 Wärmekraftwerk, Wirkungsgrad: 40 %

Energie im Kraftwerk besser nutzen • Der elektrische Wirkungsgrad eines Wärmekraftwerks ist umso größer, je mehr sich die Temperaturen vor und nach der Turbine unterscheiden.
Heizkraftwerke (Kraft-Wärme-Kopplung) haben einen besonders hohen Gesamtwirkungsgrad, weil ein Teil der anfallenden thermischen Energie zum Heizen von Gebäuden genutzt wird.

Gestautes Wasser speichert Energie • Angestautes Wasser besitzt Lageenergie. Wenn das Wasser abwärtsströmt, kann seine Energie mithilfe einer Turbine und eines Generators in elektrische Energie umgewandelt werden. In Pumpspeicherkraftwerken nutzt man überschüssige elektrische Energie, um das Wasser ins obere Speicherbecken zu pumpen, und lässt dieses bei Energiebedarf wieder abwärtsströmen.

Teste dich! (Lösungen im Anhang)

Energienutzung

1 Rechne die folgenden Energiewerte in Kilojoule (kJ) um: 230 J, 0,67 MJ, 98 000 J, 56 MJ.

Energie zum Bewegen und Heben

2 Im Getränkemarkt soll eine Palette Mineralwasser bewegt werden. Herr Schulze schiebt sie mit der Kraft von 250 N über 30 m durch die 4 m hohe Tür bis zum Standplatz.

a Berechne die Energie, die Herr Schulze für den Transport benötigt.

b Herr Schulze hebt noch zwei Kisten (je 17 kg) von der Palette in das 50 cm höhere Regal. Berechne die Energie, die er dazu braucht.

Leistung berechnen

3 Martin (56 kg) und Tobias (53 kg) klettern 5 m lange Seile hoch. Nach 7 s sind beide oben.

a Gib an, wer physikalisch mehr leistet.

b Begründe deine Antwort.

c Berechne jeweils die Lageenergie oben.

d Berechne jeweils die Leistung.

Bewegungsenergie genauer betrachtet

4 Bei einem Verkehrsunfall wird eine Bremsspur von 12 m gemessen. Eine Sachverständige ermittelt eine Bremskraft von 6,8 kN. Berechne, ob der Pkw (m = 1200 kg) schneller als 50 $\frac{\text{km}}{\text{h}}$ fuhr.
Tipp: Berechne zunächst, wie viel Energie zum Bremsen erforderlich war.

Thermische Energie

5 Jonas nimmt ein Bad: 100 kg Wasser werden um 30 °C erwärmt. Lea setzt sich Teewasser auf: 1 kg Wasser wird um 90 °C erwärmt. Lea sagt: „Im kochenden Teewasser ist viel mehr thermische Energie gespeichert als im warmen Badewasser." Nimm Stellung dazu.

Wirkungsgrad berechnen – Stromerzeugung im Kraftwerk

6 Unsere Muskeln haben bei Bewegungen einen Wirkungsgrad von höchstens 25 %.

a Beschreibe, was damit gemeint ist.

b Jan steht mit seinem Rad vor einem 200 m hohen Berg. „Das kostet mich 150 kJ. Wie viel Energie muss ich zu mir nehmen?" Hilf ihm durch eine kleine Rechnung. *Tipp:* Rechne mit einem Wirkungsgrad von 25 %. Jan muss nicht nur 150 kJ zu sich nehmen, sondern ?.

7 Ein normales Wärmekraftwerk hat einen Wirkungsgrad von 40 %, ein Heizkraftwerk einen von 85 %. Erkläre den Unterschied.

Gestautes Wasser speichert Energie

8 Es ist ein windiger und sonniger Tag in Deutschland. Vermute, wie ein Pumpspeicherkraftwerk an diesem Tag geschaltet ist. Zeichne die Energiekette.

Erneuerbare Energiequellen

9 Nenne erneuerbare Energieträger und begründe ihren vermehrten Einsatz bei der Energieversorgung.

Radioaktivität und Kernenergie

An die Tomaten wird kein Mikrofon gehalten, sondern ein Geigerzähler. Er zeigt an, ob sie radioaktiv belastet sind.
Was ist das: Radioaktivität?

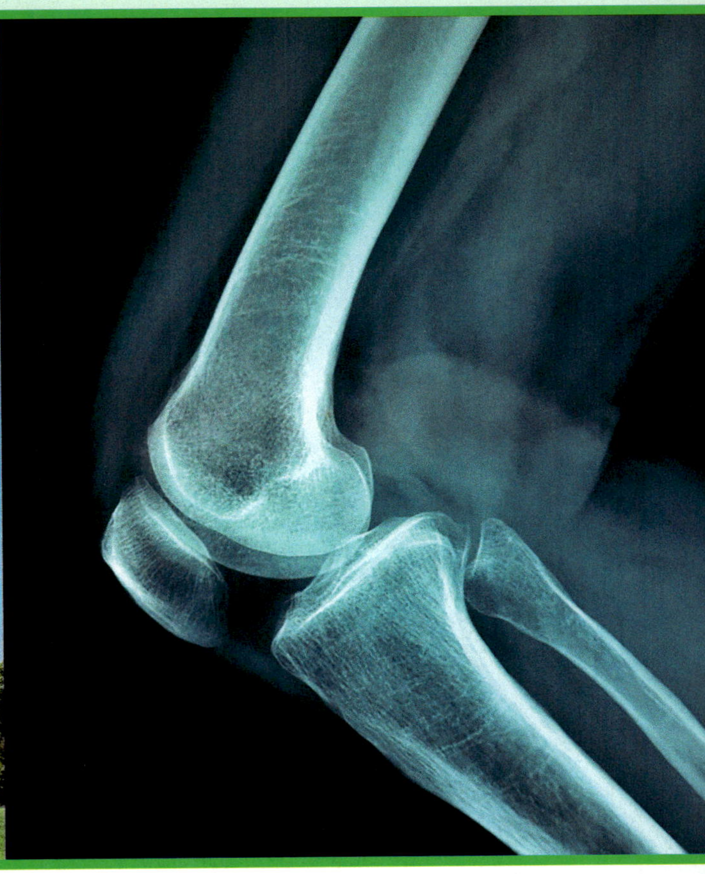

Alle deutschen Kernkraftwerke werden 2023 abgeschaltet sein. Was geschieht mit den Gebäuden und den Brennstäben? Wohin mit dem radioaktiven Abfall?

Röntgenstrahlung macht das Innere des Körpers sichtbar. Auch die unsichtbare Strahlung radioaktiver Stoffe kann in der Medizin und in der Technik genutzt werden.

Radioaktivität – überall!

1 Was zeigt das Knacken an?

Das Knacken des Geigerzählers zeigt Radioaktivität an. Ist hier ein radioaktiver Stoff in der Umgebung?

Unsichtbare Strahlung • Der Geigerzähler zeigt eine unsichtbare Strahlung an. Dabei handelt es sich weder um Infarotstrahlung noch um Ultraviolettstrahlung. Wir sind ihr ständig ausgesetzt. Sie kommt aus dem Weltraum und von radioaktiven Stoffen in unserer Umgebung. So sind z. B. manche Gesteine und Lebensmittel (leicht) radioaktiv. Je intensiver die Strahlung ist, desto größer ist die Anzahl der Impulse, die der Geigerzähler misst. Der Geigerzähler knackt mal häufiger, mal seltener. Die radioaktiven Stoffe senden die unsichtbare Strahlung ganz unregelmäßig von selbst aus. Man kann nicht vorhersagen, wann es passiert.

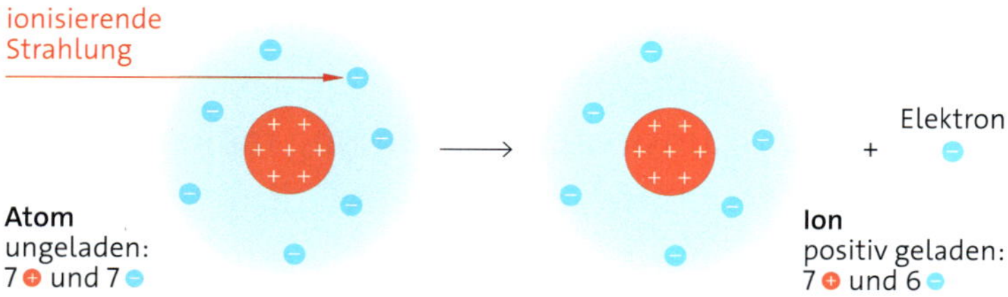

2 Ionisierende Strahlung

Ionisierende Strahlung • Wenn die Strahlung radioaktiver Stoffe auf ein Atom trifft, kann sie Elektronen aus der Atomhülle herausschlagen. → 2 Dann wird das Atom zu einem positiv geladenen Ion. Man spricht deshalb von ionisierender Strahlung. Wenn sie in unseren Körper eindringt, kann sie Atome und Moleküle in unseren Zellen verändern und dadurch schädigen.

Die Strahlung radioaktiver Stoffe ist unsichtbar und ionisierend. Sie kann mit dem Geigerzähler nachgewiesen werden. Wir sind ständig einer geringen ionisierenden Strahlung ausgesetzt.

Aufgaben

1 Petra misst in ihrer Klasse mit dem Geigerzähler:
1. Minute: 23 Impulse, 2. Minute: 21 Impulse, 3. Minute: 25 Impulse.

a Beschreibe, was der Geigerzähler anzeigt.

b Erkläre, warum es nicht immer gleich viele Impulse sind.

2 Erkläre den Begriff „ionisierende Strahlung“.

3 Ein Atom wird von ionisierender Strahlung getroffen. Beschreibe den Vorgang der Ionisierung.

die Radioaktivität
der Geigerzähler
die ionisierende Strahlung

Material A

Geigerzähler im Einsatz

Materialliste: Geigerzähler, Kaliumdünger, Kochsalz

1 Stellt den Geigerzähler auf den leeren Tisch und schaltet ihn ein. Lasst ihn 5 min lang zählen.
Notiert eure Beobachtung.

2 Legt den Kaliumdünger auf den Tisch. Er enthält ein Kaliumsalz. Haltet den Geigerzähler dicht über den Dünger. → 3 Lasst wieder 5 min lang zählen.
Notiert wieder eure Beobachtung. Vergleicht mit dem vorigen Versuch.

3 Kaliumdünger und Geigerzähler

3 Wiederholt den Versuch mit Kochsalz. Das ist ein Natriumsalz.
Vergleicht mit dem vorigen Versuchsergebnis. Erklärt den Unterschied.

Material B

Radioaktive Lebensmittel

Materialliste: Geigerzähler, Kakaopulver, weiße Bohnen, Pflaumen

1 Stellt den Geigerzähler auf den leeren Tisch und schaltet ihn ein. Lasst ihn 5 min lang zählen.
Notiert euren Messwert.

2 Haltet den Geigerzähler dicht über die verschiedenen Lebensmittel. Lasst ihn jeweils 5 min lang zählen.
a Notiert die Messwerte.
b Vergleicht mit dem Messwert bei leerem Tisch.
c Erklärt den Unterschied.
Tipp: Kakaopulver, weiße Bohnen und Pflaumen enthalten viel Kalium.

Material C

Radioaktiver Staub

Zwei dünne Lagen eines Taschentuchs aus Papier werden am Ansaugrohr eines Staubsaugers befestigt. → 4 Die Luft wird 10 min lang durch dieses Taschentuch gesaugt. Anschließend misst der Geigerzähler am Taschentuch 1204 Impulse in 5 min.
Nun wird das Taschentuch verbrannt. Der Geigerzähler misst über der Asche diesmal 1210 Impulse in 5 min.

1 Wenn man den Geigerzähler an ein frisches Taschentuch hält, misst er 104 Impulse in 5 min.
Erkläre, warum der Messwert nach dem Staubsaugen viel höher ist.

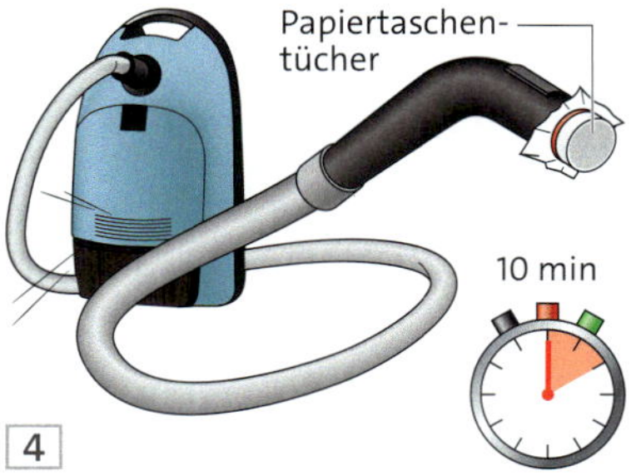

4

2 Gib jeweils an, ob die Aussagen richtig oder falsch sind:
a An der Asche der Taschentücher misst der Geigerzähler weniger Impulse als vorher.
b Das Verbrennen der Taschentücher zerstört die radioaktiven Stoffe.
c Die radioaktiven Stoffe sind auch nach dem Verbrennen der Taschentücher noch vorhanden.

Ionisierende Strahlung – näher betrachtet

1 Schützen die Anzüge vor Radioaktivität?

Ionisierende Strahlung kann uns schädigen. Wie können wir uns schützen?

Periodensystem der Elemente → Anhang

Drei Strahlungsarten • Ein Teil der Strahlung wird schon durch eine 4–8 cm dicke Luftschicht oder ein Blatt Papier gestoppt. → 2 Dieser Teil der Strahlung wird Alpha-Strahlung (α-Strahlung) genannt.
Ein anderer Teil der Strahlung wird zum Beispiel erst durch ein 4–5 mm dickes Alublech gestoppt. Er wird Beta-Strahlung (β-Strahlung) genannt.
Ein weiterer Teil der Strahlung wird erst durch sehr dicke Bleiblöcke weitgehend gestoppt. Er wird Gamma-Strahlung (γ-Strahlung) genannt.

Radioaktive Stoffe können drei Arten ionisierender Strahlung abgeben: α-Strahlung, β-Strahlung und γ-Strahlung.

Strahlung aus dem Atomkern • Die Strahlung radioaktiver Atome kommt aus dem Atomkern. Wie du weißt, bestehen Atome aus einem sehr kleinen Atomkern und einer Atomhülle. → 3 Der Atomkern wird aus positiv geladenen Protonen und neutralen Neutronen gebildet, die Atomhülle aus negativ geladenen Elektronen. In Atomen ist die Anzahl der Elektronen immer gleich der Anzahl der Protonen.
Alle Atome eines Elements haben gleich viele Protonen, können aber unterschiedlich viele Neutronen haben. → 4 Wir sprechen von Isotopen. Isotope des Wasserstoffs können 0 oder 1 oder 2 Neutronen haben.

Atome bestehen aus Atomkern und Atomhülle. Protonen und Neutronen bilden den Atomkern, Elektronen die Atomhülle.
Alle Atome eines Elements haben gleich viele Protonen im Atomkern. Die Isotope eines Elements haben verschieden viele Neutronen.

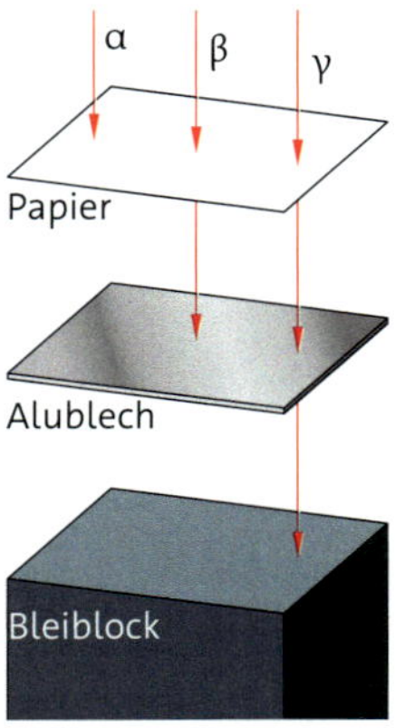

2 Strahlungsarten

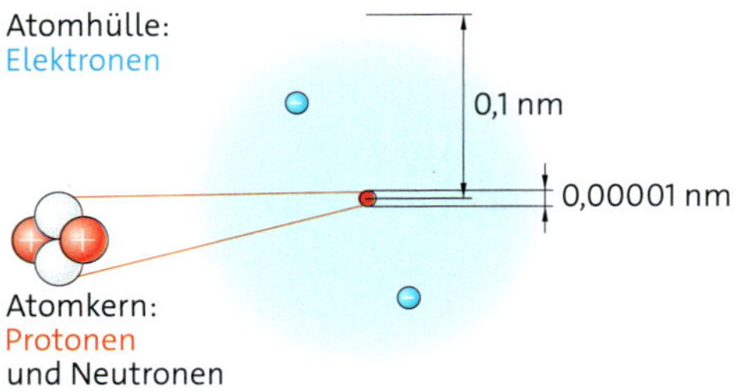

3 Helium-Atom (He) im Kern-Hülle-Modell

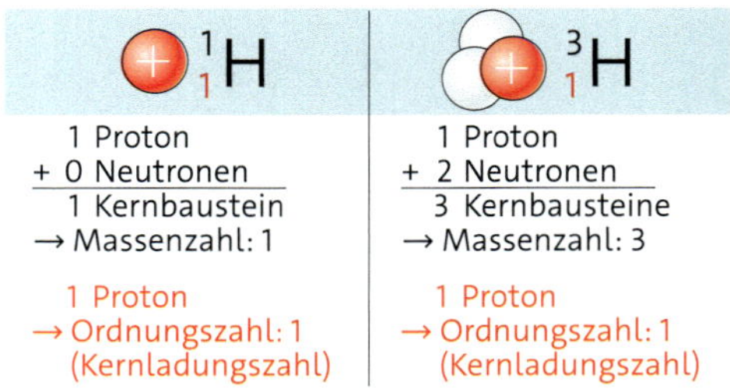

4 Zwei Isotope des Wasserstoffs (H)

die α-Strahlung
die β-Strahlung
die γ-Strahlung
die Fotoplatte
die Nebelkammer

Umwandlung von Atomkernen • Manche Atomkerne wandeln sich in Atomkerne anderer Elemente um:

- Dabei können Heliumkerne mit hoher Geschwindigkeit abgestrahlt werden: Das ist die α-Strahlung. → 5
- Bei anderen Umwandlungen entstehen Elektronen im Kern und werden mit hoher Geschwindigkeit abgestrahlt: Das ist die β-Strahlung. → 6
- Bei Umwandlungen wird auch oft eine Strahlung abgegeben, die ähnlich wie Licht ist: die γ-Strahlung. → 7

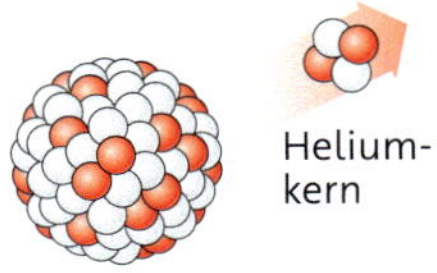

5 α-Strahlung

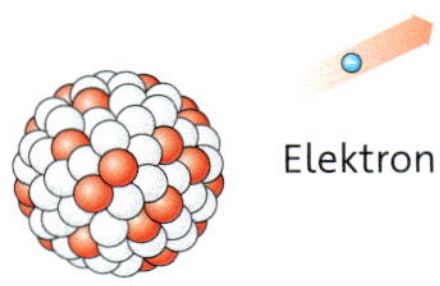

6 β-Strahlung

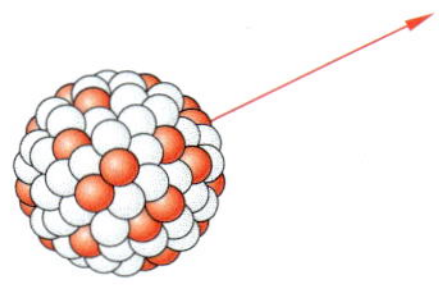
7 γ-Strahlung

Reichweite der Strahlungsarten • Die relativ großen Heliumkerne der α-Strahlung stoßen in Stoffen mit vielen Atomen und Molekülen zusammen. Dabei geben sie ihre Energie schnell ab. Ihre Reichweite ist gering. Die Elektronen der β-Strahlung sind viel kleiner und schneller als Heliumkerne. Ihre Reichweite ist größer. Die γ-Strahlung durchdringt Materie fast ungeschwächt.

Nachweis der Strahlung • Neben dem Geigerzähler gibt es weitere Nachweismethoden:

- Ionisierende Strahlung schwärzt eine Fotoplatte.
- In einer Nebelkammer kann man den Verlauf der Strahlung an einer hellen Spur erkennen.

Die α-Strahlung, die β-Strahlung und die γ-Strahlung entstehen bei der Umwandlung von Atomkernen. Die Reichweite der Strahlungen ist unterschiedlich.

Reaktionsgleichungen • Mit Reaktionsgleichungen kann man Umwandlungen von Atomkernen beschreiben:

- Wenn ein Atomkern α-Strahlung abgibt, verliert er 2 Protonen und 2 Neutronen. Die Ordnungszahl nimmt also um 2 ab, die Massenzahl um 4. Ein neues Element entsteht. → 8
- Wenn ein Neutron im Kern sich in ein Proton umwandelt, sendet es ein Elektron aus (β-Strahlung). Die Ordnungszahl nimmt also um 1 zu, die Massenzahl bleibt gleich. Ein neues Element entsteht. → 9

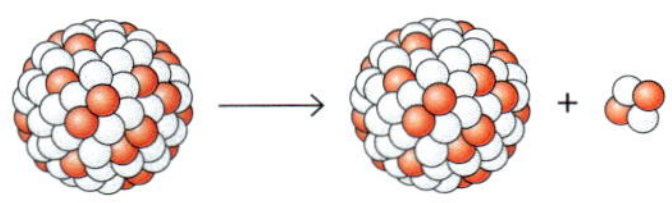

$$^{226}_{88}\mathrm{Ra} \longrightarrow {}^{222}_{86}\mathrm{Rn} + {}^{4}_{2}\mathrm{He}$$

8 $^{226}_{88}$Radium (Ra) zerfällt in $^{222}_{86}$Radon (Rn) und $^{4}_{2}$He (α-Strahlung).

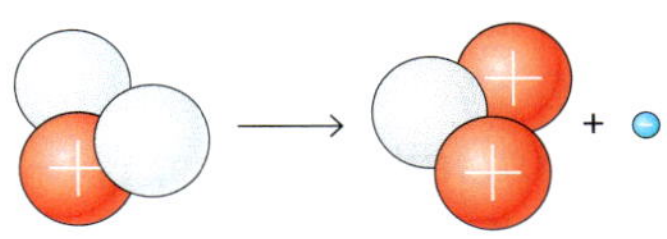

$$^{3}_{1}\mathrm{H} \longrightarrow {}^{3}_{2}\mathrm{He} + \mathrm{e}$$

9 $^{3}_{1}$H zerfällt in $^{3}_{2}$He und ein Elektron (β-Strahlung).

Aufgaben

1 Nenne drei Arten ionisierender Strahlung. Gib Unterschiede an.

2 „Mit einem Schutzanzug kann man sich vor ionisierender Strahlung schützen.“ Nimm Stellung.

Ionisierende Strahlung – näher betrachtet

Material A

Isotope

1 Bild 1 zeigt verschiedene Isotope eines Elements.

a Nenne das Element.

b Schreibe jeweils die Massenzahl und die Ordnungszahl der Atomkerne auf.

c Gib die zwei Isotope in Kurzschreibweise an: $^{?}_{?}$?.

1 Zwei Isotope eines Elements

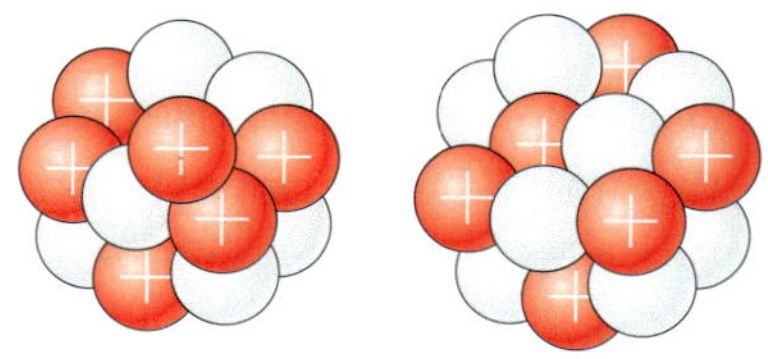

2 Zwei Kohlenstoff-Isotope

2 Bild 2 zeigt zwei Isotope des Kohlenstoffs.

a Schreibe die Massenzahl und die Ordnungszahl für die beiden Atomkerne in dein Heft.

b Gib die beiden Isotope in Kurzschreibweise an: $^{?}_{?}$C.

Material B

Strahlung abschirmen

1 Vor den drei Arten ionisierender Strahlung muss man sich schützen. → 3 – 5

a Gib zu jedem der drei Schutzmittel an, vor welchen Strahlungsarten es schützt.

b Erkläre, warum sich die drei Arten ionisierender Strahlung hinsichtlich Abschirmung und Reichweite unterscheiden.

c Um sich zu schützen, sollte man möglichst viel Abstand zur Strahlungsquelle haben. Begründe.

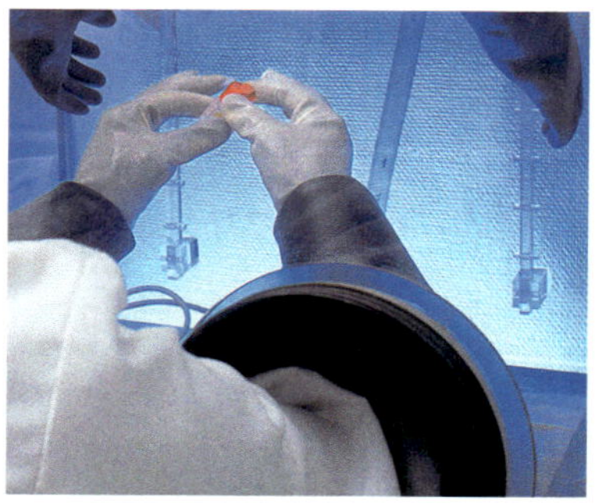

3 Schutzhandschuhe, radioaktive Probe

4 Fässer aus Blech mit radioaktivem Abfall

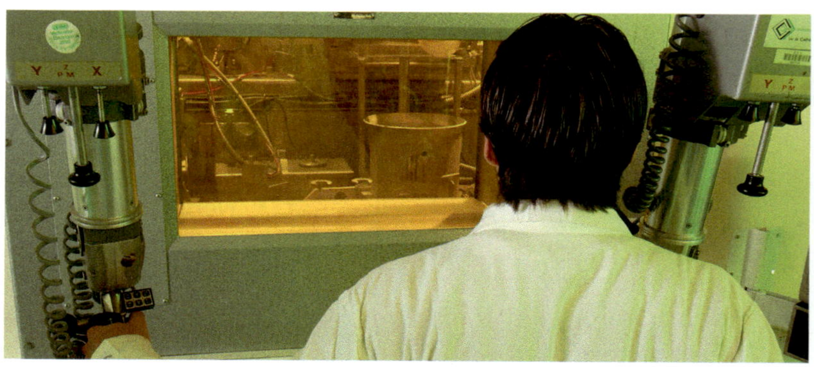

5 Schutzscheibe aus meterdickem Bleiglas

Material C

Welche Strahlungsart?

1 ☒ Ein radioaktiver Stoff wird in eine Nebelkammer gehalten. → 6 7 Nebelstreifen zeigen den Weg der ionisierenden Strahlung an.

a Schätze, wie weit die Strahlung in Luft kommt. → 6

b Beschreibe, welchen Einfluss der Streifen Papier auf die Strahlung hat. → 7

c Gib an, um welche Strahlungsart es sich handelt.

d Beschreibe ein Verfahren, um mit dem Geigerzähler die Reichweite und die Strahlungsart der radioaktiven Probe zu bestimmen.

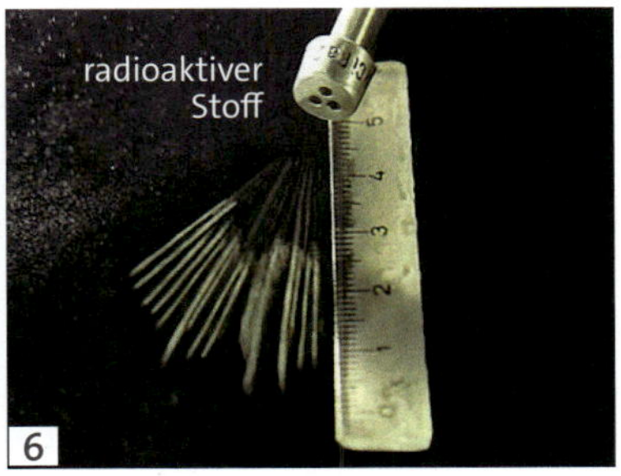

6

7

Material D

Strahlungsarten und Kernumwandlungen – näher betrachtet

Radioaktive Stoffe geben drei Arten ionisierender Strahlung ab: α-Strahlung, β-Strahlung und γ-Strahlung.

1 ☑ Beschreibe die drei Strahlungsarten. Nutze die folgenden Begriffe: Licht, Heliumkern, Elektron, Atomkern, Kernumwandlung.

2 ☑ Ordne die Strahlungsarten nach ihrer Reichweite.

3 α-Strahlung – β-Strahlung → 8 9

a ☑ Beschreibe jeweils, was bei den Kernumwandlungen im Atomkern passiert. Gib dabei an, wie sich die Anzahl von Protonen und Neutronen verändert.

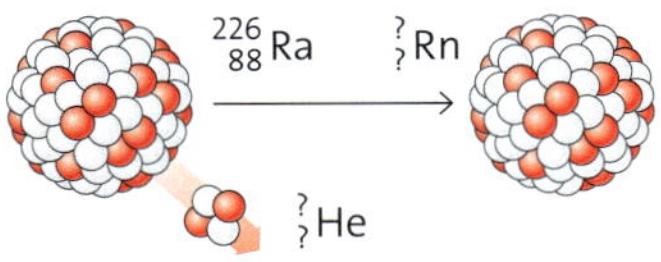

8 Beispiel für α-Strahlung

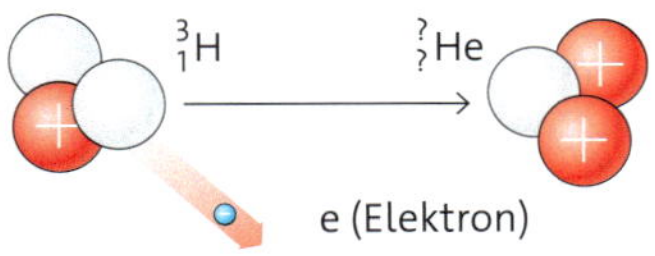

9 Beispiel für β-Strahlung

b ☒ Vergleiche jeweils die Positionen des Ausgangselements und des neuen Elements im Periodensystem der Elemente (siehe Anhang). Stelle Regeln auf.

4 ☒ Stelle die Reaktionsgleichungen auf:

a Uran $^{235}_{92}U$ sendet bei seiner Kernumwandlung α-Strahlung aus.

b Kohlenstoff $^{14}_{6}C$ sendet bei seiner Kernumwandlung β-Strahlung aus.

5 ☒ Vergleiche die Vorgänge bei der Entstehung von γ-Strahlung mit den Vorgängen bei der Entstehung von α-Strahlung und β-Strahlung. Nenne Gemeinsamkeiten und Unterschiede. → 10

Bei der Abgabe von γ-Strahlung nimmt die Energie des Atomkerns ab, der Aufbau ändert sich nicht.

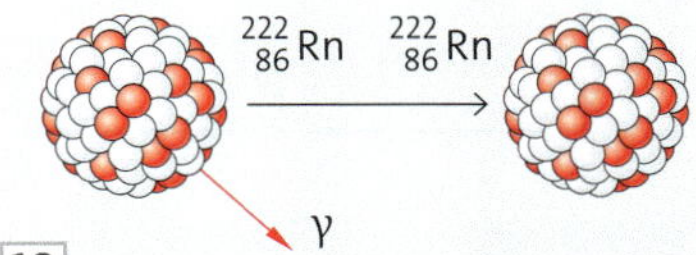

10

6 ☒ Sammle Informationen zu den drei Strahlungsarten und gestalte ein Plakat.

Halbwertszeit

1 Die Stoffe in den Fässern sind radioaktiv. – Wie lange noch?

Radioaktive Stoffe können die Umwelt belasten. Man muss sie für lange Zeit sicher aufbewahren. Wie lange?

Halbwertszeit • Fluor $^{20}_{9}F$ ist radioaktiv. Seine Atomkerne wandeln sich um. Dabei senden sie β-Strahlung aus. Von 100 Atomkernen wandeln sich in 11,16 s durchschnittlich 50 Kerne um – also die Hälfte. → 2 Von den verbleibenden 50 Kernen wandeln sich in den nächsten 11,16 s durchschnittlich 25 Kerne um – also wieder die Hälfte. Das geht immer so weiter.
Radium $^{226}_{88}Ra$ wandelt sich viel langsamer um als Fluor $^{20}_{9}F$. Nach 1620 a (a: Jahr) ist noch die Hälfte der Atomkerne vorhanden, nach 3240 a ist es noch ein Viertel ...

Die Halbwertszeit gibt an, wie lange es durchschnittlich dauert, bis sich die Hälfte eines radioaktiven Materials umgewandelt hat. Sie ist für jedes radioaktive Isotop verschieden.

Aktivität • Bei einem radioaktiven Gesteinsbrocken wandeln sich 2460 Kerne in 1 s um, bei einem anderen sind es nur 30. Der erste Gesteinsbrocken zeigt die größere Aktivität.

Die Aktivität eines radioaktiven Stoffs gibt an, wie viele Kerne sich in ihm pro Sekunde umwandeln. Die Einheit der Aktivität ist 1 Becquerel (1 Bq): → 3
1 Becquerel = 1 Kernumwandlung pro Sekunde.

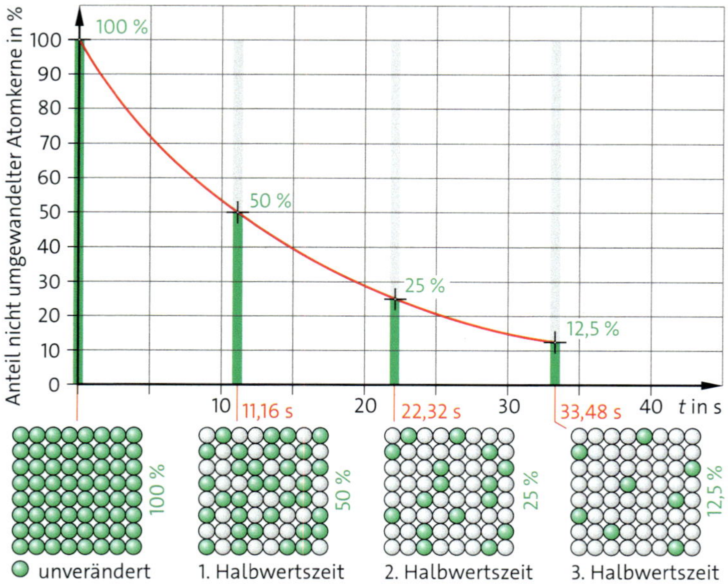

2 Umwandlung von Fluor $^{20}_{9}F$

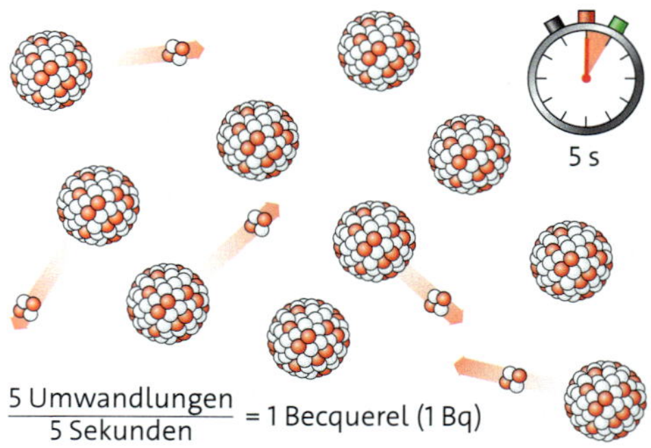

3 Aktivität

die **Aktivität**
das **Becquerel**
die **Halbwertszeit**

Die Aktivität eines radioaktiven Materials sinkt in der Halbwertszeit auf die Hälfte.
Radioaktive Stoffe mit langen Halbwertszeiten müssen zum Teil für Jahrtausende sicher aufbewahrt werden. Erst dann ist die Aktivität so niedrig, dass keine Gefahr mehr für die Umwelt besteht.

Altersbestimmung • Kohlenstoff $^{14}_{6}C$ ist radioaktiv (Halbwertszeit: 5730 a). Im Kohlenstoffdioxid (CO_2) der Luft ist hauptsächlich Kohlenstoff $^{12}_{6}C$ enthalten, aber auch ein kleiner Anteil $^{14}_{6}C$. Das CO_2 der Luft wird von den Pflanzen aufgenommen. So gelangen $^{12}_{6}C$ und $^{14}_{6}C$ über die Nahrungskette in alle Lebewesen. Nach dem Tod eines Lebewesens ist die Aufnahme von Kohlenstoff beendet. Von nun an nimmt der Anteil von $^{14}_{6}C$ im Vergleich zu $^{12}_{6}C$ langsam ab – es wandeln sich ja nur Atomkerne von $^{14}_{6}C$ um.
Wenn die Aktivität in einem „uralten" Stück Holz nur halb so groß ist wie in einem vergleichbaren frischen Stück Holz, kann man genauer sagen, wie alt es ist: 5730 Jahre! → 4

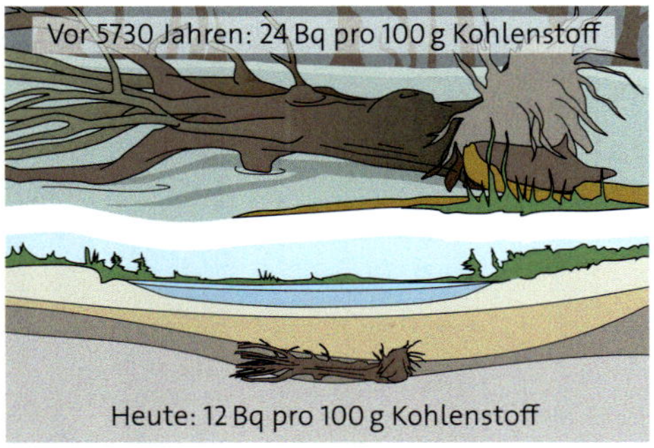

4 Halbe Aktivität: Alter 5730 Jahre

Aufgaben

1 Radium $^{226}_{88}Ra$ wandelt sich radioaktiv um. Ergänze die Tabelle. → 5

Vergangene Zeit	Vorhandene Atome
0 a	64 000 000
1 620 a	?
3 240 a	?
6 480 a	?
9 720 a	?

5 Umwandlung von Radium $^{226}_{88}Ra$

2 Du hast 100 Euro. Pro Woche gibst du jeweils die Hälfte des Gelds aus.
a Vermute, wie viele Wochen das Geld reichen wird.
b Stelle die Abnahme des Gelds im Diagramm dar.
c Bestimme, wie viel Geld du noch nach 5 bzw. 10 Wochen hast.

3 Berechne jeweils die Aktivität:
a 10 Kernumwandlungen in 10 s
b 12 Kernumwandlungen in 3 s
c 4 Kernumwandlungen in 16 s

4 100 g Kohlenstoff aus dem Gewebe gerade gestorbener Tiere haben eine Aktivität von 24 Bq.
In Teilen Sibiriens ist der Boden dauerhaft gefroren. Dort hat man „tiefgefrorene" Mammuts (ausgestorbene Verwandte der Elefanten) ausgegraben.
100 g Kohlenstoff aus dem Gewebe eines Mammuts haben eine Aktivität von 6 Bq. Berechne, vor wie vielen Jahren es gelebt hat.

Halbwertszeit

Material A

Halbwertszeit (Modellversuch)

Materialliste: 100 Würfel

1 Jeder Würfel stellt den Atomkern eines radioaktiven Stoffs dar. Werft alle Würfel gleichzeitig. Nach dem Wurf stellen die Sechser die umgewandelten Atomkerne dar. Sortiert nach jedem Wurf die Sechser aus. Jeder Wurf stellt den gleichen Zeitabschnitt dar: eine Sekunde.

a ◩ Tragt die Ergebnisse nach jedem Wurf in eine Tabelle ein. → 1

b ⊠ Stellt die Ergebnisse in einem Diagramm dar. Tragt die vergangene Zeit auf der Rechtswertachse ein und die Zahl der noch vorhandenen Atomkerne auf der Hochwertachse.

c ⊠ Bestimmt die Halbwertszeit des radioaktiven Stoffs mithilfe des Diagramms.

d ⊠ Vergleicht den Modellversuch mit der Umwandlung von Fluor $^{20}_{9}$F. Nennt Gemeinsamkeiten und Unterschiede.

Vergangene Zeit	Atomkerne	
	umgewandelt	noch vorhanden
0 s	0	100
1 s	?	?
?	?	?

1 Beispieltabelle für die Messwerte

Material B

Halbwertszeiten

1 Verschiedene Stoffe – verschiedene Halbwertszeiten

a ◩ Sortiere die Tabelle im Heft. → 2 Beginne mit der längsten Halbwertszeit.

b ⊠ Iod $^{131}_{53}$I wird bei Erkrankungen der Schilddrüse eingesetzt. Seine Aktivität beträgt anfangs 200 000 000 Bq. Berechne, auf welchen Wert sie in 24 Tagen absinkt.

c ⊠ Radioaktive Abfälle aus Kernkraftwerken enthalten Plutonium $^{239}_{94}$Pu. Berechne, in wie vielen Jahren die Aktivität von Plutonium auf ein Viertel absinkt.

Isotop	Halbwertszeit
Kalium $^{40}_{19}$K	1 260 000 000 a
Caesium $^{137}_{55}$Cs	30 a
Radon $^{222}_{86}$Rn	3,8 d
Plutonium $^{239}_{94}$Pu	24 390 a
Iod $^{131}_{53}$I	8 d
Radium $^{226}_{88}$Ra	1 620 a
Kohlenstoff $^{14}_{6}$C	5 730 a
Uran $^{238}_{92}$U	4 500 000 000 a

2 a: Jahre; d: Tage

Material C

Altersbestimmung

1 Im Lippischen Landesmuseum in Detmold ist eine Kindermumie aus Alt-Peru zu sehen. → 3 Ihr Alter wurde auf 6400 Jahre bestimmt. ⊠ Beschreibe, wie man das Alter bestimmen konnte.

3

Material D

Aktivitäten

Strahlungsquelle	Aktivität
Radium (1 g)	$37 \cdot 10^9$ Bq
natürliches Uran (1 g)	$12 \cdot 10^3$ Bq
Erwachsener (70 kg)	$9 \cdot 10^3$ Bq
Radiumstrahler für den Unterricht	$3{,}7 \cdot 10^3$ Bq (Beispiel)
Kaliumchlorid (1 g)	16 Bq
natürlicher Kohlenstoff (1 g)	0,24 Bq

4

1 Die Tabelle zeigt die Aktivität verschiedener Stoffe. → 4

a ☒ Wähle die richtige Aussage aus und begründe durch eine Rechnung.
Die Aktivität von Radium ist ungefähr wievielmal so groß wie die von natürlichem Uran?
- 3-mal
- 3000-mal
- 3 000 000-mal

b ☒ Bei einem Stück Urangestein misst man eine Aktivität von 125 Bq. Erkläre, was das bedeutet.

c ☒ In 1 g natürlichem Uran wandeln sich ständig Atomkerne um. Berechne, wie viele es in 1 min sind.

d ☒ Wir Menschen sind auch radioaktiv. Das liegt zum großen Teil an radioaktiven Kalium-Isotopen. Nimm Stellung zur folgenden Diskussion: „Der Mensch hat fast die gleiche Aktivität wie natürliches Uran. – Das stimmt doch gar nicht, seine Aktivität ist etwa halb so groß wie die von natürlichem Kohlenstoff."

Material E

Radium und Barium

Zeit: Messung nach … min	Radium $^{226}_{88}$Ra Impulse in 15 s	Barium $^{137}_{56}$Ba Impulse in 15 s
0	554	1040
1	524	755
2	550	552
3	560	441
4	541	329
5	528	270
6	529	210
7	561	149
8	560	119
9	532	103
10	551	89
11	543	78

5 Mit dem Geigerzähler gemessen

1 Mit einem Geigerzähler sind Proben von Radium $^{226}_{88}$Ra und Barium $^{137}_{56}$Ba untersucht worden. → 5

a ☒ Trage die Messwerte in ein gemeinsames Diagramm ein: waagerechte Achse – Zeit, senkrechte Achse – Anzahl der Impulse in 15 s.

b ☒ Beschreibe den Verlauf der beiden Messkurven.

c ☒ Vergleiche den Verlauf der beiden Messkurven miteinander. Gib an, welcher Stoff die kürzere Halbwertszeit hat. Beschreibe, wie du diese Information aus dem Diagramm abliest.

Anwendungen in Medizin und Technik

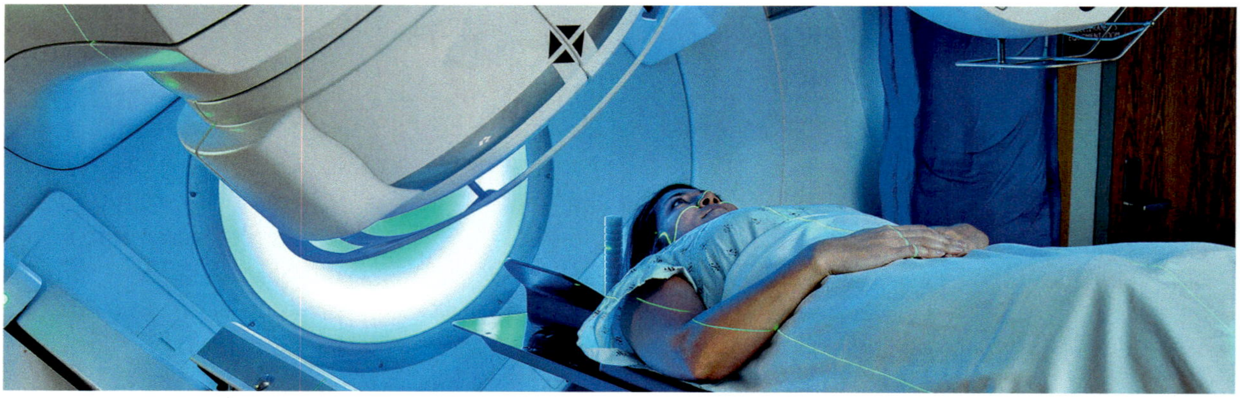

1 Strahlentherapie bei der Krebsbehandlung

Ionisierende Strahlung hilft, Krankheiten zu erkennen und zu behandeln.

Röntgenuntersuchung • Röntgenstrahlung ist wie γ-Strahlung und UV-Licht ionisierend. All diese Strahlungsarten können Körperzellen schädigen. Ihre Energie ist jedoch unterschiedlich stark. Röntgenstrahlen durchdringen wie γ-Strahlen den Körper. → 2 Bei einer Röntgenuntersuchung durchdringen sie weiche Körperteile fast ungehindert, werden aber durch die Knochen aufgehalten. Danach trifft die Röntgenstrahlung auf einen Detektor, der sie in elektrische Signale umwandelt. Im Computer entsteht dann ein Bild, auf dem die Knochen sichtbar sind. → 3 Ärzte können an dem Bild erkennen, ob Knochen gebrochen sind und wie sie am besten behandelt werden. Röntgenaufnahmen sind sehr nützlich, stellen aber eine zusätzliche Strahlenbelastung für den Körper dar.

Materialprüfung • Mit Röntgenstrahlung werden auch Schweißnähte und Tragflächen von Flugzeugen untersucht. Damit erkennt man winzige Risse und Löcher.

Zellen töten • Krebs bildet sich, wenn sich Zellen im Körper verändern und gesundes Gewebe überwuchern. Die ionisierende Strahlung soll nur diese Krebszellen gezielt zerstören. → 1 Besonders wirksam ist die Bestrahlung von innen: Dabei bringt man radioaktive Stoffe in die Krebstumoren.
In der Technik wird die zerstörerische Wirkung der γ-Strahlung genutzt, um Insekten und Bakterien abzutöten, z. B. in bestimmten Lebensmitteln.

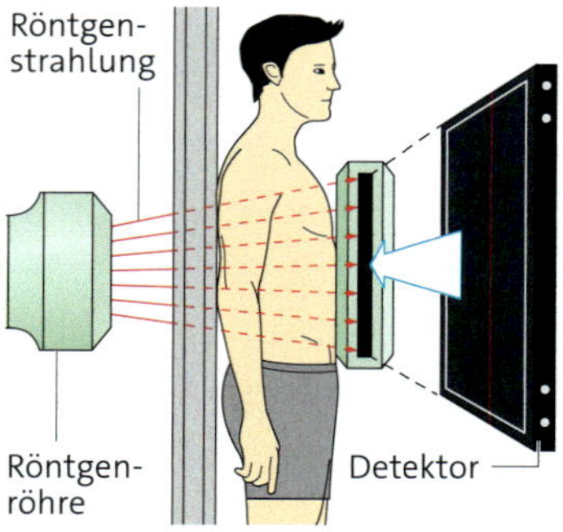

2 Röntgenuntersuchung

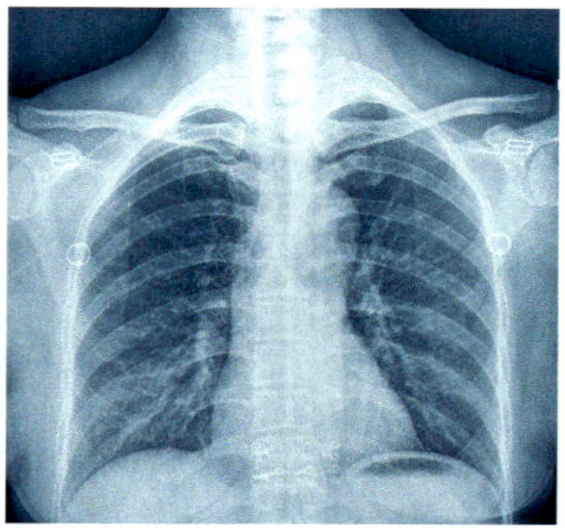

3 Röntgenbild

die Röntgenstrahlung
die Röntgenuntersuchung
die Strahlentherapie

Pflanzen züchten • Die Bevölkerung der Erde wächst ständig. Damit sie ernährt werden kann, werden Pflanzen durch Züchtung „verbessert". Man macht sie widerstandsfähiger gegen Krankheiten oder größer. Von Natur aus leicht veränderte Pflanzen werden ausgewählt und vermehrt.
Durch Bestrahlung mit ionisierender Strahlung kann man heute viel schneller Mutationen im Erbgut von Pflanzen hervorrufen. So entstehen schneller leistungsfähigere Sorten.
Das Verfahren ist umstritten, da die Veränderungen im Erbgut der Pflanze zufällig auftreten. Dadurch können sich auch Eigenschaften verändern oder erst auftreten, die schädlich oder unerwünscht sind.

Energie im All erzeugen • Die Sonde New Horizons wurde 2006 ins All geschossen. → 4 Sie hat die Aufgabe, den Zwergplaneten Pluto zu erforschen. Für ihren Weg dorthin benötigt sie 20 Jahre lang elektrische Energie. Eine herkömmliche Batterie reicht dafür nicht aus. Im Innern der Sonde befindet sich eine Kapsel mit 11 kg Plutonium. Das Plutonium erhitzt sich durch die Energie seiner eigenen α-Strahlung so weit, dass es glüht. → 5 Die Wärme wird in elektrische Energie umgewandelt, die die Sonde versorgt. Die Energie reicht für den gesamten Flug.

Ionisierende Strahlung wird eingesetzt, um das Innere von Körpern sichtbar zu machen und um Zellen zu töten oder zu verändern.

4 Sonde New Horizons (Illustration)

5 Glühendes Plutonium

Aufgaben

1 Sortiere die medizinischen Beispiele für den Einsatz ionisierender Strahlung in „Untersuchen" und „Behandeln".

2 Beschreibe, wie ein Röntgenbild von der Wirbelsäule entsteht. → 2

3 Bei Röntgenuntersuchungen werden Körperteile mit Bleiwesten abgedeckt. Erkläre diese Maßnahme.

4 Nenne und beschreibe technische Einsatzmöglichkeiten von ionisierender Strahlung.

Anwendungen in Medizin und Technik

Material A

Bestrahlung eines Tumors

1 Krebsbehandlung mit ionisierender Strahlung → 1
a Beschreibe, wie der Tumor bestrahlt wird.
b Erkläre, warum der Tumor aus unterschiedlichen Richtungen bestrahlt wird.

Krebstumoren werden mit ionisierender Strahlung „beschossen". Um die gesunden Zellen zu schonen, bestrahlt man aus verschiedenen Richtungen. Dadurch werden die gesunden Zellen nur kurz belastet, die Krebszellen aber ständig.

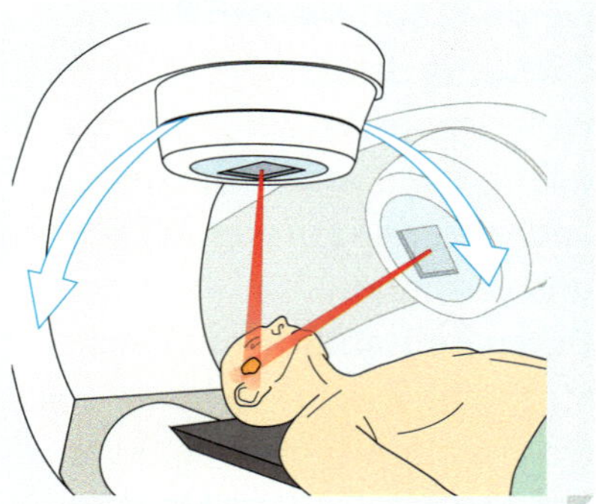

1 Die „Strahlenkanone" wird gedreht.

Material B

Die Computertomografie

Die Computertomografie (CT) ist ein wichtiges bildgebendes Verfahren in der Medizin.

1 Lies den Text und sieh dir das Bild an. → 2 3
a Beschreibe das Verfahren.
b Gib Vor- und Nachteile der Computertomografie an.

2 „Vor jeder Computertomografie sollte geklärt werden, ob nicht eine schonendere Untersuchungsmethode ausreicht." Begründe.

Bei der CT macht man viele Röntgenaufnahmen aus verschiedenen Richtungen. Durch das Spritzen entsprechender Kontrastmittel werden bestimmte Organe besonders gut sichtbar. Die entstehenden Schnittbilder können am Computer zu 3-D-Bildern zusammengefügt werden.
Im CT erkennt man schnell Unfallverletzungen, zum Beispiel Knochenbrüche und innere Blutungen. Auch die Lage und Größe von Krebsgeschwüren lässt sich vom CT sehr gut erfassen. Jede Röntgenaufnahme belastet den Körper. Bei einem CT ist die Strahlenbelastung besonders hoch, weil viele Bilder gemacht werden. Bei einem CT des Bauchraums kann die Strahlenbelastung bis zu 100-mal höher sein als bei einem Einzelbild. Auch die Kontrastmittel können den Körper belasten. Schwangere sollte man daher nicht mit dieser Methode untersuchen.

2 Computertomografie (CT)

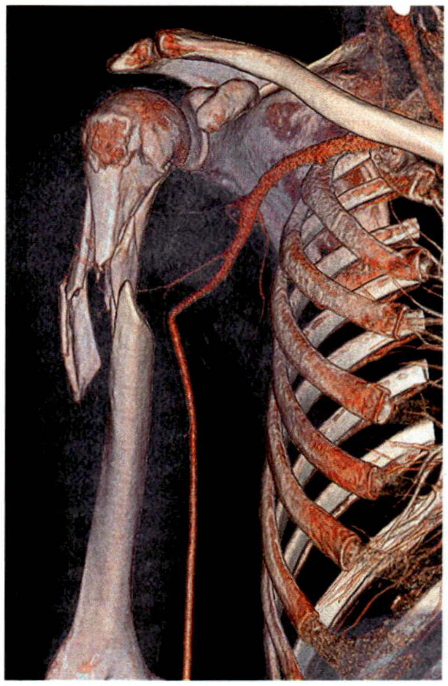

3 Gebrochener Oberarm

Material C

Röntgenscanner schaffen Durchblick

1 Lies den Text. → 4

a Nenne Einsatzbereiche für Röntgenscanner.
b Beschreibe, wie man an Flughäfen Gepäck untersucht.
c Nenne Vorteile von Röntgenscannern im Vergleich zu anderen Untersuchungsmethoden.

In Röntgenscannern sendet eine Röntgenquelle ionisierende Strahlung aus. Sie wird auf ihrem Weg zum Detektor je nach dem untersuchten Material unterschiedlich stark abgeschwächt. Ein Computer berechnet aus den Daten dann zwei- oder dreidimensionale Darstellungen.
Röntgenscanner werden vielfach in der Technik eingesetzt. Beim Bau und bei der Wartung von Flugzeugen nutzt man die Geräte, um Schweißnähte und Tragflächen von Flugzeugen zu durchleuchten. Auf den Bildern erkennt man sogar winzige Risse und Löcher. Von Vorteil ist, dass der Werkstoff bei der Untersuchung nicht verändert oder beschädigt wird.
Bei der Sicherheitskontrolle an Flughäfen durchleuchten Röntgenscanner Gepäckstücke mehrfach. Der Computer errechnet ein Bild des Inhalts und stellt es in verschiedenen Farben dar. So kann das Sicherheitspersonal schnell entscheiden, ob die Gepäckstücke Sprengstoff oder andere gefährliche Gegenstände enthalten.
Auch der größte Computertomograf der Welt in Fürth ist ein Röntgenscanner. Er kann ganze Autos, Schiffscontainer oder Flugzeugflügel auf einmal durchleuchten. So können nach einem Crashtest verborgene Schwachstellen in der Autokonstruktion erkannt werden. Wertvolle Museumsstücke, wie beispielsweise ein fast hundert Jahre altes Auto, kann man so zerstörungsfrei auf ihren Aufbau und mögliche Schäden untersuchen. Große Container können auf Sprengstoff oder unverzollte Ware geprüft werden, ohne sie öffnen zu müssen.

Museumsstück: Der Oldtimer enthüllt unter dem Röntgenscanner die Geheimnisse seiner Konstruktion.

Handgepäck im Sicherheitscheck

Blick in den ungeöffneten Container

4 Röntgenscanner im Einsatz

Strahlenbelastung

1 Ionisierende Strahlung in unserer Umwelt

Ionisierender Strahlung sind wir überall ausgesetzt. Wie stark belastet sie uns?

Ionisierende Strahlung überall • Überall in unserer Umwelt tritt ionisierende Strahlung auf. Wir sind dieser natürlichen Strahlung immer ausgesetzt. Sie kommt als kosmische Strahlung aus dem Weltall, aus radioaktivem Gestein im Boden oder aus dem Baumaterial in unseren Häusern. Das radioaktive Gas Radon kann aus dem Erdboden entweichen und sich in Kellerräumen ansammeln. Auch in der Nahrung sind radioaktive Stoffe enthalten, zum Beispiel das radioaktive Isotop Kalium-40. → 2

2 Lebensmittel mit Kalium-40

Zusätzlich zu den natürlichen Strahlungsquellen gibt es auch künstliche Strahlungsquellen. In der Medizin nutzen wir ionisierende Strahlung zur Erkennung und Behandlung von Krankheiten. Kernwaffentests, Kernkraftwerke und Reaktorunfälle tragen ebenfalls zu unserer Strahlenbelastung bei. Wie hoch diese Belastung für jeden einzelnen Menschen ist, hängt davon ab, wo und wie er lebt und wie er sich ernährt.

Wir sind ständig einer ionisierenden Strahlung aus natürlichen und künstlichen Quellen ausgesetzt.

Wirkung der Strahlung auf Menschen • Ionisierende Strahlung kann Zellen in unserem Körper verändern. Der Körper repariert viele davon oder baut sie ab. Manche Veränderungen führen aber zu Krebserkrankungen.
Keimzellen und die Embryonen im Mutterleib sind besonders gefährdet. Bei Keimzellen kann ionisierende Strahlung das Erbgut verändern. Die Veränderungen können weitervererbt werden und zu Missbildungen bei den Nachkommen führen.

Ionisierende Strahlung verändert Zellen im Körper. Dadurch kann es zu Erkrankungen und zu Veränderungen des Erbguts kommen.

die **Strahlenkrankheit**
die **Strahlenbelastung**
das **Sievert**
Rolf Sievert

Wirkung auf den Menschen – genauer betrachtet • Ionisierende Strahlung von außen dringt unterschiedlich weit in den Körper ein. α- und β-Strahlung werden größtenteils schon von der Haut abgeschirmt, empfindliche Organe im Innern werden nicht geschädigt. γ-Strahlung dringt tief in das Gewebe ein und ist deshalb gefährlicher. → 3
Besonders gefährlich sind radioaktive Stoffe im Innern des Körpers. Sie können mit der Nahrung oder der Atemluft dorthin gelangen. → 4 Die von den Stoffen ausgehende ionisierende Strahlung kann die inneren Organe schwer schädigen.
Bei stark ionisierender Strahlung kommt es zur Strahlenkrankheit: Die Zahl der roten Blutkörperchen geht zurück, Durchfall, Erbrechen, Hautschäden und Haarausfall treten auf. In schweren Fällen stirbt das Opfer.

Strahlenbelastung • Wie stark ein Lebewesen durch ionisierende Strahlung geschädigt wird, hängt unter anderem von seiner Masse, der aufgenommenen Energie, der Strahlungsart und der Dauer der Strahlung ab. Man gibt die Strahlenbelastung in Sievert (Sv) an. → 5 Die Einheit wurde nach dem schwedischen Physiker Rolf Sievert (1896–1966) benannt.
In Deutschland liegt die durchschnittliche Strahlenbelastung bei ca. 4 Millisievert (mSv) pro Jahr.
Für die künstliche Strahlenbelastung gilt in Deutschland ein Grenzwert von 1 mSv pro Jahr. Medizinische Anwendungen sind dabei ausgenommen.
Wer beruflich mit ionisierender Strahlung zu tun hat, sollte nicht mehr als 20 mSv pro Jahr erhalten.

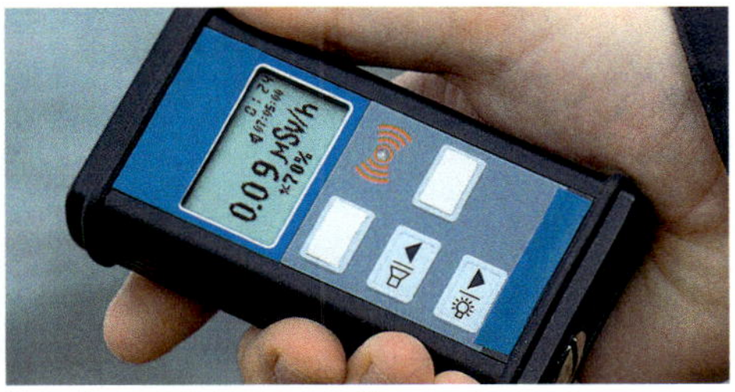

5 Hier wird die Strahlenbelastung gemessen. Ist sie zu hoch?

Die Strahlenbelastung wird in Sievert (Sv) angegeben. Im Durchschnitt liegt sie in Deutschland bei etwa 4 mSv pro Jahr. Dabei sollte die Belastung aus künstlichen Quellen (ohne medizinische Anwendungen) 1 mSv nicht übersteigen.

Aufgaben

1 Nenne Quellen natürlicher und künstlicher Strahlung.

2 Beschreibe die Wirkung ionisierender Strahlung auf den Körper.

3 Erkläre, warum man von Strahlen„belastung“ spricht.

4 Berechne, ob die Strahlenbelastung über 1 mSv pro Jahr liegt. → 5

5 „α- und β-Strahlung bleiben in der Haut hängen. Sie sind also ungefährlich für uns.“ Nimm Stellung.

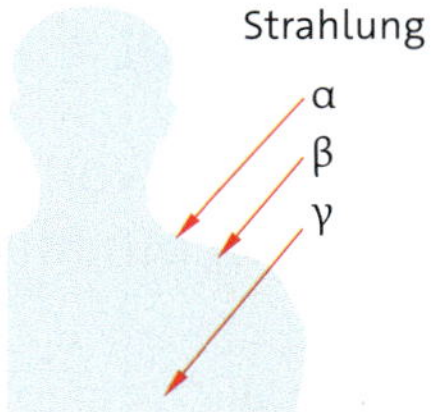

3 Strahlung von außen

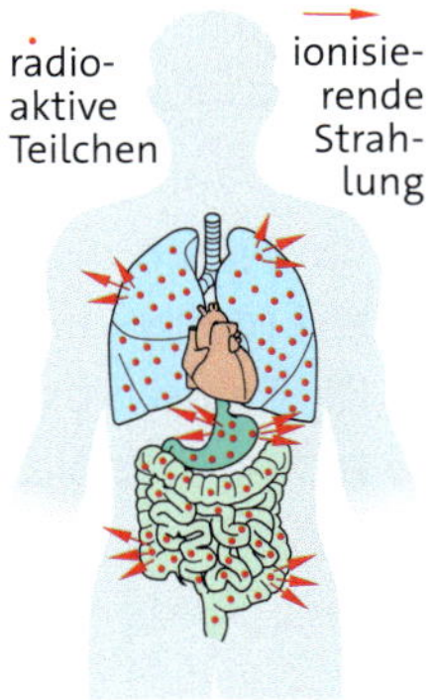

4 Strahlung von innen

Strahlenbelastung

Material A

Strahlung von außen und von innen

1 Die Wirkung ionisierender Strahlung auf uns kann sehr unterschiedlich sein – je nachdem, wo die Strahlung auftritt. → 1

a Nenne Quellen ionisierender Strahlung, die auf uns einwirken können.

b Ergänze die Tabelle. → 2

c „Radioaktiver Staub und radioaktive Nahrung sind besonders gefährlich für uns." Erkläre diese Aussage.

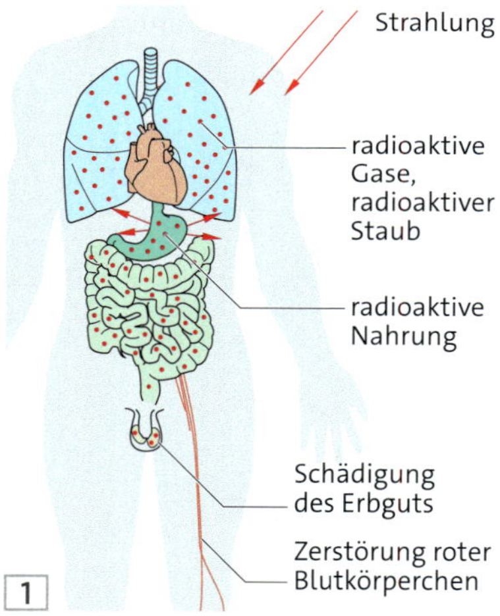

1

Strahlungsquelle	Wirkung der Strahlung
kosmische Strahlung	Zellveränderungen in der Haut
?	?

2 Beispieltabelle

Material B

Strahlungsquellen	Strahlenbelastung
kosmische Strahlung	0,3 mSv (0,2–0,9 mSv)
Strahlung aus dem Boden und aus Baustoffen	0,4 mSv (0,1–0,8 mSv)
Einatmen von Radon	1,1 mSv (1–6 mSv)
Aufnahme durch Nahrung	0,3 mSv
medizinische Anwendungen	1,7 mSv
Atomkraftwerke, Reaktorunfälle, Atombomben	< 0,05 mSv

3 Durchschnittliche Strahlenbelastung pro Kopf und Jahr in Deutschland (Schwankungsbreite vom kleinsten zum größten Wert)

Deine persönliche Strahlenbelastung

Natürliche und künstliche Strahlungsquellen verursachen die durchschnittliche Strahlenbelastung in Deutschland von etwa 4 mSv pro Jahr. → 3 Deine persönliche Belastung kann sich zum Beispiel durch deinen Wohnort davon stark unterscheiden. → 4 – 6

1 Nenne mindestens drei Faktoren, die deine persönliche Strahlenbelastung beeinflussen können.

2 Beschreibe, wie du deine Strahlenbelastung möglichst gering halten kannst.

3 Peter sagt: „Ich lasse mich gar nicht mehr röntgen, das ist mir zu gefährlich." Nimm Stellung dazu.

Höhe	Strahlenbelastung
2 m (Hamburg)	0,3 mSv
530 m (München)	0,4 mSv
2962 m (Zugspitze)	0,9 mSv
12 000 m (Reiseflughöhe)	ca. 100 mSv

4 Kosmische Strahlung pro Jahr

Ort	Strahlenbelastung
Hamburg	0,1 mSv
München	0,3 mSv
Frankfurt (Main)	0,4 mSv

5 Erdstrahlung pro Jahr

Ereignis	Strahlenbelastung
Röntgen (Zahn)	0,01 mSv
Flug Frankfurt–Tokio	0,1 mSv
Computertomografie	1–20 mSv

6 Kurzzeitige Belastungen

Erweitern und Vertiefen

Radon – Gefahr aus dem Boden

Strahlenbelastung durch Radon • Das radioaktive Gas Radon ist für etwa ein Viertel der durchschnittlichen jährlichen Strahlenbelastung verantwortlich. Die Höhe der Radonbelastung kann aber auch wesentlich höher sein. Das unsichtbare und geruchlose Gas entsteht beim Zerfall von Uran, das im Boden vorkommt. Durch Risse im Boden steigt das Radon auf. Abhängig von der Gesteinsart und der Durchlässigkeit des Bodens kann sich die Radonbelastung stark von Region zu Region unterscheiden. Vor allem in den Mittelgebirgen und im Alpenvorland misst man höhere Anteile von Radon in der Bodenluft. → 7

Radon ist im Freien nur in sehr geringen Anteilen nachweisbar. Gefährlich wird es, wenn das Gas aus dem Boden in die Keller von Häusern eindringt und sich dort anreichert.

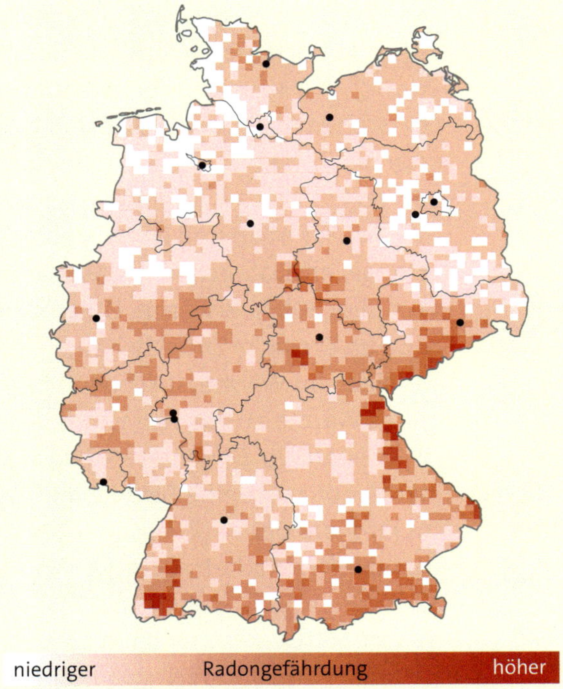

7 Gefährdung durch Radon

Auswirkungen auf den Körper • Radon wird nacheinander in verschiedene kurzlebige radioaktive Isotope umgewandelt, wobei α- und β-Strahlung abgegeben werden. → 8 Wenn die radioaktiven Umwandlungsprodukte in die Lunge gelangen, kann die Strahlung das Lungengewebe schädigen. Man schätzt, dass etwa jeder 20. Todesfall durch Lungenkrebs mit Radon in Verbindung steht.

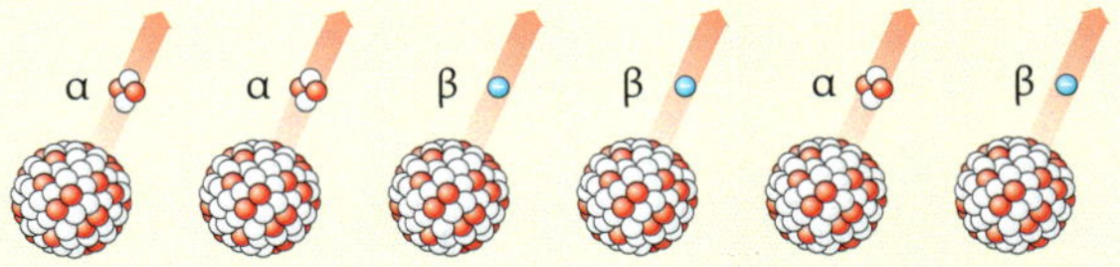

$$^{222}_{86}Rn \longrightarrow {}^{218}_{84}Po \longrightarrow {}^{214}_{82}Pb \longrightarrow {}^{214}_{83}Bi \longrightarrow {}^{214}_{84}Po \longrightarrow {}^{210}_{82}Pb \rightarrow$$

8 Zerfall von Radon

Schutzmaßnahmen • Bei der Errichtung neuer Gebäude muss auf eine ausreichende Abdichtung gegen Feuchtigkeit geachtet werden. In Gebieten mit erhöhter Radonbelastung können weitere Maßnahmen erforderlich sein: das Lüften des Gebäudes, das Abdichten von Türen und Leitungen zum Keller oder das Absaugen radonhaltiger Bodenluft.

Aufgabe

1 ☒ Informiere dich über die Radongefährdung in deiner Region.

Kernspaltung

1 Yamal, ein atomgetriebener russischer Eisbrecher

Der Eisbrecher braucht täglich 300 g Uran für seinen Antrieb. Hätte das Schiff einen Dieselmotor, würde es 350 t Treibstoff am Tag verbrauchen! Wie lässt sich so viel Energie aus nur 300 g Uran gewinnen?

Spaltung eines Atomkerns von Uran $^{235}_{92}U$	
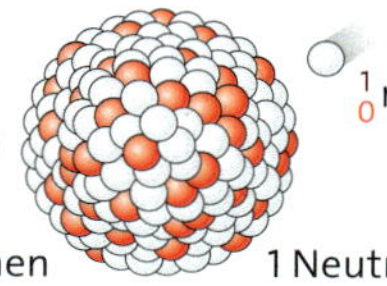	Ein Atomkern wird von einem Neutron getroffen und nimmt es auf.
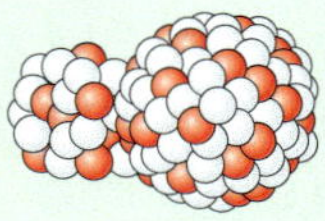	Die Energie des Neutrons bewirkt, dass sich der Atomkern teilt. Es bilden sich zwei kleinere Kerne anderer Elemente, z. B. Krypton und Barium. Es können aber auch andere Elemente entstehen.
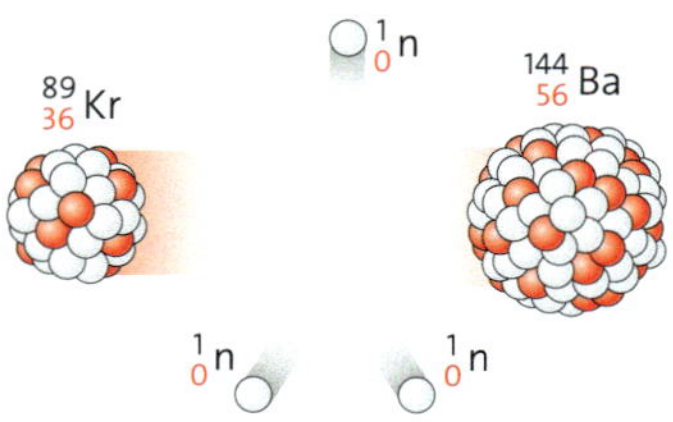	Die positiv geladenen neuen Kerne stoßen sich gegenseitig ab. Sie bewegen sich mit großer Geschwindigkeit auseinander. Zusätzlich werden Neutronen freigesetzt, die ebenfalls sehr schnell sein können.

2

Atomkerne lassen sich spalten • Bei der radioaktiven Umwandlung von Atomkernen wird Energie mit der ionisierenden Strahlung abgegeben. Diese Energie ist aber zu gering, um damit einen Eisbrecher oder ein Kernkraftwerk zu versorgen. Stattdessen wird ein anderer Vorgang genutzt: Atomkerne des Isotops Uran $^{235}_{92}U$ werden durch Neutronen gespalten. → 2

Atomkerne von Uran $^{235}_{92}U$ lassen sich durch Neutronen spalten. Es entstehen zwei kleinere Atomkerne und freie Neutronen. Dabei wird viel Energie freigesetzt.

Kernkraftwerk • Im Kraftwerk wird die Kernspaltung genutzt, um elektrische Energie zu erzeugen. Im Druckbehälter befinden sich Brennelemente mit Uran $^{235}_{92}U$. → 3 Bei der Kernspaltung entstehen neue Atomkerne und Neutronen, die sich schnell auseinanderbewegen. Sie stoßen mit Wasserteilchen zusammen und geben dabei Energie ab. Dadurch wird das Wasser auf über 300 °C erwärmt. Durch den großen Druck im Druckbehälter siedet es nicht. Im Wärmetauscher gibt es seine Wärme an das Wasser im 2. Kreislauf ab. Der entstehende Wasserdampf treibt eine Turbine mit Generator an. Der Wirkungsgrad des Kernkraftwerks beträgt etwa 35 %.

Kernkraftwerke erzeugen elektrische Energie ähnlich wie Kohlekraftwerke. Die Energie dafür stammt aus Kernspaltungen.

die **Kernspaltung**
das **Kernkraftwerk**
die **Kettenreaktion**

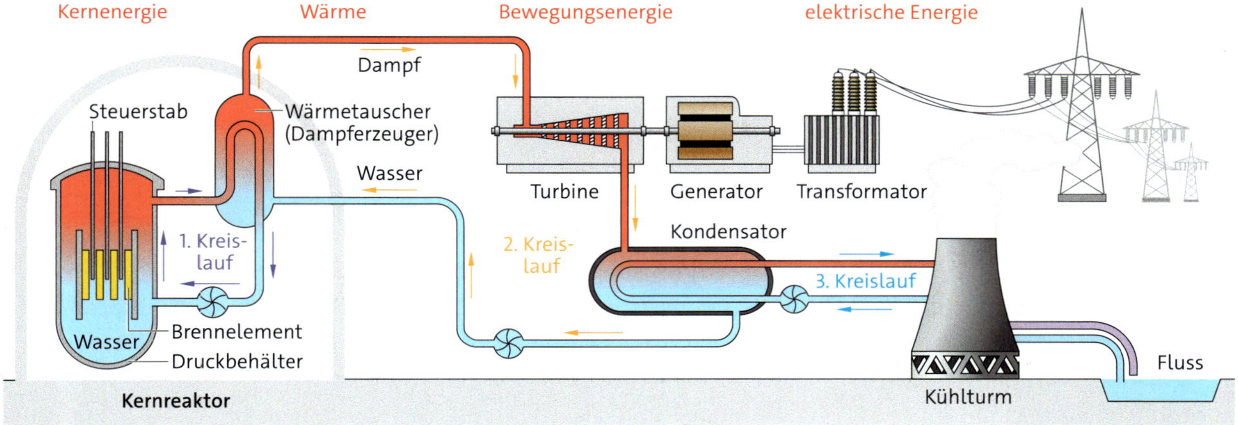

3 Aufbau eines Kernkraftwerks

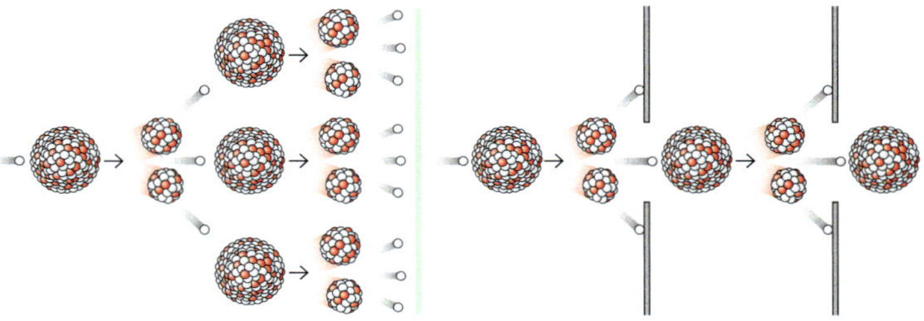

4 5 Kettenreaktion: ungesteuert und gesteuert

Kettenreaktion • Bei der Spaltung eines Kerns von Uran $^{235}_{92}U$ werden z. B. 3 Neutronen freigesetzt. → 4 Wenn genügend Kerne von $^{235}_{92}U$ vorhanden sind, können diese Neutronen 3 weitere Atomkerne spalten. Dabei werden 9 Neutronen frei, die nun 9 Kerne spalten können. Die Zahl der Kernspaltungen steigt lawinenartig an, so wie die abgegebene Energie. Man spricht von einer ungesteuerten Kettenreaktion. In Kernkraftwerken läuft eine gesteuerte Kettenreaktion ab. → 5 Nur jeweils ein freigesetztes Neutron löst eine weitere Kernspaltung aus. Die anderen Neutronen werden unter anderem von den Steuerstäben „abgefangen". Je tiefer die Steuerstäbe eingeschoben werden, desto mehr Neutronen nehmen sie auf – die Anzahl der Kernspaltungen sinkt.

Im Kernkraftwerk läuft eine gesteuerte Kettenreaktion ab. Die Anzahl der Kernspaltungen pro Sekunde bleibt gleich.

Aufgaben

1 ☑ Beschreibe die Spaltung von $^{235}_{92}U$.

2 ☒ Vergleiche das Kernkraftwerk mit einem Kohlekraftwerk.

3 ☒ Beschreibe beim Kernkraftwerk die Funktion der Kreisläufe, der Turbinen und des Generators.

4 ☑ Beschreibe, wie die Zahl der Kernspaltungen pro Sekunde im Druckbehälter verändert werden kann.

5 ☒ Vergleiche die gesteuerte und die ungesteuerte Kettenreaktion.

Kernspaltung

Material A

Energie durch Spaltung

Die Kernspaltung lässt sich mit einem Modellversuch darstellen. → 1

1 Vergleiche das Zusammenfügen der Protonen und Neutronen mit dem Zusammenfügen der Magnete.

2 Erkläre, wie die Energie in den Magneten gespeichert wird. *Tipp:* Kraft, Weg

3 Vergleiche die Spaltung von Atomkernen mit dem Loslassen der Magnete.

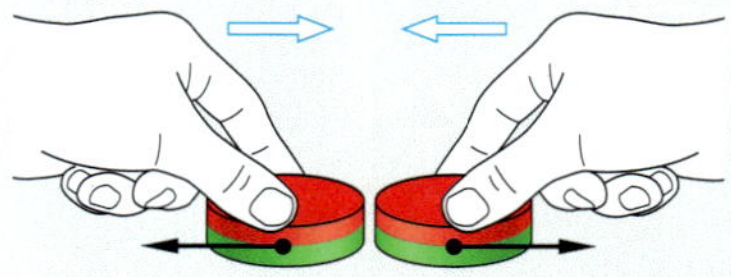

Gleiche Pole zweier Magnete stoßen sich gegenseitig ab. Um die beiden Magnete zusammenzuschieben, braucht man Energie. Die Magnete bleiben nur zusammen, wenn man sie festhält. So lange bleibt die Energie gespeichert. Lässt man die Magnete los, bewegen sie sich auseinander. Die Energie wird in Bewegungsenergie umgewandelt.
Protonen sind elektrisch positiv. Sie stoßen sich gegenseitig ab. Protonen haben sich (zusammen mit Neutronen) vor langer Zeit in Sternen gegen die elektrische Abstoßung zusammengefügt. Dazu war sehr viel Energie nötig. Sie ist in den Atomkernen bis heute als Kernenergie gespeichert. Wenn man einen Atomkern spaltet, bewegen sich die Bruchstücke mit großer Geschwindigkeit auseinander. Ein Teil der gespeicherten Kernenergie wird in Bewegungsenergie der Bruchstücke umgewandelt.

1 Von Magneten und Protonen

Material B

Modellversuch: Kettenreaktion mit Zündhölzern (Lehrerversuch)

Materialliste: Zündhölzer, Brett mit Löchern, Nägel, Material zum Aufstellen des Bretts, Schutzscheibe, feuerfeste Unterlage

Achtung • Versuch hinter Schutzscheibe vorführen!

1 Das Brett wird schräg aufgehängt. → 2 In jedem Loch steckt ein Zündholz, ohne zu wackeln.

a Das unterste Zündholz wird entzündet. Beschreibe deine Beobachtung.

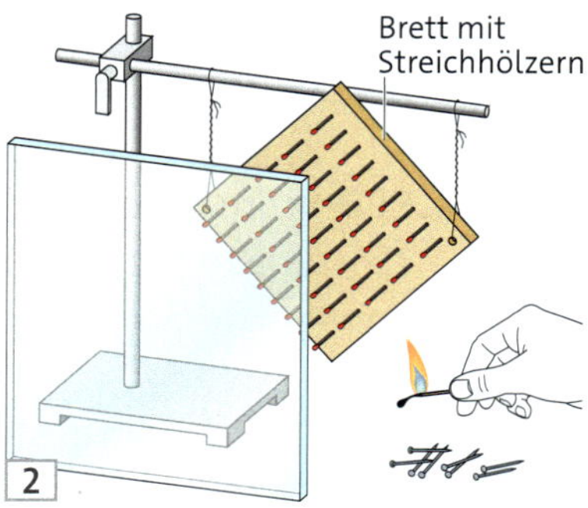

2

b Nun wird jedes dritte, dann jedes zweite Zündholz durch einen Nagel ersetzt. Wieder wird das unterste Zündholz entzündet. Beobachte und vergleiche die Kettenreaktionen mit Versuchsteil a.

c Vergleiche den Modellversuch mit Zündhölzern und die gesteuerte beziehungsweise ungesteuerte Kettenreaktion im Uran. Beschreibe Gemeinsamkeiten und Unterschiede.

Material C

Modellversuch: Kettenreaktion mit Mausefallen

3

1 Ein Raum ist voll von gespannten Mausefallen. Auf jeder Falle liegt ein Tischtennisball. Dann fällt noch ein Ball in den Raum ... → 3

a Suche ein Versuchsvideo im Internet. Beschreibe den Verlauf der Kettenreaktion. Beispiel: „Der Tischtennisball fällt auf eine Mausefalle und löst sie aus ..."

b Vergleiche den Modellversuch mit der ungesteuerten Kettenreaktion von Uran-235. Gib Gemeinsamkeiten und Unterschiede an.

c Es soll eine gesteuerte Kettenreaktion wie im Kernkraftwerk ablaufen. Erkläre, wie der Modellversuch dafür geändert werden müsste.

Material D

Die Atombombe

1945 ließen die USA eine Atombombe über der japanischen Stadt Hiroshima explodieren. Bei der Explosion wurde nicht einmal 1 kg Uran $^{235}_{92}U$ gespalten. Trotzdem zerstörte die freigesetzte Energie Hiroshima fast völlig. Rund 80 000 Menschen starben sofort.

1 Beschreibe den Aufbau der Atombombe mit eigenen Worten. → 4

2 Beschreibe, was man bei Atombomben unter der kritischen Masse versteht.

3 Begründe, dass ein Kernkraftwerk nicht explodieren kann wie eine Atombombe.

Bei Atombomben sollen extrem viele Atomkerne $^{235}_{92}U$ in einer ungesteuerten Kettenreaktion ganz schnell gespalten werden. Dafür wird hoch angereichertes Uran verwendet. Außerdem braucht man viel mehr Uran $^{235}_{92}U$ als im Kernkraftwerk. Die mindestens nötige Masse an reinem $^{235}_{92}U$ beträgt rund 50 kg. Man spricht von der kritischen Masse.

Die Atombombe von Hiroshima enthielt an einer Seite einen Stift und an der anderen Seite eine passende Röhre aus $^{235}_{92}U$. Weder der Stift noch die Röhre hatten die kritische Masse, sodass die Bombe gefahrlos zusammengebaut und transportiert werden konnte. Beim Zünden der Bombe explodierte etwas Sprengstoff. Dadurch wurde die Röhre auf den Stift geschossen. Röhre und Stift wogen nun zusammen 64 kg – die kritische Masse war überschritten. Die Neutronenquelle am vorderen Ende der Bombe lieferte freie Neutronen und die unkontrollierte Kettenreaktion setzte ein.

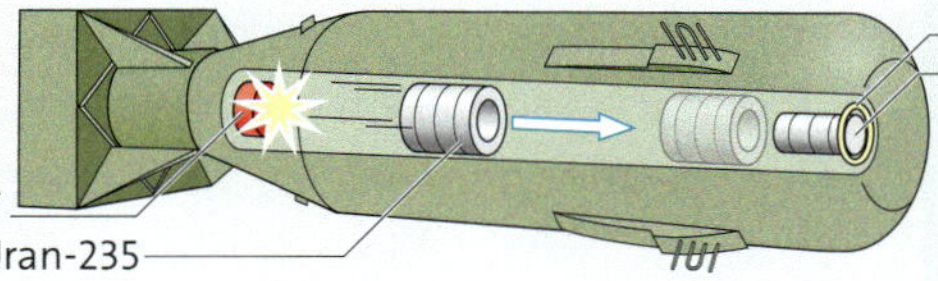

4 Atombombe von Hiroshima

Entdeckung der Kernspaltung

1 2 Atombombentest, Kernkraftwerk

Kaum eine Entdeckung hat so gewaltige Auswirkungen hervorgerufen wie die Kernspaltung.

3 Otto Hahn

Ein unerwartetes Ergebnis • Die Chemiker Otto Hahn (1879–1968) und Fritz Straßmann (1902–1980) forschten an radioaktiven Stoffen. → 3 4 Im Dezember 1938 beschossen sie reines Uran mit Neutronen. Bei der Untersuchung der Proben konnten sie winzige Mengen Barium nachweisen.

4 Fritz Straßmann

Physikalische Deutung • Zunächst war Otto Hahn unklar, wie aus Uran mit 92 Protonen im Atomkern Barium mit 56 Protonen werden kann. Voller Zweifel bat er seine frühere Mitarbeiterin Lise Meitner (1878–1968) um Hilfe. → 5 Die österreichische Physikerin hatte wegen ihrer jüdischen Herkunft 1938 nach Schweden fliehen müssen. Lise Meitner deutete die Versuchsergebnisse richtig: Sie war überzeugt, dass Hahn und Straßmann die erste Kernspaltung gelungen war. Sie empfahl, im beschossenen Uran nach Krypton (36 Protonen) zu suchen. Bei weiteren Versuchen konnte Hahn schließlich Barium und Krypton nachweisen. Damit war bewiesen, dass eine Spaltung der Urankerne in zwei kleinere Kerne stattgefunden hatte. Später ließen sich auch andere Elemente nachweisen.

5 Lise Meitner

Nutzung der Kernenergie • Lise Meitner berechnete, dass bei der Kernspaltung gewaltige Energiemengen abgegeben werden. Spaltet man nur 1 g Uran vollständig, wird die gleiche Menge Energie freigesetzt wie bei der Verbrennung von 2,3 t Steinkohle. Damit war die Grundlage für die technische Nutzung der Kernspaltung gelegt.
1946 erhielten Otto Hahn und Fritz Straßmann für die Entdeckung der Kernspaltung den Nobelpreis für Chemie. Lise Meitner ging leer aus.
Bis zu seinem Tod setzte sich Otto Hahn gegen die militärische Nutzung der Kernenergie ein.

Otto Hahn, Fritz Straßmann und Lise Meitner entdeckten 1938 die Kernspaltung von Uranatomen durch den Beschuss mit Neutronen.

Aufgaben

1 ☒ Erkläre, wieso Hahn und Meitner eine Spaltung der Urankerne vermuteten.

2 ☒ Informiere dich über Lise Meitners Haltung zur Atombombe.

Otto **Hahn**
Lise **Meitner**
Fritz **Straßmann**

Material A

Die Atombombe von Hiroshima

Am 06.08.1945 explodierte die Atombombe von Hiroshima – knapp 7 Jahre nach der Entdeckung der Kernspaltung. → 6

1 Beschreibe die Entwicklung und den Bau der ersten Atombombe.

2 Hiroshima am 06.08.1945
a Beschreibe, was geschah.
b Nenne die Auswirkungen auf die direkt überlebenden Menschen.

3 Recherchiert zu den Atombombenabwürfen in Hiroshima und Nagasaki und erstellt eine Präsentation.

Zum Zeitpunkt der Entdeckung der Atombombe dachte noch niemand an eine militärische Nutzung. Bereits wenige Monate später begann man aber in Nazideutschland, an einer Atombombe zu arbeiten. Auch in den USA forschte man am Bau der Bombe. Seit 1939 tobte der Zweite Weltkrieg, in den die USA 1941 eintraten. Ab 1942 wurden die Bemühungen zum Bau der Atombombe im Manhattan Project gebündelt.
Im selben Jahr ging der erste Atomreaktor in den USA in Betrieb. Versteckt unter der Tribüne eines Footballstadions in Chicago, erzeugte der Reaktor spaltbares Material zum Bau einer amerikanischen Atombombe.
Die erste Atombombe wurde am 16.07.1945 in der Wüste von New Mexico gezündet. Der Blitz der Explosion war 300 km weit zu sehen, der Atompilz türmte sich über 10 km auf. Selbst die Wissenschaftler waren von der Zerstörungskraft erschrocken.
Trotzdem wurde nur wenig später im japanischen Hiroshima die erste Atombombe gegen Menschen eingesetzt. Die Druckwelle der Explosion zerstörte in wenigen Sekunden fast die gesamte Innenstadt. Nach der Druckwelle folgte ein Feuerball. Im Zentrum war er 3000–4000 °C heiß. Noch in 10 km Entfernung gingen Bäume in Flammen auf. Von den 255 000 Einwohnern starben rund 80 000 sofort. Die freigesetzten radioaktiven Stoffe belasteten die Erde und den Fluss, aus dem viele Überlebende tranken. Durch die hohe Strahlenbelastung bekamen viele Opfer Haarausfall und rote Flecke. Etliche starben kurz darauf qualvoll an inneren Verletzungen. Insgesamt starben durch die Explosion und ihre Folgen mehr als 150 000 Menschen.
Hiroshima ist nach dem Krieg wieder aufgebaut worden. In einem Mahnmal brennt eine Flamme, die erst gelöscht werden soll, wenn die letzte Atomwaffe weltweit zerstört worden ist.

Luftbild von Hiroshima, Wochen nach der Explosion

Heute Mahnmal: Ruine der Handelskammer

6

Sicherheit von Kernkraftwerken

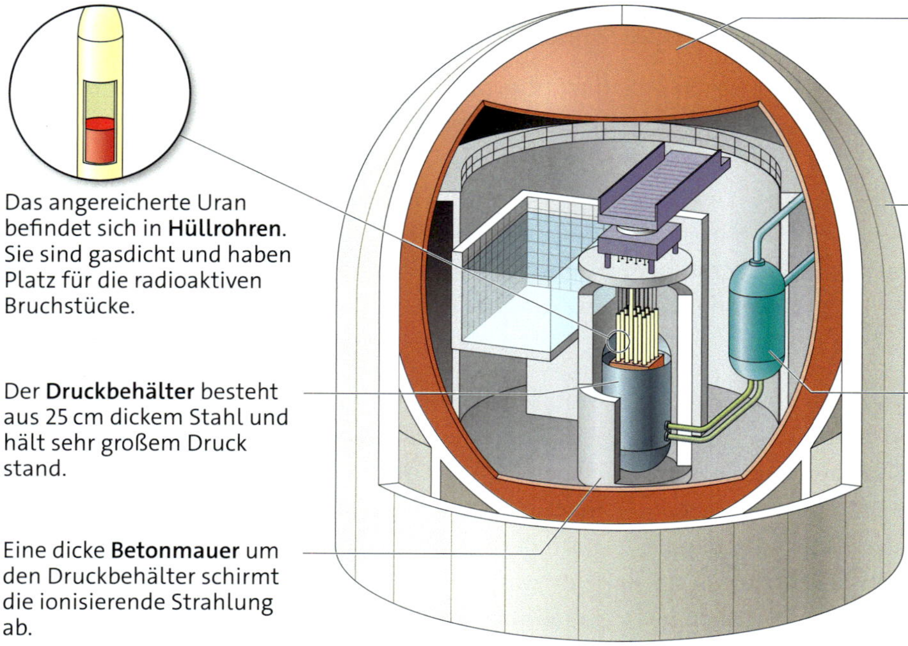

1 Schutzmaßnahmen im Kernreaktor

Im Kernreaktor befindet sich eine große Menge an hochradioaktiven Stoffen, die oft auch giftig sind.

Schutzmaßnahmen • Mehrere Barrieren sollen verhindern, dass radioaktive Stoffe oder ihre ionisierende Strahlung in die Umwelt gelangen. → 1

Risiken • Trotz aller Maßnahmen kann das Versagen von Mensch und Technik nie restlos ausgeschlossen werden. Einer der schwersten Unfälle ist der Ausfall des Hauptkühlsystems (1. Kreislauf). Ohne Wasserkühlung schmelzen die Brennelemente. Dabei können Barrieren zerstört werden und große Mengen radioaktiver Stoffe entweichen, so wie in Fukushima und Tschernobyl. Ein Problem ist auch die Nachwärme. Sie entsteht, weil sich die Bruchstücke aus den Kernspaltungen selbst radioaktiv umwandeln und dabei Energie abgeben. Daher muss ein Notkühlsystem nach einem solchen Unfall über Jahre hinweg den Reaktorkern kühlen.

Die Sicherheitssysteme von Kernkraftwerken sollen das Austreten radioaktiver Stoffe und ionisierender Strahlung verhindern.

Aufgaben

1 ☑ Nenne Schutzmaßnahmen im Kernkraftwerk. → 1

2 ☒ Beschreibe, welche Folgen der Ausfall des Hauptkühlsystems hat.

der Kernreaktor
die Nachwärme

Material A

Notabschaltung und Nachwärme

1 ☒ Beschreibe die Notabschaltung eines Kernkraftwerks. → 2

2 ☒ Erkläre, warum Kernkraftwerke auch Jahre nach dem Abschalten noch gekühlt werden müssen.

Bei der Notabschaltung eines Kernkraftwerks werden die Steuerstäbe in voller Länge zwischen die Brennelemente eingefahren. Obwohl die Kettenreaktion abbricht, muss weiter gekühlt werden. Bei den Kernspaltungen sind nämlich radioaktive Stoffe entstanden. Sie geben bei weiteren Kernumwandlungen Energie ab, die in Wärme umgewandelt wird. Diese Wärme muss abgeführt werden, damit die Brennelemente nicht schmelzen. Wegen der langen Halbwertszeit der Spaltprodukte muss ein abgeschaltetes Kernkraftwerk über mehrere Jahrzehnte gekühlt werden.

2

Material B

Schutz vor „Radioaktivität“

1 ☑ Gib an, wie sich die Arbeiterinnen und Arbeiter im Kernkraftwerk schützen.

2 ☒ Oft wird in den Medien von Radioaktivität gesprochen. Dabei meint man entweder die ionisierende Strahlung oder die radioaktiven Stoffe.
Erkläre den Unterschied zwischen ionisierender Strahlung und radioaktiven Stoffen.

3 ☒ „Radioaktive Stoffe gelangen aus dem Kernkraftwerk in die Umwelt.“
Beschreibe mögliche Gefahren für die Bevölkerung.

Schutz vor ionisierender Strahlung:

- Die dicken Wände des Reaktorbehälters und der Betonmauern schirmen die Strahlung ab.
- Dosimeter messen die Strahlung und warnen vor einer zu hohen Strahlendosis.

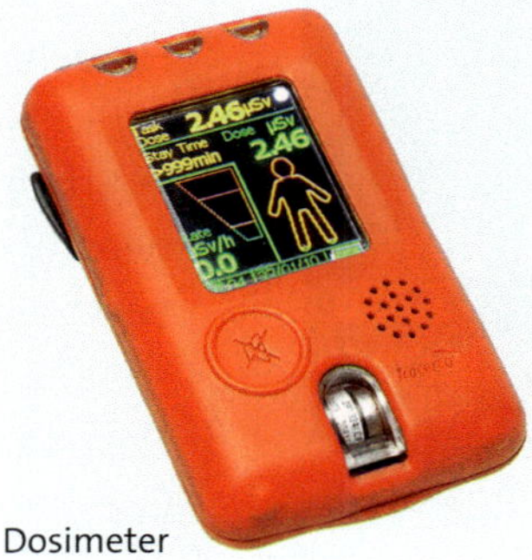

Dosimeter

Schutz vor radioaktiven Stoffen:

- Schutzanzüge und Atemmasken schützen vor der Aufnahme der Stoffe in den Körper.
- Sicherheitsschleusen verhindern, dass die Stoffe aus dem Innern des Reaktors gelangen.
- Iodtabletten verhindern, dass radioaktive Iod-Isotope vom Körper aufgenommen werden.
- Notduschen waschen die Stoffe vom Körper und der Kleidung ab.

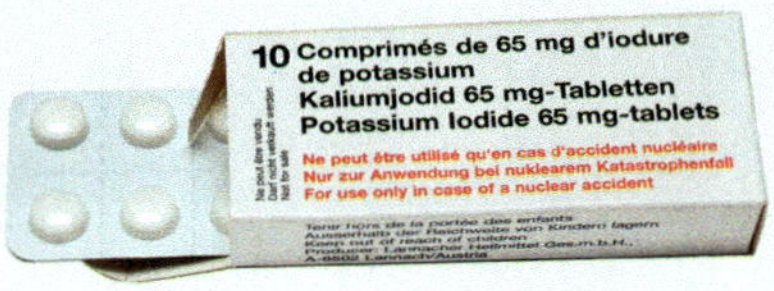

Iodtabletten

3

Erweitern und Vertiefen

Der Reaktorunfall von Fukushima

Tsunami und Reaktorunfall • Am 11. März 2011 wurde Japan durch ein starkes Erdbeben erschüttert. Anschließend wurden Küstengebiete von einem Tsunami überflutet und verwüstet. Dabei wurde das Kernkraftwerk von Fukushima schwer beschädigt. Die Kühlsysteme fielen aus. Kühlwasser verdampfte und reagierte mit den Hüllrohren der Brennelemente, wobei Wasserstoff entstand. Es kam zur Kernschmelze und das Kraftwerk geriet außer Kontrolle. Mehrere Reaktorblöcke wurden durch Wasserstoffexplosionen zerstört. → 1 Radioaktive Stoffe wurden freigesetzt und breiteten sich als Wolke über dem Pazifik und bewohnten Teilen Japans aus. Mehr als 100 000 Menschen wurden aus einem Umkreis von 30 km um das Kraftwerk herum evakuiert, als erhöhte Strahlenwerte gemessen wurden. Sie kamen in Notunterkünften unter. Es kann Jahrzehnte dauern, bis die Flüchtlinge zurückkehren dürfen. Ein Teil des Gebiets wird wohl dauerhaft gesperrt bleiben.

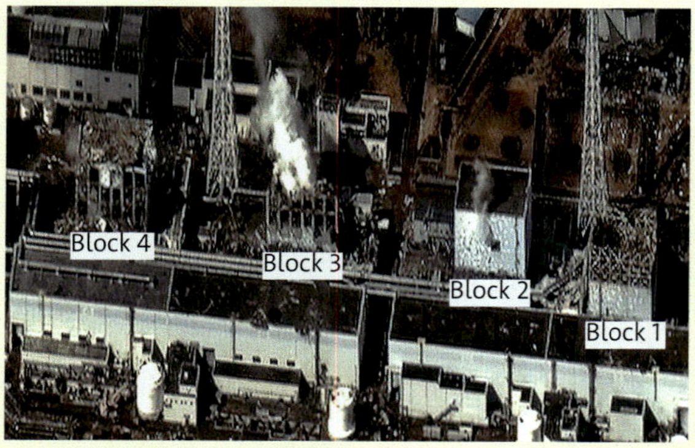

1 Zerstörte Reaktorgebäude 1–4, Satellitenfoto vom 16.03.2011

Folgen für die Umwelt • Monatelang gelangten radioaktive Stoffe aus dem Reaktor in die Umwelt. 10 Millionen Liter radioaktiv belastetes Kühlwasser flossen ins Meer. Die Folgen für Menschen und Tiere sind schwer abzuschätzen. Die Böden sind hauptsächlich durch radioaktives Caesium $^{137}_{55}Cs$ (β-Strahlung, Halbwertszeit: 30 Jahre) belastet. Etwa 8 % Japans sind davon betroffen. Das Caesium kann über die Nahrung in den menschlichen Körper gelangen und dort zu Schäden führen. Nahrungsmittel, die auf den belasteten Böden angebaut werden, weisen eine erhöhte Radioaktivität auf. Der Grenzwert pro Kilogramm Reis oder Tee wird auch 60 km entfernt vom zerstörten Kernkraftwerk noch überschritten.
Mit dem Abgraben der oberen Erdschichten wurde begonnen. So kann die Belastung zwar verringert werden, aber die gewaltigen Erdmengen müssen wie Atommüll behandelt werden.

Aufgaben

1 Beschreibe, wie es im Kraftwerk von Fukushima zur Kernschmelze kam.

2 Erkläre, warum es Jahrzehnte dauern wird, bis die Gegend um Fukushima wieder bewohnbar ist.

3 Erkläre, warum es gefährlich ist, wenn Caesium $^{137}_{55}Cs$ in den Körper gelangt.

Erweitern und Vertiefen

Der „Sarkophag“ von Tschernobyl

Reaktorunfall • Am 26. April 1986 kommt es im Kernkraftwerk Tschernobyl zur größten Katastrophe in der Geschichte der Kernkraftwerke. Bei einem Test am Notkühlsystem steigt die Leistung des Reaktors plötzlich stark an. Die Steuerstäbe werden zwar sofort eingefahren, aber die Katastrophe lässt sich nicht mehr verhindern. Der Reaktorkern entzündet sich und die Sicherheitseinrichtungen versagen. Das Reaktorgebäude wird durch mehrere Explosionen zerstört. Eine Wolke aus radioaktiven Stoffen verteilt sich über halb Europa.

Folgen • Nach verschiedenen Schätzungen sind zwischen 4000 und 150 000 Menschen an den Folgen der Katastrophe gestorben. Noch heute ist das Gebiet um das ehemalige Kernkraftwerk eine Sperrzone. → 2 Die radioaktiven Stoffe belasten nach mehr als 30 Jahren Pilze und Wildtiere – auch in Deutschland.

Schutzmaßnahmen • Nach dem Reaktorunfall wurde die Ruine mit einem Betonmantel verschlossen. Dieser „Sarkophag“ war im Lauf der Jahre rissig und undicht geworden und musste ersetzt werden. Der neue Sarkophag ist eine technische Meisterleistung. 36 000 Tonnen schwer, 110 Meter hoch, 165 Meter lang und 260 Meter breit ist die Konstruktion aus Stahl. Sie ist das größte bewegliche Bauwerk, das jemals erbaut worden ist. → 3
Stück für Stück wurde die 2 Milliarden Euro teure Schutzhülle über den Reaktor geschoben. Sie soll für 100 weitere Jahre verhindern, dass radioaktive Stoffe aus dem Reaktor in die Umwelt entweichen. Bis heute ist nicht geklärt, wie die Ruine endgültig entsorgt werden kann. Die Frage bleibt, ob in 100 Jahren ein noch größerer und teurerer Sarkophag errichtet werden muss.

Aufgaben

1 Beschreibe, wie es zur Reaktorkatastrophe von Tschernobyl kam.

2 Gib Eigenschaften des Sarkophags an.

3 Begründe, warum es so schwierig ist, die Reaktorruine endgültig zu entsorgen.

2 In der Sperrzone

3 Neuer Sarkophag

Abschaltung von Kernkraftwerken

1 Rückbau des stillgelegten Kernkraftwerks Philippsburg, Sprengung der Kühltürme 2020

2023 wird kein deutsches Kernkraftwerk mehr am Netz sein. Die Entsorgung der radioaktiven Abfälle und der Rückbau der Gebäude wird aber noch Jahrzehnte dauern.

Radioaktive Abfälle • Beim Betrieb und beim Rückbau eines Kernkraftwerks entstehen große Mengen radioaktiver Abfälle. Man kann sie weder durch Verbrennen noch durch andere Verfahren beseitigen. Die Abfälle enthalten radioaktive Stoffe mit langen Halbwertszeiten. Deshalb müssen sie über Jahrtausende sicher gelagert werden.

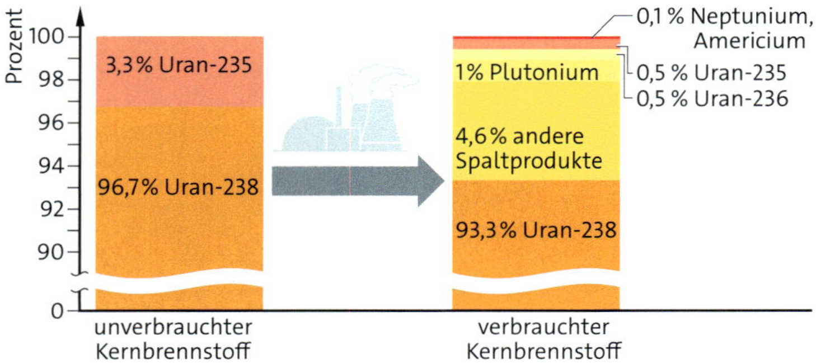

2 Zusammensetzung von Brennstäben

Woraus besteht der Abfall? • Der radioaktive Abfall besteht aus vielen verschiedenen Stoffen:

- Bei der Kernspaltung von Uran-235 entstehen unter anderem hochradioaktives Iod, Caesium und Strontium.
- Uran kann Neutronen einfangen und sich in Elemente mit mehr als 92 Protonen umwandeln, zum Beispiel Plutonium (Halbwertszeit: 24 000 Jahre).
- Die benutzten Brennelemente enthalten ungespaltene Kerne von Uran-235 und Uran-238, die ebenfalls entsorgt werden müssen. → 2
- Die Atome in den Wänden des Reaktors fangen während des Betriebs Neutronen ein und werden dadurch zu radioaktiven Isotopen. Diese müssen nach dem Abschalten entsorgt und sicher gelagert werden.

Rückbau von Kraftwerken • Ende 2022 sollen alle Kernkraftwerke in Deutschland abgeschaltet sein. Danach beginnt auch für die letzten Kraftwerke der aufwendige und teure Rückbau. Er

der radioaktive Abfall
das Endlager

wird mehrere Jahrzehnte andauern. Stillgelegte Kernkraftwerke kann man nicht einfach abreißen. Die enthaltenen radioaktiven Stoffe dürfen nicht in die Umwelt gelangen.
Es gibt zwei Möglichkeiten für den sicheren Rückbau:

- Einschluss der Anlage für 40–60 Jahre: In dieser Zeit klingt die Aktivität im Innern der Reaktoren ab. Der Rückbau wird danach leichter und sicherer sein. Von Nachteil ist, dass die Anlagen in der ganzen Zeit bewacht und überwacht werden müssen.
- Sofortige Zerlegung: Die starke Strahlung und die radioaktiven Stoffe machen dieses Verfahren aufwendig und problematisch. Die Arbeiter müssen ständig Schutzanzüge tragen. Alle Teile müssen zerkleinert, gereinigt, überprüft und entsprechend entsorgt werden.

Lagerung und Transport radioaktiver Abfälle • Die größte Gefahr geht von den benutzten Brennelementen aus. In ihnen sind hochradioaktive Stoffe enthalten. → 2 Die Brennelemente werden zunächst im Kernkraftwerk in Wasserbecken gelagert. Innerhalb von Jahren sinkt die Aktivität stark.
Zusammen mit anderen radioaktiven Stoffen aus Kernkraftwerken werden sie dann in Zwischenlager gebracht. → 3 Dort dürfen die verbrauchten Brennelemente 40 Jahre lang lagern.
Danach müssen die verbrauchten Brennelemente in ein Endlager für hochradioaktive Stoffe transportiert werden.

Endlagersuche • Es gibt weltweit noch kein Endlager für hochradioaktive Stoffe, das für Jahrtausende sicher ist. In Deutschland wird seit einigen Jahren untersucht, ob und wie man die Abfälle lagern kann. Beispielsweise alte Salzbergwerke werden auf ihre Eignung als Endlager geprüft. Fachleute schätzen, dass ein Endlager in Deutschland erst in einigen Jahrzehnten zur Verfügung stehen wird.
In Finnland und Schweden sollen die Abfälle ab dem Jahr 2020 tief in Granit eingeschlossen werden. Ob das Konzept eine sichere Aufbewahrung ermöglicht, ist unklar.

Der radioaktive Abfall muss sicher über Jahrtausende eingelagert werden.

3 Zwischenlager mit Behältern für benutzte Brennelemente

Aufgaben

1 Beschreibe, welche Voraussetzungen ein Endlager erfüllen muss.

2 Gib an, welche Probleme bei der Stilllegung von Kernkraftwerken auftreten.

Abschaltung von Kernkraftwerken

Material A

„Alte“ Brennelemente

1 ☒ Beschreibe den Weg „alter“ Brennelemente. → 1

2 ◩ Nenne Eigenschaften der Castorbehälter.

Die verbrauchten hochradioaktiven Brennelemente werden in spezielle Behälter geladen: die Castorbehälter. Diese müssen absolut dicht sein und allen äußeren Einflüssen standhalten. Außerdem leiten sie die Nachwärme von den Brennelementen in die Umgebung und dürfen keine ionisierende Strahlung entweichen lassen.
Ein Castorbehälter ist 6 m lang, 2 m breit, wiegt (gefüllt) 120 t und kostet 1,5 Millionen Euro. In den Zwischenlagern werden die Castorbehälter durch kalte Frischluft gekühlt. Meistens befinden sich die Zwischenlager neben Kernkraftwerken. Dort dürfen die Brennelemente 40 Jahre lang gelagert werden. Dann sollen sie für Jahrtausende in ein Endlager tief unter der Erde kommen. In Deutschland wird seit Langem nach einem sicheren Standort dafür gesucht.

1

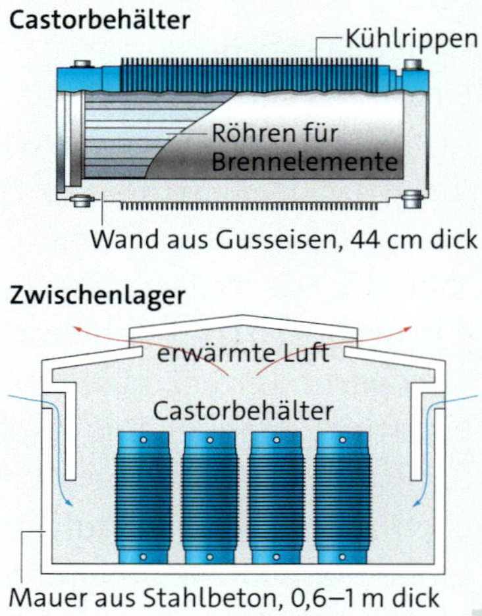

Material B

Das erste Endlager für hochradioaktive Abfälle

1 Lest den Text. → 2

a ◩ Beschreibt das Endlager.

b ◩ Nennt Aspekte, die man beim Bau beachten muss.

c ☒ Informiert euch in Gruppen über andere Endlagerprojekte. Erstellt Plakate dazu.

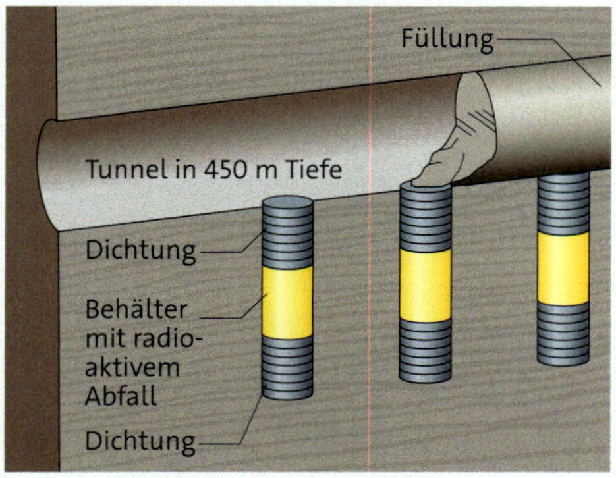

Unter der finnischen Insel Olkiluoto gibt es ein riesiges Labyrinth aus Gängen und Schächten. 450 m tief im Granit entsteht dort das weltweit erste atomare Endlager für hochradioaktive Stoffe. Es soll länger halten als alle anderen Bauten der Menschheit. In Zukunft soll dort radioaktiver Abfall aus Atomkraftwerken so lange gelagert werden, bis die Strahlung abgeklungen ist – mindestens 100 000 Jahre. In dieser Zeit darf kein radioaktiver Abfall in die Umwelt gelangen. Niemand weiß aber, wie unsere Welt in 100 000 Jahren aussehen wird. Wird das Endlager die Eiszeit in 60 000 Jahren überstehen?

2

Material C

Kernkraftwerke – pro und kontra

Der Einsatz von Kernkraftwerken beinhaltet Vorteile und Nachteile:

- Kernkraftwerke produzieren viel weniger CO_2 als Wärmekraftwerke, in denen fossile Energieträger wie Kohle, Erdgas oder Erdöl verbrannt werden. CO_2 verstärkt den natürlichen Treibhauseffekt, sodass die Temperatur der Atmosphäre steigt.
- Unfälle in Kernkraftwerken können katastrophale Auswirkungen auf die Umwelt und die Menschen haben, die sich nicht auf ein Land begrenzen lassen.

Zur Endlagerung der radioaktiven Stoffe aus Kernkraftwerken werden Konzepte benötigt. Diese liegen bislang kaum vor. Sollen unsere Kernkraftwerke vielleicht doch weiterbetrieben werden?

1 ☒ Führt eine Pro-und-Kontra-Debatte und überzeugt eure Klasse!
Findet für jede Rolle Argumente im Internet und im Buch die eure Position unterstützen. → 4

3 Wer hat die besseren Argumente?

Pro	Kontra
Eltern Woher soll unser Strom denn kommen, wenn alle Kernkraftwerke abgeschaltet werden? Wir sind auf die Kernenergie angewiesen. Außerdem liefert sie billige und zuverlässige Energie. Die Entsorgung der Abfälle wird auch noch gelöst und dann spricht nichts mehr gegen die Nutzung der Kernenergie.	**Eltern** Die Zukunft unserer Kinder macht uns große Sorgen. Der Atommüll und die gefährlichen Unfälle machen die Kernenergie unberechenbar. So eine Katastrophe wie in Fukushima kann vielleicht auch bei uns in Deutschland passieren. Darum müssen alle Kernkraftwerke sofort abgeschaltet werden.
Politiker/Politikerin Zwischenfälle wie in Fukushima können in Deutschland nicht passieren. Unsere Kernkraftwerke sind absolut sicher. Außerdem lösen sie das CO_2-Problem, weil sie der Umwelt nicht schaden. Deshalb müssen wir auch weiterhin Kernkraftwerke nutzen und genauso wie China neue bauen.	**Politiker/Politikerin** Kernenergie kann für Mensch und Umwelt gefährlich sein. Die Endlagerung des strahlenden Mülls ist immer noch nicht geklärt. Es wird höchste Zeit, die Kernkraftwerke abzuschalten. Deutschland muss als Vorbild vorangehen, auch wenn andere Länder weiterhin auf Kernenergie setzen.
Manager/Managerin Ich arbeite in einem wichtigen Stromkonzern. Es gibt keinen Grund, gegen Kernenergie zu sein. Trotz der hohen Entsorgungskosten liefert sie günstig Energie. Erneuerbare Energien sind im Vergleich zu teuer. Außerdem wissen viele Menschen nicht Bescheid über Kernenergie und haben deshalb Befürchtungen.	**Umweltschützer/Umweltschützerin** Warum verstehen die Menschen nicht, dass die Kernenergie große Gefahren und Probleme beinhaltet? Fukushima und Hiroshima haben das gezeigt. Die Fakten sind bekannt und trotzdem gibt es immer noch Menschen, die für die Kernenergie sind. Das verstehe ich nicht, es gibt so viele Argumente dagegen.

4 Rollenkarten für die Pro-und-Kontra-Debatte

Radioaktivität und Kernenergie

Zusammenfassung

Radioaktivität – überall! • Die Strahlung radioaktiver Stoffe kann mit dem Geigerzähler nachgewiesen werden. Wir sind ständig einer geringen ionisierenden Strahlung ausgesetzt.

Aufbau der Atome • Atome bestehen aus Atomkern und Atomhülle. Protonen und Neutronen bilden den Atomkern, Elektronen die Atomhülle. Das Atom enthält gleich viele Protonen und Elektronen. Alle Atome eines Elements haben die gleiche Anzahl von Protonen im Atomkern.
Die Isotope eines Elements haben verschieden viele Neutronen. → 1

Ionisierende Strahlung • In radioaktiven Stoffen wandeln sich Atomkerne um. Dabei werden drei Arten ionisierender Strahlung abgegeben: α-Strahlung, β-Strahlung und γ-Strahlung. → 2

Reaktionsgleichungen • Die Entstehung von ionisierender Strahlung kann durch Reaktionsgleichungen dargestellt werden. → 3

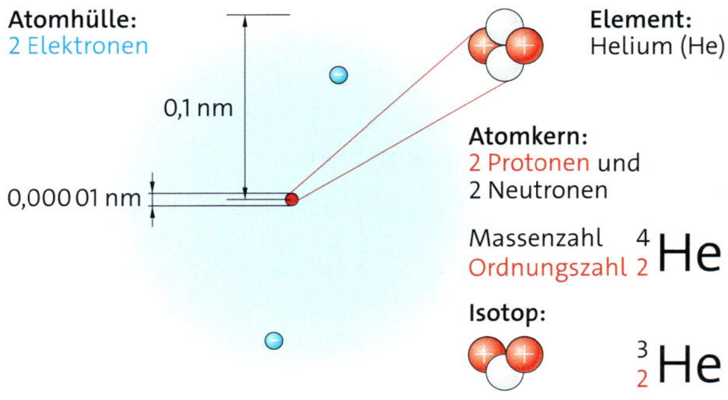

1 Atom und Isotopen

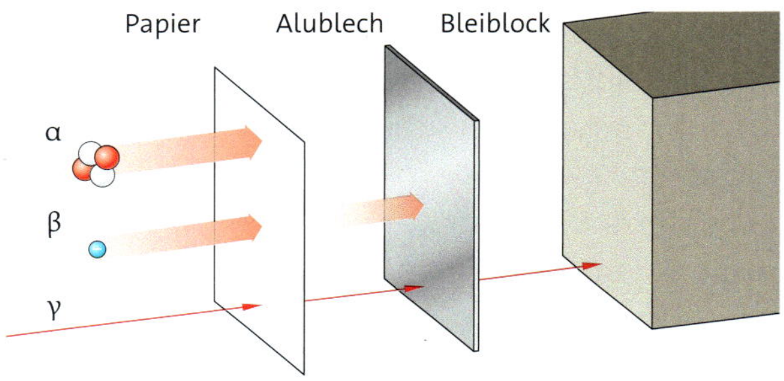

2 Drei Strahlungsarten, verschiedene Reichweiten

$$^{226}_{88}\mathrm{Ra} \longrightarrow {}^{222}_{86}\mathrm{Rn} + {}^{4}_{2}\mathrm{He}$$

3 Radium-226 zerfällt in Radon-222 und Helium-4 (α-Strahlung).

Halbwertszeit • Die Halbwertszeit gibt an, wie lange es durchschnittlich dauert, bis sich die Hälfte der Atomkerne eines radioaktiven Stoffs umgewandelt hat. → 4 Sie ist für jedes radioaktive Isotop verschieden.

Aktivität • Die Aktivität eines radioaktiven Gegenstands gibt an, wie viele Kerne sich in ihm pro Sekunde umwandeln.
Die Einheit der Aktivität ist 1 Becquerel (1 Bq):
1 Becquerel = 1 Kernumwandlung pro Sekunde.

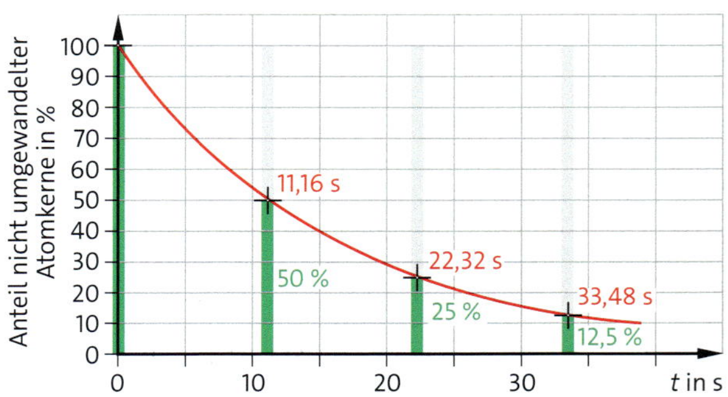

4 Umwandlung von Fluor $^{20}_{9}$F

Anwendungen in Medizin und Technik • Ionisierende Strahlung nutzt man, um das Innere von Körpern sichtbar zu machen, um Zellen zu töten oder zu verändern. Das wird z. B. bei der Krebstherapie genutzt. Mit ionisierender Strahlung prüft man auch Werkstücke auf Materialfehler.

Altersbestimmung • Durch die Messung des Anteils an Kohlenstoff $^{14}_{6}C$ kann das Alter der Überreste von Lebewesen bestimmt werden.

Strahlenbelastung • Ionisierende Strahlung verändert Zellen im Körper. Das kann zu Erkrankungen und zu Veränderungen des Erbguts führen.

Grenzwert der Strahlenbelastung • Die Strahlenbelastung gibt man in Sievert (Sv) an. In Deutschland liegt die Strahlenbelastung im Schnitt bei 4 Millisievert pro Jahr. Dabei sollte die Belastung aus künstlichen Quellen (ohne medizinische Anwendungen) 1 mSv nicht übersteigen.

Kernspaltung • Atomkerne von Uran $^{235}_{92}U$ lassen sich durch Neutronen spalten. → 5 Es entstehen zwei kleinere Atomkerne und freie Neutronen. Dabei wird viel Energie freigesetzt.
Im Kernkraftwerk läuft eine kontrollierte Kettenreaktion ab. → 6 7

Entdeckung der Kernspaltung • Otto Hahn, Fritz Straßmann und Lise Meitner entdeckten 1938 die Kernspaltung von Uran-Atomen durch den Beschuss mit Neutronen.

Sicherheit und Abschaltung von Kernkraftwerken • Die Sicherheitssysteme von Kernkraftwerken sollen das Austreten radioaktiver Stoffe und ionisierender Strahlung verhindern. Der radioaktive Abfall muss sicher über Jahrtausende eingelagert werden.

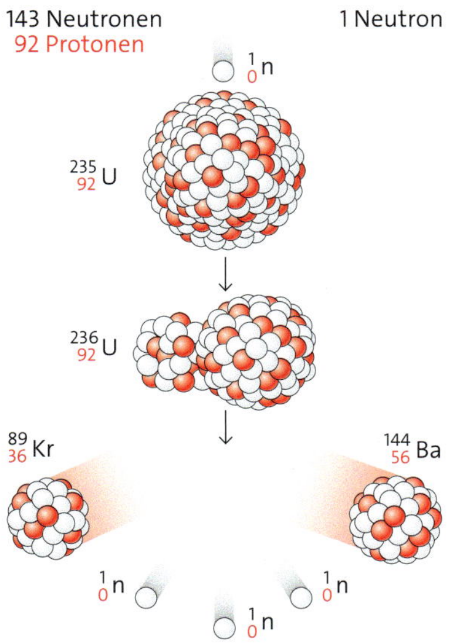

5 Kernspaltung von Uran $^{235}_{92}U$

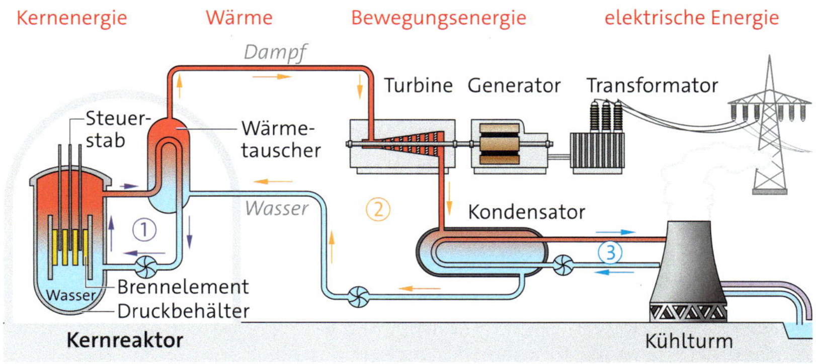

6 Aufbau eines Kernkraftwerks

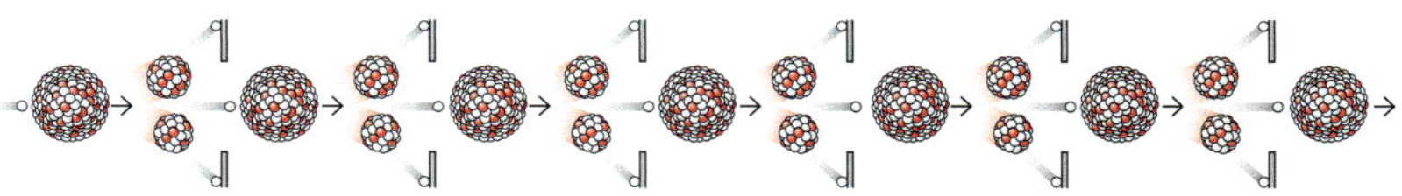

7 Kontrollierte Kettenreaktion

Radioaktivität und Kernenergie

Teste dich! (Lösungen im Anhang)

Radioaktivität – überall! – Ionisierende Strahlung

1 Wie kannst du feststellen, ob beispielsweise die Leuchtziffern einer Uhr radioaktiv sind? Beschreibe es.

2 Erkläre, was man unter ionisierender Strahlung versteht.

3 Nenne verschiedene Arten ionisierender Strahlung.

4 Erläutere den Begriff Isotop am Beispiel des Wasserstoffs. Zeichne die drei Isotope.

5 Gib jeweils an, wie viele Protonen und Neutronen das Isotop hat:
a Stickstoff: $^{14}_{7}N$ und $^{15}_{7}N$
b Caesium: $^{133}_{55}Cs$ und $^{137}_{55}Cs$

6 Die folgenden Begriffe gehören zum Thema radioaktive Kernumwandlung: 5 mm dickes Alublech, negativ, Elementumwandlung, wie Licht, positiv, dicke Bleiplatten, schwach, Strahlung aus Teilchen, neutral, Papier, weniger stark, keine Elementumwandlung, stark.
a Übernimm die Tabelle in dein Heft und trage die Begriffe ein. → 1
b Ordne die Bilder richtig zu. → 2 – 4
c Schreibe ein Beispiel für jede Art der Kernumwandlung als Reaktionsgleichung auf.

7 Plutonium $^{239}_{94}Pu$ gibt bei seiner Umwandlung α-Strahlung ab. Gib an, in welches Element es sich umwandelt.

Die Halbwertszeit

8 Ein radioaktiver Stoff hat eine Halbwertszeit von 30 Jahren. Wähle aus, was das bedeutet. In 30 Jahren:
- ist die Aktivität nur noch halb so hoch, in 60 Jahren ist sie ganz weg.
- löst sich die Hälfte des radioaktiven Stoffs auf und verschwindet völlig.
- sinkt die Aktivität um die Hälfte.
- ist der Stoff nicht mehr radioaktiv.

9 1 g natürliches Kalium hat eine Aktivität von 28 Bq. Im menschlichen Körper sind rund 100 g davon enthalten.
a Beschreibe, was der Begriff Aktivität bedeutet.
b Berechne, wie viele Kalium-Atome im Körper durchschnittlich in 1 s zerfallen.

	α-Strahlung	β-Strahlung	γ-Strahlung
Art der Strahlung	?	?	?
elektrisch	?	?	?
ionisierend	?	?	?
Wird gestoppt von:	?	?	?
Elementumwandlung	?	?	?

1 Strahlung radioaktiver Körper

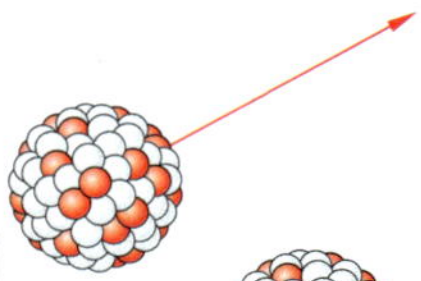

2

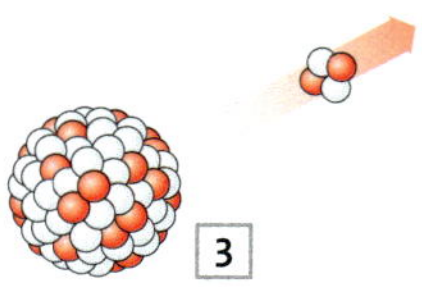

3

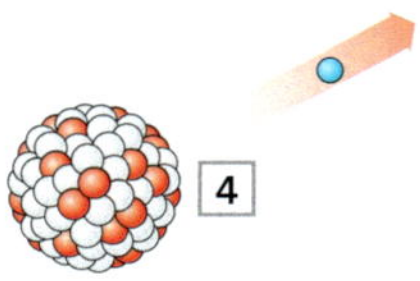

4

10 ☒ Caesium $^{137}_{55}Cs$ entsteht bei der Kernspaltung im Kernkraftwerk. Bei Unfällen wie in Fukushima gelangte es in die Umwelt – mit gefährlichen Folgen für die Menschen.

a Erkläre, was die Zahlen 137 und 55 am Symbol Cs für Caesium bedeuten.

b Lies aus dem Diagramm die Halbwertszeit von Caesium $^{137}_{55}Cs$ ab. → 5

c Wann sind anfangs 100 g Caesium $^{137}_{55}Cs$ nicht mehr radioaktiv? Nach 30, 60, 90 oder mehr als 100 Jahren? Begründe deine Antwort.

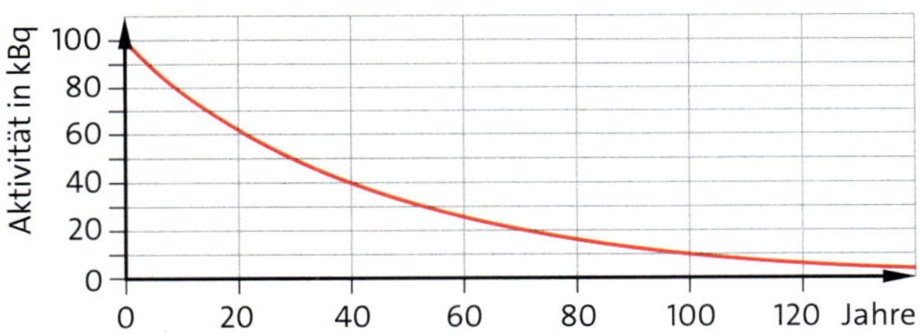

5 Aktivität einer Probe von $^{137}_{55}Cs$

Anwendungen in Medizin und Technik

11 ☒ Ionisierende Strahlung wird in der Medizin eingesetzt. Beschreibe verschiedene Beispiele zur Untersuchung und Behandlung von Personen. Nenne jeweils Vor- und Nachteile.

Die Strahlenbelastung

12 ☒ „Schwangere Frauen sollten ionisierende Strahlung besonders meiden." Begründe.

13 ☒ Bei der von außen auf uns wirkenden Strahlung ist die γ-Strahlung besonders gefährlich, bei der von innen wirkenden Strahlung ist es die α-Strahlung. Begründe diesen Unterschied.

Die Kernspaltung – Entdeckung der Kernspaltung

14 ☒ Bei der Kernspaltung von Uran $^{235}_{92}U$ entstehen neue Elemente. Beschreibe und skizziere den Vorgang der Spaltung. *Tipp:* Zeichne bei den Kernen keine einzelnen Protonen und Neutronen.

15 ☒ Wie entsteht bei der Kernspaltung im Kernkraftwerk Wärme?
Stelle eine Wirkungskette auf: „Ein Neutron dringt in den Urankern ein. → ⟨?⟩"

16 ☒ Angereichertes Uran wird oft als Brennstoff bezeichnet.
Erkläre, warum dieser Begriff eigentlich nicht passt. *Tipp:* Vergleiche mit dem Brennstoff Kohle.

17 ☒ Lise Meitner empfahl Otto Hahn, in den Produkten seines Experiments nach Krypton zu suchen. Begründe die Empfehlung der Wissenschaftlerin.

Sicherheit von Kernkraftwerken – Abschaltung von Kernkraftwerken

18 ☒ Beschreibe die Funktionsweise eines Kernkraftwerks. Nenne mögliche Gefahren.

19 ☒ „Die radioaktiven Abfälle aus Kernkraftwerken können der Menschheit noch in vielen Tausend Jahren gefährlich werden." Erkläre diese Aussage.

20 ☒ Beschreibe den Unterschied zwischen Endlagern und Zwischenlagern.

Zum Nachschlagen

Verhalten im Fachraum

Beim Betreten

- Betritt den Fachraum nur mit der Lehrkraft.
- Befolge die Anweisungen der Lehrkraft.
- Nicht herumrennen oder schubsen!
- Lege nie Taschen und Jacken in Fluchtwegen ab.
- Nicht essen und trinken!

Sicherheitseinrichtungen

Fluchtweg

Feuerlöscher, Löschdecke, Löschsand

Notfalltelefon

Augendusche

Erste-Hilfe-Kasten

Not-Aus-Schalter

Im Notfall

- Drücke den Not-Aus-Schalter.
- Hole Hilfe.
- Hilf anderen Personen.
- Verlasse schnell den Raum über die Fluchtwege.

Beim Experimentieren

- Lies dir vor dem Versuch die Arbeitsanweisungen genau durch.
- Halte Ordnung und entferne unnötige Dinge vom Arbeitsplatz.
- Binde lange Haare zurück.
- Lege Schals und lose Kleidung ab.
- Trage eine Schutzbrille, wenn es gefordert wird.

- Fächle dir Gerüche vorsichtig zu.
- Richte die Öffnungen von Reagenzgläsern niemals auf dich oder andere Personen.

Arbeiten mit dem Gasbrenner

- Trage immer eine Schutzbrille.
- Lass offene Flammen nie unbeaufsichtigt.
- Schließe die Gas- und Luftzufuhr, wenn die Flamme des Brenners erlischt.
- Schließe bei Gasgeruch sofort den Gashahn. Informiere die Lehrkraft und öffne die Fenster.

Gasbrenner einschalten:
- Vorbereiten: Die Gaszufuhr und die Luftzufuhr müssen geschlossen sein. Überprüfe es! Verbinde den Brenner mit dem Gashahn am Tisch. Achte auf den sicheren Stand des Brenners.
- Entzünden: Öffne den Gashahn, indem du gleichzeitig drückst und drehst. Drehe dann die Gaszufuhr etwas auf. Entzünde sofort das ausströmende Gas: Die leuchtende Flamme entsteht.
- Einstellen: Öffne die Luftzufuhr. Die blaue Flamme nennt man „rauschende Flamme". Für eine größere Flamme drehst du die Gaszufuhr weiter auf.

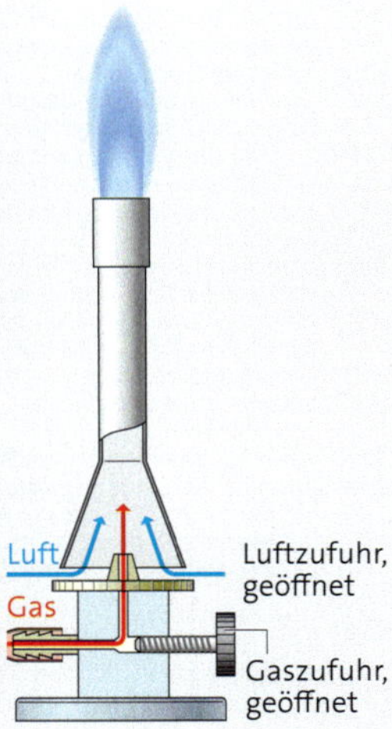

Gasbrenner abschalten:
- Luftzufuhr schließen
- Gaszufuhr schließen
- Gashahn schließen
- Schlauch entfernen

Gefahrstoffkennzeichnung

Gefahr/Achtung: Stoffe und Gemische
- können sich selbst zersetzen.
- können explodieren.

Gefahr/Achtung: Stoffe und Gemische
- sind entzündbar.
- können sich selbst erhitzen.
- entwickeln bei Berührung mit Wasser entzündbare Gase.

Gefahr/Achtung: Stoffe und Gemische haben brandfördernde Wirkung.

Achtung: Stoffe und Gemische stehen unter Druck (gilt für Gase).

Gefahr/Achtung: Stoffe und Gemische
- verursachen schwere Verätzungen der Haut.
- verursachen schwere Augenschäden.
- greifen Metalle an.

Gefahr: Stoffe und Gemische sind giftig und bereits in geringen Mengen lebensgefährlich.

Achtung: Stoffe und Gemische
- sind gesundheitschädlich.
- verursachen Haut- und/oder Augenreizungen.
- verursachen allergische Hautreaktionen.
- verursachen Reizungen der Atemwege.
- verursachen Schläfrigkeit und Benommenheit.

Gefahr/Achtung: Stoffe und Gemische
- können bei Verschlucken und Eindringen in die Atemwege tödlich sein.
- können Organe schädigen.
- können Krebs erzeugen.
- können die Fruchtbarkeit beeinträchtigen.
- können das Kind im Mutterleib schädigen.
- können das Erbgut schädigen.
- können beim Einatmen Allergien, asthmaartige Symptome oder Atembeschwerden verursachen.

Achtung: Stoffe und Gemische sind giftig für Wasserorganismen.

Gefahrenhinweise, ergänzende Gefahrenmerkmale und ergänzende Kennzeichnungselemente

Gefahrenhinweise (H-Sätze)

Gefahrenhinweise für physikalische Gefahren

H200	Instabil, explosiv
H201	Explosiv, Gefahr der Massenexplosion.
H202	Explosiv; große Gefahr durch Splitter, Spreng- und Wurfstücke.
H203	Explosiv; Gefahr durch Feuer, Luftdruck oder Splitter, Spreng- und Wurfstücke.
H204	Gefahr durch Feuer oder Splitter, Spreng- und Wurfstücke.
H205	Gefahr der Massenexplosion bei Feuer.
H220	Extrem entzündbares Gas.
H221	Entzündbares Gas.
H222	Extrem entzündbares Aerosol.
H223	Entzündbares Aerosol.
H224	Flüssigkeit und Dampf extrem entzündbar.
H225	Flüssigkeit und Dampf leicht entzündbar.
H226	Flüssigkeit und Dampf entzündbar.
H228	Entzündbarer Feststoff.
H229	Behälter steht unter Druck: kann bei Erwärmung bersten.
H240	Erwärmung kann Explosion verursachen.
H241	Erwärmung kann Brand oder Explosion verursachen.
H242	Erwärmung kann Brand verursachen.
H250	Entzündet sich in Berührung mit Luft von selbst.
H251	Selbsterhitzungsfähig; kann in Brand geraten.
H260	In Berührung mit Wasser entstehen entzündbare Gase, die sich spontan entzünden können.
H261	In Berührung mit Wasser entstehen entzündbare Gase.
H270	Kann Brand verursachen oder verstärken; Oxidationsmittel.
H271	Kann Brand oder Explosion verursachen; starkes Oxidationsmittel.
H272	Kann Brand verstärken; Oxidationsmittel.
H280	Enthält Gas unter Druck; kann bei Erwärmung explodieren.
H281	Enthält tiefkaltes Gas; kann Kälteverbrennungen oder -verletzungen verursachen.
H290	Kann gegenüber Metallen korrosiv sein.

Gefahrenhinweise für Gesundheitsgefahren

H300	Lebensgefahr bei Verschlucken.
H301	Giftig bei Verschlucken.
H302	Gesundheitsschädlich bei Verschlucken.
H304	Kann bei Verschlucken und Eindringen in die Atemwege tödlich sein.
H310	Lebensgefahr bei Hautkontakt.
H311	Giftig bei Hautkontakt.
H312	Gesundheitsschädlich bei Hautkontakt.
H314	Verursacht schwere Verätzungen der Haut und schwere Augenschäden.
H315	Verursacht Hautreizungen.
H317	Kann allergische Hautreaktionen verursachen.
H318	Verursacht schwere Augenschäden.
H319	Verursacht schwere Augenreizung.
H330	Lebensgefahr bei Einatmen.
H331	Giftig bei Einatmen.
H332	Gesundheitsschädlich bei Einatmen.
H334	Kann bei Einatmen Allergie, asthmaartige Symptome oder Atembeschwerden verursachen.
H335	Kann die Atemwege reizen.
H336	Kann Schläfrigkeit und Benommenheit verursachen.
H340	Kann genetische Defekte verursachen *<Expositionsweg angeben, sofern schlüssig belegt ist, dass diese Gefahr bei keinem anderen Expositionsweg besteht>*.
H341	Kann vermutlich genetische Defekte verursachen *<Expositionsweg angeben, sofern schlüssig belegt ist, dass diese Gefahr bei keinem anderen Expositionsweg besteht>*.
H350	Kann Krebs erzeugen *<Expositionsweg angeben, sofern schlüssig belegt ist, dass diese Gefahr bei keinem anderen Expositionsweg besteht>*.
H350i	Kann beim Einatmen Krebs erzeugen.
H351	Kann vermutlich Krebs erzeugen *<Expositionsweg angeben, sofern schlüssig belegt ist, dass diese Gefahr bei keinem anderen Expositionsweg besteht>*.
H360	Kann die Fruchtbarkeit beeinträchtigen oder das Kind im Mutterleib schädigen *<konkrete Wirkung angeben, sofern bekannt> <Expositionsweg angeben, sofern schlüssig belegt ist, dass die Gefahr bei keinem anderen Expositionsweg besteht>*.
H360F	Kann die Fruchtbarkeit beeinträchtigen.
H360D	Kann das Kind im Mutterleib schädigen.
H360FD	Kann die Fruchtbarkeit beeinträchtigen. Kann das Kind im Mutterleib schädigen.
H360Fd	Kann die Fruchtbarkeit beeinträchtigen. Kann vermutlich das Kind im Mutterleib schädigen.
H360Df	Kann das Kind im Mutterleib schädigen. Kann vermutlich die Fruchtbarkeit beeinträchtigen.
H361	Kann vermutlich die Fruchtbarkeit beeinträchtigen oder das Kind im Mutterleib schädigen *<konkrete Wirkung angeben, sofern bekannt> <Expositionsweg angeben, sofern schlüssig belegt ist, dass die Gefahr bei keinem anderen Expositionsweg besteht>*.
H361f	Kann vermutlich die Fruchtbarkeit beeinträchtigen.
H361d	Kann vermutlich das Kind im Mutterleib schädigen.
H361fd	Kann vermutlich die Fruchtbarkeit beeinträchtigen. Kann vermutlich das Kind im Mutterleib schädigen.
H362	Kann Säuglinge über die Muttermilch schädigen.
H370	Schädigt die Organe *<oder alle betroffenen Organe nennen, sofern bekannt> <Expositionsweg angeben, sofern schlüssig belegt ist, dass diese Gefahr bei keinem anderen Expositionsweg besteht>*.
H371	Kann die Organe schädigen *<oder alle betroffenen Organe nennen, sofern bekannt> <Expositionsweg angeben, sofern schlüssig belegt ist, dass diese Gefahr bei keinem anderen Expositionsweg besteht>*.
H372	Schädigt die Organe *<alle betroffenen Organe nennen>* bei längerer oder wiederholter Exposition *<Expositionsweg angeben, wenn schlüssig belegt ist, dass diese Gefahr bei keinem anderen Expositionsweg besteht>*.
H373	Kann die Organe schädigen *<alle betroffenen Organe nennen, sofern bekannt>* bei längerer oder wiederholter Exposition *<Expositionsweg angeben, wenn schlüssig belegt ist, dass diese Gefahr bei keinem anderen Expositionsweg besteht>*.

Gefahrenhinweise für Umweltgefahren

H400	Sehr giftig für Wasserorganismen.
H410	Sehr giftig für Wasserorganismen mit langfristiger Wirkung.
H411	Giftig für Wasserorganismen, mit langfristiger Wirkung.
H412	Schädlich für Wasserorganismen, mit langfristiger Wirkung.
H413	Kann für Wasserorganismen schädlich sein, mit langfristiger Wirkung.

Ergänzende Gefahrenmerkmale

Physikalische Eigenschaften

EUH001	In trockenem Zustand explosionsgefährlich.
EUH006	Mit und ohne Luft explosionsfähig.
EUH014	Reagiert heftig mit Wasser.
EUH018	Kann bei Verwendung explosionsfähige/entzündbare Dampf/Luft-Gemische bilden.
EUH019	Kann explosionsfähige Peroxide bilden.
EUH044	Explosionsgefahr bei Erhitzen unter Einschluss.

Gesundheitsgefährliche Eigenschaften

EUH029	Entwickelt bei Berührung mit Wasser giftige Gase.
EUH031	Entwickelt bei Berührung mit Säure giftige Gase.
EUH032	Entwickelt bei Berührung mit Säure sehr giftige Gase.
EUH066	Wiederholter Kontakt kann zu spröder oder rissiger Haut führen.
EUH070	Giftig bei Berührung mit den Augen.
EUH071	Wirkt ätzend auf die Atemwege.

Umweltgefährliche Eigenschaften

EUH059	Die Ozonschicht schädigend.

Ergänzende Kennzeichnungselemente/Informationen über bestimmte Stoffe und Gemische

EUH201	Enthält Blei. Nicht für den Anstrich von Gegenständen verwenden, die von Kindern gekaut oder gelutscht werden könnten.
EUH201A	Achtung! Enthält Blei.
EUH202	Cyanacrylat. Gefahr. Klebt innerhalb von Sekunden Haut und Augenlider zusammen. Darf nicht in die Hände von Kindern gelangen.
EUH203	Enthält Chrom (VI). Kann allergische Reaktionen hervorrufen.
EUH204	Enthält Isocyanate. Kann allergische Reaktionen hervorrufen.
EUH205	Enthält epoxidhaltige Verbindungen. Kann allergische Reaktionen hervorrufen.
EUH206	Achtung! Nicht zusammen mit anderen Produkten verwenden, da gefährliche Gase (Chlor) freigesetzt werden können.
EUH207	Achtung! Enthält Cadmium. Bei der Verwendung entstehen gefährliche Dämpfe. Hinweise des Herstellers beachten. Sicherheitsanweisungen einhalten.
EUH208	Enthält *<Name des sensibilisierenden Stoffes>*. Kann allergische Reaktionen hervorrufen.
EUH209	Kann bei Verwendung leicht entzündbar werden.
EUH209A	Kann bei Verwendung entzündbar werden.
EUH210	Sicherheitsdatenblatt auf Anfrage erhältlich.
EUH401	Zur Vermeidung von Risiken für Mensch und Umwelt die Gebrauchsanleitung einhalten.

Sicherheitshinweise (P-Sätze)

Sicherheitshinweise – Allgemeines

P101	Ist ärztlicher Rat erforderlich, Verpackung oder Kennzeichnungsetikett bereithalten.
P102	Darf nicht in die Hände von Kindern gelangen.
P103	Vor Gebrauch Kennzeichnungsetikett lesen.

Sicherheitshinweise – Prävention

P201	Vor Gebrauch besondere Anweisungen einholen.
P202	Vor Gebrauch alle Sicherheitshinweise lesen und verstehen.
P210	Von Hitze/Funken/offener Flamme/heißen Oberflächen fernhalten. Nicht rauchen.
P211	Nicht gegen offene Flamme oder andere Zündquelle sprühen.
P220	Von Kleidung/…/brennbaren Materialien fernhalten/entfernt aufbewahren.
P221	Mischen mit brennbaren Stoffen/… unbedingt verhindern.
P222	Kontakt mit Luft nicht zulassen.
P223	Kontakt mit Wasser wegen heftiger Reaktion und möglichem Aufflammen unbedingt verhindern.
P230	Feucht halten mit …
P231	Unter inertem Gas handhaben.
P232	Vor Feuchtigkeit schützen.
P233	Behälter dicht verschlossen halten.
P234	Nur im Originalbehälter aufbewahren.
P235	Kühl halten.
P240	Behälter und zu befüllende Anlage erden.
P241	Explosionsgeschützte elektrische Betriebsmittel/Lüftungsanlagen/Beleuchtung/… verwenden.
P242	Nur funkenfreies Werkzeug verwenden.
P243	Maßnahmen gegen elektrostatische Aufladungen treffen.
P244	Druckminderer frei von Fett und Öl halten.
P250	Nicht schleifen/stoßen/…/reiben.
P251	Behälter steht unter Druck: Nicht durchstechen oder verbrennen, auch nicht nach der Verwendung.
P260	Staub/Rauch/Gas/Nebel/Dampf/Aerosol nicht einatmen.
P261	Einatmen von Staub/Rauch/Gas/Nebel/Dampf/Aerosol vermeiden.
P262	Nicht in die Augen, auf die Haut oder auf die Kleidung gelangen lassen.
P263	Kontakt während der Schwangerschaft und der Stillzeit vermeiden.
P264	Nach Gebrauch … gründlich waschen.
P270	Bei Gebrauch nicht essen, trinken oder rauchen.
P271	Nur im Freien oder in gut belüfteten Räumen verwenden.
P272	Kontaminierte Arbeitskleidung nicht außerhalb des Arbeitsplatzes tragen.
P273	Freisetzung in die Umwelt vermeiden.
P280	Schutzhandschuhe/Schutzkleidung/Augenschutz/Gesichtsschutz tragen.
P281	Vorgeschriebene persönliche Schutzausrüstung verwenden.
P282	Schutzhandschuhe/Gesichtsschild/Augenschutz mit Kälteisolierung tragen.
P283	Schwer entflammbare/flammhemmende Kleidung tragen.
P284	Atemschutz tragen.
P285	Bei unzureichender Belüftung Atemschutz tragen.
P231 + P232	Unter inertem Gas handhaben. Vor Feuchtigkeit schützen.
P235 + P410	Kühl halten. Vor Sonnenbestrahlung schützen.

Sicherheitshinweise – Reaktion

P301	BEI VERSCHLUCKEN:
P302	BEI BERÜHRUNG MIT DER HAUT:
P303	BEI BERÜHRUNG MIT DER HAUT (oder dem Haar):
P304	BEIM EINATMEN:
P305	BEI KONTAKT MIT DEN AUGEN:
P306	BEI KONTAMINIERTER KLEIDUNG:
P307	BEI Exposition:
P308	BEI Exposition oder falls betroffen:
P309	BEI Exposition oder Unwohlsein:
P310	Sofort GIFTINFORMATIONSZENTRUM oder Arzt anrufen.
P311	GIFTINFORMATIONSZENTRUM oder Arzt anrufen.
P312	Bei Unwohlsein GIFTINFORMATIONSZENTRUM oder Arzt anrufen.
P313	Ärztlichen Rat einholen/ärztliche Hilfe hinzuziehen.
P314	Bei Unwohlsein ärztlichen Rat einholen/ärztliche Hilfe hinzuziehen.
P315	Sofort ärztlichen Rat einholen/ärztliche Hilfe hinzuziehen.
P320	Besondere Behandlung dringend erforderlich (siehe … auf diesem Kennzeichnungsetikett).
P321	Besondere Behandlung (siehe … auf diesem Kennzeichnungsetikett).
P322	Gezielte Maßnahmen (siehe … auf diesem Kennzeichnungsetikett).
P330	Mund ausspülen.
P331	KEIN Erbrechen herbeiführen.
P332	Bei Hautreizung:
P333	Bei Hautreizung oder -ausschlag:
P334	In kaltes Wasser tauchen/nassen Verband anlegen.
P335	Lose Partikel von der Haut abbürsten.
P336	Vereiste Bereiche mit lauwarmem Wasser auftauen. Betroffenen Bereich nicht reiben.
P337	Bei anhaltender Augenreizung:
P338	Eventuell vorhandene Kontaktlinsen nach Möglichkeit entfernen. Weiter ausspülen.
P340	Die betroffene Person an die frische Luft bringen und in einer Position ruhigstellen, die das Atmen erleichtert.
P341	Bei Atembeschwerden an die frische Luft bringen und in einer Position ruhigstellen, die das Atmen erleichtert.
P342	Bei Symptomen der Atemwege:
P350	Behutsam mit viel Wasser und Seife waschen.
P351	Einige Minuten lang behutsam mit Wasser ausspülen.
P352	Mit viel Wasser und Seife waschen.
P353	Haut mit Wasser abwaschen/duschen.
P360	Kontaminierte Kleidung und Haut sofort mit viel Wasser abwaschen und danach Kleidung ausziehen.
P361	Alle kontaminierten Kleidungsstücke sofort ausziehen.
P362	Kontaminierte Kleidung ausziehen und vor erneutem Tragen waschen.
P363	Kontaminierte Kleidung vor erneutem Tragen waschen.
P370	Bei Brand:
P371	Bei Großbrand und großen Mengen:
P372	Explosionsgefahr bei Brand.
P373	KEINE Brandbekämpfung, wenn das Feuer explosive Stoffe/Gemische/Erzeugnisse erreicht.
P374	Brandbekämpfung mit üblichen Vorsichtsmaßnahmen aus angemessener Entfernung.
P375	Wegen Explosionsgefahr Brand aus der Entfernung bekämpfen.
P376	Undichtigkeit beseitigen, wenn gefahrlos möglich.
P377	Brand von ausströmendem Gas: Nicht löschen, bis Undichtigkeit gefahrlos beseitigt werden kann.
P378	… zum Löschen verwenden.
P380	Umgebung räumen.
P381	Alle Zündquellen entfernen, wenn gefahrlos möglich.
P390	Verschüttete Mengen aufnehmen, um Materialschäden zu vermeiden.
P391	Verschüttete Mengen aufnehmen.
P301 + P310	BEI VERSCHLUCKEN: Sofort GIFTINFORMATIONSZENTRUM oder Arzt anrufen.
P301 + P312	BEI VERSCHLUCKEN: Bei Unwohlsein GIFTINFORMATIONSZENTRUM oder Arzt anrufen.
P301 + P330 + P331	BEI VERSCHLUCKEN: Mund ausspülen. KEIN Erbrechen herbeiführen.
P302 + P334	BEI KONTAKT MIT DER HAUT: In kaltes Wasser tauchen/nassen Verband anlegen.
P302 + P350	BEI KONTAKT MIT DER HAUT: Behutsam mit viel Wasser und Seife waschen.
P302 + P352	BEI KONTAKT MIT DER HAUT: Mit viel Wasser und Seife waschen.
P303 + P361 + P353	BEI KONTAKT MIT DER HAUT (oder dem Haar): Alle kontaminierten Kleidungsstücke sofort ausziehen. Haut mit Wasser abwaschen/duschen.
P304 + P340	BEIM EINATMEN: An die frische Luft bringen und in einer Position ruhigstellen, die das Atmen erleichtert.
P304 + P341	BEIM EINATMEN: Bei Atembeschwerden an die frische Luft bringen und in einer Position ruhigstellen, die das Atmen erleichtert.
P305 + P351 + P338	BEI KONTAKT MIT DEN AUGEN: Einige Minuten lang behutsam mit Wasser spülen. Vorhandene Kontaktlinsen nach Möglichkeit entfernen. Weiter spülen.
P306 + P360	BEI KONTAKT MIT DER KLEIDUNG: Kontaminierte Kleidung und Haut sofort mit viel Wasser abwaschen und danach Kleidung ausziehen.
P307 + P311	BEI Exposition: GIFTINFORMATIONSZENTRUM oder Arzt anrufen.
P308 + P313	BEI Exposition oder falls betroffen: Ärztlichen Rat einholen/ärztliche Hilfe hinzuziehen.
P309 + P311	BEI Exposition oder Unwohlsein: GIFTINFORMATIONSZENTRUM oder Arzt anrufen.
P332 + P313	Bei Hautreizung: Ärztlichen Rat einholen/ärztliche Hilfe hinzuziehen.
P333 + P313	Bei Hautreizung oder -ausschlag: Ärztlichen Rat einholen/ärztliche Hilfe hinzuziehen.
P335 + P334	Lose Partikel von der Haut abbürsten. In kaltes Wasser tauchen/nassen Verband anlegen.
P337 + P313	Bei anhaltender Augenreizung: Ärztlichen Rat einholen/ärztliche Hilfe hinzuziehen.
P342 + P311	Bei Symptomen der Atemwege: GIFTINFORMATIONSZENTRUM oder Arzt anrufen.
P370 + P376	Bei Brand: Undichtigkeit beseitigen, wenn gefahrlos möglich.
P370 + P378	Bei Brand: … zum Löschen verwenden.
P370 + P380	Bei Brand: Umgebung räumen.
P370 + P380 + P375	Bei Brand: Umgebung räumen. Wegen Explosionsgefahr Brand aus der Entfernung bekämpfen.
P371 + P380 + P375	Bei Großbrand und großen Mengen: Umgebung räumen. Wegen Explosionsgefahr Brand aus der Entfernung bekämpfen.

Sicherheitshinweise – Aufbewahrung

P401	… aufbewahren.
P402	An einem trockenen Ort aufbewahren.
P403	An einem gut belüfteten Ort aufbewahren.
P404	In einem geschlossenen Behälter aufbewahren.
P405	Unter Verschluss aufbewahren.
P406	In korrosionsbeständigem/… Behälter mit korrosionsbeständiger Auskleidung aufbewahren.
P407	Luftspalt zwischen Stapeln/Paletten lassen.
P410	Vor Sonnenbestrahlung schützen.
P411	Bei Temperaturen von nicht mehr als … °C aufbewahren.
P412	Nicht Temperaturen von mehr als 50 °C aussetzen.
P413	Schüttgut in Mengen von mehr als … kg bei Temperaturen von nicht mehr als … °C aufbewahren.
P420	Von anderen Materialien entfernt aufbewahren.
P422	Inhalt in/unter … aufbewahren.
P402 + P404	In einem geschlossenen Behälter an einem trockenen Ort aufbewahren.
P403 + P233	Behälter dicht verschlossen an einem gut belüfteten Ort aufbewahren.
P403 + P235	Kühl an einem gut belüfteten Ort aufbewahren.
P410 + P403	Vor Sonnenbestrahlung geschützt an einem gut belüfteten Ort aufbewahren.
P410 + P412	Vor Sonnenbestrahlung schützen und nicht Temperaturen von mehr als 50 °C aussetzen.
P411 + P235	Kühl und bei Temperaturen von nicht mehr als … °C aufbewahren.

Sicherheitshinweise – Entsorgung

P501	Inhalt/Behälter … zuführen.

Entsorgungsratschläge (E-Sätze)

E 1	Verdünnen, in den Ausguss geben (WGK 0 bzw. 1)
E 2	Neutralisieren, in den Ausguss geben
E 3	In den Hausmüll geben, gegebenenfalls im Polyethylenbeutel (Stäube)
E 4	Als Sulfid fällen
E 5	Mit Calcium-Ionen fällen, dann E 1 oder E 3
E 6	Nicht in den Hausmüll geben
E 7	Im Abzug entsorgen
E 8	Der Sondermüllbeseitigung zuführen (Adresse zu erfragen bei der Kreis- oder Stadtverwaltung), Abfallschlüssel beachten
E 9	Unter größter Vorsicht in kleinsten Portionen reagieren lassen (z. B. offen im Freien verbrennen)
E 10	In gekennzeichneten Behältern sammeln: 1. „Organische Abfälle – halogenhaltig" 2. „Organische Abfälle – halogenfrei" dann E 8
E 11	Als Hydroxid fällen (pH = 8), den Niederschlag zu E 8
E 12	Nicht in die Kanalisation gelangen lassen
E 13	Aus der Lösung mit unedlem Metall (z. B. Eisen) als Metall abscheiden (E 14, E 3)
E 14	Recycling geeignet (Redestillation oder einem Recyclingunternehmen zuführen)
E 15	Mit Wasser vorsichtig umsetzen, frei werdende Gase absorbieren oder ins Freie ableiten
E 16	Entsprechend den speziellen Ratschlägen für die Beseitigungsgruppen beseitigen

Entsorgung von Chemikalienabfällen

Nach dem Experimentieren werden die Reste in die dafür vorgesehenen Sammelbehälter gegeben:

nicht gefährliche und wasserlösliche Chemikalien	nicht gefährliche und feste Chemikalien	Säuren und Laugen	giftige anorganische Chemikalien	halogenfreie organische Chemikalien	halogenhaltige organische Chemikalien
z. B. Natriumchlorid, Natriumcarbonat, Wasserstoffperoxidlösung	z. B. Eisen, Indikatorpapier	z. B. Salzsäure, Natronlauge	z. B. Kupfersulfat	z. B. Petroleumbenzin, Methanol	z. B. Trichlormethan

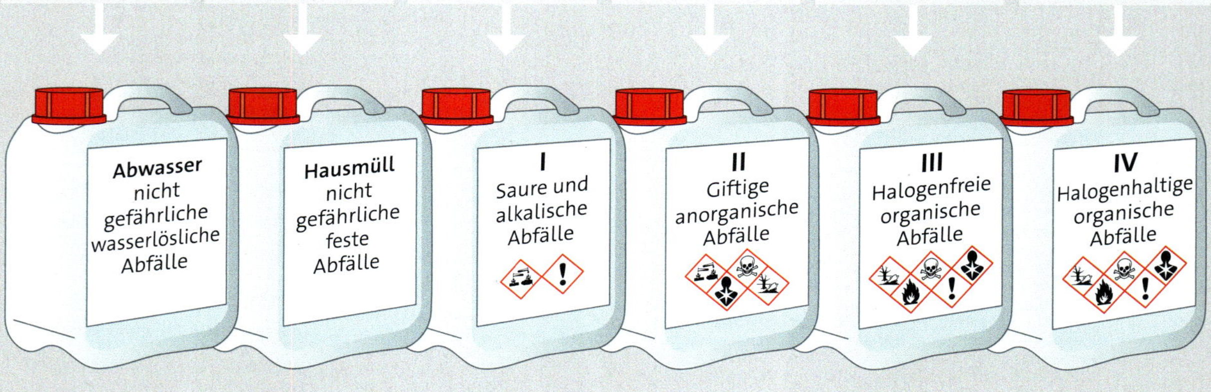

Die weitere Behandlung und Entsorgung bzw. Übergabe der Abfälle zur Sondermüllentsorgung erfolgt durch die Lehrerin bzw. den Lehrer.

Experimentiergeräte

Operatoren

Die meisten Aufgaben in diesem Buch beginnen mit einem Verb:
- **Nenne** zwei gemeinsame Eigenschaften der Alkalimetalle.
- **Beschreibe** das Kugel-Stab-Modell.
- **Erkläre** den Begriff „ionisierende Strahlung".
- **Erläutere** die Evolutionstheorie Darwins am Beispiel der Finken.
- **Skizziere** den Aufbau einer Diode.
- **Berechne** den Wirkungsgrad des Motorrollers.
- **Nimm Stellung** zu der Frage: Wie weit darf Züchtung gehen?

Diese Verben geben an, was du tun sollst. Sie werden auch als Operatoren bezeichnet. → 1

Operator	Das sollst du tun:
Nenne Gib an	Notiere Namen oder Begriffe. Verwende Fachwörter.
Beschreibe	Formuliere etwas so genau und ausführlich mit Fachwörtern, dass ein anderer es sich gut vorstellen kann.
Erkläre	Verstehe, wie etwas funktioniert oder aufgebaut ist. Führe die Funktionsweise und den Aufbau auf Regeln und Gesetze zurück.
Begründe	Gib die wichtigen Gründe oder Ursachen an.
Erläutere	Erkläre ausführlich anhand von einem oder mehreren Beispielen.
Vergleiche	Stelle Gemeinsamkeiten und Unterschiede z. B. in einer Tabelle dar.
Skizziere	Fertige ein ganz einfaches Bild an, das auf den ersten Blick verständlich ist.
Zeichne	Gib dir Mühe, ein genaues und vollständiges Bild anzufertigen.
Berechne	Stelle den Rechenweg dar und gib das Ergebnis an.
Ermittle Bestimme	Komme durch eine Rechnung, eine Zeichnung oder einen Versuch zu einem Ergebnis.
Prüfe Untersuche	Erforsche einen Zusammenhang mit einem oder mehreren Versuchen. Mache dir vorher einen Plan. Führe Protokoll.
Nimm Stellung Bewerte	Entscheide dich, ob du einer Aussage zustimmst oder sie ablehnst. Begründe dann deine Entscheidung. Führe sie auf Regeln und Gesetze zurück.

1 Operatoren im NaWi-Unterricht und ihre Bedeutung

Größe	Zeichen	Einheit		Weitere Einheiten		Beziehungen
Temperatur	T	Kelvin	K	Grad Celsius	°C	0 K ≙ −273,15 °C 0 °C ≙ 273,15 K
Länge	l	Meter	m	Meile Zoll	mi ″	1 mi = 1609 m 1″ = 2,54 cm
Fläche	A	Quadratmeter	m^2	Hektar	ha	1 ha = 10 000 m^2
Volumen	V	Kubikmeter	m^3	Liter	l, L	1 l = 1 dm^3 = 0,001 m^3 1 m^3 = 1000 l
Masse	m	Kilogramm	kg	Tonne	t	1 t = 1000 kg
Dichte	ϱ	Kilogramm pro Kubikmeter	$\frac{kg}{m^3}$	Gramm pro Kubikzentimeter	$\frac{g}{cm^3}$	$1\,\frac{g}{cm^3} = 1000\,\frac{kg}{m^3}$
Kraft	F	Newton	N			$1\,N = 1\,\frac{J}{m}$
Druck	p	Pascal	Pa	Bar	bar	$1\,Pa = 1\,\frac{N}{m^2}$ 1 bar = 100 000 Pa
Energie	E	Joule	J	Kilowattstunde	kWh	1 J = 1 Nm = 1 Ws 1 kWh = 3,6 MJ
Leistung Energiestrom	P	Watt	W			$1\,W = 1\,\frac{J}{s} = 1\,\frac{Nm}{s}$
Zeit	t	Sekunde	s	Minute Stunde	min h	1 min = 60 s 1 h = 60 min = 3600 s
Frequenz	f	Hertz	Hz			$1\,Hz = \frac{1}{s}$
Geschwindigkeit	v	Meter pro Sekunde	$\frac{m}{s}$	Kilometer pro Stunde	$\frac{km}{h}$	$1\,\frac{m}{s} = 3{,}6\,\frac{km}{h}$
Beschleunigung	a	Meter pro Sekunde zum Quadrat	$\frac{m}{s^2}$			
Stromstärke	I	Ampere	A			
Spannung	U	Volt	V			$1\,V = 1\,\frac{W}{A}$
Widerstand	R	Ohm	Ω			$1\,\Omega = 1\,\frac{V}{A}$
Aktivität	A	Becquerel	Bq			$1\,Bq = \frac{1}{s}$
Äquivalentdosis	D	Sievert	Sv			

1 Physikalische Größen und ihre Einheiten

Grundgröße	Einheit	
Länge	Meter	m
Masse	Kilogramm	kg
Zeit	Sekunde	s
Stromstärke	Ampere	A
Temperatur	Kelvin	K
Stoffmenge	Mol	mol
Lichtstärke	Candela	cd

2 Grundgrößen und Einheiten des SI-Systems

SI-Einheiten • Wir geben Längen in Metern und Kilometern an, Flächen z. B. in Quadratmetern. In England verwendet man Fuß, Meilen und Quadratfuß. Temperaturen werden bei uns in Grad Celsius angegeben, in England in Fahrenheit. Damit die verschiedenen Einheiten bei internationalen Projekten nicht zu Fehlern führen, hat man ein gemeinsames Einheitensystem festgelegt (SI-System). Es enthält 7 Grundgrößen. → 2 Die anderen Größen werden aus ihnen abgeleitet.

Tabellen

Vorsilbe	Abkürzung	Faktor	
Deka-	D	10	10^1
Hekto-	h	100	10^2
Kilo-	k	1000	10^3
Mega-	M	1 000 000	10^6
Giga-	G	1 000 000 000	10^9

3 Vielfache von Einheiten

Vorsilbe	Abkürzung	Faktor	
Dezi-	d	0,1	10^{-1}
Zenti-	c	0,01	10^{-2}
Milli-	m	0,001	10^{-3}
Mikro-	µ	0,000 001	10^{-6}
Nano-	n	0,000 000 001	10^{-9}

4 Teile von Einheiten

Stoff	c in $\frac{\text{kJ}}{\text{kg} \cdot {}^\circ\text{C}}$
Blei	0,13
Eisen	0,45
Sand, Stein	0,7 bis 0,9
Glas	0,78
Speiseöl	2,2
Glykol	2,40
Ethanol	2,42
Milch	3,9
Wasser	4,19
Luft	1,01

5 Spezifische Wärmekapazität

Brennstoff	Heizwert
Holz, trocken	$15\ \frac{\text{MJ}}{\text{kg}}$
Braunkohlenbrikett	$20\ \frac{\text{MJ}}{\text{kg}}$
Steinkohle	$30\ \frac{\text{MJ}}{\text{kg}}$
Benzin	$41\ \frac{\text{MJ}}{\text{kg}}$ $31\ \frac{\text{MJ}}{\text{l}}$
Erdöl	$42–48\ \frac{\text{MJ}}{\text{kg}}$ $36–41\ \frac{\text{MJ}}{\text{l}}$
Heizöl, Diesel	$43\ \frac{\text{MJ}}{\text{kg}}$ $36\ \frac{\text{MJ}}{\text{l}}$
Erdgas	$19–54\ \frac{\text{MJ}}{\text{m}^3}$

6 Heizwert

1-m-Stab	Längenausdehnung
Porzellan	0,003 mm
Granit	0,005 mm
Glas	0,009 mm
Beton	0,012 mm
Eisen (Stahl)	0,012 mm
Kupfer	0,016 mm
Messing	0,016 mm
Aluminium	0,024 mm
Zink	0,027 mm
Asphalt	0,20 mm

7 Erwärmen um 1 °C

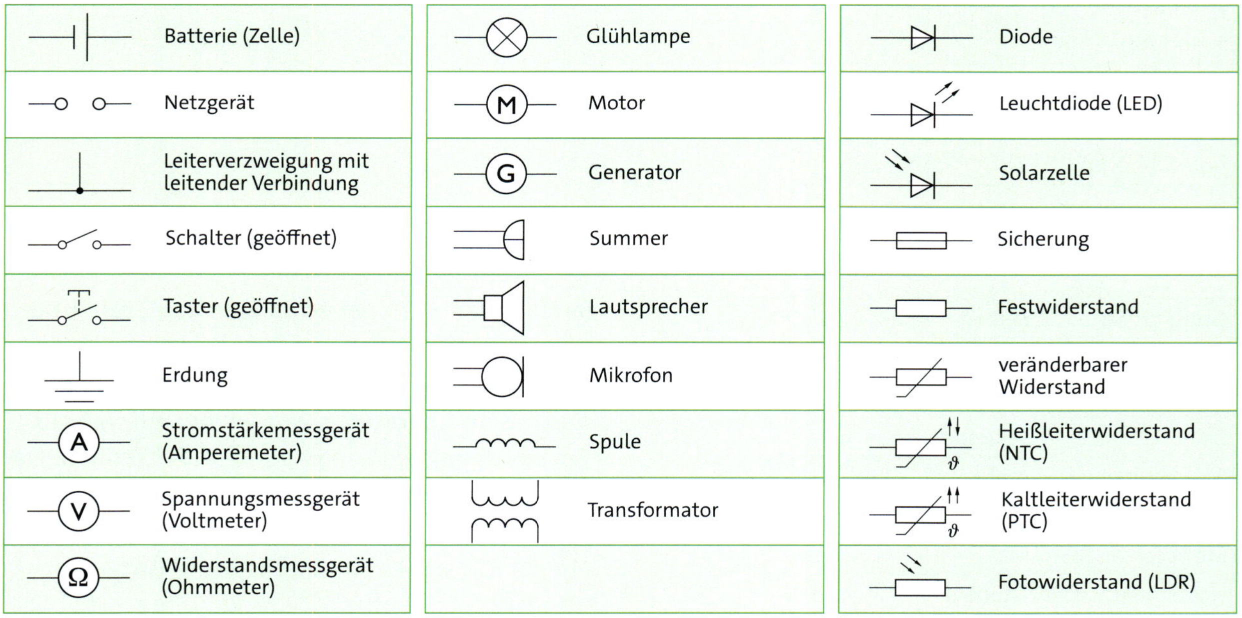

8 Schaltzeichen (Schaltsymbole)

Gesundheit und Krankheit – S. 63

1 Eine Infektionskrankheit ist eine Krankheit, die durch Erreger wie Bakterien oder Viren hervorgerufen wird.

2 Von einer Infektion spricht man, wenn Erreger in den Körper gelangt sind. In der Inkubationszeit vermehren sich die Erreger im Körper. Die Erkrankung ist die Phase, in der Symptome wie der Anstieg der Körpertemperatur auftreten. Bei der Gesundung klingen die Symptome ab und der Körper erholt sich.

3 Bei einem grippalen Infekt steigt die Körpertemperatur auf über 38 °C. Dadurch kann das Immunsystem des Körpers die Erreger schneller bekämpfen.

4 Bakterien vermehren sich durch Zellteilung. Unter günstigen Bedingungen wie Feuchtigkeit, Wärme und ausreichend Nahrung vermehren sie sich explosionsartig. Ihre Anzahl verdoppelt sich dann alle 20 bis 30 Minuten.

5 Antibiotika zerstören die Zellwand oder die Zellmembran der Bakterien, stören wichtige Stoffwechselvorgänge, hemmen die Vermehrung oder schädigen die Erbinformation. Breitband-Antibiotika wirken gegen mehrere Arten von Bakterien. Andere Antibiotika wirken nur gegen eine bestimmte Art von Bakterien.

6 Viren sind nicht in der Lage, sich eigenständig zu vermehren. Sie müssen zur Vermehrung den Stoffwechsel von Wirtszellen nutzen.

7 Es ist besonders wichtig, auf Hygiene zu achten. Das heißt, sich regelmäßig die Hände waschen und beim Umgang mit Lebensmitteln auf Sauberkeit und eine korrekte Lagerung achten. Insbesondere Fleisch und Eier müssen vor dem Verzehr erhitzt werden. Beim Kontakt mit erkrankten Personen ist besondere Vorsicht geboten, damit man sich nicht durch Tröpfcheninfektion ansteckt. Auch durch Impfen kann man sich vor Ansteckung schützen.

8 In der Magensäure werden Erreger abgetötet. Die Haut ist mit einem Säureschutzmantel überzogen, der die Ansiedlung und Vermehrung von Erregern verhindert. Die Schleimhäute im Mund, in der Nase und in den Geschlechtsorganen bilden eine feuchte Schutzschicht mit Abwehrstoffen gegen Erreger.

9 Bei der unspezifischen Abwehr übernehmen die Leukozyten verschiedene Aufgaben. Fresszellen machen die Erreger unschädlich, indem sie diese ins Zellinnere aufnehmen. Dabei werden alle Arten von Erregern bekämpft.

10 T-Helferzellen aktivieren die Plasmazellen und die T-Killerzellen. Die Plasmazellen produzieren Antikörper. Riesenfresszellen nehmen Erreger und zerstörte Körperzellen auf. Gedächtniszellen speichern Informationen über einen Erreger, sodass dieser bei einer erneuten Infektion schneller abgewehrt wird. T-Killerzellen erkennen und zerstören Körperzellen, die vom Erreger befallen sind.

11 Die aktivierten T-Helferzellen und Plasmazellen entwickeln sich zu Gedächtniszellen.

12 Die aktive Immunisierung ist eine vorsorgliche Impfung. Im Körper werden Gedächtniszellen gebildet, die bei einer Infektion eine schnelle Abwehr hervorrufen. Bei der passiven Immunisierung werden Antikörper verabreicht, die bei einer bestehenden Krankheit die Erreger bekämpfen.

13 Nimmt die Zahl der Erkrankungsfälle bei einer Infektionskrankheit in einer Region in kurzer Zeit schlagartig zu, spricht man von einer Epidemie. Verbreitet sie sich über örtliche Grenzen hinaus, spricht man von einer Pandemie.

14 a In der akuten Phase vermehren sich die HI-Viren sehr stark und die betroffene Person leidet unter grippeähnlichen Symptomen. In der verborgenen Phase hält das Immunsystem die Vermehrung der HI-Viren unter Kontrolle und es treten vorerst keine Symptome auf. Die Anzahl der T-Helferzellen sinkt langsam, aber stetig. In der Aids-Phase ist das Immunsystem stark geschädigt und es brechen viele Krankheiten aus. Letztlich stirbt die Person.
b Erst ab der Aids-Phase spricht man vom Krankheitsbild Aids. Ab dieser Phase treten erst die für diese Erkrankung typischen Beschwerden auf.

15 Beispiele: Diabetes, Lungenkrebs, Herz-Kreislauf-Erkrankungen

16 Die verschiedenen Hormone lagern sich jeweils an bestimmte Zielzellen an. Diese tragen Rezeptoren, an die nur das jeweilige Hormon binden kann. Das Hormon und der Rezeptor der Zielzelle passen zusammen wie ein Schlüssel in ein Schloss.

17 Das Hormon Insulin bindet an die Rezeptoren der Körperzellen. Dadurch wird die Zellmembran durchlässiger für Glukose. Die Glukose aus dem Blut wird von den Zellen aufgenommen und als Glykogen gespeichert. Dadurch sinkt der Blutzuckerspiegel. Das Hormon Glukagon bewirkt den Abbau des Glykogens, das in der Leber gespeichert ist. Dabei entsteht Glukose, die dann ins Blut abgegeben wird. Der Blutzuckerspiegel steigt.

Gene und Vererbung – S. 122/123

1 Bei der Fortpflanzung vererben Eltern ihren Kindern Anlagen für Merkmale wie die Augenfarbe und Gesichtsform. Daher sind Kinder ihren Eltern ähnlich.

2 Die Anlagen werden von den Eltern an ihre Kinder vererbt. Sie enthalten die Erbinformationen, die zur Ausprägung von Merkmalen führen. Die Anlagen liegen auf den Chromosomen. Sie führen zur Ausprägung der Merkmale. Merkmale sind die ausgebildeten Eigenschaften. Doch nicht alle Merkmale werden vererbt. Es gibt auch umweltbedingte Merkmale, die im Laufe des Lebens entstehen.

3 Bei der Befruchtung verschmelzen eine Eizelle und eine Spermienzelle. Die Eizelle enthält die Anlagen der Mutter und die Spermienzelle die Anlagen des Vaters. Die befruchtete Eizelle, die Zygote, enthält deshalb die Anlagen von der Mutter und vom Vater. So werden die Anlagen der Eltern bei der Fortpflanzung neu kombiniert.

4 Jedes Chromosom besteht aus zwei identischen Chromatiden, die am Zentromer miteinander verbunden sind. Ein Chromatid besteht aus einem Chromatinfaden, der zu einer geordneten Struktur verdichtet ist. Der Chromatinfaden besteht aus Proteinen und dem DNA-Strang.

5 Das Karyogramm besteht aus 46 Chromosomen, die 23 Chromosomenpaare bilden. Zwei Chromosomen sind die Gonosomen. Die restlichen 44 Chromosomen werden Autosomen genannt.

6 Bei der Meiose werden die Geschlechtszellen gebildet. Dabei entstehen durch zwei Teilungsschritte aus einer Zelle mit einem doppelten Chromosomensatz vier Tochterzellen mit einem einfachen Chromosomensatz. Das ist wichtig, damit bei der Befruchtung eine Zygote mit 46 Chromosomen entsteht, aus der sich ein neues Lebewesen entwickeln kann.

7 Erste Reifeteilung:

Prophase I: Chromatinfäden verdichten sich zu Chromosomen.
Metaphase I: Chromosomen ordnen sich in der Zellmitte an.
Anaphase I: Chromosomenpaare werden voneinander getrennt und von den Spindelfasern zu den Zellpolen gezogen.
Telophase I: Neue Kernmembranen und Zellmembranen werden gebildet.
Ergebnis: Zwei Tochterzellen mit jeweils 23 Zwei-Chromatiden-Chromosomen im Zellkern

Zweite Reifeteilung:
Prophase II: Chromatinfäden verdichten sich zu Chromosomen.
Metaphase II: Chromosomen ordnen sich in der Zellmitte an.
Anaphase II: Chromatiden werden getrennt und von den Spindelfasern zu den Zellpolen gezogen.
Telophase II: Neue Kernmembranen und Zellmembranen werden gebildet.
Ergebnis: Vier Tochterzellen mit jeweils 23 Ein-Chromatid-Chromosomen im Zellkern.

8 Bei der Meiose werden die Chromosomen auf die Geschlechtszellen verteilt. Dabei ist es Zufall, welche Chromosomen in dieselbe Zelle gelangen. Dadurch entstehen Geschlechtszellen, in denen die Chromosomen neu kombiniert sind. Das erhöht die genetische Vielfalt. Bei der Fortpflanzung werden die neu kombinierten Chromosomen an die Nachkommen vererbt.

9 1 – DNA-Strang, 2 – Phosphat, 3 – Zucker, 4 – Base, 5 – Nukleotid

10 Die DNA besteht aus zwei Strängen, die über die Basen miteinander verbunden sind. Dabei lagern sich immer die Basen Adenin und Thymin sowie Guanin und Cytosin gegenüber an. Das nennt man komplementäre Basenpaarung.

11 Der DNA-Strang ist aus Nukleotiden aufgebaut. Ein Nukleotid besteht aus Zucker, Phosphat und einer der Basen Adenin, Thymin, Guanin und Cytosin. Die Erbinformation ist durch die Reihenfolge der vier Basen verschlüsselt. Immer drei aufeinanderfolgende Basen codieren für eine Aminosäure. Je nachdem, wie diese Tripletts aneinandergereiht sind, entstehen unterschiedliche Aminosäureketten und damit unterschiedliche Proteine und Merkmale.

12 Ein Gen ist ein Abschnitt auf der DNA, der Informationen über den Bau eines Proteins enthält.

13 Als Genotyp bezeichnet man die Gesamtheit der Gene eines Menschen. Die Gesamtheit der Merkmale, die aus dem Genotyp entstehen, nennt man Phänotyp.

14 Von der DNA im Zellkern wird eine Abschrift erstellt. Diese verlässt den Zellkern und wird zu einem Ribosom im Zellplasma transportiert. Dort wird die Abschrift der DNA in eine Aminosäurekette übersetzt. Die Aminosäurekette faltet sich zu einem Protein.

15 Die Proteine haben als Enzyme bestimmte Funktionen im Stoffwechsel und wirken auch bei der Ausprägung der Merkmale mit. Einige Proteine wandeln zum Beispiel Ausgangsstoffe in Melanine um und beeinflussen so Merkmale wie die Augenfarbe.

16 Die Ursache für das Down-Syndrom ist eine Genom-Mutation, die der Vater oder die Mutter an das Kind vererbt. Bei der Bildung der Geschlechtszellen in der Meiose wurden die Chromosomen falsch aufgeteilt. Dadurch entstehen Geschlechtszellen, die das Chromosom 21 doppelt enthalten. Das führt bei der Befruchtung dazu, dass die Zygote das Chromosom 21 dreifach enthält. Alle Körperzellen des Kindes tragen diese Mutation in sich. Die Symptome, die dadurch verursacht werden, fasst man unter der Bezeichnung Down-Syndrom zusammen.

17 Eine Gen-Mutation ist eine zufällige Veränderung der Erbinformation, die ein einzelnes Gen betrifft. Dabei werden zum Beispiel Nukleotide im Gen vertauscht.

18 Bei einer Chromosomen-Mutation wird ein Chromosom verändert. Dabei geht ein Stück des Chromosoms verloren, kommt hinzu oder wird falsch eingefügt. Eine Genom-Mutation betrifft den gesamten Chromosomensatz. Hierbei befinden sich im Zellkern zu wenige oder zu viele Chromosomen.

19 1. Uniformitätsregel: Kreuzt man zwei Individuen, die sich in einem Merkmal reinerbig unterscheiden, so sind die Nachkommen in der 1. Tochtergeneration in Bezug auf dieses Merkmal gleich.
2. Spaltungsregel: Kreuzt man die mischerbigen Nachkommen der 1. Tochtergeneration untereinander, treten bei einem dominant-rezessiven Erbgang die Merkmale der Elterngeneration bei den Nachkommen der 2. Tochtergeneration im Verhältnis 3:1 im Phänotyp auf.
3. Unabhängigkeitsregel: Kreuzt man zwei Individuen, die sich in mehreren Merkmalen reinerbig unterscheiden, treten in der 2. Tochtergeneration neue Merkmalskombinationen auf.

20 In einem dominant-rezessiven Erbgang wird bei einem betrachteten Merkmal nur ein Allel im Phänotyp ausgeprägt. Dieses Allel ist dominant. Das andere Allel für dieses Merkmal wird im Phänotyp hingegen nicht ausgeprägt. Dieses Allel ist rezessiv.

21

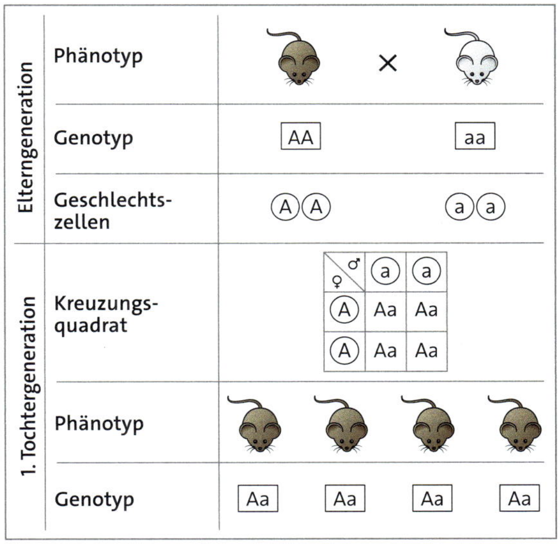

22 In der Gentechnik wird die Erbinformation eines Organismus gezielt verändert, um ihn den Bedürfnissen des Menschen anzupassen.

23 Die rote Gentechnik umfasst den Einsatz von gentechnischen Verfahren in der Medizin. Dabei wird zum Beispiel die Erbinformation von Organismen so verändert, dass in ihrem Stoffwechsel Wirkstoffe für Medikamente hergestellt werden.

24 Beim horizontalen Gentransfer werden Gene von einem Organismus auf einen anderen übertragen. Für die Übertragung werden die Gene unter anderem in die Plasmide von Bakterien eingebaut. Die Plasmide mit den Genen werden dann in den fremden Organismus eingebaut.

25 Aus der DNA einer Spenderzelle wird ein Gen herausgeschnitten. Zudem wird ein Plasmid aus einer Bakterienzelle entnommen und mit einem Schneide-Enzym aufgeschnitten. Das Gen fügt sich in die Schnittstelle des Plasmids ein. Ein Binde-Enzym verbindet das Gen mit dem Plasmid. Das Plasmid wird wieder in ein Bakterium eingefügt. So entsteht ein transgenes Bakterium, das fremde DNA enthält.

26 In der Medizin werden transgene Bakterien erzeugt, damit sie medizinische Wirkstoffe herstellen. So wird zum Beispiel auch Insulin hergestellt, ein Medikament für Menschen mit Diabetes. Den Bakterien wird ein Plasmid eingebaut, das ein menschliches Insulin-Gen enthält. Die Bakterien stellen dann Insulin in ihrem Stoffwechsel her.

27 Die grüne Gentechnik umfasst den Einsatz von gentechnischen Verfahren in der Landwirtschaft. Dabei werden die Eigenschaften von Pflanzen so verändert, dass sie besser wachsen können. Ein Beispiel ist der gentechnisch veränderte Bt-Mais. Dieser enthält ein Gen eines Bodenbakteriums und stellt deshalb ein Gift her. Dieses wirkt gegen seinen Schädling, den Maiszünsler.

28 Die Bezeichnung Bt-Mais sagt aus, dass es sich um eine transgene Pflanze handelt. Der Mais enthält ein Gen des Bakteriums *Bacillus thuringiensis* (Bt). Dieses Gen bewirkt, dass im Mais ein Gift gegen die Raupe des Maiszünslers hergestellt wird. Dadurch ist der Bt-Mais vor dem Schädling geschützt und der Ertrag bei der Ernte ist höher.

29 Beispiele: gegen einen Pilz unempfindliche Zuckerrüben, gegen Unkrautvernichtungsmittel unempfindliche Raps- und Baumwollpflanzen

30 Dem Bakterium *Bacillus thuringiensis* wird das Gen entnommen, das für die Herstellung des Gifts codiert. Das Gen wird auf eine Maiszelle übertragen. Aus dieser transgenen Zelle wird dann eine Pflanze herangezogen. Diese stellt das Gift dann selbst her.

31 Beispiel für individuelle Lösung:
Sowohl Züchtung als auch Gentechnik haben das Ziel, erwünschte Merkmale zu verstärken und unerwünschte Merkmale zu entfernen. Bei der klassischen Züchtung werden Tiere oder Pflanzen mit erwünschten Merkmalen ausgewählt und miteinander gekreuzt. Individuen mit unerwünschten Merkmalen werden entfernt. In der Mutationszüchtung wird die Elterngeneration zusätzlich Mutagenen ausgesetzt, um schneller neue Merkmalskombinationen zu erhalten. Die Ergebnisse der Mutationszüchtung sind allerdings oft zufällig.

Evolution – S. 175

1 Erdfrühzeit: Pflanzliche und tierische Einzeller entwickeln sich in der Tiefsee, Sauerstoff reichert sich in den Meeren an, erste Vielzeller entwickeln sich.
Erdaltertum: Erste Wirbeltiere entwickeln sich im Meer, erste Pflanzen und Tiere besiedeln Lebensräume an Land, die ersten Amphibien und Reptilien entwickeln sich.
Erdmittelalter: Ausbreitung und Aussterben der Saurier, Aussterben vieler Tierarten und Pflanzenarten nach dem Einschlagen eines Asteroiden aus dem Weltall.
Erdneuzeit: Bei den Säugetieren und Vögeln entwickelt sich eine große Artenvielfalt, der Mensch entwickelt sich.

2 Als Evolution bezeichnet man die Entstehung und Veränderung der Lebewesen.

3 Fossilien entstehen, wenn ein toter Körper von Sand, Schlamm oder Lava eingeschlossen wird, sodass er vor Sauerstoff geschützt ist. So wird er nicht abgebaut, sondern bleibt erhalten. Je nach Art der Entstehung unterscheidet man unterschiedliche Fossilformen. Bei einer Versteinerung zerfallen die Weichteile und die Struktur der Knochen wird unter hohem Druck so verändert, dass sie zu Stein umgewandelt werden. Auch Abdrücke von ehemals lebendigen oder toten Lebewesen sind Fossilien.

4 Anhand von Fossilien lässt sich nachvollziehen, in welchem Erdzeitalter welche Lebewesen gelebt haben, welche ausgestorben sind und wie sie sich über sehr lange Zeiträume hinweg verändert haben. Daher sind Fossilien ein Beleg für die Entwicklung der Lebewesen.

5 Leitfossilien werden genutzt, um das Alter von Gesteinsschichten zu bestimmen. Das ist möglich, weil diese Fossilien von Tieren oder Pflanzen stammen, die nur für eine kurze Zeit in großer Anzahl vorkamen und weit verbreitet waren. Deswegen kommen ihre Fossilien nur in bestimmten Gesteinsschichten vor und fehlen in Gesteinsschichten, die früher oder später entstanden sind. Gesteinsschichten von verschiedenen Orten auf der Welt mit den gleichen Leitfossilien haben ungefähr das gleiche Alter.

6 Die Vorfahren der Landwirbeltiere hatten fischtypische Merkmale und waren an das Leben im Flachwasser angepasst. Zu ihren Angepasstheiten zählten einfach gebaute Lungen, mit denen sie atmeten, indem sie an der Wasseroberfläche Luft schluckten. Zudem hatten sie muskulöse Flossen, mit denen sie sich über den Boden des Gewässers bewegen konnten.

7 Man geht davon aus, dass es über 100 Fischarten gab, die zeitweise an Land gegangen sind. Wichtige Angepasstheiten der Ur-Amphibien an das Landleben waren das kräftige Skelett und die vier Gliedmaßen. Damit waren ihre Körper außerhalb des tragenden Wassers stabil und sie konnten an Land laufen. Zudem hatten sie Lungen, mit denen sie Sauerstoff aus der Luft aufnehmen konnten. Wie auch die heutigen Amphibien blieben die Ur-Amphibien zum Schutz ihrer Haut und für ihre Eiablage auf das Wasser angewiesen. Die ersten Ur-Reptilien besaßen Hornschuppen und Eier mit einer Schale zum Schutz gegen Austrocknung. Sie konnten sich dadurch an Land fortpflanzen. Aus ihnen gingen die ersten Ur-Säugetiere hervor. Sie waren gleichwarm und hatten ein Fell, das sie vor den wechselnden Temperaturen schützte. Ihre Nachkommen entwickelten sich im Körper der

Mutter und wurden nach der Geburt mit Milch gesäugt. Dadurch wurde die Fortpflanzung unabhängiger von den Umwelteinflüssen. Aus einer anderen Gruppe der Ur-Reptilien gingen die ersten Ur-Vögel hervor. Das waren kleine flugfähige Raubsaurier mit Federn. Ihr leichter Körperbau ermöglichte die Eroberung eines neuen Lebensraums, der Luft.

8 Wie nah zwei Gruppen von Lebewesen verwandt sind, erkennt man daran, wie lange die Existenz des letzten gemeinsamen Vorfahren zurückliegt, aus dem sich diese Gruppen entwickelten. Je kürzer die Existenz des letzten gemeinsamen Vorfahren zurückliegt, desto näher sind zwei Gruppen miteinander verwandt.

9 Stammbäume stellen Hypothesen zu den verwandtschaftlichen Beziehungen verschiedener Lebewesen dar. Wenn sich neue Merkmale entwickelt haben, die eine Gruppe von ihrem Vorfahren unterscheidet, wird das durch eine Abzweigung im Stammbaum dargestellt. Der letzte gemeinsame Vorfahre zweier Gruppen bildet den Knotenpunkt einer Aufspaltung.

10 Das Schnabeltier legt Eier und hat eine Kloake wie sein Vorfahre, der zu den Reptilien zählte. Wie die Säugetiere, die später entstanden sind, ist es gleichwarm, besitzt ein Fell und ernährt seine Jungtiere mit Milch. Die Merkmale des Schnabeltiers sind somit ein Mosaik aus Merkmalen einer älteren Tiergruppe und Merkmalen, die erstmals in einer Tiergruppe zu finden sind, die später neu aufgetreten ist. Das Schnabeltier ist deshalb ein Beleg dafür, dass die Säugetiere und die Reptilien einen gemeinsamen Vorfahren haben.

11 Homologe Organe sind Körperteile, die den gleichen Grundbauplan haben. Daraus kann man ableiten, dass diese Merkmale auf der gleichen Erbinformation und damit auf einem gemeinsamen Vorfahren beruhen.

12 Variabilität bedeutet, dass sich die Individuen einer Art in ihren Merkmalen unterscheiden.

13 Die Variabilität beruht auf Umwelteinflüssen und auf der Vererbung. Manche Merkmale werden durch Umwelteinflüsse beeinflusst, zum Beispiel durch die Nahrung. Die erblich bedingte Variabilität hat zwei Ursachen: Zum einen werden bei der Bildung der Eizellen und Spermienzellen sowie bei der Befruchtung die Erbinformationen beider Elternteile neu kombiniert. Das nennt man Rekombination. Zum anderen können sich die Erbinformationen in Eizellen und Spermienzellen zufällig verändern. Das nennt man Mutation. Beides kann zur Ausprägung neuer Merkmale bei den Nachkommen führen.

14 In der Population gibt es hellere und dunklere Käfer. Die hellen Käfer sind nicht so gut getarnt, sie sind also an ihre Umwelt schlechter angepasst. Sie werden von Fressfeinden öfter gefressen. Daher pflanzen sich die hellen Käfer weniger fort. Das führt dazu, dass in der nächsten Generation weniger helle und mehr dunkle Käfer auftreten. Bei der Auslese durch die Umwelt bleiben langfristig nur vorteilhafte Merkmale bestehen. So wirkt die Selektion.

15 Wenn die Individuen einer Population räumlich getrennt werden, können sie sich nur noch innerhalb ihrer Teilpopulationen fortpflanzen. Mutationen, die zu veränderten Merkmalen führen können, werden dann nur innerhalb der Teilpopulationen vererbt. Die getrennten Teilpopulationen können zudem unterschiedlichen Umweltbedingungen unterliegen. Das führt dazu, dass sich durch die Selektion verschiedene Merkmale durchsetzen können. Im Laufe der Zeit können sich die Teilpopulationen so unterschiedlich entwickeln, dass sie zu verschiedenen Arten werden.

16 Darwin erklärt in seiner Evolutionstheorie, dass die Individuen einer Population angeborene Unterschiede in ihren Merkmalen aufweisen. Hinzu kommt, dass alle Lebewesen um die vorhandenen Ressourcen wie Nahrung konkurrieren. Besser angepasste Individuen können diese Ressourcen effektiver nutzen. Sie haben einen Überlebensvorteil und können mehr Nachkommen hervorbringen. Daher gibt es in der nächsten Generation mehr Individuen mit den vorteilhaften Merkmalen. Mit dieser Erkenntnis prägte Darwin den Begriff natürliche Selektion. Er urteilte, dass sich Arten über Generationen in Richtung der besseren Angepasstheit verändern. Er folgerte, dass sich neue Arten aus anderen Arten entwickeln.

17 Menschen und Schimpansen haben einen gemeinsamen Vorfahren. Der Mensch ist daher mit dem Schimpansen verwandt und stammt nicht von ihm ab.

18 Es wurden viele Fossilien gefunden, die zeigen, dass verschiedene Arten von Homininen gleichzeitig existierten. Der heute lebende Mensch hatte also mehrere Vorfahren, die alle ausgestorben sind.

19 Durch die Nutzung des Feuers konnte der Mensch erstmals Nahrung kochen. Gekochte Nahrung ist besser verdaulich und liefert dem Körper mehr Energie. Dadurch entwickelte sich das Gehirn weiter. Das trug dazu bei, dass der Mensch im Laufe seiner Evolution klüger und geschickter wurde. Somit hatte das Feuer eine sehr große Bedeutung für die Entwicklung des Menschen.

Fortpflanzung und Entwicklung des Menschen – S. 199

1 1 – Hirnanhangsdrüse, 2 – Follikel, 3 – Gebärmutterschleimhaut, A – Hormone, B – Östrogen, C – Progesteron

2 Der weibliche Zyklus wird durch verschiedene Hormone gesteuert. Die Hirnanhangsdrüse im Gehirn setzt Hormone frei, die bewirken, dass im Eierstock eine Eizelle in einem Follikel heranreift. Der wachsende Follikel produziert das Hormon Östrogen. Dieses bewirkt, dass sich die Gebärmutterschleimhaut aufbaut. Nach dem Eisprung produziert der Follikel dann das Hormon Progesteron, das den weiteren Aufbau und die stärkere Durchblutung der Gebärmutterschleimhaut bewirkt. Wird die Eizelle in der Gebärmutter nicht befruchtet, löst sich der Follikel auf und es wird kein Progesteron mehr gebildet. Dadurch löst sich die Gebärmutterschleimhaut und wird ausgeschieden.

3 Als Gelbkörper bezeichnet man den beim Eisprung geplatzten Follikel, der die Eizelle enthielt. Der Follikel wird nach dem Eisprung gelblich. Der Gelbkörper produziert die Hormone Östrogen und Progesteron.

4 Befruchtung: Trifft eine Spermienzelle auf eine Eizelle, kann sie in die Eizelle eindringen. Die Kerne der beiden Zellen verschmelzen dann miteinander. Diesen Vorgang nennt man Befruchtung.
Einnistung: Nach der Befruchtung wird die Eizelle durch den Eileiter in Richtung Gebärmutter transportiert und entwickelt sich dabei zum Bläschenkeim. In der Gebärmutter verwächst der Bläschenkeim mit der Gebärmutterschleimhaut. Diesen Vorgang bezeichnet man als Einnistung.

5 a Eröffnungsphase (Bild 6), Austreibungsphase (Bild 7), Nachgeburtsphase (Bild 5)
b Unter Wehen versteht man das Zusammenziehen der Gebärmuttermuskeln.
c Die Nachgeburt besteht aus der Plazenta, der Fruchtblase und dem Rest der Nabelschnur.

6 Positive Einflüsse: Verzicht auf Alkohol und Nikotin; gesunde, ausgewogene Ernährung; Bewegung an frischer Luft; ausreichend Schlaf; wenig Stress, Ärger und Konflikte; vorbeugende Impfungen gegen bestimmte Krankheitserreger, zum Beispiel die Rötelviren
Negative Einflüsse: Alkohol-, Nikotingenuss und Drogenkonsum, Vorsicht bei Arzneimitteln, Krankheitserreger, die das ungeborene Kind schädigen können; Stress, Ärger, Konflikte

7 a Bei beeinträchtigten Eileitern kann die In-vitro-Fertilisation (IVF) angewendet werden. Wenn die Eileiter nicht durchlässig sind, kann die reife Eizelle nicht vom Eierstock in die Gebärmutter gelangen. Dann muss die Befruchtung außerhalb des Körpers erfolgen.
b Wenn die Spermienzellen beeinträchtigt oder in geringer Anzahl vorhanden sind, wird die intrazelluläre Spermieninjektion (ICSI) angewendet, weil die Befruchtung weder im Körper noch im Reagenzglas stattfinden kann.

8 a In der ersten Ultraschalluntersuchung wird geprüft, ob sich der Embryo erfolgreich in der Gebärmutter eingenistet hat. Auch die Körperlänge und der Herzschlag werden geprüft. Bei der zweiten und dritten Untersuchung werden Größe und Lage des Kindes sowie die körperliche Entwicklung und das Auftreten möglicher Fehlbildungen untersucht.
b Es gibt die Möglichkeit, der schwangeren Frau Fruchtwasser oder etwas Gewebe der Plazenta mit einer Hohlnadel zu entnehmen. Daraus werden Zellen des Kindes entnommen, die im Labor auf genetische Veränderungen untersucht werden. Der Eingriff kann vorzeitige Wehen und eine Fehlgeburt auslösen.

Die Ordnung der Elemente – S. 235

1 Dalton stellte sich Atome als kleine, massive Kugeln vor. Rutherford stellte die Theorie des Kern-Hülle-Modells auf. Atome bestehen aus einem sehr kleinen, positiv geladenen Kern und einer großen Hülle, in der sich die negativ geladenen Elektronen befinden.
Das Schalenmodell besagt, dass sich die Elektronen in der Hülle auf verschiedenen Energieniveaus, sogenannten „Elektronenschalen", befinden.

2

Element	Protonen	Neutronen	Elektronen
N	7	7	7
Pb	82	125	82
U	92	146	92

3 a 14 u
b 414 g
c 3 mol

4 a Isotope
b Die beiden Lithium-Atome in Bild 5 unterscheiden sich in ihrer Massenzahl. Dies liegt daran, dass sie eine unterschiedliche Neutronenzahl besitzen. Die beiden Atome haben jedoch die gleiche Ordnungszahl, d. h. die gleiche Anzahl an Elektronen und Protonen.

5 a Es handelt sich um ein Schwefel-Atom.
b Nein, es befindet sich nicht im Edelgaszustand, da auf der äußersten Schale nur 6 Elektronen sind. Mit 8 Elektronen wäre die äußerste Schale voll und damit im Edelgaszustand.
c Kohlenstoff: 2 Elektronen in der ersten und 4 Elektronen in der zweiten Schale
Magnesium: 2 Elektronen in der ersten, 8 Elektronen in der zweiten und 2 Elektronen in der dritten Schale
Chlor: 2 Elektronen in der ersten, 8 Elektronen in der zweiten und 7 Elektronen in der dritten Schale
d

Element	Protonen	Neutronen	Elektronen
Na	11	12	11
Br	35	45	35
Ar	18	22	18

e Calcium: 4. Periode, II. Hauptgruppe, 20 Protonen, 20 Neutronen, 20 Elektronen
Selen: 4. Periode, VI. Hauptgruppe, 34 Protonen, 45 Neutronen, 34 Elektronen
Argon: 3. Periode, VIII. Hauptgruppe, 18 Protonen, 22 Neutronen, 18 Elektronen

6 

7 Die Elemente der I. Hauptgruppe, die Alkalimetalle, besitzen ein Elektron auf der äußersten Schale. Sie sind sehr reaktionsfreudige Elemente. Sie zeigen typische Verfärbungen in der Brennerflamme. Aufgrund ihrer geringen Dichte zählen sie zu den Leichtmetallen.

Bindungsarten – S. 271

1 Beiden Atomen fehlt ein Elektron für eine volle äußerste Schale. Sie nähern sich so weit an, dass ein Teil ihrer Schalen überlappt. Von beiden Atomen befindet sich je ein Elektron in dem gemeinsamen Bereich beider Atomhüllen. Durch dieses gemeinsame Elektronenpaar hat nun jedes Wasserstoff-Atom 2 Elektronen auf der äußersten Schale.

2 Je nach Aufbau der Atomhülle brauchen die Atome unterschiedlich viele Elektronenpaarbindungen, um den Edelgaszustand zu erreichen. Das Sauerstoff-Atom hat 6 Elektronen auf der äußersten Schale. Ihm fehlen 2 Elektronen bis zum Edelgaszustand. Durch das Eingehen von zwei Elektronenpaarbindungen erhält das Sauerstoff-Atom eine voll besetzte äußerste Schale.
Stickstoff hat 5 Elektronen auf der äußersten Schale. Ihm fehlen 3 Elektronen bis zum Edelgaszustand. Durch das Eingehen von drei Elektronenpaarbindungen hat das Stickstoff-Atom 8 Elektronen auf der äußersten Schale.

3 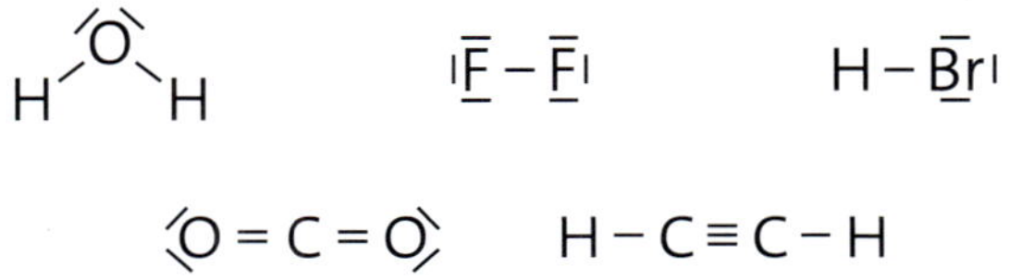

4 F_2: EN (F) = 4,0; ΔEN = 4,0 – 4,0 = 0
Im Fluormolekül ist die Elektronenpaarbindung unpolar, da ΔEN < 0,5.
HF: EN (H) = 2,1; EN (F) = 4,0; ΔEN = 4,0 – 2,1 = 1,9
Im Fluorwasserstoffmolekül ist die Elektronenpaarbindung polar, da ΔEN > 0,5.
NO: EN (N) = 3,0; EN (O) = 3,5; ΔEN = 3,5 – 3,0 = 0,5
Die Bindung ist ebenfalls unpolar.

5 Es müssen polare Bindungen im Molekül vorhanden sein, die zu einer positiven und einer negativen Teilladung im Molekül führen. Außerdem dürfen die Mittelpunkte der positiven und der negativen Teilladungen nicht an der gleichen Stelle zusammenfallen.

6 Die eine Atomsorte gibt ein oder mehrere Elektronen ab und erreicht damit den Edelgaszustand. Beispielsweise gibt Natrium ein Elektron ab. Seine äußere Schale existiert nicht mehr. Die weiter innen liegende volle Schale wird zur neuen Außenschale.
Die andere Atomsorte nimmt ein oder mehrere Elektronen auf und erreicht damit den Edelgaszustand. Chlor besitzt z. B. mit 7 Elektronen eine fast volle Außenschale. Durch die Aufnahme eines Elektrons erreicht es die voll besetzte Schale mit 8 Elektronen.

7 Die Elemente der V. bis VII. Hauptgruppe nehmen bei der Ionenbildung Elektronen auf, um den Edelgaszustand zu erreichen.
Sie haben daher mehr Elektronen als Protonen, wodurch die negative Ladung überwiegt.

8

Summenformel	Beteiligte Ionen	Name der Ionenverbindung
$MgCl_2$	Mg^{2+} und Cl^-	Magnesiumchlorid
NaBr	Na^+ und Br^-	Natriumbromid
K_2O	K^+ und O^{2-}	Kaliumoxid
KCl	K^+ und Cl^-	Kaliumchlorid
$CaBr_2$	Ca^{2+} und Br^-	Calciumbromid
MgO	Mg^{2+} und O^{2-}	Magnesiumoxid
$AlCl_3$	Al^{3+} und Cl^-	Aluminiumchlorid

9 Eine Ionenbindung liegt bei $\Delta EN > 1{,}7$ vor.

10 Die Außenelektronen der Aluminium-Atome werden nur schwach vom Kern angezogen. Sie können leicht ihren Aufenthaltsbereich verlassen. Die Elektronen können sich frei durch das Metall bewegen. Man bezeichnet sie als sogenanntes Elektronengas.

11 Metalle halten durch die Anziehung zwischen den positiv geladenen Atomrümpfen und dem negativ geladenen Elektronengas zusammen.

12 Die äußeren Elektronen der Metall-Atome sind keinem Atom mehr fest zugeordnet. Sie bewegen sich frei durch das Metall. Man bezeichnet sie daher auch als Elektronengas.

13 Beim Erhitzen eines Metalls wird sowohl dem Atomrumpf als auch den freien Elektronen Energie zugeführt. Die Atomrümpfe schwingen stärker und stoßen die benachbarten Atomrümpfe an.
So wird die Wärmeenergie über das ganze Metall weitergegeben. Die freien Elektronen nehmen die Energie in Form von zusätzlicher Bewegungsenergie auf und verteilen sie so auch weiter über das Metall.

Elektrische Energie und chemische Prozesse – S. 299

1 Bei der Oxidation handelt es sich um eine Elektronenabgabe und bei der Reduktion um eine Elektronenaufnahme.

2 Lithium, Calcium, Magnesium und Aluminium sind unedler als Zink. Sie können von Zink-Ionen oxidiert werden.
Eisen, Blei, Kupfer, Silber, Platin und Gold sind edler als Zink. Sie können daher Zink-Atome oxidieren.

3 Galvanoplastik (Kunst), Gewinnung von Wasserstoff aus Wasser, Gewinnung von Aluminium aus Aluminiumoxid

4 Die Produkte bei der Elektrolyse enthalten mehr chemische Energie als die Ausgangsstoffe (Edukte). Ohne die Zuführung von elektrischer Energie würde keine Reaktion der Ausgangsstoffe stattfinden. Die Ausgangsstoffe besitzen also weniger chemische Energie.
Die zugeführte elektrische Energie wird in chemische Energie bei der Elektrolyse umgewandelt.
Die chemische Energie ist dann in den Produkten gespeichert.

5 a Alessandro Volta nutzte die Metalle Kupfer und Zink.
b Vergleiche deine Lösung mit Bild 5 auf Seite 284.
c Es könnten auch die Metalle Silber und Zinn verwendet werden, da sie ein unterschiedliches Bestreben haben, Elektronen abzugeben.

6 Zwei Metallstreifen (z. B. Zink und Kupfer), Salzlösung oder Säure

7 Im Gegensatz zum Akkumulator kann eine Batterie nicht wieder aufgeladen werden. In einer Batterie kann nur chemische in elektrische Energie umgewandelt werden (Entladen). Beim Akkumulator kann elektrische Energie wieder in chemische Energie umgewandelt werden (Laden).

8 In der Batterie sind mehrere Metalle enthalten, auch Schwermetalle, die als Umweltgifte gelten.
Sie dürfen nicht in den Hausmüll gegeben werden. Die Metalle werden oft aus seltenen Rohstoffen hergestellt und sollen wiedergewonnen werden.

9 Vergleiche deine Zeichnung mit Bild 2 auf Seite 294.

10 In einer Brennstoffzelle sind die Wasserstoff-Atome Elektronendonatoren. Sie geben Elektronen ab. Die Sauerstoff-Atome sind Elektronenakzeptoren. Sie nehmen die Elektronen auf.

Oxidation: $2\,H_2 \rightarrow 4\,H^+ + 4\,e^-$

Reduktion: $O_2 + 2\,H_2O + 4\,e^- \rightarrow 4\,OH^-$

11 Reduktion und Oxidation müssen räumlich getrennt in der Brennstoffzelle stattfinden, damit die Elektronen durch ein Kabel geleitet und so zur Energiegewinnung genutzt werden können.

Saure, alkalische und neutrale Lösungen – S. 321

1 Saure Lösungen …
- reagieren mit unedlen Metallen und Kalk.
- leiten den elektrischen Strom (enthalten also Ionen).
- schmecken sauer (kein Geschmackstest!).
- färben Universalindikator rot bis gelb.

2 Alkalische Lösungen …
- wirken ätzend.
- leiten den elektrischen Strom (enthalten Ionen).
- fühlen sich seifig an.
- färben Universalindikator blaugrün bis blau.

3 Nach Arrhenius bilden Säuren in wässrigen Lösungen Wasserstoff-Ionen (H^+). Basen dagegen bilden Hydroxid-Ionen (OH^-).
Nach Brønsted sind Säuren Protonendonatoren und Basen Protonenakzeptoren. Im Gegensatz zu Arrhenius' Theorie wird in Brønsteds Theorie die Bildung von Oxonium-Ionen (H_3O^+) berücksichtigt.

4 $HCl + H_2O \rightarrow Cl^- + H_3O^+$

5 Ammoniak enthält kein OH in der Formel. Arrhenius ging davon aus, dass nur Stoffe, die Wasserstoff- und Sauerstoff-Atome enthalten, OH^--Ionen in Wasser bilden können. Daher passt Ammoniak nicht in die Definition einer Base nach Arrhenius.

6 Für die gemeinsamen Eigenschaften der sauren Lösungen sind die H_3O^+-Ionen verantwortlich, für die gemeinsamen Eigenschaften der alkalischen Lösungen die OH^--Ionen.

7 Der pH-Wert ist ein Maß für die Konzentration von Oxonium-Ionen in einer Lösung.

8 A = sauer, B = neutral, C = alkalisch

9 Die Magensäure ist stärker konzentriert als die Essigsäure.

10 Den pH-Wert einer Lösung kann man mit Indikatoren bestimmen.

11 Bei einer Neutralisation reagieren H_3O^+-Ionen der Säure und OH^--Ionen der Lauge zu neutralem Wasser.

12 Bei der Neutralisation entsteht eine neutrale Salzlösung. Dampft man diese ein, lagern sich die Ionen zu Ionengittern (= Salzkristallen) zusammen.

13 Dabei haben Natronlauge (Natriumlauge) und Schwefelsäure reagiert.

14 Konzentrierte Schwefelsäure greift die Haut an und zerstört sie. Dabei verdünnt sie sich mit dem entstehenden Wasser.

15 a $0{,}5 \frac{mol}{l}$ bedeutet: In einem Liter sind 0,5 mol eines Stoffs gelöst.
b 46 g
c $CuSO_4$: $63{,}5 \frac{g}{mol} + 32 \frac{g}{mol} + 4 \cdot 16 \frac{g}{mol} = 159{,}5 \frac{g}{mol}$
$79{,}85 \frac{g}{l} : 159{,}5 \frac{g}{mol} = 0{,}5 \frac{mol}{l}$

Kohlenstoff – der Molekülbauer – S. 365

1 C_9H_{20} $C_{32}H_{66}$ $C_{11}H_{24}$ $C_{29}H_{60}$

2 a

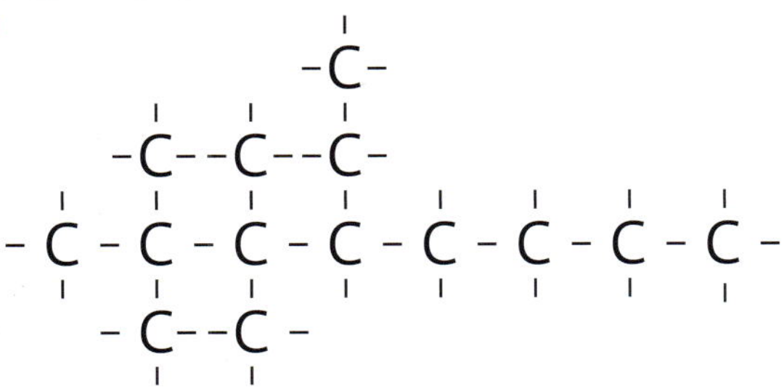

b 4,4-Diethyl-2,2,6,7,8-Pentamethylnonan

3 a Isomere sind Stoffe mit der gleichen Summenformel, aber unterschiedlicher Strukturformel. Im Beispiel haben beide Isomere die Summenformel C_6H_{14}.
b

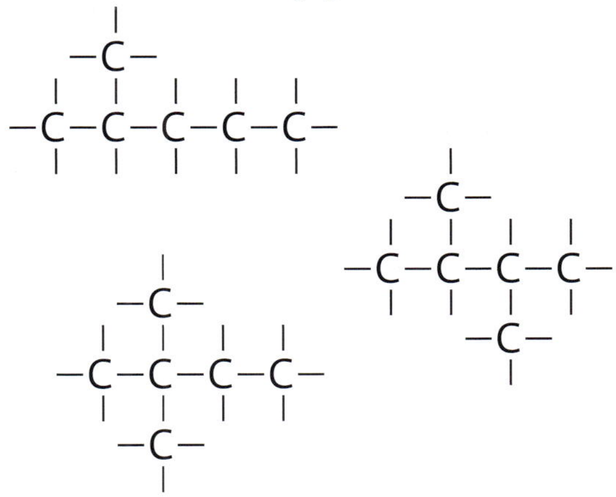

4 a C_nH_{2n}
b C_nH_{2n-2}

5 Kohlenstoffdioxid wird vom Menschen in viel größeren Mengen produziert als Methan. Es entsteht bei vielen Verbrennungsvorgängen im Verkehr, in der Industrie und in privaten Haushalten.

6

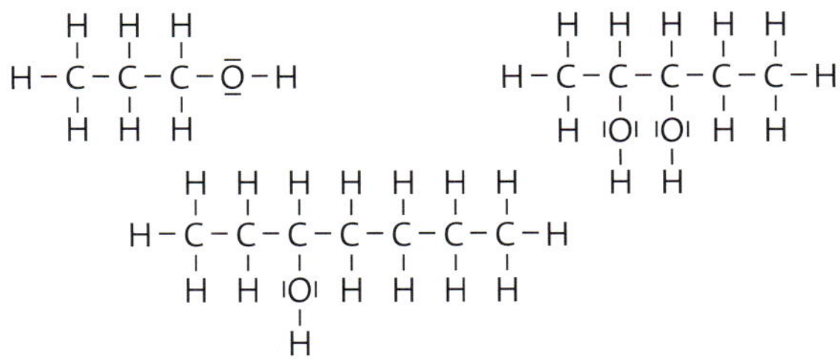

7 a Essigsäurebakterien wandeln in Gegenwart von Sauerstoff Ethanol in Ethansäure (Essigsäure) um.
b Siehe Bild 3 auf Seite 356.

8 Kunststoffe sind aus vielen („poly") einzelnen Molekülen (Monomeren) aufgebaut.

9 Thermoplaste bestehen aus langen Molekülketten, die nebeneinander liegen und nicht miteinander verbunden sind. Beim Erwärmen gleiten die Molekülketten aneinander vorbei. Der Kunststoff wird weich.

Duroplaste bestehen aus langen Ketten, die miteinander netzartig verbunden sind. Beim Erwärmen bleiben diese Netze erhalten. Der Kunststoff behält seine Form.

Energiewandler – S. 412/413

1 a Magnete ziehen an: Eisen, Cobalt, Kupfer.
b An den Polen ist die Anziehung am stärksten.
c Zwei Magnete stoßen sich ab, wenn sich gleichnamige Pole gegenüberstehen.

2 a Die Spule mit Eisenkern wird an eine Batterie oder ein Netzgerät angeschlossen.
b Vergleich:

Stabmagnet	Elektromagnet
besteht aus magnetischen Stoffen	besteht aus einer Spule und einem Eisenkern
hat einen Nordpol und einen Südpol	hat einen Nordpol und einen Südpol
Pole können nicht vertauscht werden.	Pole können vertauscht werden.
zieht Eisen an	zieht Eisen an
ist dauernd magnetisch	ist nur bei eingeschaltetem Strom magnetisch

3 Der Strom wird eingeschaltet. An den Enden des Rotors bildet sich ein Nordpol und ein Südpol aus. Gleiche Pole von Rotor und Dauermagnet stoßen sich gegenseitig ab. Der Rotor dreht sich.

4 Legt man eine Glasplatte über den Magneten und streut dann Eisenpulver auf die Glasplatte, ordnen sich die Eisenspäne im Magnetfeld an und machen es damit sichtbar.

5 Siehe Bild 7 auf Seite 373. Wenn der Strom eingeschaltet ist, wird die Kompassnadel aus der Nord-Süd-Richtung ausgelenkt.

6 a Man benötigt außer der Spule einen Magneten.

b Der Magnet wird schnell in die Spule hinein- und herausbewegt. Man kann auch die Spule auf den Magneten zu- und wieder von ihm wegbewegen.

c Je schneller sich der Magnet oder die Spule hin- und herbewegt, desto größer ist die Spannung. Ebenso erhöhen eine Spule mit vielen Windungen und ein starker Magnet die Spannung.

7 a Der Dynamo enthält einen mehrpoligen Magneten und eine Induktionsspule (mit Eisenkern).
b Mechanische Energie (Bewegungsenergie) ⟶ elektrische Energie (nutzbar), thermische Energie
c Wenn sich das Rad dreht, wird im Dynamo ein mehrpoliger Magnet in einer Spule (Seitenläuferdynamo) oder ein mehrpoliger Magnet um eine Spule (Nabendynamo) gedreht. Das Magnetfeld in der Spule ändert sich jeweils. Durch Induktion entsteht eine Spannung an der Spule.

8 Siehe S. 388, Bild 2 (Messgerät kann entfallen).

9 a Die Induktionsspule hat mehr Windungen als die Feldspule.
b Die Spannung an der Induktionsspule ist doppelt so hoch wie an der Feldspule. Also hat die Induktionsspule doppelt so viele Windungen wie die Feldspule: Feldspule 300 Windungen, Induktionsspule 600 Windungen.

10 a Für Transformatoren gilt: Spannung wird erhöht. ⟶ Stromstärke wird gesenkt. Begründung:

Im Idealfall gilt wegen der Energieerhaltung:

$U_{\text{Feld}} \cdot I_{\text{Feld}} = U_{\text{Ind}} \cdot I_{\text{Ind}}$.

Wenn die Induktionsspannung größer ist als die Feldspannung, muss die Induktionsstromstärke kleiner sein als die Feldstromstärke, damit beide Produkte gleich groß bleiben.

b Der Trafo verringert die Stromstärke.
Die Stromstärke in der Induktionsspule beträgt 0,005 A.

11 a Siehe S. 394, Bild 2.
b Der erste Trafo erhöht die Spannung und senkt die Stromstärke. Der zweite Trafo senkt die Spannung und erhöht die Stromstärke.
c Die Überlandleitungen übertragen sehr viel elektrische Energie. Bei niedriger Spannung müsste die Stromstärke dafür sehr groß sein. Dann würden die Leitungen sehr heiß werden und den größten Teil der zugeführten Energie als thermische Energie ungenutzt in die Umgebung abgeben. Bei Hochspannung wird die elektrische Energie dagegen bei kleiner Stromstärke übertragen. Die Leitungen werden nur wenig erwärmt und es geht kaum Energie als thermische Energie an die Umgebung verloren.

12 a Beispiele: Lagesensor, Magnetfeldsensor, Beschleunigungssensor, Schallsensor, Touchscreen, Helligkeitssensor
b Je heißer ein Heißleiter (NTC-Widerstand) wird, desto kleiner wird sein elektrischer Widerstand. Je mehr Licht auf einen LDR fällt, desto kleiner wird sein elektrischer Widerstand.

13 Der elektrische Widerstand des Fotowiderstands sinkt bei Beleuchtung. Diese Eigenschaft macht ihn zum Sensor.

14 Je heißer der Sensor wird, desto größer wird sein elektrischer Widerstand. Bei höherer Temperatur leitet er schlechter, im Gegensatz zum Heißleiter.

15 In Bild 2 ist die Diode in Sperrrichtung eingebaut. Es fließt kein Strom. Die Lampe leuchtet nicht.
Bild 3: Diode in Durchlassrichtung. Lampe leuchtet.

16 Die Diode kann in einem einfachen Stromkreis mit Batterie und Lampe getestet werden. Dabei baut man die Diode in verschiedenen Richtungen in den Stromkreis ein. Die Markierung der Diode muss an der Seite angebracht werden, die in Durchlassrichtung (wenn die Lampe leuchtet) zum Minuspol der Batterie zeigt.

17 Siehe Bild 7 auf S. 403.

18 a In einer Solarzelle wird Strahlungsenergie in elektrische Energie umgewandelt. Dabei werden nur 15 % der Strahlungsenergie in elektrische Energie umgewandelt. 85 % werden als thermische Energie abgegeben.
b Siehe Bild 2 auf S. 408.

19 a/b Siehe Bild 4 auf S. 408.

Energie – S. 451

1 230 J = 0,23 kJ
0,67 MJ = 670 kJ
98 000 J = 98 kJ
56 MJ = 56 000 kJ

2 a Gegeben: $F = 250$ N; $s = 30$ m
Gesucht: E
Gleichung: $E = F \cdot s$
$E = 250\,\text{N} \cdot 30\,\text{m} = 7500\,\text{Nm}$
Herr Schulze braucht eine Energie von 7500 Nm (die Angabe zur Türhöhe wird nicht benötigt).
b Gegeben: Gewichtskraft (F_G) je Kiste = 170 N
$h = 0{,}5$ m
Gesucht: E
Gleichung: $E = F_G \cdot h$
$E = 340\,\text{N} \cdot 0{,}5\,\text{m} = 170\,\text{Nm}$
Herr Schulze benötigt zum Heben der Kisten insgesamt eine Energie von 170 Nm.

3 a Bei Martin ist die physikalische Leistung größer.
b Martin erhöht seine Lageenergie in der gleichen Zeit mehr, weil er eine größere Masse hat.
c Martin: 560 N · 5 m = 2800 Nm = 2800 J
Tobias: 530 N · 5 m = 2650 Nm = 2650 J
d Martin: $P = \frac{2800\,\text{J}}{7\,\text{s}} = 400\,\text{W}$
Tobias: $P = \frac{2650\,\text{J}}{7\,\text{s}} = 380\,\text{W}$

4 $F = 6{,}8\,\text{kN} = 6800\,\text{N}$
$E = F \cdot s_B$; $E = 6800\,\text{N} \cdot 12\,\text{m} = 81\,600\,\text{Nm}$
$E = 81\,600\,\text{Nm} = \frac{1}{2} m \cdot v^2 = 600\,\text{kg} \cdot v^2 \mid : 600\,\text{kg}$
$v^2 = \frac{81\,600\,\text{Nm}}{600\,\text{kg}} = 136\,\frac{\text{m}^2}{\text{s}^2}$
$v = 11{,}7\,\frac{\text{m}}{\text{s}} = 42{,}1\,\frac{\text{km}}{\text{h}}$
Die Geschwindigkeit des Pkw lag unterhalb von $50\,\frac{\text{km}}{\text{h}}$.

5 Lea hat unrecht. Wie viel thermische Energie im Wasser gespeichert ist, hängt von der Temperatur und der Masse ab. Die Temperaturdifferenz ist beim Teewasser 3-mal so groß wie beim Badewasser. Die Masse des Badewassers ist aber 100-mal so groß wie die Masse des Teewassers. Dieser Unterschied ist viel größer als der bei der Temperaturdifferenz.

6 a Die Muskeln wandeln die zugeführte chemische Energie zu 25 % in Bewegungsenergie um.
b Jan muss etwa 600 kJ über die Schokolade zu sich nehmen. 100 g Schokolade haben rund 2300 kJ. 26 g Schokolade haben rund 600 kJ.

7 Das Heizkraftwerk nutzt einen Teil der anfallenden thermischen Energie, um Heizsysteme zu speisen.

8 An einem windigen und sonnigen Tag produzieren Solaranlagen und Windenergieanlagen einen Überschuss elektrischer Energie. Das Pumpspeicherkraftwerk wird vermutlich Energie speichern.
Elektrische Energie → Pumpe → Lageenergie

9 Erneuerbare Energieträger: Wasser, Wind, Sonne. Sie stehen unbegrenzt zur Verfügung und ihr Einsatz ist mit einem sehr geringen CO_2-Ausstoß verbunden.

Radioaktivität und Kernenergie – S. 488 f.

1 Mit einem Geigerzähler kann geprüft werden, ob die Leuchtziffern radioaktiv sind.

2 Ionisierende Strahlung ist in der Lage, Elektronen aus Atomen und Molekülen zu entfernen, wodurch diese zu Ionen werden. Davon leitet sich ihr Name ab.

3 Ionisierende Strahlung: Alpha-, Beta- und Gammastrahlung sowie Röntgenstrahlung

4 Bei Isotopen eines Elements enthalten die Atomkerne immer gleich viele Protonen, aber unterschiedlich viele Neutronen. Die Atomkerne von Wasserstoff enthalten immer genau 1 Proton und dazu 0 oder 1 oder 2 Neutronen. Zeichnung von zwei Isotopen: siehe S. 456, Bild 4

5 a Stickstoff: $^{14}_{7}N$: 7 Protonen, 7 Neutronen
$^{15}_{7}N$: 7 Protonen, 8 Neutronen
b Caesium: $^{133}_{55}Cs$: 55 Protonen, 78 Neutronen
$^{137}_{55}Cs$: 55 Protonen, 82 Neutronen

6 a/b/c Tabelle siehe S. 510 unten.

7 Das Plutonium verliert 2 Protonen (und 2 Neutronen). Es entsteht ein Atomkern mit 92 Protonen, also ein Urankern: $^{235}_{92}U$.

8 In 30 Jahren sinkt die Aktivität um die Hälfte.

9 a Die Aktivität gibt an, wie viele Atomkerne sich pro Sekunde umwandeln.
b In 1 g natürlichem Kalium wandeln sich 28 Atomkerne pro Sekunde um. In 100 g natürlichem Kalium wandeln sich 2800 Atomkerne pro Sekunde um.

10 a Ein Caesiumkern besteht aus 137 Teilchen. Davon sind 55 Protonen und 82 Neutronen.
b Die Halbwertszeit beträgt etwa 30 Jahre.
c Nach mehr als 100 Jahren. Begründung: In jeweils 30 Jahren wandelt sich immer nur die Hälfte des vorher vorhandenen Caesiums um. Nach 90 Jahren sind noch etwa 12,5 g $^{137}_{55}Cs$ vorhanden, nach 120 Jahren noch 6,25 g.

11 Diagnose: Der menschliche Körper wird mit Röntgenstrahlung durchleuchtet. Dabei werden insbesondere die Knochen gut sichtbar. Nachteil: Die Strahlung kann Zellen schädigen.
Diagnose: Ein radioaktiver Stoff wird dem Körper zugeführt und sammelt sich in einem Tumor. Aufgrund der Strahlung kann der Tumor gefunden werden. Nachteil: Die Strahlung entsteht im Körperinnern und kann gesunde Zellen schädigen.
Therapie: Der Tumor wird mit ionisierender Strahlung „beschossen" und zerstört. Nachteil: Die Strahlung kann gesunde Zellen schädigen.
Therapie: Ein radioaktiver Stoff wird in einen Tumor eingeschleust. Die Strahlung zerstört die Krebszellen. Nachteil: Die Strahlung entsteht im Körperinnern und kann gesunde Zellen schädigen.

12 Das ungeborene Kind kann durch die ionisierende Strahlung einen besonders großen Schaden erleiden, weil sich seine Zellen sehr schnell teilen – und damit auch die geschädigten Zellen.

13 Von außen: γ-Strahlung dringt tief in den Körper ein und kann innere Organe schädigen.
Von innen: α-Strahlung ist sehr gefährlich, wenn sie über Nahrungsmittel oder Gase im Körper entsteht. Sie kann wegen ihrer großen Ionisierungsfähigkeit innere Organe stark schädigen.

14 Wenn ein Neutron in einen Urankern eindringt, kann er sich spalten. Dabei entstehen zwei kleinere Atomkerne und freie Neutronen. Sie bewegen sich mit großer Geschwindigkeit auseinander. Skizze:

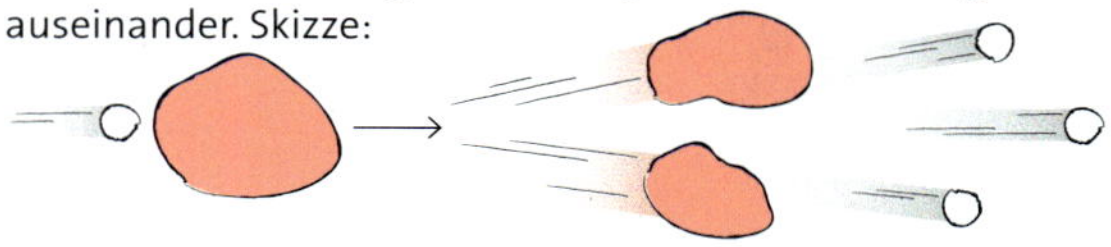

15 Ein Neutron dringt in den Urankern ein. → Der Urankern spaltet sich. → Die Bruchstücke und freigesetzte Neutronen bewegen sich mit großer Geschwindigkeit auseinander. → Bei Stößen geben sie Energie an Wasserteilchen ab. → Die Wasserteilchen bewegen sich heftiger als zuvor. → Temperatur des Wassers steigt.

16 Beim Verbrennen oxidiert die Kohle, Energie wird freigesetzt und über Strahlung abgegeben. Es findet eine Stoffumwandlung statt, keine Elementumwandlung.
Uran wird nicht oxidiert, sondern gespalten. Es findet eine Elementumwandlung statt. Dabei wird sehr viel Energie freigesetzt.

	α-Strahlung	**β-Strahlung**	**γ-Strahlung**
Art der Strahlung	Strahlung aus Teilchen	Strahlung aus Teilchen	wie Licht
elektrisch	positiv	negativ	neutral
ionisierend	stark	weniger stark	schwach
Wird gestoppt von:	Papier	5 mm dickes Alublech	dicke Bleiplatten
Bild	3	4	2
Elementumwandlung	Elementumwandlung	Elementumwandlung	keine Elementumwandlung
Reaktionsgleichung	$^{226}_{88}Ra \rightarrow ^{222}_{86}Rn + ^{4}_{2}He$	$^{3}_{1}H \rightarrow ^{3}_{2}He + ^{0}_{-1}e$	$^{222}_{86}Rn \rightarrow ^{222}_{86}Rn + \gamma$

17 Hahn und Straßmann konnten nach dem Beschuss von Uran (92 Protonen) Barium (56 Protonen) nachweisen. Lise Meitner nahm an, dass das Uran-Atom gespalten wurde. Daher ist es logisch, nach dem zweiten Bruchstück mit 92 – 56 = 36 Protonen zu suchen, dem Krypton.

18 Im Reaktor wird durch Kernspaltungen sehr viel Energie freigesetzt. Das Wasser im Druckbehälter wird auf über 330 °C erhitzt. Im Wärmetauscher gibt es seine Wärme an das Wasser im 2. Kreislauf ab. Dieses verdampft und der Dampf wird erhitzt. Er treibt die Turbine und den Generator an, der elektrische Energie erzeugt.
Gefahren: Bei einem Unfall können radioaktive Stoffe und ionisierende Strahlung aus dem Reaktor austreten. Besonders gefährlich wäre ein Ausfall des 1. Kreislaufs. Die Wärme aus den Kernspaltungen würde nicht mehr abgeführt werden. Das Wasser könnte verdampfen, den Reaktor zum Bersten bringen und als radioaktive Wolke austreten. Die hochradioaktiven Brennelemente könnten schmelzen, die Reaktorwand zerstören sowie ins Erdreich und Grundwasser gelangen.

19 Viele Bestandteile der Abfälle sind hochradioaktiv und haben lange Halbwertszeiten. Bei den Kernumwandlungen wird viel Energie freigesetzt. Die Abfälle müssen daher gekühlt werden. Außerdem geben die Abfälle ionisierende Strahlung ab.

20 In Zwischenlagern werden die „verbrauchten" Brennelemente aufbewahrt, bis ihre Aktivität und Wärmeentwicklung genügend abgeklungen sind.
Danach sollen die Brennelemente in Endlagern (z. B. Bergwerken) für viele Jahrtausende auch ohne Überwachung durch Menschen sicher eingeschlossen werden, ohne die Umwelt zu gefährden.

Bildquellenverzeichnis

Abbildungen:

Titel: oben mitte: interfoto e.k./Tom Mackie; oben rechts.: Sofarobotnik GbR; unten: stock.adobe.com/Wolfgang Mücke/womue

S.1-2: Sofarobotnik GbR; S.3/o. l.: Shutterstock.com/didesign021; S.3/u. l.: stock.adobe.com/mimagephotos; S.4/m. l.: mauritius images/alamy stock photo/Dave Watts; S.5/o. l.: Shutterstock.com/Mikhail Tchkheidze; S.5/m. l.: Shutterstock/Maxx-Studio; S.6/o. l.: Shutterstock.com/irin-k; S.6/m. l.: Shutterstock.com/Daniel Krason; S.7/o. l.: mauritius images/Science Source; S.7/m. l.: Shutterstock/MichaelJayBerlin; S.8/o. l.: Shutterstock.com/Stonel;S.8/u. l.: mauritius images/Prisma; S.9/m. l.: Panther Media GmbH/Mihajlo Maricic; S.10: Shutterstock.com/didesign021; S.11/r.: Shutterstock.com/Saiful52; S.11/l.: Science Photo Library/Eye Of Science; S.12/o. r.: Shutterstock.com/Timur Laykov; S.12/o. l.: ClipDealer GmbH/Tiplyashina; S.13/2: Shutterstock.com/Glayan; S.13/3: Shutterstock.com/Pinkcandy; S.13/4: Shutterstock.com/Sabphoto; S.13/5: Shutterstock.com/Noam Armonn; S.13/6: Shutterstock.com/fizkes; S.13/7: Shutterstock.com/PKpix; S.14/1: Shutterstock.com/Sabphoto; S.14/2: Shutterstock.com/Troyan; S.14/3: Imago/blickwinkel; S.16/1: Shutterstock.com/Troyan; S.16/2: mauritius images/age; S.16/3: Shutterstock.com/Blackzheep; S.16/4: stock.adobe.com/Jürgen Fälchle; S.16/A: Shutterstock.com/stephane106; S.16/B: stock.adobe.com/Alexander Raths; S.16/C: Shutterstock.com/Photobank gallery;S.16/D: stock.adobe.com/Photographee.eu; S.16/E: stock.adobe.com/perfectmatch; S.16/F: stock.adobe.com/Africa Studio; S.16/G: Imago/Ralph Peters; S.16/H: stock.adobe.com/lenetsnikolai; S.17/5: Shutterstock.com/Lisa-S; S.17/6: Shutterstock.com/phichet chaiyabin; S.17/7: mauritius images/Science Source; S.17/8: mauritius images/SuperStock; S.18/Zahnspange: Shutterstock.com/Alexis C; S.18/Toilette: Shutterstock.com/David Pereiras; S.18/Türklinke: Shutterstock.com/Blackzheep; S.18/Milchprodukte: Shutterstock.com/Dream79; S.19/2, l.: Science Photo Library/Eye Of Science; S.19/3, o.: Science Photo Library / SCIENCE PHOTO LIBRARY; S.19/3, m.: mauritius images/Alamy/Janice Carr; S.19/3, u.: Science Photo Library/AMI IMAGES; S.21/4: Shutterstock.com/Africa Studio; S.22/1: Shutterstock.com/Oleg Elkov; S.22/2: mauritius images/Phototake; S.24/2: stock.adobe.com/jarun011; S.25/4: stock.adobe.com/Kunstzeug; S.26/A: Science Photo Library/A. DOWSETT, PUBLIC HEALTH ENGLAND; S.26/B: mauritius images/Science Source; S.29/4: Shutterstock.com/Sergii Chepulskyi; S.30/A: Science Photo Library/DR. STANLEY FLEGLER/VISUALS UNLIMITED; S.30/B: Science Photo Library/Eye Of Science; S.30/C: mauritius images/Science Photo Library/photoquest; S.32/1: Shutterstock.com/Kateryna Kon; S.38/1: Shutterstock.com/Vladimir_Sotnichenko; S.40/1: stock.adobe.com/Ralf Kalytta; S.40/2: dpa Picture-Alliance/picture-alliance/ dpa;S.40/3: mauritius images/alamy stock photo/WorldPhotos; S.42/1: stock.adobe.com/AnnaStills; S.42/2: Shutterstock.com/Hamza CHEGGOUR; S.44/o. l.: Shutterstock.com/Alexander Raths; S.44/m. l.: stock.adobe.com/ronstik; S.44/m. r.: stock.adobe.com/zigres; S.44/2: stock.adobe.com/ww.andreatosi.com/Andrea Tosi; S.45/3: Science Photo Library/A. DOWSETT, PUBLIC HEALTH ENGLAND; S.46/1: Shutterstock.com/Claire Lucia; S.48/1: Imago/Westend61; S.49/3: stock.adobe.com/WavebreakMediaMicro; S.52/1: stock.adobe.com/mkrberlin; S.53/4: mauritius images/Phototake; S.56/1: Shutterstock.com/siamionau pavel; S.59/5: mauritius images/Science Photos Library/All mauritius images; S.59/6: Shutterstock.com/Dmitry Lobanov; S.61/2: Marit Kastaun; S.62/1: Shutterstock.com/Pressmaster; S.63/2: mauritius images/alamy stock photo/Scott Camazine; S.64: stock.adobe.com/mimagephotos; S.65/l.: Shutterstock.com/Taiga; S.65/r.: interfoto e.k./Chr. Lederer; S.66/1: Picture-Alliance/dpa/photononstop; S.67/3: mauritius images/Science Source; S.67/4: Science Photo Library / SCIENCE PHOTO LIBRARY; S.68/1: mauritius images/Science Source; S.68/2: mauritius images/Science Source; S.69/5: mauritius images/Alamy/incamerastock; S.70/1: Shutterstock.com/Prostock-studio; S.70/2: mauritius images/Science Source; S.71/5A: mauritius images/Alamy; S.71/5B: mauritius images/Science Source; S.72/l.: Shutterstock.com/My Good Images; S.72/2. v. l.: stock.adobe.com/StefanieB.; S.72/3. v. l.: stock.adobe.com/Manuel Tennert; S.72/3. v. r.: stock.adobe.com/Kaesler Media; S.72/2. r.: Shutterstock.com/Siberia - Video and Photo; S.72/r.: Shutterstock.com/Edyta Pawlowska; S.74/1: Science Photo Library/Abbey, Michael; S.74/2+3: Science Photo Library/Abbey, Michael; S.74/4: Ulrike Austenfeld; S.76/1: sciencephotolibrary/DENNIS KUNKEL MICROSCOPY; S.78/1: Ulrike Austenfeld; S.80/1: sciencephotolibrary/A. BARRINGTON BROWN, GONVILLE A; S.81/3: Ulrike Austenfeld; S.84/1: stock.adobe.com/Franz Pfluegl; S.86/1: stock.adobe.com/Pakhnyushchyy; S.86/3: Shutterstock.com/bonchan; S.90/1: sciencephotolibrary/RAMON ANDRADE 3DCIENCIA; S.94/1: Shutterstock.com/Denis Kuvaev; S.95/2: sciencephotolibrary/Biophoto Associates; S.95/3: mauritius images/alamy stock photo/Albert Shakirov; S.95/4: Shutterstock.com/Halfpoint; S.96/1: mauritius images/Science Source; S.96/2: sciencephotolibrary/COLIN CUTHBERT; S.96/3+5: stock.adobe.com/Alexander Kaludov; S.98/1: akg-images; S.101/3: Shutterstock.com/Aoi190; S.102/1: Picture-Alliance/dpa/Frank May; S.104/Rind: Shutterstock.com/hans engbers; S.104/Kuh: stock.adobe.com/CUTWORLD; S.105/4: Shutterstock.com/smereka; S.106/1A: Shutterstock.com/WAYHOME studio; S.106/1B: Science Photo Library/Haupt, Aaron; S.108/1: Shutterstock.com/Gang Liu; S.108/2: stock.adobe.com/ninell; S.112/1: Shutterstock.com/Andrey_Popov; S.112/2: stock.adobe.com/Grispb; S.116/1: interfoto e.k./FLPANeil Bowman; S.116/2+3: interfoto e.k./FLPA/Nigel Cattlin; S.117/4: Shutterstock.com/Yein Jeon; S.118/1: Picture-Alliance/dpa-Zentralbild/Patrick Pleul; S.118/2: dpa Picture-Alliance/imageBROKER; S.119/A: Shutterstock.com/VIKTORIUS-73; S.119/B: interfoto e.k./Chr. Lederer; S.119/C: Shutterstock.com/Brent Hofacker; S.119/D: dpa Picture-Alliance/Minden Pictures; S.121/3: Shutterstock.com/Yein Jeon; S.123/3: interfoto e.k./FLPA/Nigel Cattlin; S.124: mauritius images/alamy stock photo/Dave Watts; S.125/o. r.: interfoto e.k./ARDEA/M. Watson; S.125/o. l.: Shutterstock.com/MikhailSh; S.125/m.: akg-images/Heritage-Images/CM Dixon; S.125/m. r.: mauritius images/alamy stock photo/Robert Kawka; S.126/2: sciencephotolibrary/JOHN SIBBICK; S.130/1: sciencephotolibrary/NOAA/NATIONAL UNDERSEA RESEARCH PROGRAM/P RONA; S.132/1: Shutterstock.com/LuFeeTheBear; S.133/2: Shutterstock.com/Guillermo Guerao Serra; S.133/3: Shutterstock.com/Ging o_o; S.135/3: stock.adobe.com/Martina Berg; S.135/4A: Imago/blickwinkel; S.135/4B: stock.adobe.com/goro20; S.135/4C: stock.adobe.com/lcrms; S.135/5: sciencephotolibrary/DIRK WIERSMA; S.136/A: Shutterstock.com/Dudarev Mikhail; S.136/B: mauritius images/imageBROKER/Alfred & Annaliese Trunk; S.136/C: Picture-Alliance/dpa/blickwinkel; S.136/D: Shutterstock.com/Waitandshoot Production; S.136/E: Shutterstock.com/Tomasz Kowalski; S.139/5: Shutterstock.com/Edelwipix; S.140/1: Shutterstock.com/paula french; S.144/1: Shutterstock.com/MR.RAWIN TANPIN; S.145/3: stock.adobe.com/santia3; S.145/4: sciencephotolibrary/CLAUDE NURIDSANY & MARIE PERENNOU; S.146/3: Shutterstock.com/Nicolas Primola; S.147/6: dpa Picture-Alliance/Minden Pictures/Hiroya Minakuchi; S.148/1: Shutterstock.com/MikhailSh; S.148/2: mauritius images/alamy stock photo/Dave Watts; S.150/1: mauritius images/alamy stock photo/Frank Hecker; S.150/2A: Shutterstock.com/Abi Warner; S.150/2B: Shutterstock.com/Tony Campbell; S.152/1: Shutterstock.com/tony mills; S.154/1: stock.adobe.com/All Rights Reserved © Sergey Ryzhkov/Sergey Ryzhkov; S.154/2: stock.adobe.com/All Rights Reserved © Sergey Ryzhkov/Sergey Ryzhkov; S.156/o. l.: mauritius images/imageBROKER/Marko König; S.156/m. l.: stock.adobe.com/hfox; S.157/3: stock.adobe.com/henk; S.157/4: mauritius images/Tierfotoagentur; S.157/5: Shutterstock.com/EcoPrint; S.158/1A: mauritius images/Memento; S.158/1B: mauritius images/Memento; S.159/2A: mauritius images/GTW; S.159/2B+C: mauritius images/Minden Pictures; S.160/1: akg-images/Science Photo Library; S.164/1: Shutterstock.com/Sabari Girivasan; S.165/

Bildquellenverzeichnis

Mensch: Shutterstock.com/fantom_rd; S.165/Gorilla: Shutterstock.com/Onyx9; S.165/Gibbon: Shutterstock.com/panda3800; S.165/Schimpanse: Shutterstock.com/Abeselom Zerit; S.165/ Orang-Utan: Shutterstock.com/Matej Hudovernik; S.166/1: Shutterstock.com/Sergey Uryadnikov; S.166/3: akg-images/Science Photo Library; S.167/4: mauritius images/Alamy/Michele Burgess; S.167/5: mauritius images/imageBROKER/Jurgen & Christine Sohns/FLPA; S.168/1A: Shutterstock.com/GUDKOV ANDREY; S.168/1B: stock.adobe.com/soft light/soft_light; S.170/1: sciencephotolibrary/GREGORY G. DIMIJIAN, M.D.; S.170/2: akg-images/MSF/JAVIER TRUEBA/SCIENCE PHOTO LIBRARY; S.170/Homo habilis: akg-images/E. DAYNES/S.ENTRESSANGLE/SCIENCE PHOTO LIBRARY; S.170/Opithecus afarensis: akg-images/ELISABETH DAYNES/SCIENCE PHOTO LIBRARY; S.170/Homo erectus: akg-images/E. DAYNES/S.ENTRESSANGLE/SCIENCE PHOTO LIBRARY; S.173/3: Shutterstock.com/Luca Lorenzelli; S.174/1: interfoto e.k./ARDEA/M. Watson; S.176: Shutterstock.com/Mikhail Tchkheidze; S.177/l.: sciencephotolibrary/AJ PHOTO; S.177/r.: Shutterstock.com/Image Point Fr; S.178/1: Shutterstock.com/Stokkete; S.178/2: mauritius images/alamy stock photo/Vadym Drobot; S.181/2: stock.adobe.com/Ocskay Bence; S.182/1: stock.adobe.com/ventura; S.182/4: Science Photo Library/DR G. MOSCOSO; S.182/5: Science Photo Library/NEIL BROMHALL; S.184/3: mauritius images/Phototake/ Philippe Dacla; S.184/4: sciencephotolibrary/NEIL BROMHALL; S.184/5+6: sciencephotolibrary/EDELMANN; S.185/8: mauritius images/Image Source; S.185/9: mauritius images/ Westend61; S.185/12: mauritius images/alamy stock photo/Stock Connection Blue; S.186/1: sciencephotolibrary/Hooton, Ian; S.186/2: stock.adobe.com/choucashoot; S.186/3: sciencephotolibrary/ Cavallini, James; S.188/1: Shutterstock.com/Photographee.eu; S.189/3: Imago/epd; S.189/4: Your Photo Today/ajp30923/A1PIX/Laurent Audinet; S.192/1: Shutterstock.com/Gorodenkoff; S.193/2: stock.adobe.com/PhotographyByMK; S.194/2: Shutterstock.com/txking; S.194/1: Shutterstock.com/2xSamara.com; S.195/3: dpa Picture-Alliance/dpa - Report/Frank May; S.196/1: Shutterstock.com/Dmitry Galaganov; S.196/Emojis: Shutterstock.com/Ricardo Romero; S.197/4: Imago/Niehoff; S.198/2, l.: sciencephotolibrary/DR YORGOS NIKAS; S.198/2, m.: Science Photo Library/DR G. MOSCOSO; S.198/2, r.: Science Photo Library/NEIL BROMHALL; S.198/3: Shutterstock.com/Gorodenkoff; S.200: Shutterstock/Maxx-Studio; S.201/l.: Shutterstock.com/Ivan Kireiev; S.201/r.: stock.adobe.com/JAKKAPAN JABJAINAI/jakkapan; S.202/1: mauritius images/alamy stock photo/Art Directors & TRIP; S.202/2: mauritius images/alamy stock photo/Georgios Kollidas; S.202/3: akg-images/ IAM; S.204/2: mauritius images/United Archives/All mauritius images; S.204/3: akg-images/Science Photo Library; S.204/o. l.: Shutterstock/diogoppr; S.207/4: Cornelsen/Stephan Röhl; S.208/2: bpk; S.211/4: Shutterstock.com/waldru; S.211/5: Shutterstock/Iaroslav Neliubov; S.212/2: interfoto e.k./Sammlung Rauch; S.212/3: akg images/Science Photo Library; S.222/1: Cornelsen/Volker Döring; S.225/5: sciencephotolibrary/MARTYN F. CHILLMAID; S.226/1: Science Photo Library/Dotta, Alexandre; S.226/2: Science Photo Library/Degginger, E.; S.226/3: mauritius images/alamy stock photo/Phil Degginger; S.227/4: Cornelsen/Volker Minkus; S.228/2: sciencephotolibrary/Winters, Charles D.; S.228/3: stock.adobe.com/photoworld; S.228/Magnesium: SCIENCE PHOTO LIBRARY/ xxpool.de; S.228/Barium: sciencephotolibrary/SCIENCE PHOTO LIBRARY; S.228/Calcium: sciencephotolibrary/Science Photo Library; S.229/4: Cornelsen/Volker Minkus; S.229/5: Shutterstock.com/ Sukharevskyy Dmytro (nevodka); S.230/1: mauritius images/alamy stock photo/sciencephotos; S.230/2: Cornelsen/Volker Döring; S.231/4: Cornelsen/Volker Döring; S.232/1: stock.adobe.com/ Ivan Kurmyshov; S.232/2: StockFood/Living4Media/Arcaid Images; S.233/3: Shutterstock.com/Dubova; S.236/m.: Shutterstock.com/irin-k; S.237/l.: stock.adobe.com/ReSeandra; S.237/r.: Shutterstock.com/Yury Kosourov; S.238/1: Shutterstock.com/Everett Historical; S.238/2: Shutterstock.com/Michael Rosskothen; S.240/1: mauritius images/Shestock; S.244/1: Cornelsen/Volker Döring; S.250/1: Cornelsen/Volker Döring; S.251/5: stock.adobe.com/Volker Z; S.254/1: Cornelsen/Volker Döring; S.256/1: Cornelsen/Stephan Röhl; S.259/3: Imago/blickwinkel; S.259/4: Shutterstock.com/ Albert Russ; S.260/o. l.: Shutterstock.com/Renata Sedmakova; S.260/o. m.: Shutterstock.com/ Nneirda; S.262/1: Shutterstock.com/Nickolay Vinokurov; S.265/5: Imago/CHROMORANGE; S.266/1: Imago/imagebroker; S.268/1: Shutterstock.com/anastasiya adamovich; S.271/3: Shutterstock.com/ napocska; S.272: Shutterstock.com/Daniel Krason; S.273/l.: mauritius images/Pixtal; S.273/r.: Shutterstock.com/Naypong Studio; S.274/o. r.: Science Photo Library/MARTYN F. CHILLMAID; S.274/ Magnesium: stock.adobe.com/fablok; S.274/Kupferoxid: sciencephotolibrary/Giphotostock; S.276/1: sciencephotolibrary/Degginger, E.; S.277/2: Cornelsen/Volker Minkus; S.278/1: mauritius images/Science Source; S.280/1: mauritius images/Josef Kuchlbauer;S.280/2: stock.adobe.com/ EZPS; S.284/1: sciencephotolibrary/COLLECTION ABECASIS; S.284/2: mauritius images/alamy stock photo/Oprea Nicolae; S.284/3: stock.adobe.com/PhotoSG; S.284/4: stock.adobe.com/gio_tto; S.285/7: Cornelsen/Volker Minkus; S.285/6, r.: Cornelsen/Stephan Röhl; S.285/6, l.: Shutterstock.com/Potapov Alexander; S.286/3: mauritius images/alamy stock photo/East Fence Images; S.287/l.: Cornelsen/Volker Minkus; S.288/1: stock.adobe.com/jevanto.com/Jevanto Productions; S.288/2: stock.adobe.com/Coprid; S.288/3: Cornelsen/ Volker Minkus; S.288/4: Cornelsen/Volker Minkus; S.291/3: stock.adobe.com/Bildwerk; S.292/1: Shutterstock.com/wk1003mike; S.294/1: sciencephotolibrary/Giphotostock; S.297/6: stock.adobe.com/Blue Planet Studio; S.299/4: Shutterstock.com/Eldred Lim; S.300/: mauritius images/Science Source; S.301/l.: Cornelsen/ Volker Minkus; S.301/r.: Shutterstock/gameanna; S.302/o. l.: Cornelsen/Volker Minkus; S.302/o. m.: Cornelsen/ Volker Minkus; S.302/2: Cornelsen/Volker Döring (Bearbeitung durch Detlef Seidensticker); S.303/6: mauritius images/Science Source; S.304/1: sciencephotolibrary/Matt Meadows; S.304/2: sciencephotolibrary/Science Photo Library; S.306/o.l.: Cornelsen/Volker Minkus; S.306/2: mauritius images/alamy stock photo/Historic Images; S.309/4: Shutterstock.com/Voyagerix; S.310/2: mauritius images/Science Photo Library; S.311/3: Imago/YAY Images/Sudo; S.312/1: Shutterstock.com/gameanna; S.312/u. l.: Cornelsen/Volker Döring; S.312/u. m.: Cornelsen/Volker Döring; S.313/5: Cornelsen/Volker Döring; S.314/3: Shutterstock.com/Image Point Fr; S.316/1: stock.adobe.com/ Roman Ivaschenko; S.316/2: Cornelsen/Volker Minkus; S.317/4: Cornelsen/Volker Minkus; S.321/4: Science Photo Library/DR P. MARAZZI; S.322: Shutterstock/MichaelJayBerlin; S.323/l.: stock.adobe.com/Oleksii Akhrimenko; S.323/r.: Shutterstock.com/KieferPix; S.324/o. r.: Shutterstock.com/Chepko Danil Vitalevich; S.324/o. l.: Shutterstock.com/INSAGO; S.328/1: Shutterstock.com/Oleksandr Kalinichenko; S.329/6: Cornelsen/Stephan Röhl; S.330/1: Shutterstock.com/Tong Nawarit; S.330/2: Imago/Geisser; S.330/3: stock.adobe.com/visualpower; S.333/5: Cornelsen/Volker Minkus; S.338/1: Shutterstock.com/TTstudio; S.338/4: stock.adobe.com/Kaesler Media; S.339/7: Cornelsen/Volker Döring; S.340/1: Shutterstock/Rob Wilson; S.341/3: dpa Picture-Alliance/Bildarchiv; S.341/4: Shutterstock.com/Korelidou Mila; S.342/1: Shutterstock.com/kajornyot; S.342/2: Shutterstock.com/ wim claes; S.344/1: Shutterstock.com/Christian Lagerek; S.344/2: Shutterstock.com/Igor Karasi; S.344/3: mauritius images/alamy stock photo/All Canada Photos; S.348/4: stock.adobe.com/Uwe; S.348/5: stock.adobe.com/Stockdonkey; S.350/o. r.: Cornelsen/Volker Minkus; S.350/o. l.: Shutterstock.com/Shaiith; S.352/1: Shutterstock.com/MarinaGrigorivna; S.352/2: stock.adobe.com/Jörg Lantelme; S.353/4: Cornelsen/Volker Minkus; S.353/6: stock.adobe.com/mewaji; S.354/1: Shutterstock.com/Kzenon; S.356/o. l.: stock.adobe.com/Floydine; S.356/o.r .: mauritius images/alamy stock photo/S.E.A. Photo; S.357/6: dpa Picture-Alliance/Minden Pictures; S.358/1: Shutterstock.com/sasimoto; S.358/2: Shutterstock.com/zarzamora; S.359/3: Shutterstock.com/New Africa; S.360/o. m.: Flonline/Radius Images; S.360/o. r.: ddp images/Michael Osterrieder; S.360/Joghurtbeher: Cornelsen/Volker Döring; S.360/Schwamm: Shutterstock.com/Miles Davies; S.360/Steckdose: Cornelsen/Volker Döring; S.361/m.: stock.adobe.com/akf; S.361/m. r.: stock.adobe.com/ BEAUTYofLIFE; S.362/1: ddp images/angeta; S.362/2: Shutterstock.com/Alexander Mak; S.362/3: ddp images/cleo; S.362/4: Imago/Bürhaus; S.366: Shutterstock.com/Stonel; S.367/l.: Science Photo Library/Peter Bowater; S.367/r.: Shutterstock.com/nito; S.368/1: Cornelsen/Volker Minkus; S.369/8: Cornelsen/Volker Minkus; S.371/8: Cornelsen/Lothar Meyer; S.372/1: mauritius images/ alamy stock photo/Dinodia Photos; S.374/1: mauritius images/alamy stock photo/paul ridsdale pictures; S.374/2: Cornelsen/Volker Minkus; S.375/8: Cornelsen/Volker Döring; S.376/1: mauritius images/Cavan Images; S.376/2: Cornelsen/Volker Minkus; S.379/5: Shutterstock.com/Igor Klimov; S.380/1+2: Cornelsen/Heinz Mahler; S.382/1: Siemens Pressebild/press photo; S.383/6: Cornelsen/ Volker Döring; S.385/4: mauritius images/alamy stock photo/travel images; S.385/5: stock.adobe.com/chru53; S.387/6: Cornelsen/Bernd Heepmann; S.388/1: Shutterstock.com/Dmitry Vinogradov; S.390/1: mauritius images/imageBroker/Olaf Döring; S.392/1: action press/WXY Architecture & Urban Des/REX; S.393/3: mauritius images/alamy stock photo/PjrStudio; S.393/4: SEG Hausgeräte GmbH/BSH Bosch u. Siemens Hausgeräte GmbH; "S.394/1: stock.adobe.com/Björn Wylezich; S.396/3: mauritius images/imageBroker/EEX AG/Bernhard Claßen (© & ™ EEX AG); S.398/1: mauritius images/Johnér; S.401/3: Cornelsen/Volker Minkus; S.402/1: Shutterstock.com/Olexandr Taranukhin; S.406/1: Cornelsen/Heinz Mahler; S.408/1: Shutterstock.com/Stonel; S.408/3: Cornelsen/Inhouse; S.414: imago/blickwinkel; S.415/L.: stock.adobe.com/Brocreative; S.415/r.: Shutterstock.com/Kzenon; S.416/1: Panther Media GmbH/Jens Ickler; S.418/1: stock.adobe.com/Li Zhongfei/lzf; S.418/2: Shutterstock.com/AndreyUG; S.418/3: stock.adobe.com/Bildwerk; S.418/4: stock.adobe.com/LIPSKIY PAVEL/unclepodger; S.418/5: stock.adobe.com/Przemyslaw Ceglarek/ cegli; S.418/6: stock.adobe.com/Brent Wong; S.418/7: Shutterstock.com/Lolostock; S.418/8: mauritius images/Westend61 RF; S.418/9: Shutterstock.com/Bildagentur Zoonar GmbH; S.419/11: mauritius images/alamy stock photo/Rob Anscombe; S.419/12: Shutterstock.com/Victor Josan; S.420/1: mauritius images/Prisma; S.421/4: Nathan Grossman; S.422/1: mauritius images/alamy stock photo/Chris Cheadle; S.422/2: mauritius images/Artur Cupak; S.423/Sportwagen: stock.adobe.com/Christopher Nolan; S.423/Zugmaschine: stock.adobe.com/lassedesignen; S.423/Elektroauto: stock.adobe.com/Tomasz Zajda; S.423/E-Bike: stock.adobe.com/Hasselblad X1D; S.423/Kleinwagen: stock.adobe.com/thomaslerchphoto; S.423/ICE: Deutsche Bahn AG/Georg Wagner; S.424/1: stock.adobe.com/Petr Malyshev; S.424/2: mauritius images/imageBROKER/FELLOW; S.424/3: stock.adobe.com/Evdoha; S.428/1: Shutterstock.com/Jacob Lund; S.429/5: mauritius images/ Christian Ohde/Chromorange; S.430/1: Shutterstock.com/DimaBerlin; S.432/1: stock.adobe.com/ (c) Evgeniy & Karina Gerasimovi/scharfsinn86; S.434/1: stock.adobe.com/panoramarx; S.436/1: Cornelsen/Foto: Heinz-W Hommel, Beschriftung: Rainer Götze; S.438/1: mauritius images/Danita Delimont; S.439/3: Shutterstock.com/Janet Worg; S.439/4: dpa Picture-Alliance/ZB/euroluftbild/ Robert Grahn; S.440/1: stock.adobe.com/Konstanze Gruber; S.440/2: stock.adobe.com/fotolicht.com/vom; S.441/3: stock.adobe.com/David Klein; S.441/4: stock.adobe.com/LianeM; S.441/5: Imago/argum; S.442/2: Cornelsen/Volker Döring; S.444/3: stock.adobe.com/Bastian Weltjen; S.446/2: stock.adobe.com/Lena Wurm; S.446/3: Shutterstock.com/ShutterProductions; S.447/4: stock.adobe.com/Fabian; S.447/5: stock.adobe.com/Gerry Thoenen/fototrm12; S.447/6: stock.adobe.com/ animaflora; S.448/1: mauritius images/imageBROKER/Jochen Tack; S.452/: Panther Media GmbH/ Mihajlo Maricic; S.453/l.: stock.adobe.com/Countrypixel; S.453/r.: Shutterstock.com/sanyanwuji; S.455/3: Cornelsen/Volker Döring; S.456/1: Shutterstock.com/Stoyan Yotov; S.458/3: Science Photo Library/PASCAL GOETGHELUCK; S.458/4: Science Photo Library/PATRICK LANDMANN; S.458/5: P. Stroppa/CEA; S.459/6: Jürgen Kirstein; S.459/7: Jürgen Kirstein; S.460/1: Imago/VWPics; S.462/3: Lippisches Landesmuseum Detmold; S.464/1: Shutterstock.com/Mark_Kostich; S.464/3: Shutterstock.com/chinasong; S.465/4: sciencephotolibrary/NASA/SWRI/JHUAPL; S.465/5: sciencephotolibrary/U.S.DEPT. OF ENERGY; S.466/3: sciencephotolibrary/ANDERS PERSSON, CMIV; S.467/u. l.: stock.adobe.com/Anton Gvozdikov; S.467/u. m.: ©Fraunhofer IIS/ Deutsches Museum; S.467/u. r.: © Fraunhofer IIS/ Kurt Fuchs; S.468/Haselnüsse: Shutterstock.com/J.Schelkle; S.468/ Honig: Shutterstock.com/Kovaleva_Ka; S.468/Rindfleisch: Shutterstock.com/MaraZe; S.468/ Obst: stock.adobe.com/Herby (Herbert) Me; S.468/Milch: Shutterstock.com/Denphumi; S.469/5: Shutterstock.com/Egoreichenkov Evgenii; S.472/1: Shutterstock.com/Koptyaev Igor; S.475/3: Stefan Burzin; S.476/1: Shutterstock.com/Everett Historical; S.476/2: mauritius images/Herbert Kehrer; S.476/3: Bridgeman Images/Estate of Lotte Meitner-Graf; S.476/4: bpk; S.476/5: akg-images/ Science Source; S.477/u. r.: stock.adobe.com/Richie Chan; S.477/u. l.: akg-images; S.479/u. m.: Science Photo Library/PUBLIC HEALTH ENGLAND; S.479/u. r.: dpa Picture-Alliance/Romain Fellen; S.480/1: Science Photo Library/DIGITAL GLOBE; S.482/1: EnBW Energie Baden-Württemberg AG; S.481/2: Shutterstock.com/ByBatman; S.481/3: Shutterstock.com/Beata Tabak; S.483/3: © BGZ/ Mick; S.496/: stock.adobe.com/Daniel Berkmann

Illustrationen:

S.1/: Sofarobotnik GbR; S.6/Moleküle: Cornelsen/Detlef Seidensticker; S.15/4: Cornelsen/Tom Menzel; S.19/2, r.: Cornelsen/Tom Menzel; S.20/1: Cornelsen/ Bernhard A. Peter, newVision! GmbH; S.20/2: Cornelsen/Esther Welzel; S.21/3: Cornelsen/Tom Menzel; S.23/3: Cornelsen/Tom Menzel; S.23/4: Cornelsen/ Bernhard A. Peter, newVision! GmbH; S.24/1: Cornelsen/ Bernhard A. Peter, newVision! GmbH; S.25/3: Cornelsen/ Bernhard A. Peter, newVision! GmbH; S.26/2: Cornelsen/Tom

Menzel; S.27/3: Cornelsen/Tom Menzel; S.28/1: Cornelsen/Tom Menzel; S.28/2: Cornelsen/Tom Menzel, bearbeitet durch Bernhard A. Peter, newVision! GmbH; S.29/3: Cornelsen/ Bernhard A. Peter, newVision! GmbH; S.29/5: Cornelsen/Tom Menzel, bearbeitet durch Bernhard A. Peter, newVision! GmbH; S.32/2: Cornelsen/Tom Menzel; S.33/3: Cornelsen/Tom Menzel; S.34/1+2: Cornelsen/Tom Menzel; S.35/3+5: Cornelsen/ Bernhard A. Peter, newVision! GmbH; S.36/1: Cornelsen/ Tom Menzel; S.37/2+3: Cornelsen/Tom Menzel; S.39/2: Cornelsen/Tom Menzel; S.40: Cornelsen/ Bernhard A. Peter, newVision! GmbH; S.43/3: Cornelsen/Gregor Mecklenburg; S.44/o. r.: Cornelsen/ Rainer Götze; S.45/4: Cornelsen/Tom Menzel; S.46/2: Cornelsen/Tom Menzel; S.47/3: Cornelsen/ Esther Welzel; S.49/2: Cornelsen/Tom Menzel; S.50/1+2: Cornelsen/Tom Menzel; S.51/3: Cornelsen/Tom Menzel; S.52/2: Cornelsen/Tom Menzel; S.53/3: Cornelsen/Tom Menzel; S.54/1+2: Cornelsen/Tom Menzel; S.55/3+4: Cornelsen/Tom Menzel; S.56/2: Cornelsen/Tom Menzel; S.57/3: Cornelsen/Tom Menzel; S.58/1: Cornelsen/ Bernhard A. Peter, newVision! GmbH; S.58/2+3: Cornelsen/ Esther Welzel; S.60/1: Cornelsen/Detlef Seidensticker; S.67/2: Cornelsen/Tom Menzel; S.68/3+4: Cornelsen/Tom Menzel; S.69/6: Cornelsen/Tom Menzel; S.70/3: Cornelsen/Tom Menzel; S.71/4: Cornelsen/Tom Menzel; S.72/2: Cornelsen/Esther Welzel; S.73/3: Cornelsen/Tom Menzel; S.75/5: Cornelsen/Tom Menzel; S.77/2: Cornelsen/Tom Menzel; S.78/2: Cornelsen/Tom Menzel; S.79/3: Cornelsen/Tom Menzel; S.80/2: Cornelsen/Tom Menzel; S.81/4: Cornelsen/Tom Menzel; S.82/1: Cornelsen/ Bernhard A. Peter, newVision! GmbH; S.82/2: Cornelsen/Tom Menzel; S.83/3: Cornelsen/Tom Menzel; S.85/2: Cornelsen/Tom Menzel; S.86/2+4: Cornelsen/Tom Menzel; S.87/5: Cornelsen/ Bernhard A. Peter, newVision! GmbH; S.87/6: Cornelsen/Tom Menzel; S.88/1: Cornelsen/ Tom Menzel; S.89/2: Cornelsen/Tom Menzel; S.91/2: Cornelsen/Tom Menzel; S.92/1: Cornelsen/ Tom Menzel; S.93/2: Cornelsen/Tom Menzel; S.97/6: Cornelsen/Tom Menzel; S.97/7: Cornelsen/ Bernhard A. Peter, newVision! GmbH; S.98/2: Cornelsen/Tom Menzel; S.99/4: Cornelsen/Tom Menzel; S.100/1+2: Cornelsen/Tom Menzel; S.101/4: Cornelsen/Tom Menzel; S.103/3: Cornelsen/Tom Menzel; S.104/2: Cornelsen/Tom Menzel; S.105/5: Cornelsen/Esther Welzel; S.106/2: Cornelsen/ Tom Menzel; S.107/3: Cornelsen/Tom Menzel; S.107/4: Cornelsen/Esther Welzel; S.107/5: Cornelsen/Tom Menzel, bearbeitet durch Bernhard A. Peter, newVision! GmbH; S.108/3-6: Cornelsen/Tom Menzel; S.109/7: Cornelsen/Detlef Seidensticker; S.110/1: Cornelsen/Tom Menzel; S.111/2+2: Cornelsen/Tom Menzel; S.113/3: Cornelsen/Tom Menzel; S.114/1: Cornelsen/Tom Menzel; S.115/2: Cornelsen/Tom Menzel; S.120/1: Cornelsen/Tom Menzel; S.121/2: Cornelsen/Tom Menzel; S.122/1: Cornelsen/Esther Welzel; S.123/2: Cornelsen/Tom Menzel; S.126/1: Cornelsen/Tom Menzel; S.127/3: Cornelsen/Esther Welzel; S.128/1: Cornelsen/Esther Welzel und Tom Menzel; S.129/2: Cornelsen/ Tom Menzel; S.131/2: Cornelsen/Karin Mall, bearbeitet durch Tom Menzel; S.131/3: Cornelsen/Detlef Seidensticker; S.133/4: Cornelsen/Tom Menzel; S.134/1: Cornelsen/Esther Welzel; S.134/2: Cornelsen/Detlef Seidensticker; S.137/2: Cornelsen/Tom Menzel, bearbeitet durch newVision!GmbH, Bernhard A. Peter; S.138/1: Cornelsen/Tom Menzel; S.139/6: Cornelsen/Tom Menzel; S.141/2: Cornelsen/Esther Welzel, bearbeitet durch newVision!GmbH, Bernhard A. Peter; S.142/1: Cornelsen/ Esther Welzel; S.143/2: Cornelsen/Detlef Seidensticker; S.145/2: Cornelsen/Tom Menzel; S.146/1+2: Cornelsen/Tom Menzel; S.147/4+5: Cornelsen/Tom Menzel; S.149/3: Cornelsen/Esther Welzel; S.151/3: Cornelsen/Tom Menzel; S.152/2: Cornelsen/Detlef Seidensticker; S.153/3: Cornelsen/Matthias Pflügner; S.155/3: Cornelsen/Tom Menzel; S.156/o. r.: Cornelsen/Tom Menzel; S.157/6+7: Cornelsen/Detlef Seidensticker; S.159/2: Cornelsen/Detlef Seidensticker; S.160/2: Cornelsen/Tom Menzel; S.162/1: Cornelsen/Tom Menzel; S.163/2: Cornelsen/Tom Menzel; S.164/2: Cornelsen/Tom Menzel; S.165/3: Cornelsen/Detlef Seidensticker; S.167/6: Cornelsen/Tom Menzel; S.169/2: Cornelsen/Esther Welzel; S.169/4: Cornelsen/Detlef Seidensticker; S.171/3: Cornelsen/Jörg Mair, bearbeitet durch newVision! GmbH, Bernhard A. Peter; S.172/1: Cornelsen/Detlef Seidensticker; S.173/4: Cornelsen/Tom Menzel; S.175/2: Cornelsen/Tom Menzel; S.178/3: Cornelsen/Tom Menzel; S.179/4: Cornelsen/Tom Menzel, bearbeitet durch Bernhard A. Peter/newVision! GmbH; S.180/1: Cornelsen/ Tom Menzel; S.181/3: Cornelsen/Tom Menzel; S.182/2: Cornelsen/Maryse Forget, Robert Fontner-Forget; S.182/3: Cornelsen/Rainer Götze; S.183/6: Cornelsen/Rainer Götze; S.183/7: Cornelsen/Tom Menzel; S.184/1+7: Cornelsen/ Bernhard A. Peter, newVision! GmbH; S.185/10 u 11: Cornelsen/Tom Menzel; S.187/4: Cornelsen/Matthias Pflügner; S.187/5: Cornelsen/Tom Menzel; S.189/2: Cornelsen/Tom Menzel; S.190/1: Cornelsen/Tom Menzel, bearbeitet von newVision!GmbH, Bernhard A. Peter; S.191/4: Cornelsen/Matthias Pflügner; S.193/3: Cornelsen/Detlef Seidensticker; S.197/3: Cornelsen/Detlef Seidensticker; S.198/1: Cornelsen/Tom Menzel; S.199/4-7: Cornelsen/Tom Menzel; S.203/4+5: Cornelsen/Detlef Seidensticker; S.204/o. r.: Cornelsen/Detlef Seidensticker; S.205/4-6: Cornelsen/Detlef Seidensticker; S.206/1+2: Cornelsen/Detlef Seidensticker; S.207/3: Cornelsen/ Matthias Pflügner; S.208/1: Cornelsen/Detlef Seidensticker; S.209/3+4: Cornelsen/Detlef Seidensticker; S.210/1+2: Cornelsen/Detlef Seidensticker; S.212/1: Cornelsen/Detlef Seidensticker; S.213/4: Cornelsen/Detlef Seidensticker; S.215/2: Cornelsen/Detlef Seidensticker; S.216/1: Cornelsen/Detlef Seidensticker; S.218/1-3: Cornelsen/Detlef Seidensticker; S.220/1-4: Cornelsen/Detlef Seidensticker; S.221/5+7: Cornelsen/Detlef Seidensticker; S.222/2-4: Cornelsen/Detlef Seidensticker; S.223/6: Cornelsen/Detlef Seidensticker; S.224/1-3: Cornelsen/Detlef Seidensticker; S.233/4: Cornelsen/Detlef Seidensticker; S.234/1-3: Cornelsen/Detlef Seidensticker; S.235/4-6: Cornelsen/ Detlef Seidensticker; S.236/Moleküle: Cornelsen/Detlef Seidensticker; S.237/Moleküle: Cornelsen/Detlef Seidensticker; S.238/3+4: Cornelsen/Detlef Seidensticker; S.239/6: Cornelsen/Detlef Seidensticker; S.240/2+3: Cornelsen/Detlef Seidensticker; S.241/7: Cornelsen/Detlef Seidensticker; S.241/4-6: Cornelsen/Detlef Seidensticker; S.242/2: Cornelsen/Detlef Seidensticker; S.243/3+4: Cornelsen/Detlef Seidensticker; S.244/2: Cornelsen/Detlef Seidensticker; S.245/3: Cornelsen/Detlef Seidensticker; S.245/4: Cornelsen/Rainer Götze; S.246/1: Cornelsen/Matthias Pflügner; S.247/2+4: Cornelsen/Detlef Seidensticker; S.248/2: Cornelsen/Detlef Seidensticker; S.249/3+4: Cornelsen/Detlef Seidensticker; S.250/2+3: Cornelsen/Detlef Seidensticker; S.251/4+6: Cornelsen/ Detlef Seidensticker; S.252/2+3: Cornelsen/Detlef Seidensticker; S.253/4-7: Cornelsen/Detlef Seidensticker; S.254/2+3: Cornelsen/Detlef Seidensticker; S.255/5+6: Cornelsen/Detlef Seidensticker; S.256/2: Cornelsen/Detlef Seidensticker; S.257/3: Cornelsen/Detlef Seidensticker; S.258/1+2: Cornelsen/Detlef Seidensticker; S.259/5: Cornelsen/Detlef Seidensticker; S.260/2: Cornelsen/Detlef Seidensticker; S.261/3: Cornelsen/Detlef Seidensticker; S.262/2+3: Cornelsen/Detlef Seidensticker; S.263/4+5: Cornelsen/Detlef Seidensticker; S.264/2: Cornelsen/Detlef Seidensticker; S.265/6: Cornelsen/Detlef Seidensticker; S.266/2-4: Cornelsen/Detlef Seidensticker; S.267/5+6: Cornelsen/ Detlef Seidensticker; S.268/2+3: Cornelsen/Rainer Götze; S.269/4+5: Cornelsen/Detlef Seidensticker; S.270/o.: Cornelsen/Detlef Seidensticker; S.275/5: Cornelsen/Detlef Seidensticker; S.277/1: Cornelsen/Detlef Seidensticker; S.278/2: Cornelsen/Detlef Seidensticker; S.279/3: Cornelsen/ Detlef Seidensticker; S.281/3+4: Cornelsen/Detlef Seidensticker; S.282/1: Cornelsen/Detlef Seidensticker; S.282/2: Cornelsen Schulverlage/SPI Technologies India; S.283/3+4: Cornelsen / Detlef Seidensticker; S.284/5: Cornelsen/Detlef Seidensticker; S.286/1: Cornelsen/Detlef Seidensticker; S.287/r.: Cornelsen/Detlef Seidensticker; S.289/7+8: Cornelsen/Detlef Seidensticker; S.290/1: Cornelsen/Detlef Seidensticker; S.293/2+3: Cornelsen/Detlef Seidensticker; S.294/2: Cornelsen/Detlef Seidensticker; S.295/6: Cornelsen/Detlef Seidensticker; S.296/1-3: Cornelsen/Detlef Seidensticker; S.297/4+5: Cornelsen/Detlef Seidensticker; S.298/1+3: Cornelsen/Detlef Seidensticker; S.303/5: Cornelsen Schulverlage/SPI Technologies India; S.305/4: Cornelsen/Detlef Seidensticker; S.306/3: Cornelsen/Detlef Seidensticker; S.306/o. m.: Cornelsen/Detlef Seidensticker; S.307/4-6: Cornelsen/Detlef Seidensticker; S.308/2: Cornelsen/Detlef Seidensticker; S.310/1: Cornelsen/Detlef Seidensticker; S.311/4: Cornelsen/Detlef Seidensticker; S.313/3+4: Cornelsen/Detlef Seidensticker; S.314/1: Cornelsen/Detlef Seidensticker; S.315/4: Cornelsen/Detlef Seidensticker; S.316/3: Cornelsen/Detlef Seidensticker; S.317/5: Cornelsen/Detlef Seidensticker; S.318/1: Cornelsen/Matthias Pflügner; S.319/2: Cornelsen/Detlef Seidensticker; S.320/2: Cornelsen/Detlef Seidensticker; S.321/3: Cornelsen/Detlef Seidensticker; S.324/2+3: Cornelsen/Detlef Seidensticker; S.325/4: Cornelsen/Detlef Seidensticker; S.326/1-3: Cornelsen/Detlef Seidensticker; S.327/4+5: Cornelsen/ Detlef Seidensticker; S.328/2-4: Cornelsen/Detlef Seidensticker; S.330/4: Cornelsen/Detlef Seidensticker; S.331/5-7: Cornelsen/Detlef Seidensticker; S.332/3: Cornelsen/Detlef Seidensticker; S.334/1+2: Cornelsen/Detlef Seidensticker; S.335: Cornelsen/Detlef Seidensticker; S.336/1: Cornelsen/Detlef Seidensticker; S.337/2-4: Cornelsen/Detlef Seidensticker; S.338/Moleküle: Cornelsen/ Detlef Seidensticker; S.338/2+3: Cornelsen/Detlef Seidensticker; S.339/5+6+8: Cornelsen/Detlef Seidensticker; S.340/2: Cornelsen/Detlef Seidensticker; S.343/3+4: Cornelsen/Detlef Seidensticker; S.345/5: Cornelsen/Detlef Seidensticker; S.346/1: Cornelsen/Detlef Seidensticker; S.347/2+3: Cornelsen/Detlef Seidensticker; S.348/1: Cornelsen/Detlef Seidensticker; S.349/6: Cornelsen/ Detlef Seidensticker; S.350/2+3: Cornelsen/Detlef Seidensticker; S.351/4+5: Cornelsen/Detlef Seidensticker; S.352/3: Cornelsen/Detlef Seidensticker; S.353/5: Cornelsen/Detlef Seidensticker; S.355/3+4: Cornelsen/Detlef Seidensticker; S.356/2+3: Cornelsen/Detlef Seidensticker; S.357/5: Cornelsen/Detlef Seidensticker; S.360/Modelle: Cornelsen/Detlef Seidensticker; S.361/3-5: Cornelsen/Detlef Seidensticker; S.362/5: Cornelsen/Volker Minkus; S.363/6: Cornelsen/Detlef Seidensticker; S.364/1: Cornelsen/Detlef Seidensticker; S.365/2+3: Cornelsen/Detlef Seidensticker; S.368/2-5: Cornelsen/Rainer Götze; S.369/6+7: Cornelsen/Rainer Götze; S.370/2-4: Cornelsen/Rainer Götze; S.371/5+7: Cornelsen/Rainer Götze; S.372/2-5: Cornelsen/Rainer Götze; S.373/6+7: Cornelsen/Rainer Götze; S.374/3+4: Cornelsen/Rainer Götze; S.375/6+7: Cornelsen/Rainer Götze; S.377/3: Cornelsen/Rainer Götze; S.378/1+2: Cornelsen/Rainer Götze; S.379/4: Cornelsen/Rainer Götze; S.380/3: Cornelsen/Rainer Götze; S.381/4-6: Cornelsen/Rainer Götze; S.382/2: Cornelsen/Rainer Götze; S.383/3: Zeichnung: Cornelsen/Rainer Götze, Foto: Markus Gaa Fotodesign; S.383/4+5: Cornelsen/ Rainer Götze; S.384/1-3: Cornelsen/Rainer Götze; S.385/6: Cornelsen/Rainer Götze; S.386/1: Cornelsen/Matthias Pflügner; S.386/2+3: Cornelsen/Rainer Götze; S.387/4+5+7: Cornelsen/Rainer Götze; S.388/2+3: Cornelsen/Rainer Götze; S.389/4+5: Cornelsen/Rainer Götze; S.390/2: Cornelsen/Rainer Götze; S.391/3+4: Cornelsen/Rainer Götze; S.392/2: Cornelsen/Rainer Götze; S.394/2: Cornelsen/Rainer Götze; S.395/3: Cornelsen/Rainer Götze; S.396/1+2: Cornelsen/Rainer Götze; S.397/4: Cornelsen/Rainer Götze; S.399/5: Cornelsen/Rainer Götze; S.400/1+2: Cornelsen/Rainer Götze; S.401/4: Cornelsen/Rainer Götze; S.402/3-5: Cornelsen/Rainer Götze; S.403/6+7+9+10: Cornelsen/Rainer Götze; S.404/1: Cornelsen/Inhouse;S.404/2+3: Cornelsen/Matthias Pflügner; S.405: Cornelsen/Rainer Götze; S.406/2+3: Cornelsen/Rainer Götze; S.407: Cornelsen/Rainer Götze; S.408/2+4: Cornelsen/Rainer Götze; S.409/5: Cornelsen/Rainer Götze; S.410: Cornelsen/Rainer Götze; S.411/8+9: Cornelsen/Rainer Götze; S.411/10-13: Cornelsen/Inhouse; S.412/1: Cornelsen/ Rainer Götze; S.413/2-4: Cornelsen/Rainer Götze; S.416/2: Cornelsen/Rainer Götze; S.417/3+4: Cornelsen/Rainer Götze; S.420/2: Cornelsen/Rainer Götze; S.421/5: Cornelsen/Matthias Pflügner; S.422/4: Cornelsen/Rainer Götze; S.424/4+5: Cornelsen/Rainer Götze; S.425/6: Cornelsen/Rainer Götze; S.426/1+2: Cornelsen/Rainer Götze; S.427/3+4: Cornelsen/Rainer Götze; S.428/2: Cornelsen/Inhouse; S.431/2+3: Cornelsen/Rainer Götze; S.432/2+3: Cornelsen/Rainer Götze; S.433/4+5: Cornelsen/Rainer Götze; S.434/2: Cornelsen/Rainer Götze; S.435/3+4: Cornelsen/Rainer Götze; S.436/3: Cornelsen/Rainer Götze; S.437/4+5: Cornelsen/Rainer Götze; S.438/2: Cornelsen/Rainer Götze; S.439/5+6: Cornelsen/Rainer Götze; S.442/1: Cornelsen/Rainer Götze; S.443/3: Cornelsen/ Rainer Götze; S.444/1: Cornelsen/Matthias Pflügner; S.444/2: Cornelsen/Rainer Götze; S.445/5: Cornelsen/Rainer Götze; S.449/2: Cornelsen/Matthias Pflügner; S.450/1: Cornelsen/Rainer Götze; S.454/1: Cornelsen/Matthias Pflügner; S.454/2: Cornelsen/Rainer Götze; S.455/4: Cornelsen/Rainer Götze; S.456/2-4: Cornelsen/Rainer Götze; S.457: Cornelsen/Rainer Götze; S.458/1+2: Cornelsen/Rainer Götze; S.459/8-10: Cornelsen/Rainer Götze; S.460/2+3: Cornelsen/Rainer Götze; S.461/4: Cornelsen/Rainer Götze; S.464/2: Cornelsen/ Rainer Götze; S.466/1: Cornelsen/Rainer Götze; S.468/1: Cornelsen/Matthias Pflügner; S.469/3+4: Cornelsen/Inhouse; S.470/2: Cornelsen/ Rainer Götze; S.471/7+8: Cornelsen/Rainer Götze; S.472/2: Cornelsen/Rainer Götze; S.473/3-5: Cornelsen/Rainer Götze; S.474/1+2: Cornelsen/Rainer Götze; S.475/4: Cornelsen/Rainer Götze; S.478/1: Cornelsen/Rainer Götze; S.482/2: Cornelsen/Rainer Götze; S.484/1+2: Cornelsen/Rainer Götze; S.485/3: Cornelsen/Matthias Pflügner; S.486/1+2+4: Cornelsen/Rainer Götze; S.487/5-7: Cornelsen/Rainer Götze; S.488/2-4: Cornelsen/Rainer Götze; S.489/5: Cornelsen/Rainer Götze; S.490/ Sicherheitssymbole: Cornelsen/Thomas Gattermann/Inhouse; S.490/Not-Aus-Schilder: Cornelsen/Rainer Götze; S.490/r.: Cornelsen/Matthias Pflügner; S.491/u. l.: Cornelsen/Rainer Götze; S.494: Cornelsen/Detlef Seidensticker; S.495: Cornelsen/Detlef Seidensticker; S.498: Cornelsen/ Rainer Götze; S.501: Cornelsen/Tom Menzel; S.505: Cornelsen/Detlef Seidensticker; S.507: Cornelsen/Detlef Seidensticker; S.510: Cornelsen/Rainer Götze

Hinweis: fett gedruckte Begriffe sind Lernwörter

I

J

K

L

Periodensystem der Elemente

- Metall (blue)
- Halbmetall (green)
- Nichtmetall (orange)

schwarz = Feststoff
weiß = Flüssigkeit
rot = Gas
hellblau = künstliches Element
* = radioaktives Element

[1] = Gruppennummerierung IUPAC (1989): Gruppennummern 1 bis 18

Periode	1[1] I. Hauptgruppe	2 II. Hauptgruppe	3 III. Nebengruppe	4 IV. Nebengruppe	5 V. Nebengruppe	6 VI. Nebengruppe	7 VII. Nebengruppe	8 VIII. Nebengruppe	9 VIII. Nebengruppe
1	1 1,008 2,1 H Wasserstoff								
2	3 6,94 1,0 Li Lithium	4 9,01 1,5 Be Beryllium							
3	11 22,99 0,9 Na Natrium	12 24,31 1,2 Mg Magnesium							
4	19 39,10 0,8 K Kalium	20 40,08 1,0 Ca Calcium	21 44,96 1,3 Sc Scandium	22 47,88 1,5 Ti Titan	23 50,94 1,6 V Vanadium	24 51,996 1,6 Cr Chrom	25 54,94 1,5 Mn Mangan	26 55,85 1,8 Fe Eisen	27 58,93 1,8 Co Cobalt
5	37 85,47 0,8 Rb Rubidium	38 87,62 1,0 Sr Strontium	39 88,91 1,3 Y Yttrium	40 91,22 1,4 Zr Zirconium	41 92,91 1,6 Nb Niob	42 95,94 1,8 Mo Molybdän	43 [98] 1,9 Tc* Technetium	44 101,07 2,2 Ru Ruthenium	45 102,91 2,2 Rh Rhodium
6	55 132,91 0,7 Cs Caesium	56 137,33 0,9 Ba Barium	57 138,91 1,1 La Lanthan ●	72 178,49 1,3 Hf Hafnium	73 180,95 1,5 Ta Tantal	74 183,84 1,7 W Wolfram	75 186,21 1,9 Re Rhenium	76 190,23 2,2 Os Osmium	77 192,22 2,2 Ir Iridium
7	87 [223] 0,7 Fr* Francium	88 226,03 0,9 Ra* Radium	89 227,03 1,1 Ac* Actinium ●●	104 [261] Rf* Rutherfordium	105 [262] Db* Dubnium	106 [266] Sg* Seaborgium	107 [264] Bh* Bohrium	108 [277] Hs* Hassium	109 [268] Mt* Meitnerium

Ordnungszahl: 7
Atommasse in u: 14,007
Elektronegativitätswert: 3,0
Symbol: N
Name: Stickstoff

Die Atommassen in eckigen Klammern beziehen sich auf das längstlebige gegenwärtig bekannte Isotop des betreffenden Elements.

● Elemente der Lanthanreihe (Lanthanoide)

Periode					
6	58 140,12 1,1 Ce Cer	59 140,91 1,1 Pr Praseodym	60 144,24 1,2 Nd Neodym	61 [145] 1,2 Pm* Promethium	62 150,36 1,2 Sm Samarium

●● Elemente der Actiniumreihe (Actinoide)

Periode					
7	90 232,04 1,3 Th* Thorium	91 231,04 1,5 Pa* Protactinium	92 238,03 1,7 U* Uran	93 [237] 1,3 Np* Neptunium	94 [244] 1,3 Pu* Plutonium